CAx für Ingenieure

Sándor Vajna · Christian Weber · Klaus Zeman
Peter Hehenberger · Detlef Gerhard
Sandro Wartzack

CAx für Ingenieure

Eine praxisbezogene Einführung

3., vollständig neu bearbeitete Auflage

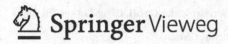

Sándor Vajna
Otto-von-Guericke-Universität
Magdeburg
Deutschland

Christian Weber
Technische Universität Ilmenau
Ilmenau
Deutschland

Klaus Zeman
Johannes Keppler Universität
Linz
Österreich

Peter Hehenberger
Fachhochschule Oberösterreich
Wels
Österreich

Detlef Gerhard
Technische Universität Wien
Wien
Österreich

Sandro Wartzack
Universität Erlangen-Nürnberg
Erlangen
Deutschland

ISBN 978-3-662-54623-9   ISBN 978-3-662-54624-6 (eBook)
https://doi.org/10.1007/978-3-662-54624-6

Die Deutsche Nationalbibliothek verzeichnet diese Publikation in der Deutschen Nationalbibliografie; detaillierte bibliografische Daten sind im Internet über http://dnb.d-nb.de abrufbar.

Springer Vieweg
© Springer-Verlag GmbH Deutschland, ein Teil von Springer Nature 1997, 2009, 2018
Ursprünglich erschienen bei Vieweg, Wiesbaden 1994

Gedruckt auf säurefreiem und chlorfrei gebleichtem Papier

Springer Vieweg ist ein Imprint der eingetragenen Gesellschaft Springer-Verlag GmbH, DE und ist ein Teil von Springer Nature.
Die Anschrift der Gesellschaft ist: Heidelberger Platz 3, 14197 Berlin, Germany

Vorwort zur dritten Auflage

Die vorliegende dritte Auflage wurde wieder gründlich überarbeitet. Der Kreis der Autoren erweiterte sich um die Kollegen D. Gerhard (Technische Universität Wien), P. Hehenberger (Fachhochschule Oberösterreich/Wels) und S. Wartzack (Friedrich-Alexander-Universität Erlangen-Nürnberg). Mit ihren Beiträgen kamen nicht nur Aspekte unterschiedlicher Modellierungsarten, Mechatronik und Wissensverarbeitung hinzu, sondern auch Ausführungen zu Systembegriff und Modellaufbau. Diese Themen beeinflussen immer stärker die Produktionstechnik und den modernen Fahrzeug-, Maschinen- und Anlagenbau und spannen den Bogen zur Systemtechnik.

Neben dem derzeitigen und zukünftigen Leistungsstand von CAx-Systemen und den damit möglichen Anwendungen wurden aktuelle Entwicklungen, Richtlinien und Empfehlungen zum Stand der Technik berücksichtigt. Nach wie vor besteht der Bedarf für eine zusammenfassende, systemneutrale und nicht an bestimmte Lösungen gebundene Darstellung des Fachgebietes sowohl für die Praxis als auch für die Wissenschaft.

Absicht des vorliegenden Buches bleibt es daher, möglichst viele Aspekte der Rechnerunterstützung in allen Disziplinen und Anwendungsbereichen neutral darzustellen, in denen heute Produkte im Sinne von Leistungsbündeln unterschiedlichster Beschaffenheit, beteiligter Disziplinen und Dienstleistungsanteile entwickelt und erstellt werden. Wie auch in den vorhergehenden Auflagen stammen die hier beschriebenen Ansätze und Vorgehensweisen aus der Praxis, wo sie ihre Effizienz bewiesen haben.

Das Buch wendet sich an folgende Lesergruppen:

- Studierende der Ingenieurwissenschaften an solchen Bildungsinstitutionen, in denen die CAx-Ausbildung in den Lehrplänen des Bachelorstudiums verankert ist, finden hier systemneutrale Darstellungen zur Unterstützung der Lehre.
- CAx-Anwender mit einschlägigen Erfahrungen in der Praxis können ihr Wissen in ausgewählten Gebieten durch gezielten Zugriff auf verschiedene Kapitel oder Abschnitte aktualisieren.
- Mitarbeiter und Führungskräfte aus Produktentwicklung und Produktion, die über CAx-Anwendungen entscheiden, können sich hier eine kompakte Übersicht verschaffen. Dabei wenden sich die Kap. 2 bis 11 sowie teilweise 12 eher an technisch Interessierte, die Kap. 1, teilweise 12 sowie 13 und 14 bieten eher Informationen für das Management aus allen Bereichen des Unternehmens.

Für zahlreiche Beiträge sei allen beteiligten Mitarbeitern unserer Institutionen gedankt. Frau E. Hestermann-Beyerle, Frau B. Kollmar-Thoni und ihren Mitarbeiterinnen vom Springer-Verlag danken wir sehr für die stetige Motivation der Autoren sowie für die reibungslose und konstruktive Zusammenarbeit. Dank gebührt unseren Familien für die stetige ideelle Unterstützung der Arbeit.

August 2017   Sándor Vajna, Christian Weber, Klaus Zeman,
                                    Detlef Gerhard, Peter Hehenberger, Sandro Wartzack

Inhaltsverzeichnis

CAx-Systeme – warum und wozu?

1

Die zusammenfassende Bezeichnung aller Systeme der Rechnerunterstützung in einem Unternehmen lautet *CAx-Systeme*. Dabei steht „CA" für „Computer-Aided", also „rechnerunterstützt"[1] und „x" als Platzhalter für eine Vielzahl Akronyme, die bestimmte Einsatzbereiche näher spezifizieren (beispielsweise „D" für „Design", also für „Konstruktion"). „CAx" als allein stehender Begriff in der Bedeutung „Computer-Aided Everything" wird in diesem Buch als der systematische Einsatz und die konsequente Weiterentwicklung rechnerunterstützter Methoden, Vorgehensweisen und Werkzeuge in der Produktentstehung verstanden.

- Die Produktentstehung umfasst alle Phasen und Aktivitäten von der ersten Idee für ein Produkt bis zur Auslieferung des Produktes an den Kunden, somit mindestens die Produktentwicklung, die Produktion (Fertigung, Montage, Qualitätssicherung), die Logistik und die Distribution [SpKr-1997].
- Die erste Phase für die Entwicklung eines Produkts ist die (strategische) Produktplanung, die, je nach Unternehmen, eine eigene Abteilung sein oder zur Produktentwicklung gehören und dabei auch Aufgaben des Innovationsmanagements umfassen kann. Die Produktentwicklung umfasst weiterhin die Bereiche Vertrieb und Marketing, Formgebung (auch als Industriedesign bezeichnet), (Vor-) Entwicklung, Konstruktion, Berechnung und Simulation, Produktionsvorbereitung mit Fokus auf der technologischen Planung der Produktionsprozesse (mit der Entwicklung von Betriebsmitteln), Prototypenbau und Test, Freigabe für die Produktion.

---

[1] „Computer-aided" bedeutet immer „rechnerunterstützt" und nicht, wie fälschlich verwendet, „rechnergestützt" oder „rechnergesteuert", denn dann müsste es „computer-based" oder „computer-driven" heißen. „Rechnerunterstützt" unterstreicht die Tatsache, dass der *Mensch* nach wie vor die Prozesse führt und Rechnersysteme ihm lediglich Hilfestellung für besseres Entscheiden und Problemlösen anbieten (auch wenn das solche Fälle mit einschließt, die nur noch von einem Rechnersystem gelöst werden können, wie beispielsweise Simulations- und Animationsaufgaben).

© Springer-Verlag GmbH Deutschland, ein Teil von Springer Nature 2018
S. Vajna et al., *CAx für Ingenieure*,
https://doi.org/10.1007/978-3-662-54624-6_1

Das Buch besteht aus 14 Kapiteln mit dem in Abb. 1.1 dargestellten Aufbau.

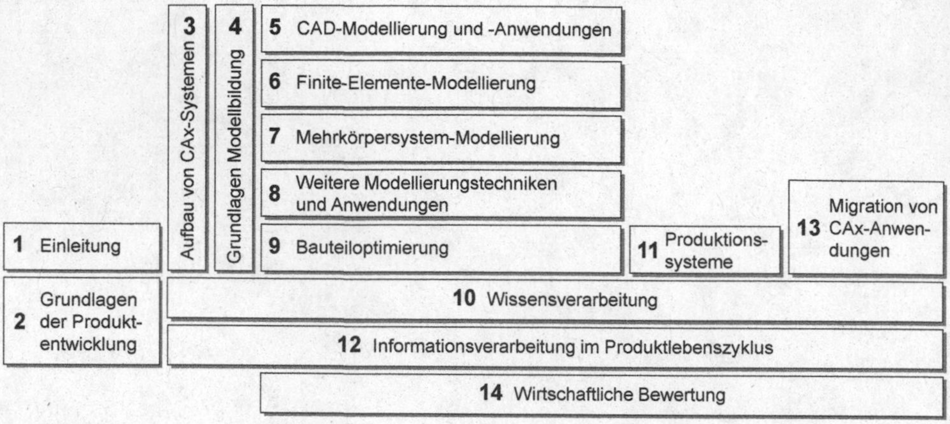

Abb. 1.1 Struktur der Inhalte des Buches

- Im vorliegenden Einleitungskapitel werden – ausgehend von den aktuellen Herausforderungen an produzierende Unternehmen – die Beweggründe zur Nutzung und (Weiter-) Entwicklung von CAx-Systemen, die aus heutiger Sicht vorrangigen Ziele des CAx-Einsatzes sowie der Einsatz selbst dargestellt.
- Kap. 2 zeigt die methodischen und organisatorischen Grundlagen für einen erfolgreichen CAx-Einsatz auf. Hierzu gehören neben einer Darstellung der Aktivitäten und Abläufe in Produktentwicklung und Produktionsplanung auch die Beschreibung solcher Vorgehensmodelle, welche die erweiterten Möglichkeiten heutiger CAx-Systeme besonders gut nutzen können, und ein Aufzeigen des Zusammenspiels zwischen Produktentstehung und CAx-Anwendungen.
- In Kap. 3 werden die derzeit aktuellen verschiedenen Hardware- und Softwarekomponenten eines CAx-Systems und seiner Peripherie beschrieben. Ergänzt wird dieses Kapitel um die Darstellung von verschiedenen Netzwerk-Konfigurationen in Unternehmen.
- Kap. 4 stellt die Vielfalt der von CAx-Systemen verwendeten Modelle vor, die sich auf unterschiedliche Modellierungskonzepte stützen und die zu den wichtigsten Fundamenten von CAx-Systemen gehören. Der Kenntnis der Grundlagen der Modellbildung kommt im Zusammenhang mit CAx-Systemen eine große Bedeutung zu.

Die Kap. 2–4 bilden die Grundlagen für die anderen Kapitel dieses Buches, insbesondere für die Ausführungen in den Kapiteln 5 bis 9.

- Im Kap. 5, dem Kernkapitel dieses Buches, wird nach einem kurzen Überblick über die 2D-Modellierung und ihren heutigen Einsatzbereichen eine bewusst umfassende Darstellung der vielfältigen Möglichkeiten und Strategien zur dreidimensionalen Modellierung von Produkten gegeben.

- Das Kap. 6 gibt eine umfassende Darstellung der wesentlichen Verfahren zu Berechnung und Simulation von entstehenden Produkten mit der Methode der Finiten Elemente (FEM).
- Kap. 7 beschreibt die Modellierungs- und Anwendungsmöglichkeiten von Mehrkörpersystemen (MKS), mit denen ein breites Spektrum an Fragestellungen zum dynamischen Verhalten von Maschinen, Anlagen, Fahrzeugen, Robotern, Satelliten, biologischen Strukturen (Biomechanik) usw. behandelt werden kann.
- Kap. 8 stellt eine kurze Übersicht über weitere ausgewählte CAx- Methoden und CAx-Systeme bereit, die im Maschinenbau und in angrenzenden Gebieten von Bedeutung sind (beispielsweise Strömungsmechanik, Hydraulik, Elektrotechnik und Elektronik sowie Mechatronik).
- Das Kap. 9 beschreibt bewährte deterministische, stochastische beziehungsweise hybride Methoden und Verfahren für die Optimierung von Bauteilen.
- Kap. 10 enthält die für die Produktentwicklung relevanten Elemente der Wissensverarbeitung.
- Kap. 11 veranschaulicht die notwendigen Planungsfunktionen und Arbeitsvorgänge zur Gestaltung und Durchführung der Produktion. Diese Schritte werden anhand der Breite aller Fertigungstechnologien bis zur digitalen Fabrik dargestellt.
- Im Kap. 12 werden die übergreifende Informationsverarbeitung mit PDM-Systemen und die Integration der verschiedenen CAx-Systeme im Produktentstehungsprozess und an den Schnittstellen untereinander, zur Auftragsabwicklung und zur Produktion beschrieben. Hierzu gehören auch die Möglichkeiten zu Datenaustausch, Datenhaltung, Dokumentation und Archivierung.
- Kap. 13 stellt die technischen, organisatorischen und qualifikatorischen Schritte zur effizienten Migration einer CAx-Anwendung zu einer anderen CAx-Anwendung vor.
- In Kap. 14 werden Verfahren zum Bestimmen von Nutzen, Kosten und Wirtschaftlichkeit einer CAx-Anwendung beschrieben. Ein Schwerpunkt liegt dabei auf dem BAPM-Verfahren, mit dem sich Nutzen und Wirtschaftlichkeit mit sehr hoher Präzision bestimmen lassen, so dass dieses Verfahren besonders bei verteilten CAx-Anwendungen ein realistischeres Bild der erzielbaren Nutzen und Wirtschaftlichkeit liefert, als es mit „klassischen" Verfahren möglich ist.

1.1   Aktuelle Herausforderungen an Unternehmen

Die wichtigste Herausforderung an Unternehmen seit vielen Jahren ist die Aufrechterhaltung, wenn möglich Steigerung der Wettbewerbsfähigkeit auf einem sich zunehmend globalisierenden Markt. Dabei sind verschiedene Rahmenbedingungen zu beachten:

- Relativ hohe Kosten in den hochentwickelten Industrieländern (z. B. Lohn- und Lohnnebenkosten, Rohstoff- und Energiekosten), die in der Vergangenheit sowohl bei der Erzeugung als auch beim Absatz von Gütern und Dienstleistungen stark dominiert haben.

- Sich rasch verändernde Märkte (z. B. Stagnation auf den traditionellen Absatzmärkten, rasantes Wachstum neuer Märkte in „Schwellenländern").
- In vielen Branchen wachsende Konkurrenz durch Aufbau eigener Produktionskapazitäten in den neuen Märkten; dadurch zum Teil hohe Überkapazitäten und starke Veränderungen der gesamten Marktsituation hin zu einem „Käufermarkt".

Produzierende Unternehmen in den Industrieländern versuchen, ihre Wettbewerbsfähigkeit dadurch zu sichern, dass sie neben der Erfüllung der funktionalen, visuellen und ergonomischen Kundenforderungen (um nur einige zu nennen) Verbesserungen in Bezug auf alle drei Seiten des (eher betriebswirtschaftlich orientierten) „magischen Dreiecks" aus Qualität, Zeit, und Kosten erzielen. Damit ist gemeint:

- Die durch hohe Kosten bedingten hohen Preise lassen sich auf dem Markt nur mit Produkten durchsetzen, die eine bessere Qualität haben, d. h. mehr leisten können und zuverlässiger sind als ihre Konkurrenten. Daraus resultiert die Notwendigkeit, einen Innovationsvorsprung zu erzielen und aufrecht zu erhalten.

  Dennoch dürfen bei der Markteinführung innovativer Produkte (und erst recht bei weniger innovativen Produkten) keine Fehler passieren, denn Qualitätsmängel, die erst der Kunde feststellt, kosten im besten Fall viel Geld (z. B. Rückruf-/ Nachbesserungsaktionen, dadurch Schmälerung möglicher Gewinne oder sogar deren Umkehrung in Verluste), in schlechteren Fällen verursachen sie dauerhafte Image-Schäden und können im Extremfall sogar die Existenz des Unternehmens gefährden.
- Weil sich hohe Preise nur für relativ kurze Zeit am Markt durchsetzen lassen – nur solange das neue Produkt gar keine oder wenig Konkurrenz hat –, kommt es darauf an, „planmäßig" und schnell immer wieder weiter entwickelte oder neue Produkte auf den Markt zu bringen, d. h. Innovationszyklen zu verkürzen („Time to Market").
- Weil man sich in den westlichen Industrienationen ohnehin am oberen Ende der Kostenskala befindet, müssen auch bei innovativen Produkten von Anfang an alle Register der Kosteneinsparung gezogen werden, denn sonst verkürzt man sich selbst die Zeitspanne der Profitabilität.
- Für weniger innovative Produkte oder für Produkte in einem gesättigten Markt („Käufermarkt") ist der Kostendruck noch größer: Sie lassen sich überhaupt nur über den Preis absetzen und erfordern entsprechend niedrige Herstellkosten.

Aus der vorstehend skizzierten Strategie ergeben sich weitere Einflüsse:

- Das Paradigma der „fortwährenden Innovation" bringt es mit sich, dass die Produkte und die Prozesse zu ihrer Herstellung zunehmend vielfältiger werden. Beispiele sind der Übergang zu mechatronischen Produkten (Verbindung von Mechanik, Hydraulik/ Pneumatik, Elektrik/Elektronik und Informationsverarbeitung), in weiterer Folge zu zunehmend vernetzten Systemen bis hin zu Cyber-physischen Systemen [Lee-2008] und Produkt-Service-Systemen [Lind-2016], der Übergang zu komplexeren (genaueren, zunehmend integrierten) Produktionsabläufen sowie die Notwendigkeit, völlig neue Technologien zu nutzen oder selbst einzuführen (z. B. Miniaturisierung, neuartige Beschichtungen, Verbindungstechnologien, Übergang von abtragender bzw. subtraktiver Fertigung zur generativen bzw. additiven Fertigung, Industrie 4.0).

- Ein weiterer Einfluss ist der immer weiter zunehmende Variantenreichtum auch und gerade bei in Großserie hergestellten Produkten („Mass Customisation"): Kunden erwarten die Befriedigung individueller Bedürfnisse zu Preisen eines Produkts aus Massenfertigung, gleichzeitig driften die Kundenbedürfnisse durch die Globalisierung der Absatzmärkte immer weiter auseinander.
Das Management vieler Varianten, die in der Regel über zahlreiche Zwangsbedingungen („constraints") miteinander verkoppelt sind (z. B.: „Motorvariante A bedingt Elektrikvariante B, schließt gleichzeitig Getriebevariante C aus und schränkt Sonderausstattung D ein") steigert die Komplexität zusätzlich und erfordert den Einsatz spezieller Systeme zur Verwaltung umfangreicher und komplexer Datenmengen.

Beide vorgenannten Einflüsse (komplexere Produkte und Prozesse, mehr Varianten) dienen primär der Steigerung der Produktqualität im Sinne einer optimalen Funktionserfüllung. Sie sind jedoch eher kontraproduktiv in Bezug auf Zeitverkürzung („Time to Market") und Kostensenkung, können sogar negative Nebeneffekte auf die Qualität ausüben (z. B. Zuverlässigkeitsprobleme). Dies wird allerdings in Kauf genommen, weil der optimalen Funktionserfüllung zur Erzielung von Innovationsvorsprüngen das größte Wettbewerbspotential zugeschrieben wird.

Um den genannten Anforderungen gerecht werden zu können, insbesondere um den im vorstehenden Absatz genannten Zielkonflikt auflösen zu können, stehen den Unternehmen unterschiedliche Maßnahmen zur Verfügung, von denen einige eher organisatorischer Art, andere eher technischer Art sind.

Eher organisatorische Maßnahmen sind:

- Ein generell näheres Zusammenrücken der vor der Produktion liegenden Unternehmensbereiche[2], um schneller auf sich ändernde Gegebenheiten des Marktes reagieren zu können.
- Produktentwicklung und Herstellungsplanung rücken enger zusammen, werden zur Zeitersparnis parallelisiert („Simultaneous Engineering", SE) beziehungsweise große Aufgabenblöcke in der Produktentwicklung werden in kleinere zerlegt, die wiederum parallelisiert („Concurrent Engineering", CE) und in Teamarbeit durchgeführt werden.
- Neue Aufgabenverteilungen innerhalb des eigenen Unternehmens und zwischen Unternehmen: Beispiele sind Umstrukturierungen von Unternehmen (z. B. Zusammenlegung von Konstruktion und Arbeitsplanung), Verlagerung von Entwicklungs- und Planungsaufgaben auf entsprechend spezialisierte Zulieferer („Supplier Integration") und/oder auf externe Dienstleister („Outsourcing") bis hin zum Konzept der kollaborativen Entwicklung/Planung in örtlich verteilten Teams, die in verschiedenen Zeitzonen so angeordnet sind, dass der Entwicklungs- und Planungsprozess ohne Unterbrechung rund um die Uhr läuft („Follow the Sun").

---

[2] Ein typischer Vertreter eines solchen Ansatzes ist die Integrierte Produktentwicklung (beispielsweise [Olss-1985, AnHe-1987, Burc-2001, Ehrl-2007]).

- Teile der Produktion, zunehmend aber auch Teile der Produktentwicklung, werden komplett in Länder mit (zum Teil deutlich) niedrigeren Personalkosten verlagert, wobei hierbei Fragen nach der dort vorhandenen Arbeitsgüte, der Kompatibilität der erzielten Ergebnisse und der Schutz des eigenen Know-hows von wesentlicher Bedeutung sind. Diese werden allerdings überlagert von der (politisch begründeten) Forderung nach lokaler materieller und ideeller Wertschöpfung („local content"), beispielsweise in der Flugzeug- und Automobilindustrie.

Eher technische Maßnahmen sind:

- Produktmodularisierung (z. B. Plattform-Strategie, Modulbaukasten), da diese das Variantenmanagement erleichtert und zusätzlich die angesprochenen organisatorischen Maßnahmen zur modifizierten Aufgabenverteilung unterstützt. Sie kann auch dazu dienen, Innovationen auf einzelne Module zu „begrenzen" und dadurch deren Risiko zu minimieren. Diese Modularisierung kann in der Produktplanung oder in der (eigentlichen) Konzeptphase der Produktentwicklung durchgeführt werden.
- Einführung neuer Abläufe und Methoden in den Produktentwicklungsprozess: Hier sind insbesondere Methoden des fertigungs-, montage-, kostengerechten Konstruierens zu nennen bzw. in Englisch Design for Manufacturing (DfM), Design for Assembly (DfA), Design for Cost (DfC). Da die Vielfalt der zu beachtenden Kriterien beständig wächst (z. B. Instandhaltung, Recycling, …) spricht man, in Analogie zu CAx, zusammenfassend auch oft von „DfX" (Design for X mit X = Manufacturing, Assembly usw.).
- Systematischer Einsatz und konsequente Weiterentwicklung rechnerunterstützter Methoden, Vorgehensweisen und Werkzeuge in der Produktentwicklung bis zur Freigabe des Produkts zur (Serien-) Produktion. Dies ist der Themenfokus dieses Buches. Der folgende Abschn. 1.2 gibt hierzu einen ersten Überblick.

Technische Maßnahmen werden durch die organisatorischen stark beeinflusst: Insbesondere müssen die Methoden und Werkzeuge in der Produktentstehung auf die neue Aufgabenverteilung zwischen Abteilungen, Standorten, Unternehmen, Zulieferern, Kunden usw. abgestimmt werden, so dass neue Formen der Kommunikation und Kooperation untereinander verfolgt und unterstützt werden müssen. Solche Formen müssen vor allem die Interaktionen innerhalb von Teams bzw. Gruppen zulassen und die Kooperation zwischen mehreren Problemlösern fördern, indem eine gemeinsame virtuelle Umgebung für Kommunikation und Zusammenarbeit an komplexen Produktmodelldaten innerhalb eines Verbundes sowie Visualisierung, Aufbau und Analyse virtueller Produktmodelle ermöglicht werden.

Grundsätzliche Änderungen in organisatorischen und technischen Maßnahmen werden sich im Zuge der zunehmenden Verschmelzung von Produktionstechnologien und IT-Technologien ergeben. Die damit verbundenen Änderungen und (neuen) Aktivitäten werden in Deutschland unter dem Stichwort „Industrie 4.0" zusammengefasst. Diese wird als logische Folge der bisherigen industriellen Revolutionen angesehen.

- In der ersten industriellen Revolution ging es um die Mechanisierung und Industrialisierung der bis dahin auf Manufakturen basierten (Einzel-) Produktion.

- In der zweiten konnte durch den Einsatz des Fließbands (H. Ford) die Massenfertigung erreicht werden, wenn auch mit geringer Variantenvielfalt.
- In der dritten begann die Automatisierung der Produktion durch den zunehmenden Einsatz von IT-Systemen, insbesondere durch die Einführung von speicherprogrammierbaren Steuerungen für Werkzeugmaschinen, so dass erste Individualisierungen von Produkten möglich wurden, die später in das Mass Customisation mündeten.

Durch die angestrebte Verschmelzung soll einerseits erreicht werden, dass zu jedem Zeitpunkt des Produktlebenszyklus (also von der ersten Idee bis zum Lebensende) auf der IT-Seite ein digitales Abbild mitgeführt wird[3], das den jeweils aktuellen Zustand dieses Produkts in einem sich entsprechend ändernden Produktmodell widerspiegelt. Das bedingt allerdings, dass in der Produktentwicklung bereits bei Aufbau und Verarbeitung der 3D-Modelle mit CAx-Anwendungen alle für das digitale Abbild erforderlichen Strukturen und Formate berücksichtigt werden müssen. Damit lassen sich beispielsweise alle Änderungen, denen ein Produkt unterzogen wird, im Vorhinein am digitalen Abbild simulieren und bewerten, bevor sie für die Produktion oder (während der Nutzungsphase) für den Service freigegeben werden, und damit entsteht eine deutlich höhere Sicherheit bei der Entscheidung über solche Änderungen. Insofern kommt es zu fühlbaren Änderungen in Organisation und Technik der rechnerunterstützten Produktentwicklung.

Einerseits Voraussetzungen für Industrie 4.0, andererseits dessen Ergebnisse sind „intelligente" Produkte[4] („smart products") mit entsprechend vielfältigen Dienstleistungen. Die Basis dafür bilden intelligente, kommunikationsfähige, mechatronische Produkte, sogenannte „Cyber Physical Systems". Smart Products sind „Cyber Physical Systems", die durch intelligente, Internet-basierte Dienste ergänzt werden können. Deren Eigenschaften sind beispielsweise eingebettete Intelligenz (im englischen Sinn) mit der Fähigkeit zu autonomem Verhalten, d. h. selbst Entscheidungen zu treffen oder sich an unterschiedliche Umgebungen anzupassen, hohe Konnektivität mit anderen Systemen, hohe Benutzungsfreundlichkeit sowie ein hoher Grad von Personalisierbarkeit [WiGe-2017].

Zum anderen soll damit erreicht werden, dass die Produktion in der Zukunft nicht nur bereits bei Losgröße 1 durchführbar wird, sondern dass die Steuerung der Produktion nicht mehr von außen über (beliebig komplizierte) Algorithmen erfolgen muss (die sekundengenau vorgeben, wann welches entstehende Bauteil an welcher Bearbeitungsstation mit welchen Materialen und Werkzeugen bearbeitet wird), sondern ein solcher Produktionsdurchlauf möglich wird, bei dem das entstehende Produkt den Takt und die

---

[3] Der Begriff „Digitales Abbild" weist auf den (laufend erfolgenden) Vorgang der Abbildung eines realen Objekts in ein rechnerinternes Modell in beliebiger Vollständigkeit und Granularität hin. Weitere Begriffe hierzu sind „Digital Layer" oder (firmenspezifisch) „Digitaler Zwilling" bzw. „Digital Twin".

[4] Die Bedeutungen des Begriffs „Intelligenz" unterscheiden sich in der deutschen und in der englischen Sprache. Im Deutschen ist dies der übergeordnete Begriff für die kognitive Leistungsfähigkeit des *Menschen*. Im Englischen bedeutet er in (dem hier verwendeten) Zusammenhang mit Rechnersystemen die Fähigkeit eines *Systems*, seine Umgebung wahrzunehmen und Maßnahmen zu ergreifen, die seine Erfolgschancen maximieren.

Bearbeitungsreihenfolge anhand der jeweils aktuellen Situation selbst „entscheiden" kann. Dieses ist natürlich mit gravierenden Änderungen in der Gestaltung von Fertigungstechnologien (Verringerung der Vielfalt der Fertigungsverfahren, was beispielsweise durch additive oder generative Verfahren erreicht werden kann), bei Bearbeitungsstationen (Tendenz zu universelleren und autonomeren Maschinen) und der Logistik (Notwendigkeit zu einer anderen Lagerungsstrategie) verbunden.

1.2   Ursprünge und Entwicklungen von CAx

Die ersten Forschungs- und Entwicklungsarbeiten auf dem Gebiet CAx reichen mehr als 50 Jahre zurück. Tab. 1.1 gibt einen historischen Überblick über die wichtigsten Werkzeuge zur Rechnerunterstützung.

Tab. 1.1 Historische Entwicklung CAx (siehe auch [GRLR-1992, Vajn-1993, VWSS-1994, Arno-2001])

ab 1940	Theoretische Vorarbeiten zur numerischen Lösung von Differenzialgleichungssystemen, die komplexe physikalische (insbesondere mechanische) Vorgänge beschreiben, die später zur Finite-Elemente-Methode (FEM) führten. Die Bearbeitung mithilfe von (z. T. noch analogen) Computern wurde bereits vorausgedacht und ausprobiert.
ca. 1950	Erste Arbeiten auf dem Gebiet der numerischen Steuerung von Werkzeugmaschinen am Massachusetts Institute of Technology (MIT), Servomechanism Laboratory. Hintergrund war ein von der US Air Force gefördertes Projekt zur Herstellung geometrisch komplexer Bauteile (Schaufeln für militärische Flugtriebwerke). Maßgeblich beteiligt: Parsons Corporation, Aircraft Division (Zuliefer-Unternehmen).
1952	Demonstration der ersten NC-Werkzeugmaschine am MIT (umgebaute 3-Achsen-Fräsmaschine von Cincinnati) mit einem Lochstreifen als Datenträger.
1954	Erster programmierbarer Roboter von G. Devol
1954/55	Artikelserie von John H. Argyris (Universität Stuttgart) auf dem Gebiet der linearen Strukturanalyse [Argy-1955].
1955	Vorstellung der ersten kommerziellen NC-Werkzeugmaschine (5-Achsen-Fräsmaschine, Giddings & Lewis).
ab 1955	Regelmäßige Nutzung der neuen Technik (NC-Fräsen) in den USA, zunächst weiterhin beschränkt auf den militärischen Bereich. Ausdehnung der NC-Technik auf immer mehr Fertigungstechnologien. Entwicklung der ersten NC-Programmiersprache APT (Automatically Programmed Tools), ebenfalls am MIT.
1956	Artikel über Steifigkeits- und Verformungsberechnungen gepfeilter Flugzeugflügel bei Boeing [TCMT-1956], „Geburtsurkunde" der Finite-Elemente-Methode (FEM).

Tab. 1.1   (Fortsetzung)

	Begriff „CAD" (Computer-Aided Design) geprägt von Douglas T. Ross, Leiter der APT-Entwicklung am MIT [Ross-1956]. In seiner Beschreibung war „CAD" das Akronym für rechnerunterstütztes Entwerfen und Konstruieren. Die Interpretation als Computer Aided Draughting/Drafting, Rechnerunterstütztes Zeichnen, kam erst in den 1970er Jahren im Zuge von Marketingmaßnahmen einiger Anbieter auf. Erstes Unternehmen zur Herstellung programmierbarer Roboter (Unimation, Kurzform von „Universal Automation"), gegründet von G. Devol und J.F. Engelberger.
1957	Erstes kommerzielles NC-Programmiersystem PRONTO von P.J. Hanratty, der in seinem weiteren Berufsleben die Entwicklung von CAD-Software maßgeblich beeinflusste (u. a. Systeme Computervision, Autotrol, Unigraphics, ANVIL) Vorstellung der ersten deutschen NC-Werkzeugmaschine (Fräs- und Bohrmaschine, Schiess AG mit Steuerung von BBC).
1958	Vorstellung des ersten multifunktionalen Bearbeitungszentrums (Kearney & Trecker Corp., „Milwaukee-Matic Model II").
1960	14 deutsche Werkzeugmaschinenhersteller präsentierten NC-Maschinen für verschiedene Technologien auf der Hannover-Messe (u. a. Berliner Maschinenbau, Burkhardt & Weber, Bohle, Collet & Engelhard, Droop & Rein, F. Werner, Heller, H. Kolb, Hüller, Pittler, Scharmann, Waldrich). Begriff „FEM" (Finite-Elemente-Methode) geprägt von R.W. Clough [Clou-1960]. Memorandum von Douglas T. Ross zum Thema CAD [Ross-1960]. Startpunkt des über 10 Jahre lang am MIT laufenden, von der US Air Force geförderten Projektes „Computer-Aided Design for Numerically Controlled Manufacturing Processes". Insofern kann die NC-Technik als „Geburtshelfer" von CAD betrachtet werden.
1963	Neben NC-Maschinen für spanende Fertigungsverfahren erste NC-Schweißmaschinen, Bestückungsautomaten und Wickelmaschinen [Chil-1982]. Erstes universelles FEM-Programm SADSAM (Structural Analysis by Digital Simulation of Analog Methods), entwickelt von R. MacNeal und R. Schwendler. Erstes interaktives CAD-System SKETCHPAD (mit grafischem Bildschirm und Lichtgriffel), entwickelt von I. E. Sutherland am MIT [Suth-1963], Abb. 1.2.

Abb. 1.2 SKETCHPAD – das erste interaktive CAD-System mit seinem Entwickler Ivan Sutherland vor dem Bildschirm [Suth-1963]

Tab. 1.1   (Fortsetzung)

ab 1965	Kommerzielle FEM-Programme für lineare und nichtlineare Analysen: NASTRAN (NASA Structural Analysis Program, MacNeal-Schwendler Corp.), ASKA (Automatic System for Kinematics Analysis, Basis Argyris), ANSYS, MARC. Entwicklung von kommerziellen CAD/CAM-Systemen in den USA, vor allem durch Unternehmen der Flugzeug- und Automobilindustrie, z. B. CADD (McDonnell-Douglas 1966), PDGL (Ford 1967), CADAM (Lockheed 1967). Ein Teil dieser ursprünglich für den Eigenbedarf entwickelten Systeme wird später allgemein vermarktet. Erste Grundlagenarbeiten auf dem Gebiet der 3D-Modellierung: Mathematical Laboratory am MIT (S.A. Coons), Computing Laboratory der Univ. of Cambridge/England (D. Welbourn und A.R.Forrest), Citroën (P. de Casteljau), Renault (P. Bézier).
1966	Yamazaki (Japan) startet die Entwicklung von NC-Maschinen.
ca. 1968	Erste DNC-Konzepte (je nach Interpretation: Direct/Distributed Numerical Control). Zweck ist die Übertragung von NC-Programmen an die Maschine per Datenleitung (am Anfang Telefonverbindungen) anstelle von Lochstreifen.
1969	Gründung erster Unternehmen speziell für die Entwicklung und Vermarktung von CAD/CAM-Systemen, z. B. Applicon, Gerber, Computervision, Calma.
ab 1970	Weiterentwicklung der NC-Programmiersprache APT zu EXAPT (Extended APT) in Deutschland (RWTH Aachen, TU Berlin, AEG, Siemens). EXAPT ist bis heute eines der am weitesten verbreiteten NC-Programmiersysteme. Entwicklung von CAD/CAM-Systemen in Deutschland, hier vornehmlich durch Universitäten und Forschungseinrichtungen, z. B. COMPAC und APS (TU Berlin), DICAD (Universität Karlsruhe), DETAIL2 (RWTH Aachen), PROREN (Universität Bochum). Nutzung und (Weiter-) Entwicklung von CAD/CAM-Systemen in Frankreich, wie in den USA vor allem durch Unternehmen der Flugzeug- und Automobilindustrie, z. B. EUCLID (Matra), CATIA (Aviation Marcel Dassault). Auch diese ursprünglich für den Eigenbedarf entwickelten Systeme werden später allgemein vermarktet.
1972	Erster Volumenmodellierer SynthaVision von MAGI (Mathematics Application Group, Inc.). Das auf einem CSG-ähnlichen Modell basierende System dient allerdings anderen Anwendungen (u. a. Computeranimation), nicht der Konstruktion. Installation des ersten CAD-Arbeitsplatzes in Deutschland bei dem Unternehmen BBC in Mannheim (siehe dazu Abb. 1.3)

Abb. 1.3 Typisches CAD-System der frühen 1970er Jahre: Tastatur und Textbildschirm links zur Dokumentation der alphanumerischen Eingaben des Benutzers und Ausgaben des Systems, monochromer Speicherbildschirm rechts für grafische Darstellungen, Tablett mit Digitalisierstift und auswechselbarer Menütafel zur grafischen Eingabe von Kommandos sowie zum Digitalisieren und Identifizieren von Objekten auf dem Speicherbildschirm [DDOS-2008]

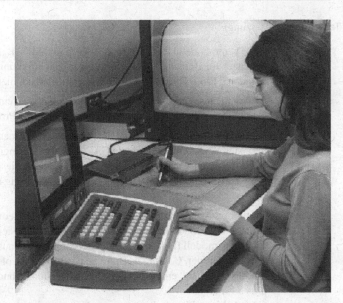

Tab. 1.1   (Fortsetzung)

1973	Erstes Konzept zum Einsatz rechnerunterstützter Systeme zur Integration von Unternehmensbereichen unter dem Stichwort „CIM" (Computer-Integrated Manufacturing) geprägt von J. Harrington [Harr-1973], erst in den 1980er Jahren relevant für die Industrie.
ca. 1976	Erste CNC-Konzepte (Computerised Numerical Control). Durch den Einsatz von Rechnern zur Werkzeugmaschinensteuerung wird eine Programmierung an der Maschine möglich.
1978	Volumenmodellierer PADL (Part and Assembly Description Language), Basis CSG-Modell [VRHF-1978], entwickelt von H. Voelcker u. a. (University of Rochester/USA). Volumenmodellierer BUILD, Basis Flächenbegrenzungsmodell (B-Rep), entwickelt von I. Braid (University of Cambridge/England).
ab 1980	Ausgründungen ISYKON (System PROREN) in Deutschland sowie Matra Datavision (System EUCLID-IS) und Dassault Systèmes (System CATIA) in Frankreich. CAx-Einführung in der Industrie auf breiter Front, zunächst überwiegend auf der Basis zweidimensionaler CAD-Systeme. Dreidimensionale Systeme nur für Spezialanwendungen (z. B. Karosserie-, Formen-, Werkzeugbau), zumeist rein flächenorientiert.
1981	IGES (Initial Graphics Exchange Specification) als erstes genormtes CAx-Schnittstellenformat (US-Norm ANSI Y 14.26 M), zunächst nur 2D-Geometrie.
1982	Gründung der Firma AutoDesk, Einführung von AutoCAD als erstes CAD-System auf PCs, anfangs nur für 2D-Anwendungen.

Tab. 1.1 (Fortsetzung)

1983	Erste kommerzielle Programme FLUENT und FIDAP (Fluid Dynamics Analysis Package) zur Berechnung und Simulation von Strömungsproblemen (CFD, Computational Fluid Dynamics), anfangs konkurrierend, inzwischen fusioniert.
ca. 1985	Aufkommen sogenannter Zeichnungsverwaltungssysteme als CAD-Erweiterung, Ursprung der EDM/PDM-Technologie (Engineering/Product Data Management).
1987	Parametric Technology Corp. (PTC) führt das dreidimensionale, volumenbasierte und parametrisch modellierende CAD-System Pro/Engineer ein. In der Folge entwickeln sich alle CAD-Systeme in diese Richtung und schaffen so die Voraussetzungen für den Übergang in durchgängig dreidimensionale Anwendungen.
1989	Einführung kommerzieller Modellierkerne für 3D-Geometrie: Parasolid (Shape Data) und ACIS (Three Space Ltd.). Beide Kerne basieren auf dem Flächenbegrenzungsmodell (B-Rep) und sind hervorgegangen aus den Grundlagenarbeiten von A.R. Grayer, C. Lang, I. Braid an der University of Cambridge/England (das Akronym „ACIS" ergibt sich sogar aus den Anfangsbuchstaben der Vornamen plus S für „System"). CAx-Anbieter können Lizenzen zur Nutzung eines solchen Kernes erwerben und ihr System darauf aufbauen, ohne selbst den (sehr großen) Aufwand zur Entwicklung eigener Datenstrukturen und Algorithmen treiben zu müssen. In der Folge entsteht eine große Anzahl an CAD-, CAE- und NC-Systemen auf dieser Basis oder existierende Systeme werden darauf umgestellt.
1992	Erste (Vor-) Normen des umfassenden Schnittstellenstandards „STEP" (Standard for the Exchange of Product Model Data) veröffentlicht [ISO-10303].
ab 1995	Zunehmender Umstieg der produzierenden Unternehmen von der zweidimensionalen auf eine durchgängig dreidimensionale Modellierung. Hintergrund sind die Verfügbarkeit entsprechend leistungsfähiger Systeme, der Druck von „Vorreiterbranchen" (z. B. der Automobilindustrie) auf ihre Zulieferer sowie die verbesserte Integrationsfähigkeit dreidimensionaler Modelle (z. B. Übergang CAD/CAE). In der Folge verlieren 2D-Systeme an Bedeutung, ihre Preise fallen erheblich. Weil die Bestände an CAx-Daten immer vielfältiger und umfangreicher werden, rückt, analog zu Aktivitäten im Bereich von Produktion (PPS-Systeme), das Management dieser Daten durch EDM/PDM-Systeme mehr in den Vordergrund. Deutliche Umstrukturierungen und Konzentrationen auf Seiten der CAx-Anbieter durch Übernahmen und Fusionen.
ab 2000	Bei CAD-Anwendungen werden zunehmend neben Parametrik und Feature-Technologie dynamische und freie beziehungsweise historienfreie Modellierungsformen sowie Kombinationen daraus angeboten. Diese werden ergänzt durch leistungsfähige Benutzungsoberflächen, welche die Grenzen zwischen der 2D- und der 3D-Modellierung aufheben. CAx-Systeme erweitern ihren Leistungsbereich weit über die reine 3D-Geometrie-Modellierung hinaus. PDM-Systeme etablieren sich als Basis für die Realisierung des Product Lifecycle Management (PLM).

Tab. 1.1 (Fortsetzung)

	Erste Konzepte entstehen zum Bereitstellen von Softwaremodulen auf Servern außerhalb des Unternehmens mit Zugriff über das Netz zum lokalen Bearbeiten von Aufgaben, so dass nur die Nutzungsdauer eines Moduls bezahlt wird (ASP, Application Software Provision), aber noch nicht zufriedenstellend geklärter Schutz des Firmen-Know-hows.
ab 2005	3D-Volumenmodelle entwickeln sich zu vollständigen Repräsentationen der Produktgeometrie und ihrer Struktur, damit unterschiedlichste CAx-Anwendungen in nachfolgenden Aktivitäten darauf zugreifen können. Durch ganzheitliche Ansätze wie das Systems Engineering steigen die Anforderungen an das 3D-Modell. Erste Beschreibung von Cyber-physischen Systemen und den damit verbundenen Möglichkeiten und geänderten Anforderungen durch Lee [Lee-2008]. CAx-Anbieter werden zunehmend von großen CAx-Anwendern oder anderen CAx-Anbietern übernommen (u. a. kauft UG Solutions die deutsche Tecnomatix in 2005, Siemens übernimmt UG Solutions in 2007, Dassault Systèmes erwirbt in 2005 HKS, den Anbieter des Systems Abaqus zur Finiten-Elemente-Analyse.
ab 2010	In Deutschland wird 2011 der Begriff „Industrie 4.0" geprägt, dessen Umsetzung zu massiven Änderungen bei der 3D-Modellierung mit CAx-Systemen führt. Vergleichbare Ansätze finden sich in Frankreich, in USA und in Japan. CAx-Anwendungen laufen nicht mehr nur über Workstations und PCs, sondern auch über Notebooks, Tablets und (zunehmend) über Smartphones. Das Cloud Computing wird, als Erweiterung von APS und mit besseren Schutzmechanismen, auch für CAx-Anwendungen angeboten.

Aus der historischen Übersicht nach Tab. 1.1 lässt sich ableiten:

- Die Nutzung des Rechners zur Unterstützung der Produktentstehung hat einen wesentlichen Ursprung im Bereich der Fertigungstechnik (NC, CAP, CAM). Hier ging es anfangs in erster Linie um die Steigerung der (Wiederhol-) Genauigkeiten bei der Herstellung geometrisch komplexer Bauteile, bald kam der Aspekt der Rationalisierung und Automatisierung von Fertigungsabläufen hinzu.
- Ein zweiter wesentlicher Ursprung liegt bei der Nutzung des Rechners für Berechnungen und Simulationen (CAE, insbesondere Entwicklung FEM). Hier eröffneten CAD-Systeme später die sinnvolle und weniger fehleranfällige Möglichkeit, das Aufbereiten der Geometriedaten für eine Berechnung (Preprocessing) und das Nachbereiten der Ergebnisse (Postprocessing) graphisch durchführen zu können (früher erfolgte dies alphanumerisch mit umfangreichen Listen, Tabellen und Zahlenkolonnen).
- Der Rechnereinsatz im Kerngebiet Produktentwicklung kam erst später hinzu. Der Fortschritt auf diesem Gebiet war allerdings Voraussetzung dafür, dass sich die CAx-Technologie ab ca. 1980 auf breiter Front durchsetzen konnte und dass die technischen Abläufe in produzierenden Unternehmen in Form von durchgängig rechnerunterstützten Prozessketten abgebildet werden konnten (typischerweise Entwicklung/Konstruktion – Berechnung/Simulation – Produktionsvorbereitung – Produktion – inzwischen bis zur Produktnutzung und Produktablösung).
- Parallel dazu wurden Werkzeuge zur Unterstützung der eher betriebswirtschaftlichen und dispositiven Prozesse geschaffen (z. B. in Einkauf, Kapazitätsplanung, Kalkulation,

Produktionsplanung und -steuerung, Buchhaltung) und sukzessive mit denjenigen auf der technischen Seite verknüpft („CIM", Computer-Integrated Manufacturing).

Grundsätzlich gilt, dass die Evolution von CAx (wie jede rechenintensive Anwendungssoftware) stark von den Innovations- und Technologieschüben der Rechnerhardware abhängig war und ist. So wurden die ersten Vorarbeiten auf dem Gebiet CAE (Berechnung) in den 1940er Jahren bereits auf Analogrechnern[5] durchgeführt. Durchbrüche auf diesem und den anderen Gebieten gelangten aber erst, nachdem in den 1940er Jahren die ersten digitalen Computer vorgestellt und in den 1950er Jahren kommerziell (und vergleichsweise leicht) verfügbar wurden. Zu diesen Entwicklungsschüben gehören beispielsweise

- die Erfindung des Transistors im Jahr 1947[6],
- die Einführung des Transistors in die Computertechnik (erstmals 1953/54 praktisch zeitgleich an der University of Manchester/England und den Bell Telephone Laboratories vorgestellt, flächendeckend eingeführt ab 1957) als Ersatz für die chronisch unzuverlässige und energieintensive Röhren- oder gar Relaistechnik sowie
- die Erfindung des integrierten Schaltkreises (Integrated Circuit, IC) im Jahr 1958[7], durch den mehrere Transistoren (heute: VLSI – „very large scale integrated" – mit mehreren Millionen Transistoren) in einem Bauteil, dem so genannten Chip, vereinigt werden, und dessen Einführung in die Computertechnik etwa um 1970.

Die in Tab. 1.1 beschriebenen CAx-Entwicklungen folgten diesen und den weiteren Entwicklungsschritten auf dem Gebiet der Computer-Hardware, die von den zentralen Großrechnern (Mainframes, 1960er Jahre) über Mini-Computer („mini" in Relation zu Großrechnern, 1970er Jahre) und Arbeitsplatzrechnern (Workstations, 1980er Jahre) bis zu den bis heute vorherrschenden Personal Computern (PCs, ab 1981), Notebooks, Tablets und Smartphones führte. Im Einzelnen sei hierauf nicht eingegangen, eine kurze Übersicht über die Geschichte der Computertechnik sowie über die heute übliche CAx-Hardware gibt Abschn. 3.1.1, weitere Informationen zu Inhalten und Entwicklungen von einzelnen CAx-Systemen finden sich in den entsprechenden Kapiteln.

Die derzeitige CAx-„Landschaft", also die Klassen existierender CAx-Systeme mit ihrer groben Zuordnung zu den Phasen des Produktlebenszyklus veranschaulicht Abb. 1.4. Dazu erläutert Tab. 1.2 die verschiedenen im CAx-Umfeld gebräuchlichen Abkürzungen.

---

[5] In einem Analogrechner werden mathematische Funktionen durch elektrische Systeme analogen Verhaltens nachgebildet. Zur Programmierung werden diese Systeme gemäß den Vorgaben auf einem Steckbrett über Kabel verbunden. Eingangsgrößen werden von Potentiometern (für konstante Werte) und von Funktionsgebern (z. B. Sinusgenerator) bereitgestellt. Der Analogrechner hat eine hohe Rechengeschwindigkeit, da er alle Operationen parallel bearbeitet. Sein Einsatzfeld war überall dort, wo Eingangs- oder Ausgangsgrößen kontinuierlich vorliegen müssen. Obwohl vom Digitalrechner abgelöst, werden Analogrechner noch sporadisch für spezielle Aufgaben der Prozessregelung in der Verfahrenstechnik eingesetzt.

[6] John Bardeen, Walter H. Brattain und William B. Schockley, Bell Telephone Laboratories, die hierfür im Jahr 1956 den Nobelpreis für Physik erhielten.

[7] Praktisch zeitgleich und unabhängig voneinander Jack Kilby, Texas Instruments, und Robert Noyce (der spätere Mitgründer von INTEL), Fairchild Semiconductor.

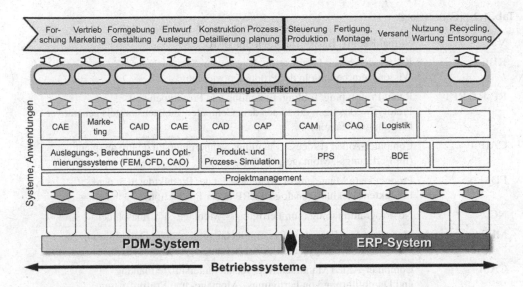

Abb. 1.4 Aktuelle „CAx-Landschaft". Der senkrechte Strich zwischen Prozessplanung und Fertigungssteuerung bezeichnet den Zeitpunkt der Fertigungsfreigabe

Tab. 1.2 Erläuterung von Abkürzungen und Akronymen im CAx-Umfeld

CAD	Computer-Aided Design, rechnerunterstütztes Konstruieren. Weitere, heute kaum noch verwendete Bedeutung: Computer-Aided Draughting/Drafting, rechnerunterstütztes Zeichnen
CAE	Computer-Aided Engineering, hier im Sinne von Berechnen/Simulieren verwendet. Die wichtigsten Systemklassen sind: – FEM/FEA: Finite-Elemente-Methode/-Analyse – CFD: Computational Fluid Dynamics (rechnerunterstützte Strömungssimulation) – Werkzeuge für die dynamische Simulation Hinzu kommt eine Vielzahl spezieller, zumeist auf konventionellen Verfahren basierender Berechnungsprogramme, teilweise für Standardanwendungen (z. B. Nachweisrechnungen für Maschinenelemente), teilweise für branchen- oder sogar firmenspezifische Fragestellungen. Eine weitere Bedeutung ist Computer-Aided Electronics, die die Anwendung der Rechnerunterstützung bei Auslegung und Konstruktion elektronischer Bauteile beschreibt
CAID	Computer-Aided Industrial Design, Systeme zur rechnerunterstützten Formgebung im Sinne des Technischen Designs
CAO	Computer-Aided Optimisation, rechnerunterstütztes Optimieren Eine weitere Bedeutung ist Computer-Aided Office zur Beschreibung von rechnerunterstützten Systemen im Büro
CAT	Computer-Aided Tolerancing, rechnerunterstützte Toleranzvergabe und -analyse Eine weitere Bedeutung ist Computer-Aided Testing
DMU	Digital Mock-up, Aufbau von digitalen Prototypen im Computer

Tab. 1.2   (Fortsetzung)

VR	Virtual Reality, Basistechnologie für DMU
KBE	Knowledge-based Engineering, Einsatz von Systemen der Wissensverarbeitung in der Produktentwicklung
RP, RT, RPT	Rapid Prototyping/Tooling, Erstellung von Prototypen bzw. Prototypwerkzeugen direkt aus dem Computer (meistens mittels generativer Fertigungsverfahren)
CA(P)P	Computer-Aided (Process) Planning, rechnerunterstützte Prozessplanung (für Fertigungs-, Montage-, Prüfprozesse)
PDM	Product Data Management, Management der Produktdaten in der Produktentwicklung (analog zu ERP in der Produktion)
NC	NC-Programmierung (von Fertigungs-, Montage-, Prüfmaschinen)
MES	Manufacturing Execution System, rechnerunterstützte Durchführung von Fertigungs-, Montage- und Prüfprozessen
CAM	Computer-Aided Manufacturing, rechnerunterstützte Planung und Durchführung von Fertigungs-, Montage- und Prüfprozessen (Zusammenfassung CA(P)P, NC, MES)
CAQ	Computer-Aided Quality Assurance, rechnerunterstützte Qualitätssicherung
ERP	Enterprise Resource Planning, Planung aller Betriebsmittel eines Unternehmens
PPS	Produktionsplanung und –steuerung
BDE	Betriebsdatenerfassung
PLM	Product Lifecycle Management, konsequente Vorausplanung aller Produkt-Lebensphasen mit Erfassung und Auswertung der dabei anfallenden Daten. PLM ist kein System, sondern ein Konzept zum umfassenden Produkt- und Prozessmanagement über das gesamte Produktleben, das dadurch andere Vorgehensweisen in der Produktentstehung und den Einsatz vieler Systeme erfordert

1.3   Einsatz von CAx

Die Verbreitung von CAx-Systemen ist in vielen Branchen weit fortgeschritten. In den Unternehmen, insbesondere in den Branchen Automobil und Flugzeugindustrie, aber auch in der Investitionsgüter- und Konsumgüterindustrie, ist ein breites Wissen über CAx vorhanden, die Anwendung dieser Systeme ist alltäglich geworden und, zumindest im Alltagsgeschäft, keine Sache von Spezialisten mehr – damit auch nicht mehr „aufregend" und auch nicht unbedingt im Fokus des Management (auch daraus ersichtlich, dass es kaum noch „richtige" CAx-Abteilungen in den Unternehmen gibt). Aber ohne die vielfältigen CAx-Anwendungen könnten viele gängige Produkte (etwa Automobile, Flugzeuge, aber auch Konsumgüter wie Mobiltelefone und Rasierapparate) mit dem erwünschten Funktionsumfang in der vom Markt vorgegebenen knappen Zeit und in der für den Markterfolg erforderlichen Qualität gar nicht entwickelt und nicht zu akzeptablen Preisen produziert werden (Abb. 1.5):

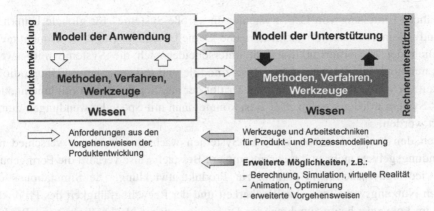

Abb. 1.5 Erweiterung der Möglichkeiten in der Produktentwicklung durch CAx-Systeme

- Da die Leistungsfähigkeit der CAx-Systeme in den ersten Jahrzehnten noch nicht sehr hoch war, wurden sie in der Produktentwicklung primär zur rechnerunterstützten Nachbildung der (bewährten) Methoden, Verfahren und Werkzeuge des methodischen Konstruierens und des Technischen Zeichnens verwendet. Die vorhandenen (und ebenfalls bewährten) Modelle der jeweiligen Anwendung wurden dabei unverändert in das entsprechende Modell der Rechnerunterstützung übernommen. Die Ausbildung der Anwender konzentrierte sich dabei auf eine möglichst geschickte Handhabung der Kommandos des CAx-Systems. Der Nutzen der Rechnerunterstützung (im wesentlichen als „elektronisches Reißbrett") resultierte hierbei aus einer (teilweise deutlichen) Verkürzung der Bearbeitungszeit und einem Minimieren von Fehlern bei der Bearbeitung.
- Heute bieten aktuelle CAx-Systeme eine Vielzahl von neuartigen und erweiterten Methoden, Verfahren und Werkzeugen an, für die es keine Entsprechung mehr im methodischen Konstruieren oder im Technischen Zeichnen gibt (beispielsweise räumliches Modellieren, Parametrik, Featuretechnik und virtuelle Realität). Aus diesen resultieren sehr umfangreiche und leistungsfähige Modelle der Rechnerunterstützung. Dadurch ergeben sich signifikant erweiterte Möglichkeiten zur Produktmodellierung, die damit auch zu neuen Formen methodischer Vorgehensmodelle in der Produktentwicklung führen (siehe dazu auch Kap. 2). Die Nutzen einer CAx-Anwendung resultieren hierbei primär aus der Tatsache, dass der Anwender durch die ganzheitliche Rechnerunterstützung und durch die Verlagerung von komplexen Routineaufgaben auf das CAx-System mehr Zeit und Möglichkeiten für kreatives Arbeiten zur Verfügung hat[8]. Auswirkungen seiner Entscheidungen kann er durch die weitgehende Simulation des Produktlebens frühzeitig erkennen. Zudem können die Nutzen deutlich gesteigert werden, wenn entsprechend in die Ausbildung der Anwender und in die Entwicklung der neuen Anwendungsmodelle und Vorgehensweisen investiert wird.

---

[8] Es gibt noch Unternehmen, die diese Möglichkeiten nur zur reinen Zeitverkürzung einsetzen und somit die Gelegenheit zur Verbesserung von Leistungsfähigkeit und Qualität ihrer Produkte außer Acht lassen. Dadurch wird aber der weitaus größere Teil des Rationalisierungspotentials von CAx-Systemen nicht genutzt.

Die frühere Einteilung von CAx-Systemen in „große Systeme" für globale Unternehmen und „kleinere Systeme" für mittlere und kleine Unternehmen gilt heute nicht mehr. Bezüglich der Modellierfunktionalität unterscheiden sich die Systeme mittlerweile kaum, nur noch bei der Anzahl der Zusatzmodule und teilweise bei der Integrationsfähigkeit. In vielen Fällen könnten zwei Drittel der anfallenden Arbeit mit einem „kleineren" System erledig werden. Der Rest könnte dann mit Spezialanwendungen durchgeführt werden.

Durch den breiten Einsatz von CAx-Systemen wachsen zudem die verschiedenen Anwendungsgebiete mehr und mehr zusammen: Beispielsweise verläuft die Formgebung (Industriedesign) zunehmend parallel zur Produktentwicklung. Die Simulationen des späteren Nutzungsverhaltens, der Wartbarkeit und der Recyclingfähigkeit des Produktes stehen im Fokus der heute zunehmenden Diskussion um die Nachhaltigkeit von Produkten. Schließlich werden in der Mechatronik mechanische mit elektrischen, elektronischen und informationstechnischen Effekten und Objekten verbunden, da Vielfalt und Anzahl mechatronischer Produkte stark zunehmen (beispielsweise alle Produkte der Unterhaltungs- und der Kommunikationsindustrie).

Immer ist es dabei das Ziel, CAx so zu verwenden, dass die relevanten Entscheidungen während der Entstehung eines Produktes zum spätestmöglichen Zeitpunkt und unter Berücksichtigung möglichst vieler Einflussfaktoren (auch aus anderen Bereichen als der Produktentwicklung) getroffen werden können, nachdem verschiedene Alternativen möglichst realitätsnah simuliert und bewertet wurden, Abb. 1.6. Durch den CAx-Einsatz können in der Produktentstehung wesentlich mehr potenzielle Fehlentwicklungen früher erkannt und mit geringerem Aufwand behoben werden (durchgezogene Linien in Abb. 1.6) als ohne den CAx-Einsatz (gestrichelte Linien in Abb. 1.6).

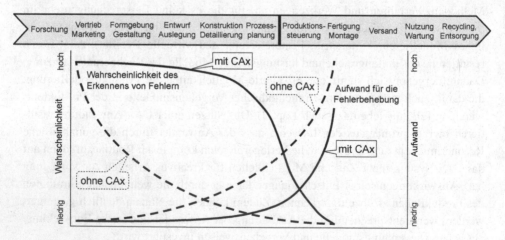

Abb. 1.6 Fehlererkennung und Fehlerbehebung

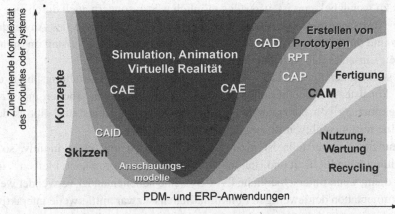

Abb. 1.7 Anteile und Verwendung von CAx in der Produktentstehung (nach einer Vorlage in [Otto-2004])

Eine allgemeine Übersicht über die Anwendung von CAx-Systemen zeigt Abb. 1.7, aus der einerseits erkennbar ist, dass eine zunehmende Komplexität des entstehenden Produkts den immer früheren Einsatz dieser Systeme erforderlich macht. Andererseits ist der Einsatz vielfältiger CAx-Anwendungen noch kein Garant für eine erfolgreiche Produktentwicklung. Wie auch im Kap. 2 gezeigt wird, kann ohne tragfähige Produktkonzepte und ohne ein solides Fundament geeigneter Vorgehensweisen und anzuwendender Methoden, Verfahren und Werkzeuge kein leistungsfähiges Produkt in der heute vom Markt geforderten Qualität und Lieferzeit entstehen.

Es soll an dieser Stelle nicht verschwiegen werden, dass trotz der großen Verbreitung von CAx-Systemen und der beeindruckenden Ergebnisse ihrer vielfältigen Anwendungen noch Probleme vorhanden sind, deren Lösung eigentlich dringlicher ist als die Zunahme der Leistungsfähigkeit der CAx-Anwendungen (wobei die Leistungsfähigkeit derzeit mehr im Detail, ohne spektakuläre Sprünge anwächst):

- Die Ausbildung der Anwender hält nach wie vor nicht Schritt mit der wachsenden Leistungsfähigkeit der Systeme. Der Gedanke, dass ein komplexes Werkzeug zu seiner wirtschaftlichen Nutzung auch ein entsprechend aufwendiges Training benötigt, ist immer noch nicht ausreichend in den Unternehmen akzeptiert.
- Die vorhandene Leistungsfähigkeit wird nicht ausreichend genutzt (trotz der hohen Verbreitung werden heute nur durchschnittlich 10–15 % der angebotenen Leistungsfähigkeit auch verwendet[9]). Das ist nicht nur bedingt durch die fehlende Ausbildung

---

[9] Ein Phänomen, das nicht nur bei fast jeder Software, sondern auch bei der Nutzung von „Geräten des Alltags" (wie beispielsweise für Kommunikation und Unterhaltung) zu finden ist.

(so dass zu wenig bekannt ist, was alles möglich wäre), sondern auch durch eine mangelhafte Anpassung des Systems an die spezifischen Bedürfnisse des Anwendungsbereichs und durch nicht ausreichende Vorbereitung einer Arbeitssitzung im Sinne des optimalen Einsatzes der vorhandenen CAx-Werkzeuge.

• CAx-Systeme unterstützen nach wie vor im wesentlichen die Gestaltungsphase, da sie für eine konsistente Modellierung mit exakten Geometriedaten arbeiten müssen. Für die Unterstützung von konzipierenden und entwerfenden Tätigkeiten gibt es derzeit noch keine leistungsfähigen Lösungen.

• Die Benutzungsschnittstelle ist nicht immer konsistent und nicht intuitiv, so dass Anwendungsfreundlichkeit und Handhabung der Systeme kompliziert bleiben[10], insbesondere dann, wenn unterschiedliche CAx-Systeme nebeneinander verwendet werden. Die Dokumentation der jeweiligen Funktionalitäten ist zwar mittlerweile interaktiv und auf dem Netz verfügbar, aber nicht immer der Arbeitstechnik des Anwenders angepasst, teilweise noch unübersichtlich und nicht immer dem aktuellen Leistungsstand des Systems entsprechend.

• Die Häufigkeit der Aktualisierung von CAx-Systemen ist mit ein- bis zweimal pro Jahr zu hoch. Zwar enthält eine neue Version zahlreiche Verbesserungen und Neuerungen, verbunden damit sind aber auch Aktualisierungsarbeiten am Datenbestand und die jedes Mal erforderliche Anpassung an die jeweilige Systemlandschaft im Unternehmen. Hier ist ein flexibleres Vorgehen gefordert, das mehr den Bedürfnissen der Anwender und nicht so sehr den Geschäftsinteressen der Hersteller und Anbieter entspricht.

• Auch wenn der nun in der Breite erfolgende Einsatz von PDM-Systemen sehr viel zur Verbesserung beigetragen hat, ist doch die Sicherheit von Daten, insbesondere bei verteilten Anwendungen, immer noch als kritisch zu bezeichnen. Auch gestaltet sich das Wiederfinden einmal erzeugter Daten als schwierig, so dass dadurch viele Nutzen der CAx-Anwendung wieder verloren gehen.

Positiv ist zu vermerken, dass das Thema Schnittstellen zwischen den verschiedenen CAx-Systemen derzeit als weniger kritisch wahrgenommen wird, da es immer weniger verschiedene Modellierkerne auf dem Markt gibt. Derzeit nutzen fast 80 % der auf dem Markt befindlichen Systeme lediglich drei Modellierkerne (Parasolid, ACIS, Pro/Engineer) und deren Derivate. Ein Datenaustausch zwischen drei Modellierkernen lässt sich einfach und effektiv realisieren[11].

Neben diesen allgemeinen Ausführungen sollen mit der Mechatronik und dem Anlagenbau zwei Einsatzgebiete für CAx kurz vorgestellt werden, die aufgrund ihrer Komplexität

---

[10] Das könnte daran liegen, dass CAx-Systeme überwiegend von Mathematikern und Informatikern entwickelt werden, denen es nicht immer gelingt, die Vorgehensweisen eines Anwenders in das CAx-System abzubilden. Folglich müssen sich die Anwender zunächst mit der speziellen Vorgehensweise, die ihnen das jeweilige System vorgibt, vertraut machen. Damit ist aber eine intuitive Anwendung, die aus der Problemstellung resultiert, nur eingeschränkt möglich, da sie von den Möglichkeiten des jeweiligen Systems beschränkt wird.

[11] Allerdings verlagern besonders große Unternehmen das Schnittstellenproblem an die Zulieferer, die dadurch gezwungen sind, ihre Daten im Format des jeweiligen CAx-Systems des Auftraggebers zu liefern, auch wenn sie selbst dieses System gar nicht verwenden.

die Einbeziehung vieler verschiedener CAx-Anwendungen erforderlich machen und in denen die Verbreitung der CAx-Anwendungen noch nicht so sehr ausgeprägt ist wie beispielsweise in der Automobil- und in der Flugzeugindustrie.

• Es wurde bereits erwähnt, dass die Mehrzahl der Produkte der Kommunikations- und der Unterhaltungsindustrie, aber auch beispielsweise der optischen Industrie mechatronischer Natur ist. *Mechatronik* bedeutet hierbei die intelligente Verbindung sowie gleichzeitige und gleichwertige Berücksichtigung der Lösungskonzepte aus Mechanik (u. a. mit Antriebstechnik und Maschinendynamik), Hydraulik, Pneumatik, Optik, Messtechnik und Regelungstechnik, Elektrik, Elektronik (Sensorik) und Informationsverarbeitung. Im Vordergrund einer mechatronischen Produktentwicklung steht das Zusammenwirken von konstruktiver Gestaltung, Auslegung und Anordnung des Produkts, von Sensoren, Steuer- und Regelungseinrichtungen zu einer integrierten Lösung vor allem in der Konzeptphase und die Unterstützung dieser Aktivitäten von geeigneten CAx-Systemen. Gerade wegen der Vielfalt der Anwendungsgebiete kommt in der Mechatronik den konsistenten und miteinander kompatiblen Produktmodellen bei der rechnerunterstützten Simulation zur Analyse, Bewertung, Auslegung und Optimierung eine sehr große Bedeutung zu [ZeHS-2006]. Ausführlicher wird der mechatronische Ansatz in den Kapiteln 2 und 4 beschrieben.

• Ziel des Rechnereinsatzes im *Anlagenbau* ist die vollständige Abbildung aller Anlagekomponenten, u. a. Gebäude, Anlagenlayout, Anlagen, Rohrleitung, Schaltpläne, Prozesse usw. Deren möglichst vollständige rechnerunterstützte Modellierung dient der Erhöhung der Planungssicherheit bei der Konzeption einer Anlage, da Anlagen sowie Prozessinformationen miteinander gekoppelt verwendet werden müssen. Da es sich in der Regel um Einzelanfertigungen handelt, ist die vorherige Simulation von Aufbau und Betrieb von großer Bedeutung. Dazu gehört die Bestimmung des optimalen Anlagenlayouts, da bei einer komplexen Anlage zahlreiche Möglichkeiten existieren, sie mit all ihren Komponenten in einem vorgegebenen Gebäude zu platzieren und diese Layouts zu bewerten. Dabei erlaubt die Gebäudesimulation die Beurteilung des thermischen Verhaltens des gesamten Gebäudes und kann dadurch zur Auslegung von Klima- oder Abluftanlagen dienen. Spezielle Strömungssimulationen erlauben nicht nur die Simulation der beabsichtigten Prozesse, sondern ermöglichen es auch, die Verbreitung von Partikeln zu berechnen. Dies kann vor allem in sicherheitskritischen Bereichen dazu verwendet werden, um die Ausbreitung gefährlicher Stoffe bei Unfällen zu ermitteln [PZVS-2001]. Der einfache Zugriff auf alle relevanten Daten ist vor allem bei Erweiterung, Modernisierung sowie Wartung und Instandhaltung einer Anlage von großer Bedeutung. Schwer zugängliche oder verteilte Daten treiben hier den Aufwand und damit die Kosten in die Höhe. 85 % der Kosten im Lebenszyklus einer Anlage sind durch den Umgang mit Informationen bedingt, wobei 75 % dieser Kosten technischer Natur sind [Proc-2006].

Für die Zukunft von CAx ist zu erwarten, dass die Modellierung einerseits durch das kontextsensitive Bereitstellen von Wissen (das aus dem gesamten Lebenszyklus des Produktes stammt und alle dazu benötigten Methoden, Vorgehensweisen und Werkzeuge umfasst), andererseits durch erprobte Lösungselemente und Verfahren unterstützt wird. Es wird möglich werden, laufend die Güte des gerade modellierten Produktes mit den

Anforderungen zu vergleichen („Design Spell Checker"), so dass Fehlentwicklungen so früh wie möglich entdeckt und so kostengünstig wie möglich behoben werden können.

Bei einer solchen vielseitigen Unterstützung ist es erforderlich, dass sich die Schnittstellen zum Benutzer nicht mehr überwiegend statisch wie heute, sondern sich immer intuitiver verhalten und sich dabei permanent den individuellen Gegebenheiten anpassen können. Beispielsweise sollten zukünftige CAx-Systeme anhand der Vorgehensweise des Benutzers „merken" können, ob dieser ein Anfänger, Gelegenheitsnutzer oder ein „Meister" ist – entsprechend würden sich die Schnittstellen anpassen (indem beispielsweise ein Anfänger mehr geführt wird als der Meister), die erforderlichen Softwaremodule kontextsensitiv aktivieren und das dazu benötigte Auslegungs- und Nutzungswissen bereitstellen. Damit wird es auch möglich, dass sich die Systeme in ihrer Handhabbarkeit mehr und mehr der Intuition, den Erwartungen und Bedürfnissen der Benutzer entsprechend verhalten, so dass, trotz gestiegenem Leistungsumfang, sich der Lernaufwand für den Anwender eher verringern wird und die Nutzen von CAx-Anwendungen noch klarer sichtbar und bestimmbar werden.

Literatur

[Argy-1955]   Argyris, J. H.: Energy Theorems and Structural Analysis (Artikelserie, Teil 1–6). Aircraft Engineering; Vol. 26 (1954) 10, S. 347–356; Vol. 26 (1954) 11, S. 383–387 & 394; Vol. 27 (1955) 2, S. 42–58; Vol. 27 (1955) 3, S. 80–94; Vol. 27 (1955) 4, S. 125–134; Vol. 27 (1955) 5, S. 145–158. Die Artikelserie wurde später in überarbeiteter Form als Buch veröffentlicht: [Argy-1960] Argyris, J. H.: Energy Theorems and Structural Analysis. Butterworths Scientific Publications, London (1960)

[Arno-2001]   Arnold, H. M.: The Recent History of the Machine Tool Industry and the Effects of Technological Change. Ludwig-Maximilians-Universität München, Institut für Innovationsforschung, Technologiemanagement und Entrepreneurship, Arbeitspapier, (siehe auch www.inno-tec.bwl.uni-muenchen.de/forschung/) (2001)

[Chil-1982]   Childs, J .J.: Principles of Numerical Control, 3. Aufl. Industrial-Press-Verlag, New York (1982)

[Clou-1960]   Clough, R. W.: The Finite Element Method in Plane Stress Analysis. Proceedings of the 2nd ASCE (American Society of Civil Engineers) Conference on Electronic Computation.

[DDOS-2008]   CGI Historical Timeline. Seite des Departments of Design der Ohio State University. http://design.osu.edu/carlson/history/timeline.html (2008). Zugegriffen: 20. Aug. 2008

[GrLR-1992]   Grabowski, H., Langlotz, G., Rude, S.: 25 Jahre CAD in Deutschland: Standortbestimmung und notwendige Entwicklungen. In: [VDI-1993]

[Harr-1973]   Harrington, J.: Computer Integrated Manufacturing. Robert E. Krieger Publishing Co., Malabar, FL (1973)

[ISO-10303]   ISO DIS 10303: Industrial Automation Systems, Product Data Representation and Exchange. International Organization for Standardization, Genf (1992) ff

[Lee-2008]   Lee, E. A.: Cyber Physical Systems: Design Challenges. University of California, Berkeley, Technical Report UCB/EECS-2008-8 (2008)

[Lind-2016]   Lindemann, U. (Herausgeber): Handbuch Produktentwicklung. Carl Hanser, München, 2016

[Otto-2004]   Ottosson, S.: Dynamic product development – DPD. Technovation. **24**, S. 179–186 (2004)

[Proc-2006]   Editorial in der Zeitschrift Process: Die Fabrik im Computer. Process. – Magazin für Chemie- und Pharmatechnik. **02**, (2006)

[PZVS-2001]   Pilhar, S., Zirkel, M., Vajna, S., Strohmeier, K.: Optimierung der Apparatekonstruktion durch integrierte Rechnerunterstützung. Chem-Ing-Tech. **11**, S. 1417–1421 (2001)

[Ross-1956]   Ross, D. T.: Gestalt Programming: A New Concept in Automatic Programming. Proceedings of the Western Joint Computer Conference, American Federation of Information Processing Societies (AFIPS), New York (1956)

[Ross-1960]   Ross, D. T.: Computer Aided Design – A Statement of Objectives. Technical Memorandum, Project 8436, Massachusetts Institute of Technology (MIT), Cambridge (USA) (1960)

[SpKr-1997]   Spur, G., Krause, F.-L.: Das virtuelle Produkt – Management der CAD-Technik. Hanser München, München (1997)

[Suth-1963]   Sutherland, I. E.: SKETCHPAD: A Man Machine Graphical Communication System. Dissertation Massachusetts Institute of Technology (MIT). (Als Reprint im Internet verfügbar unter www.cl.cam.ac.uk/TechReports/UCAM-CL-TR-574.pdf) (1963)

[TCMT-1956]   Turner, M. J., Clough, R. W., Martin, H. C., Topp, L. J.: Stiffness and Deflection Analysis of Complex Structures. J. Aeronaut. Sci. **23** (9), S. 805–824 (1956)

[Vajn-1993]   Vajna, S.: 30 Jahre CAD/CAM (Teil I/II). CAD-CAM-Report 11 (1992) 12 und 12 (1993) 1.

[VDI-1993]   VDI-Berichte Nr. 993: Datenverarbeitung in der Konstruktion '92. VDI-Verlag, Düsseldorf (1992)

[VRHF-1978]   Voelcker, H., Requicha, A., Hartquist, E., Fisher, W., Metzger, J., Tilove, R., Birrell, N., Hunt, W., Armstrong, G., Check, T., Moote, R., McSweeney, O.: The PADL-1.O/2 System for Defining and Displaying Solid Objects. Proceedings of the 5th Annual Conference on Computer Graphics and Interactive Techniques, ACM, S. 257 – 263.

[VWSS-1994]   Vajna, S., Weber, C., Schlingensiepen, J., Schlottmann, D.: CAD/CAM für Ingenieure. Vieweg-Verlag, Braunschweig/Wiesbaden (1994)

[WiGe-2017]   WiGeP-Positionspapier „Smart Engineering". http://www.wigep.de/index.php?id=15 (2017). Zugegriffen: 01. Aug. 2017

[ZeHS-2006]   Zeman, K., Hehenberger, P., Scheidl., R.: Perfekte Produkte durch Mechatronisierung von Prozessen. Internationales Forum Mechatronik Linz (Österreich), S. 311–331 (2006)

Methodische Grundlagen 2

Neben Natur und Gesellschaft bildet die Technik in diesem Jahrhundert das wesentliche Umfeld der Menschen. Dabei haben Ingenieure und speziell Produktentwickler grundlegend zur Entwicklung der Technik beigetragen, die dem Menschen heute als nahezu unüberschaubare Vielfalt unterschiedlichster technischer Produkte und Systeme zur Umsetzung von Material (Stoff), Energie und Information (Signal) zur Verfügung steht.

In diesem Kapitel sollen die methodischen Grundlagen des Produktentstehungsprozesses und die sich daraus ergebenden Schlussfolgerungen für die Unterstützung dieses Prozesses durch CAx-Systeme dargestellt werden. Dabei steht der Bereich Produktentwicklung im Vordergrund der Betrachtungen, weil er am Anfang des Produktentstehungsprozesses steht und die maßgeblichen Weichenstellungen hier erfolgen.

Bereits an dieser Stelle sei darauf hingewiesen, dass sich in den vergangenen Jahren die Rolle des Produktentwicklers entscheidend verändert hat:

- Voraussetzung für die Entwicklung komplexer Produkte in vertretbarer Zeit und in hoher Qualität ist der verstärkte und sich weiter verstärkende Einsatz digitaler (statt experimenteller) Absicherungsmethoden für eine Vielzahl von Produkteigenschaften.
- Dadurch existiert der Konstrukteur klassischer Prägung („Zeichnungsersteller") kaum noch: Er ist zum Produktentwickler als „Manager" aller relevanten Produkteigenschaften geworden, die von Anfang an im Entwicklungsprozess berücksichtigt werden müssen.
- In der Praxis lässt sich dies nur durch interdisziplinäre Teamarbeit realisieren, die in zunehmendem Umfang unternehmensübergreifend stattfindet (Einbindung von Experten aus anderen Unternehmen, z. B. Engineering-Dienstleister, Zulieferer). Dadurch werden völlig neue Anforderungen an den Produktentwickler in Bezug auf Management-, Moderations- und nicht zuletzt auch Sprachkompetenzen gestellt.

© Springer-Verlag GmbH Deutschland, ein Teil von Springer Nature 2018
S. Vajna et al., *CAx für Ingenieure*,
https://doi.org/10.1007/978-3-662-54624-6_2

- In Bezug auf die Produktdokumentation hat ein Paradigmenwechsel von der technischen Zeichnung hin zum digitalen (oft durchgängig dreidimensionalen) Produktmodell stattgefunden („digitaler Master"). Dieses wird in zunehmendem Umfang über die Produktentstehung hinaus über den gesamten Produktlebenslauf hinweg gepflegt („digitales Abbild" des einzelnen realen Produktes).

2.1   Lebensphasen von Produkten

2.1.1   Grundmodelle und Grundbegriffe

Abb. 2.1 zeigt, wie sich Produktplanung, Produktentwicklung, Produktion, Produktnutzung und Produktverwertung in den Lebenslauf eines Produktes einordnen, wobei darauf hingewiesen sei, dass Abb. 2.1 nur die technischen, aber nicht die betriebswirtschaftlich-dispositiven Funktionen (z. B. Kapazitätsplanung, Personal-, Bestell- und Rechnungswesen) wiedergibt.

Wenn Produktentwicklung und Produktion gemeinsam betrachtet werden (da sie gerade bei individualisierten Produkten immer näher zusammenrücken), dann werden sie heute unter dem Begriff „Produktentstehung" zusammengefasst. Deren rechnerunterstützte Bearbeitung ist der Fokus dieses Buches.

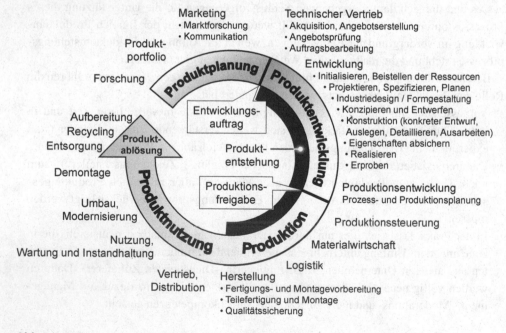

Abb. 2.1 Lebensphasen von Produkten (nach [Vajn-2014])

Die in Abb. 2.1 vorgestellten Phasen werden häufig unter dem Begriff „Produktlebens-zyklus" zusammengefasst. Dieser Begriff weist auf die Möglichkeit zum Verwerten des Produktes (im weitesten Sinne) am Ende seines Lebens hin:

- Für den Materialfluss gilt dies für Wiederverwendung oder Aufbereitung der im Produkt verbauten Komponenten, für deren „thermisches Recycling" oder (im schlechtesten Fall) für das Entsorgen und Deponieren.
- Für den Informationsfluss gilt, dass das in den Lebensphasen des Produkts gewonnene Wissen und die Erkenntnisse und Erfahrungen an Qualifikationen, Strategien, Vorge-hensweisen, Methoden und Werkzeugen usw. für die Produktlebenszyklen weiterer Produkte genutzt werden.
- Für den Finanzfluss gilt, dass beispielsweise mit einem Produkt erzielte Potentiale für nachfolgende Produkte bereitgestellt werden.

Die in diesem Buch im Folgenden verwendeten Abbildungen des Produktlebenslaufes zeigen aus Gründen der Übersichtlichkeit keinen kreisförmigen Prozess, differenzieren nicht zwischen den einzelnen Flüssen (im Wesentlichen: Informations- und Material-fluss) und sie können in ihren Größenverhältnissen keine allgemeingültigen zeitlichen Relationen wiedergeben, weil diese stark von der Branche, dem Unternehmen und der Konstruktionsart abhängen. Stattdessen wird in diesem Buch für alle Abbildungen, welche die Lebensphasen zum Inhalt haben, eine vereinfachte linear(isiert)e Darstellung des Produktlebenslaufes nur mit den jeweils wesentlichen Inhalten und nur mit qualitativem Zeitbezug verwendet (Abb. 2.2 **oben**). Wichtig an dieser Darstellung sind die aus allen nachfolgenden Lebensphasen nach rückwärts – in die Produktentwicklung – gerichteten Pfeile: Informationen aus allen diesen Lebensphasen müssen in der Produktentwicklung/ Konstruktion berücksichtigt werden. Eine zeitlich korrekte Darstellung für das Beispiel eines Kraftfahrzeuges ist in Abb. 2.2 **unten** zu sehen: Im Kraftfahrzeugbau dauern derzeit Produktplanung und Produktentwicklung für ein neues Modell etwa drei bis fünf Jahre, die Produktion (ohne die Vorbereitung auf das neue Modell) wenige Tage, die Nutzung dagegen bis zu 15 Jahre und die Produktverwertung nur wenige Wochen.

Den Anstoß für die Entwicklung eines neuen Produktes gibt in erster Linie der Markt (inno-vatives Bedürfnis, Marktlücke, Konkurrenzdruck, konkrete Kundenanfrage – je nachdem, ob das Unternehmen die Investitionsgüterindustrie beliefert oder den Konsumgütermarkt

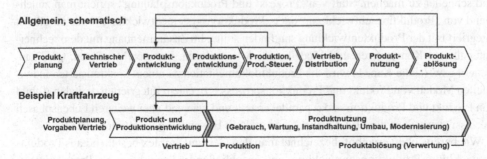

Abb. 2.2 Linear(isiert)e Darstellung der Produktlebensphasen; oben allgemein, unten mit tatsäch-lichen zeitlichen Relationen der Lebensphasen für das Beispiel Kraftfahrzeug

bedient). Daneben spielen aber auch unternehmensinterne Vorgaben eine Rolle (Unternehmenspotentiale und -ziele). Die Produktplanung (in großen Unternehmen in der Regel eine eigene Abteilung vor oder innerhalb der Produktentwicklung, in kleineren Unternehmen die Geschäftsleitung) fasst diese Daten zur Aufgabenstellung als Eingangsinformation für die Produktentwicklung zusammen und erteilt einen Entwicklungsauftrag.

In Branchen, die für den individuellen Kunden produzieren, im Extremfall in Losgröße 1 (vorwiegend Investitionsgüter, z. B. Anlagen, Sondermaschinen, Schiffe), ist die Produktplanung eng mit Vertriebsaktivitäten verknüpft: Die Produktentwicklung und die weiteren Produktlebensphasen werden gar nicht in Angriff genommen, wenn das Produkt nicht bereits verkauft ist. In diesem Fall ist der Vertrieb technisch und weniger betriebswirtschaftlich orientiert („technischer Vertrieb").

Aufgabe der Produktentwicklung ist es, eine Lösung zu erarbeiten, welche die Aufgabenstellung bestmöglich erfüllt. Während dieser Tätigkeit existiert die endgültige Lösung noch gar nicht real (allenfalls teilweise aus vorangegangenen Projekten); der Produktentwickler muss sie und ihre Eigenschaften in den späteren Lebensphasen des Produkts „virtuell" vorausdenken und absichern. Ergebnis der Produktentwicklung sind Unterlagen zur Herstellung und Nutzung der Lösung. Diese Unterlagen, die das Ergebnis des Entwicklungsprozesses sind, werden bei herkömmlicher, d. h. ganz oder überwiegend manueller Arbeitsweise, als „Produktdokumentation" bezeichnet.

Ausgehend von den Lebensphasen technischer Produkte nach Abb. 2.1 und 2.2 lässt sich für die Produktentwicklung folgende Definition angeben (nach [VDI-2221/93]):

> Entwickeln/Konstruieren ist die Gesamtheit aller Tätigkeiten, mit denen ausgehend von einer Aufgabenstellung die zur Herstellung und Nutzung eines Produktes notwendigen Informationen erarbeitet werden und die in der Festlegung der Produktdokumentation enden.

In der Vergangenheit (bis etwa Ende des 20. Jahrhunderts) zählte die Prozess- und Produktionsplanung zur Produktion und war in den meisten Fällen von der Produktentwicklung/ Konstruktion getrennt: Der Konstrukteur warf die Produktdokumentation über die sprichwörtliche Mauer zwischen den Abteilungen, die physische Realisierung des Produkts war nicht mehr sein Problem. Das hat sich fundamental geändert: Produktentwicklung und Prozess-/ Produktionsplanung sind immer enger zusammengerückt, um den Gesamtprozess sicherer und schneller zu machen. Statt von „Prozess- und Produktionsplanung" spricht man zunehmend von „Produktionsentwicklung" oder „Produktionssystementwicklung" – die möglichst integriert mit der Produktentwicklung stattfinden sollte. Im Zusammenhang mit dem rechnerunterstützten Konstruieren und Modellieren, Arbeitsplanen, Fertigen/Montieren, Qualitätssichern usw. (siehe Kap. 1) wird die Produktdokumentation zu einem konkretisierten individuellen Modell von Produkt und Produktionsprozess – zu einem integrierten digitalen Abbild von Produkt und Produktion –, das parallel erstellt und während aller weiteren Lebensphasen sukzessive erweitert wird (in Anlehnung an und mit Erweiterung von [Griev-2014]).

Wie bereits oben erwähnt, bezeichnet man den Gesamtkomplex bestehend aus Produktentwicklung, Produktionsentwicklung und anschließender Produktion als Produktentstehung (siehe Abb. 2.1).

Die Freigabe für die Produktion markiert den Übergang zwischen Produkt- und Produktionsentwicklung einerseits und Produktion andererseits. Zu diesem Zeitpunkt müssen alle das Produkt und seine Leistung beschreibenden technischen, logistischen und administrativen Dokumente vorliegen, damit es vollständig und fehlerfrei hergestellt werden kann[1]. Bei dinglichen Produkten erfolgt mit der Produktionsfreigabe der Übergang vom bisher reinen Informationsumsatz (Beschreibung des Produkts und der Prozesse) zum Materialumsatz („Verstofflichung" der genannten Informationen), in dessen Rahmen das Produkt physisch realisiert, genutzt, instandgehalten und schließlich verwertet wird.

Wie bereits oben beschrieben, wird die Prozess- und Produktionsplanung (gegebenenfalls weiter zu gliedern in Fertigungs-, Montage und Prüfplanung, wobei technologische Aspekte zu noch weiteren Untergliederungen führen können) immer enger mit der Produktentwicklung verknüpft und zunehmend „Produktionsentwicklung" genannt. Hier werden die in Entwicklung und Konstruktion erarbeiteten und im Produktmodell zusammengefassten Informationen weiterverarbeitet und um technologische Angaben ergänzt. Abhängig von der Technologie sind gegebenenfalls auf der Grundlage des Produktmodells Anlagen, Maschinen, Fertigungshilfsmittel (z. B. Werkzeuge) und andere Betriebsmittel zu konstruieren.

Die Ergebnisse der Produktionsentwicklung sind die Grundlage für die eigentliche Durchführung der Produktion – sowohl bezüglich der benötigten Informationen (z. B. NC- und Roboterprogramme) als auch bezüglich der benötigten sächlichen Ressourcen (z. B. Anlagen, Maschinen und Vorrichtungen). Die Produktion lässt sich weiter untergliedern in die Teilbereiche Produktionssteuerung (Bereitstellen der notwendigen Informationen zum richtigen Zeitpunkt am richtigen Ort), Materialwirtschaft und Logistik (Bereitstellen der notwendigen Materialien zum richtigen Zeitpunkt am richtigen Ort) sowie die Herstellung selbst, in der weiter nach Einzelteilfertigung und Montage (bei ganz oder überwiegend dinglichen Produkten) sowie Prüfung/Qualitätssicherung unterschieden wird.

Nach der Herstellung und Vertrieb/Distribution folgt die Nutzungsphase des Produkts, in welche auch bestimmte produktbezogene Dienstleistungen gehören, etwa die Instandhaltung (= Wartung und Reparatur), was gegebenenfalls Umbau, Modernisierung, „Updates/Upgrades" einschließt: In bestimmten Branchen (vorwiegend Investitionsgüter, z. B. im Schiff- oder Flugzeugbau) waren Umbau, Modernisierung, „Update/Upgrade" schon immer üblich, inzwischen finden entsprechende Maßnahmen auch bei Konsumgütern statt – erleichtert durch den zunehmenden Software-Anteil in den Produkten.

Nach der Nutzungsphase wird das Produkt abgelöst, wobei ein möglichst großer Stoffanteil wiederverwendet und ein möglichst geringer Anteil deponiert werden sollte, damit ein nachhaltiges Wirtschaften möglich bleibt (Kreislaufwirtschaft, „Circular Economy").

---

[1] Diese Aussage gilt für jedes Produkt, unabhängig davon, ob es sich dabei um ein dingliches Produkt, ein virtuelles Produkt, eine Software, eine Dienstleistung (im weitesten Sinne) oder um (fast beliebige) Kombinationen daraus handelt [Vajn-2014]

Bei der Wiederverwendung gibt es verschiedene Stufen (Aufarbeitung und Wiederverwendung zum ursprünglichen Zweck, stoffliches Recycling zum gleichen oder ähnlichen
Zweck, stoffliches „Down-Cycling" zu einem minderwertigen Zweck), die hier aber nicht
im Detail diskutiert seien.

2.1.2   Kostenverursachung und Kostenfestlegung, „Front Loading"

Die Produktentwicklung verantwortet den Erfolg eines Produkts über seinen gesamten
Lebenslauf, indem sie zu einem sehr frühen Zeitpunkt, wenn über Konzeption und Realisierung aller Merkmale und Eigenschaften des zukünftigen Produkts entschieden wird,
etwa 75 % der späteren Kosten des Produkts festlegt, wobei nur etwa 10 % der Produktkosten in der Produktentwicklung anfallen, Abb. 2.3.
- Die spätere Leistung des Produkts wird durch die Entscheidungen über Merkmale und
  Eigenschaften des Produkts (Abschn. 2.3.1) in der Produktentwicklung festgelegt.
  Nach der Freigabe für die Fertigung liegt die spätere Leistung in den einzelnen Dokumenten des Produkts vor (siehe unten).
- Die Kostenverursachung umfasst alle Kosten, die als Folge des Einsatzes der ent-
  sprechenden Systeme im jeweiligen Bereich anfallen und die direkt den jeweiligen
  Verursachern zugeordnet werden können, beispielsweise Personalkosten, Kosten für
  Rechnersysteme, Materialkosten, Fertigungskosten usw. (weitere Kostenarten und
  deren detaillierte Darstellung finden sich in Kap. 14). In der Produktentwicklung (in
  dem Beispiel nach Abb. 2.3 beginnend mit Formgebung und Gestaltung und endend

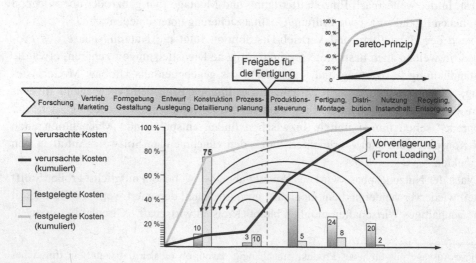

Abb. 2.3 Festgelegte Produktleistung, Kostenverursachung, Kostenfestlegung und Vorverlagerung
in die Produktentwicklung (Beispiel, in Anlehnung an [Wien-1970])

bei der Prozessplanung) fallen lediglich Personalkosten und Kosten für Hilfsmittel wie die Rechnersysteme an, deswegen die geringen verursachten Kosten, im Beispiel nach Abb. 2.3 in Höhe von etwa 13 %. In der Produktion usw. fallen hier etwa 67 % an. Die restlichen 20 % werden pauschal für Vertrieb und Verwaltung benötigt.

- Die Kostenfestlegung umfasst solche Kosten, die auf Entscheidungen in der Produktentwicklung beruhen, aber erst in späteren Lebensphasen – z. B. Produktion (Produktionssteuerung, Fertigung, Montage, Prüfung und Versand), Produktnutzung (Produktgebrauch und Instandhaltung[2]) sowie Produktverwertung – tatsächlich anfallen. Kostenrelevante Entscheidungen in der Produktentwicklung betreffen die Formen und Abmessungen des Produkts, seine Struktur, die Anteile von eigengefertigten und zugekauften Komponenten, den Werkstoff, Beschaffenheit der Oberflächen der Komponenten, um nur die wichtigsten zu nennen. Aus diesen Entscheidungen resultieren die Kosten für den Einkauf (Werkstoffe, Halbzeuge, Zukaufkomponenten), die Mitarbeiter und die zur Bearbeitung benötigten Hilfsmittel. Beispielsweise führt die Entscheidung in der Produktentwicklung für ein bestimmtes Rohteil aus einem bestimmten Material dazu, dass in der Prozessplanung die dafür erforderlichen Arbeitsschritte geplant, in der Beschaffung dieses Rohteil in ausreichender Menge eingekauft, von der Logistik (zwischen-) gelagert und verwaltet sowie in Fertigung, Montage und Prüfung zum jeweiligen Bearbeitungszeitpunkt an der richtigen Maschine in richtiger Menge bereitgestellt werden muss. Der Kostenaufwand zum Treffen dieser Entscheidung in der Produktentwicklung ist vernachlässigbar gegenüber den Kosten, die durch diese Entscheidung in nachfolgenden Bereichen verursacht werden.
- Prinzipiell und formal folgen die Kurven für Kostenverursachung und Kostenfestlegung einer Pareto-Kurve, wenn auch mit völlig anderer Aussage, da es beim Pareto-Prinzip darum geht, die richtige Balance zwischen den zu erzielenden Ergebnissen und den dafür benötigten Aufwänden zu finden (die sogenannte „80–20-Regel", siehe beispielsweise [Koch-2004]).

Es kommt hinzu, dass Aktivitäten zunehmend in die Produktentwicklung vorverlagert werden (das sogenannte „Front Loading"[3]), weil durch umfangreiche Möglichkeiten von Modellierung, Berechnung, Simulation und Optimierung (siehe Kap. 5 bis 9) der weitaus größte Teil des späteren Verhaltens eines Produkts während seiner Herstellung, Nutzung, Instandhaltung und Verwertung bereits in der Produktentwicklung vorab betrachtet, bewertet und entschieden werden kann. So legt im Wesentlichen die Produktentwicklung durch ihre Arbeiten und Entscheidungen die Basis für den Erfolg des Unternehmens.

---

[2] Der Begriff „Instandhaltung" umfasst Wartung plus Reparatur des Produktes (einschließlich gegebenenfalls Umbau, Modernisierung, „Update/Upgrade").

[3] Das Front Loading bildet eines der Grundpfeiler für PLM, das Product Lifecycle Management (siehe Abschn. 12.4).

2.1.3 Simultaneous Engineering, Concurrent Engineering

Simultaneous Engineering (SE) und Concurrent Engineering (CE) sind Ansätze, die insbesondere der Zeitverkürzung von Produkt- und Produktionsentwicklung dienen. Dazu werden Tätigkeiten parallelisiert: „Simultaneous Engineering" steht dabei für die zeitlich überlappende Bearbeitung von Produkt- und Produktionsentwicklung, während „Concurrent Engineering" die Parallelisierung von Tätigkeiten innerhalb der beiden Blöcke – und damit deren Verkürzung – bezeichnet (z. B. Entwerfen und Berechnen in der Produktentwicklung). Die Zeitverkürzung **Δt** dient dazu, ein Produkt früher auf den Markt zu bringen als bei konventioneller Vorgehensweise (Abb. 2.4); die so genannte „Time to Market" ist insbesondere in Hochtechnologiebranchen eine der wirksamsten Maßnahmen zur Umsatz- und Gewinnsicherung.

Voraussetzungen dafür sind:
- Geeignete Modularisierung des Produktes und der Tätigkeiten
- Sauber definierte Schnittstellen zwischen den in Parallelarbeit behandelten Modulen
- Teamarbeit
- Bereitstellung jederzeit aktueller und fehlerfreier Informationen für alle Beteiligten
- Konsequenter Einsatz von CAx-Systemen (weil durch die Parallelisierung Tätigkeiten früher durchgeführt werden müssen als bei konventioneller Vorgehensweise – z. B. Simulation anstelle von Prototypen-/Versuchsteilbau und Experiment)

Wichtigstes Kriterium für das Parallelisieren ist bei SE und CE die Frage, wann die Ergebnisse des vorher begonnenen Arbeitsschrittes soweit stabil sind, dass die statistische Wahrscheinlichkeit einer Änderung und die damit verbundenen Änderungskosten geringer sind als die Kosten, die durch zu spätes Weiterarbeiten verursacht werden.

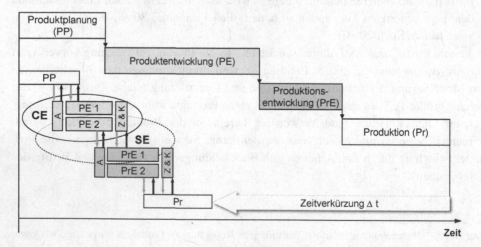

Abb. 2.4 Zeitverkürzung durch Simultaneous Engineering und Concurrent Engineering (schematisch); SE = Simultaneous Engineering, CE = Concurrent Engineering, A = Aufgabenaufteilung, Z & K: Zusammenführen und Konsolidieren der Ergebnisse

2.1.4   X-gerechtes Konstruieren, Design for X (DfX)

Es wurde bereits darauf hingewiesen, dass in der Produktentwicklung alle nachgelagerten Lebensphasen des Produktes berücksichtigt, „vorausgedacht" werden müssen (siehe
die nach rückwärts gerichteten Pfeile in Abb. 2.2): Man spricht von den so genannten
Gerechtheiten, die während der Produktentwicklung zu beachten sind. Im Englischen
werden diese unter dem Kürzel DfX zusammengefasst (Design for X), wobei für das
X je nach dem zu berücksichtigenden Aspekt andere Buchstaben eingesetzt werden
können:

- Festigkeitsgerechtes Konstruieren (Design for Strength), steifigkeitsgerechtes, bean-
  spruchungsgerechtes und/oder verformungsgerechtes Konstruieren
- Fertigungsgerechtes Konstruieren (Design for Manufacturing, DfM)[4]
- Montagegerechtes Konstruieren (Design for Assembly, DfA)[4]
- Prüfgerechtes Konstruieren (Design for Testing)
- Sicherheitsgerechtes Konstruieren (Design for Safety)
- Zuverlässigkeitsgerechtes Konstruieren (Design for Reliability)
- Instandhaltungsgerechtes Konstruieren (Design for Servicing)
- Umweltgerechtes Konstruieren (Design for Environment, DfE)
- Kostengerechtes Konstruieren (Design for Cost, DfC)
- ...

Über beanspruchungs-, fertigungs- und montagegerechtes Konstruieren wird schon
seit Jahrzehnten geredet; das Problem des Produktentwicklers ist heute, dass eine stark
gewachsene und immer noch wachsende Zahl an Produkteigenschaften gleichzeitig
sichergestellt werden muss. Zur Unterstützung dieser Tätigkeit wären entsprechende
CAx-Systeme (oder Erweiterungen von CAx-, beispielsweise von CAD-Systemen) sehr
wünschenswert und werden in der Forschung seit Jahrzehnten entwickelt und untersucht
[MeWe-1991]. Inzwischen gibt es für ausgewählte, in der Regel eng umgrenzte Aufgaben
einige kommerzielle Lösungen, z. B. im Rahmen der Strukturoptimierung (siehe Kap. 9)
oder in Form so genannter Design Checker (meistens für das fertigungsgerechte Konstruieren bei vorgegebener Technologie). Erweiterungen – insbesondere solche, die eine
größere Vielfalt an Kriterien gleichzeitig mit einbeziehen können – werden sich voraussichtlich nur auf der Basis neuerer Wissensverarbeitungsmethoden realisieren lassen
(siehe Kap. 10).

---

[4] Design for Manufacturing (DfM) und Design for Assembly (DfA) werden in Teilen der Literatur
zusammengefasst zu „Design for Manufacturing and Assembly" (DfMA).

2.2 Entwicklungsprozess, Konstruktionsprozess

Der Lebensphase Produktentwicklung kommt im Rahmen der Produktentstehung eine besondere Bedeutung zu, weil sie weit am Anfang des Produktlebenslaufes steht, weil die maßgeblichen Weichenstellungen hier erfolgen und weil die weiteren benötigten Unterlagen sich letztlich alle aus den Ergebnissen der Produktentwicklung ergeben.

Erkenntnisse über den Entwicklungsprozess bestimmen maßgeblich die Entwicklung und den Einsatz zweckdienlicher Methoden und (CAx-) Werkzeuge, deswegen wird in diesem Abschnitt eine Übersicht über die wichtigsten existierenden Grundkonzepte gegeben.

2.2.1 Konstruktionsmethodik

Die Theorie und Methodik der Konstruktion wird etwa seit den 1950er Jahren erforscht. Ausgangspunkt und Zentrum war und ist der Bereich der mechanischen Produkte (Maschinenbau, Fahrzeugtechnik). In der deutschen Sprache werden die Ergebnisse dieser Arbeiten üblicherweise unter dem Begriff „Konstruktionsmethodik" oder „Konstruktionslehre" zusammengefasst, einige Autoren sprechen auch von „Konstruktionssystematik" [Hans-1966] und „Konstruktionswissenschaft" [Hans-1974, HuEd-1992].

Der Ursprung der Konstruktionsmethodik liegt in Europa, vorwiegend im deutschsprachigen Raum. Genannt seien die Arbeiten von Hansen [Hans-1966, Hans-1974], Rodenacker [Rode-1970, Rode-1991], Hubka bzw. später Hubka und Eder [Hubk-1973, Hubk-1976, Hubk-1984, HuEd-1992, HuEd-1996] und Eder/Hosnedl [EdHo-2008, EdHo-2010], Koller [Koll-1976, Koll-1998], Pahl und Beitz [PaBe-1977 bis PaBe-2013], Roth [Roth-1982, Roth-1994]. In jüngerer Zeit sind einige Erweiterungen vorgenommen worden, beispielsweise mit Blick auf die heute wichtigen Fragen der rechnerbasierten Unterstützungswerkzeuge oder auf verteilte Entwicklungsprozesse und deren Management [Ehrl-1995, EhMe-2013, PaBe-2013]. Übersichten über die Hintergründe und die Wirkung dieser Ansätze finden sich in [Bles-1996, WaBl-1998].

Basierend auf den genannten Arbeiten und deren Ergebnisse zusammenfassend sind in der Bundesrepublik Deutschland in den 1970er Jahren Richtlinienaktivitäten des VDI (Verein Deutscher Ingenieure) in Gang gekommen, die im Prinzip bis heute Bestand haben. Die erste Gesamtübersicht über die Konstruktionsmethodik wurde in [VDI-2222.1/77] beschrieben. Etwa 10 Jahre später wurde damit begonnen, die Richtlinien zu einer ganzen Serie aufeinander aufbauender Teile zu restrukturieren mit [VDI-2221/86, VDI-2221/93] als generellem Rahmen und den Richtlinien [VDI-2222.1/97] sowie [VDI-2223] zu speziellen Phasen des Entwicklungsprozesses. Nach längerer Vorbereitung erscheint im Jahr 2018 der Gründruck (Entwurf) der grundlegend überarbeiteten VDI-Richtlinie 2221, die nun in zwei Blätter gegliedert ist:

- „Die Richtlinie VDI 2221 Blatt 1 [VDI-2221.1/18] behandelt allgemeingültige Grundlagen der methodischen Entwicklung aller Arten technischer Produkte und Systeme und definiert in einem allgemeinen Modell der Produktentwicklung' zentrale Ziele, Aktivitäten und Arbeitsergebnisse, die wegen ihrer generellen Logik und Zweckmäßigkeit zentrale Leitlinien für die interdisziplinäre Anwendung in der Praxis darstellen. Weiterhin werden hier die für die Produktentwicklung erforderlichen Begriffe definiert.

- In der Richtlinie VDI 2221 Blatt 2 [VDI-2221.2/18] werden exemplarisch Produktentwicklungsprozesse in unterschiedlichen Kontexten (z. B. Branchen, Produktarten, Stückzahlen) erläutert und Zuordnungen der möglichen Aktivitäten zu Prozessphasen in spezifischen Produktentwicklungsprozessen vorgeschlagen. Die Beispielprozesse sollen Anwendern helfen, das eigene Vorgehen inhaltlich und organisatorisch zu reflektieren und gegebenenfalls anzupassen."

Das Buch „Konstruktionslehre" von Pahl und Beitz sowie die VDI-Richtlinie 2221 liegen seit langem auch in englischer Sprache vor [PaBe-1983, PaBe-2007, VDI-2221/87], so dass die hier beschriebenen Erkenntnisse über den Entwicklungs-/Konstruktionsprozess weltweit anerkannt sind und zu den am weitesten verbreiteten Grundlagen zählen.

Die Essenz dieser „europäischen Schule" der Konstruktionstheorie und -methodik ist ein generisches Modell des Entwicklungs-/Konstruktionsprozesses, in Abb. 2.5 in der Ausprägung nach der überarbeiten VDI-Richtlinie 2221 Blatt 1 [VDI-2221.1/18] gezeigt:

- Eingang ist der Entwicklungsauftrag als Ergebnis der Produktplanung. Ausgang ist die Beschreibung der Lösung („Produktdokumentation").
- In seiner Struktur folgt das Modell dem so genannten ZHO-Ansatz (Zielsystem – Handlungssystem –Objektsystem), der auf Ropohl zurückgeht [Ropo-1975] und von Albers et al. für die Produktentwicklung erweitert worden ist [AlEL-2012].
- Im Zielsystem (links) ist zu beachten, dass die Anforderungen an das zu entwickelnde Produkt nicht statisch sind, sondern sich im Verlauf der Entwicklung verändern – sei es durch geänderte externe Vorgaben (z. B. seitens des Kunden) oder sei es durch festgestellte Fehler und Schwachstellen, deren Beseitigung oder Abmilderung neue Anforderungen werden.
- Das Handlungssystem (Mitte) zeigt in der Vertikalen die verschiedenen – übrigens in allen vorgenannten Beschreibungen der Konstruktionsmethodik nahezu identischen – Tätigkeitsfelder: Klären und Präzisieren der Problem-/Aufgabenstellung, funktionale und Prinzipüberlegungen, Bewertung und Auswahl, Zerlegung in Module, deren Gestaltung und Zusammenbau zu einem funktionsfähigen Gesamtprodukt bis zur detaillierten Ausarbeitung der Ausführungsangaben plus gegebenenfalls weiterer Unterlagen.
- In der Horizontalen sind die wiederkehrenden Phasen eines konkreten Entwicklungsprojektes angedeutet: Alle Tätigkeiten werden geplant, es werden Konzepte erstellt und Ergebnisse erarbeitet. Allerdings müssen abhängig von Entwicklungsart und -umfang die genannten Tätigkeiten mehr oder weniger intensiv durchgeführt werden. Die Ableitung eines speziellen Prozessmodells für eine gegebene Entwicklungsaufgabe in einem bestimmten Unternehmen hängt von einer Reihe von Kontextfaktoren ab. Dies ist Gegenstand des (neuen) Blattes 2 der VDI-Richtlinie [VDI-2221.2/18].

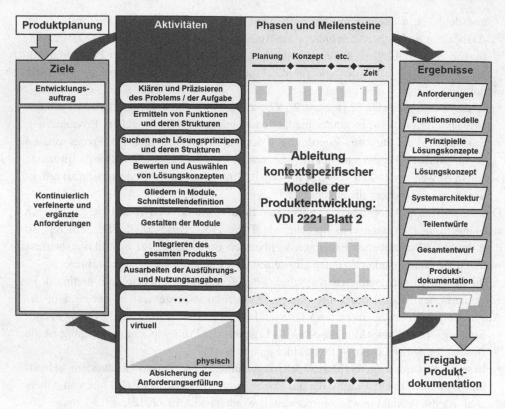

Abb. 2.5 Allgemeines Modell des Produktentwicklungsprozesses (nach [VDI-2221.1/18])

- Das Objektsystem wird repräsentiert durch die Arbeitsergebnisse in den einzelnen Tätigkeitsfeldern: Anforderungen, Funktions- und Prinzipmodelle, Teilentwürfe, Gesamtentwurf usw.
- Im Unterschied zu früheren Ausgaben der VDI-Richtlinie 2221 ist die kontinuierliche Absicherung der relevanten Produkteigenschaften explizit in das Modell aufgenommen (unterer Teil des Handlungssystems). Hierzu können virtuelle (CAx-) oder physische Methoden (Experimente) eingesetzt werden. Die Absicherung schließt den Kreis, indem überprüft wird, ob die aktuellen Arbeitsergebnisse die Anforderungen erfüllen bzw. wo noch Lücken bestehen.

Das Hauptanliegen des dargestellten sowie aller anderen europäischen Ansätze ist die Unterstützung von Produktentwicklern/Konstrukteuren bei der systematischen Lösungsfindung (möglichst: Findung mehrerer, im Grenzfall aller denkbaren Lösungen), bei der Bewertung der Lösungsalternativen sowie bei der systematischen Ausarbeitung des gewählten Konzeptes. Die entsprechenden Prozessmodelle – auch das nach [VDI-2221.1/18], Abb. 2.5 – werden oft im Sinne eines starren sequentiellen Phasenkonzeptes missverstanden; in Wahrheit sind in der Regel vielfältige Iterationen zwischen den einzelnen Arbeitsschritten nötig, welche die scheinbar algorithmisch starre Ablauffolge entscheidend überlagern und auflösen. Die Ursachen und Mechanismen derartiger Iterationen werden in dem Modell allerdings nicht erklärt.

Es wurde bereits darauf hingewiesen, dass je nach Entwicklungsart und -umfang einzelne Arbeitsschritte des Modells nach Abb. 2.5 gar nicht oder verkürzt durchlaufen werden. In diesem Zusammenhang unterscheidet man häufig zwischen folgenden Entwicklungs- bzw. Konstruktionsarten [PaBe-2013, Vajn-1982]:

- **Neukonstruktion**: Dieser Begriff kennzeichnet das Entwickeln eines Produktes völlig ohne Rückgriff auf Vorgänger-/Vorbildlösungen. Eine Neukonstruktion *muss* durchgeführt werden, wenn eine völlig neue Problemstellung gegeben ist. Dies gilt unabhängig davon, ob die Lösung durch (neue) Auswahl und Kombination an sich bekannter Lösungsprinzipien entsteht oder auch die Erarbeitung neuer Lösungsprinzipien erfordert. Eine Neukonstruktion *kann* durchgeführt werden, um eine bekannte oder nur wenig geänderte Aufgabenstellung auf der Basis neuer Lösungsprinzipien zu lösen. Eine Neukonstruktion kann sich auch aus der Anpassungskonstruktion ergeben, wenn die zu erweiternden Teile eines an sich bekannten Vorgänger-/Vorbildsystems herausgelöst und separat bearbeitet werden.

- **Anpassungskonstruktion**: Der Entwicklungsprozess geht hierbei zwar von bekannten Vorgängern/Vorbildern aus, jedoch sind die Anforderungen quantitativ und/oder qualitativ erheblich erweitert und machen in Teilbereichen neue Lösungen notwendig (partielle Neukonstruktion).

- **Variantenkonstruktion**: Hiermit wird das Konstruieren durch Variation bekannter Vorgänger/Vorbilder bezeichnet. Im allgemeinen konstruktionsmethodischen Sinne steht bei der Variantenkonstruktion die prinzipielle Lösung fest, die Gestalt der Bauteile und Baugruppen kann jedoch mithilfe der allgemeingültigen Variationsregeln (z. B. Größen-, Form-, Zahl- und Lagewechsel nach [Rode-1970], siehe hierzu auch [Koll-1998]) noch verändert und optimiert werden[5]. Gelegentlich wird auch von „Prinzipkonstruktion" gesprochen, womit in der Regel eine auf den Größenwechsel eingeschränkte Variantenkonstruktion gemeint ist (Variation nur der Bauteilabmessungen im Rahmen eines prinzipiell unveränderten Entwurfes [PaBe-2013]).

Es ist nahezu unmöglich, die Anteile der einzelnen Konstruktionsarten in der Praxis exakt anzugeben, zumal dort deren Abgrenzung weniger streng gesehen wird. Schätzungen bewegen sich in der Größenordnung von 20–30 % Variantenkonstruktion, 15–25 % Neukonstruktion, demzufolge ca. 45–65 % Anpassungskonstruktion. Es wird allgemein davon ausgegangen, dass sich über der Zeit (d. h. insbesondere in den vergangenen 40 Jahren)

---

[5] Der Begriff „Variantenkonstruktion" wird hier allgemein aus der Sicht der Konstruktionsmethodik gesehen. Im Bereich des rechnerunterstützten Konstruierens ist eine engere Sicht gebräuchlich, indem bei CAD-Variantenkonstruktionen das Variantenspektrum eingeschränkt und/oder im Voraus vollständig festgelegt ist (siehe Kap. 5).

die Anteile von der einst deutlich überwiegenden Variantenkonstruktion stärker in Richtung Anpassungs- oder sogar Neukonstruktion verschoben haben und noch verschieben. Anzahl und Geschwindigkeit der Innovationen insbesondere in Hochtechnologiebranchen wie der Automobilindustrie und der Luft- und Raumfahrtindustrie, die ihrerseits über die Zulieferer weitere Branchen nachziehen, sind Indizien hierfür.

Es gibt durchaus berechtigte Zweifel gibt, ob es in der Praxis überhaupt so etwas wie eine Neukonstruktion in dem hier wiedergegebenen strengen Sinne gibt. Albers et al. sprechen stattdessen allgemein von der Produktgenerationsentwicklung (PGE, [AlBW-2015]), wobei sich verschiedene Aufgabenstellungen eigentlich nur durch die Anteile von Übernahmevariation, Gestaltvariation und Prinzipvariation unterscheiden.

2.2.2   Entwicklungsmethodik für mechatronische Produkte und Systeme

Ein weiterer Trend ist unübersehbar: Es gibt immer weniger rein mechanische Produkte, die wirtschaftlich interessant sind. Vielmehr sind erfolgreiche Produkte und Systeme in immer größerem Umfang Kombinationen von Komponenten aus den Domänen Mechanik/Maschinenbau, Hydraulik/Pneumatik, Elektrik/Elektronik sowie Informationsverarbeitung. Hierfür hat sich das bereits im Jahr 1969 in Japan geprägte Kunstwort „Mechatronik" bzw. „mechatronische Produkte/Systeme" durchgesetzt, einige Autoren sprechen auch von „heterogenen Produkten/Systemen"[6].

Für mechatronische Produkte/Systeme ist eine durchgängige, d. h. alle beteiligten Domänen (Mechanik, Elektrik/Elektronik, Informationsverarbeitung) überspannende Entwicklungsmethodik erst im Entstehen. Als erstes Rahmenkonzept hierfür wurde im Jahr 2004 die VDI-Richtlinie 2206 herausgegeben [VDI-2206], welche das in Abb. 2.6 gezeigte Vorgehensmodell für die Entwicklung mechatronischer Produkte und Systeme vorschlägt[7].

Das Vorgehensmodell nach Abb. 2.6 lehnt sich formal an das eigentlich aus dem Software-Engineering stammende, so genannte V-Modell an. Inhaltlich baut es auf den zuvor beschriebenen, aus Mechanik/Maschinenbau stammenden Ansätzen auf ([VDI-2221/93, VDI-2222.1/97, VDI-2223], Abb. 2.5), erweitert diese aber in Bezug auf folgende Punkte:

---

[6] Eine darüber noch erheblich hinausgehende Aufweitung des Begriffes „Produkt" besteht darin, sich im Entwicklungsprozess nicht nur auf die Betrachtung der Sachleistung zu beschränken („Produkt" im konventionellen Sinne), sondern die Erfüllung der Aufgabenstellung durch eine Kombination aus Sach- und Dienstleistungen sicherzustellen. Hierfür sind Begriffe wie „hybride Leistungsbündel" oder „Product-Service Systems" (PSS) entstanden. Im Einzelnen sei hierauf nicht eingegangen.

[7] Der Übergang von der Betrachtung mechanischer Produkte zur Betrachtung mechatronischer Produkte (und anderer Produkte höherer Komplexitätsstufe) markiert – sowohl in der Benennung der VDI-Richtlinien als auch in der allgemeinen Fachsprache – auch den Übergang vom zuvor überwiegenden Begriff „Konstruktion" zu „Produktentwicklung".

Abb. 2.6 Vorgehensmodell für die Entwicklung mechatronischer Produkte und Systeme (nach [VDI-2206])

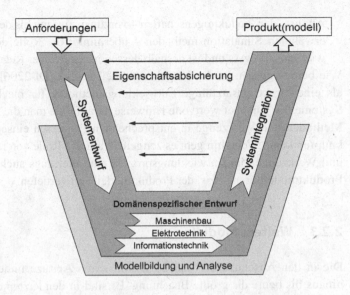

- Der Kern der Entwicklungstätigkeit bleibt domänenspezifisch, neben den Bereich Mechanik/Maschinenbau treten parallel laufende Entwicklungstätigkeiten in den Bereichen Elektrotechnik sowie Informationstechnik. Für den Bereich Mechanik/ Maschinenbau können dadurch die bekannten Konzepte und Methoden weiter gelten (eben [VDI-2221.1/18, VDI-2221.2/18, VDI-2222.1/97, VDI-2223], Abb. 2.5). In den beiden anderen Domänen gelten andere methodische Konzepte, die allerdings bis heute weniger formalisiert sind als im Maschinenbau [Webe-2005a].
- Diesem Kern überlagert ist eine Systemschicht, die einerseits die Systemarchitektur definiert und dadurch die Anforderungen für die domänenspezifischen Entwicklungstätigkeiten definiert („Systementwurf") und die andererseits deren Ergebnisse zum heterogenen Gesamtsystem zusammenfasst („Systemintegration").
- Gerade bei der Entwicklung mechatronischer Produkte und Systeme ist eine den gesamten Prozess begleitende, in der Regel rechnerbasierte Modellbildung und Systemanalyse unerlässlich, um das Systemverhalten – vor allem das instationäre („dynamische") Verhalten – des in der Entwicklung stehenden Produktes durch Simulation erfassen und optimieren zu können. In diesem Zusammenhang muss allerdings festgestellt werden, dass eine tatsächlich domänenübergreifende Basis hierfür derzeit noch weitgehend fehlt. Interessanterweise erweisen sich gerade die mechanischen Komponenten mechatronischer Produkte/Systeme in dieser Hinsicht als besonders unzugänglich, weil deren Verhalten (und hier wieder insbesondere das instationäre Übertragungsverhalten) im traditionellen mechanischen Entwicklungsprozess häufig erst gegen Ende und anhand physikalisch-gegenständlicher und nicht abstrakter funktions-/verhaltensorientierter Modelle betrachtet wird [Webe-2005b, HöWe-2007].
- Schließlich stellt auch das in Abb. 2.6 dargestellte Vorgehensmodell nach [VDI-2206] die Rolle der Eigenschaftsabsicherung im Entwicklungsprozess heraus: Die durchgängige

Analyse der Produkteigenschaften – vorzugsweise mittels der im vorangegangen Punkt erwähnten Simulationsmethoden – übernimmt die Rolle der Rückkopplung im Entwicklungsprozess und ist deshalb dessen maßgeblicher Regelmechanismus.

Wie bereits gesagt, ist das Vorgehensmodell nach [VDI-2206] eher ein Rahmenkonzept als eine direkt einsatzfähige Entwicklungsmethodik für mechatronische Produkte und Systeme. Es gibt aber wertvolle Hinweise darauf, wie man die vorhandenen Methodiken, Methoden und Werkzeuge in entsprechenden Prozessen einsetzen und miteinander verknüpfen kann. Weiterhin geht es zeitgemäß auf die Rolle von rechnerbasierten Methoden und Werkzeugen im Entwicklungsprozess ein, allerdings auch hier ohne die Fragen der Produktmodellierung bzw. der Produktmodelle zu vertiefen.

2.2.3 Weitere Modelle

Die in den Abschn. 2.2.1 und 2.2.2 skizzierten Ansätze finden in Europa und darüber hinaus bis heute die größte Beachtung. Es sind in den letzten ca. 20 Jahren aber weitere Ansätze vorgestellt worden, deren wichtigste im Folgenden genannt seien. Aus Platzgründen wird auf ausführliche Erläuterungen verzichtet, der interessierte Leser sei auf die jeweils angegebene Literatur verwiesen. Eine tiefergehende Übersicht findet sich überdies in [Vajn-2008].

- Lindemann [Lind-2005, Lind-2009] baut auf der in den Abschn. 2.2.1 und 2.2.2 vorgestellten „europäischen Schule" auf und präsentiert das so genannte „Münchener Vorgehensmodell" (MVM) des Produktentwicklungsprozesses, welches sich insbesondere durch flexible Vorgehensstrategien und Methodenvielfalt (einschließlich rechnerbasierter Methoden und Werkzeuge) auszeichnet. Außerdem wird auf das Management von Entwicklungsprozessen fokussiert.

- Ein völlig von „europäischen Schule" abweichendes Konzept zur Beschreibung des Entwicklungsprozesses stammt von N.P. Suh [Suh-1990, Suh-2001]. Seine Theorie des „Axiomatischen Konstruierens" (Axiomatic Design) wird insbesondere in den USA – sowohl in der Wissenschaft als auch in der Praxis – intensiv beachtet.

  Der Kern der Theorie des Axiomatischen Konstruierens besteht darin, dass es sich beim Entwickeln/Konstruierens im Wesentlichen um eine Transformation (englisch: „Mapping") handelt, und zwar aus dem „Funktionsraum" (Functional Space) in die „physikalische Welt" (Physical Space). Exakter formuliert ist eine Liste gegebener Anforderungen (Functional Requirements, **FRs**, „what we want to achieve") in einen Satz von festgelegten Konstruktionsparameter (Design Parameters, **DPs**, „how we want to achieve it") zu übersetzen.

  Unter der Voraussetzung, dass sowohl die Anforderungen (**FRs**) als auch die Konstruktionsparameter (**DPs**) als Liste bzw. Vektor notiert werden können und dass die Beziehungen zwischen beiden linear (bzw. linearisiert) sind, lässt sich nach [Suh-1990,

Suh-2001] nun eine sehr elegante mathematische Formalisierung dieser Transformation – und damit des Entwicklungsprozesses insgesamt – angeben.

Aufbauend auf diesem Kern formuliert Suh schließlich noch zwei so genannte Axiome und leitet daraus verschiedene Theoreme ab, um praktische Entwicklungsprozesse durchzuführen und anzuleiten. Das wichtigere und bekanntere davon ist das Unabhängigkeitsaxiom, nach dem eine optimale Lösung stets die größtmögliche Unabhängigkeit der Anforderungen (**FRs**) von den einzelnen die Lösung charakterisierenden Konstruktionsparametern (**DPs**) gewährleisten soll. (Oder einfacher ausgedrückt: Jeder Konstruktionsparameter soll möglichst nur genau eine Anforderung beeinflussen.) Gerade dieses Axiom ist allerdings durchaus umstritten, weil sich zahlreiche Gegenbeispiele angeben lassen (z. B. aufgrund der Beachtung des Prinzips der Funktionsintegration [PaBe-2013]).

- Auch Gero sieht in seinem FBS-Modell (Function-Behaviour-Structure) den Entwicklungsprozess als Transformation von Anforderungen (Function F) in eine Produktbeschreibung an (Structure S) [Gero-1990, GeKa-2004]. Zwischen beiden – dem Ausgangspunkt und dem Ergebnis des Entwicklungsprozesses – ist die Kategorie des Verhaltens zu beachten, wobei zwischen dem aufgrund der Anforderungen erwarteten Verhalten (Expected Behaviour, Be) und dem tatsächlichen Verhalten der Lösung (Behaviour of the Structure, Bs) zu unterscheiden ist.

Zwischen den genannten vier Kategorien (F, S, Be, Bs) sowie der Dokumentation des Entwicklungsergebnisses (D) als fünftes Element definiert Gero nun insgesamt acht Basisbeziehungen, aus denen sich die Tätigkeit „Produkte entwickeln" zusammensetzen lässt.

- Hatchuel und Weil [HaWe-2003] erklären in ihrer C-K-Theorie (Concept-Knowledge Theory [HaWe-2003] die Tätigkeit „Produkte entwickeln" als wechselseitiges Erweitern des „Konzeptraumes" (vereinfacht: Generierung von Lösungen) und des „Wissensraumes" (vereinfacht: Überprüfung/Analyse der Lösungen).

- Die Autogenetische Konstruktionstheorie von Bercsey und Vajna (AKT, [BeVa-1994, Wegn-1999, ClJV-2003, Clem-2006], ausführliche Darstellung in [VCJB-2005]) beschreibt die Entstehung eines Produktes als Analogie zu der Evolution von Lebewesen, d. h. als einen kontinuierlichen Entwicklungsprozess von Objekten, Techniken und Technologien. Evolution bedeutet dabei allmähliche Entwicklung sowie dauernde Anpassung und Optimierung zu einem Ziel (= Synthese der Anforderungen). Dabei ist es wie in der Natur möglich, dass sich Teilziele (= einzelne Anforderungen) widersprechen (z. B. verlangt eine geforderte Erhöhung der Steifigkeit die Vergrößerung eines bestimmten Geometrieparameters, die gleichzeitig geforderte Verringerung des Gewichtes dagegen dessen Verkleinerung) und sich während der Evolution selbst auch weiterentwickeln können, beispielsweise durch geänderte Kundenwünsche. In der AKT werden sowohl die Entwicklung eines neuen Produktes (Neukonstruktion) als auch die Änderung eines vorhandenen Produktes (Anpassungskonstruktion) als fortlaufende

Optimierung einer oder mehrerer Ausgangslösungen (= Population) verstanden, wobei die Produkteigenschaften als Gene in einem Chromosom beschrieben werden.

Die Evolution verläuft dynamisch unter (eher äußeren) Anfangsbedingungen und Randbedingungen sowie (eher inneren) Zwangsbedingungen. Diese verschiedenen Bedingungen können ebenfalls einander konträre Dinge beschreiben und sich im Verlauf der Evolution verändern. Anforderungen und Bedingungen spannen den zu durchsuchenden Lösungsraum auf. Ändern sich diese während der Evolution, ändert sich entsprechend der Lösungsraum mit, der in seiner neuen Form jedes Mal wieder „von vorne" durchsucht werden muss. Alle Gene eines Chromosoms durchlaufen parallel den Evolutionsprozess von Generation zu Generation, wobei sie von den sich ändernden Anforderungen und Bedingungen verändert werden (äußere Einflüsse) und sich zudem gegenseitig beeinflussen können (innere Einflüsse). Ergebnis dieses Evolutionsprozesses ist immer eine Menge gleich**wertiger**, aber nicht gleich**artiger** Lösungen.

- Am Institut für Produktentwicklung des Karlsruher Instituts für Technologie (KIT) ist in den vergangenen Jahren eine Reihe innovativer methodischer Ansätze für die Produktentwicklung entstanden:

  – Matthiesen und Albers [Matt-2002, AlMO-2003] haben das Modell „Wirkflächenpaare & Leitstützstrukturen" (englisch: „Contact & Channel Model", C&CM) zur systematischen Gestaltfindung entwickelt. Dieses baut auf früheren Arbeiten auf (siehe z. B. [Hubk-1973]), bietet aber in zweierlei Hinsicht Erweiterungen: Erstens werden ausgehend von Wirkflächenpaaren (als Träger von Funktionen) und den sie verbindenden Strukturen zur Leitung und Abstützung von Funktionsgrößen neuartige Arbeitsmethoden vorgeschlagen. Zweitens ist neu, dass sich der Ansatz nicht auf mechanische Fragen beschränkt, sondern auch fluidische, elektrische und sogar Informationsflüsse einbezieht.

  – Ein weiterer Ansatz ist die auf dem ZHO-Ansatz [Ropo-1975] beruhende SPALTEN-Methodik[8] für die Bearbeitung von Entwicklungsaufgaben sowie für die Bildung aufgabenspezifischer Prozessmodelle [ABMS-2005, AlMe-2007]. Dieses wurde unter Einbeziehung weiterer Elemente, auf die hier nicht eingegangen sei, zum so genannten integrierten Produktentstehungs-Modell (iPeM) ausgebaut [Mebo-2008, ARBR-2016]. Dieses ist insofern von Bedeutung, als das Grundkonzept in Form des allgemeinen Modells des Entwicklungsprozesses (siehe Abb. 2.5) Eingang in die überarbeitete VDI-Richtlinie 2221 gefunden hat [VDI-2221.1/18].

- Der Ansatz der Produkt- und Prozessmodellierung auf der Basis von Produktmerkmalen und -eigenschaften CPM/PDD [Webe-2005c] versucht, eine Brücke zwischen verschiedenen theoretischen Ansätzen zu schlagen, insbesondere zwischen der im Abschn. 2.2.1 dargestellten „europäischen Schule" der Konstruktionsmethodik und dem Ansatz des Axiomatischen Konstruierens nach Suh [Suh-1990, Suh-2001], die

---

[8] Das Akronym SPALTEN steht für die Schritte des Modells: **S**ituationsanalyse – **P**roblemeingrenzung – **A**lternativen aufzeigen – **L**ösungsauswahl – **T**ragweite analysieren, Chancen und Risiken abschätzen– **E**ntscheidung und Umsetzung, Maßnahmen und Prozesse festlegen – **N**achbereitung und Lernen.

bisher für unvereinbar gehalten wurden. Weiterhin will dieser Ansatz die Rolle des Computers in der Produktentwicklung auf eine bessere theoretische Grundlage stellen, um die Anwendung, aber auch die (Weiter-) Entwicklung entsprechender Methoden und Werkzeuge zu unterstützen [WeWe-2000, WeDe-2002, WeDe-2003, WeWD-2003, Webe-2011, WeHu-2011]. Schließlich liefert der Ansatz neue Ideen für eher praktische Aspekte, z. B. zum Thema X-gerechtes Konstruieren bzw. DfX [Webe-2007] oder bezüglich der Ableitung anwendungsspezifischer Methodiken [Webe-2008].

- Das Integrated Design Engineering (IDE, [Vajn-2014]) verfolgt einen humanzentrierten, ganzheitlichen und multidisziplinären Ansatz für die Produktentwicklung, der daran Beteiligte und davon Betroffene, (beliebige) Produkte und deren Lebenszyklusphasen, Prozesse, Organisationen, Wissen und Informationen integriert. Eines der Merkmale des IDE ist es, sowohl Leistungsfähigkeit als auch Leistungsverhalten eines Produktes mit unterschiedlichen, aber gleichwertigen und gleichwichtigen Attributen zu beschreiben. Diese sind Produktattribute, Leistungsattribute und ökonomische Attribute. Aufgrund dieser Vielfalt bieten die Attribute umfangreiche Möglichkeiten, ein Produkt nach verschiedensten Anforderungen zu beschreiben und entsprechend zu entwickeln. Für das Management der Entwicklung wird ein eigenes dynamisches Vorgehensmodell verwendet.

Die beiden letztgenannten Ansätze, die im Folgenden etwas ausführlicher dargestellt werden, haben unterschiedliche Zielrichtungen:

- CPM/PDD bietet neben dem Zusammenführen von Theorien aus der europäischen Konstruktionsmethodik mit der Axiomatischen Konstruktionstheorie vor allem eine tragfähige Erklärungsfähigkeit in Bezug auf CAx-Werkzeuge.
- IDE setzt den Fokus auf die Humanzentrierung, auf die Integration aller an der Entstehung eines Produkts beteiligten Gruppen und auf die Einbeziehung aller Phasen des Produktlebenszyklus sowie aller Bereiche im Unternehmen in die Entwicklung des Produkts, damit alle relevanten Entscheidungen mit allen daran Beteiligten zum bestmöglichen Zeitpunkt getroffen werden können.

2.3   Produkt- und Prozessmodellierung auf der Basis von Produktmerkmalen und -eigenschaften

Der Ansatz zur Beschreibung von Produkten und Produktentwicklungsprozessen auf der Basis von Produktmerkmalen und -eigenschaften (englisch: Characteristics bzw. Properties[9]) ist durch verschiedene Publikationen (z. B. [Webe-2005c]) überwiegend durch seine englischsprachigen Bezeichnungen bekannt geworden:

- Characteristics-Properties Modelling (CPM) für den *produkt*modellierenden Teil
- Property-Driven Development (PDD) als darauf aufbauendes *Prozess*modell

---

[9] Die Wahl der englischsprachigen Begriffe „Characteristics" für Merkmale und „Properties" für Eigenschaften erfolgte auf Anregung von M.M. Andreasen.

2.3.1   Grundlagen

Die Produkt- und Prozessmodellierung auf der Basis von Produktmerkmalen und -eigen-
schaften basiert auf der Unterscheidung zwischen Merkmalen und Eigenschaften eines
Produktes:

- Die Merkmale (im Folgenden als C_i bezeichnet) erfassen die Gestalt eines Produktes, definiert durch die (Teile-) Struktur, die räumliche Anordnung der Komponenten
  sowie die Formen, Abmessungen, Werkstoffe und Oberflächenparameter aller Bauteile
  („Struktur und Gestalt", „Beschaffenheit"). Wichtig ist, dass (nur) diese Parameter vom
  Produktentwickler direkt beeinflusst werden können.
- Die Eigenschaften (P_j) beschreiben das Verhalten des Produktes, z. B. Funktion, Sicherheit, Zuverlässigkeit, ästhetische Eigenschaften, aber auch Fertigungs-/Montage-/Prüf-
  gerechtheit, Umweltgerechtheit, Herstellkosten. Die Eigenschaften können vom Produktentwickler *nicht* direkt festgelegt werden, sondern eben nur über den „Umweg",
  dass er/sie bestimmte Merkmale ändert, welche sich ihrerseits in der gewünschten
  Weise auf bestimmte Eigenschaften auswirken.

Die Merkmale entsprechend weitgehend der Gruppe von Parametern, die in [HuEd-
1992, HuEd-1996, EdHo-2008, EdHo-2010] als „innere Eigenschaften" (bzw. Internal
Properties) bezeichnet werden und die in [Suh-1990, Suh-2001] als „Konstruktionsparameter" (Design Parameters) eingeführt werden. Die Eigenschaften, wie sie hier eingeführt worden sind, entsprechen den „äußeren Eigenschaften" (External Properties) nach
[HuEd-1992, HuEd-1996, EdHo-2008] sowie den „funktionalen Anforderungen" (Functional Requirements) nach [Suh-1990, Suh-2001]. Die genannten Analogien zeigen,
dass die Unterscheidung zwischen Produktmerkmalen und -eigenschaften in der Konstruktionsmethodik teilweise seit langem bekannt ist; das Neue des CPM/PDD-Ansatzes
besteht lediglich darin, sie in das Zentrum der Betrachtungen zu rücken, was gerade für
die Aufbereitung der theoretischen Hintergründe des Rechnereinsatzes im Produktentwicklungsprozess neue Perspektiven bietet.

Die Merkmale und Eigenschaften eines Produktes[10] – für komplexe Produkte sicher
tausende! – müssen weiter untergliedert werden, um sie praktisch handhaben zu können.
Abb. 2.7 zeigt den hierzu vorgeschlagenen Ansatz:

- In Abb. 2.7 wird links eine naheliegende Gliederung der Produktmerkmale gezeigt,
  nämlich deren hierarchischen Strukturierung entlang des Teilebaumes. Auf den

---

[10] Bei bestimmten Konstruktionssituationen ist es möglich, dass aus einem Merkmal eine Eigenschaft werden kann und umgekehrt, beispielsweise wenn ein Wälzlager als Zukaufteil verwendet
wird. Für den Hersteller des Wälzlagers ist beispielsweise die Tragzahl des Lagers eine aus den
Merkmalen des Wälzlagers resultierende Eigenschaft. Für den Verwender des Lagers ist die Tragzahl ein Merkmal, das er direkt beeinflusst, indem er das Lager anhand der Tragzahl für seinen
Anwendungsfall auswählt. Siehe hierzu auch Abschn. 4.2.3.

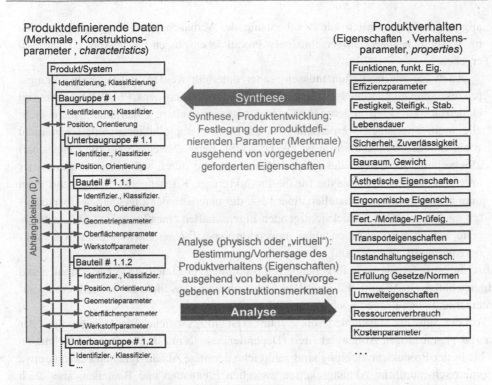

Produktdefinierende Daten
(Merkmale , Konstruktionsparameter , *characteristics*)

- Produkt/System
  - Identifizierung, Klassifizierung
- Baugruppe # 1
  - Identifizierung, Klassifizier.
  - Position, Orientierung
- Unterbaugruppe # 1.1
  - Identifizier., Klassifizier.
  - Position, Orientierung
- Bauteil # 1.1.1
  - Identifizier., Klassifizier.
  - Position, Orientierung
  - Geometrieparameter
  - Oberflächenparameter
  - Werkstoffparameter
- Bauteil # 1.1.2
  - Identifizier., Klassifizier.
  - Position, Orientierung
  - Geometrieparameter
  - Oberflächenparameter
  - Werkstoffparameter
- Unterbaugruppe # 1.2
  - Identifizier., Klassifizier.
  - …

Abhängigkeiten (D_r)

Synthese

Synthese, Produktentwicklung:
Festlegung der produktdefinierenden Parameter (Merkmale)
ausgehend von vorgegebenen/
geforderten Eigenschaften

Analyse (physisch oder „virtuell"):
Bestimmung/Vorhersage des
Produktverhaltens (Eigenschaften)
ausgehend von bekannten/vorge-
gebenen Konstruktionsmerkmalen

Analyse

Produktverhalten
(Eigenschaften , Verhaltens-
parameter, *properties*)

- Funktionen, funkt. Eig.
- Effizienzparameter
- Festigkeit, Steifigk., Stab.
- Lebensdauer
- Sicherheit, Zuverlässigkeit
- Bauraum, Gewicht
- Ästhetische Eigenschaften
- Ergonomische Eigensch.
- Fert.-/Montage-/Prüfeig.
- Transporteigenschaften
- Instandhaltungseigensch.
- Erfüllung Gesetze/Normen
- Umwelteigenschaften
- Ressourcenverbrauch
- Kostenparameter
- …

Abb. 2.7 Klassen von Merkmalen (links) und Eigenschaften (rechts) eines Produktes mit den beiden für die Produktentwicklung wesentlichen Beziehungen zwischen beiden (Analyse und Synthese)

einzelnen Hierarchieebenen ist jeweils angegeben, welche Parameter zur vollständigen Erfassung der Produktmerkmale benötigt werden. Auf allen Ebenen ist die Angabe identifizierender und klassifizierender Daten erforderlich. Auf allen Ebenen außer der obersten werden Parameter zur Erfassung der Position und der Orientierung der betreffenden Baugruppe bzw. des betreffenden Bauteiles benötigt. Auf der Ebene einzelner Bauteile müssen zusätzlich die Geometrie, der Werkstoff (ggf. mit seiner Verteilung) sowie die Oberflächenparameter beschrieben werden. Dabei ist zu berücksichtigen, wenn auch in Bild nicht dargestellt, dass neben der Erfassung nominaler Werte in vielen Fällen (insbesondere bei den geometrischen Parametern) die zulässigen Abweichungen (Toleranzen) in der Produktbeschreibung angegeben werden müssen.

Die genannten Daten sind alle in aktuellen CAx-Systemen vorhanden, vor allem in CAD- und PDM-Systemen. Theoretisch wären auch andere Gliederungen der Produktmerkmale denkbar (etwa nach Funktionsträgern), dies würde aber von der derzeitigen CAx-Technologie wegführen und sei deshalb hier nicht weiter diskutiert.

- Auf der rechten Seite zeigt Abb. 2.7 einen Vorschlag für eine erste Ebene zur weiteren Untergliederung der Produkteigenschaften. Es handelt sich gewissermaßen um sehr allgemeine Überschriften zur Beschreibung des Verhaltens eines Produktes, die sich im Wesentlichen aus den verschiedenen Produktlebensphasen (siehe Abb. 2.1 und 2.2) ergeben.

Auch die Eigenschaften müssen weiter unterteilt werden, um im Entwicklungsprozess sinnvoll handhabbar zu sein. Allerdings postuliert der CPM/PDD-Ansatz (im Gegensatz zu vielen anderen Ansätzen), dass eine weitere Unterteilung nicht mehr allgemein angegeben werden kann, sondern bereits produktgruppen-, wenn nicht sogar unternehmensspezifisch ist [Webe-2008]. Beispielsweise muss die Eigenschaft „Sicherheit" für die Produktgruppe Kraftfahrzeuge durch völlig andere Parameter untersetzt werden als etwa die für die Produktgruppe Küchengeräte. Umgekehrt kann man auch sagen: Das Aufstellen einer Liste der unterhalb der allgemeinen Überschriften nach Abb. 2.7 zu berücksichtigenden Eigenschaften eines Produktes ist bereits der erste Schritt zur Definition einer anwendungsspezifischen Entwicklungs-/Konstruktionsmethodik [Webe-2008].

Abschn. 2.4 liefert einige tiefergehende Informationen zur Einteilung von Merkmalen und Eigenschaften. In Abschn. 4.2.3 wird die Unterscheidung aus Sicht der Modellbildung auf unterschiedlichen Ebenen noch einmal aufgegriffen.

Auf der Seite der Merkmale (Abb. 2.7, links) ist ein zusätzlicher Block eingetragen, der für die gegenseitigen Abhängigkeiten (Dependencies, formal D_x) zwischen Merkmalen steht: In der Produktentwicklung sind zahlreiche derartige Abhängigkeiten bekannt, etwa geometrisch-räumliche Abhängigkeiten zwischen Elementen und Bauteilen, aber auch zwischen Toleranzen („Passungen"), zwischen Werkstoffen („Materialpaarung") oder sogar logische Abhängigkeiten (z. B. Wenn-Dann-Bedingungen zwischen Komponenten zur Erfassung von Konfigurationsvarianten). Ein Teil dieser Abhängigkeiten, insbesondere die geometrisch-räumlichen, kann bereits heute durch die Parametrik-Funktion in CAx-Systemen erfasst werden (siehe Abschn. 5.7).

Schließlich führt Abb. 2.7 noch die beiden in der Produktentwicklung wesentlichen Beziehungen zwischen den Produktmerkmalen und -eigenschaften ein:

- **Analyse**: Ausgehend von bekannten/vorgegebenen Merkmalen eines Produktes wird dessen Verhalten bestimmt bzw. – sofern das Produkt physisch noch nicht existiert – vorhergesagt. Solche Analyseschritte können entweder experimentell (je nach Phase des Entwicklungsprozesses: anhand von Modellen, Prototypen oder dem realen Produkt nach dessen Herstellung) oder durch Berechnung/Simulation anhand von virtuellen Modellen vorgenommen werden. Sie dienen der Absicherung von Produkteigenschaften.
- **Synthese**: Ausgehend von vorgegebenen, d. h. in der Aufgabenstellung geforderten Eigenschaften werden die Merkmale der Lösung bestimmt. Der Begriff „bestimmen" hat hier zwei verschiedene Bedeutungen: einerseits Festlegung der relevanten Merkmale selbst (Erarbeitung/Auswahl von Lösungskonzepten, qualitative Gestaltung) und andererseits Zuweisung konkreter Werte für qualitativ bereits festliegende Merkmale (Dimensionierung).

Die Synthese ist die Hauptaufgabenstellung in der Produktentwicklung. Die Anforderungsliste ist im Wesentlichen eine Liste geforderter oder gewünschter

Produkteigenschaften, die Aufgabenstellung des Produktentwicklers besteht darin, die Merkmale der Lösung zu bestimmen. Anforderungslisten können neben Produkteigenschaften auch Produktmerkmale enthalten, aber dann werden schon bestimmte Teillösungen (Lösungselemente, -muster) von Anfang an explizit oder implizit vorausgesetzt. Die Analyse und die Synthese als die zentralen Tätigkeiten des Produktentwicklungsprozesses werden nun in einer weiter detaillierten Betrachtung näher untersucht. Dazu seien folgende Formelzeichen vereinbart:

C_i:	Merkmale (Characteristics)
P_j:	Eigenschaften (Properties)
PR_j:	Geforderte Eigenschaften (Required Properties)
R_j, R_j^{-1}:	Beziehungen (Relations) zwischen Merkmalen und Eigenschaften
D_x:	Abhängigkeiten (Dependencies, „Constraints") zwischen Merkmalen
EC_j:	Äußere Rahmenbedingungen (External Conditions)
MC_j:	Modellierbedingungen (Modelling Conditions)

Weiterhin wird als Vereinfachung eingeführt, dass sowohl auf der Merkmals- als auch auf der Eigenschaftsseite keine hierarchische Strukturierung mehr vorgesehen wird (die in Wirklichkeit natürlich vorhanden ist), sondern dass diese durch einfache Listen der relevanten Merkmale und Eigenschaften ersetzt werden. Diese Merkmals- und Eigenschaftslisten können (wie übrigens ähnlich auch in [Suh-1990, Suh-2001]) als Vektoren $\underline{C}$ bzw. $\underline{P}$ notiert werden, was die Formalisierung des gesamten Ansatzes sehr erleichtert (hier nicht im Detail erläutert, siehe hierzu etwa [Webe-2005c]).

2.3.2 Analyse

Abb. 2.8 zeigt zunächst das Grundmodell für die Analyse. Im Kern handelt es sich um ein Netzwerkmodell, in dem die Merkmale (C_i) die verschiedenen zu untersuchenden Eigenschaften (P_j) determinieren. Einzige Voraussetzung ist hier, dass die verschiedenen Eigenschaften unabhängig voneinander betrachtet werden können (nicht notwendigerweise unabhängig voneinander sind), was gängiger Ingenieurpraxis entspricht. Die wesentliche Aussage des Modells nach Abb. 2.8 ist, dass für ein Produkt mit bekannten Merkmalen diese sämtliche relevanten Eigenschaften bestimmen, wobei allerdings für die verschiedenen Eigenschaften in der Regel jeweils unterschiedliche Kombinationen immer derselben Merkmale maßgebend sind.

Sobald das Produkt physisch existiert (d. h. sobald seine Merkmale C_i „verstofflicht" sind) und in Betrieb gesetzt wird, können seine Eigenschaften bzw. sein Verhalten in den meisten Fällen durch Versuch und Messung bestimmt werden. In diesem Fall stellt das Produkt selbst die Beziehungen zwischen Merkmalen und Eigenschaften (R_j) her.

Abb. 2.8 Grundmodell der
Analyse

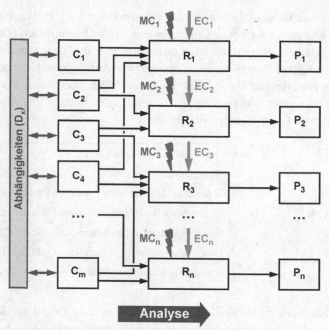

Bestimmung/Vorhersage des Produktverhaltens
(Eigenschaften) aus den Konstruktionsmerkmalen

Während des Produktentwicklungsprozesses existiert das Produkt noch nicht oder noch
nicht vollständig in der physischen Realität. Dann kann man seine Eigenschaften nur *vorhersagen* (und nicht nachträglich bestimmen). Dazu sind geeignete Modelle (physische
oder „virtuelle"), Methoden und Werkzeuge erforderlich. Genau hierfür stehen die in
Abb. 2.8 eingezeichneten R_j-Kästen.

Insgesamt ergibt sich aus diesen Überlegungen die folgende Klassifikation der in
der Produktentwicklung einsetzbaren Modelle, Methoden und Werkzeuge (R_j) zur analytischen Bestimmung bzw. Vorhersage der Produkteigenschaften (P_j) ausgehend von
bekannten/gegebenen Produktmerkmalen (C_i) – hier sortiert von eher informellen zu stark
formalisierten Ansätzen:

- Schätzung, Erfahrung/Erfahrungswerte
- Befragung von Experten oder potentiellen Kunden (vor allem bei nicht-physikalischen
  Eigenschaften, etwa ästhetischen)
- Experimentelle Bestimmung (anhand von Modellen, Prototypen oder dem realen
  Produkt nach dessen Herstellung)
- Tabellen und Diagramme (ergeben sich in der Regel aus den Ergebnissen zahlreicher
  zuvor durchgeführter Experimente in geeignet systematisierter Form)
- Konventionelle (d. h. in der Regel: vereinfachte) Berechnungen
- Rechnerbasierte Berechnungs-/Simulationswerkzeuge

Das Grundmodell für die Analyse der Produkteigenschaften ($\mathbf{P_j}$) ausgehend von den Produktmerkmalen ($\mathbf{C_i}$) nach Abb. 2.8 enthält noch zwei weitere Einflussgrößen:

- Die Bestimmung bzw. Vorhersage jeder Produkteigenschaft mittels geeigneter Modelle, Methoden und Werkzeuge wird durchgeführt unter Annahme bestimmter äußerer Rahmenbedingungen (External Conditions, $\mathbf{EC_j}$). Sie definieren den Gültigkeitsbereich der durch die jeweilige Analysemethode bzw. das Analysewerkzeug gewonnenen Aussage. So ist beispielsweise die Analyse der Tragfähigkeit oder der Lebensdauer eines Produktes gebunden an bestimmte Betriebs- und Lastfälle. Aussagen über die Fertigungsgerechtheit gelten nur im Zusammenhang mit den durch das Fertigungssystem vorgegebenen Randbedingungen, sogar die Bestimmung der ästhetischen Eigenschaften ist häufig an bestimmte Randbedingungen (z. B. den kulturellen Hintergrund des Zielpublikums) gebunden. Diese Erkenntnis ist besonders wichtig im Zusammenhang mit dem X-gerechten Konstruieren [Webe-2007], sie beeinflusst aber auch die Auswahl und den Einsatz rechnerbasierter Methoden und Werkzeuge: Hier sind die dem jeweiligen Werkzeug zugrunde liegenden Annahmen bezüglich der äußeren Rahmenbedingungen oft gar nicht transparent, was gelegentlich ein maßgeblicher Faktor beim Scheitern von CAx-Projekten ist.
- Wenn man zur Analyse bzw. Vorhersage von Produkteigenschaften mit Modellen und zugehörigen Methoden und Werkzeugen arbeitet (was in der Produktentwicklung unvermeidlich ist), dann beeinflussen zusätzlich die in den Modellen – explizit oder implizit – enthaltenen Bedingungen das Analyseergebnis (Modellierbedingungen, Modelling Conditions, $\mathbf{MC_j}$).

    Dies gilt für alle Arten von Analysemodellen und -methoden: Bei Berechnung der Durchbiegung eines Balkens mithilfe der aus der Technischen Mechanik bekannten Formeln sind beispielsweise die Voraussetzungen eines konstanten Querschnittes und eines konstanten E-Moduls solche Modellierbedingungen; bei Anwendung der Finite-Elemente-Methode beeinflussen Elementart und Vernetzungsdichte das Ergebnis; selbst bei experimenteller Ermittlung bestimmter Produkteigenschaften gibt es häufig vorgegebene Testbedingungen und -prozeduren, beispielsweise Fahrzyklen zur Ermittlung des Kraftstoffverbrauchs eines Automobils.

    Bei Nutzung virtueller Methoden sind die Modellierbedingungen und deren Einfluss auf das Ergebnis nicht selten vor dem Anwender verborgen, was eine Gefahr sein kann.

2.3.3   Synthese

Abb. 2.9 wendet sich nun der Synthese zu. Formal kann die Synthese „einfach" als Umkehrung (Invertierung) der Analyse (Abb. 2.8) betrachtet werden: Ausgehend von vorgegebenen Eigenschaften – hier nun geforderten Eigenschaften (Required Properties, $\mathbf{PR_j}$), beispielsweise in einer Anforderungsliste festgelegt – sind die Merkmale der Lösung festzulegen und sind deren Werte zu bestimmen.

Abb. 2.9 Grundmodell der
Synthese

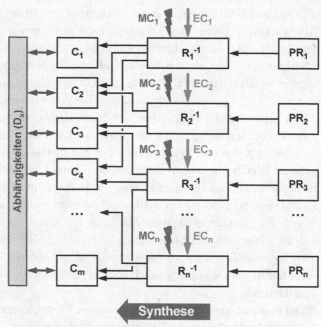

Festlegung der produktdefinierenden Parameter
(Merkmale) aus vorgeg./geforderten Eigenschaften

   In der Produktentwicklung werden dazu geeignete Synthesemethoden und -werkzeuge benötigt, die in dem Modell nach Abb. 2.9 durch die „inversen Beziehungen" (R_j^{-1}) symbolisiert werden. Wiederum sortiert von „weichen" zu „harten" Methoden und Werkzeugen sind folgende Kategorien anzugeben:

- Menschliche Genialität (allerdings: nach denkpsychologischen Untersuchungen erklärbar durch besonders schnelle Assoziation)
- Assoziation (Übertragung bereits gesehener Muster – aus der Technik, der Biologie oder sogar noch weiter entfernten Gebieten – auf die aktuelle Aufgabe)
- Erfahrung (als Assoziation basierend auf vielen in der Vergangenheit überwiegend selbst erlebten bzw. gesehenen Fällen und Mustern)
- Kataloge, Anwendung von Standardlösungen (z. B. Maschinenelemente)
- Regelwerke, methodische/systematische Vorgehensmodelle (welche zumeist Kombinationen mehrerer der vorgenannten Ansätze beinhalten)
- Invertierte Berechnungsverfahren (in der Regel nur für sehr einfache oder – eben zum Zweck der Invertierbarkeit – stark vereinfachte Fälle)
- Rechnerbasierte Methoden und Werkzeuge

Das in Abschn. 2.2.1 dargestellte Vorgehensmodell der Konstruktionsmethodik nach [VDI-2221.2/18] (siehe Abb. 2.5) in Verbindung mit den zugehörigen weiteren Unterlagen (z. B. Konstruktionskataloge [VDI-2222.2/82, Roth-1994]) kann vor diesem Hintergrund als generisches Regelwerk für die Synthese aufgefasst werden. Es fokussiert allerdings primär auf funktionale Eigenschaften. Diese sind – vor allem bei der Neukonstruktion – sicher die zuerst zu behandelnden Eigenschaften, aber andere, gegebenenfalls später zu berücksichtigende Eigenschaften (z. B. festigkeits-, fertigungs-, montage-, instandhaltungs-, umweltgerechtes Konstruieren bzw. zusammenfassend DfX) erfordern ergänzende Synthesemethoden und -werkzeuge. Hinweise zu deren Entwicklung aufbauend auf dem CPM/PDD-Ansatz werden in [Webe-2007] gegeben.

Bereits das sehr einfache Grundmodell der Synthese nach Abb. 2.9 zeigt auf, was die Zielkonflikte beim Entwickeln sind, Abb. 2.10: Verschiedene Anforderungen (geforderte Eigenschaften, PR_j) wirken auf dieselben Merkmale ein und versuchen im ungünstigsten Fall, diese in unterschiedliche Richtungen zu bringen (z. B. eine geforderte Erhöhung der Steifigkeit verlangt die Vergrößerung eines bestimmten Geometrieparameters, die gleichzeitig geforderte Verringerung des Gewichtes dagegen dessen Verkleinerung).

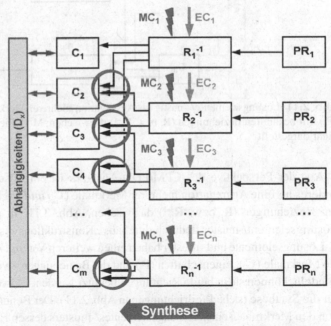

Abb. 2.10 Zielkonflikte bei der Synthese: Verschiedene geforderte Eigenschaften beeinflussen dieselben Merkmale in unterschiedliche Richtungen

2.3.4   Lösungselemente, Lösungsmuster

Lösungselemente und Lösungsmuster sind insbesondere für praktische Entwicklungstätigkeiten von großer Bedeutung, weil ihre Nutzung die Wiederverwendung von Konstruktionswissen ermöglicht und sie außerdem Grundbausteine für die Standardisierung und Modularisierung von Produkten sind [WeHu-2016].

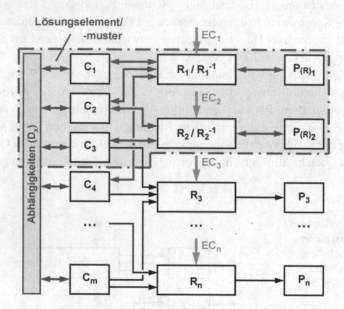

Abb. 2.11 Lösungselemente/-muster als Aggregation mehrerer Merkmale (C_i) *und* Eigenschaften (P_j) mit bekannten Beziehungen (R_j bzw. R_j^{-1}) dazwischen; Modellierbedingungen (MC_j) hier nicht dargestellt

Aus der Perspektive des CPM/PDD-Ansatzes ist ein Lösungselement/-muster nichts anderes als eine Aggregation mehrerer Merkmale (C_i) *und* Eigenschaften (P_j) mit bekannten Beziehungen (R_j bzw. R_j^{-1}) dazwischen, Abb. 2.11. In gewisser Weise erfasst ein Lösungselement/-muster dadurch durchaus „Konstruktionswissen".

Lösungselemente und -muster haben einen weiteren Vorzug: Aufgrund der Tatsache, dass sie Merkmale (C_i), Eigenschaften (P_j) und die Beziehungen zwischen beiden (R_j bzw. R_j^{-1}) bündeln, können sie in beide Richtungen benutzt werden – sowohl für die Analyse als auch für die Synthese (siehe Pfeilrichtungen in Abb. 2.11): Der Benutzer kann sowohl ausgehend von den Merkmalen eines Lösungselementes/-musters dessen Eigenschaften bestimmen als auch umgekehrt ausgehend von geforderten Eigenschaften nach passenden Lösungen und deren Konstruktionsparametern (Merkmalen) suchen und/oder diese festlegen.

Lösungselemente und -muster können genutzt werden als:

• Physische Objekte: Typische Beispiele sind etwa die bekannten Maschinenelemente, bei denen die Verknüpfung der Merkmals- mit der Eigenschaftsseite zumeist mithilfe von Katalogen, Tabellen, Diagrammen und Berechnungsalgorithmen erfolgt.

- Virtuelle Objekte: Hierfür sind mehrere verschiedene Bezeichnungen gebräuchlich, etwa CAx-Makros, Variantenprogramme, Features, Templates.

Es ist wichtig zu notieren, dass der Begriff „Lösungselement/-muster" im hier diskutierten Zusammenhang nicht nur Funktions- und Prinzipmuster sind (wie in der „klassischen" Konstruktionsmethodik), sondern dass Lösungselemente/-muster *alle* Klassen von Produkteigenschaften sowie Kombinationen daraus betreffen können. Beispiele:

- Funktions-/Prinzipmuster: Übersetzung von Drehmoment und Drehzahl mittels verschiedener Maschinenelemente (= Lösungsmuster) wie Zahnrad-, Ketten-, Riemen-, hydraulischen oder elektrischen Getrieben
- Festigkeits-/Steifigkeitsmuster: Beanspruchungsgerechte Festlegung eines Trägerquerschnittes (z. B. T- oder I-Profil für Biegung)
- Fertigungsmuster: Guss- versus Schweißkonstruktion für Gehäuse mit jeweils entsprechenden Gestaltungsregeln; hierhin gehören letztlich alle Kataloge und Regelwerke zum fertigungsgerechten Konstruieren (Design for Manufacturing)
- Montagemuster: Fasen zur Montageerleichterung; neuartige Schraubenköpfe (z. B. Torx) zur Erleichterung der automatischen Montage; …; hierhin gehören letztlich alle Kataloge und Regelwerke zum montagegerechten Konstruieren (Design for Assembly)
- Ästhetische Muster: Form-, Farb-, Klang-, Geruchsschemata, die bestimmte Bedeutungen signalisieren
- Nutzungsmuster: Steuern eines Flugzeuges (oder möglicherweise künftig eines Automobils) mithilfe eines Side-sticks im Gegensatz zur traditionellen Steuersäule; „Wischen" als relativ neuartiges Eingabemuster für mobile elektronische Geräte (z. B. Smartphones)

In [WeHu-2016] wird die herausragende Bedeutung von Lösungselementen für Produktentwicklungsprozesse in der Praxis, aber auch für Innovation und die Ingenieurausbildung thematisiert. Die Autoren mutmaßen, dass Produktentwicklungsprozesse in der Praxis zu einem weit überwiegenden Teil darin bestehen, verschiedene bewährte Lösungsmuster aus verschiedenen Eigenschaftsbereichen übereinander zu schichten – natürlich in der Hoffnung, dass diese gut verträglich sind. Das gilt besonders für Branchen, die eine lange Geschichte haben. Zur Erläuterung zeigt Tab. 2.1 Beispiele für Lösungsmuster, die – zum Teil seit Jahrzehnten – in nahezu allen (konventionell, also verbrennungsmotorisch angetriebenen) Kraftfahrzeugen der Kompaktklasse zur Anwendung kommen.

Im Rahmen dieses Buches sind vor allem digital(isiert)e, „virtuelle" Lösungsmuster von Interesse: Sie sind die Grundlage für CAx-Makros, Variantenprogramme, Features, Templates usw., mit denen sich in der rechnerunterstützten Produkt- und Produktionsentwicklung Abläufe automatisieren lassen; dies gilt wegen der oben beschriebenen zweiseitigen Verwendbarkeit von Lösungsmustern sowohl für Analyse- als auch für Syntheseschritte (siehe Abschn. 2.3.7).

Tab. 2.1 Kombination von Lösungsmustern für ein (konventionelles) Kompaktauto (Auszug)

Eigenschaft	Bewährte Lösungsmuster
Antriebskonzept	– Primärantrieb mittels 3- oder 4-Zylinder-Verbrennungskraftmaschine (Otto oder Diesel, ohne oder mit Turboaufladung) – Kraftübertragung mittels Zahnradgetriebe mit mehreren Schaltstufen (manuell oder automatisch geschaltet) – Frontmotor quer, Frontantrieb
Konzept Radaufhängungen	– Vorn McPherson- Achse, zylindrische Schraubendruckfedern, hydraulische (Teleskop-) Stoßdämpfer, Querstabilisator – Hinten: Verbundlenkerachse, zylindrische Schraubendruckfedern, hydraulische (Teleskop-) Stoßdämpfer
Benutzung	– Alle Nutzungsfunktionen durch Fahrer gesteuert – … mittels Lenkrad, Pedalen und handbetätigten Steuerelementen – Allerdings zurzeit sukzessiver Übergang zum assistierten, später autonomen Fahren
Ästhetik (außen)	– Zwei-Box-Design, Schrägheck, Heckklappe
Produktion	– Rohkarosse tiefgezogenes Stahlblech, punktgeschweißt (zunehmend Laserschweißen) – Anbauteile zunehmend Kunststoff (z. B. Stoßfänger), geschraubt
Passive Sicherheit	– Steife Fahrgastzelle – Definiert nachgiebige Deformationszonen vorn und hinten (z. B. „Crash-tubes/Crash-boxes") – Passagierrückhaltung mittels 3-Punkt-Sicherheitsgurt – Front- und Seiten-Airbags
…	…

2.3.5 Modell des Produktentwicklungsprozesses

Die bisherigen Darstellungen (Abschn. 2.3.2 bis 2.3.4) haben sich mit der Modellierung von Produkten auf der Basis von deren Merkmalen und Eigenschaften befasst (Characteristics-Properties Modelling, CPM). Ausgehend davon wird nun ein Modell des eigenschaftsgetriebenen Produktentwicklungsprozesses entwickelt (Property-Driven Development, PDD).

Der Produktentwicklungsprozess insgesamt kann als Tätigkeit angesehen werden, die in der Grundtendenz dem Synthesemodell nach Abb. 2.9 folgt, die aber zur Absicherung der zu einem bestimmten Zeitpunkt erreichten Eigenschaften immer wieder zwischengeschaltete Analyseschritte erfordert, denen das Modell nach Abb. 2.8 zugrunde liegt.

Abb. 2.12 stellt dies schematisch dar:

• Der Produktentwicklungsprozess besteht aus mehreren aufeinander folgenden Zyklen, die alle dem in Abb. 2.12 gezeigten Schema folgen und in deren Verlauf

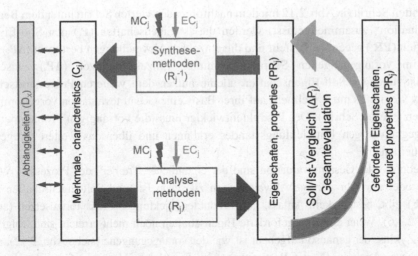

Abb. 2.12 Schema des eigenschaftsgetriebenen Produktentwicklungsprozesses (PDD)

einerseits die Anzahl der festgelegten Merkmale (Konstruktionsparameter, Characteristics) und andererseits die Menge sowie die Präzision der verfügbaren Informationen über das Verhalten (die Eigenschaften, Properties) der Lösung kontinuierlich vergrößert wird.

- Der Produktentwicklungsprozess startet stets mit den Anforderungen. Diese ist im CPM/PDD-Ansatz im Wesentlichen eine Liste geforderter Produkteigenschaften ($\mathbf{PR_j}$, *Soll*-Eigenschaften).
- Ausgehend davon ist der erste Schritt der Produktentwicklung insgesamt sowie eines jeden Zyklus immer ein Syntheseschritt: Der Produktentwickler greift die wichtigsten der geforderten oder noch nicht befriedigend erfüllten Eigenschaften heraus (im Falle der Neukonstruktion in der Regel am Anfang die funktionalen Eigenschaften) und legt unter Nutzung geeigneter Synthesemethoden ($\mathbf{R_j^{-1}}$) Merkmale (Konstruktionsparameter) der Lösung fest ($\mathbf{C_i}$). Am Anfang sind das unter Umständen nur einige wenige Merkmale, dokumentiert beispielsweise in Form einer Skizze. Alternativ dazu können auch vorhandene (Teil-) Lösungen herangezogen werden (= Lösungselemente/-muster, siehe Abschn. 2.3.4, Abb. 2.11).
- Es folgt als zweiter Schritt ein Analyseschritt: Ausgehend von den zu diesem Zeitpunkt festgelegten Merkmalen der Lösung werden deren Eigenschaften ($\mathbf{P_j}$, Ist-Eigenschaften) bestimmt bzw. vorhergesagt. Dazu werden geeignete Analysemethoden ($\mathbf{R_j}$) benötigt.

    Es sei betont, dass die Analyse nicht nur die Überprüfung derjenigen Eigenschaften umfasst, welche der Ausgangspunkt des vorangegangenen Syntheseschrittes waren, sondern möglichst *alle* (relevanten) Eigenschaften. Dies ist in frühen Phasen nicht immer möglich, weil – besonders zur Bestimmung komplexer Eigenschaften – zu diesem Zeitpunkt nicht genug Merkmale (Konstruktionsparameter) definiert sind.

- Im dritten Schritt (in Abb. 2.12 mit dem nachfolgenden vierten Schritt unter dem Begriff „Evaluation" zusammengefasst) werden die Ist-Eigenschaften ($\mathbf{P}_j$) den Soll-Eigenschaften ($\mathbf{PR}_j$) gegenübergestellt und die einzelnen Abweichungen bestimmt ($\mathbf{\Delta P}_j$).
- Die im vorangegangenen Schritt bestimmten Einzeldifferenzen ($\mathbf{\Delta P}_j$) zwischen den Ist- und den Soll-Eigenschaften alleine nutzen dem weiteren Prozessfortschritt relativ wenig. Es muss vielmehr auf ihrer Basis eine Gesamtevaluation vorgenommen werden (vierter Schritt): Der Produktentwickler muss die vorrangigen Problempunkte des gegenwärtigen Entwicklungsstandes erkennen und über das weitere Vorgehen entscheiden.

Die Ergebnisse der Gesamtevaluation sind der eigentliche „Treiber" des Prozesses: Wenn es keine oder nur sehr geringe Abweichungen zwischen Ist- und Soll-Eigenschaften ($\mathbf{P}_j$) bzw. $\mathbf{PR}_j$) gibt, besteht kein Anlass, den Produktentwicklungsprozess fortzusetzen (siehe Abschn. 2.3.6). Wenn einzelne geforderte Eigenschaften noch nicht erreicht sind, folgt ein weiterer Zyklus, der genauso aufgebaut ist wie der vorangegangene (siehe Abb. 2.12), also aus Synthese, Analyse, (Neu-) Bestimmung der Einzelabweichungen, Gesamtevaluation besteht:

- Der letzte Schritt aus dem vorangegangenen Zyklus bestimmt, welche Eigenschaften der Ausgangspunkt für den nachfolgenden Zyklus sind (z. B. diejenigen mit der größten Abweichung zwischen Ist und Soll). Mittels geeigneter Synthesemethoden ($\mathbf{R}_j^{-1}$) muss nun im ersten Schritt wieder auf sinnvolle Veränderungen auf der Merkmalsseite geschlossen werden (Veränderung und/oder Ergänzung $\mathbf{C}_i$).
- Veränderung" kann einerseits heißen, dass bereits zuvor festgelegte Merkmale modifiziert werden, andererseits können weitere Merkmale hinzugefügt werden. „Merkmale hinzufügen" kann seinerseits entweder heißen, dass der bestehende Entwurf bzw. die bestehende Skizze um Details angereichert wird oder dass ganze Komponenten ergänzt werden. Auch hierbei können selbstverständlich wieder bekannte Lösungselemente/ -muster eingesetzt werden.
- Als nächstes ist wieder ein Analyseschritt durchzuführen: Infolge der vorausgegangenen Synthesemaßnahmen hat sich der Merkmalssatz der Lösung verändert. Wegen dieser veränderten Situation müssen auch die (Ist-) Eigenschaften der Lösung neu bestimmt bzw. müssen die früheren Vorhersagen revidiert werden (Neubestimmung von $\mathbf{P}_j$). Dazu werden erneut geeignete Analysemethoden ($\mathbf{R}_j$) benötigt. Diese sind voraussichtlich andere als im Zyklus davor, weil nun auf der Merkmalsseite detailliertere Informationen vorliegen, welche genauere Analysen ermöglichen.

  Bei der Analyse werden in diesem (und in jedem weiteren) Schritt im Prinzip immer die gleichen Eigenschaften untersucht (also stets *alle* [relevanten] Eigenschaften). Wegen der Veränderungen auf der Merkmalsseite und wegen des dadurch ermöglichten Einsatzes anderer, in der Regel genauerer Analysemethoden ergeben sich aber von einem Zyklus zum nächsten jeweils andere, in der Regel exaktere Analyseergebnisse.

Hieraus lässt sich die Erkenntnis ableiten, dass man im Produktentwicklungsprozess zur Analyse jeweils der gleichen Eigenschaft unterschiedliche Methoden und Werkzeuge benötigt: In frühen Phasen solche, die nur einige wenige festgelegte Merkmale benötigen und dafür weniger exakt sein können und müssen, und (erst) in späten Phasen, wenn also viele Details festlegen, exaktere Methoden und Werkzeuge.

- Es folgt wieder eine Gegenüberstellung der (veränderten) Ist-Eigenschaften ($\mathbf{P}_j$) mit den (in der Regel *nicht* veränderten!) Anforderungen bzw. Soll-Eigenschaften ($\mathbf{PR}_j$) zur Bestimmung der nunmehr vorliegenden Einzelabweichungen ($\mathbf{\Delta P}_j$).
- Auf Basis der Einzelabweichungen ($\mathbf{\Delta P}_j$) muss im letzten Schritt des Zyklus eine neue Gesamtevaluation vorgenommen werden, aus der wiederum die Schlussfolgerungen für gegebenenfalls erforderlichen nächsten Zyklus abzuleiten sind (Gesamtevaluation als „Prozesstreiber").

In einer noch stärker abstrahierten Form entspricht der auf diese Weise erklärte Produktentwicklungsprozess letztlich einem Regelkreis (Abb. 2.13). Dies ist für die rechnerunterstützte Produktentwicklung insofern von Bedeutung, als Optimierungswerkzeuge (CAO) nach einem entsprechenden Schema aufgebaut sind (siehe Abschn. 2.3.7 sowie Kap. 9).

Im Vergleich mit der Regelungstechnik ergeben sich die folgenden, zum Teil aufschlussreichen Analogien:

- Anforderungen (*Soll*-Eigenschaften, $\mathbf{PR}_j$):..............Sollwert(e)
- *Ist*-Eigenschaften ($\mathbf{P}_j$):...............................Ausgangs- und Rückführgrößen
- Abweichungen Ist-/Soll-Eigenschaften ($\mathbf{\Delta P}_j$):........Regelabweichungen
- Merkmale der Lösung ($\mathbf{C}_i$):.....................................Eingangsgrößen
- Äußere Rahmenbedingungen ($\mathbf{EC}_j$):.....................Störgrößen

Der Regelkreis selbst besteht aus folgenden Komponenten:

- Synthesemethoden und -werkzeuge ($\mathbf{R}_j^{-1}$):...............Stellglieder, Aktuatoren
- Analysemethoden und -werkzeuge ($\mathbf{R}_j$):.................Messwertaufnehmer, Sensoren
- Gesamtevaluation („Eval." in Abb. 2.13): ....Regler

Die hier erläuterte Sicht auf den Produktentwicklungsprozess auf der Basis den CPM/PDD-Ansatzes lässt sich relativ gut mathematisch formalisieren (in Erweiterung der Theorie des Axiomatischen Konstruierens nach Suh [Suh-1990, Suh-2001]), worauf hier jedoch nicht eingegangen sei (siehe dazu [Webe-2005c]).

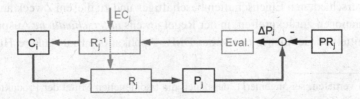

Abb. 2.13 Darstellung des Produktentwicklungsprozesses gemäß Abb. 2.12 als Regelkreis; Modellierbedingungen ($\mathbf{MC}_j$) hier nicht dargestellt

2.3.6   Ende des Produktentwicklungsprozesses

Im CPM/PDD-Ansatz lassen sich klare Bedingungen für das Ende des Produktentwicklungsprozesses angeben:

1. Es müssen alle Merkmale der Lösung (C_i) so weit spezifiziert sein, dass diese hergestellt werden kann. (Hinweis: Die meisten anderen methodischen Ansätze nennen nur diese Bedingung.)
2. Alle (relevanten) Eigenschaften der Lösung (P_j) müssen bestimmt/vorhergesagt werden, und zwar ...
3. ... mit hinreichender Sicherheit und Genauigkeit. (Diese Forderung betrifft die angewandten Analysemethoden R_j!)
4. Die bestimmten/vorhergesagten (Ist-) Eigenschaften müssen hinreichend nahe an den geforderten (Soll-) Eigenschaften liegen ($\Delta P_j \to 0$).

2.3.7   Schlussfolgerungen für CAx-Systeme

Die Rolle der Geometrie und CAD-Systeme

Geometrieinformationen sind wichtiger Bestandteil der Merkmale, welche ein Produkt definieren. Geometrie als solche macht jedoch keine Aussage über irgendeine Produkteigenschaft und ist deshalb für den Produktentwicklungsprozess (der eigenschaftsgesteuert ist, siehe Abschn. 2.3.6) nur von sehr begrenztem Wert.

Es gilt jedoch, dass nahezu alle Produkteigenschaften (Funktion, Sicherheit, ästhetische Eigenschaften, Fertigungs-/Montage-/Prüfgerechtheit, Umweltgerechtheit, Herstellkosten, ...) unter anderem auch von geometrischen Merkmalen abhängen. Daher macht es Sinn, die Repräsentation der Geometrie aus der Bestimmung der „echten" Eigenschaften herauszulösen und einem separaten, hierauf spezialisierten System, dem CAD-System, zu übertragen, Abb. 2.14.

Wie in Abb. 2.14 angedeutet, können CAD-Systeme mit Parametrikfunktionen über die Geometrie hinaus bereits einen Teil der Abhängigkeiten zwischen Produktmerkmalen (D_x) erfassen und verwalten, insbesondere geometrisch-räumliche Abhängigkeiten[11].

Allerdings benötigen die verschiedenen Methoden und Werkzeuge, welche sich mit der Analyse der verschiedenen Eigenschaften beschäftigen und zu diesem Zweck auf geometrische Informationen zurückgreifen, in der Regel jeweils *unterschiedliche* Ausprägungen oder Ausschnitte der Geometrie (z. B. bei DMU-Applikationen nur äußere Hüllen, bei

---

[11] Ohne dies zu vertiefen, sei angemerkt, dass auch die traditionellen Mittel der Produktdokumentation – technische Zeichnung und Stückliste – „lediglich" Produktmerkmale erfassen (Geometrie, räumliche Anordnungen, Toleranzen, Werkstoffe, Teilestruktur). Abhängigkeiten zwischen Produktmerkmalen sowie Informationen über Produkteigenschaften können nur implizit und/oder in Form von Zusatzdokumenten (Texte, Berechnungen, Tabellen, Diagramme) repräsentiert werden.

Abb. 2.14 Geometriemodellierung mittels CAD-Systemen im Rahmen des CPM/PDD-Modells

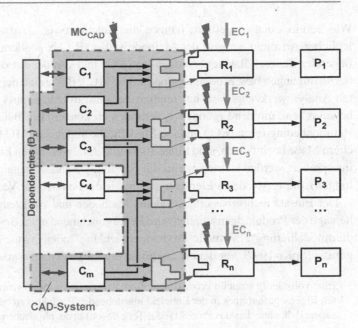

FEM-Analysen nicht die exakte, sondern eine verfahrensgemäß vernetzte Geometriestruktur usw.). In Abb. 2.14 wird dies durch die unterschiedlich geformten „Puzzle-Teile" symbolisiert. Hierauf nehmen gegenwärtige CAD-Systeme noch zu wenig Rücksicht: Sie müssten in weitaus stärkerem Maße auf die Anforderungen der eigenschaftsbestimmenden Analysesysteme zugeschnitten werden (und nicht umgekehrt), müssten sich letztlich als deren „Zulieferer" im Hinblick auf geometrische Merkmale (sowie gegebenenfalls Teilestrukturen) verstehen.

Werkzeuge zur Durchführung der Analyse (CAE, Computer-Aided Engineering)
Bei der Erläuterung der auf dem CPM/PDD-Ansatz beruhenden Modelle für die Analyse (siehe Abschn. 2.3.2, Abb. 2.8) war zur Realisierung der zwischen der Merkmals- und der Eigenschaftsseite herrschenden Beziehungen (R_j) die Anwendung rechnerbasierter Methoden und Werkzeuge als eine von mehreren Möglichkeiten genannt worden. Entsprechende Softwarewerkzeuge werden unter dem Begriff Computer-Aided Engineering (CAE) zusammengefasst (Abb. 2.15).

Abb. 2.15 CAE-Werkzeug (Computer-Aided Engineering) zur Analyse von Produkteigenschaften

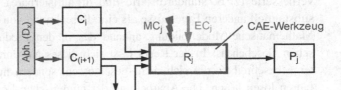

Wie bereits oben ausgeführt, hängen die Aussagen von Analysemethoden/-werkzeugen jeglicher Art nicht nur von der Methode selbst (R_j) ab, sondern auch von den zugrunde liegenden äußeren Rahmenbedingungen (EC_j) und von der Art der Modellierung (Modellierbedingungen bzw. Modelling Conditions, MC_j). Beide sind bei gerade bei rechnerbasierten Analysewerkzeugen oft nur implizit bekannt; trotzdem muss sich der Anwender ihrer bewusst sein, um den Ergebnissen vertrauen zu können. Ein Beispiel, in dem die äußeren Rahmenbedingungen (EC_j) und die Modellierbedingungen (MC_j) das Ergebnis in erheblichem Maße beeinflussen, sind Finite-Elemente-Analysen, deren Ergebnisse nur dann richtig interpretiert werden können, wenn die gewählten Randbedingungen (Belastungen, Fesselungen), die verwendeten Elementtypen sowie die Feinheit der Vernetzung bekannt sind.

Der Einsatz rechnerbasierter Modelle, Methoden und Werkzeuge zur Analyse bzw. Vorhersage der Produkteigenschaften wird heute zunehmend unter Begriffen wie „virtuelle Produktmodellierung", „virtuelle Produktentwicklung" oder „virtuelles Produkt" zusammengefasst [SpKr-1997]. Vor dem Hintergrund des CPM/PDD-Ansatzes lässt sich definieren:

> Eine vollständig virtuelle Produktmodellierung ergibt sich dann, wenn es gelingt, *alle* relevanten Eigenschaften eines in der Entwicklung stehenden Produktes zu bestimmen bzw. vorherzusagen, d. h. ohne dass das Produkt (oder Teile davon) in der physischen Realität existieren muss.

Die vollständig virtuelle Produktentwicklung ist voraussichtlich nie flächendeckend zu erreichen, weil die Zahl der in den einzelnen Branchen, Ländern und Unternehmen relevanten und damit abzusichernden Eigenschaften viel zu groß und zu heterogen ist, als dass es sich lohnen würde, für jede einzelne davon ein CAE-Werkzeug zu erstellen. Sie ist aber eine Vision, deren Verfolgung lohnend ist.

Zur Realisierung von CAE-Werkzeugen gibt es mehrere Möglichkeiten:
- Übertragung konventioneller, d. h. in der Regel vereinfachter Berechnungsmethoden auf ein Computerprogramm. Ein gängiges Beispiel ist der Einsatz von Berechnungsprogrammen für Maschinenelemente, etwa für Tragfähigkeitsnachweise von Verbindungen, Getrieben usw. In der Praxis existieren darüber hinaus zahlreiche branchen-, manchmal sogar unternehmensspezifische Programme zur Analyse verschiedenster mechanischer, thermischer, hydraulischer oder elektrischer Produkteigenschaften. Sie können mithilfe einer höheren Programmiersprache erstellt sein (z. B. C++), in der letzten Zeit aber auch zunehmend unter Nutzung von Mathematikprogrammen wie Matlab/Simulink. In Kap. 8 werden einige dieser Systeme vorgestellt. Soweit sich die Programme auf eine Übertragung konventioneller Berechnungsmethoden auf den Computer beschränken, bieten sie Erleichterung, Fehlervermeidung sowie oft eine verbesserte (z. B. standardisierte und digitalisierbare) Dokumentation, aber keine substantiell anderen Ergebnisse als eine Berechnung von Hand.
- Mathematische Modellbildung anhand des in den Produkten ablaufenden physikalischen Geschehens: In der Regel lässt sich dieses nur durch Differentialgleichungssysteme beschreiben, die sich nicht geschlossen, sondern nur mithilfe numerischer Verfahren lösen lassen. Die Abarbeitung der numerischen Lösungsverfahren ist wiederum nur mithilfe von Computerprogrammen effizient und fehlerfrei möglich. Beispiele sind

Finite-Elemente-Programme (siehe Kap. 6), die numerische Berechnung von Mehrkörpersystemen (siehe Kap. 7), numerische Strömungsberechnungen (Computational Fluid
Dynamics, CFD, siehe Abschn. 8.2). Simulationswerkzeuge dieser Art erlauben gegenüber konventionellen Berechnungen, unter Umständen sogar gegenüber Experimenten
erheblich erweiterte und vertiefte Einblicke in das physikalische Geschehen; dies ist vor
allem dann wichtig, wenn das Produkt besonders hohe Leistungs- und Qualitätsanforderungen erfüllen muss und/oder die Sicherheitsanforderungen kritisch sind.

- In jüngster Zeit werden (einmal wieder) Methoden aus der Künstlichen Intelligenz
  (KI) als Möglichkeit zur Vorhersage von Produkteigenschaften diskutiert. Dabei geht
  es im Wesentlichen um die ganz oder teilweise automatische Extraktion von Wissen aus
  Datenbeständen (siehe Kap. 10). Entsprechende Verfahren stammen aus der Informatik
  und sind Teil des maschinellen Lernens (Machine Learning), wobei das in den Ingenieurwissenschaften bekannteste Verfahren auf künstlichen neuronalen Netzen (KNN)
  beruht und zum Teil schon sehr früh eingesetzt wurde [Krau-1998/99]. Alle Verfahren
  bauen nicht auf physikalisch begründeten Modellen des realen bzw. zu erwartenden
  Geschehens auf, sondern sie beruhen auf der Korrelation von Daten, die aus früheren
  Fällen bekannt sind. Im Fall der Produktentwicklung sind dies beispielsweise Produktmerkmale und -eigenschaften; die Korrelationen dazwischen sind Modelle der Relationen R_j nach Abb. 2.8 bzw. 2.15. Die Verfahren des maschinellen Lernens benötigen
  eine hinreichende Zahl an aus der Vergangenheit bekannten Fällen als Trainingsdaten.
  Das lässt sich oft nur schwierig darstellen (besonders in innovativen Produktfeldern, in
  denen es nur wenige ausgeführte Produkte gibt), sodass auch darüber diskutiert wird,
  die Datenbasis durch physikalisch begründete Simulationen (siehe vorangegangenen
  Punkt) schnell zu vergrößern.

Zusammenfassend sei angemerkt, dass der CPM/PDD-Ansatz eine neue Sichtweise auf
die Klassifizierung, Anwendung und Weiterentwicklung von CAE-Werkzeugen gestattet,
nämlich entlang folgender Fragen:

1. Über welche Eigenschaft(en) (P_j) eines Produktes gibt ein CAE-System Auskunft?
2. Welche äußeren Rahmenbedingungen (EC_j) liegen dem System zugrunde (implizit oder
   explizit)?
3. Welche Modellierbedingungen (MC_j) liegen dem betrachteten System zugrunde (implizit
   oder explizit)?
4. Welche und wie viele Merkmale (C_i) müssen schon bekannt sein, damit das System
   überhaupt eingesetzt werden kann und verlässliche Ergebnisse liefert? Die Antwort
   auf diese Frage kennzeichnet, ob ein Einsatz erst in späteren Phasen, d. h. wenn viele
   Lösungsmerkmale bereits festgelegt sind, in Frage kommt oder bereits in frühen
   Phasen, d. h. bei noch unvollständiger Beschreibung der Lösung.

Die vorstehende Liste birgt dadurch Hinweise für die Weiter- oder Neuentwicklung
von CAE-Systemen. Jede neue oder geänderte Antwort auf eine oder mehrere Fragen
führt letztlich zu neuen oder erweiterten Lösungen: Betrachtung weiterer, bisher noch
nicht erfasster oder zugänglicher Produkteigenschaften (1), Anpassung der einem CAx-
System zugrunde liegenden äußeren Rahmenbedingungen an neue Anwendungsfälle

(2), Erweiterung der Modellierungsbedingungen (3), Entwicklung von CAE-Systemen, die mit weniger Produktmerkmalen auskommen und daher früher im Prozess eingesetzt werden können (4). Weitere Erläuterungen hierzu finden sich in WeWe-2000, WeWD-2003, WeDe-2003.

Wie schon in Abschn. 2.3.1 betont, sind die jeweils relevanten Produkteigenschaften (P_j) stets produktgruppen-, wenn nicht sogar unternehmensspezifisch. Das gleiche gilt für die jeweils zu beachtenden äußeren Rahmenbedingungen (EC_j). Daraus lässt sich für die Nutzung sowie auch für die (Weiter-) Entwicklung von CAx-Systemen ableiten:

- Zur Unterstützung der Produktentwicklung bzw. Produktentstehung wird ein möglichst umfangreicher Werkzeugkasten („Designer's Workbench" [Meer-1998]) verschiedener Methoden und Werkzeuge benötigt. Nur so kann jede Branche bzw. jedes Unternehmen die am besten geeigneten Komponenten auswählen und miteinander kombinieren.
- Maßgeblich für die Auswahl sind die in der betreffenden Branche bzw. dem betreffenden Unternehmen relevanten Produkteigenschaften mit den zugehörigen äußeren Rahmenbedingungen.
- Für jede (relevante) Eigenschaft gibt es nicht nur eine Methode bzw. ein Werkzeug, sondern es sind für „frühe" und „späte" Phasen der Produktentwicklung jeweils unterschiedliche Werkzeuge – letztlich alle für das gleiche Eigenschaftsspektrum – erforderlich.
- Das Kriterium der Anpassungs- und Integrationsfähigkeit von Methoden und Werkzeugen an bzw. in bestehende Produkt- und Prozesswelten hat Vorrang vor dem Kriterium der bestmöglichen Leistungsfähigkeit im Hinblick auf einen einzelnen Aspekt (z. B. eine einzelne Eigenschaft, eine bestimmte Phase der Produktentwicklung).

Werkzeuge zur Durchführung oder Unterstützung der Synthese
Rechnerbasierte Methoden und Werkzeuge zur Unterstützung der Synthese, die den Computer in die Lage versetzen, selbsttätig zu entwickeln, sind sehr viel schwieriger zu realisieren und demzufolge auch wesentlich seltener als solche für die Analyse. Im Wesentlichen gibt es drei Ansätze hierzu:
- Nutzung von digital(isiert)en Lösungselementen/-mustern
- Nachbildung des Regelkreises der Produktentwicklung nach Abb. 2.13 → Grundlage von CAO-Systemen (CAO)
- Nutzung von Methoden der Künstlichen Intelligenz (KI)

Diese werden nachstehend aus der Perspektive des CPM/PDD-Ansatzes kurz besprochen.

Die **Nutzung von digital(isiert)en Lösungselementen/-mustern** wurde in Abschn. 2.3.4 theoretisch eingeführt (Abb. 2.11). Bei Lösungselementen/-mustern handelt es sich allgemein um Aggregationen von Produktmerkmalen (C_i), Produkteigenschaften (P_j) und den dazwischen bestehenden Beziehungen (R_j bzw. R_j^{-1}). Sie können nicht nur für die Analyse (Bestimmung von Produkteigenschaften ausgehend von Merkmalen), sondern auch für die Synthese (Festlegung von Produktmerkmalen ausgehend von geforderten Eigenschaften) genutzt werden.

Dies gilt auch für die durch CAD-Systeme realisierbaren „virtuellen" Lösungselemente/-muster. In einfachen Fälle genügt dazu bereits die Nutzung von Parametrikfunktionalitäten, in komplexeren Fällen müssen so genannte Makros, Variantenprogramme, Feature- oder Template-Bibliotheken erstellt werden (siehe Abschn. 5.7 und 5.8).

Hierzu gibt es mehrere Ausprägungen (Abb. 2.16):

C-C Ein- und Ausgabe Produktmerkmale (Characteristics, **C**), z. B. Geometrieparameter.

Dies steht für Hilfen zur teilautomatischen Geometriemodellierung, wie sie schon länger bekannt sind. Beispiele:

- Ausmodellieren einer Passfederverbindung nach DIN 6885 (unter Umständen einschließlich Sicherungsring und Sicherungsringnut) aufgrund der Vorgabe von Wellendurchmesser und Passfederlänge
- Feature-basiertes Modellieren mit Form-Features [VDI-2218]

C-P Eingabe Produktmerkmale (Characteristics, **C**), z. B. Geometrieparameter; Ausgabe Produkteigenschaften (Properties, **P**) sowie gegebenenfalls weitere Produktmerkmale. Beispiele:

- Ausmodellieren einer Passfederverbindung nach DIN 6885 (unter Umständen einschließlich Sicherungsring und Sicherungsringnut) aufgrund der Vorgabe von Wellendurchmesser und Passfederlänge und zusätzlich Tragfähigkeitsnachweis
- Feature-basiertes Modellieren mit Form-Features, hinter denen Zusatzinformationen hinterlegt sind (z. B. Arbeitsplanfragmente) [VDI-2218]

P-C Eingabe Produkteigenschaften (Properties, **P**), in diesem Falle Anforderungen; Ausgabe Produktmerkmale (Characteristics, **C**), z. B. Geometrieparameter. Beispiel:

- Dimensionierung einer Passfederverbindung nach DIN 6885 aufgrund des geforderten zu übertragenden Drehmomentes und deren Modellierung (unter Umständen einschließlich Sicherungsring und Sicherungsringnut)

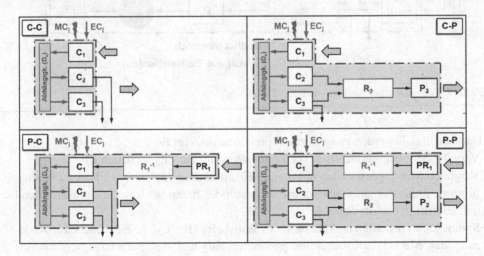

Abb. 2.16 Nutzung von digital(isiert)en Lösungselementen/-mustern für die Synthese (Erläuterungen im Text)

P-P Eingabe Produkteigenschaften (Properties, **P**), in diesem Falle Anforderungen; Ausgabe ebenfalls Produkteigenschaften sowie gegebenenfalls Produktmerkmale (Characteristics, **C**), z. B. Geometriemodell.

Beispiel:

- Dimensionierung einer Passfederverbindung nach DIN 6885 aufgrund des geforderten zu übertragenden Drehmomentes, deren Modellierung (unter Umständen einschließlich Sicherungsring und Sicherungsringnut) und Erzeugung weiterer Berechnungs-/ Simulationsergebnisse (z. B. Arbeitsplan, Kostenberechnung).

Insbesondere für die drei letztgenannten Fälle (C-P, P-C, P-P) hat der seit einigen Jahren gebräuchliche Begriff „Knowledge-based Engineering" (KBE) durchaus seine Berechtigung, da ja Lösungselemente/-muster dieser Art in nicht unerheblichem Umfang Konstruktionswissen repräsentieren (siehe dazu auch Abschn. 5.1.5 sowie Kap. 10).

CAO-Systeme (Computer-Aided Optimisation) bilden in gewisser Weise den iterativ zu bearbeitenden Regelkreis der Produktentwicklung gemäß Abb. 2.13 nach (Abb. 2.17). Kern ist stets ein CAE-System (siehe Abb. 2.15), das aus dem aktuellen Entwurfsstand (definiert durch den aktuellen Satz an Merkmalen/Konstruktionsparametern C_i) die betrachtete(n) Eigenschaft(en) ermittelt (R_j). In der Regel bedeutet dies, dass der automatischen Optimierung nur diejenigen Produkteigenschaften (P_j, PR_j) zugänglich sind, die sich berechnen lassen.

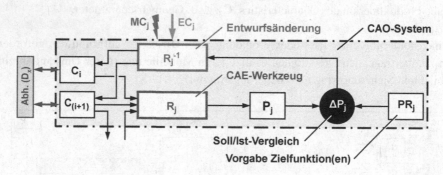

Abb 2.17 Schematischer Aufbau von CAO-Systemen

Darüber hinaus werden Programmkomponenten benötigt für:

- Vorgabe der Optimierungsziele (geforderte/gewünschte Eigenschaften PR_j)
- Vergleich Soll-Eigenschaften mit den Ist-Eigenschaften ($\Delta P_j = P_j - PR_j$) und Evaluation im Sinne von „ausreichend und Abbruch der Iteration" bzw. „nicht ausreichend und Eintritt in nächste Schleife"
- Synthesekomponente zur Änderung des Entwurfes (R_j^{-1}), d. h. eine Logik zur Änderung der Merkmale/Konstruktionsparameter aufgrund des Berechnungsergebnisses und dessen Evaluation

Die Intelligenz eines CAO-Systems liegt in der Art der Evaluation der aktuellen Abweichungen von den Optimierungszielen (Ermittlung der ΔP_j) sowie – vor allem – im

Synthesebaustein (R_j^{-1}). Neben den traditionellen mathematischen Methoden [Prüf-1982] können hierfür auch aus der biologischen Evolutionstheorie entlehnte, so genannte evolutionäre Algorithmen genutzt werden [VCJB-2005].

Die am weitesten verbreiteten CAO-Beispiele sind Werkzeuge für die Strukturoptimierung, welche aufbauend auf Finite-Elemente-Analysen die geometrischen Merkmale des Bauteiles unter Einhaltung bestimmter Kriterien (Einhaltung bestimmter Festigkeits- oder Steifigkeitskriterien) im Hinblick auf die Eigenschaft „geringstmögliches Gewicht" selbsttätig verändern können. In der Forschung werden ähnliche Ansätze auch für andere Eigenschaften erprobt, z. B. Strömungsverhalten [VCJB-2005].

CAO-Systeme haben noch folgende Einschränkungen (an deren Beseitigung allerdings in der Forschung gearbeitet wird):

- Wie bereits gesagt, müssen die zu optimierenden Produkteigenschaften berechenbar sein. Für wichtige Eigenschaftsgruppen trifft dies nicht zu, beispielsweise ästhetische und ergonomische Eigenschaften; daneben machen aber auch Fertigungs- und Montagegerechtheit noch große Schwierigkeiten, weil quantitative Aussagen hierzu nur mit hohem Aufwand (oder mit großen Einschränkungen) ermittelt werden können.
- Nach gegenwärtige Stand der Technik beschränkt sich CAO auf wenige Produkteigenschaften, während es im Entwicklungsprozess unerlässlich ist, sämtliche (relevanten) Eigenschaften zu betrachten. Dafür verantwortlich sind einerseits die im vorstehenden Punkt angesprochenen Restriktionen auf die erfassbaren Eigenschaften, andererseits aber auch Schwierigkeiten, viele miteinander konkurrierende Eigenschaften angemessen gegeneinander abzuwägen (Evaluationsproblem).
- CAO benötigt *zuerst* eine Startlösung, die in der Regel von außen (beispielsweise durch den Anwender) vorgegeben werden muss. Eine Konstruktion „von Null an" ist mit CAO nicht möglich.

Die Grundlagen zur **Nutzung von Methoden der Künstlichen Intelligenz (KI)** wurden bereits im Abschnitt über Analysewerkzeuge (CAE) skizziert. Da hierbei die Relationen zwischen Merkmalen und Eigenschaften aufgrund von Datenkorrelationen bekannter Fälle modelliert werden, kann man diese sowohl für die Analyse (Schließen von Merkmalen/Konstruktionsparametern auf die Eigenschaften einer Lösung) als auch umgekehrt für die Synthese nutzen (Schließen von geforderten/gewünschten Eigenschaften auf die Merkmale von Lösungen, welche diese Eigenschaften erfüllen). Näheres siehe in Kap. 10.

Produktdokumentation, Produktmodellkonzepte

Aus welchen Bestandteilen besteht eine digitale Produktdokumentation? Dies ist letztlich dieselbe Frage wie diejenige nach den Konzepten für Produktmodelle und das Produktdatenmanagement (PDM).

Ausgehend von dem zuvor dargestellten CPM/PDD-Ansatz kommen folgende Kategorien von Parametern als konstitutive Elemente der digitalen Produktdokumentation bzw. des Produktmodells in Betracht:

- Produktmerkmale (Teilestruktur, Anordnung der Komponenten, Formen, Abmessungen, Werkstoffe und Oberflächenparameter aller Bauteile, C_i)

- Abhängigkeiten zwischen Produktmerkmalen (D_{xi})
- Produkteigenschaften, weiter zu unterteilen in *Ist*-Eigenschaften (P_j) und *Soll*-Eigenschaften (PR_j)
- Beziehungen zwischen den Merkmalen und den Eigenschaften, d. h. zur Analyse und Synthese verwendete Methoden und Werkzeuge (R_j bzw. R_j^{-1})
- Den einzelnen Analyse- und Syntheseschritten jeweils zugrunde liegende äußere Rahmenbedingungen (EC_j)
- Den einzelnen Analyse- und Syntheseschritten jeweils zugrunde liegenden Modellierbedingungen (MC_j)

Jede Kombination der genannten Parameterkategorien führt zu einem unterschiedlichen Konzept für die Produktdokumentation bzw. das Produktmodell. Einige Kombinationen sind in Tab. 2.2 aufgelistet, weitere Varianten sind durch Hinzunahme bzw. Weglassen von Parameterkategorien denkbar, hier aber nicht weiter betrachtet.

Zu den Inhalten von Tab. 2.2 einige erläuternde Anmerkungen:

Tab. 2.2 Mögliche Umfänge von Produktmodellkonzepten (Auswahl A … G, weitere Varianten denkbar); grau hinterlegt: gegenwärtiger Stand

	A	B	C	D	E	F	G	…
Produktmerkmale (C_i)	•	•	•	•	•	•	•	
Abhängigkeiten zw. Merkmalen (D_x)		•	•	•	•	•	•	
Ist-Eigenschaften (P_j)			•	•	•	•	•	
Soll-Eigenschaften (geforderte Eig., PR_j)				•	•	•	•	…
Äußere Rahmenbedingungen (EC_j)					•	•	•	
Modellierbedingungen (MC_j)						•	•	
Beziehungen (Methoden/Werkzeuge) für die Analyse/Synthese (R_j, R_j^{-1})							•	…

- Das Erfassen der Produktmerkmale (Fall A in Tab. 2.2) entspricht dem Mindeststand, sowohl bei traditioneller als auch bei digitaler Repräsentation der Produktdokumentation.
- Sofern es sich um parametrische CAx-Systeme handelt, kann auch ein Teil der Abhängigkeiten zwischen Produktmerkmalen erfasst werden (Fall B), nach heutigem Stand der Technik insbesondere geometrisch-räumliche Beziehungen.
- Digitale Produktmodelle beinhalten in zunehmendem Umfang auch Ergebnisse von Analyseschritten, d. h. Informationen über berechnete/simulierte (Ist-) Produkteigenschaften (Fall C).
- Die Fälle A bis C entsprechen dem derzeitigen Stand der Technik und sind deswegen in Tab. 2.2 grau hinterlegt.
- Die Informationen über die Ist-Eigenschaften von Produkten sind eigentlich nur dann aussagekräftig für den Prozessfortschritt, wenn zusätzlich auch die geforderten Eigenschaften erfasst sind (Fall D). Dies läuft darauf hinaus, dass im Produktmodell bzw.

im PDM-System auch die Anforderungen erfasst und verwaltet werden müssen. Eine solche Entwicklung ist in Ansätzen zu erkennen („Requirements Management"), bisher jedoch weitgehend ohne Bezug zu den Ist-Eigenschaften.

- In den zur Analyse und Synthese eingesetzten Methoden und Werkzeugen stecken stets bestimmte Annahmen bezüglich der äußeren Rahmenbedingungen. Es wäre sinnvoll, dass diese explizit zugänglich sind (Fall E).
- In jedem Fall sollten im Falle von rechnerbasierten Analyse- und Synthesemethoden die jeweils zugrunde gelegten Modellierbedingungen zugänglich sein (Fall F).
- Es ist zu überlegen, ob nicht auch die zur Erzielung der Analyse- und Syntheseergebnisse eingesetzten Methoden und Werkzeuge erfasst werden müssten (Fall G). Hintergrund ist, dass man sich derzeit *nicht* darauf verlassen kann, dass unterschiedliche Systeme (beispielsweise die FEM-Systeme unterschiedlicher Hersteller) bei gleichen Eingangsbedingungen die gleichen Ergebnisse erzielen. (Zuweilen ist das noch nicht einmal für aufeinander folgende Versionen des gleichen Systems gewährleistet.)

Prozessdaten, Prozessunterstützung
In dem Fall, dass nicht nur Produkt-, sondern auch Prozessdaten digital erfasst werden sollen, muss zusätzlich die *Abfolge* der einzelnen Entwicklungszyklen, jeder davon bestehend aus Synthese, Analyse, Bestimmung der Einzelabweichungen und Gesamtevaluation (siehe Abschn. 2.3.5), repräsentiert werden.

Das gilt erst recht dann, wenn entsprechende CAx-Systeme den Entwicklungsprozess aktiv unterstützen wollen, beispielsweise in Form so genannter Workflow-Systeme: Sie müssen dann zu jedem Zeitpunkt der Produktentwicklung die Abweichungen der Ist- von den Soll-Eigenschaften sowie die daraus resultierenden Ergebnisse einer Gesamtevaluation zumindest kennen, wenn nicht sogar selbst ermitteln können und sollten zusätzlich über hinterlegte Prozessmuster verfügen, aus denen sich abhängig von den Ergebnissen der Gesamtevaluation Hinweise auf den Inhalt des als nächstes durchzuführenden Entwicklungszyklus ergeben.

Von solchen Vorstellungen sind die derzeitigen Systeme noch relativ weit entfernt. Sie behelfen sich damit, dass „bewährte" Prozessabläufe und -muster vordefiniert und relativ starr abgefahren werden. Aber vielleicht kann der CPM/PDD-Ansatz auch in dieser Hinsicht neue Hinweise auf mögliche Weiterentwicklungen von CAx-Systemen geben.

2.4 Integrated Design Engineering

Das Integrated Design Engineering (IDE [Vajn-2014]) ist ein humanzentrierter, ganzheitlicher und multidisziplinärer Ansatz für die Produktentwicklung, bei dem alle Aspekte aus allen Phasen des Produktlebenszyklus (Abb. 2.1) bereits in der Produktentwicklung berücksichtigt werden und in dem die Gebiete Humanzentrierung, Produktattribute und Vorgehensmodell miteinander interagieren. IDE ist eine grundlegende Weiterentwicklung des Magdeburger Modells der Integrierten Produktentwicklung (IPE, [Burc-2001]).

2.4.1 Humanzentrierung

Der heute übliche Fokus bei Entwicklung, Herstellung und Vertrieb eines Produkts liegt auf der Erfüllung der Erwartungen eines Kunden (sichtbar an der aktuellen Vielfalt von Entwicklungsmethoden, die den späteren Nutzer in den Mittelpunkt stellen[12]). Solche Erwartungen setzen sich im Wesentlichen aus Anforderungen und Bedürfnissen, objektiven und/oder subjektiven Mängeln, Wünschen sowie impliziten oder expliziten Annahmen im weitesten Sinn sowie Bedingungen zum Einsatz des Produkts in einem gegebenen (und sich gegebenenfalls ändernden) Umfeld (juristisch, gesellschaftlich usw.) zusammen (auf der Basis von [Otto-2013]):

- Handelt es sich um ein Produkt für die Investitionsgüterindustrie, dann gibt es in der Regel nur einen Kunden (oder eine kleine homogene Gruppe von Kunden) und die Erwartungen an das Produkt sind konkret, weitestgehend vollständig und üblicherweise einigermaßen stabil.
- Im Fall der Konsumgüterindustrie wird ein Produkt für eine mehr oder minder heterogene Gruppe von Kunden üblicherweise im Vorhinein entwickelt. Die Erwartungen an Konsumgüter sind entsprechend ungenau und volatil, sie werden mit Markteinschätzungen und -forschungen erhoben und sind entsprechend mit Risiken verbunden.

Ob, wie und inwieweit andere Personengruppen von dem Produkt bei seinem Durchlauf durch seinen Lebenszyklus tangiert werden, steht derzeit nicht im Mittelpunkt des Interesses.

Der wesentliche Aspekt des IDE ist daher die Zentrierung auf *alle* Menschen, die in verschiedenen Phasen in unterschiedlichen Formen am Produktlebenszyklus beteiligt sein können. Dabei werden die Hauptgruppen Kunden, Anbieter und Betroffene unterschieden, die als Einzelpersonen oder jeweils in Gruppierungen auftreten können (Abb. 2.18).

Abb. 2.18 Gruppen von Menschen, die am Produktlebenszyklus beteiligt sein können

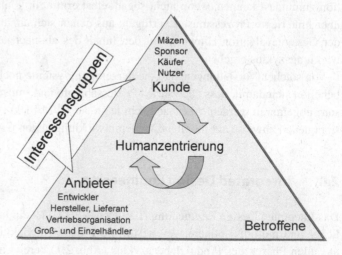

---

[12] Als aktuelle Beispiele seien die Ansätze des Design Thinking [PlMW-2009], des User-centred Design [ScIP-2012] und der User Experience (in der Quelle [ISO 9241–210] bezogen auf die Interaktion eines Nutzers mit einem Softwaresystem) genannt.

Anbieter und Kunde sind über gemeinsame Interessen am Produkt (wenn auch aus unterschiedlichen Sichten) miteinander verbunden und damit direkt von Genese und Nutzung des Produkts tangiert, sodass beide als „Stakeholder" bezeichnet werden können. Dagegen haben Betroffene kein Interesse an dem Produkt, da dessen Realisierung, Nutzung und Liquidation ihre Ziele und Intentionen während irgendeiner Phase des Produktlebens in irgendeiner Form stören oder behindern können.

Kunden können einerseits in Käufer und Nutzer, andererseits in Mäzene und Sponsoren eingeteilt werden:

- Wenn es um Investitionsgüter geht, dann sind meistens Käufer und Nutzer die gleiche Person oder Institution. Bei Konsumgütern ist es im Wesentlichen vergleichbar, es gibt aber Fälle, in denen Käufer und Nutzer getrennte Personen oder Institutionen sind, beispielsweise im Falle einer Krankenversicherung, die als Käufer einen Rollstuhl für eine behinderte Person (Nutzer 1) zur Verfügung stellt, der von einem Betreuer (Nutzer 2) geschoben wird. In diesem Fall entsprechen die Interessen des Käufers (billiges, langlebiges und robustes Gerät, das von verschiedenen Patienten genutzt werden kann) nicht unbedingt den Interessen der Nutzer (ein auf seine Bedürfnisse leicht anpassbarer Rollstuhl für Nutzer 1, der zudem für Nutzer 2 ein geringes Gewicht hat und gut zu schieben ist).
- Ein Mäzen unterstützt die Beschaffung des Produkts aus philantropischen Gründen, wobei er keine weiteren Interessen verfolgt. Ein Sponsor unterstützt den Kunden aus konkreten wirtschaftlichen und/oder politischen Interessen, weil er mit dem Produkt eine bestimmte (Marken-) Botschaft verbinden möchte.
- Anbieter können ein entwickelndes und/oder herstellendes Unternehmen, Lieferanten, Distributoren, Vermittler, Groß- und Einzelhändler sein, je nachdem, in welcher Form und mit welcher Intensität sie mit dem Kunden in Kontakt sind.
- Betroffene Personen haben weder Absichten noch eigene Interessen an einem Umgang mit dem Produkt. Sie können in jeder Phase des Produktlebenszyklus durch Erstellen, Nutzen, Vertrieb und Liquidation des Produkts darin beeinträchtigt werden, ihre eigenen Vorstellungen in ihren eigenen Umgebungen zu realisieren[13], Abb. 2.19.

Die Humanzentrierung im IDE stellt sicher, dass während des vollständigen Lebenszyklus eines Produkts die jeweiligen Interessen, Bedürfnisse und Angelegenheiten der drei Hauptgruppen (siehe Abb. 2.18) in ihren jeweiligen Umfeldern jeweils angemessen beachtet und umgesetzt werden. Ein Produkt muss daher mit solchen Vorgehensweisen, Methoden und Werkzeugen erzeugt, verteilt, genutzt, gewartet und liquidiert

---

[13] Beispiele mit großer Tragweite sind inadäquate und gefährliche Arbeitsbedingungen bei der Produktion, um die Gewinnmargen des Produkts zu erhöhen. Unfälle in diesem Umfeld betreffen nicht nur Mitarbeiter des Unternehmens, sondern auch Menschen im Umfeld der jeweiligen Fabrik. Ein Beispiel mit geringer Tragweite, aber hoher Häufigkeit findet sich, wenn ein Nutzer laute Musik über seinen Kopfhörer mit offener Charakteristik hört, so dass der betroffene Nachbar diese Musik gegen seinen Willen mithören muss.

Abb. 2.19 Tangierte Personengruppen während des Lebenszyklus eines Produkts

werden, mit denen sichergestellt werden kann, dass niemand, der von dem Produkt in einer seiner Lebensphasen tangiert wird, in Bezug auf sein Verhalten, seine Fähigkeiten und Einschränkungen Schaden erleidet oder in unzureichenden, gefährlichen oder unethischen Umgebungen agieren muss. Die Humanzentrierung bietet damit auch eine gemeinsame Basis zum Zusammenfassen der unterschiedlichen nutzerorientierten Entwicklungsmethoden.

2.4.2 Produkte und Attribute

Das IDE ist nicht auf bestimmte Produktfamilien beschränkt, sondern kann für beliebige Produkte aus beliebigen Domänen (beispielsweise Mechanik, Elektrik, Elektronik) und beliebigen Branchen eingesetzt werden. Produkte können dingliche Objekte (diskret oder stetig), Software, Methoden, Vorgehensweisen, Dienstleistungen oder andere immaterielle Leistungen sowie beliebige und auch domänenübergreifende Kombinationen daraus sein (beispielsweise mechatronische Produkte, cyber-physische Systeme). Damit können Anforderungen heute mit Produkten aus unterschiedlichen Domänen gleichwertig realisiert werden.

IDE berücksichtigt den vollständigen Produktlebenszyklus, indem es auf elf unterschiedlichen Integrationsarten aufbaut. Diese sind:

- die Humanzentrierung,
- die Integration von verfügbaren Qualifikationen,
- die Integration von Kundenerwartungen,
- die Integration von Produkten,
- die Integration von Organisationen und Prozessen,
- die Integration von Unternehmens- und Anwendungsbereichen,
- die Integration von Wissen,
- die Integration von Methoden,
- die Integration von Modellen,
- die Integration von Informationen und
- die Integration von Daten.

Die Umsetzung der Gegebenheiten aus diesen Integrationen erfolgt im Wesentlichen mit den Ansätzen der Integrierten Produktentwicklung (IPE, [Burc-2001]), den Methoden des Design for X [Baue-2003] und der Dynamischen Navigation [Vajn-2009].

Bei „klassischen" Konstruktionsmethoden steht die Funktionserfüllung des Produkts im Vordergrund, der sich alle anderen Ziele unterordnen müssen[14]. Es zeigt sich aber, dass die Funktionserfüllung alleine nicht mehr ausreicht, um alle Erwartungen von Kunden (insbesondere in der Konsumgüterindustrie) zu erfüllen. Vielmehr ist der Maßstab für eine (längerfristige) Kundenzufriedenheit die gesamte Leistungsfähigkeit eines Produkts [JoAF-1995]. In einem Käufermarkt mit vielen alternativen Produkten vergleichbarer Leistungsfähigkeit fällt die Entscheidung zugunsten eines Produkts nicht mehr nur aus sachlichen, sondern zunehmend aus emotionalen Gründen (z. B. spontanes Gefallen einer Produktgestalt, „Coolness" eines Produkts), wegen der Nachhaltigkeit, aufgrund einfacher Schnittstellen und Nutzungsmöglichkeiten usw. Im IDE werden daher Merkmale, Eigenschaften, Kennzeichen und Wesensarten eines Produkts mit elf unterschiedlichen Attributen beschrieben und gestaltet.

Attribute sind in jedem Produkt immer und während seines gesamten Produktlebenszyklus vorhanden. Sie beschreiben in einer neutralen Form die Leistungsfähigkeit und das damit verbundene Verhalten eines Produkts als Ergebnis ihrer jeweiligen Ausprägungen und ihres Zusammenwirkens:

- Aus Kundensicht beschreiben die Attribute die Erwartungen des Kunden bezüglich Leistungsumfang und Leistungsfähigkeit des Produkts sowie die Anforderungen an die Umfelder, in denen das Produkt eingesetzt werden soll.
- Aus Sicht des Anbieters beschreiben die Attribute den vorhandenen Leistungsumfang und die Leistungsfähigkeit des Produkts, verbunden mit den Bedingungen aus den Umfeldern, in denen das Produkt eingesetzt werden kann.

Die konkrete Realisierung jedes Attributs, für die es immer mehrere gleichwertige Möglichkeiten gibt, kann dabei zum spätestmöglichen Zeitpunkt erfolgen (außer der Kunde bestimmt per Vorgabe die konkrete Realisierung des Produkts). Damit wird der Produktentwickler im IDE bei Konzeption und Entwicklung des Produkts in seiner Kreativität nicht eingeschränkt, sodass er sich frei entfalten und individuell agieren kann. Fortschritte in Technologien, Organisationen und Prozessen können jederzeit in die Produktentwicklung einfließen [VaKB-2011].

Alle Attribute sind gleichwertig und haben alle die gleiche Wichtigkeit und Wertigkeit, sind aber nicht gleichartig, da es für die Realisierung einer Anforderung immer mehrere gleichwertige Möglichkeiten gibt (beispielsweise dann, wenn die Domäne der Mechatronik mit einbezogen wird). Alle Attribute unterstützen sich gegenseitig in symbiotischer Weise.

Sechs Produktattribute beschreiben das Verhalten und das Leistungsvermögen des Produkts auf der Basis von Kundenerwartungen. Unter dem Begriff „Erwartungen" werden

---

[14]Beispielsweise ausgedrückt in dem Satz „Form follows Function", d. h. die Gestalt als sofort sichtbares und augenfälliges Merkmal des Produkts ordnet sich der (nicht direkt sichtbaren) Funktion unter. Diese Aussage wird dem amerikanischen Architekten L. Sullivan zugeschrieben.

hier nicht nur die Anforderungen, Bedürfnisse, Wünsche und Annahmen des Kunden sowie des Anbieters an das Produkt zusammengefasst, sondern auch Einflüsse und Bedingungen aus dem Produktlebenszyklus und aus dem Einsatzumfeld des Produkts. Die sechs Produktattribute sind die Produktgestalt, die Funktionalität („Functionality"), die Gebrauchstauglichkeit („Usability"), Produzierbarkeit bzw. Verfügbarkeit, die Instandhaltbarkeit und die Nachhaltigkeit.

- Die Produktgestalt beschreibt Form, Erscheinungsbild, Anmutung und Ästhetik eines Produkts als wesentliche Schnittstelle zum Benutzer (z. B. die Formgebung bei einem Haartrockner und die Benutzungsoberfläche bei einem Softwareprodukt). Dabei legt der Produktentwickler direkt Form, verwendetes Material sowie Oberflächenbeschaffenheit (auch eventuelle Überzüge wie beispielsweise Farbe) sowie implizit die Struktur des Produkts fest.
- Die Funktionalität beschreibt das Vermögen des Produkts, bestimmte Anforderungen angemessen zu erfüllen. Sie umfasst alle direkten und indirekten Funktionen, die das Produkt zur Nutzung bereithält, und ihre gegenseitige Beeinflussung. Funktionen entstehen aus dem Zusammenspiel von Gestalt, Produktstrukturen, Materialien und Oberflächenbeschaffenheiten.
- Die Gebrauchstauglichkeit beschreibt im weitesten Sinne Leistungsfähigkeit, Handhabbarkeit und Güte der Benutzungsschnittstellen des Produkts. Sie entsteht aus dem Zusammenspiel von Gestalt, Material sowie Oberflächenart und -güten und den vorhandenen Funktionen.

Die Attribute Produzierbarkeit (aus Sicht des Anbieters) und Verfügbarkeit (aus Sicht des Kunden) bilden zwei Seiten der gleichen Medaille. Sie ergänzen sich nicht, sondern treten alternativ auf, je nachdem, ob es sich um die Sichtweise des Anbieters (hier spielt die Produzierbarkeit die wesentliche Rolle) oder um die des Kunden handelt. Produzierbarkeit und Verfügbarkeit werden daher als ein einziges Attribut behandelt.

- Die Produzierbarkeit gibt Auskunft darüber, ob, wie und zu welchen Bedingungen technischer, organisatorischer und finanzieller Art das Produkt auf der Basis der Festlegungen des Produktentwicklers intern mit den dem Anbieter zur Verfügung stehenden Möglichkeiten oder extern produziert werden kann, denn ein Produkt, das nicht produzierbar ist, kann auch nicht für den Markt verfügbar gemacht werden und damit nicht die Rentabilität des Anbieters steigern. Bei diesbezüglichen Problemen können die Methoden des DfX (Abschn. 2.1.4) bei der Harmonisierung der Festlegungen des Produktentwicklers mit den Möglichkeiten der Produktion helfen. Die meisten Kunden interessiert das Attribut Produzierbarkeit üblicherweise nicht, denn ein Kunde kann und wird kein Produkt kaufen, das nicht produziert werden kann/konnte. Eine mögliche Ausnahme dazu ist die Forderung eines Kunden nach einem bestimmten (beispielsweise nachhaltigen) Fertigungsverfahren.
- Die Verfügbarkeit bedeutet für den Kunden, dass das Produkt im vereinbarten Zeitraum geliefert sowie installiert wird und dass es im geplanten Umfeld entsprechend der

Anforderungen während der vorgesehenen Lebensdauer jederzeit verwendet werden kann. Für den Hersteller kann die Verfügbarkeit von ausgelagerten Produktionen oder bestimmten Zulieferteilen für sein Produkt eine Rolle spielen.

Die weiteren gemeinsamen Attribute sind:

- Die Instandhaltbarkeit beschreibt die Fähigkeit des Produkts, zur Verbesserung der Wartung, zur Korrektur von Fehlerzuständen, nach Störungen im Produktverhalten, aufgrund neuer Anforderungen und zur Anpassung an eine veränderte Umgebung möglichst ohne Einschränkungen wieder in den gebrauchsfähigen Zustand versetzt werden zu können, beziehungsweise wie im Sinne einer vorbeugenden Instandhaltung mögliche Störungen im Vorfeld vermieden werden können.

- Die Nachhaltigkeit bedeutet, dass ein Produkt ökologische Gesichtspunkte (beispielsweise nachwachsende Rohstoffe, Einsatz erneuerbarer Energien, Ressourceneffizienz) gleichberechtigt mit technischen (u. a. saubere und effiziente Technologien, geschlossene Stoffkreisläufe), sozialen (beispielsweise langfristige Partnerschaften und Netzwerke aus Mitarbeitern, Zulieferern, Kunden, Mitbewerbern, Verwaltung, Behörden, Banken, Medien usw.) und wirtschaftlichen Gesichtspunkten berücksichtigt, sodass es zu einer Balance wirtschaftlicher, gesellschaftlicher und ökologischer Ziele kommt [Beys-2012].

Die Erfüllung der Erwartungen von Nutzern, Anbietern und aus dem Einsatzgebiet des Produkts durch die Produktattribute kann nach Art, Grad und Güte differenziert betrachtet werden:

- Die Erfüllungsart bezieht sich auf die Art und Weise, wie eine Erwartung realisiert wird (beispielsweise durch Auswahl einer geeigneten technischen Realisierungsart aus einer Menge von Alternativen, die aus den Herstellungsmöglichkeiten des Unternehmens resultieren).

- Der Erfüllungsgrad beschreibt das Verhältnis zwischen einer Erwartung und ihrer (anteiligen) Realisierung.

- Die Erfüllungsgüte beschreibt Beschaffenheit und Wert der Erfüllung, das heißt sie bewertet Erfüllungsart und Erfüllungsgrad.

Die aktuelle Beschaffenheit, Brauchbarkeit und Wertigkeit der jeweiligen Kombination aus Erfüllungsart, -grad und -güte (die so genannte Erfüllungshöhe) werden durch die drei Erfüllungsattribute Sicherheit, Zuverlässigkeit und Qualität beschrieben:

- Sicherheit beschreibt diejenige Kombination aus der Erfüllung von Produktattributen, mit der gewährleistet wird, dass das Produkt beim bestimmungsgemäßen Gebrauch dem Benutzer keinen Schaden zufügt. Dafür muss eine angemessene Abwesenheit oder Beherrschbarkeit von Risiken und Gefahrenquellen, die zum Versagen führen können, gegeben sein, unabhängig davon, ob das Produkt genutzt wird oder nicht. Sicherheit kann auch als Festforderung verstanden werden.

- Zuverlässigkeit ist diejenige Kombination der Erfüllungen, mit der gewährleistet wird, dass eine Produktkomponente oder das Produkt bei gegebenen Bedingungen über die vorgegebene oder erwartete Lebensdauer stets verlässlich und bestimmungsgemäß sowie mit einer gewissen Toleranz gegenüber Fehlverwendung (Robustheit) verwendet werden kann. Dieses gilt genauso nach dem Ende der Anwendung. Zuverlässigkeit kann auch als Mindestforderung verstanden werden.

- Qualität beschreibt die aktuelle Güte, das heißt Beschaffenheit, Brauchbarkeit und Wertigkeit der Kombination der Erfüllungen der Produktanforderungen. Sie kann auch als Summe der Wünsche verstanden werden und ist damit immer eine subjektive Größe, wobei die Anforderungen an alle Attribute den Bezugsrahmen bilden. In der Nutzungsphase des Produkts beeinflusst die Qualität (bei gegebener Sicherheit, Zuverlässigkeit und Verfügbarkeit) ganz wesentlich die Zufriedenheit des Nutzers mit diesem Produkt [EhMe-2013].

Die Vorgaben für die jeweils benötigten Erfüllungshöhen für das Zielprofil stammen aus den Erwartungen des oder der Kunden.

Die dritte Gruppe der Attribute enthält die materiellen und ideellen Aspekte des Produkts und damit (im weitesten Sinne) seine Wirtschaftlichkeit. Es handelt sich hierbei um zwei sich ergänzende Attribute, denn erst, wenn der Anbieter eine angemessene Rentabilität bekommen kann, wird er das Produkt herstellen und anbieten. Nur wenn der Kunde einen angemessenen Mehrwert durch das Produkt erwarten kann, wird er es auch kaufen.

- Mehrwert beschreibt für den Kunden nicht nur den finanziellen, sondern auch den ideellen Wertzuwachs durch Kauf, Besitz und Einsatz des Produkts. Dieser äußert sich durch die subjektive Einschätzung, dass der Beschaffungsaufwand im Vergleich zum Leistungsversprechen des Produkts angemessen ist. Komponenten des Zugewinns sind neben dem Erfüllen primärer Bedürfnisse und gegebener Erwartungen ein zusätzlicher (und unerwarteter) Gebrauchsnutzen, gesteigertes Wohlbefinden, eine (tatsächliche oder angenommene) Statusänderung sowie ein „gutes Gewissen" gegenüber Mitmenschen, Umwelt und/oder Institutionen.

- Rentabilität ist der Quotient aus erzielbarem Gewinn aus Leistungsumfang und Leistungsfähigkeit des Produkts in Relation zu dem Erstellungsaufwand für dieses Produkt in einer Abrechnungsperiode. Für den Anbieter ist die zu erwartende Rentabilität einer der wesentlichen Gründe, sich für Entwicklung und Herstellung eines Produkts zu entscheiden.

Der Zusammenhang zwischen Produktattributen und Erfüllungsattributen wird über Spinnendiagramme modelliert, in denen die sechs Achsen die Produktattribute und die Ringe von innen nach außen eine ansteigende Erfüllung darstellen. Diese zunächst neutrale Darstellung lässt sich aus Kundensicht (Zielprofil, das der Kunde vorgibt) und aus Anbietersicht (Istprofil als Ergebnis der Arbeit des Anbieters) aufbauen, wobei aus Kundensicht die Verfügbarkeit im Vordergrund steht, aus Anbietersicht die Produzierbarkeit. Für eine erste Prüfung, ob ein Produkt die Erwartungen erfüllen kann oder nicht, reicht ein einfacher graphischer Vergleich (Abb. 2.20). In nächsten Schritten können aus den Erfüllungen beispielsweise die Eingaben für eine Nutzwertanalyse (Abschn. 14.2.4) generieren.

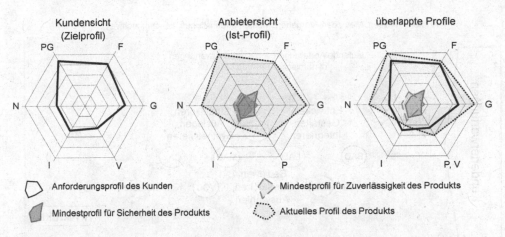

Abb. 2.20 Zusammenhang zwischen Produkt- und Erfüllungsattributen (PG: Produktgestalt, F: Funktionalität, G: Gebrauchstauglichkeit, P: Produzierbarkeit, V: Verfügbarkeit, I: Instandhaltbarkeit, N: Nachhaltigkeit).

2.4.3   Vorgehensmodell des IDE

Das ganzheitliche Vorgehensmodell des IDE kann aufgrund seiner Selbstähnlichkeit sowohl zur Modellierung auf der obersten Ebene des Produktentwicklungsprozesses verwendet werden als auch auf jeder beliebigen Detaillierungsebene. Es unterstützt zudem die Entwicklung beliebiger Objekte aus beliebigen Domänen, mechanisch orientierte Produkte genauso wie solche mit dem Schwerpunkt auf Elektronik oder Software. Die im Vorgehensmodell enthaltenen Aktivitäten bleiben dabei immer gleich. Deshalb ist das Vorgehensmodell genauso gut zum Entwickeln eines Konzepts einsetzbar wie beispielsweise zur Ausarbeitung von Detaillösungen eines konkreten Produkts.

Im IDE-Vorgehensmodell bilden elf Basisaktivitäten, gegliedert in fünf Gruppen, zum Entwickeln und Erstellen eines Produkts selbstähnliche Muster auf jeder beliebigen Ebene von Konzept, Spezifikation und Realisierung. Diese Aktivitäten sind Recherchieren, die konzeptionelle Gruppe Entwickeln, Gestalten, Integrieren, die Gruppe Modellieren, Auslegen, Synthetisieren (um Konzepte, Layouts und Ansätze zu konkretisieren) sowie Komplettieren für die abschließende Detailarbeit. Alle diese Aktivitäten werden durch die Gruppe Bewerten, Vergleichen, Auswählen beurteilt und überwacht, Abb. 2.21.

Die fünf Gruppen von Aktivitäten werden durch folgende Elemente miteinander verbunden[15], die für die jeweilige Aufgabengruppe manuelle und rechnerunterstützte Methoden und Vorgehensweisen bereitstellen:

---

[15] Die Elemente mit den Kürzeln BAD, PAD und MAD wurden von Ottosson [Otto-2013] entwickelt und für das IDE übernommen.

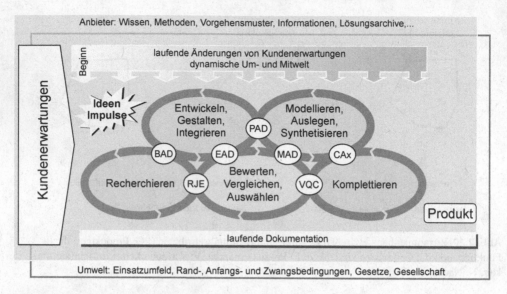

Abb. 2.21 Ganzheitliches IDE-Vorgehensmodell [Vajn-2014]

- BAD (Brain-Aided Design) dient zur frühen Arrondierung von recherchierten Lösungen. Hauptaktivität ist das Übersetzen von Erwartungen einerseits in Suchbegriffe zum Recherchieren, andererseits in geeignete (durchaus noch abstrakte) Lösungskonzepte.
- PAD (Pencil-Aided Design) unterstützt das schnelle Erstellen, Visualisieren und Fixieren von Lösungsvarianten als Skizzen („Sprache des Produktentwicklers") sowie eine erste Prüfung auf Machbarkeit einer Lösung.
- MAD (Model-Aided Design) dient zum Erstellen von (zunächst dinglichen) Modellen, um ersten Eindruck von Form, Anmutung und Dimensionen des entstehenden Artefakts zu gewinnen („Denken mit der Hand"), weil mit solchen Modellen die Bewertung einer Lösung sehr einfach durchgeführt werden kann. Je komplexer eine Lösung wird, desto mehr können zusätzlich virtuelle Modelle zum Einsatz kommen.
- EAD (Evaluation-Aided Design) unterstützt das Auswerten und Einschätzen der unterschiedlichsten Zwischen- und Endergebnisse.
- CAx beschreibt den Einsatz beliebiger rechnerunterstützter Systeme zur Modellierung und Simulation von Produkten.
- RJE (Rate, Judge, Estimate) dient der Bewertung von Rechercheergebnissen auf Brauchbarkeit, Plausibilität, Konsistenz und Kohärenz.
- VQC (Verify, Quantify, Check) unterstützt Bewertung und Kontrolle der Ergebnisse der Komplettierung.

Schichten unter den Basis-Aktivitäten enthalten praktische Ansätze, Verfahren, Methoden, Werkzeuge und geeignete CAx-Anwendungen für die jeweilige Aktivität, Abb. 2.22.

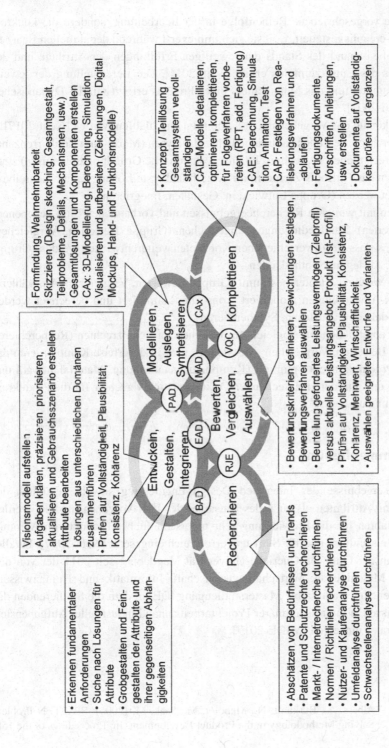

- Formfindung, Wahrnehmbarkeit
- Skizzieren (Design sketching, Gesamtgestalt, Teilprobleme, Details, Mechanismen, usw.)
- Gesamtlösungen und Komponenten erstellen
- CAx: 3D-Modellierung, Berechnung, Simulation
- Visualisieren und aufbereiten (Zeichnungen, Digital Mockups, Hand- und Funktionsmodelle)

- Konzept / Teillösung / Gesamtsystem vervollständigen
- CAD-Modelle detaillieren, optimieren, komplettieren, für Folgeverfahren vorbereiten (RPT, add. Fertigung)
- CAE: Berechnung, Simulation, Animation, Test
- CAP: Festlegen von Realisierungsverfahren und -abläufen
- Fertigungsdokumente, Vorschriften, Anleitungen, usw. erstellen
- Dokumente auf Vollständigkeit prüfen und ergänzen

- Visionsmodell aufstellen
- Aufgaben klären, präzisieren priorisieren, aktualisieren und Gebrauchsszenario erstellen
- Attribute bearbeiten
- Lösungen aus unterschiedlichen Domänen zusammenführen
- Prüfen auf Vollständigkeit, Plausibilität, Konsistenz, Kohärenz

- Bewertungskriterien definieren, Gewichtungen festlegen, Bewertungsverfahren auswählen
- Beurteilung geforderter Leistungsvermögen (Zielprofil) versus aktuelles Leistungsangebot Produkt (Ist-Profil)
- Prüfen auf Vollständigkeit, Plausibilität, Konsistenz, Kohärenz, Mehrwert, Wirtschaftlichkeit
- Auswählen geeigneter Entwürfe und Varianten

- Erkennen fundamentaler Anforderungen
- Suche nach Lösungen für Attribute
- Grobgestalten und Feingestalten der Attribute und ihrer gegenseitigen Abhängigkeiten

- Abschätzen von Bedürfnissen und Trends
- Patente und Schutzrechte recherchieren
- Markt- / Internetrecherche durchführen
- Normen / Richtlinien recherchieren
- Nutzer- und Käuferanalyse durchführen
- Umfeldanalyse durchführen
- Schwachstellenanalyse durchführen

Abb. 2.22 Hinterlegte Vorgehensweisen, Methoden und Werkzeuge im IDE-Vorgehensmodell

Es gibt keine vorgeschriebene Reihenfolge in der Bearbeitung, sondern die konkrete Reihenfolge ist ereignisgesteuert, weil sie sich immer erst während der aktuellen Bearbeitung der Aufgabe anhand des Stands der jeweiligen Erfüllungen der Attribute und des aktuellen Status des Einsatzumfelds ergibt [Vajn-2014]. Die Bereitstellung der jeweils benötigten Hilfsmittel und das Management eines Projekts erfolgt mit der Dynamischen Navigation [Frei-2001].

Beispielhaft könnte das Vorgehensmodell wie folgt durchlaufen werden [Neut-2017]:

- In der Recherchephase finden zahlreiche Umfeldanalysen (Markt- und Konkurrenzanalyse, Schutzrechtrecherche, technische und gestalterische Grundprinzipien usw.) statt. Damit können das Attributs-Zielprofil aufgestellt und erste Lösungsraumbeschreibungen erarbeitet werden (Gruppe Entwickeln, Gestalten, Integrieren).
- Diese werden mit weiteren Rechercheergebnissen und vorhandenen (und gegebenenfalls veränderten) Randbedingungen abgeglichen (Gruppe Bewerten, Vergleichen, Auswählen), sodass sie zu verschiedenen Konzepten weiterentwickelt werden (Gruppe Modellieren, Auslegen, Synthetisieren).
- Nun werden Vorzugsvarianten bestimmt (Gruppe Bewerten, Vergleichen, Auswählen), die mit CAx-Anwendungen modelliert, konstruiert, simuliert und berechnet werden (Gruppe Modellieren, Auslegen, Synthetisieren).
- Nach einem abschließenden Abgleich mit bestehenden Schutzrechten (Recherchieren und Gruppe Bewerten, Vergleichen, Auswählen) wird in der Phase Komplettieren das endgültige Produktkonzept optimiert (Komponentenanordnung, Materialauswahl und –dicke usw.) und, mit der entsprechenden Dokumentation versehen, für die Produktion freigegeben und umgesetzt.

2.4.4   Zusammenfassung

Die Forschungsergebnisse des Integrated Design Engineering sowohl bezüglich der Beschreibung mit Attributen als auch des Einsatzes des IDE-Vorgehensmodells werden seit mehreren Jahren für die Entwicklung sehr unterschiedlicher Produkte im Automobilbau, bei Mittelständlern und für Start-ups erfolgreich eingesetzt [Neut-2017]. Parallel dazu existiert an der Otto-von-Guericke-Universität Magdeburg seit 2011 der von den Fakultäten für Maschinebau, Wirtschaftswissenschaft, Informatik und Humanwissenschaften getragene interfakultative Masterstudiengang IDE, in dem die Studierenden das dort erlernte Wissen in interdisziplinärer Projektarbeit anhand industrieller Aufgabenstellungen in die Praxis umsetzen [MIDE-2017].

Literatur

[ABMS-2005]   Albers, A., Burkardt, N., Meboldt, M., Saak, M. (2005): SPALTEN Problem Solving Methodology in the Product Development. In: Proceedings of the 15th

International Conference on Engineering Design (ICED 05), Melbourne 15.–
18.08.2005, full paper on CD-ROM. The Design Society, Melbourne (2005)

[AlBW-2015] Albers, A., Bursac, N., Wintergerst, E.: Produktgenerationsentwicklung –
Bedeutung und Herausforderungen aus einer entwicklungsmethodischen Pers-
pektive. In: Tagungsband Stuttgarter Symposium für Produktentwicklung 2015
(SSP 2015), Stuttgart 19.06.2015, S. 1–10. Fraunhofer Verlag, Stuttgart (2015)

[AlEL-2012] Albers, A., Ebel, B., Lohmeyer, Q.: Systems of Objectives in Complex Product
Development. In: Proceedings of the 9th International Symposium on Tools and
Methods of Competitive Engineering (TMCE 2012), Karlsruhe 07.–11.05.2012,
S. 267–278. University of Technology, Delft (2012)

[AlMe-2007] Albers, A., Meboldt, M.: SPALTEN Matrix – Product Development Process on
the Basis of Systems Engineering and Systematic Problem Solving. In: Krause,
F.-L. (Hrsg.). Proceedings of the 17th CIRP Design Conference, The Future of
Product Development, S. 43–52. Springer, Berlin (2007)

[AlMO-2003] Albers, A., Matthiesen, S., Ohmer, M.: An Innovative New Basic Model in
Design Methodology for Analysis and Synthesis of Technical Systems. In:
Proceedings of the 14th International Conference on Engineering Design 2003
(ICED 03), Stockholm 19.–21.08.2003, S. 147–148 (Executive Summary),
Paper no. 1228 (Full Paper, CD-ROM). The Design Society & the Royal Insti-
tute of Technology, Stockholm, (2003)

[ARBR-2016] Albers, A., Reiß, N., Bursac, N., Richter, T.O.: iPeM – Integrated Product Engineering Model in Context of Product Generation Engineering. In: Procedia
CIRP 50, S. 100–105 (2016)

[Baue-2003] Bauer, S.: Design for X – Ansätze zur Definition und Strukturierung. In: Meerkamm, H. (Hrsg.) Design for X, Beiträge zum 14. Symposium Neukirchen (2003)

[BeVa-1994] Bercsey, T., Vajna, S.: Ein Autogenetischer Ansatz für die Konstruktionstheorie.
CAD-CAM Report 13(1994)2, S. 66–71 und 14(1994)3, S. 98–105

[Beys-2012] Aachener Stiftung Kathy Beys: Lexikon der Nachhaltigkeit. http://www.nach-
haltigkeit.info/artikel/definitionen_1382.htm. Zugegriffen. 14. Aug. 2017

[Bles-1996] Blessing, L.T.M.: Comparison of Design Models Proposed in Prescriptive Lite-
rature. In: Social Sciences Series, Vol. 5, „The Role of Design in the Shaping
of Technology" (hrsg. von V. Perrin & D. Vinck), Proceedings of the COST A3/
COST, Lyon 1995, S. 187–212

[Burc-2001] Burchardt, C.: Ein erweitertes Konzept für die Integrierte Produktentwicklung.
Dissertation Otto-von-Guericke-Universität Magdeburg (2001)

[Clem-2006] Clement, S.: Erweiterung und Verifikation der Autogenetischen Konstruktionstheorie mit Hilfe einer evolutionsbasierten und systematisch-opportunistischen
Vorgehensweise. Dissertation Otto-von-Guericke-Universität Magdeburg (2006)

[ClJV-2003] Clement, St., Jordan, A., Vajna, S.: The Autogenetic Design Theory – an Evolutionary View of the Design Process. In: Proceedings of ICED03, Stockholm (2003)

[EdHo-2008] Eder, W.E., Hosnedl, S.: Design Engineering. CRC Press, Boca Raton, FL
(2008)

[EdHo-2010] Eder, W.E., Hosnedl, S.: Introduction to Design Engineering – Systematic Crea-
tivity and Management. CRC Press, Boca Raton, FL (2010)

[Ehrl-1995] Ehrlenspiel, K.: Integrierte Produktentwicklung. Hanser, München (1995)

[EhMe-2013] Ehrlenspiel, K., Meerkamm, H.: Integrierte Produktentwicklung – Denkabläufe,
Methodeneinsatz, Zusammenarbeit. Hanser, München (2013) (5. Aufl. von
[Ehrl-1995]

[Frei-2001]   Freisleben, D.: Gestaltung und Optimierung von Produktentwicklungsprozessen
                       mit einem wissensbasierten Vorgehensmodell. Dissertation Otto-von-Guericke-
                       Universität Magdeburg (2001)

[GeKa-2004]   Gero, J.S., Kannengiesser, U.: The situated function-behaviour-structure frame-
                       work. Design Stud. **25**, 373–391 (2004)

[Gero-1990]   Gero, J.S.: Design prototypes – a knowledge representation schema for design.
                       AI Mag. **11**(4), 26–36 (1990)

[Griev-2014]   Grieves, M.: Digital Twin: Manufacturing – Excellence Through Virtual Factory
                       Replication (White Paper). Florida Institute of Technology, Melbourne, FL (2014)

[Hans-1966]   Hansen, F.: Konstruktionssystematik. VEB-Verlag Technik, Berlin (1966)

[Hans-1974]   Hansen, F.: Konstruktionswissenschaft – Grundlagen und Methoden. Hanser,
                       München (1974)

[HaWe-2003]   Hatchuel, A., Weil, B.: A new approach of innovative design – an introduction
                       to C-K Theory. In: Proceedings of the 14th International Conference on Engi-
                       neering Design 2003 (ed. by A. Folkeson, K. Gralén, M. Norell & U. Sellgren),
                       ICED 03, Stockholm 2003. The Design Society & the Royal Institute of Techno-
                       logy, Stockholm (2003)

[HoWe-2007]   Höhne, G., Weber, C.: Function and design of mechanical components in
                       mechatronic systems (Invited Paper). 19th International Congress of Mechani-
                       cal Engineering (COBEM 2007), Brasilia 05.–09.11.2007. In: Proceedings of
                       COBEM 2007, Paper no. 1975 (CD-ROM, Full Paper). Associação Brasileira
                       de Engenharia e Ciências Mecânicas (ABCM), Rio de Janeiro (2007)

[Hubk-1973]   Hubka, V.: Theorie der Maschinensysteme. Springer, Berlin-Heidelberg (1973)

[Hubk-1976]   Hubka, V.: Theorie der Konstruktionsprozesse. Springer, Berlin-Heidelberg (1976)

[Hubk-1984]   Hubka, V.: Theorie technischer Systeme. Springer, Berlin-Heidelberg, (1984)
                       (2. Aufl. von [Hubk-1973]).

[HuEd-1992]   Hubka, V., Eder, W.E.: Einführung in die Konstruktionswissenschaft. Springer-
                       Verlag, Berlin-Heidelberg (1992)

[HuEd-1996]   Hubka, V., Eder, W.E.: Design Science. Springer, London (1996)

[ISO 9241-210]   ISO 9241-210: Ergonomics of human-system interaction – Part 210: Human-
                       centred design for interactive systems. International Organization for Standard-
                       ization (2010)

[JoAF-1995]   Johnson, M., Anderson, E., Fornell, C.: Rational and Adaptive Performance
                       Expectations in a Customer Satisfaction Framework. Journal of Consumer
                       Research, 21(4)1995, pp. 695-707

[Koch-2004]   Koch, R.: Das 80/20 Prinzip. Mehr Erfolg mit weniger Aufwand. Campus
                       Verlag, Frankfurt New York (2004)

[Koll-1976]   Koller, R.: Konstruktionsmethode für den Maschinen-, Geräte- und Apparate-
                       bau. Springer, Berlin-Heidelberg (1976)

[Koll-1998]   Koller, R.: Konstruktionslehre für den Maschinenbau. Springer, Berlin-Heidel-
                       berg (1998) (4. Aufl. von [Koll-1976])

[Krau-1998/99]   Krause, F.-L.: Verschiedene Berichte zum DFG-Projekt KR 785/13 „Neurona-
                       le-Netze-basiertes Assistenzsystem zur integrierten Unterstützung des Entwick-
                       lungsprozesses". Technische Universität Berlin, Fachgebiet Industrielle Infor-
                       mationstechnik (1998/1999)

[Lind-2005]   Lindemann, U.: Methodische Entwicklung technischer Produkte – Methoden
                       flexibel und situationsgerecht anwenden. Springer, Berlin-Heidelberg (2005)

[Lind-2009]   Lindemann, U.: Methodische Entwicklung technischer Produkte – Methoden
                       flexibel und situationsgerecht anwenden. Springer, Berlin-Heidelberg (2009)
                       (3. Aufl. von [Lind-2005])

[Matt-2002]   Matthiesen, S.: Ein Beitrag zur Basisdefinition des Elementmodells „Wirk-
                 flächenpaare & Leitstützstrukturen" zum Zusammenhang von Funktion und
                 Gestalt technischer Systeme. Dissertation Universität Karlsruhe (TH) 2002.
                 Forschungsberichte des Instituts für Produktentwicklung (IPEK) Nr. 6, Karls-
                 ruhe (2002)

[Mebo-2008]   Meboldt, M.: Mentale und formale Modellbildung in der Produktentstehung –
                 als Beitrag zum integrierten Produktentstehungs-Modell (iPeM). Dissertation
                 Universität Karlsruhe (TH) 2008. Forschungsberichte des Instituts für Produkt-
                 entwicklung (IPEK) Nr. 29, Karlsruhe (2008)

[Meer-1998]   Meerkamm, H.: Information management in the design process – problems,
                 approaches and solutions. In: Frankenberger, E., Birkhofer, H., Badke-Schaub,
                 P. (Hrsg.) Designers, Springer, London (1998)

[MeWe-1991]   Meerkamm, H., Weber, A.: Konstruktionssystem mfk – Integration von Bau-
                 teilsynthese und –analyse. In: VDI-Berichte Nr. 903 „Erfolgreiche Anwendung
                 von wissensbasierten Systemen in der Konstruktion", S. 231–248. VDI-Verlag,
                 Düsseldorf (1991)

[MIDE-2017]   Master Integrated Design Engineering. http://www.master-ide.de. Zugegriffen:
                 Aug. 2017

[Neut-2017]   Neutschel, B.: Parallelisierung von Produktentwicklung und Businessplanung.
                 Dissertation Otto-von-Guericke-Universität Magdeburg (2017)

[Otto-2013]   Ottosson, S.: Frontline Innovation Management (2. Auflage). Tervix, Göteborg
                 (2013)

[PaBe-1977]   Pahl, G., Beitz, W.: Konstruktionslehre. Springer, Berlin-Heidelberg (1977)

[PaBe-1983]   Pahl, G., Beitz, W.: Engineering Design (hrsg. von K. Wallace). Springer,
                 Berlin-Heidelberg (1983)

[PaBe-2007]   Pahl, G., Beitz, W., Feldhusen, J., Grote, K.-H.: Engineering Design (hrsg.
                 von K. Wallace und L. Blessing). Springer, London, (1983) (3. Aufl. von
                 [PaBe-1983])

[PaBe-2013]   Feldhusen, J.; Grote, K.-H. (Hrsg.). Pahl/Beitz – Konstruktionslehre, Springer,
                 Berlin-Heidelberg (2007) (8. Aufl. von [PaBe-1977])

[PlMW-2009]   Plattner, H., Meinel, Ch., Weinberg, U.: Design Thinking, mi Wirtschaftsbuch,
                 Finanzbuch Verlag München (2009)

[Prüf-1982]   Prüfer, H.-P.: Parameteroptimierung – ein Werkzeug des rechnerunterstützten
                 Konstruierens. Dissertation Ruhr-Universität Bochum. Schriftenreihe des Insti-
                 tuts für Konstruktionstechnik, Heft 82.5 (1982)

[Rode-1970]   Rodenacker, W.G.: Methodisches Konstruieren. Springer, Berlin-Heidelberg
                 (1970)

[Rode-1991]   Rodenacker, W.G.: Methodisches Konstruieren. Springer, Berlin-Heidelberg
                 (1991) (4. Aufl. von [Rode-1970])

[Ropo-1975]   Ropohl, G.: Systemtechnik – Grundlagen und Anwendung. Hanser, München
                 (1975)

[Roth-1982]   Roth, K.: Konstruieren mit Konstruktionskatalogen. Springer, Berlin-Heidel-
                 berg (1982)

[Roth-1994]   Roth, K.: Konstruieren mit Konstruktionskatalogen, Bd. I/II. Springer, Berlin-
                 Heidelberg (1994) (2. Aufl. von [Roth-1982])

[ScIP-2012]   Schmidt, J., Marell, I., Paetzold, K.: User centred design for mobility aids. In:
                 Hansen P. A, Ramussen, J., Jørgensen K A., Tollestrup, C. (Hrsg.) Proceedings
                 of NordDESIGN, Center for Industrial Production Aalborg and The Design
                 Society Glasgow (2012)

[SpKr-1997]   Spur, G., Krause, F.-L.: Das virtuelle Produkt – Management der CAD-Technik. Hanser, München-Wien (1997)

[Suh-1990]   Suh, N.P.: The Principles of Design. Oxford University Press, Oxford (1990)

[Suh-2001]   Suh, N.P.: Axiomatic Design. Oxford University Press, Oxford (2001)

[Vajn-1982]   Vajna, S.: Rechnerunterstützte Anpassungskonstruktion. Dissertation Universität Karlsruhe 1982. Fortschrittberichte der VDI-Z, Reihe 10, Nr. 16, VDI-Verlag, Düsseldorf (1982)

[Vajn-2008]   Vajna, S.: Theories and Methods of Product Development and Design. In: Proceedings of Gépészet 2008, 6. Nationale Konferenz für Maschinenbau (Hatodik országos gépészeti konferencia), Plenarvortrag P2. Technische und Wirtschaftswissenschaftliche Universität Budapest (2008)

[Vajn-2009]   Vajna, S.: Dynamic process navigation. In: Penninger, A. (Hrsg.) Proceedings 9th International Conference on Heat Engines and Environmental Protection, Budapest UTE (2009)

[Vajn-2014]   Vajna, S. (Hrsg.): Integrated Design Engineering. Ein interdisziplinäres Modell für die ganzheitliche Produktentwicklung. Springer, Heidelberg (2014)

[VaKB-2011]   Vajna, S., Kittel, K., Bercsey, T.: The autogenetic design theory – product development as an analogy to biological evolution. In: Birkhofer, H. (Hrsg.) The Future of Design Methodology, Springer, London (2011)

[VCJB-2005]   Vajna, S., St., C., Jordan, A., Bercsey, T.: The autogenetic design theory: an evolutionary view of the design process. J. Eng. Design. 16(4), 423–440 (2005)

[VDI-2206]   VDI-Richtlinie 2206: Entwicklungsmethodik für mechatronische Systeme/Design Methodology for Mechatronic Systems. VDI, Düsseldorf (2004)

[VDI-2218]   VDI-Richtlinie 2218: Informationsverarbeitung in der Produktentwicklung – Feature-Technologie. VDI, Düsseldorf (2003)

[VDI-2221/86] VDI-Richtlinie 2221: Methodik zum Entwickeln und Konstruieren technischer Systeme und Produkte. VDI, Düsseldorf (1986)

[VDI-2221/87] VDI-Richtlinie 2221: Systematic Approach to the Design of Technical Systems and Products. VDI, Düsseldorf (1987) (englische Version von [VDI-2221/86])

[VDI-2221/93] VDI-Richtlinie 2221: Methodik zum Entwickeln und Konstruieren technischer Systeme und Produkte. VDI, Düsseldorf (1993) (ungeänderte Neuausgabe von [VDI-2221/86])

[VDI-2221.1/18] VDI-Richtlinie 2221 Bl. 1: Entwicklung technischer Produkte und Systeme – Modell der Produktentwicklung. VDI, Düsseldorf (2018) (Gründruck)

[VDI-2221.2/18] VDI-Richtlinie 2221 Bl. 2: Entwicklung technischer Produkte und Systeme – Gestaltung individueller Produktentwicklungsprozesse. VDI, Düsseldorf (2018) (Gründruck)

[VDI-2222.1/77] VDI-Richtlinie 2222 Bl. 1: Konstruktionsmethodik. VDI, Düsseldorf (1977)

[VDI-2222.1/97] VDI-Richtlinie 2222 Bl. 1: Konstruktionsmethodik – Methodisches Entwickeln von Lösungsprinzipien. VDI, Düsseldorf (1997)

[VDI-2222.2/82] VDI-Richtlinie 2222 Bl. 2: Konstruktionsmethodik – Erstellung und Anwendung von Konstruktionskatalogen. VDI, Düsseldorf (1982)

[VDI-2223]   VDI-Richtlinie 2223: Methodisches Entwerfen technischer Produkte/Systematic Embodiment Design of Technical Products. VDI, Düsseldorf (2004)

[WaBl-1998]   Wallace, K.: Blessing, L.T.M.: An English Perspective on the German Contribution to Engineering Design. In: Pahl G. (ed.) Professor Dr.-Ing. E.h. Dr.-Ing. Wolfgang Beitz zum Gedenken. Springer, Berlin, Heidelberg, pp. 583–593

[Webe-2005a]   Weber, C.: Modern products – new requirements on engineering design elements, development processes, supporting tools and designers. 5th International

Workshop on Current CAx Problems, Technische Unversität Kaiserslautern 05.–07.04.2004. Proceedings: Dankwort, C.W. (Hrsg.), Holistic Product Development, S. 165–178. Shaker, Aachen (2005)

[Webe-2005b] Weber, C.: Simulationsmodelle für Maschinenelemente als Komponenten mechatronischer Systeme. 50. Internationales Wissenschaftliches Kolloquium Ilmenau (IWK 2005), TU Ilmenau 19.–23.09.2005. In: Proceedings of IWK 2005, S. 605–606 (Executive Summary), Paper no. 14_0_2 (Full Paper, CD-ROM). ISLE, Ilmenau (2005)

[Webe-2005c] Weber, C.: CPM/PDD – An extended theoretical approach to modelling products and product development processes. 2nd German-Israeli Symposium on advances in methods and systems for development of products and processes, Berlin 07.–08.07.2005. In: Bley, H.; Jansen, H.; Krause, F.-L.; Shpitalni, M. (Hrsg.), Proceedings of the 2nd German-Israeli Symposium, S. 159–179. Fraunhofer-IRB-Verlag, Stuttgart (2005)

[Webe-2007] Weber, C.: Looking at „DFX" and „Product Maturity" from the perspective of a new approach to modelling products and product development processes. 17th CIRP design conference in co-operation with Berliner Kreis, Berlin 26.–28.03.2007. In: Krause, F.-L. (Hrsg.), Proceedings of the 17th CIRP Design Conference, The Future of Product Development, S. 85–104. Springer, Berlin-Heidelberg (2007)

[Webe-2008] Weber, C.: How to derive application-specific design methodologies. 10th International Design Conference (DESIGN 2008), Dubrovnik 19.–22.05.2008. In: Marjanovic, D.; Storga, M.; Pavkovic, N.; Bojcetic, N. (Hrsg.), Proceedings of Design 2008 (DS 48), Bd. 1, S. 69–80. Faculty of Mechanical Engineering and Naval Architecture, University of Zagreb (2008)

[Webe-2011] Weber, C.: Design theory and methodology – contributions to the computer support of product development/design processes. In: Birkhofer, H. (Hrsg.) The Future of Design Methodology, S. 91–104, Springer, London (2011)

[WeDe-2002] Weber, C., Deubel, T.: Von CAx zu PLM – Überlegungen zur Software-Architektur der Zukunft. VDI-Fachtagung „Informationsverarbeitung in der Produktentwicklung 2002", Stuttgart 18.–19.06.2002. In: Tagungsband, Section 5. VDI, Düsseldorf (2002)

[WeDe-2003] Weber, C., Deubel, T.: New theory-based concepts for PDM and PLM. 14th International Conference on Engineering Design 2003 (ICED 03), Stockholm 19.–21.08.2003. In: Folkeson, A.; Gralén, K.; Norell, M.; Sellgren, U. (Hrsg.), Proceedings of ICED 03 (DS 31), S. 429–430 (Executive Summary), Paper no. 1468 (Full Paper, CD-ROM). The Design Society & the Royal Institute of Technology, Stockholm (2003)

[Wegn-1999] Wegner, B.: Autogenetische Konstruktionstheorie – Ein Beitrag für eine erweiterte Konstruktionstheorie auf der Basis Evolutionärer Algorithmen. Dissertation Otto-von-Guericke-Universität Magdeburg (1999)

[WeHu-2011] Weber, C., Husung, S.: Virtualisation of product development/design – seen from design theory and methodology. In: Proceedings of the 18th International Conference on Engineering Design (ICED 11), Kopenhagen 15.–19.08.2011, Vol. 2 (DS 68.2), S. 226–235. The Design Society (2011)

[WeHu-2016] Weber, C., Husung, S.: Solution patterns – their role in innovation, practice and education. In: Proceedings of the 14th International Design Conference (DESIGN 2016), Dubrovnik 16.–19.05.2016, Vol. 1 (Research & Methods), S. 99–108. Faculty of Mechanical Engineering and Naval Architecture, University of Zagreb (2016)

[WeWD-2003]   Weber, C., Werner, H., Deubel, T.: A different view on PDM and its future
                potentials. J. Eng. Design. **14**(4), S. 447–464 (2003)
[WeWe-2000]   Weber, C., Werner, H.: Klassifizierung von CAx-Werkzeugen für die Produkt-
                entwicklung auf der Basis eines neuartigen Produkt- und Prozessmodells. 11.
                Symposium „Design for X" (DfX 2000), Schnaittach/Erlangen 12.–13.10.2000.
                In: Meerkamm, H. (Hrsg.), Proceedings of DfX 2000, S. 126–143. Friedrich-
                Alexander-Universität Erlangen-Nürnberg, Nürnberg (2000)
[Wien-1970]   Wiendahl, H.-P.: Funktionsbetrachtungen technischer Gebilde – Ein Hilfsmit-
                tel zur Auftragsabwicklung in der Maschinenbauindustrie. Dissertation RWTH
                Aachen (1970)

Aufbau von CAx-Systemen 3

Das Zusammenspiel von Geräten und Programmen, die ein in sich geschlossenes, geordnetes und gegliedertes Ganzes bilden, wobei die einzelnen Bestandteile untereinander abhängig sind bzw. ineinandergreifen, wird als *System* bezeichnet [Wahr-1976, VaSc-1990]. Systeme bedürfen einer Führung (in Form einer Steuerung bzw. Regelung), die extern oder intern sein kann. Setzt der Mensch ein System für seine Zwecke ein, dann hat er die externe Führung des Systems. Auch ein außerhalb befindliches anderes System oder Programm kann das betrachtete System führen. Im Fall des CAx-Systems erfolgt die (externe) Führung durch den Produktentwickler, der durch Kommandos in die Aktivitäten des Systems eingreift und diese in die gewünschte Richtung lenkt. Interne Führungen finden sich beispielsweise bei selbstregulierenden Systemen.

Das CAx-System, dessen Komponenten im wesentlichen aus Hardware und Software[1] bestehen, ist ein System der Informationstechnologie[2] zum Verarbeiten von Daten und Informationen. „Verarbeiten" umfasst dabei Erzeugen, Speichern, Bereitstellen, Ändern,

---

[1] „Hardware" (Englisch für „Eisenwaren") ist der Sammelbegriff für alle physikalischen Geräte und Komponenten eines Systems. „Software" ist die Summe aller Teile, die in Form von nicht-dinglichen Informationen und Programmen vorliegen und die ohne ein Medium (beispielsweise Papier zum Ausdrucken) nicht sichtbar gemacht werden können, also alle Programme und Datensätze. Erst die Software macht die Hardware arbeitsfähig.

[2] Früher sprach man von EDV, elektronischer Datenverarbeitung, weil hier die Betonung auf der überwiegend automatischen Verarbeitung von Daten in elektronischer Form lag. Heute heißt es „Informationstechnologie" (IT, im Englischen „Information Technology"). Dieser Begriff umfasst die wissenschaftlichen Grundlagen, Verfahren, Methoden und Werkzeuge der Informationstechnik zum Verarbeiten von Daten und Informationen.

© Springer-Verlag GmbH Deutschland, ein Teil von Springer Nature 2018
S. Vajna et al., *CAx für Ingenieure*,
https://doi.org/10.1007/978-3-662-54624-6_3

Löschen, Transportieren und Verwalten. Die Begriffe „Daten" (Einzahl: Datum[3]) und „Information" stammen beide aus dem Lateinischen.

- „Datum" bedeutet „das Gegebene" im Sinne von „eindeutig" [Thom-2006]. Daten können in numerischer Form (Zahlen), in alphabetischer Form (Buchstaben) oder als Mischform (alphanumerische Zeichen) vorliegen. Wenn eine Anzahl von Zeichen in einer bestimmten Ordnung bzw. Reihenfolge steht (Syntax), dann bilden die Zeichen ein Datum, welches Fakten, Werte und Bezeichnungen repräsentieren kann.

- „Information" bedeutet „das Geordnete" oder „das in Form gebrachte", im Sinne von „einem Durcheinander eine Struktur geben" [Thom-2006]. Informationen entstehen durch Verknüpfung und/oder Vereinigung von Daten zu einer im informationstechnischen Sinne höherwertigen und geschlossenen Einheit (Ganzheit). Dieser Vorgang wird als *Synthese* bezeichnet. Bei Informationen liegt das Augenmerk auf Struktur, Verknüpfungen und Kontext, die einen Neuheitswert und/oder eine Bedeutung für den Empfänger der Information darstellen müssen, da sie sonst für diesen ohne Nutzen sind. Der umgekehrte Weg heißt *Analyse*, mit der aus Informationen relevante Daten herausgearbeitet werden können, beispielsweise durch ein systematisches Untersuchen und Zerlegen einer Information in ihre einzelnen Bestandteile.

Während Daten also das Medium sind, mit denen Informationen dargestellt werden können, beinhalten die Informationen die eigentliche Botschaft, die von jedem Empfänger unterschiedlich interpretiert (gedeutet, ausgelegt) werden kann. Damit können die gleichen Daten für verschiedene Empfänger unterschiedliche Informationen liefern [Thom-2006].

- Aus Konfigurations- und Nutzungsregeln sowie der Vernetzung von Daten und Informationen entsteht als letzte Stufe *Wissen*. Wissen besteht aus selbst gemachten Entdeckungen und Erfahrungen sowie aus angeeigneten (Er)Kenntnissen und Erfahrung von Dritten. Diese können ihrerseits wieder aus Daten und Informationen synthetisiert worden sein. Aus heutiger Sicht ist Wissen individuell, d. h. es existiert nur intern im Kopf des Menschen. Für seine Anwendung ist Kompetenz erforderlich. Auf einem IT-System kann Wissen nur indirekt, d. h. in Form von Zeichen, Daten, Informationen und Regeln gespeichert werden (siehe Abschn. 7.5).

Die Hierarchie von Zeichen, Daten, Informationen, Wissen zeigt zusammenfassend Abb. 3.1.

CAx-Systeme sind sogenannte *Erzeugersysteme*, da sie Daten und Informationen generieren beziehungsweise vorhandene weiterverarbeiten. Sie arbeiten zusammen mit Verwaltungssystemen (z. B. Systeme des Produktdatenmanagements, PDM), welche dynamische Vorgehensweisen in der Produktentwicklung beim Speichern, Verwalten, Wiederfinden und Bereitstellen von Daten und Informationen unterstützen, und Leitsystemen zur Realisierung eines dynamischen Prozess- und Projektmanagements. Auf Integration und Zusammenspiel dieser und weiterer Systeme wird in Kap. 12 vertieft eingegangen.

---

[3] In diesem Zusammenhang nicht zu verwechseln mit einer kalendermäßigen Zeitangabe.

Abb. 3.1 Zusammenhang von Zeichen, Daten, Informationen und Wissen (nach [Dürr-1998])

3.1 Hardware

In diesem Abschnitt werden die Hardwarekomponenten vorgestellt, die zum Betrieb eines CAx-Systems erforderlich sind. Nach einer kurzen Einführung in den prinzipiellen Aufbau von Digitalrechnern werden zunächst die für CAx eingesetzten Rechnertypen, Prozessoren, Speicher und Datenträger beschrieben. Danach folgen Konfiguration und Komponenten von CAx-Bildschirmarbeitsplätzen (Bildschirme, Tastaturen, grafische Eingabegeräte). Ein Überblick über die wichtigsten CAx-spezifischen Peripheriegeräte (z. B. Drucker, Zeichenmaschinen, Digitalisierer) rundet die Ausführungen ab. Dabei werden, soweit es die kurzen Innovationszyklen in der Informationstechnologie zulassen, stets möglichst konkrete Hinweise zum aktuellen und in der näheren Zukunft zu erwartenden Stand der Technik gegeben.

3.1.1 Historischer Abriss

Die ersten Konzepte einer Rechenanlage mit gespeichertem Programm, sich selbst änderndem Code, adressierbarem Speicher und Sprüngen wurden von Babbage[4] und

---

[4] Charles Babbage, 1791–1871, englischer Mathematiker, Philosoph, Erfinder und politischer Ökonom, Professor an der Universität Cambridge, arbeitete in der Analytical Society.

Lovelace[5] zu Anfang des 19. Jahrhunderts entwickelt. Von großem Einfluss waren danach grundlegende Arbeiten auf dem Gebiet der automatischen Abarbeitung von Algorithmen (gelöst durch die so genannte Turing-Maschine [Turi-1936], die allerdings ein reines Gedankenmodell war). Die bis heute gültige Architektur eines (Digital-) Rechners[6] entwickelte von Neumann[7] in den 1940er Jahren. Sie umfasst folgende Grundprinzipien [Schn-1991]:

- Verwendung des binären Zahlensystems (Basis 2).
- Der Rechner lässt sich logisch und baulich unterteilen in das Rechenwerk, in dem die Rechenoperationen ausgeführt werden, das Register (Speicherwerk), das Leitwerk und das Ein-/Ausgabewerk.
- Der Aufbau des Rechners ist von den zu bearbeitenden Aufgabenstellungen unabhängig. Die Aufgaben und die Algorithmen zu ihrer Lösung werden dem Rechner durch ein Programm von außen vorgegeben (Programmierbarkeit des Rechners).
- Programme und Daten werden auf die gleiche Weise in einem einheitlichen Speicher abgelegt. Sie sind innerhalb des Speichers nicht à priori unterscheidbar.
- Der Speicher wird durch die Aufteilung in Zellen mit eindeutigen Adressnummern organisiert.
- Neben der sequentiellen Abarbeitung von Befehlen (Holen der nacheinander zu bearbeitenden Befehle aus Speicherzellen mit aufeinander folgenden Adressnummern) sind auch direkte und bedingte Sprunganweisungen ausführbar (Holen von Befehlen mit beliebigen Adressnummern).

Frühe Digitalrechner, die noch nicht alle genannten Kriterien gleichzeitig erfüllten, waren:

- Die im Jahr 1941 von den Physikern John Atanasoff und Clifford E. Berry am Iowa State College gebaute, nachträglich „ABC" (Atanasoff-Berry-Computer) genannte Maschine, die auf Vorarbeiten ab 1937 und einen ersten Prototypen von 1939 zurückgeht. Dies war bereits ein elektronisch arbeitendes Gerät (mit 280 Elektronenröhren), welches auch schon eine digitale Zahlen- und Zeichenrepräsentation nach dem heute gebräuchlichen Binärsystem besaß. Dieser Rechner folgte allerdings nicht der „von-Neumann-Architektur" (die zu der Zeit noch gar nicht bekannt war), war nicht

---

[5] Augusta Ada King Byron, Countess of Lovelace, 1815–1852, englische Mathematikerin, erstellte als erster Mensch überhaupt ein ausführbares Programm, arbeitete mit C. Babbage zusammen.

[6] Daneben gibt es auch noch sogenannte Analogrechner (insbesondere zu Überwachungszwecken in der Prozessindustrie), bei denen mathematische Funktionen (Addition, Subtraktion, Multiplikation, Integration usw.) durch analog arbeitende elektrische Systeme bekannten Verhaltens nachgebildet werden, die eine parallele Bearbeitung ermöglichen. Als Größen dienen z. B. Spannungen, Ströme und Widerstände. Durch die Parallelität und die kontinuierliche Verarbeitung erreicht ein Analogrechner deutlich kürzere Rechenzeiten als ein Digitalrechner, nicht aber dessen Rechengenauigkeit und hohen Datendurchsatz.

[7] John (eigentlich János) von Neumann, 1903 (Budapest/Ungarn) – 1957 (Washington/USA), der geistige Vater der US-amerikanischen Computertechnik.

programmierbar und erforderte einen Operateur, um während des Betriebes benötigte Schaltfunktionen von Hand auszuführen.

- Zuse Z3 (1941), von Zuse[8] gebaut als Nachfolger des nicht sehr zuverlässigen Prototypen Z1 (1938) und der Z2 (1940), die zu Militärzwecken (Berechnung des Flugverhaltens von Gleitbomben) praktisch eingesetzt wurde. Wie ihre Vorgänger war die Zuse Z3 kein elektronisches, sondern ein elektromechanisches Gerät auf der Basis von 2000 Telefon-Relais. Dafür baute auch sie – wie der Atanasoff-Berry-Computer – bereits auf der binären Zahlen-/Zeichenrepräsentation auf. Sie war per Lochstreifen frei programmierbar, wofür Zuse sogar eine eigene Programmiersprache entwickelte („Plankalkül"). Nach dem zweiten Weltkrieg gründete er das Zuse-Ingenieurbüro Hopferau (1946), später die Zuse KG (1949). In dieser Zeit wurde das Modell Z4 komplettiert (Baubeginn bereits 1944), welches der erste jemals an einen Kunden verkaufte Digitalrechner wurde (1950 an die ETH Zürich) und daher heute als erster „kommerzieller" Computer moderner Prägung gilt. Die Z4 befindet sich heute im Deutschen Museum in München.
- Colossus (1944), eine von Tommy Flowers an der Post Office Research Station, Dollis Hill, im Auftrag der britischen Regierung entwickelte und in Bletchley Park verwendete Maschine zum Entschlüsseln der deutschen (ENIGMA-) Militärcodes. Insgesamt wurden zehn Maschinen gebaut und erfolgreich eingesetzt (ein Prototyp, Mark 1, und neun weiter entwickelte Geräte des Typs Mark 2). Colossus war digital und elektronisch (1500 bzw. 2400 Elektronenröhren bei Mark 1 bzw. 2), aber nur durch Änderung der Verkabelung begrenzt programmierbar.
- Harvard Mark I/IBM ASCC (Automatic Sequence Controlled Calculator, 1944), entworfen von Howard H. Aiken, Harvard University in Cambridge/USA, und gebaut von IBM. Wie die Zuse Z3 war dieser Rechner kein elektronisches, sondern ein elektromechanisches Gerät. Es bestand aus Schaltern, Relais und einem mechanischen Antrieb mit 15 m langer Welle zum Zweck der Synchronisierung (insgesamt 765.000 Komponenten und 4,5 Tonnen Gewicht), und es war über Lochstreifen frei programmierbar.
- ENIAC (Electronic Numerical Integrator and Computer, 1946), der erste digitale, teilelektronische und – begrenzt – programmierbare Großcomputer (im wahrsten Sinne des Wortes: 17.468 Röhren, 7200 Dioden, 1500 Relais, ca. 5 Mill. Lötstellen; Gewicht 27 Tonnen, Größe 2,4 × 0,9 × 30 m, Leistungsbedarf 150 kW). ENIAC wurde an der Penn's Moore School of Electrical Engineering der University of Pennsylvania im Auftrag der US Army entwickelt – eigentlich zur Durchführung ballistischer Berechnungen, de facto aber eingesetzt bei der Entwicklung der ersten Wasserstoffbombe. Die „Programmierung" von ENIAC erfolgte – wie bei Colossus – durch Änderung der Verkabelung.
- ENIAC war auch in dem Sinne signifikant, dass aus dem Projekt weitere Entwicklungen z. B. die ersten kommerziell verfügbaren Computer hervorgingen (insbesondere UNIVAC 1, 1954), das EDVAC (Electronic Discrete Variable Automatic Computer)

---

[8] Konrad Zuse (1910–1995), gelernter Bauingenieur, baute mit der Z1 den weltweit ersten „richtigen" Rechner. Er begründete sein Motiv zur Entwicklung von Rechnern, Programmiersprachen usw. mit seiner Faulheit, die Standardberechnungen seines Faches von Hand durchzuführen.

sowie das Folgeprojekt an der University of Pennsylvania, in dessen Verlauf das berühmte John-von-Neumann-Papier über die grundlegende Architektur von Rechnern entstand [Neum-1945].

Frühe Entwicklungen, die den allmählichen Übergang vom Experimentierstadium in verkaufbare Produkte kennzeichneten und die alle Kriterien eines Rechners im heutigen Sinne erfüllten (d. h. digitale Zahlen- und Zeichenrepräsentation, universelle Einsetzbarkeit, die Verwendung der von-Neumann-Architektur, freie Programmierbarkeit, elektronische Verarbeitung), sind:

- SSEM (Small-Scale Experimental Machine, 1948), entwickelt von Frederic C. Williams und Tom Kilburn an der University of Manchester. Es wird kolportiert, dass SSEM weniger ein Rechner als vielmehr ein Test- und Demonstrationsgerät für die von Williams kurz zuvor erfundene und im Jahr 1946 patentierte Kathodenstrahlröhre war. Die SSEM hatte dennoch erheblichen Einfluss, einerseits dadurch, dass sich diese Erfindung als wichtiger Meilenstein der Rechnerentwicklung insgesamt erwies, andererseits durch ihre nachfolgend genannte Weiterentwicklung MADM.

- MADM (Manchester Automatic Digital Machine, auch „Manchester Mark I" genannt), wurde ebenfalls von Williams und Kilburn an der University of Manchester entwickelt (1949). Diese Maschine war signifikant, weil für sie eine der ersten höheren Programmiersprachen entwickelt wurde („Autocode") und weil sie später von Elektronenröhren auf Transistoren umgebaut wurde. Dadurch entstand im Jahr 1953 der erste (Prototyp-) Rechner mit der noch heute gültigen Transistortechnologie.

- Der aus der MADM weiter entwickelte Ferranti Mark I war ab 1951 nach der Zuse Z4 (siehe oben) weltweit der zweite „kommerzielle" Rechner – immerhin zweimal verkauft plus sieben weiter entwickelte Modelle „Mark I*".

- Praktisch zeitgleich mit der auf Transistortechnik umgebauten MADM stellten in den USA die Bell Telephone Laboratories 1954 einen Computer auf der Basis von Transistoren vor, den TRADIC (Transistorized Digital Computer). Hintergrund war ein Auftrag der US Air Force, die einen möglichst leichten Computer zur Installation in Flugzeuge wünschte. Dafür war man bereit, die damals noch erheblich höheren Kosten von Transistoren gegenüber Elektronenröhren in Kauf zu nehmen. Der praktische Betrieb von TRADIC zeigte außerdem erstmals, dass die Transistortechnik erheblich ausfallsicherer war als die bis dahin verwendete und immer noch relativ unzuverlässige Röhrentechnik.

Zusammenfassend kommt die Entwicklungsgeschwindigkeit von Rechnern dem von Moore[9] 1965 formulierten, 1975 aktualisierten und nach ihm benannten Gesetz sehr nahe. Nach diesem Gesetz verdoppelt sich die Zahl der Transistoren pro Chip (und somit die Komplexität) von integrierten Schaltkreisen, im Mittel gesehen, ungefähr alle 24 Monate. Voraussichtlich wird sich dies bis 2020 fortziehen und danach wird die Miniaturisierung von elektronischen Bauteilen an ihre physikalische Grenzen, wie die Wellenlänge des Lichts oder die Mindestanzahl an Atomen für die Isolierung, stoßen. Den Verlauf des Moore'schen Gesetzes bis heute zeigt Abb. 3.2.

---

[9] Gordon Moore, geboren 1929, Mitbegründer der Firma Intel.

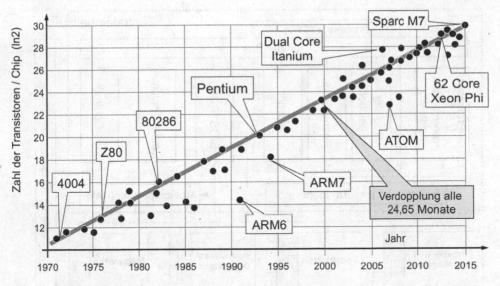

Abb. 3.2 Moore'sches Gesetz (nach [ITWi-2016, FHNW-2015])

3.1.2 Allgemeiner Aufbau

Für CAx-Systeme können verschiedene Rechnertypen verwendet werden, die sich in der Leistungsfähigkeit ihrer einzelnen Komponenten unterscheiden. Dazu zählen Personal Computer (PCs) unterschiedlicher Größe und Ausführung[10] sowie Arbeitsplatzrechner (Workstations), wobei die Grenzen dazwischen fließend sind. Die jeweilige Leistungsfähigkeit ergibt sich im wesentlichen aus der Geschwindigkeit des Prozessors (oder der Prozessoren bei Mehrprozessorsystemen), der Übertragungsgeschwindigkeit und -kapazität der Datenkanäle (auch Bussysteme genannt) sowie aus Zugriffsdauer, Verarbeitungsgeschwindigkeit und Größe der physikalischen Speichermedien. An diesen Rechnern kann jeweils nur ein Benutzer arbeiten. Die heute übliche Konfiguration mehrerer Rechner ist das Client-Server-Netzwerk (siehe Abschn. 3.3). In diesem stellt ein Server für alle an diesem Netz angeschlossenen Rechner („Clients") Dienste zur Bereitstellung häufig genutzter Programme, zur Speicherung großer Datenmengen sowie zur Kommunikation mit anderen Systemen zur Verfügung.

Die aktuelle Ausprägung der Rechnerarchitektur zeigt schematisch Abb. 3.3. Das Kernstück ist die *zentrale Prozessoreinheit* (CPU = Central Processing Unit, kurz: Prozessor), die sich nach dem von-Neumann-Prinzip in das Leitwerk (auch Steuerwerk genannt), das

---

[10] Neben dem „normalen" Desktop-PC beispielsweise auch Notebooks, Laptops, Tablets, Ultrabooks (dünne und leichte Geräte mit Prozessoren eines bestimmten Herstellers, mit schnellem Hochfahren aus der Bereitschaft (Standby) in den Betrieb und mit hohen Akkulaufzeiten), Convertibles (Rechner, die sich sowohl als Laptop als auch als Tablet nutzen lassen) usw.

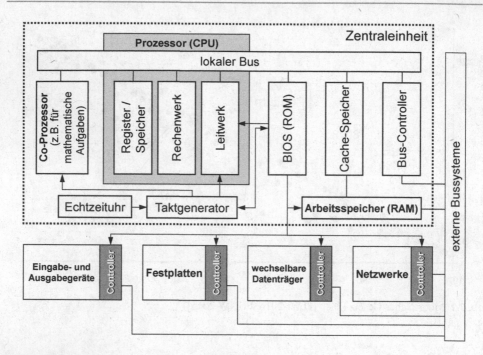

Abb. 3.3 Schematischer Aufbau eines Digitalrechners

Rechenwerk und das Register (Speicher) untergliedert. Das *Leitwerk* dient der Steuerung des Rechnersystems, indem es Befehle und Daten von den einzelnen Komponenten aufnimmt, ent- bzw. verschlüsselt und an andere Komponenten weitergibt. Diese Vorgänge laufen in festen Zeitzyklen ab, deren Frequenz von einem *Taktgenerator* vorgegeben wird, der sich wiederum auf eine *Echtzeituhr* (Systemuhr) stützt. Die Rechengeschwindigkeit des Prozessors ist daher proportional zur Frequenz des Taktgenerators. Das *Rechenwerk* führt abhängig von den vom Leitwerk aufbereiteten Befehlen und unter Berücksichtigung der angegebenen Daten entsprechende arithmetische und/oder logische Operationen aus. Das *Register* ist ein dem Prozessor direkt zugeordneter, relativ kleiner Speicherbereich mit extrem kurzen Zugriffszeiten, der vom Rechenwerk zur Zwischenspeicherung von Befehlen und Daten während des Ablaufes der einzelnen Operationen genutzt wird. Für bestimmte immer wiederkehrende Aufgaben kann ein zweiter Prozessor (Co-Prozessor) vorgesehen werden.

Bei den Prozessoren unterscheidet man grundsätzlich zwischen der *CISC*- und der *RISC*-Architektur:

- CISC steht für *Complex Instruction Set Computer*, Computer mit komplexem Befehlssatz. Hier sind alle relevanten Steuerbefehle immer im Leitwerk vorhanden.
- RISC für *Reduced Instruction Set Computer*, Computer mit reduziertem Befehlssatz. Bei dieser Architektur sind nur die statistisch häufigsten Steuerbefehle im Leitwerk vorhanden, alle anderen werden bei Bedarf nachgeladen.

Ein RISC-Prozessor ist einfacher gebaut als ein CISC-Prozessor (weniger und über-
schaubarere Verschaltungen), bei Standardanwendungen schneller und in der Herstellung wesentlich billiger. Heutzutage verschwimmen die Grenzen zwischen CISC
und RISC, da letzterer auch komplexe Befehle dauerhaft im Leitwerk speichern kann.
Heutige Prozessoren bestehen daher zunehmend aus einer Mischung von CISC- und
RISC-Architekturen.

Der Rechner verarbeitet nicht Bit pro Bit[11], sondern mehrere Bits gleichzeitig, die zu
einem *Wort* zusammengefasst werden. Die Anzahl der gleichzeitig verarbeiteten Bits heißt
Datenbreite oder *Wortlänge*. Üblicherweise beträgt die Wortlänge heute 64 Bit. Diese
Datenbreite hat sich in den letzten Jahren gegenüber 32 Bit durchgesetzt, da man damit
(neben einer höheren Genauigkeit bei komplexen Berechnungen) $2^{64}-1$ Adressen (und
damit rund 18×10^{18} Adressen) im Arbeitsspeicher direkt adressieren und diesen somit
schneller nutzen kann.

Die Wortlänge ist mit der Taktfrequenz der bestimmende Parameter für die Rechengeschwindigkeit. Sie kann auf unterschiedliche Arten gemessen werden. Die bekannteste Einheit hierfür sind *GFlops* (Giga-Flops) und *TFlops* (Tera-Flops). *Flop* bedeutet
Floating Point Operations per Second, mit der die Anzahl der Gleitkomma-Operationen
(Addition und Multiplikation) pro Sekunde erfasst werden. Der stärkste Supercomputer
liegt derzeit (Stand 12/2017) bei 93.015 TFlops, während handelsübliche Rechner bei
100 Gflops liegen. Es gibt verschiedene Tests[12], um Flops und andere Einheiten zur Leis-
tungsmessung zu ermitteln.

Zum Starten des Rechners wird ein BIOS (Basic Input Output System) benötigt, das
auf einem ROM (Read-Only Memory, ein Speicher, aus dem nur gelesen werden kann)
gespeichert ist und das automatisch beim Starten („Booten“) des Rechners aufgerufen
wird, damit die Grundfunktionen des Betriebssystems zur Verfügung stehen. Das BIOS
legt die Reihenfolge beim Starten fest, stellt grundlegende Funktionen zur Zusammenarbeit zwischen den Hardwarekomponenten zur Verfügung, startet die Zugriffssteuerung
von Festplatten, konfiguriert die Hardware-Schnittstellen und überwacht die Echtzeituhr,
die Energieverwaltung und die Temperatur der Zentraleinheit.

Die Kommunikation der Rechnerkomponenten untereinander und mit der Außenwelt
erfolgt über einen oder mehrere sogenannte *Busse*, in denen die Anzahl der parallelen
Kanäle der Wortlänge des Prozessors entspricht. Bei einem 64-Bit-Prozessor erfolgt daher
der Transport von Daten über 64 parallele Kanäle (müssen längere Wörter übertragen

---

[11] Bit (binary digit): Kleinste digitale Speichereinheit (0 oder 1), Basis des dualen (binären)
Zahlensystems.

[12] Solche Tests (auch Benchmarks genannt) legen Kennzahlen zum Vergleich von Geräten und/oder
ihrer Komponenten fest. So misst beispielsweise der Benchmark Linpack, der bei Supercomputern
zur Leistungsermittlung verwendet wird, die Rechengeschwindigkeit für Operationen mit doppelter
Genauigkeit (Dual Precision, DP) bei der Lösung von Matrizengleichungen.

werden, dann werden diese auf mehrere Übertragungszyklen verteilt, was nicht nur Zeit, sondern auch Ver- und Entschlüsselungsaufwand kostet). Hinzu kommen noch Prüfkanäle, mit denen eine Veränderung der übertragenen Daten verhindert wird. Ein Bus hat definierte Schnittstellen zu den einzelnen angeschlossenen Komponenten. Es wird unterschieden zwischen dem internen oder *lokalen* Bus, der die einzelnen Komponenten des Prozessors miteinander verbindet, und den externen *Bussystemen*, die den Zugriff auf Arbeitsspeicher, Eingabe- und Ausgabegeräte, Festplattenlaufwerke (externe Massenspeicher, USB-Sticks), Laufwerke für Wechseldatenträger (DVDs, CDs, Blu-rays) und Netzwerke ermöglichen.

Über das Bussystem greift der Prozessor auf den *Arbeitsspeicher* zu. Dieser Halbleiterspeicher sichert die Daten durch temporäre elektrische Zustände der im Speicher enthaltenen integrierten Schaltungen. Der Arbeitsspeicher ist ein sogenannter „flüchtiger Speicher", da nach dem Ausschalten des Rechners die Daten verloren sind. Er arbeitet als Lese- und Schreibspeicher mit regellosen Zugriffsmöglichkeiten (Random Access Memory, RAM). Der Arbeitsspeicher enthält die aktuell zu bearbeitenden Programme mit den zugehörigen Daten, nimmt Zwischenergebnisse des Programmablaufes auf und gibt sie gegebenenfalls zur weiteren Verarbeitung wieder an den Prozessor ab. Die Zugriffszeit auf einzelne Daten liegt im Bereich von Nanosekunden. Neben der Prozessorgeschwindigkeit beeinflussen Größe und Zugriffszeit des Arbeitsspeichers maßgeblich die Leistungsfähigkeit des Rechners. Daher sollte der Arbeitsspeicher immer maximal ausgebaut werden und seine Größe sollte bei der Verwendung eines 64-Bit Rechners mindestens 8 GB betragen.

Sollte für ein Programm oder einen Datensatz die Größe des Arbeitsspeichers nicht ausreichen, dann müssen die fraglichen Daten aufgeteilt und nacheinander in den Arbeitsspeicher geladen werden, sodass sie von dort vom Prozessor bearbeitet werden können. Damit beim Ein- und Ausladen nicht zu viel Zeit benötigt wird, kommen zwei weitere Speicher mit unterschiedlichen Zugriffsgeschwindigkeiten zum Einsatz:

- Der *Cache-Speicher* ist ein Pufferspeicher zwischen Prozessor und Arbeitsspeicher, in dem die zuletzt am häufigsten verwendeten Programmteile und Daten fortlaufend gespeichert werden, weil man davon ausgeht, dass diese vom Prozessor als nächste wieder benötigt und angefordert werden. Der Zugriff auf den Cache-Speicher ist fast genauso schnell möglich wie der Zugriff auf den Arbeitsspeicher.
- Auf einer Festplatte wird üblicherweise ein sogenannter *virtueller Speicher* eingerichtet (auch „page file" oder „swap" genannt), um dorthin weniger häufig benötigte Programme und Daten auszulagern, die im Bedarfsfall direkt wieder in den Arbeitsspeicher geladen werden können. Dieser virtuelle Speicher muss mindestens so groß wie der Arbeitsspeicher sein. Der Zugriff erfolgt deutlich langsamer als der Zugriff auf Arbeitsspeicher oder Cache-Speicher, aber immer noch schneller als der wahlfreie Zugriff auf die Festplatte.

Die Funktion der *Festplatten* besteht darin, die auf dem Rechner installierten Programme (z. B. das Betriebssystem, betriebssystemnahe Verwaltungsprogramme sowie die eigentlichen Anwendungsprogramme wie CAx-Systeme, Berechnungsprogramme, Bildverarbeitung oder Datenbankmanagementsysteme usw.) und die zugehörigen Daten abzuspeichern. Diese Datenträger arbeiten im *Direktzugriff* (random access), d. h. jeder beliebige

Speicherbereich kann direkt angesteuert werden, was zu Zugriffszeiten im Millisekunden-Bereich führt. Im Gegensatz zum Arbeitsspeicher bleiben die auf Festplatten gespeicherten Daten auch nach dem Abschalten erhalten. Sie arbeiten mit folgenden Technologien:

- Bei der Hard Disk Drive (HDD) werden Bits magnetisch durch unterschiedliche Polung von Elementarmagneten in einer magnetisierbaren Schicht auf einer Aluminiumscheibe gespeichert. Diese ist in *Spuren* (konzentrische Kreise mit Sektoren) eingeteilt, in der die Bits eingetragen werden. Mehrere solcher Aluminiumscheiben können übereinander gestapelt sein. Die hohe Umdrehungszahl (derzeit 6000 Umdrehungen/Minute) sorgt für kurze Zugriffszeiten. Ein Schreibkopf ändert die Polungen entsprechend der zu speichernden Bits, ein Lesekopf liest die aktuellen Polungen aus einer Spur. Sollen Daten auf der HDD gelöscht werden, dann werden die zu löschenden Bereiche mehrmals mit zufälligen Zahlen überschrieben. Damit ist der Inhalt, der dort vorher gespeichert war, für „normale" Benutzer nicht mehr im Zugriff, sondern nur mit spezieller Software und besonderen Vorgehensweisen wieder herstellbar. Da Magnetisierung mit der Zeit nachlassen kann, ist eine regelmäßige Benutzung einer HDD notwendig, um Datensicherheit zu gewährleisten.

- Die Solid State Drive (SSD) basiert auf dem Prinzip des Flash-RAMs (nichtflüchtiger Halbleiterspeicher). Diese Speicher erlauben eine hohe Lesegeschwindigkeit und sie sind wesentlich leichter als HDD. Nachteilig sind neben den (noch) höheren Anschaffungskosten die begrenzte Anzahl an Schreibvorgängen, sodass bei SSD regelmäßige Sicherungen aller Daten auf anderen Datenträgern notwendig sind. Das sichere Löschen ist bei SSDs schwieriger als bei HDD, weil der SSD-Controller Daten nach dem ersten Speichern in die am wenigsten benutzten Blöcke verschieben kann, um die Lebensdauer der SSD zu verlängern. Dadurch stehen die Daten nicht mehr an den Adressen, die das Betriebssystem des Rechners kennt (beim Zugriff auf solche Daten führt der SSD-Controller die Weiterleitung automatisch durch). So kann es dazu kommen, dass bei einem Löschvorgang der Inhalt noch erhalten bleiben kann. Um dieses zu vermeiden, liefern die vielen SSD-Hersteller eine Software mit, welche die SSD in den Werkszustand zurücksetzt und alles überschreibt.

Da heute die Kosten für Speicherplatz im Vergleich zu den anderen Faktoren, welche die Leistungsfähigkeit des Rechners beeinflussen, sehr gering sind, sollten am Client-Rechner des Anwenders mindestens 1 TB (1000) GB Speicherplatz vorhanden sein. Eine Sonderform ist das RAID[13]-System, bei dem mehrere HDD zu einer virtuellen Platte zusammengefasst werden und das üblicherweise einem Server zugeordnet wird.

Weitere Speichermedien sind die *wechselbaren Datenträger*. Hierzu gehören die optischen Datenträger DVD (Speicherkapazität bis 8,5 GB), CD-ROM (800 MB) und Blu-ray Disc (bis zu 100 GB). Optische Datenträger werden mechanisch beschrieben und die Daten per Laser

---

[13] RAID = Redundant Array of Independent Disks, die redundante Anordnung unabhängiger Festplatten, wobei die redundanten Inhalte durch „Spiegelung" (= sofortiges Kopieren) der Originalinhalte erzeugt werden. Wegen der Redundanz aller Inhalte läuft das RAID bei Ausfall einer Platte störungsfrei weiter. Dadurch entsteht eine höhere Datensicherheit, große Datenmengen können einfacher verwaltet werden, defekte Platten können im laufenden Betrieb gewechselt werden.

ausgelesen. Die Vorzüge optischer gegenüber magnetischen Datenträgern sind allgemein die geringere Schmutz- und Alterungsempfindlichkeit und die erheblich größere Speicherdichte. Weitere Wechseldatenträger sind die nichtflüchtigen Halbleiterspeicher (USB-Stick mit einer Speicherkapazität von einigen GB bis zu 1 TB), welche die früher häufig verwendeten Magnetbänder, Disketten und kleinen Festplatten fast vollständig abgelöst haben.

Ein- und Ausgabegeräte, die über das Bussystem angesteuert werden, besitzen jeweils einen eigenen Ein-/Ausgabeprozessor, den sogenannten Controller, der Steuerinformationen und Daten trennt. Üblicherweise sind Anschlüsse für externe (zusätzliche) Speichermedien, für Netzwerke (in mehreren Ausprägungen), für externe Bildschirme oder Videoprojektor sowie für weitere Ein- und Ausgabegeräte (Maus, Tastatur, Trackball, Scanner, Drucker usw.) vorhanden.

Die Kommunikation zu externen Speichermedien, Peripheriegeräten, externen Programmen und Systemen erfolgte zunächst über parallele und serielle Schnittstellen, z. B. die parallele Centronics-Schnittstelle zum Anschluss von Druckern und die serielle RS 232- bzw. V24-Schnittstelle. Abgelöst wurden diese von der USB-Schnittstelle in den Versionen 2.0 und zunehmend USB 3.0 (wobei letztere nicht abwärtskompatibel zu USB 2.0 ist), die eine Datenrate von bis zu 480 MBit/s (60 MByte/s) besitzt und so beispielsweise den Anschluss von Festplatten und anderen Peripheriegeräten ermöglicht. Ein weiterer Vorteil von USB ist, dass damit die Stromversorgung der Peripheriegeräte in gewissen Grenzen sichergestellt werden kann. Inzwischen hat sich USB 3.0 mit einer Datenrate von 5 Gbit/s etabliert. Auch die neue Version USB 3.1 bzw. USB Type-C mit bis zu 10 Gbit/s wird standardmäßig immer öfter eingebaut.

3.1.3   Bildschirmarbeitsplatz für CAx-Anwendungen

Der Arbeitsplatz des Ingenieurs am CAx-System ist der *interaktive Bildschirmarbeitsplatz*. Interaktiv bedeutet, dass ein rechnerinternes Modell schrittweise im direkten Dialog zwischen dem Anwender und dem CAx-System entsteht, indem letzteres jedes Kommando des Anwenders sofort ausführt und das daraus resultierende Ergebnis unmittelbar grafisch anzeigt. Da bei CAx-Anwendungen fast immer mehr oder weniger komplexe geometrische Objekte dargestellt und manipuliert werden müssen, stellen CAx-Systeme an Qualität und Geschwindigkeit der grafischen Informationsausgabe hohe Anforderungen[14].

Der Bildschirmarbeitsplatz enthält neben dem eigentlichen Bildschirm noch eine handelsübliche Tastatur für die Eingabe alphanumerischer Zeichen, eine Maus unterschiedlicher Leistungsfähigkeit (bis zur 3D-Maus) für die direkte Eingabe von Koordinaten zum

---

[14] Dazu ist zu bemerken, dass wesentliche Impulse für die Leistungsfähigkeit heutiger Computergrafik aus der Softwareentwicklung für Computerspiele und der Videobearbeitung kommen.

Modellieren und Identifizieren von Geometrie sowie zum Manipulieren des Bildes, 3D-Eingabegeräte zum Überführen eines realen Objekts in ein rechnerinternes Modell und einen Drucker. Besonders bei Unternehmen, in denen verteilte Projektteams arbeiten, werden zusätzlich auch Mikrofon und Lautsprecher sowie eine Kamera zur Kommunikation über Netzwerke benötigt. Der Bildschirmarbeitsplatz kann über das Netzwerk auf weitere Eingabe- und Ausgabegeräte zugreifen, wie beispielsweise Scanner, Digitalisierer und Zeichenmaschinen (Plotter).

Der *Grafikbildschirm* bildet im interaktiven Dialog die dominierende Schnittstelle zwischen Benutzer und CAx-System, da über ihn sowohl die Kommandoeingabe als auch die eigentliche Modellierarbeit gesteuert und kontrolliert wird. Heute dominieren Flachbildschirme mit Flüssigkristallen (LCD, liquid crystal display). Nach ihrer Beschreibung soll kurz auch auf frühere Generationen von Bildschirmen eingegangen werden.

Bildschirme arbeiten heute, wie fast alle Drucker und Scanner, nach dem Rasterverfahren. Dabei wird das Bild zeilen- und spaltenweise in einzelne Bildpunkte (Rasterpunkte, Picture Element = *Pixel*) zerlegt. Dies führt zu dem Effekt, dass Linien mit Neigungswinkeln nahe 0°, 90° und 270° oder gekrümmte Linien als Treppenstufen dargestellt werden, auch wenn dieses durch immer höhere Auflösungen abgemildert wird. Diese Bildpunkte werden in einen Bildspeicher eingetragen, von wo sie auf den Bildschirm geschrieben werden. Dabei muss für jeden Bildpunkt ein eigenes Bit im Bildspeicher vorhanden sein. Bei farbigen Darstellungen sind drei Bildelemente pro Bildpunkt in Rot, Grün und Blau erforderlich (RGB-Technik). Diese erzeugen die gewünschte Farbe durch additive Farbmischung. Für differenziertere farbige Darstellungen benötigt man mehrere Bildspeicher. Mit n Bildspeichern können 2^n unterschiedliche Farben bzw. Farbabstufungen erzeugt werden. Gängig für farbige Bildschirme ist heute n = 8 bis n = 32 zur gleichzeitigen Wiedergabe von bis zu 4,3 Milliarden Farbabstufungen.

Als Standardgröße für Bildschirme (und untere Grenze aus ergonomischer Sicht) hat sich im CAx-Bereich eine Bildschirmdiagonale von mindestens 23 Zoll (ca. 58 cm Diagonale) eingebürgert. Verstärkt kommen auch 27-Zoll-Bildschirme (68 cm Diagonale) zum Einsatz[15]. Die Auflösung liegt für CAx-Anwendungen bei mindestens 1920 × 1200 Bildpunkten, für besondere Anwendungen, beispielsweise dem Industriedesign, noch höher.

Wird an einem einzigen Bildschirm gearbeitet, dann befinden sich darauf sowohl der Eingabebereich für Kommandos und Daten als auch der Grafikbereich, in dem das

---

[15] Eine größere Diagonale als 32 Zoll erscheint derzeit nicht als sinnvoll, da Bildschirminhalte bei dieser Bildschirmgröße und bei dem üblichen Abstand zwischen Kopf und Bildschirm aus dem normalen Gesichtsfeld des Bearbeiters verschwinden (wenn dieser weder seine Augen noch seinen Kopf dreht).

rechnerinterne Modell dargestellt wird. Aus Gründen einer verbesserten Übersicht werden zunehmend zwei gleichgroße Bildschirme eingesetzt (etwa beim Modellieren komplexer Bauteile am CAx-System oder beim Industriedesign), um auf dem einen beispielsweise eine vergrößerte Einzelheit und auf dem anderen die Gesamtansicht des 3D-Modells zur besseren Navigation durch das Modell darstellen zu können.

Die Schnittstelle zwischen Rechner und Bildschirm bilden *Grafikkarten*. Diese Controller enthalten Bildspeicher zum Aufbau des Bildes und realisieren darüber hinaus auch rechenintensive Ausgabefunktionen für das Bild (z. B. dynamisches Skalieren, räumliches Drehen und Verschieben, Erzeugen schattierter Darstellungen). Dies führt zu einer deutlichen Entlastung des Rechners, da dieser nicht mehr alle Bilddaten durchrechnet, sondern lediglich die Änderungsanweisungen an die Grafikkarte übergibt.

In einer Grafikkarte sind heute sehr viel mehr Prozessoren (sogenannte Stream Processors) vorhanden als in einer CPU. Während in einer CPU heute bis zu 16 Prozessoren verbaut werden (auch wenn diese eine bis zu viermal höhere Taktfrequenz aufweisen), sind in einer Grafikkarte heute bis zu 6000 parallel arbeitende Recheneinheiten vorhanden. Ähnlich wie die Anzahl der Recheneinheiten erhöhte sich auch der Datendurchsatz von 70 GB/s auf 670 GB/s und der extra für die Grafikkarte vorgesehene Arbeitsspeicher stieg von 2 GB auf bis zu 12 GB. Mehrere Grafikkarten können zusammengeschaltet werden, um die Leistung zu erhöhen. So sind Grafikkarten oft ein fester Bestandteil von Supercomputern, wo sie dann über bis zu 48.000 Recheneinheiten verfügen können.

Zunehmend übernehmen Grafikkarten daher den Großteil von beliebigen Berechnungen, Simulationen und Optimierungen, beispielsweise neben dem Darstellen des Bildes auch physikalische Simulationen, realistische Darstellung von 3D-Modellen und Oberflächen, Finanzmathematik, Quantenchemie, Wetter und Klimavorhersage, Maschinelles Lernen, medizinische Bildgebung und numerische Analytik.

In den folgenden Unterabschnitten werden unterschiedliche Bildschirmtypen beschrieben. Der heute gängige Bildschirmtyp ist der Flüssigkristallbildschirm. Die Vorläufer der aktuellen Bildschirmtypen waren Speicherbildschirme (1980er Jahre) und elektronische Rasterbildschirme (1990er Jahre). Plasmabildschirme als Alternativen zu LCDs finden sich nur im Konsumentenumfeld (und dort mit sinkender Tendenz).

3.1.3.1   Flüssigkristallbildschirme (LCD und OLED)

Gängiger Bildschirmtyp ist heute der *Flüssigkristallbildschirm* („Flachbildschirm" oder „liquid crystal display", LCD). Zum Erzeugen der Bildpunkte werden organische Flüssigkristalle zwischen zwei Glasplatten eingebracht, die auf der Innenseite pro Bildpunkt transparente Elektroden tragen. Die Lichtdurchlässigkeit wird durch die Molekülausrichtung des Kristalls beeinflusst. Im Ruhezustand (keine Spannung) ist das Kristall durchsichtig. Liegt eine elektrische Spannung an, dann ändert sich die Molekülausrichtung, und das Kristall wird undurchsichtig. Es handelt sich hierbei also um ein spannungsgesteuertes Lichtventil. Bei Farbbildschirmen kommen Rot-, Grün- und Blau-Filter hinzu; durch additive Mischung entsteht die gewünschte Farbe eines Bildpunkts. Die Flüssigkristalle werden pro Bildschirmpunkt durch drei Transistoren in Dünnschichttechnik (thin film transistor,

TFT) angesteuert, die auf der hinteren Glasplatte aufgebracht werden. Diese Bauart wird als Aktiv-Matrix-LCD oder als TFT-Display bezeichnet. Damit ein Bild entsteht, muss polarisiertes Licht durch die Flüssigkristallmatrix leuchten. Dieses Licht stammt entweder von einer Hintergrundbeleuchtung, die meistens flächig mit einer LED-Matrix erfolgt, oder durch Umgebungslicht, das über winzige Spiegel zurückgeworfen wird. Eine solche Hintergrundbeleuchtung wird bei LCD-Bildschirmen, unabhängig von der verwendeten Farbe (auch bei Schwarz), immer benötigt, sodass der Kontrast zwischen den Farben nicht beliebig hoch werden kann[16].

LCDs sind passive Bildschirme, da die Flüssigkristallmatrix kein eigenes Licht erzeugt, sondern Fremdlicht verändert. Das führt im Vergleich zu den phosphorbasierten Raster-bildschirmen (siehe unten) zu einem geringen Stromverbrauch, da hier nur ein Licht konstanter Helligkeit benötigt wird, das nicht moduliert werden muss.

Im Gegensatz zu Rasterbildschirmen, deren Bild permanent aufgefrischt werden muss, steht beim LCD das Bild solange still, bis eine Änderung des Inhalts erfolgt, sodass es zu einer absolut flimmerfreien, verzerrungsfreien und scharfen Darstellung kommt. Bei einer Änderung des Inhalts werden auch nur die betroffenen Bereiche geändert. Durch das stehende Bild ist die Arbeit an einem Flüssigkristallbildschirm deutlich weniger belastend als an Rasterbildschirmen. Hinzu kommen (im Vergleich zur Größe) ein geringer Platz-bedarf, geringes Gewicht sowie die Strahlungsfreiheit, da keine Elektronenstrahlen ver-wendet werden. Nachteilig sind die nicht ganz so gute Farbtreue und Farbbrillanz wie bei Rasterbildschirmen.

Alternativ zu LCDs kommen zunehmend Bildschirme mit *organischen LEDs* zum Einsatz (organic LED display, OLED). Diese verwenden das Prinzip der Elektrolumi-neszenz von organischen Materialien. Der Aufbau ist wie beim LCD, nur dass anstelle der Flüssigkristalle zwischen den beiden Glasplatten eine Schicht vorhanden ist, die aus Kathode, selbstleuchtendem Kunststoff in den Farben Rot, Grün und Blau, sowie Anode besteht. Durch Kathoden und Anoden kann jedes Pixel einzeln angesteuert werden. OLEDs sind leichter und dünner als LCDs. Wegen der Elektrolumineszenz wird keine Hintergrundbeleuchtung benötigt. Dadurch wird der Kontrast sehr hoch und schwarz auch wirklich schwarz. OLEDs verbrauchen dadurch weniger Strom. Sie können auch auf fle-xible Metallfolie, flexibles Glas oder Plastik aufgebracht werden, sodass auch transparente oder biegsame Bildschirme möglich sind. Bei ihrer Produktion werden, im Gegensatz zu der von LCDs, keine schädlichen Treibhausgase wie Schwefelhexafluorid und Stickstoff-trifluorid eingesetzt.

---

[16] Wird ein LCD-Bildschirm mit einer LED-Matrix als Hintergrundbeleuchtung verwendet, dann ist es bei einer entsprechenden Grafikkarte möglich, den Kontrast zu erhöhen, indem das jeweilige LED in der Matrix hinter einer Gruppe von Pixeln bei bestimmten Farben gedimmt oder, etwa bei Schwarz, ganz ausgeschaltet wird.

3.1.3.2   Speicherbildschirme mit Vektorgraphik

Bei einem Speicherbildschirm schreibt ein Elektronenstrahl ein permanentes Bild in Form von Vektoren auf den mit einer fluoreszierenden Phosphorschicht versehenen Bildschirm. Da der Phosphor nur in dem Moment aufleuchtet, in dem ein Elektronenstrahl mit genügend hoher Energie darüber geführt wird, muss laufend eine geringe Energie zugeführt werden, damit durch Nachleuchten des Phosphors einmal gezeichnete Vektoren sichtbar bleiben. Falls ein neues Bild aufgebaut werden soll, muss die Bildröhre zunächst mit einem Lichtblitz komplett entladen werden, bevor das neue Bild aufgebaut werden kann. Vorteile sind die hohe Auflösung, die Flimmerfreiheit und der geringe Bedarf an Bildspeicherplatz. Nachteile sind schlechter Kontrast, geringe Lebensdauer der Bildröhre, das Fehlen von Grautönen und Farben sowie die Tatsache, dass auch eine geringfügige Bildänderung einen kompletten Bildneuaufbau notwendig macht. Bewegte Bilder sind unmöglich.

Die Weiterentwicklung der Speicherbildschirme waren *bildwiederholende Vektorbildschirme*. Ihr Funktionsprinzip ähnelt dem der Speicherbildschirme, jedoch wird hierbei das Bild ständig neu aufgebaut.

3.1.3.3   Bildwiederholende Rasterbildschirme

Bei phosphorbasierten bildwiederholenden Rasterbildschirmen ist das Funktionsprinzip mit dem von den früheren Fernsehgeräten identisch, einschließlich der Rot-Grün-Blau-Mischung (RGB-Technik) zum Erzielen von Farbdarstellungen, allerdings ist die Anzahl der Zeilen (und damit die Auflösung) wesentlich höher als die von Fernsehgeräten. Die Bildpunkte des Rasterbildschirms werden von einem Elektronenstrahl zeilenweise überstrichen und gegebenenfalls (durch Zufuhr hoher Energie) zum Leuchten angeregt. Damit ist der Rasterbildschirm ein sogenannter aktiver Bildschirm. Bei Farbdarstellungen entspricht jeder sichtbare Bildpunkt drei dicht benachbarten Bildpunkten, die jeweils durch einen eigenen Elektronenstrahl getrennt angesteuert werden. Die Auflösung des Bildschirms (Zahl der Bildpunkte) ist maßgebend für die Genauigkeit der Darstellung. Beim Rasterbildschirm werden üblicherweise Auflösungen von 1920×1080 Bildpunkten erzielt. Das Bild wird mit einer festen Frequenz ständig neu aufgebaut (üblicherweise 70–100 Hz, damit der Eindruck der Flimmerfreiheit entsteht, da das Auge solche Frequenzen nicht mehr als getrennt empfindet).

Die Vorteile des Rasterbildschirms sind der gute Kontrast, die hohe Farbtreue, flächige und farbige Darstellungen, die feste und vom Bildinhalt unabhängige Bildwiederholfrequenz, die unter anderem auch bewegte Bilder problemlos möglich macht, sowie der äußerst günstige Preis. Nachteilig ist, dass eine signifikante Belastung der Augen durch die Bildwiederholfrequenz gegeben ist (trotz subjektiver „Flimmerfreiheit"). Für hohe Bildwiederholfrequenzen sind große und äußerst schnelle Bildspeicher erforderlich.

3.1.3.4   Weitere Entwicklungen bei Bildschirmen

Ein großes Handicap bei CAx-Bildschirmen ist die im Vergleich zu den früher verwendeten Zeichenbrettern relativ kleine zur Verfügung stehende Bildschirmoberfläche, mit der die Darstellung eines Objekts in Originalgröße nur bei kleinen Objekten möglich ist.

Zudem führt die kleine Bildschirmoberfläche zu einem häufigen Vergrößern, Verkleinern und Verschieben des Bildausschnitts, um den Überblick zu behalten oder um einen realistischen Gesamteindruck von der tatsächlichen Größe des Objekts zu bekommen. Dagegen hatten die Zeichenbretter üblicherweise A0-Format (oder Mehrfaches davon, beispielsweise in der Automobilindustrie) und deshalb konnten Objekte auf ihnen im Originalmaßstab dargestellt werden. Zwar ist die individuelle Produktivität heute mit CAx-Anwendungen höher als vor ihrer Einführung, aber die kooperative Produktivität im Team war aufgrund der besseren Übersichtlichkeit am Zeichenbrett höher. Mit den Verfahren der Virtuellen Realität (VR, Abschn. 3.1.6) stehen heute aber Möglichkeiten zur Verfügung, eine ähnliche Übersichtlichkeit wie vor dem Zeichenbrett und einen verbesserten Gesamteindruck zu erreichen.

Eine weitere Schwierigkeit bereitet vielen Anwendern die teils umständliche Eingabe von Systemkommandos gerade bei komplizierten Geometrien, die sich eher an der (mathematischen) Beschreibung der Geometrie und weniger an einer intuitiven Vorgehensweise des Anwenders orientiert.

Folgende zum Teil schon sehr weit gediehene Entwicklungen werden die Arbeit an CAx-Arbeitsplätzen erleichtern können:

- Bei gegebenen räumlichen Verhältnissen können anstelle von Bildschirmen auch Videoprojektoren (Abschn. 3.1.4.2) eingesetzt werden, mit denen ein sehr viel größeres Bild projiziert werden kann, sodass mehrere Anwender (etwa die Mitglieder eines Projektteams) gleichzeitig an einer annähernd maßstäblichen Darstellung des Objekts arbeiten können.
- Die Möglichkeit, auf der Oberfläche eines (liegenden) Bildschirms zu schreiben und zu skizzieren, wobei diese Kurven vom Rechner interpretiert und als Freiformkurven, wie etwa Bézierkurven, gespeichert werden, führt zu neuen Formen der Interaktion. Einerseits sind damit Eingabe und Verarbeitung von Freihandsymbolen zur deutlich schnelleren Eingabe von Kommandos möglich, womit auch der Dialog zwischen Anwender und CAx-System intuitiver gestaltet werden kann[17]. Andererseits wird dadurch die Eingabe von Handskizzen vereinfacht, sodass der CAx-Arbeitsplatz zum Skizzieren verwendet werden kann, sofern im CAx-System eine Software vorhanden ist, die aus den skizzierten Kurven konkrete, rechnerintern verarbeitbare Geometrien ableiten und zu einem 3D-Modell zusammenfügen kann.
- In Verbindung mit der Möglichkeit zum Skizzieren auf dem Bildschirm ist es möglich, die Vorteile der manuellen Vorgehensweise am Reißbrett mit denen der rechnerunterstützten Vorgehensweise zu verbinden, vor allem dann, wenn dabei anstelle mit einer Hintergrundbeleuchtung mit (durch Spiegel zurückgeworfenes) Umgebungslicht gearbeitet wird, sodass die normale Bürobeleuchtung beibehalten werden kann.

---

[17] Die Verwendung von vom Benutzer definierten Freihandsymbolen war bereits in den 1980er Jahren bei einem 2,5-D CAD-System der Firma Auto-TROL möglich.

3.1.3.5 Grafische Eingabegeräte am Bildschirmarbeitsplatz

Zu den grafischen Eingabegeräten am Bildschirmarbeitsplatz zählen Mäuse und Tastaturen. Beide müssen in geeigneten Varianten vorhanden sein. Die Funktionen von diesen grafischen Eingabegeräten sind:

- Kommandos aus einem Menü auswählen und aktivieren (Funktionsaufruf),
- freies Digitalisieren von x- und y-Koordinatenwerten in der Arbeitsebene des Modells,
- Identifizieren (Selektieren) und Manipulieren von auf dem Bildschirm sichtbaren Objekten und
- Durchführen der Steuerbewegungen für das Wechseln von Ansichten, das dynamische Drehen, Verschieben sowie Vergrößern und Verkleinern der Darstellung auf dem Bildschirm.

Das am weitesten verbreitete grafische Eingabegerät ist die *Maus*, die ab 1963 von Engelbart und English[18] am Stanford Research Institute (SRI) entwickelt und ab 1983 von der Firma Apple populär gemacht wurde [Burc-2016]. Von ihrer Funktion her generiert die Maus relative Bildschirm-Koordinaten (Inkremente) von ihrem jeweiligen Ausgangspunkt, die von dem jeweiligen Bildsteuerprogramm in entsprechende Aktionen umgesetzt werden. Die früheren mechanischen Mäuse verwendeten eine Kugel, die auf der Oberfläche abrollte und ihre Bewegung an zwei Winkelgeber übergab, aus denen der zurückgelegte Weg in x- und y-Richtung ermittelt und damit die Relativkoordinaten bestimmt werden konnten.

Heutige optische Mäuse arbeiten entweder mit Sensoren, welche die Oberfläche, auf der die Maus bewegt wird, optisch abtasten und daraus die Relativkoordinaten ermitteln. Dies setzt allerdings eine geeignet strukturierte Oberfläche voraus. Mittlerweile gibt es auch Lasermäuse, die mit einer Laser-LED den Untergrund beleuchten und den Speckle-Effekt ausnutzen, sodass diese Maus auch auf unstrukturierten Oberflächen, wie Glas oder Metall, funktioniert[19].

Weiterentwicklungen der Maus mit im wesentlichen vergleichbaren Einsatzgebieten sind der *Trackball* (das Drehen einer stationären Kugel führt zu der Eingabe der Relativkoordinaten), das *Trackpad* (das Bewegen des Fingers auf einer sensitiven Fläche generiert die Relativkoordinaten) sowie der *Touchscreen*. Bei den Funktionsprinzipien zur Umsetzung der Berührungsempfindlichkeit wird zwischen verschiedenen Arten unterschieden (z. B. optisch, resistiv, Oberflächen-kapazitiv, projiziert-kapazitive, induktiv). Am weitesten verbreitet sind Oberflächen-kapazitive Touchscreens, bei denen durch das

---

[18] Douglas C. Engelbart (1925–2013) war von 1959 bis 1977 Leiter des Augmentation Research Center am Stanford Research Institute, San Francisco. William K. English, erster Mitarbeiter von Engelbart.

[19] Die Laser-LED in der Maus erzeugt auf ihrer Unterlage ein Fleckenmuster (engl. speckle), das durch die Reflexion der frequenz- und phasengleichen Lichtwellen an der Unterlage entsteht. Da die Wellenlänge des Laserlichts zwischen 832 und 864 Nanometer liegt und damit unter der Rauhigkeit der meisten Materialien, also auch Glas oder Metall, entsteht ein eindeutiges und individuelles Fleckenmuster. Dieses fällt auf den Bildsensor, und aus der Verschiebung des Musters wird die Bewegung der Maus berechnet.

Antippen der interessierenden Stelle mit dem Finger der Widerstand eines kapazitiven Feldes, das über dem Bildschirm liegt, so verändert wird, dass daraus die Position des Fingers berechnet und damit die durchzuführende Aktion ermittelt werden kann.

Zur Steuerung von Objekten im Raum werden spezielle Eingabegeräte benötigt, beispielsweise 3D-Maus. Dabei kann eine Kugel oder ein Puck in alle Richtungen um einige Millimeter gezogen, gedrückt, gekippt und gedreht werden, sodass damit eine simultane 3D-Eingabe möglich ist (Abb. 3.4).

Abb. 3.4   3D-Maus Quelle: 3dConnexion

Die *Tastatur* ist das standardmäßige Eingabegerät für (alphanumerische) Daten, begrenzt auch für die Identifikation und Selektion von auf dem Bildschirm sichtbaren Objekten. Im CAx-Bereich ist die Tastatur im Vergleich zu den anderen grafischen Eingabegeräten bis auf die Verwendung von Funktionstasten für Kurzbefehle (beispielsweise Einpassen des Bildschirms mit der F5-Taste) relativ unbedeutend, wobei allerdings manche Eingabefunktionen (z. B. die Beschriftung von Zeichnungen) über die Tastatur viel einfacher auszuführen sind als mithilfe eines per Maus angesteuerten Menüs.

Aus dem „alltäglichen" Umfeld von PCs bekannte Eingabegeräte wie Steuerknüppel (Joystick) und Potentiometer kommen für Bildschirmarbeitsplätze im CAx-Umfeld nicht mehr zum Einsatz.

3.1.4   CAx-spezifische Peripheriegeräte

Zu den peripheren Eingabegeräten gehören Scanner und Digitalisierer, zu den Ausgabegeräten Videoprojektoren Drucker und Zeichenmaschinen (Plotter), Verfahren des Rapid Prototyping sowie Verfahren zur Visualisierung der Virtuellen Realität. Für alle Peripheriegeräte gilt, dass sie abhängig von der Konfiguration des Netzwerkes und der räumlichen Gegeben-heiten einzelnen Arbeitsplätzen zugeordnet sein oder von mehreren Arbeitsplätzen gemein-sam genutzt werden können.

3.1.4.1   Scanner und Digitalisierer

Scanner und Digitalisierer dienen der Überführung einer analogen Darstellung in die digi-tale Form in einem Rechner, sei es als Rasterdaten (Scanner), Vektordaten (Digitalisiertab-lett und Digitalisierer) oder Punktewolke (3D-Scanner). Üblicherweise müssen gescannte oder digitalisierte Vorlagen am CAx-System nachbearbeitet werden, um Fehler des Scan-nens bzw. Digitalisierens zu korrigieren[20].

- Mit (konventionellen 2D-) *Scannern* lassen sich vorhandene Vorlagen (Texte, Zeich-nungen, Fotografien, Strichcodes) abtasten und in den Rechner als Rasterdatensatz in verschiedenen Bildformaten einlesen (je nach Ansprüchen an die Qualität der Darstel-lung und an den gewünschten Speicherplatzbedarf für das entstandene Bild), um dort mit speziellen Bildbearbeitungsprogrammen weiter bearbeitet zu werden. Spezielle Strichcode-Scanner dienen zur Erfassung von Identifizierungsdaten, beispielsweise in der Produktion.

- *Digitalisiertablett* und *Digitalisierer* arbeiten nach dem gleichen Prinzip, lediglich ihre Größen sind unterschiedlich (Digitalisiertabletts sind üblicherweise in den For-maten DIN A4 und DIN A3, Digitalisierer bis zum mehrfachen DIN A0-Format ver-fügbar). Geometrische Elemente in einer Zeichnung werden mit einem elektronischen Stift (Digitalisierstift) von Hand nachgefahren und dadurch in den Rechner übertragen. Dazu muss der Typ des Geometrieelements (Punkt, Kurve, …) eingegeben werden. Mit dem Stift werden Anfangs-, Zwischen- und Endkoordinaten erfasst, aus denen Digita-lisierprogramme die gewünschte Geometrie erzeugen.

  Das Digitalisiertablett kommt überwiegend im grafischen Gewerbe zum Einsatz, ver-einzelt auch zum Skizzieren am CAx-System. Digitalisierer haben nur in der Elektro-technik (Erfassung vorhandener Schaltpläne), in der Kartografie (Erfassung vorhande-nen Kartenmaterials), manchmal auch noch in der Architektur (Erfassung vorhandener Lage- und Baupläne) eine Bedeutung. Sie sind wenig geeignet für die Produktentwick-lung, weil sie einerseits eine geringe Genauigkeit aufweisen, nur ebene Elemente erfas-sen, die erst wieder von Hand zu einem 3D-Modell zusammengeführt werden müssen, und andererseits weil Maßprobleme bei nicht-maßstäblichen Ansichten und verzoge-nem Zeichenmedium auftreten, sodass immer eine Nacharbeit der digitalisierten Unter-lagen im CAx-Systemen notwendig ist[21].

---

[20] Man muss sich dabei die Frage stellen, ob es nicht sinnvoller und zeitlich günstiger ist, das Objekt von vornherein am CAx-System neu zu erstellen.

[21] Es gab und gibt zwar zahlreiche Programme zur Rekonstruktion von 3D-Objekten aus 2D-An-sichten, die sich aber alle nicht besonders bewährt haben.

- *3D-Scanner* haben ihren verbreiteten Einsatz im Bereich Industriedesign eines Unternehmens. Sie dienen zum Digitalisieren realer Objekte, beispielsweise eines Tonmodells einer Autokarosserie. Dazu wird ein definiertes Muster auf die Oberfläche des Objekts projiziert. Mehrere Kameras erfassen das Objekt aus verschiedenen Winkeln, um aus den Verzerrungen des Musters den Verlauf der Oberfläche des Objekts zu berechnen. Ergebnis ist eine Wolke aus räumlichen Punkten, die im CAD-System zu einem Flächen- oder Volumenmodell verarbeitet werden kann. Anwendungsgebiete sind die Flächenrückführung bei nachbearbeiteten Rapid Prototyping-Modellen, Ergonomieuntersuchungen, Reverse Engineering[22] sowie die Qualitätssicherung.

3.1.4.2 Videoprojektor, Drucker und Plotter

Videoprojektor, Drucker und Plotter dienen zur Überführung einer rechnerinternen Darstellung in eine analoge, vom Menschen eindeutig lesbare und interpretierbare Darstellung. Diese Ausgabegeräte funktionieren überwiegend, wie die aktuell eingesetzten Bildschirmtypen, nach dem Rasterverfahren (bis auf die Stiftplotter, die Vektordaten benötigen). Entsprechend benötigen sie ebenfalls Grafikkarten, die aber einfacher ausfallen können, weil sie keine dynamischen Anforderungen gestellt werden (die Videoprojektoren nutzen die Grafikkarten der Bildschirme mit). Die Datenübermittlung an diese Ausgabegeräte läuft über standardisierte Grafiksprachen wie TIFF (Tagged Image File Format) für Rasterdaten und HP-GL (Hewlett-Packard Graphics Language) für Vektordaten. Weitere Standardsprachen sind PostScript, die sehr umfangreiche Übermittlungsmöglichkeiten sowohl für grafische als auch für textuelle Informationen bietet, PDF/X für die Druckvorstufe und PDF/A für die Langzeitarchivierung von Dokumenten.

- Ein *Videoprojektor* (Lichtwerfer, „Beamer"[23]) funktioniert in der einfachsten Form nach dem gleichen Grundprinzip wie ein Flüssigkristallbildschirm, bei dem die Hintergrundbeleuchtung durch eine starke Lichtquelle ersetzt und vor dem LCD eine Projektionsoptik positioniert wird, um ein Bild auf einer ebenen Fläche zu erzeugen. Während einfachere Geräte die Farbdarstellung durch drei nebeneinander liegende Bildpunkte erzeugen (und damit in der Auflösung begrenzt sind), wird bei komfortableren Geräten für jede Grundfarbe ein eigener LCD durchleuchtet, deren Bilder in der Optik übereinandergelegt werden.

---

[22] Reverse Engineering (= „Produktentwicklung rückwärts") ist das Analysieren eines fertigen Produkts in geometrischer, struktureller und materieller Hinsicht, um seinen Aufbau und seine Entstehungsgeschichte zu ermitteln.

[23] Der Begriff „Beamer" für einen Videoprojektor existiert nur in der deutschen Sprache, ähnlich wie der Begriff „Handy" für das Mobiltelefon (dieser Begriff wurde aus der früheren Bezeichnung des Mobiltelefons als „Handtelefon" abgeleitet). Ein Videoprojektor heißt im Englischen „LCD projector" oder „video projector" (so wie das Mobiltelefon entweder „mobile phone" oder „cellular phone" heißt).

- Beim DLP-Verfahren (Digital Light Processing) ist auf einen Chip für jeden einzelnen Bildpunkt ein winziger, durch einen elektrischen Impuls kippbarer Spiegel vorhanden, der zum Erzeugen des Bildes gezielt angesteuert wird, um das Licht in Richtung der Optik zu leiten. Farben werden über ein rotierendes Rad mit Sektoren in den Grundfarben erzeugt. Beim LED-Projektor kommen anstelle der Projektionslampe LEDs zum Einsatz. Die Bildgenerierung erfolgt durch das DLP-Verfahren.
- *Drucker* dienen zur Ausgabe von Texten und Bildern, beispielsweise Texte, Fotografien, grafische Darstellungen, Tabellen, Stücklisten, Arbeitspläne und Technischen Zeichnungen bis zum Format DIN A3. Die Unterteilung nach Druckverfahren zeigt Abb. 3.5.

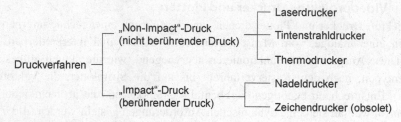

Abb. 3.5 Überblick über eingesetzte Druckverfahren

Die führenden Technologien sind das *Laserverfahren* und das *Tintenstrahlverfahren* (Inkjet), die beide ausgereift und in ihren jeweiligen Anwendungsgebieten wirtschaftlich sind. Beim Laserverfahren entlädt entsprechend des zu druckenden Bildes ein Laserstrahl zeilenweise eine mit Selen beschichtete und elektrisch geladene Trommel (dabei wird jeder „weiße" Bildpunkt entladen). Das so entstandene Ladungsbild wird auf ein Blatt Papier abgerollt, Tonerpulver darüber geblasen (der an den noch geladenen Stellen haften bleibt) und dieses mit Hitze fixiert. Beim Tintenstrahlverfahren wird das Bild durch Tintentröpfchen erzeugt, die entweder durch Dampfdruck oder durch Anregung mit einem Piezokristall entstehen und zeilenweise auf das Papier geschleudert werden. Farbdarstellungen werden in beiden Fällen additiv erzeugt. Bei beiden Verfahren können heute Auflösungen bis zu 3600 dpi[24] erreicht werden, wobei diese z. T. auch durch überlappende Bildpunkte realisiert werden.

Thermodruckverfahren unterteilen sich in *Thermotransferverfahren* und *Thermodirektverfahren*. Beim Thermotransferverfahren werden Bilder erzeugt, indem sich Farbpartikel durch punktförmige örtliche Erhitzung (Rasterverfahren) eines oder mehrerer Farbbänder (Wachsfolien) lösen und auf den Zeichnungsträger (Papier, Folie) übertragen werden. Beim Thermodirektverfahren wird der Zeichnungsträger örtlich erhitzt,

---

[24] dpi: Dots per Inch, Bildpunkte pro Zoll. Mit 1 Zoll = 25,4 mm ergeben sich bei 3600 dpi etwa 140 Bildpunkte pro mm, was einer Auflösung kleiner als 7 µm entspricht.

wodurch eine örtlich begrenzte chemische Reaktion in der Spezialbeschichtung des Zeichnungsträgers ausgelöst wird, die den entsprechenden Bildpunkt verfärbt. Beide Verfahren sind vergleichsweise teuer. Sie bilden nicht immer exakt das gleiche Farbschema ab wie es auf dem Bildschirm dargestellt wird.

Weitere Drucker (mit abnehmender Bedeutung) sind *Nadeldrucker*, bei denen das Bild zeilenweise durch in einer Matrix angeordnete Nadeln erzeugt wird, sowie *Zeichendrucker* verschiedener Ausführungen, bei denen ein Zeichen durch einen eigens dafür vorhandenen Stempel entsteht (beispielsweise Typenrad, Kugelkopf, Typenhebel). Beide Verfahren erzeugen das Zeichen durch Aufschlagen durch einen Farbträger auf das Papier. Sie kommen bei solchen Druckaufgaben zum Einsatz, bei denen Durchschläge erforderlich sind.

- Zeichenmaschinen (Plotter) dienen zur Ausgabe von Zeichnungen, die größer als DIN A4/DIN A3 sind. Die Größen von Zeichenmaschinen richten sich üblicherweise nach den gängigen DIN-Formaten. In besonderen Anwendungsgebieten (z. B. in der Automobilindustrie) kommen auch noch größere Plotter und solche Plotter zum Einsatz, die das Zeichenmedium von einer Rolle beziehen und damit Zeichnungen bis zu mehreren Metern Länge erstellen können. Zeichenmaschinen arbeiten grundsätzlich nach den gleichen Arbeitsprinzipien wie die Drucker, d. h. auch hier dominiert das Rasterverfahren mit den Verfahren Tintenstrahldruck und LED-Druck (statt mit einem Laserstrahl wird eine Zeile des Bildes mit LED[25] auf einer lichtempfindlichen Trommel generiert), wobei das Bild zeilenweise aufgebaut wird. Daneben gibt es Plotter für Spezialanwendungen (z. B. Erstellen der Master-Maske bei Leiterplatten), die nicht Rasterpunkte erzeugen, sondern Vektoren zeichnen, von denen hier der Photoplotter und der Stiftplotter beschrieben werden. Bei diesem Vektorverfahren wird jede Kurve aus einzelnen Vektoren zusammengesetzt und nacheinander gezeichnet. Da hierbei nicht zeilenweise vorgegangen werden kann, ist eine andere Form der Steuerung des Zeichenwerkzeugs erforderlich, die numerisch über zwei Schrittmotoren (je ein Motor für die x- und für die y-Richtung) realisiert wird. Diese Art der Zeichenmaschinen wurde in den fünfziger Jahren des letzten Jahrhunderts aus der Werkzeugmaschine abgeleitet.

  - *Photoplotter* (auch optoelektronische Plotter genannt) dienen dazu, Zeichnungen direkt auf Mikrofilm zu übertragen. Im Bereich der Elektrotechnik werden Photoplotter dazu eingesetzt, die Vorlagen (Master-Maske) für das Ätzen von Leiterplatten auf Filmmaterial auszugeben. Photoplotter arbeiten in der Regel mit dem Vektorverfahren, um die aufgrund der hier gegebenen Aufgabenstellung erforderlichen sehr hohen Auflösungen realisieren zu können.

  - *Stiftplotter*, die klassische Ausführung des Plotters, ähneln einem „elektrifizierten Reißbrett“ und arbeiten ebenfalls nach dem Vektorverfahren. Ihre Bedeutung ist aber mittlerweile sehr gering. Bei diesen Plottern werden spezielle Bleistifte,

---

[25] LED = Light Emitting Diode, Leuchtdiode. Dieser elektronische Halbleiter strahlt Licht ab, wenn Strom in Durchlassrichtung fließt. LED gibt es mittlerweile in allen relevanten Farben.

Faserstifte, Kugelschreiber oder Tuschefüller verwendet, mit denen Zeichnungen auf unterschiedliche Zeichnungsträger (z. B. weißes Papier, Klar- bzw. Transparentpapier, Folie) aufgebracht werden können. In der Regel können bis zu 8 Stifte verschiedener Linienbreite oder verschiedener Farbe eingesetzt werden. Von Stiftplottern erstellte Zeichnungen sind – wie beim manuellen Zeichnen – stets linienhafte Darstellungen, flächenhafte (Farb-) Darstellungen sind nur über enge Schraffuren realisierbar.

Bei der Auswahl eines Plotters spielen hauptsächlich die Kriterien Maßgenauigkeit, Qualität (Kontrast, Farbwiedergabe), Arbeitsgeschwindigkeit, Durchsatz, Beständigkeit und Maßhaltigkeit der ausgegebenen Zeichnungen über einen längeren Zeitraum sowie die Kosten pro Plotvorgang eine Rolle, die sich aus Anschaffungs- und Betriebskosten zusammensetzen.

3.1.5 Rapid Prototyping

Die Verfahren des Rapid Prototyping (RPT, schnelles Erstellen von Prototypen aus einfach verarbeitbaren Materialien) sowie die Verfahren zur Visualisierung der Virtuellen Realität (siehe Abschn. 3.1.6) dienen zur Überführung einer rechnerinternen Darstellung in eine analoge, vom Menschen eindeutig identifizierbare (= tastbare, erkennbare) Darstellung.

RPT ist ein seit Ende der 1980er Jahre verfügbares Verfahren zur direkten Überführung von 3D-Modellen aus dem CAx-System in reale dreidimensionale Modelle (Anschauungsmodelle, Funktionsmuster, Prototypen). Zunächst wird das 3D-Modell in ein trianguliertes Oberflächenmodell (Stereolithografie-Format) überführt[26]. Danach wird das Oberflächenmodell in Scheiben definierter Dicke zerlegt (zwischen 0,05 und 0,2 mm, je nach gewünschter Genauigkeit und verwendetem Verfahren). Diese Scheiben werden mit verschiedenen Verfahren in reale Objekte umgesetzt und wieder aufeinander „gestapelt", wobei Überhänge mit Stützkonstruktionen fixiert werden. So entsteht ein einmaliger generativer Prototyp, der nach dem Prinzip der additiven Fertigung entsteht. Im Gegensatz zu herkömmlichen spanenden Bearbeitungsverfahren (z. B. Fräsen) können mit der additiven Fertigung auch äußerst komplexe Bauteile sehr einfach und schnell hergestellt werden. In Abschn. 11.4 wird ausführlich auf die Verfahren und Vorgehensweisen der additiven Fertigung eingegangen.

---

[26] Bei der Triangulierung wird eine gegebene Fläche durch kleine Dreiecke oder ein gegebenes Volumen durch Tetraeder nachgebildet, wobei die Genauigkeit der Nachbildung vorgegeben werden kann. Der Vorteil der Triangulierung ist eine deutlich reduzierte Datenmenge bei noch akzeptabler Genauigkeit der Nachbildung.

3.1.6 Virtuelle Realität

Die *Virtuelle Realität* (VR) dient zur Visualisierung rechnerinterner Welten in Echtzeit[27] in einer Art, die bei dem Anwender den Eindruck erweckt, im Mittelpunkt des Geschehens zu sein. Dazu wird eine simulierte Welt vom Rechner aufgebaut (das sogenannte VR-Modell), in der sich der Anwender am Bildschirm, vor einer speziellen Bildwand oder in einem besonderen Raum mithilfe einer geeigneten VR-Brille und/oder Haptikgeräten frei bewegen und Interaktionen ausführen kann. Einsatzgebiete der VR sind im wesentlichen die frühzeitige Visualisierung und Simulation bei der Entwicklung eines Produkts, die Planung und Simulation von Fertigungsaktivitäten (Herstellung, Montage, Demontage usw., vgl. Abs. 6.8) sowie die Produktpräsentation. Als Werkzeuge stehen dafür im wesentlichen folgende Möglichkeiten zur Verfügung, mit denen sich bisher die Sinne Sehen, Hören und Tasten unterstützen lassen, nicht aber Geruchssinn und Geschmackssinn.

- Bei einer *Holobench* berechnet der Rechner in Echtzeit die Bildinformationen des VR-Modells für rechtes und linkes Auge. Diese Bildinformationen werden über Generatoren auf eine L-förmige Fläche, bestehend aus einer horizontalen und einer vertikalen Fläche, die an einer Seite verbunden sind, projiziert. Durch eine VR-Brille wird im Kopf des Anwenders ein Stereobild generiert. Bei der sogenannten Shutter-Brille wird die Durchsichtigkeit der Brillengläser wechselweise synchron zu den Projektionen auf die Flächen pro Auge an- und abgeschaltet. Wenn der Rechner die Bilder für das rechte und das linke Auge mit unterschiedlicher Polarisierung projiziert, dann erfolgt deren Trennung durch eine Brille, bei der die Brillengläser mit Filtern unterschiedlicher Polarisierung ausgerüstet sind, sodass sie nur entsprechend polarisiertes Licht durchlassen. Das VR-Modell kann mithilfe eines Datenhandschuhs oder eines Griffels (Stylo-Pen) haptisch manipuliert werden. Die Holobench spielt heute nur noch eine geringe Rolle.
- Eine *CAVE* (Cave Automatic Virtual Environment) ist ein quaderförmiger Raum, in dem durch Projektion auf die Wände, Boden und Decke eine dreidimensionale Illusion der virtuellen Realität aufgebaut wird, in der sich der Anwender frei bewegen kann[28]. Dabei sind die Wände durchsichtig, um eine Rückwandprojektion zu ermöglichen. Es können die gleichen Brillen und Haptikgeräte wie bei der Holobench verwendet werden. Für eine CAVE sind hohe Investitionen für Umbauten und Technik erforderlich.
- Bei aktuellen VR-Brillen blicken die Augen über eine Vergrößerungsoptik auf zwei im Gerät integrierte Displays (mit einer derzeitigen Auflösung von je 1080×1200 Pixel). Diese Anordnung sorgt dafür, dass der Nutzer von der Außenwelt abgeschottet ist und die virtuelle Umgebung im nahezu gesamten binokularen Blickfeld wahrnimmt. Der

---

[27] „Echtzeit" bedeutet, dass der Rechner in Bruchteilen von Sekunden auf Benutzereingaben reagiert, so dass der Anwender nicht auf die Ergebnisse seiner Eingaben warten muss.

[28] Die erste CAVE wurde von Sandin, DeFanti und Cruz-Neira an der University of Illinois in Chicago entwickelt und 1992 auf der Ausstellung SIGGRAPH vorgestellt.

3D-Eindruck entsteht, indem auf den Displays ein für das jeweilige Auge berechnetes Bild angezeigt wird. Durch die Verfolgung von Brillenposition und -orientierung im Raum kann sich der Nutzer wie in der Realität bewegen und fast vollständig in die virtuelle Welt eintauchen.

Ein vereinzelt auftretendes Problem beim Einsatz von VR-Brillen ist die sogenannte „Simulator Sickness", vergleichbar mit der Seekrankheit. Meistens ist dafür eine Diskrepanz zwischen visuell wahrgenommener und realer Bewegung des Nutzers verantwortlich. Dies kann beispielsweise durch eine zu hohe Latenz zwischen dem Anfang der Bildberechnung und der Anzeige des Bildes während einer Kopfbewegung entstehen. Mittlerweile besitzen VR-Brillen eine relativ hohe Bildfrequenz (90 Hz) und sind durch ein geringes Gewicht angenehm zu tragen.

Anders als bei VR-Brillen nimmt der Nutzer durch eine Augmented Reality-Brille (AR) seine reale Umgebung wahr. Zusätzlich können virtuelle Inhalte, wie etwa das Modell eines neuen Fahrzeugkonzepts, in das Sichtfeld des Betrachters eingefügt werden. Typische Einsatzgebiete für VR-Brillen im CAx-Umfeld sind bewegte Darstellungen des aktuellen Produktmodells oder von weiteren digitalen Prototypen (Digital Mockup). Der CAx-Anwender hat dadurch die Möglichkeit, an seinem Modell in Originalgröße im virtuellen Raum zu arbeiten und dabei weitere Medien (z. B. physische Modelle) zu nutzen. Weiterhin kommen VR-Brillen häufig bei Sichtbarkeitsanalysen, wie z. B. vom Fahrersitz eines Autos nach hinten, oder bei Ergonomie- und Erreichbarkeitsanalysen zum Einsatz.

• Haptikgeräte ergänzen den visuellen Eindruck der Virtuellen Realität durch haptische Rückkopplungen für den Tastsinn („Force Feedback"), beispielsweise beim Berühren und Positionieren eines virtuellen Objekts. Heute kommen dafür entweder frei bewegliche sensorische Datenhandschuhe (DataGlove) oder spezielle Gestelle zum Einsatz. Bei beiden Geräten werden Aktoren verwendet, welche die jeweilige Gegenkraft aufbringen. Beim Datenhandschuh erfolgt dies auf die Hand. Bei den Gestellen kann die Hand, der Arm oder der Anwender selbst in einem speziellen Gestell ruhen, das die benötigten Gegenkräfte zu gegebener Zeit aufbaut. Solche Geräte kommen beispielsweise bei der Simulation von Zusammenbauten von Spritzgusswerkzeugen zum Einsatz, wenn dabei eine bestimmte Kraft benötigt wird, um zwei Komponenten in eine Form einschnappen zu lassen.

3.2   Software

In diesem Abschnitt werden die wesentlichen Komponenten vorgestellt, die zum Betrieb eines CAx-Systems erforderlich sind. Zunächst werden die im CAx-Bereich relevanten Betriebssysteme genannt [Stall-2002]. Anschließend wird der Aufbau von CAx-Anwendungssoftware erläutert. Schließlich wird auf die Möglichkeiten der anwenderspezifischen Erweiterung von CAx-Systemen eingegangen.

3.2.1   Betriebssystem

Ein Betriebssystem (auch Operating System, OS, genannt) bildet die Brücke zwischen einer bestimmten Hardware und der eigentlichen Anwendungssoftware. In Bezug auf die jeweilige Hardware benötigt ein Betriebssystem daher immer eine herstellerspezifische Komponente. Die Verbindung zur Hardware erfolgt dabei über das sogenannte BIOS (Basic Input Output System), ein Ladeprogramm, mit dem ein Rechner gestartet wird. In Richtung der Anwendungssoftware dagegen sind Betriebssysteme weitgehend standardisiert (entweder per Norm oder durch de-facto-Industriestandards), sodass eine Vielzahl von Anwendungssoftware auf einem Betriebssystem eingesetzt werden kann (Abb. 3.6).

Abb. 3.6 Verbindende Rolle des Betriebssystems

Die wesentliche Aufgabe eines Betriebssystems ist das Sicherstellen von Systembereitschaft, Datensicherheit, Datensicherung (Backup) sowie die Analyse und Behandlung von Fehlern. Weiterhin gehören dazu das Verwalten der Hardwareressourcen, der laufenden Prozesse (Bearbeitungsaufträge) und der Daten. Das Betriebssystem interpretiert Dateneingaben, die entweder über das User Interface (Benutzungsoberfläche) oder durch externe Programme und Systeme erfolgen können, und aus laufenden Prozessen resultierende Aufgabenstellungen. Zur Erweiterung der Anwendungen werden zahlreiche Funktionen zur Programmerstellung (Compiler, Editor, Netzwerkverwaltung, Debugger) bereitgehalten.

Die wichtigsten Eigenschaften eines Betriebssystems sind Multitaskingfähigkeit, Multiuserfähigkeit und Netzwerkfähigkeit.

- Bei *Multitasking* werden mehrere Aufgaben gleichzeitig im Rechner verarbeitet, beispielsweise Berechnen, das Schreiben/Lesen von Speichern und das Drucken. Multitasking ist die Voraussetzung für die Netzwerkfähigkeit. Eine task kann in mehrere Aufgabenblöcke (threads) aufgeteilt werden.
- Beim *Multithreading* werden unterschiedliche Aufgabenblöcke aus einer task bearbeitet. Die Bearbeitung muss synchronisiert werden, damit die Aufgabenblöcke sich bei Bearbeitung nicht gegenseitig beeinflussen. Multithreading ist Voraussetzung für Netzwerkfähigkeit.
- *Multiuserfähigkeit* bedeutet, dass mehrere Benutzer „gleichzeitig" und unabhängig voneinander an einem Rechner arbeiten können. Dabei wird die Tatsache ausgenutzt, dass die tatsächliche Zeit, in der die CPU in Anspruch genommen wird, nicht mehr als 5–10 % der Benutzungszeit ist, sodass die CPU sich überwiegend im Wartezustand

(„idle") befindet. Jeder Benutzer kann daher eine bestimmte CPU-Zeit als Arbeits-zeit zugewiesen („Zeitscheibe", „timesharing") bekommen. Benutzer können dabei Anwender (natürliche Personen), ein auszuführendes Programm und/oder Hinter-grundprozesse (z. B. Druckauftrag, Datenänderung) sein. Dabei wird jedem Benutzer eine bestimmte Priorität zugewiesen.

- *Netzwerkfähigkeit* bedeutet, dass sich Benutzer (Personen, Programme) auch über ein Netzwerk in den Rechner einloggen und dort eigene oder fremde Programme ausführen können.

Tab. 3.1a und 3.1b zeigen (nicht vollständige) Übersichten der häufigsten herstellerabhän-gigen (Tab. 3.1a) und herstellerunabhängigen Betriebssysteme (Tab. 3.1b).

Tab. 3.1a Gängige herstellerabhängige Betriebssysteme

Name	Plattformen	Einsatzgebiete	Bemerkungen
MS-DOS	PC mit Intel 80 × 66 bzw. Pentium und kompatible	Messdatenerfassung, Steuerungen	erste Version dieses Betriebssystems 1981
MS-Windows XP	PC mit Pentium und kompatible	Büro, CAx, Berechnung	ab 2001
MS-Windows 7	PC mit min. 1 GHz und 1 GB Hauptspeicher	Büro, CAx, Berechnung	ab 2009
MS-Windows 10	PC mit min. 1 GHz und 1 GB Arbeitsspeicher	Büro, CAx, Berechnung	ab 2015
Macintosh Toolbox	Motorola 68k, 8 MHz, 1 MB Hauptspeicher, dann PowerPC	Büro	erste Version dieses Betriebssystems 1984
Apple macOS 10.12 (Sierra)	Intel Core M3, Core i3, Core i5, Xeon	Büro, Grafikbearbeitung	ab 2016

Tab. 3.1b Gängige nicht von einem Hersteller abhängige Betriebssysteme

Name	Plattformen	Einsatzgebiete	Bemerkungen
UNIX und Dialekte	Workstations mit CISC- und RISC-Prozessoren, Apple Macintosh (macOS)	CAx, Berechnung, Serversysteme	kaum noch in der Anwendung
LINUX und Dialekte	PC und Kompatible, Workstation mit CISC- oder RISC-Prozessoren	Serversysteme (hohe Verbreitung), Büro-Anwendungen, Berechnung, Grafikbearbeitung (auf Apple Macintosh)	Von UNIX abgeleitet

Die Kommunikation mit dem Anwender erfolgt über die (heute fast ausschließlich grafische) Benutzungsoberfläche.

- Früher wurden Kommandos über Tastenfelder, die (zum Teil dynamisch) je nach Aufgabe unterschiedlich belegt wurden, oder über ein Menütablett mit austauschbaren Menütafeln aus Papier eingegeben, bei dem das interessierende Kommando mit einem Magnetgriffel angetippt wurde. Dabei wurden überwiegend mnemotechnische Begriffe verwendet (z. B. „INS LIN HOR" beim System CADDS3 der Firma Computervision für das Modellieren einer horizontalen Linie). Die Quittierung des Kommandos sowie Rückmeldungen des Systems erfolgten über einen speziellen Drucker oder einen separaten alphanumerischen Bildschirm.
- Die grafische Ein- und Ausgabe von Kommandos und Rückmeldungen des Systems erfolgen in ausgewählten Bereichen auf dem Bildschirm (GUI, Graphical User Interface). Dafür kommen Tasten mit international verständlichen Symbolen (sogenannte „Icons") zum Einsatz. Das jeweils angetippte Symbol wird vom System interpretiert und das entsprechende Unterprogramm zur Ausführung gebracht. Ein nicht unwesentlicher Vorteil der grafischen Eingabe ist, dass sie (im Gegensatz zu einer sprachorientierten Eingabe) nicht mehr in die jeweilige Landessprache übersetzt werden muss.
- Ein Problem bei grafischen Benutzungsoberflächen kann das Überangebot und die Unübersichtlichkeit von Informationen sein, welche zu viel Platz für das eigentliche Modellierfenster auf dem grafischen Bildschirm einnehmen. Die grafische Oberfläche wird deswegen auf ein Minimum der wichtigsten Kommandogruppen reduziert, Details werden erst bei Bedarf in Pull-Down- und Pop-Up-Menüs mit Symbolen und Textelementen sowie in Eingabefeldern und Kontrollkästchen temporär eingeblendet. Zur besseren Handhabung trägt auch eine fixierte Anordnung der Kommandogruppen auf dem Bildschirm bei, um die Bedienung bei Standardaufgaben zu erleichtern.

3.2.2 Aufbau der Anwendungssoftware

CAx-Systeme folgen in ihrem modularen Aufbau dem in Abb. 3.7 dargestellten Schema.

Das *Kernsystem*, bestehend aus dem Laufzeitsystem und dem digitalen Modell, enthält alle zur Erzeugung und Bearbeitung notwendigen Funktionen für den Aufbau eines Objektes im CAx-System (beispielsweise Oberflächendaten bei Styling-Systemen, Geometriedaten bei CAD-Systemen, Vernetzungsdaten bei FEM-Systemen, Arbeitsplandaten bei CAP-Systemen, usw.) als auch der Anordnung der einzelnen Objekte zueinander (Topologie).

Das Kernsystem verwaltet, steuert und überwacht alle Methoden zur Verarbeitung einer technischen Lösung. Diese werden im nächsten Kapitel behandelt.

Die Verbindung zwischen dem Anwender und dem CAx-System insgesamt bildet die *grafische Benutzungsoberfläche*. Grundsätzlich gilt hier zwar das gleiche, was bereits im Abschn. 3.2.1 zu Benutzungsoberflächen ausgeführt wurde, aber:

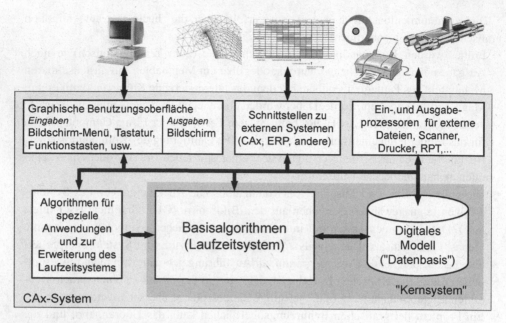

Abb. 3.7 Schematischer Aufbau eines CAx-Systems

- Speziell bei CAx-Anwendungen ist es nach wie vor hinderlich, dass jede Anwendung derzeit eine eigene Benutzungsoberfläche besitzt, deren Handhabung nicht immer dem (intuitiven) Vorgehen des Produktentwicklers entspricht, die daher nicht immer einfach zu erlernen ist und dadurch auch Bedienungsfehlern geradezu Vorschub leistet.
- In der Zukunft ist zu erwarten, dass es eine gemeinsame homogene Oberfläche für *alle* CAx-Anwendungen geben wird, die eine objektorientierte Bedienung zulässt. Die Kommunikation mit den einzelnen Anwendungssystemen erfolgt (wie bereits heute) im interaktiven Dialog, dem bei Bedarf automatisch aufgrund der Art und Weise, wie der Benutzer das System bedient, eine stufenlose Benutzerführung kontextsensitiv zugeschaltet werden kann. In die Benutzungsoberfläche ist ein Nutzungshandbuch integriert, das an einzelne Benutzergruppen angepasst und das durch eigene Kommandos ergänzt werden kann.

3.2.3 Schnittstellen

Eine *Schnittstelle* (Englisch „Interface", Nahtstelle) ist als diejenige Stelle definiert, an der Systeme miteinander verbunden oder voneinander getrennt werden können, ohne dass dabei die Schnittstelle das Verhalten der beteiligten Systeme beeinflusst oder diese Systeme verändert. Im IT-Umfeld wird die Schnittstelle als ein System von Bedingungen, Regeln und Vereinbarungen realisiert, das den Informationsaustausch zweier (oder mehrerer) miteinander kommunizierender Systeme oder Systemkomponenten festlegt.

Dabei spielt es keine Rolle, wie die zu übertragenden Informationen erzeugt werden und wie sie nach der Übertragung verwendet werden sollen. Bei der Übertragung über eine Schnittstelle wird im Zielsystem immer eine Kopie der Originaldaten erzeugt (Datenredundanz). Dabei können nur solche Informationen übertragen werden, die in allen beteiligten Systemen im gleichen oder in einem vergleichbaren Format verarbeitet werden. Die Übertragung über eine Schnittstelle geht damit oft mit einem Verlust an Informationen einher.

Im CAx-Umfeld ermöglichen Schnittstellen die Integration eines CAx-Systems in das informationstechnische Umfeld des Unternehmens. In Verbindung mit einem Netzwerk (Abschn. 3.3) kann auf externe Anwendungen zugegriffen werden, beispielsweise auf andere CAx-Systeme, auf PDM-Systeme für die Verwaltung von CAx-Daten oder auf ERP-Systeme zur Weitergabe von dispositiven Daten. Hierzu gehören beispielsweise

- aufbereitete (vereinfachte und mit einem Netz überzogene) Geometriedaten für die Simulation und zur Spannungs- und Verformungsanalyse von Bauteilen (FEM- bzw. BEM-Berechnung, Kap. 6),
- vereinfachte Daten für die Mehrkörpersimulation (Mechanism Design) zur Animation von mechanischen Bewegungsabläufen von Bauteilen innerhalb von Baugruppen (Kap. 7) und
- Geometriedaten für die Planung der Fertigung, kombiniert mit dem Erstellen von NC-Verfahrwegen sowie für Systeme zum schnellen Herstellen von Prototypen (RPT und additive Fertigung, Abschn. 11.4).

Eine anwendungsorientierte Darstellung von Schnittstellen findet sich in Abschn. 12.4. Ihre Einteilung in die verschiedenen möglichen Arten zeigt Abb. 3.8.

Hardware-schnittstellen	Geräteanschlussschnittstelle	
	Netzwerkschnittstelle	
	Protokollschnittstelle	
Software-schnittstellen	**Interne Schnittstellen** Graphikschnittstelle	
	Benutzungsschnittstelle	
	Datenbankschnittstelle	
	Methodenaufrufschnittstelle	
	Nach IT-Aspekten:	
	Sprachschnittstelle	Elemente, Semantik, Syntax
	Programmierschnittstelle	Unterprogramm-Name, -Parameter, Gastsprache
	Tabellenschnittstelle	Domänen, Tupel, Schlüsselattribute, allgemeine Attribute
	Datenschnittstelle	Datenstruktur, Datenformat, Dateiinhalt, Dateistruktur, Dateiformat
	Regelschnittstelle	Regelinhalt, Regelstruktur, Regelformat
	Externe Schnittstellen Datentausch auf der Basis sequentieller Daten	
	Datentausch auf der Basis integrierter Modelle	
	Datentausch auf der Basis prozeduraler Schnittstellen	
	Nach produktionstechnischen Aspekten:	
	Austausch produktbezogener Daten	
	Austausch prozessbezogener Daten	
	Austausch auftragsbezogener Daten	

Abb. 3.8 Einteilung von internen und externen Hardware- und Softwareschnittstellen

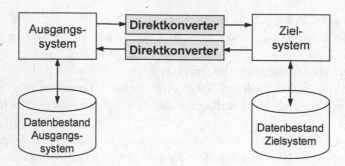

Abb. 3.9a Datentransfer mittels Direktkonverter

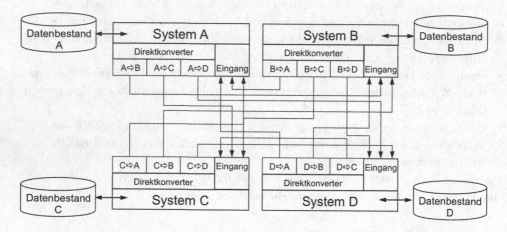

Abb. 3.9b Datentransfer mittels Direktkonvertern mit vier beteiligten Systemen und zwölf Konvertern

Bei externen Softwareschnittstellen, welche die wichtigste Rolle im CAx-Umfeld spielen, wird zwischen direkter Konvertierung und einer indirekten Konvertierung unter Nutzung eines systemneutralen Datenformats unterschieden.

Zur direkten Konvertierung werden spezielle Übersetzungsprogramme (Direktkonverter) verwendet, die eine direkte Umwandlung der Daten von einem spezifischen Format in das andere spezifische Format ermöglichen, wodurch ein Maximum an Informationen übertragen werden kann und der (in der Regel nicht vermeidbare) Informationsverlust sehr gering ausfällt (Abb. 3.9a). Allerdings benötigt jede Paarung einen eigenen Direktkonverter, d. h. bei n beteiligten Systemen sind $n \cdot (n-1)$ Direktkonverter erforderlich, was sich schnell als unhandlich erweist (Abb. 3.9b).

Vorteilhafter daher ist die Nutzung eines systemneutralen Datenformates. Dazu werden die Daten des Ausgangssystems (sendendes System) durch ein Übersetzungsprogramm (Postprozessor des sendenden Systems) auf ein systemneutrales Format abgebildet und von dort durch den Preprozessor des Zielsystems in die Datenstruktur des empfangenden

Systems umgewandelt, Abb. 3.10a. Damit sind bei n Systemen lediglich 2n Prozessoren erforderlich, Abb. 3.10b.

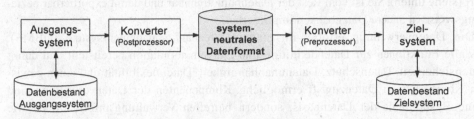

Abb. 3.10a Datentransfer mit einem systemneutralen Datenformat

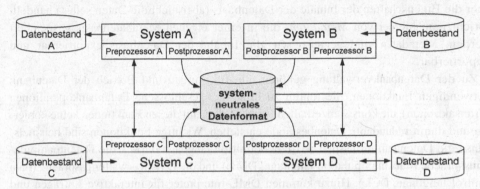

Abb. 3.10b Nutzung des systemneutralen Datenformats mit vier beteiligten Systemen und acht Konvertern

Allerdings muss sich der Umfang der zwischen allen Systemen austauschbaren Daten an den Möglichkeiten des schwächsten Systems ausrichten, sodass (im Gegensatz zu Direktkonvertern) größere Informationsverluste nicht vermieden werden können.

Von den zahlreichen systemneutralen Schnittstellen, die seit den 1980er Jahren entstanden sind (siehe Kap. 7 in [VWBZ-2009]) haben heute nur noch IGES und STEP sowie (die in bestimmten Anwendungsgebieten, beispielsweise Blechumformung, verwendete) DXF-Schnittstelle der Firma AutoDesk eine wirtschaftliche Bedeutung. Auf diese und weitere Schnittstellen wird vertieft in Abschn. 12.4 eingegangen.

3.2.4 Datenbanken

Eine Datenbank ist eine selbständige, auf Dauer und für den flexiblen Gebrauch ausgelegte Datenorganisation, bestehend aus eigentlichen dem Datenbestand (Datenbasis), der von der Anwendungssoftware erzeugt und verändert wird, und die dazugehörende Datenverwaltung.

Die Datenbasis ist selbständig und logisch entsprechend eines Datenbanktyps strukturiert (siehe unten). Sie ist vom Rest der Datenbank trennbar und damit exportierbar beziehungsweise in andere Datenbanken importierbar.

Die Datenverwaltung erfolgt mit einem Datenbankmanagementsystem (DBMS), das alle Funktionen zur Datendefinition und Datenmanipulation bereitstellt und damit Datensicherheit, Datenschutz, Datenunabhängigkeit, Datenflexibilität und einen gewissen Komfort beim Datenzugriff ermöglicht. Komponenten der Datenverwaltung sind keine Bestandteile der Datenbasis, sondern betreffen Verwaltungsinformationen wie Zugriffsrechte, Wertebereiche, Inhaltsverzeichnisse der einzelnen Bereiche der Datenbasis, Indizes für Inhalte, Datenbeziehungen usw. Da es sich hierbei um Informationen über die Eigenschaften der Inhalte der Datenbasis (aber nicht die Daten selbst) handelt, spricht man hierbei von *Metadaten*, die in einer eigenen Metadatenbasis gespeichert werden. Metadaten sind genauso wie die Inhalte der Datenbasis exportierbar und importierbar.

Zu der Datenbankverwaltung gehören alle für Aufbau und Betrieb der Datenbank notwendigen Funktionen. Sie führen zu in sich abgeschlossene Datenbankoperationen (Transaktionen), die konsistenzerhaltend sind, sodass mit diesen Funktionen keine kopierten und damit redundante Datenbestände entstehen. Wichtige Funktionen sind beispielsweise die Datendefinitionssprache (data definition language, DDL), die Datenmanipulationssprache (data manipulation language, DML) und die Datenverwaltungssprache (data control language, DCL). Hinzu kommen DML-Interpreter für interaktive Abfragen und Benutzersichten (Views) sowie Sprachen für beliebig komplexe Abfragen (Queries), mit denen Art, Umfang und Chronologie einer Datenbankstruktur ermittelt werden können. Die dazu verwendete Sprache (Structured Query Language, SQL) enthält auch Funktionen von DDL, DML und DCL. SQL ist standardisiert in ISO/IEC 9075. Sie ist angelehnt an die natürliche Umgangssprache und wird von allen gängigen Datenbanksystemen unterstützt[29].

In einer Datenbank werden folgende Elemente bearbeitet und verwaltet:

- Tabelle: Strukturobjekt innerhalb der Datenbank, welche die eigentlichen Daten enthält.
- Datensatz (Record): Jede Zeile in einer Tabelle, wobei der Aufbau des Datensatzes durch die Definition der Tabelle vorgegeben ist.
- Datenfeld (Zelle): Teil einer Tabelle mit Vorschriften über den Inhalt, der darin gespeichert werden kann (Zahlen in verschiedenen Formaten, Zeichenketten, Binärobjekte).

---

[29] Viele Datenbank-Anbieter implementieren allerdings „eigene" SQL-Funktionalitäten und unterscheiden sich dadurch u. U. leicht in der jeweiligen Syntax von der standardisierten Form.

- Datum: Kleinster Teil eines Datensatzes, der den Vorgaben des Datenfelds entspricht.
- Stammdaten: Feststehender Inhalt von Tabellen.
- Bewegungsdaten: Inhalt von Tabellen mit veränderlichen Einträgen.

Bei der Erstellung der Datenbankstruktur werden üblicherweise Tabellen, Relationen zwischen Datensätzen und Datenfeldern sowie (Zugriffs-) Schlüssel angelegt und mit Inhalten gefüllt. Dabei muss sichergestellt werden, dass die Konsistenz (Übereinstimmung) von Beschreibung und Inhalt einer Datenbank, d. h. die innere Widerspruchsfreiheit der Daten, erhalten bleibt. Dabei kann nicht immer vermieden werden (oder es ist sogar gewollt[30]), dass identische Daten mehrfach vorhanden sind (Doppelung identischer Daten, Redundanz). Gedoppelte Teile einer Datenbank können ohne Informationsverlust weggelassen werden (Normalisierung).

Je nach Zugriffsmöglichkeiten auf die Datenbank unterscheidet man Stand-alone-Datenbanken, die nur die Nutzung durch einen einzigen Nutzer auf einem Rechner zulassen, z. B. eine Literaturdatenbank auf einer CD. Netzwerkdatenbanken, die auf einem Server im Netzwerk liegen, können von mehreren Anwendern, den Clients, benutzt werden. Dabei wird sichergestellt, dass immer nur ein Anwender auf einen bestimmten Datensatz zugreifen kann (Locking-Mechanismus). Die am weitesten verbreiteten Versionen sind die File-Server-Datenbank und die Client-Server-Datenbank.

- Bei einer File-Server-Datenbank stellt ein Dateiserver die Datenbank im Netzwerk frei zugänglich zur Verfügung. Abfragen und Lesen eines Datenfelds usw. erfolgen am lokalen Rechner durch dort vorhandene Datenbankfunktionen. Für die Datenbank wird auf dem Server umfangreicher Speicherplatz vorgehalten, meist in Form eines RAID-Systems (Abschn. 3.1.2). Allerdings kommt es beim Laden und Versenden großer Datenmengen an einen Client zu hohen Netzbelastungen und zu längeren Zugriffsbeschränkungen für die anderen Clients.
- Bei einer Client-Server-Datenbank erfolgt der Zugriff eines Clients über einen Datenbank-Server, der, besonders bei umfangreichen Datenbanksystemen, auf einem eigenen leistungsfähigen Rechner läuft. Zur besseren Ausnutzung der Hardware-Ressourcen kann der Server skalierbar sein, der zudem häufig verwendete Datensätze für schnelle Zugriffe in einem Cache speichert. Für eine Anfrage schickt der Client lediglich SQL-Kommandos an den Server. Die Anfrage wird vollständig auf dem Datenbankserver bearbeitet. Der Server schickt nur die Ergebnisse der Anfrage zurück an den Client. So kommt es zu einer geringeren Belastung des Netzwerks, die auch zu geringeren Hardware-Anforderungen an den Client führt.

---

[30] Beispielsweise werden bei einem Linienzug in einem 3D-Geometriemodell immer alle Anfangs- und Endpunkte jeder Linie in der Datenbank gespeichert, auch wenn der Endpunkt der ersten Linie identisch ist mit dem Anfangspunkt der zweiten Linie usw. Vorteile dabei sind (trotz der Redundanz) die Verwendung einer einzigen Speicherungsform für Linien und die eindeutige Identifizierbarkeit jeder einzelnen Linie.

In der Praxis finden sich folgende Datenbanktypen (Abb. 3.11):

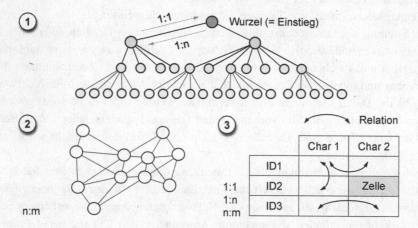

Abb. 3.11 Datenbanktypen: (1) Hierarchische Datenbank, (2) Netzwerk-Datenbank, (3) relationale Datenbank

- *Hierarchische Datenbank* als ältester Typ einer Datenbank: Daten werden in einer Baumstruktur abgelegt. Bis auf das sogenannte „Wurzeldatum" (das auf der obersten Hierarchieebene liegende Datum, sozusagen der „Einstieg" in die Baumstruktur) hat jedes Datum (mit Ausnahme der Wurzeldaten) einen Vorgänger („nach oben", Verhältnis 1:1), aber beliebig viele Nachfolger („nach unten", Verhältnis 1:n).
- *Netzwerk-Datenbank*: Daten werden in einer Netzwerk-Struktur abgebildet. jedes Datum ist mit allen anderen Daten gleichberechtigt, es gibt keine Vorzugsrichtung beim Zugriff auf die Daten. Jedes Datum kann mit allen anderen Daten verbunden sein, sodass das Verhältnis zwischen den Daten n:m ist. Die Realisierung von Netzwerk-Datenbanken ist sehr aufwendig.
- Der heute in allen IT-Anwendungen am häufigsten verwendete Datentyp ist die *relationale Datenbank*. Sie organisiert Daten in sogenannte Zellen, die über Relationen (Zuordnungen, Gleichungen, Boole'sche Operationen) miteinander zu einer Tabelle verknüpft sind. Über die Relationen sind vielfältige strukturierte Darstellungsmöglichkeiten der in einer Tabelle enthaltenen Daten über Identnummern (ID) und Eigenschaften (Char n) möglich. Da die Anzahl der Relationen nicht begrenzt ist, können Verhältnisse zwischen den Daten sowohl als 1:1 als auch als 1:n auftreten. Der Aufbau der relationalen Datenbank ist mit einer Matrix vergleichbar und, genauso wie bei der Matrix, können Untermengen als verteilte Strukturen der relationalen Datenbank mit verschiedenen Namen, auf unterschiedlichen Datenträgern und mit replizierenden Inhalten gebildet werden, die alle bidirektional mit der Führungsdatenbank verbunden sind und sich so gegenseitig aktualisieren können (Abb. 3.12).

Nicht-rationale Datenbanken, welche allgemein als NoSQL-Datenbanken bezeichnet werden, werden verstärkt seit Anfang des 21. Jahrhundert erforscht und entwickelt. Eine NoSQL-Datenbank zeichnet sich vor allem durch die einfache Skalierbarkeit aus, welche

	Char 1	Char 2	Char 3	Char 4	Char 5	Char 6	Char 7	Char 8
ID 1								
ID 2								
ID 3								
ID 4								
ID 5								
ID 6								
ID 7								
ID 8								
ID 9								
ID 10								

	Char 1	Char 6
ID 1		
ID 2		
ID 3		
ID 4		
ID 5		
ID 6		
ID 9		
ID 10		

	Char 2	Char 8
ID 1		
ID 5		

	Char 3	Char 5	Char 7
ID 1			
ID 3			
ID 7			

Abb. 3.12 Führungsdatenbank (links oben) und verteilte Untermengen bei einer relationalen Datenbank

neben der Parallelisierbarkeit und Geschwindigkeit eine große Schwäche der relationalen Datenbanken darstellt. Die Skalierung wurde vor allem durch die sehr schnell wachsenden Webanwendungen mit Milliarden vernetzter Geräte (beispielsweise Mobiltelefone, Internetfernseher, vernetze Automobile, Internet der Dinge, usw.) notwendig. Bei der Entwicklung der NoSQL-Datenbanken wurden speziell die Anforderungen des Big Data berücksichtigt. Entwicklung und Erforschung der NoSQL-Datenbanken haben vor allem die großen Internetfirmen, wie beispielsweise Google, Facebook, Amazon, usw. vorangetrieben. Im Vergleich zu relationalen Datenbanken basieren NoSQL-Datenbanken nicht primär auf verknüpften Tabellen und sie kommen – wie der Name NoSQL beschreibt – komplett ohne die Datenbanksprache SQL aus. Die vier häufigsten NoSQL-Datenmodelle sind spaltenorientierte NoSQL-Datenbanken, dokumentenorientierte NoSQL-Datenbanken, Schlüssel-Wert-NoSQL-Datenbanken und Graphen-NoSQL-Datenbanken, Abb. 3.13.

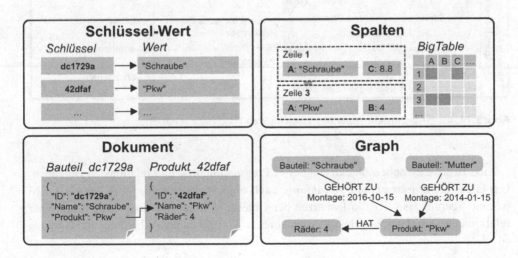

Abb. 3.13 Die vier häufigsten NoSQL-Datenmodelle

Ein weiterer Datenbanktyp, der aber nicht häufig in der Praxis eingesetzt wird, ist die objektorientierte Datenbank (OODB). Die abzuspeichernden Daten heißen in diesem Umfeld „Objekte". Es geht darum, den abzuspeichernden Objekten mit vertretbarem Aufwand mehr „Wissen" über die Struktur von behandelten Objekten und möglicherweise auch über die zu ihrer Erstellung, Manipulation und Verwaltung verwendeten Methoden und Prozeduren so zu speichern, dass die Objekte mit den darauf anzuwendenden Operationen eine untrennbare Einheit bilden.

Ein Objekt ist ein abstraktes Gebilde, das unabhängig von seinem konkreten Zustand existiert und identifiziert werden kann, wobei sein Zustand und seine Inhalte durch eine Reihe von Datenwerte von Attributen beschrieben werden. Diese Daten des Objekts können, müssen aber nicht von außen sichtbar sein (Kapselung). Objekte können in Beziehungen zueinander stehen und miteinander kommunizieren. Weitere Elemente der Objektorientierung sind:

- Klassen: Menge von Objekten mit gleicher Struktur, d. h. Typ bestehend aus Methoden und Attributen.
- Methoden: Festlegen des Verhaltens eines Objekts durch bestimmte Operationen. Dabei sind nur die jeweiligen Schnittstellen der Methoden von außen sichtbar, d. h. ihre Namen und die Parameterlisten für die Eingabe.
- Vererbung: Attribute und Methoden von Klassen können von einer Klasse („Superklasse") auf davon abgeleitete Klassen („Subklassen") übertragen werden. Ein Objekt einer abgeleiteten Klasse ist auch immer ein Objekt der Oberklasse (Polymorphie).

Abb. 3.14 zeigt die Grundstruktur einer OODB.

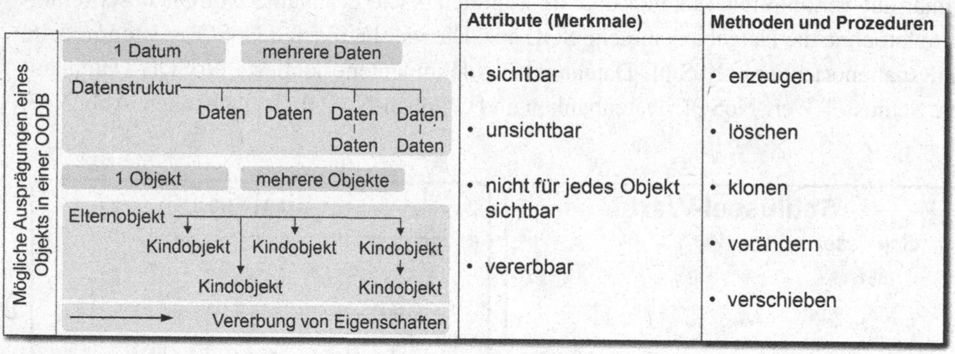

Abb. 3.14 Mögliche Struktur einer objektorientierten Datenbank (OODB)

Eine Brücke zwischen objektorientierter Programmierung und relationalen Datenbanken bildet die *objektrationale Abbildung* (engl. object-relational mapping, ORM). ORM ist eine Technik, mit der die Instanzen der Objekte in einer Anwendung direkt in einer relationalen Datenbank abgelegt werden können. Sie erlaubt die Anbindung und Nutzung aller gängigen relationalen Datenbanken (beispielsweise Oracle, Microsoft SQL, MySql usw.), ohne die Datenbanksprache SQL direkt nutzen zu müssen.

Das Rechnersystem kann intern nur lineare Listen verarbeiten. Zur Realisierung einer (beliebigen) Datenbank werden daher die Inhalte entsprechend den Eigenschaften der jeweiligen Datenbank durch sogenannte Zeiger (Pointer) miteinander verbunden. Je komplexer die Datenbank ist, desto mehr Zeiger werden benötigt, um Zugriff und Verhalten der Datenbank zu realisieren. Da die Vielfalt von Zugriff, Speicherung und Möglichkeiten zur Manipulation von der Hierarchischen Datenbank zur relationalen Datenbank ansteigt, ist es nachvollziehbar, dass aufgrund der daraus resultierenden immer umfangreicheren und komplexeren Speicherungsstrukturen der Bedarf an Rechnerleistung ebenfalls ansteigt.

3.2.5 E-Collaboration

E-Collaboration (elektronische Zusammenarbeit) bezeichnet die internetbasierte und vernetzte Zusammenarbeit mehrerer Personen. Das Ziel der E-Collaboration ist es dabei, mithilfe von webbasierten Informations- und Kommunikationslösungen kooperationsintensive Prozesse zu optimieren. Mehrere Personen können gemeinsam an einem Problem arbeiten, als stünden sie direkt nebeneinander. Der internetbasierte Ansatz des E-Collaboration wird durch Web 2.0 ermöglicht.

Die Werkzeuge der E-Collaboration werden nach der zeitlichen Reihenfolge ihrer Einführung in drei Generationen unterschieden. Die Werkzeuge der ersten beiden Generationen werden heute bereits erfolgreich in vielen Unternehmen und Projektteams eingesetzt und haben sich etabliert [HFPK-2008]:

- Die erste Generation umfasst E-Mail, Telefon und vernetzte Kalender, die alle schon seit geraumer Zeit im Einsatz sind.
- Die zweite Generation enthält Instant Messaging (Chat), Presence Awareness (Verfügbarkeitsinformationen von Kollegen), Dokumentenmanagement-Systeme (DMS) zur Sicherung und Bereitstellung von Daten, Projektmanagement-Werkzeuge zur Koordination von Projekten, Desktop Sharing, um anderen Benutzern Inhalte auf dem eigenen Bildschirm zu präsentieren, sowie Whiteboards und Repositories, die das gemeinsame Arbeiten an Dokumenten durch Text-, Kommentier-, Highlighting- und anderen Editierwerkzeugen ermöglichen.
- Die dritte Generation bietet neben den Werkzeugen auch neue Ansätze der Arbeits- und Denkweise bezüglich der Verbreitung und Nutzung des Wissens und deren Potenzial innerhalb eines Unternehmens. Hierzu zählen Blogs und Wikis als Tagebuch oder Wissensdatenbanken und Social Bookmarks, die ein Erfassen, Versehen mit Schlagworten und Publizieren von eigenen Bookmarks (Lesezeichen) ermöglichen. Social Networks dienen dem Aufbau eines Netzwerks unter den Mitarbeitern mit eigenen Profilen

analog beispielsweise zu für bestimmte Berufsgruppen. Hinzu kommen RSS-Reader, um sich automatisch über wichtige Änderungen zu informieren, und Tags, die frei vergebbare Schlagworte für jegliche Inhaltsobjekte wie beispielsweise für Bilder, Word-Dokumente und Blogbeiträge darstellen.

Die dritte Generation unterscheidet sich von den ersten beiden primär durch den sozialen Aspekt bei Wissensverarbeitung und Wissenserhaltung. Jedes Teammitglied kann eigenes Wissen bereitstellen und anderen Teammitgliedern zugänglich machen.

Abb. 3.15 zeigt eine Zusammenstellung aktueller Werkzeuge in der E-Collaboration.

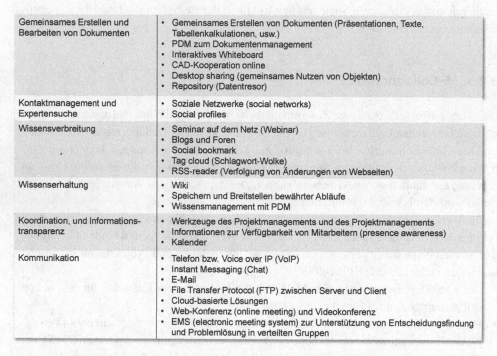

Gemeinsames Erstellen und Bearbeiten von Dokumenten	• Gemeinsames Erstellen von Dokumenten (Präsentationen, Texte, Tabellenkalkulationen, usw.) • PDM zum Dokumentenmanagement • Interaktives Whiteboard • CAD-Kooperation online • Desktop sharing (gemeinsames Nutzen von Objekten) • Repository (Datentresor)
Kontaktmanagement und Expertensuche	• Soziale Netzwerke (social networks) • Social profiles
Wissensverbreitung	• Seminar auf dem Netz (Webinar) • Blogs und Foren • Social bookmark • Tag cloud (Schlagwort-Wolke) • RSS-reader (Verfolgung von Änderungen von Webseiten)
Wissenserhaltung	• Wiki • Speichern und Breitstellen bewährter Abläufe • Wissensmanagement mit PDM
Koordination, und Informations-transparenz	• Werkzeuge des Projektmanagements und des Projektmanagements • Informationen zur Verfügbarkeit von Mitarbeitern (presence awareness) • Kalender
Kommunikation	• Telefon bzw. Voice over IP (VoIP) • Instant Messaging (Chat) • E-Mail • File Transfer Protocol (FTP) zwischen Server und Client • Cloud-basierte Lösungen • Web-Konferenz (online meeting) und Videokonferenz • EMS (electronic meeting system) zur Unterstützung von Entscheidungsfindung und Problemlösung in verteilten Gruppen

Abb. 3.15 Aktuelle Werkzeuge in der E-Collaboration (nach [HFPK-2008])

3.3 Netzwerke

Dezentrale Rechnersysteme sind einerseits die beste Anpassung der Rechnerleistung an die Bedürfnisse vor Ort, andererseits die beste Versicherung gegen Produktivitätsverlust durch einen Rechnerausfall. Ihr Einsatz und die Forderung nach zentraler Datenhaltung, damit Daten im Unternehmen konsistent gehalten und von einer Stelle aus gewartet werden können, lassen sich nur realisieren, in dem die dezentralen Rechnersysteme über ein Netzwerk miteinander verbunden werden. Ein Netzwerk entsteht durch das Zusammenschalten von Rechnersystemen und Peripheriegeräten über

Datenübertragungsleitungen[31], es ermöglicht damit die Kommunikation der einzelnen Systeme untereinander mit folgenden Ausprägungen:
- Funktion (zu erfüllende Aufgabe)
- Konfiguration (Aufbau der Verbindungen)
- Träger (verwendete Übertragungsleitungen)
- Protokolle (Verfahrensfestlegung der Datenübertragung)

Die *Funktionen* eines Netzwerks lassen sich gliedern in Datenverbund, Funktionsverbund, Lastverbund und Cluster.
- Datenverbund: Anwender und/oder Programm greift auf Daten zu, die in einem anderen Rechner des Netzwerkes gespeichert sind. Die Datenübertragung erfolgt durch Kopieren der Ausgangsdatei auf den Zielrechner (File-Transfer). Nachteilig dabei ist, dass durch den Transfer mehrere Kopien eines einzelnen Datenbestands redundant vorhanden sein können. Dies kann zu Schwierigkeiten bei der Frage führen, welche dieser Daten gültig sind und welche nicht. Beispiel: Herunterladen einer Datei aus dem Internet.
- Funktionsverbund: Anwender und/oder Programm greift auf Geräte (Rechner, Peripherie) im Netzwerk zu. Damit lassen sich teure Peripheriegeräte, die sich für einen einzelnen Benutzer nicht rentieren, oder solche, die nicht permanent von einem einzelnen Anwender benötigt werden, von mehreren Anwendern gemeinsam nutzen. Beispiel: Drucken über einen Drucker, der nicht an dem eigenen Rechner angeschlossen ist, sondern sich im Netzwerk befindet.
- Lastverbund: Nutzen der Rechnerleistung anderer Systeme im Netzwerk für eigene Zwecke. Dies kann gezielt beim verteilten Rechnern erfolgen. Durch den Lastverbund kommt es zu einer scheinbaren Vergrößerung der eigenen Rechnerleistung. Allerdings kann der gleiche Effekt durch Schadsoftware auftreten, die den Rechnern kapert und dessen freie Kapazitäten entweder für Hackerangriffe oder zum Versenden von beispielsweise Spam-Mails nutzt (sogenannte Bot-Netzwerke). Beispiel: Bei umfangreichen Simulationsaufgaben werden mehrere Rechner zur schnelleren Bearbeitung zusammmengeschaltet.

Ein Netzwerk kann sich entweder auf einen einzelnen abgeschlossenen Standort (ein Gebäude bzw. ein Unternehmen auf einem Gelände) beschränken, in diesem Fall spricht man von einem LAN (local area network). Das Netz kann sich auch über mehrere Standorte, räumlich voneinander getrennt liegender Unternehmensteile oder zwischen unterschiedlichen Unternehmen erstrecken, dann handelt es sich um ein WAN (wide area network). Wenn dabei öffentliches Gelände überquert wird, muss ein öffentlicher Netzwerkträger

---

[31] Liegt der Fokus auf Art und Anzahl der miteinander vernetzten Rechner, weniger auf dem Netz selbst, dann spricht man auch von einem *Cluster* („Anhäufung").

(Carrier), beispielsweise ein Unternehmen aus dem Bereich der Telekommunikation oder ein Energieversorgungsunternehmen, eingeschaltet werden.

Folgende Netzwerk-Konfigurationen sind heute gängig:

- *Zweipunkt-Verbindung*: Zwei Rechner sind entweder über eine permanent geschaltete Leitung (Standleitung) oder eine bei Bedarf geschaltete Leitung (Wählleitung) miteinander verbunden, Abb. 3.16 links (eine „klassische" Telefonverbindung ist eine bei Bedarf geschaltete Zweipunkt-Verbindung[32]). Ein *Liniennetz* entsteht aus dem Hintereinanderschalten von Zweipunkt-Verbindungen, Abb. 3.16 rechts.
- Ein *Ringnetz* ist ein geschlossenes Liniennetz. Daten können in beide Richtungen übertragen werden. Fällt bei dieser Konfiguration ein Rechner aus, dann wird aus dem Ringnetz wieder ein Liniennetz. Um dies zu vermeiden, kann eine hardwareseitige Durchschaltung der Leitung beim Ausfall eines Rechners vorgesehen werden, Abb. 3.17 links. Für eine höhere Ausfallsicherheit wird bei diesem *Ringnetz* ein geschlossener Leitungsring aufgebaut, von dem einzelne Abzweigungen zu den Rechnern gehen, sodass die Ringleitung auch bei Ausfall eines Rechners nicht unterbrochen wird, Abb. 3.17 rechts. Eine solche Konfiguration wird üblicherweise mit dem Token-Ring-Protokoll betrieben.

Abb. 3.16 Zweipunkt-Verbindung (links) und Liniennetz (rechts)

Abb. 3.17 Einfaches Ringnetz (links) und Ringnetz mit geschlossenem Leitungsring (rechts)

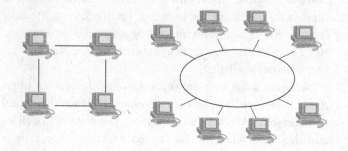

---

[32] Heute werden Telefonverbindungen häufig über das Internet realisiert (Voice over Internet-Protocoll, VoIP). Dabei wird die Sprache digitalisiert und zerlegt. Die dabei entstandenen Datenpakete werden (je nach Kapazität der Leitungen) über unterschiedliche Wege zum Empfänger übertragen, dort wieder zusammengesetzt und in Schallinformationen zurückgewandelt.

- Ein *Sternnetz* entsteht durch das Schalten mehrerer Zweipunkt-Verbindungen von einem zentralen Rechner (Nabe, „Hub") aus, Abb. 3.18 links. Ein Sternnetz findet sich z. B. beim Anschluss von PCs an einen Zentralrechner. Bei dem sogenannten „Master-Slave"-Konzept ist der zentrale Rechner der Master, der alle Programme bereithält, den Datenfluss auf dem Netz durchführt und die Daten aller angeschlossenen Rechner (Slaves) zentral verwaltet. Bei einem *Maschennetz* sind alle Rechner direkt miteinander verbunden, Abb. 3.18 rechts. Diese aufwendigste Form eines Netzwerks hat eine hohe Ausfallsicherheit, weil es zwischen zwei Rechnern mindestens zwei verschiedene Wege für eine Verbindung gibt, sodass Daten bei Ausfall einer Verbindung über eine andere Strecke fließen können. Vereinfachte Maschennetze werden beispielsweise bei der Regelung von Prozessen in der chemischen Industrie eingesetzt, wo es primär auf Ausfallsicherheit ankommt. Nachteilig sind die hohen Kosten für Installation und Wartung.

- Das *Busnetz* ist eine an beiden Enden begrenzte Sammelschiene (Bus), an die maximal 128 Rechner gleichberechtigt über eine einheitliche Schnittstelle (Transceiver) angeschlossen werden können, Abb. 3.19 links. Die mögliche Länge eines Busses liegt heute bei 3000 Metern, alle zwei bis drei Meter lassen sich Rechner anschließen. Auf einem Bus lassen sich nicht beliebige Protokolle verwenden, geeignet sind das CSMA/CD- und das Token-Bus-Verfahren. [PeDa-2004]. Ein *Baumnetz* entsteht aus einem Busnetz, wenn mehr als 128 Rechner oder größere Längen als 3000 Meter benötigt werden. Dazu können an einen Bus anstelle eines Rechners weitere Busse sowie alle möglichen anderen Netzwerkkonfigurationen angeschlossen werden, Abb. 3.19 rechts. Die aktuelle Konfiguration des Internets lässt sich am besten als Baumnetz beschreiben.

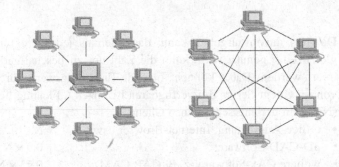

Abb. 3.18 Sternnetz (links) und Maschennetz (rechts).

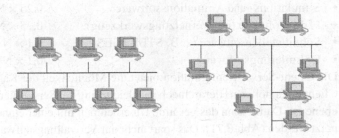

Abb. 3.19 Busnetz (links) und Baumnetz (rechts)

- Eine Sonderform des Busnetzes und die heute am häufigsten verwendete Konfiguration ist die *Client-Server-Konfiguration* (Abb. 3.20). Dabei stellt der Server („Diener") zentrale Dienste für die Clients („Kunden") bereit. Hierzu gehören die Bereitstellung und Speicherung von Programmen und Daten, das Steuern gemeinsam genutzter Peripheriegeräte und die Anbindung an andere Geräte in anderen Netzen. Durch diese Aufteilung können Clients nach Bedarf konfiguriert werden. Die Vorteile dieser Konfiguration sind: Die Datensicherung kann sehr effektiv automatisiert werden. Der Server führt eine zentrale Daten– und Programmhaltung durch. Die Programmpflege (Update) ist dadurch wesentlich einfacher, da man z. B. neue Versionen eines Programms nur auf den Server aufspielen muss. Schließlich führt die gemeinsame Nutzung von Peripheriegeräten zu wirtschaftlichen Vorteilen.

Abb. 3.20 Client-Server-Konfiguration

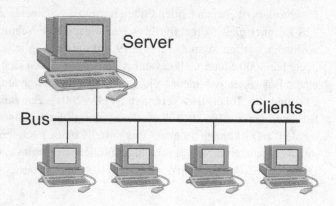

Da man davon ausgehen kann, dass niemals jedes Programm von allen Anwendern gleichzeitig genutzt wird, kann die Zahl der zu beschaffenden Softwarelizenzen minimiert werden. Dabei können folgende Erfahrungswerte für die Bestimmung der Zahl von im Client-Server frei verfügbaren Lizenzen („Floating licences") verwendet werden (N = Zahl der angeschlossenen Clients):

- Office-Ausstattung, Internet-Browser usw.: N
- 3D-CAD-Software: $0{,}9 \times N$
- weitere CAx-Software (z. B. CAP, CAM): $0{,}25 \times N$
- Simulations- und Animationssoftware: $0{,}25 \times N$
- FEM-Software (mit Vernetzungswerkzeug): $0{,}25 \times N$
- Schnittstellensoftware (z. B. STEP, IGES): $0{,}1 \times N$
- Optimierungssoftware: $0{,}1 \times N$

Die Client-Server-Konfiguration bietet die Möglichkeit der Kaskadierung, bei welcher der Client einer höheren Hierarchieebene gleichzeitig der Server für die nächsttiefere Hierarchieebene ist. Damit kann das gesamte Unternehmen mit einer einheitlichen Konfiguration vernetzt werden (Abb. 3.21). Das spart nicht nur Verwaltungsaufwand bei der Datenverwaltung

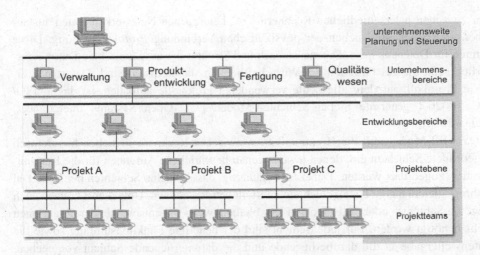

Abb. 3.21 Kaskadierte Client-Server-Konfigurationen im Unternehmen

und der Software-Aktualisierung, sondern auch Investitions- und Wartungskosten, da hierbei überwiegend gleiche Rechnerkomponenten eingesetzt werden können.

Die Wahl des geeigneten *Trägers* für ein Netzwerk richtet sich nach der Übertragungssicherheit und -geschwindigkeit, der mechanischen Belastbarkeit des Trägers und den Anforderungen des Einsatzes. Es können folgende Träger eingesetzt werden:

- Kupferkabel (Zwei- oder Vierdrahtleitungen) für eine Übertragungsgeschwindigkeit bis 201 kBit/s bei DSL. Sie sind für beliebige Netzwerkkonfigurationen geeignet.
- Koaxialkabel mit dicker oder dünner Seele (thick wire oder thin wire). Die Seele ist der Innenleiter, der die Daten überträgt und durch den Außenleiter vor Störstrahlung abgeschirmt wird. Die Übertragungskapazität reicht bis 10 MBit/s.
- Lichtwellenleiter (LWL) sind Faserbündel aus Glas, in denen Lichtblitze innerhalb der Faser total reflektiert werden. LWL eignen sich besonders zur Verbindung von mehreren lokalen Netzen. Die Übertragungskapazität liegt bei 100 GBit/s. Im Gegensatz zu metallischen Kabeln, bei denen die Datenübertragung durch elektrische oder magnetische Felder beeinflusst werden kann, sind LWL völlig unempfindlich. Sie können daher in vorhandenen Starkstromtrassen verlegt werden. LWL sind abhörsicher, da ein Anzapfen der Information nur über eine mechanische Beschädigung des LWL erfolgen kann.
- Funknetzwerke (wireless LAN, WLAN oder Wi-Fi) dienen dazu, mobile Rechner mit einem Festnetz leitungslos zu verbinden. Die Übertragungsrate reicht, je nach Standard, bis etwa 1 Gbit/s. Die Reichweite ist begrenzt auf etwa 300 m.
- Richtfunkstrecken zur Verbindung zwischen zwei Punkten in Sichtkontakt (z. B. zwischen zwei Hochhäusern). Die Eigenschaften sind (bis auf die Abhörsicherheit) vergleichbar mit Lichtwellenleitern.

Um zwischen unterschiedlichen Rechnern bzw. heterogenen Netzwerken Daten austauschen zu können, sind neben der physikalischen Verbindung *Protokolle*[33] nötig. Diese können für Datentransport, Datenaustausch und Struktur der ausgetauschten Daten erforderlich sein, die aus Gründen der Wirtschaftlichkeit standardisiert sind. Das standardisierte Protokoll, auf dem alle heute verwendeten Protokolle aufbauen, ist das in ISO/IEC 10026-1 genormte Sieben-Schichten-Modell *OSI* (Open Systems Interconnect) [PeDa-2004].

Das OSI-Modell teilt die Kommunikation zwischen Rechnern in sieben hierarchisch angeordnete Schichten ein, denen jeweils genau beschriebene Aufgaben für die Kommunikation zugeordnet werden. Dabei ist es zulässig, dass einzelne Schichten bei Bedarf in mehrere gleichrangige Unterschichten unterteilt werden können. Umgekehrt können auch einzelne Schichten oder Teilschichten leer bleiben, wenn die entsprechenden Funktionen nicht benötigt werden. Für jede Schicht sind der benötigte Funktionsumfang sowie die Datenweitergabe an die darüberliegende und die darunterliegende Schicht vorgegeben. Eine Implementierungsvorschrift existiert dabei nicht, sodass eine Schicht mit unterschiedlichen Protokollen realisiert werden kann, sofern diese Protokolle das im OSI-Modell geforderte Verhalten der Schicht erfüllen.

Beim OSI-Modell gilt, dass eine Schicht N auf einem Rechner A nur mit der gleichen Schicht N auf dem Rechner B kommunizieren kann (Peer-to-Peer-Communication). Dabei nutzt eine Schicht die Dienste der darunterliegenden Schicht und stellt Dienstleistungen für die über ihr liegende Schicht zur Verfügung. Die erste, unterste Schicht setzt auf dem Netzwerkträger auf, bedient sich also der Hardware, die letzte oder oberste Schicht stellt die übertragenen Daten dem jeweiligen Anwendungsprogramm auf dem angesteuerten Rechner zur Verfügung.

Die einzelnen Schichten von unten nach oben sind:

- Die *physikalische Schicht* (Physical Layer) stellt die physikalische Verbindung der Kommunikationspartner her, indem funktionale, elektrische und mechanische Parameter festgelegt werden, wie Senden und Empfangen der Bitströme, elektrische Darstellung der Signale, Übertragungstechnologie und die Anschlusstechnik. Die einzige Fehlermöglichkeit ist der Ausfall der physikalischen Verbindung.
- Die *Verbindungsschicht* (Data Link Layer) legt den Rahmen für den Datentransport fest, übernimmt die Fehlererkennung und -behandlung, die Synchronisation des Datentransports sowie die Markierung von Anfang und Ende eines Datenpaketes sowie die Kontrolle des Datenflusses.
- Die *Netzwerkschicht* (Network Layer, IP-Schicht) hat die Aufgabe, die Vermittlung, die Fehlererkennung, die Adressierung, den Auf- und Abbau der Verbindung sowie den Datentransport selbst zu realisieren. Hierzu gehört z. B. IP-Protokoll (Internet Protocol,

---

[33] Ein Protokoll ist eine programmartige Vereinbarung zum Austausch von Daten zwischen Programmen, Geräten und Systemen. Die darin enthaltenen Verfahrensregeln ermöglichen eine Datenübertragung in festgelegten Formaten und Abläufen.

Bestandteil von TCP/IP). Bei LANs übernimmt diese Schicht außerdem das Routing, d. h. das Suchen des optimalen Weges von Rechner zu Rechner.

- Die *Transportschicht* (Transport Layer, TCP-Schicht) stellt eine netzunabhängige Kommunikationsverbindung für die Sitzungsschicht bereit und passt die Transportleistung an die Leistungsfähigkeit des bestehenden Netzes an. Über diese Schicht erfolgt die Vernetzung von Rechnern unterschiedlicher Hersteller Mit dieser Schicht sind die reinen Datentransportfunktionen im OSI-Modell abgeschlossen.
- Die *Sitzungsschicht* oder Kommunikationssteuerungsschicht (Session Layer) übernimmt für die darüberliegende Präsentationsschicht den Beginn, die Durchführung und das Beenden einer Verbindung (Sitzung), die Überwachung aller Betriebsparameter während der Sitzung und die Datenflusssteuerung. Als Werkzeuge stehen dazu Dialogverwaltung, Synchronisation, Wiederaufbau der Verbindung im Fehlerfall, die Generierung von Schlüsselwörtern (Passwort) und Verfahren zur Berechnung der Nutzungsgebühren zur Verfügung.
- Die *Präsentationsschicht* (Presentation Layer) interpretiert die Daten für die darüberliegende Anwendungsschicht. Die Aufgaben bestehen aus der Überwachung der Dateneingabe, des Informationsaustausches und der Umwandlung von Datencode und -formaten aus der lokalen Syntax des Anwendungsprogramms in die Syntax des Netzwerktransports und umgekehrt.
- Die *Anwendungsschicht* (Application Layer) enthält die Schnittstelle zum Anwendungsprogramm, z. B. Datei-Transfer, Job-Transfer im Rahmen eines Funktionsverbundes oder Nachrichten-Übermittlung.

Der Austausch von Daten zwischen zwei Anwendungsprogrammen erfolgt vereinfacht nach dem in Abb. 3.22 dargestellten Schema.

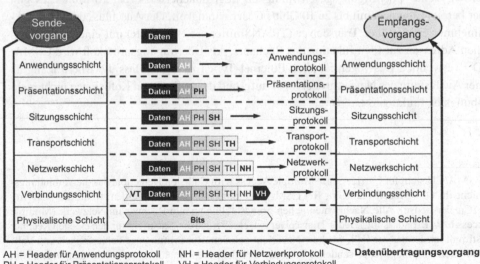

AH = Header für Anwendungsprotokoll   NH = Header für Netzwerkprotokoll   **Datenübertragungsvorgang**
PH = Header für Präsentationsprotokoll   VH = Header für Verbindungsprotokoll
SH = Header für Sitzungsprotokoll   VT = Terminator für Verbindungsprotokoll
TH = Header für Transportprotokoll

Abb. 3.22 Datenübertragung in einem Netzwerk nach dem OSI-Modell

Die Daten werden an der obersten Schicht an das OSI-Modell übergeben. Sukzessive werden nun die benötigten Übertragungsinformationen Schicht für Schicht vor die eigentlichen Daten als Kopfinformation (Header) geschrieben. Auf der Verbindungsebene wird das Paket mit einer Begrenzungsinformation (Terminator) abgeschlossen. Das Paket aus Daten und Übertragungsinformationen wird auf der untersten Schicht als Bitstrom über den Netzwerkträger versandt. An der empfangenden Station wird der Vorgang in umgekehrter Reihenfolge durchlaufen, d. h. aufsteigend von Schicht zu Schicht werden die nur für die Übertragung benötigten Informationen entfernt, bis am Ende die eigentlichen Daten an das angesteuerte Anwendungsprogramm übergeben werden können.

Daten können nach dem OSI-Modell zwischen Anwendungsprozessen auf unterschiedlichen Rechnern nicht nur direkt, sondern auch über Zwischensysteme übertragen werden.

- Ein *Repeater* liegt vor, wenn die Übertragung nur auf der physikalischen Ebene erfolgt. Dies bedingt, dass beide Netzwerke die gleichen Träger und Protokolle verwenden.
- Eine *Bridge* (Brücke) wird benötigt, wenn das Protokoll unterschiedlich ist, die Netzwerkträger aber vergleichbare Leistungscharakteristika aufweisen.
- Ein *Router* überträgt die Daten von einem Netzwerk in ein anderes, bezüglich der physikalischen und Verbindungsebene völlig unterschiedliches Netzwerk.

Auf der Basis des OSI-Modells hat sich eine ganze Reihe von Protokollen gebildet. Das am weitesten verbreitete Protokoll ist das *Ethernet* (genormt in IEEE 802.3), das zunächst von der Firma Rank Xerox und später von Intel und Digital Equipment entwickelt wurde. Das Ethernet kann auf allen Trägern (mit unterschiedlicher Leistungsfähigkeit) eingesetzt werden. Seine Übertragungsgeschwindigkeit liegt üblicherweise bei 10 Mbit/s, es gibt aber bereits Ethernets mit bis zu 10 Gbit/s Geschwindigkeit. Der Anschluss der Netzwerkteilnehmer erfolgt über Transceiver (TRANSmitter + ReCEIVER) mit eindeutigen logischen Adressen zur Identifikation des Rechners. Als Übertragungsprotokoll wird CSMA/CD[34] verwendet. Deswegen ist allen Ethernet-Typen zu eigen, dass die Übertragung ab einer Auslastung des Netzes größer 40 % aufgrund der zahlreichen Kollisionen nicht mehr reibungslos funktioniert.

---

[34] CSMA/CD steht für Carrier Sense Multiple Access with Collision Detection, das die Verbindungsschicht im OSI-Modell realisiert. Bei CSMA/CD kann nur gesendet werden, wenn das Netz frei ist (Carrier Sense). Alle Nachrichten gehen grundsätzlich an alle Rechner im Netzwerk (Multiple Access bzw. Broadcasting). Jeder Transceiver entscheidet, ob die Nachricht für den eigenen Rechner bestimmt ist. Ist das der Fall, wird die Nachricht geladen. Zur Prüfung auf Fehlerfreiheit und Vollständigkeit empfängt jeder sendende Rechner aus dem Netz nochmals seine eigenen Daten vom Empfänger und vergleicht diese mit dem Original. Wird dabei ein Unterschied festgestellt, so bedeutet dies, dass parallel ein anderer Rechner gesendet hat, so dass sich auf dem Netz eine Kollision mit der anderen Sendung ereignet hat (Collision Detection). In diesem Fall wird die Datenübertragung abgebrochen und zu einem späteren Zeitpunkt wiederholt.

Weitere verwendete Protokolle sind:

- ISDN (Integrated Service Digital Network) bietet eine Übertragungsgeschwindigkeit von max. 64 kbit/s, ermöglicht dabei die gemeinsame Übertragung von Text, Bild und Sprache. Das Einsatzgebiet sind überwiegend WANs.
- DSL (Digital Subscriber Line) wird auf vorhandene Telefonleitungen (nur Kupferleitungen) aufmoduliert. Es bietet hohe Übertragungsgeschwindigkeit, bis zu max. 200 Mbit/s Ladegeschwindigkeit vom Netz auf den eigenen Rechner (Downstream) und max. 200 Mbit/s Geschwindigkeit zum Senden von Daten vom eigenen Rechner (Upstream).
- FDDI (Fiber Distributed Data Interface) nutzt die OSI-Schichten Physikalische Schicht und Verbindungsschicht und bildet damit eine Brücke zur Verbindung von LANs. Derzeit liegt die Übertragungsrate bei 1000 Mbit/s. Als Träger werden LWL in einem doppelten gegenläufigen Ring mit Token-Zugriffsmechanismus[35] verwendet. Mit dieser Ringtopologie ist eine sehr hohe Absicherung gegen Defekte auf der Leitung möglich.
- ATM (Asynchronous Transfer Mode) ist ein Netzwerk aus Punkt-zu-Punkt-Verbindungen, wobei in ATM jeder Rechner kleine Datenpakete sehr schnell weiterleiten kann. Die Übertragungsgeschwindigkeit liegt bei etwa 622 MBit/s (über analoge Telefonleitung).
- Bluetooth (benannt nach König Harald Blauzahn von Dänemark) für die drahtlose Kommunikation im Nahbereich (Mobiltelefonie, Datenübertragung zwischen Peripheriegeräten eines Rechners). Die Übertragung erfolgt über eine Funkverbindung im 2,4 GHz-Bereich, ihre Geschwindigkeit liegt bei etwa 2,1 MBit/s.

Eine *Firewall* dient zur Abschirmung der eigenen IT-Landschaft zum Schutz vor unberechtigtem externen Zugriff aus dem Internet, vor Angriffen und schädlichen Programmen. Der Schutz kann nur durch eine korrekt konfigurierte Firewall in Kombination mit aktueller Anti-Viren-Software erreicht werden. Man unterscheidet zwischen einer Hardware-Firewall (mithilfe eines separaten Rechners) und einer Software-Firewall, die durch ein im Hintergrund laufendes Programm realisiert wird. Die Firewall führt zunächst eine Eingangskontrolle durch, damit nur autorisierte Personen und Programme von außen Daten zum eigenen System senden bzw. Informationen abrufen können. Verbunden damit ist eine Ausgangskontrolle, damit nur autorisierte Personen und Programme Netzwerkverbindungen nach außen herstellen und Daten versenden können.

Einen vollständigen Schutz vor Angriffen kann eine Firewall allerdings nicht realisieren. Dazu ist vielmehr eine physikalische Trennung von Intranet und Internet notwendig,

---

[35] Auf dem Netz kreist in einer Richtung ein Bit-Muster („Token"). Wenn ein Rechner im Netz eine Nachricht senden will, nimmt er das Token, modifiziert es mit Zieladresse und der zu übertragenden Nachricht zu einer Sendung und gibt diese auf das Netz. Jeder der folgenden Rechner prüft, ob die Zieladresse der Sendung mit der eigenen Adresse übereinstimmt. Wenn nicht, wird die Sendung weitergegeben. Liegt eine Übereinstimmung vor, wird die Sendung eingelesen und der eingelesene Inhalt zum Sender zurückgeschickt. Der Sender prüft die Übereinstimmung und gibt im Erfolgsfall das Token wieder frei, so dass der nächste Rechner senden kann. Sonst wird der Vorgang wiederholt. Solange dieser Kreislauf nicht abgeschlossen ist, kann kein anderer Rechner senden. Im Gegensatz zu CSMA/CD gibt es beim Token-Verfahren keine Kollisionen, da immer nur eine einzige Sendung im Netz in einer Richtung unterwegs ist. Der Durchsatz ist damit viel höher.

indem die Netzverbindung zwischen „innen" und „außen" physikalisch (durch Ziehen des Steckers) unterbrochen wird.

Zu den schädlichen Programmen zählen

- Viren: Programme, die vom Anwender nicht erwünschte Aktionen auf dem Rechner ausführen und dadurch Schaden anrichten,
- Würmer: Programme, die sich selbst per E-Mail verbreiten und so das Netzwerk überlasten,
- Trojanische Pferde („Trojaner"): Viren, die in einem anderen Programm versteckt sind und fremden Personen Zugriff auf den eigenen Rechner verschaffen,
- Spyware: Programme, die ohne Wissen des Anwenders vertrauliche oder persönliche Daten an fremde Adressen übermitteln.
- Ransomware: Programme, welche die Daten auf diesem Rechner und sämtliche angeschlossenen Netzlaufwerke verschlüsseln und für die Entschlüsselung oder Freigabe ein Lösegeld erpressen.

Eine Kombination dieser Schädlinge ist möglich. Um schädliche Programme zu vermeiden, sollte das Anti-Viren Programm stets aktuell gehalten werden. Zudem sollten regelmäßige Sicherungen auf einem Medium, auf das die schädliche Software keinen Zugriff hat, gemacht werden (beispielsweise externe Festplatten, DVD, CD-ROM, Cloud, siehe auch Abschn. 12.5). E-Mail-Anhänge in bestimmten Formaten können kritisch sein (beispielsweise.zip- und Word-Dateien), da sie eingebettete Schadsoftware enthalten können. Anhänge von unbekannten Absendern sollten grundsätzlich nicht geöffnet werden. Im Browser können sogenannte Scriptblocker installiert werden, welche die Ausführung von aktiven Inhalten und automatischen Downloads unterbindet.

3.4   Internet

Alle im vorigen Abschnitt angesprochenen Funktionen, Konfigurationen, Träger und Protokolle werden in beliebigen Kombinationen im *Internet*, dem größten bestehenden Netzwerk in der Welt, eingesetzt. Das Internet entstand in den 1960er Jahren auf der Basis des ARPAnet[36], das zur Vernetzung von Universitäten und Forschungseinrichtungen benutzt wurde. Später kamen die Möglichkeit zum Verschicken von E-Mails und, seit den 1990er Jahren, der Webbrowser dazu, ein Programm zum Betrachten und Herunterladen von Texten und Grafiken aus dem Internet auf den eigenen Rechner. Dies geschieht mit dem Hypertext Transfer Protocol (http), ein Protokoll zur Übertragung von Hypertext über das Internet. Ein „Hypertext" ist ein Datensatz, bestehend aus in

---

[36] ARPA = Advanced Research Projekt Agency, eine Abteilung des amerikanischen Verteidigungs-ministeriums.

mehreren Dateien stehenden, netzwerkartig organisierten Texten und Grafiken, die erst bei Bedarf zusammengestellt werden. Die Verbindung zwischen ihnen wird durch Hyperlinks hergestellt. Ein „Hyperlink" ist eine aufrufbare Adresse eines Datensatzes, die beliebig oft in einem anderen Datensatz vorhanden sein kann[37]. Http wird hauptsächlich eingesetzt, um Webseiten und andere Daten aus dem World Wide Web (WWW) in einen Webbrowser auf dem lokalen Rechner zu laden, um so von einer zur nächsten Seite im Internet zu stöbern (= browsen).

Das Internet ist als dezentrales Netzwerk aufgebaut, um eine hohe Ausfallsicherheit zu gewährleisten. So gibt es zwischen zwei Rechnern immer mehr als eine mögliche Verbindung, die auch erst bei Bedarf geschaltet werden. Optimierung und Kontrolle des Datenverkehrs geschieht mittels Server, wobei jeder Server ein lokales Netz betreut. Hochleistungsdatenkanäle, sogenannte „Backbones" (im Sinne von Rückgrat, Hauptleitung) ermöglichen die Verbindung zu anderen lokalen Netzen, fassen diese zusammen und sind in der Regel schneller als Verbindungen über die Summe der lokal verbundenen Netzte. Die Adressierung auf dem Netz erfolgt über eindeutige Knotennummern, die über eine Namenskonvention in Domänen beliebig detailliert werden können[38].

Im Internet lassen sich beliebige konfigurierte Unternetzwerke bilden.

- Man spricht von einem *Intranet*, wenn ein solches Unternetzwerk auf ein Unternehmen oder einen engen Verbund verschiedener Partner beschränkt ist und es klar definierte Regeln für die Nutzer, den Zugriff und die Nutzung der im Unternetzwerk zirkulierenden Informationen gibt. Das Intranet kann an definierten Stellen eine kontrollierte Verbindung zum Internet haben.
- Handelt es sich um einen definierten Verbund zwischen Intranets festgelegter Gruppen, beispielsweise Kunden und Zulieferanten, so spricht man von einem *Extranet* (und kann damit die Gleichung „Internet = Intranet + Extranet" aufstellen).
- Wird zum Austausch privater Daten (d. h. Daten eines definierten Benutzerkreises) das Internet in einer Form benutzt, als ob dieses ein LAN für diesen Benutzerkreis wäre, dann spricht man von einem *VPN*, einem virtuellen privaten Netz. Dabei erfolgt die Informationsübertragung über das öffentliche Netz, in der Regel in verschlüsselter Form.

Im Internet kann heute vom eigenen lokalen Rechner auf unterschiedliche Dienste über sogenannte Portale zugegriffen werden. Diese laufen auf eigenen Servern. Seit einiger Zeit werden zudem alle Möglichkeiten von Daten-, Funktions- und Lastverbund in einer

---

[37] Hypertetxt, Hyperlinks und das Hyptertext transfer protocol wurden in den 1980er Jahren von Timothy Bernes-Lee am CERN in Genf (Schweiz) entwickelt. Dort entstand auch das erste World Wide Web, www.

[38] Die Adresse wird von rechts nach links gelesen, wobei die Trennung der einzelnen Domäne durch Punkte erfolgt. So bedeutet zum Beispiel „http://lmi.uni-magdeburg.de" zunächst die Domäne de (Deutschland), dann die Unterdomäne „Universität Magdeburg" und schließlich die darunterliegende Domäne „Lehrstuhl für Maschinenbauinformatik".

sogenannten „Datenwolke" (Cloud computing) angeboten, was das Suchen, Herunterladen und Hochladen von Daten und das Ausführen von Programmen, die auf externen Servern laufen betrifft. Für das (redundante) Speichern eigener Daten bieten verschiedene Anbieter sehr effiziente Infrastrukturen an, bestehend aus Hochleistungsrechnern mit enormen Speicherkapazitäten, die in abgelegenen Gegenden mit günstigen Klimaverhältnissen installiert sind („Rechnerfarm"). Das bietet neben der redundanten Speicherung zur Datensicherung den Vorteil, dass man von jedem Rechner (oder Tablet oder Mobiltelefon usw.) und von überall über das Internet auf seine Daten zugreifen kann und dass es einen Schutz gegen eigenen Datenverlust gibt. Man muss sich darüber aber auch klar sein, dass in der Cloud gespeicherte Daten durchaus verwundbarer sind (gegenüber Mitlesen und Änderungen), nicht nur beim Übertragen, sondern auch am (externen) Speicherort selbst, als die auf dem eigenen Rechner oder Rechnernetzwerk gespeicherten Daten – vorausgesetzt, dass auf den eigenen Systemen alle notwendigen Maßnahmen zur Sicherung der Daten getroffen worden sind.

Es verwundert nicht, dass für die Nutzung des Internets im Jahr 2012 etwa 900 Terawattstunden benötigt wurden. Das sind 5 % der weltweiten Energieproduktion und diese Tendenz ist weiter steigend [HLLC-2014].

Literatur

[Burc-2016]   Burckhardt, M.: Mit Engelbarts Maus machten andere Mäuse. Frankfurter Allgemeine Zeitung vom 21. 06. 2016
[Dürr-1998]   Dürr, A. M.: Informationsbewirtschaftung. Den Paradigmenwechsel sicher bewältigen. In: Manecke, H.-J. (Hrsg.): Human relations in der Informationsvermittlung. Deutsche Gesellschaft für Dokumentation Frankfurt / Main, 20. Kolloquium Oberhof, S. 43–59. Die Deutsche Gesellschaft für Dokumentation Frankfurt/Main (heute: Deutsche Gesellschaft für Information und Wissen, https://dgi-info.de) (1998)
[FHNW-2015]   Jahre Mooresches Gesetz. http://www.fhnw.ch/technik/medien-und-oeffentlichkeit/newsletter/newsletter-technik-2-2015/50. Zugegriffen: 16. Juli 2016
[HFPK-2008]   Hornstein, M., Fischler, A., Pertek, M., Koller, M.: E-Collaboration – Mehrwerte durch moderne Kommunikationsmittel schaffen, Whitepaper, namics ag, (2008)
[HLLC-2014]   Van Heddeghem, W., Lambert, S., Lannoo, B., Colle, D., Pickavet, M., Demeeester, P.: Trends in worldwide ICT electricity consumption from 2007 to 2012. Department of Information Technology (INTEC) of Ghent University, (2014)
[ITWi-2016]   http://www.itwissen.info/definition/lexikon/Mooresches-Gesetz-Moores-law.html. Zugegriffen: 05. Juli 2016
[Neum-1945]   Neumann, J. V.: First Draft of a Report on the EDVAC. Contract No. W-670-ORD-4926 between the United States Army Ordonance Department and the University of Pennsylvania Moore School of Electrical Engineering. Technischer Bericht University of Pennsylvania, (1945)
[PeDa-2004]   Peterson, L., Davie, B.: Computernetze – Ein modernes Lehrbuch. dpunkt. verlag, Heidelberg (2004)

[Schn-1991]   Schneider, H.-J. (Herausgeber): Lexikon der Informatik und Datenverarbei-
                tung (3., aktualisierte und wesentlich erweiterte Auflage). Oldenbourg-Verlag,
                München (1991)

[Stall-2002]   Stallings, W.: Betriebssysteme: Funktion und Design. Pearson Studium, ein
                Imprint der Pearson Education Deutschland GmbH, München (2002)

[Thom-2006]   Thome, R.: Grundzüge der Wirtschaftsinformatik. Pearson Studium, ein Imprint
                der Pearson Education Deutschland GmbH, München (2006)

[Turi-1936]   Turing, A. M.: On Computable Numbers, with an Application to the Entschei-
                dungsproblem. Proceedings of the London Mathematical Society, Series 2, Vol.
                42, S. 230–265. (1936), Korrekturen in Proceedings of the London Mathemati-
                cal Society, Series 2, Vol. 43, S. 544–546. (1937)

[VaSc-1990]   Vajna, S., Schlingensiepen, J.: Wörterbuch der C-Technologien. Dressler Verlag,
                Heidelberg (1990)

[VWBZ-2009]   Vajna, S., Weber, C., Bley, H., Zeman, K.: CAx für Ingenieure, eine praxis-
                bezogene Einführung (zweite völlig neu bearbeitete Auflage). Springer-Verlag,
                Berlin (2009)

[Wahr-1976]   Wahrig, G.: Deutsches Wörterbuch. Bertelsmann Lexikon-Verlag, Gütersloh
                (1978)

Grundlagen der Modellbildung 4

Bei der Anwendung von CAx-Systeme wird rechnerintern eine Fülle verschiedenster Modelle verwendet, die sich auf unterschiedliche Modellvorstellungen und Modellierungskonzepte stützen und damit zu den wichtigsten Fundamenten von CAx-Systemen gehören. Den Grundlagen der Modellbildung kommt daher gerade im Zusammenhang mit CAx-Systemen eine besonders große Bedeutung zu, weshalb in diesem Kapitel näher darauf eingegangen werden soll.

Moderne technische Produkte, auf die sich die in diesem Buch behandelten CAx-Systeme beziehen, stellen häufig komplexe technische oder (sozio-)technische Systeme dar (z. B. mechatronische Systeme, intelligente technische Systeme oder Cyber-Physische Systeme, Produkt-Service Systeme (siehe Abschn. 4.2.1)), in denen Elemente aus verschiedenen Disziplinen (Mechanik, Elektrotechnik, Elektronik, Regelungstechnik, Thermodynamik, Informations- und Kommunikationstechnik, Softwareengineering, Produktionstechnik, Logistik usw.) integriert werden. Manche der Begriffe, die im Zusammenhang mit der Modellbildung solcher Systeme oder deren Elemente verwendet werden, stehen in den zahlreichen Anwendungsbereichen von CAx-Systemen mit zum Teil voneinander abweichenden, manchmal sogar widersprüchlichen Bedeutungen in Gebrauch. Die in der zugehörigen Fachliteratur angeführten Definitionen beziehen sich oftmals nur auf relativ eng umgrenzte Gebiete und repräsentieren daher vielfach recht spezifische Bedeutungen mit nur „lokaler Gültigkeit". Gerade in der Zusammenarbeit unterschiedlichster Disziplinen, die zur Erstellung und zum Betrieb von immer interdisziplinärer und komplexer werdenden Produkten zunehmend gefordert ist, kommt es dadurch häufig zu Missverständnissen, die gravierende Folgen haben können.

Zur Vermeidung von Widersprüchen und Missverständnissen bei der Disziplinen übergreifenden Verwendung wichtiger Begriffe in den recht verschiedenen, in diesem Buch angesprochenen Anwendungsbereichen von CAx-Systemen besteht erheblicher Bedarf, ein möglichst einheitliches Verständnis für diese Begriffe zu entwickeln. Deshalb wird in diesem Kapitel auch der betreffenden Terminologie ein angemessener Umfang

© Springer-Verlag GmbH Deutschland, ein Teil von Springer Nature 2018
S. Vajna et al., *CAx für Ingenieure*,
https://doi.org/10.1007/978-3-662-54624-6_4

eingeräumt. Es wird dabei der Versuch unternommen, für Begriffe, die einen sehr weiten Anwendungsbereich haben (wie etwa System, Modell, Zustand, Zustandsgrößen, Merkmale, Eigenschaften, Prozess, Parameter usw.) eine konsistente, einheitliche Interpretation zu finden, die für möglichst viele Anwendungsbereiche von CAx-Systemen bzw. für die dabei verwendeten Modelle sinnvoll ist. Damit soll auch ein stärkerer Bezug zwischen der **Systemtechnik** und den vielfältigen, nicht nur technischen Systemen aus den verschiedenen Anwendungsbereichen von CAx-Systemen hergestellt werden.

4.1   Bedeutung und Nutzen von Modellen

Gemäß [DaHu-2002] „besteht ein wesentliches Prinzip des Systemdenkens darin, durch modellhafte Abbildungen Systeme und komplexe Zusammenhänge zu veranschaulichen. Modelle sind Abstraktionen und Vereinfachungen der Realität[1] und zeigen deshalb auch nur Teilaspekte auf. Es ist daher wichtig, dass die Modelle im Hinblick auf die Situation und die Problemstellung genügend aussagefähig sind. Dies bedeutet, dass bei allen Überlegungen die Frage nach der Zweckmäßigkeit und der Problemrelevanz zu stellen ist." Züst behauptet sogar in [Zues-2004], dass „Modelle die Grundlage jeder Kommunikation mit sich selbst und mit anderen sind und Menschen grundsätzlich in Modellen denken." Der Mensch ist somit im täglichen Leben ständig mit Modellen konfrontiert und verwendet sie in großem Umfang, vielfach auch unbewusst. Beispiele sind etwa Modelle für technische Gebilde wie Maschinen, Werkstoffe oder Schaltkreise, für Fertigungszeiten, Information, Wissen usw., aber auch Modelle für Investitions- und Betriebskosten, für Kursentwicklungen an der Börse oder Rentenmodelle (Abb. 4.1). Eine grundlegende Auseinandersetzung

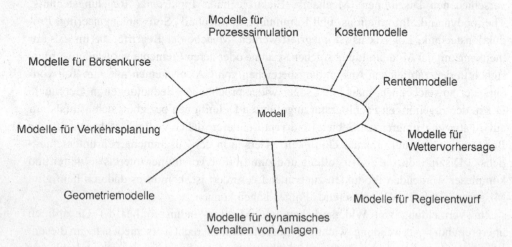

Abb. 4.1 Beispiele für Modelle aus verschiedenen Anwendungsbereichen

---

[1] Allgemeiner und sinnvoller ist es, nicht nur die Realität, sondern auch nicht-reale, immaterielle oder gedachte Objekte einzuschließen (siehe Abschn. 4.3.1).

von Produkt- und Prozessmodellen sowie von Methoden der Modellbildung speziell im Hinblick auf Maschinenbau und Mechatronik ist in [Avgo-2007] zu finden.

Während des Produktentstehungsprozesses ist eine Vielzahl von ineinander greifenden Aufgabenstellungen zu lösen. Da es dem Produktentwickler in der Regel nicht möglich ist, die gestellten (Design-) Aufgaben in ihrer Gesamtheit zu erfassen und zu lösen, benötigt er Geschick und geeignete Methoden, um sich darüber den nötigen Überblick zu verschaffen und zu bewahren, wozu vereinfachte modellhafte Vorstellungen und Gedanken besonders beitragen.

Alle Betrachtungen bzw. Wahrnehmungen (Beobachtungen, Messungen, Darstellungen, Analysen, Berechnungen, Simulationen, Bewertungen) in Bezug auf materielle oder immaterielle Objekte (Bauteile, Systeme, Prozesse[2], Software usw.) setzen auf bestimmten (z. B. physikalischen, geometrischen, prozessualen) Idealisierungen, Annahmen und Gesetzmäßigkeiten auf, mit deren Hilfe die charakteristischen Eigenschaften (siehe Kap. 2 und Abschn. 4.2.3) wie etwa Baustruktur, Geometrie, Aussehen oder Verhalten der zu untersuchenden natürlichen oder künstlichen Objekte in Modellen erfasst werden. Modelle sind in diesem Sinne (ganz allgemein) materielle oder immaterielle Konstrukte (z. B. Anschauungsmodelle, Prototypen, Konstruktionszeichnungen, Schaltpläne, mathematische Gleichungen, aber auch Gedankenmodelle bzw. mentale Modelle, Vorstellungen, Bilder usw.), die – durch Modellbildung – geschaffen werden, um für einen bestimmten Zweck ein Original zu repräsentieren. Man kann Modelle somit als zweckgerichtete, vereinfachte Abbildungen oder Nachbildungen von Originalen auffassen (siehe Abb. 4.2 und Abschn. 4.3).

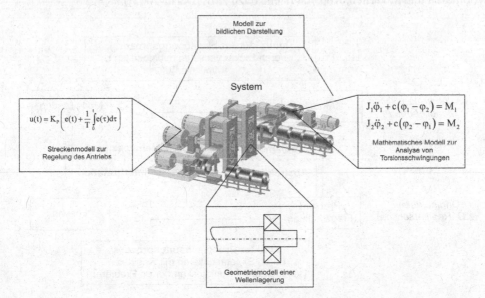

Abb. 4.2 Zweckgerichtete Nachbildung charakteristischer Eigenschaften, z. B. der Geometrie, des Aussehens oder des Verhaltens (siehe Abschn. 4.2.3) eines Systems (Originals) mithilfe von Modellen

---

[2] Der Begriff Prozess wird in Abschn. 4.2.4.2 näher beleuchtet.

Modellbildung kann damit auch gezielt zur Lösung von Problemen genutzt werden. Durch die Vorgehensweise der Modellbildung kann der Problemlösungsprozess von der Originalebene (z. B. Realitätsebene) auf eine abstrakte Ebene verlagert werden, auf der die Lösungsfindung in der Regel leichter fällt. Auf dieser „Modellebene" werden mithilfe abstrahierter Modelle Lösungen gesucht und erarbeitet mit dem Ziel, dass die Modelllösung bzw. deren Interpretation möglichst hohe Relevanz (Validität, Gültigkeit) für die Lösung des ursprünglichen (originalen, z. B. realen) Problems hat. Modellbildung ist somit eine wichtige **Problemlösungstechnik** im Sinne einer zielgerichteten Vereinfachung eines (nicht notwendigerweise realen) Originals durch Abstraktion (siehe Abb. 4.3).

Zum Begriff „Realität" gibt es verschiedene Definitionen. Die direkte Übersetzung aus dem Lateinischen lautet „Wirklichkeit, Tatsache, Gegebenheit" [Meye-2007][3].

In Technik und Naturwissenschaften wird ein Realitätsbegriff benötigt, der zumindest die Möglichkeit zulässt, dass (technische) Gebilde real existieren und (zumindest ein Teil der) Wahrheit über deren Realität durch Messergebnisse repräsentiert werden kann. Ansonsten könnten an diesen Gebilden Regelmäßigkeiten nicht beobachtet und Prognosen nicht erstellt werden. Die vorgefundene Wirklichkeit wird von der Wissenschaft über Wahrnehmungen, Hypothesen und Modellierung in Symbole einer Theoriesprache, z. B. durch mathematische Formalisierung, übersetzt. Wissenschaftliche Daten entstehen dabei im Zusammenhang mit Theorien (Hypothesen, Modellen) über diese Wirklichkeit und erlangen ihre Bedeutung bzw. Interpretation daher erst in Verbindung mit den jeweiligen Hypothesen und Modellen, Abb. 4.4 (siehe dazu z. B. [DaHu-2002]).

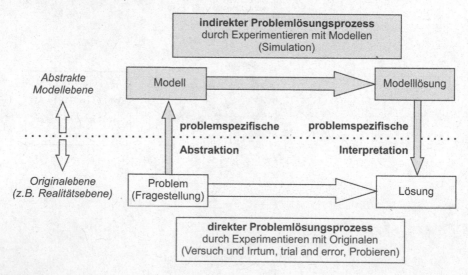

Abb. 4.3 Problemlösung (**a**) direkt und (**b**) indirekt durch problemspezifische Abstraktion (Modellbildung), Simulation und Interpretation

---

[3] Weitere Deutungen betreffen eher philosophische Aspekte und werden hier nicht weiter verfolgt.

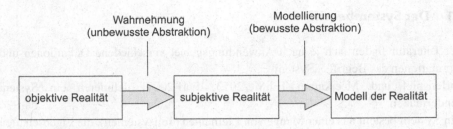

Abb. 4.4 Modellbildung als Abstraktion

Die angeführten Hinweise und Überlegungen belegen die enorme Bedeutung der Modellbildung und den großen Nutzen von Modellen zur Lösung (komplexer) Probleme.

4.2   Systeme

Ein *System* beschreibt eine Menge von Elementen (Objekten) und ihre Wechselwirkungen sowohl untereinander (gegenseitige Beeinflussung) als auch mit der Umgebung (z. B. ein Fahrzeug in Wechselwirkung mit der Fahrumgebung, etwa mit der Straße oder mit der Luft). Es ist manchmal hilfreich, die Umgebung (auch Systemumgebung, Umgebungssystem oder Umsystem genannt) als ein weiteres, dem System zwar zugeordnetes, besonderes Element aufzufassen, das allerdings außerhalb der Systemgrenzen liegt. Die Interaktion mit der Umgebung (mit diesem Umgebungselement) kann unterteilt werden in Einflüsse von außen (Eingänge wie z. B. Stellgrößen[4], Störungen, Energie oder Information) und Einflüsse nach außen (Ausgänge wie z. B. Stellgrößen, Regelgrößen oder Prozessgrößen wie Energie oder Materie) [Gips-1999], Abb. 4.5. Bereits der Gedanke, ein zu untersuchendes Original (z. B. ein existierendes Produkt in Form eines realen Gebildes oder ein neues Produkt in Form eines Gedankengebildes) als System aufzufassen, stellt eine Abstraktion des Originals dar, bedeutet damit einen Modellbildungsschritt und setzt eine modellhafte Vorstellung über das Original voraus.

Kundenanforderungen und –wünsche beziehen sich primär immer auf „das Produkt", das als Gesamtsystem zu verstehen ist, und höchstens partiell auf Komponenten oder einzelne Bauteile oder Bauelemente dieses Produkts, die als Teilsysteme oder Elemente des Gesamtsystems aufgefasst werden können. Unter anderem daraus resultiert die besondere Bedeutung des Denkens in Systemen für die Produktentwicklung.

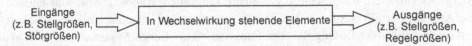

Abb. 4.5 Einflüsse von außen (Eingänge) und Wirkungen nach außen (Ausgänge) bei offenen Systemen

---

[4] Stellgrößen (auch Aktoren oder Aktuatoren genannt) sind Systemgrößen, die gezielt in einen Prozess (ein System) eingreifen (siehe dazu auch „Mechatronische Systeme" in Abschn. 4.2.1.3).

4.2.1 Der Systembegriff

In der Literatur finden sich je nach Anwendungsgebiet verschiedene Definitionen und Interpretationen des Begriffs „System".

Ehrlenspiel und Meerkamm [EhMe-2013, Ehrl-2007] definieren ein System folgendermaßen:

- Ein System besteht aus einer Menge von Elementen (Teilsystemen), die Eigenschaften besitzen und durch Beziehungen miteinander verknüpft sind. Das System wird durch eine Systemgrenze von der Umgebung abgegrenzt und steht mit der Umgebung durch Ein- und Ausgangsgrößen in Beziehung[5]. Die Funktion eines Systems kann durch den Unterschied der dem Zweck entsprechenden Ein- und Ausgangsgrößen beschrieben werden. Die Systemelemente können selbst wiederum Systeme sein, die aus Elementen und Beziehungen bestehen.

In der DIN 19226 [DIN-19226] findet sich eine Definition speziell für die Regelungs- und Steuerungstechnik:

- Ein System ist eine abgegrenzte Anordnung von aufeinander einwirkenden Gebilden. Solche Gebilde können sowohl Gegenstände als auch Denkmethoden und deren Ergebnisse sein. Diese Anordnung wird durch eine Hüllfläche von ihrer Umgebung abgegrenzt oder abgegrenzt gedacht. Durch die Hüllfläche werden Verbindungen des Systems mit seiner Umgebung geschnitten. Die mit diesen Verbindungen übertragenen Eigenschaften und Zustände sind die Größen, deren Beziehungen untereinander das dem System eigentümliche Verhalten beschreiben. Durch zweckmäßiges Zusammenfügen und Unterteilen von solchen Systemen können größere und kleinere Systeme entstehen.

In diesem Buch soll unter einem *System* der von Ehrlenspiel und Meerkamm definierte Begriff – mit den in DIN 19226 angeführten expliziten Konkretisierungen, insbesondere betreffend Denkmethoden, Eigenschaften, Zuständen und Verhalten – verstanden werden und damit sowohl materielle Systeme (z. B. materielle Sachsysteme) als auch immaterielle Systeme (immaterielle Sachsysteme (z. B. Software), Handlungssysteme, in denen Prozesse (im Sinne von Vorgehensweisen) realisiert werden) umfassen (siehe Abschn. 4.2.1.1). Diese Definition schließt auch die Interpretation ein, dass ein (mathematisches) Modell eines Originals ebenfalls wieder als System aufgefasst werden kann.

Der Zweck eines technischen Systems besteht darin, bestimmte Aufgaben zu erfüllen, die sich aus den an das System gestellten Anforderungen ergeben. Die Funktionen eines Systems spezifizieren, durch welche gewollten Tätigkeiten, Aktionen bzw. Maßnahmen diese Aufgaben erfüllt werden sollen. Damit stellen sie den ersten, abstraktesten Schritt zur Ausarbeitung einer Lösung dar. Die Funktion eines offenen Systems kann auch als Übertragungsprozess angesehen werden, bei dem die Eingänge des Systems in dessen Ausgänge umgesetzt werden. Der Zweck eines Systems ist dann erreicht, wenn der Übertragungsprozess bestimmte, vorher festgelegte Anforderungen erfüllt [Ehrl-2007].

---

[5] Damit werden implizit offene Systeme unterstellt, denen technische Systeme aufgrund ihrer Aufgabe bzw. Funktion stets entsprechen.

4.2.1.1   Zielsystem, Sachsystem, Handlungssystem

Unter einem **Zielsystem** soll hier ein „System von Zielen" im Sinne von [Ehrl-2007] verstanden werden. Dort wird der Begriff Zielsystem im Zusammenhang mit der Integrierten Produktentwicklung vor allem auf neue Produkte bezogen. Dementsprechend werden im so genannten Zielsystem die Anforderungen hierarchisch nach ihrer Wichtigkeit strukturiert (siehe dazu auch [Hubk-1984]). Ergebnisse daraus sind (strukturierte) **Anforderungslisten** und Lasten- oder Pflichtenhefte, die Grundlage für jede Beurteilung des entstehenden Sachsystems (z. B. des neuen Produkts) sowie des damit verbundenen Handlungsprozesses (z. B. des Entwicklungsprozesses oder des gesamten Produktentstehungsprozesses) sind. Abweichend zu [Ehrl-2007, Hubk-1984 und Oerd-2009] wird in [Gips-1999] unter Zielsystem das zu beschreibende (nicht notwendigerweise reale) System, also das zu untersuchende Original (z. B. ein existierendes Produkt als reales Gebilde oder ein neues Produkt als Gedankengebilde) verstanden. Diese Bedeutung soll im Folgenden durch die Begriffe „zu untersuchendes Original" oder einfach „Original" ausgedrückt werden.

Sachsysteme sind in der Technik die von Ingenieuren kreierten Gebilde (Artefakte), die sowohl materiell (z. B. Maschinen, Maschinenteile, Geräte, Apparate), als auch immateriell (z. B. Ideen, Konzepte, Software, Montagepläne, Terminpläne) sein können. Sachsysteme sind die Objekte der Handlungssysteme und stellen somit Teilsysteme der Handlungssysteme dar. **Handlungssysteme** enthalten strukturierte Aktivitäten, die z. B. zur Zielerfüllung eines zu erstellenden Sachsystems nötig sind [Ehrl-2007, Oerd-2009]. Dazu gehören Menschen, Methoden, Vorgehensweisen, Sachmittel usw.. Die Wahl bzw. Festlegung geeigneter Originale und Zielsysteme ist somit maßgeblich für die zweckentsprechende Abgrenzung eines Systems.

4.2.1.2   Technische Systeme

Im Bereich der Ingenieurwissenschaften steht das Arbeiten mit „technischen Systemen" im Vordergrund. Die VDI-Richtlinie 2221 (Methodik zum Entwickeln und Konstruieren technischer Systeme und Produkte) [VDI-2221] definiert ein technisches System als Gesamtheit von der Umgebung (durch Systemgrenzen) abgrenzbarer, geordneter und verknüpfter Elemente, die mit dieser durch technische Eingangs- und Ausgangsgrößen in Verbindung stehen. Nach [HuEd-1996] enthält ein technisches System „technische Objekte" und wird als künstliches, „materielles Objekt" oder „Prozessobjekt" definiert. Technische Systeme sind jene Studienobjekte, auf die sich technologische Wissenschaften und Ingenieurwissenschaften beziehen. Laut [Ehrl-2007] sind technische Systeme künstlich erzeugte, geometrisch-stoffliche Gebilde, die einen bestimmten Zweck (eine Funktion) erfüllen, also Operationen (physikalische, chemische, biologische Prozesse) bewirken, und somit Sachsysteme darstellen. Sieht man vornehmlich das geometrisch-stoffliche Gebilde und weniger den Prozess oder das Verfahren, welches das Gebilde durchführt, so spricht man von einem technischen Produkt. Nach [Hubk-1984] müssen für die Betrachtung technischer Systeme Schlüsselfragen über ihren Zweck, ihre Wirkweise und ihren Aufbau beantwortet werden. Darüber hinaus wird untersucht, welche Zustände ein technisches System erreichen kann.

Im Folgenden soll auf einige besondere technische Systeme eingegangen werden, die für den Bereich der Produktentstehung und damit ebenso für CAx-Systeme von besonderer Bedeutung sind.

4.2.1.3   Mechatronische Systeme, Mechatronik

Der Begriff „Mechatronics" (deutsch „Mechatronik) wurde gemäß [VDI-2206, HaTF-1996] erstmals 1969 von Ko Kikuchi in Japan geprägt. Das Kunstwort verschmilzt die englischen Begriffe „mechanism" („mechanics") und „electronics" und drückt damit primär die Verbindung zwischen „Mechanismen" (Mechanik bzw. Maschinenbau) und „Elektronik" (einschließlich Elektrotechnik) aus. Durch die Fortschritte im Bereich Mikroelektronik und Mikroprozessortechnik hat sich später auch die Informationstechnik zu einem wesentlichen Bestandteil der Mechatronik entwickelt [VDI-2206]. Nicht nur dadurch unterliegt die Bedeutung des Begriffs Mechatronik seit dessen Entstehung einem kontinuierlichen Wandel, umfasst – entsprechend den Fortschritten in den verschiedenen technischen Disziplinen – inzwischen deutlich weitere Bereiche als zu Beginn[6] und ist nach wie vor im Fluss. Dies belegen die zahlreichen, zum Teil unterschiedlichen Definitionen und Ausführungen dazu etwa in [Desi-2005, Ehrl-2007, HeGP-2007, Iser-2005, Rodd-2006, VDI-2206].

Obwohl die Etablierung einer allgemein anerkannten, „endgültigen" Definition des Begriffs Mechatronik offensichtlich nach wie vor aussteht, herrscht zumindest über einige wesentliche Kernpunkte eines modernen Verständnisses von Mechatronik bzw. mechatronischen Systemen inzwischen eine weitgehend einheitliche Auffassung:

- Mechatronik bezeichnet demnach die synergetische Integration von Maschinenbau, Elektrotechnik/Elektronik, Regelungstechnik und Informationstechnik bei der Entwicklung und Herstellung sowie bei der Nutzung und beim Betrieb innovativer Produkte und Prozesse. Es handelt sich somit um ein interdisziplinäres Gebiet der Ingenieurwissenschaften.

- Es ist sinnvoll, zwischen zwei verschiedenen Arten der **Integration** zu unterscheiden [Iser-2005, VDI-2206]: Die erste betrifft die materiellen Komponenten (Hardware) aus den verschiedenen Disziplinen und bedeutet eine **physische, materielle** und somit auch **räumliche Integration**. Die zweite Art bezieht sich auf die Funktionen, die (vor allem durch Software) zunehmend informationsgetrieben sind. Sie wird daher als **funktionale Integration** bezeichnet und hat **immateriellen** Charakter [VDI-2206].

- Zur räumlichen Integration gehört auch die **Miniaturisierung** von Geräten und Bauteilen, durch die es ermöglicht wird, eine Vielzahl von Funktionen auf engstem Raum zu realisieren. Selbst dann, wenn der Bedarf bzw. Zwang zu einer weiteren Miniaturisierung

---

[6] Eine der am weitesten gefassten Definitionen stammt von Tomizuka [Tomi-2000, VDI-2206] und lautet: „Mechatronics is the synergistic integration of physical systems with information technology and complex decision-making in the design, manufacture and operation of industrial products and processes." Diese Definition erlaubt nicht nur Mechanismen bzw. mechanische Systeme als „Grundsysteme", sondern alle physi(kali)schen Systeme, also z. B. auch thermodynamische, biologische oder ökonomische Systeme.

im Sinne einer Verkleinerung von Bauräumen abnimmt oder sogar wegfällt, etwa dann, wenn die weitere Miniaturisierung eines Gerätes dazu führen würde, dass es aufgrund seiner geringen Größe nicht mehr bedient werden könnte (z. B. Mobiltelefon), wird der eröffnete Spielraum in der Regel dazu genutzt, die Möglichkeiten der Miniaturisierung zur weitere Erhöhung der Funktionsdichte zu nutzen. Damit bleibt auch dann die **physische Integration** im Sinne einer materiellen „Verschaltung" der Objekte als Komplexitätstreiber und damit als zunehmende Herausforderung bestehen. Die **physische Integration** hat somit allgemeineren Charakter als die räumliche Integration, da sie auch dann erforderlich ist, wenn keine räumlichen Beschränkungen, beispielsweise durch eng limitierte Bauräume bestehen.

Mechatronische Systeme bestehen in der Regel aus folgenden Elementen [Ehrl-2007, Iser-2005, VDI-2206, Jans-2012, DGIV-2014], Abb. 4.6:

- *Grundsystem*: Meist handelt es sich dabei um ein mechanisches, elektromechanisches, elektrisches, fluidtechnisches (hydraulisches oder pneumatisches) oder thermodynamisches System. Etwas weiter gefasst, können als Grundsysteme jedoch beliebige physi(kali)sche chemische, biologische, ja sogar ökonomische Systeme in Betracht gezogen werden. Zahlreiche Anwendungen wie etwa die automatische Regelung des Blutzuckerspiegels von Personen zeigen, dass eine Beschränkung der Mechatronik auf ausschließlich mechanische Grundsysteme inzwischen längst überholt ist.

- *Sensoren*: Ihre Aufgabe besteht darin, Informationen über die aktuellen Eigenschaften (siehe Abschn. 4.2.3) des Grundsystems (z. B. dessen Zustand, siehe Abschn. 4.2.4.1), des Umgebungssystems sowie der Eingangs- und Ausgangsgrößen, zur Verfügung zu stellen, wozu ausgewählte Größen (Signale) des Grundsystems, der Umgebung sowie über den Austausch zwischen Grundsystem und Umgebung aufgenommen werden. Dies kann „direkt" durch messtechnische Erfassung (über Messwertaufnehmer) erfolgen oder aber auch „indirekt" über so genannte Beobachter (Zustandsbeobachter, Schätzer), mit denen die fehlenden Größen aus den vorhandenen Messwerten rekonstruiert

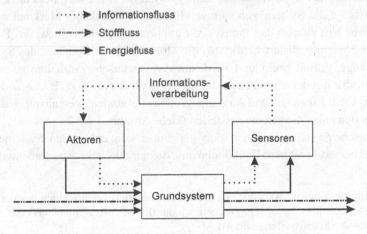

Abb. 4.6 Grundstruktur eines mechatronischen Systems (nach [VDI-2206])

(geschätzt, nachgebildet) werden [HeGP-2007, Föll-1994, VDI-2206]. Die von den Sensoren gebildeten Signale (siehe Abschn. 4.2.4.4) stellen Eingangsgrößen für die Informationsverarbeitung dar.

- *Informationsverarbeitung*: Hier werden – in der Regel unter Nutzung der Sensorsignale – Stelleingriffe für die vorhandenen Aktoren (siehe nächster Punkt) ermittelt, um den Zustand des Grundsystems gezielt genau so zu beeinflussen, wie dies gerade gewollt ist. Die Informationsverarbeitung erfolgt heute meist digital, d. h. zeit- und wertdiskret (siehe Abschn. 4.2.4.4) durch Mikroprozessoren. Sie kann aber auch durch rein analoge oder hybride (gemischt digitale und analoge) Elektronik realisiert werden. Die ermittelten Stelleingriffe bilden Ausgangsgrößen der Informationsverarbeitung und sind gleichzeitig Eingangsgrößen für die Aktoren.

- *Aktoren (auch Aktuatoren*[7]): Sie setzen die in der Informationsverarbeitung ermittelten Stelleingriffe (Einwirkungen auf das Grundsystem) um und greifen dazu direkt in das Grundsystem bzw. in den dort ablaufenden Prozess (siehe Abschn. 4.2.4.2) ein. Es ist fast immer sinnvoll, die Aktoren als Teile des Grundsystems zu betrachten. Denn sie beeinflussen das Grundsystem entweder direkt, beispielsweise durch die Umsetzung von Bewegungen oder das Aufbringen von Magnetfeldern, oder indirekt über die Veränderung von Randbedingungen wie etwa über die Kühlung mittels Ventilatoren oder das Aufbringen von mechanischen Drücken oder elektrischen Potenzialen.

Mechatronische Systeme stellen somit technische Systeme (Sachsysteme) dar. Durch das Zusammenwirken der verschiedenen Elemente entstehen typischerweise Regelkreise mit dem Ziel, das Verhalten des Grundsystems so zu verbessern, dass es im jeweiligen Kontext als optimal angesehen werden kann. Dazu werden mithilfe von Sensoren Informationen über das Grundsystem und dessen Umgebung erfasst. Prozessoren verarbeiten diese Informationen und ermitteln Stelleingriffe für die Aktoren gezielt derart, dass sich das Grundsystem möglichst so verhält, wie es augenblicklich gewollt ist [VDI-2206]. In [HeGP-2007] wird dazu treffend formuliert: „Typisch für mechatronische Systeme ist, dass eine Änderung der Systemzustände aktiv gewollt ist. Dazu wird über die Eingangsgrößen Einfluss auf das System[8] genommen." Ein ganz wesentliches Merkmal mechatronischer Systeme besteht also darin, dass die Funktion des Systems (bzw. des Prozesses, der durch das System realisiert wird), also die Umsetzung der Eingänge des Systems in dessen Ausgänge, gezielt beeinflusst wird, um das gewünschte Verhalten zu erreichen. Dies ist untrennbar mit der zeitlichen Änderung von Systemgrößen (z. B. Zustandsgrößen, siehe Abschn. 4.2.4, Eingangs- und Ausgangsgrößen) verbunden, weshalb mechatronische Systeme stets dynamische Systeme darstellen (siehe Abschn. 4.2.5.2).

Mechatronische Systeme zeichnen sich gegenüber konventionellen Systemen durch erweiterte, verbesserte und neue Funktionen aus, die nur durch das Zusammenwirken von

---

[7] Der etwas holprige Begriff „Aktuator" im Deutschen resultiert offensichtlich aus der direkten Übersetzung von „actuator" aus dem Englischen, wo der Begriff „actor" allerdings für etwas völlig anderes, nämlich den Schauspieler, reserviert ist.

[8] Gemeint ist hier das Grundsystem.

Methoden, Technologien, Funktionen, Lösungen und Komponenten aus den verschiedenen Disziplinen der Mechatronik erreicht werden können, woraus sich ein enormes Innovationspotenzial ergibt. In mechatronischen Systemen (Produkten) werden somit heterogene Komponenten und Wissen aus den verschiedenen Disziplinen der Mechatronik zu einer optimierten Lösung für das Gesamtsystem integriert (integriertes Gesamtsystem, „mixed system"). Von konventionellen technischen Systemen unterscheiden sich diese Systeme daher oft durch eine größere Anzahl heterogener, gekoppelter Elemente und eine damit einhergehende höhere Komplexität.

Es sind vor allem die Wechselwirkungen zwischen den einzelnen Systemelementen (siehe Abschn. 4.2.2) aus ganz unterschiedlichen Bereichen, die signifikanten Einfluss auf die Funktionalität des Gesamtsystems haben und gezielt dazu genutzt werden, um durch möglichst geschickte Kombination (Verschaltung, Verknüpfung) von Elementen aus den Disziplinen Mechanik, Maschinenbau, Elektrotechnik, Elektronik und Informations- und Kommunikationstechnik innovative Produkte („Gesamtsysteme") wie Maschinen, Geräte, Anlagen usw. hervorzubringen. Das Finden, Entwerfen und Gestalten solcher Lösungen stellt einen Syntheseprozess dar, der treffend unter dem Begriff „**Mechatronisches Design**"[9] zusammengefasst werden kann.

Entwurf, Entwicklung und Realisierung von mechatronischen Systemen – und somit Mechatronik ganz allgemein – benötigen einen integrativen Zugang und interdisziplinäres Denken sowie das Denken in Systemen. Dies stellt auch neue Anforderungen an die Kommunikation und Kooperation zwischen den Vertretern der verschiedenen Fachdisziplinen, an eine gemeinsame Sprache und durchgängige, rechnerunterstützte Entwicklungsumgebungen [VDI-2206, Desi-2005]. Gerade der zuletzt genannte Punkt kann derzeit noch immer nicht als zufriedenstellend gelöst angesehen werden. Mechatronik bedeutet somit Integration, Interdisziplinarität, Heterogenität, Komplexität, aber auch Kommunikation, Kooperation und Teamwork, weshalb eine systematische Vorgehensweise zur Entwicklung solcher Systeme besonders wichtig ist. In [VDI-2206] werden dazu sehr nützliche Hinweise gegeben.

Abschließend sei festgehalten, dass die Mechatronik immer weitere Bereiche des Fahrzeugbaus, der Fertigungstechnik sowie des gesamten Maschinen- und Anlagenbaus durchdringt. Dies kann daran abgelesen werden, dass die meisten der heutigen Produkte aus diesen Bereichen mehr oder weniger komplexe mechatronische Systeme darstellen oder zumindest enthalten und ohne Mechatronik kaum denkbar wären. Innovation im Maschinen- und Anlagenbau bedeutet heute fast immer Mechatronik.

4.2.1.4   Intelligente mechatronische Systeme, intelligente technische Systeme

Charakteristisch für mechatronische Systeme ist weiterhin, dass ihre Eigenschaften zu einem erheblichen Teil und in zunehmendem Maße durch nichtmaterielle Elemente (Software) bestimmt werden [HeGP-2007, VDI-2206]. Dies führt zunächst zu einer

---

[9] Unter dem Begriff „Mechatronisches Design" ist hier der Designprozess im Sinne einer Vorgehensweise gemeint und nicht dessen Ergebnis, das mechatronische System bzw. das mechatronische Produkt.

Funktionsverlagerung vom physikalischen (oftmals mechanischen) „Grundsystem" zur Elektronik oder Informationsverarbeitung. In weiterer Folge werden dadurch „intelligente" Systeme (Produkte) mit einer gewissen Anpassungs-, Lern-, Prognose- und Entscheidungsfähigkeit ermöglicht. Solche Systeme können beispielsweise Prozesse selbstständig optimieren, sich an geänderte Bedingungen (z. B. veränderte Umgebungen) anpassen, kritische Betriebszustände erkennen oder bestimmte Abläufe in Abhängigkeit vom aktuellen Systemzustand oder von eingetretenen Ereignissen stoppen, starten oder ändern. Sie verfügen damit über intelligente bzw. autonome (eigenständige) Funktionen [Desi-2005, GGSA-2004, HeGP-2007, Iser-2005, VDI-2206]. Durch kognitive Fähigkeiten, durch die Möglichkeiten, große Datenmengen schnell zu verarbeiten, durch die Fähigkeit zur Anpassung an unterschiedliche Umgebungen, zur Selbstkonfiguration, Selbstüberwachung und Selbstoptimierung, zur Erstellung von Prognosen und zum Treffen von Entscheidungen können solche Systeme immer komplexere Aufgaben selbstständig erfüllen.

Systeme mit den oben beschriebenen Fähigkeiten werden gerne als intelligente mechatronische Systeme oder als intelligente technische Systeme bezeichnet [DGIV-2014, HeBr-2016, Lind-2016].

4.2.1.5 Cyber-physische Systeme

Auch wenn das Kunstwort Mechatronik erst 1969 „erfunden" wurde [HaTF-1996, VDI-2206], hat dies niemanden daran gehindert, schon vorher mechatronisch zu denken und zu handeln. Dies zeigt sich darin, dass es zweifellos bereits einige Zeit davor mechatronische Anwendungen etwa in der Raumfahrt, in Werkzeugmaschinen oder in Flugzeugen gegeben hat. Die Prägung des Begriffs Mechatronik Ende der 60er-Jahre des letzten Jahrhunderts hat aber klar gemacht und explizit zum Ausdruck gebracht, dass die **Integration der Disziplinen** Mechanik, Elektronik, in der Folge auch der Informations- und Kommunikationstechnik, immer wichtiger wird. Ähnlich könnte es sich inzwischen auch mit dem Begriff Cyber-Physical Systems verhalten.

Der Begriff Cyber-Physical Systems (CPS, im Deutschen meist als Cyber-physische Systeme bezeichnet [VoBH-2015]) entstand um 2006 in den USA und wurde von Helen Gill, einer Programmdirektorin der NSF (National Science Foundation) geprägt [Lee-2006, Lee-2008, LeSe-2017, acat-2011, GeBr-2012]. Der Begriff bezeichnet die Integration von Computern und physischen Prozessen, bei der die physischen Prozesse durch eingebettete Computer und Netzwerke überwacht, geregelt und gesteuert werden. Durch gegenseitige Rückkopplungen (Feedback) stehen Computer und physische Prozesse in Wechselwirkung miteinander. Die neue, intellektuelle Herausforderung steckt dabei im **Überlappungs- bzw. Überschneidungsbereich** von Computern und physischen Prozessen sowie in deren **Verschmelzung**, die weit über eine bloße Verschaltung (Zusammenschaltung, Zusammenschluss) hinausgeht (siehe Abb. 4.7). Edward A. Lee sieht dabei die größten Herausforderungen in der Gestaltung und Entwicklung solcher Systeme [Lee-2008]. Dies wird schon alleine durch den Titel seiner Publikation „Cyber Physical Systems: Design Challenges" zum Ausdruck gebracht.

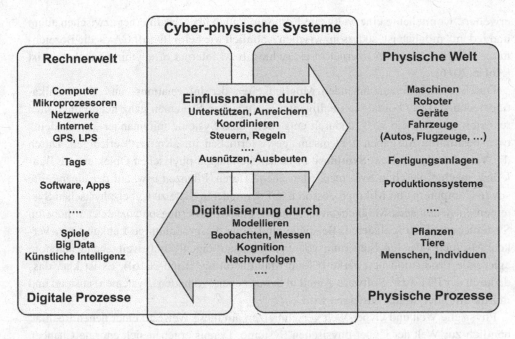

Abb. 4.7 Wechselwirkungen und Kommunikation zwischen Rechner-Welt (virtueller Welt, Cyberspace) und physischer Welt; dies bedeutet eine Überlappung und Überschneidung der beiden Welten, die zur neuen Realität Cyber-physischer Systeme verschmelzen

Ähnlich wie bei der Entstehung des Begriffs Mechatronik wird auch hier durch Prägung eines neuen Begriffs zum Ausdruck gebracht, dass eine neue Dimension (Technologie), nämlich die schier unbegrenzten Möglichkeiten der Vernetzung und Interaktion zwischen physischer (materieller) Welt und virtueller bzw. digitaler Welt von Computern und Mikroprozessoren (Cyberspace), an Bedeutung gewinnen und enorme Chancen für Innovationen bieten wird.

Cyber-physische Systeme können einerseits als logische Weiterentwicklung von Mechatronischen bzw. Intelligenten Technischen Systemen aufgefasst werden, andererseits gehen die Konzepte für Cyber-physische Systeme auch deutlich über Mechatronische Systeme hinaus. Dies unter anderem deshalb, weil sie über Mechatronische Systeme hinaus auch andere physische Objekte einschließen und durch eine intensive Verschränkung und Interaktion zwischen physischen Prozessen und Objekten (der physical world) und Computern (der cyber world) charakterisiert sind [Fers-2015, acat-2011, GeBr-2012].

Diente die Einführung des Internet primär der effizienten und einfachen, weltweiten Kommunikation zwischen Menschen im Sinne eines Internet of Humans (IoH), so wurden die Möglichkeiten zur weltweiten Kommunikation inzwischen auf die Kommunikation zwischen Dingen (Internet of Things, IoT), aber auch zwischen Tieren und Pflanzen erweitert, womit heute eine weltweite Kommunikation über das Internet „zwischen allem und jedem" möglich ist, sodass inzwischen – ähnlich wie beim Begriff CAx – die Bezeichnung IoX im Sinne von Internet of everything bzw. Internet of anything angebracht ist [AbHe-2016].

Durch die rasch zunehmenden Möglichkeiten der Informations- und Kommunikationstechnik (IKT) können in intelligenten technischen Systemen ganz neue Funktionen realisiert werden, die z. B. dadurch entstehen, dass Systeme miteinander „verhandeln" oder bestimmte Aufgaben gemeinsam, gewissermaßen im „Konzert" erledigen. Durch die **Verschmelzung** bzw. **Symbiose** zwischen beliebigen physischen Objekten wie Bauteilen, mechatronischen Systemen, Menschen, Tieren, Pflanzen usw. auf der einen Seite sowie Computern und Mikroprozessoren auf der anderen Seite zu Cyber-physischen Systemen entstehen neue Möglichkeiten, Nutzen- und Optimierungspotenziale „auf höheren Systemebenen" zu realisieren. Beispiele sind etwa die großräumige Lenkung von Verkehrsströmen oder die Steuerung von Fertigungsaufträgen durch weitgehend autonom agierende Produktionsnetzwerke (Cloud Manufacturing, [Lind-2016]). Es ist klar, dass dadurch der IKT- bzw. Software-Anteil in derart neuen Produkten (Systemen) ansteigt und in Zukunft noch weiter ansteigen wird.

Physische Welt und Cyber-Welt verschmelzen auf diese Weise zu einer neuen Realität, nämlich zur Welt der Cyber-physischen Systeme. Daraus ergeben sich enorme Chancen für neue Produkte und Geschäftsmodelle. Gemäß [Lee-2008] haben die durch CPS bedingten Veränderungen das Potenzial, die IT-Revolution des letzten Jahrhunderts in den Schatten zu stellen. Sofern dies zutrifft, könnte man tatsächlich von einer Revolution oder zumindest von einer disruptiven Innovation sprechen. Dies wiederum soll offenbar durch den in Deutschland geprägten Begriff Industrie 4.0 zum Ausdruck gebracht werden [acat-2011, GeBr-2012].

4.2.1.6   Produkt-Service-Systeme (PSS)

Als Produkt-Service-Systeme (PSS) werden Leistungsangebote mit signifikanten Anteilen sowohl an Sachgütern als auch an Dienstleistung verstanden (hybride Leistungsbündel). Die Dienstleistungen werden nicht nur zu Beginn oder bei einigen wenigen Anlässen (z. B. Wartungsintervallen) erbracht, sondern stellen einen integralen Bestandteil des PSS dar. Sie können z. B. begleitend zu Bestellung, Bezug, Nutzung und Abrechnung des Leistungsangebotes erbracht werden.

Unter anderem durch die Nutzung des Internets ergeben sich für PSS ständig neue Ideen für innovative Geschäftsmodelle. Als Beispiele für PSS im Bereich von Konsumgütern werden in [Lind-2016] unter anderen Leihfahrräder und Carsharing-Systeme genannt, die über das Internet gebucht, organisiert und abgerechnet werden. Auch im Bereich industrieller Produkte, bei denen der Käufer bzw. Nutzer ein industrieller Kunde ist, gibt es inzwischen zahlreiche Modelle für PSS. Dazu gehört etwa die Herstellung und Abrechnung von Bohrlöchern nach deren Anzahl und Größe sowie nach dem Werkstoff, in den die Löcher gebohrt werden. Bei manchen Herstellern ist es nicht mehr möglich, Flugzeugtriebwerke zu kaufen, sondern sie nur noch über Leasing und gegen Abrechnung von Flugmeilen und Zeitdauer zu nutzen [Lind-2016]. Kunden profitieren vom verringerten Kapitaleinsatz, Anbieter können diese Geschäftsmodelle dazu nutzen, ihre Kunden enger an sich zu binden und wichtige Informationen aus der Phase der Nutzung ihrer Produkte zu gewinnen.

4.2.2 Bestandteile von Systemen, Systemstruktur

Unabhängig davon, welche Arten von (technischen) Systemen betrachtet werden sollen, bietet die Systemtechnik eine einheitliche Grundlage zur Beschreibung und Behandlung von Systemen. Im Folgenden wird auf einige dieser Grundlagen näher eingegangen.

Ein System besteht gemäß [EhMe-2013, DaHu-2002, Zues-2004] aus den in Abb. 4.8 dargestellten Bestandteilen.

Die Systemumwelt (die Systemumgebung, das Umgebungssystem, auch Umsystem genannt) ist alles, was nicht in das betreffende System einbezogen wird. Die Systemgrenze („Hüllfläche") beschreibt die Grenze des Systems gegenüber seiner Systemumwelt, mit der es über Schnittstellen Materie, Energie und Information (z. B. über Energie-, Stoff-, Kraft-, Magnet- oder Induktionsflüsse, konstante oder veränderliche Randbedingungen, Signale) sowohl als Eingangs– als auch als Ausgangsobjekte austauschen kann.

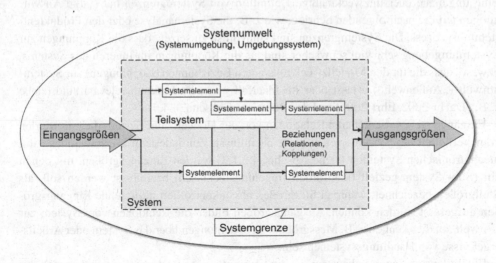

Abb. 4.8 Bestandteile eines Systems

Falls zwischen System und Systemumgebung Wechselwirkungen existieren bzw. diese in Modellen des Systems berücksichtigt werden sollen, handelt es sich um ein offenes System bzw. dessen Modell. Treten keinerlei Wechselwirkungen zwischen System und Umgebung auf bzw. können sie in den Modellen des Systems vernachlässigt werden, dann spricht man von einem abgeschlossenen System. Die Umgebung eines offenen Systems kann als ein weiteres, besonderes Element („Umgebungselement") aufgefasst werden, das dem System klar zugeordnet ist, allerdings außerhalb der Systemgrenzen liegt. Erweitert man das offene System um dieses „Umgebungselement", dann entsteht dadurch ein neues System, das als abgeschlossenes System aufgefasst werden kann, sofern durch das „Umgebungselement" alle relevanten Wechselwirkungen zwischen dem ursprünglich offenen System und seiner gesamten Umgebung erfasst und abgebildet sind.

Die Systemgrenze ist oft nicht identisch mit den physikalischen Grenzen eines Systems oder seiner Bestandteile, sondern hängt sehr stark von der jeweiligen Fragestellung ab [Ehrl-2007, DaHu-2002]. Ihre Funktion ist einerseits die Abgrenzung gegenüber anderen Systemen und somit auch die klare Definition von Schnittstellen und Verantwortungsbereichen. Die Systemgrenze kann bei Analyse und Lösung von Problemen grundsätzlich frei gewählt werden, ihrer geschickten Wahl kommt daher enorme Bedeutung zu. Durch Veränderung der Systemgrenzen kann die Sicht auf ein Problem erweitert oder eingeengt werden. Alleine die verschiedenen Sichten auf ein und dasselbe Problem können den Blick auf das Problem schärfen und damit wesentlich zur Lösung beitragen (siehe das Beispiel in Abschn. 4.4.4).

Bei der Wahl der Systemgrenze muss also geklärt werden, auf welche Art und Weise Interaktionen mit der Systemumwelt bestehen (z. B. Stoff-, Energie-, Informationsfluss). Eine ungenaue oder unzweckmäßige Definition von Systemgrenzen hat starke Auswirkungen auf die nachfolgenden Schritte, wie z. B. die Systemanalyse oder den Produktentstehungsprozess. Die Systemgrenzen sind sinnvoll so zu setzen, dass die Kopplungen zur Systemumgebung sehr viel schwächer sind als die Kopplungen im Inneren des Systems, bzw. so, dass die für den Modellzweck relevanten Beziehungen (Kopplungen) zur Systemumwelt („Außenwelt") erfasst oder im Idealfall gar nicht funktionsrelevant sind (siehe z. B. [DaHu-2002, Ehrl-2007] und das Beispiel in Abschn. 4.4.4).

Eingänge stellen die äußeren Relationen von der Umwelt zum System dar, sie werden vom Verhalten des Systems selbst nicht beeinflusst. Zumindest im Zusammenhang mit mechatronischen Systemen (siehe Abschn. 4.2.1.3) werden Eingangsgrößen, mit denen ein (Sub-)System gezielt (kontrolliert, regelungstechnisch) beeinflusst werden soll, als Stellgrößen bezeichnet, während Störgrößen als unkontrolliert auftretende Eingangsgrößen aufgefasst werden können. Ausgangsgrößen bilden die Relationen vom System zur Umwelt ab, dies können z. B. Messgrößen, Beobachtungen über das System oder Arbeitsergebnisse von Handlungssystemen sein.

Ein Teilsystem (auch Subsystem) ist ein Element[10] eines Systems (Systemelement), das weitere Elemente enthält und das bei (stufenweiser) Erhöhung der Auflösung (erweiterte

---

[10] Diese Elemente werden oft auch als Objekte bezeichnet.

Auflösungsstufe oder Gliederungstiefe, Verfeinerung) selbst wiederum ein System darstellt. (System-) Elemente sind somit einerseits Bestandteile (Bausteine) eines übergeordneten Systems und andererseits selbst wiederum Systeme, die in Systemelemente
(Teilsysteme) aufgelöst werden können (siehe z. B. [DaHu-2002, Ehrl-2007]). Durch die
(stufenweise) Gliederung in Systemelemente und die Beziehungen zwischen ihnen und
mit der Systemumwelt wird eine (hierarchische) Struktur des Systems festgelegt.

Bei der Wahl der Auflösungsstufe (manchmal auch als Gliederungstiefe oder Entwurfs-
ebene bezeichnet [LaGö2-1999]) und Systemgrenzen sind auch die Möglichkeiten der
Systembeschreibung und -darstellung (etwa durch Modellierung) sowie deren Zweckmäßigkeit zu berücksichtigen. In [DaHu-2002] wird jene Auflösungsstufe, die – eventuell
auch nur vorläufig – nicht mehr weiter unterteilt wird, als „Elementstufe" und die Systeme
dieser Stufe als „Elemente" bezeichnet. Zwischen der „Systemstufe" und der „Elementstufe" können mehrere „Teilsystemstufen" liegen. Ein System (z. B. ein Element gemäß
[DaHu-2002]), das nur durch seine Eingangs- und Ausgangsgrößen dargestellt wird,
dessen Struktur und Parameter (siehe Abschn. 4.2.4.3) aber nicht in die Betrachtungen
einbezogen werden oder verborgen bleiben, wird auch als „Black Box" bezeichnet [Iser-
1999, DaHu-2002, Ehrl-2007], welche die abstrakteste Darstellung eines Systems ist und
eine „wirkungsbezogene" Betrachtungsweise repräsentiert.

Im Gegensatz zur „Black Box" steht die „White Box", die der Idealvorstellung eines
vollkommen transparenten Systems entspricht und eine „strukturbezogene" Betrachtungsweise darstellt [DaHu 2002]. Um den Blick fürs Wesentliche nicht zu verstellen, erfolgt
die Auflösung (Zergliederung, Strukturierung) eines Systems in der Praxis sinnvollerweise
nur bis zu einer passend zu wählenden Auflösungsstufe (Gliederungstiefe), womit nur

Abb. 4.9 Arten von Beziehungen
(Kopplungen) zwischen Systemen bzw.
Systemelementen

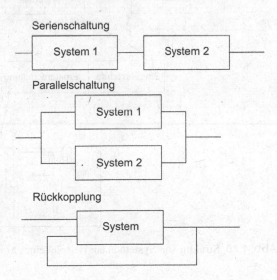

---

[11] sowohl der Elemente als auch der Beziehungen

ein Teil (nämlich der für den Modellzweck notwendige Teil) der Systemstruktur sichtbar gemacht wird (Grey Box, siehe z. B. [Iser-1999, DaHu-2002]).

Die Systemelemente weisen untereinander Beziehungen (Relationen, Kopplungen, z. B. hierarchische Ordnungsbeziehungen, Wirkbeziehungen, Flussbeziehungen) auf. Diese Beziehungen ergeben sich, wenn bestimmte Ausgänge eines (Teil-) Systems zugleich Eingänge desselben oder eines anderen (Teil-) Systems sind (siehe Abb. 4.9).

Die Systemstruktur umfasst die Menge der Systemelemente sowie die Menge der Beziehungen (Relationen) zwischen ihnen und mit dem Umgebungssystem („Systemtopologie") einschließlich deren Eigenschaften[11] (siehe Abschn. 4.2.3 und 4.2.4). Besonders bei komplexen Systemen ist es sinnvoll, verschiedene Sichtweisen auf ein System (Aspekte, Systemaspekte wie etwa Geometrie, Lage, Kräfte, Stofffluss, Energiefluss, Festigkeit, elektromagnetische Verträglichkeit, Echtzeitfähigkeit usw.) zu entwickeln und weitgehend getrennt voneinander zu behandeln (siehe dazu z. B. Abb. 4.2), wodurch sich dann – möglicherweise ganz natürlich – verschiedene, sich überlagernde Strukturen für ein und dasselbe System ergeben können. Diese „aspektorientierte" Betrachtung erleichtert den Umgang mit Komplexität[12] (siehe [DaHu-2002]).

Im Maschinenbau beispielsweise kann ein mechanisches System als Struktur von Massen gesehen werden, die über kraft-/momentenschlüssige Verbindungen und kinematische Bindungen (siehe Kap. 6 und 7) gekoppelt sind. Im Bereich der Elektrotechnik besteht das System „Schaltkreis" beispielsweise aus elektrischen Bauelementen, die mit Leiterbahnen verbunden sind (siehe Abb. 4.10).

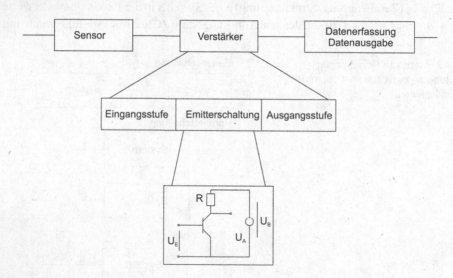

Abb. 4.10 Struktur von Systemen am Beispiel eines Messsystems

---

[12] Zum Begriff „Komplexität" siehe etwa [Ehrl-2007, DaHu-2002] oder [Schu-2005].

4.2.3 Systemeigenschaften

4.2.3.1 Systemeigenschaften zur Charakterisierung und Bewertung von Systemen

Jedes System weist eine Vielzahl verschiedener spezifischer Eigenschaften auf, die dem System eigen sind und es charakterisieren bzw. genauer definieren (spezifizieren). Dazu gehören z. B. Abmessungen (Länge, Durchmesser usw.), Querschnittsfläche und -form, Volumen, Körperform, Dichte, Masse, Geschwindigkeit, Position (Lage), Werkstoffeigenschaften (Streckgrenze, Elastizitätsmodul, Duktilität), Oberflächeneigenschaften (Rauheit, Welligkeit, Farbe), Festigkeit, Steifigkeit, Stabilität, elektrischer Strom, elektrische Spannung, elektrischer Widerstand, Kapazität, Induktivität, Eigenfrequenz, Verzugszeit, Anstiegszeit, Taktrate von Mikroprozessoren, Speichergröße, Druck, Temperatur, innere Energie, Schaltstellungen von Relais und Ventilen (offen/geschlossen) usw., aber auch die Eignung des Systems für bestimmte Zwecke (Fertigung, Montage, Bedienung, Betrieb, Wartung, Entsorgung usw.). Besondere Eigenschaften eines Systems, die unter dem Begriff „Systemverhalten" zusammengefasst werden können, bestehen in seiner Fähigkeit, etwas Bestimmtes zu tun bzw. zu bewirken, [Hubk-1984][13]. Die oben beispielhaft angeführten Eigenschaften beziehen sich vor allem auf technische Systeme, für andere als technische Systeme (natürliche Systeme, Öko-Systeme, biologische Systeme, Wirtschaftssysteme usw.) sind naturgemäß andere Eigenschaften von Interesse.

Die Struktur des Systems (Elemente und Beziehungen) bestimmt sein Verhalten. Die Funktion des Systems kann als gewünschte Wirkungsweise bzw. als gewünschtes Verhalten[14] des Systems aufgefasst werden. Funktion, Struktur und Verhalten sind somit wichtige Eigenschaften technischer Systeme [Hubk-1984].

Die Funktionen eines Systems beschreiben somit etwas Gewolltes, nämlich durch welche beabsichtigten Tätigkeiten, Aktionen und Maßnahmen die Systemaufgaben erfüllt werden sollen. Sie stellen damit den ersten (abstraktesten) Schritt zur Ausarbeitung einer Lösung dar (Abschn. 4.2.1). Daher macht es keinen Sinn, im Zusammenhang mit der Entwicklung und Gestaltung von Systemen von Störfunktionen zu sprechen, wenn damit ein unerwünschtes Systemverhalten gemeint ist. Der Begriff Störfunktion wäre nur dann gerechtfertigt, wenn damit zum Ausdruck gebracht werden soll, dass eine Störung erwünscht ist, was z. B. bei Störsendern zutrifft. Dementsprechend wird in [PBFG-2007] vorgeschlagen, statt „Fehlfunktion" den Begriff „Fehlverhalten" und für „Störfunktion" den Begriff „Störgrößeneinfluss" oder „Störwirkung" zu verwenden.

Da die Struktur das Verhalten des Systems bestimmt, kann es nicht nur auf die Beziehungen der Systemelemente untereinander und zum Umgebungssystem (Ein- und Ausgänge) sowie deren Eigenschaften ankommen, sondern ganz wesentlich auch auf die

---

[13] In [Hubk-1984] wird kritisch angemerkt, dass das Verhalten nicht bei allen Systemen eine sinnvolle Eigenschaft bedeuten muss (z. B. bei Begriffssystemen oder Zielsystemen), bei technischen Systemen jedoch das Hauptziel für die Schaffung des Systems darstellt.

[14] Auch als „Sollverhalten" bezeichnet.

Eigenschaften der Systemelemente. Die Struktur umfasst somit alle Eigenschaften der Beziehungen wie auch alle Eigenschaften der Systemelemente.

Systeme werden also durch ihre Eigenschaften charakterisiert. Genau diese charakteristischen Eigenschaften sind es auch, welche die Kriterien und damit die Grundlage für jede Bewertung von Systemen bilden. Es kommt daher auf die charakteristischen Eigenschaften des Systems an, das System selbst ist (lediglich) der Träger dieser Eigenschaften.

Daraus resultiert der Bedarf, Eigenschaften zu quantifizieren, d. h. sie möglichst objektiv zu bewerten bzw. im besten Fall zu messen, wozu es geeigneter Bewertungsverfahren bzw. Maße[15] bedarf. Zur Quantifizierung vieler physikalischer Größen wie Länge, elektrische Leitfähigkeit, Druck, Temperatur, Masse usw. existieren geeignete physikalische Einheiten, Skalen und Messgeräte, mit denen solche Größen vielfach sehr einfach gemessen und damit bewertet werden können. Anders verhält es sich mit Eigenschaften wie Ergonomie, Aussehen, Bedienfreundlichkeit, Anmutung, Schönheit, Zuverlässigkeit oder Sicherheit, deren Quantifizierung im strengen Sinn einer Messung erhebliche Schwierigkeiten bereiten kann, jedoch für eine umfassende Bewertung unverzichtbar ist [Hubk-1984]. Ist die Eigenschaft eines Systems wichtig, dann muss sie zur Bewertung des Systems quantifiziert werden. Existieren für diese Eigenschaft keine geeigneten Mess- oder Quantifizierungsverfahren, so müssen sie gefunden oder entwickelt werden. Andernfalls könnte diese Eigenschaft nicht zur Bewertung des Systems herangezogen werden und müsste aus der Bewertung eliminiert werden, was einen Widerspruch zur Wichtigkeit einer solchen Eigenschaft darstellen würde.

Systeme können somit als Träger der für sie charakteristischen Eigenschaften aufgefasst werden. Diese noch sehr allgemeine Aussage wird in [Baeh-1996] für thermodynamische Systeme folgendermaßen konkretisiert: Ein System ist ein Träger von Variablen (siehe Abschn. 4.2.4.1) oder physikalischen Größen, die seine Eigenschaften kennzeichnen[16]. Bei der Modellbildung beschränkt man sich darauf, die für die zu behandelnde Fragestellung (Analyse) wichtigen Eigenschaften zu berücksichtigen und andere (für die Analyse und anschließende Bewertung wenig wichtige) außer Betracht zu lassen oder durch andere Modelle zu erfassen. Der Auswahl jener wichtigen Eigenschaften, die zur Bewertung eines Systems herangezogen werden sollen, kommt daher bei der Modellbildung entscheidende Bedeutung zu.

4.2.3.2   Merkmale und Eigenschaften bei Design-Aufgaben

Merkmale und Eigenschaften[17] werden in vielen Quellen (z. B. [PBFG-2007, FeGr-2013] als Synonyme verwendet. In anderen, teilweise aber auch in denselben Quellen, jedoch an anderer Stelle (z. B. [Webe-2005, EhMe-2013, FeGr-2013]) wie auch in Abschn. 2.3 wird zwischen Merkmalen und Eigenschaften klar und systematisch unterschieden. Die Unterscheidung besteht darin, dass Merkmale vom Produktentwickler direkt festgelegt werden können, während sich Eigenschaften aus den Merkmalen und den Beziehungen, die aufgrund

---

[15] im Sinne von Metriken

[16] Die zitierte Aussage bezieht sich primär auf thermodynamische Systeme, ist aber auch für eine wesentlich größere Klasse von Systemen sinnvoll.

[17] Gemeint sind dabei immer Merkmale und Eigenschaften von Systemen bzw. Produkten.

der gewählten Lösung zwischen Merkmalen und Eigenschaften bestehen, ergeben. Eigenschaften können damit nur indirekt, nämlich über die Wahl der Lösungen und der zugehörigen Merkmale, beeinflusst werden. Typische Merkmale sind beispielsweise die Struktur und die Bestandteile einer Lösung oder die wählbaren Abmessungen von Bauteilen. Eigenschaften beschreiben das Verhalten des Produkts (des Systems, der Lösung).

In diesem Sinn bezeichnen die im Zusammenhang mit QFD (Abschn. 11.6.4) zu definierenden technischen Merkmale nicht nur Merkmale, sondern auch Eigenschaften, da viele von ihnen nicht direkt festgelegt werden können. Dies zeigt, dass die Unterscheidung zwischen Merkmalen und Eigenschaften in der Literatur recht uneinheitlich ist, was zu Missverständnissen führen kann.

Aus Kundensicht ist die Unterscheidung zwischen Merkmalen und Eigenschaften offensichtlich nicht nötig, da es einem Kunden oder Nutzer gleichgültig sein dürfte, ob die Attribute[18] (Eigenschaften oder Merkmale) eines Produkts vom Produktentwickler direkt oder indirekt festgelegt wurden.

Aus Produktentwicklungssicht macht die Unterscheidung zwischen Merkmalen und Eigenschaften aber dennoch Sinn, da es von Bedeutung ist, zu erkennen, welche Attribute einer Lösung vom Produktentwickler wählbar sind und welche sich daraus „ergeben". Es geht dabei um die Frage, welche Attribute Eingang und welche Ergebnis einer bestimmten Design-Aufgabe sind. Diese Frage kann für eine bestimmte Größe (Systemgröße) nicht generell beantwortet werden, sondern hängt von der zu lösenden Design-Aufgabe ab. So kann z. B. die Kraft eines Hydraulik-Zylinders das Ergebnis der Aufgabe, einen Hydraulikzylinder zu gestalten, darstellen (Eigenschaft). Dieselbe Zylinderkraft kann aber ebenso einen (direkt wählbaren) Eingang in die Design-Aufgabe, einen Mobilkran zu entwerfen, bilden (Merkmal). Frei wählbarer Eingang ist die Zylinderkraft beispielsweise dann, wenn der Konstrukteur der Design-Aufgabe Mobilkran auf eine (beliebig) fein abgestufte Baureihe oder gar auf ein durch Parametrik konfigurierbares, kontinuierliches Spektrum an Hydraulik-Zylindern zurückgreifen kann. Dieselbe Zylinderkraft kann einmal Output einer Design-Aufgabe, ein anderes Mal Input einer anderen Design-Aufgabe sein. Würde man diesen Rollenwechsel nicht zulassen, müsste der Produktentwickler jede Aufgabenstellung bis zur untersten Gliederungsstufe durchexerzieren, was im Hinblick auf den heute üblichen, hohen Anteil an Normteilen und standardisierten Zukauf-Komponenten in neuen Produkten sicher nicht sinnvoll wäre. Auch zur konsistenten Modellierung von Design-Aufgaben auf unterschiedlichen Systemebenen (Hierarchiestufen) ist es sinnvoll und angebracht, diesen Rollenwechsel zuzulassen.

Dieses Beispiel soll zeigen, dass die Unterscheidung zwischen Merkmalen (Input-Systemeigenschaften) und Eigenschaften (Output-Systemeigenschaften) von der Design-Aufgabe abhängt und daher auch nur im Zusammenhang mit einer bestimmten Design-Aufgabe sinnvoll ist. Dies hat zur Folge, dass ein Rollenwechsel zwischen Merkmalen und Eigenschaften – in Abhängigkeit von der Design-Aufgabe – möglich sein muss.

---

[18] Der Begriff Attribut soll hier als Oberbegriff bzw. Synonym für Merkmale und Eigenschaften verstanden werden.

4.2.4   Systemzustand, Prozesse, Parameter, Signale

4.2.4.1   Zustand, Zustandsgrößen, Zustandsvariablen

Die Begriffe Zustand, Zustandsgrößen, Zustandsvariablen stehen in den verschiedenen (technischen) Disziplinen und Wissensgebieten für recht unterschiedliche Objekte in Verwendung, weshalb ihre Bedeutung nicht einheitlich, sondern stark kontextabhängig ist. Die genannten Begriffe dürften primär aus der Thermodynamik stammen, weshalb der dort entwickelten Vorstellung darüber eine ausgezeichnete Bedeutung zukommt und im Folgenden näher darauf eingegangen wird.

In der Thermodynamik ist der Begriff „Zustand" seit langem wohl etabliert. Thermodynamische Systeme umfassen in der Regel Fluide (Flüssigkeiten und Gase) wie auch Festkörper, und dienen der Beschreibung und Analyse von Energie- und Stoffumwandlungen. Daher sind vor allem die Eigenschaften der im thermodynamischen System enthaltenen sowie der zu- und abfließenden (gasförmigen, flüssigen oder festen) Materie von Interesse und Bedeutung. Es wird zwischen äußeren und inneren Zustandsgrößen unterschieden. Äußere Zustandsgrößen kennzeichnen jene (z. B. mechanischen) Eigenschaften des thermodynamischen Systems (der Materie innerhalb der Systemgrenzen), die von einem Beobachter außerhalb des Systems wahrnehmbar sind. Dies sind z. B. die Lage des Systems im Raum (Lagekoordinaten) und seine makroskopische Geschwindigkeit. Der „innere" (thermodynamische) Zustand des Systems charakterisiert die Eigenschaften der im System enthaltenen Materie, die durch die thermischen Zustandsgrößen Druck, Volumen und Temperatur sowie durch weitere so genannte kalorische (energetische) Zustandsgrößen wie innere Energie, Enthalpie, Exergie usw. beschrieben werden.

Zustandsgrößen sind im allgemeinen nicht nur abhängig von der Zeit, sondern auch von den Ortskoordinaten. Vermutlich deshalb wird als Synonym für Zustandsgröße auch häufig der Begriff Zustandsvariable verwendet, der zum Ausdruck bringt, dass es sich um eine veränderliche Größe handelt, die verschiedene Werte annehmen kann.

Unter einer Variablen soll ein Symbol (Name, Variablenname, Platzhalter) für eine bestimmte veränderliche Größe (z. B. p für Druck, v für Geschwindigkeit, A für den Speicherbereich in einem Computerprogramm) verstanden werden, für das Elemente[19] einer Grundmenge[20] eingesetzt werden können. Die dem Symbol zugeordnete veränderliche Größe kann also verschiedene „Werte" (Elemente der zugehörigen Grundmenge) annehmen.

Für den Druck als eine skalare Größe gilt im Allgemeinen (unter Verwendung eines kartesischen Koordinatensystems mit den Koordinaten x,y,z und der Variablen t für die Zeit):

$$p = p(x, y, z, t)$$

Für die Strömungsgeschwindigkeit (z. B. in einem Behälter) als eine vektorielle Größe kann geschrieben werden:

---

[19] Der Begriff „Element" ist hier im Sinne der Mengenlehre zu verstehen und nicht als „Systemelement".
[20] Unter Grundmenge ist die Menge der mögliche Werte für die betreffende veränderliche Größe zu verstehen.

$$v = v(x, y, z, t) \text{ mit } v^T = (v_x, v_y, v_z)$$

und der Geschwindigkeitskomponente v_k in Richtung k. Sind die physikalischen und chemischen Eigenschaften des thermodynamischen Systems (seine Zustandsgrößen) homogen, d. h. unabhängig vom Ort, dann wird das System als Phase bezeichnet. Die thermodynamischen Eigenschaften können dann durch einige wenige diskrete[21] Werte der Zustandsgrößen der Phase beschrieben werden, die für die gesamte Phase „gelten".

Streng genommen ist die ganz wesentliche Annahme homogener Zustandsgrößen in einem Körper niemals exakt erfüllt, sie stellt jedoch dann eine sehr brauchbare Näherung dar, wenn die interessierenden Eigenschaften des Systems nur unwesentlich vom Ort abhängen oder ihre örtliche Verteilung keine Rolle spielt. Diese Näherung ist für thermodynamische Gleichgewichtszustände besonders gut erfüllt, worunter der Endzustand zu verstehen ist, den ein abgeschlossenes System nach Ablauf aller Ausgleichsvorgänge (durch Wechselwirkungen zwischen verschiedenen Teilen des Systems) einnimmt und in dem die (örtlichen) Unterschiede der inneren Zustandsgrößen ausgeglichen sind [Baeh-1996, ElDi-1993, Luca-2007]. Ist die Annahme homogener Zustandsgrößen nicht vertretbar, so kann das System noch immer in eine ausreichend große Anzahl von thermodynamischen Teilsystemen räumlich unterteilt (diskretisiert) werden, so dass die Annahme von (homogenen[22]) Phasen in den einzelnen Teilsystemen wiederum in guter Näherung erfüllt wird. Die Vorstellung einer Phase als homogenes Stoffsystem geht auf J. W. Gibbs[23] zurück und ist die Basis der klassischen Thermodynamik, die manchmal auch als Lehre von den Gleichgewichtszuständen physikalischer Systeme bezeichnet wird.

Der Zustand eines thermodynamischen Systems wird in [Baeh-1996] wie folgt definiert: „Nehmen die Variablen eines (thermodynamischen) Systems feste Werte an, so sagen wir, das System befindet sich in einem bestimmten Zustand. Der Begriff des Zustands wird also durch die Variablen des Systems definiert, sie bestimmen den Zustand dadurch, dass sie feste Werte annehmen. Man nennt die Variablen daher auch die Zustandsgrößen des Systems." Ebenfalls im Zusammenhang mit thermodynamischen Systemen wird in [ElDi-1993] als Zustand eines Systems die Gesamtheit seiner messbaren und von der Gestalt des Systems unabhängigen Eigenschaften verstanden. Die Parameter, die das Verhalten des Systems makroskopisch beschreiben, heißen Zustandsgrößen oder Zustandsvariablen.

Der durch die festen Werte der Zustandsgrößen definierte Zustand eines thermodynamischen Systems ist unabhängig von seiner Vorgeschichte, also unabhängig vom Weg, d. h. von der Art und Weise, auf die das System in den betreffenden Zustand gelangt ist [ElDi-1993, Luca-2007]. Diese Aussage stellt gleichzeitig eine Bedingung für die Wahl der Zustandsgrößen dar, denn sie müssen damit so gewählt werden, dass der aktuelle Zustand und somit die aktuellen Eigenschaften des Systems so abgebildet werden, dass die Vorgeschichte (frühere Zustände und Eingangsgrößen) keine Rolle mehr spielt. In anderen

---

[21] im Sinne von „örtlich konstante"

[22] Das Adjektiv „homogen" im Zusammenhang mit Phasen stellt natürlich eine Tautologie dar und ist streng genommen überflüssig.

[23] Josiah Willard Gibbs, amerikanischer Physiker, 1839–1903

Worten: Vergangene Zustände und Eingangsgrößen sind im aktuellen Zustand (auf-)inte-griert und damit vollständig erfasst.

Damit erhebt sich ganz allgemein und insbesondere bei der Modellbildung auch die Frage nach der Anzahl von unabhängigen Zustandsgrößen bzw. Zustandsvariablen, die notwendig sind, um die Eigenschaften des Systems vollständig zu beschreiben, um also seinen Zustand festzulegen. Sie hängt von der Art (Struktur) des Systems ab und ist umso höher, je komplizierter sein Aufbau ist [Baeh-1996]. Hängen die Zustandsgrößen nur von der Zeit, nicht aber vom Ort ab, so kann ihre zeitliche Änderung durch gewöhnliche Differenzialgleichungen beschrieben werden, hängen sie zusätzlich auch vom Ort ab, dann stellen sie Feldgrößen dar, deren zeitliche und räumliche Änderung im Rahmen einer Kontinuumstheorie durch partielle Differenzialgleichungen beschrieben wird [Baeh-1996, ElDi-1993, Luca-2007].

In der Mechanik werden die Begriffe „Zustand", „Zustandsgrößen", „Zustandsvaria-blen" vorwiegend im Zusammenhang mit geregelten dynamischen Systemen verwendet (siehe z. B. [Brem-1988, BrPf-1992, DrHo-2004, MaPo-1997]), gelegentlich auch im Zusammenhang mit statischen Systemen (wie etwa im Beispiel in Abschn. 6.3). Das Verständnis der Begriffe deckt sich weitgehend mit jenem aus der Thermodynamik, weil es sich da wie dort auf feste, flüssige und gasförmige Körper bezieht. Als Zustandsgrößen kommen in der Mechanik z. B. Lagekoordinate, Verschiebung, Winkel, Geschwindigkeit, Winkelgeschwindigkeit, Kraft, Impuls, Verzerrung, Verzerrungsgeschwindigkeit, mechanische Spannung, Federweg, Dämpfergeschwindigkeit, Gleitgeschwindigkeit zwischen Reibpartnern, plastische Vergleichsverzerrung, Vergleichsspannung (z. B. in der Plastizitätstheorie), aber auch die Temperatur (z. B. bei Wärmespannungsproblemen) in Frage.

Die Übergänge zwischen Haft- und Gleitreibung, zwischen elastischem und plastischem Materialverhalten oder zwischen Kontakt und Nicht-Kontakt zweier Körper und die jeweiligen Bedingungen dafür können durch die Zustandsgrößen zwar relativ einfach beschrieben werden, allerdings ist mit jedem dieser Übergänge eine Änderung der Struktur zumindest eines Teilsystems verbunden, da sich Zustandsgrößen unstetig ändern, womit ereignisorientierte Systeme entstehen. In einem mathematischen Modell kommt dies z. B. durch „Umschalten" auf andere Gleichungen zum Ausdruck, wodurch sich z. B. die Anzahl der Freiheitsgrade und damit auch die Struktur der Gleichungen ändern können.

Für elektrische bzw. elektronische Systeme werden weitere Zustandsgrößen wie z. B. elektrischer Strom, elektrische Spannung, Ladung eines Kondensators, elektrische Durchflutung, magnetischer Fluss oder die Lorentzkraft benötigt.

In der Regelungstechnik werden Modelle verwendet, mit denen das Verhalten dynamischer Systeme beschrieben wird. Die Eingangs-, Ausgangs- und Zustandsgrößen des Systems werden dabei als Signale aufgefasst. Gemäß [Lunz-2004] wird ein dynamisches System als Funktionseinheit zur Verarbeitung und Übertragung von Signalen definiert, wobei unter Signalen (siehe Abschn. 4.2.4.4) zeitveränderliche Größen verstanden werden. Die (mathematischen) Modelle haben daher typischerweise die Form von (z. B. linearen) Differenzialgleichungen und algebraischen Gleichungen, in denen die Signale und ihre zeitlichen Ableitungen die gesuchten Zustandsgrößen (Unbekannten) und bekannten Eingänge bedeuten. Die Gleichungskoeffizienten hängen jedenfalls von den

(z. B. physikalischen) Parametern (siehe Abschn. 4.2.4.3) des Systems ab, können zusätzlich aber auch noch von den Zustandsgrößen und Eingangsgrößen abhängen [Lunz-2004].

Als Zustand eines *dynamischen Systems* wird in diesem Zusammenhang die Gesamtheit der Größen x eines bestimmten Systems definiert, die zum Zeitpunkt t_0 bekannt sein müssen, um das Verhalten des Systems in der Zukunft (für $t \geq t_0$) für beliebige Eingangsgrößen eindeutig vorhersagen zu können. Die Ausgangsgrößen des Systems sind durch den Anfangszustand $x(t_0)$ und den zeitlichen Verlauf aller für $t \geq t_0$ in Frage kommenden Eingangsgrößen beschreibbar. Durch den Anfangszustand $x(t_0)$ und den Verlauf der Eingangsgrößen für $t \geq t_0$ ist das Verhalten des Systems[24] eindeutig festgelegt (siehe [Föll-1994, Gips-1999, HoDo-2004, Lunz-2004, Unbe-2002]). Ebenso wie bereits bei den thermodynamischen Systemen besprochen, fasst also auch hier der Anfangszustand $x(t_0)$ alle Informationen aus der Vergangenheit (Geschichte) zusammen, die für das Verhalten (die zukünftigen Zustände) des Systems im Zusammenhang mit beliebigen (zukünftigen) Eingangsgrößen von Belang sind. In gewissem Sinn kann diese Abhängigkeit des Verhaltens von den Eigenschaften als „Gedächtnis" des Systems aufgefasst werden.

Die Größen x können unter Einhaltung der oben angeführten fundamentalen Bedingung frei gewählt werden und sind somit nicht eindeutig. Die zugehörigen Variablen werden als Zustandsgrößen oder Zustandsvariablen bezeichnet und können in einem Zustandsvektor[25] zusammengefasst werden. Sie werden dazu benötigt, um das „Innere" des Systems zu erfassen, und werden manchmal auch als „Gedächtnis" des Systems betrachtet. Die minimale Anzahl an Zustandsvariablen, die zur eindeutigen Kennzeichnung des Systems zu einem beliebigen Zeitpunkt erforderlich sind, wird als **Systemordnung** bezeichnet. Solche Zustandsvariablen sind dann zwangsläufig voneinander unabhängig[26], ihre Auswahl ist jedoch nicht eindeutig [Desi-2005, Föll-1994, Lunz-2004, Unbe-2002].

Bei dynamischen Systemen (Systemen mit „Gedächtnis", Ordnung größer als Null) erfolgt die Umsetzung der Eingangsgrößen in die Ausgangsgrößen nicht „direkt", sondern über „Zwischengrößen", nämlich die Zustandsgrößen [Föll-1994], und ist dadurch mit einer gewissen Trägheit behaftet. Die Umformung findet also mit einer bestimmten Verzögerung[27] statt, weil Umformungen der Eingangsgrößen im System selbst erfolgen, die im Allgemeinen nicht völlig verzögerungsfrei sind (siehe Abb. 4.11). Außerdem hängt diese Umformung nicht nur von den Eingangsgrößen, sondern auch vom Anfangszustand des Systems ab, durch den auch die Anfangsbedingungen für die zugehörigen Differenzialgleichungen bestimmt sind. Eine „Verzögerung" bei der Umformung der Eingangsgrößen

---

[24] bei vorgegebenen bzw. festgelegten Eigenschaften der Systemelemente

[25] Für Systeme, deren Zustandsgrößen nicht vom Ort abhängen, können die Zustandsgrößen zu einem Vektor mit einer endlichen Anzahl von Elementen zusammengefasst werden (endlich-dimensionale oder diskrete Systeme). Für unendlich-dimensionale oder kontinuierliche Systeme mit räumlich verteilten Zustandsgrößen kann dies noch immer nach geeigneter Diskretisierung erfolgen.

[26] Wären sie voneinander abhängig, dann könnte zumindest eine Zustandsvariable durch andere ausgedrückt werden, und ihre Anzahl wäre somit nicht minimal.

[27] Man vergleiche dazu den Begriff Verzögerungsglied n-ter Ordnung in der Regelungstechnik.

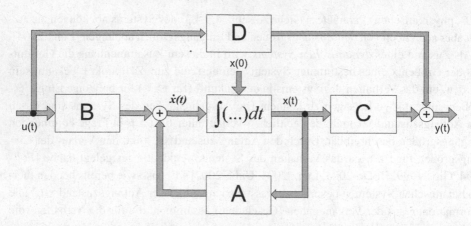

Abb. 4.11 Blockschaltbild eines linearen Zustandsraummodells mit Eingangsvektor u(t), Zustandsvektor x(t), Anfangszustand x(0), Ausgangsvektor y(t), Systemmatrix A, Steuermatrix B, Beobachtungsmatrix C und Durchgangsmatrix D

in Ausgangsgrößen kann jedenfalls durch im System enthaltene „Speicherelemente" für Energie, Materie oder Information (z. B. potenzielle Energie einer Feder, kinetische Energie, Ladung eines Kondensators, innere Energie eines Körpers, Stoffmenge in einem Behälter oder Reaktor, Schaltstellung eines Relais oder Ventils, Inhalt eines Puffer-speichers oder Schieberegisters in einem Computerprogramm) entstehen, insbesondere dann, wenn durch Eingangsgrößen eine zeitliche Änderung der Speicherinhalte bewirkt wird. Die Speicherinhalte – soweit für das Systemverhalten von Belang – müssen daher durch geeignete Zustandsgrößen erfasst werden. Deshalb werden Zustandsvariable auch häufig mit Speicherelementen in Zusammenhang gebracht (z. B. [Iser-1999, Iser-2005, LaGö2-1999]).

Das **Systemverhalten** dynamischer Systeme (Systemdynamik) ist die Menge der zeit-lich aufeinander folgenden Zustände eines Systems bei bekannten Eingangsgrößen. Das Systemverhalten kann als geordnete Folge von Punkten im Zustandsraum (siehe Abb. 4.11) dargestellt werden. Die **Systemfunktion** ist das zweckgebundene bzw. gewünschte Ver-halten eines Systems (siehe Abschn. 4.2.3). Durch Beschreibungen der relevanten Ein-gangs– und Ausgangsgrößen (Eingangs-/Ausgangsverhalten) lässt sich die Funktion eines Systems angeben [Gips-1999].

In der Regelungstechnik und Systemtheorie ist das so genannte ***Zustandsraum-model*** (siehe z. B. [GiRS-2005, Föll-1994, Lunz-2004, Unbe-2002, Iser-1999]) weit verbreitet, das ein mathematisches Modell (siehe Abschn. 4.4.1.2) zur Beschreibung dynamischer Systeme darstellt. Kann das System durch N lineare, gewöhnliche Dif-ferenzialgleichungen beschrieben werden, so lässt sich das Zustandsraummodell wie folgt anschreiben[28]:

---

[28] für nichtlineare Systeme existieren entsprechende Verallgemeinerungen

$$\dot{x}=Ax+Bu \quad \text{Zustandsgleichung}$$
$$y=Cx+Du \quad \text{Ausgabegleichung oder Ausgangsgleichung}$$

Darin bedeutet x den Zustandsvektor, in dem die N unabhängigen Zustandsvariablen zusammengefasst sind, $\dot{x}$ seine Ableitung nach der Zeit, u den Eingangsvektor, dessen M Komponenten die verschiedenen Eingangsgrößen enthält und y den Vektor der K Ausgangsgrößen des Systems. Die Matrizen A (Größe N × N), B (Größe N × M), C (Größe K × N) und D (Größe K × M) heißen Systemmatrix, Steuermatrix, Beobachtungsmatrix bzw. Durchgangsmatrix. Mit diesem Modell können auch Systeme mit mehreren Ein- und Ausgangsgrößen (so genannte Mehrgrößensysteme) in einer standardisierten Form beschrieben werden. Der Zustandsvektor x(t) beschreibt den Zustand des Systems zum Zeitpunkt t und kann als Punkt in einem N-dimensionalen Raum aufgefasst werden, der als Zustandsraum bezeichnet wird. Die Lage des Punktes im Zustandsraum verändert sich mit der Zeit, wodurch eine Kurve im Raum durchlaufen wird, die **Zustandsänderungen** beschreibt und Trajektorie genannt wird. Das Blockschaltbild des linearen Zustandsraummodells ist in Abb. 4.11 dargestellt.

Im Sonderfall von *statischen Systemen* (Systemen ohne „Gedächtnis", siehe Abschn. 4.2.5.2) hängen die Ausgangsgrößen nur von den Eingangsgrößen bzw. deren zeitlichem Verlauf ab, die Ordnung solcher Systeme ist daher Null (z. B. Hebel in der Mechanik oder idealer ohmscher Widerstand in der Elektrotechnik). In diesem Fall werden die Eingangsgrößen „direkt"[29] in die Ausgangsgrößen umgesetzt (siehe dazu auch Abschn. 4.2.5.2 und das Beispiel in Abschn. 6.2). Statische Systeme können z. B. aus dynamischen Systemen entstehen, wenn dort die zeitliche Änderung der Zustandsgrößen vernachlässigt wird ($\dot{x} = 0$ im Zustandsraummodell). Für lineare Systeme z. B. kann dann x aus der Zustandsgleichung ,berechnet werden[30] und in die Ausgabegleichung eingesetzt werden. Der Ausgang y ist im Allgemeinen nach wie vor zeitabhängig, da in der Regel auch die Eingangsgrößen u zeitabhängig sind. x kann auch im Fall eines statischen Systems noch immer als Zustandsvektor des zugehörigen dynamischen Systems aufgefasst werden, dessen Zeitabhängigkeit in einem verfeinerten Modell vielleicht zu berücksichtigen wäre. Diese Überlegungen zeigen, dass die Dynamik, Ordnung, Struktur, das Verhalten und zahlreiche weitere Eigenschaften ganz wesentlich von den zugrunde gelegten Modellvorstellungen und -annahmen abhängen.

Die *Prozessautomatisierung* verfolgt das Ziel, technische Systeme (technische Produkte, Anlagen) zu automatisieren, in denen ein technischer Prozess abläuft. Prozessautomatisierungssysteme umfassen das technische System, Rechner- und Kommunikationssysteme, die z. B. aus speicherprogrammierbaren Steuerungen, PCs, Mikrokontrollern und Bus-Systemen[31] bestehen können, und Prozesspersonal zur Leitung und Bedienung

---

[29] Im Sinne von „instantan", trägheitsfrei bzw. „verzögerungsfrei"

[30] vorausgesetzt, die Matrix A ist invertierbar

[31] Unter einem Bus-System wird ein Leitungssystem verstanden, das zum Austausch von Daten und/ oder Energie zwischen (meist mehreren) Hardware-Komponenten dient, siehe Abschn. 3.1.2.

des technischen Prozesses [LaGö2-1999]. Technische Systeme, die eigenständig arbeiten, werden als Automaten bezeichnet (z. B. Bankomat, Zigarettenautomat, Fahrscheinautomat). Von Automatisierung spricht man, wenn Maschinen, Geräte oder Anlage mithilfe mechanischer, elektrischer, hydraulischer, pneumatischer und informationstechnischer Einrichtungen die Fähigkeit erhalten, mehr oder weniger selbstständig zu arbeiten.

Um das zeitliche Verhalten solcher Automatisierungseinrichtungen (z. B. Steuer- und Regelungseinrichtungen, Schaltwerke) zu beschreiben, wurden (unter anderem) im Zusammenhang mit Automaten so genannte **Zustandsmodelle** entwickelt, nach deren Vorstellung sich das System (z. B. das Automatisierungssystem bzw. der zugehörige technische Prozess) zu verschiedenen Zeitpunkten in so genannten „diskreten Zuständen" befindet [LaGö2-1999]. Als Beispiele dafür können die Zustände „laufend", „ruhend", „blockiert", „geschlossen", „offen", „Grenzwert überschritten" usw. dienen. Auch in diesem Zusammenhang macht die Vorstellung von Zustandsvariablen Sinn, da die definierten (möglichen, zulässigen), diskreten Zustände auch hier durch eine oder mehrere Variablen beschreibbar sind, die nunmehr jedoch ausschließlich diskrete Werte annehmen können (diskreter Wertebereich der Variablen, diskrete Variablen). Die Werte dieser Variablen charakterisieren den betreffenden „diskreten Zustand" eindeutig. Der Begriff „diskreter Zustand" drückt aus, dass es keine „Zwischenzustände" gibt und das System nur ganz bestimmte, (vor-) definierte Zustände annehmen kann, die somit immer einer bestimmten Kombinationen der möglichen Werte der verschiedenen Zustandsvariablen entsprechen.

Die Änderung des Zustands wird hier als **Zustandsübergang** bezeichnet und erfolgt gemäß dieser Modellvorstellung unendlich schnell (in der Zeitdauer Null), während die Zustände selbst eine Zeitdauer größer als Null haben. Der Übergang von einem Zustand in einen anderen wird durch Ereignisse bewirkt, weshalb ein Zustand auch als „Warten auf bestimmte Ereignisse" aufgefasst werden kann [LaGö2-1999]. Zur Beschreibung von Zustandsmodellen können z. B. so genannte Zustandsdiagramme, Zustandsgraphen (siehe Abb. 4.12), Zustandstabellen, Zustandsmatrizen oder Petri-Netze verwendet werden. Näheres dazu findet man z. B. in [LaGö1-1999, LaGö2-1999, Rodd-2006].

Im Gegensatz zum Zustandsraummodell, das vorzüglich zur Beschreibung von geregelten Systemen geeignet ist, die durch (gewöhnliche) Differenzialgleichungen und algebraische Gleichungen modelliert werden können, ist es mithilfe des Zustandsmodells möglich, Systeme zu modellieren, in denen in Abhängigkeit von Ereignissen bestimmte „Schaltvorgänge" stattfinden (**ereignisorientierte Systeme**). Der Übergang von einem Zustand

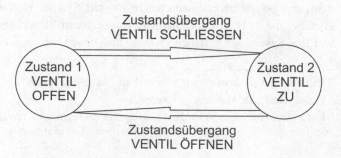

Abb. 4.12 Zustandsmodell eines Zustandsübergangs, dargestellt als Zustandsgraph mit zwei Zuständen (Knoten) und zwei Zustandsübergängen (Kanten)

in einen anderen ist damit jedenfalls betreffend der diskreten Zustandsvariablen unstetig, sodass Differenzialgleichungen zur Beschreibung der zeitlichen Änderung dieser Variablen nicht ausreichen.

Eine ausreichend allgemeine Auslegung des Begriffs „Zustand", die mit den oben besprochenen Interpretationen im Einklang steht und auch für die in diesem Buch behandelten technischen Systeme gelten soll, wird in [Hubk-1984] angegeben. Unter dem **Zustand eines Systems** wird dort (sinngemäß) die Gesamtheit der Werte aller Eigenschaften des Systems zu einem bestimmten Zeitpunkt definiert. Der Übergang von einem Zustand in einen anderen Zustand kann entweder differenziell (kontinuierlicher Übergang) oder diskret (unstetiger Übergang, z. B. Schaltvorgang) erfolgen.

Als **Zustandsgrößen** bzw. **Zustandsvariablen** sollen hier schließlich jene Größen verstanden werden, welche die als variabel betrachteten Eigenschaften des Systems charakterisieren. Dies setzt voraus, dass Eigenschaften quantifiziert, d. h. „gemessen" werden können. Der Zustand des Systems ist dadurch bestimmt, dass die Zustandsgrößen feste Werte annehmen. Diese Interpretation geht ebenfalls konform mit den oben besprochenen Auslegungen und ist allgemein genug, um für die angeführten Systeme verwendet zu werden.

Zustandsgrößen können voneinander abhängen, da zwischen ihnen aufgrund von bestimmten Gesetzmäßigkeiten (insbesondere z. B. Materialgleichungen) Beziehungen bestehen können. So hängt z. B. die Zustandsgröße „potenzielle Energie" einer elastischen Feder mit gegebener Federkonstante nur von der Zustandsgröße „Verlängerung" ab. Es ist daher sinnvoll, eine Auswahl an „unabhängigen Zustandsgrößen" zu treffen, die zur eindeutigen Kennzeichnung des Systems zu einem beliebigen Zeitpunkt genügen (und deren Anzahl dann zwangsläufig minimal ist[32]), und die restlichen „abhängigen Zustandsgrößen" durch sie auszudrücken.

Es ist wohl eine der wichtigsten Aufgaben der Modellbildung, zu entscheiden, welche Eigenschaften des Originals als variabel betrachtet werden sollen bzw. müssen. Da bei technischen Systemen Stoff-, Energie- und Informationsflüsse zentrale Rollen spielen, muss durch geeignete Auswahl an Zustandsvariablen jedenfalls sichergestellt werden, dass die im System gespeicherten und als variabel betrachteten Stoff-, Energie- und Informationsinhalte – soweit sie für das Systemverhalten von Bedeutung sind – vollständig charakterisiert werden.

4.2.4.2 Zustandsänderungen, Prozesse, technische Prozesse

Vorrangiges Ziel bei der Modellbildung von Systemen ist die Ergründung des **Systemverhaltens**, das eng mit der Änderung von Zustandsgrößen (Zustandsänderungen) verbunden ist. Ein System steht über seine Ein- und Ausgänge in Wechselwirkung mit seiner Umgebung, wobei das System von außen nur über die Eingänge beeinflusst wird. Wird dem System über seine Grenzen Energie oder Materie zugeführt (z. B. Verdichtung eines Gasvolumens in einem Kolben oder Füllen eines Behälters), so ändert sich sein Zustand [Baeh-1996]. Ebenso kann eine Zustandsänderung durch Informationen, die über die

---

[32] Wären sie voneinander abhängig, dann könnte zumindest eine Zustandsvariable durch andere ausgedrückt werden und ihre Anzahl wäre somit nicht minimal.

Systemgrenzen übertragen werden, bewirkt werden (z. B. durch Schaltvorgänge, Signalflüsse). Durch die Einwirkung von außen durchläuft das System einen Prozess (Vorgang), der somit etwas Dynamisches darstellt und mit dem sich der Zustand des Systems ändert (siehe auch Abb. 4.11).

Prozesse können aber auch ohne Einwirkung von außen ablaufen, nämlich dann, wenn der Anfangszustand eines abgeschlossenen Systems[33] keinen Gleichgewichtszustand darstellt. Die Zustandsänderungen des Systems werden dann durch den Anfangszustand festgelegt. In der Thermodynamik werden solche Vorgänge als Ausgleichsprozesse bezeichnet, ihr Endzustand als Gleichgewichtszustand [Baeh-1996].

Obwohl zwischen Prozess und Zustandsänderung ein enger Zusammenhang besteht, wird in der Thermodynamik zwischen den beiden Begriffen unterschieden. Die Beschreibung des Prozesses erfordert nämlich nicht nur die Beschreibung der Zustandsänderung, sondern zusätzlich auch die Beschreibung der Wechselwirkungen des Systems mit seiner Umgebung, somit der Art und Weise, wie die Zustandsänderung bewirkt wird [Baeh-1996, ElDi-1993, Luca-2007]. So kann etwa die Erwärmung eines Fluids in einem Behälter durch Zufuhr mechanischer oder elektrischer Arbeit, aber auch durch Zufuhr von Wärme erfolgen. Ein und dieselbe Zustandsänderung kann also durch verschiedene Prozesse realisiert werden, weshalb Prozesse einen umfassenderen, spezifischeren Charakter haben als Zustandsänderungen, die nur einen Teil der Prozessbeschreibung darstellen. Durch Prozesse werden Zustandsänderungen bewirkt, eine vollständige Prozessbeschreibung erfordert aber zusätzlich Angaben zur Wechselwirkung mit der Umgebung [Baeh-1996, ElDi-1993].

Im Zusammenhang mit der Prozessautomatisierung wird in [LaGö1-1999] darüber hinaus zwischen dem technischen Prozess und dem technischen System, in dem der Prozess abläuft, unterschieden. Ein technischer Prozess wird dort als Vorgang verstanden, durch den Materie, Energie oder Informationen in ihrem Zustand verändert werden. Diese Zustandsänderung kann beinhalten, dass ein Anfangszustand in einen Endzustand überführt wird. Technische Prozesse sind somit Prozesse, die in technischen Systemen ablaufen.

Zustandsänderungen, bei denen das System eine Folge von Gleichgewichtszuständen durchläuft, heißen **quasistatisch** (siehe auch Abschn. 4.2.5.2). Diese Idealisierung ist in der Realität niemals exakt erfüllt, da ja zur Veränderung eines Gleichgewichtszustandes eine Einwirkung von außen erforderlich ist, sie ist aber dann sinnvoll, wenn die Dynamik des Systems eine untergeordnete Rolle spielt. Die klassische Thermodynamik baut gerade auf dieser Vorstellung quasistatischer Zustandsänderungen auf [Baeh-1996, ElDi-1993, Luca-2007].

Als stationär wird ein technischer Prozess dann bezeichnet, wenn sich die (inneren) Zustandsgrößen eines (offenen) Systems nicht ändern, obwohl das System in Wechselwirkung mit seiner Umgebung steht. Dies bedingt, dass die im System gespeicherte Materie, Energie und Information konstant bleiben muss und sich deren Zu- und Abflüsse permanent die Waage halten. Manchmal wird der Begriff des stationären Prozesses auch auf periodische Änderungen der Systemgrößen erweitert [Baeh-1996].

---

[33] ein System, über dessen Grenzen weder Energie, noch Materie oder Information übertragen wird.

4.2.4.3   Parameter

Der Begriff Parameter wird in sehr unterschiedlichen Zusammenhängen verwendet und hat in Abhängigkeit davon recht unterschiedliche Bedeutungen.

Im Zusammenhang mit technischen Systemen wird dem Begriff „Parameter" in [Hubk-1984] die Bedeutung einer wesentlichen Eigenschaft zugewiesen, welche die Funktion des Produkts (Systems) näher umschreibt. In der Thermodynamik ist die Verwendung des Begriffs Parameter wenig verbreitet, stattdessen wird vorwiegend der Begriff Zustandsgröße mit analoger Bedeutung verwendet.

In der **Mathematik** (z. B. bei dynamischen Systemen bzw. in der Theorie der gewöhnlichen Differenzialgleichungen) werden die in den Gleichungen vorkommenden Koeffizienten, die bei den Unbekannten bzw. ihren Ableitungen nach der Zeit und/oder nach den Ortsvariablen stehen, auch als Parameter bezeichnet (siehe dazu auch parametrische und nichtparametrische mathematische Modelle in Abschn. 4.4.1.2).

Ein typisches Beispiel stellen die in den Matrizen A, B, C, D zusammengefassten Koeffizienten der linearen Zustands- und Ausgabegleichung dar (siehe Abschn. 4.2.4.1). Diese Koeffizienten (Matrizen) können konstant oder zeitabhängig sein, aber auch – wie bei nichtlinearen Systemen – von den Zustandsgrößen abhängen. Eine periodische Zeitabhängigkeit der Koeffizienten der Matrix A ergibt sich z. B. dann, wenn die Steifigkeit eines mechanischen Schwingers periodisch veränderlich ist. Das Torsionsschwingungsmodell für eine Getriebestufe (siehe Abschn. 7.3) entspricht dieser Vorstellung, wenn dort die Abhängigkeit der Verzahnungssteifigkeit (Steifigkeit der Verzahnung zwischen den beiden Zahnrädern) von der Zahneingriffsstellung berücksichtigt wird. Für „konstante"[34] Drehzahl verändert sich dann die Steifigkeit zwischen den beiden Zahnrädern periodisch mit der Zahneingriffsfrequenz (Frequenz, mit der die beiden Zahnräder kämmen), wodurch Schwingungen angeregt werden. Der Erregermechanismus wird dementsprechend **Parametererregung** genannt (z. B. [Brem-1988, Dres-2001, DrHo-2004, MaPo-1997]).

Der Begriff Parameter wird in der Mathematik aber auch im Zusammenhang mit der Beschreibung von Kurven und Flächen verwendet. Bei der so genannten **Parameterdarstellung** von (räumlichen) Kurven in der Form x(t)[35] ist jedem Punkt der Kurve ein Parameterwert t zugeordnet. In analoger Weise kann die Parameterdarstellung von Flächen in der Form x(u,v) angegeben werden, wobei nun zwei unabhängige Parameter benötigt werden. Jedem Punkt der Fläche ist nun ein Wertepaar (u,v) zugeordnet. Die Parameterdarstellung findet wegen ihrer hohen Flexibilität in der Beschreibung von Kurven und Flächen auch in CAD-Systemen zur rechnerinternen Beschreibung so genannter Freiformkurven und Freiformflächen breite Anwendung (siehe dazu auch Abschn. 5.1).

Beim **parametrischen Konstruieren** mit CAD-Systemen werden jene Größen (meist Zahlenwerte oder logischen Werte), mit denen das CAD-Modell gesteuert wird (Parametrik), als Parameter bezeichnet (siehe Abschn. 5.7).

---

[34] bei Torsionsschwingungen der Zahnräder sind ihre Drehzahlen streng genommen nur näherungsweise konstant.

[35] x(t) bedeutet hier den Ortsvektor zu jenem Punkt der Kurve, dem der Parameter t zugeordnet ist. x(t) enthält z. B. die (von t abhängigen) kartesischen Ortskoordinaten des betreffenden Punktes.

Eine recht spezifische Bedeutung hat der Begriff Parameter in der **Informatik** im Zusammenhang mit Programmiersprachen. Er bezeichnet dort ein veränderbares Element eines Programms oder Unterprogramms, das bei der Erstellung des Unterprogramms zunächst formal („als Platzhalter") angelegt wird (formaler Parameter). Bei jedem Aufruf des Programms wird dem Parameter durch Parameterübergabe ein konkreter Wert (tatsächlicher Parameter) zugewiesen.

Alle oben angeführten Interpretationen des Begriffs Parameter werden in diesem Buch an verschiedenen Stellen verwendet, geben aber dennoch nur einen kleinen Ausschnitt aus der Vielfalt an verschiedenen Auslegungen dieses Begriffs wieder. Darüber hinaus sind gewisse Zusammenhänge bzw. Parallelen zwischen dem Begriff Parameter und den beiden Begriffen Zustandsgrößen und Zustandsvariablen erkennbar, wobei der Unterschied zwischen Zustandsgrößen und Parametern in den angeführten Interpretationen weitgehend verschwimmt. Als Beispiel dafür sei hier auf die Definition des Begriffs Zustand in [ElDi-1993] (siehe Abschn. 4.2.4.1) verwiesen, gemäß der Zustandsgrößen und Zustandsvariablen als Parameter aufgefasst werden.

Die angeführten Beispiele zeigen, dass die Begriffe Parameter, Zustandsgrößen und Zustandsvariablen im Kern dieselbe Bedeutung haben, nämlich die Bezeichnung von Größen, mit denen die Eigenschaften eines Systems oder Objekts quantifiziert (im Sinne von „gemessen") werden. Allerdings ist – wahrscheinlich historisch bedingt – einmal der eine, ein anderes Mal der andere Begriff gebräuchlicher. Es macht daher Sinn, Parameter, Zustandsgrößen und Zustandsvariablen als Synonyme aufzufassen.

Dennoch gibt es für alle drei Begriffe ein Unterscheidungskriterium, das im Hinblick auf die Modellbildung enorm wichtig ist. Es hängt nämlich ganz wesentlich von den zugrunde liegenden Modellvorstellungen ab, welche Eigenschaften eines Systems als „vorgegeben" (als von vorneherein bekannt) und welche als „variabel" (im Sinne von unabhängigen Freiheitsgraden) aufgefasst werden sollen. Diese Unterscheidung ist für Parameter, Zustandsgrößen und Zustandsvariablen gleichermaßen relevant, da keiner der drei Begriffe ausschließlich zur Beschreibung der einen oder anderen Klasse von Eigenschaften in Verwendung steht. Dies liegt offenbar auch daran, dass eine vorgegebene Eigenschaft durch Veränderung der Modellvorstellungen zu einer variablen Eigenschaft werden kann und umgekehrt. Siehe dazu auch das Bespiel am Ende dieses Abschnittes.

Obwohl Parameter, Zustandsgrößen und Zustandsvariablen sowohl vorgegebene als auch variable Eigenschaften quantifizieren können, bietet es sich aufgrund der Namensgebung und des üblichen Verständnisses der Begriffe an, **Zustandsvariablen** vorwiegend zur Quantifizierung variabler Eigenschaften und **Parameter** vorwiegend zur Quantifizierung vorgegebener Eigenschaften zu verwenden. Entscheidend ist jedenfalls, welche Rolle diese Größen in einem Modell spielen. Dies hängt unmittelbar mit der Frage zusammen, welche Größen gegeben, und welche gesucht sind.

Zustandsvariablen sollen damit als jene „ausgezeichnete Systemgrößen" interpretiert werden, die in einem adäquaten Modell des zu untersuchenden Systems als „variabel" betrachtet werden sollen, um auf diese Weise die mögliche Veränderung (Veränderbarkeit, „Variabilität") der über diese Größen quantifizierten Eigenschaften des Systems zu beschreiben. Das Modell soll damit die Untersuchung der als „variabel" betrachteten Eigenschaften des Systems (und damit des Systemverhaltens) ermöglichen. Welche Eigenschaften dies sind, hängt vom Modellzweck ab (siehe Abschn. 4.3.2) und muss im Zuge der Modellbildung festgelegt werden. Die „variablen" Zustandsgrößen (Zustandsvariablen) stellen sich in ihrem zeitlichen bzw. örtlichen Verlauf, bestimmten Gesetzmäßigkeiten (z. B. Naturgesetzen, Regeln, Algorithmen usw.) folgend, „frei"[36] ein, sie sind also dem freien Spiel dieser „Kräfte" ausgesetzt. Genau in diesem Sinn sollen die Begriffe „variabel" und Zustandsvariable verstanden werden[37].

Die „übrigen Systemgrößen" quantifizieren dann alle anderen Eigenschaften des Systems, nämlich jene, die im Modell in ihrem zeitlichen Verlauf und in ihrer örtlichen Verteilung als vorgegeben (z. B. als konstant oder periodisch veränderlich) betrachtet werden. Sie quantifizieren (spezifizieren) also bestimmte „vorgegebene" und damit in einem Modell tatsächlich „vorzugebende" Eigenschaften des Systems, weshalb sie im Folgenden als „vorgegebene Parameter" oder der Einfachheit halber schlicht als **Parameter** bezeichnet werden sollen.

Die Gesamtheit aller im Modell betrachteten Eigenschaften eines Systems wird damit durch Zustandsvariablen und Parameter erfasst, wobei Zustandsvariablen die als variabel[38] betrachteten Eigenschaften, Parameter hingegen die als vorgegeben (nicht notwendigerweise als konstant) angenommenen Eigenschaften quantifizieren.

Obwohl Parameter damit als (etwa konstant oder nach definierten Funktionen, Gesetzen oder Zusammenhängen) vorgegebene Größen aufgefasst werden, können sie im Rahmen von Parameterstudien oder Optimierungsaufgaben verändert bzw. variiert werden. Für eine einzelne, definierte Untersuchung (z. B. Simulation) sind sie aber im beschriebenen Sinn stets vorgegeben.

Es ist wohl eine der zentralen Aufgaben (bei) der Modellbildung, die Frage zu klären, welche Größen als variabel[39] (Zustandvariablen) und welche als vorgegeben (Parameter) betrachtet werden sollen. Die Antwort darauf hängt unmittelbar mit dem Modellzweck (Ziel der Untersuchung, Nutzen, Aufwand usw., siehe Abschn. 4.3.2) zusammen und kann daher auch nur in diesem Zusammenhang gegeben werden.

So kann es z. B. erforderlich werden, die Veränderlichkeit von (zunächst vorgegebenen) Parametern auf einer weiteren Auflösungsstufe eines Systems (d. h. in einem detaillierteren Modell) genauer zu modellieren und zu diesem Zweck „freizugeben", wozu möglicherweise zusätzliche Zustandsvariablen einzuführen sind. „Vorgegebene" Parameter des „gröberen" Modells können dabei in Zustandsvariablen eines detaillierteren Modells übergehen (z. B. Werkstoffmodelle wie Kriechgesetze, verfeinerte Reibgesetze, Gesetze

---

[36] zwar in Abhängigkeit vom Anfangszustand und den Eingangsgrößen, aber sonst „frei"

[37] Man könnte die Zustandsvariablen ebenso sinnvoll als „freigegebene Parameter" des Systems bezeichnen.

[38] veränderlich, sich nach bestimmten Gesetzmäßigkeiten (z. B. Naturgesetzen, Regeln, Algorithmen usw.) „frei" einstellend

[39] in dem Sinn, dass sie sich, bestimmten Gesetzmäßigkeiten folgend, frei einstellen

für den Schlupf eines Riemens oder Zustandsgleichungen in der Thermodynamik). Damit wird sich im Allgemeinen auch die Ordnung des Systems ändern.

Als typisches Beispiel sei die Dichte ρ eines Fluids (z. B. Hydrauliköls) genannt, dessen Kompressibilität[40] in einem groben Modell vielleicht vernachlässigt wird (Materialgleichung $\rho = \rho_0$, isochore Zustandsänderung), in einem detaillierteren Modell aber berücksichtigt werden soll, wozu eine andere Materialgleichung (konstitutive Gleichung $\rho = \rho(p)$) eingeführt wird und womit das System zusätzliche „Freiheitsgrade" erhält, die durch weitere Zustandsvariablen zu beschreiben sind. Im Sinne der Thermodynamik bleibt die Dichte ρ aber dennoch immer eine Zustandsgröße. Es hängt somit von der Modellvorstellung (Modellbildung) ab, ob eine Zustandsgröße als Zustandsvariable oder als Parameter aufgefasst werden soll.

Hängen die Gleichungskoeffizienten mathematischer Modelle (in vorgegebener Weise) von den Zustandsvariablen ab, dann ist das damit beschriebene System jedenfalls nichtlinear. Der Umkehrschluss ist nicht zulässig, da bereits die beschreibenden Gleichungen (z. B. physikalische Gesetze) nichtlinear in den Zustandsvariablen sein können. Weitere Hinweise über nichtlineare Systeme sind z. B. in [GiRS-2005, Sche-2005, Gips-1999] zu finden.

4.2.4.4   Signale, Systemgrößen, Systemvariablen

Unter einem Signal wird eine abstrakte Beschreibung einer veränderlichen Größe verstanden [FrBo-2004]. Signale sind Informationsträger und können durch mathematische Funktionen einer oder mehrerer unabhängiger Variablen dargestellt werden. Als unabhängige Veränderliche dient in den meisten Fällen die Zeit, womit das Signal den zeitlichen Verlauf einer Größe beschreibt (z. B. Signale für Strom, Spannung, Dehnung, Geschwindigkeit, Kraft, Moment). Genauso können aber auch Ortskoordinaten als unabhängige Veränderliche dienen. Dann beschreibt das Signal den örtlichen Verlauf einer Größe, der oft auch als (örtliche) Verteilung oder Profil bezeichnet wird (z. B. Farb- und Helligkeitsverteilung zur Darstellung eines Bildes bei der Bildverarbeitung, Temperaturverteilung in einem Bauteil). Als Synonyme für Signal werden auch die Begriffe Systemgröße und Systemvariable verwendet [HoDo-2004, FrBo-2004, OpWi-1997]. Besonders im Zusammenhang mit Automatisierungssystemen, aber auch mit den für die Untersuchung dynamischer Systeme in CAx-Systemen zugrunde liegenden Modellen macht es Sinn, Eingangs-, Ausgangs-, Zustandsvariablen sowie (zeitlich oder örtlich) veränderliche Parameter als Signale aufzufassen. Signale können somit als Repräsentanten von veränderlichen Systemgrößen (Systemvariablen) interpretiert werden.

In der Signal- und Systemtheorie wird zwischen zeitkontinuierlichen, zeitdiskreten, ortskontinuierlichen, ortsdiskreten Signalen unterschieden (siehe [FrBo-2004, GiRS-2005, OhLu-2002, Sche-2005]), je nachdem, ob die unabhängigen Veränderlichen (Zeit, Ort) kontinuierlich oder diskret sind. Im Weiteren wird zwischen wertkontinuierlichen und wertdiskreten Signalen unterschieden. Wertkontinuierliche Signale können alle Zwischenwerte des Wertebereichs annehmen, wertdiskrete Signale nur bestimmte, diskrete Werte. Sind sowohl unabhängige als auch abhängige Variable kontinuierlich, dann spricht man von analogen Signalen, sind beide diskret (diskontinuierlich), handelt es sich um digitale Signale (siehe Abb. 4.13).

---

[40] Die Kompressibilität beschreibt die Abhängigkeit der Dichte ρ vom Druck p.

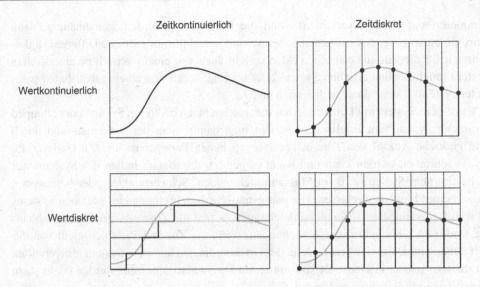

Abb. 4.13 Zeit- und wertkontinuierliche sowie zeit- und wertdiskrete Signale (in Anlehnung an [FrBo-2004])

4.2.5 Klassifikation von Systemen

Systemstruktur (Systemgrenze, Systemelemente, deren Eigenschaften und gegenseitige Beziehungen, Eingänge und Ausgänge), Zustandsvariablen und Parameter sowie das daraus resultierende Verhalten stellen charakteristische Eigenschaften von Systemen dar, weshalb auch die Klassifikation von Systemen vorwiegend nach diesen Eigenschaften erfolgt.

Systeme können nach ganz unterschiedlichen Kriterien klassifiziert (unterschieden) werden. Im Folgenden wird nur ein kleiner, für dieses Buch relevanter Ausschnitt der in der Literatur anzutreffenden Unterscheidungsmöglichkeiten wiedergegeben (siehe etwa [FrBo-2004, Gips-1999, GiRS-2005, HeGP-2007, Iscr-1999, OpWi-1997, Sche-2005]).

4.2.5.1 Klassifikation nach der Verteilung der Parameter

Wie bereits in Abschn. 4.2.3 und 4.2.4 ausgeführt, dienen Parameter, Zustandsgrößen und Zustandsvariablen der Quantifizierung von Eigenschaften eines Systems. Ein wichtiges Unterscheidungskriterium für Systeme stellt die Art und Weise dar, wie die das System kennzeichnenden und für den Modellzweck relevanten Eigenschaften und somit die Zustandsgrößen (in diesem Zusammenhang als Parameter bezeichnet) des Systems örtlich verteilt sind. Eigenschaften eines Systems – und dementsprechend auch die zu ihrer Quantifizierung erforderlichen Parameter – können entweder ortsabhängig (räumlich verteilt) sein oder diskreten Punkten (z. B. Positionen im Raum oder Materiepunkten) zugeordnet werden.

Ist es für die adäquate Beschreibung eines Systems erforderlich, die örtliche (ortskontinuierliche) Verteilung von Parametern zu berücksichtigen, dann bedarf es zur Quantifizierung der Eigenschaften des Systems auch örtlich verteilter Parameter (vorgegebener

Parameter und Zustandsvariablen). Sind die Parameter außerdem zeitabhängig, dann führt ein entsprechendes mathematisches Modell jedenfalls auf partielle Differenzialgleichungen für die Zustandsvariablen. Man spricht dann von einem verteilt parametrischen System (auch kontinuierlichen System oder im Englischen von einem „distributed parameter system"), siehe dazu auch Kap. 6 und 7.

Von einem System mit konzentrierten Parametern (auch diskreten System oder „lumped parameter system" im Englischen) spricht man dann, wenn der Systemzustand durch eine endliche Anzahl von Parametern (vorgegebenen Parametern und Zustandsvariablen) beschrieben werden kann und wenn es genügt, die Eigenschaften des Systems nur an bestimmten Stellen (z. B. in Massenmittelpunkten, Schwerpunkten oder homogenen Phasen eines Fluids) zu erfassen. Die mathematische Beschreibung eines solchen Systems führt auf gewöhnliche Differenzialgleichungen, sofern die Zustandsvariablen zeitabhängig sind, und auf algebraische Gleichungen, wenn die Zustandsvariablen nicht von der Zeit abhängen. Durch Diskretisierung der Ortskoordinaten kann ein System mit verteilten Parametern wieder in eines mit konzentrierten Parametern überführt werden (siehe dazu auch die beiden Beispiele in Abschn. 6.2).

Daraus ist ersichtlich, dass die Frage, um welches System (genauer: um welche Systemvorstellung) es sich handelt, wesentlich von den Modellvorstellungen (siehe Abschn. 4.3) abhängt und sich somit immer auf das Modell eines Systems („Systemmodell") bezieht.

Da Parameter von der Zeit und vom Ort abhängen können, mögen sie – zumindest nach einer Ortsdiskretisierung – als Signale aufgefasst werden (Abschn. 4.2.4). Signale können als Repräsentationen der zugehörigen Parameter bzw. Zustandsgrößen verstanden werden, was besonders im Zusammenhang mit Automatisierungssystemen Sinn macht. Daher ist dieselbe Unterscheidung auch für Parameter und Zustandsvariablen sinnvoll (siehe Abschn. 4.2.4.4). Bei der Untersuchung (Simulation) von dynamischen Systemen (z. B. Mehrkörpersystemen, siehe Kap. 7) mithilfe von Digitalrechnern bilden z. B. die Zustandsvariablen immer zeitdiskrete (streng genommen sogar digitale) Signale.

Manche der in den Modellgleichungen auftretenden Parameter können vom Produktentwickler gestaltet und innerhalb gewisser Grenzen frei gewählt werden (z. B. durch Festlegung von Abmessungen, Beziehungen, Anzahl von Bohrungen, thermischen Randbedingungen, durch Werkstoffauswahl). Diese Größen stellen die Parameter („Designparameter", Entwurfsparameter) beim parametrischen Konstruieren dar. Auch hier ist eine Unterscheidung zwischen wertkontinuierlichen und wertdiskreten Parametern von Bedeutung. Beispielsweise stellt die Anzahl der Bohrungen in einem Flansch einen wertdiskreten Parameter dar, der Außendurchmesser des Flansches einen wertkontinuierlichen Parameter. Näheres dazu siehe Abschn. 4.5.

Parameter können, wie in Abschn. 4.2.4.3 festgestellt, auch explizit von der Zeit abhängen und sich somit – möglicherweise zusätzlich zu ihrer Abhängigkeit von den Ortskoordinaten und Zustandsvariablen – entsprechend bestimmten Zeitfunktionen ändern (z. B. Parametererregung, siehe Abschn. 4.2.4.3, oder das Beispiel in Abschn. 4.4.4). Damit ist das System selbst zeitlich veränderlich (zeitvariant). Im folgenden Abschnitt werden weitere Hinweise zum Zeitverhalten von Systemen gegeben (siehe dazu auch Kap. 7).

4.2.5.2 Klassifikation nach dem Zeitverhalten

In der Systemtheorie werden Systeme unter anderem nach ihrem Zeitverhalten klassifiziert (siehe [Gips-1999, FrBo-2004, HeGP-2007, Iser-1999, GiRS-2005]). Dementsprechend ist die in Abb. 4.14 dargestellte und im Folgenden beschriebene Unterscheidung sinnvoll.

Entsprechend der Abhängigkeit der Zustandsvariablen des Systems von der Zeit, kann zwischen statischen, stationären, quasistationären und dynamischen (transienten) Systemen unterschieden werden.

Bei *dynamischen Systemen* hängen die Zustandsvariablen und möglicherweise auch die (vorgegebenen) Parameter von der Zeit ab, bei *statischen ("gedächtnislosen") Systemen* nicht, sofern auch die Eingangsgrößen und Parameter zeitunabhängig sind. *Stationäre Systeme* (Prozesse) sind z. B. in der Mechanik und Thermodynamik weit verbreitete Modellvorstellungen und zeichnen sich dadurch aus, dass sich die für die Beschreibung des (offenen) Systems relevanten Zustandsgrößen nicht ändern, obwohl das System in Wechselwirkung mit seiner Umgebung steht. Dies bedingt, dass die im System gespeicherte Materie, Energie und Information konstant bleiben muss und sich deren Zu- und Abflüsse permanent die Waage halten (z. B. stationäre Fließprozesse in der Thermodynamik, stationäre Kurvenfahrt in der Fahrzeugdynamik).

Bei *quasistationären Systemen* (Prozessen) genügt es, Zustandsänderungen durch eine Aneinanderreihung von Gleichgewichtszuständen zu erfassen. Diese Systeme (Prozesse) hängen zwar von der Zeit ab, ihre Dynamik spielt jedoch für infinitesimale Zeitschritte[41] so wenig Rolle, dass sie vernachlässigt werden kann (z. B. Vernachlässigung von Wellenausbreitungsvorgängen in der Hydraulik). Siehe dazu auch Abschn. 4.2.4.

Abb. 4.14 Klassifikation von Systemen nach ihrem Zeitverhalten, Determinismus bzw. Vorhersagbarkeit

---

[41] Infinitesimale Zeitschritte können als beliebig klein werdende Zeitschritte aufgefasst werden.

Dynamische Systeme können in *zeitkontinuierliche Systeme* (auch analoge Systeme genannt) und *zeitdiskrete Systeme* (sofern die Signalwerte ebenfalls diskret vorliegen, auch digitale Systeme genannt) unterteilt werden. Bei zeitkontinuierlichen Systemen sind alle Zustandsgrößen stetige Funktionen der Zeit, während sie bei zeitdiskreten Systemen nur zu diskreten Zeitpunkten vorliegen, woraus sich eine Folge von Zahlenwerten ergibt, die wiederum wertkontinuierlich oder wertdiskret sein können (siehe dazu auch Abschn. 4.2.4.4).

Bei *ereignisorientierten Systemen* ändern sich Zustandsgrößen (möglicherweise unstetig) zu diskreten Zeitpunkten in Folge äußerer Ereignisse oder aktueller Werte der Zustandsvariablen (Schwellwerte, Triggerwerte). Die Zeitpunkte der Änderungen sind nicht von vornherein bekannt (z. B. Systeme mit Haft-/ Gleitreibung, Kontaktprobleme[42], Produktionssysteme, Logistiksysteme, Prozesssteuerungen).

Eine weitere Unterscheidung betrifft das *Systemverhalten* (Übertragungsverhalten, Systemfunktion) selbst, das durch die Systemstruktur bestimmt ist und durch die vorgegebenen Parameter charakterisiert werden kann (siehe Abschn. 4.2.2 und 4.2.4). Sind diese zeitlich konstant, so spricht man von zeitinvarianten Systemen, sind sie zeitlich veränderlich, handelt es sich um zeitvariante Systeme. (siehe [FrBo-2004, Gips-1999, HeGP-2007, Iser-1999, GiRS-2005]).

Deterministische Systeme reagieren gemäß den im Voraus bekannten Übertragungseigenschaften bei identischen Anfangszuständen auf dieselben Eingängen immer mit denselben Ausgängen. Die Reaktion kann also für bekannte Eingänge aus der Systemfunktion bestimmt und z. B. durch mathematische Funktionen oder Tabellen beschrieben werden[43].

Bei *stochastischen Systemen* beeinflusst der Zufall die Übertragungseigenschaften des Systems (z. B. entsprechend einer Wahrscheinlichkeitsfunktion), sodass sie nicht eindeutig vorhersagbar, sondern regellos oder zufällig sind und durch statistische Größen wie Erwartungswert, Varianz usw. erfasst werden müssen. Für dieselben Eingänge und Anfangszustände können verschiedene Ausgänge entstehen, die Reaktion ist somit nicht eindeutig vorhersagbar und kann wie die Übertragungseigenschaften selbst nur durch statistische Kenngrößen beschrieben werden. Beispiele dazu sind Systeme, deren Parameter (z. B. Reibwert, Schräglaufwinkel, Umformfestigkeit, Lebensdauer eines Bauteils, elektrischer Widerstand, Maß- und Formabweichungen) zufällig oder regellos sind, wie etwa Funkkanäle, der reibschlüssige Kontakt zwischen Reifen und Fahrbahn beim PKW, das Verhalten von Umformmaschinen (Reibung, Umformfestigkeit), Störungen von Messkanälen (Rauschen in der Messtechnik), Populationen und deren Entwicklung, Gewinnspiele (Lotto, Roulette).

---

[42] im Zusammenhang mit kinematischen Bindungen (siehe Abschn. 5.4.6)

[43] Sind die Eingänge eines deterministischen Systems stochastisch, können natürlich dennoch auch seine Ausgangsgrößen stochastischen Charakter aufweisen.

4.3   Modelle

Zur Beschreibung und Analyse von Systemen werden Modelle benötigt. Die Beschaffenheit dieser Modelle ist ein entscheidendes Kriterium für das je nach Zweck erforderliche Verständnis des Systems. Die nächsten Abschnitte behandeln genau diese Thematik.

Wie bereits in Abschn. 4.1 erläutert, ist ein Modell eine abstrahierte bzw. vereinfachte Abbildung oder Nachbildung eines Originals und dient dazu, dessen Eigenschaften und Verhalten zu erfassen und zu beschreiben.

4.3.1   Der Modellbegriff

Da es in der Literatur unzählige Definitionen für den Begriff Modell gibt, kann hier nur ein kurzer Überblick gegeben werden:

Pahl und Beitz [PBFG-2007, FeGr-2013]:
- Modell: Ein dem Zweck entsprechender Repräsentant (Vertreter des Originals).
- Modellieren: Erstellen und Verändern (Modifizieren) eines Modells im Ganzen und in Teilen.

Roth [Roth-1994]:
- Modell: In den Naturwissenschaften tritt der Modellbegriff im Zusammenhang mit Sachverhalten auf, die man etwa wie folgt allgemein beschreiben kann: Ein Objekt M (Gegenstand, materielles oder ideelles System, Prozess) ist in diesem Sinne Modell, wenn zwischen M und einem anderen Objekt O Analogien bestehen, die bestimmte Rückschlüsse auf O gestatten.
- Modellieren: Ist die interaktive, zeichnerische Darstellung eines Produkts aufgrund von vorliegenden oder errechneten Maßangaben mithilfe eines Rechners.

VDI-Richtlinie 2206 (Entwicklungsmethodik für mechatronische Systeme) [VDI-2206]:
- Modell: Physikalisch-mathematisches Abbild eines technischen Bauelements, einer Baugruppe oder eines komplexen Systems.
- Modellbildung: Darstellung eines physikalisch-mathematischen Modells eines vorhandenen Systems oder eines zu entwickelnden Systems.

VDI-Richtlinie 2211 (Datenverarbeitung in der Konstruktion, Berechnungen in der Konstruktion) [VDI-2211]:
- Modelle sind materielle oder immaterielle Gebilde, die geschaffen werden, um für einen bestimmten Zweck ein Original zu repräsentieren. Man kann Modelle auch als Abbildungen oder Nachbildungen von Originalen sehen[44].
- Modellbildungen erfolgen mit der Absicht, das Original durch das Modell zu ersetzen, es als Stellvertreter des Originals zu benutzen. Auch ein Modell kann als Original für eine weitere Modellbildung dienen (z. B. bei Modelltransformationen).

---

[44] Das Original kann somit selbst ein Modell sein.

VDI-Richtlinie 2209 (3D-Produktmodellierung) [VDI-2209]:

- Modell: Abbild eines Originals, wobei das Modell nicht alle Eigenschaften des Originals aufweist (würde es alle Eigenschaften aufweisen, wäre es ein Klon). Man unterscheidet gestalthafte, bildhafte und formale Modelle. Gestalthafte Modelle sind verkleinerte oder vergrößerte Abbildungen, wobei nur bestimmte Eigenschaften des Vorbilds ausgeprägt sind (z. B. das Tonmodell für ein neues Fahrzeug, das im Windkanal optimiert wird). Bildhafte Modelle sind grafische Darstellungen des Originals (z. B. technische Zeichnungen). Formale Modelle sind Datenmengen zum digitalen Erfassen.
- Modellbildung: Festlegen der Gestalt eines Bauteils mithilfe der im CAD-System vorhandenen Modellierungselemente und der möglichen Beschreibungsverfahren.

Ergänzend sollen die Modelldefinitionen nach Minsky und Stachowiak erläutert werden:

- Modell gemäß Minsky [Mins-1965]: Für einen Beobachter B ist das Objekts M ein Modell des Objekts A, wenn er M nutzen kann, um Fragen zu beantworten, die ihn an A interessieren.
- Modell gemäß Stachowiak [Stac-1973]: Stachowiak definiert drei Hauptmerkmale von Modellen: Jedes Modell ist Abbild eines Originals (Abbildungsmerkmal). Jedes Modell abstrahiert, bildet das Original damit nur unvollständig ab (Verkürzungsmerkmal). Jedes Modell hat einen bestimmten Zweck (pragmatisches Merkmal).

Diese Definitionen zeigen deutlich, dass es nicht ein einziges Modell eines betrachteten Objekts gibt. Die unterschiedlichen Modellvarianten unterscheiden sich stets durch den Anwendungszweck (Systemaspekt, Detaillierungsgrad usw.), aber auch durch die Erfahrung des Modellierers.

In diesem Buch wird ein Modellbegriff angestrebt, der einerseits allgemein genug ist, um in möglichst allen Disziplinen der Technik, aber auch der Wirtschaft (z. B.: „Kostenmodelle") verwendbar zu sein, und andererseits noch immer genügend Aussagekraft hat.

In Anlehnung an die VDI-Richtlinie 2211 (Datenverarbeitung in der Konstruktion, Berechnungen in der Konstruktion) [VDI-2211] und die VDI-Richtlinie 2209 (3D-Produktmodellierung) [VDI-2209] soll unter den Begriffen Modell und Modellbildung in diesem Buch Folgendes verstanden werden:

- **Modelle** sind abstrakte, materielle oder immaterielle Gebilde, die geschaffen werden, um für einen bestimmten Zweck ein Original zu repräsentieren. Man kann Modelle auch als Abbildungen oder Nachbildungen von Originalen sehen. Das Original kann dabei selbst ein Modell sein. Ein Modell weist nicht alle Merkmale und Eigenschaften des Originals auf (würde es alle Merkmale und Eigenschaften aufweisen, wäre es ein Klon). Man unterscheidet u. a. mentale, gestalthafte, bildhafte und formale Modelle. Mentale Modelle (Gedankenmodelle) sind gedankliche Vorstellungen über ein Original (z. B. die Modellvorstellung von Phasen in der Thermodynamik oder von Zustandsgrößen bzw. Parametern, siehe Abschn. 4.2.4). Gestalthafte Modelle sind verkleinerte oder vergrößerte Abbildungen, wobei nur bestimmte Eigenschaften des Vorbilds ausgeprägt sind. Bildhafte Modelle sind grafische Darstellungen des Originals (z. B. technische Zeichnungen, Fotografien). Formale Modelle sind Datenmengen zum digitalen Erfassen.

- **Modellbildung** ist die Schaffung eines Modells, das dem Untersuchungszweck entspricht und demgemäß verändert und ausgewertet werden kann, um damit Rückschlüsse auf das Original ziehen zu können. Modellbildungen erfolgen mit der Absicht, das Original durch das Modell zu ersetzen, es als Stellvertreter des Originals zu benutzen. Auch ein Modell kann als Original für eine weitere Modellbildung dienen.

4.3.2 Anforderungen an Modelle und Modellzweck

Modelle müssen originalnah (gegebenenfalls realitätsnah) sein, d. h. sie müssen die dem Untersuchungszweck entsprechenden charakteristischen Eigenschaften und damit auch das Verhalten des Originals (z. B. realen Systems) genau genug, also bis auf einen vorgegebenen Fehler beschreiben. In der Produktentwicklung ist der Zweck, dem Modelle dienen (Modellzweck), stark abhängig von den Lebensphasen des Produkts auf die sich die Untersuchung bezieht. Schließlich muss ein angemessenes Aufwand-/ Nutzen-Verhältnis angestrebt werden. Der Aufwand für die Modellierung und die nachfolgende Analyse ist eng verbunden mit dem Detaillierungsgrad des Modells (Granularität des Modells). Eine sehr „genaue" Modellierung ist in vielen Fällen nicht nötig, weil die Unsicherheiten in einem detaillierten Modell so groß sein können, dass dessen Nutzen im Vergleich zu einem einfacheren Modell in Frage zu stellen ist [Rodd-2006]. Nach [Rodd-2006] müssen Modelle klar definiert, eindeutig beschreibbar, in sich widerspruchsfrei, redundanzfrei und handhabbar sein, um sie für die Lösung einer bestimmten Aufgabe leicht einsetzen zu können.

Das Verhalten eines Modells muss in einem gegebenen Gültigkeitsbereich dem realen Systemverhalten entsprechen (Modellgültigkeit). Das Modellverhalten resultiert aus den charakteristischen Eigenschaften der Modellelemente sowie deren Verknüpfungen untereinander. Gibt es verschiedene Möglichkeiten zur Modellierung eines Systems, die alle den oben genannten Forderungen genügen, so sollte der einfachsten Möglichkeit der Vorzug gegeben werden (Modelleffizienz).

Für die Herleitung eines einfachen, effizienten und gültigen Modells gibt es keine allgemeingültigen Regeln, daher spielen Erfahrung und Vorwissen dabei eine große Rolle.

4.3.3 Modellstrukturen und -hierarchien

Analog zu Systemen haben auch Modelle (hierarchische) Strukturen [Avgo-2007]. Folgende strukturbildende Kriterien können – ohne Anspruch auf Vollständigkeit – unterschieden werden.

4.3.3.1 Detaillierungsgrad und Produktlebenszyklus
Für die verschiedenen Phasen des Produktlebenszyklus werden Modelle mit unterschiedlichen Zielsetzungen und Detaillierungsgraden benötigt. Manche Modelle werden vorwiegend in ganz bestimmten Phasen des Produktlebenszyklus benötigt (z. B.

Anforderungsmodelle für das Zielsystem (Abschn. 4.2.1.1), Entwurfsskizzen, Modelle zur Auslegungsberechung, 2D-Zeichnungsableitungen, Explosionsdarstellungsmodelle für die Montage, Modelle zur Zustandsüberwachung), andere über viele Phasen hinweg (z. B. Geometriemodelle).

In der Konzeptphase sind nur sehr grobe bzw. überschlägige Modelle sinnvoll, da sie zwangsläufig auf unvollständigen Informationen beruhen. Während der Entwurfs- und Ausarbeitungsphase müssen die Modelle immer stärker detailliert bzw. verfeinert werden (z. B. von der Grobgestalt zur Feingestalt), wodurch ihr Informationsgehalt steigt. Um aussagekräftige Ergebnisse von Modellen für Originale rechtzeitig nutzen zu können, muss entschieden werden, welche Effekte unbedingt im Detail zu berücksichtigen sind und welche (vorerst) vernachlässigt werden können. Um den Aufwand (Kosten und Zeit) in einem vertretbaren Ausmaß zu halten, sind grobe, überschlägige Modelle oder redu-zierte („kondensierte") Modelle (aus detaillierten Modellen durch Modellreduktion abge-leitet) von großem Nutzen (z. B. maßgeschneiderte Modelle zur Auslegung von Bauteilen und Teilsystemen in der Entwurfs- und Gestaltungsphase).

4.3.3.2   Koppelbarkeit von Modellen, Modularisierung

Zur Untersuchung von Systemen und Systemelementen ist es immer wieder erforderlich, Modelle miteinander zu koppeln, zu kombinieren, zu verknüpfen bzw. zu verschalten.

*   Komplexe Maschinen und Anlagen werden zweckmäßig in Abschnitte, Bauräume, Gestaltungszonen, Baugruppen, Unterbaugruppen, einzelne Bauteile usw. strukturiert, zwischen denen Beziehungen bestehen, die z. B. einem topologischen Modell (Modell-baum, Skelettmodell) entsprechen (siehe auch Kap. 5).
*   Zur Analyse der Dynamik von Systemen (insbesondere von mechatronischen Syste-men, siehe Abschn. 4.2.1.3) besteht immer öfter der Bedarf, Modelle aus verschiedenen technischen Disziplinen miteinander zu koppeln bzw. zu verschalten (siehe dazu die Beispiele in Abschn. 8.5).
*   Durch das Zusammenschalten solcher Modelle entstehen so genannte „Netzwerk-Modelle". Dabei kommt einer geschickten Wahl von Systemgrenzen für die Model-lierung von Systemelementen und damit einer passenden Modularisierung größte Bedeutung zu.
*   Die Modularisierung trägt besonders bei komplexen Systemen zur Übersicht und Transparenz bei, deckt kritische Module, die besonderes Augenmerk verlangen, auf und ermöglicht eine Parallelisierung der Arbeiten im gesamten Produktentstehungs-prozess. Unter einem Modul soll ein eigenständiger Bestandteil eines Systems (z. B. Teilsystems, Systemelements) verstanden werden, der durch wohl definierte Schnitt-stellen klar abgegrenzt und ausreichend transparent ist, bestimmte Funktionen ausführt und dessen Verhalten wohlverstanden ist.
*   Die Gliederung des Systems in Module und deren Repräsentation durch Modelle führt auch auf eine modulare Struktur des zugehörigen „Gesamtmodells" (z. B. Simulations-modells). Ziel ist dabei, dass die „Modell-Module" möglichst flexibel miteinander kombiniert werden können (siehe dazu auch Abschn. 8.5).

Bedarf zur Kopplung von Modellen besteht auch dann, wenn Systeme zu analysieren sind, die aus Teilsystemen bestehen, die ganz unterschiedliche physikalische Effekte nutzen, oder die selbst Elemente enthalten, in denen mehrere physikalische Effekte so stark ineinander greifen, dass sie nicht unabhängig voneinander untersucht werden können, sondern gleichzeitig, also gekoppelt, betrachtet werden müssen ("multi-physics-modelling", siehe dazu auch Abschn. 8.4).

4.3.3.3 Fachdisziplinen

Die Untersuchung von Systemen verlangt die Behandlung unterschiedlicher Fragestellungen, die ganz bestimmten Sichtweisen auf das System (Systemaspekten) entsprechen und aus verschiedenen fachlichen Disziplinen kommen können.

- Geometriemodelle (z. B. technische Zeichnungen, 2D-, 3D-CAD-Modelle) dienen der Beschreibung und Analyse von Geometrie und Kinematik.
- Zur Untersuchung der Dynamik eines Systems sind dynamische Modelle wie Schwingungsmodelle, MKS-Modelle (siehe Kap. 7), Hydraulikmodelle (siehe Abschn. 8.3), Reglermodelle usw. notwendig.
- Die Untersuchung von Temperaturverteilungen erfordert z. B. Wärmeübertragungsmodelle.
- Als Modelle für elektrische Netzwerke dienen Schaltpläne, Flussdiagramme.
- Struktogramme können als Modelle für Algorithmen und Datenstrukturen herangezogen werden.
- Hydraulische und pneumatische Schaltpläne stellen Modelle für die zugehörigen Netzwerke dar.

Zusätzlich zu diesen technischen Sichtweisen auf ein System können auch betriebswirtschaftliche Fragestellungen von Interesse sein, zu deren Analyse Kostenmodelle (z. B. Finanzierungsmodelle, Betriebsabrechnungsbögen) dienen können. Dem Zweck der verschiedenen Sichtweisen (Aspekte) entsprechend, werden in den einzelnen Fachdisziplinen und Anwendungsbereichen ganz unterschiedliche Arten und Beschreibungsformen von Modellen verwendet.

Aus der Struktur eines Systems und den verschiedenen strukturbildenden Kriterien ergeben sich für Modelle – unter Umständen verschiedene, sich überlagernde – (hierarchische) Strukturen, die auch für die Modellbildung von großer Bedeutung sein können.

4.4 Modellbildung

4.4.1 Allgemeines zur Modellbildung

4.4.1.1 Verfahren der Modellbildung

Zur Beantwortung technischer Fragestellungen durch Modelle lassen sich grundsätzlich folgende Verfahren unterscheiden, welche jeweils verschiedene Methoden der Modellbildung erfordern [Iser-1999, Rodd-2006, HeGP-2007].

- **Rechnerische Verfahren**

  Dazu werden mathematische Modelle benötigt, die formal durch Gleichungen (z. B. algebraische Gleichungen, Differenzialgleichungen) beschrieben werden, zu deren Lösung heute neben den traditionellen analytischen Verfahren leistungsfähige numerische und symbolische Softwareprogramme zur Verfügung stehen. Rechnerische Verfahren bieten den Vorteil, dass weder reale Strukturen noch physikalische Modelle benötigt werden. Modellvarianten (z. B. konstruktive Veränderungen) lassen sich mit geringem Aufwand untersuchen, Parameterstudien und Optimierungen können relativ einfach durchgeführt werden. Für die Modellbildung sind Idealisierungen notwendig, die sich auf die Qualität der Ergebnisse stark auswirken. Obwohl die rechnerischen Verfahren heute sehr weit entwickelt sind, kann zur Absicherung der Gültigkeit mathematischer Modelle dennoch auf physikalische Experimente nicht vollständig verzichtet werden. Typische Anwendungsgebiete sind etwa die Optimierung von Produkten, Parameterstudien, das Aufstellen allgemeiner Zusammenhänge (Näherungslösungen), usw., wozu CAx-Systeme wie FEM-Systeme, MKS-Simulationswerkzeuge, CAD-Systeme oder Computeralgebra-Werkzeuge zum Einsatz kommen (siehe dazu auch Kap. 6 – 9).

- **Experimentelle bzw. messtechnische Verfahren**

  Zu ihrer Anwendung werden physikalische (gestalthafte) Modelle für Experimente benötigt, an denen Versuche, Messungen und Auswertungen durchgeführt werden können. Im Maschinenbau etwa sind dies typischerweise Prototypen, Testobjekte, Versuchsanordnungen oder maßstäbliche Modelle. Mithilfe der physikalischen Modelle sollen alle wesentlichen Einflüsse „messtechnisch" erfasst werden. Für Signale, die einer Messung an der realen Struktur zugänglich sind, erhält man Ergebnisse, auf die nur eventuelle Messfehler Einfluss haben. Da nur direkt messbare Größen erfasst werden können und damit innere bzw. der Messtechnik unzugängliche Zustandsgrößen bei Anwendung ausschließlich dieser Methode verborgen bleiben, besteht das Problem, dass das Gesamtsystem nur teilweise erfasst und beschrieben werden kann. Parameterstudien zum Erfassen von Zusammenhängen sind oft nur mit großem Aufwand möglich. Typische Anwendungsgebiete sind die gesamte Versuchstechnik, Motorprüfstände, die Analyse von Prototypen, Schwingungsüberwachung, Schadensfrüherkennung und Diagnose, Verifikation rechnerischer Ergebnisse (Stichproben) usw..

- **Hybride Verfahren** (Kombination von Berechnung und Experiment bzw. Messung)

  Diese Verfahren nutzen sowohl Messgrößen als auch mathematische Modelle. Während bei rechnerischen Verfahren Fehler aufgrund von Modellierungsungenauigkeiten auftreten, sind bei experimentellen Verfahren mehr oder weniger große Messfehler unvermeidbar. Liegen sowohl mathematische Modelle als auch Messergebnisse vor, so kann man versuchen, Hypothesen über die Art der Fehler zu bilden und das Modell anhand der Messergebnisse so zu verbessern, dass sich eine bessere Übereinstimmung von Rechnung und Experiment ergibt. Diese hybriden Verfahren können den Identifikationsverfahren zugeordnet werden. Bei der Parameteridentifikation werden lediglich die Parameter eines bestehenden mathematischen Modells aus Messdaten rekonstruiert, während bei der Modellidentifikation die Messdaten (auch) zum Aufstellen eines mathematischen Modells selbst – einschließlich seiner Struktur – dienen. Diese Verfahren finden breite Anwendung in der Regelungstechnik und auch in der Qualitätskontrolle.

4.4.1.2 Mathematische und physikalische Modelle

Wie in Abschn. 4.3.1 ausgeführt, soll unter Modellbildung die Schaffung eines Modells verstanden werden, das dem Untersuchungszweck entspricht und demgemäß verändert und ausgewertet werden kann, um damit Rückschlüsse auf das Original ziehen zu können. Modellbildungen erfolgen mit der Absicht, das Original durch das Modell zu ersetzen, um es als Stellvertreter des Originals zu benutzen. Auch ein Modell kann als Original für eine weitere Modellbildung dienen.

Bei der Modellbildung wird von der großen Anzahl an Eigenschaften des Originals nur eine begrenzte Auswahl in das Modell übernommen, für die folgende Kriterien zu beachten sind [VDI-2211]:

- Zweck und Nutzung des Modells: Der Modellzweck bestimmt den Aufwand, der in die Modellbildung gesteckt werden muss.
- Zur Verfügung stehende Analyse- und Simulationsmethoden und -werkzeuge (z. B. Rechen- und Auswertemethoden, Modellvalidierung, Versuchs- und Messmethoden).
- Komplexität des Modells: die Fehlerhäufigkeit steigt mit der Komplexität des Modells.

Der Produktentwickler hat die Vereinfachungen und Idealisierungen des Modells sowie eine geeignete Modellbeschreibung festzulegen. Darunter fallen Punkte wie das Berücksichtigen oder Weglassen von gewissen Effekten (Phänomenen) und damit verbunden die Fokussierung auf eine bestimmte Sicht auf das System (Systemaspekt). Entsprechend den Anforderungen an Modelle (siehe Abschn. 4.3.2) lässt sich die Aufgabe der Modellbildung ableiten:

- Modellbildung umfasst die Abbildung eines Systems in einem Modell unter Berücksichtigung des Modellzwecks und der Anforderungen an das Modell.
- Ergebnis der Modellbildung ist dann ein (experimentelles bzw. gestalthaftes) physikalisches Modell oder ein abstraktes mathematisches Modell, welches in einer festgelegten Beschreibungsform (z. B. Prototyp, Gestaltmodell, mathematische Formulierung) vorliegt.

Grundsätzlich kann zwischen physikalischen und mathematischen (analytischen) Modellen unterschieden werden (siehe [Rodd-2006]).

Physikalische Modelle sind materiell und in der Regel maßstäblich und werden durch „physikalische Modellbildung" gewonnen. Sie dienen der Ermittlung von charakteristischen Eigenschaften (Kennwerten, Parametern) des zu untersuchenden Systems (Originals) durch Versuche (experimentelle Simulation). **Prototypen** sollen möglichst viele Eigenschaften des Originals abbilden und werden daher üblicherweise im Maßstab 1:1 hergestellt und untersucht (z. B. Verbrennungskraftmaschinen, Fahrzeuge). **Pilotmodelle** (physikalische Teilmodelle) bilden – oft auch in verkleinertem Maßstab – nur einen Teil (der Eigenschaften) des Originals ab. **Ähnlichkeitsmodelle** dienen zur Untersuchung ganz bestimmter, ausgewählter Eigenschaften eines Systems, wozu bestimmte Ausschnitte des Systems (meist) in verkleinertem Maßstab nachgebildet werden. Die Ergebnisse werden durch Ähnlichkeitsgesetze auf das Original übertragen.

Mathematische Modelle können auf unterschiedliche Arten gewonnen werden. Dabei wird zwischen theoretischer und experimenteller Modellbildung unterschieden (siehe z. B. [Iser-1999]).

Bei der **theoretischen Modellbildung** (deduktiven, auch analytischen Modellbildung) bilden die mathematisch formulierten Naturgesetze (Bilanzgleichungen, konstitutiven Gleichungen, phänomenologischen Gleichungen, Entropiebilanzgleichungen, Schaltungsgleichungen) den Ausgangspunkt für das Aufstellen des Modells.

Bei der **experimentellen Modellbildung** (induktiven Modellbildung, Abb. 4.15) erhält man das mathematische Modell eines Prozesses aus Messungen. Dieses Verfahren wird auch Identifikation genannt und setzt die Existenz des zu untersuchenden Systems (Originals) oder eines physikalischen Modells davon voraus. Es werden die Eingangs- und Ausgangsgrößen gemessen und aus deren Zusammenhang ein so genanntes experimentelles (parametrisches oder nichtparametrisches) mathematisches Modell für das Systemverhalten erstellt.

Das in Abschn. 4.2.4.1 angegebene (lineare) Zustandsraummodell stellt einen typischen Vertreter eines parametrischen mathematischen Modells für dynamische Systeme dar. Es liegt auf der Hand, dass das Verhalten eines solchen Systems nicht nur von seinem Anfangszustand und dem zeitlichen Verlauf der Eingangsgrößen abhängt, sondern ganz wesentlich von den „vorgegebenen" Parametern des Systems, die die „vorgegebenen" Eigenschaften des Systems und seiner Elemente selbst – d. h. unabhängig vom Zustand und den Eingangsgrößen des Systems – charakterisieren. Die „vorgegebenen" Parameter (zahlreiche typische Beispiele für Eigenschaften, die durch sie quantifiziert werden, sind in Abschn. 4.2.3 angegeben) bestimmen auch die in den Gleichungen mathematischer Modelle vorkommenden Koeffizienten, die ebenfalls Parameter darstellen.

Abb. 4.15 Experimentelle (induktive) Modellbildung

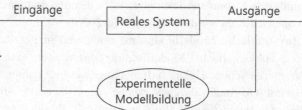

Bei **parametrischen mathematischen Modellen**, die aus einer theoretischen Modell-bildung gewonnen werden (siehe [Iser-1999, LaGö2-1999, Rodd-2006]), wird die Abhängigkeit der Gleichungskoeffizienten (sie stellen ebenfalls Parameter dar) von den „vorgegebenen" Eigenschaften (Parametern) durch entsprechende (mathematische) Beziehungen hergestellt, aus denen überaus wertvolle Zusammenhänge zwischen den (z. B. physikalischen) Eigenschaften des Systems sowie seiner Elemente und den Koeffi-zienten der mathematischen Modellgleichungen erkannt werden können, was eine überaus wertvolle Informationsquelle darstellt. Die Festlegung der Art und klaren Bedeutung der das System charakterisierenden Parameter wird häufig erst in Verbindung mit den verwen-deten (mathematischen) Modellen möglich (siehe auch Abschn. 4.5).

Bei parametrischen mathematischen Modellen, die durch experimentelle Modellbil-dung gewonnen werden (siehe [Iser-1999, LaGö2-1999, Rodd-2006]), liegen die Glei-chungskoeffizienten lediglich als Werte (in der Regel als Zahlenwerte) ohne Zusammen-hang mit den „vorgegebenen" (physikalischen) Eigenschaften (Parametern) des Systems vor. Die Werte der Gleichungskoeffizienten (Parameter) werden durch experimentelle Modellbildung aus Messungen (Parameteridentifikationsverfahren) gewonnen und haben daher auch nur für jenes konkrete System Gültigkeit, von dem die Messungen stammen.

Theoretische und experimentelle Modellbildung werden vielfach in Kombination ange-wendet [Iser-1999]. Das theoretische Modell kann dazu verwendet werden, die Struktur-informationen über das Original zu gewinnen, das experimentelle Modell zur Ermittlung der Werte der Parameter (Parameteridentifikation), aber auch zur Ermittlung der Struktur des mathematischen Modells (Modellidentifikation), falls ein solches nicht zur Verfügung steht (siehe [Iser-1992]). Die gegenseitige Ergänzung von theoretischer und experimentel-ler Modellbildung bildet oft den Schlüssel für das erfolgreiche Aufstellen mathematischer Modelle.

Eine besondere Art der Kombination von experimentellen mit theoretischen Modellen stellen Hardware-in-the-Loop-Modelle (HIL) dar. Dabei werden physikalische Modelle (z. B. Prototypen für Steuergeräte) in eine gemeinsame Simulationsumgebung auf einem Digitalrechner integriert (siehe [Rodd-2006, Iscr-2005]). Die Simulation auf dem Digital-rechner (z. B. mit mathematischen Modellen für den zu steuernden Prozess) muss dabei in Echtzeit erfolgen. Damit kann die Funktion realer Systemelemente unter sehr realitäts-nahen Bedingungen getestet werden.

Zum Unterschied zur HIL-Simulation wird bei Software-in-the-Loop-Modellen (SIL) die zu entwickelnde Software mit einem mathematischen Modell für den Prozess, für den die Software entwickelt wird, in einer gemeinsamen Simulationsumgebung gekoppelt. Die Simulation muss dabei nicht in Echtzeit erfolgen. Damit kann der Funktionstest für die neue Software unter realistischen Bedingungen durchgeführt werden.

HIL- und SIL-Simulationen können den Entwicklungsaufwand besonders bei mecha-tronischen Systemen drastisch reduzieren.

Mathematische Modelle werden wegen der in den Modellgleichungen vorkommenden Parameter (siehe oben) auch parametrische Modelle genannt [Iser-1999]. Werden die Zusammenhänge zwischen den Eingangs- und Ausgangsgrößen eines Systems nicht durch Gleichungen, sondern durch Tabellen, Kurvenverläufen, Kennfeldern, andere (als durch mathematische Beziehungen formalisierte) Regeln wie z. B. Expertensysteme formuliert, dann spricht man von **nichtparametrischen Modellen**. In diesem Sinne stellen Familientabellen bei der 3D-CAD-Modellierung (siehe Kap. 5) oder durch Messungen ermittelte Zusammenhänge zwischen Ein- und Ausgängen (z. B. Frequenzgang) nichtparametrische Modelle dar.

Welcher der verschiedenen Möglichkeiten zur Modellbildung der Vorzug gegeben wird, hängt davon ab, welcher Methode das jeweils vorliegende Problem am besten zugänglich ist bzw. welche Methode für das vorliegende Problem im Hinblick auf geforderte Genauigkeit und Aufwand am effizientesten ist. So sind manche Vorgänge, wie etwa die Prozesse in einer Verbrennungskraftmaschine, einer Modellbildung auf Basis der relevanten physikalischen Gesetze sehr schwer bzw. nur mit sehr hohem Aufwand zugänglich, weshalb in diesen Fällen Identifikationsverfahren (datenbasierte Methoden) wertvolle Alternativen darstellen, aus denen durch gezielte Analyse von Messdaten sowohl Informationen über die Struktur des Systems (z. B. Ordnung eines dynamischen Systems, Modellidentifikation) als auch dessen Parameter gewonnen werden können (Parameteridentifikation).

Umgekehrt sei darauf hingewiesen, dass auch das beste, auf den relevanten physikalischen Gesetzen basierende mathematische Modell stets durch Experimente zu validieren bzw. zu verifizieren ist (Abschn. 4.7). Dies alleine schon deshalb, um die oftmals unbekannten Werte der Parameter des Modells wie etwa Reibwerte, Werkstoffkennwerte, Wärmeübergangszahlen etc. zu identifizieren (Modellparametrierung, Modellkalibrierung). Auch die Ermittlung der Festigkeitskennwerte von Werkstoffen ist in diese Kategorie einzuordnen, da diese standardisierten Werte ja in vielen Modellen als obere Schranken verwendet werden und dazu dienen, Berechnungsergebnisse mit ihnen zu vergleichen und daraus abzuleiten, ob die berechneten Größen (z. B. Spannungen) zulässig sind oder nicht.

Abb. 4.16 zeigt den Ablauf zur Entstehung eines rechnerinternen Modells für die Modellanalyse (Systemanalyse). Der Modellbildner entwickelt eine gedankliche Vorstellung des zu untersuchenden Originals (z. B. eines realen technischen Objekts oder eines neuen Produkts) in Form eines mentalen Modells (Gedankenmodells), das anschließend zu seiner Erfassung in eine formalisierte Informationsform mithilfe von Informationselementen und -strukturen gebracht wird. Dieses „Informationsmodell" wird am Rechner implementiert (rechnerinternes Modell, siehe dazu auch [PBFG-2007] und [DuAn-1995]). Zentrale Bedeutung kommt dabei dem mentalen Modell zu, da es bereits die notwendige Abstraktion inkludiert und andererseits den Ausgangspunkt für eine effiziente Formalisierung darstellt, die wiederum entscheidend für die erfolgreiche Implementierung

Abb. 4.16 Entstehung eines rechnerinternen Modells in Anlehnung an
[PBFG-2007] und [DuAn-1995]

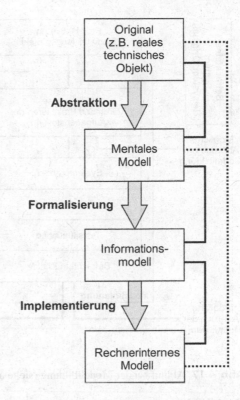

des Modells auf einem Rechner ist. Üblicherweise werden Modelle in mehreren (unter
Umständen vielen) Iterationsschleifen verbessert, wobei die Weiterentwicklung von Software, Hardware und Methoden immer mehr Möglichkeiten bietet. Dadurch ergeben sich
wichtige Rückkopplungen auf den gesamten Modellbildungsprozess, ja sogar auf die Originale (z. B. das Produkte) selbst. Die Entwicklungen rund um Cyber-Physische Systeme
oder Industrie 4.0 bestätigen dies eindrucksvoll.

4.4.2   Vorgehensweise bei der Modellbildung

In der Literatur werden verschiedene Methoden für die Erstellung eines Modells vorgeschlagen. Diese sind meist geprägt von der jeweiligen Fachdisziplin, in der die Modellierung durchgeführt wird. Stellvertretend seien dazu als Nachschlagquellen [VDI-2206,
VDI-2211, Avgo-2007, Iser-1999, Rodd-2006] genannt.

In [VDI-2211] wird die Modellbildung in drei Schritte gegliedert, nämlich in Modellplanung, Modellentwurf und Modellkontrolle. Abb. 4.17 zeigt den üblichen Ablauf bei der
Modellbildung. Die einzelnen Phasen werden im Folgenden näher erläutert.

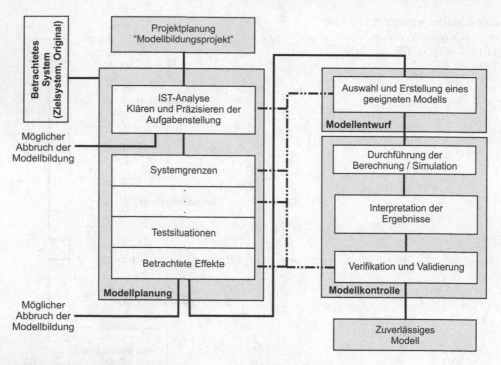

Abb. 4.17 Ablauf bei der Modellbildung (siehe auch [VDI-2211])

Projektplanung

Die Planung beinhaltet alle organisatorischen Vorgaben, wie z. B. Termine, Kosten, Personal, verfügbare Hard- und Software.

Modellplanung

Die Modellplanung beginnt mit einer IST-Analyse, in der die Aufgabenstellung zu klären und zu präzisieren ist. Dabei treten typischerweise Fragen auf wie:

- Was ist das zu untersuchende Original (System, Elemente, Systemgrenzen)?
- Welche Fragestellungen sollen behandelt werden (Festlegung des Modellzwecks)?
- Welche Sichtweisen auf das zu untersuchende Original (Systemaspekte, Bewertungskriterien) sind für den Modellzweck notwendig?
- Welche Eigenschaften müssen für die gewünschte Bewertung (z. B. zur Eigenschaftsabsicherung) herangezogen werden?
- Welche Effekte (Details) müssen daher berücksichtigt oder können vernachlässigt werden?
- Welche Testsituationen sind zu untersuchen („Lastfälle", Testszenarien, „use cases")?
- Welche Parameter bzw. Zustandsgrößen eines mathematischen Modells werden als vorgegeben (Parameter), welche als Zustandsvariablen betrachtet?

- Welche Ergebnisse sind zur Klärung der Fragestellungen erforderlich und in welcher Form sollen die Ergebnisdaten aufbereitet und dokumentiert werden (Ergebnisdarstellung und Dokumentation)?
- Welche Relevanz und Signifikanz haben die zu erwartenden Ergebnisse in Bezug auf die Fragestellungen? Wird die Fragestellung durch die Ergebnisse auch wirklich beantwortet?

Aus der Beantwortung dieser grundlegenden Fragen werden als Arbeitsergebnis dieses Schrittes die Anforderungen an das Modell spezifiziert. Die Abschätzung von Kosten und Nutzen sowie der Terminsituation kann hier noch immer ergeben, dass von der Untersuchung (z. B. Simulation) Abstand genommen wird. Entscheidet man sich für die Untersuchung, dann findet nach Festlegung aller Anforderungen der eigentliche Modellentwurf statt.

Auswahl und Erstellung eines geeigneten Modells
Zunächst muss unter Berücksichtigung der zur Verfügung stehenden Zeit, Mittel und Werkzeuge geklärt werden, welches Verfahren der Modellbildung am besten dazu geeignet ist (siehe Abschn. 4.4.1), die formulierten Fragestellungen im Hinblick auf die spezifizierten Anforderungen zu beantworten. Je nach Aufgabenstellung sind geeignete Modelle und die zugehörigen Werkzeuge (Versuchseinrichtungen oder Prototypen, heute jedoch immer öfter Software-Werkzeuge, CAx-Systeme) auszuwählen. Danach wird das Modell nach einem der in Abschn. 4.4.1 genannten Verfahren der Modellbildung erstellt (Modellentwurf).

Durchführung der Berechnung, Simulation
Für nähere Erläuterungen dazu siehe Abschn. 4.6 und die Kap. 6 bis 9.

Interpretation der Ergebnisse
Eine wichtige Aufgabe des Produktentwicklers (Versuchstechnikers, Berechnungsingenieurs) ist die Interpretation der Ergebnisse. Dazu muss er zwischen physikalischen Phänomenen und künstlichen Effekten (Artefakten), die z. B. von Messfehlern bzw. numerischen Lösungsverfahren herrühren, unterscheiden können. Dies erfordert Kenntnisse und Erfahrung sowohl über die untersuchten Fragestellungen als auch über die (z. B. versuchstechnischen bzw. numerischen) Verfahren, die zur Lösung des Modellproblems verwendet werden. Einfache, überschlägige Abschätzungen und Erfahrung sind unerlässlich, um die Ergebnisse (Messergebnisse bzw. Rechenergebnisse) zu überprüfen sowie zu bewerten und damit hohe Qualität der Simulation sicherzustellen.

Verifikation und Validierung
Jedes Modell beschreibt nur eine mehr oder weniger gute Näherung des Originals (z. B. realen Systems). Daher muss nach dem Entwurf des Modells geprüft werden, ob es mit seinen Idealisierungen das zu untersuchende Original hinreichend genau nachbildet.

Die **Verifikation** ermittelt, ob sich das Modell grundsätzlich plausibel verhält und bezieht sich damit auf das **Modellverhalten**, noch unabhängig von Vergleichen mit einem konkreten Original. Modell-Verifikation betrifft somit die Überprüfung der Plausibilität des Modellverhaltens an sich, also für „fiktive" Originale. Die **Validierung** liefert eine Aussage, ob das erstellte Modell konkrete Originale hinreichend beschreibt und in welchem Bereich das Modell gültig ist (Grenzen des Modells). Für nähere Erläuterungen siehe Abschn. 4.7. Aus dem Ergebnis der Validierungs- und Verifikationsphase ist zu bewerten, ob das Modell die Anforderungen erfüllt. Fällt diese Bewertung positiv aus, kann der Modellbildungsprozess abgeschlossen werden, und es steht ein zuverlässiges Modell zur Verfügung. Im Falle einer negativen Bewertung ist zu entscheiden, ob das Modell angepasst werden soll oder vielleicht sogar ein völlig anderes oder ergänzendes Modell (z. B. ein physikalisches Modell zur Identifikation von Parametern) zu erstellen ist. Üblicherweise sind mehrere Iterationsphasen notwendig, um zu einem zuverlässigen Modell zu gelangen (siehe dazu auch [Bath-2001]).

4.4.3   Anforderungen an den „Modellbildner"

Prinzipiell zeichnet den guten „Modellbildner" aus, dass er einerseits Erfahrung im Bereich Modellbildung/Simulation bzw. Versuchstechnik/Messtechnik mitbringt und andererseits gute Kenntnisse über das zu untersuchende System besitzt. Zusammen mit einer systematischen und methodenunterstützten Arbeitsweise sind diese hilfreich für die Anforderungsspezifikation. Gute Modellbildung bedeutet: **„Das Richtige weglassen."**

Folgende Basisqualifikation muss/soll der „Modellbildner" mitbringen[45]:

- Eingehende Kenntnis über das zu untersuchende System, weil sonst nicht entschieden werden kann, was vernachlässigt („weggelassen") werden kann
- Kenntnis und Beherrschung der zur Verfügung stehenden Methoden und Werkzeuge für Modellierung und Simulation bzw. Versuchstechnik/Messtechnik
- Erfahrung bei der Auswahl eines geeigneten Modells (Kosten, Zeit, Aussagefähigkeit der Modellergebnisse)
- Kreativität bei der Erstellung (Abgrenzung, Definition) des Modells
- Übung in der Interpretation von Ergebnissen: Dies bedeutet, Ergebnisse „richtig" zu interpretieren, d. h. unter anderem zwischen physikalischen Effekten und Artefakten (z. B. Messfehlern bzw. numerischen Effekten) unterscheiden zu können.

Abhängig von der Aufgabenstellung (Anwendungsbereich, Zweck, Nutzen-Aufwand) steht zur Modellbildung eine Vielzahl von rechnerunterstützten Hilfsmitteln (z. B. CAx-Systemen zur theoretischen Modellbildung) zur Verfügung.

---

[45] Diese Auflistung erhebt keinen Anspruch auf Vollständigkeit.

4.4.4   Anwendungsbeispiel zur Modellbildung

In diesem Abschnitt werden die einzelnen Arbeitsschritte bei der Durchführung einer Modellbildung beispielhaft dargestellt.

Als Beispiel soll hier die Simulation einer Anlage zum Kaltwalzen von Metallbändern dienen [GrMZ-2004]. Walzanlagen stellen hochkomplexe mechatronische Systeme dar. Da für die Leistungsfähigkeit einer Walzanlage das dynamische Verhalten von großer Bedeutung ist, sind dynamische Simulationsmodelle zur Auslegung und Bewertung von Konzepten und Lösungen für Modernisierung und Neubau solcher Anlagen heute unerlässlich. Abb. 4.18 zeigt das Schema einer zweigerüstigen Kaltwalzanlage.

Ziel der Modellbildung ist die Untersuchung verschiedener Antriebskonzepte im Hinblick auf das dynamische Verhalten von Aufhaspelanlagen für Kaltband (siehe dazu auch [Berg-2007]). Die Aufhaspelanlage dient zum Aufwickeln des Bandes nach dessen Durchlauf durch die Walzgerüste einer Kaltwalzanlage. Die so entstehenden Bunde können im Anschluss zur weiteren Bearbeitung abtransportiert werden. Nach dem Auslauf aus dem letzten Walzgerüst wird das Band über verschiedene Rollen zum Haspel hin umgelenkt. Während der ersten Wicklungen wird es durch eine geeignete mechanische Einrichtung (einen so genannten „Riemenwickler") an den Haspel gedrückt und später unter hohem Zug weiter aufgewickelt. Durch den Bandanfang am Haspeldorn kommt es besonders bei noch kleinen Bunddurchmessern und hohen Haspeldrehzahlen

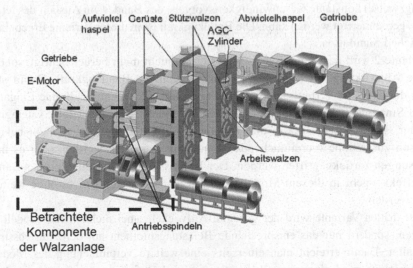

Abb. 4.18 Kaltwalzanlage, ausgeführt als Reversier-Tandem mit zwei Quarto-Gerüsten, Arbeitswalzenantrieb, Kammwalzgetriebe, hydraulischer Anstellung (AGC-Zylinder) [GrMZ-2004] (Quelle: Siemens VAI Metals Technologies GmbH&Co, Linz/Österreich)

zu einer erheblichen Schwingungserregung (Parametererregung, siehe Abschn. 4.2.4.3, zeitvariantes System, siehe Abschn. 4.2.5.2). Diese Anregung führt beim Wickelvorgang zu einer annähernd sprungartigen (banddickenabhängigen) Änderung des Bunddurchmessers und aufgrund der inkompatiblen Geschwindigkeitsverhältnisse zwischen Band und Bundumfang in weiterer Folge zu Bandzugschwankungen. Diese wiederum regen Schwingungen an, die auf angekoppelte Teile der Anlage, wie etwa den Antriebsstrang des Haspels, zurückwirken. Die Rückwirkung macht sich einerseits in mechanischen Belastungen des schwingungsfähigen Antriebssystems, andererseits durch direkte Auswirkungen auf die Bandqualität bemerkbar. Ziel der Untersuchung ist nun, die Auswirkungen auf das Schwingungsverhalten des Antriebsstranges mithilfe geeigneter Modelle zu untersuchen.

Zu Beginn werden die **Systemgrenzen** zur Modellbildung festgelegt. Auf der Antriebsseite soll der gesamte Antriebsstrang (bestehend aus Motor, Wellen, Antriebsspindel und Getriebe), über den der wesentliche Einfluss (Steuerung, Regelung) auf das System ausgeübt wird, als Teil des Systems betrachtet und als Feder-Masse-System modelliert werden. Auf der Abtriebsseite, auf der das Band aufgewickelt wird, liegt die Systemabgrenzung nicht so klar auf der Hand. Daher werden verschiedene Varianten der Systemabgrenzung gegenüber gestellt (Abb. 4.19).

Bei der ersten Variante werden bei der Modellierung alle Systemelemente (Komponenten) im Kraft- bzw. Momentenfluss vom Haspelmotor bis zur Auslaufstelle des Bandes aus dem letzten Walzgerüst (also die gesamte Auslaufstrecke) berücksichtigt. Diese Wahl lässt sich dadurch begründen, dass damit eine sehr einfache Systemgrenze, nämlich eine (näherungsweise) konstante Geschwindigkeitsvorgabe des Bandes am Auslauf des letzten Gerüstes, gerechtfertigt werden kann. Die Bandzugkraft ist in dieser Variante Ergebnis der rechnerischen Simulation.

In Variante 2 wird das Band in der Modellierung nicht mehr berücksichtigt, sondern nur seine Auswirkung auf den Antriebsstrang durch die Bandzugkraft. Damit stellt nun aber der zeitliche Verlauf der Bandzugkraft für das Rechenmodell eine Eingangsgröße im Sinne einer bekannten bzw. im Rechenmodell vorzugebenden Systemgröße (Parameter, siehe Abschn. 4.2.4) dar. Da dieser Verlauf in der Regel nicht bekannt ist, müssen zusätzliche (vereinfachende) Annahmen getroffen werden, oder es muss auf Messungen zurückgegriffen werden. Der Einfluss der Federsteifigkeit des Bandes („Federeffekt") geht in diesem Modell verloren und kann damit nicht ohne weiteres beurteilt werden.

Bei der dritten Variante wird der gesamte Aufwickelhaspel nicht in das Modell mit einbezogen, sondern nur das entsprechende Belastungsmoment auf den Antriebsstrang aufgeschaltet. Damit erreicht man einerseits eine weitere Vereinfachung des Modells, aber andererseits wird eine sinnvolle Festlegung und Definition der Systemgrenze an der Abtriebsseite noch erheblich schwieriger. Die drei Varianten der Systemabgrenzung zeigen, dass es sinnvoll sein kann, ein etwas komplexeres Modell zugunsten einer realitätsnäheren Systemabgrenzung in Kauf zu nehmen.

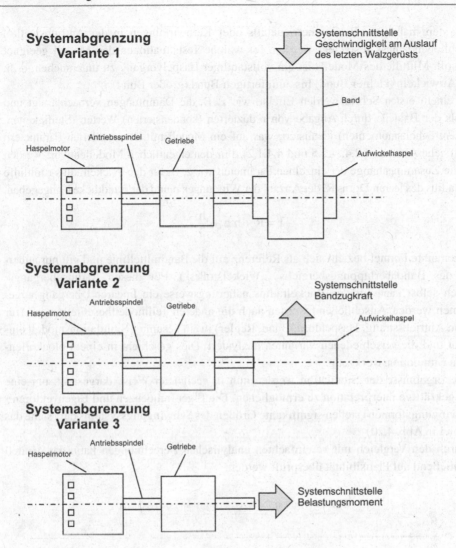

Abb. 4.19 Verschiedene Möglichkeiten der Systemabgrenzung

Als nächstes soll der **Modellzweck** abgeklärt werden. Wesentlicher Zweck des dynamischen Modells ist einerseits die Ermittlung der durch Schwingungen verursachten Belastungen an den Bauteilen. Andererseits soll die Festlegung des Antriebskonzepts (Direktantrieb oder Variante mit Getriebe) sowie die Auslegung des Antriebsmotors und des Regelungskonzepts unterstützt werden. Die relevante Sichtweise auf das System ist hier der Schwingungsaspekt, weshalb als Modell ein Mehrkörper-System gewählt wird. Dies bedeutet, dass bei der Vereinfachung/Idealisierung alle Elemente und Eigenschaften vernachlässigt werden können, welche nur geringe Auswirkungen auf die Schwingungen im System haben (z. B. Geometriedetails oder Kerbwirkungen in der Antriebswelle). Anschließend muss festgelegt werden, für welche Testsituationen das Modell geeignet sein soll. Mithilfe des Modells ist ein vollständiger Haspelvorgang zu untersuchen, d. h. vom Anwickeln (kleiner Bund) bis zum fertigen Bund (großer Bund).

In einem ersten Schritt werden Effekte wie z. B. die Dämpfungen vernachlässigt und Details der Bauteile durch Angabe von reduzierten (kondensierten) Werten (Steifigkeiten, Massenträgheitsmomenten) idealisiert, was auf ein Modell mit konzentrierten Parametern führt (siehe Abschn. 4.2.4, 4.2.5 und 4.4.1.2). Für den eigentlichen Modellentwurf werden nun die Zusammenhänge der einzelnen Parameter, wie z. B. für den Wickelradius r mithilfe des Radius des leeren Dorns R, der Anzahl der Windungen n und der Banddicke h angegeben.

$$r = R + n\,h + \frac{h}{2}$$

Die genannte Formel bezieht sich als Referenz auf die Bandmittellinie und gilt nur außerhalb des Bandüberlappungsbereichs („Wickelstoßes"). Für diesen Radiusübergangsbereich selbst kann für den Wickelradius näherungsweise ein linearer Übergang angenommen werden. Anschließend werden auch die anderen Teilmodellbeschreibungen (für Motor, Antriebsstrang, Haspeldorn, Band, Regler) in ein gesamtes Simulationsmodell eingebaut und die verschiedenen Varianten analysiert. Dies geschieht in einem blockorientierten Simulationswerkzeug.

Die Ergebnisse der Simulation werden nun in geeigneter Weise dargestellt, um eine aussagekräftige Interpretation zu ermöglichen. Die Eigenfrequenzen und Eigenvektoren[46] (Schwingungsformen) stellen signifikante Größen des Schwingungssystems dar (siehe das Beispiel in Abb. 4.20).

Durch den Vergleich mit vereinfachten analytischen Berechnungen kann das Modell anschließend auf Plausibilität überprüft werden.

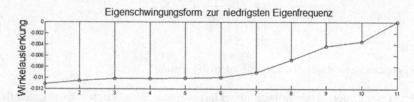

Abb. 4.20 Eigenvektor (Schwingungsform) zur niedrigsten Eigenfrequenz

4.5   Modelle und Parameter (Parametrische Modelle)

In Abschn. 4.4.1.2 wurde festgestellt, dass Parameter zur Charakterisierung der Eigenschaften eines Systems notwendig sind und die Festlegung der Art und klaren Bedeutung

---

[46] Der Eigenvektor gibt zu einer bestimmten Eigenkreisfrequenz die relativen Verhältnisse der Schwingungsamplituden für die gewählten Freiheitsgrade des Systems an.

der das System charakterisierenden Parameter häufig erst in Verbindung mit (oftmals mathematischen) Modellen möglich wird. Systeme und die zu ihrer Beschreibung notwendigen Parameter und Modellvorstellungen sind daher untrennbar miteinander verbunden. Dies gilt unabhängig davon, ob sich die Parameter und Modelle eines Systems auf die Geometrie, die Kinematik, Spannungen, Verformungen, die Dynamik oder andere Aspekte beziehen.

Während des Produktentwicklungsprozesses sind durch den Produktentwickler zahlreiche Parameter (Designparameter) „unmittelbar" festzulegen (vorzugeben), was durch die parametrische Modellierung mehr oder weniger automatisiert werden kann. Die Parameter dienen dazu, die Eigenschaften von Objekten und Beziehungen (z. B. Bauteilen, Teilsystemen, Kopplungen, Verbindungen) des neuen Produkts zu charakterisieren. Dazu müssen Geometrie, Beziehungen zwischen den Bauteilen, Oberflächen, Toleranzen usw. spezifiziert (festgelegt) werden. So ist z. B. zur Charakterisierung der Oberfläche eines Bauteils die Angabe von Rauheitskenngrößen erforderlich. Die Bedeutung dieser Werte (Parameter) ist nur in Verbindung mit dem zugehörigen Modell der Oberfläche (z. B. Istoberfläche nach DIN 4760) klar. Dieses Beispiel zeigt, dass auch hier eine bestimmte modellhafte Vorstellung der Bauteiloberfläche erforderlich ist, um sie damit zu charakterisieren. Derartige Modelle dienen dazu, bestimmte Eigenschaften eines Systemelements durch Bildung aussagekräftiger Kenngrößen zu charakterisieren. Ebenso stellen geometrische Größen (z. B. Länge, Radius, Winkel) Parameter (Designparameter) dar, deren Bedeutung erst in Verbindung mit dem Geometriemodell (und dessen Idealisierungen) klar festgelegt ist.

Bei der parametrischen Modellierung in CAD-Systemen werden (mathematische und logische) Beziehungen zwischen den zahlreichen unmittelbar festzulegenden Parametern der Systemelemente hergestellt, um die Anzahl der unabhängigen Parameter (Führungsparameter, siehe Abschn. 5.5) zu reduzieren und damit den Entwicklungsprozess (zumindest teilweise) zu automatisieren und zu vereinheitlichen (zu standardisieren). Die (mathematischen und logischen) Beziehungen stellen mathematische Modelle dar.

Bei der Parametrisierung von Modellen stellt man immer wieder fest, dass Parameter eine hierarchische Struktur haben. Manche Parameter können nämlich erst festgelegt werden, nachdem „übergeordnete" Parameter spezifiziert wurden. Dies ergibt sich dann, wenn auch das betrachtete System, das ja der Ausgangspunkt der Modellbildung ist, eine hierarchische Struktur aufweist. Die zugehörigen Modelle weisen daher dann in der Regel ebenfalls eine hierarchische Struktur auf. Da Parameter in unmittelbarem Zusammenhang mit den zugehörigen (mathematischen) Modellen stehen (und oft erst in Verbindung mit ihnen eine klare und wohl definierte Bedeutung erlangen), folgt daraus unmittelbar auch die hierarchische Struktur der Parameter.

Innerhalb einer Hierarchiestufe findet, ausgehend von den Anforderungen, eine Festlegung der zugehörigen Modellparameter statt. Sie können nun unterteilt werden in Parameter, die Eigenschaften nur auf dieser Hierarchieebene festlegen, und Parameter, die für die nächste (niedrigere) Hierarchiestufe weitere (detailliertere) Anforderungen spezifizieren (Anforderungsparameter), Abb. 4.21.

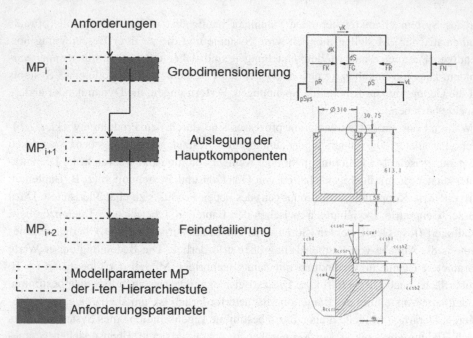

Abb. 4.21 Struktur von Modellparametern (in Anlehnung an [Hehe-2004])

Bei der Charakterisierung bzw. Festlegung der einzelnen Hierarchiestufen ist die Berücksichtigung der Abhängigkeiten ein wichtiger Punkt. Im Idealfall soll ein in einer bestimmten Stufe durchzuführender Modellierungsschritt, in dem weitere Parameter der betreffenden Stufe festgelegt werden, möglichst keine Rückwirkungen auf höhere Hierarchiestufen haben. Um dies zu erreichen, müssen Parameter, für die dies nicht zutrifft, auf die nächst höhere Stufe der Modellhierarchie transferiert werden, was aber voraussetzt, von vorne herein zu wissen, welche Parameter dies sind. Im Zuge des Entwicklungsprozesses kann es daher zweckmäßig sein, die Einteilung der einzelnen Modellhierarchiestufen im Nachhinein zu ändern.

Anhand einer Getriebewelle seien zwei Beispiele angeführt:
* Der Rundungsradius an einem Wellenabsatz (für verminderte Kerbwirkung) beeinflusst die Gesamtgeometrie nicht entscheidend.
* Bei der Lagerauslegung kann es jedoch sein, dass die Breite des Lagers Auswirkung auf die gesamte Länge der Welle bzw. aufgrund der geänderten Abstände auch auf den Durchmesser der Welle hat.

Abb. 4.22 zeigt einen weiteren Aspekt der Verknüpfung von Modellen und Parametern. Dabei werden die Parameter des Modells mithilfe des Vergleichs mit dem realen System (z. B. über Messdaten oder Planungs- und Steuerdaten) angepasst (Parameteradaption). [Iser-1999] beschreibt die selbstständige Adaption von Parametern wie z. B. von Dämpfungs- und Steifigkeitsparametern bei schwingenden Systemen aufgrund gemessener Größen wie Geschwindigkeiten und Beschleunigungen als Möglichkeit, neue Funktionen in (mechatronische) Systeme zu integrieren.

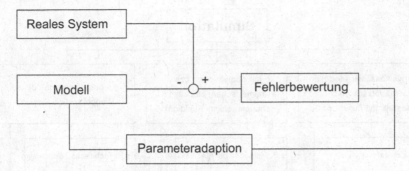

Abb. 4.22 Vorgehensweise bei der Parameteradaption (siehe [Iser-1999])

4.6   Systemanalyse durch Simulation

Systemanalyse ist die systematische Untersuchung eines Systems hinsichtlich aller Systemelemente und deren Wirkungen aufeinander. Ziel der Systemanalyse ist, das Eingangs-/Ausgangsverhalten des Systems zu ermitteln, um es in seiner Wirkungsweise zu verstehen und im Hinblick auf das Zielsystem (Anforderungen) zu bewerten.

Es bedarf zur Durchführung von Berechnungen und Simulationen stets geeigneter Modelle. Die Begriffe Berechnungsmodell, Rechenmodell, mathematisches Modell, analytisches Modell, numerisches Modell, Simulationsmodell, Modellbildung und Simulation bringen dies deutlich zum Ausdruck. Unter **Simulation** ist dabei die Durchführung von „Experimenten" an passenden physikalischen (materiellen, realen) Modellen oder an mathematischen (immateriellen, abstrakten, analytischen oder numerischen) Modellen zu verstehen.

Stammen die Regeln und Zusammenhänge zur Bildung von **mathematischen Modellen** aus den Naturgesetzen und den zugehörigen mathematischen Formulierungen, dann spricht man von **analytischen (mathematischen) Modellen**, stammen sie (z. B. durch Identifikation bzw. datenbasierte Methoden) aus der Analyse von Messdaten, die aus Experimenten an physikalischen Modellen gewonnen werden, dann spricht man von **experimentellen (mathematischen) Modellen** (siehe Abschn. 4.4.1.2) und [Iser-1999]).

Wegen der rasanten Entwicklung der Leistungsfähigkeit und Möglichkeiten von Rechenanlagen erfolgen Berechnung und Simulation heute praktisch immer mit Rechnerunterstützung. Um die verschiedenen Methoden effizient einsetzen zu können, bedarf es entsprechender Werkzeuge (Software, CAx-Tools), welche diese Möglichkeiten effizient nutzen. Trotz der großen Leistungsfähigkeit und Bedeutung moderner CAx-Tools darf nicht vergessen werden, dass die Basis und Voraussetzung für jede rechnerische Simulation das rechnerinterne Modell ist. Ein schlechtes oder gar falsches Modell kann auch durch beste CAx-Tools nicht gerettet werden.

Eine Klassifikation von **Simulationen** kann, abhängig vom verwendeten Modell (physikalisches, analytisches bzw. numerisches oder grafische Modell (Darstellungsmodell)

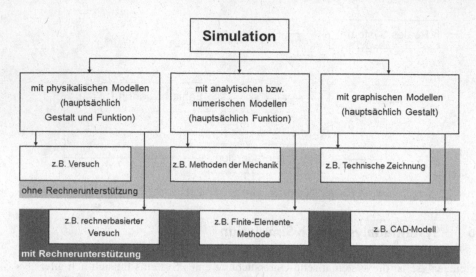

Abb. 4.23 Klassifikation von Simulationen [VDI-2209]

und abhängig von der Frage vorgenommen werden, ob eine Rechnerunterstützung sinn-
voll oder erforderlich ist (Abb. 4.23). Hierbei ist jedoch festzustellen, dass eine scharfe
Abgrenzung zwischen den verschiedenen Simulationsarten in der Praxis kaum möglich
ist, da je nach Zugänglichkeit der „Berechnungsaufgabe" verschiedene Methoden zum
Einsatz kommen und sich diese Methoden oftmals synergetisch ergänzen müssen (z. B.:
Messungen an realen Objekten zur Identifikation von Modellparametern, Ableitung bzw.
Verifikation von analytischen Modellen aus numerischen Modellen, Überprüfung von
numerischen Modellen durch bekannte analytische Lösungen usw.). Unter „Berechnung"
kann entsprechend dieser Systematik eine Simulation mit analytischen bzw. numerischen
Modellen verstanden werden.

Simulationen werden (ohne Anspruch auf Vollständigkeit) dann durchgeführt, wenn
z. B.

- kein reales System verfügbar ist (z. B. in der Entwurfsphase)
- das Experiment am realen System zu lange dauert
- das Experiment am realen System zu teuer ist (z. B. Crashtest)
- das Experiment am realen System zu gefährlich ist (z. B. bei Flugzeugen, Kraftwerken)
- die Zeitkonstanten des realen Systems zu groß sind (z. B. Klimamodelle)
- die Testszenarien („Lastfälle") nicht steuerbar sind

In Abb. 4.24 ist der Zusammenhang zwischen Simulation und Modellbildung aufgezeigt.
Zur Simulation braucht man natürlich die entsprechenden Modelle, aber auch die Simu-
lationswerkzeuge mit den Lösungsverfahren und Darstellungsmodellen (Visualisierung,
Animation, CAVE usw.). Fast alle Simulationssysteme bieten heute Funktionen wie
erweiterbare Bibliotheken, Schnittstellen zum Export und Import von Daten, grafische
Eingabe- und Visualisierungsfunktionen usw. (siehe Abb. 4.25).

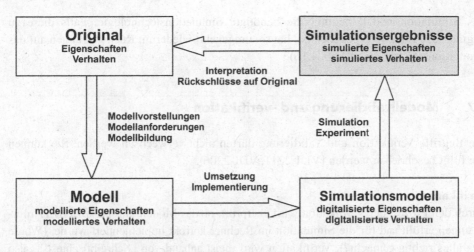

Abb. 4.24 Simulationskreislauf mit Modellen auf Digitalrechnern

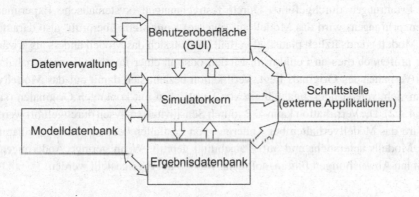

Abb. 4.25 Aufbau eines Simulationssystems in Anlehnung an [Rodd-2006]

Als Simulationswerkzeuge können verschiedene Typen unterschieden werden[47]

- die direkte Programmierung des Modells in einer Programmiersprache
- die Verwendung von fertigen Programmbibliotheken
- die Verwendung von speziellen Simulationssprachen
- die Verwendung von blockorientierten Simulatoren
- die Verwendung von Simulationsprogrammen für bestimmte Systemklassen, wie z. B. FEM-, MKS-, CFD-Systeme usw., siehe Kap. 6 bis 8, in denen auch weitere anwendungsspezifische Aspekte zu einigen der hier erwähnten Simulationssysteme erläutert werden.

---

[47] ohne Anspruch auf Vollständigkeit

Das Simulationsmodell bedingt die benötigte Simulationstechnologie. Falls diese zu Beginn des Projekts vorgegeben ist, hat sie umgekehrt wiederum Rückwirkungen auf das Simulationsmodell (siehe Abb. 4.16).

4.7   Modellvalidierung und -verifikation

Die Begriffe Verifikation und Validierung dürfen nicht verwechselt werden. Sie können wie folgt beschrieben werden [VDI-2211, VDI-2206].

Verifikation

Durch den Prozess der Verifikation wird überprüft, ob das Modell die spezifizierten Anforderungen erfüllt und für die Simulation im Rechner korrekt implementiert wurde. (Wurde dies alles richtig gemacht?). Verifikation wird meist anhand von „Schreibtischtests", also Testrechnungen im Büro für „fiktive" Originale (siehe Abschn. 4.4.2) auf Basis eigener oder fremder Erfahrungen durchgeführt. Durch Testrechnungen (systematische Experimente, Konsistenzprüfungen) wird das Modell auf (interne) **Konsistenz** überprüft, also darauf, ob sich das Modell grundsätzlich plausibel verhält. Verhält sich das Modell anders als erwartet, so ist zu prüfen, ob dies an Fehlern im Modell oder an einer falschen Erwartungshaltung über das Verhalten des Originals liegt. Verifikation bezieht sich damit auf das **Modellverhalten** an sich, vorerst noch unabhängig von Vergleichen mit konkreten Originalen (siehe Abschn. 4.4.2). Die Verifikation kann z. B. durch Sensitivitätsanalysen durchgeführt werden. Dabei wird das Modellverhalten bei Änderung von Lastfällen oder von einzelnen Parametern des Modells untersucht und auf Plausibilität geprüft. Wenn geringe Änderungen zu unplausiblen Abweichungen führen, sollte das Modell in Frage gestellt werden.

Validierung

Zum Unterschied zur Verifikation wird durch Validierung überprüft, ob und wie zufriedenstellend das erstellte Modell konkrete Originale nachbildet und in welchem Bereich das Modell gültig ist (Grenzen des Modells). Es ist sicherzustellen, dass das Modell das **Verhalten konkreter Originale** im Hinblick auf die Untersuchungsziele genau genug und fehlerfrei widerspiegelt (Wurde das Richtige gemacht?). Besondere Bedeutung haben die ersten Simulationsläufe, die der Validierung des Simulationsmodells dienen. Eine vollständige Übereinstimmung des Simulationsmodells mit dem abzubildenden System ist nicht möglich und auch nicht erforderlich. Auch die Validierung kann z. B. durch eine Sensitivitätsanalyse durchgeführt werden. Dabei wird das Modellverhalten bei Änderung der Lastfälle oder einzelner Parameter des Modells untersucht und mit dem Verhalten des Originals verglichen. Ein weiteres Hilfsmittel sind Plausibilitätsprüfungen der Wertebereiche von Eingabe- und Ergebnisdaten und der Konsistenz der physikalischen Einheiten im Hinblick auf die zu untersuchenden Originale. Der Vergleich mit Messungen am realen Objekt oder an einem Prototyp zählt ebenfalls dazu. Abb. 4.26 zeigt die Einordnung der Verifikation und Validierung in den Modellierungs- und Simulationsprozess.

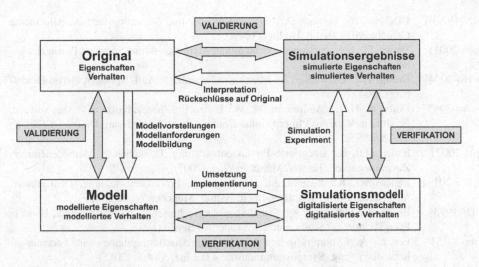

Abb. 4.26 Modellverifikation und -validierung mit Modellen auf Digitalrechnern

Literatur

[AbHe-2016] Abramovici, M., Herzog, O. (Hrsg.): Engineering im Umfeld von Industrie 4.0, Einschätzungen und Handlungsbedarf (acatech STUDIE), November 2016. Herbert Utz, München (2016)

[acat-2011] acatech, Deutsche Akademie der Technikwissenschaften (Hrsg.): Cyber-Physical Systems, Innovationsmotor für Mobilität, Gesundheit, Energie und Produktion. acatech POSITION, Dezember 2011, Springer, Berlin Heidelberg (2011)

[Avgo-2007] Avgoustinov, N.: Modelling in Mechanical Engineering and Mechatronics. Springer, London Limited (2007)

[Baeh-1996] Baehr, H. D.: Thermodynamik, 9. Aufl. Springer, Berlin Heidelberg (1996)

[Bath-2001] Bathe, K. J.: Finite-Elemente-Methoden. Springer, Berlin Heidelberg New York (2001)

[Berg-2007] Bergmann, M.: Simulation der Dynamik von Kaltband-Aufhaspelanlagen für verschiedene Antriebskonzepte. Diplomarbeit, Johannes Kepler Universität Linz (2007)

[Brem-1988] Bremer, H.: Dynamik und Regelung mechanischer Systeme. B.G. Teubner, Stuttgart (1988)

[BrPf-1992] Bremer, H., Pfeiffer, F.: Elastische Mehrkörpersysteme. B.G. Teubner, Stuttgart (1992)

[DaHu-2002] Daenzer, W. F., Huber, F. (Hrsg.): Systems Engineering, Methodik und Praxis. Industrielle Organisation, Zürich (2002)

[Desi-2005] De Silva, C. W.: Mechatronics – An Integrated Approach. CRC Press, Boca Raton, London, New York, Washington, DC (2005)

[DGIV-2014] Dumitrescu, R., Gausemeier, J., Iwanek, P., Vaßholz, M.: From mechatronics to intelligent technical systems. In: Gausemeier, J., Rammig, F., Schäfer, W. (Hrsg.) Design Methodology for Intelligent Technical Systems, S. 2–5. Springer, Berlin Heidelberg (2014)

[DIN-19226]   DIN 199226: Leittechnik, Regelungstechnik und Steuerungstechnik, Allgemeine
                Grundbegriffe. Beuth, Berlin (1994)
[Dres-2001]   Dresig, H.: Schwingungen mechanischer Antriebssysteme. Springer, Berlin Heidel-
                berg (2001)
[DrHo-2004]   Dresig, H., Holzweißig, F.: Maschinendynamik, 5. Aufl. Springer, Berlin Heidel-
                berg (2004)
[DuAn-1995]   Duffy, A. H. B., Andreasen, M. M.: Enhancing the evolution of design science.
                In: Hubka, V. (Hrsg.) International Conference on Engineering Design (ICED), S.
                29–35 (1995)
[Ehrl-2007]   Ehrlenspiel, K.: Integrierte Produktentwicklung, Denkabläufe, Methodeneinsatz,
                Zusammenarbeit. Hanser, München Wien (2007)
[EhMe-2013]   Ehrlenspiel, K., Meerkamm, H.: Integrierte Produktentwicklung, Denkabläufe,
                Methodeneinsatz, Zusammenarbeit. Hanser, München Wien (2013)
[ElDi-1993]   Elsner, N., Dittmann, A.: Grundlagen der Technischen Thermodynamik, Band 1:
                Energielehre und Stoffverhalten. Akademie, Berlin (1993)
[Fers-2015]   Ferscha, A.: Cyberphysische Produkte und Produktionssysteme – eine Forschungs-
                herausforderung. Symposium Industrie 4.0, Linz, Austria (2015)
[FeGr-2013]   Feldhusen, J., Grote, K.-H. (Hrsg.): Pahl/Beitz Konstruktionslehre, Methoden und
                Anwendung erfolgreicher Produktentwicklung, 8. Aufl. Springer, Berlin Heidelberg
                New York (2013)
[Föll-1994]   Föllinger, O.: Regelungstechnik, Einführung in die Methoden und ihre Anwendun-
                gen, 8. Aufl. Hüthig GmbH, Heidelberg (1994)
[FrBo-2004]   Frey, T., Bossert, M.: Signal- und Systemtheorie. B.G. Teubner, Stuttgart (2004)
[GeBr-2012]   Geisberger, E., Broy, M.: agenda CPS, Integrierte Forschungsagenda Cyber-Physi-
                cal Systems (acatech STUDIE) (März 2012). Vieweg, Berlin Heidelberg (2012)
[GGSA-2004]   Gausemeier, J., Giese, H., Schäfer, W., Axenath, B., Frankl, U., Henkler, S., Pook,
                S., Tichy, M.: Towards the design of self-optimizing mechatronic systems: Consis-
                tency between domain-spanning and domain-specific models. Proceedings Inter-
                national Conference on Engineering Design, Paris, France (2007)
[Gips-1999]   Gipser, M.: Systemdynamik und Simulation. Teubner, Stuttgart (1999)
[GiRS-2005]   Girod, B., Rabenstein, R., Stenger, A.: Einführung in die Systemtheorie, Signale
                und Systeme in der Elektrotechnik und Informationstechnik. Teubner, Stuttgart
                (2005)
[GrMZ-2004]   Grieshofer, O., Mayrhofer, K., Zeman, K.: Mechatronische Modellierung und
                Simulation der Dynamik von Walzanlagen. In OVE Verbandszeitschrift, Serie e&i
                Elektrotechnik und Informationstechnik, Heft 9-2004, S. 325 ff.,Wien (2004)
[HaTF-1996]   Harashima, F., Tomizuka, M., Fukuda, T.: Mechatronics – "what is it, why, and
                how?" An Editorial. IEEE/ASME Trans. Mechatro. 1(1), 1–4 (1996)
[HeBr-2016]   Hehenberger, P., Bradley, D. (Hrsg.): Mechatronic Futures, Challenges and Solu-
                tions for Mechatronic Systems and their Designers. Springer, Cham (2016)
[HeGP-2007]   Heimann, B., Gerth, W., Popp, K.: Mechatronik, Komponenten – Methoden – Bei-
                spiele, 3. Aufl. Carl Hanser, München Wien (2007)
[Hehe-2004]   Hehenberger, P.: Beiträge zur Beschreibung von mechatronischen Entwurfsmodel-
                len für die frühen Phasen des Produktentwicklungsprozesses. Dissertation, Johan-
                nes Kepler Universität Linz (2004)
[HoDo-2004]   Horn, M., Dourdoumas, N.: Regelungstechnik. Pearson Studium, München (2004)
[Hubk-1984]   Hubka, V.: Theorie Technischer Systeme. Springer, Berlin Heidelberg New York
                (1984)
[HuEd-1996]   Hubka, V., Eder, W. E.: Design Science. Springer, Berlin Heidelberg New York
                (1996)

[Iser-1992]   Isermann, R.: Identifikation dynamischer Systeme. Springer, Berlin Heidelberg New York (1992)

[Iser-1999]   Isermann, R.: Mechatronische Systeme. Springer, Berlin Heidelberg New York (1999)

[Iser-2005]   Isermann, R.: Mechatronic Systems. Springer, London (2005)

[Jans-2012]   Janschek, K.: Mechatronic Systems Design, Methods, Models, Concepts. Springer, Berlin Heidelberg, 2012

[LaGö1-1999]   Lauber, R., Göhner, P.: Prozessautomatisierung 1, 3. Aufl. Springer, Berlin Heidelberg (1999)

[LaGö2-1999]   Lauber, R., Göhner, P.: Prozessautomatisierung 2, 3. Aufl. Springer, Berlin Heidelberg (1999)

[Lee-2006]   Lee, E. A.: Cyber-Physical Systems – Are Computing Foundations Adequate?, Position Paper for NSF Workshop On Cyber-Physical Systems, Research Motivation, Techniques and Roadmap, October 16–17, Austin, TX (2006)

[Lee-2008]   Lee, E. A.: Cyber Physical Systems: Design Challenges. Technical Report No. UCB/EECS-2008-8, University of California, Berkeley. http://www.eecs.berkeley.edu/Pubs/TechRpts/2008/EECS-2008-8.html (2008)

[LeSe-2017]   Lee, E. A., Seshia, S. A.: Introduction to Embedded Systems, A Cyber-Physical Systems Approach (Second Edition). MIT Press, Cambridge, MA (2017)

[Lind-2016]   Lindemann, U. (Hrsg.): Handbuch Produktentwicklung. Carl Hanser, München (2016)

[Luca-2007]   Lucas, K.: Thermodynamik, 6. Aufl. Springer, Berlin Heidelberg (2007)

[Lunz-2004]   Lunze, J.: Regelungstechnik 1, 4. Aufl. Springer, Berlin Heidelberg (2004)

[MaPo-1997]   Magnus, K., Popp, K.: Schwingungen, 5. Aufl. B.G. Teubner, Stuttgart (1997)

[Meye-2007]   Meyers Lexikon Online. http://lexikon.meyers.de (2007). Zugegriffen: 06. Juni 2007

[Mins-1965]   Minsky, M.: Matter, Mind and Models. Proceedings of IFIP Congress 1965, May 1965, S. 45–49. Spartan Books, Washington, DC (1965)

[Oerd-2009]   Oerding, J.: Ein Beitrag zum Modellverständnis der Produktentstehung -Strukturierung von Zielsystemen mittels C&CM. Dissertation. In: Albers, A. (Hrsg.) Forschungsberichte, Bd. 37, IPEK Institut für Produktentwicklung, Universität Karlsruhe (2009)

[OhLu-2002]   Ohm, J.-R., Lüke, H. D.: Signalübertragung, 8. Aufl. Springer, Berlin (2002)

[OpWi-1997]   Oppenheim, A. V., Willsky, A. S.: Signals & Systems (2nd Edition). Prentice-Hall Inc., Upper Saddle River, New Jersey (1997)

[PBFG-2007]   Pahl, G., Beitz, W., Feldhusen, J., Grote, K.-H.: Pahl/Beitz Konstruktionslehre, Grundlagen, 7. Aufl. Springer, Berlin Heidelberg New York (2007)

[Rodd-2006]   Roddeck, W.: Einführung in die Mechatronik. B.G. Teubner, Stuttgart (2006)

[Roth-1994]   Roth, K.: Konstruieren mit Konstruktionskatalogen. Springer, Berlin Heidelberg New York (1994)

[Sche-2005]   Scheithauer, R.: Signale und Systeme, 2. Aufl. B.G. Teubner, Stuttgart (2006)

[Schu-2005]   Schuh, G.: Produktkomplexität managen, Strategien – Methoden – Tools. Hanser, München Wien (2005)

[Stac-1973]   Stachowiak, H.: Allgemeine Modelltheorie. Springer, Wien (1973)

[Tomi-2000]   Tomizuka, M.: Mechatronics: From the 20th to 21st Century. 1. IFAC Conference on Mechatronic Systems, Darmstadt, Vol. I, S. 1–10 (2000)

[Unbe-2002]   Unbehauen, R.: Systemtheorie 1, 8. Aufl. Oldenburg, München Wien (2002)

[VDI-2206]   VDI-Richtlinie 2206: Entwicklungsmethodik für mechatronische Systeme. VDI-Verlag, Düsseldorf (2003)

[VDI-2209]   VDI-Richtlinie 2209: 3D-Produktmodellierung. VDI-Verlag, Düsseldorf (2006)
[VDI-2211]   VDI-Richtlinie 2211: Datenverarbeitung in der Konstruktion, Berechnungen in der
               Konstruktion. VDI-Verlag, Düsseldorf (1999)
[VDI-2221]   VDI-Richtlinie 2221: Methodik zum Entwickeln und Konstruieren technischer
               Systeme und Produkte. VDI-Verlag, Düsseldorf (1993)
[VoBH-2015]   Vogel-Heuser, B., Bauernhansl, T., Ten Hompel, M. (Hrsg.): Handbuch Indust-
               rie 4.0, Produktion, Automatisierung und Logistik. Springer NachschlageWissen,
               Springer, Berlin Heidelberg (2015)
[Webe-2005]   Weber, C.: CPM/PDD – An extended theoretical approach to modelling products
               and product development processes. In: Bley, H., Jansen, H., Krause, F.-L., Shpi-
               talni, M. (Hrsg.) Proceedings of the 2nd German-Israeli Symposium on Advances
               in Methods and Systems for Development of Products and Processes, TU Berlin/
               Fraunhofer-Institut für Produktionsanlagen und Konstruktionstechnik (IPK), 07.–
               08.07.2005, S. 159–179. Fraunhofer-IRB, Stuttgart (2005)
[Zues-2004]   Züst, R.: Einstieg ins Systems Engineering, Optimale, nachhaltige Lösungen ent-
               wickeln und umsetzen. Industrielle Organisation, Zürich (2004)

CAD-Modellierung und Anwendungen   5

Wichtige Aufgaben im Zuge des Produktentstehungsprozesses bestehen darin, durch Modelle bestimmte Fragen, insbesondere zur Absicherung der Eigenschaften neuer Produkte, zu beantworten. Dazu steht heute eine breite Palette an CAx-Systemen und – Anwendungen zur Verfügung. Zu ihnen gehören unter anderen Systeme und Anwendungen für CAD, CAE, CAM, CAP, CAQ wie auch zur Verformungs- und Spannungsanalyse auf Basis der Methode der Finiten Elemente (FEM, Kap. 6), zur Modellierung des dynamischen Verhaltens von Maschinen als Mehrkörpersysteme (MKS, Kap. 7) oder weitere Modellierungstechniken (Kap. 8), wie beispielsweise zur Untersuchung von Strömungs- und Wärmeübertragungsprozessen durch CFD (Computational Fluid Dynamics, Abschn. 8.2) und zur Bauteiloptimierung (Kap. 9).

Eine wesentliche Motivation für die dreidimensionale Produktmodellierung (3D-Modellierung) stellt die gleichzeitige und durchgängige Verwendung der 3D-Modelle in allen Arbeitsschritten des Produktentstehungsprozesses dar. Für die Produktentwicklung, insbesondere für die Konstruktion, bedeutet die 3D-Modellierung häufig einen Mehraufwand, der ökonomisch nur dann zu rechtfertigen ist, wenn im ganzen Produktentstehungsprozess insgesamt Vorteile entstehen, die diesen Zusatzaufwand mehr als wettmachen.

3D-Modelle bieten im Vergleich zu 2D-Modellen nicht nur in geometrischer Hinsicht eine wesentlich eindeutigere und vollständigere Objektbeschreibung. Die Verwendbarkeit für andere Arbeitsprozesse wird erweitert, wenn zusätzliche Informationen, beispielsweise für NC-Programmierung (Abschn. 11.7.1) oder Finite-Elemente-Analysen (Kap. 6) in den 3D-Modellen abgebildet und konsistent weitergegeben werden. 3D-Modelle erlauben eine realitätsnahe Beschreibung künftiger Produkte und bilden überdies die Basis für viele Simulations-, Animations- und Berechnungsverfahren.

Für größtmögliche Effizienz bei der Verwendung von 3D-Modellen müssen die Modellinformationen mit den in anderen Prozessschritten erzeugten Daten assoziativ verknüpfbar sein. Nur so ist es möglich, Änderungen, die sich im Produktentstehungsprozess ergeben, mit vertretbarem Aufwand konsistent nachzuführen. Voraussetzung dafür sind geeignete Datenstrukturen für das 3D-Modell. Am einfachsten kann die Datendurchgängigkeit mithilfe integrierter Systeme erreicht werden, wenn alle in den Produktentstehungsprozess involvierten Unternehmensbereiche die jeweils benötigten Module ein und desselben CAx-Systems verwenden und auf das gleiche 3D-Modell zugreifen. Nachteilig ist jedoch, dass manche Module eines integrierten Systems für einzelne Bereiche nicht immer das beliebteste (beziehungsweise wirtschaftlichste) Arbeitsmittel zur Bewältigung des spezifischen Aufgabenspektrums darstellen. Daher kommt es häufig vor, dass die verschiedenen Unternehmensbereiche nur jene Systeme einsetzen, die für sie individuell am besten geeignet sind. Zur Sicherstellung der Weiterverwendbarkeit von Daten müssen CAx-Systeme daher auch über geeignete Schnittstellen zum Datenaustausch verfügen (Abschn. 12.4). Die Kopplung unterschiedlicher CAx-Systeme hat hingegen den Nachteil, dass eine bidirektionale Assoziativität der Modelle, die vor allem bei Änderungen von großem Vorteil ist, in der Regel verloren geht.

Dieses Kapitel beschäftigt sich mit der 3D-Modellierung an CAD-Systemen und nimmt dabei Bezug auf die VDI-Richtlinie 2209 „3D-Produktmodellierung" [VDI-2209].

CAD-Systeme waren ab Mitte der 1970er erstmals in Europa verfügbar. Zunächst – in Deutschland etwa bis in die Mitte der 1990er Jahre – waren die 2D-CAD-Anwendungen gegenüber den 3D-Anwendungen statistisch deutlich in der Mehrheit (etwa 85 % zu 15 %, [Vajn-1992]).

Nur auf verschiedenen Spezialgebieten wurde, wenn überhaupt, mit 3D-CAD-Anwendungen gearbeitet – vor allem in solchen Anwendungsgebieten, die mit geometrisch und/oder strukturell komplexen Produkten und den zu ihrer Herstellung benötigten Technologien zu tun haben (z. B. Karosseriebau, Flugzeugbau, Anlagenbau, Formen- und Werkzeugbau).

Im letzten Jahrzehnt des zwanzigsten Jahrhunderts kam dann eine breite Bewegung des Umstiegs von 2D- auf 3D-CAD-Systeme in Gang [VDI-T95, VaWe-1997, VDI-T97], die noch heute anhält – quer durch alle Branchen und Anwendungsgebiete. Untersuchungen im Jahre 1999 [Vajn-1999] ergaben, dass bereits damals 25 % der befragten (meist mittelständischen) Unternehmen ausschließlich 3D-CAD einsetzen, weitere 35 % zum Teil mit einem 3D-Werkzeug arbeiten und sich nur noch 32 % ausschließlich auf den zweidimensionalen Bereich beschränken. 2002 wurde in einer Umfrage des VDMA festgestellt, dass 79 % der Befragten bereits 3D-CAD zur Produktmodellierung einsetzen. Bei 77 % wurden parallel noch 2D-Systeme verwendet. Ebenfalls 77 % der Befragten setzten CAD-Teilebibliotheken ein, 44 % FEM-Systeme. PDM-Systeme zur Verwaltung der Produktdaten kamen bei 33 % zum Einsatz, Systeme des Projektmanagements bei 35 %. Regelmäßige eigene Umfragen der Verfasser haben diesen Trend seither bestätigt.

CAx-Systeme sind heute normale Gebrauchsgegenstände (commodity) in der Produktentstehung geworden, ohne deren Anwendung heute keine Produkte in der vorgegebenen

Zeit oder in der erwarteten Qualität und Vielfalt entwickelt und produziert werden könnten. Sie sind Voraussetzung für die Nutzung einer Reihe von neuen Funktionen und Technologien sowie für die Umsetzung weitergehender Maßnahmen zur Daten- und Funktionsintegration im Produktentstehungsprozess insgesamt. Hinzu kommt. dass immer mehr (häufig größere) Kunden von ihren Zulieferern 3D-Produktmodelle verlangen, die in den eigenen (3D-) Systemen weiterverarbeitet werden können. In solchen Fällen ist dann der Einsatz eines 3D-CAD-Systems zur Erhaltung der Wettbewerbsfähigkeit unerlässlich (siehe auch Kap. 13).

5.1   2D-Modellierung

Trotz Dominanz der 3D-Modellierung hat die Modellierung in 2D nach wie vor Bedeutung, denn sie wird in 3D-Systemen häufig als Skizzierwerkzeug („Sketcher") eingesetzt. Weiterhin dient sie zur Erzeugung von zweidimensionalen Geometrieelementen (z. B. von Querschnitten, Längsschnitten, Oberflächen), aus denen durch weitere Operationen (Extrudieren, Sweep, Rotation, Materialaddition oder –subtraktion, durch Verschiebung/Translation, Aufdicken usw.) Volumina erzeugt werden. Im gleichen Modus werden auch Grafiken für bestimmte Details in Technischen Zeichnungen erzeugt (Abschn. 5.15).

Bei der 2D-Modellierung kommen im Wesentlichen die folgenden geometrischen Elemente zum Einsatz:

- Punkte, beispielsweise Anfangs- und Endpunkte von Linien, Mittelpunkte von Kreisen und Kreisbögen
- Linien, beispielsweise Strecken mit Anfangspunkt P1 und Endpunkt P2, Kreise mit Mittelpunkt M und Radius R, Kreisbögen mit Mittelpunkt M, Radius R sowie Anfangs- und Endpunkt P1 beziehungsweise P2 beziehungsweise Anfangswinkel und Endwinkel, Freiformkurven

Den Linien können nun weitere Attribute zugeordnet werden, etwa die Attribute „Linienbreite schmal", „Linienart Strichlinie". Außerdem bieten zahlreiche 2D-CAD-Systeme die Möglichkeit, den Linien Zusatzinformationen zuzuordnen, die zur Erzeugung von Flächenverbänden genutzt werden können, die von den betreffenden Linien berandet werden.

So ist es etwa üblich, Schraffurkennungen an die Linien zu hängen („Linie ist Schraffurgrenze ja/nein"). Die schraffierte Fläche insgesamt ergibt sich dann aus der Aneinanderreihung der mit Schraffurkennungen versehenen Linien zu einem Linienzug, der stets geschlossen sein muss, damit eine Schraffur der Fläche überhaupt eindeutig möglich ist. Es sei noch darauf hingewiesen, dass Schraffurlinien selbst in der Regel nicht als Geometriedaten in der Datenbasis abgelegt werden, da sie keine realen Bauteilkonturen repräsentieren, sondern – den Regeln des technischen Zeichnens entsprechende – rein symbolische Darstellungen sind.

Abb. 5.1 Linien und Punkte
als wesentliche Elemente der
2D-Modellierung

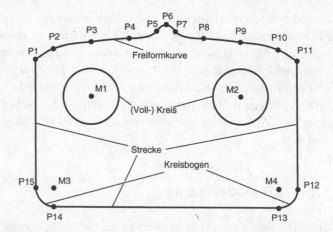

Bei den Linien ist weiter zu unterscheiden nach der (mathematischen) Komplexität (Abb. 5.1):

- Strecken werden durch mathematische Gleichungen ersten Grades beschrieben. Sie können von allen zweidimensionalen CAD-Systemen verarbeitet werden.
- Kegelschnitte sind Kurven, die mathematisch durch Gleichungen zweiten Grades beschrieben werden. Sie können unterteilt werden in Kreise und Kreisbögen, Ellipsen und Ellipsenbögen, Parabeln, Hyperbeln und Geradenpaare (Abb. 5.2). Von den hier ausschließlich interessierenden gekrümmten Kegelschnitten werden im CAD-Bereich in der Regel nur Kreise und Kreisbögen, allenfalls noch Ellipsen und Ellipsenbögen mathematisch exakt erfasst.
- Freiformkurven sind dadurch gekennzeichnet, dass sie mit den im CAD-System verfügbaren mathematischen Gleichungen nicht mehr (vollständig) beschreibbar sind. Somit werden alle jene Linien als Freiformkurven beschrieben, die vom betreffenden CAD-System ansonsten nicht erfasst werden können (d. h. in der Regel alle komplexeren Linien als Strecken, Kreise/Kreisbögen und Ellipsen/Ellipsenbögen). Nicht alle 2D-CAD-Systeme bieten die Möglichkeit zur Generierung von Freiformkurven.

Freiformkurven werden dadurch erzeugt, dass über eine Reihe vorgegebener Stützpunkte eine Kurve definiert wird, wozu besondere mathematische Verfahren verwendet werden (stückweise Beschreibung). Wenn die Kurve genau durch die Stützpunkte verläuft, bezeichnet man sie als *interpolierende* Freiformkurve, während man eine Kurve, welche sich den Stützpunkten gemäß einer bestimmten Vorschrift möglichst gut annähert, als *approximierende* Freiformkurve bezeichnet. Die Vorschrift kann beispielsweise bewirken, dass die Abweichung der Freiformkurve von den vorgegebenen Stützpunkten möglichst klein wird oder besondere Anforderungen an die Stetigkeit oder Glattheit[1] beziehungsweise stetige Differenzierbarkeit (beispielsweise Krümmungsstetigkeit, Maximierung

---

[1] Eine mathematische Funktion wird als glatt bezeichnet, wenn sie unendlich oft differenzierbar ist.

Abb. 5.2 Kegelschnitte: Kurven, die durch Gleichungen zweiten Grades beschreibbar sind

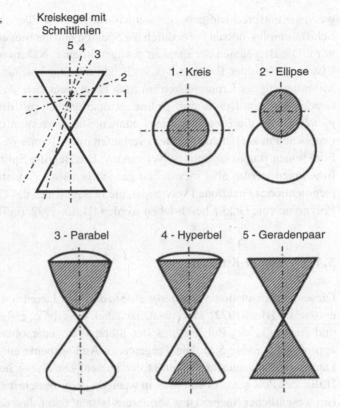

der Krümmung oder möglichst kleine Krümmungsänderungen) erfüllt werden. Besondere Anforderungen an die Krümmung oder Glattheit von Freiformkurven (und -flächen) haben speziell im Hinblick auf die Fertigung (u. a. Fräsbahnen, Gesenke zum Tiefziehen oder Schmieden, Formenbau usw.) Bedeutung.

Freiformkurven werden verschiedentlich auch als analytisch nicht einfach beschreibbare Kurven, als Kurven höherer Ordnung, als Parameterkurven oder als Splinekurven bezeichnet.

Der Begriff Parameterkurven erklärt sich daraus, dass die mathematische Beschreibung von Freiformkurven in der Regel nicht in expliziter Form (beispielsweise $y = f(x)$) oder impliziter Form (z. B. $g(x,y) = 0$) in Abhängigkeit von den zugrunde liegenden (globalen) Koordinaten x und y erfolgt, sondern eine meist (wesentlich flexiblere) Parameterdarstellung in der Form $x = x(t)$, $y = y(t)$ verwendet wird. Dabei bedeutet t einen entlang der Kurve zu zählenden Kurvenparameter, aus dem sich die Koordinaten $x(t)$, $y(t)$ jedes Kurvenpunktes berechnen lassen. Die Parameterdarstellung ist natürlich nicht auf ebene Kurven beschränkt, sondern kann ebenso für räumliche Kurven verwendet werden, indem auch die dritte Raumkoordinate $z = z(t)$ in Abhängigkeit des Kurvenparameters t beschrieben wird.

Der Begriff Spline (zu deutsch: Straklatte) stammt aus dem Englischen und bezeichnet einen dünnen Stab, der im Schiffsbau zur Konstruktion der Stringer (Planken) verwendet wird. Die Planken verlaufen in Schiffslängsrichtung und werden an den scheibenförmigen Spanten, die quer zur Schiffslängsrichtung aufgebaut werden, befestigt, wozu sie entsprechend gebogen werden müssen. Die Planken bilden die Außenhaut des Schiffsrumpfes, dessen Form durch die Spanten und die Biegelinien der Planken bestimmt wird. Die Biegelinien der Planken genügen in guter Näherung der Differenzialgleichung $EIw^{IV} = 0$ (mit der Biegesteifigkeit EI und der Durchbiegung w(x)), die äquivalent zur Minimierung der Krümmungen im Stab ist, woraus sich als Lösung Funktionen dritten Grades ergeben. Der Begriff Spline ist ursprünglich mit der Lösung der Differenzialgleichung für die Biegelinie eines dünnen Stabes verknüpft, die durch bestimmte vorgegebene Punkte (an den Spanten) verlaufen muss. Primär wurden darunter also kubische Funktionen (kubische Splines) verstanden. Die Begriffe Spline beziehungsweise Splinefunktionen werden aber inzwischen ganz allgemein für mehrmals stetig differenzierbare (segmentierte) Funktionen verwendet, die in Segmenten des Definitionsbereiches x durch Polynome vom Grad n beschrieben werden [HoLa-1992, EnSK-1996, EnSK-1997].

5.1.1   Bézier-Kurven

Dieses Approximationsverfahren wurde in den 60er Jahren von BÉZIER und DE CASTELJAU entwickelt [Bezi-1972]. Der Ansatz ist dabei, dass die zu erzeugende Kurve den Anfangs- und Endpunkt des Polygonzugs der Stützpunkte interpoliert und alle anderen Punkte approximiert (Abb. 5.3). Die Tangente im Anfangspunkt entspricht der ersten Polygonkante, die Tangente im Endpunkt der letzten. Die Kurve liegt innerhalb der konvexen Hülle[2] des Polygonzugs und kann in wenigen Iterationsschritten leicht konstruiert werden. Ein wesentlicher Nachteil des Verfahrens besteht darin, dass der Polynomgrad der Bézier-Kurve fix mit der Anzahl der Stützpunkte gekoppelt ist, was zu hohen Polynomgraden

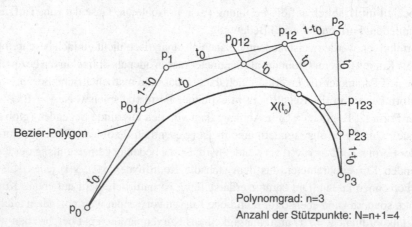

Abb. 5.3 Beispiel einer Bézier-Kurve und Deutung des de Casteljau-Algorithmus zur Konstruktion eines Punktes $X(t_0)$

---

[2] Die konvexe Hülle des Polygons kann als „äußerer Umriss" aller Polygonpunkte aufgefasst werden (genaueres dazu siehe in [HoLa-1992]).

führen kann. Des Weiteren ist zu beachten, dass die Änderung eines einzigen Stützpunktes wegen der „globalen Definition" der Bézier-Kurven Auswirkungen auf die Gestalt der gesamten Kurve hat und damit auch eine völlige Neuberechnung erfordert.

Die mathematische Beschreibung lautet:

$$X(t) = \sum_{i=0}^{n} b_i(t) p_i$$

n bezeichnet dabei den Polynomgrad und t den normierten Kurvenparameter, der Werte zwischen 0 (Anfangspunkt) und 1 (Endpunkt) annehmen kann. Des Weiteren bedeuten

$$X(t) - \left[x(t),\, y(t),\, z(t) \right]$$

den Ortsvektor X(t) zu einem Punkt auf der Kurve mit dem Parameter t,

$$b_i(t) = \binom{n}{i}(1-t)^{n-i} t^i \qquad \text{mit} \qquad \binom{n}{i} = \frac{n!}{i!(n-i)!}$$

die Basisfunktion, Bernstein-Polynome vom Grad n und

$$P = \left[p_0, p_1, p_2, \ldots, p_n \right]$$

die Stützpunktmatrix mit den Stützpunkten p_0, p_1, p_2, …, p_n (Stützpunktvektoren).

Abb. 5.3 zeigt eine Bézier-Kurve mit n = 3 (Polynomgrad ist daher 3) und folglich den N = n + 1 = 4 Stützpunkten (Stützpunktvektoren) p_0, p_1, p_2, p_3. Wertet man obige Definitionsgleichung aus, so erhält man folgende Darstellung der Kurve:

$$
\begin{aligned}
X(t) &= b_0(t) p_0 + b_1(t) p_1 + b_2(t) p_2 + b_3(t) p_3 = \\
&= \binom{3}{0}(1-t)^3 p_0 + \binom{3}{1}(1-t)^2 t p_1 + \binom{3}{2}(1-t) t^2 p_2 + \binom{3}{2} t^3 p_3 \\
X(t) &= (1-t)^3 p_0 + 3(1-t)^2 t p_1 + 3(1-t) t^2 p_2 + t^3 p_3
\end{aligned}
$$

Daraus ist einerseits ersichtlich, dass der Grad der Bézier-Kurve fix mit der Anzahl der Punkte des Bézier-Polygons (Abb. 5.3) gekoppelt ist, andererseits alle Punkte p_i die Gestalt der resultierenden Kurve beeinflussen, sich die gesamte Gestalt also bei Änderung eines einzigen Punktes ebenfalls ändert. Diese Eigenschaften stellen die wesentlichen Nachteile der Interpolation mit Bézier-Kurven dar. Setzt man nun für den Kurvenparameter t ein, so erhält man beispielsweise für den

Anfangspunkt (t = 0):	$X(0) = p_0$ und den
Endpunkt (t = 1):	$X(1) = p_3$

Des Weiteren gilt für die Ableitung nach dem Parameter t:

$$X(t) = \sum_{i=0}^{n} N_i^k(t) p_i$$

Wertet man auch diesen Ausdruck für Anfangs- und Endpunkt aus, so erhält man die Tangentenvektoren an die Kurve an der jeweiligen Stelle:

$$X'(0) = -3p_0 + 3p_1 = 3(p_1 - p_0)$$
$$X'(1) = -3p_2 + 3p_3 = 3(p_3 - p_2)$$

Man erkennt, dass sie tatsächlich in die Richtung der ersten beziehungsweise letzten Kante des Bézier-Polygonzugs weisen. Die Konstruktion eines bestimmten Punktes $X(t_0)$ erfolgt durch fortlaufende Teilung der Seiten des Bézier-Polygons im Verhältnis $t_0/(1 - t_0)$ (Algorithmus von de Casteljau). Die so entstehenden Punkte werden durch Geraden verbunden, welche wiederum entsprechend geteilt werden. Der letzte Teilungspunkt bildet den Punkt $X(t_0)$, die letzte Gerade gibt die Tangente an die Bézier-Kurve in diesem Punkt an.

5.1.2 Basis-Spline-Kurven (B-Spline-Kurven)

Bei den Basis-Spline-Kurven handelt es sich wie bei den Bézier-Kurven um approximierende Kurven, die über einen Polygonzug von Stützpunkten definiert sind. Die B-Spline-Kurven sind lokal (segmentweise) definiert. Dadurch kann der Polynomgrad unabhängig von der Anzahl der Stützpunkte festgelegt werden. Die Polynome können stückweise (segmentweise) durch einen Rekursionsansatz definiert werden. Die Bézier-Kurve kann als Sonderfall einer B-Spline-Kurve aufgefasst werden.

Aufgrund der Vielzahl von Vorteilen hat sich für die rechnerinterne Darstellung vieler Kurven und Flächen im Bereich CAD heute das Basis-Spline-Verfahren als Standard durchgesetzt.

Die mathematische Beschreibung lautet:

$$X(t) = \sum_{i=0}^{n} N_i^k(t) p_i$$

Der Index i bezeichnet den Knoten (Trägerwert), an dem die jeweilige Funktion $N_i^k(t)$ „beginnt" (siehe Abb. 5.4). k ist die Ordnung der B-Spline-Basis und gleichzeitig die Anzahl der Trägerintervalle, über die sich jeder B-Spline $N_i^k(t)$ erstreckt. Der Polynomgrad p ergibt sich zu $p = k-1$. n ist der höchste im Trägervektor der B-Splines k-ter Ordnung auftretende Index. Daraus folgt, dass die B-Splines n-ter Ordnung bis $m = n + k$ definiert werden müssen (siehe Abb. 5.4). p_i beschreibt den Vektor zum Stützpunkt mit der Nummer i. $N_i^k(t)$ sind die normalisierten B-Splines. Im Folgenden werden nur B-Splines mit äquidistant geteiltem Träger (uniforme B-Splines) betrachtet. Alternativ dazu sind auch beliebige Teilungen möglich, die dann auf nicht-uniforme B-Splines führen.

Abb. 5.4 Beispiel einer
B-Spline-Kurve

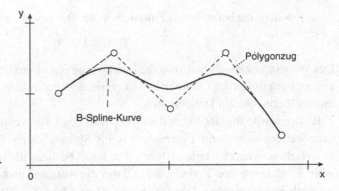

Die einfachstmöglichen B-Spline-Funktionen erster Ordnung (mit Polynomgrad Null) erhält man für k = 1 zu $N_i^1(t)$. Diese sind wie folgt definiert:

$$N_i^1(t) = \begin{cases} 1 & \text{für } t_i \leq t < t_{i+1} \\ 0 & \text{sonst} \end{cases}$$

Als Beispiel wird hierfür die Funktion $N_3^1(t)$ betrachtet (Abb. 5.5).

Für alle k > 1 sind die Funktionen $N_i^k(t)$ allgemein wie folgt rekursiv definiert:

$$N_i^k(t) = \frac{t - t_i}{t_{i+k-1} - t_i} N_i^{k-1}(t) + \frac{t_{i+k} - t}{t_{i+k} - t_{i+1}} N_{i+1}^{k-1}(t)$$

Obige Formel entspricht einer Faltung der beiden Funktionen $N_i^{k-1}(t)$ und $N_{i+1}^{k-1}(t)$, wodurch sich der Polynomgrad jeweils um eins erhöht.

Im Folgenden sollen zur Veranschaulichung die Funktionen bis zur Ordnung k = 3 (Polynomgrad 2) für einen äquidistanten Trägervektor (t_i = i, daher heißen diese Funktionen uniforme B-Splines) berechnet und dargestellt werden. Man erhält die Funktion $N_0^2(t)$ aus den beiden „vorhergehenden" Funktionen $N_0^1(t)$ und $N_1^1(t)$ zu:

$$N_0^2(t) = \frac{t}{1} N_0^1(t) + \frac{2-t}{1} N_1^1(t)$$

Völlig analog werden zur Berechnung von $N_1^2(t)$ beim Einsetzen in die Rekursionsformel die Funktionen $N_1^1(t)$ und $N_2^1(t)$ benötigt. $N_0^3(t)$ wiederum erhält man zu:

$$N_0^3(t) = \frac{t}{2} N_0^2(t) + \frac{3-t}{2} N_1^2(t)$$

Abb. 5.5 B-Spline-Funktion
$N_3^1(t)$

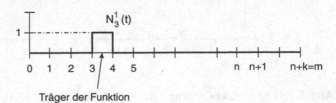

Abb. 5.6 stellt die berechneten Funktionen dar. Der gewählte Trägervektor dazu lautet:

$$T = [0, 1, 2, 3]$$

Des Weiteren ist ersichtlich, dass die Berechnung einer Funktion der Ordnung k als Faltung zweier Funktionen der Ordnung k−1 interpretiert werden kann. So entsteht aus der Faltung zweier Rechtecke ein Dreieck, usw.

Bisher wurde vorausgesetzt, dass jeder Wert des Trägervektors nur einfach gezählt wird. Eine weitere interessante Eigenschaft von B-Splines besteht darin, dass Trägerwerte auch mehrfach verwendet werden können. Für k = 3 besitzen die resultierenden Kurven die in Abb. 5.7 dargestellten Formen, wenn dabei die Anfangs- und Endpunkte im Trägervektor dreifach gezählt werden. Der Trägervektor lautet hier $T = [0, 0, 0, 1, 2, 3, 4, 4, 4]$.

Aus den bisherigen Darstellungen werden die Vorteile der B-Spline-Funktionen gegenüber den Bézier-Kurven ersichtlich: Durch die lokale Definition der Ansatzfunktionen wirken sich Änderungen an einem einzelnen Stützpunkt nur in dessen unmittelbarer Umgebung (am Träger des Polynoms) aus. Des Weiteren ist der Polynomgrad unabhängig

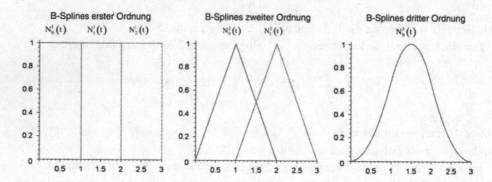

Abb. 5.6 B-Spline-Funktionen bis zur Ordnung k = 3

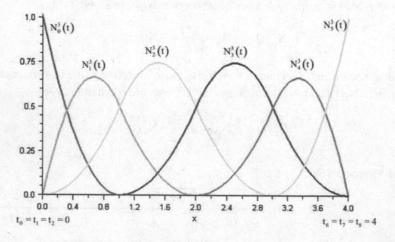

Abb. 5.7 B-Splines der Ordnung 3 für den Trägervektor $T = [0, 0, 0, 1, 2, 3, 4, 4, 4]$

von der Anzahl der Stützpunkte wählbar. Damit können beliebig viele B-Spline-Funktionen zur Darstellung einer Spline-Kurve genutzt werden.

5.1.3   Rationale B-Spline-Kurven (NURBS)

Mit den bisher behandelten Interpolationen beziehungsweise Approximationen sind nicht alle häufig vorkommenden Kurven genau genug darstellbar. Ebenso ist eine lokale Kurvenanpassung beziehungsweise Manipulation schwierig oder gar unmöglich. Mit Einführung von rationalen B-Spline-Kurven ergeben sich hierfür verbesserte Möglichkeiten. Dieser Kurventyp wird häufig auch als NURBS (nicht uniforme rationale B-Splines) bezeichnet. Die Erweiterung zu den Basis-Spline-Kurven ergibt sich dadurch, dass die Stützpunktvektoren (Vektoren p_i zu den Stützpunkten) unterschiedlich gewichtet werden können.

Die mathematische Beschreibung lautet nun:

$$X(t) = \frac{\sum\limits_{i=0}^{n} w_i \cdot N_i^k(t) \cdot p_i}{\sum\limits_{i=0}^{n} w_i \cdot N_i^k(t)}$$

Jeder Stützpunkt wird mit einem entsprechenden Gewichtsfaktor w_i gewichtet. Dadurch kann eine genauere Approximation in vorgegebenen Punkten (auf Kosten der Approximationsgenauigkeit an anderen Stellen) erreicht werden. Setzt man alle $w_i = 1$, so erhält man wieder die B-Spline-Darstellung, da die Summe aller (ungewichteten) B-Splines an jedem Punkt immer 1 ergibt, und somit der Nenner im obigen Ausdruck 1 wird.

5.1.4   Freiformflächen

Analog zur Beschreibung von Bézier-, B-Spline- und NURBS-Kurven können auch Flächen aufgebaut werden. Die daraus entstehenden Freiformflächen werden auch als Flächen höherer Ordnung, als Parameter- oder als Splineflächen bezeichnet. Der Begriff Parameterfläche resultiert auch hier daraus, dass zur Beschreibung in der Regel eine Parameterdarstellung – nun aber mit zwei Parametern (z. B. u und v) – verwendet wird, aus denen sich die Koordinaten jedes Flächenpunktes berechnen lassen (z. B. in der Form $x = f_1(u,v)$, $y = f_2(u,v)$, $z = f_3(u,v)$, siehe Abb. 5.8).

Weiterführende Angaben über Freiformkurven und Freiformflächen findet man in der einschlägigen Literatur, die sich grob in eher mathematisch orientierte Abhandlungen (z. B. [Coon-1967, Bezi-1972, Boor-1978, CoBo-1980, Yama-1988, HoLa-1992, EnSK-1996, EnSK-1997]) und in eher auf die Anwendungen im CAx-Bereich gerichtete Ausführungen (z. B. [Müll-1980, Grät-1983, EnSc-1989, Pahl-1990]) gliedern lässt.

Abb. 5.8 Freiformfläche mit
den Flächenparametern u und v

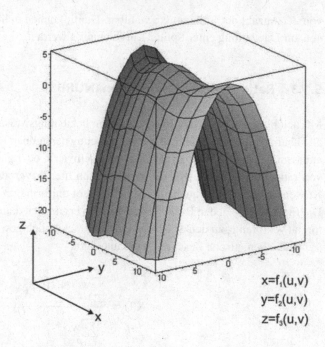

$$x = f_1(u,v)$$
$$y = f_2(u,v)$$
$$z = f_3(u,v)$$

5.2   3D-Modellierung

Die wichtigsten Vorteile eines 3D-CAD-Anwendung gegenüber einer 2D-Anwendung sind:

- Vollständigere Produktmodelle
- Weniger einzeln zu erstellende und zu verwaltende Dokumente, da aus den 3D-Produkt-modellen viele Unterlagen (teil-) automatisch abgeleitet werden können (Zeichnungen, Stücklisten, Arbeitspläne, Montage- und Bedienungsanleitungen, Ersatzteilkataloge).
- Frühes Erkennen und Vermeiden von funktionalen, fertigungstechnischen und anderen Problemen, dadurch weniger Optimierungszyklen im Produktentwicklungsprozess.
- Vermeidung von Fehlern in nachgeschalteten Phasen der Produktentwicklung (Prototypenbau, Fertigung, Montage usw.), dadurch „Qualitätssteigerung" in der Produktentwicklung.
- Nutzung verschiedener „intelligenter" Funktionen für den Entwurfsprozess selbst, die erst auf der Basis eines 3D-CAD-Systems möglich und wirtschaftlich sind (z. B. para-metrisches und featurebasiertes Modellieren, teilweise bereits mit der Möglichkeit zur Einbindung von Regeln zum sogenannten „wissensbasierten Konstruieren", Kap. 10).
- Qualitätssicherung des Konstruktionsprozesses durch Parametrik, Features und Wis-sensbasis, da immer dieselben Regeln verwendet werden.

- 3D-Modelle als Voraussetzung zur Anbindung weiterer Berechnungs-, Simulations- und Animationssysteme (für z. B. FEM-, Kinematik-, CFD-, MKS-, Dynamik-, CAM- oder Animations-Anwendungen, mit denen zunehmend räumliche Probleme gelöst und analysiert werden können) sowie als Kern erweiterter Technologien im Produkent- stehungsprozess insgesamt (z. B. „Digital Mock-Up", virtuelle Produktentwicklung).
- Erleichterung der Kommunikation in und zwischen Unternehmen; Unterstützung der zeitparallelen Produktentwicklung im Team (Simultaneous Engineering und Concur- rent Engineering[3], zunehmend unternehmensübergreifend).
- Einbeziehung neuer Technologien zum schnellen Herstellen von Versuchsteilen und Werkzeugen (Rapid Prototyping, Rapid Tooling, additive Fertigung, Abschn. 11.4), was nur auf der Basis von 3D-CAD möglich ist.

Abb. 5.9 verdeutlicht ausgehend von den Lebensphasen eines technischen Produktes (in Anlehnung an [VDI-2209]) stichwortartig, an welchen Stellen und in welcher Weise diese durch die 3D-Produktmodellierung beeinflusst werden.

Der Einsatz eines 3D-CAD-Systems wirft häufig aber auch Probleme auf:

- 3D-CAD-Systeme eröffnen für die Produktentwicklung sowie für den gesamten Pro- duktentstehungsprozess so viele neue Möglichkeiten, dass die Festlegung einer optima- len Einführungs- und Nutzungsstrategie (verbunden mit einer entsprechenden Arbeits- technik) am Anfang oft schwer fällt.
- Noch weniger als 2D- können 3D-Systeme isoliert betrachtet werden (zumindest nicht, wenn sie effizient eingesetzt werden sollen). Ihr Einsatz bedingt daher häufig eine Neu- konzeption der Aktivitäten und Ablauforganisation in der Produktentstehung sowie der gesamten IT-Landschaft im Unternehmen.
- Ein Teil des Nutzenpotenzials der (durchgängigen) 3D-Modellierung erschließt sich erst in späteren Phasen der Produktentstehung, kann aber durchaus in der Produktent- wicklung den Aufwand erhöhen. Dieser Umstand erschwert nicht nur die Wirtschaft- lichkeitsrechnung, sondern kann, wenn er nicht ausreichend berücksichtigt wird, in der praktischen Umsetzung zu erheblichen Diskussionen, Widerständen und auch Fehl- schlägen führen.
- 3D-CAD-Systeme – vor allem parametrische – erfordern eine vorab gut überlegte und äußerst sorgfältig durchgeführte Modellierung der Produkte.

Letzteres sowie die eine oder andere Unzulänglichkeit der Systeme führen dazu, dass der Anwender sich – zusätzlich zu den üblichen Aufgaben des fertigungs-, montage- und instandhaltungsgerechten Konstruierens usw. – vor die Aufgabe des „parametrikgerechten"

---

[3] Beim Simultaneous Engineering (SE) werden unterschiedliche Aktivitäten, z.B. Konstruktion und Planung der Fertigungsprozesse, überlappt und parallel ausgeführt. Beim Concurrent Engineering (CE) wird eine umfangreiche Aufgabe auf mehrere Personen aufgeteilt, die von diesen parallel bearbeitet wird. Bei CE ist dazu die Definition von Bauräumen mit klaren Schnittstellen zu den benachbarten Bauräumen notwendig (siehe auch Abschnitt 2.1.3 und Abb. 2.4).

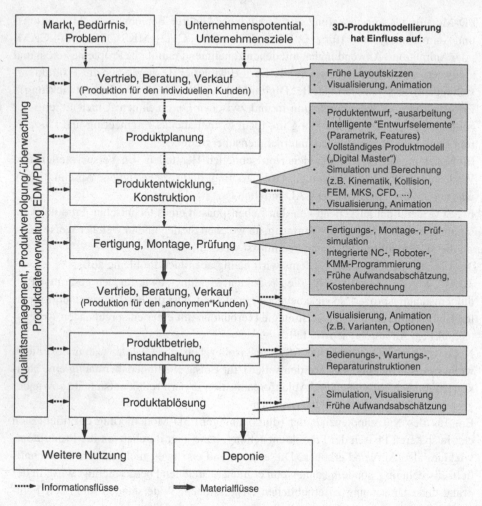

Abb. 5.9 Einflüsse der 3D-Produktmodellierung in den verschiedenen Lebensphasen eines technischen Produktes [VDI-2209/2016]

beziehungsweise „featuregerechten" Modellierens gestellt sieht, die zunächst ungewohnt ist und als belastend empfunden wird. Abb. 5.10 gibt einleitend eine Übersicht über die wichtigsten Themengebiete, auf die in den folgenden Abschnitten und Kapiteln eingegangen wird. Vor allem soll veranschaulicht werden, dass die Techniken wie parametrische Produktmodellierung, featurebasiertes Modellieren (zunehmend auch die Wissensverarbeitung, zunächst im Umfeld der Parametrik) sukzessive auf der bekannten Produktmodellierung mit einem konventionellen CAD-System aufbauen und einen bestimmten inneren Zusammenhang haben:

- Parametrische CAD-Systeme unterscheiden sich von konventionellen dadurch, dass in ihren Datenstrukturen anstatt oder neben festen Werten der Elemente (je nachdem, ob es sich um eine vollständige oder eine teilweise Parametrisierung handelt) Beziehungen zwischen diesen Elementen abgelegt sind (in der Regel zwischen geometrischen

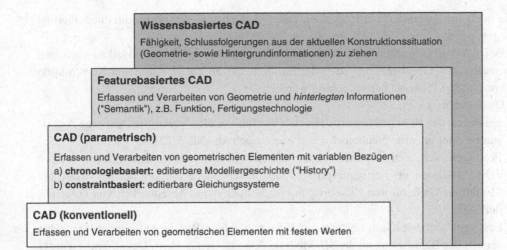

Abb. 5.10 Übersicht über die 3D-Modellierungsgrundlagen [VDI-2209]

Elementen). Die zwei wesentlichen Ansätze der Realisierung – chronologiebasiert oder constraintbasiert -, die auch Einfluss auf die Arbeitstechnik mit dem betreffenden System haben, werden erläutert.

- Featurebasierte CAD-Systeme erfassen und verarbeiten zusätzlich zu den geometrischen Eigenschaften noch bestimmte Zusatzinformationen (z. B. in Bezug auf die Fertigungseigenschaften). Features als Grundelemente derartiger Systeme müssen, um sich ihrer Umgebung flexibel anpassen zu können, parametrische Eigenschaften haben, so dass aus dieser Perspektive die featurebasierten Systeme als anwendungsorientierte Erweiterung der parametrischen Systeme verstanden werden können.
- Es spricht viel dafür, dass eine wirksame Unterstützung des Entwicklungs- und Konstruktionsprozesses durch Wissensverarbeitung nur auf der Basis der Featuretechnologie gelingt, weil man dann bereits auf Elementen mit einer gewissen „konstruktiven Intelligenz" aufsetzen kann [WeKr-1999]. Die Werkzeuge der Wissensverarbeitung für Entwicklungs- und Konstruktionsprozesse werden für unterschiedliche Anwendungsgebiete angeboten, auf die in Kap. 10 eingegangen wird.

Alle genannten Techniken können theoretisch sowohl auf der zwei- als auch auf der dreidimensionalen Produktmodellierung aufbauen. Allerdings stößt man bei der Nutzung zweidimensionaler Modelle relativ früh an Grenzen – eben weil das zugrunde liegende Geometriemodell à priori unvollständig ist -, so dass entsprechende Lösungen in der Regel nur einen sehr engen Anwendungsbereich abdecken können (z. B. nur rotationssymmetrische Teile).

Aus diesem Grunde kann nur ein dreidimensionales Produktmodell als Basis alle Möglichkeiten der neuen Techniken erschließen (ganz abgesehen von anderen Erwägungen, die heute für ein durchgängig dreidimensionales Produktmodell sprechen). In der Praxis wie auch im Folgenden wird demnach ausschließlich von der 3D-Produktmodellierung ausgegangen.

Bei der Vorbereitung einer 3D-Modellierung müssen neben den physikalischen und geometrischen Gegebenheiten auch die Einflüsse der an Entwicklung und Konstruktion angrenzenden Prozesse berücksichtigt werden.

Dazu gehören:

- Festlegen der Konstruktionsart: Handelt es sich um eine Varianten-, um eine Anpassungs- oder um eine Neukonstruktion (siehe auch Abschn. 5.12)?
- Festlegen der fertigungstechnischen Voraussetzungen: Wie umfangreich müssen 3D-CAD-Daten im Fertigungsprozess weiter verwendet werden, beispielsweise bei Modellbau/Gießerei und NC-Fertigung (d. h. konsistente Ableitbarkeit von Folgemodellen)?
- Festlegen der berechnungstechnischen Voraussetzungen: Welche Anforderungen werden seitens der Berechnung an die 3D-Modelle gestellt (Genauigkeit, Detaillierungsgrad)?
- Festlegen von organisatorischen Voraussetzungen:
  - Berücksichtigung der Erfahrungen aller am Projekt beteiligten Personen: Die Vorgehensweise bei Strukturierung und Modellierung muss auf die Erfahrungen des Projektteams abgestimmt werden, um unnötige Fehler und Missverständnisse zu vermeiden. Gegebenenfalls sind im Einzelfall Trainingsmaßnahmen zur Sicherung des Gesamterfolges vorzusehen.
  - Können die Aufgaben entsprechend auf verschiedene Teams aufgeteilt werden (Simultaneous Engineering beziehungsweise Concurrent Engineering)?
  - Können bereits vorhandene Bauteile wieder verwendet werden, um die Teilevielfalt zu verringern?
  - Einsatz und Integration der notwendigen CAx-Systeme, z. B. unterschiedliche CAD-Systeme beim kooperativen Entwickeln in verschiedenen Firmen beziehungsweise an verschiedenen Standorten der eigenen Firma. Berücksichtigung der Schnittstellen und des notwendigen Know-how-Schutzes, der die Zusammenarbeit aber nicht behindern darf.
  - Ist die Verwaltung der Produktdaten, evtl. durch den Einsatz eines PDM-Systems, gewährleistet (Größe der CAD-Modelle, Referenzierung zwischen geometrischen Produktdaten und den entsprechenden Elementen der Erzeugnisstruktur, welche in einem PDM-System oder einem ERP-System geführt werden kann)?

Alle Festlegungen beziehungsweise Absprachen innerhalb des Modellierungsprozesses sollten direkt im Entwicklungsteam erfolgen. Hier ist der Einsatz eines Verantwortlichen zu empfehlen, der beispielsweise mithilfe der VDA-Checkliste [VDA-4961] die notwendigen informationstechnischen Voraussetzungen schafft. Im Detail ergeben sich folgende Aspekte, auf die bei der Vorbereitung der 3D-Produktmodellierung geachtet werden muss:

- Festlegen des Bauraumes des gesamten Produkts: Gegebenenfalls auch Definition von (Unter-) Bauräumen (häufig auch „Gestaltungszonen" genannt), in denen bestimmte Funktionskomplexe in Form von Baugruppen und/oder Einzelteilen zu realisieren sind oder die für eine parallele Bearbeitung dieser Funktionskomplexe benötigt werden (Concurrent Engineering).
- Aufbau und Strukturierung des Produkts beziehungsweise Gliederung von Erzeugnisstrukturen.
- Festlegen der Modellgenauigkeit: Die Modellgenauigkeit ist ein veränderbarer Parameter in der Grundeinstellung eines CAD-Systems. Dieser Parameter beeinflusst die Größe der zulässigen Abweichung der im Modell gespeicherten Daten zur Solleingabe. Diese Genauigkeit bestimmt die Güte der Weiterverarbeitbarkeit der Daten, vor allen Dingen im Datenaustausch und bei der Weiterverwendung der Daten in der Fertigung. Eine Absprache mit den Nutzern dieser Daten ist daher unbedingt notwendig.
- Einbindung von Teilebibliotheken (externe und interne Normteil- und Zukaufteilkataloge).
- Festlegung von Strukturen für logische Ebenen (Folien, Levels oder Layers) und interne beziehungsweise temporäre Gruppierungen.
- Parametrisierungsrichtlinien (gerade im Hinblick auf eine wissensbasierte Parametrisierung).
- Dokumentationsrichtlinien.

Unabhängig von der gewählten Vorgehensweise sollte im 3D-Modell von Anfang an ein festes Referenzsystem definiert werden. Eine Referenz ist in diesem Zusammenhang ein Bezug auf Koordinaten beziehungsweise Koordinatensysteme, auf Geometrieelemente (üblicherweise auf Flächen) oder auf Bauteile. Dieses Referenzsystem wird durch die festgelegte Erzeugnisstruktur bestimmt und darf im Laufe des Modellierungsprozesses nicht mehr geändert werden. Ein einheitliches Referenzsystem dient dazu, Beziehungen unter Baugruppen und Komponenten festzulegen, in das betrachtete Modell importierte Fremdmodelle ohne großen Aufwand zu ändern und den Modellaufbau jederzeit nachvollziehen zu können.

Alle im Modellierungsprozess entstehenden Modelle sollten einheitlich, übersichtlich, nachvollziehbar und leicht änderbar aufgebaut werden. Um diese Einheitlichkeit zu erreichen, empfiehlt sich die Verwendung von vordefinierten „Startmodellen" (Templates), in denen beispielsweise Modellgenauigkeit, Startelemente (d. h. beim Aufruf des Startmodells bereits darin vorhandene Elemente), logische Ebenen (Folien, Levels oder Layers), Voreinstellungen für die Zeichnungsableitung sowie mögliche Parameter und andere Voreinstellungen festgelegt sind. Grundsätzlich sind Systemvoreinstellungen vom CAD-Systemmanagement vorzunehmen; diese sollten einheitlich für alle Anwender gelten. Ohne diese Maßnahmen und ihre penible Beachtung im laufenden Betrieb kann es passieren, dass sogar CAD-Modelle des gleichen CAD-Systems Probleme beim Austausch von Daten verursachen.

5.3   Modellarten und Volumenmodellierung

Die Repräsentationsformen für 3D-Modelle lassen sich in Hauptgruppen gemäß Abb. 5.11 einteilen, die im Folgenden genauer behandelt werden.

Die wichtigsten Vertreter im Bereich CAD sind in Abb. 5.12 dargestellt.

- Kantenmodelle („Drahtmodelle", „Wireframes"): Ein Objekt wird (wie am Reißbrett oder bei einem 2D-Modellierer) durch seine Kanten repräsentiert, die als Linienelemente (Strecken, Kreis- oder Ellipsenbögen, Freiformkurven) gespeichert werden. Kantenmodelle lassen sich aufgrund des minimalen Datenvolumens am Bildschirm schnell darstellen und bewegen (Drehen, Verschieben, Zoomen). Dieser Vorteil verliert allerdings mit der steigenden Leistung der Rechnersysteme an Bedeutung.

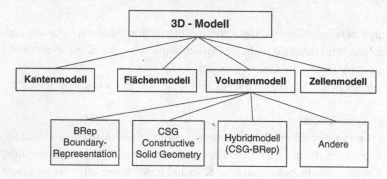

Abb. 5.11 Repräsentationsformen für 3D-Modelle (in Anlehnung an [EnSK-1997])

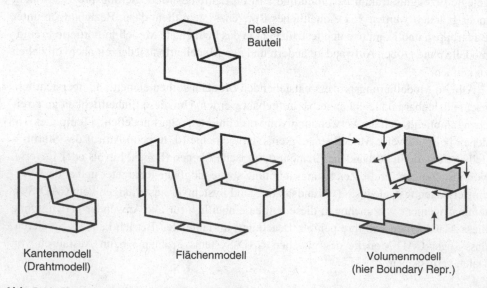

Abb. 5.12 Kanten-, Flächen- und Volumenmodell

Kantenmodelle sind in ihrer bildlichen Darstellung nicht eindeutig und in ihrer geometrischen Beschreibung nicht vollständig. Sie verfügen über keine Volumen- oder
Flächeninformationen, weshalb auch keinerlei Volumen- oder Flächenoperationen
(Sichtbarkeit, Schnitte durch Körper, Durchdringungen, Erzeugung von Schnittkan-
ten, Querschnitts- oder Volumenberechnungen, Kollisionsüberprüfungen, Rundungen,
Fasen, schattierte Darstellungen usw.) möglich sind. Die Orientierung im Modell wird
durch die „nicht-flächige" Darstellung erschwert (Abb. 5.13). Im Gegensatz zu den
beiden anderen Modellklassen erschweren Kantenmodelle bei der Bildschirmdarstel-
lung die eindeutige Identifizierung von „vorn" und „hinten" sowie von „innen" und
„außen". Kantenmodelle werden nur noch dort eingesetzt, wo Kanten als Randkurven
für Flächenmodelle, für definierende Skizzen („Sketches") bei der Volumenmodellierung (insbesondere bei rotationssymmetrischen oder plattenförmigen Bauteilen) oder
als Führungslinien (z. B. für Rohrleitungen im Anlagenbau) notwendig sind.

- Flächenmodelle („Surface Models", „Sheet Bodies"): Regel- und Freiformflächen
  werden durch Rotation und Extrusion von 2D-Konturen oder durch Zusammensetzen von 3D-Randkurven erstellt. Aufgrund der Randkurven- beziehungsweise Isoli-
  nien-Darstellung verschlechtert sich – ähnlich wie bei der Kantenmodellierung – bei
  umfangreichen flächigen Gebilden die Orientierung im Modell. Auch wenn die Information über „vorn" und „hinten" gegeben ist, fehlt den Flächenmodellen, wie den Kan-
  tenmodellen, eine Information zu „innen" und „außen". Die Flächenmodellierung wird
  vorwiegend dort eingesetzt, wo
  - die Flächendarstellung des Produktes erste Priorität hat und eine volumenorien-
    tierte Modellierung nicht sinnvoll beziehungsweise erforderlich ist (z. B. Blechteile,
    Karosseriebau). Vielfach kann die „Außenhaut" eines Objektes nicht analytisch
    beschrieben werden (Freiformflächen, z. B. Oberflächen einer Kraftfahrzeugkaros-
    serie oder durch Industriedesign vorgegebene Spritzgussform). Hier muss z. B. die
    designgerechte Modifizierbarkeit mittels Strak-Kurven möglich sein (Strak-Kurven
    bilden das „Gerippe" einer Fläche, siehe Abschn. 5.1).

Abb. 5.13 Mehrdeutigkeit von
Drahtmodellen [VWSS-1994]

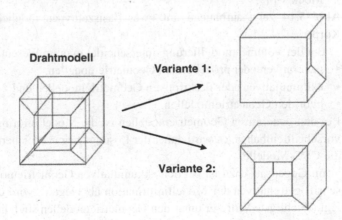

- einzelne Flächen aufgrund ihrer geometrischen Komplexität zumindest zeitweilig separat vom Volumen modelliert werden müssen (z. B. bei Guss- und Schmiedeteilen) und
- fertigungstechnische Aspekte im Vordergrund stehen (z. B. separate Modellierung der Fräsflächen im Formen- und Werkzeugbau).

Auch zur Modellierung komplexer Verbindungsflächen zwischen Regelgeometrien (Zylinder, Quader, etc.) werden Flächenmodellierer eingesetzt. Schließlich ergeben sich nicht-analytische Flächenbeschreibungen aus Berechnungsergebnissen wie der Strömungsmechanik (Außenhaut von Flugzeugen, Schiffen etc.) oder aus der Aufnahme von Flächen durch punktweise Vermessung (Reverse Engineering).

- Volumenmodelle („Solids", „Solid Models"): Volumenmodelle bestehen aus topologisch geschlossenen Flächenverbänden (Oberflächen). Sie erfassen nicht nur die „Hülle" von Objekten, sondern besitzen darüber hinaus auch Volumen- und – sofern eine Dichte zugeordnet wird – Materialinformationen. Sie können damit neben den geometrischen auch physikalische Informationen eines Produktes erfassen. In Bezug auf geometrische Toleranzen gibt es aber durchaus noch Defizite, da in allen Modellen in der Regel die ideale Sollgeometrie gespeichert wird. Volumenmodelle können für die Mehrzahl der Produkte im Maschinenbau eingesetzt werden. Produkte, die aus Grundelementen aufgebaut sind (entsprechende Elemente also im Fertigprodukt identifizierbar) oder fertigungsorientiert konstruiert werden (z. B. durch Verwendung von Subtraktionsvolumina wie Bohrungen und Taschen), sind mit der Volumenmodellierung effizient zu erzeugen.
- Atom- oder Zellenmodelle (Voxelmodelle). Ein Voxel ist, analog zum Pixel eines Bildschirms, ein kleines, beispielsweise würfelförmiges Volumenelement (auch Basiszelle genannt) ohne weitere Eigenschaften. Objekte werden durch eine definierte Ansammlung von Voxels modelliert, die selbst aber nicht in Beziehung zueinander stehen. Es leuchtet ein, dass man aus einem Flächen- oder einem Volumenmodell ein Voxelmodell hinreichend genau ableiten kann, nicht aber umgekehrt. Voxelmodelle spielen eine Rolle bei der Virtuellen Produktentwicklung und dort im Wesentlichen beim Digital Mock-Up.

Abb. 5.14 zeigt aufbauend auf zwei Basiszelltypen mögliche Zerlegungen desselben Körpers.

Bei der Volumenmodellierung unterscheidet man im Wesentlichen zwischen

- generativen oder prozeduralen Geometriemodellen,
- akkumulativen oder deskriptiven Geometriemodellen und
- hybriden Geometriemodellen.

Bei den generativen Geometriemodellen ist die Modellinformation in einer Erzeugungsvorschrift enthalten, es wird daher der Lösungsweg gespeichert. Wichtigste Vertreter sind die CSG-Modelle.

Im Gegensatz dazu ist bei den akkumulativen Geometriemodellen die Erzeugungsvorschrift getrennt von der Modellinformation abgelegt, es wird das Lösungsergebnis abgelegt. Wichtigste Vertreter unter den Geometriemodellen sind die B-Rep-Modelle.

Abb. 5.14 Zerlegungsvarianten mit einem Zellenmodell

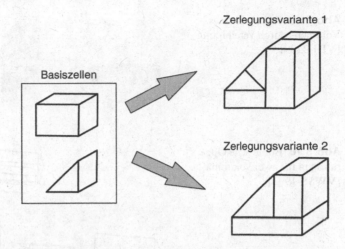

Hybride Geometriemodelle verwenden eine Kombination aus generativen (meist CSG) und akkumulativen Geometriemodellen (meist B-Rep). Manchmal werden auch Zellmodelle zur Gruppe der Volumenmodelle gezählt.

5.3.1 CSG-Modelle

CSG-Modelle[4] entstehen durch mengentheoretische (Boole'sche) Verknüpfungen (Vereinigung, Subtraktion/Differenz, Durchschnitt/Verschneidung) von Grundvolumina (Primitiva). Diese sind entweder im 3D-System vorgegeben oder werden vom Anwender erzeugt. Die einzelnen Verknüpfungen werden in ihrer logischen und historischen Reihenfolge, dem sogenannten „CSG-Baum", gespeichert. Die Blätter des Baumes verweisen auf Primitiva.

Abb. 5.15 verdeutlicht, wie aus zwei Primitiva durch Vereinigung ein neues Volumen erzeugt wird. In Abb. 5.16 sind einige Volumenoperationen (Vereinigung, Differenz, Durchschnitt) dargestellt, die durch Boole'sche Operationen erzeugt werden. Abb. 5.17 zeigt, wie durch unterschiedlichen Modellaufbau für ein und denselben Körper zwar verschiedene CSG-Bäume entstehen, sich jedoch in allen Fällen – entsprechend dem erzeugten Körper – äquivalente Boole'schen Ausdrücke ergeben.

Die im Bereich der parametrischen 3D-Modellierung wichtige chronologiebasierte Modellierung ist als Weiterentwicklung der CSG-Methode anzusehen, bei der die Parameter zur Beschreibung der Grundvolumina und/oder die Verknüpfungsparameter keine festen Werte besitzen, sondern für spätere Änderungen oder zur Erzeugung von Entwurfsvarianten variabel sind.

---

[4] Die Abkürzung CSD steht für Constructive Solid Geometry

Abb. 5.15 Erzeugen eines
Volumens durch Vereinigung
[VDI-2209]

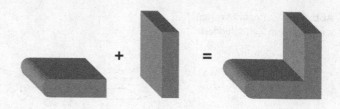

Abb. 5.16 Boole'sche Operationen für zwei Volumina
[VWSS-1994]

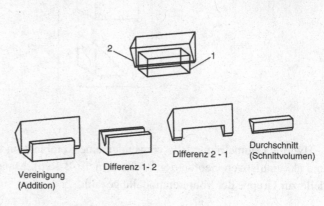

Abb. 5.17 Darstellung eines
Objektes durch drei ver-
schiedene CSG-Bäume. Die
Boole'schen Ausdrücke sind
äquivalent [EnSK-1997]

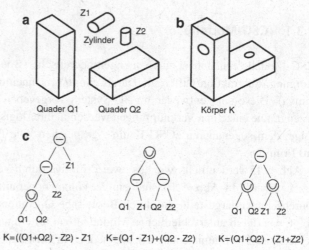

5.3.2 B-Rep-Modelle

B-Rep-Modelle beschreiben Volumina rechnerintern durch die sie begrenzenden
Flächen und diese wiederum durch die Berandungskanten (Abb. 5.18). Neben analytischen Flächen und Kurven (Ebenen, Zylinder beziehungsweise Strecken, Kreise/
Ellipsen) werden auch Freiformkurven und -flächen verwendet. Zur eindeutigen Festlegung, auf welcher Seite der Fläche sich das umschlossene Volumen befindet, wird
die Richtung des Normalenvektors verwendet, der in Richtung des Materials zeigt

Abb. 5.18 B-Rep-Modell einer
L-förmigen Platte [VDI-2209]

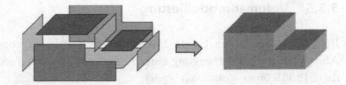

(„Materialorientierung"). Damit kann beispielsweise das Volumen „Zylinder" entweder eine Welle darstellen (Normalenvektor nach innen) oder eine Bohrung (Normalenvektor nach außen). Die Geschlossenheit der ein Volumen einhüllenden Flächen wird mit der Vektorsumme aller Normalenvektoren geprüft. Diese Summe ist nur dann Null, wenn die Oberfläche vollständig geschlossen ist.

5.3.3   Hybrid-Modelle

In einem Hybrid-Modell finden sich sowohl CSG-Bäume als auch B-Rep-Darstellungen. Dabei werden B-Rep-Volumina als „komplexe Primitiva" in die CSG-Bäume integriert (siehe Abb. 5.19). Die strikte Trennung beider Modellierer-Typen ist bei den meisten der heute eingesetzten 3D-CAD-Systeme durch die Benutzungsoberfläche nach außen nicht mehr eindeutig erkennbar. Hier besteht die Möglichkeit, Zusammenhänge aus unterschiedlichen Sichten darzustellen: einerseits eine Konstruktionshistorie auf der Basis der CSG-Bäume, andererseits die Relationen aller Objekte untereinander (geometrische, topologische, Constraints etc.) und die Ergebnisse daraus durch die B-Rep-Darstellungen.

5.3.4   Weitere Modelle

Dreidimensionale Finite-Elemente-Modelle können ebenfalls als (akkumulative) Volumenmodelle aufgefasst werden. Zusätzlich zu ihren geometrischen Merkmalen besitzen sie die Fähigkeit, bestimmte physikalische Zusammenhänge (z. B. zwischen Verschiebungen und Belastungen) auf Elementebene zu beschreiben (siehe Kap. 6).

Abb. 5.19 Datenstruktur eines
Hybrid-Modells

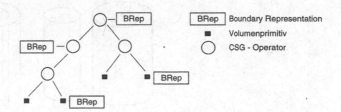

5.3.5   Volumenmodellierung

Im Folgenden werden einige Möglichkeiten zur Erzeugung von Volumina angeführt. Abb. 5.20 zeigt die Erzeugung eines Rohres auf drei verschiedene Arten (Differenzvolumen, Profilkörper, Rotationskörper).

Für die Erzeugung von 3D-Modellen gibt es im Wesentlichen die folgenden Ansätze:

- Falls die Modellierung mit einer zweidimensionalen Skizze („Sketch") beginnt, wird diese in einer (Arbeits-) Ebene erzeugt. Aus der Skizze werden dann durch Extrudieren (Translation, Ziehen beziehungsweise „Sweep") entlang einer beliebigen Leitkurve (Abb. 5.21) oder durch Rotieren 3D-Modelle erzeugt (Abb. 5.20, rechts). Wird in der Skizze ein Querschnitt (geschlossene Kurve) definiert, so entsteht ein Profilkörper (Abb. 5.20, Mitte), wird in der Skizze eine Profillinie (offene Kurve) festgelegt, so entsteht eine Profilfläche (Abb. 5.22), welche die Oberfläche eines Volumens bilden kann oder aus der durch „Aufdicken" ein Körper erzeugt wird. An existierenden 3D-Modellen lassen sich neue Arbeitsebenen immer wieder festlegen, um von dort die Modellierung zu vervollständigen (Abb. 5.23).
- Sofern sich im zu modellierenden Bauteil aus Grundkörpern aufgebaute Strukturen identifizieren lassen, können diese mithilfe systemeigener oder benutzerdefinierter Grundelemente (Primitiva) abgebildet werden (Abb. 5.20, links). In diesem Zusammenhang wird die Standardisierung durch die Nutzung von Bibliotheken mit zulässigen Grundkörpern und Normteilen gefördert (z. B. CSG-Modelle).
- Eine weitere Methode ist die Modellierung basierend auf räumlichen Kurven (z. B. bestimmt durch Messpunktkoordinaten beim Abtasten des Tonmodells einer Automobilkarosserie), über die eine Fläche als Resultierende gespannt wird.

Abb. 5.20 Beispiele zur Modellierung eines Rohres (in Anlehnung an [Köhl-2002])

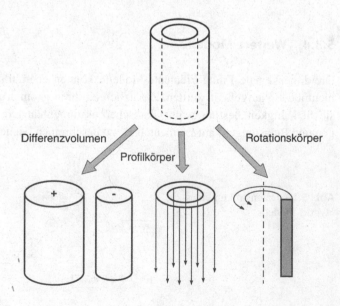

Abb. 5.21 Zugkörper durch
Translation (Extrusion,
Sweep) einer Querschnitts-
fläche entlang einer beliebigen
Leitkurve

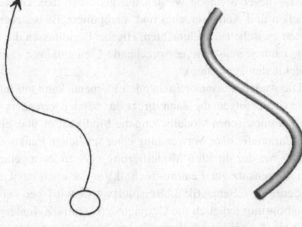

Abb. 5.22 Erzeugen einer
Profilfläche

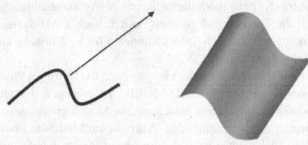

Abb. 5.23 Schrittweiser
Modellaufbau durch Extrudieren, Materialsubtraktion und
-addition (nach [Köhl-2002])

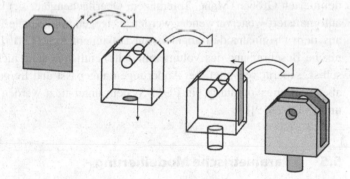

Je nach Struktur des zu modellierenden Volumens, den gewünschten Änderungsmöglich-
keiten beziehungsweise Variantenbildungen eignet sich eine bestimmte Modellierungsart
dafür besser oder schlechter.

5.4 Direkte Modellierung

Als direkte Modellierung wird die Erzeugung von Modellen ohne die explizite Verwendung von Parametern oder Referenzen zwischen Modellelementen bezeichnet.

Mit dieser Methode werden die geometrischen Grundelemente wie Punkte, Linien, Flächen und Körper erzeugt und manipuliert. Es bestehen keine dauerhaften Abhängigkeiten zwischen den Elementen. Hierbei beeinflussen die verwendeten Funktionen in der Regel nur jeweils eine entsprechende Elementklasse (z. B. die Funktion LINE nur die Objekte des Typs Linie).

Die Änderung eines bestehenden Elements kann nur interaktiv über die entsprechende Funktion erfolgen, die dann direkt das Modell verändert (im Gegensatz dazu erfolgt bei der parametrischen Modellierung die Modifikation über eine Anpassung der entsprechenden Parameter ohne Verwendung einer speziellen Funktion).

Die bei der direkten Modellierung verwendeten geometrischen Elemente enthalten (im Gegensatz zur Feature-Technik) außer eben der Geometrie per se keine weitere Bedeutung („Semantik"). Beispielsweise wird bei der direkten Modellierung einer Passbohrung lediglich die Geometrie (Negativ-Zylinder) erzeugt, während eine mittels Feature-Technik modellierte Passbohrung automatisch sowohl die geometrische als auch die Toleranz-Information besitzt. Viele CAD-Systeme besitzen jedoch die Möglichkeit, nachträglich Informationen (Texte, Notizen) als Attribute an geometrische Objekte „anzuhängen".

Die direkte Modellierung ist geeignet, um in frühen Phasen des Produktentwicklungsprozesses schnell 3D-CAD-Modelle zu erzeugen. Für eine weitere Verwendung der Modelle ist jedoch eine systematische Modellierung unter Nutzung von Parametrik und Featuretechnik zu empfehlen. Nach diesen Methoden erzeugte Modelle sind leichter zu ändern und bleiben nach der Änderung in sich konsistent. Nur die im Volumenmodell definierten Größen (Maße, Toleranzen, Oberflächengüte, …) können in der Prozesskette automatisiert weiterverwendet werden. Dagegen müssen alle Informationen, die in einer aus dem Originalmodell abgeleiteten Dokumentation (z. B. Bauteilzeichnung als technische Beschreibung des Volumenmodells) enthalten sind, nicht aber im Originalmodell selbst, separat verwaltet, bei Änderungen angepasst und freigegeben werden. Dies kann aber wirkungsvoll durch ein PDM-System unterstützt werden (siehe auch Abschn. 12.2 und [VDI-2219]).

5.5   Parametrische Modellierung

Bei der parametrischen Modellierung definiert der Anwender am CAD-System (meistens mit graphischer Unterstützung) die Abmessungen sowie gegebenenfalls auch nicht-geometrische Größen („Parameter", siehe auch Abschn. 4.2.4.3) eines Produkts. Parameter können Wertebereiche oder Beziehungen untereinander aufweisen, die nach bestimmten Regeln festgelegt werden (arithmetische, logische oder geometrische Abhängigkeiten). Durch diese Regeln kann die Produkt- und die Gestaltungslogik im Modell hinterlegt und somit Wissen in das Produktmodell „eingepflanzt" werden. Dazu muss die Entwicklungsaufgabe zuerst gedanklich vom Produktentwickler durchdrungen werden. Darauf aufbauend sind die Regeln für die Parametrisierung eindeutig und (auch zu einem späteren

Zeitpunkt) nachvollziehbar festzulegen. Die parametrische Modellierung führt zwangsläufig dazu, dass die Gestaltung der Produkte besser durchdacht werden muss und Lösungen standardisiert werden, was ganz wesentlich zur Qualitätssicherung beiträgt.

Die nachstehende Erläuterung des Begriffs „Parametrik" ist angelehnt an die Definition
der CEFE-Arbeitsgruppe 41 [MVSO-1998, KBGE-1998]: Die Parametrik-Funktionali-
tät eines CAD-Systems ermöglicht die Verwendung variabler Größen („Parameter", siehe
auch Abschn. 4.2.4.3) für Eigenschaften und Abhängigkeiten in und zwischen Modellen.
Durch die Veränderung von Parametern wird das Modell direkt verändert. Das CAD-System muss dabei das Modell aktualisieren und seine Konsistenz prüfen und sicherstellen.

Die Parametrik ist von der schon seit längerem bekannten Variantenkonstruktion abzu-
grenzen. Zwar ermöglichen sowohl Variantenkonstruktion als auch Parametrik die Veränderung von Abmessungen und Gestalt eines Bauteils. Durch eine Variantenkonstruktion
entsteht aber ein (statisches) Geometriemodell mit festen Werten, deren Wertebereich von
Anfang an festgelegt ist. Bei der Parametrik hingegen werden zunächst an einem gene-
rischen Modell (Master-Modell, Grundmodell, Basismodell) Beziehungen zwischen
Parametern festgelegt. Eine konkrete Variante (Instanz) entsteht dagegen erst im Nachhinein durch Festlegen der Eingangsparameter (Führungsparameter, siehe den folgenden Abschn. 5.5.1 „Parameterarten"). Eine Variantenkonstruktion (z. B. Familientabelle)
erzeugt somit eine endliche Anzahl von Varianten mit jeweils festen Werten, während
durch die Parametrik unendlich viele Varianten mit (allen) Zwischenwerten generiert
werden können.

Baureihen mit geometrisch ähnlichen Bauteilen, die sich nur in ihren Abmessungen
unterscheiden, lassen sich zu Teilefamilien zusammenfassen. Die jeweiligen „Familien-
mitglieder" werden auf parametrischem Weg aus einem gemeinsamen Grundmodell
(„Master Model") erzeugt. Mit diesem Verfahren ist es möglich, den Speicherplatzbedarf
für umfangreiche Baureihen drastisch zu reduzieren. Benötigte Varianten müssen erst bei
Bedarf generiert werden. Dennoch sollte jedes Grundmodell überprüft werden, indem die
in Frage kommenden Varianten mindestens einmal (testweise) erzeugt werden.

Es gibt bestimmte Situationen, in denen man das im Modell hinterlegte Wissen
bewusst nicht offen legen möchte (z. B. Weitergabe von Modellen an Kunden oder Lieferanten). Für diese Fälle bieten alle marktgängigen parametrischen CAD-Systeme die
Möglichkeit, ein Modell mit einer definierten Belegung der Führungsparameter (siehe
den Abschn. 5.5.1) „einzufrieren" und die Abhängigkeiten der anderen Parameter von
den Führungsparametern „abzuschneiden". Die den Parametern hinterlegten Berech-
nungsformeln werden so für den Empfänger unsichtbar. Eine weitere Möglichkeit
besteht darin, das Modell in ein neutrales, nicht-parametrisches Datenformat zu übertragen (z. B. STEP, Abschn. 12.4), aus dem nicht mehr auf den ursprünglichen Zustand
zurück geschlossen werden kann. Bei der Umsetzung der Parametrisierung in einem
externen Programm (z. B. Tabellenkalkulationsprogramm) besteht das Problem der
ungewollten Offenlegung des im Modell hinterlegten Wissens im Zuge der Weitergabe
von CAD-Daten nicht, da die Regeln und somit auch das Wissen für die Parametrisierung im CAD-System selbst von vornherein nicht verfügbar sind.

Außer der Modellierung geometrischer Varianten [VMSO-1998] ist es möglich, Bauteile zu entwerfen, in denen die parametrisierte Geometrie mit nicht-geometrischen Attributen (z. B. Kräften, Momenten, Werkstoffdaten usw., den so genannten Features, siehe Abschn. 5.6) verbunden wird [ShMä-1995].

Alle marktrelevanten CAD-Systeme mit 3D-Modellierern bieten parametrische Funktionalitäten an. Allerdings unterscheiden sich diese Systeme sehr stark in den Verfahren zur Parametrisierung, die sie anwenden [VMSO-1998, MVSO-1998, KBGE-1998]:

- *Prozedurale CAD-Systeme* erfordern bereits während des Modellierprozesses zwingend eine explizite Parametrisierung aller eingefügten Elemente durch den Anwender.
- Bei *beschreibenden CAD-Systemen* können die Elemente zu beliebigen Zeitpunkten (also auch nachträglich) parametrisiert werden, müssen aber nicht. Das System vergibt selbsttätig interne Kenngrößen. Diese können nachträglich durch den Anwender benannt und verändert werden.

Immer mehr CAD-Systeme bieten Verknüpfung und Verwaltung der Parameter in konventioneller Tabellenkalkulations-Software an. Dabei werden die Daten aus dem Tabellenkalkulationsprogramm entweder über eine eigene Schnittstelle ins CAD-System eingelesen oder das CAD-System kann direkt auf die Zellen des Tabellenkalkulationsprogramms zugreifen. Vorteile dabei sind, dass

- diese Werkzeuge oft leichter zu bedienen sind und umfangreiche Editiermethoden beinhalten,
- Baureihen beziehungsweise Baukästen mithilfe der Parametrisierungsmöglichkeiten aufgebaut werden können und
- extern gespeicherte Parameter sich leichter in andere CAD-Systeme übertragen lassen und das parametrische Modell wesentlich einfacher von verschiedenen CAD-Systemen genutzt werden kann, was speziell bei der Umstellung auf ein neues CAD-System oder bei gleichzeitiger Verwendung unterschiedlicher CAD-Systeme im Unternehmen große Vorteile bietet, da derzeit keine genormten Schnittstellen existieren, mit denen die direkte Übertragung eines parametrischen Modells von einem CAD-System A in ein anderes CAD-System B in automatisierter Form möglich ist[5].

Es ist allerdings zu beachten, dass bei der Verwaltung von Daten außerhalb des eigentlichen CAD-Modells zusätzliche Verknüpfungen entstehen können. Sie müssen gepflegt werden und können negative Auswirkungen auf die Verarbeitungsgeschwindigkeit haben.

---

[5] Wenn zur Übertragung des parametrischen CAD-Modells kein externes Werkzeug benutzt werden kann, dann muss für die Übertragung des Modells in ein anderes CAD-System die Neuerstellung der Zusammenhänge in Kauf genommen werden.

Besonders bei komplexen Systemen (z. B. mechatronischen Systemen, siehe Abschn. 4.2.1.3), die Teilsysteme aus verschiedenen Domänen umfassen, bedarf es einer solchen übergeordneten Parametrisierung, die nicht nur 3D-CAD-Modelle erfasst. Solche übergeordnete Kopplungsmodelle werden z. B. in [VDI-2206, Hehe-2004] beschrieben.

Domänen- und bauteilübergreifende Parametrik sollte konsequenterweise in einem PDM-System (Abschn. 12.2) erfolgen. Da dies aber derzeit nur wenig unterstützt wird, ist eine weit verbreitete Schlussfolgerung in der Praxis, keine teileübergreifende Parametrik zu verwenden. Damit kann jedoch das enorme Potenzial der parametrischen und feature-basierten Modellierung nicht genutzt werden.

Die Parametrik bietet – auch für nachgeschaltete Teilprozesse – grundsätzlich folgende Nutzenpotenziale:

- Zwang zu methodischem und strukturiertem Vorgehen bei der Erstellung des parametrischen Modells.
- Geringerer Erstellungsaufwand für CAD-Modelle vieler Produkte in wenigen Baureihen, geringerer Aufwand für die Speicherung (da nur die jeweilige Parameterkombination gespeichert werden muss), dadurch insgesamt Qualitätsverbesserung der CAD-Modelle.
- Zeiteinsparungen bei Änderungen, besonders für nachfolgende Aufgabenbereiche in der Prozesskette, Einhalten der Konsistenz bei Änderungen aufgrund eindeutiger Verknüpfungen der Parameter untereinander.
- Dokumentation der Konstruktionsabsicht in den Parameterbeziehungen.
- Wegfall der im Rahmen einer Variantenprogrammierung notwendigen speziellen Programmierkenntnisse.
- Fördern und Sicherstellen der rechnerunterstützten Anwendung von Norm- und Zukaufteilen, leichte Anpassung extern erstellter Bauteilkataloge.

5.5.1   Parameterarten

Parameter (siehe auch Abschn. 4.2.4.3) können auf zwei Arten erzeugt werden, vom Nutzer des CAD-Systems oder vom System selbst. Vom Anwender bewusst eingefügte Parameter sind z. B. Bemaßungen in zweidimensionalen Skizzen oder Positionierungsparameter von Objekten. Dagegen werden bei der Modellierung von Elementen wie Bohrungen und Fasen automatisch interne, programmtechnische Variablen durch das CAD-System vergeben. Diese können als Systemparameter (des CAD-Systems) bezeichnet werden. Systemparameter können analog zu nutzerdefinierten Parametern weiter verwendet werden.

Parameterarten können grob in Geometrieparameter, topologische Parameter, physikalische Parameter und Prozessparameter unterschieden werden.

Geometrieparameter betreffen die Gestalt eines Produkts:

- *Produktparameter* definieren das einzelne Bauteil eindeutig.
- *Positionsparameter* geben die Lage eines Bauteils entweder zu einem (absoluten oder relativen) Referenzpunkt oder zu einem Referenzobjekt an.
- *Verknüpfungsparameter* dienen zur Abbildung von Abhängigkeiten zwischen Modellen. Dies sind zwischen Dateien übergreifende Parameter für den Zusammenbau, welche die Beziehung zweier Bauteile, die in separaten Dateien modelliert wurden, beschreiben, beispielsweise „Der Wert des Durchmessers der Bohrung A in Datei 1 ist gleich dem Wert des Nenndurchmessers der Schraube B in Datei 2".
- *Feldparameter* verwalten die Anzahl assoziativer Kopien von Komponenten in Baugruppen. Assoziative Kopien ändern sich automatisch mit, wenn die Bezugskomponente geändert wird.
- *Führungsparameter* (englisch: driving parameters) oder unabhängige Parameter sind Kenngrößen wie z. B. Hauptmaße, Nennmaße oder auch Sachmerkmale, die ein Produkt klassifizieren. Durch die Veränderung allein der Führungsparameter des Modells wird eine neue Variante des Bauteils erzeugt. Bei der Parametrisierung sollten möglichst wenige Führungsparameter vereinbart werden, damit die Eingabe der jeweils aktuellen Parameterwerte handhabbar und übersichtlich bleibt. Der Vorteil der Verwendung von Sachmerkmalen als Führungsparameter besteht in der einfachen Verwaltung der parametrisierten Modelle und ihrer Varianten in einem PDM-System, da jeweils nur wenige Parameter eine Variante bestimmen (die Nutzung von Sachmerkmalsleisten ist in der DIN 4000 genormt).

Bei der Parametrisierung eines Modells ist zu unterscheiden zwischen dem Entwickler einer Baureihe und dem bloßen Anwender des CAD-Modells. Der Entwickler legt die Beziehungen der Parameter untereinander fest. Der Anwender dagegen, der z. B. das Modell eines Normteils in seine CAD-Konstruktion „einbaut", ändert lediglich die Führungsparameter.

Abb. 5.24 zeigt als Beispiel eine Hydraulikdichtung. Führungsparameter sind hier der Innendurchmesser „d", die Profilbreite „b" und die Profilhöhe „h". Aus diesen drei Parametern kann die Geometrie der Dichtung über hinterlegte Regeln und Gleichungen eindeutig bestimmt werden. Alle weiteren Größen, wie z. B. Außendurchmesser und Fasen, können in einem Produktkatalog oder Firmenstandard festgelegt werden. Die Verknüpfung der abhängigen Größen kann auch über Tabellen erfolgen. Die Größen sind von den Führungsparametern abhängig und sollen von einem „reinen" Anwender nicht mehr geändert werden.

Topologische Parameter (auch als Strukturparameter bezeichnet) legen den Aufbau eines parametrischen Modells fest. Sie steuern, welche Konstruktionselemente die aktuelle Variante beinhaltet und welche nicht. So kann z. B. durch Verwendung von Boole'schen Variablen festgelegt werden, ob eine bestimmte Gewindebohrung benötigt wird oder nicht.

Physikalische Parameter legen weitere (physikalische) Eigenschaften des Modells fest, wie z. B. Werkstoffe mit den dazugehörigen Kenngrößen, aber auch Lasten. Gemeinsam

Abb. 5.24 Hydraulikdichtung im nichteingebauten
Zustand [VDI-2209]

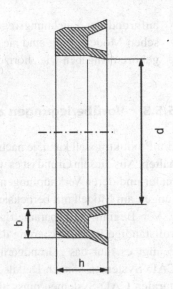

mit den Geometrieparametern können physikalische Parameter als Grundlage für Berechnungen und für die Festlegung von Technologieparametern dienen.

Prozess- oder Technologieparameter legen Werte für anzuwendende Technologien fest. Beispiele dafür sind NC-Verfahrwege oder Daten für eine Wärmebehandlung. Zu dieser Parameterart können im weitesten Sinne auch Toleranzangaben gezählt werden.

5.5.2 Beziehungsarten

Folgende Beziehungsarten zwischen Parametern können grob unterschieden werden:

- Arithmetische Beziehungen (explizite Restriktionen):
  Praktisch jedes parametrische CAD-System stellt grundlegende arithmetische Beziehungen (Addition, Subtraktion usw.) zur Verfügung. Weiterhin bieten viele Systeme zusätzliche vordefinierte Funktionen wie Wurzel- und Winkelfunktionen an.

- Logische Beziehungen (explizite Restriktionen):
  Logische Beziehungen (größer als, kleiner als, UND, ODER usw.) können in Verbindung mit Bedingungsoperationen (if-then-else-Konstrukten) verwendet werden, um verschiedene Modellzustände darzustellen oder um Sprünge in Maßreihen und Gestalt zu steuern. Zum Beispiel kann die Fasenbreite c an einer Welle in Abhängigkeit von deren Durchmesser D definiert werden:
  if D < 20 then c = 1 else c = 3
  Auf diese Weise lassen sich einfache (in der Regel geometrieorientierte) Konstruktionsregeln in parametrischen Modellen abbilden.

- Geometrische Beziehungen (implizite Restriktionen):
  Unter geometrischen Beziehungen sind Festlegungen zu verstehen, welche in konventionell erstellten Papierzeichnungen nicht ausdrücklich gekennzeichnet werden, da sie

aufgrund der Zeichnungsregeln „implizit" vorausgesetzt werden. Bei der parametrischen Modellierung sind sie jedoch unbedingt anzugeben. Zu diesem Beziehungstyp gehören Angaben wie „horizontal", „vertikal", „parallel zu" usw.

5.5.3   Vorüberlegungen zur parametrischen Modellierung

Ein Produktmodell kann, je nach Größe und Komplexität, mehrere hundert Parameter enthalten. Aus diesem Grund ist es wichtig, vor Beginn der Modellierung die Vergabe der Parameter und deren Verknüpfungen zu planen. Dabei sollten, soweit möglich, spätere Änderungen am Modell mit berücksichtigt werden, vor allem bei einer Vollparametrisierung.

Vor Beginn einer parametrischen Modellierung sollte entschieden werden, ob eine vollständige Parametrisierung des Modells bereits am Anfang überhaupt sinnvoll ist. Oft genügt es, nur das „Grundgerüst" eines Modells zu parametrisieren. Bei den meisten CAD-Systemen können Details später bei Bedarf nachparametrisiert werden. Bei prozeduralen CAD-Systemen muss allerdings von Anfang an alles parametrisiert werden, um das entstehende Modell für spätere Änderungen konsistent zu halten.

Die Parameterstruktur muss gut geplant werden: Welche Parameter werden für die Beschreibung des Modells unbedingt benötigt, welche Parameter sind voneinander abhängig und wie können die Verknüpfungen realisiert werden? Die Parameterstruktur sollte so einfach wie möglich gehalten werden. Tiefe Verschachtelungen sind fehleranfällig, schwer zu überblicken und kosten Rechenleistung.

Das Erzeugen eines parametrischen Modells beginnt, nach Auswahl der Arbeitsebene oder des Arbeitskoordinatensystems, mit dem Erstellen eines 2D-Profils („Skizze"). Bei einigen CAD-Systemen muss dieses 2D-Profil konsistent, d. h. geschlossen, vollständig bemaßt und geometrisch bestimmt sein. Aus diesem Profil wird (durch Extrusion oder Sweep, Rotation usw.) das 3D-Modell (je nach Anwendungsfall und System ein B-Rep- oder ein CSG-Modell) erzeugt. Einige Systeme gestatten es auch, 3D-Volumina aus unvollständig bestimmten Profilen zu erzeugen. Generell werden folgende Regeln empfohlen:

• Parameter sollten nach einem einheitlichen Schema benannt werden. Dadurch wird das Finden eines Parameters in einem fertigen Modell stark vereinfacht. Bei der Benennung von Parametern sind die Konventionen zu beachten, welche vom CAD-System vorgegeben werden, z. B. Groß- und Kleinschreibung, Sonderzeichen, Umlaute usw.

• Es ist nicht erforderlich, ein vollständiges Bauteil aus einer einzigen Skizze zu erzeugen. Separate Skizzen sind besonders bei komplizierteren Profilen oder komplexen Volumenoperationen vorzuziehen.

• Im Allgemeinen sollten Profile so einfach wie möglich gestaltet werden. Ein Grund dafür sind die zugrunde liegenden Berechnungsalgorithmen. Mit der Komplexität des Profils erhöht sich die Anzahl der das Profil bestimmenden Parameter und damit der vom CAD-System zu leistende Rechenaufwand, insbesondere bei der Konsistenzprüfung. Damit wird das Modell weniger stabil.

- Komplizierte Skizzen sind schwerer zu überschauen und zu editieren. Besteht eine Skizze beispielsweise aus drei Bögen und zwei Linien, kann leicht überblickt werden, welche Beziehungen zur Darstellung der Konstruktionsabsicht notwendig sind. Ein Profil aus 20 Linien und 10 Bögen dagegen ist kaum noch überschaubar.
- Formelemente wie Fasen und Verrundungen sollten generell als Features erst an das resultierende Volumenmodell angebracht werden, um die Skizzen einfacher zu gestalten. Die auf diese Weise generierten Modelle sind stabiler und leichter zu editieren. Einige Features werden dabei erst in der Baugruppe definiert. Sie gehören somit zur Baugruppe und nicht zum Einzelteil, z. B. eine Bohrung mit dem Fertigungshinweis „bei Montage gebohrt".
- In vielen Fällen können arithmetische (explizite) durch geometrische (implizite) Verknüpfungen (z. B. parallel zu, senkrecht auf, …) ersetzt werden. Dies hat den Vorteil, dass die Anzahl der eingesetzten Parameter geringer wird. Allerdings lassen sich geometrische Beziehungen (im Vergleich zu Parameterverknüpfungen) schwieriger editieren.
- Formeln zur Verknüpfung von Parametern sollten ebenfalls kurz und übersichtlich gestaltet werden. Oft können komplizierte Formeln durch die Einführung von zusätzlichen Hilfsvariablen vereinfacht werden.

Ein parametrisches CAD-Modell kann mit einem Softwareprogramm verglichen werden. Um zu einem späteren Zeitpunkt Änderungen ohne größere Probleme vornehmen zu können, ist es wichtig, dieses CAD-Modell ausführlich zu dokumentieren. Der Schwerpunkt liegt dabei auf der Erläuterung der verwendeten Parameter und ihrer Verknüpfungen. Diese Dokumentation ist auch notwendig, um die Bestimmungen im Rahmen der Produkthaftung einzuhalten.

Auf der sicheren Seite ist man mit einer nicht parametrischen Dokumentation, die außerhalb des CAD-Systems verwaltet wird. Anzustreben ist neben der Dokumentation des eigentlichen Modells die Beschreibung der Vorgehensweise bei der Modellierung. Von besonderem Interesse sind die Begründungen für Entscheidungen bei alternativen Lösungen.

5.5.4 Arbeitstechniken für die parametrische Modellierung

Vor Beginn der Modellierung sollten Referenzen und Abhängigkeiten innerhalb des zu modellierenden Objekts sorgfältig geplant und übersichtlich gestaltet werden. Dabei ist eine „Referenz" ein Bezug des zu modellierenden Objekts auf Koordinaten, Flächen oder Bauteile (ein typisches Bezugssystem ist das Koordinatensystem, in dem die Position oder die Bewegung eines Objekts beschrieben wird). „Abhängigkeit" ist der Sammelbegriff für die vorher beschriebenen Beziehungsarten (Regeln).

Die Konstruktionsabsicht des Bearbeiters (Englisch: „Design Intent") spiegelt sich auch in Aufbau und Art der Referenzen wider. Diese sind entscheidend dafür, wie sich spätere Modifikationen des Modells auswirken. Es ist wichtig, bereits bei der Erstellung und Bemaßung der Geometrieelemente auf die Konstruktionsabsicht zu achten. Nur die im Volumenmodell definierten Größen können in den folgenden Unternehmensbereichen weitgehend automatisiert weiterverwendet werden. Alle Informationen, die in einer abgeleiteten Dokumentation (z. B. Bauteilzeichnung) enthalten sind, nicht aber im Originalmodell selbst, sind in allen nachfolgenden Prozessschritten nur manuell verwertbar (siehe Abb. 5.25).

Nach Abschluss dieser Tätigkeiten kann mit dem Detaillieren begonnen werden. Dies geschieht entweder durch das Verändern der erzeugenden Skizzen, durch das Anfügen von weiteren Formelementen (Features) oder durch das Modifizieren mithilfe von Werkzeugkonturen (Schnitten, Negativdarstellungen).

- Referenzgeometrien
  Jedes in einem CAD-System erzeugte Element muss im Raum positioniert werden. Zur Positionierung können prinzipiell drei Objekttypen genutzt werden: Koordinatensysteme, Referenzpunkte, -achsen und –ebenen und Körpereckpunkte, -kanten und -flächen. Jedes CAD-System hat genau ein Weltkoordinatensystem (WKS) mit absolutem Nullpunkt, auf welches sich alle weiteren Elemente beziehen. Das WKS ist in der Regel ein kartesisches Koordinatensystem. Einige Systeme stellen standardmäßig Referenzebenen oder -achsen zur Verfügung, welche im Ursprungspunkt des WKS

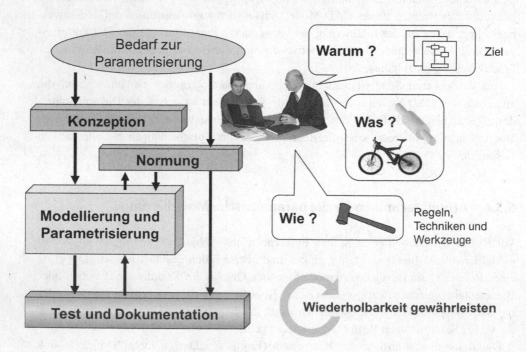

Abb. 5.25 Vorgehensweise bei der Parametrisierung

liegen. Bei Bedarf können weitere Koordinatensysteme (Benutzer- beziehungsweise Arbeitskoordinatensysteme, BKS beziehungsweise AKS), Referenzpunkte, -achsen und -ebenen erzeugt werden. Die Bedeutung von Referenzpunkten ist allerdings eher untergeordnet. Außerdem können Körpereckpunkte, -kanten und -flächen zur Referenzierung verwendet werden.

- Vollständige Parametrisierung
  Bei der vollständigen Parametrisierung müssen für jedes erzeugte Objekt sämtliche Parameter und ihre Beziehungen explizit festgelegt werden. Unvollständig parametrisierte Objekte, z. B. eine 2D-Skizze mit fehlenden Maßen, können insbesondere von einigen prozeduralen CAD-Systemen nicht weiterverarbeitet werden.

- Teilparametrisierung
  In Fällen, in denen Maße und Bedingungen vom Anwender nicht definiert wurden, werden von beschreibenden CAD-Systemen die noch fehlenden Parameter automatisch mit internen Fixwerten belegt, die jederzeit vom Anwender nachträglich in verarbeitbare Parameter umgewandelt werden können („Nachparametrisierung"). Diese Methode kann auch verwendet werden, um aus anderen CAD-Systemen importierte Modelle zu parametrisieren. Die Modelle müssen nach größeren Veränderungen auf Daten- und Geometriekonsistenz geprüft werden. Hier bietet sich bei parametrischen CAD-Systemen das Regenerieren/Updaten an, oder es werden CAD-systeminterne beziehungsweise externe (neutrale) Prüfmöglichkeiten benutzt [KrWo-2001]. Diese Methoden helfen, die Prozessfähigkeit der 3D-Modelle sicherzustellen.

5.5.5   Wissensbasierte Parametrik

In Ergänzung zu den Parametrik-Funktionalitäten stellen viele 3D-CAD-Systeme heute eine wissensbasierte Programmierumgebung zur Verfügung, die im Gegensatz zu externen Programmen eine integrierte Erfassung und Verarbeitung von Wissen ermöglicht. Damit hat der Anwender die Freiheit, vorhandene Modelle mit Konstruktionsregeln zu erweitern oder extern programmierte Regelwerke zu nutzen. Somit kann auf Basis von Wissen und Erfahrungen des Konstrukteurs ein „intelligentes" Modell geschaffen werden, das auch die Konstruktionsabsicht widerspiegelt.

Im Unterschied zur Parametrik, wo Maßparameter die treibende Kraft für die Geometrie sind, bestimmt bei der wissensbasierten Parametrik das Wissen in Form von Konstruktions- und Konfigurationsregeln die Geometrie. Konstruktionsregeln beinhalten dabei sowohl geometrische und nicht-geometrische Regeln als auch Prüfregeln. Tab. 5.1 grenzt die drei Arten ab und zeigt je ein Beispiel dazu.

Wissensbasierte Parametrik-Systeme bieten eine Reihe von Klassen (Classes) zum Erstellen von Einzelteilen, zum Aufbau eines Zusammenbaus (Assembly) sowie zur Erzeugung und Modifikation von Geometrie an. Dabei handelt es sich um Klassen, die in engem Zusammenhang mit den verfügbaren geometrischen Elementen wie 2D-Elementen,

Tab. 5.1 Arten von Regeln in der wissensbasierten Parametrik

Arten	Beispiel
Geometrische Regeln oder Parametrik	Breite entspricht 20 mm. Die Höhe entspricht der halben Breite. breite = 20, hoehe = breite/2
Nicht-geometrische Regeln	Wenn der Typ des Adapters dem Namen KM40 entspricht, soll ein Durchmesser einer Bohrung 5 sein, sonst 10 durchmesser: if (Adapter?: = "KM40") then 5 else 10 .
Prüfregeln	Wenn der Wert1 größer als Wert2 ist, dann soll eine Warnmeldung mit dem Text „Bitte Eingabe prüfen!" ausgegeben werden. if ($Wert1 > $Wert2) then printMessage({„Bitte Eingabe prüfen!"});

3D-Features und Grundkörpern stehen. Aus diesen Basisklassen können eigene Klassen „zusammengesetzt" werden, welche die geometrischen Informationen und die Regeln beinhalten. Die erstellten Regeln können dabei in einer Struktur in externen Dateien abgespeichert und als eigene Klassen (user classes) aufgerufen werden. Externe Informationsquellen wie Datenbanken und Tabellen können mithilfe von speziellen Klassen angesprochen werden. Das bietet den Vorteil, dass der Endanwender der wissensbasierten Lösung immer auf den aktuellen Datenbestand zugreifen kann, ohne den Code zu verändern.

Grundsätzlich hat der Anwender die Möglichkeit, die Regeln sowohl direkt im Modell (adaptiver Ansatz) als auch in einer externen Datei (generativer Ansatz) zu verwalten. Beim generativen Ansatz werden alle Konstruktionsregeln inklusive der geometrischen Informationen in einer externen Datei gespeichert. Beim adaptiven Ansatz werden Bestandteile der Modellgeometrie wie Komponenten, Konstruktionsfeatures oder Linien in das Regelwerk übernommen (adoptiert), die dann mithilfe von Konstruktionsregeln verknüpft werden. Die Regeln werden in diesem Fall direkt in der Modelldatei gespeichert.

5.6   Featurebasierte Modellierung

Der Begriff „Features" oder „Feature-Technologie" geht auf Forschungs- und Entwicklungsarbeiten aus den 70er Jahren des 20. Jahrhunderts in Großbritannien und den USA zurück [Gray-1976, CAMI-1986, CuDi-1988, Shah-1991] und bezeichnete zunächst das Modellieren unter Nutzung von Fertigungselementen für die Arbeitsplanung oder NC-Programmierung.

In den 80er und 90er Jahren wurde der Begriff erweitert, indem das Konzept der Features auf weitere Fragestellungen innerhalb der Produktentstehung übertragen wurde. So entstanden in verschiedenen Projekten Vorschläge für funktionsorientierte und andere konstruktions-/entwurfsbezogene Features [KrKR-1992, ScSt-1994, Meer-1995, Haas-1995],

Berechnungsfeatures [UnAn-1992, Bär-1998, WeWS-2000], Montagefeatures [BuWR-1989, MoYB-1993, BrJa-1994, MaBW-1997, SeBl-1997], Messfeatures [MeRa-1992, Cies-1997, HSKP-2000], Features für die konstruktionsbegleitende Kostenkalkulation [Ferr-1985, EhSc-1992, Wolf-1994] und vieles mehr (Abb. 5.26).

Einige deutsche Begriffe für „Feature" sind etwa – je nach spezifischer Sichtweise – „Funktionselement", „Konstruktionselement", „Fertigungselement", „technisches Element" usw. oder auch stärker durch die Informatik geprägte Begriffe wie beispielsweise „Konstruktionsobjekt" oder „Engineering Object".

In den erwähnten Forschungs- und Entwicklungsprojekten wurde praktisch durchgängig von einer dreidimensionalen, zumeist volumenbasierten Geometrierepräsentation als Grundlage der Feature-Technologie ausgegangen. Eine sinnvolle Umsetzung in die Praxis wurde daher erst möglich, als leistungsfähige Werkzeuge für die 3D-Produktmodellierung zur Verfügung standen und sich in den Unternehmen durchzusetzen begannen.

Ganz allgemein sind Features eine eigene Klasse von Bausteinen (Objekten, Elementen), die mehr als nur geometrische Informationen enthalten und auf denen Werkzeuge wie CAD, CAPP, CAM und FEM aufsetzen können. Features sind damit Informations- und Integrationsobjekte im (rechnerunterstützten) Produktentwicklungsprozess und darüber hinaus im gesamten Produktlebenszyklus [SpKr-1997, MeWa-1999]. Dies spiegelt sich in der folgenden etwas schlagwortartigen, dennoch gebräuchlichen Definition des Begriffes „Feature" wider:

Feature = Aggregation von Geometrieelementen und/oder Semantik

Unter „Semantik" versteht man in diesem Fall die für die jeweilige Phase des Produktlebenszyklus interpretierbare Bedeutung des Features mit den jeweils damit verknüpften Informationen und Daten.

Featurebasiertes Modellieren wird in der VDI-Richtlinie 2218 [VDI-2218] charakterisiert als das Modellieren eines Produktes mithilfe von bereitgestellten Features. Das gewünschte Feature wird dabei aus einer Feature-Bibliothek ausgewählt und im Anschluss

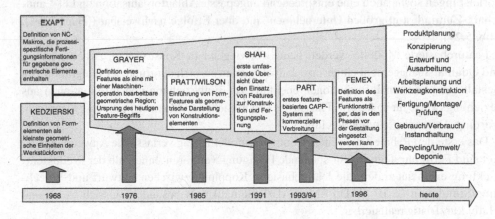

Abb. 5.26 Entwicklung der Feature-Technologie (nach [VDI-2218])

an die entsprechende Dimensionierung und Lagebestimmung im Konstruktionskontext platziert. Dabei ist die Abbildung parametrischer Bezüge eine wichtige Voraussetzung für die featurebasierte Modellierung. Das featurebasierte Modellieren geht jedoch insofern über die reine Parametrik hinaus, als auch die mit den (parametrisierten) geometrischen Elementen verbundenen nicht-geometrischen Eigenschaften erfasst und verarbeitet werden müssen.

Die Nutzenpotenziale featurebasierter Systeme sind [WeKr-1999]:

- Aggregation von Elementen (Flächen- oder Volumenverbänden) mit der Möglichkeit des Hinzufügens einer Semantik,
- Abbildung und Wiederverwendung von Expertenwissen (Bindeglied zur Wissensverarbeitung) sowie
- Unterstützung der Parallelisierung und Beschleunigung des Produktentstehungsprozesses insgesamt (Simultaneous Engineering beziehungsweise Concurrent Engineering).

In vielen kommerziellen 3D-CAx-Systemen wird der Begriff „Feature" auf eine Aggregation rein geometrischer Elemente eingeengt, die unter einem gemeinsamen Namen erzeugt, gespeichert, geändert und gelöscht werden können (z. B. Sackloch, Nut, Bolzen mit Gewinde) oder die zur nachträglichen Detaillierung einer Grundgeometrie verwendet werden (z. B. Fase, Freistich, Gewindeattribut). Man spricht in diesem Zusammenhang von sogenannten „Formfeatures". Manche Systeme gehen in ihrer Terminologie so weit, dass sie durchwegs *alle* Modellierungselemente (auch die geometrischen Primitiva wie 2D-Konturflächen, Zylinder usw.) sowie auch die darauf anwendbaren Operationen (z. B. Extrudieren, Vereinigen) als „Features" bezeichnen.

Durch solche Einschränkungen können die entsprechenden Systeme nur einen Teil des möglichen Nutzenpotenzials erschließen. Weitergehender Nutzen lässt sich nur erzielen, wenn anwendungsspezifische (oft unternehmensspezifische) Feature-Bibliotheken, die neben Geometrie- auch andere Informationen (z. B. fertigungsbezogene) umfassen, angelegt und durchgängig genutzt werden. Dies erfordert (derzeit noch) erhebliche eigene Vorleistungen sowie auch eine entsprechend angepasste Ablauforganisation und IT-Landschaft. Zumindest in großen Unternehmen sind aber Erfolge nachweisbar ([Haas-1998], Abb. 5.27).

Featurebasierte Modelle werden heute vorwiegend in Konstruktion, Arbeitsplanung und Qualitätsmanagement eingesetzt. Jedoch eignen sie sich aufgrund der Integration von Gestalt- und anderen Informationen ebenfalls zur Einbeziehung von Informationen aus beziehungsweise für spätere(n) Phasen des Produktlebenszyklus wie Fertigung, Gebrauch, Wartung, Demontage und Recycling.

Das erste den Rahmen der reinen Geometriemodellierung verlassende Anwendungsgebiet sind Fertigungsfeatures für spanende Fertigungsverfahren. Innerhalb der Produktentwicklung erscheint zudem die featurebasierte Kopplung zwischen Entwurf und Berechnung/Simulation (z. B. CAD/FEM, CAD/Kinematik) als besonders aussichtsreich und relativ kurzfristig realisierbar.

Abb. 5.27 Featurebasierte
Aggregatekonstruktion
[Haas-1998, VDI-2218]

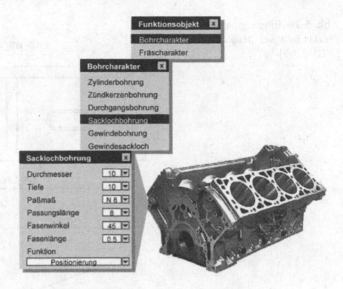

5.6.1 Modellieren mit Formfeatures

Features besitzen in der Regel parametrische Eigenschaften, d. h. die Bezüge geometrischer Kenngrößen im Inneren des Features, aber auch in Relation zu anderen Elementen sind Bestandteil der Feature-Definition. Dadurch können sich Features bei der Generierung und nachträglichen Modifikation ihrer (geometrischen) Umgebung selbsttätig anpassen (Ansätze eines kontextabhängigen „intelligenten" Verhaltens). Es muss aber berücksichtigt werden, dass gerade dies stark vom Aufwand abhängt, der im Vorfeld in die Feature-Definition investiert worden ist (sei es vom Anbieter des CAD-Systems oder vom Anwender, wenn er selbst neue Features definiert).

Der wesentliche Unterschied zur Nutzung von Variantenbausteinen ohne Parametrik besteht darin, dass die Features nach der Generierung weiterhin ihre Identität behalten und daher nach wie vor als Einheit angesprochen und manipuliert werden können (z. B. Änderung der Position, Orientierung oder Größe, Löschen).

Das Modellieren mit Formfeatures wird im Folgenden anhand eines einfachen Beispieles genauer erläutert („gegossene Halterung", siehe Abb. 5.28).

Dazu sind in Abb. 5.29 die verschiedenen Arbeitsschritte zum featurebasierten Modellieren der Halterung aus Abb. 5.28 mit Formfeatures dargestellt.

Die Modellierung beginnt üblicherweise mit der Festlegung von Hilfs- oder Arbeitsebenen sowie Bezugsachsen. Im Beispiel werden zunächst die drei Koordinatenebenen (xy, yz, xz) als Arbeitsebenen DTM1 bis DTM3 sowie die Koordinatenachsen (x, y, z) als Bezugsachsen A_1 bis A_3 definiert (Arbeitsschritt a). In der xy-Ebene (DTM3) werden dann die zweidimensionalen Ausgangskonturen (Skizzen) entworfen (Arbeitsschritt b), deren Verbindung („Blend") entlang der z-Achse zu einem ersten Rohmodell des Halters führt (Arbeitsschritt c).

Abb. 5.28 Eingangsparameter
für das Beispiel „Halterung"
[VDI-2209]

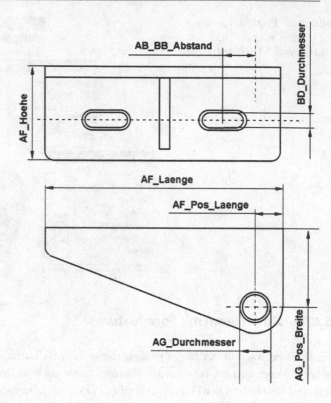

Abb. 5.28 Eingangsparameter
für das Beispiel „Halterung"
[VDI-2209]

Als nächstes wird eine Hilfsebene in der Mitte des Halters erzeugt, auf der dann eine Strebe modelliert wird, wobei die Kanten des Gussteils als Referenzen genutzt werden (Arbeitsschritt d). Der nächste Schritt ist das Modellieren der Aufnahmebohrung, ihrer Fase und des („kosmetischen") Gewindeattributes (Arbeitsschritt e).

Dann werden das erste Langloch und seine Ansenkung modelliert (Arbeitsschritt f). Um dieses zu parametrisieren, sind zunächst noch einige weitere Hilfsebenen und Achsen erforderlich (z. B. Anfangs- und Endniveau des Langloches, Niveau der Ansenkung). Anschließend wird das Langloch mitsamt der Ansenkung an der Hilfsebene DTM5 (an der Rippe) gespiegelt (Arbeitsschritt g). Danach werden noch eine Gussschräge und Rundungen an den Kanten erzeugt (Arbeitsschritt h); (Arbeitsschritt i) zeigt das Endergebnis der Modellierung.

Parallel zur Geometrie wird während der Modellierung die in Abb. 5.30 dargestellte Chronologie („Featurebaum", „Modellbaum", „History-Tree") aufgebaut. Sie ist während der Modellierung sichtbar und – sofern dadurch keine bestehenden Referenzen verletzt werden – bezüglich der Reihenfolge der Elemente editierbar („Umhängen" von Elementen). Im Rahmen des Beispieles können daran die einzelnen Modellierungsschritte mitverfolgt werden.

Als weiteres Ergebnis der Modellierung – letztlich „nur" eine andere Sicht auf die Chronologie nach Abb. 5.30 (siehe Abschn. 5.7) – entsteht eine Textdatei, die alle Abhängigkeiten sowie die Entstehungsgeschichte des Modells in Programmform wiedergibt („Programmdatei").

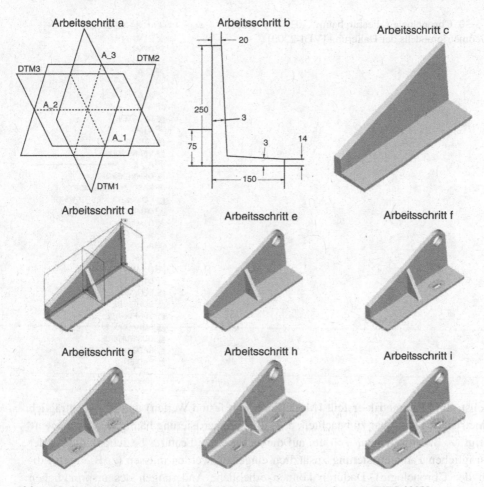

Abb. 5.29 Beispiel für das featurebasierte Modellieren mit Formfeatures [VDI-2209]

Für das betrachtete Beispiel ist sie auszugsweise in Abb. 5.31 wiedergegeben, wobei sich der dargestellte Auszug auf die parametrischen Bezüge (Relationen) innerhalb des Geometriemodells beschränkt. Die parametrischen Bezüge können in Form einer Relationsdatei auch noch gesondert betrachtet und editiert werden.

Schließlich lassen sich zur Verwaltung und Erzeugung verschiedener Varianten eines einmal erstellten Grundmodells („generisches Modell") die bestimmenden Daten (Eingangsparameter) in tabellarischer Form anzeigen und editieren (Abb. 5.32).

Das Beispiel verdeutlicht eindrucksvoll, dass featurebasiertes Modellieren nur im Zusammenhang mit parametrischem Modellieren sinnvoll ist. Im vorliegenden Fall beziehen sich alle Features letztlich nur auf wenige Eingangsparameter, alle anderen Größen werden daraus mithilfe der Programm- beziehungsweise Relationsdatei abgeleitet.

Die parametrischen Bezüge zwischen den einzelnen Features (Geometrieelementen) können direkt während der Modellerstellung gesetzt werden oder das Modell wird

Abb. 5.30 Chronologie („Featurebaum", „History-Tree")
des Geometriemodells der Halterung [VDI-2209]

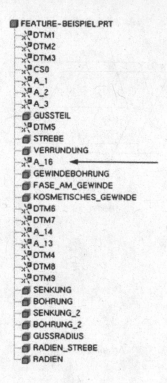

zunächst ohne Parametrik erstellt (Modellieren mit festen Werten) und erst nachträglich
parametrisiert. Es ist aber zu beachten, dass die Parametrisierung häufig Bezugselemente
benötigt (z. B. Hilfsebenen, -achsen, auf die sich weitere Features beziehen), die bei der
nachträglichen Parametrisierung zusätzlich eingebaut werden müssen (z. B. durch Editieren der Chronologie). Dadurch können erhebliche Änderungen des ursprünglichen
Modells erforderlich werden.

Die direkte Parametrisierung ist sicherlich insgesamt effizienter, erfordert aber von
Anfang an eine entsprechend analytische Herangehensweise („parametrikgerechtes
Modellieren"), die, wenn man vom konventionellen Entwerfen/Modellieren her kommt
(gleichgültig, ob mit Zeichenstift und Papier oder rechnerunterstützt mit einem nicht-para-
metrischen System), der Eingewöhnung und Übung bedarf.

Der so modellierte Halter kann anschließend in eine übergeordnete Baugruppe (z. B.
Motorblock) eingebunden werden. Es ist ebenso möglich, die für den Halter ausschlag-
gebenden unabhängigen Parameter von der Baugruppe her zu übergeben. Aus diesen
Parametern werden dann alle anderen Abmessungen der Halterung – wenn nötig auch
nach Konstruktionsregeln (Gewindefase, Senkung nach DIN, Gussschrägen) – berechnet.
Dabei ist natürlich darauf zu achten, dass unsinnige Kombinationen (z. B. Bohrungsdurch-
messer > 2*Höhe des Halters) von vornherein ausgeschlossen werden. Den Aufbau der
Gesamtbaugruppe und den Weg der Parameterübergabe zeigt Abb. 5.33.

Abb. 5.31 Dem Geometriemodell der Halterung zugrunde
liegendes Programm (Auszug
„Relationen") [VDI-2209]

```
{...}
{... Beginn Relationen ...}

RELATIONS
D_GEWINDE=AG_DURCHMESSER
TIEFE=AF_Tiefe
HALBE_TIEFE=0.5*TIEFE
BREITE_1=AG_POSITION_BREITE+1.5*AG_DURCHMESSER
ABSTAND_SENKUNG_VERT=0.8*AF_HOEHE
RADIUS_SENKUNG=1.25*BB_DURCHMESSER
HOEHE=AF_HOEHE
BREITE_2=0.3*BREITE_1
DICKE_HOCH=1/3*AG_DURCHMESSER
DICKE_BREIT=0.7*DICKE_HOCH
SENKUNG_VERT_START=BREITE_1-BREITE_2
STREBE_HOR=0.4*(BREITE_1-BREITE_2)+BREITE_2
STREBE_VERT=0.2*HOEHE
FASE=0.05*AG_DURCHMESSER
GEWINDERADIUS=0.9*BB_DURCHMESSER
RADIUS_SENKUNG=0.8*BB_DURCHMESSER
BOHRUNGEN_DURCHMESSER=0.8*BB_DURCHMESSER

{... Zuweisungen Gewinde/Durchgangsloch-‾ nur auszugsweise ...}
{...}
IF (BB_DURCHMESSER==8)
RADIUS_SENKUNG=0.8*13
BOHRUNGEN_DURCHMESSER=9.2
ENDIF
IF (BB_DURCHMESSER==10)
RADIUS_SENKUNG=0.8*16
BOHRUNGEN_DURCHMESSER=11.2
ENDIF
IF (BB_DURCHMESSER==12)
RADIUS_SENKUNG=0.8*18
BOHRUNGEN_DURCHMESSER=13.7
ENDIF
IF (BB_DURCHMESSER==18)
RADIUS_SENKUNG=0.8*24
BOHRUNGEN_DURCHMESSER=17.7
ENDIF
{...}

SENKUNG_VERT_START=BOHRUNGSPOSITION-RADIUS_SENKU
SENKUNG_VERT_ENDE=BOHRUNGSPOSITION+RADIUS_SENKUI
RADIUS_BOHRUNG=0.5*BOHRUNGEN_DURCHMESSER
LAENGE_SENKUNG=2*RADIUS_SENKUNG
ABSTAND_SENKUNG_HOR=(TIEFE/2-LAENGE_SENKUNG)/2
STREBENBREITE=DICKE_HOCH
GUSSRADIUS=DICKE_HOCH
{... Ende Relationen, Beginn der Geometriebeschreibung ...}
{...}
```

Das für die Modellierung des Beispiels verwendete CAD-System bietet außerdem die Möglichkeit, solche Parameter in einem so genannten Layout beziehungsweise Template einzutragen, das dem Konstrukteur anhand von Skizzen und Erklärungen die Bedeutung erläutern kann. Dort können dann die unabhängigen Maße für die Baugruppe einfach eingegeben werden (wie etwa in ein Tabellenkalkulationsprogramm), abhängige Maße berechnet und anhand geeigneter Kriterien Zusammenhänge überprüft werden. Hiervon

	Anschlussmaße des Flansches		Maße der Bohrung für das Anschlussgewinde			Parameter für die Befestigungsbohrungen		
	Höhe	Länge	Durchm.	Pos. 1	Pos. 2	Position	Durchm.	Anzahl
GENERIC	150,0	550,0	60,0	80,0	200,0	20,0	10,0	2
INSTANCE XS	80,0	350,0	16,0	20,0	150,0	0,0	6,0	2
INSTANCE S	100,0	400,0	24,0	30,0	150,0	10,0	6,0	2
INSTANCE M	120,0	450,0	32,0	40,0	150,0	20,0	8,0	4
INSTANCE L	140,0	500,0	48,0	60,0	200,0	20,0	8,0	4
INSTANCE XL	150,0	550,0	60,0	80,0	200,0	20,0	10,0	2
INSTANCE XX	180,0	600,0	60,0	100,0	200,0	40,0	12,0	4

Abb. 5.32 Größentabelle für verschiedene Varianten des Halters („Familientabelle") [VDI-2209]

Abb. 5.33 Struktur und Parameterübergabe der Baugruppe [VDI-2209]

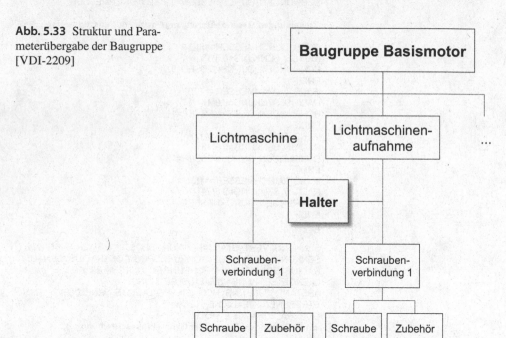

ausgehend muss dann nur die Oberbaugruppe (hier: Motorblock) mit den neuen Parametern regeneriert und als Variante in der Familientabelle abgespeichert werden. Automatisch können dann auch die Maße und Parameter für die Unterbaugruppen und Einzelteile in die Familientabelle übernommen werden.

Dieses begrenzte und relativ einfache Beispiel lässt erahnen, welch komplexe Beziehungsstruktur sich bei einer größeren Baugruppe entwickeln kann. Daher verzichten viele Unternehmen auf eine teileübergreifende Parametrisierung.

5.6.2 Anwendungsspezifische Features (user-defined features)

Die Effizienz des featurebasierten Modellierens lässt sich erheblich steigern, wenn man anwendungsspezifische Features definiert und einsetzt („user-defined features", UDF). Im Prinzip werden solche anwendungsspezifischen Features – zumindest wenn es sich um reine Formfeatures handelt – genauso erstellt wie jedes andere featurebasierte Modell. Sie können dann in übergeordnete Modelle als „Block" übernommen werden (z. B. „Einhängen" vordefinierter Teilbäume in die Chronologie).

Dabei wird es allerdings noch wichtiger, die Referenzen so zu wählen, dass das anwendungsspezifische Feature ohne größeren Aufwand in ein anderes Modell integriert werden kann und bei der Generierung sowie bei Modifikationen ein „intelligentes" Verhalten aufweist.

Die Erstellung großer Bibliotheken mit anwendungsspezifischen Features erfordert nach derzeitigem Stand noch erheblichen Aufwand. Dies gilt besonders dann, wenn die Features neben geometrischen auch andere Eigenschaften erfassen sollen. Lediglich auf dem Gebiet der NC-Features, speziell solche für spanende Bearbeitungsverfahren, ist wegen der bereits heute beträchtlichen Aktivitäten seitens (großer) Anwender und einiger Softwarehersteller relativ kurzfristig mit käuflichen Lösungen zu rechnen, die „nur noch" angepasst werden müssen (siehe dazu in [VDI-2218]).

5.6.3 Features mit nicht-geometrischen Eigenschaften

Bereits zu Beginn dieses Abschnittes wurde darauf hingewiesen, dass die Feature-Technologie erhebliche Potenziale bei der Geometriemodellierung bietet. Dies geschieht dadurch, dass den Features Informationen über nicht-geometrische Eigenschaften hinzugefügt werden und dass diese – parallel zur Erfassung und Verarbeitung der Geometrie in der Konstruktion oder in einem nachfolgenden Schritt der Produkterstellung – von entsprechenden Programmen ausgewertet werden können.

Im Folgenden wird das Konzept anhand von Fertigungsfeatures für spanende Bearbeitungsverfahren demonstriert, die als nicht-geometrische Informationen technologische Angaben tragen und letztlich der (teil-)automatischen Ableitung von NC-Verfahrwegen dienen.

Abb. 5.34 zeigt, wie sich mithilfe entsprechender Features die Sicht der Produktentwicklung (z. B. funktionale Kriterien wie „Sacklochbohrung für Zylinderstift", Toleranzangaben) mit der fertigungsbezogenen Sicht (Schritte des Fertigungsprozesses, zu denen bestimmte NC-(Unter-)Programme gehören) verbinden lässt und wie die Features dadurch zu einem einheitlichen und durchgängigen Informationsträger in der Prozesskette werden können.

Man kann davon ausgehen, dass nach den Fertigungs- beziehungsweise NC-Features entsprechende Lösungen zur Integration von Entwurf/Modellierung und Berechnung (hauptsächlich FEM) in die Praxis eintreten werden. Hierbei geht es im Wesentlichen darum, mithilfe von Berechnungsfeatures

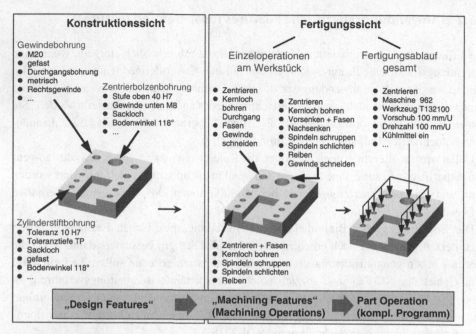

Abb. 5.34 Konzept der Fertigungsfeatures (Quelle: Volkswagen AG) [VDI-2209]

- Randbedingungen (Kräfte, Lagerungen) sowie Materialeigenschaften aus dem Funktionszusammenhang der Bauteile zu erfassen,
- entsprechende Informationen an den Schnittstellen zwischen Bauteilen und Bauteilzonen automatisch zu übergeben, um Mehrfacheingaben zu vermeiden, sowie
- eine intelligentere und weniger aufwändige Vernetzung durchzuführen [WeWS-2000].

5.6.4 Erweiterte Konzepte

Im Gegensatz zu den bisherigen Definitionen und Implementierungen gehen erweiterte Ansätze [OWVM-1997, VDI-2218] davon aus, dass Features als durchgängige informationstechnische Objekte im Produktentstehungsprozess genutzt werden können. Es gibt hierzu erste Umsetzungen in die Praxis, die sich bislang allerdings nur auf eng abgegrenzte Anwendungen erstrecken und häufig in Kooperation zwischen einem Unternehmen und einer Hochschule beziehungsweise einem Forschungsinstitut erstellt worden sind [JZSV-2000].

Bei einer Produktmodellierung auf der Grundlage dieser erweiterten Konzepte steht die Geometrie nicht mehr im Vordergrund. Die Geometrie ist – sofern sie für die betreffende Sichtweise relevant ist – nur ein Teil der durch ein Feature erfassten Eigenschaften. Damit sind die bisherigen, vorwiegend geometrieorientierten Betrachtungsweisen und Realisierungsarten von Features in dieser Definition enthalten, sie bietet jedoch erhebliche Erweiterungsmöglichkeiten, vor allem in Richtung auf die frühen Phasen des Produktentstehungsprozesses.

Die Arbeit mit Features nach derartigen erweiterten Konzepten bietet auch noch ergänzende Möglichkeiten im Sinne einer begleitenden Unterstützung der Produktentwicklung:

- Features zur Überprüfung der Entwurfsqualität (Design Spell Checker, analysierend) dienen zum Abgleich zwischen Anforderungen und Funktionen, zwischen Gestalt und ihrer Fertig- und Montierbarkeit (fertigungs- beziehungsweise montagegerechte Konstruktion) und zwischen ausgewählten Fertigungsverfahren und den dadurch verursachten Kosten (kostengünstiges Konstruieren). Ein weiteres Einsatzgebiet ist die Prüfung auf Konsistenz des Features mit seiner (konstruktiven und natürlichen) Umgebung.
- Features zum (wissensbasierten) Bereitstellen von Auslegungs- und Herstellwissen von Bauteilen (Design Advisor, synthetisierend), beispielsweise für Verbindungselemente und Wälzlager.
- Features als Unterstützung bei der Wiederholteilsuche. Dazu werden die gewünschten Eigenschaften als Featurestruktur modelliert und existierende Bauteile auf identische oder ähnliche Strukturen geprüft (Feature Recognition).

Die vorstehenden Erläuterungen zeigen, dass eine durchgängige featurebasierte Modellierung auf der Basis erweiterter Konzepte zwar einen einheitlichen Integrationsmechanismus vorsieht – eben die Features –, dass für die Erfassung und Verarbeitung unterschiedlicher Sichten aber unter Umständen sehr viele verschiedene Featurearten zum Einsatz kommen müssen (z. B. Funktionsfeatures, Prinzipfeatures, Gestaltungsfeatures, Berechnungsfeatures bis zu den bereits heute realisierten NC-Features). Damit erhält die Frage der (wechselseitigen) Abbildung der Featurearten eine große Bedeutung. Hierfür stehen zwei Lösungskonzepte (sowie natürlich auch Mischformen aus beiden) zur Verfügung:

- Featuretransformation („Feature-Mapping")
- Featureerkennung („Feature-Recognition")

Bezüglich näherer Erläuterungen dieser Konzepte sei auf die VDI 2218 [VDI-2218] verwiesen. Zu beiden existieren Pilotanwendungen in Forschungssystemen (besonders viele auf dem Gebiet der Featureerkennung), bislang gibt es aber keine bekannten kommerziellen Lösungen.

Zusammenfassend ergeben sich die folgenden Schlussfolgerungen:

- Die Anwendung von Formfeatures zur Erleichterung der geometrischen Modellierung ist mit kommerziellen featurebasierten 3D-CAD-Systemen bereits heute gegeben.
- Die Nutzung dieser Systeme erfordert eine entsprechende Denk- und Arbeitsweise des Anwenders beim Modellieren („parametrik- beziehungsweise featuregerechtes Modellieren"), damit die Ergebnisse (Modelle) im weiteren Verlauf des Produktentstehungsprozesses von anderen Bearbeitern und/oder anderen Programmsystemen sinnvoll interpretiert werden können.
- In einigen (system- und situationsabhängigen) Fällen kann „featuregerechtes Modellieren" darüber hinaus notwendig sein, um Vorgaben der Systeme gerecht zu werden,

die zwar informationstechnisch gerechtfertigt sein mögen, im konstruktiven Sinne aber nicht optimal sind (siehe hierzu ebenfalls das Beispiel aus Abb. 5.28 und 5.29).

- Die von den kommerziellen Systemen standardmäßig bereitgestellten Featurebibliotheken haben derzeit noch einen stark begrenzten Umfang (wenig mehr als die bereits erwähnten Sacklöcher, Nuten, Fasen, Freistiche, Gewindeattribute).

5.6.5   Modellierungsstrategien

Die 3D-Modellierung beginnt in der Produktentwicklung beim Übergang von der Konzeptphase zur Entwurfsphase. Grob maßstäbliche Skizzen, Schemata und andere Unterlagen bilden die Grundlage dieses Modellierungsprozesses. Um die erzeugten Daten später in den nachfolgenden Bereichen optimal nutzen zu können (das betrifft vor allen Dingen die Verwendung der Modelle für die Planung der Fertigungsprozesse) und dadurch wesentliche Beiträge zur Wirtschaftlichkeit der 3D-Modellierung zu erreichen, ist ganz besonders auf eine sorgfältige Planung und Organisation der Modellierung zu achten.

Die resultierende Modellierungsstrategie und die Bearbeitungsreihenfolge werden von folgenden Faktoren beeinflusst:

- Strukturierung des Produktes anhand der geplanten Erzeugnisstruktur. Diese ist abhängig von organisatorischen und fertigungstechnischen Gesichtspunkten sowie von dem in der Konzeptphase entwickelten Modularisierungskonzept für das Produkt, das funktional, baukastenorientiert etc. sein kann (siehe auch die Abschn. 5.8 bis 5.12).
- Definition von Bauräumen (der Bauraum ist der begrenzende Raum, in den das aktuell modellierte Bauteil hineinpassen muss) sowie das Festlegen von Schnittstellen zwischen sowie gegebenenfalls innerhalb von Bauräumen (siehe auch Abschn. 5.8)
- Erzeugnisorientierte („top-down", Abschn. 5.9) oder einzelteilorientierte Modellierung („bottom-up", Abschn. 5.10). Bei der erzeugnisorientierten Vorgehensweise wird mit der 3D-Modellierung auf Erzeugnisebene begonnen, gegebenenfalls unterstützt durch die Definition von dreidimensionalen Bauräumen für das zu modellierende Produkt. Dies beinhaltet z. T. die Entwicklung einer zunächst ganz oder teilweise „leeren" Erzeugnisstruktur, an der sich unter anderem auch Organisation und Ablaufplanung des gesamten Modellierungsprozesses ausrichten. Erst danach findet die Modellierung auf Einzelteilebene statt, und das immer häufiger arbeitsteilig, unter Umständen auf Teams aus verschiedenen Unternehmen (und dadurch auch möglicherweise auf verschiedene CAD-Systeme) verteilt (Concurrent Engineering, siehe Fußnote in Abschn. 5.2). Diese Vorgehensweise entspricht der gängigen Modellierungspraxis im Unternehmen.
- Bei der einzelteilorientierten Modellierung (Abschn. 5.10) wird mit der 3D-Modellierung von Einzelteilen begonnen, die dann zu Baugruppen und Produkten

zusammengesetzt werden. Diese Vorgehensweise entspricht derzeit am ehesten der einem CAD-System zugrundeliegenden Modellierungsphilosophie.

- Modellierung „von innen nach außen" beziehungsweise „von außen nach innen" (Abschn. 5.12). Die Modellierung „von innen nach außen" beziehungsweise „von außen nach innen" beinhaltet einerseits einen geometrischen und anderseits einen funktionalen Aspekt.
  - Geometrieorientiert bedeutet „außen" die Angabe für die maximale Bauteil-Ausdehnung (z. B. Karosserie eines Kraftfahrzeuges). Bei der Methode von außen nach innen ist die Hülle gegeben und die „innen" liegenden Objekte dürfen diese nicht durchbrechen. Bei der Methode von innen nach außen ergibt sich die Hülle, wenn alle innenliegenden Objekte fertig modelliert und gruppiert sind.
  - Die funktionale Sichtweise bezieht sich auf nicht-geometrische Randbedingungen. Modellierte Bauteile haben in ihrer Gesamtheit eine Funktion zu erfüllen. Die Gesamtfunktion ist ein Resultat der Funktionen der Einzelteile (z. B.: sich bewegendes Fahrzeug als Ergebnis der Verbrennungsprozesse im Motor). Auch hier sind Modellierungsrichtungen „von innen nach außen" und „von außen nach innen" denkbar.

Welche der Ansätze eingesetzt werden sollten, hängt sowohl vom Produkt ab (Komplexität, besondere Gestaltungsschwerpunkte, etwa in Bezug auf physikalische Funktionserfüllung, Fertigungstechnologie oder Ästhetik), von der Modularisierungsstrategie, als auch von der Frage, ob Neu- oder Variantenkonstruktion betrieben wird, beziehungsweise Anpassungskonstruktion, die Elemente beider Extreme enthält (siehe auch Abschn. 5.12). Tab. 5.2 gibt hierzu einige Anhaltswerte.

Tab. 5.2 Anwendung verschiedener Modellierungsstrategien und –ansätze

	Erzeugnisorientierte Modellierung („top-down")	Einzelteilorientierte Modellierung („bottom-up")
Modellierung „von außen nach innen"	Komplexe Gesamtprodukte, Neukonstruktion, z. B. Gesamtfahrzeug	Bauteile mit besonderen Anforderungen an Formgebung, Fertigung etc., z. B. Verkleidungsteile, (Guss-) Gehäuse, Blechteile Erstellung von Baukästen (z. B. Maschinen- und Anlagenbau)
Modellierung „von innen nach außen"	Funktionsbaugruppen, Neukonstruktion, z. B. Verbrennungsmotor, Getriebe Anwendung vorhandener Baukästen, z. B. Maschinen- und Anlagenbau	Funktionsbauteile mit besonderen physikalischen Anforderungen, z. B. strömungstechnische Bauteile

5.7   Gleichungs- und chronologiebasierte Modellierung

Geometrische Beziehungen werden in der Regel von dem (parametrischen) CAD-System selbst erfasst und ausgewertet. Dazu gibt es zwei Möglichkeiten, die oft kombiniert auftreten:
- Gleichungsbasiert (Constraint-Netzwerk und -Solver)
- Chronologiebasiert („History-based", über die Entstehungsgeschichte)

In den meisten Fällen verwenden die CAD-Systeme den gleichungsbasierten Ansatz, solange im Zweidimensionalen gearbeitet wird (Skizzenerstellung), steigen beim Übergang ins Dreidimensionale (z. B. durch Extrusion in die Tiefe) aber auf die chronologiebasierte Methode um. Es gibt allerdings auch ein parametrisches CAD-System, das durchgängig im 2D und 3D gleichungsbasiert arbeitet.

5.7.1   Gleichungsbasierte Parametrik

Bei der gleichungsbasierten Modellierung werden die Beziehungen zwischen geometrischen Objekten als Gleichungen formuliert. In der Sprache der Informatik bilden diese ein so genanntes Constraint-Netzwerk. Dessen Auflösung – durch einen Constraint-Solver – liefert die konkrete wertebehaftete Geometrie. Die grundlegende Funktionsweise wird im Folgenden für den zweidimensionalen Fall – die Anwendungsdomäne für gleichungsbasierte Parametrik – kurz erläutert. Es sei darauf hingewiesen, dass der Anwender eines parametrischen CAD-Systems sich natürlich nicht mit dem Erstellen und Lösen von Gleichungssystemen befassen muss: Dies übernimmt das CAD-System aufgrund der vom Anwender angegebenen Beziehungen zwischen den geometrischen Objekten automatisch.

Die gleichungsbasierte Parametrik kann in Anlehnung an die Berechnung von Freiheitsgraden von Mechanismen [Grüb-1917] wie folgt erklärt werden[Brix-2001]:
- Jedes geometrische Objekt **i** hat eine bestimmte Anzahl an Freiheitsgraden FG_i. Diese stehen für die Anzahl der Parameter, die nötig ist, um das betreffende Objekt vollständig zu beschreiben. Abb. 5.35 **links** zeigt diese für die wichtigsten 2D-Objekte zusammen mit entsprechenden Parametern[6].
- Beziehungen zwischen Objekten werden durch so genannte Valenzen[7] hergestellt. Valenzen schränken die Freiheitsgrade der in Beziehung gesetzten Objekte ein. Sie sind geometrische Constraints, die durch Gleichungen beschrieben werden können.

---

[6] Die dargestellten Parameter der geometrischen Objekte sind Beispiele, weil es zur Beschreibung der meisten Objekte unterschiedliche Möglichkeiten gibt. So könnte beispielsweise die Strecke auch über Anfangspunkt, Länge und Winkel beschrieben werden. Unabhängig von der Art der Beschreibung bleibt der Freiheitsgrad **FG** jedes Elementes der gleiche.

[7] Der Begriff „Valenz" stammt aus der Informatik.

Freiheitsgrade (Auswahl)

Skizze	Bezeichn.	FG	Parameter (Beispiele)
 P	Punkt	2	x_P, y_P
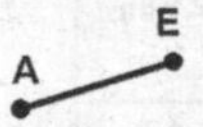 E, A	Strecke	4	x_A, y_A x_B, y_B
 M	(Voll-) Kreis	3	x_M, y_M r
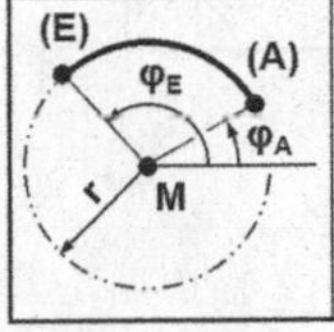 (E), (A), φ_E, φ_A, r, M	Kreis-bogen	5	x_M, y_M r φ_A, φ_E

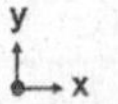

y
x Bezugssystem

Beziehungen und Valenzen (Auswahl)

Skizze	Bezeichn.	Val.	Gleichungen (Beispiele)
 a, b	Parallelität	1	$\alpha_b = \alpha_a$
 a, b	Recht-winkligkeit	1	$\alpha_b = \alpha_a \pm 90°$
 a, b, P	Gem. Punkt (Konturanschl.)	2	$x_{Pb} = x_{Pa}$ $y_{Pb} = y_{Pa}$
 a, b, M	Konzen-trizität	2	$x_{Mb} = x_{Ma}$ $y_{Mb} = y_{Ma}$
 a, b, P	Tangentialer Übergang	3	$x_{Pb} = x_{Pa}$ $y_{Pb} = y_{Pa}$ $\alpha_{Pb} = \alpha_{Pa}$
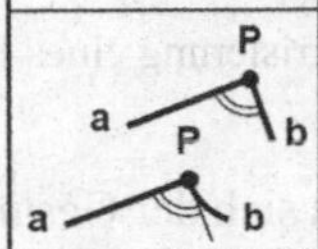 a, b, P	Rechtwinkl. Übergang	3	$x_{Pb} = x_{Pa}$ $y_{Pb} = y_{Pa}$ $\alpha_{Pb} = \alpha_{Pa} \pm 90°$
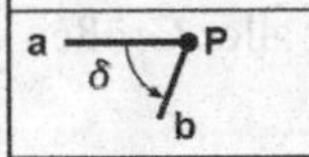 a, b, P, δ	Winkelüberg. (allgem.)	3	$x_{Pb} = x_{Pa}$ $y_{Pb} = y_{Pa}$ δ

Abb. 5.35 Freiheitgrade zweidimensionaler geometrischer Objekte (links); Beziehungen und Valenzen (Val.) zwischen zweidimensionalen Objekten (rechts)

Abb. 5.35 **rechts** zeigt einige Beziehungen zwischen 2D-Objekten mit den zugehörigen Valenzen und daraus resultierenden Gleichungen[8].

Genau wie bei der Berechnung des Gesamtfreiheitsgrades eines Mechanismus („Grübler-sche Formel", [Grüb-1917]) kann nun der Gesamtfreiheitsgrad eines aus mehreren Elementen zusammengesetzten und mit Beziehungen (Valenzen) zwischen den Elementen ausgestatteten geometrischen Objekts berechnet werden:

$$FG_{ges} = \sum_{i=1}^{n} FG_i - \sum_{j=1}^{m} Val_j$$

Es gilt:

$FG_{ges} = 0$	Objekt ist vollständig bestimmt: Eine feste Geometrie, die auch nicht verschoben oder gedreht werden kann
$FG_{ges} < 0$	Objekt ist überbestimmt: Zu viele Bedingungen, ergibt nur im Fall von Redundanzen eine zulässige Lösung)
$FG_{ges} > 0$	Objekt ist unterbestimmt: Es bestehen noch Freiheiten, die durch Anwendereingaben vergeben werden müssen (z. B. Position, Orientierung, Größe des Objekts)

---

[8] Die dargestellten Gleichungen sind ebenfalls Beispiele, die mathematisch auch anders formuliert werden könnten.

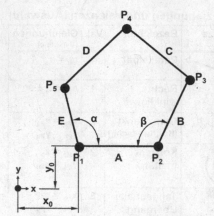

Freiheitsgrade (FG)

Element	FG einz.	Anz.	ΣFG$_i$
Strecke	4	5	20

Valenzen (Val)

Bedingung	Val einz.	Anz.	ΣVal$_j$
Position (x_0, y_0)	2	1	2
Anschlussbed.	2	5	10
$\overline{P_1P_2}$ horizontal	1	1	1
Winkelübergang (α, β)	1	2	2
Seitenlängen	1	5	5
Summe ges.			20

Abb. 5.36 Gleichungsbasierte Parametrisierung eines Fünfecks (Beispiel)

Abb. 5.36 zeigt ein Beispiel, für das sich der Gesamtfreiheitgrad **FG**$_{ges}$ **= 0** ergibt. Das dargestellte Fünfeck ist also bezüglich aller Größen fest definiert, außerdem in Position und Winkellage fixiert („unbeweglich").

Das aus den Beziehungen resultierende Gleichungssystem für das Beispiel nach Abb. 5.36 lässt sich wie folgt ermitteln:

- Position:

$$x_0, y_0$$

- Linie A ($\overline{P_1P_2}$) horizontal:

$$y_2 = y_1$$

- Winkelanschlüsse (α, β):

$$\left[x_2 - x_1\right]\left[x_5 - x_1\right] + \left[y_2 - y_1\right]\left[y_5 - y_1\right] - A\,E\cos\ \alpha = 0$$
$$\left[x_3 - x_2\right]\left[x_1 - x_2\right] + \left[y_3 - y_2\right]\left[y_1 - y_2\right] - A\,B\cos\ \beta = 0$$

- Seitenlängen (Satz des Pythagoras):

$$\left(x_2 - x_1\right)^2 + \left(y_2 - y_1\right)^2 - A^2 = 0$$
$$\left(x_3 - x_2\right)^2 + \left(y_3 - y_2\right)^2 - B^2 = 0$$
$$\left(x_4 - x_3\right)^2 + \left(y_4 - y_3\right)^2 - C^2 = 0$$
$$\left(x_5 - x_4\right)^2 + \left(y_5 - y_4\right)^2 - D^2 = 0$$
$$\left(x_1 - x_5\right)^2 + \left(y_1 - y_5\right)^2 - E^2 = 0$$

- Die insgesamt 10 Anschlussbedingungen zwischen den fünf Elementen (Gleichheit der Punktkoordinaten benachbarter Elemente) seien hier nicht betrachtet – sie können unter Umständen schon in der Datenstruktur des CAD-Systems erfasst, also nicht Gegenstand der Parametrik sein.

Das Beispiel zeigt, dass selbst sehr einfache geometrische Elemente und ebenfalls einfache Beziehungen mathematisch ein nicht-lineares Gleichungssystem ergeben. Dies kann nicht mehr mit elementaren Methoden gelöst werden, in der Regel müssen numerische Lösungsverfahren eingesetzt werden (Newton-Raphson-Methode, Gröbner-Basen, …). Dies ist Aufgabe des Constraint-Solvers. Im Einzelnen sei hierauf nicht eingegangen.

Abb. 5.37 zeigt als etwas komplexeres Beispiel den 2D-Entwurf einer gelochten Platte. In diesem Fall ergibt sich der Gesamtfreiheitgrad $\mathbf{FG_{ges}} = 7$. Es werden also vom Anwender 7 Eingaben erwartet, um die Geometrie und ihre Position vollständig zu festzulegen. Aufgrund dieser Vorgaben passt sich die parametrisierte Geometrie selbsttätig an. Eingaben könnten typischerweise sein:

- Position $(\mathbf{x_0, y_0})$
- Winkellage $(\mathbf{\varphi_0})$
- Größenparameter $\mathbf{B, H, D, R}$

Auf die explizite Darstellung des Gleichungssystems für das Beispiel nach Abb. 5.37 sei hier verzichtet.

Wird in einem gleichungsbasierten parametrischen Modell ein Parameter geändert, so muss das gesamte Gleichungssystem mithilfe eines Constraint-Solvers neu berechnet werden.

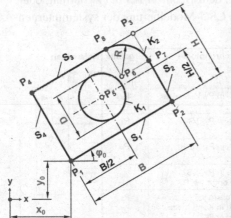

Freiheitsgrade (FG)

Element	FG einz.	Anz.	ΣFG_i
Strecke	4	4	16
Vollkreis	3	1	3
Kreisbogen	5	1	5
Summe ges.			24

Valenzen (Val)

Bedingung	Val einz.	Anz.	ΣVal_j
Rechtwinkl. Übergang	3	3	9
Mittige Anordnung (Bohrung)	2	1	2
Tangent. Übergang (Rundung)	3	2	6
Summe ges.			17

Abb. 5.37 Gleichungsbasierte Parametrisierung einer gelochten Platte (Beispiel)

5.7.2 Chronologiebasierte Parametrik, Aufbau der Chronologie

Die chronologiebasierte Modellierung ist die gängigste Methode zur Erstellung und Änderung parametrischer und featurebasierter Produktmodelle.

Die Chronologie wird auch „History" beziehungsweise „History-Tree", „Entstehungsgeschichte", „Modelliergeschichte", „CSG-Baum", „prozedurales Modell" oder „Protokoll" genannt. Die Parametrisierung geschieht dadurch, dass ein neuer Eintrag in die Entstehungsgeschichte eines Modells – gewissermaßen nach rückwärts – auf ein früher erzeugtes Element verweist (Referenz) und eine Beziehung zu diesem herstellt. Es wird kein Gleichungssystem aufgestellt, das alle Beziehungen enthält; vielmehr wird nach jedem einzelnen Modellierschritt die darin formulierte Beziehung ausgewertet und in die konkrete wertebehaftete Geometrie überführt. Das bedeutet auch: Wird in einem chronologiebasierten parametrischen Modell ein Parameter geändert, so muss ausgehend von der Stelle, an dem der betreffende Parameter eingegeben oder berechnet wurde, die gesamte Entstehungsgeschichte neu ausgewertet werden.

Abb. 5.38 verdeutlicht das Prinzip der chronologiebasierten Parametrisierung an dem gleichen Beispiel wie in Abb. 5.37, wobei die Referenzen angedeutet sind. Bei geometrisch aufwändigeren Bauteilen können äußerst komplexe Referenzketten entstehen, deren Vermittlung an den Anwender besondere (nicht immer optimal erfüllte) Ansprüche an die Benutzungsoberfläche des parametrischen CAD-Systems stellt.

Es ist bis heute schwierig, chronologiebasierte parametrische Modelle zwischen CAx-Systemen auszutauschen, weil jedes System in der Regel eine eigene Nummerierung von Elementen durchführt, so dass die Referenzen nicht mehr gefunden werden können („Consistent Naming Problem").

Das chronologiebasierte Produktmodell, wie es dem Benutzer bei der Erstellung oder für Änderungen angezeigt wird, entspricht bei der CSG-Modellierung der systeminternen

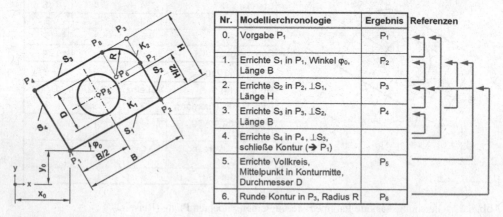

Nr.	Modellierchronologie	Ergebnis	Referenzen
0.	Vorgabe P_1	P_1	
1.	Errichte S_1 in P_1, Winkel φ_0, Länge B	P_2	
2.	Errichte S_2 in P_2, $\perp S_1$, Länge H	P_3	
3.	Errichte S_3 in P_3, $\perp S_2$, Länge B	P_4	
4.	Errichte S_4 in P_4, $\perp S_3$, schließe Kontur (➔ P_1)		
5.	Errichte Vollkreis, Mittelpunkt in Konturmitte, Durchmesser D	P_5	
6.	Runde Kontur in P_3, Radius R	P_6	

Abb. 5.38 Chronologiebasierte Parametrisierung mit Referenzen für das Beispiel nach Abb. 5.37 (gelochte Platte)

Speicherung. Bei anderen Modellierern (z. B. bei B-Rep) besitzt das System intern eine andere Speicherungsmethode und nutzt das chronologiebasierte Modell lediglich als Benutzungsoberfläche.

Das verwendete Modellierverfahren hat somit Einfluss auf die Parametrisierung. Die B-Rep-Methode bietet in vielen Fällen Vorteile bei der parametrischen Modellierung, da sie es gestattet, Geometrien mit komplizierten Querschnitten auf einfache Weise zu erzeugen. Der Vorteil der CSG-Methode liegt dagegen hauptsächlich in einer besseren Übersichtlichkeit der Modellierungschronologie im Vergleich zu B-Rep-Modellen.

Die Modellierungschronologie spielt im Wesentlichen bei der Modellierung von Einzelteilen eine Rolle. Dabei werden in der Regel die Modellierungsschritte in ihrer zeitlichen Abfolge in der Modellierungschronologie mitgeschrieben. Bei der Modellierung von Baugruppen muss zwischen Modellierungchronologie und (resultierender) Erzeugnisstruktur unterschieden werden. Die Modellierungschronologie spielt bei Baugruppen eine eher untergeordnete Rolle.

Im Wesentlichen sind folgende Ausprägungen von Strukturen innerhalb der Modellierungschronologie vorzufinden (Abb. 5.39):

- *Einstufige Struktur*: Die Modellierungschronologie ist geradlinig aufgebaut, d. h. die Modellierungsschritte sind nacheinander aufgeführt. Der Aufbau der Chronologie entspricht dabei der Reihenfolge der Modellierung.
- *Mehrstufige Struktur:* Bei der mehrstufigen Modellierungschronologie handelt es sich um eine beliebig häufig verzweigte Struktur, d. h. die Modellierungsschritte sind unterschiedlichen Stufen zugeordnet. Diese Form entsteht dadurch, dass bei der Modellierung zuerst die Grobgestalt modelliert wird (Ergebnis: Einstufige Struktur), die danach in unterschiedlichen Teilbereichen detailliert wird. Die detaillierenden Arbeitsschritte bilden dabei tiefere Stufen der Chronologie. Für den Anwender steht die gesamte Struktur sichtbar zur Verfügung. Die Reihenfolge der Modellierungsschritte innerhalb einer Chronologie ist in der Regel nachvollziehbar.

Abb. 5.39 Modellierungschronologie: (**a**) einstufige Struktur; (**b**) mehrstufige Struktur [VDI-2209]

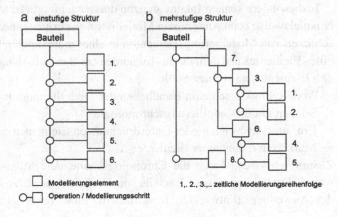

5.7.3   Beziehungen innerhalb einer Chronologie

Bei der Verknüpfung von Modellierungselementen werden in der Chronologie Beziehungen unterschiedlicher Art zwischen den einzelnen Modellelementen vergeben. Diese können geometrischer Art sein, beispielsweise relative Abstände zweier Elemente oder auch Vorgaben wie „Parallelität zu" oder „senkrecht zu" einem anderen Element (implizite Restriktionen). Weitere typische Beziehungen sind Fläche/Fläche, Abstand zu einer Kante, Projektion von Kante oder Punkt etc. Beispielsweise liegt die 2D-Grundkontur eines Modellierungselementes auf einer ebenen Fläche, die bei der Extrusion innerhalb eines vorherigen Modellierungsschrittes entstanden ist.

Zur Darstellung dieser Beziehungen werden, abhängig vom jeweiligen CAD-System, unterschiedliche Möglichkeiten herangezogen:

- Hinweis innerhalb der Chronologie, dass eine Beziehung zu einem anderen Element besteht, oder
- graphische Darstellung der Beziehung, in der alle Zusammenhänge nachvollziehbar sind.

Beziehungen zwischen den Modellierungselementen werden entweder automatisch vom System oder manuell vom Benutzer vergeben und können in der Regel nachträglich geändert werden.

Soll keine Beziehung zu einem anderen Element innerhalb des Einzelteiles gesetzt werden, ist es möglich, das Modellierungselement, wie bei der direkten Modellierung (Abschn. 5.4) auch, im absoluten Koordinatensystem zu platzieren. Dies ist auch nachträglich möglich, wenn z. B. durch Änderungen am Modell vorhandene Beziehungen nicht mehr konsistent sind.

Eine Schwierigkeit bei parametrischen CAD-Systemen besteht darin, dass inkonsistente Beziehungen innerhalb der Modellierungschronologie vom Benutzer oft nur schwierig direkt erkannt werden können. Das CAD-System muss daher diese Inkonsistenzen sicher erkennen und dem Benutzer anzeigen.

Insbesondere können Inkonsistenzen durch nachträgliche Modelländerungen entstehen, beispielsweise beim Ändern von Modellierungsschritten innerhalb der Struktur, beim Verschieben von Modellierungselementen in einer mehrstufigen Struktur oder beim Löschen eines Elementes und dem daraus folgenden „in-der-Luft-Hängen" eines darauf verweisenden Elementes an anderer Stelle.

Weitere Funktionen zum Handhaben der Modellierungschronologie sind:

- Suchen in der Modellierungschronologie
- Ein- und Ausblenden oder Unterdrücken von Elementen oder Teilen der Struktur
- Markieren redundanter Elemente

Zusammenfassend bietet die Chronologie eine gute Möglichkeit, Aufbau und schrittweise Entstehung eines Bauteils nachvollziehbar darzustellen. Die Arbeitstechnik des Anwenders (Entwickler, Konstrukteur) muss daher so angelegt sein, dass aus der

Modellierungschronologie die Zusammenhänge innerhalb des Geometriemodells erkennbar sind. Beim Änderungsdienst stellt die Modellierungschronologie ein wesentliches Hilfsmittel dar. Einzelne Schritte innerhalb der Modellierungschronologie, aber auch ganze Äste des Chronologiebaumes können selektiv bearbeitet werden. Beim Regenerieren der Chronologie ist auf korrekte Beziehungen und Abhängigkeiten zu achten.

5.8 Bauräume und Beziehungen

Ein Bauraum (besonders in der Automobilindustrie auch „Zone" genannt) ist der geometrisch beziehungsweise physisch und/oder logisch begrenzende Raum, in den das aktuell modellierte Bauteil einzupassen ist. Mit dem Konzept der Bauräume ist es möglich, (zeit) parallel (im Sinne des Concurrent Engineering) komplexe Produkte (wie beispielsweise ein Fahrzeug) zu modellieren. Jeder Bauraum besitzt daher Schnittstellen zu seinen benachbarten Bauräumen.

Gerade solche Entwicklungsprojekte, bei denen die erzeugnisorientierte Modellierung zum Einsatz kommt, werden häufig arbeitsteilig durchgeführt, wobei unterschiedliche Personen, zunehmend sogar unterschiedliche Unternehmen, gleichzeitig an einem Projekt arbeiten (Concurrent Engineering). Die Verwaltung dieser Bauräume erfolgt, insbesondere in der Automobilindustrie, durch das sogenannte Zonenmanagement (beispielsweise für die Zonen „Vorderwagen", „A-Säule", „Heck" usw.)

5.8.1 Funktion von Bauräumen

Bauräume dienen dem modularen Aufbau komplexer CAD-Modelle. Dabei können für die Modellierung eines Produkts auch mehrere Bauräume definiert werden. Innerhalb des Bauraumes findet die Modellierung der Bauteile statt. Dabei können die Bauteile auf unterschiedlichen Ebenen der Erzeugnisstruktur angeordnet sein. Zwischen den einzelnen Bauräumen, die sich nicht überlappen dürfen, müssen exakte Übergangs- und Schnittstellen zur eindeutigen Referenzierung untereinander vereinbart werden (Abb. 5.40).

Diese Referenzierung kann wie folgt realisiert werden:

- Jeder Bauraum besitzt ein eigenes Koordinatensystem, das sich wiederum auf ein Gesamtkoordinatensystem bezieht (z. B. Fahrzeugnullpunkt im Automobilbau). Das bedeutet, dass sich letztendlich jedes Teil (wenn auch häufig indirekt, da über das jeweilige lokale Koordinatensystem) auf das Gesamtkoordinatensystem bezieht.
- Der Bauraum enthält Referenzelemente, die mit entsprechenden Elementen in anderen Bauräumen verknüpft sind. Hier bieten sich neutrale Elemente wie Ebenen,

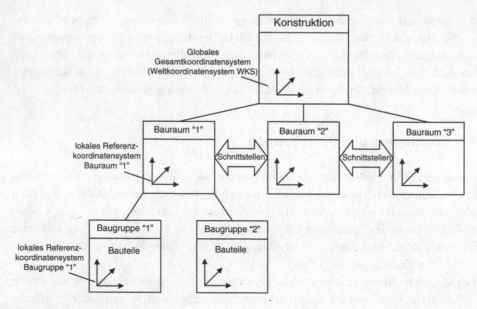

Abb. 5.40 Unterteilung in Bauräume

Achsensysteme oder sonstige Hilfsgeometrien an, die nicht zur eigentlichen Bauteilgeometrie gehören. Geeignete Referenzelemente können daher sein: Referenzebene,
-achse, -punkt, Referenzgeometrie (Volumen, Fläche, Linie, Punkt) sowie Koordina-
tensystem(e). Es sollte keine direkte Verknüpfung von Bauteilen zwischen verschiedenen Bauräumen erfolgen, da es bei Änderung oder Ersatz des Bauteiles zu Inkonsistenzen in benachbarten Bauräumen kommen kann.

Beim Modellieren mit Bauteilen, Bauräumen und Koordinatensystemen ist eine
eindeutige Regelung im Sinne einer (firmeninternen) Richtlinie anzustreben,
beispielsweise:

- Jedes Bauteil besitzt sein eigenes lokales Koordinatensystem.
- Jeder Bauraum besitzt ein lokales Referenz-Koordinatensystem, auf das sich die in
  diesem Bauraum angeordneten Teile beziehen.
- Für eine Baugruppe gilt das gleiche wie für einen Bauraum (lokales Referenz-Koordinatensystem als Bezugsbasis). Bei ihrer Verwendung innerhalb eines Bauraums bezieht sich die Baugruppe wiederum auf das lokale Koordinatensystem des
  Bauraumes.
- Das endgültige Erzeugnis besitzt das globale Gesamtkoordinatensystem, auf das sich
  alle diesem zugeordneten Unterobjekte (Bauräume, Einzelteile, Baugruppen) beziehen
  können.

Wichtig ist außerdem, dass für alle (Teil-)Modelle gleiche Genauigkeitsparameter eingestellt werden (sofern das verwendete System eine Beeinflussung zulässt).

5.8.2   Beziehungen und Referenzen

Bauteile können zu anderen Bauteilen oder zur Referenzgeometrie des Bauraumes beziehungsweise der Baugruppe in Beziehung gesetzt werden. Dabei sind Beziehungen zwischen verschiedenen Bauräumen und innerhalb eines einzelnen Bauraums streng zu unterscheiden. Innerhalb von Bauräumen sollten die Beziehungen zwischen den Bauteilen nicht zu komplex werden, da die Übersichtlichkeit schnell verloren geht. Abhilfe schafft eine feinere Gliederung der Erzeugnisstruktur. Beziehungen zu den Referenzelementen des Bauraumes sind beim Änderungsdienst einfacher nachzuvollziehen.

Beziehungen sollten nur innerhalb einer Hierarchiestufe der Erzeugnisstruktur aufgebaut werden, d. h. zwischen Einzelteilen innerhalb einer Baugruppe oder zwischen Baugruppen (und Einzelteilen) innerhalb einer übergeordneten Baugruppe.

Innerhalb einer Hierarchiestufe in der Erzeugnisstruktur sollte immer ein Teil beziehungsweise eine Baugruppe im Raum fest positioniert („festgelegt") werden, da es sonst zu ungewollten Effekten im Änderungsdienst kommen kann. Grund sind die meist noch vorhandenen Freiheitsgrade innerhalb der Baugruppe. Eine vollständige Parametrisierung der Baugruppe ist in der Regel zu aufwändig.

5.9   Erzeugnisorientierte Modellierung („top down")

Beim Erstellen der Erzeugnisstruktur wird das ganze Produkt betrachtet, wobei, ausgehend von der geforderten Funktionalität und den Randbedingungen, die gesamte Struktur beziehungsweise Baugruppen und Einzelteile (Komponenten) festgelegt werden. Die Struktur kann dabei auch aus einem PDM- oder ERP/PPS-System (unter Berücksichtigung vorhandener/notwendiger Schnittstellen) übernommen werden (Abschn. 12.1 und 12.2).

Je nach Komplexität des zu entwickelnden Produktes wird die sich ergebende Erzeugnisstruktur ebenfalls mehr oder weniger komplex sein. Unter "Komplexität" wird in diesem Zusammenhang die Anzahl der Ebenen der Erzeugnisstruktur, die sich ergebende Anzahl der Baugruppen und Einzelteile sowie die Anzahl und Beschreibbarkeit der Schnittstellen und Referenzen untereinander verstanden (Abb. 5.41).

5.9.1   Strukturebene

In der Strukturebene wird das vollständige Produkt betrachtet. Auf dieser Ebene werden die gesamte Erzeugnisstruktur sowie die Subkomponenten und Hauptbaugruppen – ausgehend von der Funktionalität und den Betriebsrandbedingungen – festgelegt. Die Modelle für Baugruppen und Einzelteile werden zunächst grob (im Wesentlichen in ihren Umrissen und Hauptmaßen) dargestellt, im Laufe der Modellierung werden sie konkretisiert und detailliert. Anhand dieser groben Modelle können bereits Konzeptstudien und Funktionsuntersuchungen (z. B. Kollisionsbetrachtungen, einfache Kinematikuntersuchungen)

Abb. 5.41 Unterteilung der Ebenen

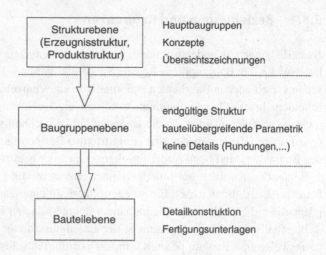

durchgeführt werden. Baugruppen und Einzelteile sind während dieser „kreativen", d. h. stark konzeptionell geprägten Phase im Entwicklungsprozess nur soweit wie notwendig zu detaillieren, um eine möglichst gute Handhabbarkeit zu gewährleisten.

Wichtig ist, dass ein festes Referenzsystem (üblicherweise ein Koordinatensystem oder, falls das Produkt in einen vorgegebenen Bauraum eingefügt werden soll, bestimmte Elemente dieses Bauraums) im 3D-Modell definiert ist. Dieses Referenzsystem wird durch die bereits festgelegte Produktstruktur bestimmt und darf im Laufe des Modellierungsprozesses nicht mehr geändert werden. Ein einheitliches Referenzsystem dient dazu, den Modellaufbau jederzeit nachvollziehen zu können. Weiterhin werden die Beziehungen zwischen Baugruppen und Komponenten festgelegt.

Beim Aufbau der Erzeugnisstruktur spielen Übersichtszeichnungen eine große Rolle. Da die Modelle noch nicht vollständig detailliert sind, ist die Erstellung dieser Zeichnungen ohne großen Aufwand möglich. Übersichtszeichnungen sind besonders in der Anlagenplanung wichtig und von Nutzen, um das Gesamtlayout der Anlage zu einem möglichst frühen Zeitpunkt darzustellen.

5.9.2 Baugruppenebene

Hier wird die endgültige Struktur des zu konstruierenden Produktes entsprechend der Konstruktionsabsicht festgelegt. Je nach Komplexität des Produktes wird das sich ergebende Gesamtlayout ebenfalls mehr oder weniger komplex sein. Unter Komplexität wird in diesem Zusammenhang die Anzahl und Übersichtlichkeit der Schnittstellen zu anderen Objekten innerhalb und außerhalb des Bauraums und die sich ergebende Anzahl der zu erwartenden Baugruppen und Einzelteile innerhalb des zu konstruierenden Produkts verstanden. Bei einigen CAD-Systemen können mit der Parametrik bauteilübergreifende

Parameter (Feld- und Verknüpfungsparameter, siehe Abschn. 5.5) vereinbart werden, die für die Steuerung von Abhängigkeiten zwischen den Komponenten beziehungsweise den Baugruppen innerhalb des Produktes dienen.

Um den Überblick zu gewährleisten, sollen auf der Baugruppenebene folgende Details im 3D-Modell in der Regel nicht dargestellt werden:

- Verrundungen, da sie große Rechenleistung beim Regenerieren der Darstellung auf dem Bildschirm benötigen,
- Details von Schraubverbindungen (z. B. Gewinde), von elektrischen Schnittstellen und von Schweißteilen usw., da diese Details durch vorgefertigte „Symbole" (schematische Darstellungen, beispielsweise Schweißzeichen nach DIN 1912) in späteren 2D-Detaildarstellungen (z. B. bei der Zeichnungserstellung) abgebildet werden können.

5.9.3   Bauteilebene

Auf dieser Ebene werden die Komponenten des Produktes durch endgültige Vorschriften für Norm, Bemessung und Oberflächenbeschaffenheit aller Bauteile, Festlegen aller Werkstoffe sowie die Erstellung von technischen Unterlagen detailliert. Schwerpunkt dieser Phase ist das Ausarbeiten des 3D-Modells sowie das Erstellen von Fertigungsunterlagen, insbesondere der Einzelteil- oder Werkstattzeichnungen, von Gruppen- und Montagezeichnungen beziehungsweise entsprechender digitaler Dokumente. Diese Phase der Modellierung wird von heutigen 3D-CAD-Systemen durch geometrische Modellierungsverfahren, Parametrik und Featureverarbeitung weitgehend unterstützt. Neben diesen Modellierungsfunktionen stehen 3D-Bibliotheken für Normteile sowie umfangreiche Funktionalitäten zur Zeichnungserstellung zur Verfügung. Trotz digitaler Modelle werden Zeichnungen nach wie vor für leichte Übersichtlichkeit und für solche Anwendungsbereiche verwendet, die nicht über einen Zugriff auf das 3D-Modell verfügen. Existiert eine assoziative Verbindung der 2D-Darstellung auf der Zeichnung zum 3D-Modell, dann werden Änderungen im 3D-Modell automatisch in den daraus abgeleiteten Zeichnungen berücksichtigt.

Nach Abschluss der Arbeiten muss die resultierende Erzeugnisstruktur an das PDM-System beziehungsweise das ERP/PPS-System zurückgemeldet werden. In diesen Systemen sollte sowieso die Verwaltung aller bei der Modellierung erstellten Dokumente erfolgen.

5.10   Einzelteilorientierte Modellierung („bottom up")

Bei der einzelteilorientierten Modellierung werden (funktional oder geometrisch komplexe) Einzelteile und Baugruppen zuerst modelliert oder stehen von vornherein zur Verfügung (beispielsweise als Katalogteile, als Features oder, bei einer Anpassungskonstruktion, als Elemente der Ausgangslösung). Diese Methode kommt auch zum Einsatz, um die Elemente von Baukästen zu erstellen.

Die Erzeugnisstruktur wird durch die Kombination vorhandener Teile und Baugruppen zu einem neuen Modell von „unten nach oben" aufgebaut (Abb. 5.42).

Bei der Modellierung von Einzelteilen kann in einfache und komplexe Einzelteile unterschieden werden, wobei der Übergang fließend ist. Wichtig ist, dass sich der Begriff „komplex" im hier diskutierten Kontext auf die Anzahl der Modellierungsschritte (beispielsweise dokumentiert in der Anzahl der Schritte in der Modellierungschronologie) und nicht auf die Gestalt des Teiles beziehen soll. In diesem Sinne wäre z. B. ein Getriebegehäuse, dessen Chronologie etwa 1.000 Einzelschritte umfasst, ein komplexes Einzelteil, ein Flansch mit 30 Einzelschritten eher ein einfaches Teil. Insbesondere bei komplexen Bauteilen sollte es firmenspezifische Richtlinien (Methoden, aus der Praxis entwickelte Templates als Vorlagen) zur Vorgehensweise bei der Modellierung geben. Diese müssen vom CAD-Betreuer des Unternehmens, beispielsweise aufbauend auf Anwendungserfahrungen aus einem Pilotprojekt, bereitgestellt werden.

Bezogen auf den jeweiligen Anwendungsfall gibt es unterschiedliche Vorgehensweisen bei der Erzeugung von Einzelteilen. Im Folgenden werden weitere auf das einzelne Bauteil bezogene Techniken vorgestellt, die sich immer auf die Modellierung von Volumina beziehungsweise von Teilvolumina beziehen.

5.10.1 Modellierung über Bauräume

Analog zur erzeugnisorientierten Modellierung kann auch ein Einzelteil in Bauräume unterteilt werden, die man hier aber besser „Gestaltungszonen" nennt (siehe Abschn. 5.8). Insbesondere Referenzpunkte, –linien und –ebenen sowie Koordinatensysteme dienen zur Handhabung dieser Gestaltungszonen. Gestaltungszonen sollten voneinander unabhängig sein, Beziehungen innerhalb der Gestaltungszonen sind erlaubt (es geht bei vielen Systemen gar nicht anders), sollten aber übersichtlich und nachvollziehbar gestaltet werden.

Insbesondere bei der Erstellung komplexer Bauteile spielt die Modellierung über Bauräume und Gestaltungszonen eine große Rolle.

Abb. 5.42 Aufbau der Erzeugnisstruktur

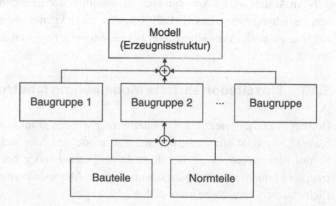

5.10.2 Gesamtskizze

Diese Arbeitstechnik, die nicht mit der bei heutigen 3D-Systemen üblichen „Skizzentechnik" verwechselt werden darf (siehe dazu den folgenden Abschnitt „Lineare Vorgehensweise"), bezeichnet die schrittweise Modellierung eines Einzelteiles basierend auf einer Gesamtskizze. Im Prinzip ist dies vergleichbar mit der Modellierung mehrerer Bauteile auf der Grundlage eines vorgegebenen Bauraumes auf Erzeugnisebene. Auf die Gesamtskizze wird während des Einzelteil-Modellierungsprozesses immer wieder zurückgegriffen. Sie definiert in der Regel die Hauptabmessungen des Bauteils und ist Grundlage für den späteren Änderungsdienst. Die Gesamtskizze kann sowohl in einer 2D-Ebene vorliegen als auch im 3D-Raum. Die Gesamtskizze befindet sich in der Regel in einem der ersten Schritte innerhalb der Chronologie, kann somit als Referenz für alle weiteren Schritte genutzt werden. Bei einer solchen parametrischen Abhängigkeit aller Konstruktionsschritte von der Gesamtskizze kann über diese das gesamte 3D-Modell gesteuert und geändert werden.

5.10.3 Lineare Vorgehensweise

Im Gegensatz zur Modellierung über eine Gesamtskizze wird das Modell bei der „linearen Vorgehensweise" aus einzelnen Konturen sukzessive aufgebaut. Dabei wird in einer vom Benutzer definierten Arbeitsebene begonnen, z. B. in der xy-, xz- oder yz-Ebene beziehungsweise in der Vorderansicht, Draufsicht oder Seitenansicht. Es werden 2D-Konturen erzeugt, die danach durch Extrudieren oder Rotieren in 3D-Modelle überführt werden. Auch die Erzeugung einer gemeinsamen Schnittmenge mit bereits vorhandenen Volumina ist bei vielen Systemen möglich.

Bei der Erzeugung der 2D-Konturen kommen bei heutigen CAD-Systemen üblicherweise Skizzentechniken („Sketcher") zum Tragen (siehe Abschn. 5.1), bei denen innerhalb der 2D-Kontur parametrisiert wird und Beziehungen sowie Restriktionen zwischen den 2D-Konturen und den sie beschreibenden Parametern festgelegt werden (beispielsweise „dreifache Länge" oder „parallel zu" usw.).

Neue Arbeitsebenen lassen sich auch am bereits vorhandenen 3D-Objekt festlegen, um von dort aus (und mit Bezug darauf) die Modellierung weiterzuführen. Eine Arbeitsebene kann sowohl eine vorhandene, ebene Fläche des 3D-Objektes darstellen als auch eine Fläche, die zusätzlich erzeugt wird. Die Arbeitsebene kann innerhalb oder außerhalb des Modells liegen.

5.10.4 Features

Sofern sich im zu konstruierenden Bauteil aus Grundkörpern aufgebaute Strukturen identifizieren lassen, können diese mithilfe systemeigener oder benutzerdefinierter Grundkörper abgebildet werden, für die häufig in diesem Zusammenhang der Ausdruck "Feature" oder "Formelement" verwendet wird (siehe dazu Abschn. 5.6). Beispiele sind Nuten,

Bohrungen etc. Parametrisierte Features können wiederum mit Tabellen oder einem PDM-System verbunden werden, so dass über diese Methode die Vielfalt von Features innerhalb eines Bauteiles reduziert werden kann. In Zukunft werden Features mit nicht-geometrischen Informationen angereichert und erlauben auf diese Weise eine Weiterverarbeitung in nachfolgenden Prozessen, wie z. B. der NC-Bearbeitung, Kostenkalkulation.

5.10.5 Hybride Modellierung

Unter „hybrider Modellierung" wird grundsätzlich die Methode über unterschiedliche Modellarten (Volumen–, Flächen– oder Kantenmodell) und Modellierungsvorgehensweisen (B-Rep oder CSG) verstanden (siehe Abschn. 5.2). Die in diesem Abschnitt bisher beschriebenen Modellierungsmethoden beziehen sich immer auf die Verarbeitung von Volumina beziehungsweise Teilvolumina. In bestimmten Bereichen der Produktmodellierung ist diese Arbeitstechnik nur begrenzt einsatzfähig. Beispiele hierfür sind komplizierte Oberflächen im Automobilbau oder Produkte im Konsumgüterbereich. Bei diesen Produkten ist – zumindest zeitweilig – eine Bearbeitung der 3D-Modelle über Flächenfunktionen unabdingbar. Punkte und Linien können dabei als Hilfsgeometrie eingesetzt werden.

Eine übliche Methode besteht z. B. darin, aus Messpunktkoordinaten räumliche Kurven zu erstellen, die wiederum als Grundlage für eine nachfolgende Flächenbeschreibungen dienen (Reverse Engineering). Die Flächen werden letztendlich zu einem Volumen „zusammengenäht", um danach mit den bekannten Volumenoperationen fortzufahren.

Eine andere Methode der hybriden Modellierung besteht darin, ein vorhandenes Volumen mithilfe von Flächenfunktionen zu bearbeiten. Das bedeutet, dass Flächen des Volumens gelöscht, geändert, durch andere Flächen ersetzt oder neue Flächen hinzugefügt werden können. Danach muss natürlich eine Prüfung auf Konsistenz des veränderten Volumens erfolgen (dieses ist implizit bei der B-Rep-Methode gegeben).

Sehr unterstützend wirkt in diesem Zusammenhang die Modellierungschronologie. Damit ist auch bei der hybriden Modellierung, die aus anderen Gründen häufig ohnehin komplex ist (z. B. geometrische und/oder topologische Komplexität), jeder Schritt nachvollziehbar und änderbar. Dienen beispielsweise Punkte und Linienzüge als Grundlage für den Aufbau eines Modells, so können beim nachfolgenden Änderungsdienst diese Geometrieelemente, die weit vorne in der Chronologie stehen, geändert werden. Alle nachfolgenden Schritte innerhalb der Modellierungschronologie werden automatisch angepasst.

Auch die Möglichkeit der Parametrisierung ist in diesem Zusammenhang von großer Bedeutung. Bezogen auf das Beispiel Punkte-Linien-Linienzüge-Volumen können in Verbindung mit der Chronologie alle Schritte parametrisiert und nachträglich geändert werden.

5.10.6 Komplexe Einzelteile

Komplexe Einzelteile mit beispielsweise 1.000 Schritten in der Modellierungschronologie können nur schwer in einer einstufigen (Chronologie-) Struktur beschrieben werden.

Dies trifft beispielsweise für große Gussteile wie zum Beispiel Motor-, Ventilblöcke oder Getriebegehäuse zu. Handhabbarkeit, leichte Änderbarkeit und möglichst geringe Rechenzeiten (Aufruf- und Regenerierungszeiten) können bei der Abbildung der gesamten Informationen kaum noch gewährleistet werden.

Zwei grundsätzliche Arbeitstechniken sind zum Aufbau komplexer Einzelteile möglich:

- Modellierung des Einzelteils in einer mehrstufigen (verzweigten) Struktur der Chronologie unter Nutzung von Bauräumen. Das gesamte Bauteil wird in funktionsorientierte Einheiten (Funktionseinheiten, „Zonen") aufgeteilt, die, ähnlich wie eine tatsächliche Baugruppe oder wie Bauräume, separat bearbeitet werden können. Grundlegende Informationen, z. B. Schnittstellen zu anderen Einheiten oder auch anderen Einzelteilen werden in Form von Bezugselementen (als Referenz verwendete Baugruppen, Bauteile, Ebenen, Achsen, Kurven, Punkte und Koordinaten) definiert.

Bei der Modellierung in einem mehrstufigen (verzweigten) Chronologiebaum ist darauf zu achten, dass zusammengehörige Gestaltungszonen in demselben Zweig der Struktur modelliert werden. Je ausgewogener (symmetrischer) der Aufbau der Chronologie ist, umso einfacher ist der Änderungsdienst und umso schneller sind die Rechnerantwortzeiten. Eine Optimierung ungünstig aufgebauter Chronologiebäume kann eine Verbesserung der Rechnerantwortzeit von 50 % bis 80 % nach sich ziehen.

Abb. 5.43 veranschaulicht eine derartige verzweigte Chronologiestruktur für komplexe Einzelteile.

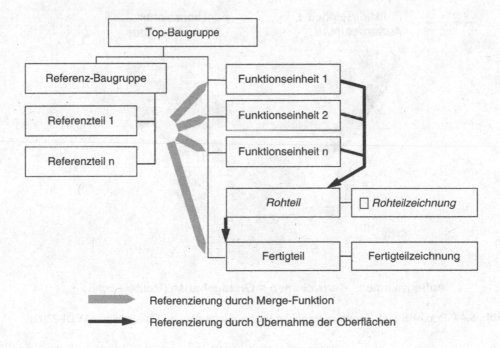

Abb. 5.43 Chronologiestruktur komplexer Einzelteile [VDI-2209]

- Modellierung des Einzelteils mit Features beliebiger Komplexität und daraus resultie-render Aufbau einer Featurestruktur. Bei einem komplexen Einzelteil macht es Sinn, diejenigen Features, die eine Funktionseinheit oder eine Gestaltungszone bilden, zu Gruppen in der Feature-Struktur zusammenzufassen.

Bezogen auf das Ergebnis der Modellierung des Einzelteils sind beide Methoden vergleich-bar, vorausgesetzt, die benötigten Funktionalitäten (Möglichkeit zur Definition von Bauräu-men beziehungsweise Feature-Modellierung) sind im jeweiligen CAD-System vorhanden. Dabei muss die Modellierung in einem mehrstufigen Chronologiebaum die gleichen Mög-lichkeiten der separaten Modellierung von Gestaltungszonen bieten wie die Modellierung mit Features. Das bedeutet, dass zum Beispiel bestimmte Bereiche des mehrstufigen Chro-nologiebaums ein- und ausblendbar sind. Auf der anderen Seite muss die Modellierung mit Features die üblichen Funktionen der Einzelteilmodellierung zulassen, dazu gehören bei-spielsweise Möglichkeiten zur Volumenberechnung von aus Features gebildeten Einzelteilen.

Mit den beiden Vorgehensweisen kann ein komplexes Einzelteil, zum Beispiel ein Druckgussgetriebegehäuse, wie folgt modelliert werden: Das Außenvolumen wird als Vollkörper mit den Außenbegrenzungen in einem eigenen Zweig des Chronologiebaumes modelliert. Innenraumvolumen, Kupplungsräume und Zwischenwände werden ebenfalls als separate Zweige modelliert. Vom Innenraumvolumen werden Kupplungsräume und Zwischenwände subtrahiert. Das aus dieser Operation resultierende Volumen („Kernvolu-men") wird schließlich vom Außenvolumen abgezogen. In der Chronologie sind aber nach wie vor alle zu Anfang modellierten Volumina erkennbar (Abb. 5.44).

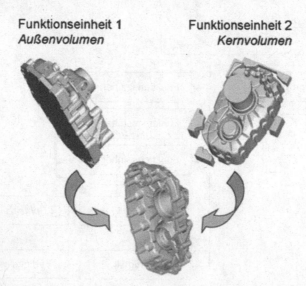

Außenvolumen - Kernvolumen = Gussgehäuse (Rohteilkontur)

Abb. 5.44 Praxisbeispiel: Zusammenhang der Funktionseinheiten bei Gussgehäusen [VDI-2209]

5.11   Erzeugnisorientierte gegenüber bauteilorientierte Modellierung („top-down" vs. „bottom-up")

Bereits im Abschn. 5.6.5 wurde darauf hingewiesen, dass im Produktentwicklungspro-zess aus methodischer Sicht das Entwerfen und Ausarbeiten „top-down" vorherrscht, also eine beim Erzeugnis und dessen Funktionen ansetzende, erst nach und nach zu den Bauteilen und einzelnen Gestaltungsdetails fortschreitende Vorgehensweise. Im Abschn. 5.6.5 wurde dies für das Arbeiten mit (3D-) CAD-Systemen noch einmal beson-ders hervorgehoben, und zwar nicht zuletzt bedingt durch zunehmend kooperativ abgewi-ckelte Produktentwicklungsprozesse.

Es gibt jedoch eine Reihe von Gründen, die zumindest teilweise auch zur „bottom-up"-oder bauteilorientierten Modellierung zwingen können, etwa

- die Arbeitsverteilung im Unternehmen oder in der Abteilung, welche häufig an bestimmte Baugruppen oder Bauteile gebunden ist, die mehr oder weniger autonom erstellt werden, oder
- die Wiederverwendung bereits existierender Baugruppen und Bauteile, die als ganzes in das Modell eines neuen Erzeugnisses „eingehängt" werden („Baukastensystem").

Abb. 5.45 stellt die beiden Modellierungsstrategien schematisch gegenüber, um ausge-hend von den Grundmustern später das Modellieren mit 3D-CAD-Systemen anschauli-cher erläutern zu können.

Ebenfalls der Veranschaulichung der später erläuterten Sachverhalte dient das in Abb. 5.46 dargestellte (sehr einfache) Beispiel: Im Kern geht es hierbei darum, an eine Gehäusewand einen Rohrstutzen anzuschließen, wobei unter Nutzung der Möglichkeiten parametrischer Modellierer Rohr-, Flansch- und Gehäusegeometrie aufeinander abge-stimmt werden sollen.

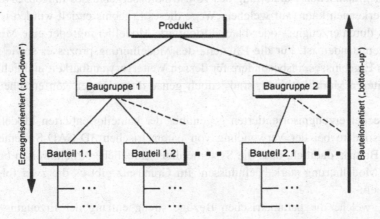

Abb. 5.45 Grundsätzliches Schema für erzeugnisorientierte („top-down") und für bauteilorien-tierte („bottom-up") Modellierung (hier stark vereinfacht: nur zweistufige Erzeugnisstruktur ange-nommen) [VDI-2209]

Abb. 5.46 Modellierungsbeispiel
[VDI-2209]

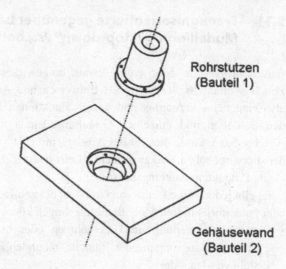

Rohrstutzen
(Bauteil 1)

Gehäusewand
(Bauteil 2)

Die Konstruktionslogik für dieses Beispiel besteht darin, dass abhängig vom Innendurchmesser des Rohres (= Bauteil 1) dessen Außendurchmesser, der Durchmesser des Zentrieransatzes, der Lochkreis- und der Flanschdurchmesser sowie die Anzahl der Flanschschrauben festzulegen sind (Durchmesser der Flanschschrauben mit M8 hier der Einfachheit halber konstant gehalten). Außerdem ergibt sich aus dem Rohr-Innendurchmesser die Größe der Durchgangsbohrung in der Gehäusewand (= Bauteil 2) sowie aus dem Flanschdurchmesser der Durchmesser der in die Gehäusewand einzufräsenden Planfläche sowie gegebenenfalls die Frästiefe.

Bevor auf weitere Einzelheiten eingegangen wird, sei darauf hingewiesen, dass man allein an der graphischen Darstellung des Konstruktionsergebnisses in Abb. 5.46 leider nicht mehr erkennen kann, auf welchem Wege dieses Ergebnis erzielt worden ist, auch nicht, ob es durch erzeugnis- oder bauteilorientierte Modellierung oder eine Mischung aus beiden entstanden ist. Für die Effizienz des Modellierungsprozesses sowie für die Qualität des Ergebnisses, insbesondere für dessen Weiterverwendbarkeit und Fehlerfreiheit bei späteren Modifikationen, sind jedoch genau diese Fragen von entscheidender Bedeutung.

Die Frage der erzeugnisorientierten gegenüber der bauteilorientierten Modellierung erhält insbesondere bei der Verwendung von parametrischen 3D-CAD-Systemen eine zusätzliche Brisanz dadurch, dass die Systeme unterschiedliche Arbeitsweisen besitzen, welche die Modellierung stark beeinflussen. Im Grundsatz gibt es die zwei folgenden Systemklassen:

- Systeme, welche die parametrischen Bezüge streng entlang der Erzeugnisstruktur abarbeiten (von oben nach unten „durchpropagieren"), Abb. 5.47 und
- Systeme, deren Parametrik von der Erzeugnisstruktur völlig unabhängig repräsentiert und abgearbeitet wird, Abb. 5.48.

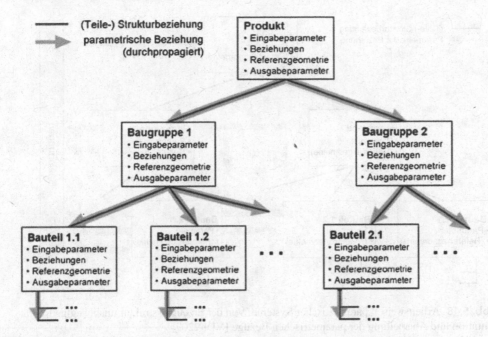

Abb. 5.47 Arbeitsweisen parametrischer Systeme: Abarbeiten der parametrischen Bezüge entsprechend der Erzeugnisstruktur (Durchpropagierung) [VDI-2209]

Die technische Umsetzung der genannten Ansätze ist stark systemspezifisch. Daher können hier nur allgemeine Regeln und Hinweise gegeben werden.

Beide Ansätze haben Vor- und Nachteile. Stichwortartig seien folgende Aspekte genannt, die zum Teil durch die nachfolgenden Beispiele und Hinweise noch näher erläutert werden:

- Bei der Abarbeitung der Parametrik (siehe Abschn. 5.5) entlang der Erzeugnisstruktur (Abb. 5.47) ist aufgrund der eindeutigen Richtung der Abhängigkeiten im allgemeinen eine bessere Übersichtlichkeit gegeben. Die (systeminternen) Programme zur Auswertung der parametrischen Bezüge können einfacher gehalten werden. Es können aber Schwierigkeiten entstehen, wenn – aus welchem Grund auch immer – andere als „top-down" gerichtete Abhängigkeiten modelliert werden sollen (siehe Beispiel weiter unten): Um ursprünglich bauteilorientiert („bottom-up") erstellte Modelle nachträglich in die vom System vorgegebene, gekoppelte Struktur- und Parametrikhierarchie „einzuhängen", muss man häufig die Konstruktionslogik nachträglich entsprechend umstellen, was aufwändig und/oder fehleranfällig ist. Die Verwendung eines parametrischen CAD-Systems, das die parametrischen Bezüge streng entlang der Erzeugnisstruktur abarbeitet, erfordert daher eine besonders sorgfältige Vorbereitung der Modellierung, die aber ohnehin von großem Vorteil ist.

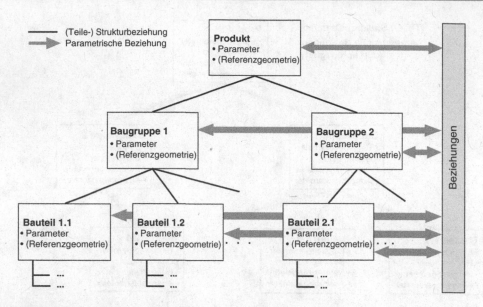

Abb. 5.48 Arbeitsweisen parametrischer Systeme: Von der Erzeugnisstruktur unabhängige Repräsentation und Abarbeitung der parametrischen Bezüge [VDI-2209]

- Beim Einsatz eines Systems, bei dem die parametrischen Bezüge völlig unabhängig von der Erzeugnisstruktur erfasst und verarbeitet werden (Abb. 5.48), ist grundsätzlich eine freiere Modellierung möglich, die Unterschiede zwischen „top-down"- und „bottom-up"-Modellierung spielen kaum eine Rolle. Dies wird dadurch „erkauft", dass äußerst komplexe Beziehungsgeflechte der Parameter untereinander entstehen können (gewissermaßen „kreuz und quer in alle Richtungen"), die schwer zu durchschauen sind und unter Umständen Fehler in der Konstruktionslogik verdecken können. Systemintern erfordert die Auflösung der Parametrik aufwändigere und robustere Algorithmen („Constraint-Management"), etwa um – gegebenenfalls über mehrere Stufen hinweg – fehlende Eingangsparameter oder Kreisbeziehungen sicher aufzudecken. Um Missverständnissen vorzubeugen, sei darauf hingewiesen, dass auch bei der Verwendung von Systemen dieses Typs eine sorgfältige Vorbereitung der Modellierung unerlässlich ist (siehe dazu auch Abschn. 5.5).

Es besteht eine wirkungsvolle praktische Maßnahme vor allem (aber nicht nur) bei der erzeugnisorientierten Modellierungsstrategie darin, Bauteile oder Baugruppen von der jeweils darüber liegenden Ebene der Erzeugnisstruktur aus mithilfe sogenannter Referenzgeometrien zu steuern. Hierbei handelt es sich im allgemeinen nicht um reale Geometrieelemente (so etwas kann eine Baugruppe ohnehin nicht besitzen!), sondern um Hilfspunkte(muster), Referenzlinien (z. B. Mittellinien, Teil-/Lochkreise, Hüllkurven) oder Referenzflächen (z. B. Anschlussflächen eines Elements, Hüllflächen), deren Zweck darin besteht, dass sie ein Gerüst bilden, an dem man die Parametrik der strukturell darunter liegenden Elemente „festmachen" kann.

Abb. 5.49 Mögliche Referenzgeometrie für das Beispiel nach Abb. 5.46
[VDI-2209]

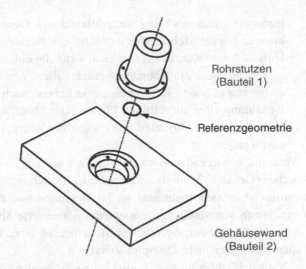

Rohrstutzen
(Bauteil 1)

Referenzgeometrie

Gehäusewand
(Bauteil 2)

Abb. 5.49 erläutert dies für das Modellierungsbeispiel nach Abb. 5.46: Die Referenzgeometrie in der Baugruppe ist ein Kreis, dessen Durchmesser dem Innendurchmesser des
Rohrstutzens entspricht. Abhängig von dieser Referenzlinie werden die weiteren Abmessungen der Bauteile 1 und 2 gesteuert.

Für die hier diskutierten Strategien der erzeugnisorientierten und der bauteilorientierten
Modellierung bedeutet dies:

• Im Fall der durchgängig erzeugnisorientierten Modellierung werden die Referenzgeometrien zuerst festgelegt (beziehungsweise bei mehrstufig definierter Erzeugnisstruktur: die hierarchische Gliederung der Referenzgeometrien). Die spätere Modellierung
  der verschiedenen Bauteile findet diese als „Gerüst" („Skelettmodell") vor, sämtliche
  parametrischen Abhängigkeiten sind hierauf zu beziehen, was vom für das Bauteil verantwortlichen (Detail-) Konstrukteur mitunter als Einengung seiner Modellierungsfrei-
  heit aufgefasst wird.
• Im Fall der bauteilorientierten Modellierung kann jedes Bauteil zunächst seine eigenen
  Bezugselemente definieren und als Basis der Parametrik benutzen. Werden mehrere
  unabhängig voneinander entstandene (und unabhängig voneinander parametrisierte)
  Bauteile nachträglich zu einer insgesamt parametrischen Baugruppe zusammengefasst, so sind dann ergänzende Maßnahmen erforderlich (bei Systemen, welche gemäß
  Abb. 5.47 die Parametrik grundsätzlich entlang der Erzeugnisstruktur abarbeiten, sogar
  unabdingbar): Es müssen nämlich aus den Bezugselementen der Einzelbauteile nachträglich (gemeinsame) Parameter und/oder Referenzelemente herausgezogen und in
  die übergeordnete Ebene der Erzeugnisstruktur verschoben werden. Weiterhin sind die
  Abhängigkeiten innerhalb der Bauteile entsprechend zu modifizieren.

Dies kann – bei nicht im vorab koordinierter und stark voneinander abweichender
Festlegung der Bezugselemente und der Beziehungen innerhalb der bislang eigenständigen Bauteile – einen erheblichen Anpassungsaufwand hervorrufen, wenn am

Ende ein „sauberes" und nachvollziehbares Gesamtmodell angestrebt wird. Auch kann es bei der Mehrfachverwendung von Bauteilen und (Unter-) Baugruppen unter Umständen zu Konflikten kommen, wenn die unterschiedlichen Erzeugnisstrukturen, in welche diese eingebunden werden sollen, gewollt oder ungewollt stark voneinander abweichende Referensysteme haben. Auch an dieser Stelle kann die große Bedeutung einer sorgfältigen Planung der Modellierung – und zwar gegebenenfalls über das gesamt Varianten- oder sogar Produktspektrum hinweg – gar nicht überbetont werden.

Wenn die vorstehenden Hinweise beachtet werden, so erhält man am Ende ein parametrisches (Gesamt-) Modell, dem man seine Entstehungsgeschichte („top-down" oder „bottom-up") gar nicht mehr ansieht. Im Gesamtprozess dürfte aber der Aufwand geringer sein, wenn von vornherein die erzeugnisorientierte Strategie verfolgt wird, auch wenn diese im Vorfeld der eigentlichen Modellierung einen höheren Aufwand verursacht und allen Beteiligten mehr Disziplin abverlangt.

Natürlich gibt es immer Möglichkeiten, Wege abzukürzen, die in der Zeitnot der Praxis auch gerne gegangen werden und sogar zunächst zu „optisch korrekten" Ergebnissen führen mögen. Erfahrungsgemäß ergeben sich aber große Schwierigkeiten, gelegentlich sogar kaum sicher erkennbare Fehler bei nachträglichen Änderungen eines nicht ganz „sauberen" Modells.

Abb. 5.50 und 5.51 zeigen dies exemplarisch anhand des Modellierungsbeispieles nach Abb. 5.49 (mit Referenzgeometrie) beziehungsweise Abb. 5.46 (ohne Referenzgeometrie). Es wurden mithilfe eines parametrischen CAD-Systems, das die Beziehungen streng entlang der Erzeugnisstruktur abarbeitet (siehe Abb. 5.47), die Bauteile (im Beispiel nur zwei: Gehäusewand und Rohrstutzen) zunächst einzeln modelliert.

Anschließend wurde nur ein Bauteil (hier: der Rohrstutzen) bezüglich der Parametrik sauber in die Erzeugnisstruktur „eingehängt". Die anderen Bauteile (hier nur eines: die Gehäusewand) wurden dagegen – gewissermaßen „quer" zur Erzeugnisstruktur – direkt mit der Geometrie des Nachbarbauteils in Beziehung gesetzt, hier konkret durch Kopie einer allerdings falsch verstandenen Referenzgeometrie aus dem einen in das davon abhängig gemachte andere Bauteil (Abb. 5.50). Während dies beim ersten Erstellen des Gesamtmodells zu scheinbar richtigen Ergebnissen führt (wie in Abb. 5.49), werden bei späteren Änderungen die Beziehungen unter Umständen fehlerhaft durch das Gesamtmodell „hindurchpropagiert" (Abb. 5.51), weil die direkten „Querbezüge" zwischen den Bauteilen von Systemen dieses Typs nicht automatisch aktualisiert werden (wie im vorliegenden Beispiel der Kreis, dessen Durchmesser, obwohl Referenzgeometrie, nicht automatisch aktualisiert wird). In komplexeren Modellen bleiben Effekte dieser Art womöglich unentdeckt, so dass unbedingt zu einer möglichst „sauberen" Arbeitsweise zu raten ist (selbst wenn diese oft als „CAD-gerechtes" oder „parametrikgerechtes" Modellieren abgetan und als zusätzliches Erschwernis empfunden wird).

Das bisher Gesagte, insbesondere für diejenigen parametrischen Systeme, welche die Abhängigkeiten entsprechend der Erzeugnisstruktur erfassen und abarbeiten, hat eigentlich zur Konsequenz, dass man die wesentlichen Steuerparameter und/oder Referenzelemente

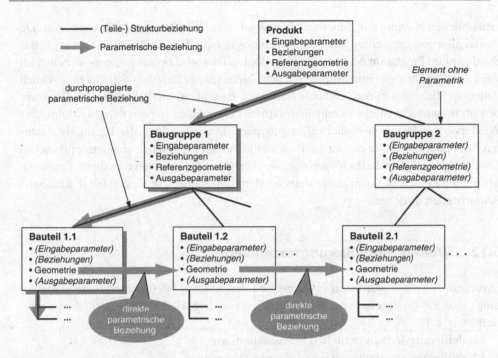

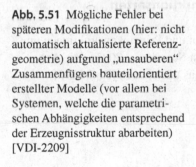

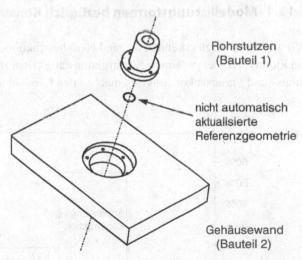

Abb. 5.50 Schematische Darstellung des „unsauberen" Zusammenfügens bauteilorientiert erstellter Modelle (vor allem bei Systemen, welche die parametrischen Abhängigkeiten entsprechend der Erzeugnisstruktur abarbeiten) [VDI-2209]

Abb. 5.51 Mögliche Fehler bei späteren Modifikationen (hier: nicht automatisch aktualisierte Referenzgeometrie) aufgrund „unsauberen" Zusammenfügens bauteilorientiert erstellter Modelle (vor allem bei Systemen, welche die parametrischen Abhängigkeiten entsprechend der Erzeugnisstruktur abarbeiten) [VDI-2209]

möglichst weit „oben" in der Hierarchie verankern sollte, um bei Änderungen logische Fehler zu vermeiden. Es muss aber festgestellt werden, dass dieser Ansatz in der Praxis schnell Grenzen findet, weil zwischen der Definition der Parameter/Referenzen und ihrer tatsächlichen Nutzung auf „unterster" Ebene auf allen Zwisehenebenen für deren korrekte Weitergabe gesorgt werden muss (systemabhängig unter Umständen durch ein explizites Statement im Programm oder in der Chronologie). Dies wird bei komplexen – d. h. hier im Wesentlichen: in viele Ebenen der Erzeugnishierarchie gestaffelten Strukturen – schnell unübersichtlich und zudem dadurch erschwert, dass identische Bauteile oder Baugruppen oft in unterschiedliche Erzeugnisstrukturen eingebunden werden müssen (Mehrfach-/ Wiederverwendung von Bauteilen/Baugruppen). Deshalb sollten die Erzeugnisstrukturen, besonders wenn sie eng an die Parametrikstrukturen gekoppelt sind, aus praktischen Erwägungen möglichst „flach" gehalten werden. Notfalls kann man dies durch Einziehen definierter Zwischenebenen mit entsprechenden Konventionen bezüglich der (Parameter-) Schnittstellen erreichen.

5.12   Weitere Modellierungstechniken

In diesem Abschnitt werden in Ergänzung zu den Abschn. 5.5 (Parametrische Modellierung) und 5.6 (Featurebasierte Modellierungen) weitere Modellierungstechniken vorgestellt, wie z. B.:

- Modellierungsformen bezüglich Konstruktionsarten
- Modellierung von Bauteilen innerhalb eines Bauraumes
- Eingliedern des Bauteils in die Erzeugnisstruktur

5.12.1 Modellierungsformen bezüglich Konstruktionsarten

Wie in Abb. 5.52 zu erkennen ist, sind Neukonstruktionen und Prinzipkonstruktionen nur ein kleiner Teil der gesamten Konstruktionstätigkeiten (in Summe ca. 20 %). Die Anpassungs- und Variantenkonstruktion machen den Großteil aus (siehe auch [Roll-1995]).

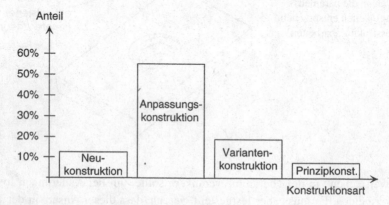

Abb. 5.52 Konstruktionsarten [Vajn-1982, Roll-1995]

Neukonstruktion

Bezüglich der Planung des 3D-Modellierungsprozesses stellt die Neukonstruktion (ein neues Bauteil, das ohne direktes Vorbild oder aus einer neuen Kombination bekannter Lösungen entsteht) die komplexeste Methode dar. Üblicherweise werden alle in den Kapiteln und Abschnitten zuvor beschriebenen Arbeitstechniken und Vorgehensweisen verwendet, insbesondere auch in Hinblick auf nachfolgende Prozesse (fertigungs-, montage-, variantengerecht etc.). Gleichzeitig bietet gerade die Neukonstruktion die Möglichkeit, methodisch und strukturiert vorzugehen und neue Erkenntnisse über Arbeitstechniken einfließen zu lassen.

Die Neukonstruktion sollte auch hinsichtlich einer späteren Verwendung als Ausgangslösung für eine Anpassungskonstruktion oder Variantenkonstruktion geplant werden. Dies betrifft insbesondere

- den modularen Aufbau von Erzeugnis und Einzelteilen mithilfe von Bauräumen,
- eine gute Strukturierung des Erzeugnisses,
- die gute Strukturierung komplexer Einzelteile,
- austauschbare Baugruppen, Einzelteile oder Gestaltungszonen von Einzelteilen,
- gute Dokumentation bezüglich Struktur und Aufbau.

Anpassungskonstruktion

Bei der Anpassungskonstruktion entsteht ein neues Erzeugnis durch Änderung von Teilbereichen einer Ausgangslösung. Diese Änderungen (Modelländerungen) können erfolgen als

- direktes Ändern der Geometrie (ohne jeden weiteren Bezug)
- Durchführung von Änderungen innerhalb der Chronologie des Bauteiles
- Änderung der zugrunde liegenden Parametrik
- Variantenkonstruktion mit dem Ergebnis einer neuen Variante des Teilbereichs
- Neukonstruktion des Teilbereichs

Wenn die bei der Neukonstruktion genannten Maßnahmen zur Strukturierung und Dokumentation der Ausgangslösung ordentlich realisiert wurden, lässt sich eine Anpassungskonstruktion leicht durchführen.

Variantenkonstruktion

Bei einer Variantenkonstruktion ändern sich Gestalt und Abmessungen eines Bauteils innerhalb von in Konzept- und Gestaltungsphase festgelegten Grenzen. Bei der Variantenkonstruktion bleibt die Anordnung der Bauteile zueinander (Topologie) konstant. Als Ausgangslösung für eine Variantenkonstruktion dient üblicherweise eine Neukonstruktion.

Baureihen mit geometrisch ähnlichen Bauteilen, die sich nur maßlich unterscheiden, lassen sich zu Teilefamilien zusammenfassen. Die jeweiligen Mitglieder der Familie werden auf parametrischem Wege aus einer gemeinsamen Basislösung erzeugt. Dabei haben die verwendeten Parameter feste, nachträglich nicht mehr änderbare Beziehungen und Wertebereiche. Mit diesem Verfahren ist es möglich, den Speicherplatzbedarf für umfangreiche Baureihen drastisch zu reduzieren. Benötigte Varianten müssen erst bei Bedarf generiert werden.

Prinzipkonstruktion

Bei der Prinzipkonstruktion erfolgt die Variantenbildung ausschließlich durch Größenänderung, wobei die Lösungsprinzipien unverändert beibehalten werden (typisch z. B. für Baureihen).

5.12.2 Erstellen und Aufbereiten des 3D-Produktmodells für ein einzelnes Bauteil

Schwerpunkt dieser Phase ist das Ausarbeiten des Produktmodells. Hierzu gehören neben der eigentlichen Modellierungsarbeit auch:

- Ergänzen des Produktmodells durch endgültige Vorschriften für Norm, Bemessung und Oberflächenbeschaffenheit aller Bauteile, Festlegen aller Werkstoffe.
- Detailoptimierungen hinsichtlich Form, Werkstoff, Oberfläche, Toleranzen beziehungsweise Passungen.
- Erstellen der Fertigungsunterlagen, insbesondere der Einzelteil- und Werkstattzeichnungen, Gruppen- und Montagezeichnungen beziehungsweise entsprechender digitaler Dokumente sowie deren Einfügen in ein PDM-System. Von Vorteil ist hier die assoziative Verbindung von 2D-Darstellung und 3D-Produktmodell. Im Regelfall ist die 2D-Zeichnung nur eine bestimmte Sicht auf das 3D-Produktmodell, die sich automatisch beim Ändern des 3D-Modells mitändert, wobei diese Assoziativität bei Bedarf auch aufgehoben werden kann. In Ausnahmefällen kann zwischen Modell und Zeichnung ein Zusammenhang in beiden Richtungen bestehen, d. h. Änderungen der Zeichnung wirken sich („rückwärts") auf das Modell aus. Eine derartige bidirektionale Assoziativität erfordert jedoch besondere Maßnahmen bei der Datenverwaltung, um unerwünschte Änderungen des Modells durch nachgelagerte Arbeitsschritte (hier die Zeichnungsableitung) zu verhindern.

Diese (ausarbeitende) Phase der Modellierung wird von den meisten 3D-CAD-Systemen am besten unterstützt. Neben Modellierungsfunktionen für die Geometrie stehen dem Anwender umfangreiche Funktionalitäten zur Zeichnungserstellung sowie 3D-Bibliotheken für Normteile zur Verfügung.

Betrachtet man die Ebene der Einzelteilmodellierung im Kontext der erzeugnisorientierten Modellierung, so kann unterschieden werden zwischen der separaten Modellierung des Einzelteiles und der Modellierung innerhalb eines Bauraumes.

- Separate Modellierung eines Einzelteiles:
  Bei der separaten Modellierung von Einzelteilen wird jedes Teil für sich (d. h. zunächst ohne Bezüge zu benachbarten Bauteilen) modelliert und danach in die Erzeugnisstruktur eingegliedert. Bei der Eingliederung in die Erzeugnisstruktur muss der Anwender entscheiden, ob das Teil zu den benachbarten Teilen in Beziehung stehen soll oder nicht (der erste Fall dürfte der Regelfall sein).

Dabei werden die zunächst separat modellierten Bauteile bei der Eingliederung entweder relativ zueinander in Beziehung gesetzt oder mit Referenzelementen des Bauraumes verknüpft. Bei der am häufigsten genutzte Möglichkeit werden vorhandene Punkte, Kanten und/oder Flächen zwischen den Bauteilen (beziehungsweise zwischen Bauteil und Bauraum) herangezogen und miteinander verknüpft (z. B. Fläche auf Fläche, Kante auf Kante, Mittellinie auf Mittellinie etc.). Diese Abhängigkeiten wirken „äußerlich" an dem Teil. Wird beispielsweise ein Bauteil gelöscht, auf dessen Kante sich ein anderes Bauteil bezieht, so gibt es lediglich eine Inkonsistenz innerhalb der Beziehungen zwischen den Bauteilen. Die Bauteilgeometrie des nicht gelöschten Teils ist davon nicht betroffen.

- Modellierung innerhalb eines Bauraumes:
  Die simultane Entwicklung mehrerer Bauteile innerhalb eines vorgegebenen Bauraumes ist eine häufige Praxis bei der Neuentwicklung. Hierbei werden alle Teile immer im Kontext mit anderen Bauteilen erstellt.

5.12.3   Eingliedern des Bauteils in die Erzeugnisstruktur

Wenn man auf diese Weise erstellte Modellierungsergebnisse nun in die (Gesamt-) Erzeugnisstruktur eingliedert, so gibt es grundsätzlich mehrere Möglichkeiten, die leider auch zu Problemen und Fehlern führen können. Die wichtigsten Fälle sowie ihre Vor- und Nachteile werden im Folgenden kurz skizziert:

- Alle innerhalb eines Bauraumes (auch parametrisch) modellierten Bauteile werden gemeinsam in die gleiche Hierarchiestufe der Erzeugnisstruktur eingehängt (üblicherweise mithilfe eines sogenannten „Baugruppen-Navigators"). Beziehungen zur Geometrie von anderen Bauteilen, anderen Baugruppen oder anderen Bauräumen müssen beim oder nach dem Verschieben in die Erzeugnisstruktur definiert werden und betreffen die innerhalb des betrachteten Bauraumes liegenden Geometrien nur als Ganzes. Dieser Fall ist als relativ fehlerunempfindlich anzusehen, dürfte aber in der Praxis kaum konsequent durchzuhalten sein, weil in der Regel aus funktionalen, fertigungs- oder montagetechnischen sowie aus logistischen Gründen sich ganz andere, nämlich über die Grenzen der bei der Modellierung beachteten Bauräume hinweg reichende Erzeugnisstrukturen ergeben können.

- Die innerhalb eines Bauraumes gemeinsam modellierten Bauteile werden bei der Eingliederung in die Erzeugnisstruktur auf unterschiedlichen Hierarchieebenen einsortiert. Sie erhalten dadurch neue „Nachbarn", „Eltern" und „Kinder", zu denen zusätzliche Beziehungen bestehen können (oder aufgebaut werden müssen). Hier besteht nun eine große Gefahr, dass diese im Widerspruch zu den innerhalb des Bauraumes schon definierten Beziehungen zwischen den gemeinsam modellierten Bauteilen stehen. Um dies zu vermeiden, kann man wie folgt vorgehen:

- Die Beziehungen zu den neuen „Nachbarn", „Eltern" und „Kindern" werden bei der Eingliederung der innerhalb des Bauraumes modellierten Bauteile in die Erzeugnisstruktur lediglich temporär genutzt und existieren nach Fertigstellung des Zusammenbaus nicht mehr. Dies stellt die Beibehaltung der Konstruktionslogik innerhalb des Bauraumes sicher. Da es aber hierdurch innerhalb der Erzeugnisstruktur keine bleibenden Beziehungen und Abhängigkeiten gibt, kann es zu Inkonsistenzen kommen, wenn am (Gesamt-) Produkt nachträgliche Änderungen vorgenommen werden.

- Der umgekehrte Weg besteht darin, die zum Aufbau der Lösung innerhalb des Bauraumes gemeinsam modellierten und aufeinander bezogenen Bauteile zunächst vollständig zu „entparametrisieren" (d. h. die aktuellen Werte der Parameter festzuschreiben und die Parameterbezüge zu eliminieren), sie in dieser Form in die Erzeugnisstruktur zu überführen und danach – erzeugnisstrukturbezogen, nicht mehr bauraumbezogen! – neu zu parametrisieren. Dies führt zu einer innerhalb der Erzeugnisstruktur konsistenten Parametrisierung, wird aber mit viel Aufwand erkauft (Neuparametrisierung!) und zerstört die Konstruktionslogik, die ja ursprünglich bauraumorientiert war.

- Man versucht, bei der Eingliederung eines mit Bezug auf einen Bauraum entstandenen Bauteils in die Erzeugnisstruktur, die Abhängigkeiten zu den neuen „Nachbarn", „Eltern" und „Kindern" zusätzlich zu den schon innerhalb des Bauraumes bestehenden Bezügen zu erfassen (teilweise Nachparametrisierung, was allerdings nicht bei prozeduralen CAD-Systemen funktioniert). Ziel wäre es, sowohl bei Änderungen innerhalb des Bauraumes als auch bei Änderungen innerhalb der Erzeugnisstruktur automatisch eine konsistente Gesamtlösung zu erhalten. Diese Vorgehensweise ist in der Theorie sicher die optimale. Jedoch ist es in der Praxis oft nahezu unmöglich (und kann von den Konsistenzprüfungen der Systeme auch nicht sichergestellt werden), das entstehende komplexe Beziehungsgeflecht widerspruchsfrei zu halten, so dass es bei Änderungen, z. B. beim Löschen oder Skalieren von Geometrie, oft zu ganz unerwarteten Ergebnissen kommt und im Extremfall bei Änderungen eines Bauteiles das gesamte 3D-Modell „kollabiert". Einen möglichen Ausweg daraus bietet eine Art „Andock-Parametrisierung" einer in sich konsistent parametrisierten Baugruppe über eine definierte Parametrisierungsschnittstelle.

Als Fazit lässt sich festhalten, dass keine möglichst umfassende, sondern eine möglichst übersichtliche, nachvollziehbare und funktionsabbildende Parametrisierung von 3D-Produktmodellen angestrebt werden sollte (siehe dazu z. B. [KBGE-1998]). Ein Ansatz dazu ist es, die modellinternen Beziehungen mit den „physikalischen" Beziehungen zwischen Bauteilen (z. B. Kinematik, Kraftfluss etc.) korrespondieren zu lassen.

Das CAD-System muss, um die oben beschriebenen Schritte durchführen zu können, über folgende Möglichkeiten zur Handhabung der Erzeugnisstruktur verfügen:

- „Leere" Erzeugnisstruktur aufbauen
- Verändern (Ergänzen/Erweitern/Verkleinern) der Erzeugnisstruktur an beliebiger Stelle
- Kopieren, Umhängen, Löschen von Teilen und Baugruppen innerhalb der Hierarchiestufen einer Erzeugnisstruktur
- Handhabung der Beziehungen beim Kopieren oder Umhängen von Teilen und Baugruppen innerhalb der Hierarchiestufen einer Erzeugnisstruktur.

Die flexible Handhabung der Erzeugnisstruktur ist wichtig für einen flexiblen Änderungsprozess innerhalb einer Produktentwicklung. Die Kopplung zum PDM- beziehungsweise ERP-/PPS-System spielt eine große Rolle, soll an dieser Stelle aber nicht weiter betrachtet werden.

5.12.4 Modellierung von außen nach innen

Diese Vorgehensweise wird angewendet, wenn die äußere Hülle für das Produkt bestimmend ist. Beispiele dafür sind die Fahrzeugentwicklung und die Entwicklung von Elektrokleingeräten für den Haushalt (bei beiden dominieren ästhetische und ergonomische Kriterien), aber auch die bauraumoptimierte Entwicklung von Flugzeugen und Satelliten. Die äußere Hülle bildet damit quasi den größtmöglichen „Über-Bauraum" für das Produkt, der üblicherweise in einzelne (kleinere und eindeutig untereinander referenzierte) Bauräume für die Komponenten unterteilt wird.

Bei einem komplexen Produkt kommen für die Modellierung alle bisher besprochenen Modellierungsmöglichkeiten und Techniken (Bauräume, Parametrisierung, Featuretechnik, Chronologie usw.) zum Einsatz.

- Beispielsweise wird bei Motorblöcken oder Triebswerksgehäusen zunächst nur ein Volumen mit der gewünschten Außenkontur modelliert, die damit die äußere Hülle bildet. Durch sie hindurch verlaufende Öl- und Wasserführungsräume werden dann als Vollkörper dargestellt und anschließend mittels Materialschnitt aus der Außenkontur herausmodelliert. Das resultierende 3D-Modell entspricht der späteren Gießmodelldarstellung, so dass der Modell- und Formenbauer direkt die 3D-Darstellungen zur weiteren Modellierung verwenden kann.
- Bei einer kompletten Fahrzeugneuentwicklung werden zunächst das Designmodell und erst danach das Innenleben modelliert. Im Hinblick auf die im Fahrzeugbau immer häufiger anzutreffenden Plattformstrategien können für den Designer aber Zwänge existieren, die so weit gehen können, dass er (in Umkehrung der Modellierung „von außen nach innen") die Außenhaut um ein „standardisiertes Innenleben herum", d. h. von innen nach außen entwerfen muss.

5.12.5 Modellierung von innen nach außen

Bei der Modellierung von innen nach außen bestimmen die Innenteile (Funktionsteile) eines Produkts seinen Bauraum. Durch Festlegung und Berücksichtigung von physikalischen und geometrischen Abhängigkeiten wird der erforderliche Platzbedarf des Produktes ermittelt.

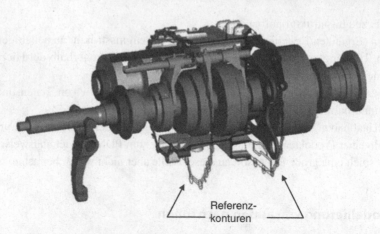

Abb. 5.53 Beispiel Konstruktion von „innen nach außen" (Quelle: ZF) [VDI-2209]

Als Beispiel zeigt Abb. 5.53 die Funktionsteile eines Getriebes (Zahnradsätze, Wellen, Schaltelemente), die in diesem Fall zuerst modelliert werden. Anschließend kann das Gehäuse entworfen werden, wobei die Bezüge zwischen „Innenleben" und „äußerer Hülle" wieder mittels zwischengeschalteter Referenzkonturen vorteilhaft erfasst werden können. Es sei darauf hingewiesen, dass es sich hier um einen gewissermaßen idealtypischen Fall der kundenneutralen Getriebeentwicklung handelt. In der Praxis sind häufig „Innenleben" und durch Kunden vorgegebene Bauraumbegrenzungen und/oder Anschlusskonturen simultan zu beachten, wodurch Mischformen aus der Modellierung von innen nach außen und derjenigen von außen nach innen entstehen.

5.13 Verwendung von Standardteilen

Eine wichtige Ergänzung für den effizienten und wirtschaftlichen Einsatz von 3D-CAD-Systemen ist die Nutzung von elektronischen Norm- und Standardteilkatalogen (z. B. für Lager, Dichtungen, Schrauben). Norm- und Standardteile finden sich sowohl in der Produktentwicklung als auch in der Fertigungsvorbereitung (Vorrichtungs- und Werkzeugkonstruktion). Viele Zulieferer stellen ihre Teile heute elektronisch in Bibliotheken zur Verfügung. Dabei wird neben entsprechender Berechnungs- und Auswahlsoftware auch die direkte 3D-Geometrie der Bauteile angeboten, so dass diese nicht mit hohem Aufwand im eigenen CAD-System modelliert werden müssen.

Bezogen auf die Bereitstellung der 3D-Geometrie wird unterschieden zwischen Standardteilen, bei denen jedes Teil für sich ein eigenes Geometriemodell darstellt, und parametrischen Modellen, mit denen ein bestimmtes Standardteil über Parameter erzeugt und dieses als Instanz im System des Anwenders eingefügt wird.

Generell sind zum heutigen Zeitpunkt 3D-Normteilmodelle nicht ausreichend genormt. Eine geordnete Weiterverwendung dieser Daten in nachfolgenden Prozessen ist daher noch mit Schwierigkeiten verbunden.

Voraussetzung für den Einsatz von Standardteilen ist eine übersichtliche Verwaltung und Darstellung dieser Teile, vorzugsweise mittels eines PDM-Systems [VDI-2219]. Ein damit gekoppeltes Teilesuchsystem erleichtert das Auffinden und systematische Wiederverwenden von gängigen Standardteilen.

Im CAD-System oder auch im Katalogsystem sind die 3D-Standardteile meist nach den DIN- oder Katalogteilbezeichnungen geordnet. Nicht-geometrische Merkmale wie Oberflächenschutz, Werkstoff, Festigkeitsangaben sind dann im PDM-System meist nur über die zugehörige werksinterne Sachnummer hinterlegt. Hierbei ist darauf zu achten, dass das CAD-System die PDM-Varianten (z. B. Werkstoff) bei gleicher Geometrie auch am richtigen Einbauort anzeigen kann.

Abb. 5.54 zeigt die graphische Oberfläche eines Standardteilkatalogs. Zuerst kann über eine Art Ordnerstruktur das entsprechende Teil (z. B. Radiallager) ausgewählt werden. Danach erscheint eine Tabelle mit den verschiedenen Ausführungsvarianten. Auch eine 3D-Vorschau wird meistens zur Verfügung gestellt.

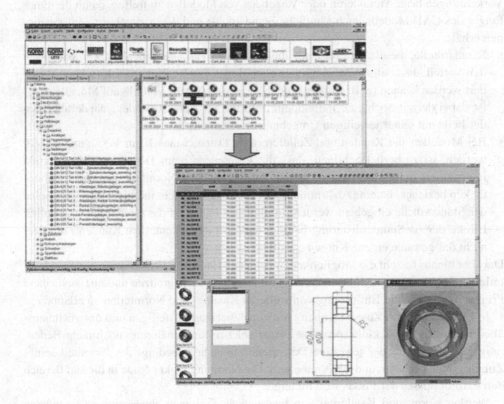

Abb. 5.54 Standardteilkatalog

Abhängig vom Normteilanbieter beziehungsweise vom CAD-Anbieter gestaltet sich die Integration von Standardteilen in das jeweilige CAD-System unterschiedlich:

- Das Standardteil wird als feste, nicht veränderbare Geometrie bereitgestellt und in das Produktmodell eingefügt.
- Das Standardteil wird als parametrisches Modell eingesetzt, d. h. das Modell wird über Parameter gesteuert, die auch nach dem Einsetzen wirksam bleiben. Das Standardteil als „parametrisches Modell" beinhaltet dabei folgende Möglichkeiten:
  - Parameter sind frei veränderbar. Dies widerspricht natürlich dem Sinn einer Normung, ist aber trotzdem bei vielen Systemen vorzufinden.
  - Die Parameter werden über Tabellen mit genormten Werten versorgt. Die Maßvarianten können in Sachmerkmalsleisten nach DIN 4000 oder nach ISO 13584 „Parts Library" abgebildet sein. Über eine Schnittstelle werden die Daten – parametrisches Modell und Parameter – an das jeweilige CAD- und PDM-System übermittelt.
  - Es wird ein fester Parametersatz für das Standardteil ausgewählt.

Neben der Möglichkeit, Standardteile in das jeweilige CAD-Modell zu „kopieren", ist es je nach Anbieter auch möglich, dass Standardteile auf externe Bibliothekselemente referenzieren. In dem Fall, dass mit solchen Referenzen gearbeitet wird, sind entsprechende Vorkehrungen beim Archivieren oder Versenden von Modellen zu treffen, damit der Empfänger des CAD-Modells auch sämtliche Standardteile und deren zugehörige Informationen erhält.

- Standardteile, die als Referenz auf die jeweiligen Varianten abgelegt werden, bieten den Vorteil, dass beim Wechsel/Ersatz eines Teiles alle Referenzen sehr schnell verändert werden können (z. B. Ändern einer Schraubverbindung von M8 auf M6, allerdings ist dabei derzeit noch eine individuelle Prüfung auf Konsistenz des geänderten Standardteils mit seiner jeweiligen Umgebung erforderlich).
- Bei Modellen, die Kunden und Zulieferern im Datenaustausch zur Verfügung gestellt werden, ist zu berücksichtigen, dass die Referenzen beim Datenempfänger korrekt interpretiert werden müssen, d. h. sich auf die gleichen Normteile oder auch Bibliotheken beziehen. Ist eine Abstimmung der Bibliotheken nicht möglich, müssen Kopien der Standardteile eingebaut werden. In manchen Fällen ist das ein durchaus gewollter Effekt, der zur Standardisierung beiträgt und/oder dazu dient, dem Kunden/Zulieferer nicht das gesamte eigene Know-how offenzulegen.

Darüber hinaus besteht die Möglichkeit, im eigenen Hause die Verwendung von Standardteilen auf bevorzugte Ausführungen und Abmessungen zu begrenzen und nur nach einem Freigabeverfahren die Einführung von weiteren Katalog- und Normteilen zu erlauben.

In Zukunft wird im Zusammenhang mit zunehmend arbeitsteiligen und unternehmensübergreifenden Entwicklungsprozessen einer solchen Referenzierung noch mehr Bedeutung zukommen, da der jeweilige Datenbenutzer nicht unbedingt das Normteil seines Zulieferanten benutzen und bevorraten will. Die Normung hinkt gerade in diesem Bereich den Erfordernissen der Praxis weit hinterher.

Werden Norm- und Katalogteile in hauseigenen Systemen abgespeichert, so müssen diese auch im Haus verwaltet werden. Im Internet werden daher in zunehmendem Maße

Lieferantennetze aufgebaut, in denen Norm- und Katalogteile abrufbar bereitgestellt werden.

Häufig wird im 3D-Bereich das STEP-Datenformat verwendet [ISO-10303], welches mit geeigneten Prozessoren des jeweiligen 3D-Systems die 3D-Geometrie und in Zukunft auch die notwendigen Verwaltungsdaten erzeugt. Dabei ist zu berücksichtigen, dass parametrische Informationen nach derzeitigem Stand mit STEP nicht übertragen werden können (Abschn. 12.4).

Bei einfachen Normteilen und vorhandenen, gleich aufgebauten Sachmerkmalsleisten beim Empfänger der Daten genügt ein Übertragen der Katalogparameter, die mit den parametrisierten CAD-Modellen die Maßvarianten der Normteile erzeugen können.

Mithilfe dieser Methoden kann man auf eine Pflege der jeweiligen Teilegruppen im eigenen Hause verzichten, indem die Updates über das Internet bezogen werden. Im Rahmen des e-Business entstehen heute elektronische Marktplätze, die es erlauben, den gesamten Beschaffungsablauf von der ersten Anfrage über das Angebot, über nachfolgende Einbauuntersuchungen, Preisverhandlungen bis zum Geschäftsabschluss abzudecken. Alle größeren Firmen arbeiten heute an solchen Lösungen, die in die ERP- und PDM-Systeme integrierbar sind.

In der Automobilbranche stehen hierzu besonders gesicherte Netze im Internet (Extranet) zur Verfügung, z. B. die europäische ENX und die amerikanische ANX. In diesen Netzen werden die Daten durch Verschlüsselungstechnik und Zugangsberechtigungen vor Missbrauch geschützt.

5.14   Toleranzsimulation

Moderne CAD-Systeme erlauben mithilfe vielfältigster Funktionen die Modellierung der nominalen Produktgeometrie. Doch im Vergleich zu dieser idealen Bauteilgestalt zeigen real hergestellte Bauteile aufgrund von Fertigungsungenauigkeiten stets geometrische Bauteilabweichungen. Diese werden heutzutage meist durch die Vergabe von Toleranzen begrenzt.

Die rechnerunterstützte Analyse der Auswirkungen von solchen Toleranzen auf funktions- und qualitätskritische Bauteil- und Baugruppenmaße kann aufgrund ihres räumlichen Charakters nur sinnvoll an einem 3D-Modell durchgeführt werden. Daher setzen moderne Systeme zur rechnerunterstützten Toleranzverarbeitung (CAT-Systeme) meist auf 3D-CAD-Systemen auf. Sie sind entweder als Zusatzmodule in die CAD-Umgebung integriert oder nutzen als externe Programmpakete die zuvor im CAD-System erzeugten 3D-Modelle. Bei der Übertragung der 3D-Modelle in die CAT-Umgebung gehen jedoch meist die im CAD-System definierten Geometrieparameter verloren, weshalb eine Aktualisierung der Bauteilgeometriedaten im CAT-System nach Änderung eines Geometrieparameters im CAD-System erfolgen muss. Dies liegt vor allem daran, dass CAT-Systeme meist eigene Datenstrukturen nutzen, die nicht auf die CAD-Parametrik aufbauen. Nachdem sich die betrachteten Toleranzarten (Maß-, Form-, Lage- und Oberflächentoleranzen) zumeist auf rein geometrische Elemente, wie Punkte, Flächen oder Linien, beziehen, spielen diese bei der Übertragung von CAD-Systemen in CAT-Systeme die überwiegende Rolle.

Die meisten kommerziellen CAT-Systeme unterstützen den Anwender zum einen bei der Toleranzspezifikation, d. h. bei der Vergabe von Toleranzen auf Basis des 3D-CAD-Modells, indem sie dem Nutzer geeignete Toleranzarten für verschiedene geometrische Elemente vorschlagen und eine syntaktische und semantische Überprüfung der vergebenen Toleranzen ermöglichen. Zum anderen bieten sie mithilfe verschiedener Simulationsalgorithmen (überwiegend auf statistischer Grundlage) verschiedene Möglichkeiten zur Toleranzanalyse, d. h. zur quantitativen Voraussage der Auswirkungen von Toleranzen auf qualitäts- oder funktionskritische Maße. Hierbei steht insbesondere die Untersuchung von Abweichungsfortpflanzungen über mehrere Bauteile im Vordergrund. Ergebnisse dieser Untersuchungen sind die zu erwartenden geometrischen Baugruppenabweichungen an zuvor definierten Stellen sowie Aussagen über die Beiträge (Sensitivitäten) einzelner Toleranzen zu diesen Abweichungen (Größe des Einflusses eines einzelnen Maßes mit seinem Toleranzwert; häufig durch prozentuale Verteilungen dargestellt).

Die Mehrheit der kommerziellen CAT-Systeme betrachtet bei diesen Toleranzanalysen meist nur Maß- und Lageabweichungen, wohingegen sich aktuelle Ansätze zur Toleranzsimulation mit der realistischen Abbildung von Formabweichungen durch den Einsatz von punktwolkenbasierten Toleranzanalyseverfahren beschäftigen (siehe beispielsweise [ScWA-2014, ASBW-2014]).

5.15   Ableiten von Fertigungsunterlagen

Die Arbeit mit dreidimensionalen Produktmodellen stellt allein schon durch die bessere Anschaulichkeit einen erheblichen Vorteil für das fertigungs- und montagegerechte Konstruieren dar. Ein weiteres Ziel der 3D-Produktmodellierung ist die Schaffung einer durchgängigen Prozesskette, wozu auch die rechnerunterstützte Weiterverwendung der Daten in der Produktion und zu Zwecken der Produktdokumentation gehört. Da diese Durchgängigkeit bisher nur selten verwirklicht ist, müssen die Informationen auch noch manuell weiter zu verarbeiten sein.

Ein strukturiertes und regenerierbares 3D-Modell bildet die Grundlage für ein fehlerfreies Erzeugen von Fertigungsunterlagen (üblicherweise Technische Zeichnung, Stückliste, Arbeits- und Montagepläne, aber auch FEM- und Simulationsmodelle), die möglichst vollständig und automatisiert aus dem 3D-Modell abgeleitet werden sollten. Durch diese Ableitung können häufige Übertragungsfehler gegenüber der Neuerstellung mit den damit verbundenen hohen Folgekosten vermieden werden. Allerdings bleibt festzuhalten, dass der Anwender heute trotz erheblicher Zeiteinsparung durch das Ableiten der 2D-Geometrie aus dem 3D-Modell und die Möglichkeit, Bemaßungen automatisch zu erzeugen, fast genauso viel Zeit für die 2D-Zeichnungserstellung benötigt wie für die eigentliche 3D-Modellierung.

Während des Modellierungsprozesses ist eine systematische und gründliche Überprüfung des 3D-Modells erforderlich. Werden hierbei Fehler erkannt beziehungsweise stellen sich dabei Probleme für nachfolgende Prozesse heraus, können diese Erkenntnisse entsprechend früh in der Produktentwicklung rückgemeldet und dort behoben werden (Abb. 5.55).

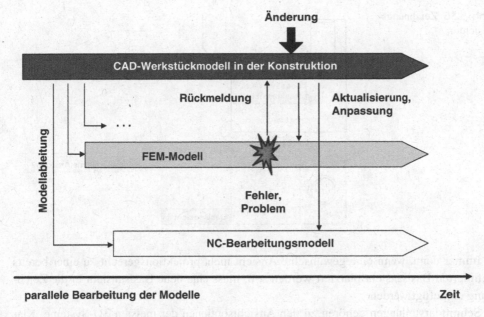

Abb. 5.55 Vorteile assoziativ verknüpfter Datenmodelle [VDI-2209]

Eine bidirektionale Assoziativität (d. h. die gegenseitige Verknüpfung einer Dimension mit der dazugehörenden Maßzahl – ändert sich das eine, ändert sich das andere automatisch mit) ist bei den meisten 3D-CAD-Systemen derzeit realisiert. Trotzdem sollten modell- und geometrierelevante Modifikationen nur am 3D-Modell und keinesfalls an abgeleiteten Modellen oder in der Zeichnung vorgenommen werden. Die Änderungen lassen sich dann teilautomatisch und ohne großen Aufwand in den assoziativ verknüpften, auf dem 3D-Modell aufbauenden Modellen aktualisieren. Eine Zeichnungsableitung und fortlaufende Aktualisierung parallel zum Modellierungsprozess hilft dem Konstrukteur, die Übersicht zu behalten.

In Folge werden prinzipielle Vorgehensweisen zur Zeichnungserstellung beispielhaft gezeigt.

Bei der Ableitung einer Zeichnung aus dem 3D-Modell muss der Bearbeiter festlegen, welche Projektionsart zugrunde gelegt werden soll. Das ist im Prinzip nichts Neues, denn das war bei der Konstruktion am Zeichenbrett ebenso erforderlich. Mit der Projektionsart ist auch festzulegen, aus welcher Richtung das Bauteil oder die Baugruppe zu betrachten ist. Bei Ein- und Mehrtafelprojektionen ist die erste Ansicht als Haupt- beziehungsweise Basisansicht festzulegen. Dabei kann auf bereits in der 3D-Modellierung definierte Ansichten und Schnittverläufe zurückgegriffen werden (Abb. 5.56). Nachdem für diese Basisansicht der Maßstab festgelegt wurde, wird sie auf der Zeichenfläche positioniert. Weitere projektionsgerechte Ansichten können nun recht einfach hinzugefügt werden. Lediglich die Abstände zu den Risskanten sind noch festzulegen. Alle anderen geometrischen Ausprägungen ermittelt das CAD-System automatisch und widerspruchsfrei.

Abb. 5.56 Zeichnungs-
ansichten

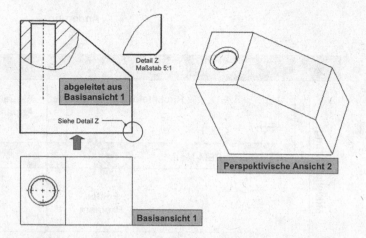

Immer dann, wenn eine gewünschte Ansicht nicht projektionsgerecht zu einer bereits definierten Basisansicht platziert werden soll, muss eine neue Basisansicht in die Zeichnung eingefügt werden.

Schnittdarstellungen gehören zu den Ansichtsoptionen der meisten 3D-Systeme. Klar ist, dass dem System der Schnittverlauf mitgeteilt werden muss. Dafür ist im 3D-Modell eine geeignete Arbeitsebene zu definieren beziehungsweise auszuwählen. Schnittverläufe können in der Regel bereits am 3D-Modell, also schon vor dem Wechsel in den Zeichnungsmodus, definiert werden. Dies hat den Vorteil, dass sie dann bei der Ableitung der Zeichnung als Ansichtsoption aufgerufen werden können. Gleiches gilt für Explosionsdarstellungen von Baugruppen.

Alle Bemaßungen, die bereits während der 3D-Modellierung erzeugt wurden, können im Zeichnungsmodus angezeigt und übernommen werden. Da die Erfordernisse an Maßbezugssysteme häufig erst nach der Modellerstellung endgültig klar sind, muss auch das Ausblenden der Modellmaße möglich sein.

Abb. 5.57 zeigt genau diese Problematik auf, so ist z. B. im 3D-Modell die Gesamthöhe des Bauteils aufgrund der gewählten Modellierung nicht enthalten. Dies spiegelt sich auch in der 2D-Zeichnungsableitung mit den automatisch generierten Maßen wider. Erst durch einen zusätzlichen händischen Eingriff kann dieser Umstand korrigiert werden.

Alle neu hinzugefügten Bemaßungen und andere Angaben sind lediglich Elemente der Zeichnung, sie gehen nicht in das 3D-Datenmodell ein.

Bei der Arbeit mit parametrischen 3D-CAD-Systemen (Abschn. 5.5) können die Modellmaße durch die bidirektionale Assoziativität auch noch bei der Zeichnungserstellung verändert werden, wenn dadurch keine Widersprüche im rechnerinternen Datenmodell auftreten. Ebenso ist es möglich, bereits erstellte Zeichnungen nach Änderungen des 3D-Modells automatisch aktualisieren zu lassen. Das bedeutet aber nicht, dass die ursprünglich korrekte Zeichnung auch korrekt bleibt.

Ergänzend soll festgehalten werden, dass die Zeichnungsableitung aus dem 3D-Modell grundsätzlich geometrisch korrekte Darstellungen von Ansichten und Schnitten erzeugt. Dies führt dazu, dass auch Körper, die in ihrer Längsrichtung geschnitten werden und in

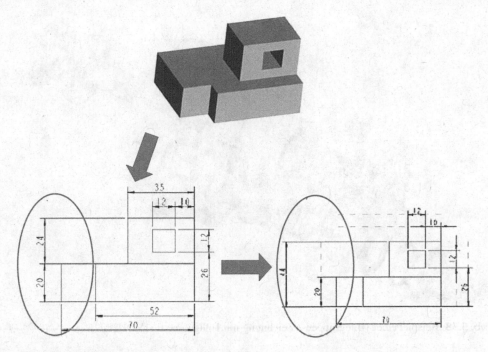

Abb. 5.57 Bemaßungen in der Zeichnungsableitung

einer normgerechten 2D-Zeichnung nicht geschnitten dargestellt werden (z. B. Bolzen, Schrauben, Wellen, Wälzkörper, Rippen, Passfedern), in der 2D-Zeichnungsableitung automatisch schraffiert wiedergegeben werden. Um solche Zeichnungsableitungen in eine normgerechte Darstellung zu überführen, bedarf es daher einiger Nacharbeiten. Ähnliches gilt etwa für Zahnräder, die als detailgetreues 3D-Modell mit all ihren Zähnen modelliert werden.

Die nach wie vor existierende Notwendigkeit zum Erstellen normgerechter technischer Zeichnungen erfordert in der Praxis einen hohen Aufwand für das Nachbearbeiten der abgeleiteten Zeichnungen. Auf entsprechende unterstützende Funktionen ist daher bei der Auswahl eines 3D-CAD-Systems zu achten.

Daneben gibt es aber auch bereits Ansätze, nur noch „vereinfachte Zeichnungen" zu erstellen, die lediglich die Informationen und Maße enthalten, die für einen Prozessschritt oder Teilbereich relevant sind. Da bei der Erstellung der Zeichnung die 2D-Ansichten aus dem vollständigen 3D-Modell abgeleitet werden, sind prinzipiell alle Geometrieelemente in der 2D-Zeichnung dargestellt. Bei komplexen Baugruppen kann dies zu unübersichtlichen Zeichnungen führen und damit Probleme in den nachgeschalteten Abteilungen verursachen.

Baugruppen oder Teile, die für den Inhalt einer Zeichnung nicht wesentlich sind (z. B. Umgebungsgeometrie), können abstrahiert dargestellt oder ausgeblendet werden. Dazu bieten moderne 3D-CAD-Systeme entsprechende Techniken und Methoden an, etwa die Methode „Hüllgeometrie", durch die nur die äußere Hülle einer Baugruppe dargestellt wird (Abb. 5.58).

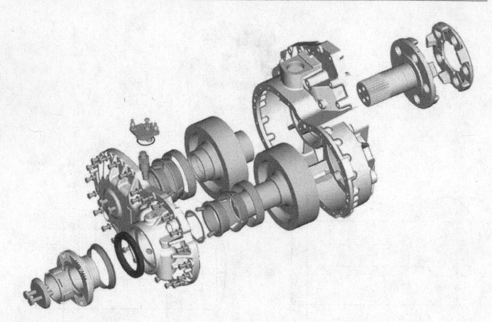

Abb. 5.58 Beispiel einer (Baugruppen-) Zeichnung mit Hüllgeometrie [VDI-2209]

Neben der Ausgabe der Zeichnungen in Papierform gewinnen sogenannte Viewer-Konzepte zunehmend an Bedeutung. Dabei handelt es sich üblicherweise um einfach zu bedienende Software, die eine Visualisierung der 3D-Modelle und Zeichnungen sowie einige Manipulationen (z. B. Zoomen oder Drehen) auf üblicherweise zu Standardformaten (z. B. VRML) konvertierter CAD-Geometrie ermöglichen. Dieser direkte Zugriff auf den jeweils aktuellen Datenbestand reduziert die Gefahr, mit veralteten Papierdokumenten zu arbeiten, erfordert aber gewisse Investitionen in Hard- und Software. Spezielle Viewer sind auch auf bestimmte Arbeitsgebiete ausgerichtet, z. B. für die Visualisierung und Kontrolle von NC-Verfahrwegen etc.

Ein weiterer Aspekt der vollständigen Produktbeschreibung ist die grundsätzliche Möglichkeit, fertigungsrelevante Stücklisten und andere dispositive Daten für Arbeitsvorbereitung, Einkauf und Logistik abzuleiten. Zur Konsistenzerhaltung der Daten im betrieblichen Ablauf ist unbedingt auf eine geeignete Schnittstelle zu ERP- beziehungsweise PPS-Systemen Wert zu legen.

Verbesserungen ergeben sich ferner durch die Benutzung vordefinierter Features, die speziell zum Sichern der Fertigungs- oder Montagegerechtheit erstellt wurden und/oder die zusätzliche, in den der Produktentwicklung nachgeschalteten Prozessen direkt weiterverwendbare Fertigungs- beziehungsweise Montageinformationen enthalten.

So lässt sich beispielsweise ein zylindrisches „Loch" mit toleriertem Durchmesser im 3D-Modell als Bohrung erkennen, die gerieben werden muss und die alle nötigen Informationen für Durchmesser und Bohrtiefe bereits enthält. Dabei ist es zunächst gleichgültig, ob dies durch eine Featureerkennung (bei der NC-Programmierung) oder ein Feature-Mapping geschieht. Unter „Feature-Mapping" ist in obigem Beispiel die Umwandlung eines funktionalen Konstruktionsfeatures „zylindrischer Lagersitz" in das Bearbeitungsfeature „Bohrung mit toleriertem Durchmesser" zu verstehen, wobei je nach Softwaresystem auch die Werkzeugauswahl durch die Maß- und Toleranzparameter gesteuert werden kann. Eine Featureerkennung ist auch mit unabhängigen Programmiersystemen möglich, während das Feature-Mapping in der Regel nur bei integrierten Systemen mit eigenem NC-Modul funktioniert (siehe dazu auch Abschn. 5.6).

Diese Technologien befinden sich derzeit in der Entwicklung und sind daher noch nicht uneingeschränkt verfügbar. Sie haben aber einen großen Stellenwert für die weitere Automatisierbarkeit der NC-Programmierung und werden zukünftig mehr an Bedeutung gewinnen [HFRW-1999].

5.16 Animation und Visualisierung

Unter Animation versteht man die Darstellung bewegter Bilder auf einem Graphikbildschirm [SpKr-1997]. Sie wird zur Veranschaulichung von komplexen physikalischen Vorgängen eingesetzt, die entweder in der Realität nur schwer zu beobachten sind oder für die eine Realisierung eines physischen Prototyps für eine bestimmte Untersuchung zu kostenaufwändig ist. In der Animation können Zustandsänderungen am Objekt parallel zur oder nach Abschluss der Berechnung visualisiert werden. Auf diese Weise gewinnt der Anwender sehr früh eine bessere Vorstellung über die zu untersuchenden Abläufe.

Besonders im Anlagen- und Fahrzeugbau, aber auch in vielen anderen Branchen wird die Visualisierung von Einbau- und Kollisionsuntersuchungen direkt am Bildschirm eingesetzt. Mithilfe einer schattierten Bildausgabe können viele Verständnisprobleme vermieden werden. Durch die Bereitstellung eines 3D-Produktmodells kann der Einbau simuliert werden, wobei neben Kollisionsbetrachtungen Einbauraum, Zugänglichkeit, Bauteilanordnung und andere Montageaspekte überprüfbar sind.

Weiterhin lassen sich solche Visualisierungsbilder direkt für die Erstellung von Arbeitsanweisungen, Montagehinweisen und Wartungshandbüchern benutzen. Dies geschieht heute zunehmend auch in Form von Videofilmen. Ihr Einsatz bietet sich vor allem dort an, wo z. B. durch bewegte Animationen sprachlich nur schwer oder umständlich zu beschreibende Sachverhalte auf einfache und anschauliche Weise erläutert werden können.

Durch die weltweite Vernetzung über das Internet und die Möglichkeit, im 3D-System internetfähige Datenformate zu erzeugen, gewinnen visuelle Darstellungen von Ergebnissen in Zukunft eine bedeutende Rolle, da sie allen angeschlossenen Interessenten sehr schnell zur Verfügung gestellt werden können.

Als weiteres Werkzeug zur Animation und Visualisierung können VR-Werkzeuge (VR = Virtuelle Realität) wie etwa CAVE, Holobench und Haptikgeräte dienen (siehe dazu Abschn. 3.1.4).

Literatur

[ASBW-2014] Anwer, N., Schleich, B., Mathieu, L., Wartzack, S.: From solid modelling to skin model shapes: shifting paradigms in computer-aided tolerancing. CIRP Ann. – Manuf. Technol. **63**(1), 137–140 (2014)

[Bär-1998]   Bär, T.: Einsatz der Feature-Technologie für die Integration von FE-Berechnungen in die frühen Phasen des Konstruktionsprozesses. Dissertation Universität des Saarlandes 1998. Schriftenreihe Produktionstechnik, Bd. 15, Saarbrücken (1998)

[Bezi-1972] Bézier, P.: Numerical Control, Mathematics and Applications. Verlag John Wiley & Sons, London (1972)

[Boor-1978] De Boor, C.: A Practical Guide to Splines. Springer-Verlag, Berlin-Heidelberg (1978)

[Brix-2001] Brix, T.: Feature- und constraint-basierter Entwurf technischer Prinzipe. Dissertation Technische Universität Ilmenau 2001. Berichte aus dem Institut für Maschinenelemente und Konstruktion Nr. 7, Technische Universität Ilmenau (2001)

[BrJa-1994] Bronsvoort, W. F., Jansen, F. W.: Multi-view feature modelling for design and assembly. In: Von Shah, J. J., Mäntylä, M., Nau, D. S. (Hrsg.) Advances in Feature Based Manufacturing, S. 315–330. Elsevier-Verlag, Amsterdam–London 1994

[BuWR-1989] Bullinger, H.-J., Warschat, J., Richter, R.: Montagegerechter Erzeugnisentwurf auf der Basis objektorientierter Produktmodellierung. VDI-Z. **131**(11), 67–70 (1989)

[CAMI-1986] N.N.: Part Features for Process Planning. CAM-I Report R-86-PPP-01. Computer Aided Manufacturing – International Inc., Arlington (1986)

[Cies-1997] Ciesla, M.: Feature-basierte Messplanung für Koordinatenmessmaschinen. Dissertation TU Berlin 1997. Berichte aus dem Produktionstechnischen Zentrum, Berlin (1997)

[CoBo-1980] Conte, S., De Boor, C.: Elementary Numerical Analysis, 3.Aufl. McGraw-Hill-Verlag, New York (1980)

[Coon-1967] Coons, S. A.: Surfaces for Computer Aided Design of Spaces Forms. Project MAC-TR-41. Massachusetts Institute of Technology (MIT), Cambridge (1967)

[CuDi-1988] Cunningham, J. J., Dixon, J. R.: Designing with Features: The Origin of Features. Proceedings of the International Computers in Engineering Conference, San Francisco 1988, S. 237–243. American Society of Mechanical Engineers (ASME), New York (1988)

[EhSc-1992] Ehrlenspiel, K., Schaal, S.: In CAD integrierte Kostenkalkulation. Konstruktion. **44**(12), 407–414 (1992)

[EnSc-1989] Engeli, M., Schneider, U.: Kurven- und flächenorientierte Modellierung mit NURBS. CAD-CAM-Rep. **8**, 100–105 (1989)

[EnSK-1996] Encarnação, J., Straßer, W., Klein, R.: Graphische Datenverarbeitung 1, 4. Aufl. Oldenbourg-Verlag, München (1996)

[EnSK-1997] Encarnação, J., Straßer, W., Klein, R.: Graphische Datenverarbeitung 2, 4. Aufl. Oldenbourg-Verlag, München (1997)

[Ferr-1985] Ferreirinha, P.: Herstellkostenberechnung von Maschinenteilen in der Entwurfsphase mit dem HKB-Programm. In: Proceedings of ICED 85 (International Conference on Engineering Design 1985), Bd. 1, S. 461–467. Heurista-Verlag, Zürich (1985)

[Grät-1983] Grätz, J.-F.: Modellalgorithmen zur dreidimensionalen Geometriefestlegung komplexer Bauteile mit beliebiger Flächenbegrenzung in der rechnerunterstützten Konstruktion. Dissertation Ruhr-Universität Bochum, Schriftenreihe des Instituts für Konstruktionstechnik, Heft 83.4, (1983)

[Gray-1976]   Grayer, A. R.: A Computer Link Between Design and Manufacture. PhD-Thesis, University of Cambridge, UK (1976)

[Grüb-1917]   Grübler, M.: Getriebelehre – eine Theorie des Zwanglaufes und der ebenen Mechanismen. Springer, Berlin (1917)

[Haas-1995]   Haasis, S.: Wissens- und featurebasierte Unterstützung der Konstruktion von Stirnradgetrieben unter besonderer Berücksichtigung des Gussgehäuses. Dissertation Universität Stuttgart 1995. Fortschrittberichte VDI, Reihe 1, Nr. 254. VDI-Verlag, Düsseldorf (1995)

[Haas-1998]   Haasis, S.: Feature-based Process Chain within the Scope of Powertrain Engineering. Proceedings of the 31st International Symposium on Automotive Technology and Automation 1998 (ISATA 98), S. 113–120

[Hehe-2004]   Hehenberger., P.: Beiträge zur Beschreibung von mechatronischen Entwurfsmodellen für die frühen Phasen des Produktentwicklungsprozesses. Dissertation, Johannes Kepler Universität Linz (2004)

[HFRW-1999]   Haasis, S., Frank, D., Rommel, B., Weyrich, M.: Feature-basierte Integration von Produktentwicklung, Prozessgestaltung und Ressourcenplanung. In: VDI-Bericht 1497, Beschleunigung der Produktentwicklung durch EDM/PDM- und Feature-Technologie. VDI-Verlag Düsseldorf, S. 333–348 (1999)

[HoLa-1992]   Hoschek, J., Lasser, D.: Grundlagen der geometrischen Datenverarbeitung. B.G. Teubner, Stuttgart (1992)

[HSKP-2000]   Haasis, S., Ströhle, H., Karthe, T., Pfeifle, J.: Feature-basierte Prüfmodellierung. VDI-Berichte Nr. 1569, S. 199–212. VDI-Verlag, Düsseldorf (2000)

[ISO-10303]   ISO DIS 10303: Industrial Automation Systems, Product Data Representation and Exchange. International Organization for Standardization, Genf (1992)

[JZSV-2000]   Jandelcit, M., Zirkel, M., Strohmeier, K., Vajna, S.: Optimierung der Apparatekonstruktion durch integrierte Rechnerunterstützung. VDI-Berichte Nr. 1569, S. 99–113. VDI-Verlag, Düsseldorf (2000)

[KBGE-1998]   Kunhenn, J., Bugert, T., Götzelt, U., Enders, L., Schön, A., Vajna, S.: Parametrik im Produktentstehungsprozess – Möglichkeiten und Risiken. CAD-CAM-Rep. 17(10), 86–91 (1998)

[Köhl-2002]   Köhler, P.: Moderne Konstrutionsmethoden im Maschinenbau, 1.Aufl. Vogel, Würzburg (2002)

[KrKR-1992]   Krause, F.-L., Kramer, S., Rieger, E.: Featurebasierte Produktentwicklung. ZwF-CIM. 87(5), 247–251 (1992)

[KrWo-2001]   Krause, F.-L., Wöhle, T.: Automatisierte Ableitung von anwendungsspezifischen Sichten aus Konstruktionsdaten. In: VDI-Berichte 1614, VDI-Verlag GmbH Düsseldorf (2001)

[MaBW-1997]   Matthes, J., Bullinger, H.-J., Warschat, J.: Featureorientierte Produktbeschreibung zur konstruktionsbegleitenden Montageplanung. VDI Berichte Nr. 1322, S. 135–160. VDI Verlag, Düsseldorf (1997)

[Meer-1995]   Meerkamm, H.: Engineering Workbench – Ein Schlüssel zur Lösung komplexer Konstruktionsprobleme. Proceedings of ICED 95 (International Conference on Engineering Design 1995), Bd. 4, S. 1261–1268. Heurista-Verlag, Zürich 1995

[MeRa-1992]   Merat, F. L., Radack, G. M.: Automatic inspection planning within a feature-based CAD system. Robot. Comput. Integr. Manuf. 9(1), 61–69 (1992)

[MeWa-1999]   Meerkamm, H., Wartzack, S.: Durchgängige Rechnerunterstützung in der Produktentwicklung durch den Einsatz von hochwertigen Features. VDI-Berichte Nr. 1497, S. 369–390. VDI-Verlag, Düsseldorf (1999)

[MoYB-1993] Molloy, E., Yang, H., Browne, J.: Feature-based modelling in design for assembly. Int. J. Comput. Integr. Manuf. **6**(1/2), (1993) Special Issue „Features", herausgegeben von K. Case, N. Gindy, S. 119–125

[MVSO-1998] Muth, M., Vajna, S., Sander, R., Obinger, F.: Einsatz der Parametrik in der Produktentwicklung. VDI-Z 140, Special C-Techniken März, S. 38–41 (1998)

[Müll-1980] Müller, G.: Rechnerorientierte Darstellung beliebig geformter Bauteile. Hanser-Verlag, München (1980)

[OWVM-1997] Ovtcharova, J., Weber, C., Vajna, S., Müller, U.: Neue Perspektiven für die Feature-basierte Modellierung. VDI-Z. **140**(3), 34–37 (1997)

[Pahl-1990] Pahl, G.: Konstruieren mit 3D-CAD-Systemen. Springer-Verlag, Berlin-Heidelberg (1990)

[Roll-1995] Roller, D.: CAD Effiziente Anpassungs- und Variantenkonstruktion. Springer Verlag, Berlin (1995)

[ScSt-1994] Schulte, M., Stark, R.: Definition und Anwendung höherwertiger Konstruktionselemente (Design Features) am Beispiel von Wellenkonstruktionen. Forschungsbericht Universität des Saarlandes. Schriftenreihe Produktionstechnik, Bd. 2, Saarbrücken (1994)

[ScWa-2014] Schleich, B., Wartzack, S.: A discrete geometry approach for tolerance analysis of mechanism. Mech. Mach. Theory. **77**, 148–163 (2014)

[SeBl-1997] Seel, U., Bley, H.: Featurebasierte Montage – Konzepte und Realisierungsbeispiele für den Datenaustausch in komplexen automatisierten Montagesystemen. VDI Berichte Nr. 1322, S. 161–178. VDI Verlag, Düsseldorf (1997)

[Shah-1991] Shah, J. J.: Conceptual development of form features and feature modelers. Res. Eng. Des. **2**(2), 93–108 (1990/91)

[ShMä-1995] Shah, J., Mäntylä, M.: Parametric and Feature Based CAD/CAM. John Wiley & Sons, Inc., New York (1995)

[SpKr-1997] Spur, G., Krause, F.-L.: Das virtuelle Produkt – Management der CAD-Technik. Hanser-Verlag, München–Wien (1997)

[UnAn-1992] Unruh, V., Anderson, D. C.: Feature-based modeling for automatic mesh generation. Eng. Comput. **8**(1), 1–12 (1992)

[Vajn-1982] Rechnerunterstützte Anpassungskonstruktion. VDI-Fortschritts-Berichte 10/16. VDI-Verlag, Düsseldorf (1982)

[Vajn-1992] Vajna, S.: 30 Jahre CAD/CAM (Teil I/II). CAD/CAM-Report 11 (1992) 12, S. 40–47, CAD/CAM-Report 12 (1993) 1, 42–54

[Vajn-1999] Stand und Tendenzen der rechnerintegrierten Anlagenplanung, in: 19. Konstruktionssymposium der DECHEMA e.V., Anlagenentwicklung – Trends in der Gestaltung von Systemkomponenten zur Prozessoptimierung. DECHEMA, Frankfurt, Febr. 1999

[VaWe-1997] Vajna, S., Weber, C.: CAD/CAM-Systemwechsel. Springer-VDI Verlag, Düsseldorf (1997)

[VDA-4961] VDA-Empfehlung 4961: Kooperationsmodelle und SE-Checklisten zur Abstimmung der Datenlogistik in SE-Projekten. VDA, Frankfurt (2001)

[VDI-2206] VDI-Richtlinie 2206: Entwicklungsmethodik für mechatronische Systeme. VDI-Verlag, Düsseldorf (2003)

[VDI-2209] VDI-Richtlinie 2209: 3D-Produktmodellierung. VDI-Verlag, Düsseldorf (2009)

[VDI-2218] VDI-Richtlinie 2218: Feature-Technologie. VDI-Verlag, Düsseldorf (2003)

[VDI-2219] VDI 2219: Einführung und Betrieb von PDM-Systemen – Entwurf. Beuth, Berlin (2016)

[VDI-T95]   CAD/CAM-Systemwechsel – ein Schritt ins Ungewisse? Tagungsband, VDI-Bericht 1216, VDI-Verlag Düsseldorf (1995)

[VMSO-1998]   Vajna, S., Muth, M., Sander, R., Obinger, F.: Einsatz der Parametrik in der Produktentwicklung. VDI-Z. **141**(3), 38–41 (1998)

[VWSS-1994]   Vajna, S., Weber, Ch., Schlingensiepen, J., Schlottmann, D.: CAD/CAM für Ingenieure. Vieweg Braunschweig, Wiesbaden (1994)

[WeKr-1999]   Weber, C., Krause, F.-L.: Features mit System – die neue Richtlinie VDI 2218. VDI-Berichte Nr. 1497, S. 349–367. VDI-Verlag, Düsseldorf (1999)

[WeWS-2000]   Weber, C., Werner, H., Schilke, M.: Einsatz der Feature-Technologie für die automatische Generierung optimierter FEM-Netze. In: VDI-Berichte 1569, S. 385–397. VDI-Verlag, Düsseldorf (2000)

[Wolf-1994]   Wolfram, M.: Feature-basiertes Konstruieren und Kalkulieren. Dissertation TU München. Hanser-Verlag, Reihe Konstruktionstechnik München, Bd. 19, München (1994)

[Yama-1988]   Yamaguchi, F.: Curves and Surfaces in Computer Aided Geometric Design. Springer-Verlag, Berlin-Heidelberg (1988)

Finite-Elemente-Modellierung und Anwendungen

6

Im Rahmen dieses Kapitels werden die wichtigsten Grundlagen der Finite-Elemente-Methode (FEM) vorgestellt und Hinweise für praktische Anwendungen von FEM-Systemen gegeben.

6.1 Einleitung und Überblick

Die Finite-Elemente-Methode gehört zu den wichtigsten und am häufigsten benutzten numerischen Rechenverfahren im Ingenieurwesen. Ursprünglich wurde sie zur Lösung von physikalisch basierten, mathematischen Modellen für Spannungs- und Verformungsprobleme in der Strukturmechanik entwickelt, ist aber sehr bald auf das gesamte Anwendungsgebiet der Kontinuumsmechanik ausgedehnt worden.

Seit Anfang des letzten Jahrhunderts sind numerische Lösungsverfahren entwickelt worden, die zu dieser Zeit jedoch aufgrund der damals noch fehlenden elektronischen Rechenanlagen nur begrenzt einsetzbar waren. Erst nach 1950 erschienen die ersten praktisch brauchbaren Digitalrechner. Durch die Einsatzmöglichkeiten leistungsstarker Rechenanlagen haben die numerischen Verfahren große Bedeutung erlangt. Grundlegende Beiträge wurden unter anderen von R. Courant (Courant 1942), J. H. Argyris (Argyris 1955), P. G. Ciarlet (Ciarlet 1978), O. C. Zienkiewicz (Zienkiewicz 1977) erbracht. Ausführliche Literaturhinweise sind z. B. in Bathe (2002), Jung und Langer (2001) und Knothe und Wessels (1999) zu finden.

Die Finite-Elemente-Methode ist ein Näherungsverfahren zur Lösung von Problemen des Ingenieurwesens und der Physik mithilfe mathematischer Modelle, bei dem feste oder flüssige Körper in Elemente endlicher Größe („Finite[1] Elemente") zerlegt werden. Zwischen den Elementen müssen geeignete Übergangsbedingungen so definiert

---

[1] „finit" bedeutet „endlich" und soll den Unterschied zu „infinitesimal", also „beliebig klein werdend", ausdrücken.

© Springer-Verlag GmbH Deutschland, ein Teil von Springer Nature 2018
S. Vajna et al., *CAx für Ingenieure*,
https://doi.org/10.1007/978-3-662-54624-6_6

werden, dass die Summe aller Elemente in Verbindung mit den Übergangsbedingungen dem Gesamtmodell entspricht. Damit können auch Körper mit komplexer Geometrie praktisch „beliebig genau" approximiert werden. Die Rechtfertigung für diese Methode ergibt sich aus unterschiedlichen Extremalprinzipien (z. B. Minimum der potenziellen Energie), die sowohl global (für den gesamten Körper) als auch lokal (für das Finite Element) gelten.

Zur Lösung des Problems muss daher zunächst ein adäquates mathematisches Modell ausgewählt werden, das durch algebraische Gleichungen, gewöhnliche oder partielle Differentialgleichungen oder durch eine Kombination daraus beschrieben wird. Die Gleichungen können linear oder nichtlinear sein. Bei den Problemstellungen kann es sich sowohl um Fragestellungen für stationäre (zeitlich unveränderliche, insbesondere auch statische) als auch um transiente (zeitlich veränderliche, instationäre, dynamische) Vorgänge bzw. Systeme handeln (siehe Abschn. 4.2).

Im Bereich der Strukturmechanik sind folgende Möglichkeiten der Zerlegung (Diskretisierung) gebräuchlich: Bauteile, die nur durch Axialkräfte bzw. auf Biegung beansprucht werden, können z. B. in 1D-Elemente (Stab- bzw. Balkenelemente) zerlegt werden, flächenhafte Strukturen in 2D-Elemente (Scheiben-, Platten- oder Schalenelemente) und Volumina in 3D-Elemente (beispielsweise Tetraeder- oder etwa Hexaederelemente).

Für das einzelne Element wird der physikalische (z. B. mechanische, thermische, elektromagnetische) Sachverhalt formuliert, über die Elementknoten erfolgt die Kopplung zu den angrenzenden Elementen und den Rändern des Rechengebietes. Pro Freiheitsgrad (z. B. Verschiebungen in der Strukturmechanik) kann somit eine Gleichungszeile des Gleichungssystems aufgebaut werden, welches den Rand- und Anfangsbedingungen der jeweiligen Problemstellung anzupassen ist.

Für mechanische Problemstellungen, bei denen als Extremalprinzipien jene von d'Alembert, Lagrange oder Hamilton herangezogen werden können, die auch in der Dynamik gelten und im Spezialfall der Statik in das Prinzip (vom Minimum) der virtuellen Arbeit übergehen, werden bei der Verschiebungsmethode die Knotenverschiebungen als Unbekannte (Freiheitsgrade) eingeführt. Die Verschiebungsmethode in Verbindung mit dem Prinzip der virtuellen Arbeit wird in der Literatur auch oft als „Prinzip der virtuellen Verrückungen" bezeichnet (Ziegler 1998). Zur Bestimmung des Minimums der virtuellen Arbeit werden zu den beschreibenden Gleichungen (in der Regel Differentialgleichungen) äquivalente Variationsgleichungen formuliert („schwache Form"). Für andere Bereiche der Physik wird auf ähnliche Weise ein Variationsproblem formuliert, das den beschreibenden Gleichungen bzw. dem zugehörigen Extremalprinzip entspricht. In vielen Fällen können dazu Energiefunktionale herangezogen werden.

Bei der Verschiebungsmethode in der Mechanik kann für jedes Element bei gegebenem Ausgangszustand (d. h. bei gegebenen Knotenlasten und Knotenverschiebungen) die Steifigkeitsmatrix dadurch berechnet werden, dass die Knotenverschiebungen variiert und die dafür notwendigen Laständerungen an den Knoten ermittelt werden. Die auftretenden Proportionalitätsfaktoren bilden die Koeffizienten der Steifigkeitsmatrix, die somit der Verallgemeinerung des Federkennwertes einer linearen oder um den Arbeitspunkt linearisierten

Feder entspricht und aus der das Gleichungssystem für die unbekannten Verschiebungen in Verbindung mit den kinematischen Kopplungen und den Gleichgewichtsbedingungen für alle Knoten folgt. In analoger Weise erhält man bei dynamischen Fragestellungen die Dämpfungsmatrix durch Variation der Geschwindigkeiten an den Knoten.

Die Grundidee der Finite-Elemente-Methode, nämlich das Rechengebiet in ausreichend kleine (finite) Elemente zu zerlegen, hat eine Fülle von Möglichkeiten zur rechnerischen Analyse von Fragestellungen aus Physik und Technik eröffnet. Allerdings treten bei der Berechnung zwangsläufig auch Fehler auf.

Abb. 6.1 Auftretende Fehler bei der FEM

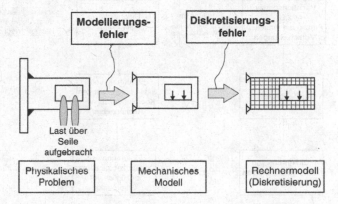

Abb. 6.1 zeigt die zwei prinzipiellen Typen von Fehlern, die bei einer Berechnung auftreten können. Einerseits sind dies *Modellierungsfehler*, die durch unvollständige bzw. vereinfachte Erfassung, Beschreibung und Darstellung des physikalischen Problems (Vernachlässigung von Effekten und Phänomenen, Idealisierungen) bedingt sind). Andererseits tritt durch die Zerlegung des Rechengebiets in Finite Elemente ein sogenannter *Diskretisierungsfehler* auf. Möglichkeiten zur Vermeidung bzw. Minimierung solcher Fehler werden im Abschn. 6.12 behandelt.

In den letzten Jahrzehnten hat die Nutzung von FEM-Systemen Einzug in viele verschiedene Ingenieurdisziplinen, beispielsweise zur Dimensionierung von Maschinenelementen, zur Festigkeitsrechnung oder zur Berechnung von Magnetfeldern, gehalten. Die Vorteile der FEM-Simulation als „numerisches Experiment" gegenüber physikalischen Experimenten (Versuchen) sind klar erkennbar:

- Zeit- und Kostenersparnis (Reduzierung des mit dem Prototypenbau verbundenen Aufwands für Planung, Durchführung und Auswertung von Versuchen)
- Berechnungsnachweise werden immer öfter als Qualitätsnachweise gefordert
- Möglichkeit, kostengünstige und schnelle Variantenstudien und Parametervariationen am rechnerinternen Modell durchzuführen
- Analyse von Bereichen, die für Messungen nur schwer oder gar nicht zugänglich sind (z. B. Motorbrennraum, Hochofen, Dampfturbine, Werkstücke bei Gieß-, Umform- oder spanenden Fertigungsverfahren, Strukturelemente bei Crashuntersuchungen)

- Analyse von Systemen, an denen Versuche nicht möglich, zu gefährlich oder zu teuer sind (z. B. Erdbebenbelastung großer Strukturen)
- Ermittlung und Analyse vollständiger zwei- bzw. dreidimensionaler Verteilungen physikalischer Größen (Spannungen, Verschiebungen, Auflagerreaktionen etc.)

Dennoch sind Experimente nach wie vor nötig, um z. B. Berechnungsergebnisse am realen Modell zu überprüfen und Berechnungsverfahren zu verbessern.

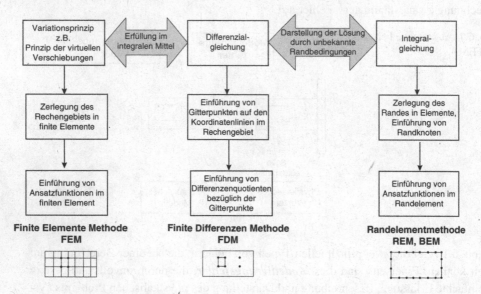

Abb. 6.2 Finite-Elemente-Methode und andere Diskretisierungsverfahren (in Anlehnung an Knothe und Wessels 1999)

Abb. 6.2 zeigt in Ergänzung zur FEM weitere Verfahren zur Diskretisierung, welche aber in Folge nicht näher erläutert werden. Es wird dazu auf die Literatur verwiesen (siehe Bathe 2002; Brebbia 1984; Gaul et al. 2003; Knothe und Wessels 1999; Munz und Westermann 2005).

Der Einsatzbereich von FEM-Systemen liegt heute überwiegend auf den folgenden ingenieurwissenschaftlichen Gebieten, wobei diese Systeme für die beispielhaft angegebenen Analysezwecke eingesetzt werden:

- Strukturmechanik: Analyse des mechanischen Verhaltens von Systemen, wie Fahrzeugzellen, Turbinensätzen, Fachwerken, allgemeinen Tragwerken, Flugkörpern etc.
- Wärmeübertragung, Thermodynamik: Analyse von Temperaturfeldern (Temperaturverteilungen)
- Elektro-/Magnetostatik: Analyse von Magnetfeldern
- Strömungsmechanik: Analyse von Strömungsgeschwindigkeitsfeldern
- Akustik: Analyse der Schallausbreitung

Typische Branchen, in denen FEM-Systeme intensiv eingesetzt werden, sind die Luft- und Raumfahrt, die Automobilindustrie, der allgemeine Maschinenbau (Werkzeugmaschinen-, Stahl-, Schiffsbau usw.). Hinzu kommen noch die Kunststoff-, die Konsumgüter-, die Elektro- und Elektronikindustrie.

6.2 Einführungsbeispiele

Um das Wesen der Finite-Elemente-Methode zu erläutern, werden nun klassische Methoden vorgestellt, die für die Formulierung und Lösung von mathematischen Modellen ingenieurwissenschaftlicher Systeme verwendet werden. Für vertiefte Einblicke in die FEM sei auf (Bathe 2002; Krätzig und Onate 1990; Oden und Reddy 1976; Reddy 1993; Schwarz 1984; Wriggers 2001) oder (Buck et al. 1973) verwiesen.

Das Ziel der beiden folgenden einfachen Beispiele besteht darin, dem Leser die prinzipielle Idee der Finite-Elemente-Methode näher zu bringen.

Als erstes Beispiel wird dazu ein durch bestimmte Vereinfachungen gebildetes mathematisches Modell mit konzentrierten Parametern betrachtet. Solche Modelle werden auch als „diskrete Modelle" bezeichnet, sie beschreiben endlichdimensionale Systeme (Bathe 2002), siehe auch Abschn. 4.2.5).

Zum Unterschied dazu wird als zweites Beispiel ein „kontinuierliches Modell" für eine kontinuumsmechanische Problemstellung (Torsionsschwingungen einer Welle) behandelt (Modell mit verteilten Parametern, siehe Abschn. 4.2.5). Da die Kontinuumsmechanik Feldgrößen, d. h. vom Ort abhängige Größen zur Beschreibung von Zuständen benötigt (z. B. die Durchbiegung w(x) eines Balkens an der axialen Position x oder die Verdrehung φ(x) der Querschnitte eines Torsionsstabes an der axialen Position x), führen die zugehörigen mathematischen Modelle auf unendlichdimensionale Systeme, d. h. die Anzahl der Zustandsgrößen, die das System vollständig beschreiben, ist unendlich (siehe Abschn. 4.2.5). Die beschreibenden Gleichungen sind Differentialgleichungen, die zumindest eine Ortskoordinate als unabhängige Veränderliche beinhalten (z. B. die Differentialgleichung für einen Biegebalken, $\mathrm{EI}w^{IV}(x) = 0$ mit der Biegesteifigkeit EI).

In der Regel gelingt es nur für sehr einfache Geometrien (etwa Kugel, Zylinder, Rechteck), analytische Lösungen der Differentialgleichungen zu finden, die alle Randbedingungen erfüllen. Für etwas komplexere Geometrien muss daher in der Regel auf Näherungsverfahren zurückgegriffen werden.

Dabei wird das kontinuierliche, unendlichdimensionale System auf ein diskretes, endlichdimensionales System reduziert (projiziert), das danach wie ein diskretes System (Modell mit konzentrierten Parametern) weiter behandelt werden kann. Derartige Verfahren werden daher Diskretisierungsverfahren genannt.

Es ist eine Frage der Modellbildung, ob ein technisches System durch ein kontinuierliches oder ein diskretes mathematisches Modell (siehe Abschn. 4.4.1) beschrieben werden soll. Diese Entscheidung hängt stark davon ab, welche Fragen mithilfe des mathematischen Modells beantwortet werden sollen, welche Effekte bzw. Phänomene berücksichtigt werden müssen, um Vorhersagen mit ausreichender Genauigkeit zu erhalten, und welcher Aufwand bzw. welche Kosten dafür in Kauf zu nehmen sind.

Beispiel 1: Stationäres Problem: Modell mit konzentrierten Parametern Bei einem mathematischen Modell mit konzentrierten Parametern kann der Systemzustand durch eine endliche Anzahl von Zustandsgrößen (Zustandsvariablen, siehe auch Abschn. 4.2.4) vollständig beschrieben werden.

Gemäß (Bathe 2002) sind zur Lösung folgende Schritte nötig:
- Idealisierung des Systems durch Verbund finiter Elemente
- Aufstellen der Bewegungsgleichungen am Element: Die Bewegungsgleichungen werden für jedes Element mittels der Zustandsgrößen und der konzentrierten Parameter aufgestellt.
- Zusammensetzen der Elemente zur Gesamtstruktur: Die Bedingungen für die Kopplung der Elemente untereinander sowie für deren Anbindung an den Rand werden herangezogen, um ein Gleichungssystem für die unbekannten Zustandsvariablen aufzustellen.
- Berechnung der Lösung

Stationäre Probleme (Systeme, siehe Abschn. 4.2.5) sind dadurch gekennzeichnet, dass die Systemantwort zeitunabhängig ist. Die Zustandsgrößen können daher aus Gleichungen ermittelt werden, die nicht von der Zeit abhängen.

Um das Prinzip der Methode zu verdeutlichen, wird im folgenden Beispiel eine Struktur gemäß Abb. 6.3 behandelt. Die beiden starren Plattformen (schraffiert dargestellt) seien durch vier Stabelemente miteinander verbunden und durch Führungen ausschließlich translatorisch und vertikal verschiebbar. Es sollen die statischen Verschiebungen an beiden Plattformen bei vorgegebenen äußeren Lasten P_1 und P_2 sowie die Kräfte und Auslenkungen aller Federn berechnet werden.

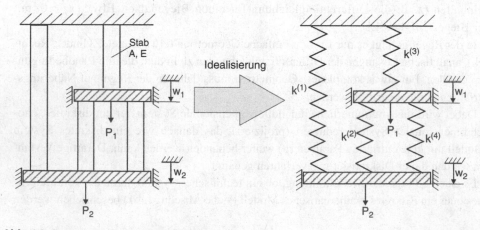

Abb. 6.3 Betrachtete Struktur und Idealisierung

In einem ersten Schritt wird dieses statische Problem durch ein System von gekoppelten, linear-elastischen Federn (1D-Elementen) idealisiert. Mithilfe des Hookeschen Gesetzes ergibt sich die jeweilige Steifigkeit der Federn wie folgt

$$k^{(j)} = \frac{E^{(j)} A^{(j)}}{l_0^{(j)}}$$

$E^{(j)}$ beschreibt dabei den Elastizitätsmodul, $A^{(j)}$ den Querschnitt und $l_0^{(j)}$ die Länge des Stabes mit der Nummer j im unbelasteten Ausgangszustand. Als Zustandsgrößen, die die Antwort des Systems kennzeichnen (vollständig beschreiben), werden die Verschiebungen w_1 und w_2 gewählt. Diese Verschiebungen werden von den Anfangslagen aus gemessen, in denen alle Federn entspannt sein sollen.

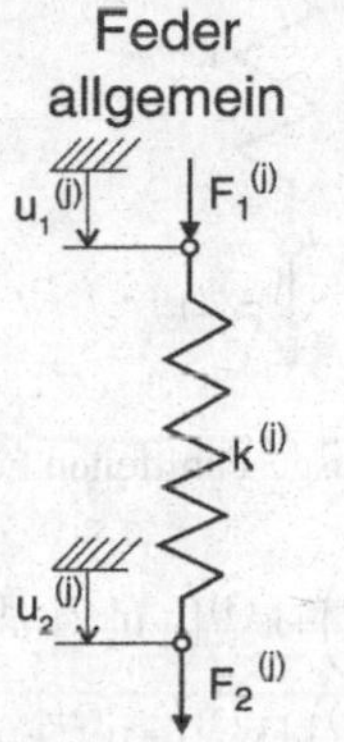

Abb. 6.4 Betrachtung eines beliebigen Federelementes mit der Nummer j

Aus dem Kräftegleichgewicht für ein einzelnes Federelement, wie in Abb. 6.4 dargestellt, ergibt sich folgender Zusammenhang zwischen den Kräften und Verschiebungen

$$\begin{bmatrix} F_1^{(j)} \\ F_2^{(j)} \end{bmatrix} = \begin{bmatrix} k^{(j)} & -k^{(j)} \\ -k^{(j)} & k^{(j)} \end{bmatrix} \begin{bmatrix} u_1^{(j)} \\ u_2^{(j)} \end{bmatrix} \tag{6.1}$$

Wird nun das gesamte System, bestehend aus den vier Federn (Abb. 6.5), wieder zusammengesetzt (assembliert), so muss die Resultierende aller in einem Knoten angreifenden Federkräfte genau der in diesem Knoten angreifenden äußeren Kraft entsprechen. Damit können die resultierenden Knotenkräfte P_1 und P_2 durch die Summe der Elementknotenkräfte ausgedrückt werden. Greift an einem Knoten keine äußere Kraft an, dann muss dort die Resultierende der Federkräfte Null sein.

$$P_1 = F_1^{(2)} + F_2^{(3)} + F_1^{(4)}$$
$$P_2 = F_2^{(1)} + F_2^{(2)} + F_2^{(4)}$$

Durch Einsetzen der Federgleichung (6.1) ergibt sich

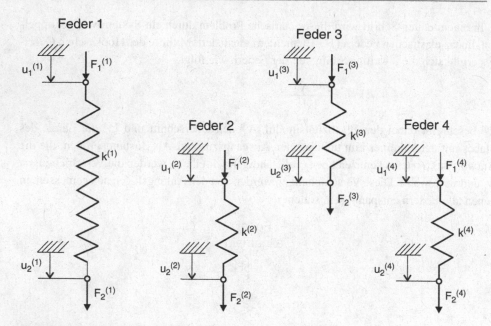

Abb. 6.5 Betrachtung der einzelnen herausgeschnittenen Federn

$$P_1 = k^{(2)}\left(u_1^{(2)} - u_2^{(2)}\right) + k^{(3)}\left(-u_1^{(3)} + u_2^{(3)}\right) + k^{(4)}\left(u_1^{(4)} - u_2^{(4)}\right)$$
$$P_2 = k^{(1)}\left(-u_1^{(1)} + u_2^{(1)}\right) + k^{(2)}\left(-u_1^{(2)} + u_2^{(2)}\right) + k^{(4)}\left(-u_1^{(4)} + u_2^{(4)}\right)$$
(6.2)

Die Knotenverschiebungen werden nun durch die Zustandsgrößen w_1 und w_2 mittels der folgenden kinematischen Zusammenhänge ausgedrückt

$$u_1^{(1)} = u_1^{(3)} = 0$$
$$u_1^{(2)} = u_2^{(3)} = u_1^{(4)} = w_1$$
$$u_2^{(1)} = u_2^{(2)} = u_2^{(4)} = w_2$$
(6.3)

Dadurch vereinfacht sich Gl. (6.2) wie folgt

$$P_1 = k^{(2)}\left(w_1 - w_2\right) + k^{(3)}\left(-0 + w_1\right) + k^{(4)}\left(w_1 - w_2\right)$$
$$P_2 = k^{(1)}\left(-0 + w_2\right) + k^{(2)}\left(-w_1 + w_2\right) + k^{(4)}\left(-w_1 + w_2\right)$$

Diese Gleichung kann nun in Matrizenschreibweise ausgedrückt werden, woraus man die globale Steifigkeitsmatrix K der gesamten Struktur erhält. Die Zusammenhänge zwischen den Belastungen und den Verschiebungen ergeben sich wie folgt

$$P = K\,W$$

beziehungsweise ausgeschrieben

$$\begin{bmatrix} P_1 \\ P_2 \end{bmatrix} = \begin{bmatrix} k^{(2)} + k^{(3)} + k^{(4)} & -k^{(2)} - k^{(4)} \\ -k^{(2)} - k^{(4)} & k^{(1)} + k^{(2)} + k^{(4)} \end{bmatrix} \begin{bmatrix} w_1 \\ w_2 \end{bmatrix} \qquad (6.4)$$

Die gesuchten statischen Verschiebungen w_1 und w_2, die zum Vektor W zusammengefasst wurden, können nun durch Auflösen der Gl. (6.4) berechnet werden. Durch Auswertung der Gl. (6.3) und (6.1) (Postprocessing) erhält man die Auslenkungen und Kräfte an allen Federn.

Mit der gleichen Vorgehensweise können nun auch komplexere diskrete statische Modelle gelöst werden. Die Methode lässt sich auch auf „Netzwerke" aus anderen Anwendungsbereichen der Mechatronik übertragen (z. B. Hydrauliknetzwerke, Gleichstromnetzwerke).

Beispiel 2: Eigenschwingungsproblem: Modell mit verteilten Parametern
Anhand dieses Beispiels soll gezeigt werden, wie die Torsionseigenschwingungen einer Welle (kontinuierliches System, siehe Abb. 6.6) untersucht werden können. Die Welle hat die Gesamtlänge L, den Querschnitt A mit dem Trägheitsradius i und besteht aus homogenem, isotropem Material mit der Dichte ρ und dem Schubmodul G. Sie ist auf ihrer linken Seite eingespannt, während sie auf der rechten Seite, an der eine starre Scheibe mit dem Massenträgheitsmoment I_S montiert ist, frei drehbar ist. Die einzig mögliche Bewegung der Welle sei die Rotation ihrer Querschnitte um die Stabachse (Ort der Schwerpunkte aller Querschnitte), d. h. die Querschnitte rotieren dabei wie starre Scheiben um ihre Schwerpunkte. Die Welle wird folglich nicht gebogen, außerdem treten keine Schiefstellungen der Querschnitte auf, so dass gyroskopischen Effekte (Kreiseleffekte) nicht berücksichtigt werden müssen.

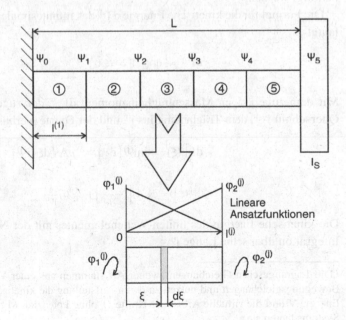

Abb. 6.6 Torsionsschwingungen einer Welle

Die Welle wird in fünf Abschnitte (Finite Elemente der Länge $l^{(j)}$) zerlegt (siehe Abb. 6.6), für die nun sowohl die Elementsteifigkeitsmatrix als auch die Elementmassenmatrix aufgestellt werden. Für jedes Element j wird ein linearer Ansatz für die Verschiebungen (hier Verdrehungen, Rotationen der Querschnitte um die Stabachse) wie folgt angenommen.

$$\varphi^{(j)}(\xi,t) = \varphi_1^{(j)}(t)\left(1-\frac{\xi}{l^{(j)}}\right) + \varphi_2^{(j)}(t)\frac{\xi}{l^{(j)}}$$

wobei $l^{(j)}$ die Länge des Elements mit der Nummer j bedeutet. An den Elementrändern betragen die Verdrehungen $\varphi_1^{(j)}(t)$ bzw. $\varphi_2^{(j)}(t)$, die als die Freiheitsgrade des Stabelementes mit der Nummer j aufgefasst werden können und die auf Elementebene zu einem Vektor $\phi^{(j)}(t)$ zusammengefasst werden. Mit ihnen können kinematische Übergangsbedingungen zwischen den Elementen und kinematische Randbedingungen direkt erfüllt werden. Um dies für das Beispiel zu erreichen, sind die Verdrehungen am Endquerschnitt des j-ten Elementes den Verdrehungen am Anfangsquerschnitt des j + 1-ten Elementes gleich zu setzen und die Verdrehung des linken Randquerschnittes Null zu setzen, was in der Sprache der Finiten Elemente als „Sperren" eines Freiheitsgrades bezeichnet wird ($\varphi_2^{(j)}(t) = \varphi_1^{(j+1)}(t) = \psi_j(t)$, j = 1, ..., 5 und $\varphi_1^{(1)}(t) = \psi_0(t) \equiv 0$). Die Freiheitsgrade des gesamten Systems stellen nun die verbleibenden fünf Verdrehungen $\psi_1(t)$, $\psi_2(t)$, ..., $\psi_5(t)$ der Wellenquerschnitte an den Elementrändern (Knoten) dar, die zu einem Vektor $\Psi(t)$ zusammengefasst werden.

Zur Aufstellung der Bewegungsgleichungen werden die Lagrangeschen Gleichungen zweiter Art[2]) verwendet, wozu die kinetische Energie T und die potenzielle Energie V benötigt werden.

Die Formel für die kinetische Energie $dT^{(j)}$ des infinitesimalen Länge $d\xi$ (siehe Abb. 6.6) lautet

$$dT^{(j)} = \frac{1}{2}dI_W^{(j)}(\xi)\left(\dot{\varphi}^{(j)}(\xi,t)\right)^2$$

Mit dem zugehörigen Massenträgheitsmoment $dI_w^{(j)}$, der zugehörigen Masse $dm^{(j)}$, dem Querschnitt $A^{(j)}$, dem Trägheitsradius $i^{(j)}$ und der Dichte ρ erhält man

$$dI_W^{(j)}(\xi) = dm^{(j)}\left(i^{(j)}\right)^2 = \rho A^{(j)}d\xi\left(i^{(j)}\right)^2$$

$$\dot{\varphi}^{(j)}(\xi,t) = \dot{\varphi}_1^{(j)}(t)\left(1-\frac{\xi}{l^{(j)}}\right) + \dot{\varphi}_2^{(j)}(t)\frac{\xi}{l^{(j)}}$$

Die kinetische Energie des finiten Wellenelementes mit der Nummer j erhält man durch Integration über seine Länge $l^{(j)}$

---

[2] Die Lagrangeschen Gleichungen zweiter Art stammen aus einer Variationsformulierung für die Bewegungsgleichungen und nutzen zu deren Aufstellung die kinetische Energie T, die potenzielle Energie V und die virtuelle Arbeit der Kräfte Q_i ohne Potenzial. Mit den N Freiheitsgraden q_i des Systems lauten sie

$$\frac{d}{dt}\left(\frac{dT}{\partial \dot{q}_i}\right) + \frac{dV}{\partial q_i} = Q_i \quad i = 1,...,N.$$

$$T^{(j)} = \frac{1}{2} \int_0^{1^{(j)}} A^{(j)} \left(i^{(j)}\right)^2 \rho \left[\dot{\varphi}_1^{(j)}(t)\left(1 - \frac{\xi}{1^{(j)}}\right) + \dot{\varphi}_2^{(j)}(t)\frac{\xi}{1^{(j)}}\right]^2 d\xi$$

Da der Querschnitt der Welle konstant vorausgesetzt wurde ($A^{(j)} = A$, $i^{(j)} = i$), kann nicht nur ρ, sondern auch das Produkt $A^{(j)} (i^{(j)})^2$ vor das Integral gezogen werden.

$$T^{(j)} = \frac{1}{2} A^{(j)} \left(i^{(j)}\right)^2 \rho \int_0^{1^{(j)}} \left[\left(\dot{\varphi}_1^{(j)}(t)\right)^2\left(1 - \frac{\xi}{1^{(j)}}\right)^2 + 2\dot{\varphi}_1^{(j)}(t)\dot{\varphi}_2^{(j)}(t)\left(1 - \frac{\xi}{1^{(j)}}\right)\frac{\xi}{1^{(j)}} + \left(\dot{\varphi}_2^{(j)}(t)\right)^2\frac{\xi^2}{1^{(j)2}}\right] d\xi$$

Mit der Definition des Trägheitsmoments des j-ten Wellenabschnittes $I_W^{(j)} = A^{(j)}\left(i^{(j)}\right)^2 \rho \, 1^{(j)}$ erhält man nach Lösen des Integrals folgenden Ausdruck

$$T^{(j)} = \frac{1}{2} I_W^{(j)} \left[\frac{\dot{\varphi}_1^{(j)2}}{3} + \frac{\dot{\varphi}_1^{(j)}\dot{\varphi}_2^{(j)}}{3} + \frac{\dot{\varphi}_2^{(j)2}}{3}\right] = \frac{1}{2}\left(\dot{\phi}^{(j)}(t)\right)^T M^{(j)}\dot{\phi}^{(j)}(t)$$

mit der Massenmatrix $M^{(j)}$ für das j-te Element

$$M^{(j)} = \begin{bmatrix} \dfrac{I_W^{(j)}}{3} & \dfrac{I_W^{(j)}}{6} \\[2mm] \dfrac{I_W^{(j)}}{6} & \dfrac{I_W^{(j)}}{3} \end{bmatrix} \quad \text{und} \quad \dot{\phi}^{(j)}(t) = \begin{bmatrix} \dot{\varphi}_1^{(j)} \ (t) \\[2mm] \dot{\varphi}_2^{(j)} \ (t) \end{bmatrix}$$

Zur Ermittlung der Steifigkeitsmatrix für das j-te Element wird die potenzielle Energie $V^{(j)}$ verwendet.

$$V^{(j)} = \frac{1}{2} \int_0^{1^{(j)}} G^{(j)} J_T^{(j)} (\vartheta^{(j)})^2 d\xi$$

mit

$$\vartheta^{(j)}(\xi,t) = \frac{\partial \varphi^{(j)}(\xi,t)}{\partial \xi} = \varphi_1^{(j)}(t)\left(-\frac{1}{1^{(j)}}\right) + \varphi_2^{(j)}(t)\left(\frac{1}{1^{(j)}}\right)$$

$J_T^{(j)}$ beschreibt die Drillsteifigkeit und das Produkt aus $G^{(j)}$ und $J_T^{(j)}$ den Drillwiderstand der Querschnitte, welcher aufgrund der Modellannahmen in diesem Beispiel unabhängig von der Längenkoordinate ξ ist ($G^{(j)}J_T^{(j)} = GJ_T$). Werte für Drillwiderstände und Drill-steifigkeiten von verschiedenen Querschnitten sind in Mechanikbüchern wie (Dankert und Dankert 1995; Magnus und Müller 1990; Parkus 1995; Wittenburg und Pestel 2001; Ziegler 1998) zu finden.

$$V^{(j)} = \frac{1}{2} G^{(j)} J_T^{(j)} \int_0^{1^{(j)}} \left[\varphi_1^{(j)}(t)(-\frac{1}{1^{(j)}}) + \varphi_2^{(j)}(t)\frac{1}{1^{(j)}}\right]^2 d\xi$$

Mit der Definition der Steifigkeit des j-ten Wellenabschnittes erhält man nach Lösen des Integrals folgenden Ausdruck

$$k^{(j)} = \frac{G^{(j)} J_T^{(j)}}{l^{(j)}}$$

$$V^{(j)} = \frac{1}{2} G^{(j)} J_T^{(j)} \left[\frac{\left(\varphi_1^{(j)}(t)\right)^2}{l^{(j)}} - \frac{2\varphi_1^{(j)}(t)\varphi_2^{(j)}(t)}{l^{(j)}} + \frac{\left(\varphi_2^{(j)}(t)\right)^2}{l^{(j)}} \right] = \frac{1}{2} \left(\phi^{(j)}(t)\right)^T K^{(j)} \phi^{(j)}(t)$$

mit

$$K^{(j)} = \begin{bmatrix} k^{(j)} & -k^{(j)} \\ -k^{(j)} & k^{(j)} \end{bmatrix} \text{ und } \phi^{(j)}(t) = \begin{bmatrix} \varphi_1^{(j)}(t) \\ \varphi_2^{(j)}(t) \end{bmatrix}$$

Das Einsetzen in die Lagrangeschen Gleichungen liefert die Bewegungsgleichung für das Element mit der Nummer j, das die Elementfreiheitsgrade $\varphi_1^{(j)}(t)$ und $\varphi_2^{(j)}(t)$ besitzt, die zum Vektor $\phi^{(j)}(t)$ zusammengefasst wurden.

$$\frac{d}{dt} \left(\frac{\partial T^{(j)}}{\partial \dot{\varphi}_k^{(j)}} \right) + \frac{\partial V^{(j)}}{\partial \varphi_k^{(j)}} = 0 \text{ mit } k=1,2 \text{ und daraus}$$

$$M^{(j)} \ddot{\phi}^{(j)} + K^{(j)} \phi^{(j)} = 0$$

Aus den einzelnen Element-Matrizen werden nun die globalen Gesamtmatrizen (globale Massenmatrix, globale Steifigkeitsmatrix) durch Assemblierung (Zusammensetzen) aufgebaut. Das unten angeführte Schema der additiven Assemblierung der Elementbeiträge zu den globalen Matrizen ergibt sich unmittelbar aus der Tatsache, dass die Energien (kinetische Energie, potenzielle Energie) extensive Größen sind, d. h. dass sich die Gesamtenergie durch Summation über alle Elemente ergibt (siehe Abb. 6.7).

Für den Fall, dass alle fünf Wellenabschnitte (finiten Elemente) gleiche Eigenschaften haben, ergibt sich die Bewegungsgleichung für das Gesamtsystem wie folgt.

Abb. 6.7 Erstellung der globalen Matrizen (Massenmatrix, Steifigkeitsmatrix)

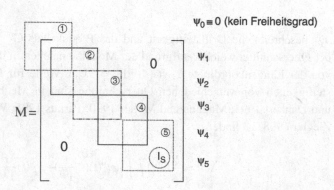

$M\ddot{\psi} + K\psi = 0$ und ausgeschrieben

$$
\begin{bmatrix}
\dfrac{2I_w}{3} & \dfrac{I_w}{6} & 0 & 0 & 0 \\[2mm]
\dfrac{I_w}{6} & \dfrac{2I_w}{3} & \dfrac{I_w}{6} & 0 & 0 \\[2mm]
0 & \dfrac{I_w}{6} & \dfrac{2I_w}{3} & \dfrac{I_w}{6} & 0 \\[2mm]
0 & 0 & \dfrac{I_w}{6} & \dfrac{2I_w}{3} & \dfrac{I_w}{6} \\[2mm]
0 & 0 & 0 & \dfrac{I_w}{6} & \dfrac{I_w}{3}+I_s
\end{bmatrix}
\begin{bmatrix}
\ddot{\psi}_1 \\ \ddot{\psi}_2 \\ \ddot{\psi}_3 \\ \ddot{\psi}_4 \\ \ddot{\psi}_5
\end{bmatrix}
+
\begin{bmatrix}
2k & -k & 0 & 0 & 0 \\
-k & 2k & -k & 0 & 0 \\
0 & -k & 2k & -k & 0 \\
0 & 0 & -k & 2k & -k \\
0 & 0 & 0 & -k & k
\end{bmatrix}
\begin{bmatrix}
\psi_1 \\ \psi_2 \\ \psi_3 \\ \psi_4 \\ \psi_5
\end{bmatrix}
=
\begin{bmatrix}
0 \\ 0 \\ 0 \\ 0 \\ 0
\end{bmatrix}
$$

Mithilfe geeigneter Rechenverfahren, die in Finite-Elemente-Systeme heute standardmäßig integriert sind, können nun die Eigenwerte und Eigenvektoren für dieses System linearer gewöhnlicher Differentialgleichungen bestimmt werden. Die Imaginärteile der Eigenwerte stellen die Eigenkreisfrequenzen ω_i dar (mit den Eigenfrequenzen $f_i = \omega_i/2\pi$). Zu jedem der fünf Eigenwerte gibt es einen Eigenvektor[3], der die Schwingungsform, also die jeweils konstanten Amplitudenverhältnisse der Schwingungsausschläge aller Freiheitsgrade zu diesem Eigenwert bzw. zu dieser Eigenfrequenz, beschreibt. Bezüglich der effizienten Behandlung von Eigenwertproblemen und des Auftretens mehrfacher Eigenwerte sei auf die einschlägige Literatur, z. B. Arnold (1997), Dresig und Holzweißig (2004) und Zurmühl und Falk (1997) verwiesen.

6.3 Grundlagen zur Methode der Finiten Elemente

Die wohl häufigsten Anwendungsfälle für die Finite-Elemente-Methode im Maschinenbau stellen statische Festigkeitsberechnungen dar. Deshalb soll auf die dafür eingesetzten finiten Elemente etwas näher eingegangen werden. Als Erstes werden einige dazu benötigte Grundlagen der Strukturmechanik zusammengefasst. Der Einfachheit halber wird nur der 2D-Fall betrachtet. Die Verformungen und Beanspruchungen eines Kontinuums werden durch die Feldgrößen (die örtlich verteilten Größen) Verschiebungen u, Spannungen σ, Verzerrungen ε, γ sowie durch die Belastungen f beschrieben.

Im zweidimensionalen Fall setzt sich der Verschiebungsvektor u aus den Komponenten u_x und u_y zusammen. Da der Vektor u = u(x,y) im Allgemeinen vom Ort (Punkt mit den Koordinaten x,y) abhängig ist, spricht man von einem Vektorfeld. Als Koordinaten werden in FEM-Systemen üblicherweise „Körperkoordinaten" (Lagrangesche Koordinaten) verwendet, das heißt, die Koordinaten x,y markieren jenen Materiepunkt, der vor der Verschiebung die Koordinaten x,y hatte.

---

[3] Sind alle Eigenwerte voneinander verschieden, dann gibt es genau einen Eigenvektor zu jedem Eigenwert.

Nach der linearisierten Elastizitätstheorie ergeben sich daraus die Verzerrungen[4]

$$
\varepsilon = \begin{bmatrix} \varepsilon_{xx} \\ \varepsilon_{yy} \\ \gamma_{xy} \end{bmatrix} = \begin{bmatrix} \dfrac{\partial u_x}{\partial x} \\ \dfrac{\partial u_y}{\partial y} \\ \dfrac{\partial u_x}{\partial y} + \dfrac{\partial u_y}{\partial x} \end{bmatrix} = \begin{bmatrix} \dfrac{\partial}{\partial x} & 0 \\ 0 & \dfrac{\partial}{\partial y} \\ \dfrac{\partial}{\partial y} & \dfrac{\partial}{\partial x} \end{bmatrix} = \begin{bmatrix} u_x \\ u_y \end{bmatrix} = \mathrm{L}u
$$

Dabei wird der Differentialoperator L definiert, der Matrixform hat, jedoch statt Zahlen Ableitungsvorschriften enthält. Derselbe Operator kommt in transponierter Form auch in den Gleichgewichtsbedingungen (Gl. 6.6) vor.

Die Spannungsgrößen σ (σ_{xx}, σ_{yy}, σ_{xy})[5] sind mit den Verzerrungsgrößen ε (ε_{xx}, ε_{yy}, ε_{xy}) über das Materialgesetz verknüpft. Im einfachsten Fall eines isotropen, linear elastischen Zusammenhangs wird das Materialgesetz durch das Hookesche Gesetz beschrieben, das mit dem Elastizitätsmodul E, dem Schubmodul G und der Querdehnzahl ν für den allgemeinen 3D-Fall wie folgt angeschrieben werden kann.

$$\varepsilon_{xx} = \frac{1}{E}\left[\sigma_{xx} - \nu(\sigma_{yy} + \sigma_{zz})\right]$$

$$\varepsilon_{yy} = \frac{1}{E}\left[\sigma_{yy} - \nu(\sigma_{zz} + \sigma_{xx})\right] \quad G = \frac{E}{2(1+\nu)}$$

$$\varepsilon_{zz} = \frac{1}{E}\left[\sigma_{zz} - \nu(\sigma_{xx} + \sigma_{yy})\right]$$

$$\gamma_{xy} = 2\varepsilon_{xy} = \frac{1}{G}\sigma_{xy} = \frac{2(1+\nu)}{E}\sigma_{xy} \quad \varepsilon_{xy} = \varepsilon_{yx} \quad \sigma_{xy} = \sigma_{yx}$$

$$\gamma_{yz} = 2\varepsilon_{yz} = \frac{1}{G}\sigma_{yz} = \frac{2(1+\nu)}{E}\sigma_{yz} \quad \varepsilon_{yz} = \varepsilon_{zy} \quad \sigma_{yz} = \sigma_{zy}$$

$$\gamma_{zx} = 2\varepsilon_{zx} = \frac{1}{G}\sigma_{zx} = \frac{2(1+\nu)}{E}\sigma_{zx} \quad \varepsilon_{zx} = \varepsilon_{xz} \quad \sigma_{zx} = \sigma_{xz}$$

Für den ebenen Spannungszustand ($\sigma_{zx} = 0$, $\sigma_{zy} = 0$, $\sigma_{zz} = 0$) vereinfacht sich der Zusammenhang zu.

---

[4] Bei kleinen Verzerrungen entsprechen die Verzerrungskomponenten mit gleichen Indizes j in guter Näherung den Dehnungen jener Bogenelemente, die vor der Verformung die Richtung der Achse j hatten. Die Verzerrungskomponenten mit gleichen Indizes hängen daher mit Längenänderungen zusammen, während die Verzerrungskomponenten mit verschiedenen Indizes j und k der Änderung eines rechten Winkels entsprechen, dessen Schenkel vor der Verformung parallel zu den Achsen j und k waren, und daher mit Winkeländerungen zusammenhängen (Parkus 1995; Ziegler 1998).

[5] Spannungen mit gleichen Indizes j bezeichnen Normalspannungen (stehen normal auf die betrachtete Schnittfläche mit dem Normalenvektor in Richtung der Achse j), Spannungen mit verschiedenen Indizes j und k bezeichnen Schubspannungen (liegen in der betrachteten Schnittfläche mit dem Normalenvektor in Richtung der Achse j).

$$\sigma = \begin{bmatrix} \sigma_{xx} \\ \sigma_{yy} \\ \sigma_{xy} \end{bmatrix} = \frac{E}{1-\nu^2} \begin{bmatrix} 1 & \nu & 0 \\ \nu & 1 & 0 \\ 0 & 0 & \frac{1}{2}(1-\nu) \end{bmatrix} \begin{bmatrix} \varepsilon_{xx} \\ \varepsilon_{yy} \\ \gamma_{xy} \end{bmatrix} = D\varepsilon = DLu \qquad (6.5)$$

Wird ein 2D-Element betrachtet, so koppeln die äußeren Einwirkungen (z. B. die angreifenden Kräfte) mit den Spannungen im Inneren. An einer freigeschnittenen rechtwinkligen Scheibe mit der Dicke h stellt sich unter den äußeren Volumenkräften f_x und f_y (z. B. spezifisches Gewicht) ein Spannungszustand gemäß Abb. 6.8 ein.

Abb. 6.8 Kräfte an einem infinitesimalen Scheibenausschnitt mit der Fläche dxdy und der Dicke h

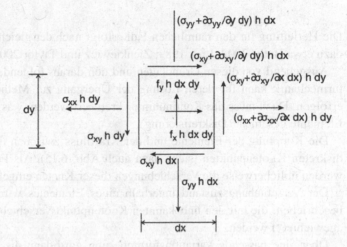

Das Gleichgewicht für die rechtwinkelige Scheibe ergibt sich zu

$$\begin{bmatrix} \dfrac{\partial}{\partial x} & 0 & \dfrac{\partial}{\partial y} \\[2mm] 0 & \dfrac{\partial}{\partial y} & \dfrac{\partial}{\partial x} \end{bmatrix} \begin{bmatrix} \sigma_{xx} \\ \sigma_{yy} \\ \sigma_{xy} \end{bmatrix} + \begin{bmatrix} f_x \\ f_y \end{bmatrix} = 0 \qquad (6.6)$$

$$L^T \sigma + f = 0$$

Durch Einsetzen von Gl. (6.5) in (6.6) kann die allgemeine Verschiebungs-Differentialgleichung gebildet werden.

$$L^T DLu + f = 0$$

An jedem Punkt des Randes wird jeweils in x-Richtung und y-Richtung entweder eine geometrische (kinematische) Randbedingung (Vorgabe von Verschiebungsgrößen) oder eine dynamische Randbedingung (Vorgabe von Kraftgrößen) formuliert.

Mit den Komponenten des Spannungsvektors t, welcher sich aus der unten angeführten Matrizenoperation ergibt, können die Randbedingungen für jeden Punkt des Randes Γ wie folgt angeschrieben werden. Das Superskript-Zeichen ^ kennzeichnet Größen am Rand Γ, der in Bereiche Γ_σ, in denen die Spannungen vorgeschrieben sind, und Bereiche Γ_u, in denen die Verschiebungen vorgeschrieben sind, zerlegt wird.

$$\begin{bmatrix} u_x \\ u_y \end{bmatrix} = \begin{bmatrix} \hat{u}_x \\ \hat{u}_y \end{bmatrix} \quad \text{bzw.} \quad u = \hat{u} \quad \text{am Rand } \Gamma_u$$

$$\begin{bmatrix} n_x & 0 & n_y \\ 0 & n_y & n_x \end{bmatrix} \begin{bmatrix} \sigma_{xx} \\ \sigma_{yy} \\ \sigma_{xy} \end{bmatrix} = \begin{bmatrix} n_x\,\sigma_{xx} + n_y\sigma_{xx} \\ n_y\,\sigma_{yy} + n_x\sigma_{xy} \end{bmatrix} = \begin{bmatrix} \hat{t}_x \\ \hat{t}_y \end{bmatrix} \quad \text{bzw.} \quad n\sigma = \hat{t} \quad \text{am Rand } \Gamma_\sigma$$

Die Herleitung für den räumlichen Fall erfolgt nach der gleichen Vorgehensweise (siehe dazu etwa Bathe 2002; Link 1989; Zienkiewicz und Taylor 2000).

Ausgehend von diesen Grundlagen und den daraus folgenden Gleichungen der Strukturmechanik kann für deren Lösung der Übergang zur Methode der Finiten Elemente erfolgen. Dazu muss das Kontinuum diskretisiert werden, was durch Zerlegung in Finite Elemente geschieht (Diskretisierung).

Die Kopplung der Elemente und der Kraftfluss zwischen den Elementen erfolgen in diskreten Knotenpunkten (siehe dazu auch Abb. 6.15). Als Freiheitsgrade des Systems werden üblicherweise die Verschiebungen dieser Knoten eingeführt.

Der Verschiebungszustand innerhalb eines Elementes wird durch Ansatzfunktionen beschrieben, die mit den unbekannten Knotenpunktsverschiebungen multipliziert (quasi „gewichtet") werden.

Über eine passende Variationsformulierung wird dann die Matrizengleichung aufgebaut, wozu folgende Prinzipien bzw. Gleichungen zur Verfügung stehen:
- Prinzip von d'Alembert, Lagrange oder Hamilton (gültig in der Dynamik und Statik)
- Lagrangesche Gleichungen zweiter Art (gültig in der Dynamik und Statik)
- Prinzip (vom Minimum) der virtuellen Arbeit (gültig in der Statik)
- Prinzip vom Minimum der potenziellen Energie (gültig in der Statik für konservative Systeme)
- Methode des gewichteten Restes (Methode von Galerkin, mathematisch begründet)

Im Anschluss soll das Prinzip der virtuellen Verschiebungen genauer erklärt werden. Für die Erläuterung der anderen Methoden sei auf (Bathe 2002) verwiesen.

Unter einem virtuellen Verschiebungszustand ist ein Verschiebungszustand zu verstehen, der einem wirklichen Zustand überlagert wird (z. B. Variation einer Gleichgewichtslage um δu) und mit der Kinematik kompatibel (verträglich) ist, also die kinematischen Randbedingungen (Verschiebungsrandbedingungen) und Übergangsbedingungen erfüllt, ansonsten aber beliebig gewählt werden kann. Gemäß dem d'Alembertschen Prinzip verschwindet für eine virtuelle Verschiebung aus einer Gleichgewichtslage heraus die Summe aus der virtuellen Arbeit der inneren Kräfte (Arbeit der Schnittkräfte bzw. Spannungen, „Verformungsarbeit") und der virtuellen Arbeit der äußeren Kräfte (siehe z. B. Bathe

2002; Parkus 1995; Ziegler 1998). Für nichtlineare Probleme ist es zweckmäßig, sich den virtuellen Verschiebungszustand als infinitesimal („beliebig klein") vorzustellen, denn die virtuellen Verschiebungen dürfen ja beliebig, also auch beliebig klein, gewählt werden. Damit genügt es, nur das lineare Verhalten, also den „Proportionalitätsfaktor" zwischen der Änderung der Kraftgrößen zufolge der virtuellen Verschiebung zu betrachten.

Das Prinzip der virtuellen Verschiebungen für das zweidimensionale Elastizitätsproblem lautet (δu sei die virtuelle Verschiebung, $\delta \varepsilon$ die daraus resultierende Variation der Verzerrungen)

$$\int_V \delta \varepsilon^T \sigma dV = \int_V \delta u^T f dV + \int_{\Gamma_\sigma} \delta u^T \hat{t} \, d\Gamma$$

Das Integral der Beiträge der Randlasten ist auf den Teil des Randes Γ_σ beschränkt, auf dem die Spannungsrandbedingungen $\hat{t}$ vorgegeben sind. Einsetzen der Gleichungen für Geometrie und Material liefert

$$\int_V (\delta u^T L^T) DLu dV = \int_V \delta u^T f dV + \int_{\Gamma_\sigma} \delta u^T t \, d\Gamma \qquad (6.7)$$

Für die Verschiebungen u wird eine elementweise Approximation durchgeführt, indem die Verschiebungen innerhalb eines Elementes durch den Vektor d der Knotenverschiebungen und passende Ansatzfunktionen („shape functions") ausgedrückt werden.

Der entscheidende Schritt bei der Diskretisierung ist die elementweise Approximation der unbekannten Verschiebungsfunktion als Summe von Ansatzfunktionen, die sich aus den Formfunktionen $N_k(x,y)$ und dem Vektor d der unbekannten Verschiebungen der Elementknoten zusammensetzen. Die folgende Gleichung zeigt diesen Schritt für ein Element mit zwei Knoten.

$$u(x,y) \approx u_h(x,y) = N(x,y)d = \begin{bmatrix} N_1 & 0 & N_3 & 0 \\ 0 & N_2 & 0 & N_4 \end{bmatrix} \begin{bmatrix} d_x^{(1)} \\ d_y^{(1)} \\ d_x^{(2)} \\ d_y^{(2)} \end{bmatrix}$$

Für Gleichung (1) ergibt sich nun folgender Zusammenhang, wobei zu beachten ist, dass die Integrale über das Volumen V^e bzw. den Rand Γ_σ^e des finiten Elementes gebildet werden.

$$\int_{V^e} \delta d^T (LN)^T DLNd dV = \int_{V^e} \delta d^T N^T f dV + \int_{\Gamma_\sigma^e} \delta d^T N^T t \, d\Gamma \qquad (6.8)$$

Weil das Prinzip der virtuellen Verschiebungen für jede beliebige Verschiebung δd gilt, müssen in Gl. (6.8) die Koeffizienten bei jeder einzelnen Komponente von δd Null sein, woraus sich ein System linearer, algebraischer Gleichungen für die Knotenverschiebungen d ergibt.

$$\left(\int_{V^e} (LN)^T DLN \, dV\right) d = \int_{V^e} N^T f \, dV + \int_{\Gamma_\sigma^e} N^T \hat{t} \, d\Gamma$$

Als Ergebnis der Herleitung erhält man auf der linken Seite die Darstellung der Element-Steifigkeitsmatrix für das Element mit der Nummer j.

$$K^{(j)} = \int_{V^e} (LN)^T DLN \, dV$$

Ebenso kann die rechte Seite der Gleichung durch eine Abkürzung ersetzt werden, und man erhält die Standardgleichung auf Elementebene, welche in Abschn. 6.2 analog für das erste Beispiel hergeleitet wurde.

$$K^{(j)} d^{(j)} = b^{(j)}$$

Aufbauend auf diese Darstellung, kann nun die Steifigkeitsmatrix für beliebige Elemente mit Ansatzfunktionen verschiedener Ordnung ermittelt werden. Siehe dazu die verschiedenen Elementtypen in Abb. 6.17. Das globale Gleichungssystem erhält man durch Assemblierung (Zusammensetzen) aus den Gleichungen für alle Elemente und Einbau der Randbedingungen. Siehe dazu die beiden Beispiele aus Abschn. 6.2 und das aus Abschn. 6.11.

6.4   FEM-Modellbildung

Bevor mit einer FEM-Simulation gestartet wird, sind einige Schritte notwendig. Typische Fragen, die im Zuge der Vorbereitungen abklärt werden müssen, sind z. B.:

- Welches Problem soll eigentlich gelöst werden, welche Fragen sind dabei zu beantworten?

  Was soll, muss bzw. kann dazu berechnet werden? Die Beantwortung dieser Fragen erfordert eine genaue Definition der Aufgabenstellung. So ist etwa abzuklären, mit welchen Referenzwerten die FEM-Ergebnisse zu vergleichen sind (Vergleich mit zulässigen Werten, z. B. zulässigen Spannungen, Temperaturen) und wie die Ergebnisse bewerten werden sollen.

- Ist das Problem durch Bildung mathematischer Modelle und FEM-Analyse lösbar?

  Es muss also abgeklärt werden, ob das Problem einer FEM-Berechnung überhaupt zugänglich ist. Dabei ist es von Bedeutung, ob z. B. die Geometrie der Bauteile zur Verfügung steht und deren physikalische Eigenschaften (Parameter, siehe Abschn. 4.2.4) mithilfe des verwendeten FEM-Systems realistisch abgebildet werden können. Ist dies nicht der Fall, so muss auf andere Methoden (z. B. analytische, experimentelle) und Werkzeuge (Softwaresysteme, Versuche) zurückgegriffen werden.

- Welche Möglichkeiten stehen zur Verifikation (siehe Abschn. 4.8) der FEM-Ergebnisse zur Verfügung?

Es müssen Überlegungen angestellt werden, wie die FEM-Ergebnisse auf Plausibilität geprüft bzw. durch „genauere Modelle" abgesichert und validiert (Validierung, siehe Abschn. 4.8) werden können.

- Stehen die zur Lösung des Problems erforderlichen Materialdaten der Bauteile in der erforderlichen Genauigkeit zur Verfügung, bzw. können sie mit der nötigen Zuverlässigkeit abgeschätzt werden?

Abb. 6.9 Ablauf der Modellbildung

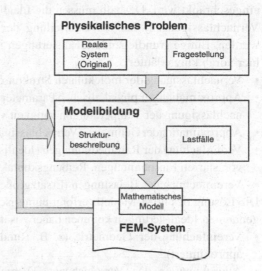

In Abb. 6.9 sind die ersten Schritte zur Bildung eines FEM-Modells dargestellt. Ausgangspunkt bildet dabei das System, das untersucht werden soll (das zu untersuchende Original, siehe Abschn. 4.2.1), in Verbindung mit den zu untersuchenden Fragestellungen. Durch geeignete Modellbildungsschritte sollen mathematische Modelle abgeleitet werden, welche die (physikalischen) Gesetze für die zu berücksichtigenden Phänomene repräsentieren und die Klärung der Fragestellungen möglichst effizient ermöglichen.

Wichtige Ausgangspunkte sind somit das betrachtete System (Original) und die zugehörigen Fragestellungen. Letztere umfassen einerseits die betrachteten Lastfälle, das Herausfiltern jener Eigenschaften des Systems (Systemeigenschaften, siehe Abschn. 4.2.3), die zur Beantwortung der ursprünglich gestellten Fragen ermittelt werden müssen (Kriterien wie z. B. Spannungen, Steifigkeiten, Schwingungsverhalten usw.) sowie die Abgrenzung des zu untersuchenden Systems von seiner Umgebung (Umgebungssystem, siehe Abschn. 4.2.2). Die Grenzen und Randbedingungen des betrachteten Systems müssen also festgelegt werden. Dies können z. B. bei der strukturmechanischen Analyse eines Bauteils die Verbindungsstellen zum umgebenden System sein (z. B. Einspannung, elastische Bettung, thermische Isolierung). Mit diesen Informationen wird das mathematische Modell für die FEM-Simulation aufgebaut. Die Geometrie des realen Systems wird in eine idealisierte, vereinfachte Struktur übergeführt, welche aber noch alle für die Aufgabenstellung wichtigen Effekte, Eigenschaften und Informationen enthalten muss.

Ein nicht zu vernachlässigender Einfluss kommt dabei von der Finite-Elemente-Methode bzw. vom FEM-System selbst, denn bei der Modellierung muss mit dessen Möglichkeiten (eingeschränkt) gearbeitet werden. So etwa verfügen nicht alle FEM-Systeme über die Möglichkeit, Nichtlinearitäten, wie etwa plastisches Materialverhalten, nichtlineare Geometrie oder reibungsbehafteten Kontakt zu modellieren. Jede Idealisierung bedeutet auch, dass die Gültigkeit des FEM-Modells bzw. der FEM-Ergebnisse eingeschränkt wird. Deshalb müssen die Idealisierungen (Annahmen, Vereinfachungen, Vernachlässigungen) bei der Beurteilung der Ergebnisse immer ins Kalkül gezogen werden. Einige grundlegende Idealisierungen im Bereich der Strukturmechanik werden hier vorab kurz erläutert.

- Vernachlässigung der molekularen Struktur durch Annahme eines Kontinuums
- Approximation der physikalischen Parameter (Massendichte, Steifigkeit, eventuelle Vernachlässigung der Temperaturabhängigkeit von Parametern usw., siehe Abschn. 4.2.4)
- Approximation der Geometrie (Vernachlässigung von Toleranzen, Oberflächenrauheit, …)
- Vereinfachung der Randbedingungen (Idealisierung der Lagerung z. B. durch Annahme von starren Einspannungen, Reibungskontakten, Ersatz-Steifigkeiten, …)
- Vereinfachung der Belastungen (Ersatzgrößen für verteilte Belastungen, …)

Die Lösung des FEM-Modells erfolgt numerisch, d. h. nur näherungsweise. Zu den oben genannten Idealisierungen kommen daher zusätzliche Näherungen hinzu:

- Vereinfachung der Geometrie (z. B. Rundungen werden oft durch Geradenstücke approximiert)
- Approximation des Verschiebungs-, Verzerrungs- und Spannungszustandes durch Interpolation
- Belastungen werden in Knoten- oder Integrationspunkten angegeben
- Approximation der Elementsteifigkeiten z. B. durch reduzierte numerische Integration der Elemente
- Masse bzw. Volumen des zu analysierenden Objekts kann sich durch FEM-Vernetzung ändern

Die genannte Vielzahl von auftretenden Näherungen erfordert, dass der Produktentwickler FEM-Ergebnisse immer kritisch zu hinterfragen hat.

6.5   Durchführung einer FEM-Analyse

Aus den Überlegungen zur Modellbildung im vorangegangenen Abschnitt entsteht ein Gedankenmodell, das nun in ein geeignetes FEM-System übertragen werden muss. Die Durchführung der FEM-Analyse kann im Wesentlichen in sechs Hauptabschnitte unterteilt werden (siehe z. B. Bathe 2002; Knothe und Wessels 1999).

1. Klärung der zu untersuchenden Fragestellung
2. Bildung eines zur Problemstellung adäquaten Simulationsmodells mit entsprechenden Idealisierungen und Vereinfachungen

3. Erstellung eines FEM-Modells (Preprocessing)
4. Berechnung mit FEM-Solver (Processing)
5. Ergebnisdarstellung (Postprocessing)
6. Ergebnisinterpretation durch den Berechnungsingenieur

Zuerst wird das Berechnungsmodell, entsprechend der gedanklich getroffenen Modell-bildung, im FEM-System aufgebaut. Dieser Vorgang wird Preprocessing genannt und beinhaltet die Festlegung der für das betrachtete Problem interessierenden Geometrie. Anschließend wird dem Geometriemodell (den Volumina) das relevante Material mit seinen charakteristischen Eigenschaften zugewiesen. Zur vollständigen Beschreibung des mechanischen Modells ist dann noch die in der gedanklichen Modellbildung getroffene Festlegung der Randbedingungen (z. B. Einspannungen) und der Belastungen notwendig.

Vor der Durchführung der Analyse müssen geeignete Elementtypen (Balken, Schalen, Tetraeder, Hexaeder, siehe Abb. 6.17) und Ansatzfunktionen sowie die Eigenschaften der Vernetzung (Feinheit, Anzahl der Knoten und Freiheitsgrade) ausgewählt werden. Diese im Preprocessor festgelegten Daten werden anschließend für den Aufbau des gesamten FEM-Modells genutzt, woraus das zu lösende Gleichungssystem aufgebaut wird. Im Solver wird das Gleichungssystem gelöst, womit die interessierenden Größen wie z. B.

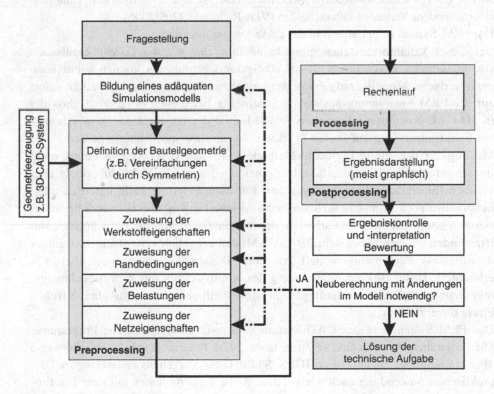

Abb. 6.10 Ablauf einer FEM-Analyse

Verschiebungen, Verzerrungen, Spannungen, Energien usw. ermittelt werden können. Die Ergebnisse können im Postprocessing-Schritt grafisch dargestellt und ausgewertet werden. Die Interpretation und Bewertung der Ergebnisse obliegt dem Entwicklungsingenieur und erfolgt meist ohne zusätzliche Rechnerunterstützung.

Unter Berücksichtigung der zugrunde liegenden Auswertungen können Änderungen am Modell (z. B. Geometrie, Werkstoff, Randbedingungen) durchgeführt und ein neuer Berechnungslauf gestartet werden. Dieser Prozess bedeutet in der Regel eine Optimierung, die teilweise auch automatisiert ablaufen kann.

In Abb. 6.10 ist der Ablauf einer FEM-Analyse dargestellt. Die einzelnen Schritte werden in den nächsten Abschnitten näher besprochen.

6.6   Geometriedefinition

Ausgangspunkt für strukturmechanische FEM-Berechnungen zur Ermittlung von Verschiebungen, Spannungen usw. ist die Geometrie des zu untersuchenden Teils. Heutzutage steht sie meist in Form eines 3D-Modells in einem 3D-CAD-System zur Verfügung.

Bei der Übergabe des 3D-Modells zwischen CAD-System und FEM-System kann man zwei verschiedene Varianten unterscheiden (VDI-Richtlinie 2209/2006):

• Das FEM-System ist als Modul in das CAD-System integriert.

   Bei dieser Variante entstehen meist keine Probleme mit der Datenübergabe, da sie im internen Datenformat des CAD-Systems erfolgt. Es können somit auch parametrische Modelle aufgebaut werden, deren Änderungen sich auch sofort auf die FEM-Berechnung auswirken. Nachteilig bei dieser Variante ist, dass die in 3D-CAD-Systemen integrierten FEM-Module derzeit nur einen eingeschränkten Funktionsumfang aufweisen (z. B. nur linear elastische Materialgesetze). Der Mächtigkeit der Finite-Elemente-Methode wird das CAD-System damit nicht immer gerecht, die Leistungsfähigkeit eines integrierten FEM-Moduls reicht aber vielfach für einfache Berechnungen aus. Für kompliziertere Fälle liefert es möglicherweise noch immer brauchbare erste Abschätzungen. Die Verwendung integrierter Systeme ist auch deshalb nicht unproblematisch, weil die Berechnung unter Umständen ein gegenüber dem 3D-CAD-Modell erheblich vereinfachtes (weniger detailliertes) Berechnungsmodell erfordert. Dessen Ableitung wird allerdings erleichtert. Daher ist eine Abstimmung des Konstrukteurs mit dem Berechnungsingenieur bezüglich des grundlegenden Modellaufbaus in einer möglichst frühen Phase unverzichtbar.

• Das FEM-System und das CAD-System sind zwei unterschiedliche Programme. Die Datenübergabe vom CAD-System in das FEM-Programm erfolgt üblicherweise über ein neutrales Datenformat (IGES, STEP. Diese Vorgehensweise bringt bei der praktischen Anwendung nach wie vor eine Reihe von Problemen mit sich. Ein Problemkreis liegt in der Robustheit und Qualität der Schnittstellenprozessoren. Ein weiteres Problem besteht darin, dass in den CAD-Modellen vielfach sogenannte geometrische Inkompatibilitäten (z. B. unsaubere Flächenübergänge, „Löcher") vorhanden sind, die im erzeugenden CAD-System normalerweise keine Rolle spielen, die jedoch eine Vernetzung unmöglich machen. Entsprechende Prüfalgorithmen, die nicht konsistente Übergänge beheben können (sogenanntes „surface healing") sind heute in 3D-CAD-Systemen der aktuellen Generation vorhanden. Bei der Übernahme der Geometrie mittels neutraler Schnittstellen ist zudem mit Informationsverlusten zu rechnen. Dies führt zu weiterer Nacharbeit im FEM-Programm, um die Daten zu vervollständigen. Werden Optimierungsberechnungen durchgeführt, bei denen die Geometrie im FEM-Programm geändert wird, müssen diese Änderungen manuell am 3D-Modell im CAD-System nachgeführt werden, da eine funktionierende Rückkopplung vom FEM-Programm zum 3D-CAD-System bis heute nicht vorhanden ist.

Um die Berechnungsdauer bei der FEM-Analyse erheblich zu verkürzen, können gegebenenfalls weitere Idealisierungen bei der Bauteilstruktur bzw. -geometrie vorgenommen werden. Wesentliche Möglichkeiten sind:

- Weglassen bzw. Unterdrücken von Konstruktions- bzw. Geometrieelementen
- Ausnutzung von Symmetrieeigenschaften
- Modellmodifikation (Vereinfachung durch Idealisierungen)

Beim Weglassen bzw. Unterdrücken von Konstruktions- bzw. Geometrieelementen werden z. B. Fasen oder Verrundungen, die im Verhältnis zu den Bauteilabmessungen klein sind, gelöscht, sofern dies auf die entsprechende Analyse keine Auswirkungen hat. Es liegt im Ermessen des Berechnungsingenieurs, solche Elemente, an denen keine Extremwerte der Beanspruchung zu erwarten sind oder die für die aktuelle Analyse keine Relevanz haben, aus der Berechnung auszuklammern und somit den Vernetzungs- und Berechnungsaufwand zu reduzieren.

Durch Ausnutzung von Symmetrieeigenschaften können sich Randbedingungen vereinfachen, jedenfalls reduziert sich die Dimension des Gleichungssystems (d. h. die Anzahl der Elemente und Freiheitsgrade wird kleiner). Voraussetzung ist dabei, dass nicht nur das Bauteil symmetrisch ist, sondern auch die Belastung *und* die Lösung. Bei Schwingungs- oder Stabilitätsproblemen können trotz symmetrischer Belastungen und Randbedingungen unsymmetrische Lösungen auftreten, weshalb Symmetriebedingungen sorgfältig zu überlegen sind. Als Beispiel soll ein rechteckiger Druckstab berechnet werden, der oben in Längsrichtung mit einer Flächenlast beansprucht wird und unten fest eingespannt ist, siehe Abb. 6.11. Sowohl Bauteil als auch Belastung sind symmetrisch zur Längsebene, die Lösung hingegen ist nur bis zur Knicklast symmetrisch. Bei Erreichen der Knicklast tritt nämlich eine sogenannte Lösungsverzweigung auf, d. h. es gibt über der Knicklast zusätzlich zur symmetrischen, nun instabilen Lösung, zwei weitere (zueinander symmetrisch liegende) unsymmetrische, stabile Lösungen. Zur Untersuchung eines solchen Stabilitätsproblems darf somit keine Symmetrie angenommen werden.

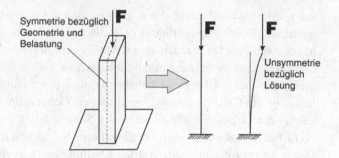

Abb. 6.11 Symmetrischer Knickstab mit symmetrischer Belastung, aber mit unsymmetrischer Lösung

Idealisierungen sind sehr stark mit der Vernetzung des Bauteils verknüpft. Eine erhebliche Vereinfachung kann z. B. durch Reduzierung der Modelldimension (von 3D-Problem auf 2D-Problem) erreicht werden. Dies ist etwa bei Körpern möglich, die eine sehr geringe Dicke im Vergleich zu ihren übrigen Abmessungen besitzen (beispielsweise Blechteile) oder deren Gestalt, Belastungen und Materialeigenschaften sich in einer (dritten) Raumrichtung nicht ändern (beispielsweise rotationssymmetrische Bauteile mit rotationssymmetrischen Belastungen und Lösungen).

Abb. 6.12 zeigt ein Beispiel für eine mögliche Geometrievereinfachung.

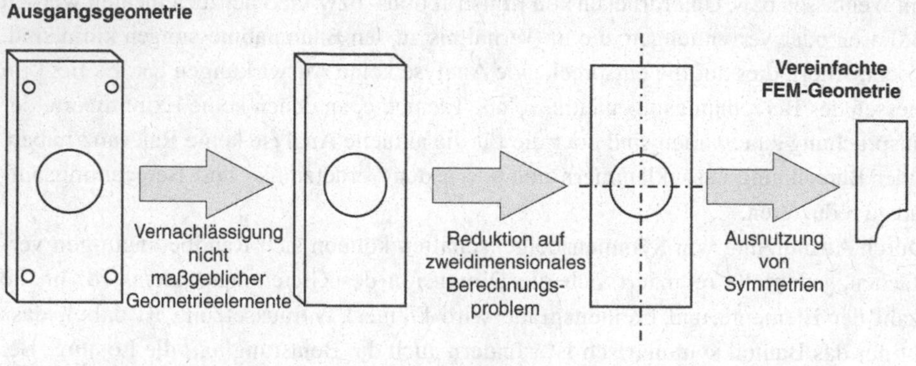

Ausgangsgeometrie

Vereinfachte FEM-Geometrie

Vernachlässigung nicht maßgeblicher Geometrieelemente

Reduktion auf zweidimensionales Berechnungsproblem

Ausnutzung von Symmetrien

Abb. 6.12 Modellvereinfachung anhand einer Lochplatte

Strukturen mit zyklischer Rotationssymmetrie weisen mehrere Symmetrieebenen auf, weshalb es dort genügt, einen Sektor zu modellieren, sofern auch die Belastungen und Lösungen dieselben Symmetrieeigenschaften aufweisen.

6.7   Werkstoffeigenschaften

Die Werkstoffeigenschaften definieren die Zusammenhänge zwischen den äußeren Belastungen am finiten Element bzw. Bauteil (z. B. den Kräften, Momenten, Temperaturen, ...) und dem daraus resultierenden inneren Belastungszustand (Spannungsverteilung, ...). Abhängig vom Typ der Analyse müssen für alle Elemente die entsprechenden Werkstoffeigenschaften angegeben werden.

Die wichtigsten Parameter sind der Elastizitätsmodul (E-Modul) und die Querdehnzahl (Querkontraktion, Poissonzahl ν). Sollen die Gewichtskräfte berücksichtigt werden, dann müssen die Dichte ρ des Materials und die Fallbeschleunigung g angegeben werden. Für thermische Untersuchungen müssen zusätzlich noch die thermischen Kennzahlen wie Wärmeleitzahl λ und Wärmekapazität c_p und die Dichte ρ angegeben werden, die in der Regel nicht konstant, sondern temperaturabhängig sind.

Festigkeitswerte sind bei linear elastischen Berechnungen für den FEM-Solver nicht von Belang[6], sie kommen aber bei der Interpretation der Ergebnisse (beim Vergleich mit zulässigen Werten) ins Spiel und sind dafür unerlässlich.

Die jeweils benötigten Materialdaten müssen für die FEM-Analyse zur Verfügung stehen. Sie können vielfach aus Werkstofftabellen entnommen werden. Sind jedoch die entsprechenden physikalischen Eigenschaften des verwendeten Werkstoffes in den Tabellen nicht verfügbar, so bleibt oft nichts anderes übrig, als die Daten durch Versuche zu bestimmen. Beispiele hiezu sind Zugversuche (Spannungs-Dehnungs- Diagramm) oder dilatometrische Untersuchungen (Wärmeausdehnungskoeffizient), was aber vor allem Zeit und Geld kostet. In vielen Fällen mangelt es dem Konstrukteur bzw. Berechnungsingenieur aber dazu an den technischen Möglichkeiten, den Zugangsmöglichkeiten oder einfach an der zur Verfügung stehenden Zeit.

Über „gute Werkstoffdaten" zu verfügen, stellt daher eine wichtige Voraussetzung für FEM-Berechnungen hoher Qualität dar. Es bedeutet für den Berechnungsingenieur sehr oft ein großes Problem, an solche Daten heranzukommen, sobald sein Bedarf über sehr einfache Werkstoffmodelle hinausgeht. Die Methode der Finiten Elemente bietet sehr weitgehende Möglichkeiten, verschiedenste Werkstoffmodelle zu verarbeiten, jedoch scheitert dies meist an den nicht bekannten Parametern (Daten) für diese Modelle. Selbst die Daten für den E-Modul von Standard-Werkstoffen wie Stahl, Gusseisen oder Aluminium sind mit gröberen Unsicherheiten behaftet, insbesondere dann, wenn man in etwas höhere Temperaturbereiche vordringt.

Die Materialeigenschaften können in der FEM-Simulation über unterschiedliche Modelle und Parameter berücksichtigt werden. Im Folgenden sollen einige der gebräuchlichsten Materialmodelle aufgezählt werden (siehe dazu Bathe 2002 oder Ziegler 1998):

- *Elastische (lineare oder nichtlineare) Materialmodelle*
  Die Spannungen sind nur Funktionen der Verzerrungen. Die Spannungs-Dehnungspfade bei Be- und Entlastung sind identisch. Typische Beispiele für diesen Fall sind viele Werkstoffe, sofern die Spannungen ausreichend klein bleiben (Stahl, Gusseisen, Glas, …)
- *Elastoplastische Materialmodelle*
  Diese Werkstoffe haben linear-elastisches Verhalten bis zum Erreichen der Fließgrenze (Streckgrenze), welche durch Angabe von Fließbedingungen definiert wird. Wird der Werkstoff über diese Grenze hinaus beansprucht, treten bleibende Verformungen auf (z. B. Umform- oder Crashsimulationen mit metallischen Werkstoffen)

---

[6] sehr wohl aber z. B. bei der Simulation von Umformvorgängen.

- *Hyperelastische Materialmodelle*
  Die Spannung bildet sich aus der Ableitung des Verzerrungsenergiefunktionals. Beispiele hiezu sind gummiartige Werkstoffe
- *Materialmodelle, die Kriechverhalten beschreiben*
  Diese Werkstoffe haben zeitabhängiges Verhalten (z. B. Kunststoffe). Die Kriechgeschwindigkeit (Verzerrungsgeschwindigkeit $\dot{\varepsilon}$) hängt von der angelegten Spannung ab. Bei festgehaltener Verformung werden die Spannungen mit der Zeit praktisch vollständig abgebaut (Relaxation)
- *Richtungsabhängige Materialmodelle*
  Diese beschreiben das richtungsabhängige Verhalten von anisotropen Werkstoffen (z. B. unterschiedliche Steifigkeiten in verschiedenen Richtungen, z. B. bei faserverstärkten Verbundwerkstoffen, Tiefziehblechen aus Stahl)
- *Schädigungsmodelle*

Dabei wird die Lebensdauer über sogenannte Schädigungsparameter beschrieben

Es ist durchaus nicht ungewöhnlich, dass mehrere Nichtlinearitäten gleichzeitig auftreten. Dies ist besonders dann der Fall, wenn die Materialparameter zusätzlich nichtlinear von der Temperatur abhängen.

6.8   Randbedingungen

Randbedingungen sollten im Modell möglichst realitätsgetreu nachgebildet werden, sie ergeben sich in vielen Fällen ganz natürlich (z. B. starre Einspannung, freie Oberfläche). Bei statischen Analysen tritt dabei häufig das Problem auf, dass ein Bauteil keine Starrkörperbewegungen durchführen darf und daher entsprechende Freiheitsgrade im FEM-Modell zu „sperren" sind, obwohl das Bauteil in der Realität sehr wohl Starrkörperbewegungen realisiert.

Beispiel: Es sollen die Verschiebungen und Spannungen in einem Schraubenschlüssel analysiert werden, während eine Sechskantschraube mit einer bestimmten Handkraft angezogen wird. Für eine erste Simulation wird nur der Schraubenschlüssel betrachtet, das bedeutet, in diesem Fall werden keine Analysen zum Kontakt mit der Schraube durchgeführt. Der Sechskantkopf der Schraube sei als starrer Körper festgehalten. Der zu untersuchende Schraubenschlüssel hat im Raum zunächst sechs Starrkörper-Freiheitsgrade. Durch Sperren aller Freiheitsgrade der Kontaktflächen (Abb. 6.13) wird die Starrkörperbewegung des Schraubenschlüssels verhindert. Die Modellierung liefert realistische Ergebnisse für Stellen, die sich in einiger Entfernung von den Kontaktflächen befinden[7].

---

[7] Dies ist durch das Prinzip von St. Venant begründet, nach dem äquivalente Kraftsysteme, die innerhalb eines Bereiches angreifen und dessen Abmessungen klein sind gegenüber den Abmessungen des Körpers, in hinreichender Entfernung von diesem Bereich gleiche Spannungen und Verformungen hervorrufen (siehe z. B. Parkus 1995; Ziegler 1998).

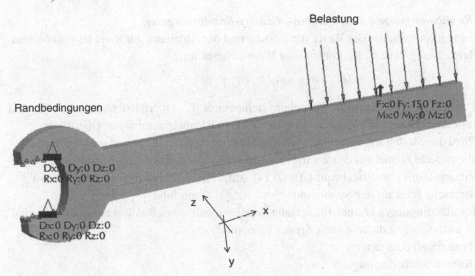

Abb. 6.13 Randbedingungen an einem Schraubenschlüssel

Es kann zwischen wesentlichen und natürlichen Randbedingungen unterschieden werden. Die *wesentlichen Randbedingungen* heißen auch *geometrische Randbedingungen,* weil sie in der Strukturmechanik vorgeschriebenen Verschiebungen oder Verdrehungen entsprechen.

Natürliche Randbedingungen werden auch *dynamische oder Kraftrandbedingungen* genannt, weil sie in der Strukturmechanik vorgeschriebenen Randkräften oder –momenten entsprechen. Letztere werden in der Literatur manchmal auch als statische Randbedingungen oder als Randbedingungen 2. Art (Neumann-Randbedingungen, siehe unten) bezeichnet.

Nicht immer sind Lagerungen bzw. Kontakte durch Beschränkung von Elementfreiheitsgraden zu modellieren, manchmal werden auch federnde oder dämpfende Elemente benötigt (z. B. elastische Bettung ohne und mit Reibung oder Dämpfung).

Folgende Arten von Randbedingungen werden ganz allgemein für Differentialgleichungen unterschieden (Jung und Langer 2001):

- **Randbedingungen 1. Art (Dirichlet-Randbedingung)**
  Die Werte der Lösung sind längs des Randes gegeben, z. B.: Oberflächentemperaturen T_O, Randverschiebungen u_R.

- **Randbedingungen 2. Art (Neumann-Randbedingung)**
  Die Werte der Ableitung der Lösung sind längs des Randes in Normalenrichtung zum Rand gegeben, z. B.: Wärmefluss $q = \lambda(dT/dx)$ mit Temperatur T, Wärmeleitzahl λ und Koordinate x normal zur Randoberfläche oder vorgegebenes Moment M_t am Ende eines Torsionsstabes $M_t = GI_T J = GI_T(d\varphi/dx)$ mit Schubmodul G, Drillwiderstand I_T, Verdrehung φ und Axialkoordinate x (siehe dazu auch das zweite Beispiel in Abschn. 6.2).

- **Randbedingungen 3. Art (Robin-, Cauchy-Randbedingung)**
  Linearkombination der Werte der Lösung und der Ableitung am Rand bzw. in Normalenrichtung dazu, z. B.: konvektiver Wärmeübergang,

  $$\lambda(dT/dx)_o = \alpha(T_O/T_U)$$

mit Wärmeübergangszahl α, Umgebungstemperatur T_U, Oberflächentemperatur T_O und Temperaturgradient $(dT/dx)_O$ an der Oberfläche in Richtung normal zur Oberfläche.

Wird das Modell aufgrund einer **Symmetrieebene** vereinfacht, so sind die Verschiebungsfreiheitsgrade normal zur Symmetrieebene zu sperren, außerdem verschwinden die Schubspannungen in Symmetrieebenen (Abb. 6.14). Aufgrund des Schnittprinzips gilt $\tau_{xy}^{(L)} = \tau_{xy}^{(R)}$, andererseits folgt aus der Symmetrie $\tau_{xy}^{(L)} = -\tau_{xy}^{(R)}$. Somit folgt $\tau_{xy}^{(L)} = \tau_{xy}^{(R)} = 0$.

Randbedingungen können für verschiedene Elemente eines Bauteils angegeben werden. Man unterscheidet dazu je nach Art des Elements

- Punktrandbedingungen
- Kantenrandbedingungen
- Flächenrandbedingungen

Bei linear-elastischen, strukturmechanischen Problemstellungen ist bei Punktrandbedingungen darauf zu achten, dass diese sowohl bei Volumen- als auch bei Schalenmodellen lokal zwangsläufig zu hohen Spannungen (Singularitäten) und unzureichender Spannungsgenauigkeit führen können. Je feiner das Modell vernetzt wird, desto stärker ist dieser Effekt ausgeprägt. Dies liegt daran, dass die exakten Lösungen der linearen Elastizitätstheorie im Angriffspunkt von Einzelkräften stets unbeschränkte Spannungen liefern und eine immer feinere Vernetzung zunehmend dieser exakten Lösung zustrebt. Eine Einzelkraft in einem Knoten kann als äquivalente Druckverteilung (abhängig von den Ansatzfunktionen für die betroffenen Elemente) über die angrenzenden Elemente aufgefasst werden. Bei gleich bleibender Einzelkraft (Knotenkraft) entspricht daher eine immer feinere Vernetzung einer immer höheren bzw. „schärferen" (im Sinne von stärker konzentrierten) Druckbelastung, was auch eine zunehmend höhere Verschiebung unter

Abb. 6.14 Verschwindende Schubspannungen in Symmetrieebenen

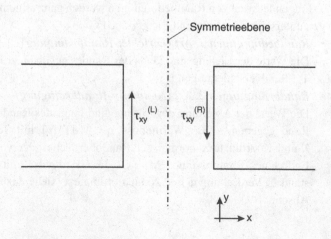

der Einzellast bedingt. Eine grobe Vernetzung entspricht hingegen einer Verteilung der Knotenkraft auf größere Elemente und somit einer entsprechend kleineren bzw. „breiter verteilten" Druckbelastung. Abhilfe kann hier also – falls vertretbar – durch eine entsprechend grobe Vernetzung erzielt werden. Ist dies nicht vertretbar, muss das Modell feiner vernetzt werden und die Einleitung der Kräfte realistischer modelliert werden (z. B. über Kontaktbedingungen oder Druckbelastungen, die über größere Bereiche der Oberfläche definiert werden).

Einen anderen Typ von Randbedingungen stellen die sogenannten Kontaktrandbedingungen dar. Dazu wird ein Kontaktbereich z. B. durch Auswahl von zwei oder mehreren Flächen definiert. Mithilfe des Kontaktbereiches können die Auswirkungen der elastischen Nachgiebigkeit, des Gleitens und der Reibung zwischen zwei Körpern modelliert werden.

Die meisten FEM-Systeme stellen mehrere Reibungsmodelle zur Verfügung. Bei einem Coulombschen Reibungsmodell ist die Kraft F, die der relativen Bewegung zwischen den Kontaktkörpern entgegenwirkt, proportional zum Betrag der Kontaktnormalkraft N zwischen den Körpern und gegen die Relativgeschwindigkeit zwischen kontaktierenden Punkten der beiden Oberflächen gerichtet. Dieser Zusammenhang wird in der folgenden Gleichung durch den Reibkoeffizienten μ beschrieben, wobei F, N und v_{rel} als Vektoren zu verstehen sind:

$$F = -\mu |N| \frac{v_{rel}}{|v_{rel}|}$$

Bei einem Viskositäts-Reibungsmodell ist die Kraft F, die der relativen Bewegung zwischen den Kontaktkörpern entgegenwirkt, proportional zur Relativgeschwindigkeit v_{rel} zwischen kontaktierenden Punkten der beiden Oberflächen. Dieser Zusammenhang wird mit dem Koeffizienten c der Viskositätsreibung beschreiben.

$$F = -c\, v_{rel}$$

F und v_{rel} sind dabei wieder als Vektoren zu verstehen.

6.9 Belastungen

Auch die auf das Bauteil wirkenden Belastungen müssen im FEM-Modell idealisiert werden. Oft sind die genauen Lastfälle, möglicherweise auch die Randbedingungen, nicht genau bekannt, wodurch der Berechnungsingenieur gefordert ist, entsprechend sinnvolle Annahmen zu treffen und aussagekräftige Testfälle (Lastfälle) zu erzeugen.

Nach Definition der Belastungen unterscheidet man z. B. bei strukturmechanischen bzw. thermischen Problemen folgende Typen:
- Punktlast (z. B. Einzelkraft, Knotenkraft)
- Kantenlast, Linienlast
- Flächenlast, Oberflächenkraft (z. B. Druckverteilung auf einem Bauteil)

- Volumenlast, Volumskraft (z. B. Gewichts- und Zentrifugalkräfte)
- Lagerlast (Lagerlasten sind spezielle Lasten, mit denen die Lastverteilung in einer bestimmten Richtung angenähert werden kann, z. B. eine Niete in einer Bohrung.)
- Temperaturbelastung (z. B. bei Wärmespannungsproblemen)
- Wärmebelastung (z. B. durch Wärmestrom bei Wärmeübertragungsproblemen)

In diesem Zusammenhang sei, wie bereits bei den Punktrandbedingungen ausführlicher beschrieben, nochmals darauf hingewiesen, dass Punktlasten speziell bei Volumen- als auch bei Scheiben- Platten- oder Schalenmodellen lokal zu hohen Spannungen (Singularitäten) und unzureichender Spannungsgenauigkeit führen können.

Im Zusammenhang mit der Lastaufbringung an finiten Elementen ist zu beachten, dass die Verschiebungen nur an den Knoten durch die Unbekannten (Freiheitsgrade) direkt wiedergegeben werden, sich die Verschiebungen zwischen den Knoten jedoch erst in Verbindung mit den gewählten Ansatzfunktionen ergeben. Verteilte Belastungen müssen daher rechnerintern im FEM-Modell auf (statisch) äquivalente Knotenkräfte umgerechnet werden. Die Umrechnung hat unter der Bedingung zu erfolgen, dass von den Knotenkräften für beliebige Verschiebungen der Knoten dieselbe Arbeit verrichtet wird wie von den verteilten Lasten. Daraus ist zu erkennen, dass die Umrechnung wesentlich von den verwendeten Ansatzfunktionen abhängt (siehe dazu Abb. 6.15).

Das „richtige" Aufbringen der Belastungen hat große Auswirkung auf die Qualität der FEM-Ergebnisse. Eine unzureichende Modellierung der Belastungen und Randbedingungen führt fast immer zu völlig falschen Ergebnissen (Verformungs- und Spannungswerten).

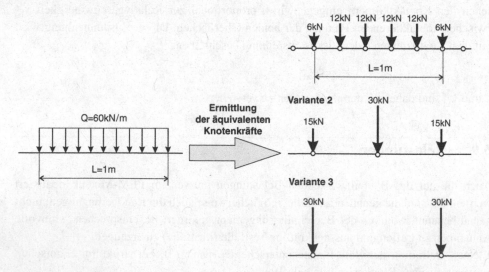

Abb. 6.15 Ermittlung der äquivalenten Knotenkräfte für eine konstante Druckbelastung bei linearen Verschiebungsansätzen und unterschiedlichen Vernetzungen

6.10 Vernetzung

Dem Berechnungsingenieur stehen mehrere Möglichkeiten zum Erzeugen des FEM-Netzes zur Verfügung. Eine davon stellt die manuelle Vernetzung ohne Nutzung von Netzgeneratoren dar, was bei komplexen Modellen allerdings sehr aufwändig sein kann und in der Regel Spezialisten erfordert (VDI-Richtlinie 2209/2006).

Andererseits stellen FEM-Systeme der aktuellen Generation 3D-FEM-Netzgeneratoren für die (weitgehend) automatische Vernetzung zur Verfügung. 3D-Netzgeneratoren führen meist zu einer (zu) großen Anzahl von Finiten Elementen und damit zu großen Gleichungssystemen, weil sie sich bei der Vernetzung gewissermaßen an den kleinsten vorhandenen Geometrieelementen orientieren – im Extremfall nach der kleinsten vorhandenen Rundung, selbst wenn diese in einem für die Analyse völlig irrelevanten Bereich liegt oder selbst gänzlich irrelevant ist.

Zur Abhilfe der beschriebenen Probleme ist es zweckmäßig, wenn das CADModell entsprechend Abschn. 6.6 *vor* der Vernetzung bereinigt wird. Der einfachste Weg hierzu besteht darin, das gesamte CAD-Modell von vornherein „vernetzungsgerecht" bzw. „Finite-Elemente-gerecht" aufzubauen, etwa indem bei der chronologiebasierten Modellierung Details, die für die Berechnung nicht relevant sind, erst zuletzt eingefügt werden. Man kann dann der FEM-Analyse ein Modell übergeben, in dem diese zuletzt eingefügten Details weggelassen sind (entsprechend verkürzte Chronologie), ohne dass die Gefahr von (geometrischen) Inkonsistenzen besteht.

Abb. 6.16 zeigt einige zur Verfügung stehende Elementtypen. Es handelt sich dabei um 1D-, 2D- und 3D-Elemente. Nachfolgend sind die Eigenschaften der Elementtypen näher erläutert.

* *Stab- und Balkenelemente (1D-Elemente)*
  Stäbe übertragen Kräfte nur in Längsrichtung, während Balken auch Biegekräfte bzw. Biegemomente, Querkräfte und Torsionsmomente aufnehmen.
  Anwendungen: Balken- oder stabförmige Teile, z. B. Normprofile mit konstantem Querschnitt
  Vorteile: Geringe Rechenzeit, verwenden als Ansatzfunktionen oft die entsprechenden analytischen Lösungen aus der Elastizitätstheorie und liefern damit Ergebnisse hoher Qualität
  Nachteile: Querschnittskennwerte(Fläche,Schwerpunktlage,Trägheitsmomente) müssen bekannt sein oder vorab ermittelt werden können
* *Scheiben-, Platten- und Schalenelemente (2D-Elemente)*
  Scheibenelemente sind ebene 2D-Elemente, die Kräfte nur in der Scheibenebene übertragen können. Platten stellen eine Erweiterung der Scheiben dar und können zusätzlich auch Momente und Querkräfte übertragen. Als Schale bezeichnet man die räumlich gekrümmte Verallgemeinerung von Plattenelementen.
  Anwendungen: bei dünnwandigen Bauteilen oder Regionen von Bauteilen, häufig bei Blech- oder Kunststoffteilen, die eben oder gekrümmt sind. Die Dicke muss in der Regel abschnittsweise konstant sein

Vorteile: Geringere Rechenzeit- und Speicheranforderungen als mit Volumenelementen
Nachteile: Höherer Modellierungsaufwand

- **Volumenelemente (3D-Elemente)**
  Bei den Volumenelementen handelt es sich allgemein um 3D-Volumen, die Kräfte und
  Momente in allen Raumrichtungen übertragen können.
  Anwendungen: voluminöse, dickwandige Bauteile oder Bereiche von Bauteilen
  Vorteile: Geringer Aufwand für den Nutzer bei der Modellierung
  Nachteile: Bei komplexen Geometrien entstehen schnell rechenintensive Modelle

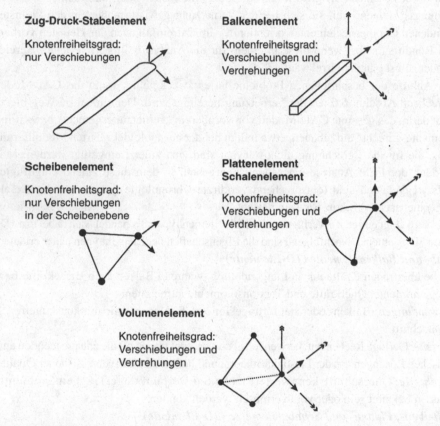

Abb. 6.16 Elementtypen (siehe auch Bathe 2002)

Zusätzlich stehen in den meisten FEM-Systemen auch konzentrierte Elemente wie Feder-
und Massenelemente zur Verfügung. Sie finden Anwendung bei der näherungsweisen Modellierung spezieller mechanischer Eigenschaften (z. B. Federsteifigkeit, Punktmassen usw.).

In weiterer Folge können Elemente nach den Formen unterschieden werden, wie dies in
Abb. 6.17 für Schalen- und Volumenelemente dargestellt ist. Nach dem Polynomgrad der verwendeten Ansatzfunktionen (siehe Abschn. 6.3) kann zusätzlich zwischen linearen Elementen und Elementen höherer Ordnung (z. B. quadratischen Elementen) unterschieden werden.

Abb. 6.17 Elementformen
mit linearen und quadratischen
Verschiebungsansätzen in
Anlehnung an (Bathe 2002)

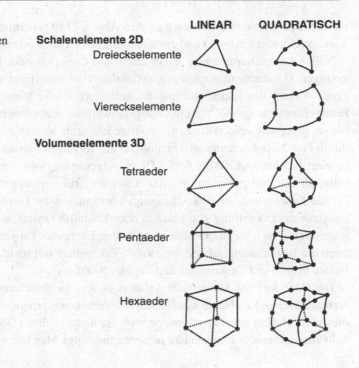

Lineare und quadratische Dreiecks- und Viereckselemente sind bei Schalenelementen
gebräuchliche Ausführungsformen. Quadratische Elemente haben quadratische Ansatzfunktionen, das bedeutet, dass auf den Elementkanten Zwischenknoten sitzen und die
Kante selbst gekrümmt sein kann.

2D-FEM-Modelle sollten mit möglichst „regelmäßigen" Elementen (gleichseitigen
Dreieckselementen, quadratischen Viereckselementen) vernetzt werden, da sehr „unregelmäßige" Elemente (z. B. lang gestreckte, nadelförmige Elemente, stark außermittige
Zwischenknoten) dazu neigen, numerische Probleme zu bereiten. Den Viereckselementen
ist im Vergleich zu Dreieckselementen der Vorzug zu geben, da erfahrungsgemäß Drei-
eckselemente bei gleicher Netzfeinheit schlechtere Ergebnisse liefern als Viereckselemente. Lineare Elementformen erfordern für gleiche Genauigkeit der Ergebnisse feinere
Netze, also mehr Elemente im Vergleich zu Elementformen höherer Ordnung. Umgekehrt
erfordern etwa quadratische Elemente bei gleicher Anzahl von Elementen deutlich mehr
Rechenzeit als lineare Elemente. Die Aufgabe des Berechnungsingenieurs besteht darin,
einen Kompromiss zwischen der Netzfeinheit, den Genauigkeitsanforderungen, dem
Aufwand zur Modellerstellung und der Rechenzeit zu finden. Idealerweise sollten für
„gute" FEM-Ergebnisse alle Elementkantenlängen etwa gleich groß und bei Schalenelementen viel größer als die Schalendicke sein.

Die meisten Charakteristika von Dreiecks- und Viereckselementen lassen sich analog
auf Tetraeder- und Hexaderelement übertragen. Da die Anzahl der Knoten bei Volumenelementen sehr viel größer ist als bei Schalenelementen, wachsen die erforderliche Rechenzeit

und der Speicherbedarf sehr stark an. Aus Abb. 6.17 ist ersichtlich, dass ein quadratisches Viereckselement 8 Knoten und ein quadratisches Hexaederelement 20 Knoten besitzt.

Sollen komplizierte Bauteile mit einfachen Dreiecks- oder Rechteckselementen und geringen Geometrieabweichungen diskretisiert werden, führt dies sehr rasch auf eine große Anzahl von Elementen und Freiheitsgraden. Hier können krummlinig berandete Finite Elemente große Vorteile bringen, weil sie komplizierten Geometrieelementen besser angepasst werden können. Derartige Elemente können aus einem „Masterelement" durch eine Koordinatentransformation auf ein verzerrtes Element der globalen x-y-Ebene erzeugt werden (siehe Abb. 6.18). Dieses sogenannte isoparametrische Konzept ist sehr hilfreich zur Netzgenerierung. Man kann die früher ermittelten Formfunktionen, die für die Beschreibung der Verschiebungen im Inneren des Elementes verwendet werden, genauso zur Darstellung von Flächen oder Volumina einsetzen, d. h. sie können in analoger Weise auch für die Gestalt eines finiten Elementes verwendet werden. Daher rührt auch die Bezeichnung „shape functions". Für weitere Informationen siehe Bathe (2002), Betten (1997) und Zienkiewicz und Taylor (2000).

Die Güte der FEM-Lösung hängt sehr stark von der Vernetzung (den Parametern für die Netzgenerierung) ab. Heute werden adaptive Vernetzungsprogramme zur Verfügung gestellt, die ein FEM-Netz automatisch soweit verbessern, dass sich der Diskretisierungsfehler innerhalb vorgegebener Schranken hält (adaptive meshing). Man unterscheidet drei Strategien:

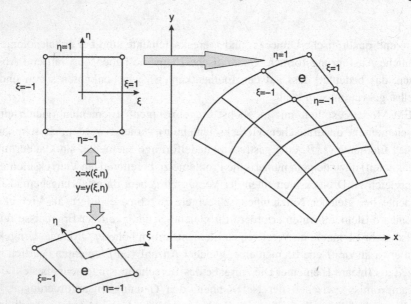

Abb. 6.18 Isoparametrische Finite Elemente

- **_h-Methode_**: Erhöhung der Anzahl der Elemente
  In der Bezeichnung h-Methode soll zum Ausdruck kommen, dass eine charakteristische Länge (z. B. eine Kantenlänge) des Elementes variiert wird. Durch die damit

verbundene Netzverfeinerung entstehen mehr Elemente und Knoten, während die
Anzahl der Freiheitsgrade pro Knoten unverändert bleibt.

- **p-Methode**: Erhöhung des Polynomgrades der Ansatzfunktionen
  Bei der p-Methode wird die Netzaufteilung von vornherein festgelegt, danach werden
  die Ansatzfunktionen um Polynomterme höheren Grades erweitert. Die Anzahl der
  Elemente bleibt hierbei unverändert, während die Anzahl der Knoten pro Element oder
  auch die Anzahl der Freiheitsgrade pro Knoten zunimmt.

- **r-Methode**: Verschiebung der Knotenpunkte
  Bei der r-Methode (repositioning) bleibt die Anzahl der Elemente, der Knoten und auch
  der Freiheitsgrade pro Knoten erhalten, während die Knotenpunkte gegeneinander verschoben werden. Durch derartige Netzverschiebungen kann eine Netzverfeinerung an
  Stellen hoher Spannungskonzentrationen (Kerben, scharfen Übergängen etc.) erzeugt
  werden, während in weniger kritischen Bereichen das Netz aufgeweitet wird. Spezielle
  „Remeshing-Methoden" beruhen auf ALE-Verfahren (Arbitrary Lagrangian-Eulerian-
  Verfahren, siehe z. B. Belytschko et al. 2000). In dieser Hinsicht optimierte Algorithmen sind bereits in kommerziellen FEM-Paketen verfügbar.

Um eine „gute Netzqualität" zu erreichen, sollten einige grundlegende Punkte beachtet
werden. In Bereichen mit hohen Belastungsgradienten muss eine feinere Elementunterte-
lung erfolgen als in Bereichen mit kleinen Gradienten. Die Elemente sollten nicht zu weit
von ihrer Idealform (z. B. gleichseitiges Dreieck) abweichen, und außerdem sollten keine
sehr kleinen Elemente an sehr große Elementen angrenzen. Die Nichtbeachtung dieser
Einschränkungen wirkt sich negativ auf die numerische Behandlung des Gleichungssystems aus.

Die Genauigkeit der Ergebnisse einer FEM-Analyse wird einerseits durch die beschriebenen Modellierungsaspekte beeinträchtigt und andererseits durch die begrenzte Rechengenauigkeit und -kapazität des Rechners. Abb. 6.19 stellt diesen gegenläufigen Trend
anschaulich dar.

Eine Strategie, mit der die Genauigkeit der FEM-Analyse bei relativ geringer Erhöhung
des Modellier- und Rechenaufwandes gesteigert werden kann, ist die sogenannte **Teilmodelltechnik (Submodelling)**. Beweggrund für die Verwendung dieser Technik ist, dass
es bei strukturmechanischen Analysen oftmals Bereiche gibt, in denen sehr starke Gradienten auftreten. Diese lokal begrenzten Bereiche müssen entsprechend feiner vernetzt
werden, um auch dort zuverlässige Ergebnisse zu ermöglichen. Bei der Teilmodelltechnik
werden zwei Rechenläufe hintereinander durchgeführt. Im ersten Rechenlauf wird eine

Abb. 6.19 Diskretisierungsfehler und Rechenfehler versus
Netzfeinheit

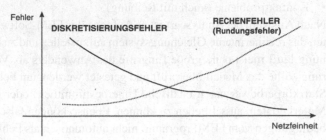

grobe Netzstruktur ohne Rücksicht auf mögliche große Spannungsgradienten verwendet (Globalmodell). Nachfolgend wird der als kritisch erkannte Bereich aus dem ersten Modell „herausgeschnitten" und als völlig separates FEM-Modell noch einmal mit einer feineren Vernetzung berechnet (Teilmodell, siehe Abb. 6.20). Als „Belastung" des neuen, kleineren Bereichs (Submodells) werden nun die im ersten Rechenlauf ermittelten Knotenverschiebungen an den Rändern des Teilmodells aufgebracht, das Teilmodell wird also durch die Knotenverschiebungen an den Rändern „gesteuert".

Abb. 6.20 Teilmodelltechnik
(Submodelling), Globalmodell
und Teilmodell (Submodell)

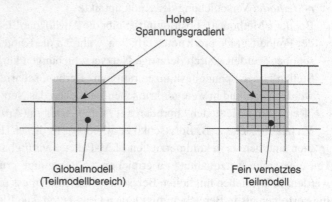

Hoher
Spannungsgradient

Globalmodell
(Teilmodellbereich)

Fein vernetztes
Teilmodell

6.11 Rechenlauf

FEM-Systeme bieten meist mehrere Typen von Rechenläufen für strukturmechanische Berechnungen an. Diese umfassen in der Regel statische Analysen, Modalanalysen, Kontaktanalysen, dynamische Frequenz- und Stoßanalysen, dynamische Zeitanalysen, Knick- und Beulanalysen oder Dauerfestigkeitsanalysen. Die Analysearten können sowohl linear als auch nichtlinear sein. Nichtlineare Analysen berücksichtigen beispielsweise nichtlineares Bauteilverhalten (siehe Abschn. 6.7) oder geometrisch-strukturelle Nichtlinearitäten, womit auch folgende Problemklassen behandelt werden können.

- Stabilitätsprobleme (Knicken, Kippen, Beulen, Nachbeulverhalten)
- große Verschiebungen (beispielsweise Gummibauteile oder Federn)
- große Verschiebungsableitungen (z. B. Blattfeder)
- große Verzerrungen (z. B. bei Umform- oder Crash-Simulationen)
- verformungsabhängige Lastrichtungen (z. B. Strömungskräfte)
- Kontaktprobleme (auch mit Reibung)

Nach Auswahl der Analyseart ist es Aufgabe der FEM-Software, aus den Preprocessingdaten das rechnerinterne Gleichungssystem aufzustellen und zu lösen. Die eigentliche Berechnung läuft meist ohne große Eingriffe des Anwenders ab. Vor der Berechnungsdurchführung sollte das Modell überprüft und getestet werden, um Fehler, wie z. B. unbeabsichtigte Starrkörperbewegungen (statische Unterbestimmtheit) oder fehlende Angaben, etwa über Materialdaten, ausschließen zu können. Ebenso können falsche Lastannahmen oder Randbedingungen vom FEMProgramm nicht automatisch als Fehler identifiziert werden.

Zur Lösung statischer Probleme führt der FEM-Solver folgende Hauptschritte durch (siehe dazu Bathe 2002; Krätzig und Onate 1990; Oden und Reddy 1976; Reddy 1993; Wriggers 2001 oder Buck et al. 1973 und die Beispiele in Abschn. 6.2):

- Ermittlung der Steifigkeitsmatrix $K^{(j)}$ für jedes Element j
- Zusammensetzen (Assemblierung) des globalen FEM-Gleichungssytems

Die Steifigkeitsmatrix K wird dazu aus den Elementsteifigkeitsmatrizen $K^{(j)}$ und den Übergangsbedingungen zwischen den Elementen gebildet. Dies geschieht mithilfe einer Zuordnungstabelle, welche den Zusammenhang zwischen globaler und lokaler Knotennummerierung herstellt. Der äußere Lastvektor B wird aus den Elementlastvektoren $b^{(j)}$ zusammengesetzt. Ebenso werden die Randbedingungen eingebaut (siehe dazu auch die Beispiele aus Abschn. 6.2).

- Lösung des globalen FEM-Gleichungssystems K W = P mit dem unbekannten Vektor W, der die Verschiebungskomponenten der Knoten beinhaltet
- Ermittlung zusätzlicher Daten, wie z. B. der Verformungen des gesamten Bauteils und der aus den Knotenverschiebungen resultierenden Kräfte, Verzerrungen und Spannungen

Für die Lösung von linearen FEM-Gleichungssystemen stehen verschiedene Methoden zur Verfügung, die in direkte und indirekte (iterative) Verfahren unterteilt werden.

- Direkte Verfahren sind z. B. der Gauß-Algorithmus oder das Cholesky-Verfahren. Beim Cholesky-Verfahren wird die Matrix K in das Produkt einer unteren und einer oberen Dreiecksmatrix zerlegt und anschließend das Gleichungssystem durch zwei Schritte, das Vorwärts- und Rückwärtseinsetzen gelöst.
- Iterationsverfahren erzeugen, ausgehend von einer Startlösung, eine Folge von Näherungslösungen für die exakte Lösung der Gleichung. Dabei muss geprüft werden, ob die Näherungslösungen tatsächlich gegen die exakte Lösung konvergieren, bzw. wann eine hinreichend gute Näherungslösung erreicht ist. Typische Vertreter dieser Methode sind das Jacobi-, das Gauß-Seidel-Verfahren und die Methode der konjugierten Gradienten.

Zur Berechnung nichtlinearer Probleme gibt es verschiedene Lösungsmöglichkeiten, wie z. B. direkte Iterationsverfahren oder Iterationsverfahren nach Newton-Raphson. An dieser Stelle sei zum weiterführenden Studium auf einschlägige Literatur wie Bathe (2002), Belytschko et al. (2000) oder Jung und Langer (2001) verwiesen.

Da das FEM-Modell numerisch gelöst wird, kommen der Genauigkeit der Rechenergebnisse und dem Konvergenzverhalten des Lösungsalgorithmus große Bedeutung zu. Das mathematische Modell zur Repräsentation eines bestimmten ingenieurwissenschaftlichen bzw. physikalischen Problems kann in den meisten Fällen als ein spezielles Modell, nämlich als eines mit unendlich vielen Freiheitsgraden, aufgefasst werden. Betrachtet man die Konvergenz von FEM-Lösungen, so bedeutet dies, dass für konvergente FEM-Lösungen zu fordern ist, dass sie mit zunehmender Anzahl von Elementen gegen die analytische Lösung der zugehörigen Differentialgleichungen konvergieren. In Bathe (2002) oder Jung und Langer (2001) wird das Konvergenzverhalten von FEM-Lösungen ausführlich behandelt.

6.12 Ergebnisauswertung

Die Interpretation und Auswertung der Ergebnisse der FEM-Berechnung obliegt dem Berechnungsingenieur. Dabei können aber auch gravierende Fehlinterpretationen passieren. In diesem Abschnitt werden dazu einige Hinweise und praktische Tipps zur Vermeidung bzw. Minimierung solcher Fehler gegeben.

Das Ergebnis der FEM-Berechnung alleine, nämlich die Verschiebungs- und die Spannungswerte, genügen zur Beurteilung eines Bauteils keineswegs, da eine Bewertung erst durch den Vergleich mit den maßgeblichen Referenzwerten (z. B.: Dauerfestigkeit, Zeitfestigkeit, Streckgrenze) möglich wird. Da in den meisten Fällen gegen eine unzulässig hohe Beanspruchung dimensioniert wird, ist die Bauteilbeanspruchung für die Beurteilung (z. B. der Dauerfestigkeit) meist wichtiger als die Bauteilverformung. Natürlich gibt es auch zahlreiche Problemstellungen, bei denen die Verformungen kritischer als die Spannungen sind (z. B. Brücken, Gebäudedecken).

Die Ergebnisse können mithilfe des Postprozessors grafisch dargestellt werden. Um die meist kleinen Verschiebungen deutlich sichtbar zu machen, wird für ihre Darstellung üblicherweise ein entsprechender Vergrößerungsmaßstab gewählt. Dabei ist zu berücksichtigen, dass das Bauteil durch Anwendung eines Vergrößerungsfaktors in seiner Darstellung erheblich verzerrt werden kann. Durch Überblenden (gleichzeitiges Einblenden) der unverformten Struktur kann das Resultat besser veranschaulicht werden. Bei vielen Postprozessoren besteht weiters die Möglichkeit, einzelne Elemente ein- und auszublenden

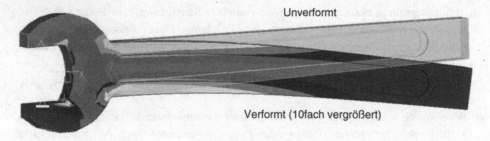

Abb. 6.21 Ergebnisdarstellung, Verformung 10-fach vergrößert dargestellt

(Abb. 6.21). Bei Verwendung der automatischen Skalierung von Ergebnissen (z. B. Spannungen) ist darauf zu achten, dass die interessierenden Wertebereiche genügend signifikant dargestellt werden.

Die FEM-Berechnung ist immer eine Näherungslösung, deren Genauigkeit von einer Vielzahl von Faktoren beeinträchtigt werden kann. So kann z. B. die Festlegung unrealistischer Lastfälle oder Randbedingungen, die Verwendung ungeeigneter Ansatzfunktionen, Elementtypen, Materialgesetze sowie unzureichende Rechengenauigkeit und Speicherkapazität des Computers zu unbrauchbaren Ergebnissen führen. Auch von Anwenderseite kann bei der FEM-Analyse eine Menge von Fehlern passieren, die in zwei Arten unterteilt werden können (Fröhlich 1995). Es sind dies einerseits Fehler, die auf mangelndes Mechanik- oder Konstruktionswissen zurückzuführen sind, und andererseits Fehler, die mit der Anwendung des FEM-Softwarepakets zusammenhängen. Im Folgenden sind einige Beispiele für Fehlerursachen bei der FEM-Analyse aufgelistet:

- Mangelnde physikalische Grundlagenkenntnisse des Berechnungsingenieurs
- Mangelnde konstruktive Erfahrung des Berechnungsingenieurs
- Mangelnde Grundkenntnisse des Berechnungsingenieurs zur Theorie der FEM
- Fehlende oder falsche Kennwerte und Daten
- Falsche Eingaben (z. B. Einheitenfehler bei Materialdaten)
- Termindruck, voreilige Interpretation
- Mangelnde Übung im Umgang mit der FEM-Software
- Mangelnde Übung im Umgang mit den FEM-Ergebnissen (z. B. Erkennen von Artefakten[8], Unterscheidung zwischen physikalischen Phänomenen und methodisch bedingten Artefakten)
- Falsche Einschätzung (Überschätzung) der Leistungsfähigkeit der FEM-Software

Aus FEM-Analysen werden oft weitreichende Schlussfolgerungen gezogen, die große Auswirkungen auf die Kosten des fertigen Produktes haben können. Demzufolge stellt sich auch die Frage, wie man Fehlinterpretationen von FEM-Ergebnissen vermeiden kann. Eine genaue Überprüfung komplexer FEM-Berechnungen ist schwierig, kosten- und zeitaufwändig. Es lassen sich aber dennoch einige grundsätzliche Möglichkeiten mit unterschiedlichem Aufwand zur Kontrolle von FEMAnalysen angeben:

- *Plausibilitätskontrolle*
  Oftmals kann der Berechnungsingenieur mithilfe von eigenem oder fremdem Erfahrungswissen eine Abschätzung der Verformungs- und Spannungsverläufe durchführen.
- *Berechnung mit Überschlagsformeln*
  Dazu werden stark vereinfachte Modelle (z. B. Biegebalkenmodell) verwendet, mit denen aberwenigstens die Größenordnung der gesuchten Werte überprüft werden kann.
- *Verwendung einfacher analytischer Modelle*
  Die Bildung spezieller analytischer Modelle, wenn auch mit starken Vereinfachungen, stellt eine überaus wertvolle Wissensquelle dar, weil damit die Abhängigkeit der Ergebnisse (der gesuchten Größen) von den Eingangsparametern (den gegebenen Größen) klar und deutlich zu Tage tritt. Will man diese Zusammenhänge hingegen mit FEM-Modellen ermitteln, müssen zeit- und kostenaufwändige Parameterstudien durchgeführt werden, wobei der formelmäßige, analytische Zusammenhang aber dennoch meist verborgen bleibt.
- *Berechnung unterschiedlich komplexer FEM-Modelle*
  Dabei werden mehrere FEM-Analysen mit unterschiedlich feiner Modellierung durchgeführt. Dazu kann etwa die Feinheit der Vernetzung variiert oder die Berechnung mit verschiedenen Elementtypen durchgeführt werden. Zusätzlich können die

---

[8] Im Gegensatz zu physikalischen, in der Natur auftretenden, Phänomen bedeuten Artefakte künstliche Effekte, die durch menschliche oder technische Einwirkung entstanden sind.

Ergebnisse auch dadurch überprüft werden, dass im Modell die Auswirkung einerseits der Vernachlässigung und andererseits der Berücksichtigung bestimmter Effekte untersucht wird.

- *Auswertung von Kontrollgrößen*
  Dies umfasst beispielsweise die Bildung von Integralen, Mittelwerten, Energiebilanzen.
- *Vergleich der FEM-Ergebnisse mit analytischen Lösungen*
  Es kann dazu das FEM-Modell mit speziellen Parametern für Geometrie, Material usw. berechnet werden, also ein Spezialfall des FEM-Modells (eine Variante), für das eine analytische Lösung bekannt ist. Beide Lösungen werden miteinander verglichen.
- *Vergleich von FEM-Ergebnissen mit analytischen Lösungen anhand einesStellvertreterproblems*
  Dazu wird ein zum ursprünglichen Problem möglichst verwandtes, stellvertretendes Problem gesucht, für das ein mathematisches Modell mit einer analytischen Lösung bekannt ist. Für das Stellvertreterproblem wird ebenfalls ein eigenes FEM-Modell erstellt, dessen Lösungen nun mit den analytischen Lösungen verglichen werden können.
- *Vergleich der FEM-Ergebnisse mit zur Verfügung stehenden Messungen*

Zur Nachvollziehbarkeit der Berechnung muss eine vollständige Dokumentation nicht nur die Ergebnisse der Berechnung, sondern auch die verwendeten Modelle mit deren Eingangsdaten und Parametern umfassen.

6.13   Anwendungsbeispiele aus dem Bereich der Materialumformung (Umformtechnik)

In diesem Abschnitt wir exemplarisch eini Anwendungsbeispiele für die Finite- Elemente-Methode herausgegriffen, nämlich stellvertretend eine Fragestellung aus dem Bereich der Materialumformung (Umformtechnik).

In der Produktionskette kaltgewalzter Flachprodukte stellt das Dressierwalzen (Kainz und Zeman 2004) die letzte Behandlungsstufe dar, um die endgültige Planheit und Oberflächenqualität von Stahlbändern sicherzustellen sowie die ausgeprägte Streckgrenze nach dem Glühen zu beseitigen. Bei der Simulation des Dressierwalzprozesses, bei dem das Band eine geringfügige Dickenreduktion in der Größenordnung von nur 0.2–2 % erfährt, spielt die elastische Walzendeformation eine entscheidende Rolle. Die sich einstellende Oberflächenkontur der Arbeitswalze (Abplattung) kann mit FEM-Systemen bestimmt werden (siehe dazu Fleck und Johnson 1987; Krimpelstätter et al. 2004). Um praxisrelevante Resultate mit vertretbarem Aufwand zu erhalten, sind bei dieser Aufgabenstellung einige spezielle Techniken notwendig (Kainz und Zeman 2004).

Abb. 6.22 zeigt den Modellbildungsschritt von der realen Anlage (Bild oben) zum FEM-Modell. Dabei wird die Rauheit der Oberflächen von Walzen und Band vernachlässigt und angenommen, dass alle Größen in Axialrichtung der Walzen (Richtung z) konstant sind, so dass sich ein ebenes Problem ergibt. Durch Ausnutzung der Symmetrie bezüglich der Bandmittenebene kann das Modell noch weiter vereinfacht werden.

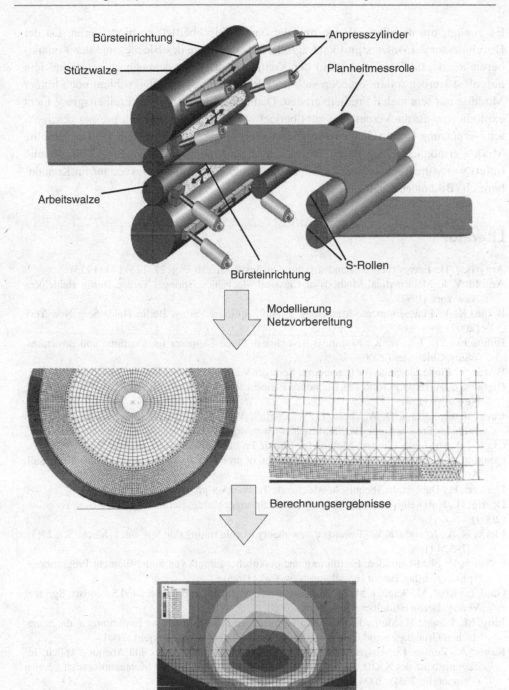

Abb. 6.22 FEM-Modellierung des Dressierwalzens

Es genügt, nur die obere Walze und die obere „Blechhälfte" zu modellieren. Da der Durchmesser der Walze signifikant „größer" als die Dicke des Bleches und des Kontakt-bereiches ist, die Blechdicke und der Kontaktbereich aber dennoch entsprechend fein aufgelöst werden sollen, ergeben sich trotz Reduktion auf ein 2D-Problem noch immer Modelle mit sehr vielen Freiheitsgraden. Damit die Gesamtzahl der Freiheitsgrade nicht explodiert, muss die Vernetzung gut überlegt werden (Bild in der Mitte). Einer geschick-ten Vernetzung kommt daher in solchen Fällen sehr große Bedeutung zu. Das erstellte Modell ermöglicht einen tiefen Einblick in die zugrunde liegenden Prozessdetails und liefert wertvolle Rückschlüsse z. B. auf den Druck- bzw. Spannungsverlauf im Kontakt-bereich (Bild unten).

Literatur

Argyris, J. H.: Energy theorems and structural analysis. Aircraft Eng. **27**, 125–144 (1955)

Arnold, V. I.: Mathematical Methods of Classical Mechanics. Springer Verlag, Berlin Heidelberg New York (1997)

Bathe, K. J.: Finite-Elemente-Methoden, 2. Aufl. Springer Verlag, Berlin Heidelberg New York (2002)

Belytschko, T., Liu, W. K., Moran, B.: Nonlinear Finite Elements for Continua and Structures. Wiley, Chichester (2000)

Betten, J.: Finite Elemente für Ingenieure. Springer Verlag, Berlin Heidelberg New York (1997)

Brebbia, C. A. (Hrsg.): Topics in Boundary Element Research. Springer Verlag, Berlin Heidelberg New York (1984)

Buck, K. E., Scharpf, D. W., Stein, E., Wunderlich, W.: Finite Elemente in der Statik. Verlag von Wilhelm Ernst & Sohn, Berlin München Düsseldorf (1973)

Ciarlet, P.: The Finite Element Method for Elliptic Problems. North Holland, New York (1978)

Courant, R., Variational methods for the solution of problems of equilibrium and vibrations. Bull. Am. Math. Soc. **69**, 1–23 (1942)

Dankert, H., Dankert, J.: Technische Mechanik. Teubner Verlag, Stuttgart (1995)

Dresig, H., Holzweißig, F.: Maschinendynamik. Springer Verlag, Berlin Heidelberg New York, (2004)

Fleck, N. A., Johnson, K.L.: Towards a new theory of cold rolling thin foil. Int. J. Mech. Sci. **29**(7), 507–524 (1987)

Fröhlich, P.: FEM-Leitfaden, Einführung und praktischer Einsatz von Finite-Element-Programmen. Springer Verlag, Berlin Heidelberg New York (1995)

Gaul, L., Kögl, M., Wagner, M.: Boundary Element Methods for Engineers and Scientists. Springer Verlag, Berlin Heidelberg New York (2003)

Jung, M., Langer, U.: Methode der finiten Elemente für Ingenieure – Eine Einführung in die nume-rischen Grundlagen und Computersimulation. Teubner Verlag, Stuttgart (2001)

Kainz, A., Zeman, K.: Ausgewählte Umformsimulationen mit Deform und Abaqus Explicit. In: Tagungsband des XXIII. Verformungskundlichen Kolloquiums der Montanuniversität Leoben (Planneralm 2004), 2004

Knothe, K., Wessels, H.: Finite Elemente, Eine Einführung für Ingenieure. Springer Verlag, Berlin Heidelberg New York (1999)

Krätzig, W. B., Onate, E. (Hrsg.): Computational Mechanics of Nonlinear Response of Shells. Springer Verlag, Berlin Heidelberg New York (1990)

Krimpelstätter, K., Zeman, K., Kainz, A.: Non Circular Arc Temper Rolling Model considering Radial and Circumferential Work Roll Displacements, In Proceedings of the 8th International Conference on Numerical Methods in Industrial Forming Processes, Numiform, (2004)

Link, M.: Finite Elemente in der Statik und Dynamik. Teubner Verlag, Stuttgart (1989)

Magnus, K., Müller, H. H.: Grundlagen der Technischen Mechanik. Teubner Verlag, Stuttgart (1990)

Munz, C.-D., Westermann, T.: Numerische Behandlung gewöhnlicher und partieller Differenzialgleichungen. Springer Verlag, Berlin Heidelberg New York (2005)

Oden, J. T., Reddy, J. N.: An Introduction to the Mathematical Theory of Finite Elements. John Wiley &Sons, New York (1976)

Parkus, H.: Mechanik der festen Körper. Springer Verlag, Berlin Heidelberg New York (1995)

Reddy, J. N.: An Introduction to the Finite Element Method. McGraw Hill, New York (1993)

Schwarz, H. R.: Methode der finiten Elemente. Teubner Verlag, Stuttgart (1984)

Wittenburg, J., Pestel, E.: Festigkeitslehre. Springer Verlag, Berlin Heidelberg New York (2001)

Wriggers, P.: Nichtlineare Finite-Element-Methoden. Springer Verlag, Berlin Heidelberg New York (2001)

Ziegler, F.: Technische Mechanik der festen und flüssigen Körper. Springer Verlag, Berlin Heidelberg New York (1998)

Zienkiewicz, O. C.: The Finite Element Method. McGraw-Hill, New York (1977)

Zienkiewicz, O. C., Taylor, R. L.: The Finite Element Method. Butterworth-Heinemann Oxford, MA (2000)

Zurmühl, R., Falk, S.: Matrizen und ihre Anwendungen. Springer Verlag, Berlin Heidelberg New York (1997)

Mehrkörpersysteme-Modellierung und Anwendungen

7

Dieses Kapitel gibt einen Einblick in die Modellierungs- und Anwendungsmöglichkeiten von Mehrkörpersystemen (MKS, bzw. im Englischen Multibody Systems, abgekürzt MBS) geben, mit denen ein breites Spektrum an Fragestellungen zum dynamischen Verhalten von Maschinen, Anlagen, Fahrzeugen, Robotern, Satelliten, biologischen Strukturen (Biomechanik) usw. behandelt werden kann. Auch hier spielt die Modellbildung (Kap. 4) eine entscheidende Rolle, zum Unterschied zur FEM-Modellierung (Kap. 6) steht hier jedoch eine andere Auswahl an Modellen zur Verfügung.

In einem einleitenden Abschnitt werden verschiedene Typen von Mehrkörpersystemen angeführt. Nach Vorstellung einführender Beispiele über typische Anwendungsmöglichkeiten von MKS-Modellen wird ein kleiner Einblick in physikalische Grundgesetze und mathematische Gleichungen zur Behandlung von Mehrkörpersystemen gegeben. Darauf aufbauend werden rechnerunterstützte Simulationswerkzeuge für Mehrkörpersysteme sowie einige spezifische Aspekte der MKS-Modellbildung besprochen. Dazu wird auch ein kurzer Überblick über wichtige Konzepte numerischer Verfahren gegeben, die für MKS-Simulationen häufig eingesetzt werden. Danach werden Möglichkeiten zur Konstruktions- und Modellverbesserung vorgestellt, die aus Simulationsergebnissen gewonnen werden können. Anschließend wird auf die Anbindung von regelungstechnischen Simulationswerkzeugen sowie auf Kopplungsmöglichkeiten von MKS mit den im Abschn. 7.10 vorgestellten FEM-Systemen eingegangen.

Den Abschluss bilden weitere Modellierungs- und Simulationsmethoden als interessante Erweiterungen und Anknüpfungspunkte zur Simulation von Mehrkörpersystemen, wie etwa Bondgraphen, Co-Simulation oder Hardware in the Loop-Simulationen.

© Springer-Verlag GmbH Deutschland, ein Teil von Springer Nature 2018   343
S. Vajna et al., *CAx für Ingenieure*,
https://doi.org/10.1007/978-3-662-54624-6_7

7.1   Einleitung

Mehrkörpersysteme sind Modelle, die zur Beschreibung der Bewegung an realen Objekten, wie Maschinen, Fahrzeugen, Robotern, Produktionsanlagen, Transporteinrichtungen usw. dienen. Es wird dabei nicht nur die Bewegung selbst (Kinematik) beschrieben, sondern auch der Zusammenhang der Bewegung mit den dafür notwendigen bzw. auftretenden Kräften (Kinetik) hergestellt (siehe z. B. Bremer 1988; Bremer und Pfeiffer 1992; Dresig 2001; Dresig und Holzweißig 2004; Gipser 1999; Heimann et al. 2007; Roddeck 2006; Schiehlen und Eberhard 2004; Schiehlen 1990; Shabana 1998, 2001).

Eine grundlegende Modellvorstellung für Mehrkörpersysteme besteht darin, dass sie sich aus einer endlichen Anzahl von massebehafteten Körpern zusammensetzen, die durch sogenannte Koppelemente miteinander verbunden sind, über die Kräfte und Momente zwischen den einzelnen Körpern übertragen werden und die in der Regel an diskreten Punkten der Körper angreifen. Darüber hinaus können auf die Körper von außen Kräfte und Momente wirken.

Bezüglich der Modellvorstellung der Koppelemente ist folgende Unterscheidung sinnvoll:

- Koppelemente, durch welche die Bewegungsmöglichkeiten der Körper über sogenannte kinematische Bindungen[1] eingeschränkt werden. Dies sind z. B. starre Gelenke, Führungen, Lagerungen oder Regeleinrichtungen wie etwa Stellantriebe, die bestimmte Bewegungen (Trajektorien) zwischen den Körpern rückwirkungsfrei[2] erzwingen (ideale Lagestellglieder). Diese Elemente werden in (Shabana 2001) als „joints" bezeichnet.
- Koppelemente, durch welche die Bewegungsmöglichkeiten der Körper nicht eingeschränkt werden. Dies sind z. B. masselose Federn, Dämpfer oder Regeleinrichtungen wie etwa Stellantriebe, die Kräfte oder Momente zwischen den Körpern übertragen, deren Bewegung aber darüber hinaus nicht behindern (Kraftstellglieder). Derartige Elemente werden in (Shabana 2001) als „force elements" bezeichnet.

Zusätzliche Verbindungen einzelner Körper mit dem Umgebungssystem (das als weiterer unbeweglicher, meist starrer Körper aufgefasst werden kann) werden als Lagerungen bezeichnet, die beweglich (z. B. Gelenke, Führungen) oder unbeweglich (z. B. Einspannungen) sein können (siehe Abb 7.1).

Als Beispiele für Stellantriebe (Aktoren) können positionsgeregelte Antriebe für die Achsen von Werkzeugmaschinen und Robotern oder positionsgeregelte hydraulische Anstellungen in Walzgerüsten (siehe Abschn. 4.4.4) dienen. Nimmt man an, dass die Regelabweichungen der Positionsregelung vernachlässigt werden können, so entspricht

---

[1] kinematic constraints im Englischen.

[2] d. h. unabhängig von den übertragenen Kräften und Momenten.

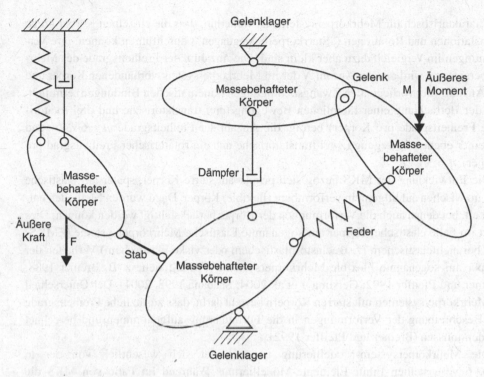

Abb. 7.1 Modellvorstellung eines Mehrkörpersystems

dies einer kinematischen Bindung. Soll die Regelabweichung hingegen berücksichtigt werden, dann kann die Relativbewegung zwischen den verbundenen Körpern nicht durch eine kinematische Bindung vorgegeben werden, obwohl die Bewegung der Körper natürlich erheblich durch den Stellantrieb beeinflusst wird. Es hängt also auch hier von den Modellannahmen ab, um welchen Typ von Koppelelement es sich handelt. Als Koppelemente kommen somit auch geregelte Systeme (z. B. Hydraulikzylinder, Elektromotoren, Getriebemotoren, Magnetlager usw.) in Frage. Bei solchen „geregelten Mehrkörpersystemen" (siehe z. B. Bremer 1988) ist es angebracht, von mechatronischen Systemen zu sprechen.

Koppelelemente der erstgenannten Art („joints") schränken die Bewegungsfreiheit der einzelnen Körper ein, was durch kinematische Beziehungen ausgedrückt werden kann, die als „kinematische Bindungen" bezeichnet werden. Zur Realisierung dieser kinematischen Bindungen werden an den Verbindungsstellen Kräfte und Momente benötigt, die als Zwangskräfte bezeichnet werden, da sie an den Verbindungsstellen die vereinbarte kinematische Bindung erzwingen. Zwangskräfte können dem mechanischen System keine Energie zuführen. Kräfte, die dem mechanischen System Energie zu- oder abführen können, werden „eingeprägte Kräfte" genannt (z. B. Gewicht, Feder-, Dämpferkräfte, im Zeitverlauf vorgegebene äußere Kräfte, Gleitreibung).

Charakteristisch für Mehrkörpersysteme ist weiterhin, dass die einzelnen Körper große Translationen und Rotationen („Starrkörperbewegungen") durchführen können, ihre Verformungen im Vergleich dazu aber klein sind. Die Anzahl n der Freiheitsgrade des Mehrkörpersystems wird aus der Anzahl N der im Mehrkörpersystem vorhandenen Körper und der Anzahl r der vorliegenden Zwangsbedingungen (kinematischen Bindungen) ermittelt. Bei der Betrachtung einer räumlichen Bewegung (drei translatorische und drei rotatorische Freiheitsgrade pro Körper) beträgt die Anzahl der Freiheitsgrade $n = 6N - r$ und bei einer ebenen Bewegung (zwei translatorische und ein rotatorischer Freiheitsgrad pro Körper) $n = 3N - r$.

Die Entwicklung der MKS bezog sich primär auf starre Körper, später auf elastische und inzwischen auf allgemein verformbare (flexible) Körper. Dazu wurden Methoden entwickelt, bei denen auch die Verformungen der Körper berücksichtigt werden können. Dies führt im Falle elastischer Körper auf sogenannte Elastische Mehrkörpersysteme (EMKS) und bei nichtelastischem (z. B. elasto-plastischem oder visko-elastischem) Verhalten der Körper auf sogenannte Flexible Mehrkörpersysteme (FMKS; siehe z. B. Bremer 1988; Bremer und Pfeiffer 1992; Gerstmayr et al. 2004; Shabana 1998, 2001). Der Unterschied zu Mehrkörpersystemen mit starren Körpern besteht darin, dass zusätzliche Freiheitsgrade zur Beschreibung der Verformungen in die Formulierung aufgenommen und berechnet werden müssen (Bremer und Pfeiffer 1992).

Die Mehrkörpersystem-Modellierung unterscheidet sich wesentlich von der in Kap. 6 vorgestellten Finite-Elemente-Modellierung. Während im Falle von MKS die Kinematik und Kinetik von großen Starrkörperbewegungen im Vordergrund stehen und die Verformungen der einzelnen Körper im Vergleich dazu klein sind (null bei starren MKS), verhält es sich bei der FEM-Modellierung in der Regel gerade umgekehrt. Dort stehen die Verformungen und Spannungen der Körper im Vordergrund, die jedoch in der Regel keine großen Starrkörperbewegungen ausführen. Tab. 7.1 zeigt die wesentlichen Unterschiede zwischen MKS und FEM. Siehe dazu auch (Bremer und Pfeiffer 1992; Shabana 1998, 2001).

7.2 Anwendungsbereiche

Die Maschinendynamik beschäftigt sich mit dem Bewegungsverhalten und der Beanspruchung mechanischer Systeme und stützt sich dabei auf die Kinematik, die Kinetik und die Prinzipien der analytischen Mechanik (Schiehlen und Eberhard 2004). Die zu untersuchenden mechanischen Systeme sind in der Regel technische Konstruktionen oder Ausschnitte daraus. Zu ihrer mathematischen Untersuchung ist die Beschreibung durch Ersatzsysteme und Modelle erforderlich, wozu Mehrkörpersysteme häufig mit großen Vorteilen verwendet werden können. Die Maschinendynamik stellt ein klassisches Teilgebiet des Maschinenbaus dar, das heute ohne den Einsatz von Computern nicht mehr auskommt und auch die Gebiete Biomechanik, Baudynamik, Fahrzeugdynamik, Roboterdynamik,

Tab. 7.1 Unterschiede zwischen MKS- und FEM-Modellen

Kategorie	MKS	FEM
Anwendungszweck	Betrachtung von Bewegungen und Kraftgrößen (Kräften, Momenten)	Betrachtung von Verformungen und mechanischen Spannungen
Anzahl der Körper	groß	klein (meist 1)
Starrkörperbewegung	groß	klein, von untergeordneter Bedeutung
Verhältnis: Verformung zu Starrkörperbewegung	klein	groß
Modellelemente	Einzelkörper, Kopplungselemente	finite Elemente
Übertragung von Kräften	über Kopplungselemente	über Element-Knoten
Anzahl der Freiheitsgrade	niedrig (starre Körper) mittel (flexible Körper)	hoch
Ortsdiskretisierung	Ansatzfunktionen über gesamten Körper	Zerlegung in finite Elemente

Rotordynamik, Satellitendynamik, Schwingungslehre und einige mehr umfasst (Dresig und Holzweißig 2004; Hollburg 2002; Jürgler 1996; Schiehlen und Eberhard 2004; Ulbrich 1996).

Da Schwingungen in fast allen Maschinen auftreten und mit steigender Arbeitsgeschwindigkeit und höherer Materialausnutzung (Leichtbau) die Schwingungsanfälligkeit von Maschinen zunimmt, während andererseits die Anforderungen an die Präzision der Maschinen steigen, gewinnt auch die Maschinendynamik immer mehr an Bedeutung. Die Aufgaben der Maschinendynamik (Dresig 2001) bestehen im Wesentlichen darin, eine Maschine so zu gestalten, dass

- unerwünschte Schwingungen möglichst klein bleiben,
- erwünschte Schwingungen die geforderten Eigenschaften haben und
- unvermeidbare Schwingungen nicht zu Schäden führen.

Es ist wichtig, maschinendynamische Untersuchungen möglichst früh durchzuführen, da sich das Schwingungsverhalten einer Maschine durch einfache konstruktive Veränderungen in der Entwurfsphase oft (noch) günstig beeinflussen lässt. Abhilfemaßnahmen in späteren Phasen des Produktentwicklungsprozesses sind in aller Regel aufwendig und teuer. Darüber hinaus sind Schwingungsüberwachung, Schadensfrüherkennung und Schadensdiagnose weitere Aufgaben der Maschinendynamik.

Fast alle Maschinen enthalten heute Regelungs- oder Steuerungseinrichtungen, die dafür sorgen, dass die erwünschten Betriebszustände (z. B. Beschleunigen, Verzögern, Betrieb mit konstanter Geschwindigkeit) erreicht und eingehalten werden. Die mechanische

Grundstruktur einer Maschine wird durch Sensoren und Aktoren sowie Steuer- und Regelungseinrichtungen ergänzt. Man kann in diesem Zusammenhang zurecht von einem mechatronischen System sprechen (siehe Abschn. 4.2.1.3).

Auf diese Art entstehen hochdynamische Systeme, deren Verhalten in immer stärkerem Maße durch die nicht-mechanischen Komponenten bestimmt wird. Man denke z. B. an Industrieroboter oder Verkehrsflugzeuge. Es ist daher entscheidend, fachübergreifende Systembeschreibungen einzuführen, da es nur auf diese Weise gelingt, die komplexe Dynamik moderner Maschinensysteme zu erfassen, zu beschreiben, zu analysieren, zu bewerten und zu optimieren.

In Abb. 7.2 ist dargestellt, welche Arbeitsschritte bei der Lösung einer konstruktiven Aufgabe im Bereich der Maschinendynamik bzw. bei geregelten mechanischen Systemen (mechatronischen Systemen) notwendig sind. Grundvoraussetzung ist, dass für reale Systeme geeignete Ersatzsysteme (Modelle) gefunden werden, welche die wesentlichen Eigenschaften hinreichend genau beschreiben und welche (mathematisch) hinreichend einfach zu behandeln sind.

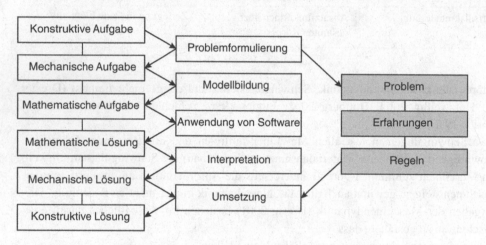

Abb. 7.2 Ablauf zur Lösung von mechanischen Konstruktionsaufgaben (nach Dresig und Holzweißig 2004)

7.3   Einführungsbeispiele

In diesem Abschnitt werden nun Beispiele aus den Bereichen Starrkörperdynamik, Torsionsschwingungen und Robotik vorgestellt.

Beispiel 1: Starrkörperbewegung eines zentrischen Kurbeltriebs
Es wird eine zentrische Schubkurbel mit starrem Kolben (3), starrer Schubstange (Pleuel) (2) und starrer Kurbelwelle (1) betrachtet. Die Kurbelwelle habe den Kurbelradius r, das Pleuel die Länge L. Die Winkel von Kurbel bzw. Pleuel zur Verbindungslinie zwischen

Kurbelwellenmittelpunkt und Mittelpunkt des Kolbenbolzens seien φ_1 bzw. φ_2. Die Punkte S_1, S_2 und S_3 markieren die Massenmittelpunkte der Körper. Im Zylinder wirke der zeitabhängige Gasdruck p(t) und an der Kurbelwelle ein Lastmoment $M_L(t)$. Die Gelenke und Führungen seien reibungsfrei (Abb. 7.3). Es handelt sich dabei um eine ebene Bewegung.

Soll der Kurbeltrieb – wie bei üblichen Kolbenmotoren oder -pumpen notwendig – beliebige Winkelstellungen φ_1 einnehmen können, muss das Schubstangenverhältnis $\lambda = r/L$ kleiner als eins gewählt werden. Beim Grenzfall $\lambda = 1$ tritt eine Singularität (Durchschlagen, Lösungsverzweigung) auf. Bei $\lambda > 1$ blockiert der Mechanismus, sobald das Pleuel senkrecht steht.

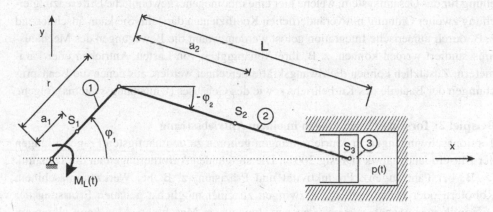

Abb. 7.3 Zentrischer Kurbeltrieb

Ziel ist nun die Erstellung eines mathematischen Modells für dieses Ersatzsystem (Starrkörpermaschine), das für gegebene Eingangsgrößen p(t) und $M_L(t)$, für gegebenen Anfangszustand $\varphi_1(0)$, $\dot{\varphi}_1(0)$ und bei „vorgegebenen" Parameterwerten[3] für die Massen, Trägheitsmomente und Längen zur Analyse

- der Bewegung der Bauteile,
- der Lager- und Gelenkskräfte,
- der Beanspruchung der Bauteile und
- zur Auslegung von allfälligen Ausgleichsmassen

geeignet ist. Das Gesamtsystem hat einen Freiheitsgrad, der mit φ_1 gewählt wird. Die Kolbenverschiebung und Pleuelverdrehung wären keine passenden Größen zur Beschreibung der Bewegung, weil aus ihnen die beiden jeweils anderen Koordinaten nicht eindeutig bestimmbar wären. Über die kinematischen Bindungen lassen sich die Lagekoordinaten und Geschwindigkeiten der drei Körper als Funktionen der Zustandsgrößen (siehe Abschn. 4.2.4) $\varphi_1(t)$ und $\dot{\varphi}_1(t)$ beschreiben. Nach Freischneiden der einzelnen Körper und

---

[3] Auf die Bedeutung der Begriffe Zustandsgröße und Parameter wird in Abschn. 4.2.4 näher eingegangen.

Anbringen der Zwangskräfte in Form von Gelenkskräften im Kurbellager, Kurbelzapfen, Kolbenbolzen und Führungskräften zwischen Kolben und Gehäuse (das als weiterer unbeweglicher, starrer Körper das Umgebungssystem darstellt) können nun die Bewegungsgleichungen für die einzelnen Körper mit der Newton-Euler-Methode (Abschn. 7.4.1) formuliert werden. Durch Elimination der Zwangskräfte gelangt man schließlich zur Bewegungsgleichung des Mechanismus. Mithilfe der Lagrangeschen Gleichungen (Abschn. 7.4.2) ergibt sich die Bewegungsgleichungen direkt, d. h. ohne Freischneiden und Einführen von Zwangskräften.

Unabhängig von der gewählten Methode erhält man letztendlich die Bewegungsgleichung für das Gesamtsystem, welche hier eine inhomogene, gewöhnliche Differenzialgleichung zweiter Ordnung mit veränderlichen Koeffizienten darstellt. Sie kann anschließend z. B. durch numerische Integration gelöst werden, womit die Bewegungen des Mechanismus studiert werden können, z. B. ihre Abhängigkeit von Lasten, Antrieben oder Parametern. Zusätzlich können die Zwangskräfte berechnet werden, aus denen die Beanspruchungen der Bauteile des Kurbeltriebs sowie des Gehäuses (Umgebungssystems) folgen.

Beispiel 2: Torsionsschwingungen in einem Antriebsstrang
Torsionsschwingungen in Antriebssträngen gehören zu den häufigsten Fragestellungen der Maschinendynamik (Dresig 2001). Die steigenden Anforderungen an die Dynamik (z. B. bei Fahrzeugen), Produktivität und Präzision (z. B. bei Werkzeugmaschinen, Robotern oder Industrieanlagen) zwingen zu einer möglichst genauen Erfassung der Dynamik von Antriebssystemen an verschiedensten Maschinen. Man kann allgemein festhalten, dass Torsionsschwingungen in den meisten Maschinengruppen, bei denen eine rotierende Bewegung auftritt, von Bedeutung sind. Ein Ziel bildet unter anderem die Ermittlung der Eigenfrequenzen des linearen bzw. linearisierten Systems, welche mit den Erregerfrequenzen verglichen werden. Häufig stellen Antriebsstränge relativ schwach gedämpfte Systeme dar, bei denen die Eigenfrequenzen in guter Näherung unter Vernachlässigung der Dämpfung berechnet werden können. Dabei erhält man gleichzeitig die sogenannten Eigenvektoren, welche die Schwingungsformen (Amplitudenverhältnisse der Schwingungsausschläge) repräsentieren, aus denen wichtige Schlüsse über Verbesserungsmaßnahmen, Anbringung von Sensoren oder Aktoren usw. gezogen werden können. Die Ergebnisse der dynamischen Simulation von Antriebssträngen werden verwendet:

• zur Auslegung der Maschinenteile (z. B. Kupplungen, Spindeln, Getriebe) sowie
• zur Konzeption von Regelungen (z. B. Drehzahlregelung, Winkelpositionierung, Geschwindigkeitsregelung für Beschleunigungs- und Bremsvorgänge). Hier dient das mechanische Modell als Modell der Regelstrecke.

Voraussetzung für die Auslegung von Maschinenteilen ist die Kenntnis der auftretenden Belastungen, die oftmals à priori nicht bekannt sind. Sie sind nicht nur statisch, sondern auch dynamisch und resultieren aus unterschiedlichen Betriebszuständen (Belastungsszenarien, Lastfällen), wie Konstantfahrt, Beschleunigungs- und Bremsvorgängen. Zur Dimensionierung der Maschinenteile z. B. gegen Gewaltbruch (durch Belastungsspitzen), auf Dauerfestigkeit oder Zeitfestigkeit müssen die Lastkollektive bekannt sein. Um sie ermitteln zu können, müssen sämtliche Betriebszustände und ihre Häufigkeiten berücksichtigt werden. Antriebsstränge können sehr komplex aufgebaut sein, d. h. sie bestehen vielfach aus vielen, recht unterschiedlich aufgebauten Maschinenteilen. Zu ihrer Beschreibung werden dann Modelle mit recht vielen Freiheitsgraden (Größenordnung 100 oder mehr) benötigt, so dass die Ermittlung der Massen (Trägheitsmomente) und Federsteifigkeiten einen erheblichen Aufwand darstellen kann.

Zur Ermittlung von Einschwingvorgängen und Resonanzen sind jedenfalls die Eigenwerte (Eigenfrequenzen) und Eigenvektoren (Schwingungsformen) von Interesse, zu deren Ermittlung nichtlineare Systeme zunächst um einen geeignet zu wählenden Arbeitspunkt zu linearisieren sind.

Soll ein Schwingungsmodell als Streckenmodell eines Regelkreises dienen, kommt man häufig mit einer deutlich geringeren Anzahl an Freiheitsgraden aus, um den Regelkreis bzw. die Regelgenauigkeit (Regelgüte) beurteilen zu können. Höhere Eigenfrequenzen spielen dabei meist eine untergeordnete Rolle.

Für das lineare Antriebssystem mit Motor, Getriebe und Last aus Abb. 7.4 kann man z. B. vier Freiheitsgrade (Winkel für Motor, Ritzel, Rad, Abtrieb) ansetzen. Darauf aufbauend können die Bewegungsgleichungen ermittelt werden. Es handelt sich dabei um vier lineare gewöhnliche Differenzialgleichungen, aus denen mit geeigneten CAx-Werkzeugen anschließend die Eigenfrequenzen und Eigenvektoren (Schwingungsformen) ermittelt werden können. Darüber hinaus kann die Belastung der rotierenden Teile (Wellen, Zahnräder, usw.) bei den unterschiedlichen Betriebsszenarien untersucht werden.

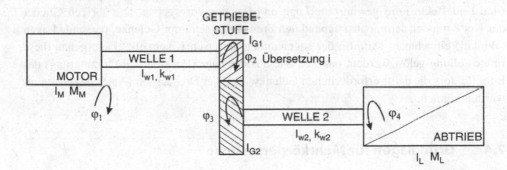

Abb. 7.4 Modell eines Antriebsstrangs mit Getriebestufe

Beispiel 3: Räumliche Bewegung eines Roboters

Abb. 7.5 zeigt einen Industrieroboter, wie er typischerweise zur Automatisierung in komplexen Fertigungsanlagen verwendet wird. Dieser Knickarmroboter mit vier Freiheitsgraden kann über eine Linearachse translatorisch zu seinem Einsatzort bewegt werden und besteht aus einem Fuß und einer Säule mit vertikaler Drehachse (1). Daran schließen sich zwei Armteile an, deren Drehachsen (2) und (3) normal auf die Drehachse (1) stehen und

Abb. 7.5 Roboter

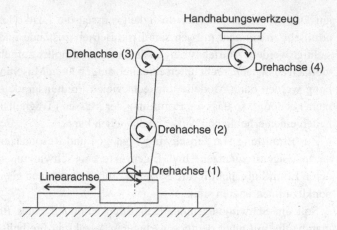

horizontal angeordnet sind. An der Drehachse (4) ist das Handhabungswerkzeug (auch als Endeffektor oder im Englischen Tool Center Point, TCP, bezeichnet) befestigt. Derartige Roboter sind für den Einsatz im industriellen Umfeld konzipiert (z. B. Zuführung von Komponenten in der Automobilfertigung, Schweißaufgaben). Dabei wird eine räumliche Bewegung ausgeführt.

Die Modellierung als Mehrkörpersystem und anschließende Analyse ermöglichen z. B. das vorausschauende Erkennen von Bahnkonflikten kooperierender Robotersysteme sowie die Vermeidung von Kollisionen durch Planung eines alternativen Weges. Bei der Festlegung der Bewegungsbahnen wird für das letzte Glied der kinematischen Kette (den Endeffektor) die gewünschte Lage und Position vorgegeben. Die übrigen Glieder der Kette müssen dann, entsprechend den Freiheitsgraden ihrer Gelenke, passende Lagen (Winkel) einnehmen. Mithilfe der sogenannten „inversen Kinematik" kann genau diese Fragestellung gelöst werden, nämlich wie aus der Lage (Position und Orientierung) des Endeffektors die dafür erforderlichen Gelenkwinkel der Drehachsen (Antriebe) bestimmt werden können.

7.4   Grundlagen für Mehrkörpersysteme

In diesem Abschnitt werden einige wichtige Methoden zur Aufstellung von Bewegungsgleichungen angeführt (wie z. B. Newton-Euler-Methode, Lagrangesche Methode), welche zur Beschreibung von Mehrkörpersystemen einen besonderen Stellenwert besitzen. Dazu werden Grundlagen der Kinematik und Kinetik benötigt.

Mehrkörpersysteme sollen die Beschreibung und Analyse räumlicher Bewegungen ermöglichen. Die eingehende Behandlung der dazu benötigten Kinematik und Kinetik würde den Rahmen dieses Buches sprengen, weshalb die Verfahren nur kurz angesprochen werden und zum tieferen Verständnis auf die einschlägige Literatur verwiesen wird

(z. B. Bremer 1988; Dresig und Holzweißig 2004; Heimann et al. 2007; Hollburg 2002; Schiehlen und Eberhard 2004; Shabana 2001).

Die Kinematik ist die Lehre der Bewegung von Punkten und Körpern im Raum, beschrieben durch die Größen Weg s, Geschwindigkeit v (Änderung der Ortskoordinate) und Beschleunigung a, ohne die Ursachen einer Bewegung (Kräfte, Momente) zu betrachten. Die Lage eines starren Körpers wird durch seine Position (z. B. die Lage des Schwerpunktes) und seine Orientierung (z. B. Richtung der Hauptträgheitsachsen) angegeben. Für die Beschreibung der räumlichen Bewegung eines Körpers wird ein globales (raumfestes) Referenzkoordinatensystem benötigt. Darüber hinaus ist es zweckmäßig, für jeden Körper ein lokales (z. B. körperfestes) Koordinatensystem einzuführen. Die Kinematikaufgabe kann dann auf die Berechnung von Lage, Geschwindigkeit und Beschleunigung der Körper zurückgeführt werden.

Der Übergang von einem Koordinatensystem auf ein beliebiges anderes Koordinatensystem (Koordinatentransformation) lässt sich[4] immer durch drei aufeinander folgende Elementardrehungen beschreiben (Bremer 1988; Heimann et al. 2007; Hollburg 2002; Roddeck 2006; Schiehlen und Eberhard 2004; Shabana 1998). Durch Hintereinandermultiplikation der Drehmatrizen für die einzelnen Elementardrehungen entsteht die Gesamtdrehmatrix. Da die Matrizenmultiplikation nicht kommutativ ist (d. h. eine Änderung der Reihenfolge der mit diesen Winkeln um die verschiedenen Achsen nacheinander ausgeführten Drehungen ergibt ein anderes Ergebnis), muss eine bestimmte Reihenfolge der Elementardrehungen festgelegt werden. Von den zahlreichen Möglichkeiten zur Beschreibung zusammengesetzter Drehungen spielen die Euler- und die Kardan-Winkel eine besondere Rolle.

Werden die Drehungen in der Reihenfolge Rotation um die x-Achse, Rotation um die neue y-Achse und Rotation um die neue z-Achse durchgeführt, so spricht man von *Kardan-Winkeln* (α, β, γ). Die Winkel werden im Gegensatz dazu als *Euler- Winkel* (φ, θ, ψ) bezeichnet, wenn die Elementardrehungen um die z-Achse, die neue x-Achse und die neue z-Achse ausgeführt werden. Die Drehmatrizen R_{KARDAN} und R_{EULER} entstehen aus der Multiplikation der Elementardrehmatrizen und haben folgende Form.

$$R_{KARDAN} = \begin{bmatrix} 1 & 0 & 0 \\ 0 & \cos\alpha & -\sin\alpha \\ 0 & \sin\alpha & \cos\alpha \end{bmatrix} \begin{bmatrix} \cos\beta & 0 & \sin\beta \\ 0 & 1 & 0 \\ -\sin\beta & 0 & \cos\beta \end{bmatrix} \begin{bmatrix} \cos\gamma & -\sin\gamma & 0 \\ \sin\gamma & \cos\gamma & 0 \\ 0 & 0 & 1 \end{bmatrix}$$

$$R_{EULER} = \begin{bmatrix} \cos\varphi & -\sin\varphi & 0 \\ \sin\varphi & \cos\varphi & 0 \\ 0 & 0 & 1 \end{bmatrix} \begin{bmatrix} 1 & 0 & 0 \\ 0 & \cos\theta & -\sin\theta \\ 0 & \sin\theta & \cos\theta \end{bmatrix} \begin{bmatrix} \cos\psi & -\sin\psi & 0 \\ \sin\psi & \cos\psi & 0 \\ 0 & 0 & 1 \end{bmatrix}$$

Die Euler-Winkel benutzt man hauptsächlich in der Kreiseltheorie, während für technische Probleme und in der Luftfahrt meist Kardan-Winkel verwendet werden. Manchmal ist auch ein Wechsel der Beschreibungsart notwendig, um Singularitäten zu vermeiden und

---

[4] abgesehen von einer translatorischen Relativbewegung der beiden Koordinatensysteme zueinander, die durch Vektoraddition sehr einfach beschreibbar ist und daher nicht näher betrachtet zu werden braucht.

die Eindeutigkeit der Beschreibung zu gewährleisten (Bremer 1988; Heimann et al. 2007; Hollburg 2002; Roddeck 2006; Schiehlen und Eberhard 2004; Shabana 2001).

Während bei der Kinematik die Bewegungsabläufe ohne Frage nach ihren Ursachen (Kräften, Momenten) untersucht werden, wird in der Kinetik der Zusammenhang zwischen den kinematischen Größen (Weg, Geschwindigkeit, Beschleunigung) und den Kräften bzw. Momenten behandelt. Im Gegensatz dazu beschäftigt sich die Statik mit dem Kräftegleichgewicht an nicht beschleunigten Körpern. Beide Gebiete zusammen bilden die Dynamik, die sich mit der Wirkung von Kräften befasst (Heimann et al. 2007).

In der Kinetik wird zwischen fortschreitenden Bewegungen ohne Rotation (Translationsbewegungen) und den Drehbewegungen (Rotationsbewegungen) unterschieden. Die Beschreibung des Bewegungsverhaltens in Abhängigkeit von den äußeren und inneren Kräften bzw. Momenten führt auf einen Satz von Differenzialgleichungen, die Bewegungsgleichungen. Ihre Lösung gibt Auskunft über die interessierenden Bewegungsverläufe in Form von Bahnkurven und zeitlich veränderlichen Reaktionen (Reaktionskräften wie Lagerkräften, Gelenkskräften, Schnittkräften usw.). Zur Aufstellung der Bewegungsgleichungen werden folgende Methoden unterschieden (Bremer 1988; Bremer und Pfeiffer 1992; Dresig und Holzweißig 2004; Heimann et al. 2007; Hollburg 2002; Parkus 1995; Schiehlen und Eberhard 2004; Shabana 2001; Ziegler 1998).

7.4.1 Newton-Euler-Methode

Die Newton-Euler-Methode ist allgemein für starre und flexible Körper anwendbar. Im Rahmen dieses Buches wird für Mehrkörpersysteme lediglich der Fall starrer Körper betrachtet. Die einzelnen Teilkörper des Mehrkörpersystems werden freigeschnitten und die entsprechenden Schnittgrößen (Kräfte, Momente) an den freigeschnittenen Oberflächen (in der Regel an diskreten Punkten) angebracht. Durch die Anwendung von Impuls- und Drallsatz auf jeden Teilkörper (in der Ebene je drei Gleichungen, im Raum je sechs Gleichungen pro Starrkörper) erhält man ein System von gewöhnlichen Differenzialgleichungen. So lautet beispielsweise der Impulssatz für einen starren Körper

$$m\ddot{s} = \sum_{i} F_i,$$

wobei m die Masse des Körpers, s den Lagevektor mit den Lagekoordinaten des Schwerpunkts (korrekter: Massenmittelpunkts), $\ddot{s}$ den Beschleunigungsvektor für diesen Punkt und F_i die an dem betreffenden Körper angreifenden Kraftvektoren bezeichnet.

Durch den Impulssatz werden die Impulsänderungen der Körper erfasst, analog dazu werden durch den Drallsatz die Dralländerungen der Körper beschrieben. Dies führt pro Körper auf drei weitere Differenzialgleichungen zweiter Ordnung, wobei hier die

Verhältnisse besonders bei räumlichen Problemstellungen etwas diffiziler sind, weshalb deren Behandlung den Rahmen dieses Buches sprengen würde und auf die oben bereits zitierten Quellen verwiesen wird.

Bei der „händischen" Auflösung des Gleichungssystems werden üblicherweise zuerst die Reaktionskräfte eliminiert, was oft aufwendig und unübersichtlich sein kann, denn es ist oftmals nicht klar ersichtlich, welche Gleichungen den „algebraischen" und welche den „differenzialen" Teil (nämlich die Differenzialgleichungen für die gewählten Freiheitsgrade des Systems) dieses „Algebro-Differenzialgleichungssystems[5]" darstellen. Vorteil dieser Formulierung ist jedoch, dass damit auch alle interessierenden Reaktionskräfte „direkt" erfasst werden können.

7.4.2 Lagrangesche Methode

Ausgangspunkt ist ein Extremalprinzip (z. B. von Lagrange, d'Alembert oder Hamilton, siehe z. B. Bremer 1988; Parkus 1995; Ziegler 1998) und die aus diesem Prinzip abgeleiteten Variationsgleichungen. Im Gegensatz zur Newton-Euler-Methode, bei der die an den freigeschnittenen Körpern wirkenden Kräfte und Momente zur Systembeschreibung verwendet werden, dienen nun die Energie- bzw. Arbeitsbilanzen zur Herleitung der Bewegungsgleichungen.

Für Systeme mit endlich vielen Freiheitsgraden, ausgedrückt durch die linear unabhängigen verallgemeinerten Koordinaten $q_1\,q_2, \ldots, q_N$[6], erhält man die Bewegungsgleichungen durch Differenziation der potenziellen Energie V (Potenzial) und der kinetischen Energie T,

$$\frac{d}{dt}\left(\frac{\partial T}{\partial \dot{q}_i}\right) - \frac{\partial T}{\partial q_i} + \frac{\partial V}{\partial q_i} = Q_i$$

Die Größen Q_i stellen die zu den Koordinaten $\dot{q}_i$ gehörenden verallgemeinerten Kräfte (Kräfte und Momente) dar und beinhaltet nur noch Kraftgrößen, die im Potential V noch nicht berücksichtigt sind. Das zu untersuchende System ist konservativ, wenn alle beteiligten Kräfte und Momente ein Potential besitzen. Dies trifft z. B. für Gewichtskräfte und elastische Rückstellkräfte und -momente zu. Werden alle Kräfte und Momente im Potenzial V erfasst, dann verschwindet bei konservativen Systemen die

---

[5] Bei Algebro-Differenzialgleichungen, auch differenzial-algebraische Gleichungen (DAE) oder Deskriptor-Systeme genannt, sind gewöhnliche Differenzialgleichungen mit algebraischen (ableitungsfreien) Nebenbedingungen gekoppelt. Die Newton-Euler-Methode führt genau auf solche Gleichungssysteme.

[6] Da sie voneinander unabhängig sind, ist ihre Anzahl minimal, um die Lage aller Körper beschreiben zu können, weshalb sie auch Minimalkoordinaten genannt werden (Bremer 1988).

rechte Seite. Die Lagrangeschen Gleichungen gelten aber auch für nichtkonservative Systeme. Greifen z. B. in ihrem Zeitverlauf vorgegebene äußere Belastungen wie etwa Antriebsmomente an oder wirken Reibungskräfte, dann werden sie durch die verallgemeinerten Kräfte Q_i ausgedrückt. Diese Methode hat den Vorteil, dass nur die linear unabhängigen Koordinaten (Minimalkoordinaten) in Erscheinung treten. Für die Aufstellung der Bewegungsgleichungen ist die Betrachtung „leistungsloser" Reaktionskräfte (Zwangskräfte) nicht erforderlich. In vielen Fällen sind aber diese Reaktionskräfte sehr wohl von Interesse. Die obigen Gleichungen liefern für alle Freiheitsgrade je eine Differenzialgleichung zweiter Ordnung, insgesamt repräsentieren sie die Bewegungsgleichungen des Systems.

Die meisten Mehrkörpersystem-Simulationswerkzeuge verwenden zum Aufstellen der Bewegungsgleichungen die Lagrangesche Methode. Zur Lösung werden je nach Modell unterschiedliche Integratoren zur Verfügung gestellt. So werden Integratoren für steife Systeme mit fixer oder variabler Schrittweite und solche für nichtsteife Systeme mit variabler Schrittweite verwendet.

7.5 Simulationswerkzeuge für Mehrkörpersysteme

Mehrkörpersystem-Simulationsprogramme werden heute vielfach zur Berechnung von kinematischen und dynamischen Vorgängen beweglicher Konstruktionen benutzt. An Ergebnissen werden, neben der Berechnung der Bahnkurven einzelner Punkte von Bauteilen, die Bahngeschwindigkeiten und -beschleunigungen sowie die Reaktionskräfte wie z. B. Zwangskräfte, Federkräften und Dämpferkräfte bereitgestellt.

MKS-Simulationen finden heute ein breites Anwendungsfeld, etwa in der Automobilindustrie zur Konstruktion von Radaufhängungen, Tür- und Haubenscharnieren, zur dynamischen Fahrsimulation, zur Entwicklung von Steuerungsprogrammen in der Robotik, zur Simulation von Fertigungsanlagen, zur Dimensionierung von Hochgeschwindigkeitsrobotern, in der Raumfahrt, Biomechanik usw. (Heimann et al. 2007).

Abb. 7.6 zeigt die in MKS-Simulationswerkzeugen enthaltenen Funktionalitäten und Eigenschaften auf.

Der hauptsächliche Vorteil von MKS-Simulationswerkzeugen besteht darin, dass das Aufstellen der Bewegungsgleichungen des zu untersuchenden (mechanischen) Systems weitgehend automatisch erfolgt, was anderenfalls für große Systeme mit komplizierter Systemstruktur langwierig und fehlerträchtig bzw. fast unmöglich wäre. Der topologische Aufbau des MKS-Modells sowie die Parameter sind vom Benutzer einzugeben. Mit diesen Angaben und den vom MKS-Programm bereitgestellten Algorithmen für die verschiedenen Typen von Kräften und kinematischen Bindungen werden die Bewegungsgleichungen über einen MKS-Formalismus erstellt. Neben den gewählten Koordinatensystemen und der Modelltopologie entscheidet dieser Algorithmus über die Struktur des entstehenden Bewegungsdifferenzialgleichungssystems und damit auch über die Auswahl der Integrationsverfahren für die numerische Zeitintegration (Abb. 7.7).

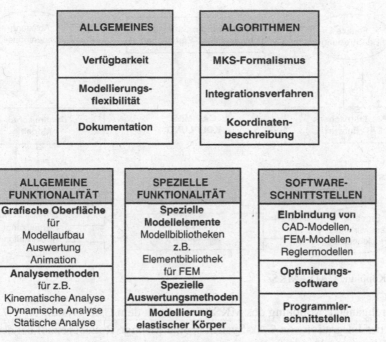

Abb. 7.6 Wichtige Eigenschaften von MKSSimulationswerkzeugen (in Anlehnung an Liebig et al. 2000)

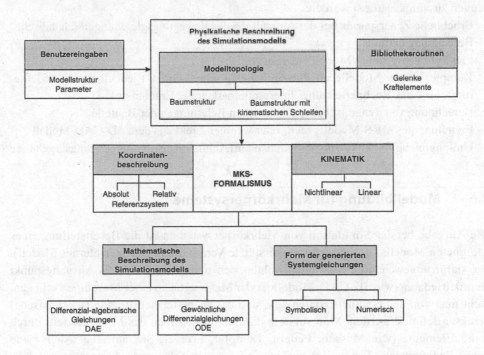

Abb. 7.7 Vorgehensweise bei der Aufstellung der Bewegungsgleichungen des MKS-Modells (in Anlehnung an Liebig et al. 2000)

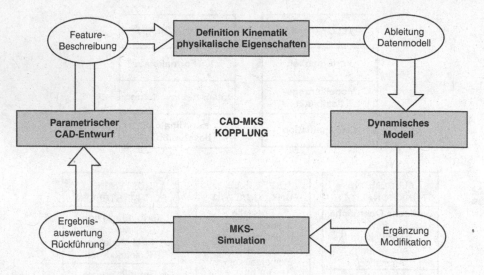

Abb. 7.8 Kopplung CAD – MKS

Die durchgängige Kopplung des MKS-Systems mit dem CAD-System Abb. 7.8) spielt im Sinne der Integration von CAx-Systemen eine wichtige Rolle, speziell bei der Durchführung von wiederholten Berechnungs- bzw. Optimierungsschritten. Im Folgenden sollen einige wesentliche Merkmale bzw. Vorteile bei der Nutzung von MKS-Simulationswerkzeugen zusammengefasst werden:

- Erhebliche Zeitersparnis bei der Aufstellung der Bewegungsgleichungen („händische" Berechnung entfällt)
- Flexibilität gegenüber Modelländerungen
- Komplexität der Modelle im Prinzip beliebig (eingeschränkt jedoch durch Modellierungsaufwand, Rechnerleistung, Interpretierbarkeit der Ergebnisse)
- Berechnung von dynamischen und statischen Belastungen der Bauteile
- Erstellung des MKS-Modells mehr oder weniger direkt aus dem 3D-CAD-Modell
- Umfangreiche Visualisierungsmöglichkeiten (Animationen) der Berechnungsergebnisse

7.6   Modellbildung für Mehrkörpersysteme

Die Aufgabe bei der Simulation von Mehrkörpersystemen ist die Bereitstellung eines geeigneten Modells für die rechnerunterstützte Verarbeitung (rechnerinternes Modell). Die dafür angewendeten Methoden richten sich u. a. danach, ob als Ausgangspunkt Geometriedaten (wie 3D-CAD-Modelle) oder Messungen an einer Maschine vorliegen. Geht man von den Geometriedaten aus, so muss als erster Schritt eine (mechanische) Struktur definiert werden. Man versteht darunter den Aufbau des MKS-Modells durch seine Elemente (wie Massen, Federn, Dämpfer, Erreger, Stellantriebe usw.) sowie deren Beziehungen (Topologie) untereinander und mit dem umgebungssystem (siehe

z. B. Dresig und Holzweißig 2004; Hollburg 2002; Schiehlen und Eberhard 2004). Der Systematik von Abschn. 4.2.4.3 folgend, wäre eine Bezeichnung jener Parameter, welche die Topologie, also die Eigenschaften der Beziehungen zwischen den Elementen untereinander und mit dem Umgebungssystem beschreiben, als Topologie-, Beziehungs-, Kopplungs- oder Relationsparameter sinnvoll. Ebenso wäre eine Bezeichnung jener Parameter, welche die Eigenschaften der Elemente selbst beschreiben, als Elementparameter sinnvoll. In Summe legen sie die Struktur (Beziehungen *und* Elemente) des MKS-Systems fest, so dass ihre Summe sinnvoll als Strukturparameter bezeichnet werden könnte.

Die Bestimmung („Vorgabe", siehe Abschn. 4.2.4.3) der Parameterwerte ist oft eine schwierige Aufgabe, speziell bei Dämpfungsparametern, Coulombschen Reibwerten usw. ist man weitgehend auf Erfahrungen angewiesen, die aus Messungen oder Beobachtungen stammen.

Abb. 7.9 zeigt die Modellbildung für einen Waggon, bei dem die Wirkung der Schwingung vom Untergrund auf den Komfort des Reisenden im Inneren untersucht werden soll. Der Komfort wird besonders durch die Amplitude, die Frequenz und das Abklingverhalten der auftretenden Schwingungen geprägt. Der Waggon wird in erster Näherung als ebenes System betrachtet. Die Karosseriesteifigkeit ist relativ hoch, so dass der gesamte Aufbau als einzelne starre Masse idealisiert werden kann (ähnliche Beispiele siehe z. B. Dresig und Holzweißig 2004; Hollburg 2002; Schiehlen und Eberhard 2004).

Die Topologie eines Mehrkörpersystems kann folgendermaßen klassifiziert werden (Schiehlen und Eberhard 2004; Shabana 1998): Ein System von gelenkig miteinander verbundenen Körpern wird als *kinematische Kette* bzw. als kinematisch zusammenhängendes Mehrkörpersystem bezeichnet. Ein kinematisch nicht zusammenhängendes Mehrkörpersystem kann formal durch Einführung von Gelenken mit sechs Gelenksfreiheitsgraden in ein kinematisch zusammenhängendes System überführt werden.

Abb. 7.9 Einfaches Modell für einen Waggon

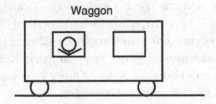

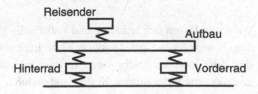

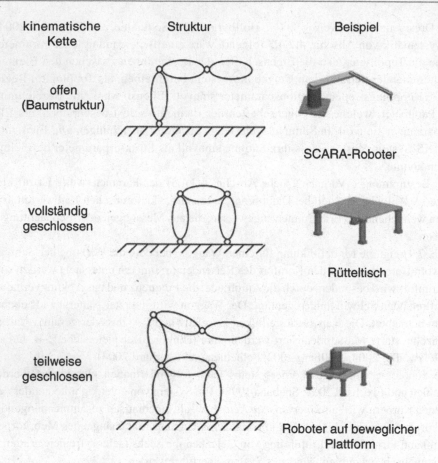

Abb. 7.10 Beispiele für Topologieketten

Es werden zwei topologische Grundprinzipien der Kombination unterschieden (Abb. 7.10, siehe Schiehlen und Eberhard 2004; Shabana 1998).

- *Systeme mit Baumstruktur* (offene Systeme): Bei einer kinematischen Kette mit Baumstruktur ist der Weg von jedem Körper zu jedem beliebigen anderen Körper eindeutig bestimmt. Jedem Körper kann eindeutig ein Vorgängerkörper bzw. ein Vorgängergelenk zugeordnet werden.
- *Systeme mit kinematischen Schleifen* (geschlossene Systeme): Ausgehend von einer kinematischen Kette mit Baumstruktur entsteht durch Einführung von je einem zusätzlichen Gelenk eine unabhängige kinematische Mehrkörperschleife.

Weiterhin lassen sich teilweise und vollständig geschlossene kinematische Ketten unterscheiden. Eine teilweise geschlossene Kette liegt vor, wenn einzelne Teilsysteme offene Ketten sind oder mehrere geschlossene Teilsysteme offen miteinander verbunden sind. Vollständig geschlossene kinematische Ketten sind dadurch gekennzeichnet, dass jeder Körper Teil einer Mehrkörperschleife ist, und jede Schleife mindestens einen Körper mit einer anderen Schleife gemeinsam hat. Geschlossene kinematische Ketten werden auch als Mechanismen bezeichnet.

Ein Gelenk verbindet jeweils zwei Körper eines Mehrkörpersystems. In Abhängigkeit vom Gelenksfreiheitsgrad f_G stellt es $6 - f_G$ Bindungen zwischen den beiden Körpern her. In Abb. 7.11 sind einige Beispiele für Gelenkstypen dargestellt (ausführliche Aufstellungen siehe z. B. in Shabana 2001).

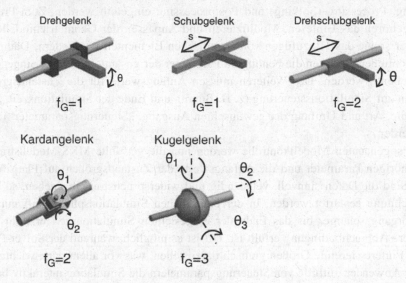

Abb. 7.11 (Drehgelenk $f_G=1$, Schubgelenk $f_G=1$, Drehschubgelenk $f_G=2$, Kardangelenk $f_G=2$, Kugelgelenk $f_G=3$)

Abb. 7.11 Verschiedene Gelenktypen

Während bei den in Abb. 7.11 angegebenen Gelenktypen bestimmte Relativbewegungen zwischen den beteiligten Körpern „gesperrt" sind, können durch kinematische Bindungen auch bestimmte Relativbewegungen zwischen den Körpern vorgegeben werden, wodurch komplexere Gelenktypen entstehen (Schiehlen und Eberhard 2004; Shabana 1998). Einige Beispiele dazu sind in Abb. 7.12 ersichtlich.

Abb. 7.12 Beispiele für komplexe Gelenktypen

Nockengetriebe (eben)   Stirnradverzahnung

Kegelradverzahnung (sphärisch)   Schneckenverzahnung (räumlich)

7.7 Durchführung einer Mehrkörpersystemsimulation

Die Durchführung einer Mehrkörpersystemsimulation kann (wie fast alle anderen Arten von Berechnungen während des Entwicklungsprozesses) grob in die drei Phasen Preprocessing, Processing (Solving) und Postprocessing eingeteilt werden. Zum Preprocessing gehören das Einlesen, Modifizieren und Anpassen der Geometriemodelle für die Körper sowie das Hinzufügen von spezifischen Elementen wie Federn, Dämpfern usw. Anschließend müssen die benötigten Parameter der gesamten Struktur eingegeben („vorgegeben") werden. Des Weiteren müssen Anfangswerte für die Zustandsgrößen und Daten zur Simulationssteuerung (z. B. Beginn und Ende der Simulationszeit, Zeitschrittweite, Art und Umfang der gewünschten Ausgabe, „Steuerungsparameter") festgelegt werden.

In der sogenannten Modellkontrolle werden nun die gewählte MKS-Modellstruktur, die zugehörigen Parameter und die Anfangswerte der Zustandsgrößen auf Plausibilität geprüft. Sind die Daten sinnvoll, vollständig und widerspruchsfrei eingegeben, so kann die Berechnung gestartet werden. In der eigentlichen Simulationsphase läuft nun der Rechenvorgang solange, bis das Ende der eingestellten Simulationszeit erreicht oder eine andere Abbruchbedingung erfüllt ist. Oft ist es möglich, während der Solver-Phase („online") interessierende Größen grafisch darzustellen, was vor allem dann wichtig ist, wenn der Anwender mithilfe von Steuerungsparametern die Simulation interaktiv beeinflussen möchte. Zur Interpretation der Simulationsergebnisse stehen im Postprocessingschritt etwa die Möglichkeiten einer zweidimensionalen Diagrammdarstellung oder einer grafischen Animation des Bewegungsablaufs anhand eines 3D-Simulationsmodells zur Verfügung.

7.8 Verfahren zur numerischen Zeitintegration

In diesem Abschnitt wird ein erster Einblick in einige häufig angewendete Konzepte zur numerischen Zeitintegration gegeben. Ausführliche Erläuterungen finden sich etwa in Bremer und Pfeiffer (1992), Jung und Langer (2001), Schiehlen und Eberhard (2004) und Shabana (2001). Die numerische Zeitintegration dient zur Lösung von Anfangswertproblemen. Es gibt sowohl Verfahren für Systeme von gewöhnlichen Differenzialgleichungen (Ordinary Differential Equation – ODE) als auch Verfahren für partielle Differenzialgleichungen (Partial Differential Equations – PDE). Zur numerischen Lösung von PDEs muss zusätzlich zur Diskretisierung der Zeitachse noch eine Diskretisierung im Ort durchgeführt werden. In Abhängigkeit von den Eigenschaften des MKSModells und der Methode zur Aufstellung der Bewegungsgleichungen (Lagrange oder Newton-Euler, siehe Abschn. 7.4) können die (gegebenenfalls diskretisierten) Bewegungsgleichungen einer der folgenden Gruppen zugeordnet werden:

• Nichtsteife gewöhnliche Differenzialgleichungen

- Steife gewöhnliche Differenzialgleichungen[7]
- Algebra-Differenzialgleichungen (Differential-Algebraic Equations – DAE)

Zur Lösung der Gleichungen kommen unterschiedliche numerische Verfahren zur Anwendung. Um den Rahmen dieses Buches nicht zu sprengen, andererseits aber die hinter den verschiedenen Integrationsverfahren liegenden Konzepte zu skizzieren, wird im Folgenden kurz auf das Prinzip der numerischen Zeitintegration durch Zeitschrittverfahren und im Weiteren auf die Methode von Euler (Polygonzugmethode), auf explizite und implizite Runge- Kutta-Verfahren sowie auf Mehrschrittverfahren kurz eingegangen.

7.8.1 Numerische Zeitintegration durch Zeitschrittverfahren

Die Idee der numerischen Zeitintegration lässt sich am Beispiel der speziellen Differenzialgleichung

$$\dot{x}(t) = f(t, x(t))$$

veranschaulichen, in der t die Zeit und $x(t)$ die unbekannte Zeitfunktion (typischerweise einen Vektor, z. B. Zustandsvektor) bedeuten (Jung und Langer 2001; Schwarz 1997). Mit dem Anfangswert $x(0) = x_0$ folgt für den Endwert $x(T)$

$$x(T) = x_0 + \int_0^T f(\tau, x(\tau)) d\tau$$

Das Integral kann im Allgemeinen nicht direkt berechnet werden, da der Integrand $f(T, x(T))$ die Unbekannte $x(T)$ selbst enthält. Für die numerische Zeitintegration wird nun das Integral nicht über dem gesamten Zeitintervall $[0,T]$ betrachtet, sondern nur für kleine Zeitschritte h (Intervalle $[t, t + h]$), was auf das folgende Zeitschrittverfahren führt

$$x(t+h) = x_t + \int_t^{t+h} f(\tau, x(\tau)) d\tau,$$

das mit dem Anfangswert x_0 bei $t = 0$ gestartet wird. Zeitintegrationsverfahren zielen darauf ab, den Integranden geeignet zu approximieren und damit das Integral über eine einfache Integrationsformel (Keplersche Fassregel, Trapezregel, Mittelpunktsregel, …) näherungsweise zu berechnen.

---

[7] „Steif" bedeutet in diesem Sinn, dass im System Eigenwerte mit stark unterschiedlichen Realteilen auftreten, was sich in stark unterschiedlichem Wachstumsverhalten der Lösungsanteile ausdrückt (Engeln-Müllges und Reutter 1996).

7.8.2   Methode von Euler (Polygonzugmethode)

Bei der Methode von Euler (Polygonzugmethode) wird zur Approximation von f im Intervall [t, t + h] der Funktionswert von f zum „alten" Zeitpunkt t verwendet, was einem Fortschreiten entlang der für den „alten" Zeitpunkt t bekannten Tangente $\dot{x}(t){=}f(t,x(t))$ im Punkt x(t) entspricht. Dadurch erhält man zu diskreten Zeitpunkten (Näherungen für) die Funktionswerte von x(t), x(t + h) usw., wodurch sich ein Polygonzug ergibt. Dabei kann x(t + h) in jedem Zeitschritt alleine aus den Größen x und f an der „alten" Stelle t berechnet werden, so dass x(t + h) für den „neuen" Zeitpunkt t + h „explizit" berechnet werden kann, weshalb die Polygonzugmethode zu den expliziten Verfahren zählt. Da immer nur ein Zeitschritt berechnet wird, handelt es sich um ein sogenanntes Einschrittverfahren.

7.8.3   Explizite Runge-Kutta-Verfahren

Eine einfach zu implementierende und manchmal sehr effiziente Klasse von Zeitintegrationsverfahren erhält man dadurch, dass man die Idee der Polygonzugmethode verallgemeinert. Das Integral wird nun über eine allgemeine s-stufige Quadraturformel approximiert (s ist die Anzahl der Stützpunkte bzw. Zwischenstellen im Intervall [t, t + h], an denen nun aber auch zusätzliche Funktionswerte von f und x benötigt werden). Bei der expliziten Methode wird das Integral ausschließlich durch Werte, die zum „alten" Zeitpunkt t bereits vorliegen, approximiert, so dass x(t + h) zum „neuen" Zeitpunkt „explizit" berechnet werden kann.

7.8.4   Implizite Runge-Kutta-Verfahren

Wird zur Approximation des Integrals nicht nur die Ableitung $\dot{x}$ an der Stelle t verwendet, sondern auch jene an der Stelle t + h mit einbezogen, so entsteht ein implizites Gleichungssystem, da die Unbekannte x(t + h) nun auch auf der rechten Seite des Gleichungssystems steht, das damit im Allgemeinen nicht mehr explizit aufgelöst werden kann. Zur Lösung des Gleichungssystems für einen einzelnen Zeitschritt (Berechnung von x(t + h)) kommen Lösungsverfahren für implizite Gleichungen (z. B. Iterationsverfahren, Fixpunkt-Iteration) zum Einsatz.

7.8.5   Mehrschrittverfahren

Ein Nachteil der Runge-Kutta-Verfahren besteht darin, dass die Funktion f auch an den zusätzlich eingeführten Zwischenstellen ausgewertet werden muss. Vor allem bei einer größeren Anzahl von Gleichungen (hoher Dimension des Vektors x(t)) kann es mit impliziten Verfahren sehr aufwendig werden, das nichtlineare implizite Gleichungssystem aufzustellen und zu lösen. Um diesen Nachteil zu vermeiden, wurden Mehrschrittverfahren (MSV) entwickelt, bei denen keine Zwischenstellen betrachtet werden, sondern zusätzlich zu den Werten zum Zeitpunkt t auch weiter zurück liegende Werte für die Approximation des Integrals verwendet werden. Außerdem können mehrere Zeitschritte (daher die Bezeichnung Mehrschrittverfahren) in einem Berechnungs- schritt verarbeitet werden. Diese Verfahren können sowohl explizit, als auch implizit formuliert werden.

Der wesentliche Vorteil der Mehrschrittverfahren liegt darin, dass sie keine zusätzlichen Zwischenstellen verwenden, an denen die Werte von f und x benötigt werden und damit der Integrand f pro Zeitschritt nur einmal ausgewertet werden muss. Die Anzahl der Unbe- kannten, die in einem Zeitschritt anfallen, ist nur so hoch wie die Anzahl der Gleichungen in $\dot{x}(t)=f(t,x(t))$.

Neben der Modellbildung hat auch die Numerik entscheidenden Einfluss auf die Quali- tät der Ergebnisse und die Effizienz der Berechnung. Die erzielte Genauigkeit (der Fehler der numerischen Integration) hängt wesentlich von folgenden Faktoren eines Simulations- experimentes ab (Gipser 1999):

- Gleichungen des mathematischen Modells,
- Parametern des Modells,
- Integrator,
- Schrittweite,
- Anfangswerten der Zustände und
- Eingangsgrößen.

Ein Simulationsverfahren, charakterisiert insbesondere durch die Kombination der oben angeführten Faktoren, sollte robust sein. Damit ist gemeint, dass kleinere Ände- rungen am Modell, an seinen Parametern, an der Schrittweite oder an den Eingangs- größe nicht zu großen (unplausiblen) Abweichungen in den Simulationsergebnissen führen sollten.

Viele Integratoren in kommerzieller Simulationssoftware führen eine adaptive Schritt- weitensteuerung durch. Den dabei verwendeten Algorithmen liegen folgende Ideen zugrunde. Es werden große Schrittweiten verwendet (oder die aktuelle Schrittweite wird entsprechend vergrößert), wenn sich die Eingangs- und Zustandsgrößen nur langsam ändern und die in den zurückliegenden Zeitschritten erzielte Genauigkeit ausreichend erscheint. Andererseits werden kleine Schrittweiten verwendet (oder die aktuelle Schritt- weite wird reduziert), wenn sich die Eingangs- und Zustandsgrößen rasch ändern. Dabei kann die erzielte Genauigkeit nur abgeschätzt werden, denn die exakte Lösung ist (außer für Testrechnungen) meist unbekannt.

7.9 Modellverbesserung

Ausgehend von den Ergebnissen der MKS-Berechnung können einerseits die dynami- schen Modelle verbessert werden, andererseits wichtige Rückschlüsse auf die Eigen- schaften des technischen Systems und mögliche Verbesserungen gezogen werden (siehe z. B. auch Dresig und Holzweißig 2004). Neben diesen „Offline"- Simulationsaufgaben hat sich die MKS-Methodik auch im Bereich der Echtzeitsimulation etabliert. Typische

Anwendungsfelder sind hier der Entwurf von Regelungssystemen für aktive Sicherheits-
und Fahrerassistenzsysteme sowie für den Test von Steuergeräten mittels MKS-Modellen als virtuelle Prototypen. Je nach Aufgabenstellung werden Modelle unterschiedlicher
Komplexität und Detaillierung verwendet. Die ständig steigende Leistungsfähigkeit der
Rechnersysteme ermöglicht es, im „Offline"-Bereich immer hochwertigere und komplexere Modellierungen und Anwendungen wie z. B. Parameteroptimierungen durchzuführen. Auch im „Online"-Bereich, in dem die Anforderung „Echtzeit" dominiert und man
daher häufig auf umfangreiche Modellierungseinschränkungen angewiesen ist, werden die
Grenzen des Machbaren stetig erweitert.

Zur Modell- und damit auch Rechenzeitreduktion bieten sich folgende Methoden an
(Dresig und Holzweißig 2004):

- Linearisierung des gesamten Systems,
- Linearisierung von Subsystemen,
- dezentrale Simulation von dynamischen Subsystemen (Verteilung auf mehrere
  Rechner),
- Reduktion benötigter Rechenoperationen durch modellspezifisch optimierte Glei-
  chungen (z. B. Ersatz von Modellteilen durch vereinfachte Beschreibung ihres
  Übertragungsverhaltens),
- bauteilorientierte Reduktion durch Ausblendung von nahezu masselosen Körpern.

In Dresig und Holzweißig (2004) werden Hinweise für dynamisch günstige Konstruktionen gegeben. Dabei können unterschiedliche Ziele verfolgt werden, wie etwa
Material oder Energie bzw. Antriebsleistung einzusparen, übermäßigen Verschleiß
oder Zerstörungen zu vermeiden, die Lebensdauer und Zuverlässigkeit zu erhöhen,
die Produktivität (Prozessgeschwindigkeiten, Drehzahlen) zu steigern, die Arbeitsbedingungen für Menschen zu verbessern (Sicherheit, Komfort) oder Schwingungen und
Stoßkräfte für technologische Zwecke gezielt zu nutzen (z. B. Bohrhämmer, Schmiede-
hämmer oder Maschinen zur Bodenverdichtung). Diese Hinweise sind in sechs Punkten
zusammengefasst:

- Klärung der wesentlichen physikalischen Phänomene
- Auswahl des kinematischen Systems
- Beeinflussung von Kraftverläufen
- Vermeidung von Resonanzen
- Verminderung von Stoßbelastungen
- Verkleinerung modaler Erregerkräfte bzw. gezielte Gestaltung von
  Schwingungsmodes

7.10   Geregelte Mehrkörpersysteme

Immer mehr Maschinen und Anlagen repräsentieren heute automatisierte Systeme, in
denen bewegliche Komponenten (Roboter, Greifer, Achsen von Werkzeugmaschinen,
Radaufhängungen, Eisenbahnfahrgestelle usw.) als Teile des Automatisierungssystems

eingebaut sind. Deshalb bildet die Betrachtung der Kopplung zwischen Mehrkörpersystemen und Automatisierungstechnik auch in der Entwicklungs- und Simulationsphase eine wichtige Rolle. Zur Analyse des Steuerungsbzw. Regelungsverhaltens müssen als gesamtes Streckenmodell zusätzlich zum Mehrkörpersystem auch die Stellsysteme (Aktoren) und Messsysteme (Sensoren) mitbetrachtet werden.

Die Kopplung des Mehrkörpersystems mit dem Reglersystem wird in Abb. 7.13 gezeigt. Bei einer integrierten Vorgehensweise bauen sowohl mechanisches Design als auch Reglerdesign auf einem Simulationsmodell auf (modellbasierter Entwurf, „model based design"). Damit können schon frühzeitig Eigenschaften (z. B. das Verhalten) des Gesamtsystems und dessen Abhängigkeiten von Entwurfsparametern untersucht werden.

Mehrkörpersystem-Simulationswerkzeuge bieten neben der Formulierung und Analyse von Mehrkörpersystemen auch die Möglichkeit, einfache Reglersysteme in die Simulation mit einzubeziehen bzw. komplexe Reglersysteme durch Anbindung an externe Simulationsprogramme mit dem MKS-Modell zusammen zu führen. Meist sind auch Programme zur Steuerungsentwicklung und automatischen Codegenerierung für die Regelungs- und Steuerungs-Software integriert, so dass mit dem Modell des mechanischen Systems Steuerungen in Echtzeit entwickelt und getestet werden können.

Mithilfe der MKS-Simulationswerkzeuge können mechanische Modelle mit Körpern, Federn, Dämpfern und Gelenken aufgebaut werden. Mechanische Module lassen sich z. B. mit Reglermodulen koppeln, um etwa Mehrdomäneneffekte (z. B. Schwingungen oder Instabilitäten des Gesamtsystems) im Gesamtmodell abzubilden. Diese Modelle können beliebig kombiniert und als Subsysteme zur Wiederverwendung in anderen Aufgabenstellungen abgespeichert werden.

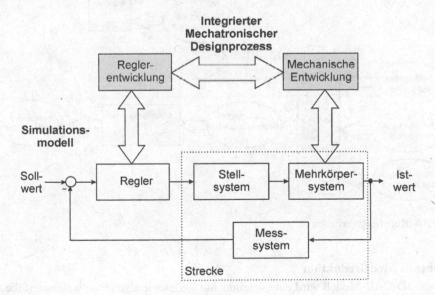

Abb. 7.13 Integrierter mechatronischer Designprozess

Die Modellierung von Interaktionen zwischen mechanischen Elementen erfordert einen breiteren Ansatz als die Modellierung von reinen Reglerstrukturen. Beispielsweise ist der typische unidirektionale Signalfluss in Reglersystemen ungeeignet zur Modellierung mechanischer Körper, die „bilateral" Kräfte aufeinander ausüben, weil sich dort die Richtung der „Flüsse" (Kraft-, Energieflüsse) auch ändern kann.

7.11   Kopplung von Mehrkörpersystemen mit FEM

Bei der Betrachtung der Kopplungen zwischen Mehrkörpersystemen und FEM kann man grob zwischen zwei Varianten unterscheiden. Bei der ersten wird vorab von Teilen, die in der Baugruppe als verformbar betrachtet werden sollen, eine FEM-Analyse durchgeführt. Die Ergebnisse der FEM-Analyse werden in reduzierter (kondensierter) Form in das MKS-Simulationswerkzeug eingebettet (Shabana 2001). Bei der zweiten Variante wird zunächst eine Starrkörperanalyse durchgeführt. Die Ergebnisse (z. B. Lagerkräfte) werden dann als Belastungen für die strukturmechanische FEM-Analyse der einzelnen Bauteile verwendet. Der Ablauf dieser Vorgehensweisen wird in Abb. 7.14 verdeutlicht.

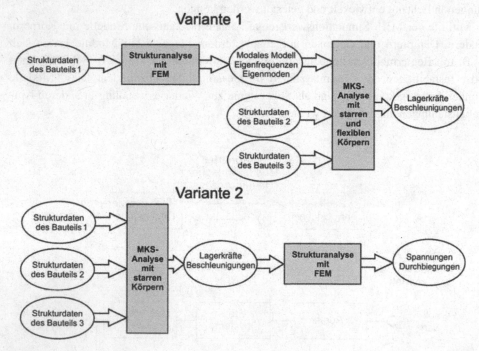

Abb. 7.14 Kopplungsvarianten

Variante 1: Modalreduktion

Aus dem 3D-CAD-Modell wird eine vereinfachte Geometrie abgeleitet, welche auf die für die dynamische Betrachtung relevanten Informationen reduziert ist. Dieses vereinfachte

Modell wird ins FEM-System importiert und dort vernetzt. Für die Einbindung in das MKS-Modell ist die Reduktion der Modelldimension vielfach notwendig oder zumindest zweckmäßig. Die Zahl der typischerweise mehreren hundert bis hunderttausend Freiheitsgrade des FEM-Modells soll dabei soweit reduziert werden, dass die für die Dynamik relevanten Schwingungsformen (Modes) noch mit ausreichender Genauigkeit abgebildet werden. Es können entweder die Steifigkeits- und Massenmatrizen von elastischen Bauteilen direkt (d. h. ohne Reduktion) übernommen werden oder die Ergebnisse aus der FEM-Analyse in Form von Moden (z. B. als Ansatzfunktionen für die Verschiebungen im gesamten Körper) eingebunden werden (modale Synthese). Die modale Beschreibung des reduzierten FEM-Modells wird dann zur Beschreibung der elastischen Struktur im MKS verwendet. Der Vorteil der modalen Einbindung besteht darin, dass die für die dynamische Untersuchung unwichtigen Details des FEM-Modells das MKS-Modell nicht unnötig „überladen". Dadurch ist es möglich, gezielt nur die für die Fragestellung interessierenden Moden (Schwingungsformen) der mechanischen Struktur zu berücksichtigen und auszuwählen.

Variante 2: Lastermittlung
Für komplizierte Modelle, die aus vielen Teilen bestehen, hat die Variante 1 erhebliche Nachteile, weil der Bedarf an Rechenzeiten und Speicherkapazitäten stark steigt. Bei Variante 2 wird zuerst ein MKS-Modell des Gesamtsystems mit starren Körpern aufgestellt und berechnet. Die MKS-Simulation liefert die Zwangskräfte, Zwangsmomente, Federkräfte, Dämpferkräfte usw. an den Verbindungsstellen. Diese Kräfte – und, falls nötig, auch die Trägheitskräfte – werden anschließend als Belastung für die FEM-Modellierung der Einzelteile übernommen und mit ihnen der Festigkeitsnachweis geführt.

7.12   Weitere Modellierungs- und Simulationsmethoden

Im Rahmen dieses Abschnittes sind weitere ausgewählte Aspekte zur Simulation von Mehrkörpersystemen kurz zusammengefasst, deren Anwendungsmöglichkeiten bei vielen mechatronischen Systemen von Bedeutung sind.

7.12.1   Modellieren mit Bondgraphen

Bondgraphen eignen sich für die domänenunabhängige Modellierung von physikalischen (z. B. mechatronischen) Systemen (siehe auch Borutzky 2000; Damic und Montgomery 2003) und ermöglichen eine einheitliche Beschreibung für alle Energiearten. Ihre Struktur ergibt sich aus der topologischen Struktur einer schematischen Systemdarstellung in Form von Energieflüssen. Ein Bondgraph ist ein Graph mit (gerichteten) Kanten (Abb. 7.15) und besteht aus:
- Knoten: idealisierte Beschreibung von Subsystemen, Komponenten, Elementen eines Systems

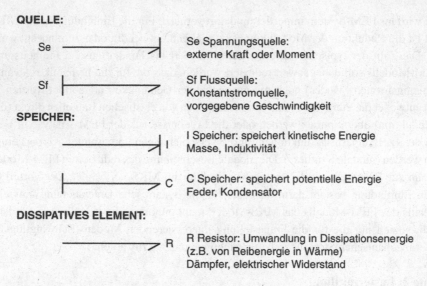

Abb. 7.15 Bondgraphen-Elemente (siehe z. B. Borutzky 2000)

- Kanten (bonds): idealer Energieaustausch zwischen Knoten
- Halbpfeil: Referenzrichtung des Energieflusses

Systemzusammenhänge sind bei Bondgraphen visuell rasch erfassbar. Es werden dabei die Analogien zwischen verschiedenen physikalischen Systemen genutzt wie etwa:

- *Masse* entspricht *elektrischer Induktivität*
- *Kraft* entspricht *elektrischer Spannung*
- *Geschwindigkeit* entspricht *elektrischem Strom*

Zur Veranschaulichung ist in Abb. 7.16 ein einfaches Feder-Masse-System in Bondgraphenschreibweise angegeben.

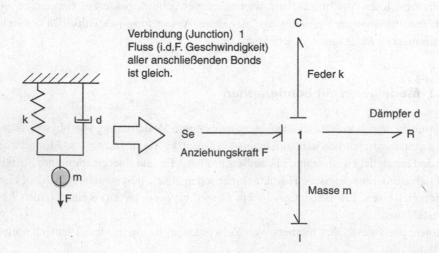

Abb. 7.16 Bondgraphenbeispiel (siehe z. B. Borutzky 2000)

7.12.2 Hardware in the Loop (HIL)

Hardware in the Loop (HIL) bezeichnet ein Verfahren, bei dem ein eingebettetes System (z. B. ein reales elektronisches Steuergerät oder eine reale mechatronische Komponente) über seine Ein- und Ausgänge an ein angepasstes Gegenstück angeschlossen wird und dadurch den Regel- bzw. Steuerkreis (Loop) schließt. Dieses Gegenstück wird im Allgemeinen HIL-Simulator genannt und dient als Nachbildung der realen Umgebung des Systems. Echtzeitfähige MKS-Modelle können als HIL-Simulatoren zur Nachbildung realer mechanischer Systeme verwendet werden. Hardware in the Loop ist eine Methode zum Testen und Absichern von eingebetteten Systemen, zur Unterstützung während der Entwicklung sowie zur vorzeitigen Inbetriebnahme von Maschinen und Anlagen. Im Maschinen- und Anlagenbau wird für Hardware in the Loop in der Regel eine Maschinensteuerung über einen Feldbus an das Modell einer Maschine (HIL-Simulator) angeschlossen, welches die dynamischen Eigenschaften beschreibt. Hauptzweck ist die Erstellung und Erprobung von Steuerungsprogrammen, noch bevor die Bauteile jener Maschine, in die sie eingebaut werden, gefertigt und montiert sind. Ein weiterer Vorteil liegt in der Möglichkeit, Grenzsituationen ohne Gefahr für den Bediener zu testen, wie z. B. mit Flugsimulatoren.

Der Aufbau des HIL-Prüfstands (Abb. 7.17) verlangt die Echtzeitsimulation des gekoppelten Modells HIL-Simulators), d. h. den Übergang der gekoppelten Simulation auf eine Echtzeitplattform. Bei der Auswahl der Modellbildungswerkzeuge ist daher darauf zu achten, dass sie einen späteren Übergang auf eine Echtzeitplattform zulassen, d. h. dass die Modellgleichungen in einem transferierbaren Format exportiert werden können.

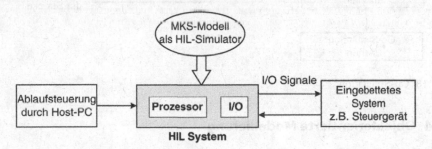

Abb. 7.17 Hardware in the Loop-Prüfstand

7.12.3 Co-Simulation

Viele mechanische Systeme werden zunehmend mit anderen Systemen (Sensoren, Aktoren) gekoppelt, wodurch der Bedarf zur Simulation gekoppelter Systeme steigt. Da in den einzelnen Disziplinen meist unterschiedliche Softwaretools und Beschreibungen verwendet werden, stellt sich die Frage, welche Anforderungen an die Modellbeschreibung dieser gekoppelten Systeme zu stellen sind. Durch die gekoppelte Simulation (Co-Simulation) ergibt sich eine Menge von Vorteilen, wie z. B.

- Flexibilität: z. B. bei der Änderung von Parametern des untersuchten Systems
- Übersichtlichkeit trotz Komplexität, weil dadurch eine Modularisierung des Gesamtmodells erreicht wird

Abb. 7.18 zeigt die Vorgehensweise bei der Erstellung eines Modells für Co-Simulationsanwendungen mit MKS.

Ein anderer Aspekt der Co-Simulation betrachtet die Zerlegung von komplizierten MKS-Modellen in mehrere Teilmodelle, welche dann parallel berechnet werden können. Daraus ergeben sich Vorteile in Bezug auf die insgesamt benötigte Simulationszeit.

Da jeder einzelne Co-Simulationsprozess über einen Solver und eine eigene Zeitschrittweitensteuerung verfügt, ist eine externe Synchronisation bzw. Abstimmung der Zeitschrittweiten zwischen den Simulationsprozessen dringend erforderlich. Dies sicherzustellen, kann manchmal erhebliche Schwierigkeiten bereiten, was einen Schwachpunkt dieser Methode darstellt.

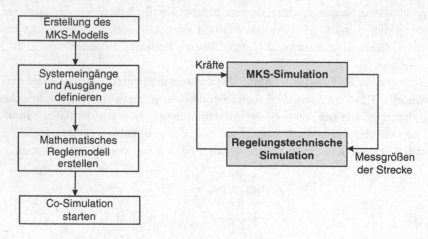

Abb. 7.18 Co-Simulation

7.12.4 Objektorientierte Modellierung

Zur Beschreibung dynamischer Systeme werden in letzter Zeit auch verstärkt objektorientierte Modellierungsansätze verwendet (Damic und Montgomery 2003). Diese Methode hat ihren Ursprung in der Software-Technik. Dort werden Objekte als Abstraktion eines realen oder gedachten Gegenstandsbereichs eingeführt. Objekte müssen eine eindeutige Bezeichnung aufweisen. Ihre Eigenschaften sind durch Attribute festgelegt, welche durch einen Wert bestimmt sind. Objekte (oder Systeme) stehen zueinander in Beziehung. Sie werden aggregiert oder zerlegt, um komplizierter oder einfacher strukturierte Objekte (oder Systeme) aufzubauen. Ein Objekt wird als eine Spezialisierung eines anderen Objekts angesehen, wenn zusätzliche Eigenschaften zur Beschreibung hinzukommen oder bestimmte Eigenschaften festgelegt (parametriert) werden.

Entsprechend der genannten Definition kann für ein dynamisches System ein sogenanntes Objektdiagramm definiert werden, das eine Verallgemeinerung eines Blockschaltbildes darstellt, wobei die Verbindungen zwischen den Komponenten nicht nur gerichtete („unidirektionale") Signale, sondern auch „bidirektionale" Schnittstellen für physikalische Größen enthalten können (wie etwa mechanische Federn, Antriebsmotoren). Eine Komponente eines Objektdiagramms kann wiederum hierarchisch aus Objektdiagrammen aufgebaut werden. Auf unterster Ebene werden Komponenten durch Differenzial-, algebraische und diskrete (z. B. zeit- oder ortsdiskrete) Gleichungen beschrieben. Damit können auch Mehrkörpersysteme modelliert werden.

Eine frei verfügbare Sprache für solche Anwendungen ist etwa Modelica (Modelica 2017), die zusammen mit der ebenfalls frei verfügbaren Modelica-Standard- Bibliothek seit 1996 von der gemeinnützigen Modelica Association kontinuierlich weiterentwickelt wird.

Literatur

Borutzky, W.: Bondgraphen – Eine Methodologie zur Modellierung multidisziplinärer dynamischer Systeme. SCS European Publishing House, Erlangen (2000)

Bremer, H.: Dynamik und Regelung mechanischer Systeme. Teubner Verlag, Stuttgart (1988)

Bremer, H., Pfeiffer, F.: Elastische Mehrkörpersysteme. Teubner Verlag, Stuttgart (1992)

Damic, V., Montgomery, J.: Mechatronics by Bond Graphs, An Object-Oriented Approach to Modelling and Simulation. Springer-Verlag, Berlin Heidelberg New York (2003)

Dresig, H.: Schwingungen mechanischer Antriebssysteme, Modellbildung, Berechnung, Analyse, Synthese. Springer Verlag, Berlin Heidelberg New York (2001)

Dresig, H., Holzweißig, F.: Maschinendynamik. Springer Verlag, Berlin Heidelberg New York (2004)

Engeln-Müllges, G., Reutter, F.: Numerik-Algorithmen. VDI-Verlag, Düsseldorf (1996)

Gerstmayr, J., Dibold, M., Irschik, H.: Dynamik geregelter flexibler Mehrkörpersysteme unter Berücksichtigung hydraulischer Aktorik. e&i, Elektrotechnik und Informationstechnik **129**, 307–312 (2004)

Gipser, M.: Systemdynamik und Simulation. Teubner Verlag, Stuttgart (1999)

Heimann, B., Gerth, W., Popp, K.: Mechatronik, Komponenten – Methoden – Beispiele, 3. Aufl., Carl Hanser, München Wien (2007)

Hollburg, U.: Maschinendynamik. Oldenburg Verlag, München (2002)

Jung, M., Langer, U.: Methode der finiten Elemente für Ingenieure – Eine Einführung in die numerischen Grundlagen und Computersimulation. Teubner Verlag, Stuttgart (2001)

Jürgler, R.: Maschinendynamik: Lehrbuch mit Beispielen. VDI-Verlag, Düsseldorf (1996)

Liebig, S., Quarz, V., Dronka, S.: Simulation von Schienenfahrzeugen mit MKS-Software. Tagungsband Simulationen im Maschinenbau, Dresden (2000)

Modelica: http://www.modelica.org/. Zugegriffen: Dez. 2017

Parkus, H.: Mechanik der festen Körper. Springer-Verlag, Berlin Heidelberg New York (1995)

Roddeck, W.: Einführung in die Mechatronik. B. G. Teubner, Stuttgart (2006)

Schiehlen, W. (Hrsg.): Multibody Systems Handbook. Springer-Verlag, Berlin Heidelberg New York (1990)

374 Mehrkörpersysteme-Modellierung und Anwendungen

Schiehlen, W., Eberhard, P.: Technische Dynamik, Modelle für Regelung und Simulation. Teubner Verlag, Stuttgart (2004)

Schwarz, H. R.: Numerische Mathematik. B. G. Teubner, Stuttgart (1997)

Shabana, A.: Dynamics of Multibody Systems. John Wiley & Sons Inc., New York (1998)

Shabana, A.: Computational Dynamics. John Wiley & Sons Inc., New York (2001)

Ulbrich, H.: Maschinendynamik. Teubner Verlag, Stuttgart (1996)

Ziegler, F.: Technische Mechanik der festen und flüssigen Körper. Springer-Verlag, Berlin Heidelberg New York (1998)

Weitere ausgewählte Modellierungstechniken und Anwendungen

Zusätzlich zu den in den vorhergehenden Kapiteln ausführlich behandelten Methoden wird im Folgenden eine kurze Übersicht über weitere ausgewählte CAx- Methoden und CAx-Systeme gegeben, die im Maschinenbau und angrenzenden Gebieten von Bedeutung sind (wie Strömungsmechanik, Hydraulik, Elektrotechnik und Elektronik sowie Mechatronik).

8.1   CFD-Modellierung und Anwendungen

Der Begriff CFD steht für Computational Fluid Dynamics, rechnerunterstützte Strömungsdynamik. Die damit bezeichneten numerischen Berechnungsverfahren ermöglichen die rechnerunterstützte Simulation von unterschiedlichsten Strömungsvorgängen, beispielsweise im Automobilbau (Kühlwasserströmung, Strömungsvorgänge im Zylinder und im Abgasstrang), im Flugzeugbau (Bestimmung des Auftriebs, Durchströmung der Kabine), Anlagenbau, Schiffsbau, aber auch Meteorologie und Medizin (Strömungsvorgänge im Blutkreislauf und in den Organen).

Die Grundlagen für numerische Strömungsberechnungen bilden
- die Kontinuitätsgleichung (Gesetz der Massenerhaltung).
- die Navier-Stokes-Bewegungsgleichungen, die mehrdimensional Strömungsgeschwindigkeit und Druckverteilung in Flüssigkeiten und Gasen beschreiben. Dabei sind z. B. folgende Randbedingungen zu berücksichtigen: Haftbedingung an einer festen Wand, Temperatur-Randbedingungen an einer isothermen Wand, Wärmestrom-Randbedingungen einer adiabaten Wand, „ungestörte Außenströmung" sowie die jeweilige Situation an Strömungsein- und -auslässen.
- die Energiegleichung, die eine Energiebilanz für ein Volumenelement in der Strömung bezüglich sämtlicher zu- und abfließender Energieströme (z. B. zufolge einer Änderung

© Springer-Verlag GmbH Deutschland, ein Teil von Springer Nature 2018
S. Vajna et al., *CAx für Ingenieure*,
https://doi.org/10.1007/978-3-662-54624-6_8

der kinetischen und potenziellen Energie, Wärmezu- und abfuhr, Energiezufuhr von außen sowie zufolge der Spannungs- und Volumskräfte) in der Strömung aufstellt. Sie gilt ebenfalls für Strömungen, in denen chemische Prozesse ablaufen oder andere Formen des Energieeintrags stattfinden.

- Das K-ε-Turbulenzmodell, welches die Entwicklung der turbulenten kinetischen Energie K und der isotropen Dissipationsrate[1] ε in der Strömung beschreibt.

Mit diesen Gleichungen kann die Strömung in oder um einen Körper berechnet werden, wobei für die meisten praktisch relevanten Fälle aufgrund der komplexen Zusammenhänge eine Lösung höchstens numerisch möglich ist. Da die numerische Lösung eines Systems komplexer Differenzialgleichungen einer Diskretisierung[2] bedarf, um sie rechnerunterstützt verarbeiten zu können, ist eine Überführung der Gleichungen von der kontinuierlichen in eine numerisch verwertbare diskrete Form notwendig. Damit ändert sich die Qualität einer Lösung von einer genauen Lösung zu einer Näherungslösung.

Es wird zwischen zwei Formen der Diskretisierung unterschieden.

- *Raumdiskretisierung (Ortsdiskretisierung):* Der durchströmte Raum wird im Inneren und auf seinen Berandungen mit räumlichen Stützstellen (Knoten) versehen. Diese Diskretisierungsstellen werden als das numerische Netz oder Gitter bezeichnet. Basierend auf diesem Gitter findet die Diskretisierung der Strömungsgrößen und deren Ableitungen bezüglich der Koordinaten x, y und z zu einem festen Zeitpunkt statt.

- *Zeitdiskretisierung:* Die Berechnung der Strömungsgrößen an den Gitterpunkten erfolgt nur zu bestimmten Zeitpunkten, der zeitliche Verlauf der Variablen zwischen diesen Zeitpunkten sowie die Zeitableitungen werden mithilfe von Basisfunktionen approximiert.

Ein Verfahren zur Diskretisierung von Navier-Stokes-Gleichungen ist die Finite- Elemente-Methode (FEM, Kap. 6). Mit diesem Verfahren ist es möglich, entsprechende Gleichungssysteme auf der Basis unstrukturierter Dreiecks- (2D) und Tetraedernetze (3D) zu lösen. Dabei werden die Zustandsgrößen durch ihre Werte in einem Knoten charakterisiert. Die Position eines Knotens wird durch globale Koordinaten eines meist kartesischen Koordinatensystems beschrieben und ist abhängig von der jeweiligen Elementform (Abb. 8.1).

Zwischen den Knoten wird mittels geeigneter Basisfunktionen approximiert. Es können Netze mit überall gleich großen Elementen verwendet werden oder solche, bei denen sich die Elementgröße verändert. Dort, wo größere Änderungen erwartet werden, wird das Netz feiner gewählt, entweder aufgrund der Kenntnis der Situation oder durch Verfahren, die selbsttätig das Netz dort verfeinern können, wo die Änderungen groß sind. Werden elementformunabhängige, lokale Koordinaten eingeführt, können unterschiedlich geformte Elemente gleich behandelt werden. Somit besteht die Möglichkeit, unstrukturierte Netze

---

[1] Isotrope Dissipation: Kontinuierlicher Verlust von Energie bei einem offenen dynamischen System, die in alle Richtungen gleichmäßig abgegeben wird. Die Energie wird dabei in innere Energie umgewandelt.

[2] Zerlegen einer kontinuierlichen Information in endlich viele einzelne Informationen, die den Verlauf der kontinuierlichen Information dem jeweiligen Zweck angemessen beschreiben.

Abb. 8.1 Lokale Koordinaten
am Tetraederelement

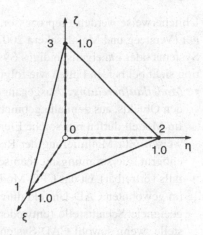

zu verwenden. Diese machen die FEM im Vergleich zu anderen Diskretisierungsmethoden zu einem sehr flexiblen Werkzeug.

Unstrukturierte Netze haben allerdings den Nachteil, Modelle ohne ausgezeichnete Richtungen (entsprechend den kartesischen Koordinaten) zu betrachten. Andere Diskretisierungsmethoden, wie beispielsweise die Finite-Volumen-Methode oder die Finite-Differenzen-Methode, können eine höhere Genauigkeit erreichen als die FEM (Oertel und Laurien 2003; Versteeg und Malalasekera 2007).

Eine CFD-Simulation basiert im Wesentlichen auf fünf Variablen. Pro Strömungsvolumen sind dies seine Masse, seine räumlichen Impulskomponenten in u-, v- und w-Richtung sowie seine Gesamtenergie. Soll die Berechnung auch eine Simulation der Turbulenz enthalten, kommen weitere zwei Variablen des K-ε-Turbulenzmodells hinzu. Die Güte der Annäherung der Ergebnisse an den realen Fall ist dabei abhängig von der Güte der Diskretisierung (insbesondere an solchen Stellen mit großen räumlichen Änderungsamplituden der Strömungsgrößen) und der Qualität der verwendeten Funktionen in Bezug auf ihre Fähigkeiten zur Konvergenz, Konsistenz und Stabilität der entstehenden Lösung (Versteeg und Malalasekera 2007).

Zur Durchführung einer CFD-Simulation werden folgende Module benötigt:

- Ein CAD-System zur Erstellung des CAD-Modells mit den Geometriedaten für die Strömungssimulation
- Ein Prozessor zum Erzeugen des Elementenetzes (auch als „Gitter" bezeichnet) auf der Basis des CAD-Modells, das auch Vorgaben aus dem CFD- und dem Bewertungsmodul berücksichtigt sowie die entsprechenden Belastungen und Randbedingungen einbezieht („Preprozessor")
- Das eigentliche CFD-Modul zur numerischen Strömungssimulation (numerische Algorithmen und strömungsphysikalische Modellbildung; „Solver")
- Ein Visualisierungsmodul zur grafischen Aufbereitung der numerischen Ergebnisse sowie ein Modul zur Bewertung der Ergebnisse im physikalisch-technischen Kontext und zum Vorschlagen von Optimierungsstrategien für die Ausgangsgeometrie („Postprozessor")

Üblicherweise werden Preprozessor, Solver und Postprozessor als CFD-System bezeichnet (Versteeg und Malalasekera 2007). Ein solches System kann Bestandteil eines CAD-Systems oder ein eigenständiges System sein. Der praktische Ablauf einer CFD-Simulation sieht bei beiden Fällen wie folgt aus:

- **Modellaufbereitung:** Ausgegangen wird vom 3D-CAD-Modell des zu untersuchenden Objekts, aus dem alle geometrisch redundanten Elemente entfernt werden müssen. Im Modell dürfen nur solche Elemente enthalten sein, die geschlossene Konturen aufweisen. Zur Minimierung der Rechenzeit werden solche Details aus dem 3D-Modell entfernt, die strömungsmechanisch nur geringen Einfluss haben (z. B. kleine Radien, falls vertretbar). Ist das CFD-Modul Bestandteil eines CAD-Systems, wird diese Arbeit im gewohnten CAD-Umfeld durchgeführt. Andernfalls wird das 3D-Modell über eine geeignete Schnittstelle (entweder eine neutrale oder eine systemspezifische Schnittstelle, wenn sowohl CAD-System als auch CFD-System den gleichen Modellierkern verwenden) an das CFD-System übergeben und die Bearbeitung am CFD-System fortgeführt.
- **Definition des Simulationsraums (Kontrollraums):** Dieser wird typischerweise durch Strömungsein- und -auslässe, reibungsfreie oder reibungsbehaftete Berandungen, adiabate Strömungsoberflächen und das strömende Fluid definiert.
- **Festlegen der Randbedingungen und Lasten:** Hierzu gehören z. B. der Einlass mit entsprechender Strömungsgeschwindigkeit, ein druckneutraler Auslass sowie thermische bzw. strömungsmechanische Randbedingungen sowie deren Eigenschaften (etwa Umgebungstemperaturen und -drücke). Treten die Randbedingungen nur an bestimmten Flächen auf, können ihnen die entsprechenden Parameter zugewiesen werden. Darüber hinaus können Lösungsattribute zugewiesen, Turbulenzmodelle ausgewählt und Schwerkrafteinflüsse berücksichtigt (z. B. in Form von Auftrieb) werden. Schließlich werden eventuell auftretende Lasten lagerichtig angebracht.

Nachdem der Kontrollraum (das „Kontrollvolumen") durch Vorbereitung und Definition der Flussoberflächen festgelegt wurde, erfolgt seine Diskretisierung und das Erzeugen des Gitters. Dieser Schritt bestimmt maßgeblich den Erfolg der gesamten Simulation und nimmt einen Großteil der eigentlichen Bearbeitungszeit in Anspruch. Beim Erzeugen des Gitters muss aufgrund der begrenzten Knotenanzahl immer ein Kompromiss zwischen Rechengenauigkeit und Rechenkapazität eingegangen werden. Dabei kann es ohne weiteres vorkommen, dass ein Gitter mit einer sehr hohen Knotenanzahl erzeugt wird, welches dann vom eigentlichen Berechnungsprogramm nicht mehr verarbeitet werden kann.

Für eine eventuell erforderliche Variation der Elementegrößen im Gitter gibt es zwei Möglichkeiten:

- Erzeugen von 2D-Gittern in der gewünschten Größe auf den Oberflächen und darauf basierender Aufbau von 3D-Gittern.
- Zuweisung von Flächenattributen auf den Oberflächen mit anschließendem Aufbau eines 3D-Gitters.

Versuche haben gezeigt, dass die zweite Variante die zuverlässigere von beiden ist, da nicht immer gewährleistet werden kann, dass die erzeugten 2D-Gitter zueinander passen und eine dreidimensionale Verknüpfung stattfinden kann. Durch die Zuweisung der Flächenattribute hat das CFD-System die Möglichkeit, die Oberflächennetze so lange zu variieren, bis eine dreidimensionale Erzeugung des Gitters möglich ist.

Zuletzt erfolgt die Zuweisung der Fluideigenschaften. Diese werden dem 3D-Gitter als Attribut hinzugefügt. Danach kann die Berechnung durchgeführt werden. Dabei beeinflusst die richtige Wahl der Zeitschrittweite maßgeblich das Konvergenzverhalten der Lösung. Die Berechnung endet, sobald Konvergenz erreicht ist, d. h. sobald die Änderung der Strömungsgrößen zwischen zwei Zeitschritten eine bestimmte vorgegebene Größe (einen Grenzwert bzw. das so genannte Residuum) unterschreitet.

Ergebnisse der CFD-Simulation sind z. B. die aerodynamisch induzierten Kräfte und Momente an den definierten Flussoberflächen sowie die grafische Auswertung der Strömung. Die Darstellungen können unterschiedlich erfolgen, beispielsweise glatte Konturen und Pfeildarstellungen der Geschwindigkeiten (Abb. 8.2), Schnittansichten des Simulationsobjektes, Zu- oder Abschaltung der Gitterdarstellung. Damit können beispielsweise auch potenzielle Störungen und Optimierungspunkte gefunden werden.

Schwierig bleibt die Rückübertragung der Ergebnisse aus dem (diskretisierten) 3D-Gitter in das (kontinuierliche) 3D-CAD-Modell. Dieses kann nur der Anwender durchführen, wobei er iterativ und indirekt die Berechnungsergebnisse im Hinblick auf Änderungen des 3D-CAD-Modells interpretieren muss. Das so angepasste CAD-Modell kann danach, wie beschrieben, weiter untersucht werden, bis der gewünschte Strömungszustand erreicht wird. Um die dazu erforderlichen Änderungen des 3D-Modells zielgerichtet durchzuführen, können geeignete Optimierungsansätze verwendet werden.

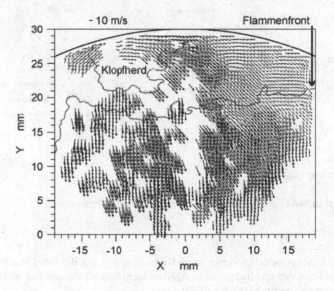

Abb. 8.2 Strömungsfeld in Pfeildarstellung bei klopfender Verbrennung in einem Ottomotor (RWTH 2007)

8.2   Modellierung und Anwendungen in der Hydraulik[3]

Hydraulische Schaltungen werden mittels einer in ISO 1219 standardisierten Symbolik in Form von Schaltplänen dokumentiert. Der Schaltplan enthält die hydraulischen Komponenten und die Strukturinformationen über deren Verknüpfung (Verschaltung). Für jedes einzelne Bauelement sind zur Beschreibung seines Verhaltens die charakterisierenden Eigenschaften und die zugehörigen Modellgleichungen hinterlegt. Die Darstellung der fluidtechnischen Komponenten (beispielsweise Pumpen, Hydromotoren, Ventile, Zylinder, Drosseln, hydropneumatische Speicher) und ihrer Verbindungen (Verschaltungen, z. B. durch Rohrleitungen, Schläuche, Anschlüsse, Verschraubungen) bilden den Ausgangspunkt für die Hydrauliksimulation. Allerdings fehlen in den Schaltplänen meist noch wichtige Informationen für eine dynamische Berechnung.

Als Beispiel soll der in Abb. 8.3 dargestellte Hydraulikkreis dienen, der eine Pumpe mit nachgeschaltetem Druckbegrenzungsventil zur Einstellung eines konstanten Versorgungsdrucks an einem 4/3-Wege-Ventil beinhaltet, das schließlich die Hubbewegung des Hydraulikzylinders steuert.

Das zwischen dem Pumpenausgang und dem Wegeventil gelegene Volumenelement ist kein Standardsymbol, sondern wurde in dem benutzten Programmsystem eigens definiert, um die Kompressibilität des Fluids (hydraulische Kapazität) in der Verbindungsleitung zu modellieren.

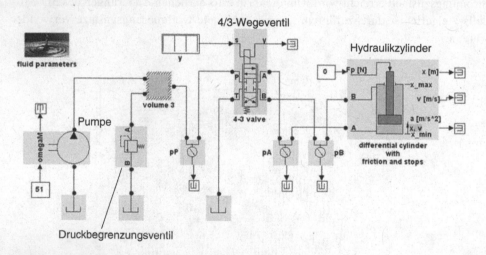

Abb. 8.3 Modell in MATLAB Simulink®, Hydraulikbibliothek hydroLib3

---

[3] Die Gestaltung dieses Abschnitts wurde durch Beiträge von Herrn Bernhard Manhartsgruber vom Institut für Maschinenlehre und hydraulische Antriebstechnik der Johannes Kepler Universität Linz maßgeblich unterstützt, wofür herzlich gedankt sei.

Für eine überschlägige Systemauslegung genügt es, die Zylindergeschwindigkeit für die beiden geöffneten Schaltstellungen des Ventils aus der Durchflusskennlinie zu ermitteln, die den Zusammenhang zwischen dem Durchfluss und der Druckdifferenz am Ventil beschreibt (stationäre Betrachtung). Besonders für Anwendungen in der Mechatronik ist aber häufig die Dynamik des Gesamtsystems zu bewerten, wozu das Zusammenspiel zwischen den Trägheiten der bewegten Massen und den kompressibilitätsbedingten Federwirkungen der flüssigkeitsgefüllten Volumina zu untersuchen ist. Genau dies ist das Ziel einer Hydrauliksimulation.

Der Durchfluss an einer einzelnen Hydraulikkomponente ergibt sich aus dem nichtlinearen Zusammenhang zwischen Strömungsgeschwindigkeit und Druckdifferenz in Verbindung mit den komponentenspezifischen Parametern (z. B. Nenndruck, Nenndurchfluss, Durchflussquerschnitte, Zeitkonstanten), die großteils den Hersteller-Datenblättern entnommen werden können.

Mit den Erhaltungssätzen für Masse und Impuls sowie einem passenden Werkstoffgesetz für die Hydraulikflüssigkeit erhält man schließlich das mathematische Modell für den Zeitverlauf der Drücke und der Kolbenposition in Form eines Systems gewöhnlicher Differenzialgleichungen.

Mithilfe von Simulationswerkzeugen mit grafischer Oberfläche in Anlehnung an die Schaltpläne der Hydraulik kann nun das mathematische Modell gelöst werden, womit der direkte Umgang mit Differenzialgleichungen erspart bleibt. Die mathematischen Modelle für die einzelnen Komponenten können im Programmsystem hinterlegt und über die grafische Oberfläche parametriert werden.

Zur Parametrisierung des Modells in Abb. 8.3 bedarf es der Kenntnis der beiden Zylinderkammervolumina für eine Referenzposition des Kolbens, z. B. bei $x = 0$. Diese beinhalten auch allfällige Leitungsvolumina zwischen Wegeventil und Zylinder. Ebenso wird das Gesamtvolumen des am Pumpenausgang befindlichen Druckleitungssystems benötigt, um die Verzögerung des Druckaufbaus am Druckbegrenzungsventil berücksichtigen zu können. Dazu muss die Verrohrung bekannt sein.

In Abb. 8.4 ist das Ergebnis einer Hydrauliksimulation mit MATLAB/Simulink® für einen Anfahrvorgang dargestellt. Im oberen Bild sind die Ventilöffnung y (steile Rampe von 0 auf 1) und die sich einstellende Zylindergeschwindigkeit zu sehen. Im unteren Bild sind die Druckverläufe an den Anschlüssen A, B und P des 4/3-Wegeventils dargestellt.

Die in der Planungsphase einer hydraulischen Anlage zu treffenden Entscheidungen (z. B. Auslegung von hydraulischen Antrieben, Ventilen, Pumpen) beeinflussen in hohem Maße sowohl die anschließende Auswahl als auch die Kosten der hydraulischen Komponenten und deren Verschaltung, wobei dazu zahlreiche Standardlösungen zur Verfügung stehen.

Erforderliche Kräfte, Hübe und Geschwindigkeiten von Zylindern sowie Drehmomente und Drehzahlen hydraulischer Motoren resultieren aus den mechanischen

Abb. 8.4 Simulationsergebnisse: Ventilöffnung y, Kolben-
geschwindigkeit und Drücke
an den Anschlüssen A, B und P
des 4/3-Wegeventils

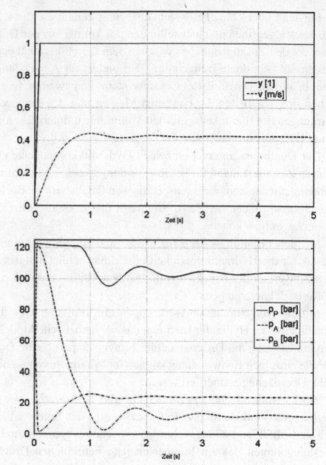

Anforderungen an die hydraulischen Antriebe und stellen zusammen mit zulässigen
Betriebsdrücken die Eingangsparameter („vorgegebenen" Parameter) für die hydraulische Simulation dar[4].

8.3 Modellierung und Anwendungen in Elektrotechnik und Elektronik

Die gängige Beschreibung von Modellen für Simulationen in Elektrotechnik und Elektronik bildet (in Analogie zur Hydraulik) der elektrische Schaltplan (Schaltkreis).

---

[4] Für Entwurf und Simulation hydraulischer Anlagen wird das Studium der Fachliteratur, wie z. B.
(Ivantysyn und Ivantysyn 1993; Backe und Murrenhoff 1994; Matthies 1995; Beater 1999; Müller
und Jagolski 2003) usw. empfohlen.

Über eine standardisierte Symbolik (IEC 60617 bzw. DIN EN 60617) werden darin die verwendeten Bauelemente (z. B. Widerstände, Kondensatoren, Induktivitäten, Transistoren) und ihre gegenseitigen Verbindungen (Verknüpfungen, Verschaltungen) dargestellt.

Der Schaltplan liefert damit auch wichtige Strukturinformationen über das elektrische System. Für jedes Bauelement sind zur Beschreibung seines Verhaltens die charakterisierenden Eigenschaften und die zugehörigen Modellgleichungen hinterlegt.

Ein Beispiel für ein Werkzeug zur Simulation von elektrischen Schaltkreisen ist SPICE®[5]. Bei diesem System können sowohl analoge als auch digitale Bauelemente sowie deren Kombination in einer Schaltung gleichzeitig simuliert werden („Mixed Mode Simulation"). Dazu existieren Modellbibliotheken, die über 10.000 analoge und digitale Modelle der verschiedensten elektronischen Bauelemente von den wichtigsten Herstellern enthalten.

In SPICE® ist es möglich, die charakteristischen Eigenschaften eines Bauelements durch zahlreiche, in die Modelle eingebettete Parameter (z. B. Bauelementtoleranzen) zu ändern, ohne das Bauelement neu definieren zu müssen. Das Verhalten von Schaltungen wird durch mathematische Gleichungen und Funktionen beschrieben (siehe dazu etwa Ramshaw und Schuurman 1996) oder (Georg 1999).

Grundfunktion der Schaltungssimulation mit SPICE® ist das Finden geeigneter Näherungslösungen für die das System beschreibenden Differenzialgleichungen. Ihr Zusammenhang (ihre Struktur) wird von der Schaltungstopologie bestimmt und mittels einer Netzliste, welche die Bauelemente und deren Verbindungen beschreibt, an den Simulator übergeben[6]. Die Bauelemente selbst werden durch mathematische Modelle beschrieben, die entweder physikalisch basiert sind, oder aber die abstrakte Formulierung über mathematische Gleichungen dazu nutzen, um den phänomenologischen Zusammenhang zwischen den Ein- und Ausgängen möglichst korrekt zu beschreiben. Im letzteren Fall wird ein Subsystem nicht aus seinen (physikalischen) Einzelkomponenten aufgebaut, sondern nur durch seine Ein- und Ausgänge sowie die Gleichungen beschrieben, die Ein- und Ausgänge miteinander verknüpfen. Dies verringert den Rechenaufwand und kann zugleich zu exakteren Simulationsergebnissen führen, wobei allerdings das interne Verhalten des Subsystems unbekannt bleibt.

Abb. 8.5 zeigt eine typische grafische Benutzeroberfläche mit der Eingabe der einzelnen Modellparameter am Beispiel eines Widerstands sowie die Darstellung der Ergebnisse.

---

[5] SPICE® (Simulation Program with Integrated Circuit Emphasis) wurde in den 70er Jahren an der Universität von Berkeley, Kalifornien, entwickelt (Rabaey 2007). SPICE® ist de facto Industriestandard und frei verfügbar. Es wurde von der Firma MicroSim 1984 auf den PC portiert, entwickelte sich seither zu einem leistungsfähigen Standardwerkzeug und genießt heute große Verbreitung.

[6] Zur Erläuterung von Elektrotechniksimulationen mit SPICE® wird auf die einschlägige Fachliteratur, wie z. B. (Ramshaw und Schuurman 1996) und (Georg 1999) verwiesen.

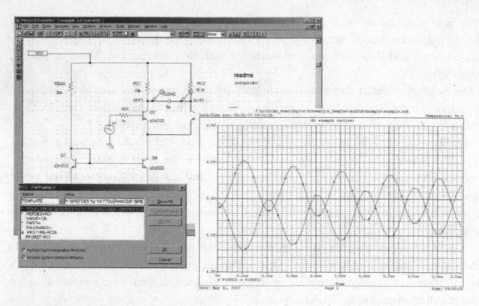

Abb. 8.5 Simulation einer elektrischen Schaltung

8.4   Modellierung und Anwendungen bei gekoppelten Problemen

Nicht nur in der Mechatronik besteht häufig der Bedarf, Systeme zu analysieren und zu simulieren, die aus einer Kopplung von Teilsystemen bestehen, die ganz unterschiedliche physikalische Effekte nutzen, oder die selbst Elemente enthalten, in denen mehrere physikalische Effekte so stark ineinander greifen, dass sie nicht unabhängig voneinander untersucht werden können, sondern gleichzeitig, also gekoppelt, betrachtet werden müssen.

In solchen Fällen kommt daher gerade der Kopplung und Interaktion zwischen verschiedenen physikalischen Effekten sowie deren integrierter Betrachtung, Erfassung und Analyse entscheidende Bedeutung zu. Dies mündet in der Nachfrage nach Methoden und Werkzeugen, mit deren Hilfe die Modellierung, Simulation und Analyse gekoppelter Probleme aus verschiedenen physikalischen Teilgebieten durchgeführt werden können („multi-physics-simulation").

Die verschiedenen Teilprobleme werden in den einzelnen Teilgebieten der Technik und Physik in der Regel mithilfe ganz unterschiedlicher, nämlich hoch spezialisierter, disziplinenspezifischer Modelle und Berechnungsmethoden beschrieben und analysiert (z. B. 3D-CAD-Geometriemodell, FEM-Modell, MKS-Modell, Schaltpläne usw.). Für zahlreiche Anwendungsbereiche stehen heute sehr gute und ausgereifte Simulationswerkzeuge zur Verfügung.

In Teilbereichen existieren bereits fertige Softwarewerkzeuge, mit denen die Kopplung von Modellen ermöglicht wird. Ihre Verbreitung und Integration in die CAx-Landschaft ist aber noch nicht sehr weit fortgeschritten. Um solche Werkzeuge zur Behandlung gekoppelter Probleme zu nutzen, muss der Anwender heute in der Regel seine gewohnte, oft hoch spezialisierte, Simulationsumgebung verlassen. Die Kopplung (im wesentlichen Export und Import der relevanten Kopplungsparameter) wird daher sehr oft von den Anwendern selbst unter Nutzung ihrer gewohnten, hoch spezialisierten, disziplinenspezifischen Simulationswerkzeuge durchgeführt.

Typische Beispiele für gekoppelte Probleme sind etwa:

- Magneto-mechanische Kopplung (z. B. magnetische Schalter)
- Thermo-mechanische Kopplung (z. B. Analyse von Wärmespannungen, Warmumformung)
- Magneto-thermische Kopplung (z. B. Wirbelstromerwärmung)
- Kopplung CFD-FEM (z. B. Analyse strömungserregter Schwingungen von Tragflügeln bei Flugzeugen)
- Kopplung CFD-Hydraulik (z. B. Analyse lokaler Effekte, wie etwa Leckagen)

Ein häufig auftretendes, grundsätzliches Problem bei gekoppelten Simulationen besteht darin, dass die erforderliche Feinheit der Diskretisierung (sowohl zeitlich als auch örtlich) für die verschiedenen physikalischen Gebiete sehr unterschiedlich sein kann (siehe dazu das folgende Beispiel 1). Vielfach tritt auch der Fall auf, dass zur „Modellverfeinerung" ein bestimmter physikalischer Effekt genauer (d. h. mit höherer Detailtreue) berücksichtigt werden soll, wozu die Kopplung von detaillierten Modellen mit weniger detaillierten Modellen aus verschiedenen Gebieten der Physik erforderlich wird (siehe dazu das folgende Beispiel 2).

Anhand der anschließenden Beispiele wird auch ein kleiner Auszug an Methoden vorgestellt, die zur Lösung der angeführten Probleme sowie ähnlich gelagerter Aufgabenstellungen in Frage kommen.

8.4.1 Beispiel 1: Magneto-thermische Kopplung: Wirbelstromerwärmung

In der Industrie findet das Verfahren der Erwärmung durch Wirbelströme breite Anwendung. Bei dieser induktiven Erwärmung entsteht die Wärme im Werkstück selbst, sodass kein „Wärmeübertragungsmedium" wie etwa bei konvektivem Wärmeübergang benötigt wird. Die Energie wird „direkt" über ein Magnetfeld in das Innere des aufzuheizenden Werkstücks übertragen.

Der durch die Induktionsspule fließende Wechselstrom erzeugt ein magnetisches Wechselfeld, das im Werkstück Wirbelströme hervorruft. Die elektrische Energie an der Induktionsspule wird also zuerst in magnetische Energie und dann im Werkstück in Wärmeenergie umgewandelt. Die Stromdichte im Material wird durch den Skineffekt bestimmt. Sie erreicht ihre größten Werte an der Materialoberfläche (an der Außenhaut) und nimmt exponentiell nach innen ab. Typische Anwendungen in der Industrie sind unter anderen (Eversheim und Schuh 1996) das Oberflächen- und Durchhärten von Stahlteilen, das Spannungsarmglühen oder die Erwärmung von Rohlingen für die Warmumformung. Große Vorteile der Wirbelstromerwärmung sind die gute Steuer- und Regelbarkeit, hohe Produktionsgeschwindigkeit und die Möglichkeit, ganz gezielt nur bestimmte Stellen eines Bauteils zu erwärmen.

Die rechnerische Untersuchung dieses Prozesses führt auf ein gekoppeltes, instationäres numerisches Problem, das z. B. durch Zeitintegration gelöst werden kann. Solche Simulationen sind unerlässlich, wenn in der Planungsphase die Erwärmung neuer Bauteile ohne zeitaufwändige Versuche beurteilt werden soll.

ereitet im vorliegenden Fall keine Schwierigkeiten, die beiden physikalischen Phänomene (Magnetfeld zur Erzeugung von Wirbelströmen, Erwärmung durch Wirbelströme und elektrischen Widerstand) unter Anwendung der Finite-Elemente-Methode entkoppelt (d. h. getrennt voneinander) zu analysieren. Die eigentliche Herausforderung für die numerische Berechnung besteht aber in der Kopplung des Magnetfelds mit dem Temperaturfeld.

Wird die Temperaturabhängigkeit der Materialparameter berücksichtigt, müssen die der FEM zugrunde liegenden Matrizen in jedem Schritt der Zeitintegration neu aufgestellt werden. Aus einer genaueren Analyse kann man erkennen, dass die elektrische Leitfähigkeitsmatrix[7] den größten Einfluss hat.

Andererseits hängt die Größe der Wirbelströme sowie der Wärmequellen von der Frequenz des anregenden Wechselstroms ab. Daher muss die Größe der Zeitschritte an die Frequenz des Wechselstroms angepasst werden. Je höher die Frequenzen, desto kleiner müssen daher die Zeitschritte gewählt werden.

Da die magnetischen Zeitkonstanten aber sehr klein sind, muss auch die Integration mit sehr kleinen Zeitschritten erfolgen, um Ergebnisse hoher Qualität für das Temperaturfeld zu erhalten, obwohl die wesentlich höheren thermischen Zeitkonstanten für die Berechnung des Temperaturfeldes deutlich größere Zeitschritte zulassen würden. Um diesen Konflikt zu lösen, kann eine Formulierung gewählt werden, die für einen Zeitschritt der Temperaturberechnung das magnetische Feld mit konstanter Temperatur und damit konstanten Materialparametern ermittelt. Dazu können Standardmethoden (z. B. Frequenzbereichsmethoden) verwendet werden. Anschließend wird das neue Temperaturfeld mit den eben ermittelten elektromagnetischen Wärmequellen berechnet. Damit hängt die Größe der Zeitschritte nun nur noch von den wesentlich höheren thermischen Zeitkonstanten ab. Während eines Zeitschrittes werden dabei die Wärmequellen in guter Näherung als konstant angenommen.

Das Ablaufschema der Berechnung ist in Abb. 8.6 exemplarisch für einen Zeitschritt dargestellt.

8.4.2 Beispiel 2: Kopplung von Hydraulik mit Mechanik und Fluiddynamik

Die Untersuchung der Wechselwirkung zwischen den hydraulischen Komponenten (Hydraulikzylindern, Hydromotoren) und der dreidimensionalen mechanischen Struktur der anzutreibenden Teile stellt eine typische Aufgabenstellung für die gekoppelte Simulation von Antriebssystemen (unter anderem für mechatronische Systeme) dar. Erst seit kurzer Zeit existieren geeignete Softwarewerkzeuge (z. B. FEM- oder MKS-Systeme mit entsprechenden Erweiterungen), mit denen derartige integrierte Simulationen mit vertretbarem Aufwand durchgeführt werden können.

---

[7] Die Leitfähigkeitsmatrix beschreibt die elektrische Leitfähigkeit der finiten Elemente bei Stromdurchfluss in den verschiedenen Koordinatenrichtungen.

Abb. 8.6 Ablauf einer gekoppelten magneto-thermischen
Simulation

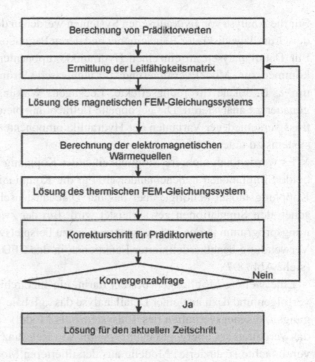

Prinzipiell stehen die folgenden zwei Möglichkeiten zur Verfügung, das hydraulische System mit dem mechanischen System in der Simulation zu koppeln:

- Die Modellerstellung des gesamten Systems wird in einem universellen Werkzeug vorgenommen, welches die Modellierung in allen benötigten Ingenieurdisziplinen unterstützt. Auch die Simulation und Auswertung werden mit diesem Werkzeug vorgenommen. Nachteil dieser Methode ist, dass universelle Softwarewerkzeuge in der Regel einen eingeschränkten Funktionsumfang besitzen und daher auf disziplinenspezifische Besonderheiten nicht in dem Umfang eingehen wie spezialisierte Werkzeuge.
- Die zweite Möglichkeit besteht darin, die Modellierung und Simulation der Teilsysteme mit je einem für die betreffende Disziplin zugeschnittenen Werkzeug durchzuführen und anschließend die Teilmodelle miteinander zur Simulation des Gesamtsystems zu koppeln. Der Vorteil dieser Vorgangsweise liegt darin, dass jede am Projekt beteiligte Disziplin die Modellierung ihres Teilsystems in der gewohnten Entwicklungsumgebung vornehmen kann. Der Aufwand für die Zusammenführung aller Teilsysteme zur Simulation des gekoppelten Systems ist dann natürlich größer als bei der ersten Methode. Bei der Kopplung über Teilmodelle werden Parameter aus dem mechanischen Teilmodell gewonnen (Masse, Schwerpunkte, Massenträgheiten usw.), die als Eingangsgrößen für die Simulation des hydraulischen Systems dienen[8].

---

[8] Eine interessante Möglichkeit zur Kopplung von Hydrauliksimulation mit numerischer Strömungssimulation (CFD) wird in (Rüdiger et al. 2003) vorgestellt. Zu CFD siehe auch Abschn. 8.1

Für die Analyse von hydraulischen Systemen werden in der Regel Softwarewerkzeuge auf der Grundlage diskreter Bauelemente und deren Parameter verwendet (siehe Abschn. 8.2). Für Detailanalysen an einzelnen Hydraulikkomponenten (z. B. an Ventilen, Zylindern) kommen zur „Modellverfeinerung" oft numerische Strömungssimulationen zum Einsatz, um z. B. lokale Strömungseffekte, Leckagen, Wirkungsgrade, Strömungskräfte, usw. genauer zu analysieren. Die gekoppelte Betrachtung bietet nun die Möglichkeit, den Einfluss verschiedener Varianten der Hydraulikkomponenten auf das Verhalten des Gesamtsystems zu untersuchen.

Es werden nun mehrere Möglichkeiten der Kopplung angeführt. Bei der ersten laufen beide Simulationen nebeneinander ab. Für die Kommunikation zwischen ihnen wird ein Kopplungsmodul benötigt, über das der Datenaustausch und die Synchronisation zwischen den Simulationen gewährleistet wird. Bei der zweiten Variante wird ein Berechnungsprogramm in das andere integriert, wozu beispielsweise die Systemsimulation über Verwendung benutzerdefinierter Funktionen in das CFD-System eingebaut werden kann (siehe Abb. 8.7).

Eine weitere Möglichkeit besteht darin, ein hierarchisches Modellierungskonzept zu verfolgen und dazu aus einer Detailanalyse das „globale Verhalten" des Teilsystems (Eingangs-/Ausgangsverhalten des Teilsystems als Modul) soweit zu extrahieren, wie es für das Verhalten des übergeordneten Systems von Relevanz ist. Dies bedeutet, entsprechend vereinfachte (reduzierte) Modelle aus detaillierteren Modellen (hier z. B. aus CFD-Modellen) abzuleiten und diese dann in die Simulation des übergeordneten Systems (hier des Hydrauliksystems) zu implementieren. Die beiden verwendeten Modelle (detailliertes Modell und reduziertes Modell, hier z. B. CFD-Modell und daraus reduziertes Eingangs-/Ausgangsmodell) haben unterschiedlichen Detaillierungsgrad und liegen somit auf unterschiedlichen Ebenen der Modellhierarchien.

Es sei angemerkt, dass es recht schwierig sein kann, geeignete Modellvereinfachungen zu finden. Gelingt dies aber, so stellen derartige Modelle überaus wertvolle Wissensspeicher dar. Gleichzeitig wird damit die Simulation des übergeordneten Systems, hier des Hydrauliksystems, erheblich vereinfacht und erleichtert.

Abb. 8.7 Möglichkeiten der Kopplung von Simulationsmodellen

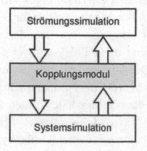
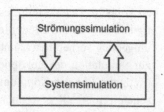

8.5 Modellierung und Anwendungen in der Mechatronik

Heutige Produkte des Maschinenbaus (Werkzeugmaschinen, Fahrzeuge, Flugzeuge, Industrieanlagen usw.) bestehen aus vielfältigen Systemen, Aggregaten, Modulen und Komponenten. Sie umfassen, ihren Aufgaben entsprechend, Leistung und Kraft übertragende Systeme des allgemeinen Maschinenbaus, elektrische, hydraulische und pneumatische Antriebssysteme, sowie Automatisierungseinrichtungen mit Sensoren, Aktoren sowie Regelungseinrichtungen und stellen daher sehr oft komplexe mechatronische Systeme dar.

Entscheidend für den Erfolg eines solchen Produkts ist das Verhalten des integrierten Gesamtsystems, da sich Kundenanforderungen und -wünsche im Wesentlichen immer auf das Gesamtsystem beziehen und höchstens partiell auf Teilsysteme, Komponenten oder gar einzelne Bauteile.

Die wichtigsten Domänen der Mechatronik sind der Maschinenbau, die Elektrotechnik, Elektronik und die Informationstechnik, wobei diese Domänen naturgemäß wiederum verschiedene Teildisziplinen umfassen. Unter einer Domäne wird dabei ein einzelnes technisches Fachgebiet (eventuell auch ein Teilbereich der Physik) verstanden.

Bei komplexen mechatronischen Systemen stellt die Modellierung und Simulation des Verhaltens des (integrierten) Gesamtsystems eine besondere Herausforderung dar, weil dazu Modelle aus verschiedenen Disziplinen miteinander gekoppelt werden müssen. Dabei treffen ganz unterschiedliche Arten der Beschreibung von Modellen aufeinander (3D-Geometriemodelle aus CAD-Systemen, FEM-Modelle, CFD-Modelle, MKS-Modelle, elektrische Schaltpläne, hydraulische Schaltpläne, Reglermodelle, Software-Programmcodes, Flussdiagramme aus der Informatik, Tabellen, Formeln, mathematische Gleichungen, Berechnungsvorschriften usw.). Für die verschiedenen Disziplinen (Domänen) existieren daher auch ganz unterschiedliche Berechnungs- und Simulationswerkzeuge, die nicht einfach beliebig miteinander kombiniert bzw. verschaltet werden können. Außerdem entsteht dabei der dringende Bedarf, sehr detaillierte Modelle (z. B. FEM-Modelle) auf einfachere Modelle zu reduzieren (Modellreduktion, Modulbildung), da sonst der Berechnungsaufwand durch das Zusammenschalten der verschiedenen, teils sehr detaillierten Modelle extrem ansteigt.

Speziell für Entwurf und Gestaltung mechatronischer Systeme werden daher dringend geeignete Methoden und Werkzeuge benötigt, um das Verhalten des mechatronischen Gesamtsystems beurteilen zu können und den Überblick darüber zu wahren. Die in letzter Zeit immer öfter verwendeten Begriffe „Mechatronic Design", „Mechatronics Design" oder auch „Mechatronical Design" streichen die integrative Sichtweise bei Entwurf und Gestaltung mechatronischer Systeme heraus.

Die Integration und Kopplung der Modelle stellen für den Produktentwickler eine schwierige Aufgabe dar. Obwohl in den letzten Jahren zahlreiche Aktivitäten und wertvolle Beiträge auf diesem Gebiet erbracht wurden (z. B. VDI-Richtlinie 2206/2003; De Silva 2005; Isermann 1999), ist die Entwicklung geeigneter Methoden und Werkzeuge für umfassende, gekoppelte Fragestellungen, wie sie besonders bei komplexen mechatronischen Systemen auftreten, längst nicht abgeschlossen. Es handelt sich dabei um ein schwieriges Integrationsproblem, für das praxisgerechte bzw. in der Praxis akzeptierte Lösungen trotz vieler Anstrengungen noch in den Kinderschuhen zu stecken scheinen. Die Schwierigkeiten betreffen dabei mehrere Ebenen (Methoden, Werkzeuge, Software, Hardware, Qualifikation der Mitarbeiter, Aufbauorganisation, Ablauforganisation usw.).

Einen der wichtigsten Ansatzpunkte stellt die Modularisierung dar, die besonders bei komplexen Systemen zur Übersicht und Transparenz beiträgt, kritische Module, die besonderes Augenmerk verlangen, rascher erkennbar macht und eine Parallelisierung der Entwicklungsarbeit ermöglicht. Die modulare Struktur eines komplexen mechatronischen Systems soll nicht nur die Gliederung einer Lösungsvariante in Teilsysteme, Systemelemente, Baugruppen, Komponenten usw. beschreiben, sondern auch die Verknüpfungen in Form von Interaktionen, Wirkzusammenhängen, Stoffflüssen, Energieflüssen, Abhängigkeiten, Schnittstellen und Informationsflüssen zwischen den Modulen erfassen.

Da die Gestaltung der einzelnen Module[9] komplexer mechatronischer Systeme in den meisten Fällen untrennbar mit entsprechenden Berechnungs- und Simulationsaufgaben für Auslegung, Optimierung und für verschiedene Nachweise verbunden ist („Modellbasierter Entwurf" bzw. „Model-based Design"), drängt sich auch für die Modellierung und Simulation des integrierten Gesamtsystems eine modulare Struktur des zugehörigen Rechenmodells geradezu auf. Wichtiges Ziel ist dabei, dass die „Modell-Module" möglichst flexibel miteinander kombiniert werden können.

Systematische Modularisierung, Modellreduktion und die Entwicklung konsistenter, durchgängiger (Modell-)Beschreibungen, die in allen Disziplinen verwendet werden können, sind daher Schlüsselfaktoren zur Beherrschung der Komplexität solcher Systeme. Die Methoden und Werkzeuge dafür müssen in der Zukunft verstärkt weiter entwickelt werden.

Einige konkrete Vorgehensmöglichkeiten sollen anhand der beiden folgenden Beispiele aufgezeigt werden.

8.5.1   Beispiel 1: Modellierung einer Walzanlage

Als Beispiel soll hier, stellvertretend für viele andere komplexe mechatronische Systeme, die Simulation einer Anlage zum Kaltwalzen von Metallbändern dienen (Grieshofer et al. 2004). Da für die Leistungsfähigkeit von Walzanlagen das dynamische Verhalten von großer Bedeutung ist, sind dynamische Simulationsmodelle zur Auslegung sowie zur Analyse und Bewertung von neuen Konzepten und Lösungen heute unerlässlich. Abb. 4.17 aus Kap. 4 zeigt das Schema einer zweigerüstigen Kaltwalzanlage.

---

[9] Unter einem (mechatronischen) Modul soll ein eigenständiger Bestandteil (z. B. Subsystem, Element) eines mechatronischen Systems verstanden werden, das durch wohl definierte Schnittstellen klar abgegrenzt ist, bestimmte Funktionen ausführt und dessen Verhalten wohlverstanden ist.

Die Analyse der Walzanlage konzentriert sich vor allem auf folgende Themen:

- Betriebsfestigkeit von Maschinen- und Anlagenkomponenten auf Basis von Last-kollektiven, die sich aus den produktionsbedingt verschiedenen Betriebszuständen ergeben. Sie umfassen z. B. stoßartige Belastungen beim Walzgutanstich und -auslauf sowie Beschleunigungs- und Verzögerungsvorgänge (z. B. Normalhalt, Schnellhalt, Nothalt).
- Antriebsstränge, z. B. aufgebaut aus Elektromotor, Stirnradgetriebe, Sicherheitskupp-lungen, Gelenkwellen oder Zahnspindeln. Torsionsschwingungsberechnungen werden zur Beurteilung der Dynamik (z. B. Eigenfrequenzen, Eigenschwingungsformen, kri-tische Drehzahlen), zur Analyse erzwungener Schwingungen, der dabei auftretenden Drehmomentüberhöhungen (TAF, Torque Amplification Factor) und zur Ermittlung von Lastkollektiven durchgeführt.
- Chatter: Das sind instabile Schwingungserscheinungen in Walzgerüsten, die bis zum Bandriss führen können. Eine (unpopuläre, aber einfache) Abhilfe besteht etwa darin, die Walzgeschwindigkeit abzusenken.
- Regelungssysteme: Auffinden optimaler Parameter für die Regelung von Dicke, Breite, Profil und Planheit der Bänder.

Als Ausgangsbasis für die Modellierung und Simulation von Walzanlagen stehen für die einzelnen Teilsysteme zahlreiche Modelle aus verschiedenen Disziplinen wie auch in unterschiedlichen Beschreibungen und Detaillierungsgraden zur Verfügung:

- Walzgerüst mit Ständer (3D-CAD, FEM, MKS)
- mechanische Anstellkomponenten (3D-CAD, FEM, MKS)
- Walzen (3D-CAD, FEM, MKS, (semi-)analytische Modelle)
- Einbaustücke (3D-CAD, FEM, MKS)
- Balanzier- und Biegesysteme (3D-CAD, FEM, MKS)
- Antriebsstrang mit Motor, Kupplungen, Getriebe, Antriebswelle (3D-CAD, FEM, MKS, Elektrik)
- Bandabschnitte vor, nach und zwischen den Gerüsten (MKS, (semi-)analytische Modelle)
- Walzspalt für Warm- und Kaltwalzen: Diese Modelle realisieren die Kopplungen zwi-schen Walzgut, Arbeitswalzen und den Bandabschnitten vor und nach dem Gerüst (FEM, (semi-)analytische Modelle)
- Anstellhydraulik mit Anstellzylindern, Hydraulikleitungen, Ventilen, Druckversorgung (Hydraulikmodelle)
- Regler für Dickenregelung (Reglermodelle)
- Sensoren (Elektrik-, Elektronikmodelle)

Die im Folgenden gezeigte Modellierung ermöglicht die Nachbildung eines Quarto-Walzge-rüstes, um durch Simulation Rückschlüsse auf die reale Anlage (z. B. zur Reglerauslegung, Beurteilung des Führungs- oder Störverhaltens, Ermittlung von Lastkollektiven) zu ziehen. Bei der Modellierung des Walzgerüstes werden sowohl das statische als auch das dynami-sche Verhalten berücksichtigt.

Das Modell in Abb. 8.8 stellt ein Mehrkörpersystem (MKS) dar, das sich aus Feder- und Dämpferelementen sowie konzentrierten, starren Massen wie auch Trägheitsmomenten zusammensetzt. Zur Vereinfachung werden nur ebene Bewegungen zugelassen (ebenes Modell). Die Massen und Trägheitsmomente entsprechen den Bauteilen bzw. Baugruppen des realen Walzgerüstes, zwischen denen Kopplungskräfte wirken, die durch Feder- und

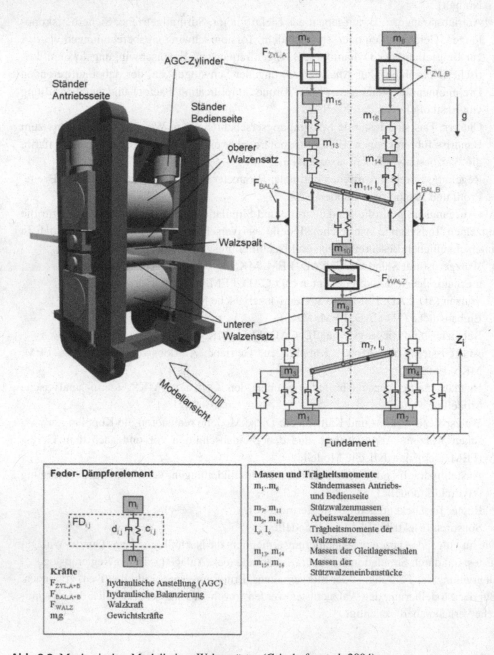

Abb. 8.8 Mechanisches Modell eines Walzgerüstes (Grieshofer et al. 2004)

Dämpferelemente realisiert werden. Die Federn repräsentieren die Nachgiebigkeiten und Rückstellkräfte, die zwischen den Bauteilen wirken. Dissipationseffekte entstehen im Wesentlichen durch Materialdämpfung, Reibung zwischen Gleitflächen und an Fügestellen sowie Hystereseeffekte im Hydrauliksystem und entziehen dem mechanischen System Energie.

Zur Simulation des (als solches definierten) Gesamtsystems werden Rechenmodelle für die verschiedenen Teilsysteme (Walzprozess, Bauteile, Komponenten) aufgestellt. Die einzelnen Modelle können problemlos an spezifische Designvarianten der Teilsysteme angepasst werden und sind so aufgebaut, dass sie miteinander zu einem Modell für die gesamte Struktur verknüpft (verschaltet) werden können. Die Kopplung (Verschaltung) der einzelnen Modelle ist schematisch in Abb. 8.9 dargestellt. Sie können dann in blockorientierten Simulationswerkzeugen zur Auslegung der Anlage und zur Analyse des Verhaltens des Gesamtsystems verwendet werden.

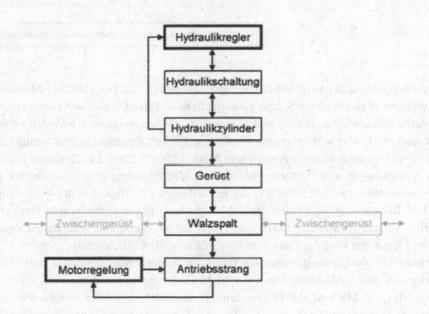

Abb. 8.9 Kopplung von Teilmodellen

8.5.2   Beispiel 2: Parameterermittlung für dynamische Simulationen

Wie in Kap. 4 erläutert, werden zur Simulation von Antriebssträngen die Parameter (z. B. Trägheitsmomente, Steifigkeiten) der einzelnen Elemente (Wellen, Zahnräder, Kupplungen usw.) benötigt. Diese Größen können aus dem 3D-CAD-Modell ermittelt und anschließend im Simulationsmodell verwendet werden. Eine Vorgehensweise zur Extrahierung der Parameter für eine Wellenkonstruktion ist in Abb. 8.10 (Bergmann 2007) aufgezeigt.

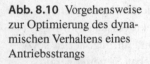

Abb. 8.10 Vorgehensweise zur Optimierung des dynamischen Verhaltens eines Antriebsstrangs

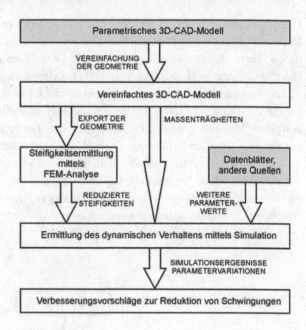

Ausgangspunkt für die Vorgehensweise bildet ein parametrisches 3D-CAD-Modell der Welle, welches in einem ersten Schritt vereinfacht wird. Dazu können irrelevante Geometrieelemente wie etwa Rundungen und Gewindebohrungen aus dem 3D-Modell entfernt werden, sofern sie vernachlässigbaren Einfluss auf Trägheitsmomente und Steifigkeiten haben (siehe dazu auch Kap. 6). Aus diesem Modell können dann die relevanten geometrischen Abmessungen und Trägheitsmomente zur Modellbildung gewonnen werden. Ein weiterer wesentlicher Schritt besteht in der Ermittlung der Steifigkeiten der Welle mittels einer FEM-Berechnung. Es werden dazu „Messpunkte" für die Verdrehungen unter einer definierten Torsionsbelastung gesetzt, aus denen auf die Steifigkeit geschlossen werden kann. Die Geometrie wird dazu aus dem vereinfachten 3D-CAD-Modell exportiert.

Anschließend werden die gewonnenen Daten zur numerischen Simulation mithilfe der Parameter aus dem CAD-Modell und der FEM-Rechnung in ein dynamisches Berechnungsmodell (z. B. MKS-Modell) implementiert, anhand dessen dann verschiedene Testfälle analysiert werden können. Aus den Simulationsergebnissen können Vorschläge zur Verbesserung des dynamischen Systemverhaltens erarbeitet werden. Es handelt sich dabei um eine typisch mechatronische Aufgabenstellung. Dementsprechend können die Verbesserungsvorschläge alle Disziplinen der Mechatronik betreffen, also sowohl die mechanische Konstruktion als auch den elektrischen Antrieb, die Steuerung oder Regelung sowie Kombinationen daraus.

Literatur

Backe, W., Murrenhoff, H.: Grundlagen der Ölhydraulik, Umdruck zur Vorlesung. Institut für fluidtechnische Antriebe und Steuerungen, RWTH, Aachen (1994)

Beater, P.: Entwurf hydraulischer Maschinen, Modellbildung, Stabilitätsanalyse und Simulation hydrostatischer Antriebe und Steuerungen. Springer Verlag, Berlin Heidelberg New York (1999)

Bergmann, M.: Simulation der Dynamik von Kaltband – Aufhaspelanlagen für verschiedene Antriebskonzepte. Diplomarbeit, Johannes Kepler Universität, Linz (2007)

De Silva, C. W.: Mechatronics – An Integrated Approach. CRC Press Inc., Boca Raton, Florida, Vereinigte Staaten (2005)

Eversheim, W., Schuh, G.: Betriebshütte Produktion und Management. Springer Verlag, Berlin Heidelberg New York (1996)

Georg, O.: Elektromagnetische Felder und Netzwerke, Anwendungen in Mathcad und PSpice. Springer Verlag, Berlin Heidelberg New York (1999)

Grieshofer, O., Mayrhofer, K., Zeman, K.: Mechatronische Modellierung und Simulation der Dynamik von Walzanlagen. OVE Verbandszeitschrift, Serie e&i Elektrotechnik und Informationstechnik 121(9), 325–332 (2004)

Isermann, R.: Mechatronische Systeme. Springer Verlag, Berlin Heidelberg New York (1999)

Ivantysyn J., Ivantysyn, M.: Hydrostatische Pumpen und Motoren, Konstruktion und Berechnung. Vogel Fachbuchverlag, Würzburg (1993)

Matthies, H. J.: Einführung in die Ölhydraulik. Teubner Verlag, Stuttgart (1995)

Müller, C.-H., Jagolski, H.: Simulation hydraulischer Anlagen. Kostenreduzierungen in der Entwicklung durch IT-Einsatz, O+P Zeitschrift für Fluidtechnik, Wissensportal baumaschine.de (2003)

Oertel, H., Laurien, E.: Numerische Strömungsmechanik. Vieweg Verlag, Wiesbaden (2003)

Rabaey, J. M.: The Spice Page. http://bwrc.eecs.berkeley.edu/Classes/IcBook/SPICE/. Zugegriffen: Dez. 2017

Ramshaw, E., Schuurman, D.C.: PSpice Simulation of Power Electronics Circuits, An Introductory Guide. Springer-Verlag, Berlin Heidelberg New York (1996)

Rüdiger, F., Klein, A., Schütze, J.: Gekoppelte Simulation in der Hydraulik. O+P Ölhydraulik und Pneumatik 47(5), 356–359 (2003)

RWTH: http://www.sfb224.rwth-aachen.de/Kapitel/kap3_4.htm. Zugegriffen: Dez. 2017

VDI-Richtlinie 2206: Entwicklungsmethodik für mechatronische Systeme. VDI-Verlag, Düsseldorf (2003)

Versteeg, H., Malalasekera, W.: An Introduction to Computational Fluid Dynamics. Prentice-Hall, Upper Saddle River, New Jersey (2007)

Bauteiloptimierung

9

Optimieren ist für ein Produkt oder ein Bauteil die Suche nach und das Finden der bestmöglichen Lösung

- bezüglich eines Kriteriums oder mehrerer vorgegebenen Kriterien, die sich auch gegenseitig beeinflussen bzw. gegenläufig sein können (multikriterielle Optimierung),
- unter Berücksichtigung von Restriktionen (bestehend aus Anforderungen, Anfangs- und Randbedingungen) und inneren Zwangsbedingungen (Constraints), die allesamt nicht statisch, sondern auch dynamisch sein können sowie sich gegenseitig bedingen und beeinflussen können,
- zu bestimmten Zeitpunkten.

Aufgrund des Bezugs zu Vorgaben beliebiger Komplexität in einem Zielsystem und der Zeitabhängigkeit gibt es niemals ein absolutes Optimum, sondern stets ein relatives Optimum.

Eine bestmögliche Lösung kann in allen denkbaren Repräsentationsformen eines Bauteils angestrebt werden, d. h. in Anwendbarkeit, Form, Struktur, Funktionen, Herstellung und Wartung usw., wobei sich diese Repräsentationsformen wieder gegenseitig bedingen bzw. beeinflussen können, wie dies bei den bekannten Optimierungszielen (Minimieren der Produktentwicklungszeit, Maximieren der Leistungsfähigkeit des Bauteils, Maximieren der Qualität sowie Minimieren der Kosten) immer der Fall ist.

Bei einer Optimierung wird in vier Disziplinen unterschieden, welcher in zeitlicher Abfolge zu einzuordnen sind: Die Topologieoptimierung, die Formoptimierung, die Dimensionierung durch Parameteroptimierung und die Materialoptimierung. Die Topologieoptimierung erstellt einen ersten Entwurf für grundlegende Gestalt des Bauteils und der Anordnung der darin enthaltenen Gestaltungselemente. Auf dieser Basis werden mittels der Formoptimierung die mechanisch bedingten Begrenzungsflächen definiert. Zum Schluss werden die Dimensionen und das Material definiert [RaMS-1998] (Abb. 9.1).

© Springer-Verlag GmbH Deutschland, ein Teil von Springer Nature 2018
S. Vajna et al., *CAx für Ingenieure*,
https://doi.org/10.1007/978-3-662-54624-6_9

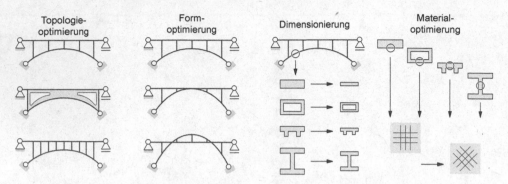

Abb. 9.1 Klassifizierung von Optimierungsdisziplinen [RaMS-1998]

Optimierungsverfahren, welche aus den zur Lösung einer Optimierungsaufgabe verwendeten Ansätzen und Optimierungsalgorithmen definiert werden [Schu-2013], lassen sich in verschiedene Klassen einteilen. Die wesentlichen sind numerische und analytische Verfahren. Analytische Verfahren sind solche Verfahren, die das Optimum in einem Schritt anzugehen versuchen. Dabei wird oftmals die Tatsache genutzt, dass der Gradient einer stetig differenzierbaren Funktion an einem stationären Punkt den Wert Null besitzt. Diese Bedingung schließt aber auch Sattelpunkte und lokale Extrema mit ein, weswegen bei diesen Verfahren nicht zwingend sofort das globale Optimum gefunden wird [Gerd-2005].

Numerische Verfahren sind dadurch gekennzeichnet, dass sie sich iterativ dem globalen Maximum/Minimum nähern, indem sie eine Ausgangslösung schrittweise verbessern [Gerd-2005]. Sie werden in der Praxis am häufigsten angewendet. Diese lassen sich in deterministische und stochastische[1] Verfahren unterteilen.

- Deterministische Verfahren sind durch eindeutig festgelegte und gerichtete Vorgehensweise gekennzeichnet.
- Stochastische Verfahren unterscheiden sich von den deterministischen Verfahren darin, dass der Zufall Einfluss auf die Optimierung hat. Dies bedeutet nicht, dass stochastische Verfahren rein zufällig vorgehen. Vielmehr wird eine rein deterministische Vorgehensweise um einen zufälligen Anteil erweitert. Je nach Verfahren gibt es einen mehr oder weniger großen zufälligen Anteil. Aufgrund des stochastischen Anteils während der Optimierung sind die Ergebnisse dieser Verfahren nicht reproduzierbar. Aus identischen Ausgangssituationen kann nicht garantiert werden, dass die gefundenen Ergebnisse gleich sind.
- Hybride Verfahren zeichnen sich durch eine Kombination mehrerer deterministischer und stochastischer Verfahren aus. Dazu wird versucht, die Vorteile der jeweiligen Verfahren zu nutzen. Hierbei werden zumeist stochastische und deterministische Verfahren kombiniert, jedoch ist auch eine Kombination Verfahren gleicher Art möglich. Denkbar ist beispielsweise eine Vorauswahl der Gestalt mittels eines stochastischen Verfahrens bei anschließender Finalisierung mittels eines deterministischen Verfahrens.

---

[1] Die Stochastik, ein Teilgebiet der Mathematik, beschreibt die Lehre von Häufigkeit und Wahrscheinlichkeit von Ereignissen

Stochastische Verfahren	• Evolutionäre Algorithmen • Neuronale Netze • Simulated Annealing • Particle - Swarm - Optimierung • Monte - Carlo - Methode
Deterministische Verfahren	• Hill-Climbing - Verfahren • Gradientenverfahren

Tab. 9.1 Auswahl von Optimierungsverfahren

Alle drei Verfahren können sowohl für diskrete als auch für kontinuierliche Optimierungsprobleme angewendet werden.

• Diskrete Optimierungsprobleme sind Probleme, bei denen nur bestimmte Parameter aus dem zulässigen Parameterraum gewählt werden können. Dies dient der Minimierung der Menge der möglichen Lösungen und reduziert so die Rechenzeit.

• Bei kontinuierlichen Optimierungsproblemen sind dagegen alle Parameter im festgelegten Parameterraum zulässig, wodurch sich die Rechenzeit erhöht, jedoch die Gefahr, die optimale Lösung aufgrund von diskreten Parameterbeschränkungen nicht zu finden, ausgeschlossen wird.

Numerische Optimierungsverfahren werden durch den ihnen zugrunde liegenden Optimierungsalgorithmus beschrieben. Hierunter ist eine konkret definierte Folge zur Lösung eines oder mehrerer Probleme mittels einer endlichen Anzahl von Teilschritten zu verstehen. Er beschreibt die genaue Umsetzung des Optimierungsverfahrens. Im Folgenden werden die in Tab. 9.1 zusammengefassten numerischen Optimierungsverfahren vorgestellt. Hierbei wird besonders der Bereich der evolutionären Algorithmen betrachtet, der anschließend mit einem praxisnahen Beispiel erläutert wird.

9.1 Evolutionäre Algorithmen

Evolutionäre Algorithmen sind stochastische Suchverfahren, die sich an die Prinzipien der natürlichen biologischen Evolution anlehnen. In der Regel arbeiten evolutionäre Algorithmen gleichzeitig auf einer Anzahl von potenziellen Lösungen, welche auch als Population von Individuen bezeichnet werden. Neue Individuen werden mittels evolutionärer Operatoren erzeugt. Diese Operatoren modellieren verschiedene natürliche Prozesse wie Selektion, Reproduktion, Replikation, Rekombination, Mutation, Migration, Lokalität, Nachbarschaft, Parallelität und Konkurrenz. Jeder dieser Operatoren kann in einer Vielzahl von Varianten auftreten, wobei nicht jeder evolutionäre Algorithmus alle Operatoren enthalten muss [GeKK-2004].

Evolutionäre Algorithmen unterscheiden sich grundlegend von traditionellen Optimierungsverfahren vor allem dadurch, dass sie [Pohl-2000]

- in einer Population von Individuen den ganzen Lösungsraum parallel und nicht nur von einem einzelnen Individuum aus durchsuchen,
- keine Ableitung der Zielfunktion oder andere Hilfsinformationen benötigen, sondern lediglich den Zielfunktionswert,
- Wahrscheinlichkeitsregeln verwenden und keine deterministischen Regeln,
- eine Anzahl von möglichen und gleichwertigen Lösungen anbieten können. Die abschließende Auswahl bleibt dem Nutzer überlassen,
- auf Probleme der verschiedensten Repräsentationsformen angewendet werden können und
- im Allgemeinen einfach und flexibel anzuwenden sind, da es für die Festlegung der Zielfunktion keine Einschränkungen gibt.

Jede Optimierung beginnt mit dem Aufstellen der Zielfunktion, die aus den einzelnen Optimierungszielen als absolute Bewertungsgröße synthetisiert wird und unabhängig von einer Generation ist. Danach folgt die Initialisierung einer Startgeneration in einem Lösungsraum, der durch Anfangs- und Randbedingungen begrenzt und durch Zwangsbedingungen untergliedert wird. Durch Gewichtung der Beschränkungen kann eine Teilmenge des Lösungsraums, der sogenannte Suchraum, aufgespannt werden. Meist wird eine zufällige Verteilung der Individuen im Suchraum gewählt. Einige Algorithmen erlauben es, eine Startgeneration explizit vorzugeben. Dies ist von Vorteil, wenn bereits bestimmte Informationen über den Suchraum vorliegen bzw. bestimmte gute Lösungen bekannt sind.

Jede Generation besteht aus einer Anzahl von Individuen, wobei jedes Individuum durch eine Zahl von Variablen (analog zu einzelnen Genen im Chromosom des Individuums) eindeutig definiert ist. Die Individuen der Generation werden bewertet, indem für jedes Individuum der aktuelle Erfüllungsgrad der Zielfunktion berechnet wird. Das Ergebnis dieser Berechnung äußert sich im individuellen Fitnesswert. Dieser ist im einfachsten Fall das Maß für die Güte der Individuen[2] und erlaubt dem evolutionären Algorithmus die Ermittlung der besten Individuen.

Für jede neue Generation wird durch die evolutionären Operatoren eine Anzahl neuer Individuen erzeugt. Dazu werden aus der aktuellen Generation Individuen entsprechend ihrer Fitness ausgewählt und mittels evolutionärer Operatoren neue Individuen erzeugt, welche die nächste Generation bilden. Einige Algorithmen bieten die Möglichkeit, in die neue Generation eine bestimmte Anzahl Individuen (in der Regel die Individuen mit der höchsten Fitness) unverändert zu übernehmen. Dadurch wird sichergestellt, dass die besten bisher gefundenen Lösungen nicht verloren gehen. Die Erzeugung neuer Generationen wird so oft wiederholt, bis ein vorher definiertes Abbruchkriterium erreicht ist, beispielsweise die Konvergenz der Fitnesswerte oder das Erreichen einer festgelegten Anzahl von Generationen (Abb. 9.2).

---

[2] Falls dies jedoch unerwünscht bzw. nicht möglich ist, existieren verschiedene Bewertungsverfahren, um aus den Zielfunktionsergebnissen einen Fitnesswert für jedes Individuum zu ermitteln.

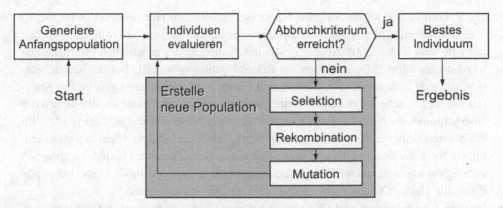

Abb. 9.2 Ablauf Evolutionäre Algorithmen [Pohl-2000]

9.1.1 Evolutionäre Operatoren

Die am häufigsten verwendeten Operatoren für die Reproduktion von Individuen sind neben der Replikation (identische Kopie des Individuums, Klonen) die Selektion, die Rekombination/Crossover und die Mutation (Abb. 9.2).

- Bei der Selektion werden die aktuell am besten geeigneten Individuen einer Population ausgewählt, die zum Erzeugen von Nachkommen verwendet werden. Von den zahlreichen Verfahren ist die Roulette-Selektion das bekannteste[3]. Es handelt sich hierbei um ein stochastisches Verfahren. Während beim Roulette jede Zahl ein gleich großes „Fach" hat, werden hier den Individuen entsprechend ihrer jeweiligen Fitness unterschiedlich große „Fächer" zugewiesen. Die Auswahl wird so oft wiederholt, wie Individuen benötigt werden. Vorteil dieses Verfahrens ist, dass jedes Individuum (auch das schlechteste) die Möglichkeit zur Reproduktion erhält. Individuen mit einer besseren Fitness haben eine entsprechend höhere Chance (fitnessproportionale Selektion). Nachteilig ist, dass mit diesem Verfahren nicht garantiert wird, dass auch die besten Individuen gewählt werden. Im ungünstigsten Fall werden bei x zu wählenden Individuen gerade die x Individuen mit der geringsten Fitness selektiert.

- Unter Replikation (Klonen) ist das Kopieren eines Individuums zu verstehen. Es kommt dann zum Einsatz, wenn die aktuelle Population mit der Nachfolgepopulation bewertet werden soll. Das kopierte identische Individuum wird mittels weiterer evolutionärer Operatoren (beispielsweise Mutation) verändert. Dieses Klonen des aktuellen Individuums, bevor eine genetische Veränderung eintritt, ermöglicht einen direkten Vergleich der Fitness beider Generationen.

---

[3] Weitere Verfahren sind die Turnier-Selektion, das Stochastic Universal-Sampling und die Truncation Selection.

- Die Rekombination hat die Aufgabe, Regionen des Suchraums mit höherer durchschnittlicher Güte schneller zu erreichen und zu durchschreiten, als dies mit rein zufälligem Suchen der Fall wäre [Pohl-2000]. Abhängig von der Kodierung der genetischen Informationen werden unterschiedliche Verfahren der Rekombination verwendet. Bei der Rekombination mit reell kodierten Chromosomen und Genen wird vorhandenes genetisches Material zweier Eltern für zwei Kinder verteilt und neu angeordnet, indem aus den Genen der Elternchromosomen die Gene der Chromosomen der Nachkommen gebildet werden. Im einfachsten Verfahren der Rekombination werden einzelne Gene der Eltern ausgetauscht, um ein Nachkommen zu bilden (diskrete Rekombination). Dazu wird für jede Genposition zufällig entschieden, von welchem Elternteil das Gen übernommen wird. Damit haben alle Eltern die gleiche Chance, Gene zu einem Nachkommen beizusteuern.
- Werden Chromosomen und Gene binär kodiert, dann spricht man anstelle von einer Rekombination von einem Crossover. Das einfachste Verfahren ist das Single-Point-Crossover. Dabei wird eine zufällige Schnittposition auf den Chromosomen der Eltern bestimmt. Die auf die Schnittposition folgenden Gene werden zwischen den Elternindividuen getauscht. Im Gegensatz zum Single-Point-Crossover werden beim Two-Points-Crossover zwei Schnittpositionen bestimmt und die zwischen den Schnittpositionen liegenden Gene ausgetauscht. Das Two-Points-Crossover bringt eine schnellere Konvergenz des Algorithmus mit sich [ScHF-1996]. Diese Vorgehensweise lässt sich beliebig erweitern (Three-, Four-, Five-, …, n-Point-Crossover)[4]. Dabei werden n Schnittpositionen und damit n + 1 Bereiche auf dem Chromosom definiert. Anschließend werden die Gene der Eltern in jedem zweiten Bereich vertauscht (Abb. 9.3).
- Die Mutation erzeugt Alternativen und Varianten einer Lösung, indem geringe Änderungen an den Genen der Individuen durchgeführt werden. Dabei bestimmt die Mutationsschrittweite[5] die Größe der Änderung, während die Mutationswahrscheinlichkeit[6]

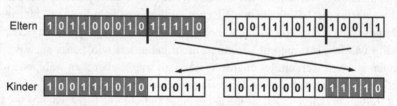

Abb. 9.3 Single-Point-Crossover

---

[4] Der Einfachheit halber werden diese Verfahren unter dem Namen Multi-Point-Crossover zusammengefasst.

[5] Eine veränderliche Mutationsschrittweite ist günstiger als eine starre [Pohl-2000]. Dabei sollte die Mutationsschrittweite größere Werte annehmen, wenn neue Bereiche des Suchraums erkundet werden und mit kleineren Werten arbeiten, wenn ein Individuum schon gut an das Optimierungsziel angepasst ist.

[6] Die Größe der Mutationswahrscheinlichkeit MW soll in der Regel reziprok zu der Anzahl n der Gene pro Individuum sein, d. h. MW = 1/n. Ebenso wird empfohlen, mit einer während der Optimierung variablen Mutationswahrscheinlichkeit zu arbeiten [Pohl-2000]. Dadurch soll erreicht werden, dass der Suchraum zu Beginn der Optimierung schneller durchschritten wird und gegen Ende der Optimierung (nachdem das Optimum lokalisiert wurde) große Änderungen durch Mutation verringert werden.

die Häufigkeit der Änderung festlegt. Im Allgemeinen tritt eine Mutation selten auf und führt nur geringe Änderungen aus. Sie dient fast ausschließlich dazu, vorzeitige Konvergenz der Lösung zu verhindern und eine gewisse Inhomogenität innerhalb der Population zu erreichen. Es ist dann von einer vorzeitigen Konvergenz zu sprechen, wenn sich frühzeitig und zufällig dominierende Lösungen durchsetzen, welche einem lokalen Optimum entsprechen. Die Mutation dient nicht als Suchoperator oder als Effizienzbeschleuniger [ScHF-1996]. Wie bei den Verfahren der Rekombination, so werden auch hier je nach Kodierungsart unterschiedliche Verfahren angewendet. Eine Mutation bei binär kodierten Genen zeigt Abb. 9.4.

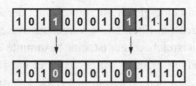

Abb. 9.4 Mutation an zwei Genen eines Chromosoms

Eine mögliche Unterstützung von Tätigkeiten in der Produktentwicklung durch evolutionäre Operatoren zeigt Tab. 9.2.

Tätigkeit in der Produktentwicklung	Evolutionäre Operatoren
Finden und Verwenden geeigneter Lösungen	Selektion, Replikation
Neuer Gedanke	(Zufall,) Mutation, Rekombination
Bewertung einer Lösung mit Erfahrungswerten	Selektion
Verändern einer Lösung	Mutation, Rekombination
Festhalten von Teillösungen	Selektion, Replikation, Rekombination
Detaillieren	Replikation, Selektion, Rekombination

Tab. 9.2 Mögliche Unterstützung von Tätigkeiten der Produktentwicklung durch evolutionäre Operatoren [VCJB-2005]

9.1.2 Evolutionsstrategien und Genetische Algorithmen

Die beiden wesentlichen evolutionären Algorithmen sind die Evolutionsstrategien und die Genetischen Algorithmen. Beide Verfahren wurden fast zeitgleich, aber unabhängig voneinander in der zweiten Hälfte des 20. Jahrhunderts entwickelt, die Evolutionsstrategien von Rechenberg [Rech-1973] an der Technischen Universität Berlin, die Genetischen Algorithmen von Holland [Holl-1975] und Goldberg [Gold-1989] in den USA. Ein wesentlicher Unterschied der beiden Verfahren besteht in der Kodierung der Individuen: Während Evolutionsstrategien dafür Vektoren reeller Zahlen verwenden, kodieren Genetische Algorithmen die Individuen in binären Vektoren (und können dadurch einfacher auf Rechnersystemen bearbeitet werden). Weitere Unterschiede bestehen in den Selektionsprozessen und in der Art und Weise, wie die Individuen variiert werden [ScHF-1996].

- Evolutionsstrategien[7] sind eher anwendungsorientiert, ingenieurtechnische Fragestellungen stehen im Vordergrund. Sie nutzen, im Unterschied zu den Genetischen Algorithmen, die biologische Evolution lediglich als Richtschnur, um ein leistungsstarkes Such- und Optimierungsverfahren zu entwickeln [ScHF-1996]. Bei der einfachsten Variante aller Evolutionsstrategien wird, ausgehend von einem elterlichen Individuum („Elter") ein zweites Individuum (Nachkomme, Kind) erzeugt. Dies geschieht zunächst durch Replikation des Elters (in Anlehnung an die DNS-Selbstverdopplung). Im zweiten Schritt wird das Duplikat zufällig (aber nicht willkürlich) modifiziert, indem auf jede einzelne Variable des Vektors ein zufälliger Wert addiert wird. Dann werden Elter und Kind bewertet. Das bessere Individuum überlebt, das schlechtere wird nicht weiter berücksichtigt. Sind beide gleich gut, entscheidet der Zufall. Das bessere Individuum wird dann zum nächsten Elter. Diese Vorgehensweise wird wiederholt, bis die Qualität des Individuums ausreichend gut ist, eine bestimmte Zeit erreicht ist oder eine festgelegte Anzahl Individuen erzeugt wurde. Hierbei entsteht eine vertikale Informationsübertragung zwischen den Generationen (eine Übertragung der Gene an das Kind). Durch eine hohe Mutationsrate kann ein vorzeitiges Konvergieren verhindert werden [Heis-1994].
- Genetische Algorithmen zur Simulation der biologischen Evolution arbeiten nahezu ausschließlich mit binär kodierten Variablen [Wegn-1999]. Sie setzen den Fokus auf eine horizontale Informationsübertragung, bei der das Genmaterial von zwei oder mehr Individuen in einem neuen Individuum kombiniert wird. Die Mutation wird hierbei vor allem zum Erhalt der Genvielfalt benötigt und nimmt eine eher untergeordnete Rolle ein. Die Selektion findet innerhalb einer Generation statt, aus der sich darauf aufbauend die Folgegeneration entwickelt [Heis-1994]. Nahezu alle genetischen Algorithmen basieren auf dem gleichen Grundmodell und unterscheiden sich im Wesentlichen in den verwendeten genetischen Operatoren, wobei sie grundsätzlich nach den gleichen Prinzipien wie Evolutionsstrategien arbeiten. Besondere Aufmerksamkeit wird dem Kodierungsproblem gewidmet, während dieses von den Evolutionsstrategien nahezu ignoriert wird. Dabei wurde umfangreich untersucht, welche Vor- und Nachteile die verschiedenen Kodierungsformen aufweisen [ScHF-1996].

Die Stärken von evolutionären Algorithmen liegen in Problemstellungen, bei denen ein stark nichtlinearer oder diskontinuierlicher Zusammenhang zwischen Parametern und Optimierungsziel besteht bzw. der Zusammenhang zwischen Parametern und Optimierungsziel unbekannt ist oder mathematisch nur schwer beschrieben werden kann. Auch bei Problemstellungen, welche Parameter verschiedener Repräsentation beinhalten (binär, ganzzahlig, reell) lassen sich evolutionäre Algorithmen einsetzten [Pohl-2000].

---

[7] Im Laufe der Jahre sind eine Vielzahl verschiedener Evolutionsstrategien entwickelt worden, beispielsweise solche mit mehreren parallelen Population. Die einzelnen Verfahren unterscheiden sich im wesentlichen darin, wie die Individuen der Population mutiert und jeweils untereinander rekombiniert, zusammengefasst und selektiert werden [ScHF-1996].

Im Gegensatz zu anderem Verfahren stellen evolutionäre Algorithmen kaum Anforderungen an den Suchraum, Stetigkeit oder ähnliches wird nicht verlangt [Kell-2000]. Größter Nachteil ist die im Vergleich zu anderen Verfahren geringere Geschwindigkeit. Aus diesem Grund sollte vor Einsatz von evolutionären Algorithmen geprüft werden, ob es für die jeweilige Problemstellung ein spezialisiertes Verfahren gibt. Solche benötigen in der Regel weniger Zeit, als ein universell einsetzbarer evolutionärer Algorithmus. Aufgrund der stochastischen Komponente lassen sich einmal erzielte Ergebnisse nicht wieder reproduzieren. Dadurch ist es nicht möglich, genaue Angaben über die für die Optimierung benötigte Zeit zu machen.

9.1.3 Bestimmung der Fitness

Die Fitnessbestimmung stellt einen der wichtigsten Vorgänge der Optimierung mit evolutionären Algorithmen dar. Ziel der Fitnessbestimmung ist es, jedem Individuum einen Zahlenwert (Fitnesswert) zuzuordnen, der die Güte des Individuums repräsentiert. Unter der Güte versteht man hierbei ein Maß für die Erfüllung bestimmter Zielkriterien. Der Optimierungsalgorithmus verwendet den Fitnesswert, um aus einer Gruppe von Individuen die jeweils besten selektieren zu können. Die Selektions- bzw. Fortpflanzungswahrscheinlichkeit ist somit direkt vom Fitnesswert abhängig [Pohl-2000].

Bei der Fitnessbestimmung ist die Anzahl der zu optimierenden Ziele (Zielkriterien) von großer Bedeutung. Es wird zwischen einkriterieller Optimierung (single-objective optimisation) und multikriterielle Optimierung (multi-objective optimisation) unterschieden. Optimierungen mit nur einem zu optimierenden Zielkriterium sind bei praktischen Anwendungen relativ selten. Dies liegt daran, dass die Eigenschaften eines zu optimierenden Systems üblicherweise voneinander abhängig sind. Die Verbesserung hinsichtlich einer Eigenschaft führt in der Regel zur Verschlechterung einer anderen Eigenschaft. Dadurch ist es meist nicht sinnvoll, eine Eigenschaft unabhängig von den restlichen Eigenschaften zu optimieren.

Bei einkriterieller Optimierung unterscheidet man zwischen proportionaler- und reihenfolgebasierter Fitnesszuweisung [Pohl-2000].

• Bei der proportionalen Fitnesszuweisung erhalten die Individuen einen Fitnesswert, welcher proportional zum erreichten Zielfunktionswert ist. Dabei gibt es verschiedene Skalierungsmethoden zur Realisierung einer proportionalen Zuweisung. Grundlage ist dabei stets der Zielfunktionswert des Individuums. Auf dessen Basis kann durch Zuhilfenahme von verschiedenen Skalierungsfaktoren eine lineare, logarithmische, exponentielle oder linear dynamische Verteilung der Fitnesswerte erreicht. Der Vorteil einer proportionalen Fitnesszuweisung liegt in der Bevorzugung besserer Individuen. Ist ein Individuum sehr viel besser als die restlichen Individuen, wird es dementsprechend häufig zur Nachkommenproduktion selektiert. Überproportional gute Individuen haben dadurch große Chancen sich fortzupflanzen, während schlechte Individuen nur eine sehr geringe Chance zur Fortpflanzung haben.

- Bei der reihenfolgebasierten Fitnesszuweisung werden die Individuen entsprechend ihres Zielfunktionswertes sortiert. Die absolute Differenz der Zielfunktionswerte zwischen den Individuen wird hierbei nicht mehr berücksichtigt. Entscheidend ist damit nur noch, ob ein Individuum besser oder schlechter als ein anderes Individuum ist. Für die anschließende Fitnesszuweisung ist nur der Rang des Individuums entscheidend. Durch diese Art der Fitnesszuweisung wird eine gleichmäßige Skalierung über den Selektionspool erreicht. „Ausreißer" mit extremen Fitnesswerten haben somit keinen störenden Einfluss auf die Fitnessverteilung.

Das grundlegende Problem bei der multikriteriellen Optimierung ist es, aus einer Gruppe von Lösungen diejenige Lösung zu wählen, welche das Optimum bezüglich mehrerer Zielkriterien darstellt. Da diese Zielkriterien in der Regel nicht unabhängig voneinander sind, müssen die Verfahren der Fitnesszuweisung stets die Gesamtheit aller Zielkriterien berücksichtigen. Die Schwierigkeit besteht darin, aus mehreren nicht direkt vergleichbaren Teilzielen einen Fitnesswert zu bestimmen. Dabei können unter anderen folgende Verfahren eingesetzt werden:

- Bei gewichteten Zielfunktionen werden die Teilergebnisse zu einem gewichteten Fitnesswert zusammengefasst. Um zu einer brauchbaren Lösung zu kommen, müssen sinnvolle Gewichtungsfaktoren verwendet werden. Ist ausreichend Erfahrung über das Verhalten des zu optimierenden Objekts vorhanden, können die Gewichtungen der einzelnen Teilziele geschätzt werden. Dadurch lassen sich bestimmte Zielkriterien bevorzugen und damit die Suchrichtung des Algorithmus beeinflussen. Diese Verfahren haben den Nachteil, dass sie dem Optimierungsalgorithmus eine bestimmte Suchrichtung aufzwingen und sich eher auf einen Punkt zu bewegen, als eine breite Front guter Lösungen zu suchen.

- Pareto-basierte Verfahren[8] sind in der Lage, die Bestimmung der Fitness ohne Vorwissen über das Verhalten des zu optimierenden Systems durchzuführen. Im Hinblick auf ein multikriterielles Optimierungsproblem ist eine Lösung dann Pareto-optimal, wenn es nicht mehr möglich ist, eines der Teilziele zu verbessern, ohne das zu optimierende Objekt bezüglich eines anderen Ziels zu verschlechtern. Die Gesamtheit der Pareto-optimalen Lösungen werden auch als Pareto-Front bezeichnet, da keine weitere Lösung existiert, die in allen Zielen besser ist. Nachteilig ist dabei der Anspruch, die gesamte Front der optimalen Lösungen zu finden und diese im weiteren Verlauf über die gesamte Breite voranzutreiben. Dadurch verringert sich die Geschwindigkeit, mit der der Algorithmus auf das Optimum zuwandert.

- Fuzzy-basierte Methoden[9] arbeiten mit unscharfen Mengen. Mit solchen Mengen ist es möglich, bestimmte sprachliche, aber mathematisch nicht präzise Begriffe wie z. B. „hohe Leistung" mathematisch umzusetzen [Kell-2000]. Das Festlegen eines mathematischen

---

[8] Jedes dieser Verfahren basiert auf dem Prinzip der sogenannten Pareto-Optimalität, welches von V. PARETO, italienischer Ingenieur, Ökonom und Soziologe, (1848–1923) entwickelt wurde.

[9] Fuzzy-basierte Methoden („fuzzy", englisch für unscharf, verschwommen) wurden von L.A. ZADEH (geb. 1921) an der Universität Berkeley entwickelt.

Grenzwertes, ab dem eine Lösung zur Menge „hohe Leistung" gehört, hat den Nachteil, dass Lösungen unmittelbar unter bzw. über dem Grenzwert zur Menge gehören bzw. nicht zur Menge gehören, obwohl sie sich nur marginal unterscheiden. Fuzzy-basierte Methoden umgehen diese scharfe Trennung, indem sie eine sogenannte Zugehörigkeitsfunktion definieren [LaHw-1994]. Demnach gibt es nicht nur die Zustände null (nicht zugehörig) und eins (zugehörig), sondern auch beliebig viele Zwischenwerte. Der Grad der Zugehörigkeit wird über die Zugehörigkeitsfunktion errechnet [Kell-2000]. Mithilfe Fuzzy-basierte Methoden ist es möglich, die Fitness der Individuen zu bestimmen, die gleichzeitig alle Teilziele gut erfüllen. Im Vergleich mit einer reinen Pareto-Bewertung werden spezialisierte Individuen, die ein Teilziel sehr gut erfüllen, aber bezüglich anderer Teilziele nur mäßige Zielfunktionswerte aufweisen, weniger gut bewertet.

9.1.4 Anwendungsbeispiel

Am Beispiel der Optimierung der Anströmung eines Konverters in einem PKW soll die Funktionsweise von Evolutionären Algorithmen in Verbindung mit einem Simulations- und einem Berechnungsprogramm gezeigt werden [VBCJ-2004]. Ein Konverter besteht aus dem Abgasrohr (das den Abgaskrümmer über einen Einlasstrichter mit dem Katalysator verbindet), dem Katalysator und dem Endrohr. Ziel der Optimierung war die Erhöhung des Wirkungsgrads des Konverters durch Verbesserung seines Durchströmverhaltens[10]. Dieses sollte durch Veränderung der Anströmung und Variation der Trichterform des Abgasrohrs erreicht werden, um damit die Gleichverteilung der Strömung auf der Katalysatoroberfläche zu erhöhen und so den Wirkungsgrad des Konverters zu verbessern.

Voraussetzung für die Optimierung war die Verwendung eines parametrischen Geometriemodells und die Automatisierbarkeit der verwendeten Modellier- und Bewertungssysteme. Die Bauteilgeometrien wurden zunächst mit einem 3D-CAD-System parametrisch modelliert und variiert. Die strömungstechnischen Gegebenheiten wurden durch neun Parameter beschrieben, wobei die eine Gruppe die Kontur des Einlasstrichters (eine Freiformfläche, definiert durch eine umlaufende Spline-Kurve) und die andere Gruppe die Stützpunkte der Leitkurve des Abgasrohrs definierten. Dabei mussten auch die Restriktionen des Bauraums (Lage des Katalysators über der Hinterachse) berücksichtigt werden.

Für die Strömungsberechnung wurde ein CFD-System (siehe Abschn. 8.2) eingesetzt. Für den Genetischen Algorithmus wurde eine geeignete Repräsentationsform des Optimierungsproblems erarbeitet. Die am Konverter zu variierenden Geometrieparameter wurden als Vektor an den Genetischen Algorithmus übergeben. Die Anforderungen an das Produkt wurden in der Zielfunktion abgebildet, die sich im Wesentlichen auf eine möglichst gute Gleichverteilung abstützte. Der Ablauf der Optimierung erfolgte gemäß dem in Abb. 9.5 dargestellten Schema.

---

[10] Die Güte des Durchströmverhaltens wird ausgedrückt durch den Index für die Gleichverteilung der Geschwindigkeit über dem Profil, uniformity index, der in einem Zahlenwert < 1 ausgedrückt wird.

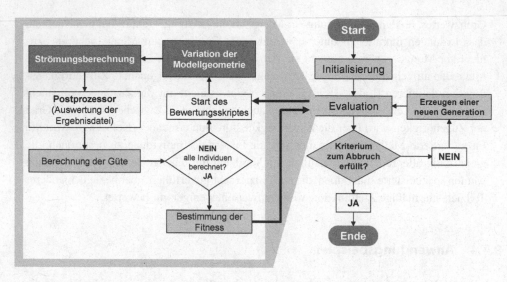

Abb. 9.5 Ablauf der Optimierung der Anströmung des Konverters [VBCJ-2004]

Zunächst erzeugte der Genetische Algorithmus die erste Population (Startpopulation). Die zu variierenden Parameter wurden einem Bewertungsskript zur Verfügung gestellt, das vom Algorithmus gestartet wurde. Innerhalb dieses Skriptes wurden das 3D-CAD-System (zum Modellieren) und das CFD-System (zum Berechnen und Bewerten) aufgerufen. Eine spezielle Routine zur Auswertung der Strömungsberechnung berechnete den aktuellen Fitnesswert der jeweiligen Lösung und gab diese zurück an den Algorithmus.

Während der Optimierung veränderten die evolutionären Operatoren Mutation und Rekombination die Parameter in dem parametrisierten Geometriemodell des Produkts und erzeugten so neue Varianten. Durch den Selektionsdruck wurden bessere Lösungen bei der Erstellung der nachfolgenden Generation bevorzugt. Von über 500 Mio. theoretisch möglichen Lösungen wurden 300 Varianten berechnet (ca. 0,00006 %), da danach die Ergebnisse bereits gut und gleichmäßig konvergierten.

Ergebnis der Optimierung des Konverters war eine Geometrieänderung, die eine neuartige Anströmung der Katalysatoroberfläche durch das schräg *und* exzentrisch angeordnete Abgasrohr vorsah (Abb. 9.6). Der dadurch entstandene Drall führte zu einem weitgehenden Auffüllen des Totwassergebiets hinter der Eintrittsstelle und durch die bessere Durchströmung und die Gleichverteilung der Geschwindigkeit[11] zu einer gleichmäßigeren und damit effektiveren Nutzung der Katalysatoroberfläche (Abb. 9.7). Beides zusammen führte zu einem verbesserten Wirkungsgrad des Katalysators. Dies führte zu einer völlig neuen Betrachtungsweise der Aufgabenstellung, da man bisher ausschließlich von einer schrägen und zentrischen Anströmung ausgegangen war.

---

[11] Die Form der Geschwindigkeitsverteilung in der Strömung änderte sich von einem angenäherten elliptischen Paraboloid zu einer zylindrischen Form.

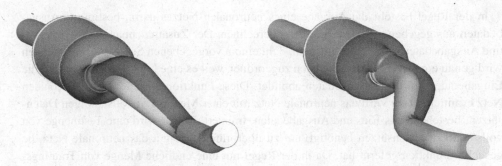

Abb. 9.6 Zwei Ansichten des optimierten Konverters (ursprüngliche konzentrische Anströmung hell, neue exzentrische und schräge Anströmung dunkel)

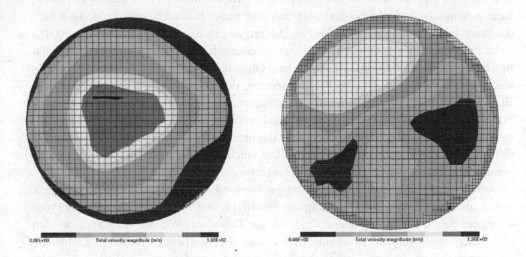

Abb. 9.7 Veränderung des Geschwindigkeitsprofils (links vor der Optimierung mit einem Parabel-Profil, rechts nach der Optimierung mit einem genäherten Rechteck-Profil)

9.2 Neuronale Netze

Künstliche neuronale Netze sind informationsverarbeitende Strukturen, die sich an Aufbau und Funktionsweise des menschlichen Gehirns orientieren [Allm-2002]. Neuronale Netze wurden zuerst entwickelt, um Abläufe im Gehirn besser zu verstehen. Inzwischen werden sie für kognitive Anwendungen genutzt, beispielsweise für Lernzwecke oder Optimierungen. Im Idealfall lernt das neuronale Netz ähnlich wie ein Gehirn anhand von Beispielen. Bekommt ein neuronales Netz genügend viele Beispiele zum Lernen, kann es die gewonnene „Erfahrung" nutzen, um sie auf andere Fälle anzuwenden. Dieser Lernprozess wird als Training des neuronalen Netzes bezeichnet.

In der Regel besteht die Aufgabe eines neuronalen Netzes darin, bestimmte Ausgabedaten aus gegebenen Eingabedaten zu berechnen. Der Zusammenhang zwischen Ein- und Ausgabedaten muss eindeutig sein, d. h. einem vorgegebenen Satz von Eingabedaten wird genau ein Satz von Ausgabedaten zugeordnet, weil es eine Funktion gibt, welche die Eingabedaten auf die Ausgabedaten abbildet. Diese Funktion wird von dem neuronalen Netz ermittelt. Dazu wird das neuronale Netz mit einer Menge von vollständigen Datensätzen, bestehend aus Ein- und Ausgabedaten, trainiert. Ferner wird eine Testmenge von vollständigen Datensätzen benötigt, um zu überprüfen, wie gut das neuronale Netz die gesuchte Funktion gelernt hat. Da in der Regel nur eine endliche Menge von Trainings- und Testdaten zur Verfügung steht, kann die Funktion nur approximativ gelernt werden. Das trainierte neuronale Netz liefert eine Funktion, die den Zusammenhang zwischen Eingabe- und Ausgabedaten mehr oder weniger gut abbildet. Da die gesuchte Funktion aber ohnehin nicht eindeutig festlegt, spielt diese Einschränkung keine wesentliche Rolle. Eine wesentliche Aufgabe bei der Arbeit mit neuronalen Netzen besteht darin, die Fehler der Ausgabedaten, die das neuronale Netz liefert, zuverlässig abzuschätzen [Miel-2007].

Im Prinzip kann ein neuronales Netz jede mathematische Funktion lernen. Bei der Simulation ist die genaue Definition der Ziele wichtig. Ohne zu wissen, welche Aufgaben ein neuronales Netz erfüllen soll, ist eine Programmierung des Netzes wenig erfolgsversprechend. Ein neuronales Netz kann zudem keine Information erzeugen, die nicht schon in versteckter Form in den Eingabedaten vorhanden ist. Sind bestimmte Gesetzmäßigkeiten bekannt, die für das zu simulierendes System gelten, kann das neuronale Netz nicht verwendet werden, da sich darin solche Gesetzmäßigkeiten in der Regel nicht implementieren lassen. Es kann aber benutzt werden, um Regeln oder Gesetzmäßigkeiten abzuleiten [Miel-2007].

Neuronale Netze lassen sich besonders gut verwenden, wenn man eine Funktion nicht kennt, aber viele Daten zur Verfügung hat. Speziell Klassifizierungsprobleme oder Probleme, bei denen eine komplizierte Funktion aus Daten approximativ dargestellt werden soll, lassen sich mithilfe neuronaler Netze sehr gut bearbeiten. In vielen Problemen erwartet man Korrelationen, kennt aber keine zusätzlichen Gesetzmäßigkeiten. Typische Anwendungsbereiche sind medizinische Diagnostik, Mustererkennung, Bildverarbeitung, Analyse von Wirtschaftsdaten, Kontrolle von Fertigungsprozessen, Vorhersage von Devisenkursen, Robotik etc.

9.2.1 Funktionsweise

Ein neuronales Netz besteht aus einer Menge von Knoten und deren Verbindungen untereinander, wobei jeder Knoten eine einzelne Nervenzelle modelliert.

Jeder Knoten wird durch eine Variable beschrieben, die seinen Zustand anzeigt. Für jede Verbindung zwischen zwei Knoten wird eine weitere Variable eingeführt, die die Stärke der Verbindung modelliert. Üblicherweise bestehen neuronale Netze aus mehreren Schichten, einer Eingabeschicht, einer oder mehreren Zwischenschichten und einer Ausgabeschicht (Abb. 9.8). Jede Schicht besteht aus einer bestimmten Anzahl von Knoten.

Abb. 9.8 Aufbau eines neuronalen Netzes (E: Eingabeschicht, Z: Zwischenschicht A: Ausgabeschicht)

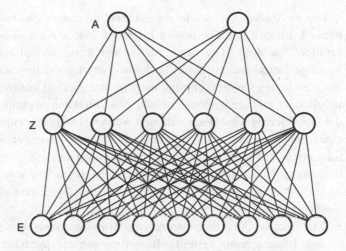

Die Anzahl der Knoten in Ein- und Ausgabeschicht wird durch die Art der Ein- und Ausgabedaten bestimmt. Dabei entspricht jede Variable der Eingangsdaten einem Knoten in der Eingabeschicht. Genauso ist jedem Knoten der Ausgabeschicht eine Variable der Ausgangsdaten zugeordnet. Variiert werden können lediglich die Zahl der Zwischenschichten sowie die Anzahl der Knoten in den einzelnen Zwischenschichten.

Der Aufbau der Zwischenschichten bestimmt maßgeblich die Eigenschaften des Netzes, insbesondere die Fähigkeit zur Verallgemeinerung. Die Anzahl der Knoten in den Zwischenschichten muss groß genug sein, um die gestellte Aufgabe zu erfüllen, sie muss klein genug sein, um eine sinnvolle Verallgemeinerung durch das Netz zu ermöglichen. Außerdem bestimmt die Anzahl der Knoten in den Zwischenschichten die Anzahl der Verknüpfungen innerhalb des Netzes und damit die Komplexität des Netzes.

Die Entwicklung eines neuronalen Netzes besteht zum großen Teil aus experimenteller Arbeit. Häufig wird mit einer bestimmten Anzahl von Knoten in einer Zwischenschicht begonnen, die dann solange anhand von Trainings- und Testdaten variiert werden, bis das Netz die gewünschten Eigenschaften hat.

9.2.2 Einsatz neuronaler Netze zur Optimierung

Wie erwähnt, ist es mit neuronalen Netzen möglich, einen mathematischen Zusammenhang zwischen einem Satz von Eingangsdaten und dem zugehörigen Satz von Ausgangsdaten zu bestimmen. Das neuronale Netz approximiert diesen Zusammenhang durch eine Funktion. Je besser und umfangreicher die Qualität der Daten, desto genauer die vom neuronalen Netz ermittelte Funktion. Diese Fähigkeit allein stellt jedoch noch keine Methode zur Optimierung dar, da solche Methoden dadurch gekennzeichnet sind, aus einer Menge möglicher Lösungen die besseren Lösungen zu ermitteln. Um neuronale Netze zur Optimierung einsetzen zu können, ist daher ein hybrider Ansatz erforderlich.

Die in Abschn. 9.1 beschriebenen Evolutionäre Algorithmen erzeugen eine Anzahl neuer Lösungen und überprüfen im Anschluss, wie gut diese bestimmte Zielkriterien erfüllen. Für diese Bewertung sind in der Praxis oftmals umfangreiche und zeitaufwendige Berechnungen nötig, da keine Funktion existiert, die direkt den Zusammenhang zwischen Optimierungsparametern und Zielfunktionswerten beschreibt. Wenn es möglich ist, mithilfe neuronaler Netze diese Funktion zu ermitteln, kann der Aufwand für die Optimierung wesentlich reduziert werden. Liegt der Zeitaufwand für die Bewertung eines einzelnen Individuums oftmals im Bereich mehrerer Stunden, kann die Bewertung mit einer Funktion innerhalb von Sekunden durchgeführt werden. Der Einsatz eines neuronalen Netzes setzt allerdings einen geeigneten Satz von Trainingsdaten voraus. Ist dieser jedoch erst einmal vorhanden, kann eine Optimierung sehr schnell durchgeführt werden.

- Zur Bereitstellung eines geeigneten Trainingsdatensatzes werden gleichmäßig über den Lösungsraum verteilte Berechnungen durchgeführt. Sinnvoll ist es, solche Bereiche detaillierter zu untersuchen, in denen kleine Änderungen der Eingangsparameter große Änderungen in den Zielwerten hervorrufen. Um die Trainingsdaten auch für andere Optimierungen verwenden zu können, ist es zudem sinnvoll, eine Vielzahl von Zielwerten zu ermitteln und sich nicht auf aktuelle Optimierung zu beschränken.

- Liegt ein repräsentativer Trainingsdatensatz vor, kann mithilfe des neuronalen Netzes die zugrunde liegende Funktion approximiert werden. Diese muss auf Qualität und Fehlerquote getestet werden. Liegt die Fehlerquote unterhalb eines akzeptablen Wertes, kann das eigentlich Optimierungsverfahren gestartet werden. Werden dazu Evolutionäre Algorithmen verwendet, können die Zielfunktionswerte über die vom neuronalen Netz ermittelte Funktion bereitgestellt werden. Der Zeitaufwand für die eigentliche Optimierung ist somit wesentlich geringer.

Den größten Aufwand stellt die Bereitstellung des Trainingsdatensatzes dar. Aus diesem Grund sollten die Trainingsdaten möglichst viele Ausgabedaten enthalten, um den Datensatz auch für weitere Optimierungen einsetzen zu können.

9.3   Simulated Annealing

Beim Anlassen bzw. Glühen und anschließendem langsamen Abkühlen eines metallischen Werkstücks zum Abbau von internen Spannungen (annealing) ordnen sich die einzelnen Atome so an, dass sie einen Zustand möglichst niedriger Energie einnehmen. Ein niedriger Energiezustand ist in diesem Fall gleichbedeutend mit einem stabilen Endzustand, also einem stabilen Werkstück. Tritt allerdings eine zu schnelle Abkühlung auf, so haben die Atome nicht die Zeit, das tatsächliche Minimum zu finden und das System bleibt in einem lokalen Minimum „hängen". Der Algorithmus, der eine solche Abkühlung simuliert, heißt „Simulated Annealing". Er wird verwendet, um bei mathematischen Funktionen das Minimum zu finden und somit eine Optimierung durchzuführen. Während andere

Algorithmen zur Optimierung eines reellen Problems nicht nur (wenn überhaupt) zum globalen Minimum, sondern auch zu weiteren lokalen Minima führen und in diesen hängenbleiben können, ist es eine besondere Stärke des Simulated Annealing, aus diesen wieder herauszufinden. Die am Ende gefundene Lösung stellt bei unendlicher Rechenzeit mit Sicherheit das globale Minimum dar, während dies bei endlicher Rechenzeit nicht immer der Fall ist [DuSm-2016].

Ausgehend von einer Startlösung wird iterativ eine stochastische Nachbarschaftssuche durchgeführt. Zu diesem Zweck wird zu der aktuellen Lösung eine benachbarte Lösung zufällig ausgewählt. Die Entscheidung, ob die benachbarte Lösung als Folgelösung akzeptiert wird, d. h. die Suche von der ausgewählten Lösung weitergeführt wird, hängt von den Funktionswerten der beiden Lösungen ab. Die benachbarte Lösung wird akzeptiert, falls sie eine Verbesserung gegenüber der Ausgangslösung darstellt, d. h. einen niedrigeren Funktionswert als diese aufweist. Diese Vorgehensweise führt in jedem Fall zu einem Minimum [DuSm-2016].

Um dieses Minimum aber verlassen zu können, ist (mit einer gewissen Wahrscheinlichkeit) der Sprung zu einer benachbarten Lösung möglich, auch wenn diesen einen höheren Funktionswert als die Ausgangslösung aufweist. Für den Fall unendlich langer Rechenzeit und unendlich kleiner Schrittweiten findet der Algorithmus mit diesen beiden Möglichkeiten immer das globale Minimum. In der Praxis muss aber mit endlich kleinen Änderungen und einer endlicher Rechenzeit gearbeitet werden. Um ein gutes Verhältnis zwischen Ergebnisqualität und Zeitbedarf zu erhalten, wird mit variablen Werten für die Größe der Änderungen sowie die Wahrscheinlichkeit zum Akzeptieren schlechterer (höherer) Funktionswerte gearbeitet. Beide Größen werden im Laufe der Optimierung verringert, wodurch die Suche auf eine immer kleiner werdende Umgebung der aktuellen Position konzentriert und somit zielgerichteter wird [HaFr-2000].

9.4 Particle Swarm Optimierung

Bei diesem Verfahren wird der Suchraum an mehreren Stellen gleichzeitig untersucht. Deswegen wird von einem „Schwarm von Individuen" gesprochen, die den Suchraums erforschen. Zu Beginn der Optimierung werden diese Individuen an verschiedenen Stellen im Suchraum platziert. Der Schwarm erhält zunächst eine Übersicht über den Suchraum, weil sich die einzelnen Individuen an unterschiedlichen Orten befinden. Durch Bewegung der Individuen wird das Wissen über den Suchraum kontinuierlich verbessert.

Idealerweise wird zur Steuerung der Bewegung nicht nur die Erfahrung eines einzelnen Individuums benötigt, sondern auch diejenige des gesamten Schwarms, was natürlich eine gewisse Kommunikation voraussetzt. Jedes Individuum könnte damit seine Bewegung unter Verwendung der gesamten bisherigen Kenntnis des Schwarms über den Suchraum steuern. Im realen Fall wird die dazu benötigte Informationsmenge allerdings drastisch reduziert. Eine Optimierung mit diesem Verfahren läuft in folgenden Schritten ab:

- Jedes Individuum wird durch seinen aktuellen Ort im Suchraum und seine aktuelle Geschwindigkeit beschrieben, wobei sich aus der Geschwindigkeit auch der nächstfolgende Ort errechnet. Zu Beginn der Suche werden diese Größen zufällig initialisiert.
- Für jedes Individuum wird der aktuelle Funktionswert berechnet. Je nach Problemstellung werden das Minimum oder das Maximum der Funktion gesucht.
- Jedes Individuum speichert den Ort mit dem bisher besten Funktionswert. Außerdem speichert der gesamte Schwarm die beste Position und den Wert des besten Individuums.
- Im nächsten Schritt werden die Geschwindigkeiten der Individuen so modifiziert, dass jedes Individuum einerseits eher in Richtung des besten Individuums (Schwarmziel) und andererseits eher in Richtung seiner bisher besten Position (individuelles Ziel) fliegt. Die neuen Geschwindigkeitsvektoren sind dann (der Einfachheit halber) Linearkombinationen der bisherigen Geschwindigkeitsvektoren sowie der Richtungsvektoren in Richtung beste Position des Schwarms und in Richtung bisher beste Position des Individuums. Dabei werden Gewichtsfaktoren eingeführt, welche den Suchablauf beeinflussen. Um nicht zu stark zielgerichtet zu werden, können die Gewichtsfaktoren einen Zufallsanteil erhalten.

Typischerweise ist der Schwarm zu Beginn über den gesamten Suchraum verteilt, formiert und konzentriert sich dann aber zunehmend. Wenn diese Konzentration rasch zustande kommt, ist die Suche sehr zielgerichtet und die Chance, das globale Optimum zu finden, entsprechend groß. Andernfalls kann auch dieser Algorithmus recht langsam sein [PaSO-2007].

9.5   Monte-Carlo-Verfahren

Monte-Carlo-Verfahren durchschreiten einen Suchraum rein zufällig, weil die Wahrscheinlichkeit ausreichend groß ist, auf dem zufälligen Weg schneller einer relativ gute Lösung zu finden, als mit anderen Verfahren nach langer Zeit die wahrscheinlich beste Lösung. Das Prinzip baut auf einer gleichverteilten Menge an Simulationen über den gesamten Lösungsraum auf. Wird nicht zwingend die beste Lösung benötigt, so kann mit diesen Verfahren schnell eine akzeptable Lösung gefunden werden. Dabei steigt die Qualität der gefundenen Optimierungslösung in der Regel mit der Anzahl der untersuchten Lösungen, da der Lösungsraum feiner untersucht werden kann. Erhöht man die Anzahl der zu untersuchenden Lösungen immer weiter, wird der komplette Suchraum überprüft. Damit ist garantiert, dass die beste Lösung gefunden wird. Der dafür benötigte Zeitaufwand wird jedoch inakzeptabel, da die Anzahl möglicher Lösungen exponentiell mit der Zahl der Variablen steigt. Weiterhin kann das Verfahren zur Clusterung des Lösungsraums hinsichtlich ausreichend guter und ungenügender Lösungen verwendet werden. Dadurch können annäherungsweise Aussagen über potenzielle Lösungsbereiche getroffen werden, deren Güte mit Anzahl der untersuchten Lösungen steigt [Vöck-2008].

Ein großer Vorteil dieser Verfahren ist, dass sie auf jedes Problem angewendet werden können. Durch spezifische Verbesserungen ist es möglich, die Geschwindigkeit des Verfahrens zu verbessern. Dies kann z. B. durch Definition von Regeln geschehen, die vorgeben, wie der Suchraum zu prüfen ist. Solche Verfahren sind dann keine reinen Monte-Carlo-Verfahren mehr. Nachteil dieser Verfahren ist die mangelnde Geschwindigkeit, sobald die geforderte Qualität der zu findenden Lösung steigt.

9.6 Hill-Climbing-Verfahren

Hill-Climbing-Verfahren[12] sind heuristische Verfahren, die in ihrem Ablauf stark dem Simulated Annealing ähneln (siehe Abschn. 9.3), ohne dabei dessen stochastische Komponente aufzuweisen. Beginnend von einer Startlösung im Suchraum werden alle Nachbarlösungen untersucht. Die Anzahl der zu untersuchenden Lösungen ist dabei abhängig von der Anzahl der Optimierungsparameter. Entsprechend steigt die Anzahl der zu bewertenden Lösungen bei zunehmender Anzahl der Optimierungsparameter drastisch an [Weis-2009].

Das Bestimmen des Ausgangspunkts für den nächsten Optimierungsschritt kann auf zwei Arten erfolgen:

- Aus *allen* Nachbarlösungen wird die beste Lösung als Ausgangspunkt genutzt.
- Bei der verkürzten Form werden alle Nachbarlösungen ebenfalls nacheinander bewertet. Sobald aber eine dieser Lösungen besser als die Ausgangslösung ist, wird diese Lösung als neuer Ausgangspunkt festgelegt. Es werden somit nicht zwingend alle Nachbarlösungen untersucht. Mit dieser Vorgehensweise ist man immer mindestens genauso schnell wie mit der ersten Art, läuft aber Gefahr, nicht die beste der Nachbarschaftslösungen zu finden.

Hill-Climbing-Verfahren finden stets das nächste Optimum, haben jedoch keine Chance, lokale Optima zu überwinden. Dadurch ist nicht gewährleistet, dass die gefundene Lösung auch die optimale Lösung darstellt [Weis-2009].

9.7 Gradientenverfahren

Das Gradientenverfahren wird auch als Verfahren des steilsten Anstiegs bezeichnet. Die Vorgehensweise ist ähnlich zu dem im vorigen Abschnitt erläuterten Hill-Climbing-Verfahren. Beide Verfahren gehen schrittweise vor und versuchen vor jedem neuen Schritt die Richtung des steilsten Anstiegs zu bestimmen, um dadurch die bestmögliche Nachbarlösung zu

---

[12] Auch als „Bergsteiger-Algorithmus" bekannt

finden. Beim Gradientenverfahren wird eine stetig differenzierbare Funktion benötigt, die den Zusammenhang zwischen Parametern und Zielkriterium beschreibt. Geometrisch zeigt der Gradient in Richtung des steilsten Anstiegs der gegebenen Funktion. Wird das Optimum gesucht, so ist es sinnvoll, in Richtung des Gradienten voranzuschreiten. Ist die Schrittweite nicht zu groß, wird eine höher gelegene Lösung erreicht. An diesem Punkt wird nun erneut der Gradient bestimmt, um dadurch die Richtung des nächsten Schrittes zu bestimmen.

Analog funktioniert die Methode des steilsten Abstiegs, bei der ein Minimum gesucht wird.

Der größte Vorteil von Gradientenverfahren ist ihre hohe Geschwindigkeit. Weil stochastische Verfahren zufällig einen Nachbarlösung bestimmen und danach prüfen, ob dieser eine Verbesserung gegenüber dem Ausgangspunkt darstellt, ist eine Vielzahl von Lösungen zu berechnen, um im Nachhinein zu erkennen, dass diese keine Verbesserung darstellen. Gradientenverfahren dagegen vermeiden unnötige Lösungen, indem sie nur in die Richtung des steilsten Anstieges steigen. Befinden sie sich nicht schon in einem Optimum, finden sie dadurch immer eine bessere Lösung.

Diese Vorgehensweise ist gleichzeitig auch der Nachteil des Gradientenverfahrens.

• Da bei einer Optimierung über das Verhalten der zugrundeliegenden Funktion in der Regel nichts bekannt ist, muss davon ausgegangen werden, dass neben dem globalen Maximum auch lokale Maxima vorhanden sind. Gradientenverfahren haben den Nachteil, dass sie aus einem lokalen Maximum schlecht wieder herausfinden können.

• Um ein lokales Maximum verlassen zu können, sind eine bestimmte Anzahl Schritte in eine Richtung nötig, die zunächst eine Verschlechterung im Vergleich mit der jeweils vorhergehenden Lösung darstellen. Lediglich bei großen Schrittweiten besteht die Möglichkeit, mit einem Schritt in Richtung des steilsten Anstiegs das lokale Maximum zu überschreiten, ohne sich darin zu verfangen.

Die Wahl der Schrittweite beeinflusst zudem die Optimierungsgeschwindigkeit. Ist die Schrittweite zu klein, ist die Suche anfangs ineffizient, da das Maximum nicht schnell genug angenähert werden kann. Ist die Schrittweite zu groß, besteht die Gefahr, dass das Maximum während eines Schritts überschritten wird. Die Schrittweite muss daher der Situation angepasst und im Verlauf der Suche optimiert werden. Oft ist es schwierig zu entscheiden, wann die Iteration abgebrochen werden muss.

9.8   Dynamisches Parallelisieren in der rechnerunterstützten Optimierung

Wie in den Abschnitten zuvor deutlich wurde, kann die Verwendung von rechnerunterstützter Optimierung, insbesondere bei stochastischen Optimierungsverfahren, einen hohen Rechenaufwand erfordern, welcher in den meisten Fällen eine erhöhte Rechenzeit nach sich zieht. Wie in Abb. 9.5 dargestellt, verursacht bei genetischen Algorithmen beispielsweise die sequentielle Evaluation von mehreren Individuen einer Population eine hohe Rechenzeit.

Eine Möglichkeit die daraus resultierende Laufzeit zu verringern, ist die Aufteilung der Berechnungsaufgaben auf verschiedene Ressourcen mittels paralleler Berechnungs-methoden (Parallel Computing). Diese Aufteilung kann auf mehrere Kerne eines Hoch-leistungscomputers geschehen. Allerdings sind solche Systeme sehr kostenintensiv und stehen somit meist nur großen Konzernen und Forschungseinrichtungen zur Verfügung [Coun-2014, Gent-2015]. Eine weitere Möglichkeit ist die Aufteilung der Berechnungs-aufgaben auf mehrere Rechner eines Clusters. Die Herausforderung dabei ist die starke Inhomogenität vieler Rechnerlandschaften, da Ressourcen, wie Hardware, Software und Softwarelizenzen, nicht an jedem Rechner des Clusters zu jedem Zeitpunkt der Optimie-rung vorhanden sind.

Die Arbeit von Wünsch [Wuen-2017] ermöglicht die Parallelisierung von Optimierun-gen in solchen Clustern. Dazu erfolgt im ersten Schritt die Dekomposition des gesamten Optimierungsprozesses in mehrere parallelisierbare Teilprozesse. Teilprozesse können beispielsweise die Evaluationen von mehreren unabhängigen Individuen einer Popula-tion eines Genetischen Algorithmus oder die Ermittlung von verschiedenen unabhängigen Zielfunktionswerten einer multikriteriellen Optimierung sein.

Diese Teilprozesse, auch Jobs genannt, müssen den entsprechenden Knoten mit den entsprechenden Ressourcen des Clusters zugeteilt werden, auch Allokation genannt. Dafür werden diese Jobs von einem Cluster-Management-System in eine Warteschlange je Clusterknoten, der sog. Queue, eingeteilt. Die Einspeisung der Jobs in den Cluster erfolgt dann der Reihe nach. Die Sortierung der Jobs in die jeweilige Queue erfolgt dabei prioritätenbasiert, d. h. dass Jobs mit höheren Prioritäten auch weiter vorn in die Warte-schlange gesetzt werden. Die Bestimmung der einzelnen Prioritäten der verschiedenen Jobs sollte so erfolgen, dass die Laufzeit minimiert wird. Dieser Sachverhalt wird als Scheduling-Problem bezeichnet, was eine kombinatorische Optimierungsaufgabe darstellt [Wuen-2017, GuPu-2007].

Zum Lösen dieses Scheduling-Problems gibt es drei Möglichkeiten:

- Die vollständige Enumeration ermittelt alle möglichen Kombinationen des Problems. Die beste Lösung kann somit durch einen Vergleich aller Lösungen gefunden werden. In der Praxis eignet sich dieses Verfahren allerdings nur für kleine Problemstellungen, da es einen sehr hohen numerischen Aufwand verursacht.
- Heuristiken stellen methodische Verfahren dar, die auf Grundlage der Struktur des vor-liegenden Problems zuverlässige Lösungen liefern. Im Gegensatz zur iterativen Opti-mierungen gelangen Heuristiken nach einem Schritt zu einer Näherungslösung. Zur Lösung des Scheduling-Problems können u. a. die Heuristiken „First In – First Out", „Shortest Processing Time", „Longest Processing Time" und „Heterogeneous Earliest Finish Time" eingesetzt werden [FiHo-2011, DoAk-2006].
- Optimierungsverfahren bieten eine iterative Lösung des Scheduling-Problems. Da es sich um ein diskretes, kombinatorisches Problem handelt, werden hierbei vorrangig stochastische Optimierungsverfahren verwendet.

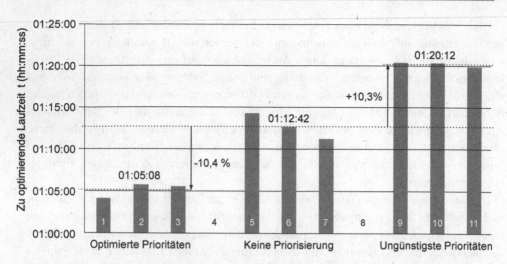

Abb. 9.9 Reduktion der Laufzeit durch optimierte Prozesspriorisierung im Testszenario [Wuen-2017]

Beim Vergleich der Lösungsmöglichkeiten wurde in [Wuen-2017] aufgezeigt, dass Heuristiken nicht immer die optimale Verteilung der Prioritäten erzielen und Optimierungsverfahren eine wesentlich höhere Chance haben, diese zu erreichen, da sie die Anzahl der zu priorisierenden Jobs und die zur Verfügung stehenden Ressourcen mitberücksichtigen.

Mit einem Testszenario wurde die Validität der Optimierungsverfahren zur Bestimmung der optimalen Prozesspriorisierung nachgewiesen. Das Testszenario bestand aus einem Cluster aus vier Rechnern, zwei verwendeten Programmen, wobei ein Programm, welches lizenzfrei ist, lediglich auf drei Rechnern vorhanden ist und das zweite Programm zwar auf allen Rechnern betrieben wird, allerdings nur zwei Lizenzen zur Verfügung stehen. Als Optimierungsverfahren wurde ein genetischer Algorithmus gewählt. Bei der Optimierung sollen acht Jobs berechnet werden.

Die Mittelung über drei Messungen zeigt (Abb. 9.9), dass die Laufzeit basierend auf optimierten Prioritäten ca. 10 % kürzer ist als eine nicht priorisierte Abarbeitung der Jobs und 20 % kürzer als die ungünstigste Priorisierung.

Literatur

[Allm-2002]   Allmendinger, B.: Simulation und Verfahren des Data Mining. PPI-Informatik Sindelfingen. www.ppi-informatik.de (2002)
[Coun-2014]   Council on Competitiveness: Solve. The Exascale Effect: the Benefits of Supercomputing Investment for U.S. Industry. http://www.compete.org/reports/all/2695 (2014). Zugegriffen: Juli 2017
[DoAk-2006]   Dong, F., Akl, S. G.: Scheduling Algorithms for Grid Computing: State of the Art and Open Problems. Technical Report No. 2006-504, Queen's University, Kingston, Ontario (2006)

[DuSm-2016]   Du, K.-L., Swamy, M. N. S.: Search and Optimization by Metaheuristics. Birkhäu-
              ser, Basel (2016)
[FiHo-2011]   Fischer, P., Hofer, P.: Lexikon der Informatik. Springer-Verlag, Berlin Heidelberg
              (2011)
[Gent-2015]   Gentzsch, W.: Smart Manufacturing: CAE as a Service, in the Cloud. In: 10th Euro-
              pean LS-DYNA Conference, Würzburg, 15.–17.06.2015
[GeKK-2004]   Gerdes, I., Klawonn, F., Kruse, R.: Evolutionäre Algorithmen: Genetische Algorith-
              men, Strategien und Optimierungsverfahren, Beispielanwendungen. Friedr. Vieweg
              & Sohn Verlag, Wiesbaden (2004)
[Gerd-2005]   Gerdes, M.: Verteilte Optimierung mehrstufiger Fertigungsprozesse. Dissertation
              Universität Siegen/Wissenschaftlicher Verlag Berlin, Berlin (2005)
[Gold-1989]   Goldberg, D. E.: Genetic Algorithms in Search, Optimization and Machine Lear-
              ning. Addison-Wesley, Reading, MA (1989)
[GuPu-2007]   Gutin, G., Punnen, A. P.: Combinatorial Optimization. Bd. 12: The Traveling Sales-
              man Problem and Its Variations. Springer, Boston, MA (2007)
[HaFr-2000]   Hafner, C., Fröhlich, J.: Comparison of Stochastic Optimization Tools for Engi-
              neering Applications. In: Proceedings of PIERS Symposium, Cambridge (USA),
              S. 376 (2000)
[Heis-1994]   Heistermann, J.: Genetische Algorithmen: Theorie und Praxis evolutionärer Opti-
              mierung. Vieweg & Teubner Verlag, Leipzig (1994)
[Holl-1975]   Holland, J. H.: Adaptation in Natural and Artificial Systems. The University of
              Michigan Press, Ann Arbor, MI (1975)
[Kell-2000]   Keller, H. B.: Maschinelle Intelligenz – Grundlagen, Lernverfahren, Bausteine
              intelligenter Systeme. Vieweg-Verlag, Wiesbaden (2000)
[LaHw-1994]   Lai, Y. J., Hwang, C. L.: Fuzzy Multiple Decision Making – Methods and Applica-
              tions, Springer-Verlag, Berlin Heidelberg (1994)
[Miel-2007]   Mielke, A.: Neuronale Netze. http://www.andreas-mielke.de/index-4.html (2007).
              Zugegriffen: Juni 2007
[PaSO-2007]   http://www.swarmintelligence.org/ (2007). Zugegriffen: Mai 2007
[Pohl-2000]   Pohlheim, H.: Evolutionäre Algorithmen: Verfahren, Operatoren und Hinweise für
              die Praxis. Springer-Verlag, Heidelberg Berlin New York (2000)
[Raba-2007]   Rabaey, J. M.: The Spice Page, http://bwrc.eecs.berkeley.edu/Classes/IcBook/
              SPICE/ (2007). Zugegriffen: 30. Mai 2007
[RaMS-1998]   Ramm, E., Maute, K., Schwarz, S.: Conceptual design by structural optimization.
              In Borst, R. D., Bicanic, N., Mang, H., Meschke, G., Borst, R. D. (Hrsg.) Com-
              putational Modelling of Concrete Structures. Badgastein, Österreich, S. 879–896.
              Rotterdam, A.A. Balkema (1998)
[Rech-1973]   Rechenberg, I.: Evolutionsstrategie – Optimierung technischer Systeme nach Prin-
              zipien der biologischen Evolution. Stuttgart, Friedrich Frommann Verlag (1973)
[ScHF-1996]   Schöneburg, E., Heinzmann, F., Feddersen, S.: Genetische Algorithmen und Evolu-
              tionsstrategien. Addison-Wesley, München (1996)
[Schu-2013]   Schumacher, A.: Optimierung mechanischer Strukturen: Grundlagen und indust-
              rielle Anwendungen, 2. Aufl. Springer Verlag, Berlin, Heidelberg (2013)
[VBCJ-2004]   Vajna, S., Bercsey, T., Clement, S., Jordan, A., Mack, P.: Autogenetische Konstruk-
              tionstheorie – Ein Beitrag für eine erweiterte Konstruktionstheorie. Konstruktion
              56(3), 71–78 (2004)
[VCJB-2005]   Vajna, S., S., C., Jordan, A., Bercsey, T.: The Autogenetic Design Theory: an evolu-
              tionary view of the design process. J. Eng. Des. 16(4), 423–440 (2005)

[VkSf-2007]   http://www.vka.rwth-aachen.de/sfb_224/Kapitel/kap3_4.htm (2007). Zugegriffen:
                 Juni 2007

[Vöck-2008]   Vöcking, B., et al. (Hrsg.): Taschenbuch der Algorithmen. Springer Verlag, Berlin,
                 Heidelberg (2008)

[Wegn-1999]   Wegner, B.: Autogenetische Konstruktionstheorie – ein Beitrag für eine erweiterte
                 Konstruktionstheorie auf der Basis Evolutionärer Algorithmen. Dissertation Otto-
                 von-Guericke-Universität Magdeburg (1999)

[Weis-2009]   Weise, T.: Global optimization algorithms-theory and application. Selbst veröffent-
                 licht, 2. Jg. (2009)

[Wuen-2017]   Wünsch, A.: Effizienter Einsatz von Optimierungsmethoden in der Produktentwick-
                 lung durch dynamische Parallelisierung. Dissertation Otto-von-Guericke-Universi-
                 tät Magdeburg (2017)

Wissensverarbeitung 10

Die wichtigsten Erfolgsfaktoren eines Unternehmens sind engagierte Mitarbeiter und die Anwendung von Wissen, um den Erfolg zu ermöglichen. Diese Feststellung stammt von Frank B. Gilbreth aus seiner bereits 1907 erschienenen Anleitung zum effizienten Erstellen von Hochbauten [Gilb-1907]. Wissen ist heute (nach Mensch, Maschine, Material, Finanzmittel, Information) der sechste Produktionsfaktor. Dem Produktionsfaktor Wissen wird 60 bis 80 % der Gesamtwertschöpfung zugerechnet[1]. Nur 20 bis 40 % des betrieblichen Wissens werden aber tatsächlich genutzt[2].

Die Verarbeitung von Wissen ist eine wesentliche Aufgabe von Produktentwicklern. Daher werden im folgenden Abschn. 10.1 zunächst die Grundlagen der Wissensverarbeitung kurz skizziert. Anschließend werden unterschiedliche Bereiche der wissensbasierten Produktentwicklung erläutert. So wird in Abschn. 10.2 ein Überblick über das wissensbasierte Konstruieren in der Produktentwicklung gegeben. Ein kurzer Überblick zur Wissensentdeckung in Datenbanken erfolgt in Abschn. 10.3. Auf dieser Basis werden abschließend in Abschn. 10.4 Anwendungsbeispiele mit Bezug auf das Data-Mining aufgezeigt.

10.1 Einleitung und Überblick

Im folgenden Abschn. 10.1.1 werden Grundlagen und Definitionen zusammenfassend erläutert. In Abschn. 10.1.2 erfolgt die Darstellung von Nutzenpotentialen der wissensbasierten Produktentwicklung am Beispiel der wissensbasierten Konstruktion. Danach erfolgt eine Erläuterung der Grundlagen zur Akquisition von Wissen in Abschn. 10.1.3 und zur Repräsentation von Wissen in Abschn. 10.1.4.

---

[1] Quelle: Interne Mitteilung der AUDI AG, 2000.

[2] Selbst um dieses zu finden und einzusetzen, verbringt ein Produktentwickler etwa 22 % seiner Arbeitszeit.

© Springer-Verlag GmbH Deutschland, ein Teil von Springer Nature 2018
S. Vajna et al., *CAx für Ingenieure*,
https://doi.org/10.1007/978-3-662-54624-6_10

10.1.1 Grundlagen und Definitionen

Zunächst stellen sich Fragen nach dem Wesen des Wissens: Ist Wissen die (menschliche) Fähigkeit, Regeln zu erzeugen und anzuwenden (basierend auf Erfahrung, gestützt durch Vertrauen), also destillierte bzw. raffinierte oder neutralisierte bzw. abstrahierte menschliche Erfahrung? Aus der in Abb. 10.1 dargestellten Taxonomie geht hervor, dass Wissen immer im Kopf eines Menschen vorhanden sein kann und dass lediglich Daten, Informationen und Regeln bzw. Meta-Regeln rechnerunterstützt verarbeitet werden können[3].

Diese Wissenstaxonomie besteht aus folgenden Elementen:

Ein Mensch sammelt aufgrund seines persönlichen Erlebens entsprechende *Erfahrungen*. Diese sind immer individuell und bezogen auf eine bestimmte Situation. Ist der Mensch in der Lage seine Erfahrungen zu verallgemeinern, dann entsteht mit einer Induktion aus Erfahrung neues Wissen (Beispiel: Aus dem Verbrennen der Hand an der heißen Herdplatte lässt sich schließen, das man sich generell an jedem heißen Objekt verbrennen kann).

Wissen entsteht sowohl aus der Induktion von Erfahrungen, als auch aus Intuition, spontanen Erkenntnissen (Heuristik) und zufälligen Beobachtungen. Wissen von anderen

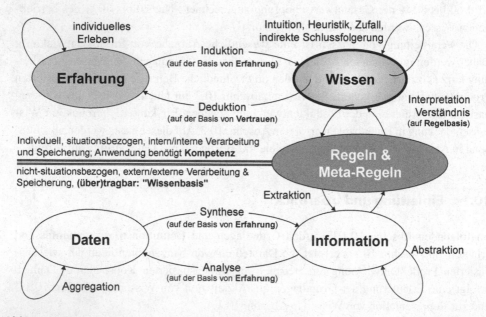

Abb. 10.1 Mögliche Taxonomie des Wissens [Vajn-2001]

---

[3] Aus Gründen des heute üblichen Sprachgebrauchs wird aber das Zusammenspiel von Daten, Informationen und Regeln bzw. Meta-Regeln im Folgenden auch weiterhin als „Wissen" und Systeme, die Daten, Informationen und Regeln speichern können, als „Wissensbasen" bezeichnet.

Quellen wird übernommen, sofern es plausibel und vertrauenswürdig ist und einen Beitrag zur Lösung eines aktuellen Problems liefern kann. Aus diesem (eher allgemeinen) Wissen kann durch Deduktion wieder persönliche Erfahrung abgeleitet werden, sofern genügend (Selbst-) Vertrauen vorhanden ist, dass diese Ableitung die erwünschten Ergebnisse liefern kann.

Die Aktivitäten im Umfeld von Wissen und Erfahrung benötigen *Kompetenz*. Diese teilt sich auf in Meta-Wissen, d. h. Wissen über Inhalte, Bedeutungen und Verknüpfungen von Erfahrungen und Wissen, und in Handlungswissen. Darunter werden Erfahrungen und Fähigkeiten zum Umsetzen und Anwenden von Erfahrungen und Wissen („know how", „know what", „know why" und „know when") zusammengefasst.

„Außerhalb" des Menschen (und damit mithilfe von Zeichen auf einem Medium speicherbar) befinden sich *Zeichen, Daten, Informationen* und *Regeln*. Folgen Zeichen einer bestimmten Syntax, ergeben sich daraus Daten. Werden Daten mit einem Kontext versehen und synthetisiert, entstehen daraus Informationen (siehe auch Kap. 3). Daten und Informationen stehen in einem Bedeutungszusammenhang. Werden Informationen vernetzt und mit Regeln (eine durch Erfahrung bestätigte Richtlinie, Methode, Vorschrift) bzw. Meta-Regeln (Regeln zur Handhabung von Regeln) verknüpft, dann kann daraus bei einem Menschen Wissen entstehen, indem interpretierte Informationen mit dem individuellen Vorwissen und Erfahrungen gekoppelt werden. Dieses Entstehen hängt auch davon ab, wie das Verständnis zu einem bestimmten Thema ist. Daher ist das gewonnene Wissen stets individuell. Informationen und Wissen stehen in einem Erfahrungszusammenhang.

Aufbauend auf dieser Taxonomie kann der Vorgang bei der Weitergabe von Wissen zwischen einem Menschen A und einem Menschen B wie folgt beschrieben werden (Abb. 10.2): A hat persönliches Wissen, Erfahrung und Kompetenz. B benötigt Wissen von A. Es besteht also ein „Wissensgefälle" zwischen A und B (Voraussetzung dafür, dass Wissen „fließen" kann). Die Wissensübertragung findet als Kommunikation statt, die nur dann reibungslos funktioniert, wenn einerseits B dem A eine sofortige Rückmeldung über das empfangene Wissen geben kann (damit A sieht, dass das übertragene Wissen „richtig" angekommen ist) und andererseits beide Beteiligten die gleiche kulturelle und semantische Basis besitzen.

Die übertragenen Daten, Informationen und Regeln erzeugen neues persönliches Wissen (vielleicht auch Kompetenz) bei B, sofern einerseits A für die Weitergabe kompensiert

Abb. 10.2 Modell der Weitergabe von Wissen

wird, außerdem A seine Stellung dadurch nicht gefährdet sieht und dem B vertraut, dass dieser mit dem neuen Wissen umgehen kann, und andererseits B dem A vertraut, dass das von A erworbene Wissen wahr ist und dass B daraus für sich einen Nutzen ziehen kann. Mit diesem Modell kann die Weitergabe von Wissen von Mensch zu Mensch beschrieben werden. Offen bleiben (trotz intensiven Forschungsarbeiten) nach wie vor die Fragen, wie die Weitergabe von Mensch zu Maschine, von Maschine zu Maschine und von Maschine zu Mensch funktionieren kann.

Es existieren noch weitere Beschreibungen des Wissens, das sich beispielsweise nach Wissensarten unterteilen lässt:

- *Implizites Wissen* („tacit knowledge") ist nicht ohne weiteres verfügbar. Es „lagert" innerhalb einzelner Menschen in Form von vielfältiger Erfahrung und Kompetenz. Die Speicherung auf externe Medien ist schwierig, weil die Wissensträger nur sehr selten in der Lage sind, die zugrunde liegenden (im wesentlichen unscharfen) Regeln und die vielfältigen Vernetzungen der Informationen reproduzierbar zu beschreiben.
- *Explizites Wissen* ist Wissen, das jeder formulieren, aussprechen, anderen nachvollziehbar erklären, über das er reden kann: „Er weiß, dass er es weiß." Alle Elemente des Wissens entsprechend der Taxonomie in Abb. 10.1. Ein solches Wissen lässt sich problemlos in externen Medien speichern.
- *Deklaratives Wissen* umfasst die Beschreibung von Objekten und die Beziehungen zwischen den Objekten.
- *Prozedurales Wissen* setzt die Objekte des deklarativen Wissens in einem problemspezifischen Kontext zueinander in Beziehung. Prozedurales Wissen kann im Wesentlichen in Formeln und/oder Regeln repräsentiert werden.

10.1.2 Nutzen der wissensbasierten Produktentwicklung

Die Nutzenpotentiale der wissensbasierten Produktentwicklung (vor allem der Anwendung und Verarbeitung von Wissen) werden am Beispiel der wissensbasierten Konstruktion kurz erläutert. Der Begriff der wissensbasierten Konstruktion (engl. Knowledge-Based Engineering, kurz KBE), der im deutschsprachigen Raum etabliert und Eingang in die entsprechende VDI-Richtlinie gefunden hat [VDI-5610-2], beschreibt die Anwendung von computerunterstützten Automatisierungs- und Unterstützungssystemen im Konstruktionsprozess. Die Unterstützung durch diese Systeme erfährt der Produktentwickler vor allem bei Standard- und Routinetätigkeiten [Skar-2007]. Nach [Skar-2007] sind 80 % der aufzuwendenden Konstruktionszeit Routinetätigkeiten zuzuschreiben. Daraus folgt, dass nur 20 % der Arbeitszeit eines Ingenieurs der eigentlichen schöpferischen und kreativen Tätigkeit zufallen, die IT-Systeme (z. B. wissensbasierte Systeme) nicht geeignet übernehmen können. Die Routinetätigkeiten hingegen werden durch wissensbasiertes Konstruieren unterstützt, teilweise automatisiert und beschleunigt [Skar-2007]. Die informationstechnische Umsetzung der wissensbasierten Konstruktion erfolgt durch deren Implementierung innerhalb von KBE-Applikationen.

Ziel der wissensbasierten Konstruktion ist es, die Zugänglichkeit von vorhandenem Konstruktionswissen zu jedem Zeitpunkt sicherzustellen. Dies führt zur Entlastung bei Routinetätigkeiten. Zudem werden Standardisierung sowie Automatisierung in der Produktentwicklung durch die Wiederverwendbarkeit des Wissens gefördert. Dadurch ermöglicht KBE die effizientere Gestaltung beispielsweise von Konstruktionsprozessen, bei denen das vorhandene Wissen automatisiert eingebracht und der Konstruktionsprozess damit verkürzt werden kann. In Folge dessen kann die durch die Verwendung von KBE-Applikationen eingesparte Zeit für schöpferische und kreative Tätigkeiten genutzt werden (Abb. 10.3).

Durch die Einführung von KBE-Applikationen im industriellen Umfeld lassen sich neben den bereits genannten Zielen der Standardisierung und Automatisierung auch die im Folgenden angeführten Nutzenpotentiale realisieren (ausführlicher in der VDI 5610 Blatt 2 [VDI-5610-2]):

- **Qualitätssteigerung und -sicherung:** Durch die Wiederverwendung von freigegebenen Baugruppen und Einzelteilen sowie der computerunterstützten Anwendung formalisierten Expertenwissens (z. B. in Form von Regeln) wird die Funktionssicherheit der Produkte sichergestellt. Durch die stetige Aktualisierung und Erweiterung der Wissensbasis werden die Entwicklungsprozesse effizienter und die Qualität der entwickelten Produkte gesteigert.
- **Schaffung von Transparenz:** Durch die Dokumentation des Produktwissens bleiben die getroffenen (Konfigurations-)Entscheidungen im Entwicklungsprozess für alle Beteiligten nachvollziehbar.
- **Erhöhung der Kundenzufriedenheit:** Durch die Einbindung des Kunden mithilfe von webbasierten Produktkonfiguratoren wird die kundenspezifische Angebotserstellung beschleunigt und eine präzisere Preisbestimmung erreicht.
- **Erhöhung der Mitarbeiterzufriedenheit:** Durch die Integration von Verwaltungsprozessen (z. B. Freigabe, Suche oder Neuanlage von Bauteilen) in den Konstruktionsprozess werden die Produktentwickler entlastet (Abb. 10.3).

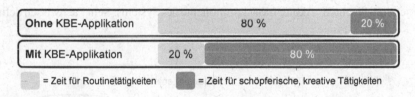

Abb. 10.3 Zeitersparnis durch den Einsatz von KBE-Applikationen nach [Stok-2001]

10.1.3 Wissensakquisition

Bevor Wissen von Computersystemen genutzt werden kann, muss es in einem vorgelagerten Schritt beschafft werden. Der Begriff der Wissensakquisition ist in der Literatur mit unterschiedlichen Bedeutungen belegt. Bei [Deng-1994] und [Kurb-1992] wird der Begriff synonym zur Erhebung von Wissen verwendet, während er bei Spur und Krause

[SpKr-1997] und Puppe [Pupp-1990] als Prozess verstanden wird, der sich aus den Teilschritten Wissenserhebung, Wissensinterpretation und Wissensformalisierung zusammensetzt. Nach [Spec-1989] und [Wart-2001] setzt sich die Wissensakquisition aus den beiden
Schritten Wissenserhebung und Wissensinterpretation zusammen, wobei im zweiten
Schritt auch Wissen formalisiert wird.

Daher hat die Wissensakquisition die Aufgabe der Übertragung und Übersetzung
von Wissen verschiedener Wissensquellen, der Erfassung bzw. Strukturierung des
gewonnenen Wissens in formalisierter Form in eine Wissensbasis sowie deren Wartung
[SpKr-1997; Lutz-2012]. Als Wissensquellen können zum einen bestehende Datenbestände bzw. Informationsquellen (systemzentriert) und zum anderen Fachexperten
(humanzentriert) dienen [LuBW-2013]. Daher wird in der Literatur [SpKr-1997; Wart-
2001] im Allgemeinen zwischen den drei nachfolgenden Arten der Wissensakquisition
differenziert (Abb. 10.4):

- **Indirekte Wissensakquisition:** Hierbei wird das Wissen durch einen Wissensingenieur (vgl. [LuWa-2015]) vom Experten mithilfe verschiedener Methoden extrahiert
  und anschließend im Rechner abgebildet. Da menschliches Wissen und gewonnene
  Erfahrungen oft schwer abrufbar und formulierbar sind, hat der Wissensingenieur die
  Aufgabe, beispielsweise durch Interviews, Fragebögen oder Beobachten das Expertenwissen zu extrahieren. Beim strukturierten Interview arbeitet sich der Wissensingenieur
  zunächst in die Problemstellung ein, stellt dem Experten zielgerichtete Fragen und versucht daraus, Denkprozess und Vorgehensweise des Experten zu abstrahieren. Bei der
  Beobachtung nimmt der Wissensingenieur dagegen keine aktive Rolle ein. Er analysiert das Vorgehen des Experten und stellt Verständnisfragen. Daneben kann Wissen
  durch Textanalysen gewonnen werden. Vor der Übertragung des Wissens in das System
  kann der Wissensingenieur mithilfe von Review-Techniken das gewonnene Wissen auf
  Relevanz und Konsistenz überprüfen.
- **Direkte Wissensakquisition:** Bei dieser Methode kommuniziert der Fachexperte direkt
  mit einer „intelligenten" Akquisitionskomponente des Systems. Sein Fachwissen definiert

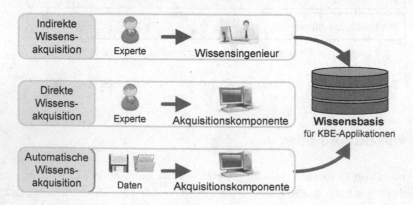

Abb. 10.4 Drei Arten der Wissensakquisition

der Spezialist dabei selbstständig, füllt die Wissensbasis und beurteilt das Systemverhalten. Verständigungsprobleme zwischen Wissensingenieur und Experte können dadurch ausgeräumt werden. Allerdings ergeben sich unter Umständen Einschränkungen durch die Akquisitionskomponente. Die Akquisitionskomponente tritt dabei mit dem Spezialisten in einen Dialog und ermöglicht ihm die Eingabe von Fakten und Lösungsstrategien, wobei eine graphische Fakteneingabe anzustreben ist. Das System muss zusätzlich die Aufgabe der Übersetzung des eingegebenen Wissens und der systeminternen Darstellung übernehmen. Im Allgemeinen eignet sich die direkte Wissensakquisition besser für die Systemwartung und zur Erweiterung der Wissensbasis als zu deren Erstellung.

*   **Automatische Wissensakquisition:** Die automatische Wissensakquisition stellt die Erhebung von Wissen des Systems ohne eine Beteiligung von Experten oder Wissensingenieuren dar. Es können dabei zwei Formen unterschieden werden: Zum einen kann das Wissen aus verfügbarer Literatur gewonnen werden. Hierbei greift das System beispielsweise auf Texte und Normen zu und extrahiert mithilfe von textverstehendem Programmcode (z. B. mittels Text-Mining) Wissen in Form von Regeln oder Fakten und erweitert so selbstständig seine Wissensbasis. Die zweite Möglichkeit stellen „lernende Systeme" dar. Diese wissensbasierten Systeme sind in der Lage, das Wissen aus Fallbeispielen zu abstrahieren und mit vorhandenem Wissen zu vergleichen, dieses zu ersetzen oder zu erweitern und Verknüpfungen herzustellen. Beim „maschinellen Lernen" wird das Wissen durch die Bildung von Analogien und durch Generalisierung gewonnen. Die automatische Wissenserhebung wird in der heutigen Zeit intensiv erforscht, da die Lernfähigkeit der Systeme noch großes Potential besitzt. Dabei ist die Erforschung von Data-Mining-Verfahren (z. B. künstliche neuronale Netze) vielversprechend (detaillierte Beschreibung in Abschn. 10.3).

10.1.4 Repräsentation von Wissen

Die Wissensrepräsentation lässt sich nach Spur und Krause [SpKr-1997] als „eine Menge syntaktischer und semantischer Konventionen zur Beschreibung von Dingen oder Sachverhalten" definieren. Der Schritt der Wissensrepräsentation setzt sich aus den Teilschritten der Wissensanalyse und -strukturierung zusammen. Hierbei wird das erhobene Wissen zunächst aufbereitet, strukturiert und anschließend in den universalen, computerunterstützten Problemlösungsprozess der KBE-Applikation überführt [VDI-5610-2]. Die Art der Wissensrepräsentation wird von verschiedenen Faktoren wie beispielsweise dem Anwendungsgebiet bestimmt. Daher existieren mehrere Darstellungsmethoden, die jeweils problembezogene Vor- und Nachteile aufweisen.

Diese Methoden lassen sich zunächst grob in die beiden Gruppen „deklarative" und „prozedurale" Wissensrepräsentation unterscheiden. Die deklarative Wissensrepräsentation beschränkt sich ausschließlich auf die Beschreibung von Sachverhalten und lässt dabei die konkrete Wissensanwendung außer Acht. Somit beruht das dargestellte Wissen

überwiegend auf statistisch ausgewerteten Fakten und einzelnen Methoden der Fakten-
bearbeitung. Die Vorteile dieser Art der Wissensrepräsentation sind die einmalig notwendige Speicherung und anschließend unbegrenzte Wiederverwendbarkeit der einzelnen
Wissenseinheiten sowie die einfache Manipulation (z. B. Hinzufügen, Modifizieren und
Entfernen) neuer Wissenseinheiten. Im Gegensatz zur deklarativen stellt die prozedurale Wissensrepräsentation die konkrete Wissensanwendung in den Vordergrund. Dabei
beschreiben prozedurale Wissensdarstellungen Verfahren zur konkreten Konstruktion,
Verknüpfung und Anwendung von Wissen. Dadurch stellt die prozedurale Wissensrepräsentation eine relativ anwendungsnahe Form der Wissensdarstellung dar und ergänzt die
nicht immer passenden Schemata der deklarativen Wissensrepräsentation. Es wird deutlich, dass sich die beiden Arten keinesfalls gegenseitig ausschließen, sondern vielmehr
ergänzen [Kurb-1992].

Im Folgenden werden der regelbasierte, der constraintbasierte und der objektorientierte
Ansatz sowie semantische Netze als Form der Wissensrepräsentation näher betrachtet
(auch [VDI-5610-2]:

- Der **regelbasierte Ansatz** ist aufgrund der vertrauten Ausdruckweise die meist verwendete Form der Wissensdarstellung [Kurb-1992]. Dabei wird das Wissen als sogenannte
  „Produktionsregel" dargestellt, die sich aus einer Bedingung bzw. Prämisse und einer
  Aktion bzw. Konklusion nach dem Wenn-Dann-Schema zusammensetzt. Dabei greifen
  beide Regelteile prozedural auf die in der Datenbasis abgelegten Daten und Fakten zu.
  Die Verarbeitung der Regeln erfolgt anhand der vorwärts- oder der rückwärtsgerichte-
  ten Folgerungsstrategie. Dabei schließt die erste Möglichkeit von der Ursache auf die
  Folge, während die zweite von der Folge auf die Ursache schließt [Rude-1998]. Die
  Vorteile dieses Ansatzes ergeben sich aus der einfachen Handhabung und Erweiterung
  der Regeln.

- Der **objekt- bzw. frameorientierte Ansatz** basiert auf Objekten und Objektklassen. Eine Klasse kann als Template für ein Objekt verstanden werden, die das für
  die Objekterzeugung notwendige Grundmuster enthält und somit die Eigenschaften
  und das Verhalten aller Objekte einer Klasse bestimmt. Die einzelnen Objekte einer
  Klasse werden als Instanzen und deren Erzeugungsvorgang als Instanziierung bezeichnet. Somit repräsentieren Objekte deklaratives und Instanzen prozedurales Wissen.
  Darüber hinaus können die Eigenschaften und das Verhalten einer Klasse an Unterklas-
  sen vererbt und somit eine Klassen- und Vererbungshierarchie nach dem Eltern-Kind-
  Prinzip zur Wissensrepräsentation erzeugt werden. Dieses Prinzip der Datenkapselung
  wird beim Konzept der Frames verwendet. Aus objektorientierter Sicht ist ein Frame
  ein Objekt, das formularähnlich die Objektbeschreibung in Form von Attributen, sogenannten Slots (etwa im Sinne von Schubladenfächern), darstellt. Dabei bestimmen die
  Slots, die bestimmte Wertebereiche annehmen können, die Objekteigenschaften und
  das Verhalten. Diese bleiben bei der Instanziierung der Frames erhalten. Somit eignet
  sich der objekt- bzw. frameorientierte Ansatz für die Darstellung komplexer technischer Sachverhalte [Kurb-1992; Rude-1998].

- Der **constraintbasierte Ansatz** ist ein mächtiges Werkzeug zur Repräsentation konstruktiver Abhängigkeiten. Dabei werden die Abhängigkeiten zwischen den Objekten durch Constraints (deutsch: Zwänge, Beschränkungen, Restriktionen) dargestellt. Anders ausgedrückt erzeugen Constraints Beziehungen zwischen Variablen und berücksichtigen dabei eventuelle Vorschriften hinsichtlich der Wertbelegung. Durch die Verknüpfung mehrerer Constraints entsteht ein Constraint-Netz, wobei neu hinzugefügte Zwänge den potenziellen Wertebereich der Variablen einschränken. Somit ist das Ziel dieser Netze, möglichst alle Restriktionen bei der Lösungsfindung zu berücksichtigen. Verglichen mit dem unidirektionalen regelbasierten Ansatz ermöglicht der constraintbasierte Ansatz die ungerichtete Darstellung der Zusammenhänge zwischen den Variablen. Ausgehend von Eingangswerten, lassen sich die dazugehörigen Ausgangswerte berechnen und umgekehrt. Darüber hinaus ermöglichen gegebene Ein- und Ausgangsgrößen die Fehlerdiagnose in der Systemstruktur. Somit eignen sich Constraints in der Praxis zur Formulierung mathematischer oder physikalischer Zusammenhänge, wobei die Constraint-Netze die dazugehörigen Gleichungssysteme darstellen. In Kombination mit der durch den framebasierten Ansatz erreichten Struktur ermöglichen Constraints eine umfangreiche Wissensrepräsentation [Rude-1998].
- **Semantische Netze** bilden Wissen auf Basis von Netzwerkstrukturen ab und setzen sich aus Knoten und gerichteten Kanten zusammen. Die Knoten dienen dabei als „Platzhalter" für allgemeine Sachverhalte, wie beispielsweise Objekte oder Ereignisse. Die Beziehungen zwischen den einzelnen Knoten werden durch die beliebig deutbaren Kanten beschrieben. Dabei sind die hierarchischen Beziehungen „ist ein" und „hat" gebräuchlich. „Ist ein"-Beziehungen beschreiben die Verbindungen eines unter- zu einem übergeordneten Knoten (bottom-up), während „hat"-Beziehungen die Vererbung der Knoteneigenschaften vom über- zum untergeordneten Knoten bzw. hierarchiestufenübergreifend (top-down) darstellen. Somit eignen sich semantische Netze insbesondere für Wissensgebiete, die eine stabile Taxonomie aufweisen, wie beispielsweise die Sprachverarbeitung. Darüber hinaus bilden sie die konzeptionelle Basis für Frames und Objekt-Attribut-Wert-Triple (O-A-W-Triple). Letztere beschreiben den Zusammenhang eines Gegenstandes (Objekt), dessen Eigenschaften (Attribute) sowie der spezifischen Ausprägung der Eigenschaft (Wert) [Kurb-1992]. In der Produktentwicklung gewinnen Ontologien als eine Gattung der semantischen Netze bei der Abbildung von Produktinformationen zunehmend an Bedeutung.

10.2   Wissensbasiertes Konstruieren in der Produktentwicklung

Das wissensbasierte Konstruieren (KBE) stellt sehr leistungsfähige Methoden und Werkzeuge für den Produktentwickler zur Verfügung. Mit KBE wird der Einsatz von Systemen der Wissensverarbeitung in der Produktentwicklung verbunden. Seit den 1980er-Jahren wurden zwar diverse Forschungsansätze zum wissensbasierten Konstruieren entwickelt, aber erst in der VDI 5610 Blatt 2 [VDI-5610-2] wird eine standardisierte Vorgehensweise zur Umsetzung von KBE-Applikation beschrieben. Diese Vorgehensweise zur allgemeinen Durchführung von KBE-Projekten wird in Abschn. 10.2.1 kurz erläutert. Darauf aufbauend wird in Abschn. 10.2.2 ein Überblick über technische Lösungen zum wissensbasierten Konstruieren gegeben.

10.2.1 Umsetzung einer KBE-Anwendung

Grundlage für die pragmatische Durchführung eines KBE-Projekts zur Umsetzung einer KBE-Anwendung ist eine allgemeingültige, systematische Gesamtvorgehensweise [VDI-5610-2]. Eine derartige Vorgehensweise wurde im Rahmen des VDI Fachausschusses 111 erarbeitet und ist in Abb. 10.5 dargestellt. Die vier Phasen Planung, Entwicklung, Test und Betrieb dieser Gesamtvorgehensweise werden nachfolgend überblicksartig erläutert.

Bevor die vier Phasen kurz erläutert werden, erfolgt nachfolgend eine kurze Beschreibung der zur Umsetzung eines KBE-Projekts relevanten Rollen (auch [LBRL-2012; VDI-5610-2]. Durch das „Rollen-Denken" ist es möglich, dass eine Person auch mehrere Rollen innerhalb eines KBE-Projekts einnehmen kann. Bestehende Rollen (z. B. Produktentwickler, Berechnungsingenieur) sollen durch die Rollen eines KBE-Projekts nicht ersetzt, sondern um weitere, KBE-spezifische Aufgaben ergänzt werden [LuRW-2016]. Eine wichtige Bedeutung hat die Rolle des KBE-Projektleiters, der auch die Rolle eines Wissensingenieurs innehaben kann, da dieser nicht nur Aspekte des wissensbasierten

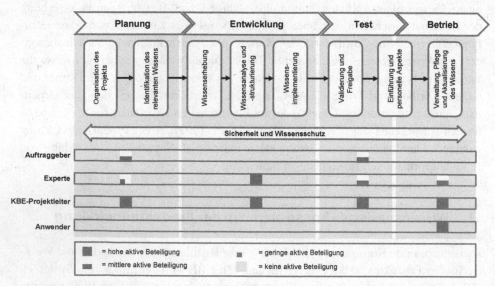

Abb. 10.5 Gesamtvorgehensweise eines KBE-Projekts [LBRL-2012; VDI-5610-2]

Konstruierens [LBRL-2012] sondern auch des unternehmensinternen Wissensmanagements beachten muss [LuWa-2014]. Nachfolgend werden die vier wesentlichen Rollen zur Umsetzung von KBE-Anwendungen skizziert:

- **Auftraggeber** (z. B. Konstruktionsleiter, Bereichsleiter): Aufgrund der Nutzenpotentiale des wissensbasierten Konstruierens (Abschn. 10.1.2) initiiert der Auftraggeber ein KBE-Projekt (z. B. wissensbasierte Konstruktion von Welle-Nabe Verbindungen). Zu Beginn der Planungsphase definiert der Auftraggeber das Projektziel (z. B. Art und Umfang der KBE-Anwendung) und weist dem Projekt Mitarbeiter mit den entsprechend erforderlichen Qualifikationen zu. Da die Leitung des Projekts der KBE-Projektleiter (Wissensingenieur) innehat, hat der Auftraggeber im Verlauf des Projekts nur eine untergeordnete Funktion. An der Validierung der KBE-Anwendung in der Testphase ist der Auftraggeber involviert, um sicherzustellen, dass das gewünschte Ziel (z. B wissensbasierte Unterstützung bei der Auslegung von Welle-Nabe Verbindungen) erreicht wurde und die erhofften Nutzenpotentiale eingetreten sind.
- **Experte** (z. B. Produktentwickler, Berechnungsingenieur): Der Experte ist in allen Phasen verschieden stark involviert. In der Planungs- und vor allem der Entwicklungsphase ist dieser bei der Akquisition des relevanten Wissens aktiv (Abschn. 10.1.3). In der Testphase wirkt der Experte bei der Validierung der KBE-Anwendung mit (z. B. durch die Vorgabe eines Testfalls). Im Betrieb unterstützt der Experte den Wissensingenieur bei Verbesserung der KBE-Anwendung, wie zum Beispiel durch die kontinuierliche Erweiterung der Wissensbasis.
- **KBE-Projektleiter** (z. B. Wissensingenieur): Der Wissensingenieur ist im gesamten Lebenszyklus einer KBE-Anwendung aktiv. Er ist unter anderem an der Vorstudie (beispielsweise Machbarkeitsstudien), der Auswahl von geeigneten Werkzeugen, der Wissensakquisition sowie der Integration in die IT-Landschaft des Unternehmens und die Weiterentwicklung der KBE-Anwendung(en) beteiligt. Dabei ist die zentrale Aufgabe des Wissensingenieurs, Expertenwissen durch geeignete Methoden zu akquirieren (Abschn. 10.1.3) und in einer KBE-Anwendung zu integrieren. Das akquirierte explizite und implizite Wissen der Experten und Anwender wird vom Wissensingenieur problem- und kontextbezogen vernetzt. Anschließend wird dieses Wissen formalisiert, um es für wissensbasierte Systeme bereit zu stellen.
- **Anwender** (z. B. CAD-Konstrukteur): Der Anwender ist besonders in der Betriebsphase aktiv beteiligt. Die Wünsche der potenziellen Anwender sind jedoch bereits in der Planungs- und Entwicklungsphase zu beachten. Zudem soll der Anwender auch in die Testphase eingebunden werden, um seine Erfahrung im Umgang mit den firmeninternen CAx-Systemen zu nutzen.

Im Folgenden werden die vier Phasen eines KBE-Projekts entsprechend der VDI 5610 Blatt 2 [VDI-5610-2] zusammenfassend skizziert (auch [LuRW-2016]:

- Das Ziel eines KBE-Projekts ist die Realisierung einer KBE-Anwendung. In der **Planungsphase** erfolgt die Projektierung und Vorbereitung eines KBE-Projekts entsprechend der definierten Anforderungen [LuFW-2014]. Dazu wird im ersten Schritt das KBE-Projekt in die Unternehmensorganisation verortet. Im zweiten Schritt erfolgt die Identifikation des relevanten Wissens.

- Die darauf folgende **Entwicklungsphase** gliedert sich in die drei Abschnitte Wissenserhebung, Wissensanalyse und -strukturierung sowie Wissensimplementierung. Im Rahmen der Wissenserhebung erfolgt die Sammlung von Wissen auf Basis zuvor identifizierter Wissensträger und -quellen (Experten und Dokumente) durch den Wissensingenieur. Dabei gilt es zu beachten, dass Wissen explizit oder implizit, unbewusst, unvollständig, veraltet oder für einen gegebenen Fall nicht anwendbar sein kann. Zur Wissenserhebung können unter anderem folgende Methoden eingesetzt werden: Interviewtechniken, Textanalysen, Beobachtungstechniken, Review-Techniken. Im Anschluss an die Wissenserhebung erfolgt die Analyse, Strukturierung und Interpretation des Wissens durch den Wissensingenieur [ScAk-2002; LuWa-2012]. Dabei werden die Grundlagen für die Schlussfolgerungsmechanismen definiert. Hierfür sind vor allem die beiden Methoden MOKA (Methodology and software tools Oriented to Knowledge based engineering Application, [Stok-2001] und CommonKADS (Common Knowledge Acquisition and Documentation Structuring, [ScAk-2002] hilfreich. So hat sich für die Analyse und Strukturierung des für die Produktentwicklung relevanten Wissens eine Einteilung des Wissens in die folgenden Kategorien nach [Stok-2001] bewährt: Illustrations, Constraints, Activities, Rules, Entities.

- In der **Testphase** wird die entwickelte KBE-Anwendung durch verschiedene Tests, wie beispielsweise Modultests (z. B. Tests der CAD-Modelle und der Wissensbasis, Tests der explizit und implizit gegebenen Daten, Test des Programmcodes und der Benutzeroberfläche), Integrationstests sowie Abnahmetests verifiziert und validiert. Dadurch können mögliche Fehler identifiziert und behoben werden, um Ausfallzeiten während des Betriebs vorzubeugen.

- Nach der Validierung und Freigabe der KBE-Anwendung kann diese in der **Betriebsphase** in die IT-Landschaft und Unternehmensorganisation eingeführt werden. Dabei ist es wichtig, die Gründe für die Einführung der KBE-Anwendung im Unternehmen zu erläutern und eine angemessene organisatorische Verankerung der KBE-Anwendung durch entsprechende Rollen und Verantwortlichkeiten zu erreichen, um die Akzeptanz der Anwender sicherzustellen. Darüber hinaus sind auch professionelle Schulungen sowie eine kontinuierliche Unterstützung der Anwender durch Wissensingenieure und Fachexperten erforderlich. Nach der Implementierung und während des Betriebs der KBE-Anwendung ist diese zu verwalten, zu pflegen und zu aktualisieren.

Da CAD-Geometrien bzw. CAD-Modelle wichtige Wissensträger für Unternehmen sind, sind ein angemessener Wissensschutz sowie eine entsprechende Wissenssicherheit für Unternehmen wettbewerbsrelevant. So kann mittels des CAD-Modellbaums die Modellierungshistorie und damit der Auslegungsprozess des Produktentwicklers nachvollzogen werden. Zudem bieten CAD-Systeme dem Anwender die Möglichkeit, einerseits geometrisches Wissen mithilfe von Regeln oder Constraints direkt im CAD-Modell zu speichern und andererseits wesentliche Informationen zu Toleranzen, 3D-Annotationen, Oberflächenangaben und Materialspezifikationen durch Features, die auch als sogenannte PMI-Elemente (Product Manufacturing Information) bezeichnet werden, im CAD-Modell zu hinterlegen. Daher sind effektive Maßnahmen des Wissensschutzes und der Wissenssicherheit für die im Rahmen der wissensbasierten Konstruktion erstellten parametrisch-assoziativen und wissensbasierten CAD-Modelle zu ergreifen. Zusätzlich zur grundsätzlichen Sicherung der IT-Infrastruktur (z. B. durch Zugriffsrechte, Firewalls) sind die beiden IT-Sicherungskonzepte „Digital Rights Management" und das „Data Filtering" zweckmäßig [VDI-5610-2].

10.2.2 CAx-Lösungen zum wissensbasierten Konstruieren

In diesem Abschnitt werden in 10.2.2.1 wichtige Grundlagen der wissensbasierten Konstruktion zusammenfassend dargelegt. Anschließend folgenden in Abschn. 10.2.2.2 Beispiele zur wissensbasierten Konstruktion. Weitere Beispiele sind der VDI-Richtlinie 5610 Blatt 2 [VDI-5610-2] zu entnehmen.

10.2.2.1 Grundlagen der wissensbasierten Konstruktion

Nach der VDI 5610 Blatt 2 [VDI-5610-2] kann unter wissensbasiertem Konstruieren sowohl die Auslegung beziehungsweise Ausarbeitung eines Produkts als auch die Zusammensetzung mehrerer Komponenten zu einem Produkt verstanden werden. Daher sollten CAx-Lösungen zum wissensbasierten Konstruieren nicht nur das Auslegen neuer Komponenten (Domäne Konstruktion/Auslegung), sondern auch die geeignete Zusammenstellung vorhandener Komponenten (Domäne Konfiguration) adäquat unterstützen [VDI-5610-2].

Nach [Lutz-2012] kann ein individualisiertes Produkt prinzipiell aus den in Abb. 10.6 dargestellten Komponentenausprägungen aufgebaut sein. Dabei kann ein Produkt grundsätzlich aus einem fixen Teil (z. B. feste Komponenten, feste Strukturen) und einem

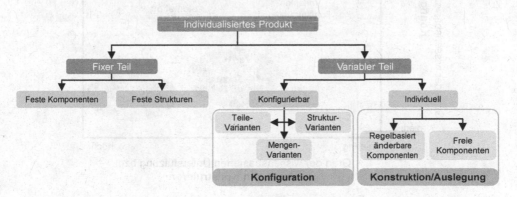

Abb. 10.6 Komponentenausprägungen eines individualisierten Produktes nach [Lutz-2012]

variablen Teil bestehen, wobei letzterer sowohl aus einem konfigurierbaren als auch aus einem individuellen Teil bestehen kann [Lutz-2012].

Zum wissensbasierten Konstruieren existieren gegenwärtig verschiedene CAx-Lösungen, die sich durch unterschiedliche Spezifika und Unterstützungsgrade für die beiden Domänen Konstruktion und Konfiguration charakterisieren lassen. In Abb. 10.7 erfolgt eine prinzipielle Klassifikation dieser CAx-Lösungen nach dem Grad der wissensbasierten Unterstützung für die Konfiguration sowie der Konstruktion/Auslegung. Durch diese grobe Charakterisierung der Softwaresysteme soll die Auswahl zweckmäßiger CAx-Lösungen erleichtert werden. Für KBE-Projekte sind vor allem die CAD-nahen Systeme besonders geeignet (in Abb. 10.7 blau eingefärbt). Nachfolgenden werden diese CAx-Lösungen kurz erläutert [VDI-5610-2]:

- **Produktdatenmanagementsysteme** (PDM-Systeme): PDM-Systeme dienen Produktentwicklern unter anderem zum Management von Produktarchitekturen und Stücklisten (vgl. Kap. 12).
- **Produktkonfiguratoren**: Durch diese Anwendungen können individualisierte Produkte regelbasiert konfiguriert werden. Produktkonfiguratoren werden sowohl in der Konsumgüterindustrie (z. B. Konfiguratoren für Kraftfahrzeuge, Computer, Möbel) als auch in der Investitionsgüterindustrie (z. B. Konfiguratoren für Pneumatikzylinder, Pumpen, Stecker) eingesetzt.

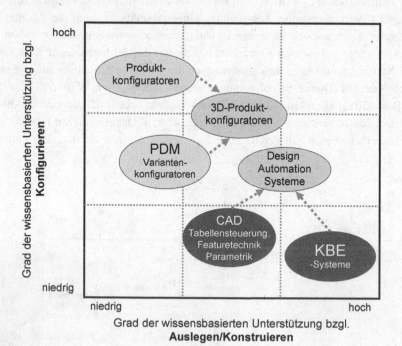

Abb. 10.7 Einordnung von CAx-Lösungen nach dem Grad der wissensbasierten Unterstützung bezüglich Konfigurieren und Konstruieren [Lutz-2012; VDI-5610-2]

- **3D-Produktkonfiguratoren**: Diese Konfiguratoren versuchen den Nachteil der fehlenden CAD-Anbindung von herkömmlichen Produktkonfiguratoren aufzuheben. Durch den Einsatz von 3D-Produktkonfiguratoren erfolgt der positionsgerechte Zusammenbau konfigurierbarer Komponenten zu einer CAD-Baugruppe (z. B. durch Ein-/Ausblenden und Austauschen von Platzhaltern). Hierbei ist das Ziel die Reduktion der Zeit für die Auftragserstellung und -durchführung mithilfe der (webbasierten) CAD-Unterstützung (v. a. durch automatisch generierte CAD-Zeichnungen).
- **CAD-Systeme**: Gegenwärtige 3D-CAD-Systeme (Kap. 5) bieten CAx-Anwendern bereits viele Möglichkeiten zur wissensbasierten Konstruktion, wie beispielsweise die Nutzung der in CAD-Systemen vorhandenen Parametrik (z. B. mittels Formeln: Höhe = Radius × 2 + 10) und erweiterte Features (z. B. zusätzliche geometrische Eigenschaften: Fertigungsinformationen).
- **KBE-Systeme**: Diese Systeme haben ihren Ursprung in den traditionellen wissensbasierten Systemen, die um konstruktionsspezifische Funktionalitäten und Spezifika weiterentwickelt wurden (auch [BeKe-2014]. KBE-Systeme verfügen grundsätzlich über eine leistungsfähige Problemlösungskomponente (auch als Inferenzmechanismus bezeichnet) sowie eine Wissensbasis, in der unter anderem Regeln und Constraints in einer vorgegebenen, meist gut verständlichen Syntax gespeichert werden. Außerdem besteht zwischen KBE-Systemen und CAD-Systemen (bzw. der CAD-Geometrie) in der Regel eine enge Verbindung (Abb. 10.8). So bieten alle großen CAD- Softwareunternehmen zusätzliche KBE-Module an, die teilweise mit spezialisierten Berechnungsprogrammen koppelbar sind. Darüber hinaus können KBE-Systeme auch zur Überprüfung von technischen Zeichnungen, CAD-Modellen etc. dienen.
- **Design Automation Systeme**: Diese sind erweiterte, direkt in CAD-Systemen integrierte Softwaremodule zur wissensbasierten und automatisierten Erzeugung von CAD-Modellen. Diese Module nutzen alle im CAD-System verfügbaren Konstruktionsfunktionen (z. B. Ansteuerung der Parametrik durch Variantentabellen). Dadurch lassen sich einfache Konstruktionsaufgaben automatisieren (im Sinne einer Weiterentwicklung der CAD-internen Makroprogrammierung).

Zur Realisierung eines KBE-Systems und zu dessen Integration in CAx-Systeme (v. a. CAD-Systeme) können nach der VDI 5610 Blatt 2 [VDI-5610-2] im Allgemeinen zwei Ansätze verfolgt werden, der integrierte Ansatz und der gekoppelte Ansatz (Abb. 10.8):

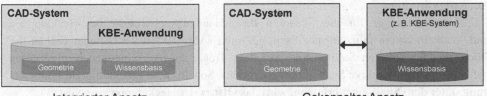

Integrierter Ansatz   Gekoppelter Ansatz

Abb. 10.8 Prinzipskizze des integrierten und gekoppelten Ansatzes [VDI-5610-2]

- Beim **integrierten Ansatz** werden die KBE-Funktionalitäten sowie KBE-spezifische Wissensbasen und Benutzeroberflächen vollständig in das CAD-System eingebettet, wodurch diese direkt auf die Produktmodelle zugreifen können. Hierbei lassen sich zur Erstellung der Zusatzfunktionen und somit zur unmittelbaren Wissensintegration ins CAD-System zwei Möglichkeiten unterscheiden. Entweder können die Produktentwickler auf anbieterseitig bereitgestellte KBE-Module zurückgreifen oder diese selbst über API-Schnittstellen innerhalb des CAD-Systems programmieren. Klassische Beispiele für benutzerseitig entwickelte Funktionen zur Wissensintegration sind u. a. Makros und Templates [PBFL-2000; SpKr-1997]
- Beim **gekoppelten Ansatz** sind das CAD- und KBE-System weitgehend unabhängig voneinander, woraus im Unterschied zum integrierten Ansatz eine eigenständige Datenhaltung (d. h. eine eigene Wissensbasis) sowie eine eigenständige Benutzerführung und -oberfläche resultiert. Die Kopplung der beiden Systeme über geeignete Schnittstellen ermöglicht, das im KBE-System gespeicherte Produktentwicklungswissen in die CAD-Entwicklungsumgebung zu integrieren. Dabei erfolgt der Datenaustausch vom KBE- zum CAD-System unidirektional [PBFL-2000; SpKr-1997].

Für die prinzipielle Einordnung der Rechnerunterstützungen zur wissensbasierten Konstruktion sind in der folgenden Abb. 10.9 Umsetzungsbeispiele aus der Praxis aufgeführt. Zudem sind in dieser Abbildung weitere Informationen zu finden (z. B. Einschätzungen zu benötigten Mitarbeitern, Fähigkeiten und Wissen sowie Einschätzung zu erforderlicher Software, zu weiteren Aufwendungen und zu potentiellen Nutzern). Ausführliche Praxisbeispiele sind in der VDI 5610 Blatt 2 [VDI-5610-2] beschrieben.

10.2.2.2 Beispiel zur wissensbasierten Konstruktion

Für die in Abb. 10.9 skizzierten sieben Lösungsbeispiele für CAx-Lösungen sind in der VDI 5610 Blatt 2 [VDI-5610-2] jeweils ausführliche Praxisbeispiele für KBE-Projekte beschrieben. Nachfolgend wird ein KBE-Projekt anhand eines industriellen Beispiels einer wissensbasierten Konstruktion eines Antriebssystems kurz erläutert. Dabei werden nach der Kurzbeschreibung der Ausgangssituation und der Ziele auch die Projektorganisation, die betroffenen Unternehmensbereiche, die Projektdurchführung sowie die verwendeten Wissensbasen erläutert. Abschließend werden noch die Nutzenpotentiale, Aufwendungen und Herausforderungen skizziert [VDI-5610-2].

Ausgangssituation

Der Kunststoffträger für die Sensoren des „Hands-Free Access" bei Heckklappen und -deckeln ist ein fahrzeugspezifisches Bauteil (Abb. 10.10). Es befindet sich an der Rückseite des hinteren Stoßfängers. Auf dem Träger sind verschiedene Komponenten befestigt (z. B. kapazitive Sensoren, Steuergerät). Sobald diese eine definierte Fußbewegung unter dem Stoßfänger erfassen, wird das Öffnen der Heckklappe ausgelöst.

Beispiele		Benötigte Mitarbeiter	Benötigte Fähigkeiten und Wissen	Benötigte Lizenzen und Software	Benötigte Aufwendungen	Potentielle Nutzer
Anwendung zur Ableitung von Getriebeentwurfs-konstruktionen	CAD-Systeme und integrierte Programmfunktionen	Ein Konstrukteur	Grundlegende Programmiererfahrung	CAD-System, SQL-Datenbank	Geringer Pflege- und Testaufwand	Studierende Schulungsteilnehmer
Automatisierter Entwurf von Fensterheberkinematiken mittels intelligenter Features		Anwendungsentwickler, Komponenten-spezialisten, Konstrukteure	Interne CAD-Frogrammiersprache	CAD-System und KWA-Lizenz	Mittlerer Pflege-, Schulungs- und Testaufwand	Weltweite Konstrukteure
Entwicklung einer KBE-Anwendung mittels CAD Programmierschnittstelle		Produktentwickler, Konstrukteur, Fertigungsplaner, Wissensingenieur bzw. Programmierer	Gute Programmierkenntnisse, Interviewtechniken	ERP-/PLM u. CAD-System, UDFs und Programmierschnittstelle als Bordmittel	Erhebung des Expertenwissens, mittlerer Pflegeaufwand	Konstrukteure und Vertriebsinnendienst (Konfiguration)
Auslegung eines Messerkopfes auf der Basis kundenspezifischer Skizzen	KBE-Module und -systeme	Konstrukteure, Vertriebsmitarbeiter, Wissensingenieur bzw. Programmierer, externe Berater	Gute Kenntnisse der Programmiersprache nsb. des kommerziellen KBE-Moduls	Kommerzielles KBE-Modul eines CAD-Systems, evtl. Lizenz zur Gestaltung der Benutzeroberfläche	Mittlerer Pflege-, Schulungs- und Testaufwand	Konstrukteure und Vertriebsmitarbeiter
Schulungsbeispiel zum Erlernen von KBE-Grundfunktionen im CAD		Konstrukteure, Wissensingenieur bzw. Programmierer, ggf. externe Berater	Gute Programmierkenntnisse	KBE-Modul mit CAD-Bordmitteln, UDFs, Konstruktionstabellen, Kalkulationssoftware	Mittlerer Pflege-, Schulungs- und Testaufwand	Konstrukteure
Wissensbasierte Konfiguration von Fahrstuhlsystemen	Produktkonfiguratoren und Design Aut-mation	Konstrukteure, Wissensingenieur bzw. Programmierer, Produktmanager	Gute Programmierkenntnisse (z. B. für XML-Schnittstelle)	ERP-/PLM-System, CAD-System mit inte-griertem, Constraint-bas-ierendem Konfigurator	Mittlerer Pflege-, Schulungs- und Testaufwand	Konstrukteure und Vertriebsmitarbeiter
Web-Portal mit Konfigurator für Treppen, Plattformen und Überstiegen		Konstrukteure, Arbeitsplanung, Fertigung, Wissensingenieur bzw. Programmierer, Marketing	Gute Programmierkenntnisse, Regel- und Beziehungswissen, Wissen über Geschäftsabläufe	CAD-, PDM-, CRM- und ERP-System, web-integriertes 3D-Viewing-System, kommerzielles Autoren-Werkzeug	Geringer Pflege-, Schulungs- und Testaufwand	Vertriebsmitarbeiter, Kunden, technische Abteilungen

Abb. 10.9 Lösungsbeispiele für CAx-Lösungen für KBE-Projekte [VDI-5610-2]

Abb. 10.10 Bestückter
Kunststoffträger

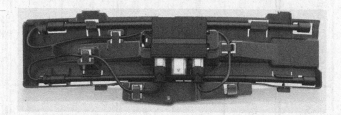

Ziele

Die Ziele für das Projekt waren:
- Schnellere Erzeugung der Schnittstellen-Geometrien
- Schnellere Reaktionszeiten bei Änderungen
- Weltweit höhere Qualität durch Sicherstellung der Verwendung von unter anderem aktuellen Standards, Design Rules, Normen
- Weniger Berechnungsschleifen durch validierte Geometrie
- Stabileres CAD-Modell durch definierte Konstruktionsmethoden (z. B. Features)

Der Kunststoffträger war bisher meist eine Neukonstruktion, da dieser dem individuellen Design des Stoßfängers und Sensorverlaufs des jeweiligen Fahrzeugs anzupassen war. Für viele Schnittstellen gibt es jedoch wiederkehrende Vorgaben (z. B. Standards, Design Rules oder Normen). Damit diese Geometriebestandteile nicht stets neu konstruiert werden müssen, bietet sich die Entwicklung intelligenter CAD-Templates an. So wurde das in Abb. 10.11 dargestellte Softwarewerkzeug im Rahmen des industriellen

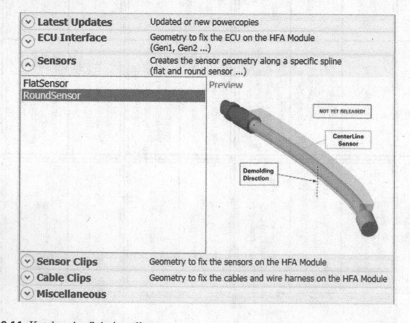

Abb. 10.11 Katalog der Schnittstellen

Fallbeispiels entwickelt. Eine Auswahlmaske stellt dem Produktentwickler verschiedene Features für unterschiedliche Bauteile (z. B. Sensoren) zur Verfügung. Diese Features wurden wissensbasiert unter Berücksichtigung von unter anderem Regeln und Formeln erstellt. Dadurch können beispielsweise die Schnittstellen zwischen den unterschiedlichen Sensoren und den Befestigungselementen von Sensoren unternehmensweit standardisiert werden.

Projektorganisation

Die Anwendungsentwickler erstellen die CAD-Templates unter Berücksichtigung der gegenwärtig gültigen Standards, Design Rules und Normen. Anschließend geben Material-, Werkzeug- und Bauteilspezialisten die erstellten Templates aus technischer Sicht frei. Vor der unternehmensweiten Freigabe werden die Templates von Produktentwicklern hinsichtlich Anwendungsfreundlichkeit und Praxistauglichkeit getestet. Dabei ist bei der Entwicklung stets die Akzeptanz der Endanwender zu berücksichtigen. Die Erfahrung hat gezeigt, dass je höher die Akzeptanz bei den Anwendern ist, desto einfacher ist die Einführung von Templates. Deshalb ist es wichtig, die Benutzer frühzeitig miteinzubeziehen, um eventuelle Widerstände abzubauen.

Für jede Schnittstelle ist ein Komponentenspezialist verantwortlich. Die wesentliche Aufgabe der Komponentenspezialisten ist die rechtzeitige Weitergabe von Änderungen (z. B. konstruktive Modifikation von Schnittstellen) an die Anwendungsentwickler.

Unternehmensbereiche

Bei der Erstellung und Aktualisierung der Templates sind unterschiedliche Entwicklungsdisziplinen beteiligt (siehe auch weiter oben den Abschnitt Projektorganisation). Die Anwendung der erstellten Templates wird in Konstruktionsabteilungen weltweit an verschiedenen Standorten verwendet. Schulung und Betreuung übernehmen Key-User vor Ort. Die Templates sind so in die IT- Infrastruktur eingebettet, dass bei der Bereitstellung von zusätzlichen oder geänderten Templates kaum Aufwände entstehen.

Projektdurchführung

Zu Beginn des KBE-Projekts sind Machbarkeit und Wirtschaftlichkeit nachzuweisen. Darauf aufbauend sind entsprechende PowerCopies zu erstellen (z. B. in CATIA V5). Bei Verwendung von PowerCopies werden assoziative Geometrien, die flexibel manipuliert werden können, verwendet. Diese Vorlagemodelle sind intelligent zu gestalten, so dass diese sowohl beim Instanziieren als auch in der Anwendung auf Änderungen reagieren. Durch Features wie Parameter, Regeln, Prüfungen und Formeln wird das Template assoziativ gestaltet. Das bedeutet, dass sich in Folge der Veränderung des Sensorverlaufs beispielsweise die Befestigungselemente entsprechend anpassen. Dies geschieht unter Beachtung der Anforderungen in Bezug auf Bauraum, Gewicht, Belastbarkeit und Fertigungsprozesse. Die in CATIA V5 erstellten Vorlagen setzt der Produktentwickler mittels des Features PowerCopy ein. Der Produktentwickler definiert Einsatzpunkt sowie Ausrichtung und kann so die Schnittstelle

schnell in das CAD-Modell laden. Dazu wird ein unternehmensspezifischer Katalog verwendet, der dem Produktentwickler Informationen zur Anwendung und weitere technische
Hintergründe zur Verfügung stellt. Dank dieser Vorgehensweise stehen die aktuellen Templates allen Entwicklungsstandorten weltweit zur Verfügung und Neuerungen können schnell
verteilt werden. Dabei ist es wichtig alle Anwender zu schulen, neuen Mitarbeitern alle relevanten Informationen im Rahmen ihrer Einarbeitung zur Verfügung zu stellen und bei Änderungen Newsletter an die betroffenen Personen zu versenden.

Wissensbasen

In Templates werden das explizite Wissen, welches in Standards, Design Rules, Normen
vorliegt, sowie das Erfahrungswissen von Mitarbeitern in Form von Regeln, Formeln und
Geometrie abgebildet. Dieses Wissen ist nach Einsetzen der Templates weiterhin in der
jeweiligen Konstruktionsdatei vorhanden, da weiterhin bestimmte Parameter modifiziert
werden können. Im Rahmen des Praxisbeispiels wurde das CAD System CATIA V5 (incl.
KWA-Lizenz) sowie die interne CATIA V5 Programmiersprache „Engineering Knowledge Language" verwendet.

Nutzenpotentiale, Aufwendungen, Herausforderungen

Es müssen vom Produktentwickler keine Normen und Richtlinien gesichtet werden, da
automatisiert die Geometrie in den CAD-Modellen eingesetzt wird, welche nach derzeit
gültigen Regeln Anwendung finden soll. Templates sind daher ein Instrument zur weltweiten Bereitstellung von aktuellen und standardisierten Geometrien. Neben der Zeiteinsparung ist beispielsweise auch die abgesicherte Qualität bzw. Funktionalität von Schnittstellen zwischen Komponenten (Abb. 10.11) ein wesentlicher Nutzen. Bei den Aufwendungen
sind nicht nur die einmaligen Erstellungsaufwände zu berücksichtigen, sondern auch die
Pflege-, Schulungs- und Testaufwände. Diese sind von der Komplexität der Templates
abhängig.

10.3   Wissensentdeckung in Datenbanken

Unter Wissensentdeckung in Datenbanken (engl. Knowledge Discovery in Databases,
KDD) werden allgemein Methoden und Prozesse verstanden, welche computerunterstützt
Wissen aus Daten extrahieren. KDD umfasst das Themenfeld des maschinellen Lernens,
der Statistik und der Datenbanken. Häufig wird Data-Mining als Synonym für KDD verwendet, was allerdings nur einen Teilschritt des gesamten KDD-Prozesses darstellt [FaPS-
1996; MaMF-2010].

In diesem Abschnitt werden zunächst gängige KDD-Prozesse aus der Forschung und
Industrie zusammengefasst (Abschn. 10.3.1) sowie die Grundlagen zur Wissensentdeckung in Datenbanken (Abschn. 10.3.2) erläutert. In Abschn. 10.4 werden Anwendungsbeispiele von Data-Mining in der Produktentwicklung vorgestellt.

10.3.1 Prozesse zur Wissensentdeckung in Datenbanken

Die fortschreitende Digitalisierung des Produktentstehungsprozesses durch den Einsatz verschiedener CAx-Systeme führt zur Erhebung von großen Datenmengen, z. B. numerische und experimentelle Versuchsdaten oder Produkt- und Produktstrukturdaten in PDM-Systemen. Aufgrund der Größe und Komplexität können die erhobenen Daten von Anwendern ohne Computerunterstützung häufig nicht mehr interpretiert werden. Hierdurch bleibt nach [Mohr-2002] ein großer Teil des Wissens in den Unternehmen ungenutzt, welches der Produktentwicklung fast kostenneutral zur Verfügung steht. Zur Unterstützung bei der Entdeckung von Wissen aus den Produktdaten können KDD-Prozesse eingesetzt werden [BKKS-2015].

Das gesamte Themenfeld des KDDs kam in den frühen 1990er Jahren zum ersten Mal auf, in dessen Zuge Data-Mining-Methoden entwickelt wurden, welche die Suche nach Wissen in Datenbasen ermöglichten. Neben den Data-Mining-Methoden wurden auch Werkzeuge entwickelt, die den Einsatz dieser Methoden vereinfachten sowie bei allen Tätigkeiten im Kontext des KDDs unterstützen (z. B. die freie Programmiersprache R für statistische Berechnungen oder das Softwaretool Weka) [MaMF-2010]. In den letzten Jahren wurde darüber hinaus freie und proprietäre Software mit graphischer Oberfläche entwickelt, wodurch Data-Mining auch ohne Programmierkenntnisse durchgeführt werden kann (z. B. RapidMiner Studio, IBM SPSS Modeler oder SAS).

In Abb. 10.12 sind die drei wesentlichen Schritte eines KDD-Prozesses dargestellt. Diese bestehen aus dem *Preprocessing (1)*, dem *Processing (2)* und dem *Postprocessing (3)*. Die Eingangsdaten liegen gewöhnlich als zentrale (beispielsweise relationale Datenbank) oder verteilte Datenbasis (beispielsweise verschiedenen Dateien in verschiedenen Ordnern) vor. Es muss davon ausgegangen werden, dass im Fall einer verteilten Datenbasis die Daten in verschieden Datenformaten zur Verfügung stehen (beispielsweise Textdateien oder Kalkulationstabellen). Ziel des Preprocessings sind vorverarbeite Daten, um das nachstehende Data-Mining durchführen zu können. Da die Daten auf unterschiedlichste Weise abgespeichert, vereinigt und aufbereitet werden

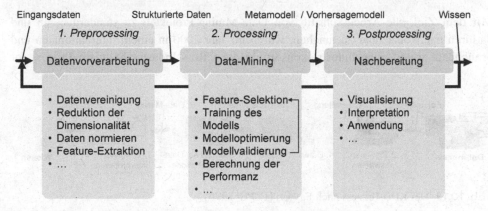

Abb. 10.12 Hauptschritte eines KDD-Prozesses nach [Tan-2006]

können, stellt die Datenvorbereitung i. d. R. den aufwendigsten und zeitintensivsten Schritt im KDD-Prozess dar. Im Processing-Schritt werden Data-Mining-Methoden auf die vorverarbeiteten Daten angewendet. Je nach Art der Daten und dem Analyseziel kommen unterschiedliche Data-Mining-Methoden in Frage (Abschn. 10.3.2). In der Nachbereitung geht es vor allem um die Validierung des Analyseergebnisses und Nutzung des erhobenen Wissens [Tan-2006].

Neben dem vorgestellten, eher abstrakten KDD-Prozess in Abb. 10.12 haben sich in den letzten Jahren zwei Prozesse durchgesetzt, der KDD-Prozess nach Fayyad (Abb. 10.13) und CRISP-DM (Abb. 10.14). Beide werden im Folgenden kurz vorgestellt.

Der KDD-Prozess nach Fayyad besteht aus folgenden neun Schritten.

1. Der erste Schritt besteht in der Identifikation des Ziels für das Data-Mining.
2. Auf Basis der Zieldefinition wird im zweiten Schritt ein Zieldatensatz aus der verfügbaren Datenbasis erzeugt.
3. Im dritten Schritt werden die Daten aufbereitet. Hierbei werden beispielsweise zu sprunghafte Daten geglättet oder Lücken in den Daten beseitigt. Lücken in den Daten entstehen beispielsweise durch Fehlschläge bei der Versuchsdurchführung.
4. Mittels Dimensionsreduktionsmethoden kann die effektive Anzahl an Variablen reduziert werden, bzw. invariante Repräsentationen der Daten können erkannt werden.
5. Bei der Transformation werden Attribute aus den aufbereiteten Daten ermittelt, welche den Datensatz im Hinblick auf die Zieldefinition (Schritt 1) am besten repräsentieren.
6./7. In den nächsten beiden Data-Mining-Schritten wird zuerst die Data-Mining-Methode ausgewählt und anschließend auf die transformierten Daten angewendet (Abschn. 10.3.2).
8. Der achte Schritt besteht aus der Interpretation des identifizierten Musters, wobei die Schritte von eins bis sieben an unterschiedlichen Stellen wiederholt werden können, bis das Ergebnis zufriedenstellend ist.
9. Der neunte und letzte Schritt besteht in der Evaluation und Nutzung des Wissens [FaPS-1996].

Mit dem Ziel, alle Arbeitsschritte von Data-Mining-Projekten zu standardisieren und dadurch nachvollziehbar zu machen, wurde im Jahr 2000 in einem internationalen und branchenübergreifenden Industriekonsortium der **CR**oss-**I**ndustry **S**tandard **P**rocess for

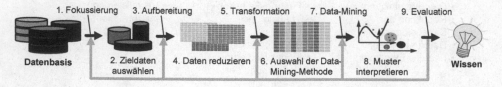

Abb. 10.13 Der KDD-Prozess nach Fayyad [FaPS-1996]

Data Mining (CRISP-DM) entwickelt. Der CRISP-DM besteht aus sechs Phasen, welche in Abb. 10.14 dargestellt sind. Die Pfeile zeigen den iterativen Ablauf zwischen den Phasen im CRISP-DM-Prozess, bis ein Data-Mining-Projekt gelöst ist. Der große Kreis in der Abb. 10.14 symbolisiert den Kreislaufcharakter von Data-Mining-Projekten, welche nicht zwangsläufig nach der letzten Phase „Umsetzung" beendet sind, wobei neue Data-Mining-Projekte von den Erfahrungen aus den bereits durchgeführten Projekten profitieren [CCKK-2000]. Die Phasen des CRISP-DM ähneln im Grunde den Schritten im KDD-Prozess nach Fayyad, allerdings sind hier die einzelnen Aufgaben und ihr jeweiliges Ergebnis wesentlich genauer als Referenzmodell definiert. Für die genauen Definitionen und Beschreibungen sei auf [CCKK-2000] verwiesen.

Alle KDD-Prozesse haben einen sehr wichtigen Aspekt gemeinsam, welcher in der klassischen KDD-Literatur noch zu wenig beachtet wird: Im Kontext der Produktentwicklung muss bereits bei den Schritten zur Datenvorverarbeitung Ingenieurswissen einfließen, um eine ausreichende Vorauswahl der Daten treffen zu können. Anwendungsbeispiele zu den vorgestellten KDD-Prozessen finden sich in Abschn. 10.4 und in [KüBW-2013].

Abb. 10.14 Der CRISP-DM
nach [CCKK-2000]

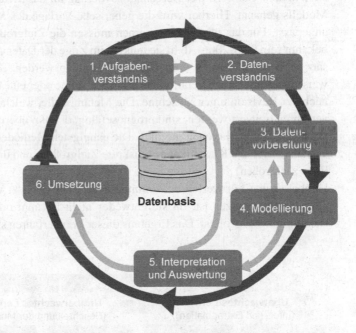

10.3.2 Grundlagen zur Wissensentdeckung in Datenbanken

In diesem Abschnitt wird auf den Data-Mining-Schritt der KDD-Prozesse näher eingegangen. Die richtige Auswahl der Data-Mining-Methodengruppe (Schritt 6 des KDD-Prozesses nach Fayyad) erfordert die Berücksichtigung des Ziels des KDD-Prozesses sowie der zu analysierenden Daten. [FaPS-1996] beschreiben diese Phase als fehlersensitivste des KDD-Prozesses, da die falsche Auswahl der Data-Mining-Methode sehr wahrscheinlich zur Identifikation von bedeutungslosen und ungültigen Mustern führt. In diesem Fall wird vom „Fischen im Trüben" (engl. *data dredging*) gesprochen, wobei Muster identifiziert werden, welche zwar so in den Daten zu finden sind, allerdings sehr wahrscheinlich keinen kausalen Zusammenhang beschreiben.

10.3.2.1 Einteilung der Data-Mining-Methoden

Alle Data-Mining-Methoden werden in zwei Verfahren eingeteilt: überwachte und unüberwachte Lernverfahren (Abb. 10.15). Welches der beiden Verfahren durchgeführt werden kann, hängt von den zu analysierenden Daten ab [Tan-2006].

- Die überwachten Lernverfahren kommen dann zum Einsatz, wenn das Ziel des KDD-Prozesses ein Metamodell zur Vorhersage von bestimmten Zielgrößen ist. Metamodelle werden in der Literatur häufig auch als Prognosemodell, Antwortfläche oder Ersatzmodell bezeichnet. Im Englischen haben sich *surrogate models, response surfaces, meta models* etabliert. Der Berechnungsvorgang für das Metamodell wird Training des Modells genannt. Hierbei wird die generische Vorlage des Metamodells an die Daten angepasst. Für das überwachte Lernen müssen die Zielgrößen vor dem Data-Mining bekannt sein [Tan-2006], d. h. sie müssen im Zuge der Datenvorbereitung in den Datensatz aufgenommen oder vom Ingenieur erhoben werden. Zielgrößen sind beispielsweise das gemessene Drehmoment einer Maschine oder eine ermittelte Schadensklasse nach der Revision einer Maschine. Die Metamodelle, welche durch überwachte Lernverfahren trainiert werden, sind prognosefähig, d. h. im übertragenen Sinn sind hiermit Inter- und Extrapolationen möglich. Die gängigsten Methodengruppen für dieses Lernverfahren sind die Klassifikation (diskrete Zielgrößen) und die Regression (kontinuierliche Zielgrößen).
- Unüberwachte Lernverfahren kommen dann zum Einsatz, wenn die Zielgröße nicht Teil des Datensatzes ist, da sie entweder nicht bekannt oder der Aufwand für ihre Bestimmung zu groß ist. Das Ergebnis dieser Lernverfahren stellt kein Metamodell dar,

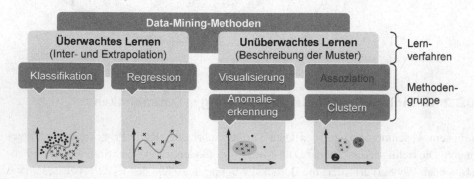

Abb. 10.15 Strukturierung der Data-Mining-Methoden nach [Tan-2006; KMHM-2016]

sondern beispielsweise Beschreibungen der in den Datensätzen enthaltenen Muster. In diesem Lernverfahren gibt es vier Methodengruppen: Visualisierung, Assoziation, Anomalieerkennung und Clustern (Abb. 10.15). Die Visualisierungsmethoden sind das bekannteste Werkzeug, welches zur Identifikation von Mustern in Daten genutzt wird. Die Assoziationsanalyse kann Muster in Form von statistisch relevanten Verknüpfungen im Datensatz identifizieren. Die Anomalieerkennung beschreibt Ausreißer im Datensatz. Clusteralgorithmen können Gruppen im Datensatz identifizieren. Beispielsweise können mit Clusteranalysen Maschinen in einem Kollektiv identifiziert werden, welche sich unterdurchschnittlich verhalten, was auf einen möglichen Schaden hinweist [KMHM-2016].

10.3.2.2   Über- und Unteranpassung von Metamodellen

Die häufigsten Lernverfahren im Ingenieurswesen stellen die überwachten Lernverfahren dar, da für Ingenieure häufig wenige Zielgrößen eines technischen Systems von Interesse sind, beispielsweise die Eigenschaften eines Produktes. Diese Lernverfahren resultieren in prognosefähigen Metamodellen. Jedes Metamodell wird mit dem Ziel trainiert, die Zusammenhänge in den Trainingsdaten dahingehend zu verallgemeinern, dass auch Werte der Zielgröße prognostiziert werden können, welche nicht Teil des Trainingsdatensatzes sind (Inter- und Extrapolation). Ziel des Trainings eines prognosefähigen Metamodells ist demnach, dass zum einen die Trainingsdaten sehr gut abgebildet und diese zum anderen zu einem ausreichenden Grad verallgemeinert werden. In der Literatur finden sich in diesem Kontext häufig die Begriffe *resubstitution error* (dt. Resubstitutionsfehler) oder *training error* (dt. Trainingsfehler) und *generalisation error* (dt. Generalisierungsfehler) des Metamodells. Der Trainingsfehler bezieht sich auf die Eigenschaft des Metamodells, die Zielgröße der Trainingsdaten richtig abzubilden. Der Generalisierungsfehler beschreibt die Eigenschaft eines Metamodells, den Wert einer Zielgröße zu berechnen, welches nicht beim Training des Metamodells beteiligt war (der Fall von Inter- und Extrapolation). Zwei extreme Ausprägungen dieser Fehler werden als *underfitting* (dt. Unteranpassung) und *overfitting* (dt. Überanpassung) bezeichnet. Die Unteranpassung liegt vor, wenn das Metamodell die Zusammenhänge im Trainingsdatensatz nicht ausreichend genau erfasst, d. h. wenn der Trainingsfehler relativ groß ist (Abb. 10.12). Die Überanpassung liegt vor, wenn das Metamodell zwar die Trainingsdatensätze sehr gut abbildet (der Trainingsfehler ist sehr klein), allerdings bei der Inter- und Extrapolation einen großen Fehler macht (großer Generalisierungsfehler). Die Überanpassung kann mit dem „Auswendiglernen" des Trainingsdatensatzes verglichen werden. Hierbei wird das Muster des Trainingsdatensatzes zwar abgebildet, welches allerdings allgemein betrachtet nicht stimmt oder keine Bedeutung hat. Das Optimum stellt einen Kompromiss zwischen beiden Fehlern dar, worin der Trainings- und Generalisierungsfehler möglichst minimal sind (Abb. 10.16c) [WiFH-2011; Tan-2006]. Zur Quantifizierung des Fehlers eines Metamodells gibt es verschiedene Methoden und Kennzahlen, welche in Abschn. 10.3.2.3 vorgestellt werden.

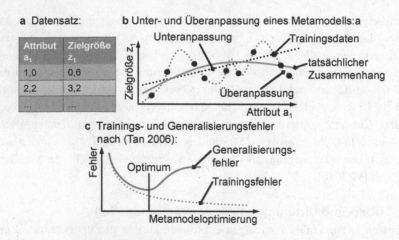

Abb. 10.16 Ermittlung eines prognosefähigen Metamodells

In Abb. 10.16a ist beispielhaft ein Datensatz als Tabelle dargestellt. Ziel des KDD-Prozesses ist die Identifikation des funktionalen Zusammenhangs zwischen dem Attribut a_1 und der Zielgröße z_1. In Abb. 10.16b sind zur Veranschaulichung der tatsächliche Zusammenhang (Ziel des KDD-Prozesses) sowie ein über- und unterangepasstes Metamodell dargestellt (mögliche Fehler, die beim Training gemacht werden können).

10.3.2.3 Validierungsmethoden und -kennzahlen

Neben dem Training des Metamodells ist die Performanz eines prognosefähigen Metamodells als Güte- und Vergleichskriterium von Bedeutung. Die Performanz stellt eine Validierungskennzahl dar, welche die zu erwartende Genauigkeit von Prognosen oder den Fehler des Metamodells darstellt (im Englischen sehr häufig als *score* bezeichnet). Die Berechnung einer verlässlichen Performanz nimmt i. d. R. mehr Zeit in Anspruch als das Training des Metamodells selbst. Dies liegt daran, dass zur Berechnung der Performanz neben dem prognostizierten Wert aus dem Metamodell immer der tatsächliche Wert erforderlich ist. Allerdings sind nur die Werte aus den Trainingsdaten bekannt, weshalb die Validierungsmethoden an diese Gegebenheit ansetzen: Es wird ein Teil des Trainingsdatensatz als Validierungsdatensatz aus dem Training des Metamodells ausgeschlossen und nach Abschluss der Trainingsphase zur Validierung verwendet. Die gängigste Validierungsmethode stellt die k-fache Kreuzvalidierung (engl. *k-fold cross-validation*) bei k = 10 dar [WiFH-2011]. Hierbei wird der Datensatz in zehn Teile geteilt, wobei neun für das Training und einer für die Validierung verwendet wird. Mittels der Validierungsdaten wird eine Performanz berechnet. Der Vorgang wird neun Mal wiederholt, wobei immer ein anderer Teil zur Validierung herangezogen wird. Hierdurch beteiligen sich immer 90 % aller Daten am Training und 10 % an der Validierung. Die resultierende Performanz besteht abschließend aus dem Mittelwert der zehn Performanzen jeder Iteration. Sehr häufig wird die k-fache Kreuzvalidierung statistisch abgesichert, wobei die Kreuzvalidierung n-mal durchgeführt und anschließend der Mittelwert aus den n Performanzen der n Iterationen gebildet wird. Diese erweiterte Kreuzvalidierung wird n-mal k-fache Kreuzvalidierung (engl. *n-times k-fold cross-validation*) genannt [KüBW-2013]. Neben der Kreuzvalidierung gibt es noch *The Bootstrap* (Ziehen einer Stichprobe mit Zurücklegen), *Random Repeated Subsampling* (Iteratives und zufälliges Aufteilen der Trainingsdaten) oder *Holdout Split* oder *Split Validation* (einfaches Zurückhalten von Validierungsdaten im festen Teilungsverhältnis). Die Grundprinzipien sind ähnlich zur Kreuzvalidierung, weshalb hier auf [WiFH-2011; Tan-2006] verwiesen sei.

Zur Quantifizierung der Performanz gibt es verschiedene Validierungskennzahlen. Die Kennzahlen an sich können relativ oder absolut beschrieben werden. Bei einigen Kennzahlen muss für eine gute Performanz der Wert hoch sein, bei anderen niedrig. Dies hängt von der jeweiligen Validierungskennzahl ab. Die genutzte Methodengruppe entscheidet darüber, welche Kennzahl berechnet werden kann, d. h. bei der Regression (kontinuierliche Zielgrößen) kommen andere Kennzahlen als bei der Klassifikation (diskrete Zielgrößen) zum Einsatz. Den meisten Kennzahlen aus dem Bereich der Klassifizierung liegt die Konfusionsmatrix zugrunde (s. [KMHM-2016]). Zu den bekanntesten Kennwerten zählen die Genauigkeit (engl. *accuracy*), die Präzision, die Trefferquote, f1-Wert (engl. *precision, recall* und *f1*) und der AUC-Wert (engl. *area under the curve*), welcher der Fläche unter der ROC-Kurve (engl. *receiver operating characteristic curve*) beschreibt. Die ROC-Kurve ist eine grafische Darstellung der False- und True-Positives aus der Konfusionsmatrix. Jeder dieser Kennwerte hat Vor- und Nachteile, hierfür und für die genaue Definition sei auf [LiHZ-2003; SoLa-2009; Tan-2006; WiFH-2011] verwiesen. Die am häufigsten genutzten Kennzahlen aus der Methodengruppe der Regression sind das Bestimmtheitsmaß R^2 (engl. *CoD, coefficent of determination*), der CoP (engl. *coefficent of prognosis*), der RMSE (engl. *root mean squared error*) und der MAPE (engl. *mean absoulte percentage error*). Für die genaue Definition der Validierungskennwerte sei hier ebenso auf die entsprechende Literatur verwiesen [MaBu-1993; MoWi-2008; WiFH-2011].

10.4 Anwendungsbeispiele für die Nutzung von Data-Mining in der Produktentwicklung

Im Kontext der wissensbasierten Produktentwicklung bieten sich viele Anwendungsszenarien für Data-Mining-Methoden. Die KDD-Prozesse finden vor allem bei der automatischen Wissensakquisition ihre Anwendung (Abschn. 10.1.2) [BKKS-2015]. Nach der automatischen Wissensakquisition können die Metamodelle bei der Produktanalyse und -synthese eingesetzt werden. Beispiele hierfür werden in Abschn. 10.4.2 vorgestellt.

10.4.1 Data-Mining zur automatischen Wissensakquisition

In diesem Abschnitt werden vier Szenarien aus dem Bereich der wissensbasierten Systeme, Expertensysteme oder Konstruktionsassistenzsystem vorgestellt, welche die KDD-Prozesse oder die automatischen Wissensakquisitionsmethoden einsetzen.

Am Beispiel des selbstlernenden Assistenzsystems SLASSY für die fertigungsgerechte Gestaltung blechmassivumgeformter Bauteile konnte gezeigt werden, dass die Produktentwickler bereits frühzeitig im Produktentstehungsprozess eine wissensbasierte Unterstützung erhalten können. Das Assistenzsystem benötigt formalisiertes Wissen zur Inferenz, welches in diesem Kontext Kriterien für einen fertigungsgerechten Gestaltentwurf blechmassivumgeformter Bauteile darstellt. Dieses Wissen wird in der Regel durch direkte und indirekte Wissensakquisitionsmethoden (Abschn. 10.1.3) von Experten erhoben, in die Wissensbasis überführt und dadurch den Produktentwicklern bereitgestellt. Da zu Beginn der Entwicklung von neuen Fertigungstechnologien noch keine Experten zur Verfügung stehen, wurde in SLASSY das Wissen aus den numerischen und experimentellen Parameterstudien der Ingenieure aus dem Bereich der Fertigungstechnologie akquiriert, welche die Fertigungstechnologie an sich erforschen. Hierbei werden neben dem Bauteil auch die Werkzeuge und die Abfolge von Fertigungsprozessschritten untersucht. In der Selbstlernkomponente von SLASSY ist ein KDD-Prozess hinterlegt, welcher die Zusammenhänge zwischen der Variation der Parameter und der Aussage zur Fertigbarkeit in den numerischen und experimentellen Versuchsdaten identifiziert. Durch diese Verallgemeinerung können Produktentwickler Gestaltentwürfe auf ihre Fertigbarkeit hin überprüfen, welche nicht Teil der numerisch oder experimentellen Versuchsdaten waren [BrWa-2012; WaSK-2017].

Am Beispiel einer Windenergieanlage wurde ein Assistenzsystem zur lärmreduzierten Auslegung rotierender Maschinen (ALARM) entwickelt. Hierbei lag ein Fokus auf der Strukturierung von entwicklungsrelevanten Daten, um anschließend gezielt KDD-Prozesse durchführen zu können. Während der Entwicklung einer Windenergieanlage fallen sehr viele Daten an (z. B. aus Akustikmessungen oder MKS-Simulationen), welche die Produktentwickler, bedingt durch den großen Umfang, nur sehr eingeschränkt manuell auswerten können. Im Assistenzsystem ALARM ist einen KDD-Prozess zur Identifikation von Assoziationen in Produktstrukturdaten im Hinblick auf akustische Auffälligkeiten implementiert. Hierdurch können Herstellerwechselwirkungen sichtbar gemacht werden, welche zu unerwünschten akustischen Produkteigenschaften führen, um diese in der sehr frühen Phase bei der strategischen Planung von Produktvarianten zu berücksichtigen [KüWW-2015; KüWa-2015].

Im Kontext von Industrie 4.0 werden sehr viele Sensordaten zur Steuerung von Maschinen (beispielsweise SCADA-Daten[4]) aufgezeichnet. Diese Sensordaten stellen Zeitreihendaten dar, d. h. es sind Messdaten, welche von der Zeit abhängen. Sie spiegeln

---

[4] Die Abkürzung SCADA, ein gebräuchlicher Begriff in der industriellen Praxis, steht für Supervisory Control and Data Acquisition.

das gesamte Verhalten der Maschine wider, weshalb sie zur Zustandsdiagnose genutzt werden können. Der Fokus in diesem Kontext liegt auf der Datenvorbereitung, da die Zeitreihendaten nicht direkt von den Data-Mining-Methoden verarbeitet werden können. Küstner et al. [KMHM-2016] stellen hierfür einen datengetriebenen Ansatz zur Klassifikation von Wartungsmaßnahmen unter Einsatz von Data-Mining-Methoden vor.

Im Kontext der wissensbasierten Simulation wurde ein FEA-Assistenzsystem entwickelt, welches sich mit dem wissensbasierten Aufbau und der wissensbasierten Auswertung von strukturmechanischen Finite-Elemente-Analysen beschäftigt. Hierfür kommen Data- und Text-Mining zur Analyse von Berechnungsmodellen und -berichten [KeSW-2016a] und Künstliche Neuronale Netze für die Bauteilerkennung und für die Plausibilitätsprüfung zum Einsatz. Detaillierte Informationen sind in Abschn. 10.4.3 „Wissensbasierte Simulation" zu finden.

10.4.2 Metamodellbasierte Produktanalyse und -synthese

Metamodelle können für unterschiedliche Analyse und Synthesezwecke im Kontext der Produktentstehung eingesetzt werden. Ganz abstrakt betrachtet können Metamodelle als Funktionen der Form $z = f(a_1, a_2, ..., a_n)$ angesehen werden, wobei *Leerzeichen z Leerzeichen* die Zielgröße und $a_1...a_n$ die Attribute repräsentieren. Durch den funktionalen Zusammenhang zwischen den Attributen und der Zielgröße können verschiedene mathematische Operationen angewendet werden, womit indirekt der Zusammenhang bzw. das Muster in den Datensätzen genauer analysiert und dem Produktentwickler verständlich gemacht wird. In diesem Abschnitt werden hierzu drei Anwendungsbeispiele vorgestellt.

Eine häufige Herausforderung in der Entwicklung von Produkten besteht darin, die relevanten „Stellschrauben" zur Beeinflussung einer Zielgröße nach der Erhebung von Daten und dem Training eines Metamodells zu identifizieren. Zur Begegnung dieser Herausforderung kommen Beitragsleisteralgorithmen in Frage, z. B. eFAST, DGSM oder Analysen nach Sobol und Morris, die im Bereich des Toleranzmanagements überaus erfolgreich eingesetzt werden, um die Attribute mit dem größten Einfluss auf das Schließmaß zu identifizieren. Die varianzbasierte Sensitivitätsanalyse nach Sobol [SRAC-2008] stellt einen Algorithmus dar, welcher für die Analyse der Metamodelle besonders geeignet ist. Er berücksichtigt u. a. die Wechselwirkungseffekte zwischen den Attributen („Stellgrößen"), die bei nichtlinearen Problemstellungen sehr häufig maßgeblich sind. Das Ergebnis einer Sobol-Analyse sind die beiden Kennzahlen für den Haupt- und Totaleffekt zu jedem Attribut (Abb. 10.17): Der direkte Einfluss eines Attributs auf die Zielgröße wird durch die Haupteffektkennzahl beschrieben. Die Haupt- und Wechselwirkungseffekte werden gemeinsam durch die Totaleffektkennzahl berücksichtigt, d. h. je weiter die Totaleffektkennzahl von der Haupteffektkennzahl entfernt liegt, desto größer sind die Wechselwirkungseffekte zwischen dem Attribut und anderen Attributen im Hinblick auf die Zielgröße. Der Haupt- und Totaleffekt beschreiben somit die relevanten „Stellschrauben" des Metamodells, um die Zielgröße zu beeinflussen [BHHW-2013; WSZW-2015].

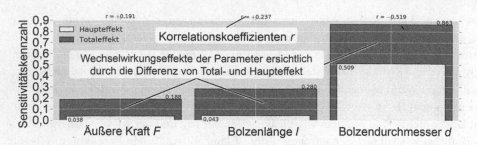

Abb. 10.17 Haupt- und Totaleffektkennwerte für die Bestimmung der maximalen Biegespannung einer Bolzenverbindung. Der Bolzendurchmesser d stellt die größte „Stellschraube" zur Beeinflussung der maximalen Biegespannung dar

Sofern mehrere Zielgrößen gleichzeitig bei der wissensbasierten Produktsynthese berücksichtigt werden sollen, können die Metamodelle in evolutionären und memetischen Mehrzieloptimierungsalgorithmen genutzt werden (Abschn. 9.1). Diese identifizieren computerunterstützt Produktvarianten unter Berücksichtigung mehrerer Zielgrößen – die, sofern sie die jeweilige Zielfunktion gleichwertig, aber nicht gleichartig erfüllen, auch als Pareto-optimal bezeichnet werden (Abschn. 9.1.3). Dieser Ansatz kann mit dem „Umstellen" der Metamodelle nach den Attributen verglichen werden, wobei die Zielgrößen vorgegeben und passende Attribute gesucht werden. Dies ist beispielsweise bei der Beurteilung der Fertigungsgerechtheit von Bedeutung, wo i. d. R. nicht nur ein Fertigungskriterium, sondern mehrere von Relevanz sind. Ziel in diesem Kontext ist die Identifikation von Bauteilentwürfen, welche mehrere Fertigungsgerechtheitskriterien erfüllen. Als Beispiel kann die maximale Erhöhung der Blechdicke eines Tailored Blanks bei gleichzeitiger Erhöhung des Formfüllungsgrades des Werkzeugs zur Herstellung genannt werden (Abb. 10.18).

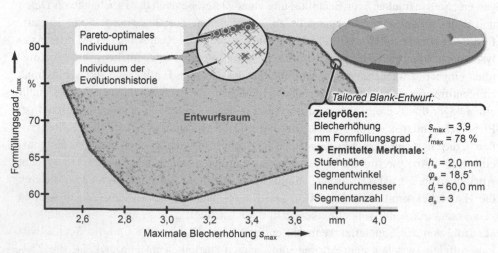

Abb. 10.18 Überlagerung der Pareto-Fronten und der Evolutionshistorie zur Unterstützung des Betriebsmittelkonstrukteurs beim Identifizieren eines Pareto-optimalen Werkzeugentwurfs zur Herstellung von Tailored Blanks hinsichtlich des Formfüllungsgrads am Werkzeug f_{max} und der maximalen Blecherhöhung des Halbzeugs s_{max} nach [KBKL-2016]

Laut [Gold-1989] ist dann ein Pareto-optimaler Bauteilentwurf (Pareto-optimale Lösung) identifiziert, wenn eine Veränderung der Attribute zwar eine der Zielgrößen verbessert, aber gleichzeitig eine der anderen Zielgrößen verschlechtert. Wenn zu jedem Kriterium der Fertigungsgerechtheit ein Metamodell zur Verfügung steht, können mit diesem Ansatz dem Produktentwickler automatisiert fertigungsgerechte Gestaltaltentwürfe vorgeschlagen werden, welche mehrere Zielgrößen berücksichtigen (Abb. 10.18). Für eine genaue Beschreibung des Ansatzes sei auf [BSSW-2015; KBKL-2016] verwiesen.

10.4.3 Wissensbasierte Simulation

Um Simulationen effizient in der Produktentwicklung zu nutzen, müssen diese frühzeitig im Produktentstehungsprozess eingesetzt werden. Aufgrund der meist zu geringen personellen Kapazität in den Berechnungsabteilungen werden Produkte jedoch häufig erst in späten Phasen im Entwicklungsprozess simulativ abgesichert und konstruktionsbegleitende Simulationen zu selten von erfahrenen Berechnungsingenieuren durchgeführt. Auf diese Weise kommt es in der Produktentwicklung häufig zu zeit- und kostenintensiven Iterationen. Ziel der wissensbasierten Simulation ist es daher, das erforderliche Wissen auch weniger berechnungserfahrenen Benutzergruppen, wie z. B. Konstruktionsingenieuren, zur Verfügung zu stellen und den Aufbau aussagekräftiger Simulationen im Rahmen des Preprocessings sowie die Ergebnisauswertung im Postprocessing zu unterstützen und zu automatisieren.

10.4.3.1 Wissensbasiertes Preprocessing

Wie bereits in den Kap. 6 dargestellt, setzt der Aufbau aussagekräftiger Simulationen viel Fachwissen und Erfahrung voraus. Um dieses teilweise nur implizit bei Berechnungsingenieuren vorhandene Wissen für weniger erfahrene Simulationsanwender strukturiert und computerverarbeitbar in einer Wissensbasis zusammenzutragen, stehen indirekte und direkte Akquisitionsverfahren zur Verfügung (siehe hierzu Abschn. 10.1.3). Hierzu dienen beispielsweise Experteninterviews oder eine entsprechende Benutzerschnittstelle, durch die der Experte sein Wissen eigenständig eingeben kann. Aufgrund der hohen Auslastung im Tagesgeschäft sind Berechnungsingenieure jedoch nur eingeschränkt für Interviews einsetzbar. Wie in [KeWa-2015; BKKS-2015] beschrieben, werden daher insbesondere KDD-Prozesse (Abschn. 10.3.1) für die Wissensakquisition angewendet. In diesen automatisierten Akquisitionsprozessen dienen Berechnungsberichte und Modelle aus bereits durchgeführten und validierten Simulationen als Wissensquellen. Diese sind in vielen Unternehmen bereits zahlreich vorhanden und enthalten meist umfangreiches Expertenwissen z. B. über die erforderlichen Vereinfachungen in den Simulationsmodellen (wie das Entfernen ungeeigneter und irrelevanter Geometrieelemente, die Verwendung von Ersatzelementen oder vereinfachte Lastannahmen).

In den Abschn. 10.4.1 und 10.4.2 wurden bereits Data-Mining-Methoden für Anwendungsbereiche aus der Produktentstehung vorgestellt. Mit dem Fokus auf Finite-Elemente-Analysen betreffen die zu analysierenden Datenbestände Geometrie-, Material- und Vernetzungseinstellungen sowie Kontakt- und Randbedingungen für gegebene Anwendungs- und Lastfälle (Kap. 6). Aus den betrachteten spezifischen Fällen und diskreten Werten der Geometrie- und Simulationsparameter werden durch Data-Mining übergeordnete Zusammenhänge abgeleitet, wie z. B. Regeln für eine ausreichend genaue und effiziente Abbildung von Schrauben- und Schweißverbindungen in Finite-Elemente-Analysen. Für den Einsatz von Data-Mining müssen die Datenbestände jedoch in strukturierter Form vorliegen. Falls im Unternehmen bereits zahlreiche validierte Simulationsmodelle zur Verfügung stehen, lassen sich entsprechende Datensätze in relativ wenigen Arbeitsschritten generieren. Berechnungsberichte liegen jedoch häufig in unstrukturierter, textbasierter Form vor und müssen zunächst in ein geeignetes Format überführt werden. Für die Automatisierung dieser Arbeitsschritte kommen Textklassifikation und Informationsextraktion aus dem Bereich des Text-Minings zum Einsatz [KeWa-2015; BKKS-2015]. Bei Text-Mining handelt es sich um eine Sonderform des Data-Minings, die dazu dient natürlichsprachliche Textdokumente durch computerlinguistische und statistische Methoden zu analysieren und aufzubereiten [HiRe-2006]. Durch Textklassifikation lassen sich Berechnungsberichte automatisch in vordefinierte Kategorien unterteilen, wie z. B. den jeweils betrachteten Bauteilen bzw. Modellbereichen, der vorliegenden Analyseart oder der jeweiligen Berechnungsaufgabe. Für nähere Informationen zu den hierzu angewandten statistischen und morphologischen Analysen sei auf einschlägige Literatur, wie [HeQW-2006; HiRe-2006; BKKS-2015; KeSW-2016b], verwiesen. Im Anschluss an die vollständige Textklassifikation der Berechnungsberichte lassen sich durch die Angabe von Kategorien und Suchbegriffen relevante Textabschnitte gezielt aus umfangreichen Textbibliotheken auffinden. Diese Abschnitte müssten jedoch manuell in strukturierten Datensätzen aufbereitet werden, um diese für nachfolgende Data-Mining-Analysen zu nutzen. Für die Automatisierung dieser Aufbereitungsschritte werden Methoden der Informationsextraktion angewendet. Durch Informationsextraktion lassen sich spezifische Informationen in den Textabschnitten computerunterstützt erfassen und strukturieren bzw. irrelevante Information ausblenden [CCEJ-2010]. Die zu extrahierenden Informationen betreffen z. B. die konkreten Vernetzungs- und Kontakteinstellungen für bestimmte Modellbereiche in Abhängigkeit von der Berechnungsaufgabe. Die Informationen, die mit diesen Verfahren erfasst werden, lassen sich in strukturierten Datensätzen gegenüberstellen und zur Ableitung von Modellierungswissen in Data-Mining-Prozessen analysieren. Näheres zu den hierfür eingesetzten semantischen und syntaktischen Analysen findet sich in [HeQW-2006; BKKS-2015; KeSW-2016b].

In Abb. 10.19 sind links die wesentlichen Schritte des genannten KDD-Prozesses zur Akquisition von Modellierungswissen dargestellt. Zudem sind rechts die jeweiligen Eingangsdaten dieser Prozessschritte durch einfache Beispiele veranschaulicht.

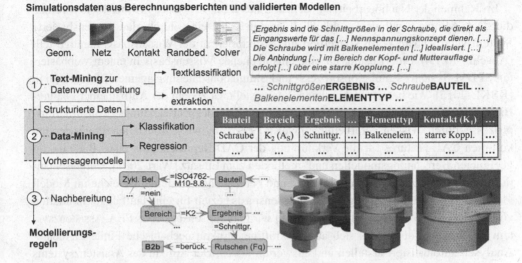

Abb. 10.19 Erhebung von Modellierungswissen durch KDD nach [Tan-2006; KeSW-2016b]

Im ersten Prozessschritt in Abb. 10.19 (Text-Mining zur Datenvorverarbeitung) werden exemplarisch Abschnitte aus der VDI-Richtlinie 2230 Blatt 2 durch Textklassifikation und Informationsextraktion aufbereitet. Der resultierende strukturierte Datensatz wird im zweiten Schritt durch Data-Mining analysiert (siehe Tabelle in der Mitte von Abb. 10.19). In dem dargestellten Datensatz werden u. a. geeignete Vernetzungs- und Kontakteinstellungen für die Abbildung von Schraubenverbindungen (z. B. die Modellierung der Schraubenverbindung mit Balkenersatzelementen mit starren Kontakten im Bereich der Kopf- und Mutterauflage) zu gegebenen Berechnungsaufgaben (z. B. für die Berechnung der Schnittgrößen) gegenübergestellt. Durch Data-Mining werden aus den diskreten Datensätzen übergeordnete Zusammenhänge abgeleitet, wie z. B. Modellierungsregeln in Form von Klassifikationsmodellen (Abschn. 10.3.2.1). Durch diese Klassifikationsmodelle werden für gegebene Berechnungsaufgaben geeignete Simulationsmodellklassen mit verschiedenen Detailgraden vorhergesagt. Im unteren Bereich von Abb. 10.19 sind Ausschnitte aus einem dieser Klassifikationsbäume und verschiedene Finite-Elemente-Modelle zur Abbildung von Schraubenverbindungen dargestellt: Zur vollständigen Berechnung der örtlichen Spannungsverteilung in Schraubenverbindungen sowie für hohe Querbelastungen ist z. B. ein detailliertes Simulationsmodell aus Volumenelementen mit Reib- und Gewindekontakt erforderlich. Lässt sich hingegen ein Klaffen oder Rutschen der Verbindung ausschließen, kann in umfangreichen Baugruppen eine Abbildung der Schraubenverbindung durch Balkenersatzelemente mit vereinfachten Kontakten ausreichend sein. Sind die verspannten Bauteile dünnwandig, ist ferner eine Vereinfachung der Verbindungspartner durch Schalenelemente möglich (Abschn. 6.10) [Tan-2006; KeSW-2016b; VDI-2230-2].

Im Rahmen der Nachbearbeitung (Schritt 3 des KDD-Prozesses in Abb. 10.19) werden die Data-Mining-Ergebnisse schließlich evaluiert, in eine durch das wissensbasierte System verarbeitbare Form konvertiert und strukturiert in der Wissensbasis bereitgestellt (Abschn. 10.1.4). Eine Lösung für eine entsprechende Wissensbasis in einem webbasierten SPDM-System (Simulationsprozess- und Simulationsdatenmanagement) findet sich in [KSKL-2015]. Wie bereits in Abschn. 5.2 dargestellt, ist zudem der Aufbau einer Feature-Bibliothek essentiell für eine effektive Unterstützung der Entwicklungs-/Konstruktionsprozesse durch Wissensverarbeitung [WeKr-1999]. Im wissensbasierten Preprocessing kommen CAE-Features für die Verknüpfung der CAD-Repräsentation eines Bauteils mit geeigneten Berechnungsmodellen und -methoden zum Einsatz [Wart-2001]. Durch semantische Informationen werden die Bauteile und berechnungsrelevanten Bereiche im Modell identifiziert und in Verbindung mit der Wissensbasis gezielt für eine lauffähige Simulation vorbereitet [KeSW-2016a]. In [KeWa-2015] wird ein wissensbasiertes FEA-Assistenzsystem beschrieben, durch das sich aussagekräftige, strukturmechanische Finite-Elemente-Analysen automatisiert erstellen und auswerten lassen. Der Aufbau des Assistenzsystems ist in Abb. 10.20 dargestellt. Zusammenfassend sind darin Text- und Data-Mining-basierte Akquisitionsprozesse sowie eine Wissensbasis und eine CAE-Feature-Bibliothek für die strukturmechanische Analyse verschraubter und geschweißter Profilkonstruktionen und Gehäuse [KeSW-2016a] abgebildet. Hinzu kommt ein Steuersystem, das sich aus der

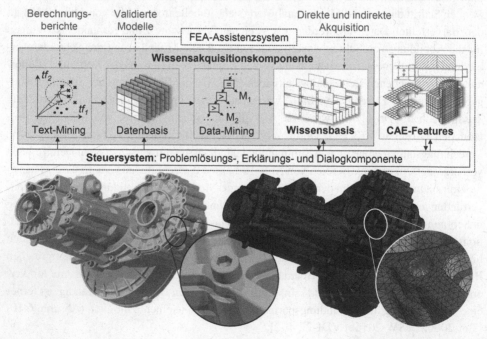

Abb. 10.20 Architektur des FEA-Assistenzsystems nach [Rude-1998; VDGI-1992; KeSW-2016b]

Problemlösungs-, Erklärungs- und Dialogkomponente zusammensetzt. Die Problemlösungskomponente wertet durch Inferenzmechanismen das vorhandene Berechnungswissen für gegebene Berechnungsaufgaben und Anforderungen aus und bestimmt geeignete FEA-Modelle [KeWa-2015]. Darüber hinaus wird über die Erklärungskomponente die Nachvollziehbarkeit der gefundenen Lösungen sichergestellt und der Anwender mittels der Dialogkomponente durch den Modellerstellungsprozess im Rahmen des Preprocessings geführt [KeWa-2015] sowie bei der Interpretation und Plausibilitätsprüfung der Simulationsergebnisse [KKKW-2014; SpHW-2015] im Postprocessing unterstützt [Rude-1998; VDGI-1992; Wart-2001].

In Abb. 10.20 wird die Simulation eines Getriebegehäuses durch das Assistenzsystem unterstützt. Die Definition der Berechnungsaufgabe (Lasten, Lagerungen und erforderliche Berechnungsergebnisse) erfolgt bereits im CAD-System. Außerdem lassen sich die Schraubenverbindungen als CAE-Features in die Gehäusebaugruppen einfügen. Neben einer gleichmäßigen Vernetzung der Gehäuseteile (geringe Elementverzerrungen oder Größenunterschiede benachbarter Elemente) sowie einer ausreichend hohen Netzfeinheit in Bereichen mit hohen Spannungsgradienten (siehe Abschn. 6.10), werden geeignete Ersatzmodelle für die Schraubenverbindungen automatisiert erstellt. In Abb. 10.20 ist die Vereinfachung der Schraubenverbindung durch Balkenmodelle mit entsprechenden Kontakteinstellungen (starre Kopplung der Balken mit den Auflageflächen) für die Berechnung der Schnittgrößen gemäß (VDI 2230 Blatt 1 und 2) dargestellt. Für die Berechnung der örtlichen Beanspruchungen in den Schraubenverbindungen wird hingegen ein rechenintensiveres Modell aus Volumenelementen aufgebaut [VDI-2230-2; KeSW-2016a].

10.4.3.2   Wissensbasiertes Postprocessing

Mit dem wissensbasierten Postprocessing werden Ergebnisdatensätze von Simulationen mit vorhandenem Wissen abgeglichen. Das Simulationsergebnis kann sowohl händisch durch einen Produktentwickler erstellt oder mit wissensbasiertem Preprocessing erzeugt werden. Das vorhandene Wissen stammt zumeist aus bereits im Unternehmen durchgeführten validierten Berechnungen beziehungsweise aus Versuchsergebnissen, welche entsprechend aufbereitet und zum Abgleich mit der Berechnung zur Verfügung stehen. Im Zusammenhang mit wissensbasiertem Postprocessing wird häufig der Begriff der Plausibilitätsprüfung von FE-Berechnungen genannt [FoPM-2015; SpHW-2015]. Zur Abgrenzung der Begriffe Verifikation, Validierung und Plausibilität siehe Abschn. 4.8 „Modellvalidierung und -verifikation". Im Folgenden wird ein Ansatz des wissensbasierten Postprocessings von strukturmechanischen FE-Simulationen nach Spruegel&Wartzack mit integrierter Plausibilitätsprüfung der FE-Zielgrößen vorgestellt [SpWa-2016].

Die Simulationsanalyse erfordert eine durchgängige und strukturierte Ablage von Simulations- und Versuchsdaten um mittels KDD-Methoden (Abschn. 10.3) Wissen zu generieren und Erkenntnisse abzuleiten. Eine sachgerechte Nutzung aller vorhandenen Daten eines Produkts bietet erhebliches Potential zur Verbesserung der Qualität von Simulationsergebnissen, insbesondere wenn Simulationen nicht ausschließlich von erfahrenen Berechnungsingenieuren mit mehrjähriger Berufserfahrung durchgeführt werden. Häufig

werden durch Unternehmen ähnliche Produkte hergestellt (z. B. Fensterheber für Tür-
module) und in Simulationen die gleichen Zielgrößen ermittelt. Durch die Ablage der
Eingangsgrößen (Belastungen, Umgebungsbedingungen, Art der Simulation, etc.) und der
Zielgrößen (von-Mises-Vergleichsspannung, Temperaturen, Deformationen, Drücke, etc.)
können Daten direkt in den KDD-Prozessen weiterverarbeitet werden. Das Ziel besteht
darin, die Zielgrößen in Abhängigkeit der Eingangsgrößen mittels der Data-Mining-Methoden in Form von Metamodellen abzubilden und durch Interpolation für weitere Schritte
oder bisher nicht durchgeführte Simulationen verfügbar zu machen. Plausibilitätsprüfungen ermöglichen das Auffinden von offensichtlich falschen Simulationsergebnissen oder
Fehlern im Preprocessing – eine Aussage zur Exaktheit der vorliegenden Simulationsergebnisse können diese jedoch nicht liefern.

Der Aufbau einer wissensbasierten Simulationsanalyse im Rahmen eines Assistenzsystems ist in Abb. 10.21 dargestellt. Ausgangspunkt ist ein FE-Ergebnisdatensatz welcher
entweder händisch von einem Produktentwickler im FE-System oder durch automatisier-
tes wissensbasiertes Preprocessing erzeugt wurde.

Sollten semantische Informationen zu den Bauteilen fehlen (z. B. es ist nicht bekannt,
dass es sich bei dem betrachteten Bauteil in Abb. 10.22 um einen Ausrücklagerhebel
handelt) kann eine optionale automatische Bauteilerkennung mittels Künstlichen Neuronalen Netzen (Abschn. 9.2) durchgeführt werden. Bei diesem Ansatz werden FE-Netz-
knoten ausgehend vom Massenschwerpunkt auf eine kugelförmige Detektorfläche projiziert. Es ergeben sich unterschiedliche Häufigkeiten von Netzknoten in den einzelnen
Detektorflächen. Durch Abwicklung der Detektorfläche entsteht eine Matrix mit der

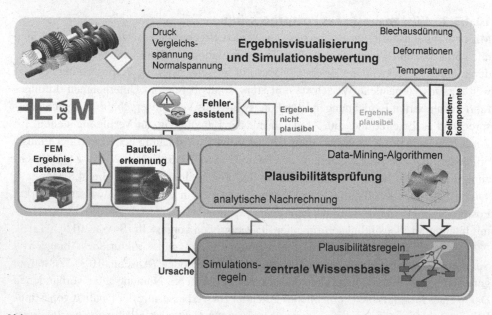

Abb. 10.21 Wissensbasiertes Postprocessing im FEA-Assistenzsystem für strukturmechanische
FE-Simulationsergebnisse [SpWa-2016]

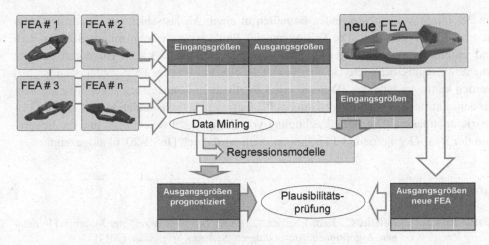

Abb. 10.22 Plausibilitätsprüfung mittels Data-Mining-Methoden (Regression)

Knotenhäufigkeit als numerischem Wert. Da diese Matrizen für Bauteile, deren Geometrie variiert, deutliche Unterschiede aufweisen, kann eine eindeutige Klassifikation (für Details zur Klassifikation mittels Data-Mining-Methoden siehe Abschn. 10.3.2.1) durchgeführt und so die einzelnen Bauteile erkannt werden [SpWa-2015].

Für die Plausibilitätsprüfung des FE-Ergebnisdatensatzes kommen Data-Mining-Methoden wie Regressionsmodelle zum Einsatz. Regressionsmodelle können den Zusammenhang einer Simulationsausgangsgröße (z. B. Normalspannung in X-Richtung) als mathematische Funktion der Eingangsgrößen (Randbedingungen, Geometrieabmessungen, etc.) beschreiben. Wie in Abb. 10.22 zu erkennen müssen zunächst die Eingangs- und Ausgangsgrößen von ähnlichen bereits durchgeführten Simulationen in entsprechender Anzahl vorhanden sein. Aufbauend auf diesen Daten lassen sich Regressionsmodelle (Metamodelle) mit einer zugehörigen Performanz trainieren (Abschn. 10.3.2.3). Diese Regressionsmodelle stehen anschließend für die Prognose der Ausgangsgrößen zur Verfügung. Bei der Durchführung einer weiteren ähnlichen FEA können auf Basis der Eingangsgrößen die zugehörigen Ausgangsgrößen berechnet werden. Es ergeben sich somit sowohl Ausgangsgrößen aus der FEA als auch aus der Prognose des Regressionsmodells. Eine Plausibilitätsprüfung erfolgt durch den Abgleich dieser beiden Datensätze der Ausgangsgrößen.

Sollten die Ergebnisse nicht plausibel sein, wird der Anwender des FE-Systems darauf hingewiesen und es können Hilfestellungen zur Behebung von häufig gemachten Fehlern gegeben werden. Hierfür notwendige Daten werden in einer zentralen Wissensbasis für alle Benutzer des Assistenzsystems abgelegt, hierdurch wird eine kontextsensitive Bereitstellung des erforderlichen Wissens ermöglicht.

Plausible Ergebnisse werden an das Modul der Ergebnisvisualisierung und Designbewertung weitergegeben. FE-Simulationen werden fast immer mit der idealen CAD-Geometrie durchgeführt, wohlwissend dass diese Geometrie nicht das reale spätere Produkt wiederspiegelt [KKKW-2014]. Katona et al. [KSKW-2015] stellen einen Ansatz vor, um 3D-Punktewolken von realen Bauteilen in einem Vorlastschritt auf die ideale CAD-Geometrie aufzubringen. Die Erzeugung der Punktewolke erfolgt mittels 3D-Scannern und einem Reverse Engineering Prozess (siehe Abschn. 3.1.4.1). Hierdurch entsteht eine abweichungsbehaftete Geometrie welche für detailliertere FE-Simulationen genutzt werden kann. Anstelle des 3D-Scans eines Realbauteils können auch Ergebnisse aus Prozesssimulationen genutzt werden um das FE-Netz der Produktsimulation an die Real-Geometrie anzupassen. Die Berücksichtigung von Fertigungsabweichungen und die Integration der Real-Geometrie in CFD-Simulationen wird durch [JoSR-2016] aufgezeigt.

Literatur

[BeKe-2014]   Beierle, C., Kern-Isberner, G.: Methoden wissensbasierter Systeme. Grundlagen, Algorithmen, Anwendungen. Springer, Wiesbaden (2014)

[BrWa-2012]   Breitsprecher, T., Wartzack, S.: Architecture and realization of a self-learning engineering assistance system for the use within sheet-bulk metal forming. In: Hansen, P. K., Rasmussen, J., Jřrgensen, K. A., Tollestrup, C. (Hrsg.) Proceedings of 9th Norddesign Conference (NordDESIGN 2012), Design Society, Glasgow (2012)

[BHHW-2013]   Breitsprecher, T., Hense, R., Hauer, F., Wartzack, S., Biermann, D., Willner, K.: Sensitivitätsanalyse der tribologischen Eigenschaften gefräster Oberflächenstrukturen bei der Blechmassivumformung. In: Merklein, M., Behrens, B.-A., Tekkaya, A. E. (Hrsg.) 2. Workshop Blechmassivumformung, S. 121–136. Meisenbach, Bamberg (2013)

[BKKS-2015]   Breitsprecher, T., Kestel, P., Küstner, C., Sprügel, T., Wartzack, S.: Einsatz von Data-Mining in modernen Produktentstehungsprozessen. ZWF – Zeitschrift für wirtschaftlichen Fabrikbetrieb **110**(11), 744–750 (2015)

[BSSW-2015]   Breitsprecher, T., Sauer, C., Sperber, C., Wartzack, S.: Design-for-manufacture of sheet-bulk metal formed parts. In: Weber, C., Husung, S., Cantamessa, M., Cascini, G., Marjanovic, D., Graziosi, S. (Hrsg.) DS 80-4 Proceedings of the 20th International Conference on Engineering Design (ICED 15), S. 183–192. Design Society, Glasgow (2015)

[CCEJ-2010]   Carstensen, K.-U., Ch., E., Ebert, C., Jekat, S., Klabunde, R., Langer, H.: Computerlinguistik und Sprachtechnologie. Eine Einführung. Springer Spektrum, Heidelberg (2010)

[CCKK-2000]   Chapman, P., Clinton, J., Kerber, R., Khabaza, T., Reinartz, T., Shearer, C., Wirth, R.: CRISP-DM 1.0: Step-by-step data mining guide. The CRISP-DM consortium (2000)

[Deng-1994]   Dengel, A.: Künstliche Intelligenz. Allgemeine Prinzipien und Modelle. BI-Taschenbuchverlag, Mannheim (1994)

[FaPS-1996]   Fayyad, U., Piatetsky-Shapiro, G., Smyth, P.: From data mining to knowledge discovery in databases. AI Mag. **17**(3), 37–54 (1996)

[FoPM-2015]   Forsteneichner, C., Paetzold, K., Metschkoll, M.: Methodische Vorgehensweise zur Verifikation und Validierung komplexer Systeme. In: Krause, D., Paetzold, K., Wartzack, S. (Hrsg.) Design for X. Beiträge zum 26, S. 145–156. DfX-Symposium, TuTech, Hamburg (2015)

[Gilb-1907]   Gilbreth, F. B.: Field System, Eigenverlag New York 1907 und Management History Series No. 30.

[Gold-1989]   Goldberg, D. E.: Genetic algorithms in search, optimization, and machine learning. Verlag Addison Wesley, Reading, MA (1989)

[HeQW-2006]   Heyer, G., Quasthoff, U., Wittig, T.: Text Mining: Wissensrohstoff Text: Konzepte, Algorithmen, Ergebnisse. W3L, Dortmund (2006)

[HiRe-2006]   Hippner, H., Rentzmann, R.: Text-Mining. Informatik-Spektrum 29(4), 287–290 (2006)

[JoSR-2016]   Johansson, R., Stolt, R., Raudberget, D.: An approach to capture engineering knowledge through visual evaluation of mass generated design proposals. In: Marjanovic, D., Culley, S., Lindemann, U., McAloone, T., Weber, C. (Hrsg.) Proceedings of the 14th International Design Conference, Dubrovnik, S. 679–688. Design Society, Glasgow (2016)

[KKKW-2014]   Katona, S., Kestel, P., Koch, M., Wartzack, S.: Vom Ideal- zum Realmodell: Bauteile mit Fertigungsabweichungen durch automatische FE-Netzadaption simulieren. In: Stelzer, R. (Hrsg.) Entwerfen Entwickeln Erleben – Beiträge zu virtuellen Produktentwicklung und Konstruktionstechnik, S. 275–286. TUD-Press, Dresden (2014)

[KSKW-2015]   Katona, S., Spruegel, T. C., Koch, M., Wartzack, S.: Structural mechanics analysis using an FE-mesh adaption to real, 3d surface detected geometry data. J. Mech. Eng. Automat. (JMEA) 5(7), 387–394 (2015)

[KeWa-2015]   Kestel, P., Wartzack, S.: Konzept für ein wissensbasiertes FEA-Assistenzsystem zur Unterstützung konstruktionsbegleitender Simulationen. In: Krause, D., Paetzold, K., Wartzack, S. (Hrsg.) Design for X – Beiträge zum 26, S. 87–98. DfX-Symposium, TuTech, Hamburg (2015)

[KSKL-2015]   Kestel, P., Sprügel, T. C., Katona, S., Lehnhäuser, T., Wartzack, S.: Concept and Implementation of a Central Knowledge Framework for Simulation Knowledge. In: NAFEMS European Conference: Simulation Process and Data Management, Munich, S. 63–66. NAFEMS, Glasgow (2015)

[KeSW 2016a]   Kestel, P., Schneyer, T., Wartzack, S.: Feature-based approach for the automated setup of accurate, design accompanying Finite Element Analyses. In: Marjanovic, D., Culley, S., Lindemann, U., McAloone, T., Weber, C. (Hrsg.) Proceedings of the 14th International Design Conference, Dubrovnik, S. 697–706. Design Society, Glasgow (2016)

[KeSW-2016b]   Kestel, P., Sprügel, T. C., Wartzack, S.: Feature-basierte Modellierung und Bauteilerkennung in automatisierten, konstruktionsbegleitenden Finite-Elemente-Analysen. In: 34. CADFEM ANSYS Simulation Conference, Nürnberg (2016)

[Kurb-1992]   Kurbel, K.: Entwicklung und Einsatz von Expertensystemen. Eine anwendungsorientierte Einführung in wissensbasierte Systeme. Springer, Berlin (1992)

[KüWa-2015]   Küstner, C., Wartzack, S.: The realization of an engineering assistance system for the development of noise-reduced rotating machines. In: Weber, C., Husung, S., Cantamessa, M., Cascini, G., Marjanovic, D., Graziosi, S. (Hrsg.) DS 80-4 Proceedings of the 20th International Conference on Engineering Design (ICED15), S. 71–80. Design Society, Glasgow (2015)

[KüBW-2013]   Küstner, C., Breitsprecher, T., Wartzack, S.: Die Auswirkung der Reihenfolge von Mess- und Simulationsdaten auf das Ergebnis der Kreuzvalidierung in KDD Prozessen. In: Krause, D., Paetzold, K., Wartzack, S. (Hrsg.) Design for X – Beiträge zum 24, S. 175–186. DfX-Symposium, TuTech, Hamburg (2013)

[KüWW-2015]   Küstner, C., Wachsmuth, P., Wartzack, S.: Datenakquisition und -analyse im Assistenzsystem zur lärmreduzierten Auslegung rotierender Maschinen. In: Binz, H., Bertsche, B., Bauer, W., Roth, D. (Hrsg.) Beiträge zum Stuttgarter Symposium für Produktentwicklung (SSP2015). Fraunhofer IAO, Stuttgart (2015)

[KBKL-2016]   Küstner, C., Beyer, F., Kumor, D., Loderer, A., Wartzack, S., Willner, K., Blum,
               H., Rademacher, A., Hausotte, T.: Simulation-based development of Pareto-op-
               timized tailored blanks for the use within sheet-bulk metal forming. In: Mar-
               janovic, D., Storga, M., Pavkovic, N., Bojcetic, N., Skec, S. (Hrsg.) DS 84:
               Proceedings of the DESIGN 2016 14th International Design Conference, S.
               291–300. Design Society, Glasgow (2016)

[KMHM-2016]   Küstner, C., Mitsch, J., Hegwein, M., Meintker, N., Mönks, K., Fröhlich, M.,
               Wartzack, S.: Zustandsdiagnose von Maschinen im Kontext von Industrie 4.0
               unter Einsatz von Data-Mining Methoden. In: Krause, D., Paetzold, K., Wart-
               zack, S. (Hrsg.) Design for X – Beiträge zum 27, S. 169–180. DfX-Symposium,
               TuTech, Hamburg (2016)

[LiHZ-2003]   Ling, C. X., Huang, J., Zhang, H.: AUC: a statistically consistent and more
               discriminating measure than accuracy. In: Proceedings of the 18th Internatio-
               nal Joint Conference on Artificial Intelligence (IJCAI'03), S. 519–524. Morgan
               Kaufmann, San Francisco, CA (2003)

[LuWa-2012]   Luft, T., Wartzack, S.: Requirement analysis for contextual management and
               supply of process- and design knowledge – a case study. In: Marjanovic, D.,
               Storga, M., Pavkovic, N., Bojcetic, N. (Hrsg.) DS 70: Proceedings of the 12th
               International Design Conference (DESIGN 2015), S. 1515–1524. Design
               Society Dubrovnik (2012)

[LuWa-2014]   Luft, T., Wartzack, S.: Verschiedene Rollen im Wissensmanagement – eine bib-
               liografische Studie. Wissensmanagement – Magazin für Führungskräfte **16**(8),
               24–27 (2014)

[LuWa-2015]   Luft, T., Wartzack, S.: Was macht ein Wissensingenieur? Wissensmanagement –
               Magazin für Führungskräfte **17**(1), 8–11 (2015)

[LBRL-2012]   Luft, T., Breitsprecher, T., Roth, D., Lindow, K., Binz, H., Wartzack, S.: Die
               Rolle des Wissensingenieurs im Unternehmen – Ergebnisse einer Umfrage und
               Darstellung in der VDI-Richtlinie „Wissensbasiertes Konstruieren". In: Krause,
               D., Paetzold, K., Wartzack, S. (Hrsg.) *Proceedings of the 23rd* Symposium
               Design for X, S. 63–78. TuTech Verlag, Hamburg (2012)

[LuBW-2013]   Luft, T., Bochmann, J., Wartzack, S.: Enhancing the flow of information in
               the PLM by using numerical DSMs – an industrial case study. In: Bernard, A.,
               Rivest, L., Dutta, D. (Hrsg.) Proceedings of the IFIP WG5.1, S. 90–99. Springer
               Verlag, Berlin Heidelberg (2013)

[LuFW-2014]   Luft,T., Frey, D., Wartzack, S.: Welches Wissensmanagement-System passt
               zum Unternehmen? Wissensmanagement – Magazin für Führungskräfte **16**(1),
               48–51 (2014)

[LuRW-2015]   Luft,T., Roth, D., Wartzack, S.: Knowledge Based Engineering: Konstruktions-
               relevantes Wissen erfassen & nutzbar machen. Wissensmanagement – Magazin
               für Führungskräfte **18**(8), 33–35 (2016)

[Lutz-2012]   Lutz, C.: Rechnerunterstütztes Konfigurieren und Auslegen individualisierter
               Produkte. Rahmenwerk für die Konzeption und Einführung wissensbasierter
               Assistenzsysteme in die Konstruktion. Technische Universität Wien, Disserta-
               tion (2012)

[MaMF-2010]   Mariscal, G., Marbán, Ó., Fernández, C.: A survey of data mining and know-
               ledge discovery process models and methodologies. Knowl. Eng. Rev. **25**(2),
               137–166 (2010)

[MaBu-1993]   Mayer, D. G., Butler, D. G.: Statistical validation. Ecol. Modell. **64**(1), 21–32
               (1993)

[Mohr-2002]   Mohr, H.: Wissensnetze heute. In: Beyrer, K., Andritzky, M. (Hrsg.): Das Netz: Sinn und Sinnlichkeit vernetzter Systeme, S. 125–129. Braus, Heidelberg (2002)

[MoWi-2008]   Most, T., Will, J.: Metamodel of optimal prognosis – an automatic approach for variable reduction and optimal metamodel selection. In: Proceedings of the Weimarer Optimierungs- und Stochastiktage 5, S. 1–21. (2008)

[PBFL-2000]   Penoyer, J., Burnett, G., Fawcett, D., Liou, S. Y.: Knowledge based product life cycle systems. Principles of integration of KBE and C3P. Comput. Aided Des. **32**(5–6), 311–320 (2000)

[Pupp-1990]   Puppe, F.: Problemlösungsmethoden in Expertensystemen. Springer, Berlin Heidelberg (1990)

[Rude-1998]   Rude, S.: Wissensbasiertes Konstruieren. In: Berichte aus dem Maschinenbau. Shaker, Aachen (1998)

[SRAC-2008]   Saltelli, A., Ratto, M., Andres, T., Campolongo, F., Cariboni, J., Gatelli, D., Saisana, M., Tarantola, S.: Global sensitivity analysis. John Wiley & Sons (2008)

[ScAk-2002]   Schreiber, G., Akkermans, H.: Knowledge engineering and management: The Common-KADS methodology. MIT Press (2002)

[Skar-2007]   Skarka, W.: Application of MOKA methodology in generative model creation using CATIA. Eng. Appl. Artif. Intell. **20**(5), 677–690 (2007)

[SoLa-2009]   Sokolova, M., Lapalme, G.: A systematic analysis of performance measures for classification tasks. Inf. Process. Manag. **45**(4), 427–437 (2009)

[Spec-1989]   Specht, D.: Wissensbasierte Systeme im Produktionsbetrieb. Carl Hanser Verlag, München (1989)

[SpWa-2015]   Spruegel, T. C., Wartzack, S.: Concept and application of automatic part-recognition with artificial neural networks for FE simulations. In Proceedings of the 20th International Conference on Engineering Design (ICED15), S. 183–193. Design Society, Glasgow (2015)

[SpWa-2016]   Spruegel, T. C., Wartzack, S.: Das FEA-Assistenzsystem – Analyseteil FEdelM. In: Stelzer, R. (Hrsg.) Beiträge zur virtuellen Produktentwicklung und Konstruktionstechnik, S. 463–474. TUDPress, Dresden (2016)

[SpHW-2015]   Spruegel, T. C., Hallmann, M., Wartzack, S.: A concept for FE plausibility checks in structural mechanics. In Summary of Proceedings, NAFEMS World Congress, San Diego. NAFEMS, Glasgow (2015)

[SpKr-1997]   Spur, G., Krause, F. L.: Das virtuelle Produkt. Management der CAD-Technik. Carl Hanser Verlag, München (1997)

[Stok-2006]   Stokes, M. (Hrsg.): Managing engineering knowledge. MOKA: methodology for knowledge based engineering applications. Professional Engineering Publishing, London (2001)

[Tan-2006]   Tan, P.-N.: Introduction to Data Mining. Pearson Verlag, London (2006)

[Vajn-2001]   Vajna, S.: Wissensmanagement in der Produktentwicklung. In: 12. Symposium Design for X, S. 1–8. Tagungsband, herausgegeben von H. Meerkamm, Erlangen (2001)VDI-2230-1 VDI 2230 Blatt 1: Systematische Berechnung hochbeanspruchter Schraubenverbindungen – Zylindrische Einschraubenverbindungen. Beuth, Berlin (2015)

[VDI-2230-2]   VDI 2230 Blatt 2: Systematische Berechnung hochbeanspruchter Schraubenverbindungen – Mehrschraubenverbindungen. Beuth, Berlin (2014)

[VDI-5610-2]   VDI 5610 Blatt 2: Wissensmanagement im Ingenieurwesen – Wissensbasierte Konstruktion (KBE). Beuth Beuth-Verlag, Berlin (2017)

[VDGI-1992]   VDI-EKV und GI: Wissensbasierte Systeme für Konstruktion und Arbeitspla-
                 nung. VDI Verlag, Düsseldorf (1992)
[WSZW-2015]   Walter, M., Spruegel, T., Ziegler, P., Wartzack, S.: Berücksichtigung von Wech-
                 selwirkungen zwischen Abweichungen in der statistischen Toleranzanalyse.
                 Konstruktion **10**, 88–92 (2015)
[Wart-2001]   Wartzack, S.: Predictive Engineering – Assistenzsystem zur multikriteriellen
                 Analyse alternativer Produktkonzepte. Fortschritt-Berichte VDI Reihe 1, Kons-
                 truktionstechnik, Maschinenelemente, Bd. 336. VDI-Verlag, Düsseldorf (2001)
[WaSK-2017]   Wartzack, S., Sauer, C., Küstner, C.: What does Design for Production mean? –
                 From Design Guidelines to Self-learning Engineering Workbenches. In: Meyer,
                 A., Schirmeyer, R., Vajna, S. (Hrsg.) Proceedings of the 11th International
                 Workshop on Integrated Design Engineering, Magdeburg, S. 93–102. (2017)
[WeKr-1999]   Weber, C., Krause, F.-L.: Features mit System – die neue Richtlinie VDI 2218.
                 VDI-Berichte Nr. 1497, S. 349–367. VDI-Verlag, Dusseldorf (1999)
[WiFH-2011]   Witten, I. H., Frank, E., Hall, M. A.: Data Mining: Practical Machine Learning
                 Tools and Techniques 3. Aufl. Morgan Kaufmann, Amsterdam (2011)

Entwicklung, Planung und Steuerung von Produktionssystemen 11

In diesem Kapitel werden die im Rahmen der Produktentstehung notwendigen Planungs-funktionen zur Gestaltung der Produktion dargestellt. Ausgehend vom vorliegenden 3D-CAD-Modell des Produkts müssen Fertigungsverfahren ausgewählt, bzw. erfolgen diese Schritte oft parallel, da die zur Verfügung stehenden Fertigungsverfahren oft die Entwicklung beeinflussen. Dann erfolgt die Planung der benötigten Arbeitsvorgänge zur Herstellung und zur Montage der Einzelteile sowie die Fertigungsmittel und Kapazitä-ten. Die Versorgung der Fertigungsmittel mit den aus den vorhandenen Daten abzuleiten-den Informationen (z. B. Steuerprogramme für die Werkzeugmaschinen) ist ein weiteres Anwendungsgebiet der CAx Systeme, das in diesem Kapitel an Hand der Breite aller Fertigungstechnologien bis zur digitalen Fabrik dargestellt wird.

11.1 Grundlagen technischer Produktionsplanung

Die Planung technologischer Prozesse ist eine wesentliche Vorbedingung für die rationelle, qualitativ erfolgreiche Produktion. Innerhalb der drei Zielgrößen Qualität, Termin und Kosten, wie in Abb. 11.1 als Zusammenspiel der drei Ziele gezeigt, soll bereits in der Produktentwick-lung je nach Gewichtung dieser ein Optimum gefunden werden, da andernfalls durch eine experimentelle Optimierung ein erhöhter Kosten- und Zeitaufwand erforderlich ist.

Die Gestaltung des Produktes mithilfe rechnerunterstützter Systeme ist der Aus-gangspunkt für die technische Planung, in der die Auswahl der Fertigungstechnologie, der Maschinen und Werkzeuge sowie die Bestimmung der Arbeitsfolge stattfinden. Zur Unterstützung dieser Planungsaufgabe steht eine Vielzahl von Werkzeugen in Form von Software-Modulen zur Verfügung. Auch die Überprüfung der Ergebnisse erfolgt mit Modellen und Simulationswerkzeugen. Leider sind einige dieser Module noch alleinste-hende Hilfsmittel, die nicht auf vorhandene Eingangsinformationen und -daten selbsttätig

© Springer-Verlag GmbH Deutschland, ein Teil von Springer Nature 2018
S. Vajna et al., *CAx für Ingenieure*,
https://doi.org/10.1007/978-3-662-54624-6_11

Abb. 11.1 Magisches Dreieck der Produktion

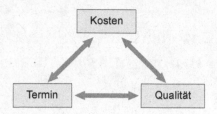

zurückgreifen können. So ist es ein Ziel der Weiterentwicklung, dieses Zusammenwirken zu ermöglichen, so dass die Planungsaufgaben innerhalb einer virtuellen und modellierten Fabrik, der digitalen Fabrik, durchgeführt werden können (Abb. 11.2).

Wie in Kap. 2 dargestellt, umfasst die Produktentwicklung am Ende der Aktivitäten die Produktionsvorbereitung mit Fokus auf der technologischen Planung der Produktionsprozesse (mit der Entwicklung von Produktionsmitteln), Prototypenbau und Test sowie die Freigabe für die Produktion, weil bis hierher im Wesentlichen mit virtuellen Objekten gearbeitet wird (von Anschauungsmodellen und Prototypen abgesehen) und der Übergang zu physischen Objekten erst mit der Freigabe für die Produktion erfolgt. In der Praxis können dabei unterschiedliche organisatorische Zuordnungen auftreten. So überlappen sich in Abb. 11.2 die Produktentwicklung mit der Produktionsplanung, die in diesem Beispiel organisatorisch der Produktion zugeordnet ist

Die Rechnerunterstützung der Technischen Produktionsplanung erfolgt durch unterschiedliche Module, die unter dem Begriff *CAP-Systeme* (CAP: Computer-aided (Process-) Planning) zusammengefasst werden. Hierzu gehören beispielsweise NC-Systeme und Systeme zu Planung von Arbeitsplänen usw. Die Schnittstelle zwischen den daran beteiligten Systemen erfolgt heute über das rechnerinterne 3D-Modell des Bauteils

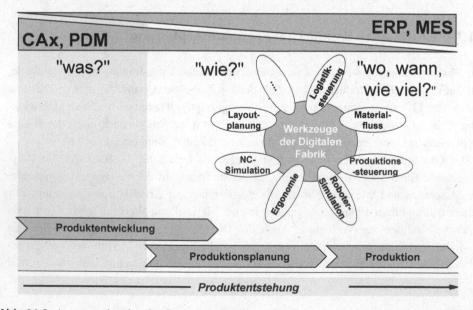

Abb. 11.2 Ausgangssituation für die digitale Fabrik

im CAD-System und den darauf aufbauenden definierten Eigenschaften, auf den CAP-Systeme auch zugreifen können. Mehr und mehr kommen dabei auch virtuelle Verfahren zum Einsatz, so dass Planungsergebnisse anhand der modellierten geplanten Welt im Virtuellen überprüft werden können, ohne eine Investition in Betriebsmittel getätigt zu haben.

Die Produktionsvorbereitung (Abb. 11.3) stellt einen zweistufigen Prozess dar. Einerseits müssen die Folge der erforderlichen Technologien, die benötigten Werkzeugmaschinen, Werkzeuge sowie Hilfsmittel auftragsunabhängig festgelegt werden (Produktionsplanung) und andererseits ist die terminliche Einplanung in einen laufenden Produktionsfluss erforderlich (Produktionssteuerung). Diese beiden Phasen werden in der Literatur oft auch Arbeitsplanung und -steuerung oder Fertigungsplanung und -steuerung genannt.

Beide Schritte greifen auf vorhandene Daten zurück und erzeugen Daten, die bei der Umsetzung der Fertigung benötigt werden. Daher ist es sinnvoll, diese Planungsaufgaben durch den Rechner zu unterstützen und soweit möglich automatisiert im Falle der Wiederholung einer gleichen oder ähnlichen Aufgabenstellung vom Rechner durchführen zu lassen.

Im Rahmen der Planung von Produkt und Produktionsmitteln ist die klassische Vorgehensweise ein Bottom-Up-Prozess. Ausgehend von der Gestaltung des Produkts werden die für seine Herstellung benötigten Technologien mit den erforderlichen Ressourcen (Personal, Werkzeugmaschinen, Werkzeuge, Vorrichtungen, Spann- und Hilfsmittel) ausgewählt und in der Folge der Fertigungsschritte optimal aufeinander abgestimmt und zu einer produktspezifischen Arbeitsplan zusammengefügt. Als Vorgabe gilt hier die prognostizierte abzusetzende Stückzahl bzw. Losgröße, auf Grund dessen sich eine Kostenobergrenze ergibt. Das Ergebnis der produktbezogenen Planung muss auf weitere ähnliche Produkte und deren Prozessketten abgestimmt werden. Dieser komplexe Planungsprozess muss auch die Zulieferung von Teilen, Baugruppen und Leistungen berücksichtigen

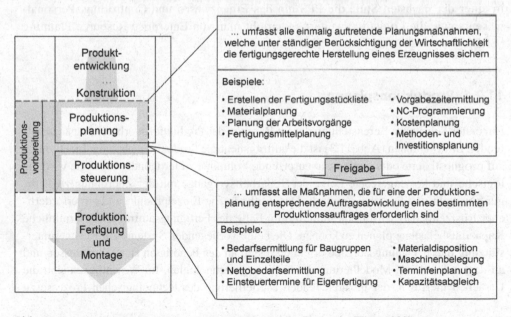

Abb. 11.3 Aufgaben der Produktionsvorbereitung (auf der Basis von [Ever-1989])

und er erfordert darüber hinaus die Berücksichtigung zeitlich schwankender Bedarfe des Marktes. Auch die Überlappung mit Vorgänger- bzw. Nachfolgerprodukten muss der Planer berücksichtigen.

11.2   Rechnerunterstützte Produktionsplanung und -steuerung

Es liegt auf der Hand, diese Aufgaben durch den Einsatz von Rechnern zur Verwendung vorhandenen Wissens und bewährter Lösungen wie auch zur weiteren Zusammenarbeit zwischen den Planern zu unterstützen.

Die Produktionsplanung und -steuerung (PPS)

- ist ein Arbeitsgebiet, das Elemente aus Betriebswirtschaftslehre (insbesondere der Fertigungswirtschaft), Maschinenbau und insbesondere der Wirtschaftsinformatik enthält.
- beschäftigt sich mit der operativen (zeitlichen und mengenmäßigen) Terminierung, Steuerung und Kontrolle, damit zusammenhängend auch der Verwaltung aller Vorgänge, die sich in einem existierenden Produktionsbereich eines Unternehmens abspielen.

Teile der PPS sind:

- die Produktionsprogrammplanung,
- die Materialwirtschaft,
- die Termin- und Kapazitätsplanung (Zeitwirtschaft),
- die Auftragsfreigabe und die Auftragsüberwachung.

Die beiden Aufgaben der Produktionsplanung und -steuerung müssen zur Durchführung der Fertigung miteinander verzahnt die Inhalte für die Aufträge zur Verfügung stellen und greifen daher häufig auf eine gemeinsame Informationsbasis zurück. Wird in einer der nächsten Stufe die PPS um das Finanzwesen und Controlling, Personalwesen sowie die Logistik erweitert so spricht man von Enterprise Resource Planning (ERP).

11.2.1 Produktionsplanung

Ein erster Schritt zur Bereitstellung der im Rahmen der Produktionsvorbereitung zu schaffenden Informationen (Abb. 11.3) ist die auftragsneutrale Produktionsplanung. Im Hinblick auf prognostizierte oder geplante abzusetzende Volumina zu fertigender Produkte wird die logische und kostengerechte Folge der Teilarbeitsvorgänge mit der Zuordnung zu Fertigungsmitteln und Personal ermittelt. Der Zeitbedarf je Einzelprodukt und ein erforderlicher Rüstzeitbedarf wird festgestellt, um im Falle des Fertigungsauftrages die terminliche Kapazitätsbelastung planen zu können. Die heute vorliegenden Systeme zur Rechnerunterstützung dieser Planungsaufgabe orientieren sich an den benötigten Herstellprozessen und an der vorhandenen Modellierung der Fertigungstechnologien. Im Wesentlichen sind die Ursachen hierfür in der unzureichenden Modellierung der technologischen Prozesse zu finden. Häufig eingesetzte Technologien, wie z. B. die Zerspanungsverfahren, sind verhält-nismäßig gut erfasst und daher für eine Fülle von Werkstoffen recht gut dargestellt.

11.2.2 Produktionssteuerung

Die Produktionssteuerung hat die Aufgabe der Durchführung der Fertigungsaufträge auf der Basis der Produktionspläne sowohl mit dem Blick auf die Einhaltung der Termine als auch der Minimierung der Kosten zu lösen. Dazu bedarf es der möglichst hohen Nutzung der vorhandenen Kapazitäten bei einer Beachtung bereits laufender Aufträge und unter Berücksichtigung möglicher Störungen organisatorischer und technischer Art. Zu den Aufgaben der Produktionssteuerung ist auch die Bereitstellung benötigter Werkstoffe und Fertigungshilfsstoffe sowie der Fertigungsmaschinen und Vorrichtungen zu zählen. Dieses Aufgabenfeld wird von ERP-Systemen unterstützt.

Abb. 11.4 zeigt die Struktur der Aufgaben, die die Produktionssteuerung bewältigen muss. Nach Bestätigung der verfügbaren Materialien und Kapazitäten wird der Auftrag

Abb. 11.4 Einzelfunktionen der Produktionssteuerung

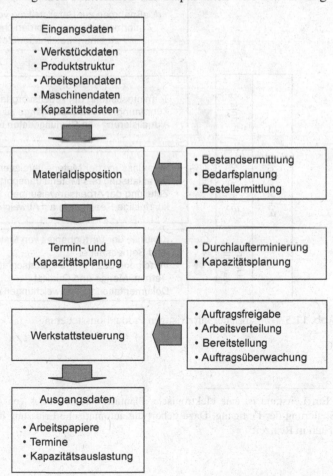

freigegeben und an Hand der dem Arbeitsplan zu entnehmenden Durchlaufreihenfolge die Belegung der Fertigungsmittel mit den einzelnen Teilarbeitsvorgängen terminlich eingeplant. Eventuell vorhandene Überbelegungen müssen durch geeignete Umplanungen oder Fremdvergaben, d. h. Aufträge an Fremdfertiger, beseitigt werden. Die sich ergebende Auftragsfolge wird an den ausführenden Bereich weitergeleitet, der nun die Zuordnung an einzelne Arbeitsplätze vornimmt und die Ausführung der zugewiesenen Aufträge überwacht.

Die kurzfristige Planung und Überwachung der Auftragsabwicklung wird durch einen Leitstand[1] unterstützt, der auf der Ebene der Werkstatt die in Abb. 11.5 angesprochenen Aufgaben erfüllt und der ein Bestandteil eines sogenannten Fertigungsleitsystems ist. Der Leitstand ist in das Informationsnetz des Unternehmens eingebunden und unterstützt das Werkstattmanagement bzw. die Auftragsdisposition mit aktueller Information bezüglich laufender Aufträge.

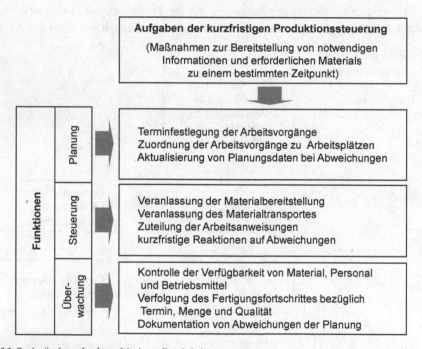

Abb. 11.5 Aufgaben der kurzfristigen Produktionssteuerung

---

[1] Ein Leitstand ist eine elektronische Plantafel auf der Basis von Algorithmen zur Planung und Steuerung der Fertigung. Dazu gehört die automatische Erfassung und Verarbeitung der Betriebsdaten in Realzeit.

Die einzelnen Aufgaben von Fertigungsleitsystem und Leitstand zeigt Abb. 11.6. Einerseits sind es Verwaltungsaufgaben, wie die Lagerverwaltung, NC-Programm- und Fertigungshilfsmittelverwaltung, andererseits Aufgaben der kurzfristigen Disposition und des Störungsmanagements. Der Leitstand unterstützt das Werkstattmanagement durch Vorschläge zur Disposition und deren Änderung im Störungsfall, kann aber nicht automatisch entscheiden, da die Folgen über die weitere Zukunft der Auftragsabwicklung für das lokale System nicht absehbar sind. Das Werkstattmanagement wird bei seinen Entscheidungen unterstützt, da zeitliche Verschiebungen bekannter und freigegebener Aufträge im Störungsfall und daraus resultierende Konsequenzen angezeigt werden.

11.2.3 Feature-Technologie in der CAP-Nutzung

Features sind entsprechend der Definition der FEMEX-Gruppe, die in die VDI-Richtlinie 2218 [VDI-2218] eingeflossen ist, informationstechnische Elemente, die Bereiche von besonderem (technischem) Interesse von einzelnen oder mehreren Produkten darstellen. Ein Feature wird durch die Aggregation von Eigenschaften eines Produktes beschrieben. Die Beschreibung beinhaltet die relevanten Eigenschaften selbst, deren Wert sowie deren Relationen und Zwangsbedingungen (constraints). Ein Feature repräsentiert eine spezifische Sichtweise auf die Produktbeschreibung, die mit bestimmten Eigenschaftsklassen und bestimmten Phasen des Produktlebenszyklus im Zusammenhang steht.

Neben der Fähigkeit der Features, eine technologische Semantik zu tragen, werden zwei weitere Eigenschaften hervorgehoben, nämlich die Möglichkeit, individuell für jeden Verwendungszweck und für jeden Benutzer eigene Features zur Verfügung zu stellen sowie die Durchgängigkeit der Produktionsdaten von der Auslegung bis zur Fertigung

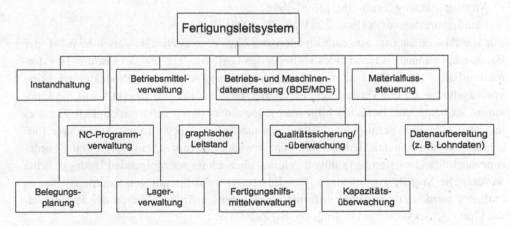

Abb. 11.6 Funktionen des Fertigungsleitsystems [Jost-1994]

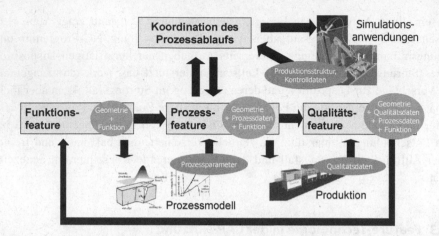

Abb. 11.7 Beispiel der Feature-Anwendung zur Gestaltung des rechnerunterstützten Informationsflusses [BlFr-2004]

zu gewährleisten. Gerade der zweite Aspekt ist für die Anwendung des Feature-Konzepts im Rahmen von CAx-Systemen von besonderem Interesse, da sich die jeweils wichtige Information, wie in Abb. 11.7 gezeigt, in Form der zugeordneten Semantik ergänzen lässt.

Bisher erstreckt sich die Anwendung der Feature-Technologie auf Produktentstehung und Produktionsplanung. Die Produktionsplanung nutzt die Feature-Technologie bei den folgenden Aufgaben [VDI-2218]:

- Arbeitsplanerstellung [BOTW-1999]
- NC-Planung und -Programmierung [Fran-2003]
- Messplanung [Fran-2003] [BlZB-2005]
- Schweißablaufplanung [Fran-2003]
- Montageplanung [Fran-2003] [Stol-1996]
- Qualitätsmanagement [Fran-2003] [BlZB-2005]

Für die Anwendung ist zu unterscheiden zwischen dem Feature-basierten Entwurf, der Feature-Erkennung an Hand eines vorliegenden CAD-Modells und der Feature-Transformation [BärT-1998]. Die Feature-basierte Modellierung schränkt die Produktentwicklung vordergründig auf die Verwendung definierter Features ein und scheint somit die Innovation zu behindern. Berücksichtigt man jedoch, dass durch benutzerdefinierte Features jederzeit eine Erweiterung der Featurebasis möglich ist, so wird diese befürchtete Einschränkung überwunden. Jedoch wird der Entwickler hiermit (ebenso wie mit der Forderung nach Standardisierung) sinnvoll geleitet, um auch für nachfolgende Planungsschritte wesentliche Vorteile zu gewinnen. Der Bearbeiter kann hiermit von Routinetätigkeiten entlastet werden und wichtige Informationen bereits in frühen Phasen der Produktentwicklung berücksichtigen [BlBo-2006, BlFZ-2004].

Findet nicht von vornherein eine Anwendung von Features statt, wird mit Blick auf die folgenden Planungsaufgaben die Feature-Erkennung erforderlich. Die Feature-Erkennung kann manuell oder automatisch mithilfe von Algorithmen erfolgen, die aus dem Produktmodell Eigenschaften an Hand signifikanter Merkmale eines Features herauslesen. In erster Linie handelt es sich um geometrische Merkmale, jedoch lassen sich aus den Informationen der Stückliste auch funktionale Eigenschaften heranziehen (z. B. Bauteilnamen, Normbezeichnungen).

Um Features in der Produktionsplanung nutzen zu können, sollten diese bereits in den vorhergehenden Schritten der Produktentstehung eingesetzt werden. Der Informationsgehalt des Features hängt insbesondere davon ab, inwieweit das Feature-Konzept von dem eingesetzten CAD-System durchgängig unterstützt wird.

11.3 Einteilung der Fertigungsverfahren

Für die rechnerunterstützte Produktionsplanung bieten sich die Fertigungstechnologien des Maschinenbaus mit unterschiedlichem Bedarf und Eignung an. Aus diesem Grunde soll im Folgenden an der Breite verfügbarer Technologien untersucht werden, inwieweit sich die Produktionsplanung durch den Rechnereinsatz unterstützen lässt. Zur Strukturierung bietet sich die Ordnung nach DIN 8580 an (Abb. 11.8). Zu den jeweiligen Gruppen zählt beispielsweise das Gießen (Urformen), das Schmieden (Umformen), das Zerspanen (Trennen), das Schweißen (Fügen), das Eloxieren (Beschichten) oder das Härten (Stoffeigenschaft ändern).

Schaffen der Form	Ändern der Form					Ändern der Stoffeigenschaften
Zusammenhalt schaffen	Zusammenhalt beibehalten	Zusammenhalt vermindern	Zusammenhalt vermehren			
Hauptgruppe 1 Urformen	Hauptgruppe 2 Umformen	Hauptgruppe 3 Trennen	Hauptgruppe 4 Fügen	Hauptgruppe 5 Beschichten	Hauptgruppe 6 Stoffeigenschaft ändern	

Abb. 11.8 Einteilung der Fertigungsverfahren nach [DIN-8580]

11.3.1 Urformen

Im Zusammenhang mit der Frage der Rechnerunterstützung bzw. der Automatisierung des Urformens ist die Verarbeitung sowohl von metallischen Werkstoffen als auch von Kunststoffen von besonderer Bedeutung. Die in Abb. 11.9 aufgeführten Werkstoffe werden in der industriellen Produktion bevorzugt.

Zwar ist auch der Gießereibetrieb wegen des Kosten- und Konkurrenzdrucks zur Automatisierung der Abläufe gezwungen, jedoch ist der Gießvorgang selbst nicht durch die

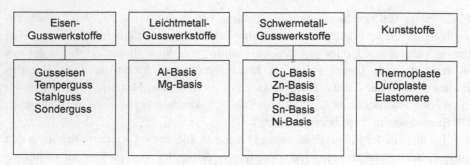

Abb. 11.9 Metallische Gusswerkstoffe und Kunststoffe

Rechnerunterstützung geprägt, sondern hier sind es im Wesentlichen die Prozesse der Aufbereitung der Schmelze wie auch die innerbetrieblichen Transporte, die mit dem Computereinsatz zur Steuerung eine deutliche Verbesserung erfuhren.

Die Technologien des Urformens aber können in der weiteren Betrachtung nicht vernachlässigt werden, denn der Formenbau ist ein sehr anspruchsvolles Feld, das durch den Einsatz von CAx-Systemen wichtige Verbesserungen erfahren hat. Abb. 11.10 deutet die Vielfalt des Bedarfs an, der sich in allen Bereichen sowohl beim Gießen mit Dauerformen wie beim Einsatz verlorener Formen ergibt.

Die Herstellung von Teilen aus Kunststoffen benötigt ebenfalls eine Form zum Spritzgießen oder Extrudieren. Die Verfahrenskette, beginnend mit der Teilegestaltung im CAD-System, wird vom Rechner unterstützt bei der Gestaltung des Formwerkzeuges und seiner Auslegung mittels der Berechnung der Formfüllung und des Fließverhaltens des plastifizierten Kunststoffs. Zur Herstellung der Form greift man auf die Rechnerunterstützung in der NC-Technik zurück.

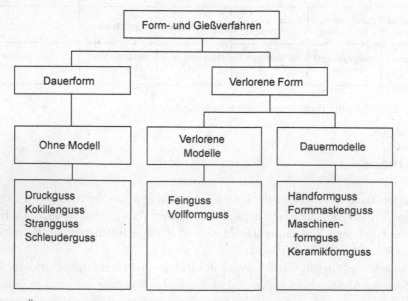

Abb. 11.10 Übersicht über die wichtigsten Form- und Gießverfahren

11.3.2 Umformen

Die Ordnung der Umformverfahren nach Abb. 11.11 ausgehend von den inneren Spannungszuständen des Werkstückes deutet bereits an, dass durch die numerische Steuerung der Werkzeugmaschine (wie z. B. Walzen) einige der verfügbaren Technologien eine sinnvolle Unterstützung finden. Ausgehend von den heutigen Möglichkeiten der Modellierung und Simulation des Umformverhaltens mittels FEM bzw. spezieller Softwareprodukte während des Teileentwurfs und der Auslegung der Stadienfolge vom flachen Ausgangsrohteil zum ausgeformten Fertigteil werden diese Modelle zur Basis der NC-Programme herangezogen.

Am Beispiel des Tiefziehens ist in Abb. 11.12 der Einsatz der Steuerungstechnik an der Werkzeugmaschine zu bewerten. Die notwendigen Operationen sind die Umformzwischenstufen, beginnend mit der zugeschnittenen Platine bis zum beschnittenen Fertigteil, sowie Handhabungsoperationen zwischen einzelnen Umformstufen.

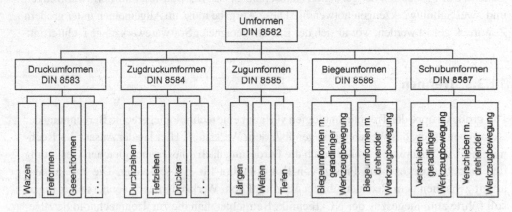

Abb. 11.11 Einteilung der Umformverfahren nach [DIN-8580]

Abb. 11.12 Stadienfolge eines Tiefziehteiles (Ölwanne) von der Platine zum beschnittenen Fertigteil [Schu-1996]

Die Walzwerkstechnik ist in den letzten Jahrzehnten wesentlich durch die Rechner-unterstützung weiterentwickelt worden. So berechnet der Prozessrechner auftragsbezogen die Temperaturführung des Walzgutes und die Stichfolge und nimmt entsprechend die Zustellung der Walzen vor. Durch eine sehr gute prozessgerechte Modellierung des Umformverhaltens des Walzgutes in der Beanspruchungszone wird diese Aufgabe ohne Eingriff des Gerüstführers mit dem Ergebnis gelöst, dass die Qualität der Produkte gleich-bleibend hoch bleibt.

Wie im Falle der Urformtechnologien verlangt der Werkzeug- und Formenbau auch eine durchgängige Rechnerunterstützung vom herzustellenden Teil bis zur Anfertigung des Werk-zeugs. Diese Aufgabe ist besonders dadurch gekennzeichnet, dass Werkzeuge im Allgemeinen einmalig hergestellt werden, da sie für die Herstellung einer großen Stückzahl von Werk-stücken geeignet sein müssen. Dazu bedarf es zum Beispiel der umformgerechten Auslegung einzelner Zwischenstufen des zu fertigenden Teils, wie in der Stadienfolge der Abb. 11.12 dar-gestellt. Zur Produktion der gezeigten Halbschale ist also der Bau von fünf Formwerkzeugen und zwei Schnittwerkzeugen notwendig. Diese Aufgabe muss im Allgemeinen unter großem Zeitdruck gelöst werden, womit sich der Einsatz geeigneter Softwarewerkzeuge rechtfertigt.

11.3.3 Trennen

Die große Gruppe der Trenntechnologien verlangt eine technologiegerechte Berechnung der Relativbewegung des Werkzeugs gegenüber dem Werkstück. Hier lag der Ansatz des Rech-nereinsatzes vor etwa 50 Jahren durch die Forderung nach einer immer gleichen Gestaltung des Werkzeugweges beim Fräsen von Rotorblättern für Hubschrauber. Die Zusammen-arbeit zwischen dem Rechneranbieter IBM und dem Werkzeugmaschinenhersteller Inger-soll führte zum Siegeszug der NC-Technik. Betrachtet man die zur Trenntechnologie zuge-hörigen Untergruppen, wird deutlich, dass sich diese Werkzeugmaschinengruppen ideal zur Werkzeugbahnsteuerung anbieten, da sich die Bewegung des Bearbeitungswerkzeuges im Wesentlichen an der Geometrie des Fertigteils orientieren muss (Abb. 11.13).

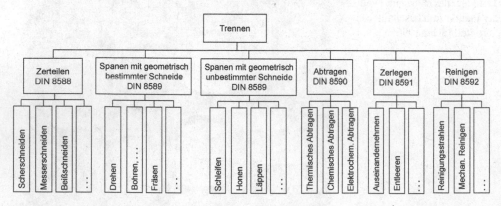

Abb. 11.13 Technologien der Gruppe Trennen nach [DIN-8580]

Es sind besonders die Verfahren der Gruppen des Spanens mit geometrisch bestimmter Schneide und geometrisch unbestimmter Schneide, die den Werkzeugmaschinenmarkt sowohl volumenmäßig wie auch in der Fortentwicklung der NC-Steuerungstechnik bestimmen. Die Bewegung der Werkzeugschneide, durch welche die Werkstückoberfläche geformt wird, ist mathematisch auf Grund der exakt beschreibbaren Werkstückgeometrie zu berechnen, so dass ein 3D-CAD-Modell immer zugrunde liegen muss.

Einschließlich der Handhabungsoperationen werden heute Steuerungen eingesetzt, die bis zu 15 Achsen beherrschen und die ein hohes Maß an Prozessmodellierung und Datenbestand verlangen, um die Programmerstellung möglichst automatisiert zu bewältigen. Die spanende Werkzeugmaschine (Abb. 11.14) ist durch die CNC-Steuerung mit ihrem Bedienterminal und integriertem Bildschirm äußerlich zu erkennen. Im Zusammenwirken mit Messsystemen in den bewegten Achsen der Werkzeugmaschine und den

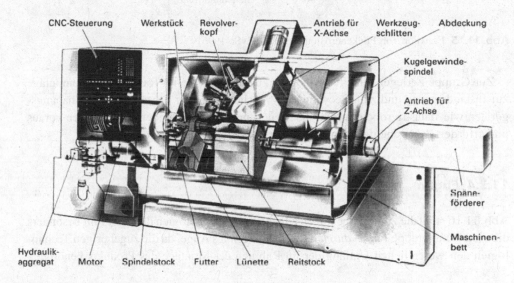

Abb. 11.14 Drehmaschine mit CNC-Steuerung

Antrieben bildet die Maschine ein mechatronisches System, das rechnergesteuert die Realisierung der geplanten Bearbeitung vornimmt. Der Arbeitsraum der Maschine muss aus Arbeitsschutzgründen vollständig geschlossen sein, da andernfalls während des Abarbeitens des NC-Programms die schnellen Werkzeugbewegungen ein hohes Risiko darstellen würden.

Eine weitere Technologie stellt das Abtragen dar, bei dem eine Regelung des Werkzeugweges (Elektrode) im Zusammenspiel mit technologischen Eigenschaften des Prozesses realisiert werden muss (Abb. 11.15). Durch den Überschlag des Funkens zwischen Elektrode und Werkstück wird ein kleiner Teil des Werkstückes aufgeschmolzen und mittels eines Dielektrikums aus dem Spalt herausgespült. Zur Gewährleistung des Spalts zwischen Werkstück und Elektrode muss diese nachgeführt werden.

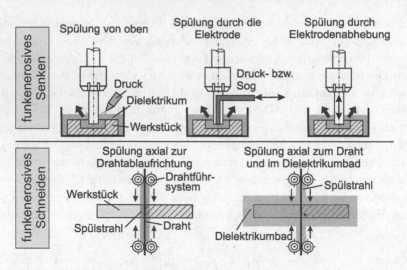

Abb. 11.15 Funktion von Funkenerosionsanlagen [EvSc-1996]

Zur Gruppe Zerlegen sind Technologien zuzuordnen, die im Rahmen der Demontage zur Instandsetzung und zum Recycling erforderlich sind. Der Einsatz von Handhabungsgeräten wie Industrierobotern setzt die Steuerung der zu planenden Bewegungen voraus und erfordert daher ebenfalls eine Modellierung der kinematischen Systeme.

11.3.4 Fügen

Abb. 11.16 stellt die zur Gruppe Fügen zugehörigen Technologien dar. Hier fällt besonders die erste Untergruppe *Fügen durch Zusammenlegen* ins Auge, da die zugehörigen Technologien den wesentlichen Umfang der im Rahmen der Montage des Produkts benötigten

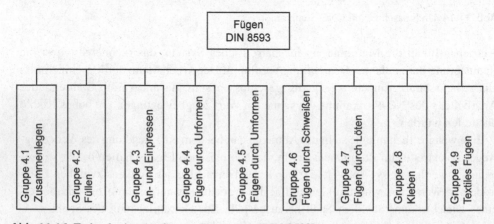

Abb. 11.16 Technologien der Gruppe Fügen nach [DIN-8580]

Verfahren bilden. Für die Durchführung dieser Technologien der Abb. 11.17 stellt sich immer wieder die Aufgabe, ein Werkstück zu bewegen, was entweder manuell oder mit Handhabungsgeräten, bspw. einem Industrieroboter, durchgeführt werden kann. In diesem Falle benötigt der Industrieroboter ein aufgabenspezifisches Steuerprogramm, das mittels eines geometrischen und kinematischen MKS-Modells (siehe Kap. 7) erstellt wird und von der Steuerung zur Durchführung der Montageaufgabe abgearbeitet wird.

Abb. 11.17 Untergruppen der Hauptgruppe 4.1 Zusammenlegen für die Montage nach [DIN-8580]

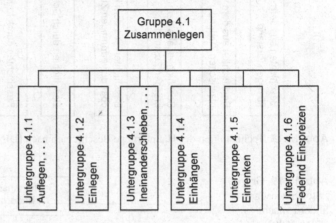

Auch weitere Technologien des Fügens, (beispielsweise Schweißen, Löten, Kleben) erfordern eine Bewegung des Werkzeugs relativ zum Werkstück und somit ein Gerät, das im Falle der automatisierten Fertigung mittels einer Steuerung betrieben wird. Der zum Beispiel in der Rohbaulinie der Karosserie eingesetzte Industrieroboter zum Punktschweißen wird ebenfalls über eine Steuerung mit der produktspezifischen Information versorgt.

11.3.5 Beschichten

Die Hauptgruppe Beschichten (Abb. 11.18) stellt an die Rechnerunterstützung in einigen Untergruppen (z. B. Beschichten aus flüssigem Zustand, Beschichten aus körnigem oder pulverförmigem Zustand) hohe Anforderungen. Zum Beispiel können Industrieroboter Lacke aus flüssigem Zustand auftragen. Unter der Voraussetzung, dass die Tröpfchenverteilung und deren Niederschlag auf dem Werkstück mathematisch beschrieben sind, kann die Bewegungsbahn des IR zur Führung der Spritzpistole programmiert werden.

11.3.6 Stoffeigenschaften ändern

Eine weitere Hauptgruppe der DIN 8580 benennt die Technologien der Änderung der Stoffeigenschaft, Abb. 11.19. Die Änderung der Stoffeigenschaft wird durch mechanische bzw. thermische Behandlung (z. B. Härten) oder eine Strahlungs- oder chemische

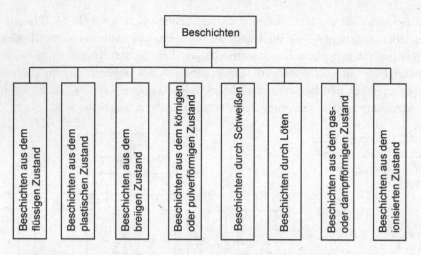

Abb. 11.18 Technologien der Hauptgruppe Beschichten nach [DIN-8580]

Abb. 11.19 Gruppe „Stoffeigenschaft ändern" nach [DIN-8580]

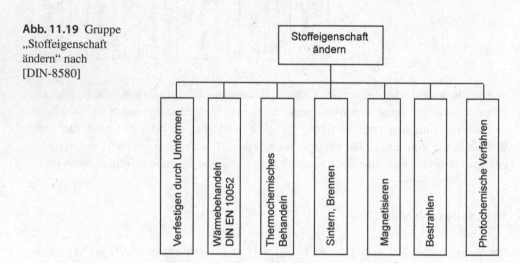

Behandlung des Stoffes bewirkt. Beim Einsatz dieser Technologien ist eine Modellierung bzw. Steuerung des Fertigungsprozesses nur insoweit erforderlich, dass auf der Basis von Prozessdaten die Anlage eingestellt und geregelt wird.

Eine Sonderstellung nimmt die Gruppe der photochemischen Verfahren ein, die im Rahmen der Herstellung von Chips eine hervorragende Bedeutung besitzt.

11.4   Additive Fertigungsverfahren

Die Verfahren des Rapid Prototyping (RPT, schnelles Erstellen von Prototypen aus einfach verarbeitbaren Materialien) dienen zur Überführung einer rechnerinternen Darstellung in eine analoge, vom Menschen eindeutig identifizierbare (= tastbare, erkennbare) Darstellung.

AM (Additiv Manufacturing) ist ein seit Ende der achtziger Jahre des letzten Jahrhunderts verfügbares Verfahren zur direkten Überführung von 3D-Modellen aus dem CAx-System in reale dreidimensionale Bauteile. Zunächst wird das 3D-Modell in ein trianguliertes Oberflächenmodell (Stereolithografie-Format STL, AMF, 3MF) überführt.[2] Danach wird das Oberflächenmodell in Scheiben definierter Dicke zerlegt (zwischen 0,01 und 0,2 mm, je nach gewünschter Genauigkeit und verwendetem Verfahren). Diese Scheiben werden mit verschiedenen Verfahren in reale Objekte umgesetzt und wieder aufeinander „gestapelt", wobei Überhänge mit Stützkonstruktionen fixiert werden. So entsteht ein einmaliger additiver Prototyp. Im Gegensatz zu herkömmlichen abtragenden („subtraktiven") Bearbeitungsverfahren (z. B. Drehen) sind AM-Verfahren auch für äußerst komplexe Bauteile sehr einfach und schnell durchführbar.

11.4.1 Physische Modellarten

Während des Produktentwicklungsprozesses werden neben Berechnungs- und Auslegungsmodellen auch physische Modelle mit unterschiedlichen Eigenschaften benötigt. Diese sind:

- Konzeptmodelle zur Visualisierung von Größenverhältnissen und des Erscheinungsbildes. Dieses Modell wird auch als „Show and Tell"-Modell bezeichnet.
- Geometrieprototypen zum Überprüfen von Handhabung, Bedienung und Benutzung.
- Funktionsprototypen zur Überprüfung einer oder mehrerer Funktionalitäten wie z. B. Bewegungen.
- Technische Prototypen werden nach den aktuellen Fertigungsunterlagen erstellt und entsprechen weitgehend dem Serienmodell.

Abb. 11.20 zeigt die Anwendung der einzelnen Modelltypen in den unterschiedlichen Phasen des Produktentwicklungsprozesses.

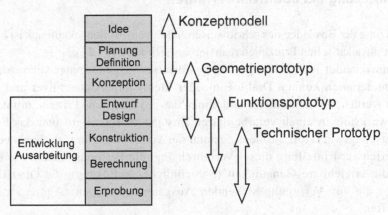

Abb. 11.20 Zuordnung der Modelle zu den Produktentwicklungsphasen [Hehe-2011]

---

[2] Bei der Triangulierung wird eine gegebene Fläche durch kleine Dreiecke nachgebildet.

11.4.2 Verfahrenskette

Abb. 11.21 zeigt die Verfahrenskette ausgehend von den 3D-CAD-Daten, welche kons-
truktiv oder durch Reverse Engineering entstanden sind. Diese werden in einer STL-
Datei als trianguliertes Modell abgespeichert. Dann wird das 3D-CAD-Modell des
zu generierenden Bauteils in dünne Schichtinformationen von gewöhnlich 0,05 mm
zerlegt. Dieser „Slicen" genannte Vorgang geschieht noch am 3D-CAD-Arbeitsplatz
mit dem Preprozessor der AM-Anlage. Anschließend werden diese Schichtinformationen zur eigentlichen AM-Anlage übertragen, wo dann entsprechend diesen Informationen das stoffliche Modell generiert wird. Je nach verwendeten AM-Verfahren sind
entsprechende Nacharbeitungen notwendig.

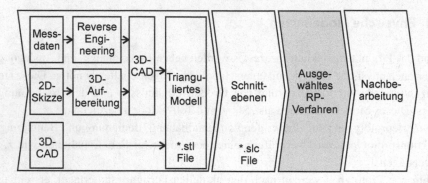

Abb. 11.21 Verfahrenskette der additiven Fertigung [Hehe-2011]

11.4.3 Einteilung der additiven Verfahren

Die Umsetzung der Basisidee des schrittweisen (additiven) Werkstückaufbaus ist mit verschiedenen physikalischen Prinzipien realisierbar (siehe Abb. 11.22).

Man unterscheidet feste, flüssige und gasförmige Ausgangsmaterialien. Als feste
Ausgangsmaterialien können Draht, Ein- oder Mehrkomponentenpulver und Folien
verwendet werden. Sodann unterscheidet man das physikalische Prinzip, mit dem der
Ausgangswerkstoff in einen verarbeitbaren Zustand versetzt wird und das Prinzip,
das den Ausgangswerkstoff aus dem Zustand der Verarbeitung in feste Form verwan-
delt. Kriterien zur Einteilung dieser Verfahren sind die Fertigungsdauer, die Kosten
pro Teil, die erreichbare Genauigkeit (Schichtdicke, Auflösung), die Oberflächengüte sowie die zur Verfügung stehenden Ausgangsmaterialien (Aggregatzustand,
Eigenschaften).

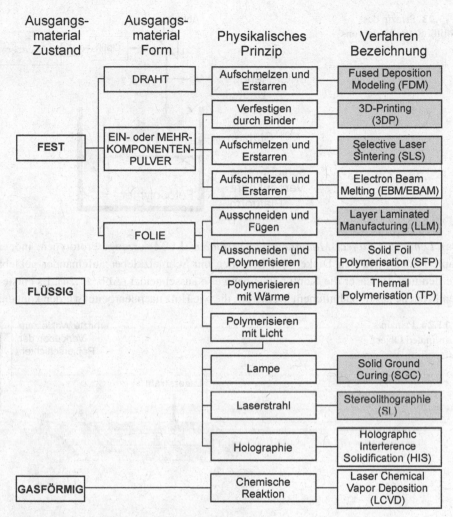

Ausgangs-material Zustand	Ausgangs-material Form	Physikalisches Prinzip	Verfahren Bezeichnung
FEST	DRAHT	Aufschmelzen und Erstarren	Fused Deposition Modeling (FDM)
	EIN- oder MEHR-KOMPONENTEN-PULVER	Verfestigen durch Binder	3D-Printing (3DP)
		Aufschmelzen und Erstarren	Selective Laser Sintering (SLS)
		Aufschmelzen und Erstarren	Electron Beam Melting (EBM/EBAM)
	FOLIE	Ausschneiden und Fügen	Layer Laminated Manufacturing (LLM)
		Ausschneiden und Polymerisieren	Solid Foil Polymerisation (SFP)
FLÜSSIG		Polymerisieren mit Wärme	Thermal Polymerisation (TP)
		Polymerisieren mit Licht	
		Lampe	Solid Ground Curing (SGC)
		Laserstrahl	Stereolithographie (SL)
		Holographie	Holographic Interference Solidification (HIS)
GASFÖRMIG		Chemische Reaktion	Laser Chemical Vapor Deposition (LCVD)

Abb. 11.22 Unterteilung der RP-Verfahren [Gebh-2000]

11.4.4 Verfahren und Anlagen

Folgende additive Fertigungsverfahren sind heute verfügbar:

- Beim *Stereolithografie-Verfahren (STL)* wird ein plastisches Modell mittels Laserstrahl in einer polymeren Flüssigkeit erzeugt, indem die Konturen der Scheiben des Modells schichtweise durch einen Laser im Polymerbad nachgefahren und zu einem Modell ausgehärtet werden. Dabei wird das Modell schichtweise abgesenkt (Abb. 11.23).

Abb. 11.23 Prinzip des
Stereolithografie-Verfahrens

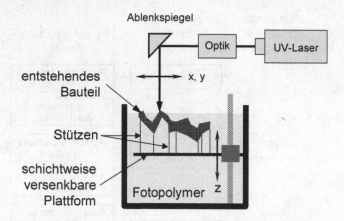

Ablenkspiegel

Optik   UV-Laser

entstehendes
Bauteil   x, y

Stützen

schichtweise
versenkbare
Plattform   Fotopolymer   z

- Das *Laminated Object Manufacturing-Verfahren* (LOM) erzeugt Prototypen, indem Papierschichten in den Dicken der Scheiben mit Schmelzkleber aufeinander geklebt werden und der Laser die Kontur scheibenweise ausschneidet (Abb. 11.24). Es entstehen Modelle aus holzähnlichem Werkstoff, die wie Holz nachbearbeitet werden können.

Abb. 11.24 Prinzip
des Laminated Object
Manufacturing-Verfahrens

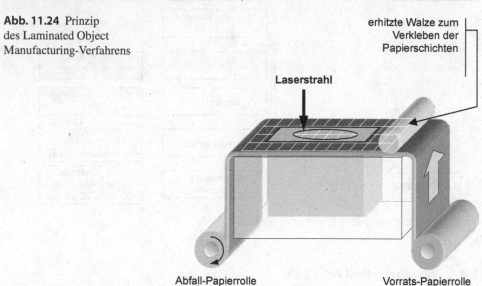

erhitzte Walze zum
Verkleben der
Papierschichten

Laserstrahl

Abfall-Papierrolle   Vorrats-Papierrolle

- Das *Fused Deposition Modelling-Verfahren* (FDM) erzeugt ein Modell durch flächendeckendes Auslegen eines Spinnfadens, wobei der Durchmesser des Fadens der Dicke der Scheibe entspricht (Abb. 11.25).
- Beim *Solidier-Verfahren* (Solid Ground Curing – SGC) wird eine dünne Fotopolymerschicht mit einer fotografischen Maskentechnik unter UV-Licht ausgehärtet. Die fertigen Modelle sind in eine Wachsmatrize eingebettet, wodurch Stützkonstruktionen entfallen, Abb. 11.26.

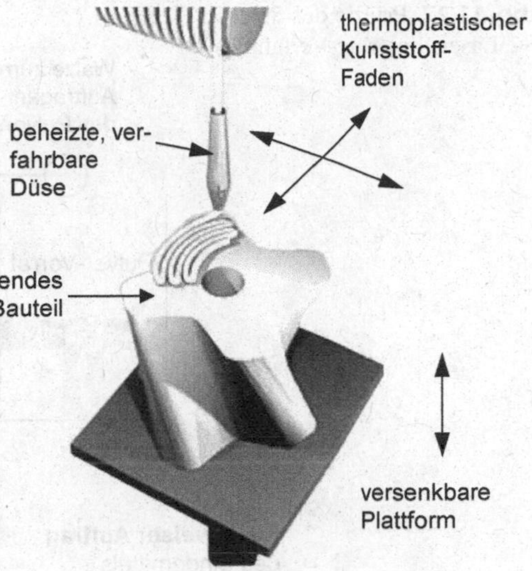

Abb. 11.25 Prinzip des Fused
Deposition Modelling-Verfahrens

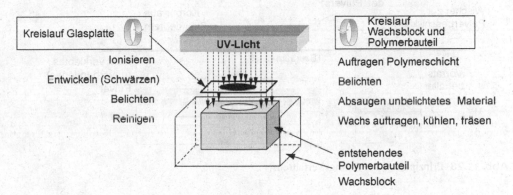

thermoplastischer
Kunststoff-
Faden

beheizte, ver-
fahrbare
Düse

entstehendes
Bauteil

versenkbare
Plattform

Kreislauf Glasplatte

Ionisieren
Entwickeln (Schwärzen)
Belichten
Reinigen

UV-Licht

Kreislauf
Wachsblock und
Polymerbauteil

Auftragen Polymerschicht
Belichten
Absaugen unbelichtetes Material
Wachs auftragen, kühlen, fräsen

entstehendes
Polymerbauteil
Wachsblock

Abb. 11.26 Prinzip des Solidier-Verfahrens

- Beim *Selective Laser Sintering* (SLS) wird eine dünne Materialschicht (pulverför-
  mig, thermisch reagierend) mittels eines CO_2-Lasers lokal aufgeschmolzen, wobei der
  Modellaufbau, ähnlich wie bei der Stereolithografie, an der Oberfläche des Pulverbetts
  erfolgt, Abb. 11.27.
- Beim *3D-Printing* (3DP) wird eine dünne, aus Pulver bestehende Materialschicht
  mittels eines Binders (Klebstoff) verfestigt. Der Klebstoff wird entsprechend der
  Kontur wie bei einem Tintenstrahldrucker aufgetragen. Der Modellaufbau erfolgt an
  der Oberfläche des Pulverbettes, Abb. 11.28. Bei Verwendung entsprechender Druck-
  köpfe können auch mehrfarbige Modelle erzeugt werden.

Die bei den einzelnen AM-Verfahren einsetzbaren Materialien, erzielbare Genauigkeit,
Oberflächengüte und den benötigten Nachbearbeitungsaufwand zeigt Abb. 11.29.

Abb. 11.27 Prinzip des Selective Laser Sintering-Verfahrens

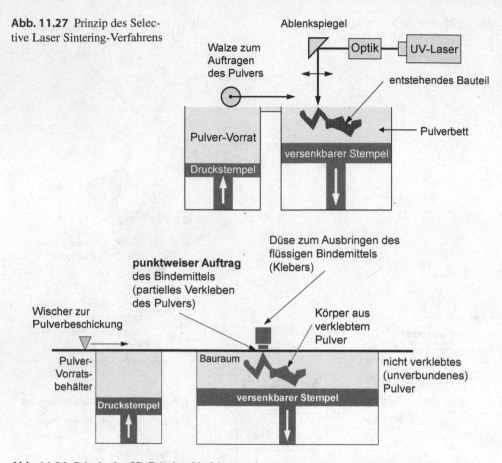

Abb. 11.28 Prinzip des 3D-Printing-Verfahrens

	STL	LOM	FDM	SGC	SLS	3DP
Material	Foto-polymer	Papier, Kunststoff, Metallfolie	Wachs, Kunststoff	Foto-polymer	ABS, Wachs, Sintermetalle	Gipspulver, Binder
Genauigkeit [mm]	0,06	0,12	0,13	0,1	0,12	0,2
Oberflächengüte	hoch	einge-schränkt	einge-schränkt	hoch	material-abhängig	gering
Aufwand für die Nachbearbeitung	gering	sehr hoch	mittel	sehr hoch	hoch	gering

Abb. 11.29 Eigenschaften der additiven Fertigungsverfahren

Durch Duplizieren der mit den additiven Fertigungsverfahren erstellten (und einmaligen) Prototypen können mit sogenannten Folgetechniken weitere funktionelle und technische Prototypen hergestellt werden. Bei diesen Techniken werden Materialien verwendet, welche denen in industriellen Fertigungsprozessen ähneln. Sie erlauben es, zusätzliche

Erkenntnisse über Design oder Fertigung des Objektes zu erhalten. Dabei werden die Prototypen als Urmodelle für Formen in den Verfahren Sandguss, Gipsformverfahren und Metallspritzverfahren genutzt.

11.5 Die digitale Fabrik

Der weltweite Wettbewerb und die steigende Mobilität sämtlicher Ressourcen infolge der Globalisierung sind ein nicht mehr wegzudenkender Faktor in der Industrie. Einhergehend mit immer kürzeren Produktlebenszyklen steigt die Herausforderung auch den Produktentstehungsprozess zu beschleunigen, um den Anforderungen der Märkte gerecht zu werden. Begleitet wird dies durch die steigende Interdisziplinarität zwischen den einzelnen Gewerken und den hohen Qualitätsanforderungen der Kunden. Diese Tatsachen lassen den Nutzen der digitalen (Entwicklungs-) Methoden noch weiter in den Fokus der Unternehmen rücken.

11.5.1 Grundlagen

Die Richtlinie 4499 Blatt 1 [VDI-4499] definiert den Begriff der digitalen Fabrik als den Oberbegriff für ein umfassendes Netzwerk von digitalen Modellen, Methoden und Werkzeugen – u. a. der Simulation und 3D-Visualisierung –, die durch ein durchgängiges Datenmanagement integriert werden. Ihr Ziel ist die ganzheitliche Planung, Evaluierung und laufende Verbesserung aller wesentlichen Strukturen, Prozesse und Ressourcen der realen Fabrik in Verbindung mit dem Produkt.

Dies ist mit dem Begriff Industrie 4.0 derzeit aktuell. Zudem hat die deutsche Akademie der Technikwissenschaften (acatech) bereits 2013 Umsetzungsempfehlungen für das Zukunftsprojekt Industrie 4.0 herausgebracht [Acat-2013]. In diesem Bericht werden vor allem folgende Handlungsfelder angesprochen, welche auch dem Forschungsbedarf unterliegen:
- Horizontale Integration über Wertschöpfungsnetzwerke
- Digitale Durchgängigkeit des Engineerings über die gesamte Wertschöpfungskette und Lebenszyklusphasen eines Produkts
- Vertikale Integration und vernetzte Produktionssysteme

Die Ansätze der digitalen Fabrik unterstützen die Lebenszyklusphasen des Produktes während der Produktentstehung und der Produktionsanlagen in allen aufeinander folgenden Phasen. Der Wirkungsbereich der digitalen Fabrik ist in dem Felde der Abb. 11.30 dort angedeutet, wo technische Informationen zum Produkt und auftragsbezogene Daten zusammenwirken müssen. Ebenso sind die Abläufe des Auftragsabwicklungsprozesses betroffen und sollen besonders während der technischen Produktionsplanung und Gestaltung der Fabrik bereits auf die gewünschten Ziele – Qualität, Wirtschaftlichkeit, Termineinhaltung – hin überprüft werden können. Hierzu ist eine Modellierung aller Komponenten und Prozesse erforderlich, die somit in Simulationsexperimenten den virtuellen Betrieb der Fabrik ermöglichen.

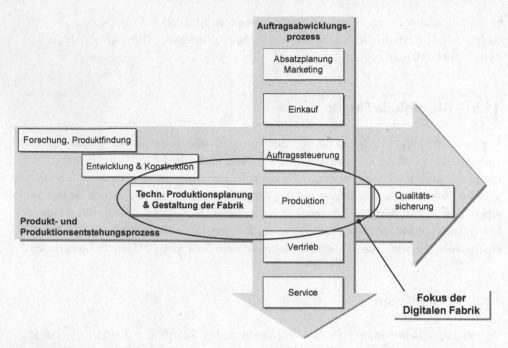

Abb. 11.30 Der Fokus der digitalen Fabrik innerhalb der Unternehmensprozesse [VDI-4499]

Die Produktentwicklung (nach [VDI-2221]) ist Grundlage der technischen Produktionsplanung. Wichtige Eingangsdaten wie z. B. das Produktmodell entstehen in der Produktentwicklung. Zusammen mit dem Produktionsprogramm, bestehend aus Arbeitsplänen, Mengengerüsten und Terminen, stehen nun wichtige Daten (wie z. B. 3D-Modelle, Arbeitspläne) zur Anwendung der Werkzeuge der digitalen Fabrik bereit, Abb. 11.31.

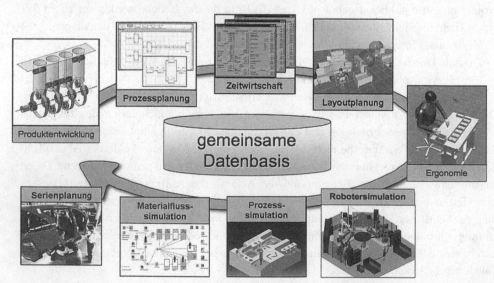

Abb. 11.31 Einsatzbereiche der digitalen Fabrik (Praxisbeispiel Daimler)

Die Abb. 11.31 und die Abb. 11.32 demonstrieren die Nutzung der Werkzeuge und der damit verbundenen Durchgängigkeit über die Phasen strategischer Planung, der Planung der Produktionssysteme bis in die Serienfertigung nach dem Hochlauf der Produktion. Die Planung der gesamten Fabrik sowie deren betriebliche Steuerung werden durch die digitale Fabrik abgedeckt.

Während der Produktionsplanung verbessert sich die Zusammenarbeit mit den Lieferanten der Produktionssysteme durch die Nutzung der gleichen Prozess- und Anlagenmodelle entscheidend, was allerdings voraussetzt, dass alle an der Realisierung des Produktionssystems beteiligten Partner mit gleicher Planungssoftware arbeiten, da heute noch keine ausreichende Standardisierung der Datenstrukturen und Schnittstellen erreicht worden ist. Diese Situation zwingt den Ausrüster eines Produzenten leider noch zur Installation verschiedener Softwarelösungen entsprechend den Vorgaben des Kunden. Weiterhin zeichnen sich die angebotenen Softwaresysteme durch jeweils unterschiedliche Leistungsschwerpunkte aus. Hier muss an den offenen Fragen intensiv gearbeitet werden, was seitens der führenden Systemanbieter und der internationalen Forschung intensiv erfolgt.

Die Anwender der digitalen Fabrik verknüpfen mit deren Einsatz deutliche Verringerungen der bisher gewohnten Auswirkungen der späten Änderungen des Produktes, die Erhöhung der Planungseffizienz und der Anlagenauslastung durch eine höhere Flexibilität und Qualität, da Fehlplanungen bereits in der virtuellen Testphase erkannt und beseitigt werden können, Abb. 11.32.

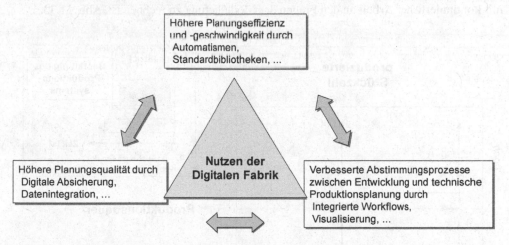

Abb. 11.32 Nutzen des Einsatzes der digitalen Fabrik

Die heute verfügbaren Module der digitalen Fabrik gestatten bereits ein weitgehendes Planungsvorgehen in integrierter Form, da die Daten in einer gemeinsamen Struktur gehalten werden. Die Betrachtungsgegenstände zur technischen Produktionsplanung sind die im Folgenden genannten:

- Arbeitsgegenstand (auch Produkt)
- Beschreibung technologischer Prozesse
- Ablaufbeschreibung (Arbeitsplan, Prüfplan)
- Personal
- Betriebsmittel
- Betriebsstätte
- Auftrag
- Auflagen, Gesetze

Um die genannten Planungsgegenstände rechnerunterstützt zu behandeln, bedarf es der vollständigen Modellierung aller Fertigungs-, Montage- und Überprüfungsaktivitäten. In vielen Fällen stehen zwar heute geeignete Modelle zur Verfügung, die aber nicht in jedem Falle vollständig miteinander kommunizieren können, was jedoch wegen des Daten- und Informationsaustausches erforderlich ist. Daher muss im Rahmen der Entwicklung und Nutzungseinführung der digitalen Fabrik noch an der Modellierung der erforderlichen Technologien und Abläufe gearbeitet werden bzw. müssen Schnittstellen weiterhin standardisiert werden.

Von besonderer Bedeutung ist hierbei die Modellierung der technologischen Prozesse im Zusammenhang mit den Anforderungen des Produktes zur Erfüllung der Produktfunktionen. Hier sei auf die Beschreibung der Fertigungstechnologien des Abschnittes 6.3 hingewiesen. Es wird deutlich, dass noch umfangreiche Forschungsarbeit geleistet werden muss, ehe die Palette der Technologien ausreichend mit Modellen, Datenstrukturen und Schnittstellen beschrieben ist, wobei zu bedenken ist, dass durch eine ständige Weiterentwicklung mit kontinuierlicher Arbeit an den Fragen der Modellierung zu rechnen ist, Abb. 11.33.

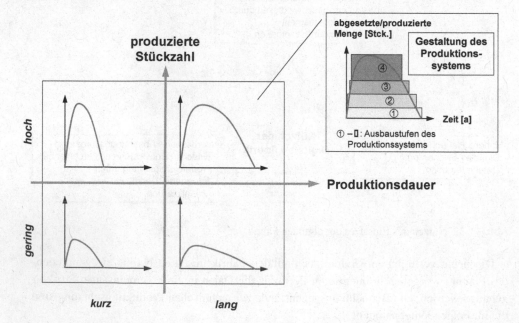

Abb. 11.33 Planung für unterschiedliche Phasen des Produktionslebenszyklus eines Produktes [Blum-2006]

Die Herstellung eines Produktes unterliegt immer den Marktanforderungen. Somit ist die Planung des Produktionssystems auf die Mengenauslegung für die unterschiedlichen Absatzphasen besonders zu konzentrieren. Die Methoden der digitalen Fabrik sind für diese Fragestellung geeignet, da mit ihrer Hilfe in sehr frühen Planungsstadien bereits berücksichtigt wird, dass die Technologien und Produktionseinrichtungen auf die Absatzmengen sowohl in der Zeit steigender Mengen wie auch während des Auslaufens der Produktion orientiert sind [Blum-2006]. Die Abb. 11.33 deutet mögliche Absatzmengenverläufe eines Produkts über dem Produktionszeitraum an. Jeder Quadrant der Abbildung ist durch die verschiedene Zeitdauer und Produktionsmenge gekennzeichnet. Aus dieser Prognose ergibt sich für die technische Produktionsplanung die Aufgabe, eine bezüglich Menge und Anpassungsfähigkeit flexible Produktionsanlage zu gestalten. Die digitale Fabrik unterstützt die Planung durch die Möglichkeit der virtuellen Fabrik, die unterschiedlichen Szenarien in Simulationsexperimenten zu erproben und somit ein Produktionssystem zu gestalten, das zukünftigen Bedarfsänderungen entsprechend gewandelt werden kann.

Dieser Aspekt wird zudem in der Regel überlagert von der zusätzlichen Einführung von Varianten des Produktes, die sowohl bedingt sind durch Funktions- und Leistungsvarianten des Produktes, durch Varianten der Produktionsmittel oder der Standortbedingungen. Zur Berücksichtigung der hierdurch bedingten zusätzlichen Anforderungen in der Produktionsplanung und der Komplexität der Planungsaufgabe sind die Werkzeuge und Methoden der digitalen Fabrik entsprechend zu gestalten, was voraussetzt, dass bereits die Produktstruktur diesen Gesichtspunkt berücksichtigt [Zenn-2006, BlZe-2006].

11.5.2 Durchgängigkeit von Daten bei horizontaler und vertikaler Integration

Die horizontale Integration (Abb. 11.34) bezieht sich im Bereich des Anlagenbaus und der Produktion auf die Integration über alle Produktionsstufen der Wertschöpfungskette hinweg vom Einzelteil bis zum Endprodukt, ggf. unternehmensübergreifend in der Supply

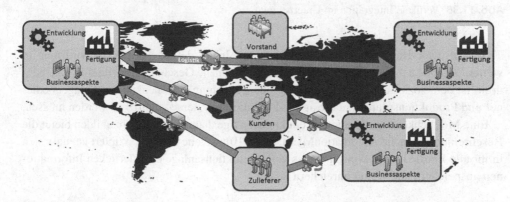

Abb. 11.34 Horizontale Integration über Wertschöpfungsnetzwerke

Chain. Die Wertschöpfungskette beinhaltet wiederum die gesamten Prozessschritte einer gesamten Produktentstehung. Dabei schließt die Idee der horizontalen Integration auch standortübergreifende Tätigkeiten, sogenannte Wertschöpfungsnetzwerke, mit ein.

Das Handlungsfeld der digitalen Durchgängigkeit der Produktentstehung wird hier im engeren Sinn als Durchgängigkeit der Daten in der gesamten Wertschöpfungskette gesehen.

Nicht außer Acht zu lassen ist in weiterer Folge die durchgängige Lösung der vertikalen Integration. Der Name der vertikalen Integration lässt bereits die Vermutung einer hierarchischen Betrachtung zu, die sich wieder auf die zahlreichen IT-Systeme bezieht, die miteinander agieren sollen. Die vertikale Integration zielt dabei auf eine durchgängige Lösung von der detaillierten Ebene (Bauteile, Sensoren, Aktoren, …) bis hin zur Produktionsleitebene. Ziel der vertikalen Integration sind der Umgang mit nicht vorgegebenen Produktionsstrukturen, sondern individuelle Konfigurationsregeln, welche je nach Kundenwunsch in eine fallspezifische Struktur abgeleitet werden. Dies setzt die Durchgängigkeit von Ressourcen- und Produktionsplanung bis hin zu jedem Aktor- bzw. Sensorsignal voraus (Abb. 11.35).

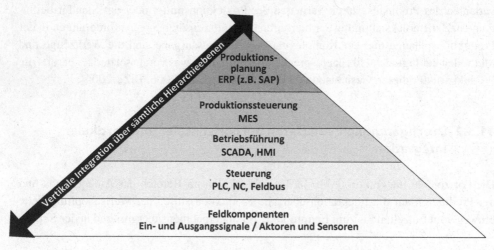

Abb. 11.35 Vertikale Integration im Unternehmen

Sollten diese Handlungsfelder tatsächlich mit Inhalt gefüllt werden, so wird man in weiterem Sinne auf neue Geschäftsfelder und damit neue Geschäftsmodelle stoßen. Obendrein ist dem sozio-technischen Aspekt große Beachtung zu schenken, da Anlagenbediener und Produktionsplaner auf die agilen Produktionssysteme qualifiziert werden müssen.

Eine Möglichkeit eine gesamte Produktionsanlage datentechnisch abzubilden bietet die Beschreibungssprache AutomationML [Drat-2010], welche derart konzipiert ist, dass sich in ihr alle für die Entwicklungsprozess von Produktionsanlage erforderlichen Informationen abspeichern und weiter anreichern lassen.

11.5.3 Assistenzsysteme in der Produktion

Die zunehmende Vernetzung und Automatisierung von Produktionssystemen bringen sowohl für Ingenieure als auch Produktionsarbeiter weitreichende Änderungen mit sich. [Gore-2014] beschreibt ausführlich ein neues Rollenbild, das dem Produktionsarbeiter ein wesentliches Mehr an Verantwortung über einen komplexen Produktionsprozess einräumt.

Weiterhin ist abzusehen, dass gerade im europäischen Raum die Verschiebungen in der Altersstruktur der Bevölkerung und die Anhebung des Pensionsalters dazu führen, dass Menschen länger im Produktionsprozess verbleiben. Da mit zunehmendem Alter sowohl körperliche Leistungsfähigkeit abnimmt als auch die Anpassung an wechselnde Anforderungen schwieriger wird, ist mit einer zunehmenden Überforderung der Mitarbeiter in der Produktion zu rechnen. Um dieser Überforderung entgegenzuwirken, kann und muss eine Vielzahl von Assistenzsystemen eingesetzt werden, die den Handlungsspielraum des Arbeiters erweitern, ihn bei Entscheidungen unterstützen oder ihm körperliche Arbeiten erleichtern. Die Planung und Integration dieser Assistenzsysteme stellt aber auch die Planer von Produktionsanlagen vor neue Herausforderungen, so dass auch hier die Frage nach Unterstützung der Unterstützer aufgeworfen werden sollte. Aufgrund der Vielfalt an verfügbaren technischen Lösungen lassen sich mehrere Einteilungen treffen. Einerseits nach den Phasen der Produktion, in denen sie eingesetzt werden können, andererseits nach ihren unterstützenden Effekten. Abb. 11.36 veranschaulicht diese beiden Dimensionen und versucht die Einordnung einiger Systeme, wie Datenbrille, Tablet, usw.

Aufgrund ihrer Eigenschaften und Auswirkungen lassen sich die verschiedenen Assistenzsysteme in den Arbeitsphasen unterschiedlich gut einsetzen. Nachfolgend einige Einsatzmöglichkeiten und geeignete Systeme:

- **Planung:**
  Bei der Planung von Anlagen und technischen Systemen liegt die Unterstützungswirkung zunächst im Erfahrbarmachen des Entwicklungsgegenstandes. Sei dies nun eine Architekturbegehung in virtueller Realität, ein Probegreifen zum Erfassen der Ergonomie mit Force-Feedback oder das Projizieren in den realen Raum zur Abschätzung von Größen oder optischen Auswirkungen.
- **Anwendungen in der innerbetrieblichen Logistik:**
  Im Vorfeld der Produktion ergeben sich bereits vielfältige Einsatzmöglichkeiten. In der Kommissionierung unterstützen Datenbrillen beim Auffinden von Teilen durch Einblenden des Lagerortes im Sichtfeld, oder bei größeren Entfernungen durch Navigationshinweise – siehe dazu auch das später ausführlich beschriebene Beispiel aus [Kitt-2014] Optimierungsalgorithmen berechnen Fertigungsfolgen mit minimalen Stillstandszeiten. Kraftgesteuerte Roboter erlernen durch händisches Führen des Aktuators, also durch Vorzeigen die abzufahrenden Bahnen („Teach-In").
- **Fertigung:**
  Mit der Einführung intelligenterer Werkzeugmaschinen verschiebt sich die Rollenverteilung in der Fertigung. Die Maschine produziert automatisch, erkennt selbsttätig

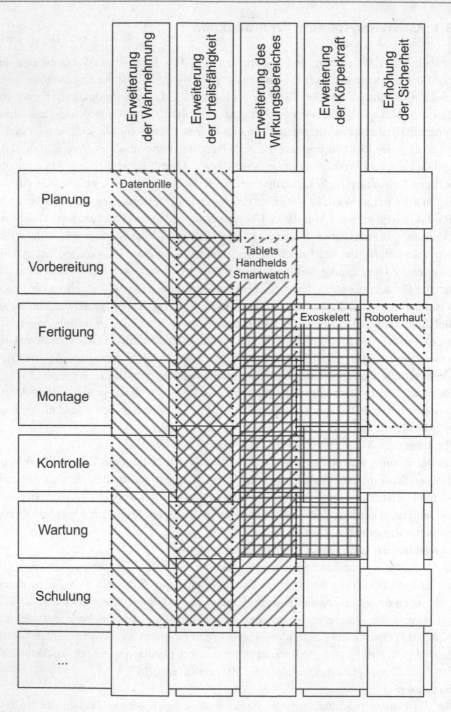

Abb. 11.36 Das unterstützende Geflecht der Assistenzsysteme [Gore-2014]

Probleme wie den Verschleiß von Werkzeugen und informiert umgehend den Bediener, diese zu beheben. Exoskelette verstärken die Körperkraft des Trägers. Steuergeräte mit Force-Feedback ermöglichen punktgenaues Interagieren mit der Umwelt, auch über große Distanzen – Stichwort Teleoperation, Fernsteuerung. Eine mit Sensorik ausgestattete Hülle um einen Roboterarm wiederum erkennt das Eindringen von Fremdkörpern und kann so Kollisionen vermeiden, was die Arbeitssicherheit erhöht. Bar-, QR- und sonstige Codierungen ermöglichen die Verfolgung eines Bauteils und die Zuordnung zu Rohmaterialien, Fertigungsanlagen, Bedienern und Zeitpunkten. Dadurch lassen sich später festgestellte Mängel rückverfolgen und durch Korrektur zukünftig ausschließen

- **Montage:**
  In der Montage ist die Flexibilität des Menschen am schwierigsten zu ersetzen, vor allem auch das wichtigste Manipulationswerkzeug, die Hand. Unterstützung kann hier geschehen durch bessere Kommunikation der nötigen Arbeitsschritte, beispielsweise durch digitale Bauanleitung oder Einblendung des nächsten Handgriffes, oder durch Rückkopplung zwischen Ist und Soll. Derartige Lösungen sollen dabei helfen, auch bei ständig wechselnden Produktionsgegenständen, wie sie in individueller Massenfertigung auftreten, rasche und fehlerfreie Montage zu unterstützen.

- **Qualitätssicherung:**
  Messen und Kontrollieren lassen sich vielfältig unterstützen. Codierungen ermöglichen wie oben die Identifikation des Messobjektes. Über Datenbrillen können die aufzunehmenden Messpunkte eingeblendet und dem Messobjekt überlagert werden. Mit vernetzten Messwerkzeugen können die Messwerte automatisch im Protokoll abgelegt werden. Gefundene Fehler lassen sich mit einem Smartphone oder Pad fotografieren, durch Objekterkennung präzise am Messobjekt verorten und als detaillierte Meldung im ERP-System ablegen.

- **Wartung:**
  Ein fundamentales Problem in der Wartung ist die räumliche Trennung zwischen zu wartendem Objekt und der Person, die die Wartung durchführt. Lässt sich diese Trennung ohne Anreise überwinden, werden Zeit und Kosten gespart. Ein Ansatz ist hier das Auslesen von Maschinendaten vernetzter Geräte, um Fehlerquellen über Distanz zu identifizieren. Softwareprobleme lassen sich bedingt ebenfalls über diese Schnittstelle lösen. Mit einer tragbaren Kamera kann ein Bediener vor Ort dem Wartungstechniker den Anlagenzustand live übertragen, über jegliches Display – Datenbrille, Pad, Smart-Phone – können dann Reparaturanweisungen rückgesendet werden.

- **Schulung:**
  Die Vorbereitung auf den Betrieb kann sicher und umfassend in virtuellen Welten erfolgen. Von größtem Vorteil ist hier die Möglichkeit, auch alle Fälle, wie z. B. auch Störfälle, gefahrenfrei trainieren zu können. Der Schulungserfolg hängt allerdings maßgeblich von der Realitätsnähe der Interaktion zwischen Lernendem und Simulation ab.

Ausgewählte Beispiele sind:

- **Datenbrille in der Kommissionierung und Montage:**
  [Kitt-2014] beschreibt den Einsatz von Datenbrillen im Produktionsprozess. In der Kommissionierung werden in einem markierten Regal die Entnahmeplätze für benötigte Teile markiert und zusätzliche Informationen wie die Entnahmemenge angezeigt. Über die Kamera wird die tatsächlich entnommene Anzahl geprüft und bei korrekter Anzahl ein Beleg für das ERP-System erstellt. Eine zweite Anwendung stellt Montageanweisungen in Text, Bild und Video in der Montage bereit.

- **Stationäres Roboter-Assistenzsystem:**
  Ein von Fraunhofer IFF entwickeltes Roboter-Assistenzsystem, publiziert in [Schä-2014], ermöglicht dem Bediener über ein Lenkrad bis zu 45 kg schwere Druckgussformen zu bewegen und zu orientieren. Zusätzliche automatisierte Funktionen umfassen das Erkennen und Aufheben von Formhälften sowie das Zusammenpressen der Formhälften zum Überprüfen der Dichtheit. Das mit Sensoren ausgestattete Lenkrad erkennt, ob es vom Bediener mit beiden Händen gegriffen wurde und gibt nur dann die Bewegung des Roboters frei. So ist die Sicherheit des Bedieners gegen Zusammenstöße mit dem Roboter garantiert.

- **Kameragestütztes Montagesystem:**
  Ebenfalls von Fraunhofer IFF stammt [Frau-2012] ein visuelles Assistenzsystem für die Montage von kleinsten Losgrößen, in dem Bilder der realen Montagesituation den CAD-Daten überlagert werden, um so direkt Position und Ausrichtung der zu verbauenden Komponenten überprüfen zu können.

11.5.4   Cyber-physische Produktionssysteme (CPPS)

Ein Cyber-physisches System (CPS) bezeichnet den Verbund informationstechnischer und softwaretechnischer Komponenten mit mechanischen und elektronischen Teilen, die über eine Dateninfrastruktur, wie z. B. das Internet, kommunizieren [Fied-2013] und Self-X Fähigkeiten bzw. (Teil-)Autonomie besitzen. Es kann nach ansteigender Komplexität eingeteilt werden in (siehe beispielsweise [Broy-2010]):

1. Lokale, isolierte, auf eine Funktion ausgerichtete Systeme mit einem Steuerungsgerät und einfacher Nutzungsschnittstelle
   Beispiel: Kontroll- und Regelungsaufgaben
2. Multifunktionale Systeme, unvernetzt: Mehrere Steuergeräte, oft komplexe Nutzungsschnittstellen, funktionale Abhängigkeiten
3. Lose vernetzte Systeme: Mehrere Steuergeräte, komplexe Nutzungsschnittstelle, lose Vernetzung nach außen, Vernetzung nur eingeschränkt funktions- bzw. sicherheitskritisch
4. Netzwerke von funktional eng gekoppelten Systemen: Mehrere Netzwerke von Steuergeräten mit komplexen Nutzungsschnittstellen, enge Vernetzung untereinander und nach außen, Vernetzung stark funktions- bzw. sicherheitskritisch
5. Systeme von Systemen: Global vernetzte Systeme – Beispiel: Internet der Dinge

Aus dem Begriff der Cyber-physischen Systeme lassen sich nun Cyber-physische Produktionssysteme (CPPS) definieren. Eine Möglichkeit der Abgrenzung ist die Definition
eines CPPS als ein um CPS-Konzepte erweitertes Fertigungssystem.

[Lee-2015] definiert eine 5-stufige Architektur zur Entwicklung von Cyber-physischen
Produktionssystemen, bestehend aus (beginnend bei der systemnächsten Ebene)

1. Intelligente Verbindungen: Sensornetzwerke und latenzfreie Kommunikation
2. Datenauswertung: Ermittlung des Maschinenzustandes, Voraussage von Verschleiß und Leistung
3. Cyber-physische Ebene: Echtzeitfähige Maschinenmodelle
4. Erkenntnisebene: Visualisierung, Überwachung, Fehlerfrüherkennung
5. Konfigurationsebene: Selbsttätige Konfiguration zur Selbstreperatur, Anpassung
   an wechselnde Aufgaben, Selbstoptimierung bei Störungen

Ein zweiter Ansatz ist die Abstraktion einer gesamten Anlage zu einem Cyber-physischen
Produktionssystem wie in [VoHe-2014] – ein mit anderen Anlagen und Fabriken über
eine Planungs- und Kommunikationsplattform verbundenes System, dass Rohstoffe unter
Verwendung von Energie und Information in Ergebnisse umwandelt. Hier werden die folgenden Eigenschaften ausgemacht:

1. Notwendigkeit einer Architektur zur Verknüpfung der CPPS. Es existieren aus der
   Informatik bereits etablierte Architekturmodelle wie die dienstorientierte Architektur (service-oriented architecture, SOA und Multi-Agenten-Systeme, MAS).
2. Um auf unvorhergesehene Situation (beispielsweise Ausfall einer Anlage)
   reagieren zu können, müssen konsistente Daten über den aktuellen Zustand des
   gesamten CPPS vorliegen. Sind diese maschinentauglich verfügbar, können auch
   automatisiert Optimierungen und Rekonfigurationen vorgenommen werden.
3. Im Zuge von individueller Massenproduktion (Mass Customization) wird der
   Gegenstand der Fertigung zu einer eigenständigen Entität, die (zumindest virtuell)
   über die erforderlichen Ressourcen und Prozessschritte bestens Bescheid weiß.
4. Die Fülle an Daten – die Designparameter des Fertigungsgegenstandes als auch
   die Informationen über Fertigungs- und Anlagenzustand – bedürfen der Aufbereitung um erfassbar und interpretierbar zu bleiben. Zudem sind unterschiedliche Zielgruppen (Kunden, Anlagenbediener, Fertigungsplaner, ...) an sehr
   unterschiedlichen Informationen interessiert und durchaus auch unterschiedlich
   begabt, die Daten zu interpretieren.

11.5.5 Virtuelle Inbetriebnahme (VIBN)

Die virtuelle Inbetriebnahme stellt eine Methode dar, welche die Funktionsabsicherung einer
einzelnen Maschine oder einer gesamten Anlage in der digitalen bzw. virtuellen Welt ermöglicht. Nachdem es sich bei der VIBN um eine Simulation des betrachteten Systems handelt,
erfordert diese zunächst die Entwicklung und die darauffolgende Verwendung von geeigneten Modellen. Die Grundidee liegt darin, ein virtuelles Steuerungsmodell bereits vorab
jeglicher Fertigung zu entwickeln, zu implementieren und zu testen. Um diese Absicherung

des Steuerungsmodells in Form der VIBN zu ermöglichen, ist die Zuhilfenahme von weiteren Modellen von Nöten. Dies erfordert neben dem 3D-CAD-Modell auch eine Signalaufbereitung (für Sensormessgrößen und Aktorstellgrößen) und mehrere Schnittstellen, die erfüllt werden müssen. Die zahlreiche Anwendung von Modellen aus unterschiedlichen Disziplinen erlaubt es in diesem Zusammenhang, auch von modellbasierter Entwicklung zu sprechen. Wenn es sich um Modelle handelt, die im Zuge der VIBN auch interdisziplinär zusammenarbeiten können, liegt der unmittelbaren Anwendung des parallelen bzw. überlappenden Produktentstehungsprozesses nichts mehr im Wege.

Der klassische sequentielle Produktentwicklungsprozess wird in vielen Unternehmen im Maschinen- und Anlagenbau weiterhin stark von der Mechanik dominiert. Diese oft sequentielle Vorgehensweise wird nach der Mechanik meist von der Elektrik fortgesetzt und zuletzt von der Softwareabteilung abgeschlossen. Dadurch können Fehler, die vor allem durch das mechatronische, interdisziplinäre Zusammenwirken entstehen, nur sehr spät im Entwicklungsprozess detektiert werden. Gerade Konstruktionsfehler wie Bauraumverletzungen oder Durchdringungen können oftmals nur relativ spät erkannt werden. Dabei wird niemand bestreiten, dass ein Fehler, je früher er entdeckt wird, auch umso aufwandsärmer und damit kostengünstiger behoben werden kann. Der sequentielle Prozess ist in Abb. 11.37, obere Hälfte, verallgemeinert dargestellt. Es ist erkennbar, dass nach der klassischen Entwicklung die Fertigung und Zusammenstellung folgt. Zuletzt erfolgt die finale Inbetriebnahme des Systems unter relativ hohem Aufwand der Softwaretechnik.

Der Entwicklungsprozess unter Zuhilfenahme der VIBN erfährt in diesem Zusammenhang auch eine Abänderung. Um das System virtuell in Betrieb zu nehmen, erfordert es ein weiteres kinematisiertes Modell. Dies erfolgt üblicherweise im Zuge der mechanischen Konstruktion und stellt zu Beginn einen gewissen Mehraufwand dar. Diese Investition rechnet sich aber spätestens im nächsten Entwicklungsschritt, wenn die Softwaretechnik sehr früh mit der Entwicklung und Validierung ihrer Programme beginnen kann. In Abb. 11.37 erkennt man die Rolle des VIBN-Modells in der simultanen Entwicklung und zu guter Letzt die reduzierte reale Inbetriebnahmezeit, die eine Verkürzung des gesamten Produktentstehungsprozesses ermöglicht. Weiterhin werden durch die vorgezogene Programmiertätigkeit auch unzureichende Funktionalitäten und Fehlentwicklungen vorab abgefangen und hohe Änderungskosten, die sich in den späten Entwicklungsphasen enorm auswirken können, vermieden [Schm-2013, Wuen-2007, Bröl-2015, Laco-2011].

Abb. 11.37 Gegenüberstellung der Entwicklungsprozesse

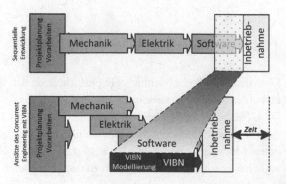

11.6   Qualitätssicherung und Computer Aided Quality Assurance (CAQ)

Bei der Fertigung von Bauteilen gibt es keine absolute Genauigkeit. Es treten immer Abweichungen bzw. Fehler zu den Vorgaben auf. Abweichungen eines Merkmals (z. B. Länge) vom Sollwert werden für die Funktionserfüllung in einem bestimmten Ausmaß toleriert und sind daher zu prüfen, um die Gesamtfunktion des Bauteils zu gewährleisten. Daraus ergibt sich das Ziel einer Minimierung des Fehlerpotenzials in der Fertigung. Dies umfasst zunächst den Wareneingang (z. B. Kontrolle der Rohteile), die eigentliche Fertigung sowie die Montage des einzelnen Bauteils in eine Gesamtbaugruppe. Bei der Fertigung eines Bauteils, beispielsweise eines Drehteils, kann eine Vielzahl von Störgrößen auftreten, welche dann Fehler verursachen. Diese Störgrößen können sowohl statischer Natur sein, wie Spannfehler oder Verformungen am Bauteil, als auch dynamischer Natur. Hier sind selbsterregte oder fremderregte Schwingungen (z. B. Einleitung über das Fundament) mögliche Beispiele. Weitere nicht zu vernachlässigende Störgrößen bilden der Temperatureinfluss sowie der Verschleiß am Werkzeug.

Fehler lassen sich in die Klassen systematischer und zufälliger Fehler unterteilen. Systematische Fehler entstehen systembedingt und sind unter gleichen Randbedingungen reproduzierbar. Dadurch besteht die Möglichkeit, diese zu korrigieren bzw. deren Einfluss zu kompensieren. Beispiele für systematische Fehler bei Werkzeugmaschinen sind geometrische Fehler der Maschinenführungen oder Nachgiebigkeiten in der Maschine. Zufällige Fehler sind systematisch nicht beschreibbar. Beispiele sind z. B. prozessbedingte Schwingungen, Werkzeugverschleiß oder Eigenheiten des Prüfers (Ablesefehler). Um systematische von zufälligen Fehlern zu trennen, ist die Anwendung statistischer Auswerteverfahren erforderlich, um entsprechende Trends und Tendenzen erkennen zu können [Hehe-2011].

11.6.1 Grundlagen

Aus dem Lateinischen „qualitas" – Beschaffenheit, Eigenschaft, Zustand – leitet sich der Begriff Qualität ab. Die Definition der Qualität nach [DIN EN ISO-9000] lautet: „Qualität ist die Gesamtheit von Merkmalen einer Einheit (Produkt oder Dienstleistung) bezüglich ihrer Eignung, festgelegte und vorausgesetzte Erfordernisse zu erfüllen."

Im Alltag wird der Begriff Qualität oftmals zur Benotung unterschiedlichster Eigenschaften benutzt. Die Bezeichnung Qualität enthält jedoch keine Bewertung. In der Alltagssprache bildet Qualität ein Synonym für die Güte, und daher wird oft von guter oder schlechter Qualität gesprochen. Im wirtschaftlichen Alltag hat sich der Begriff Qualität als allgemeiner Wertmaßstab durchgesetzt, der die Zweckangemessenheit eines Produkts oder einer Dienstleistung zum Ausdruck bringen soll.

Ein Maß für die Qualität ist sicherlich nicht der Preis, sondern ausschließlich die Erfüllung der Anforderungen an das Produkt, sowohl aus Sicht des Produzenten als auch aus Sicht des Kunden. Bis vor einigen Jahren wurde der Begriff „Qualität" als eine

Eigenschaft von Produkten oder Dienstleistungen zur Einhaltung der gestellten Erfordernisse der Kunden verstanden. Jedoch in der heutigen Zeit umfasst der Qualitätsbegriff im Rahmen von *Total-Quality*-Konzepten[3] das gesamte Unternehmen. Die Verbesserung der Qualität seiner Produkte und Dienstleistungen stellt für jedes Unternehmen eine Herausforderung dar.

Das Qualitätsmanagement strebt die Optimierung von Geschäftsprozessen und Arbeitsabläufen unter der Berücksichtigung von materiellen und zeitlichen Mengen sowie dem Qualitätserhalt von Erzeugnissen bzw. Dienstleistungen und deren Weiterentwicklung an. Es handelt sich dabei um einen Teilbereich des funktionalen Managements. Einige wichtige Belange des Qualitätsmanagements sind [KaBr-2005]:

- Steigerung der Zufriedenheit von Kunden
- Motivation der Belegschaft
- Professionelle Lösungsstrategien
- Normierungen für Produkte und Dienstleistungen
- Standardisierung bestimmter Prozesse

Das Ziel des Qualitätsmanagements liegt darin, dass die Qualitätsbelange in der Unternehmensführung den ihnen gebührenden Platz einnehmen. In diesem Zusammenhang bezieht sich der Begriff „Qualität" sowohl auf die vermarkteten Produkte und Dienstleistungen als auch auf die internen Prozesse des Unternehmens [Hehe-2011].

11.6.2 Aufgaben der Qualitätssicherung

Qualitätssicherung beschreibt laut [GeVo-1989] die Gesamtheit aller Maßnahmen zur Erfüllung vorgegebener Qualitätsanforderungen. Die Aufgaben Qualitätsplanung, Qualitätssteuerung und Qualitätsprüfung stellen die Teilfunktionen zur Erfüllung dieser Zielsetzung dar (siehe Abb. 11.38).

Aus unternehmenspolitischer Sicht verschiebt sich die Gewichtung der Produkteigenschaften Preis und Qualität, gerade in Hinblick auf moderne Fertigungsverfahren, immer mehr auf die Eigenschaft Qualität. Im Weiteren sollen nun die einzelnen Teilfunktionen genauer betrachtet werden.

Die *Qualitätsplanung* umfasst die Aufgaben der Qualitätssicherung im Stadium der ersten Schritte der Produktentwicklung (bzw. der Produktplanung). Die (erreichbare) Qualität eines Produkts wird zu einem großen Teil bestimmt durch die Qualität des Entwurfs.

---

[3] Total-Quality-Konzepte beschreiben eine ganzheitliche Philosophie, bei der die Qualität das oberste Unternehmensziel ist, und bei der nicht nur die Qualität eines Produktes, sondern sämtliche Leistungen des Unternehmens auf ihre Qualitätserfüllung analysiert und verbessert werden. Dieses kann erreicht werden z. B. durch Schaffen von Prozesstransparenz mittels Erfassung aller prozessrelevanten Daten und damit sofortiges Erkennen von Veränderungen und Trends.

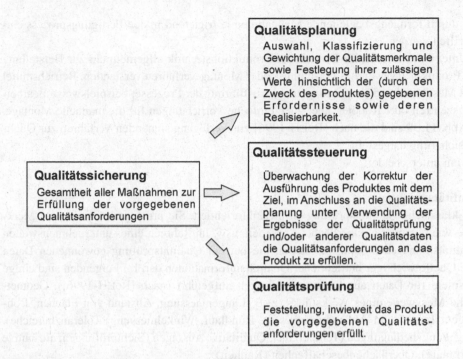

Qualitätsplanung

Auswahl, Klassifizierung und Gewichtung der Qualitätsmerkmale sowie Festlegung ihrer zulässigen Werte hinsichtlich der (durch den Zweck des Produktes) gegebenen Erfordernisse sowie deren Realisierbarkeit.

Qualitätssteuerung

Überwachung der Korrektur der Ausführung des Produktes mit dem Ziel, im Anschluss an die Qualitätsplanung unter Verwendung der Ergebnisse der Qualitätsprüfung und/oder anderer Qualitätsdaten die Qualitätsanforderungen an das Produkt zu erfüllen.

Qualitätssicherung

Gesamtheit aller Maßnahmen zur Erfüllung der vorgegebenen Qualitätsanforderungen

Qualitätsprüfung

Feststellung, inwieweit das Produkt die vorgegebenen Qualitätsanforderungen erfüllt.

Abb. 11.38 Gliederung der Qualitätssicherung [GeVo-1989]

Hauptaufgaben sind die Festlegung allgemeiner Richtlinien zur Qualitätslenkung und – prüfung sowie die Auswahl der Qualitäts-/Prüfmerkmale mit der Festlegung ihrer geforderten und ihrer zulässigen Werte (Toleranzen).

Die *Qualitätsprüfung* beurteilt die Qualität der Übereinstimmung, d. h. inwieweit Produkte und Prozesse bzw. Tätigkeiten die festgelegten Qualitätsanforderungen erfüllen. Sie bestimmt ein Maß für den Grad der Übereinstimmung der im Entwurf geforderten Anforderungen mit der in der Fertigung tatsächlich erreichbaren Qualität. Die Qualitätsprüfung umfasst die Prüfplanung und Prüfausführung sowie die Aufbereitung der Prüfdaten (Auswertungen).

Die *Qualitätssteuerung* (auch als Qualitätslenkung bezeichnet) wird definiert als Planung, Überwachung und Korrektur der Ausführung eines Produktes oder einer Tätigkeit mit dem Ziel, im Anschluss an die Qualitätsplanung unter Verwendung der Qualitätsprüfung und Qualitätsdaten die vorgegebenen Qualitätsanforderungen zu erfüllen.

11.6.3 Qualitätssichernde Maßnahmen in der Fertigung

Qualitätssichernde Maßnahmen in der Fertigung zielen im Unterschied zu früher nicht mehr allein auf die Qualitätsprüfung am Ende des Produktionsprozesses ab. Vielmehr sollen Qualitätsschwankungen der Produkte durch kontinuierliches Überwachen der Prozesse und Betriebsmittel möglichst frühzeitig erkannt werden. Im Sinne eines Regelkreises soll durch fertigungsbegleitende Maßnahmen korrigierend in den Fertigungsprozess eingegriffen werden.

Unter *Prozess* wird im Bereich der Produktionstechnik allgemein ein zur Herstellung des Produkts angewandtes Fertigungs- oder Montageverfahren verstanden. Betriebsmittel sind Maschinen und Vorrichtungen zur Ausführung der Prozesse, beispielsweise Bearbeitungszentren oder Roboter, aber auch einfache Vorrichtungen für die manuelle Montage. In Abb. 11.39 sind die nach [ReLH-1996] zur Verfügung stehenden Verfahren zur Qualitätssicherung dargestellt.

Man unterscheidet:

Qualitätsprüfung:
Die klassische Qualitätsprüfung ist produktorientiert. Sie prüft qualitätsrelevante Merkmale wie Geometrie, Oberfläche, Aussehen, usw. Im Rahmen eines unternehmensweiten Qualitätsmanagementkonzepts stellen die bei der Qualitätsprüfung gewonnenen Daten eine Quelle wichtiger betrieblicher Qualitätsinformationen dar. Im Folgenden sind einige Beispiele für Daten aus Qualitätsprüfungen aufgeführt (nach [ReLH-1996]): Geometrische Messwerte eines Werkstücks (z. B. Längenmessung, Abstand von Flächen, Bohrungen, Innen- und Außendurchmesser, Rundlauf, Winkelmessung, Toleranzbereiche), Umgebungsbedingungen (Temperatur), Qualitative Aussagen (Sichtprüfungen, attributive Merkmale), Oberflächenbeschaffenheit (Rauheit).

Die Daten sind in der Produktspezifikation (z. B. normgerechte Werkstückzeichnung) angegeben und werden entsprechend beurteilt. Die Qualitätsprüfung in der Produktion liefert eine Reihe von Informationen, die aufgrund von festgestellten Qualitätsmängeln

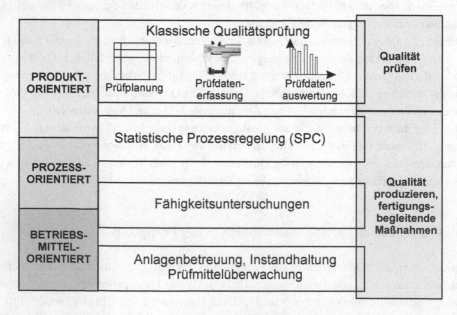

Abb. 11.39 Qualitätssicherung in der Fertigung (nach [ReLH-1996])

am Produkt als Anstoß für Produkt- bzw. für Fertigungs- oder Montageprozessänderungen dienen. Darüber hinaus können Prüfdaten als Vergleichs- oder Erfahrungswerte bei der Entwicklung eines neuen Produkts, etwa als Eingangsgröße für FMEA-Analysen dienen. Zwischen der Qualität der Entwicklung im Unternehmen und dem Umfang der erforderlichen Qualitätsprüfungen bestehen starke Wechselbeziehungen. So führt die richtige Anwendung von präventiven Qualitätsmanagementmethoden in der Entwicklung zu besser beherrschten Produktionsprozessen und folglich zu einem reduzierten Prüfbedarf. Dem entgegen erlauben technische Weiterentwicklungen im Bereich der Sensorik, der Messdatenverarbeitung und der Informationstechnik mit geringeren Kosten aktuellere Prüfdaten in größerem Umfang an einer gesteigerten Zahl von Prüfstellen im Prozess zu sammeln und auszuwerten.

Statistische Prozesskontrolle (statistical process control, SPC):
Bei Einsatz der statistischen Prozesskontrolle kann man wichtige Kenngrößen schon während des Produktionsprozesses verfolgen und Abweichungen frühzeitig erkennen, so dass man fehlerhafte Produkte durch geeignete Korrekturmaßnahmen vermeiden kann. Im Zuge des SPC wird schon während des Fertigungsprozesses regulierend eingegriffen. Bei der statistischen Prozessregelung werden die Messwerte in eine Qualitätsregelkarte eingetragen. Dies erlaubt bereits innerhalb der Toleranzgrenzen das Erkennen etwaiger Trends, so dass man gegensteuern kann, bevor es zu einem Ausschuss kommt. Unregelmäßige Schwankungen innerhalb der Toleranzgrenzen ohne jegliche Trendentwicklung erfordern nicht unbedingt einen korrigierenden Eingriff.

Fähigkeitsuntersuchungen:
Die Fähigkeitsuntersuchungen betreffen Prozesse und Betriebsmittel. Sie weisen die Eignung einer Maschine, eines Gerätes oder eines Prozesses zur Gewährleistung einer sicheren Produktion nach. Fähigkeitsuntersuchungen bilden die Grundlage für beherrschte Fertigungsprozesse.

Bei Prozessfähigkeit handelt es sich um einen Begriff aus der Produktionstechnik, der die Stabilität und Reproduzierbarkeit von Produktionsprozessen kennzeichnet. Des Weiteren dient diese Eigenschaft eines Prozesses dazu, bestimmte Prozesse bewertbar zu machen. Die Prozessfähigkeit setzt sich aus unterschiedlichsten Parametern zusammen und wird über eine Prozessfähigkeitsanalyse anhand der beiden Indikatoren „potentieller Prozessfähigkeitsindex C_p" und „kritischer Prozessfähigkeitsindex C_{pk}" bestimmt.

Instandhaltung:
Die Instandhaltung bildet schließlich die Basis für die Aufrechterhaltung der Funktionsfähigkeit von Produktionsanlagen über die gesamte Produktionsdauer. Unter Instandhaltung versteht man nach [DIN-31051] die Kombination aller technischen und administrativen Maßnahmen sowie Maßnahmen des Managements während des Lebenszyklus eines Produktionssystems zur Erhaltung des funktionsfähigen Zustandes oder der Rückführung in diesen, so dass sie die geforderte Funktion erfüllen kann. Die Instandhaltung von

technischen Systemen, Bauelementen, Geräten und Betriebsmitteln soll sicherstellen, dass der funktionsfähige Zustand erhalten bleibt oder bei Ausfall wieder hergestellt wird. Sie kann in die fünf Grundmaßnahmen Wartung, Inspektion, Schwachstellenanalyse, Instandsetzung und Verbesserung unterteilt werden. Ziel der Einführung eines Instandhaltungskonzeptes ist, dass weniger Maschinenstillstände innerhalb einer Fertigungszeit auftreten, kürzere Instandsetzungszeiten an den Maschinen anfallen sowie die Auswirkungen von Maschinenstillstandszeiten auf den Fertigungsfluss verringert werden.

11.6.4 Rechnerunterstützte Qualitätssicherung (CAQ)

Unter der rechnerunterstützten Qualitätssicherung (CAQ, Computer Aided Quality Assurance) wurde anfangs nur die Rechnerunterstützung von Qualitätsprüfungsaufgaben verstanden. Der Computer ermöglichte die Aufbereitung und Auswertung von Prüfdaten. Zunächst waren es Prüfplanungssysteme oder Systeme der statistischen Prozesssteuerung und -regelung. Diese Systeme hatten keine Anbindung an andere IT-Systeme und waren daher Insellösungen. Heute werden unter CAQ-Systemen eher Computer Aided Quality Management Systeme verstanden. Solche Systeme werden vor dem Hintergrund des TQM (Total Quality Management, umfassendes Qualitätsmanagement) über die Grenzen des eigentlichen Qualitätswesens hinaus kontinuierlich erweitert. Die Funktionalität von CAQ-Systemen wird durch die Aufgaben der Qualitätsplanung, Qualitätsprüfung und Qualitätslenkung bestimmt. Im Bereich der Qualitätsplanung sind dies:
- Fehlermöglichkeits- und –einflussanalyse (FMEA),
- Statistische Versuchsmethodik,
- Quality Function Deployment (QFD) und
- Prüfmittelüberwachung (PMÜ).

Der Erfolg eines Qualitätsmanagementsystems hängt wesentlich von der Erfassung, der Verarbeitung, der Auswertung und der Dokumentation von Qualitätsinformationen in allen Produktentstehungsphasen ab. Qualität und Produktivität zu vereinen erfordert hierbei den Einsatz von Informationstechnologien zum effizienten Qualitätsmanagement. Mit CAQ soll eine bereichsübergreifende, präzise und zeitgerechte Qualitätsdateninformation erreicht werden, die definierten Benutzern zugänglich gemacht wird. In Abb. 11.40 werden die von CAQ zu unterstützenden Bereiche aufgezeigt [BrWa-1997].

11.7 Anwendungsbeispiele

In diesem Abschnitt wird im ersten Beispiel die Programmierung einer Werkzeugmaschine gezeigt, die einen Fertigungsprozess ausführt. Das zweite Beispiel erläutert die Programmierung eines Industrieroboters, der z. B. die Handhabung des zu bearbeitenden Werkstücks durchführt.

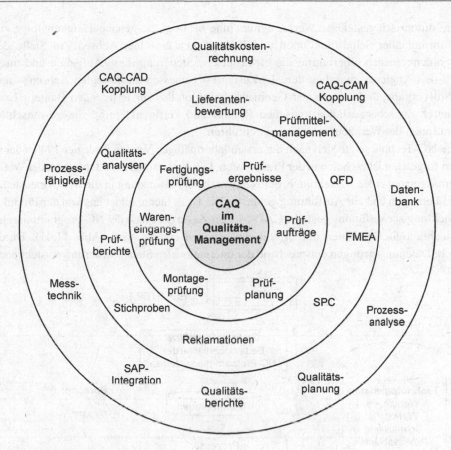

Abb. 11.40 CAQ-Module [BrWa-1997]

11.7.1 NC-Programmierung

Am Beispiel der Programmierung numerisch gesteuerter Werkzeugmaschinen (NC-Programmierung[4]) wird dargestellt, auf welcher Datenbasis und Struktur die Informationen zusammengestellt werden müssen, damit mittels Steuerungsrechner eine Werkzeugmaschine auftragsgerecht ein Werkstück bearbeitet. Die Programmierung für den Betrieb eines Industrieroboters (IR) ist ähnlich zu sehen; ein wichtiger Unterschied liegt aber darin, dass die Werkzeugmaschine auf Grund ihrer Auslegung bestimmte Technologien bewältigt, z. B. Drehen, Bohren oder Fräsen, ein IR in seiner Grundausführung jedoch keine besondere technologische Zuordnung aufweist.

---

[4] NC = Numerical control, bei der die in einem Programm enthaltenen Steuerungsanweisungen von der Maschinensteuerung in Verfahrbefehle und Anweisungen zur automatischen Erstellung eines Werkstücks umgesetzt werden.

Die numerisch gesteuerte Werkzeugmaschine benötigt die genaue Tätigkeitsfolge zur Ausführung aller Schaltfunktionen und Bewegungen einzelner Achsen. An Stelle des Maschinenbedieners übernimmt die elektronische Steuerung diese Aufgaben und muss durch den Abgleich zwischen dem Ist-Zustand – gemessen an bewegten Achsen – und der Sollvorgabe, die sich aus der Geometriedefinition des zur fertigenden Bauteils bzw. geplanter Zwischenzustände zwischen Rohteil und Fertigteil ergibt, die gewünschten Operationen der Werkzeugmaschine durchführen.

Die NC-Technik setzte sich nach der ersten labormäßigen Version Ende der 1940er Jahre in den folgenden Jahrzehnten in der Praxis durch. Die Anweisungen zur Operation der Werkzeugmaschine werden heute mittels der Netzwerke zur Anwendung in die Maschinensteuerung übertragen und zur Ausführung gebracht. Die Basis hierzu bildet das von der Produktentwicklung zur Verfügung gestellte CAD-Modell, das in der Phase der NC-Programmierung mit technologischen Daten und Arbeitsanweisungen ergänzt wird (Abb. 11.41). Durch weitere Datenumsetzungen entsprechend der internationalen Standardisierung entsteht nach

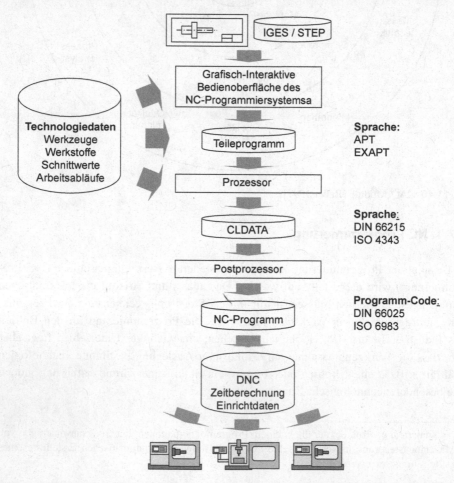

Abb. 11.41 Grundsätzlicher Datenfluss zur Erstellung von NC-Programmen

[ISO-4343] eine maschinenneutrale Version, die Cutter Location Data (CLDATA). Diese wird im Schritte des Postprozessor-Laufes an die besonderen Bedingungen der Ziel-Werkzeugmaschine angepasst wird, um von deren Steuerung verarbeitet werden zu können.

Um die numerische Definition der Bewegungen der Werkzeuge relativ zum Werkstück zu ermöglichen, bedarf es definierter Koordinatensysteme für die Werkzeugmaschine, das Spannmittel, den Arbeitsraum, das Werkzeug und den Werkzeugschlitten. Alle wesentlichen numerisch gesteuerten Maschinen besitzen daher eine durch die Norm DIN 66217 [DIN-66217] festgelegte Definition ihrer Koordinatensysteme für die benötigten Komponenten. Als Beispiel sei hier in Abb. 11.42. die Darstellung der Systeme einer Drehmaschine gegeben.

Im Falle einer Drehmaschine ist die x-Achse mit dem Radius des Werkstückes definiert, die Drehachse fällt dann mit der Z-Achse zusammen. Zu den kartesischen Achsen zugehörig ergibt sich jeweils ein rotatorischer Freiheitsgrad, bezeichnet mit den Achsen A, B und C. Werden weitere Koordinatensysteme in geometrisch eindeutiger, aber zum Ursprung verschobener Lage erforderlich, so ergibt sich das im Abb. 11.42 gezeigte System.

Zum Erstellen eines NC-Programms wird heute die Geometrie des zu bearbeitenden Werkstückes im Allgemeinen direkt aus dem CAD-Modell übernommen, nachdem dort bereits die notwendigen Vorarbeiten wie zum Beispiel die Gestaltung eines Schweiß- oder Gussrohteils oder die Umschlüsselung von Toleranzvorgaben[5] erfolgt sind. Eine der Bedingungen, die zur Planung der Werkzeugbewegungen erfüllt sein muss, ist die fehlerfreie Darstellung der Kontur des Werkstückes in der jeweiligen Fertigungsstufe. Dieses bedeutet, dass in diesem Planungsschritt bereits technologische Bedingungen zu erfüllen sind. So wird zum Beispiel die Fertigteilgeometrie in die Stufen der Schrupp- und Feinbearbeitung unterschieden oder entsprechend den verfügbaren Werkzeugmaschinen modifiziert.

Abb. 11.42 Achssysteme einer Revolver-Drehmaschine nach [DIN-66217]

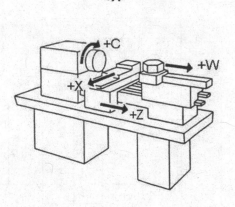

---

[5] Umrechnen eines beliebig tolerierten Maßes auf eine Größe, bei der das obere und das untere Abmaß jeweils den gleichen Wert besitzen („Mitteltoleranz"), so dass der Scheitel der Häufigkeitsverteilung identisch mit der neu berechneten Größe für das Maß ist

Das Schließen der Kontur aus einzelnen Geometrieelementen muss ebenfalls unter dem Blick erfolgen, dass das Werkzeug entlang der Kontur geführt werden kann; somit wird dem Geometrieelement die Richtungsinformation als Attribut hinzugefügt, um damit auch festzulegen, welcher Bereich als Außen- oder Innenbearbeitung zu betrachten ist. Im Falle einer Volumenmodellierung durch das CAD-System ergibt sich diese benötigte Information bereits aus dem Modell des Bauteils, das die geometrische Materialzuordnung eindeutig vornimmt.

Einzelne Geometrieelemente müssen lückenlos im Rahmen der Genauigkeit des Modells im Rechner aneinander anschließen, um die Bewegung des Werkzeugs auf der Basis dieser Wegvorgabe berechnen zu können. In der Programmiersprache APT (Automatically Programmed Tools, [Prit-2005]) bedeutet hier zum Beispiel der Befehl GOLEFT, dass das Werkzeug in Richtung des Konturzuges links der Konturlinie bewegt wird. Im Beispiel der Abb. 11.43 ist unter Nutzung der NC-Programmiersprache EXAPT [Prit-2005] die Bedeutung der gerichteten Geometrie dargestellt. Das gezeigte Drehteil entsteht durch die Festlegung der im Uhrzeigersinn aufgebauten gerichteten Geometrie, beginnend mit der Marke M1 auf der Achse der linken Planfläche über die Planfläche, den folgenden Durchmesser mit dem Anschluss über eine Fase (chamfer, bevel) usw. bis zur Marke M2 und endet in der Marke M3 in der Achse der rechten Planfläche. Damit ist das Fertigteil vollständig beschrieben. Weiterhin enthält das Teileprogramm in der Abb. 11.44 die Beschreibung des Rohteils (Satz 5 bis 10), die Definition der Schrupp- und Feinbearbeitung (Satz 27 und 28), die Festlegung der Werkzeuge sowie letztlich die Bearbeitungsbefehle nach einer ersten Einspannung in der linken Planfläche von der Marke M3

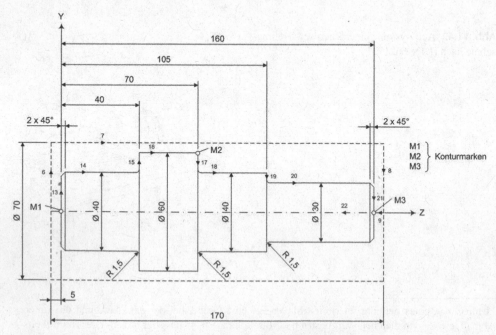

Abb. 11.43 Aufbau der gerichteten Geometrie im EXAPT-Teileprogramm

bis M2 entgegen der Geometrierichtung (Satz 33) und nach einem Umspannen (Satz 35 INVERS) die Bearbeitung von Marke M1 zu M2. Die Bearbeitungsanweisungen enthalten jeweils die Reihenfolge SCHRUP und FINI (Satz 36).

11.7.2 Programmierung von Industrierobotern

Die Programmierverfahren für Industrieroboter (IR) sind differenzierter zu gliedern. Verglichen mit der Programmierung der Werkzeugmaschine ist auch hier die Bahnbewegung zu beschreiben, die im Falle des IR wegen seines sequentiellen kinematischen Aufbaus bezüglich der absoluten Genauigkeit keinesfalls mit der Werkzeugmaschine vergleichbar ist. Die Absolutgenauigkeit kann Abweichungen bis in den mm-Bereich aufweisen. Da die Wiederholgenauigkeit für den Einsatz des Industrieroboters (üblicherweise < 0,1 mm)

Haupt-gruppe	Statement	Erläuterung
Allgemeine Anweisungen	xxxEXAPT 2-PROCESSORxxx	Überschrift/Meldung des Prozessors
	1 PARTNO / DREHTEIL	Kennzeichnung des Werkstückes
	2 MACHIN / EX2PP	Postprozessoraufruf
	3 CLPRNT	Kontrollaufruf der Zwischenausgaben soll erfolgen
	4 MACHDT / 30, 150, 0.1, 10, 5, 3000, 0.8	Kenndaten der Maschine (Spindelleistung 30 kW, Drehmoment 150 mkp, Vorschubbereich von 0.1 bis 10 mm/U, Drehzahlbereich von 5 bis 3000 min^{-1}, Korrekturfaktor für die Rautiefe 0.8)

Rohteilbeschreibung	5 CONTUR / BLANCO	Beginn der Rohteilkonturbeschreibung (Umfahren im Uhrzeigersinn)
	6 BEGIN / - 5, 0, Y LARGE, PLAN, - 5	Beginn bei Punkt (Z= - 5, Y= 0) in positiver Y-Richtung mit Planfläche bei Z= - 5
	7 RGT / DIA, 70	nach rechts; Zylinder mit Durchmesser 70
	8 RGT / PLAN, 165	nach rechts; Planfläche bei Z= 165
	9 RGT / DIA, 0	nach rechts; Zylinder mit Durchmesser 0; Schließen des Konturzugs
	10 TERMCO	Ende der Konturbeschreibung des Rohteils

Abb. 11.44 EXAPT-Teileprogramm für das Beispiel der Abb. 11.43

Fertigteilbeschreibung	11 SURFIN / FINE	Oberflächengüte (Surface finish)
	12 CONTUR / PARTCO	Beginn der Fertigteilkonturbeschreibung
	13 M1, BEGIN / 0, 0, Y LARGE, PLAN, 0, BEVEL, 2	Beginn bei Punkt M1 (Z= 0, Y= 0) in positiver Y-Richtung mit Planfläche bei Z= 0. Am Ende des Konturelements befindet sich eine Fase (BEVEL) von 2 mm Breite
	14 RGT / DIA, 40, ROUND, 1.5	nach rechts; Zylinder mit Durchmesser 40. Am Ende des Konturelements befindet sich ein Radius (ROUND) von 1.5 mm
	15 LFT / PLAN, 40	nach links; Planfläche bei Z= 40
	16 RGT / DIA, 60	nach rechts; Zylinder mit Durchmesser 60

Fertigteilbeschreibung	17 M2, RGT / PLAN, 70, ROUND, 1.5	nach rechts bei Punkt M2; Planfläche bei Z= 70 mit Radius von 1,5 mm am Ende
	18 LFT / DIA, 40	nach links; Zylinder mit Durchmesser 40
	19 RGT / PLAN, 105, ROUND, 1.5	nach rechts; Planfläche bei Z= 105 mit Radius von 1,5 mm am Ende
	20 LFT / DIA, 30, BEVEL , 2	nach links; Zylinder mit Durchmesser 30 mit Fase von 2 mm am Ende
	21 RGT / PLAN, 160	nach rechts; Planfläche bei Z= 160
	22 M3, RGT / DIA, 0	nach rechts bei Punkt M3; Zylinder mit Durchmesser 0, Schließen des Konturzuges
	23 TERMCO	Ende der Konturbeschreibung des Fertigteils

Technologische Anweisung	24 PART / MATERL, 250	Werkstoffangabe über Codezahl der Werkstoffdatei (Material)
	25 CUTLOC / BEHIND	Werkzeug- (CUTTER) position (LOCATION) hinter (BEHIND) der Drehachse (in Abb. 6.2.3.3 oberhalb der Mittellinie)
	26 OVSIZE / FINE, 0.04	Aufmaß (OVERSIZE) für die Feinbearbeitung
	27 SCHRUP=CONT / SO, LONG, ROUGH, TOOL, 123, SETANG, - 90	Definition der Schruppbearbeitung der Kontur (CONTOUR), Einzelbearbeitung (SINGLE OPERATION), Längsbearbeitung (ROUGH) mit dem Werkzeug (TOOL) 123 laut Werkzeugdatei, Anstellwinkel (SETTING ANGLE) – 90°
	28 FEIN=CONT / SO, LONG, FINE, TOOL, 123, SETANG, - 90	dto. für Feinbearbeitung (FINE)
	29 CHUCK / 12, 0, 300, 50, 20, - 100	Angaben zum Spannmittel (CHUCK), Futter Nr. 12, Nullpunktabstand 0, Außendurchmesser 300, Einspanntiefe 50, Innendurchmesser 20, Innenlänge - 100
	30 CLAMP / - 5	Einspannebene des Werkstücks (CLAMP-INGPLANE) Planfläche bei Z= - 5

Abb. 11.44 Fortsetzung

Exekutivanweisungen	31 COOLNT / ON	Kühlmittel ein (COOLANT ON)
	32 WORK / SCHRUP, FEIN	Bearbeitungsaufruf (WORK) der in Statement 27 und 28 definierten Arbeitsbedingungen
	33 CUT / M3, RE, M2	Bearbeitungsstellenaufruf: von M3 entgegen der Beschreibungsrichtung (REVERS) bis M2
	34 WORK / NOMORE	Ende der Bearbeitung
	35 CLAMP / 160, INVERS	Umspannen auf Einspannebene Z= 160
	36 WORK / SCHRUP, FEIN	Bearbeitungsaufruf
	37 CUT / M1, TO, M2	Bearbeitungsaufruf: von M1 in Beschreibungsrichtung (TO) bis M2
	38 WORK / NOMORE	Ende der Bearbeitung
	39 FINI	Teileprogrammende

Abb. 11.44 Fortsetzung

entscheidend ist, kann das Gerät hinreichend genaue und reproduzierbare Bewegungen in gesteuerter Form erzeugen.

Die Programmerstellung für den Industrieroboter ist in seiner Grundstruktur der Programmierung der NC-Werkzeugmaschine ähnlich. So wurde zum Beispiel eine Schnittstelle IRDATA [DIN-66314] genormt (Abb. 11.45), die es möglich macht, die Strukturen ähnlich dem NC-Programm aufzubauen. Nichtsdestotrotz haben sich die IR-Sprachen generell steuerungsspezifisch entwickelt.

Abb. 11.46 stellt die Möglichkeiten der IR-Programmierung vor. Zu den am Roboter direkt eingesetzten Verfahren gehören die bewegungsorientierten Verfahren:

* Programmieren durch Vormachen (Play-back-Methode), z. B. durch Abfahren einer Bahn und Abspeichern der Koordinatenwerte
* Programmieren durch Anfahren von Stützpunkten und Abspeichern der Koordinatenwerte (Teach-in-Programmierung)
* Teach-in oder Play-back

Im Falle der indirekten (off-line) Programmierung wird die Aufgabe mithilfe einer problemorientierten Sprache textuell beschrieben. Ein Industrieroboter muss dafür nicht verfügbar sein. An Sprachen wurden sowohl implizite, d. h. aufgaben- oder technologieorientierte Sprachen als auch explizite und bewegungsorientierte Sprachen entwickelt.

Implizite Sprachen gehen von einer bekannten Umwelt des Industrieroboters aus, wobei die räumlichen Gegebenheiten (Verfahrbereich, Kollisionsbereich) sowie der kinematische

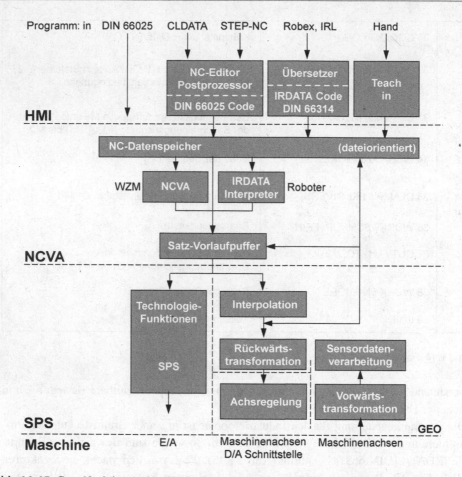

Abb. 11.45 Grundfunktionen einer Werkzeugmaschinen- bzw. Robotersteuerung [Prit-2005][6]

Aufbau des Gerätes vollständig gegeben sein müssen. Zusätzlich muss durch die aufgaben- bzw. technologieorientierte Sprache die Besonderheit für den jeweiligen Einsatz (z. B. Montage, Nahtschweißen, Handhaben) beschrieben werden, siehe dazu auch Abb. 11.47. Dieser Weg der Programmierung wird durch kommerzielle Softwaresysteme, beispielsweise RobCad, im Zusammenwirken mit CAD-Systemen unterstützt.

Der jeweilige Einsatz des Industrieroboters bestimmt die technologischen Anteile des Programms und kann, verglichen mit der Werkzeugmaschine, nur in wenigen Fällen bereits allgemein definiert werden. Daher lässt sich die Unterstützung zur Programmierung nicht in gleichem Maße im Rahmen eines Programmiersystems gestalten. Marktgängige

---

[6] HMI Mensch-Maschine Schnittstelle (Human Machine Interface), STEP Standard for the Exchange of Product Data, IRDATA Industrial Robot DATA, WZM Werkzeugmaschine, NCVA NC-Verarbeitungs-Anlage, SPS Speicherprogrammierbare Steuerung, Robex Robot EXAPT, IRL Industrial Robot Language

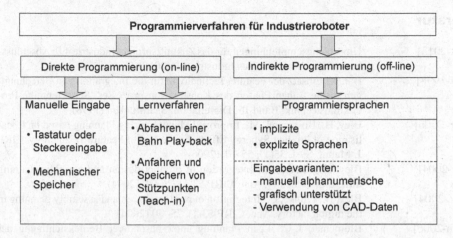

Abb. 11.46 Programmierverfahren bei Industrierobotern [Prit-2005]

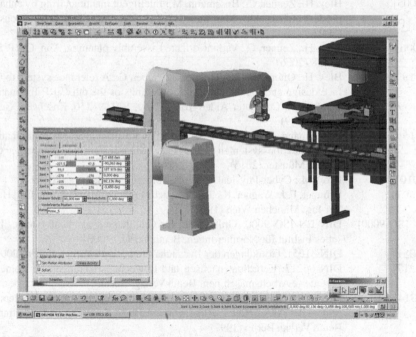

Abb. 11.47 Beispiel der Programmierung einer IR-Zelle

Softwaresysteme mit grafischer Unterstützung bieten keinerlei anwendungsspezifische Unterstützung. Sie sind einzig auf die Bahnplanung und auf die Überprüfung von Kollisionen innerhalb des Arbeitsraumes – soweit dieser in seiner Geometrie vollständig beschrieben ist – orientiert. Daher ist der Einsatz dieser Systeme verglichen mit NC-Programmiersystemen wenig verbreitet. Sie besitzen ihre Bedeutung für Planungsaufgaben von Fertigungssystemen und deren Plausibilitätsprüfung.

Literatur

[Acat-2013]   Umsetzungsempfehlungen für das Zukunftsprojekt Industrie 4.0: Abschluss-
                bericht des Arbeitskreises Industrie 4.0 (2013)
[BärT-1998]   Bär, T.: Einsatz der Feature-Technologie für die Integration von Berechnun-
                gen in die frühen Phasen des Konstruktionsprozesses, Schriftenreihe Pro-
                duktionstechnik, Band 15, Dissertation, Saarbrücken (1998)
[BlBo-2006]   Bley, H., Bossmann, M.: Improved Manufacturing Planning based on Loca-
                lisation of Product Synergy Effects by the Use of Feature Technology. CIRP
                J. Manuf. Syst. **35**(1), 55–61 (2006)
[BlFr-2004]   Bley, H., Franke, C.: Integration of product design and assmbly planning
                inthe digital factory. Ann. CIRP 53(1), 25–30 (2004)
[BlFZ-2004]   Bley, H., Franke, C.: Integration of product design and assembly planning in
                the digital factory. Ann. CIRP **53**(1), 25–30 (2004)
[Blum-2006]   Blumenau, J.-C.: Lean Planning unter besonderer Berücksichtigung der
                Skalierung wandlungsfähiger Produktionssysteme, Schriftenreihe Produk-
                tionstechnik, Band 36, Dissertation, Saarbrücken (2006)
[BlZB-2005]   Bley, H., Zenner, C., Bossmann, M.: Intelligent manufacturing by enhanced
                product models. Adv. Mat. Res. **6–8**, 295–303, Trans Tech Publications Ltd.
                (2005)
[BlZe-2006]   Bley, H., Zenner, C.: Variant-oriented assembly planning. Ann. CIRP, **55**(1)
                23–28 (2006)
[BOTW-1999]   Bley, H., Oltermann, R., Thome, O., Weber, C.: A tolerance system to inter-
                face design and manufacturing. Proceedings of the 6th CIRP International
                Seminar on Computer Aided Tolerancing, S. 149–156, Enschede, Nether-
                lands (1999)
[Bröl-2015]   Brökelmann, J.: Systematik der virtuellen Inbetriebnahme von automatisier-
                ten Produktionssystemen. Verlagshaus Monsenstein und Vannerdat OHG
                Druck, Münster (2015)
[Broy-2010]   Broy, M.: Cyber-Physical Systems. Springer, Heidelberg (2010)
[BrWa-1997]   Brunner, F. J., Wagner, K.: Taschenbuch Qualitäts-Management. Carl Hanser
                Ver-lag, München Wien (1997)
[DIN EN ISO-9000] DIN EN ISO 9000: Grundlagen für Qualitätsmanagementsysteme. Deut-
                sches Institut für Normierungen, Beuth Verlag (2000)
[DIN-31051]   DIN 31051: Grundlagen der Instandhaltung. Beuth Verlag, Berlin (2003)
[DIN-66217]   DIN 66217: Koordinatenachsen und Bewegungsrichtungen für numerisch
                gesteuerte Arbeitsmaschinen. Beuth Verlag, Berlin (1975)
[DIN-66314]   DIN 66314-Teil 1: Schnittstelle zwischen Programmierung und Robotersteue-
                rung – IRDATA – Teil 1: Allgemeiner Aufbau, Satztypen und Übertragung.
                Beuth Verlag, Berlin (1997)
[DIN-8580]   DIN 8580: Fertigungsverfahren – Begriffe – Einteilung. Beuth Verlag, Berlin
                (2003)
[Drat-2010]   Drath, R.: Datenaustausch in der Anlagenplanung mit AutomationML. Sprin-
                ger, Heidelberg (2010)
[Ever-1989]   Eversheim, W.: Organisation in der Produktionstechnik, Band 3: Arbeitsvor-
                bereitung, 2. Aufl. VDI-Verlag, Düsseldorf (1989)
[EvSc-1996]   Eversheim, W., Schuh, G. (Hrsg.): Produktion und Management („Betriebs-
                hütte") Teil 2. Springer, Heidelberg (1996)
[Fied-2013]   Fiedler, M. Effizienzsteigerungen in der Logistik. [Präsentation]. Fraunhofer
                IML (2013)

[Fran-2003]   Franke, C.: Feature-basierte Prozesskettenplanung in der Montage als Basis für die Integration von Simulationswerkzeugen in der Digitalen Fabrik, Schriftenreihe Produktionstechnik, Bd. 28, Dissertation, Saarbrücken (2003)

[Frau-2012]   Fraunhofer IML, Perfekt Montiert – Visuelle Assistenzsysteme in der Produktion. [Film]. Deutschland (2012)

[Gebh-2000]   Gebhart, A.: Rapid Prototyping, Werkzeuge für die schnelle Produktentstehung. Carl Hanser Verlag, München Wien (2000)

[GeVo-1989]   Gerlach, H., Vojdani, N.: Materialflussgerechte Fertigungskontrolle. Verlag TÜV Rheinland, Köln (1989)

[Gore-2014]   Gorecky, D.: „Mensch-Maschine-Interaktion im Industrie 4.0-Zeitalter," in s Industrie 4.0 in Produktion, Automatisierung und Logistik, S. 525–542. Springer, Heidelberg (2014)

[Hehe-2011]   Hehenberger, P.: Computerunterstützte Fertigung – Eine kompakte Einführung", ISBN 978-3-642-13474-6, Springer Berlin Heidelberg (2011)

[ISO-4343]   ISO 4343: Industrielle Automatisierungssysteme – Numerische Steuerungen von Maschinen – NC-Prozessorausgabe, Postprozessorbefehle. Beuth Verlag, Berlin (2000)

[Jost-1994]   Jostock, J.: Aufbau eines hierarchisch organisierten, wissensunterstützten Fertigungsregelungssystems, Schriftenreihe Produktionstechnik, Band 9, Dissertation, Saarbrücken (1994)

[KaBr-2005]   Kamiske, G. F., Brauer, J.-P.: Qualitätsmanagement von A bis Z, 5. Aufl. Carl-Hanser Verlag, München (2005)

[Kitt-2014]   Kittl, C., Assist 4.0: Datenbrillen-gestütze Assistenzsysteme für die Produktion der Zukunft. [Präsentation]. Evolaris (2014)

[Laco-2011]   Lacour, F.-F. R.: Modellbildung für die physikbasierte Virtuelle Inbetriebnahme materialflussintensiver Produktionsanlagen. Herbert Utz Verlag, München (2011)

[Lee-2015]   Lee, J., Bagheri, B., H. A., K.: A Cyber Physical Systems architecture for Industry 4.0-based manufacturing systems. Manuf. Lett. 18–23 (2015)

[Prit-2005]   Pritschow, G.: Einführung in die Steuerungstechnik. Carl Hanser Verlag, München Wien (2005)

[ReLH-1996]   Reinhart, G., Lindemann, U., Heinzl, J.: Qualitätsmanagement. Springer-Verlag, Berlin Heidelberg (1996)

[Schä-2014]   Schäfer, „STROBAS – Das stationäre Roboter-Assistenzsystem," in s Fraunhofer-Institut für Fabrikbetrieb und -Automatisierung. Leistungen und Ergebnisse. Jahresbericht, Magdeburg, Fraunhofer IFF (2014)

[Schm-2013]   Schmüdderrich, T., Trächtler, A., Brökelmann, J., Gausemeier, J.: Procedural Model for the virtual commissioning on the basis of model-based design. In: Abramovici, M., Stark, R. (Hrsg.) Smart Production Engineering, S. 23–32. Springer-Verlag, Berlin-Heidelberg (2013)

[Schu-1996]   Schuler GmbH (Hrsg.): Handbuch der Umformtechnik. Springer-Verlag, Berlin Heidelberg New York (1996)

[Stol-1996]   Stoll, G.: Montagegerechte Produkte mit Feature-basiertem CAD, Konstruktionstechnik München, Band 21, Dissertation, TU München (1996)

[VDI-2218]   Verein Deutscher Ingenieure (Hrsg.): VDI 2218: Feature-Technologie. Beuth Verlag, Berlin (1999)

[VDI-2221]   Verein Deutscher Ingenieure (Hrsg.): VDI 2221: Methodik zum Entwickeln und Konstruieren technischer Systeme und Produkte. Beuth Verlag, Berlin (1993)

[VDI-4499]   Verein Deutscher Ingenieure (Hrsg): VDI-Richtlinie 4499, Blatt 1: Digitale Fabrik – Grundlagen (Entwurf). Beuth Verlag, Berlin (2006)

[VoHe-2014]		B. Vogel-Heuser, C. Diedrich, D. Pantförder und P. Göhner, „Coupling hete-rogeneous production systems by a multi-agent based cyber-physical produc-tion system," 12th IEEE Internation Conference on Industrial Informatics, S. 713–719 (2014)

[Weck-1982]		Weck, M.: Werkzeugmaschinen, Band 3: Automatisierung und Steuerungstech-nik. VDI Verlag, Düsseldorf (1982)

[Wuen-2007]		Wünsch, G.: Methoden für die virtuelle Inbetriebnahme automatisierter Produk-tionssysteme. Herbert Utz Verlag, München (2007)

[Zenn-2006]		Zenner, C.: Durchgängiges Variantenmanagement in der Technischen Produk-tionsplanung, Schriftenreihe Produktionstechnik, Band 37, Dissertation, Saar-brücken (2006)

Übergreifende Informationsverarbeitung im Produktlebenszyklus

12

Die einzelnen Funktionen von CAx-Systemen sind nur dann sinnvoll zu nutzen, wenn diese zweckmäßig miteinander arbeiten können und ein Datenaustausch zwischen ihnen stattfinden kann. Daher beschreibt dieses Kapitel die übergreifende Informationsverarbeitung und die Integration dieser verschiedenen Erzeugersysteme im Produktentstehungsprozess und an der Schnittstelle zur Auftragsabwicklung bzw. zur Produktion. Dies umfasst die Möglichkeiten zum Datenaustausch, zur Datenhaltung, zur Dokumentation und zur Archivierung.

12.1 Product Lifecycle Management (PLM)

Beim Product Lifecycle Management (PLM) handelt es sich um ein generelles Konzept für die ganzheitliche Gestaltung und Verwaltung des Produktlebens, wobei alle Aspekte und Einflüsse, die während des Produktlebens auftreten können, rechtzeitig (d. h. möglichst frühzeitig, in der Regel bereits während der Produktentwicklung) und angemessen berücksichtigt werden sollen. Der Produktlebenszyklus beginnt mit einer Idee, einem Kundenauftrag oder einem Marktbedürfnis, die zu einem Lastenheft mit anschließender Entwicklung führen. Er endet, nachdem das Produkt getestet, hergestellt, genutzt und gewartet wurde, mit dem Rückführen oder Entsorgen des Produkts. Dieser Lebenszyklusansatz trifft nicht nur für physische Produkte zu, sondern umfasst auch produktbezogene Dienstleistungen (sogenannte Product Service Systems – PSS).

Mit dem Begriff PLM wird insbesondere der informationstechnische Aspekt adressiert, d. h. die ganzheitliche Erstellung und Verarbeitung aller Informationen, die in Zusammenhang mit Produkten (Systemen/Komponenten) über den gesamten Lebenszyklus hinweg

© Springer-Verlag GmbH Deutschland, ein Teil von Springer Nature 2018
S. Vajna et al., *CAx für Ingenieure*,
https://doi.org/10.1007/978-3-662-54624-6_12

entstehen. Der Fokus liegt dabei auf allen Informationen, die in der Produktentwicklung[1] im Zusammenhang mit Produktentwicklungs- und Produktionsprozessen sowie in der Betriebsphase bzw. beim Gebrauch entstehen bzw. hier relevant sind. Das Hauptziel ist es, eine durchgängige Informationsbasis für die Wertschöpfungsprozesse zu schaffen, die auf Produkten oder Systemen des Unternehmens basiert.

Ein PLM-Konzept umfasst Management-, Organisations- und IT-Aspekte und wird typischerweise mit verschiedenen Arten von Software-Anwendungen realisiert, z. B. Produkt Data Management (PDM), Enterprise Resource Planning (ERP), Manufacturing Execution Systems (MES) und Wartungs- bzw. Servicemanagementsystemen. Bei PLM handelt es sich nicht nur um einen Baukasten aus unterschiedlichen Softwarelösungen, die man einzeln oder gebündelt einsetzen kann, sondern um einen integrierten strategischen Ansatz mit der ganzheitlichen Behandlung (und Beeinflussung) des Produktlebens. PLM ist dementsprechend keine einmalige Aufgabe im Sinne einer Software-Einführung, sondern, wegen der Integrationsnotwendigkeit, ein Dauerzustand.

PLM umfasst alle drei Hauptphasen des Produktlebenszyklus, nämlich Produktentwicklung, Produktion und Betrieb von Produkten.[2] Die Produktentwicklungsphase reicht vom konzeptionellen Entwurf eines Produktes inklusive aller Komponenten bis hin zur Detailgestaltung. Komplexe technische Systeme werden unter intensiver Nutzung unterschiedlicher Engineering-Tools und -Methoden entwickelt. Dies führt zu vielen miteinander verknüpften Modellen aus verschiedenen Erzeugersystemen, beispielsweise CAD-Systeme für mechanische Anwendungen (M-CAD) und für elektrische und elektronische Anwendungen (E-CAD) Simulationssysteme, Software-Entwicklungsumgebungen, die alle Produktentwicklungsdisziplinen bzw. -domänen repräsentieren, die verwaltet und gepflegt werden müssen. Mit zunehmender Komplexität von Produkten und zugehörigen Modellen muss die Interoperabilität und die Fähigkeit, die Semantik der Daten zu erfassen, erweitert werden, um unterschiedliche Systeme miteinander zu integrieren und damit durchgängige Prozessketten zu schaffen.

Entscheidend für eine PLM-Strategie ist letztendlich die Art und Weise, wie die Leistungserbringung eines Unternehmens aussieht. Insbesondere ist es erforderlich, verschiedene Produkttypen, Fertigungskonzepte und Produktionstypen zu unterscheiden, da diese Unterscheidung die Grundlage für das erforderliche Informationsmanagement im Produktlebenszyklus ist.

Nach Higgins et al. werden vier wesentliche Produktionskonzepte, die das Vorgehen bei der Auftragsabwicklung widerspiegeln, differenziert [HiLT-1996]: Make-To-Stock

---

[1] In englischen Publikationen wird für „Produktentwicklung" neben der direkten Übersetzung „Product Development" auch der Begriff „Engineering" verwendet, wobei letzterer zahlreiche verschiedene Bedeutungen hat (von „Ingenieurwissenschaften" über „Ingenieursarbeit" bis zu „technischer Bearbeitung").

[2] Der Begriff „Produkt" wird synonym für jegliche Art von Produkt, technischem System, Maschine oder Komponente verwendet, das oder die einen Produktentwicklungsprozess erfordert.

(MTS) oder alternativ Pick-To-Order (PTO), Assemble-to-Order (ATO), Make-to-Order (MTO), Engineer-to-Order (ETO). ATO und MTO werden auch oft als Configure-To-Order (CTO) zusammengefasst. Im Folgenden werden Aspekte, die typischerweise für die verschiedenen Konzepte gelten, in Bezug auf die Hauptmerkmale für PLM skizziert und beschrieben.

- MTS bezeichnet ein Produktionskonzept für Standardprodukte ohne Varianten, die unabhängig von Kundenwünschen und Aufträgen produziert werden, beispielsweise Unterhaltungselektronik, Handbearbeitungswerkzeuge, Haushaltsgeräte.
- Bei MTO werden Standardprodukte mit kundenspezifischen Varianten teilweise aus vordefinierten Komponenten und teils aus nur vorgedachten Komponenten produziert. Dies beinhaltet auch die Herstellung von kundenspezifischen bzw. auftragsbezogenen Komponenten. Es gibt eine sehr große Anzahl von Kombinationen im Sinne eines Produkts oder einer definierten Komponente. Oft wird mit sogenannten 150 %-Produktstrukturen, d. h. Produktstrukturen, die alle möglichen Variantenausprägungen enthalten, gearbeitet, wobei die komplexen Abhängigkeiten der Strukturelemente mittels Produktkonfiguratoren aufgelöst werden. Beispiele hierfür sind Flugzeuge, Werkzeugmaschinen, Nutzfahrzeuge.
- ATO sind modular aufgebaute Produkte aus Standard-Komponenten bzw. Halbfabrikaten, die am Lager gehalten und in das Endprodukt eingebaut werden. Die Komponenten des Produkts sind komplett definiert und werden auftragsspezifisch zusammengebaut. Einzelne Komponenten des Produktes können nicht unabhängig voneinander gewählt werden, d. h. es sind Abhängigkeiten zu berücksichtigen, welche üblicherweise in einem Produktkonfigurator mit einem entsprechenden Konfigurationsmodell, das die Regeln abbildet, gesteuert werden. Beispiele sind PKW, Pumpen oder sonstige Aggregate, PCs.
- Beim ETO-Konzept werden Produkte nach Kundenspezifikation entwickelt und produziert, d. h. die benötigten Komponenten sind üblicherweise vorher nur teilweise bekannt. Der Anteil an Neuteilen und dementsprechend an Produktentwicklungsaufwänden ist hier besonders hoch, auch wenn die Produkte eines Unternehmens üblicherweise eine Basisstruktur mit erarbeiteten Prinzip- oder Konzeptlösungen aufweisen. Material und Produktionskapazitäten werden auftragsabhängig geplant. Beispiele für ETO sind Sondermaschinen und Anlagen sowie Kraftwerke, Schiffe oder andere Investitionsgüter, die als Einzelstücke produziert werden.

MTS und ETO bilden die gegenüberliegenden Seiten des Spektrums der Produktionskonzepte. Im Gegensatz zu ETO werden bei MTS Produkte in großen Losgrößen in Serien- oder Massenfertigung produziert, wobei die entsprechende Produktionsanlage bzw. das Produktionssystem dann wiederum ein ETO-Produkt ist, das speziell für diesen Zweck entwickelt und aufgebaut wurde. Die Prozesse von Produktentwicklung und Produktionssystementwicklung gehen Hand in Hand, wobei die Entwicklung des Produktionssystems dann startet, wenn die Entwicklung des herzustellenden Produktes einen gewissen Reifegrad erreicht hat. ETO-Produkte werden üblicherweise als

Baustellenmontage aufgebaut, wobei die benötigten Komponenten und Einzelteile individuell werkstattorientiert auf entsprechenden CNC- Werkzeugmaschinen gefertigt werden.

Der Trend hin zu individualisierten und zielmarktangepassten Produkten führt in der Industrie dazu, dass ATO und MTO bzw. CTO immer stärker an Bedeutung gewinnen und hier daher der Fokus von Aktivitäten im Sinne von Industrie 4.0 liegt, insbesondere die Steigerung der Adaptivität von Produktentstehungsprozessen durch einen höheren Grad an IT-Integration und Automatisierung. Die Konfiguration eines Produkts durch den Kunden ist dementsprechend auch ein wesentlicher Schritt im Auftragsabwicklungsprozess und vor der eigentlichen Produktion angesiedelt. Typischerweise können nicht alle Optionen eines Produkts unabhängig voneinander konfiguriert werden, d. h. es gibt Abhängigkeiten und Regeln, die im Produktentwicklungsprozess definiert und informationstechnisch verwaltet werden müssen (siehe Abschn. 12.3.4). ATO und MTO unterscheiden sich dahingehend, dass die Komplexität der Abhängigkeiten bei ATO eher gering ist und die Einzelkomponenten im Sinne von MTS vorgefertigt werden können, während bei MTO die Komplexität höher ist und die benötigten Einzelteile und Komponenten auftragsspezifisch gefertigt werden. Das erfordert zusätzliche Flexibilität im Produktionsprozess, besonders was die Feinplanung der Produktionsschritte und des Materialflusses anbelangt.

Die relevanten Eigenschaften und der Großteil der späteren Gesamtkosten eines Produkts werden bereits in den frühen Phasen der Produktentwicklung festgelegt (vgl. Abb. 2.3). Daher beginnt die Realisierung von PLM in der Produktentwicklung, zumal hier mit virtuellen Objekten und Modellen gearbeitet wird, deren Änderung und Weiterentwicklung mit Rechnerunterstützung wesentlich schneller und kostengünstiger möglich ist, als wenn es sich um physische Objekte handeln würde. Bereits in einem frühen Stadium können alle zukünftige Stationen des Produktlebens durch Berechnung, Simulation und Animation auf Realisierbarkeit und Tauglichkeit geprüft werden. Dazu bedient man sich auch der Erkenntnisse aus vorhandenen Produkten oder vergleichbaren Entwicklungsprojekten, die über Wissensmanagement-Konzepte im jeweils richtigen Kontext bereitgestellt werden.

Ein PLM-Konzept ist immer individuell, d. h. unternehmensspezifisch, und es kann in Abhängigkeit vom oben beschriebenen Produktionskonzept, der Fertigungstiefe oder dem Zeitpunkt der Kundeneinbindung in die Wertschöpfungskette mit unterschiedlichen IT-Systemen umgesetzt werden. Eine spezielle Systemkategorie zur Umsetzung von PLM in der produzierenden Industrie bilden die PDM-Systeme. Insbesondere zum Bereich der Enterprise Ressource Planning Systeme (ERP) gibt es jedoch deutliche funktionale Überlappungen. ETO Unternehmen setzen oft kein spezielles PDM-System ein, da das Informationsmanagement sehr an der Auftragsabwicklung und damit am ERP-Einsatz orientiert ist, während CTO Unternehmen einen starken Fokus auf der auftragsunabhängigen Produktentwicklung haben und daher PDM-Systeme parallel mit ERP-Systemen zum Einsatz kommen.

12.2 PDM-Anwendungen und -Systemkategorien

Produktdatenmanagementsysteme (Product Data Management, PDM) decken in industriellen Anwendungen als spezielle Systemkategorie zahlreiche Informationsmanagementaufgaben im Rahmen von PLM ab, wobei der Schwerpunkt dieser Systeme in der Produktentwicklung und Produktionssystementwicklung liegt. PDM-Systeme sind datenbankbasierte technische Informationssysteme, die dazu dienen, Informationen über Produkte während ihrer Entstehungsprozesse bzw. Lebenszyklen konsistent zu speichern, zu verwalten und transparent für alle relevanten Bereiche eines Unternehmens bereitzustellen. Sie bilden damit eine Integrationsplattform für die verschiedenen CAx-Systeme, die während des gesamten Produktentstehungsprozesses eingesetzt werden. IT-Systeme zur Modellierung und zum Informationsmanagement müssen heute ein komplexes Geflecht aus Daten, die unterschiedlicher Sichten funktional und modellhaft abbilden, abdecken. Diese sind im folgenden exemplarisch aufgelistet:

- Entwicklung/Planung, Produktion, Betrieb/Nutzung
- Anforderungen, Funktionen/Wirkprinzipien, Logik/Verhalten, Phys. Ausprägung
- Produkt (System), Komponenten, Einzelteile
- Mechanik, Hydraulik, Pneumatik, E/E, Steuerung/Software
- Fertigung, Montage, Prüfung, Verpackung, Transport
- Kunde, Lieferant, Dienstleister, Eigentümer/Betreiber
- Gebäude/Infrastruktur, Energieversorgung

Eine vereinheitlichte bzw. modellhaft kohärente Beschreibung aller notwendigen Informationen ist nicht gegeben, d. h. es entstehen im Produktlebenszyklus eine Vielzahl von verknüpften Partialmodellen und Dokumenten, die das Wissen repräsentieren. Dies wird genau durch PDM-Systeme adressiert. Der grundlegende Ansatz der PDM-Systeme ist die Verwaltung von (beliebigen) Informationen über so genannte Metadaten. Metadaten sind beschreibende, klassifizierende bzw. attributive Informationen zur Verwaltung und Organisation von Informationsträgern. Solche Informationsträger sind Objekte bzw. Objektklassen, die datentechnisch Objekte der Realität mit gleichen Merkmalen repräsentieren. In der Analogie eines Postpakets bilden die Metadaten den Paketaufkleber, während die Nutzdaten mit dem Inhalt des Pakets zu vergleichen sind. PDM-Systeme sind nicht in der Lage, die Nutzdaten, also beispielsweise CAD-Daten, zu manipulieren. Dazu werden die entsprechenden Erzeugersysteme (Authoring Tools) benötigt. PDM-Systeme sind über Zusatzfunktionalitäten wie Viewer jedoch heute in der Lage, sich die Inhalte der Objekte zumindest darstellen zu lassen. Die Metadaten eines PDM-Datenobjekts stammen entweder aus dem zugrundeliegenden Modell bzw. der Datei, die beispielsweise mit einer CAD- oder Office-Anwendung erstellt und über eine vorhandene Schnittstellenfunktionalität übernommen wurde oder müssen manuell ergänzt werden (beispielsweise Bezeichnungen oder Klassifizierungen) oder werden automatisch über systeminterne Funktionen mit Werten belegt (beispielsweise eindeutige Identifizierungssnummer, Datum, User). Der metadatenbasierte Ansatz von PDM-Systemen ist in Abb. 12.1 dargestellt. Er bildet auch den wesentlichen Unterschied zum Ansatz, der im Rahmen der Aktivitäten zu CIM – Computer Integrated Manufacturing [Harr-1973] verfolgt wurde. Mit PDM-Systemen wird nicht das Ziel verfolgt, alle Informationen, die im Produktentstehungsprozess entstehen, als sogenanntes integriertes Produktdatenmodell zusammen zu führen, sondern die verschiedenen Informationsbausteine transparent und nachvollziebar zu verwalten, miteinander zu verknüpfen und leichter wieder auffindbar und damit wiederverwendbar zu machen.

Durch die notwendigen Zusatzinformationen entsteht eventuell auch ein höherer Aufwand für die Eingabe und Pflege der notwendigen beschreibenden Informationen zu Produkten und Entstehungsprozessen über die reinen CAx-Daten hinaus. Der Produktentwicklung parallel oder nachgelagerte Bereiche wie Einkauf, Arbeitsvorbereitung, Fertigung, Montage sowie Service profitieren jedoch davon, dass sie auf Informationen in digitaler Form zurückgreifen können, die im PDM-System unter Berücksichtigung von Freigabestatus und entsprechenden Zugriffsrechten zur Verfügung stehen. Dieses Verschieben von Aufwendungen in die frühen Phasen bzw. von nachgelagerten Bereichen in vorgelagerte muss bei der Einführung von PDM-Systemen berücksichtigt werden. Nicht selten entstehen bei PDM-Einführungsprojekten Probleme, wenn keine entsprechende (abteilungsübergreifende) Ressourcenverschiebung erfolgt.

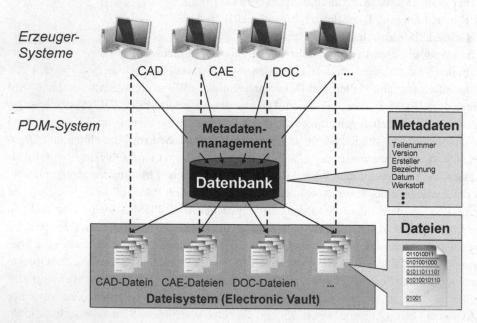

Abb. 12.1 Schematische Darstellung des metadatenbasierten Ansatzes von PDM-Systemen [AbGe-1997]

Aus der Bringschuld der Weitergabe von Informationen an den nächsten Bearbeitungsschritt wird durch die Verwendung von PDM-Systemen eine Holschuld, d. h. jeder

Anwender ist in der Lage, bei Bedarf auf die benötigten Informationen zuzugreifen und ist nicht auf (manuelle) Weitergabe von Informationen durch Dritte angewiesen. Die Verfügbarkeit der benötigten Informationen wird für alle involvierten Mitarbeiter an einem Arbeitsprozess standort- und organisationsübergreifend sichergestellt bzw. effizienter plan- und steuerbar. Die Notwendigkeit zur informellen Kommunikation wird reduziert. Transparenz und Nachvollziehbarkeit von Informationen zu einem Produkt bzw. zum Entwicklungsprozess wird sichergestellt.

Generell können im Bereich der PDM-Systeme verschiedene Systemklassen unterschieden werden. Heute umfasst bei allen führenden Software-Anbietern aus dem Bereich CAx die Systemwelt auch Funktionalitäten zum Management der entstehenden Daten und zur Unterstützung der Zusammenarbeit in Teams. Diese Systeme oder auch Module integrierter Software-Pakete werden auch oft als Team Data Management (TDM) Systeme bezeichnet. Wesentliches Kennzeichen ist eine sehr tiefgehende Integration zum entsprechenden CAx-System aber auf der anderen Seite eine nicht besonders stark ausgeprägte Funktionalität, übergreifend CAx- oder andere Erzeugersysteme von Drittanbietern zu integrieren. Für eine erweiterte Funktionalität, die erzeugersystemübergreifend die entstehenden Daten verwaltet und auch in der Lage ist, komplexe Stücklistenstrukturen zu managen, die dann mit der ERP-Welt im Sinne der Unterstützung des Auftragsabwicklungsprozesses ausgetauscht werden können, gibt es PDM-Systeme, die die entsprechende und vor allem herstellerübergreifende Funktionalität aufweisen. Diese Systeme sind in der Lage, den PLM-Backbone eines Unternehmens oder sogar unternehmensübergreifend aufzubauen, d. h. CAx- und andere Erzeugersysteme unterschiedlicher Hersteller zu integrieren, heterogene Stücklistenstrukturen mit Varianten zu verwalten, Viewer für unterschiedliche CAx-Formate bereitzustellen etc. Einerseits bieten – wie beschrieben – integrierte CAx-Systeme verstärkt zumindest Basisfunktionalitäten für PDM an. Auf der anderen Seite versuchen Anbieter von ERP-Systemen, in diesen Bereich der Produktentwicklung vorzudringen. Während die erstgenannte Möglichkeit ihren Markt findet, treten bei der zweiten Möglichkeit Schwierigkeiten auf, die aus dem unterschiedlichen Prozessverständnis in der Produktentwicklung und den übrigen Bereichen eines Unternehmens resultieren.

Nachfolgend sind nochmals die grundsätzlichen Möglichkeiten der beiden Systemklassen gegenübergestellt:

- Bei der ersten Möglichkeit werden CAx-System und PDM-System von einem Hersteller angeboten. Dabei kann der Anwender alle organisatorischen Tätigkeiten in seiner gewohnten Umgebung durchführen. Aktualisierungen der Systeme erfolgen meistens parallel. Eine solche Lösung wird aber problematisch, wenn Daten von anderen CAx-Systemen ebenfalls mit verwaltet werden sollen.
- Bei der zweiten Möglichkeit wird ein „neutrales" PDM-System unabhängig von einem spezifischen CAx-System oder -Hersteller verwendet, welches Schnittstellen zu gängigen CAx-Systemen aufweist. Daten und Dokumente werden direkt in diesem PDM-System verwaltet.

Der wichtigste Vorteil bei der zweiten Alternative ist die Unabhängigkeit der PDM-Anwendung von CAx-Systemen und damit eine breite Einsetzbarkeit. Daher wird im folgenden in Bezug auf die Funktionalität dieser Kategorie von PDM-Systemen betrachtet.

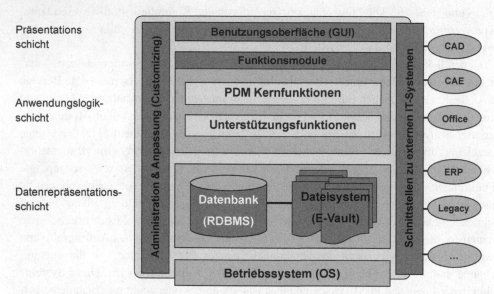

Abb. 12.2 Grundsätzliche Systemarchitektur von PDM-Systemen

PDM-Systeme arbeiten nach dem Client/Server-Prinzip und sind üblicherweise durch einen modularen Aufbau ihrer einzelnen Systemkomponenten gekennzeichnet. Die Basis für PDM-Systeme bilden kommerziell verfügbare, überwiegend relationale Datenbank-management-Systeme. Daneben gibt es Werkzeuge zur Administration und Systemanpassung (Customizing) sowie Schnittstellen zum Datenaustausch mit anderen Systemen. Eine allgemeine PDM-Systemarchitektur ist in Abb. 12.2 dargestellt.

Im folgenden Abschnitt werden die die Aufgaben und Funktionen von PDM im Produktentwicklungsprozess beschrieben. Neben den Hauptfunktionsmodulen gibt es weitere Unterstützungsfunktionen, beispielsweise durch anwendungsübergreifende Module, die entweder integriert sind oder durch Zukaufmodule von Drittanbietern abgedeckt werden, beispielsweise Viewing oder Archivierungslösungen.

12.3   Aufgaben und Funktionen von PDM im Produktentwicklungsprozess

Die Aufgaben und Funktionen eines PDM-Systems im Produktentwicklungsprozess sind im Wesentlichen die Folgenden:

- Effizientes Informationsmanagement über verschiedene Software-Anwendungen hinweg zur Sicherstellung der Transparenz von Informationen
- Integration verschiedener Software-Anwendungen bzw. Erzeugersysteme, die im Produktentwicklungsprozess bzw. Produktlebenszyklus verwendet werden
- Unterstützung kollaborativer Formen der Arbeitsorganisation durch Vorgangssteuerung bzw. Automatisierung der Arbeitsablaufverwaltung (Workflow-Management[3])

Für die verschiedenen Aufgaben im Produktentstehungsprozess sind eine Vielzahl an CAx- und anderen Softwaresysteme im Einsatz. Bei der großen Menge an Informationen, die dabei generiert wird, ist es erforderlich, effiziente Mechanismen zu etablieren, die den geregelten Zugriff der Anwender auf die relevanten Daten bzw. Informationen ermöglichen. Ein Großteil der Informationen in produzierenden Unternehmen liegt in Form von Dokumenten (CAx, Office, PDF etc.) bzw. entsprechenden Dateien vor.

Bei der herkömmlichen Speicherung von Dateien in einem Dateisystem treten eine Reihe von Problemen auf, insbesondere fehlt die Möglichkeit einer Informationsstrukturierung über das Ordnersystem hinaus, die mehrere Sichten abdeckt oder die Möglichkeit bietet, über beschreibende (attributive) Merkmale zu suchen. In vielen Unternehmen findet dateibasierte Informationsverwaltung daher derart statt, dass den Dateien selbst ein mehr oder weniger „sprechender" Dateiname gegeben wird, in dem eine Reihe von Zusatzinformationen (beispielsweise Bauteilname, Bearbeiter, Bearbeitungsdatum, Version) untergebracht werden, um das Wiederauffinden zu erleichtern. Eine Datei wird dann üblicherweise beim Abspeichern irgendwo in eine Ordnerstruktur auf einem Share-Laufwerk einsortiert, wobei diese oftmals entsprechend von Projekten mit einer gegebenen Unterstruktur aufgebaut ist. Diese Form der Dateiverwaltung ist bei der heute existierenden Informationsmenge völlig unzureichend, insbesondere reichen die Suchmerkmale, die im Dateinamen verschlüsselt sind, nicht aus.

Volltextrecherche ist nur über Zusatz-Tools verfügbar und auch nur für textuelle Informationen sinnvoll. Informationen passen üblicherweise immer zu mehreren Kategorien, können aber bei der Dateiverwaltung in Ordnerstrukturen immer nur an einer bestimmten Stelle einsortiert und damit entsprechend kategorisiert werden. Obwohl die Möglichkeit besteht, im Dateisystem Verknüpfungen (symbolic links) zu erstellen, werden gleiche Informationen, die an verschiedenen Stellen benötigt werden, über die Mechanismen des Dateisystems kopiert und sind damit redundant vorhanden. Änderungen werden dann oft nicht konsequent in allen Kopien nachgezogen, womit Fehler durch Inkonsistenzen die logische Folge sind. Versionierungen und Statuskontrolle sind bei Unterbringung dieser Information im Dateinamen willkürlich und nicht nachvollziehbar.

Die Definition beliebiger Attribute (Eigenschaften eines Objekts) als Metadaten für eine Datei über ein datenbankgestütztes datei- bzw. dokumentenbasiertes Informationsmanagement

---

[3] Eine fest verkettete Folge von Arbeitsschritten/Prozessen, die gar nicht oder nur sehr selten geändert werden und die rechnerunterstützt verwaltet, organisiert und geregelt werden können

erlaubt die Bildung beliebiger Kategorien und damit die Zuordnung dieser Datei. Alle Metadaten können als Suchmerkmale definiert werden. Darüber hinaus kann sichergestellt werden, dass eine Datei und damit eine bestimmte Information nur einmal im System vorhanden ist, aber beliebig oft referenziert werden kann. Neben der Möglichkeit, Informationen, die in Datei- bzw. Dokumentenform vorliegen, zu verwalten, bieten PDM-Systeme aber auch Funktionen, mit denen spezielle Informationsstrukturen in abstrakter Form als Modell aufgebaut werden können. Das wichtigste Beispiel hierfür ist der Aufbau von Produktstrukturen mit verschiedenen Ebenen für Teile/Artikel und Baugruppe.

Da mit PDM-Systemen die erzeugten Informationen einer vielfältigen IT-Systemlandschaft, die im Produktentstehungsprozess zum Einsatz kommt, verwaltet werden sollen, ist eine softwaretechnische Integration zwischen PDM-System einerseits und Erzeugersystem (beispielsweise CAD) andererseits erforderlich. Diese Integration hat im wesentlichen zwei Bestandteile, einerseits die funktionelle Integration und andererseits die datentechnische Integration.

Auf der Datenebene müssen bei der Anlage eines Objekts im PDM-System oder bei der späteren Manipulation eines Objekts Daten aus dem Erzeugersystem in das Datenmodell des PDM-Systems automatisch übernommen bzw. später abgeglichen werden können, beispielsweise der „sprechende" Dateiname als Bezeichnung oder der zugewiesene Werkstoff als entsprechendes Attribut. Die Integration muss also gewährleisten, dass die Informationen extrahiert und in das entsprechende Datenbankfeld bzw. Attribut im PDM-System geschrieben werden. Üblicherweise können über konfigurierbare Zuweisungstabellen (Mapping Tables) die Zuordnungen auf semantischer Ebene bei Einrichtung des Systems (Customizing) vorgenommen werden. Die funktionale Integration hat zwei Aspekte, nämlich die Integration auf der Frontend-Seite und die Integration im Backend, d. h. in der eigentlichen Funktionalität des PDM-Systems, die bestimmten auswähl- oder ausführbaren Benutzerinteraktionen hinterlegt ist. Der Benutzer muss also bestimmte Funktionen direkt über das Menü der Anwendung aufrufen können. In einem CAD-System muss beispielsweise analog zum sogenannten „Datei öffnen" Dialog (File-Open) eine entsprechende Funktion im Menü bereitstehen, mit der eine Datei aus dem PDM-System heraus geöffnet werden kann. Gleiches gilt für das Speichern bzw. Aktualisieren nach einer Bearbeitung.

Auf der Backend-Seite ist es ebenso notwendig, PDM-Systeme mit anderen IT-Systemen (z.B. ERP.) zu integrieren. Das PDM-System muss in der Lage sein, eine Funktion bzw. Methode in einer anderen Anwendung aufzurufen oder umgekehrt. Ein typisches Beispiel hierfür wäre, dass zwischen einem PDM-System und einem ERP-System bei bestimmten Ereignissen Funktionen aufgerufen werden. Wenn ein Artikel bzw. ein Bauteil im PDM-System freigegeben wird, kann darüber die Freigabe bzw. der Freigabeprozess im ERP-System automatisiert angesteuert werden. Das Thema Schnittstellen, insbesondere Datenformate, wird in Abschn. 12.4 ausführlicher dargestellt.

Kollaborative bzw. teamorientierte Formen der Arbeitsorganisation sind heute im Produktentstehungsprozess allgegenwärtig. Folgende drei Dimensionen, die die Arbeitsorganisation charakterisieren, können unterschieden werden [Gerh-2007]:

- Zusammenarbeit unterschiedlicher Fachdisziplinen bzw. Produktentwicklungsdomä-
nen, (beispielsweise Mechanik, Hydraulik, Steuerungstechnik, Elektrik/Elektronik-
Entwicklung, Software),
- Zusammenarbeit mit vor- und nachgelagerten Bereichen entsprechend der Phasen
des Produktlebenszyklus' (beispielsweise Entwicklung, Einkauf, Arbeitsvorbereitung,
Produktion),
- Zusammenarbeit mit Partnern bzw. Kunden und Zulieferern in der Supply Chain, im
Bereich der Produktentwicklung ebenso wie in der Produktion

Im Sinne von Kommunikation und projekt- bzw. teamorientierter Zusammenarbeit werden
Informationen auf definierte Art und Weise zwischen Partnern üblicherweise in Dateiform
ausgetauscht oder gegenseitiger Zugriff auf die benötigten Informationen gewährleistet.
Wichtig ist dabei die Verwaltung der entsprechenden Zugriffsrechte sowie der Status-
informationen und der Gültigkeiten. Auch dies kann über herkömmliche Ordner- und
Dateiverwaltung nur unzureichend gewährleistet werden. In der heute gängigen arbeits-
teiligen Form der Arbeitsorganisation kann durch entsprechende Vorgangssteuerung von
Abläufen die Effizienz gesteigert werden indem die Weitergabe und Verteilung von Infor-
mationen entsprechend der einzelnen Schritte eines Arbeitsablaufs automatisiert wird.
PDM-Systeme stellen dafür Funktionen für das Workflow-Management zur Verfügung.
Damit können Warte und Liegezeiten vermieden und der Fortschritt der Aufgabenbearbei-
tung – auch bereichs- oder unternehmensübergreifend -überwacht werden (siehe auch
Abschn. 12.3.5).

12.3.1   CAD-Daten- bzw. -Dokumentenmanagement

In der Produktentwicklung sind CAD-Daten die Hauptinformationsträger. CAD-Daten
repräsentieren die dreidimensionale geometrische Gestalt eines Produktes sowie stoffliche und technologische Eigenschaften. Ziel der virtuellen Produktentwicklung ist es,
ein Produkt möglichst vollständig mit allen seinen Eigenschaften durch ein Modell zu
repräsentieren. Im folgenden wird bei der Beschreibung des CAD-Daten- und Dokumentenmanagements die maschinenbauliche Sichtweise auf den Entwicklungsprozess
eingenommen, was nicht heißen soll, dass die anderen Entwicklungsdomänen weniger
wichtig wären. CAD-Daten liegen in Form von Dateien vor, genauer gesagt, in strukturierten Dateien, die untereinander Referenzen aufweisen, um Produktstrukturen bzw.
Baugruppen abbilden zu können. Für eine Baugruppe bestehend aus zwei Bauteilen entstehen also drei Dateien, eine für die Baugruppeninformation und zwei für die Einzelteile.
Die Baugruppendatei referenziert auf die Einzelteildateien und speichert die geometrische
Positionierung der Teile zueinander.

In PDM-Systemen gibt es eine Vielzahl unterschiedlicher Datenobjekte, welche die zu
verwaltenden Informationen repräsentieren können. Einer der wichtigsten ist dementsprechend der Objekttyp „CAD-Dokument", welcher CAD-Dateien repräsentiert. Aufgrund

der Strukturierung bzw. internen Referenzierung werdeh CAD-Dokumente in vielen PDM-Systemen von sonstigen Dokumenten (beispielsweise Office oder PDF) unterschieden. Die Dokumentenmanagement-Funktionalität bildet den Kern der vieler PDM-Systeme und auch vieler PDM Implementierungen in der Industrie. Aufgrund der internen Referenzierungen und der Struktur der Informationen (vergleiche Abschn. 12.3.3) im Sinne von Baugruppen geht die benötigte Funktionalität – auch im Sinne der erforderlichen Schnittstellenfunktionalität zu den Erzeugersystemen (vergleiche Abschn. 12.4) weit über die herkömmlicher Dokumentenmanagementsysteme hinaus bzw. wird auch oft von entsprechenden Modulen in ERP-Systemen nicht erreicht.

Objekte werden durch einen sogenannten Stammsatz, also eine Menge von beschreibenden Attributen, repräsentiert. Zu ihrer Identifizierung wird ein eindeutiges Schlüssel-Attribut benötigt. Dies ist üblicherweise eine Sachnummer, wobei nach Zimmermann [Zimm-1988] „sprechende" (klassifizierende), nicht sprechende und Parallelnummernsysteme als Verbund der beiden vorgenannten Typen unterschieden werden. Eine Sachnummer dient nach DIN 6763 [DIN-6763] der eindeutigen Identifizierung einer Sache (eines Objekts). Sachnummernsysteme umfassen die Nummerierung von Objekten (Gegenstände, Dokumente, etc.) aller Unternehmensbereiche. Bei sprechenden Nummernsystemen werden wesentliche Eigenschaften bzw. Merkmale eines Objekts mithilfe eines oft mehrstufigen Schlüssels klassifiziert. Klassifizierungsmerkmale können im Fall von CAD-Dokumenten beispielsweise geometrische Ausprägungen, Werkstoff- und Materialeigenschaften, Teilefamilienzugehörigkeiten etc. sein. Da man mit PDM-Systemen in der Lage ist, beliebige, klassifizierende Attribute für ein Objekt zu definieren, ist die Verschlüsselung dieser Klassifizierungsmerkmale in sprechenden Nummern längst überholt. Während bei einem sprechenden Schlüssel immer die Gefahr besteht, dass der Schlüssel „gesprengt" wird, weil die Anzahl der Merkmalsausprägungen durch die reservierten Stellen im Nummernsystem nicht mehr repräsentiert werden kann, können Attribute innerhalb einer Datenbank beliebig erweitert werden. Dennoch sind sprechende Nummernsysteme nach wie vor in der Industrie weit verbreitet und aufgrund der lang gewachsenen Historien kaum durch leistungsfähigere Möglichkeiten abzulösen.

Neben der Sachnummer ist die Versionskennung für das Dokumentenmanagement entscheidend. Die Versionskennung bildet zusammen mit der Sachnummer den eindeutig identifizierenden Schlüssel eines Dokumentenobjekts. Eine Dokumentennummer ändert sich beispielsweise nicht, wenn verschiedene Versionen des Dokuments erzeugt werden, dennoch ist es entscheidend, auf welche Version eines Dokuments bei einem Prozessschritt Bezug genommen wird. Versionen repräsentieren nacheinander entstehende und gespeicherte Ausführungsformen eines Dokuments im Sinne des Arbeitsfortschritts. Die Versionierung ist in der Regel an einen formalen Freigabeprozess und an die Statusverwaltung von Objekten gebunden. Das entscheidende Attribut hier ist das Status-Attribut eines Stammsatzes. Dieses kann je nach PDM-System und je nach unternehmensspezifischen Anforderungen unterschiedlich ausgeprägt sein. In der Regel wird aber zwischen in Bearbeitung bzw. in Prüfung befindlichen, freigegebenen und ungültigen Objekten unterschieden.

Zwischen diesen Status gibt es Übergänge, die an entsprechende Formalismen gebunden sind und oft mittels Vorgangssteuerung abgebildet werden(vergleiche Abschn. 12.3.5). Versionierung kann auch mehrstufig erfolgen, beispielsweise in Form von Revision, Version und Iteration. In der Regel ist aber nur die oberste Stufe mit eine formellen Freigabeprozedur verknüpft. Die unterste Stufe kann wie ein „Log" verstanden werden, welches sämtliche Speichervorgänge festhält, wodurch die Möglichkeit besteht immer wieder auch auf ältere Bearbeitungsstände eines Dokuments zurückgreifen zu können.

An dieser Stelle wird ein weiterer wesentlicher Vorteil des CAD Daten- und Dokumentenmanagements mit PDM-Systemen deutlich, nämlich das weitaus umfassendere Zugriffsrechtemanagement (engl. Access Control Rights Management). Die reibungslose Nutzung eines PDM-Systems bzw. der parallele Zugriff mehrerer Benutzer auf die gespeicherten Informationen wird durch ein umfassendes Zugriffsrechtemanagement gewährleistet. Während auf Dateisystemebene nur einfache Rechte wie „Lesen" (engl. „Read/ View") und „Schreiben" (engl. „Write") und „Löschen" (engl. „Delete") auf Dateien oder Verzeichnisse unterschieden werden, können im PDM-System Benutzerrechte nicht nur vom Objekt selbst, auf das zugegriffen werden soll, sondern auch von einzelnen Attributen des Objekts, vor allem vom Status, abhängig gemacht werden. Beispielsweise kann der Ersteller im Status „In Bearbeitung" ein Dokument bearbeiten, im Status „Freigegeben" muss jedoch jegliche Bearbeitung, auch durch den Eigentümer (engl. Owner) eines Dokuments verboten sein. Daneben muss bei Dokumenten auch noch unterschieden werden, welche Rechte auf den Dokumentenstammsatz und welche auf das Dokument selbst bestehen, d. h. einerseits müssen beispielsweise die Metadaten eines CAD-Dokuments, andererseits das CAD-Dokument selbst bearbeitet werden können.

Einzelne Berechtigungen können zu Rollen oder Berechtigungsprofilen zusammen gefasst werden, um den Aufwand für die Zugriffsrechteverwaltung möglichst gering zu halten. Das Rechtesystem eines PDM-Systems überprüft bei jeder Benutzerinteraktion, ob die Berechtigung für die gewünschte Aktion (Operation) auf den aktuell betroffenen Daten (den Objekten) besteht. Einem Benutzer können ein oder mehrere Rollen oder Berechtigungsprofile zugewiesen werden, wodurch sich die Gesamtmenge an Berechtigungen ergibt. Auf der einen Seite gibt es statische Berechtigungen, die eine Person bzw. ein Benutzer aufgrund der Rolle in der Aufbauorganisation des Unternehmens erhält, beispielsweise Konstruktionsleiter. Andererseits gibt es darüber hinaus dynamische Berechtigungen, beispielsweise die Rolle „Projektleiter", die eine Person nur für einen bestimmten Zeitraum erhält, um dadurch temporäre oder erweiterte Zugriffsrechte auf bestimmte Informationen zu bekommen. Die Zuordnung der notwendigen Berechtigungen zu einer Rolle oder einem Berechtigungsprofil ist eine Angelegenheit der IT-Administration. Wichtiger ist aber die Zuordnung der Benutzer zu Rollen oder temporären bzw. projektbezogenen Rechteprofilen durch die aufbauorganisatorisch verantwortliche Person, da hierdurch die entsprechenden fachlich-organisatorische Sicht abgebildet wird. Die Mächtigkeit der Rollen und Zugriffsrechtemechanismen in den marktgängigen PDM-Systemen ist sehr hoch. Dabei besteht die eigentliche Herausforderung darin, dass und wie diese im dynamischen Umfeld der eigenen Organisation effektiv umgesetzt werden.

Neben der Vergabe von Rechten ist für das effektive Management des Mehrbenutzerzugriffs die Check-In/Out in Funktionalität analog zum Ausleihen und Zurückgeben eines Buchs in einer Bibliothek wichtig. Benutzer können mit dies ein Dokument zur Bearbeitung reservieren und damit für andere Benutzer zur Bearbeitung sperren. So wird sichergestellt, dass nicht zwei Benutzer gleichzeitig ein Dokument bearbeiten und sich am Ende mehrere Benutzer Änderungen und Überarbeitungen gegenseitig überschreiben. Der lesende Zugriff bleibt jedoch auch bei zur Bearbeitung reservierten Dokumenten für andere Benutzer möglich. Dies unterstützt das Simultaneous Engineering, da kontinuierlich auf Arbeitsergebnisse von anderen Benutzern zugegriffen werden kann.

Eine der wesentlichen Funktionen, die dem Anwender durch ein PDM-System zur Verfügung gestellt werden sollen, ist das Wiederfinden bereits existierender Informationen, um Doppelarbeiten zu vermeiden. Dafür steht der englischsprachige Begriff „Information Retrieval" (kurz IR). Auch wenn keine eindeutige Definition dieses Begriffs existiert, werden darunter alle Vorgänge zusammengefasst, die mit der Speicherung, Aufbereitung und Wiedergewinnung von gespeicherten Informationen zu tun haben [SaMc-1983]. Die Kernfunktionalität von PDM-Systemen in Bezug auf IR ist die metadatenbasierte Suche, d. h. die Suche oder Filterung von Daten anhand der Attribute von Objekten über die gängigen Datenbank-Mechanismen. Je nach Datentyp des Attributs können Wertebereiche, Werte aus einer Auswahlliste oder freie alphanumerische Eingaben für Suche und Filterung herangezogen werden. Im engeren Sinne nicht eindeutig identifizierend ist die Benennung eines Objekts, aber diese Möglichkeit erleichtert jedoch die effektive Suchmöglichkeit und damit die Wiederauffindbarkeit von Informationen. Um hier eine Verbesserung der Suchergebnisse zu erlangen, ist die Verwendung von Benennungskatalogen für den systematischen Aufbau von Benennungen sinnvoll, welche auch die Mehrsprachigkeit im Sinne einheitlicher Übersetzungen unterstützen.

Neben der Möglichkeit der attributbasierten Suche bieten PDM-Systeme auch die Möglichkeit, über Ordnerstrukturen zu navigieren, wobei im Vergleich zum Datei-Browser auch hier eine erweiterte Funktionalität gegeben ist, da mehrere Ordnerstrukturen parallel aufgebaut bzw. Dokumente in mehreren Ordnern gleichzeitig referenziert werden können. Beispielsweise kann ein Dokument einer Kategorie und damit einem Ordner „CAD-Einzelteil" und gleichzeitig einem Ordner „Projekt XY" zugeordnet werden. Die Suche nach Informationen erfolgt dann üblicherweise in zwei Stufen. Zunächst kann über entsprechende Baumstrukturen in einen Ordner navigiert und damit der Suchraum grob eingegrenzt werden und die Ordnerinhalte können dann entsprechend weiter gefiltert werden bzw. es kann im Ordnerinhalt nach entsprechenden Merkmalsausprägungen gesucht werden.

Grundsätzlich besteht über das PDM-System nicht die Möglichkeit, direkt Informationen, die ein Dokument beinhaltet, zu durchsuchen. Das Dokument selbst ist eine Art „Black Box" und wird nur über die Metadaten zugänglich gemacht. Beispielsweise kann nicht nach bestimmten Abmessungen eines Bauteils in einem CAD-Dokument gesucht werden. Es gibt jedoch zwei Ausnahmen von diesem Prinzip, die in einigen PDM Systemen oder über Zusatzmodule implementiert sind:

- Volltextsuche für Office- bzw. Textdokumente
- Geometrische Ähnlichkeitssuche bei CAD-Dokumenten

Für die Volltextsuche für Office- bzw. Textdokumente wird eine Volltext-Indizierung durchgeführt, so wie es bei Web-Suchmaschinen üblich ist. Das Ergebnis wird in der Datenbank des PDM Systems gespeichert. Für die geometrische Ähnlichkeitssuche wird anhand von geometrischen Merkmalen der CAD-Datei bzw. des Geometriemodells eine Art geometrischer Fußabdruck erzeugt und für den Vergleich mit einem Referenzteil, anhand dessen gesucht wird, herangezogen. Das Ergebnis ist eine Rangliste der geometrisch zum Referenzteil ähnlichsten CAD-Modelle.

12.3.2 CAE-Datenmanagement (Management von Simulationsdaten)

Neben den CAD Werkzeugen bilden – teilweise integriert, teilweise als separate Werkzeuge –rechnerunterstützte Berechnungs- und Simulationsverfahren (engl. Computer-Aided Engineering – CAE) eine wichtige Säule im Produktentstehungsprozess für die Auslegung und Absicherung bzw. Validierung von Komponenten eines Produkts. Mit CAE-Werkzeugen, die im Rahmen der virtuellen Produktentwicklung zum Einsatz kommen, werden insbesondere die mechanische Beanspruchung von Bauteilen berechnet bzw. es werden Festigkeitsanalysen, Wärme- und Strömungsanalysen sowie Mehrkörpersimulationen durchgeführt (siehe dazu Kap. 7). Die Simulationsverfahren basieren überwiegend auf numerischen Methoden zur Lösung von Differentialgleichungen mit bestimmten Anfangs-, Rand- und Übergangsbedingungen, welche über die Funktionalität der jeweiligen Anwendung definiert werden. Im Sinne der Nachvollziehbarkeit von Entscheidungen müssen die definierten Bedingungen und die entstehenden Simulationsergebnisse ebenso verwaltet werden wie andere Produktdaten. Dies wird oft als Simulationsdatenmanagement (SDM) bezeichnet und deshalb separat betrachtet, weil sich die CAE-Prozesse von CAD-Prozessen unterscheiden bzw. die Prozesse ineinander verschachtelt sind. Beispielsweise müssen zu einem Bauteil mehrere Lastfälle durchgerechnet werden, um zu einer optimalen Auslegung zu kommen. Dabei werden die geometriebeschreibenden CAE-Daten aus den CAD-Daten abgeleitet. Sie können durchaus auch Unterschiede aufweisen, beispielsweise können mehrere Teile zu einem Teil im Sinne einer Fügeoperation zusammengefasst werden oder es können geometrische Vereinfachungen vorgenommen werden, die den Lastfall nicht beeinflussen, aber den Berechnungsaufwand verringern. Im Rahmen von SDM müssen also verschiedene Simulationskonfigurationen verwaltet werden, die sich auf ein Bauteil in einer bestimmten Konfiguration (Version, Variantenausprägung, Gültigkeit) beziehen. Daher kommen oft spezialisierte SDM-Systeme – ähnlich den oben erwähnten Team Data Management Systemen zum Einsatz – die einem übergeordneten PDM-System vorgelagert sind.

Sowohl die Eingangsdaten (Preprocessing) als auch die Ergebnisse (Postprocessing) einer CAE-Analyse müssen reproduzierbar verwaltet werden. In der VDA-Richtlinie 4967 „Simulation Data Management" [VDA-4967] werden u. a. die Reproduzierbarkeit, die Möglichkeit, Versionen und „eingefrorene" Beschreibungszustände (engl. Baselines) für Simulationskonfigurationen als wesentliche benötigte Funktionen genannt. Die Beschreibungszustände können separat, aber mit Bezug zur Produktkonfiguration erstellt werden. Simulationsergebnisse müssen eindeutig einem CAD-Datenstand zugeordnet werden können, damit Produkt- oder Bauteilvalidierungen nachvollziehbar und reproduzierbar sind. Die Reproduzierbarkeit umfasst neben allen oben genannten Informationen zum Preprocessing die Einstellungen für den Gleichungslöser (Solver), die eigentlichen CAE-Daten sowie darüber hinaus idealerweise die Kennwerte für die Simulation verwendete Hardware, da beispielsweise die Genauigkeit der Fließkomma-Rechenoperationen das Berechnungsergebnis möglicherweise beeinflussen kann.

12.3.3 Stücklistenmanagement

Neben geometrischen bzw. gestaltsorientierten Bauteil- und Produktinformationen stellen die Strukturinformationen, d. h. die Produktstruktur, aus der dann die Stückliste abgeleitet wird, den wesentlichen Informationsträger im gesamten Produktlebenszyklus dar. PDM-Systeme unterstützen das Erzeugen, Ändern, Versionieren und Archivieren von Produktstrukturen in der Produktentstehung. Dabei werden alle bearbeiteten Produktstrukturen gespeichert, nicht nur die, die später auch gebaut bzw. an die Produktionsplanung und –steuerung übergeben werden. Mit CAD-Systemen wird ein Produkt modelliert und damit implizit eine Produktstruktur in Form der im 3D-Modell vorhandene Baugruppenstruktur generiert. Diese bildet die Basis für die Produktstruktur im PDM-System. Zur Abbildung der Produktstruktur im PDM-System gibt es ein weiteres wesentliches Datenobjekt, nämlich das „Teil" (Synonyme sind „Artikel", im Englischen „part" oder „item"). Die Produktstruktur entsteht durch den Aufbau von hierarchischen Beziehungen mehrerer Objekte vom Typ Teil. Sie ist letztendlich eine abstrakte Struktur von Datenobjekten, die als Aufhängepunkt von Informationen zu einem Teil oder einer Baugruppe dient (die meisten PDM-Systeme unterscheiden nicht zwischen Teil und Baugruppe). Für das Objekt „Teil" gilt analog alles, was im Abschn. 12.3.1 zum Objekt „Dokument" erläutert wurde, d. h. Teile haben bestimmte identifizierende und klassifizierende Merkmale, können versioniert werden, einer Freigabeprozedur unterliegen, mit Zugriffsrechten versehen werden etc.

Eine Produktstruktur wird in PDM-Systemen durch einen gerichteten Graph repräsentiert, der beschreibt, aus welchen Teilen und Baugruppen sich ein Produkt zusammensetzt. Dieser wird als Gozintograph[4] [Vazs-1962] bezeichnet. Dabei sind Teile/Baugruppen/ Produkte durch Knoten repräsentiert. Die Beziehungen werden als gerichtete Kanten des

---

[4] Der Name Gozinto wurde scherzhaft von dem Mathematiker Andrew Vázsonyi geprägt, der als Urheber des Graphen den fiktiven italienischen Mathematiker Zepartzat Gozinto angab, was nichts anderes bedeutet als „the part that goes into". Diese Bezeichnung ist mittlerweile jedoch allgemein akzeptiert.

Graphs abgebildet. Sie enthalten Mengenangaben sowie gegebenenfalls auch Informationen über Regeln bei Produktvarianten. Die Kante kann in beide Richtungen interpretiert werden, entweder als „besteht aus" im Sinne der Zerlegung eines Produkts in seine Komponenten und Bestandteile (Dekomposition) oder als „ist Teil von" im Sinne der Verwendung von Bauteilen oder –gruppen in übergeordneten Zusammenhängen (Aggregation).

Aus der Produktstruktur lässt sich die Stückliste (engl. BoM: Bill of Materials) ableiten. Es gibt verschiedene Stücklistenarten, die alle auf Basis der Produktstruktur generiert werden können, beispielsweise Mengenübersichtsstücklisten, mehrstufige Strukturstücklisten oder einstufige Baukastenstücklisten. Letztlich sind dies nur verschiedene Präsentationsformen einer einheitlichen Datenreräsentation. Darüber hinaus können über diese Produktstruktur in der Aggregationssicht auch Teileverwendungsnachweise nach DIN EN ISO 10209 [ISO-10209] generiert werden. Dies ist insbesondere für das Änderungsmanagement wichtig, um herauszufinden, an welchen Stellen ein Teil verbaut wurde.

In Abb. 12.3 ist der Zusammenhang zwischen Teil- bzw. Produktstruktur und den zugehörigen CAD- bzw. sonstigen Dokumenten dargestellt. Aus den CAD-Dokumenten bzw. 3D-CAD-Modellen können weitere Darstellungen generiert werden, beispielsweise Fertigungszeichnungen oder 3D-Viewing-Formate, um 3D-CAD-Modelle ohne CAD-System in einem Viewer ansehen zu können. Ferner können sonstige beschreibende Dokumente wie beispielsweise Spezifikationen oder Prüfdokumente auch direkt den entsprechenden Knoten der Produktstruktur zugeordnet werden.

Abb. 12.3 verdeutlicht, dass zumindest zwei separate Strukturen in einem PDM-System existieren und miteinander über die Integration von PDM- und CAD-System abgeglichen werden müssen, nämlich die CAD-Dokumentenstruktur und die Produktstruktur.

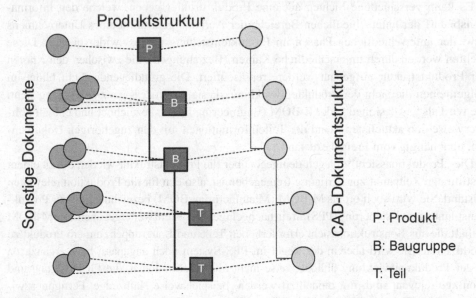

P: Produkt
B: Baugruppe
T: Teil

Abb. 12.3 Zusammenhang bzw. Beziehungen zwischen Teilestruktur und Dokumenten

Üblicherweise werden im Produktentstehungsprozess keine Dokumente genutzt, die eine interne Verlinkung auf andere aufweisen (dies wäre zum Beispiel bei HTML-Dokumenten der Fall, die durch Hyperlinks auf andere HTML-Dokumente verweisen). Eine wesentliche Ausnahme bilden die 3D-CAD-Systeme, die ihre Geometriemodelle von Teilen und Baugruppen jeweils in separaten Dateien speichern, wobei die Baugruppendateien auf die Einzelteildateien verweisen. Neben den rein strukturellen Referenzen werden auch die geometrischen Positionierungs- und Orientierungsinformationen der Teile in der Baugruppe gespeichert. Die mit der Produktstruktur verknüpften Dokumente können aus verschiedenen Erzeugersystemen stammen. Auf diese Art und Weise wird auch eine einheitliche Gesamtrepräsentation bei Multi-CAD-Anwendungen möglich, insbesondere auch eine Gesamtvisualisierung mit einem speziellen Viewing-Format (vergleiche Abschn. 12.4), sofern der Bezug auf ein Referenzkoordinatensystem gegeben ist.

Die CAD-Dokumente bilden im Idealfall eine analoge Struktur zur Teilestruktur (vergleiche Abb. 12.3). Die Teilestruktur kann gegebenenfalls aber mehr Knoten umfassen, wenn nicht alle Teile als CAD-Modell abgebildet werden. Die gestrichelten Linien stellen die Beziehung zwischen Teilen und Dokumenten bzw. CAD-Dokumenten dar. Es ist wichtig, eine Arbeitsweise zu wählen, die dem grundsätzlichen Aufbau dieses Datenmodells entspricht bzw. hiermit ohne Komplikationen abbildbar ist. Eine verbreitete, aus der 2D-CAD-Zeichnungserstellung (engl. Drafting) stammende Arbeitsweise, nämlich geometrisch oder fertigungstechnisch ähnliche Teile für die Weitergabe an die Fertigung auf einer Sammelzeichnung zusammenzufassen, sollte unbedingt vermieden werden. Dies ist nicht mehr notwendig und es ist sinnvoller, für jedes Teil separat eine Fertigungszeichnung zu erstellen und diese an der richtigen Stelle in der Produktstruktur als Information zu verankern. Dadurch wird eine eindeutige Zuordnung einer Zeichnung zu einem Teil gewährleistet.

Es kann verschiedene Sichten auf eine Produktstruktur geben, welche den Informationsbedarf der unterschiedlichen Bereiche der Aufbauorganisation eines Unternehmens bzw. der unterschiedlichen Phasen im Produktentstehungsprozess widerspiegeln. Diese Sichten werden durch unterschiedliche Kanten (Beziehungen), die zwischen den Knoten der Produktstruktur aufgebaut werden, repräsentiert. Die grundlegende Sicht bildet im Allgemeinen die Sicht der Produktentwicklung, da sie im Prozess ganz am Anfang steht. Sie wird als „as-designed" oder E-BOM (Engineering BOM) bezeichnet und enthält üblicherweise den aktuellsten Stand der Teileinformationen mit den zugehörigen Dokumenten, unabhängig vom Freigabezustand.

Die „Produktionssicht" spiegelt demgegenüber die Produktstruktur wieder, die zu einem bestimmten Zeitpunkt zur Fertigung freigegeben ist, also den für die Produktion relevanten Zustand. Sie wird auch oft als M-BOM (Manufacturing BOM) bezeichnet und zur Produktionsplanung und -steuerung (PPS) an ein nachgelagertes System weitergegeben. Die M-BOM enthält die aus Konstruktionssicht erforderlichen Teile und Baugruppen, um ein Produkt zu produzieren. Sie wird aber in der Regel im PPS-System noch angepasst bzw. ergänzt, da in der Produktentwicklung üblicherweise nicht alle Informationen, die für Fertigung und Montage relevant sind, mit modelliert werden, beispielsweise Halbzeuge, Fertigungszwischenstufen, Kleinmaterial wie Kabelbinder, Schmierstoffe oder Montagehilfsmittel. Eine der Hauptschwierigkeiten besteht darin, M-BOM und E-BOM zwischen den verschiedenen involvierten Systemen abzugleichen, insbesondere da die Fertigungssicht – wie beschrieben – oft mehr Informationen enthält als die Entwicklungssicht und sich Fertigungsstücklisten im Laufe der Produktion von Losen ändern können, ohne dass dies direkte Auswirkungen auf die E-BOM hat, beispielsweise Zukauf von Teilen anstelle Eigenproduktion.

Über das Sichtenkonzept bzw. die Möglichkeit, unterschiedliche Kanten zwischen den Knoten des Produktstruktur-Graphs zu definieren, können auch verschiedene Formen der Filterung oder Präsentation von Informationen realisiert werden. Aus Sicht der Montage beispielsweise wird Produkt entsprechend des Ablaufs, wie es zusammengebaut wird und welche Werkzeuge und Hilfsmittel (Werkzeuge, Ressourcen, Anleitung für den Arbeitsgang) dazu benötigt werden, strukturiert. Für Untersuchungen, die nur einen bestimmten Untersuchungsumfang („Zone Of Interest") benötigen, kann manuell oder halbautomatisch anhand bestimmter Kriterien eine entsprechende Sicht zusammengestellt werden, die alle nicht benötigten Elemente herausfiltert. Diese ist dann für verschiedene Untersuchungsvorgänge immer wieder reproduzierbar. Während für die Produktentwicklung meistens der aktuelle Entwicklungsstand interessant ist, kann für andere Bereiche nur der freigegebene Stand oder nur alle Zukaufteile interessant sein. Für die Bildung von Sichten können verschiedene Attribute des Teilestammsatzes herangezogen werden.

Auch die Bildung von Produktstrukturen dient letzten Endes dem Ziel, Informationen über ein Produkt möglichst transparent aufzubauen, um Weitergabe und Recherche möglichst effizient zu gestalten. In diesem Sinne bieten Methoden der Klassifizierung einen Mehrwert. Klassifizierung bedeutet die Gruppierung von ähnlichen Teilen (insbesondere Norm- und Standardteile) anhand gemeinsamer Attribute. Klassifizierte Objekte lassen sich durch eine Suche über die Attribute oder durch Navigation innerhalb der Klassifizierungshierarchie leichter finden. Zudem wird die Bildung von Norm- und Vorzugsreihen unterstützt und damit die Teilevielfalt eingedämmt. Ein Klassifizierungssystem beschreibt die Gegenstände produktneutral auf der Basis von Eigenschaften. Eine mögliche Umsetzung eines Klassifizierungssystems, das in vielen PDM-Systemen realisiert ist, ist die Sachmerkmalleiste (SML) nach DIN 4000 [DIN-4000] in Verbindung mit einem Klassensystem, welches nach dem objektorientierten Paradigma eine Klassenstruktur aufbaut, bei der über die Ebenen hinweg Merkmale vererbt werden und der Konkretisierungsgrad von oben nach unten in der Struktur zunimmt. Dabei werden anhand von charakteristischen Merkmalen Teile in Klassen mit ähnlichen Merkmalen zusammengefasst und die Eigenschaften bzw. Merkmalsausprägungen der gruppierten bzw. kategorisierten Teile an den Blattenden der Klassenstruktur entsprechend der zugrundeliegenden SML erfasst.

12.3.4 Varianten und Konfigurationsmanagement

In diesem Abschnitt wird das Management der zeitlichen Veränderungen von Produktstrukturen in Form von Konfigurationen und Versionen sowie das Management von Produktvarianten behandelt. Durch den Trend zu individualisierten Produkten, die gemäß CTO (vergleiche Abschn. 12.1) hergestellt werden, ist das effektive Management von Varianten und Konfigurationen eine enorme Herausforderung für Unternehmen und eine wesentliche Funktionalität von PDM-Systemen im Bereich des Managements von Produktstrukturen. Varianten sind zeitlich parallel existierende, vergleichbare Ausprägungen eines Produkts, während Versionen durch den kontinuierlichen Arbeitsfortschritt entstehen. Versionen und Varianten sind jedoch gemeinsam zu betrachten bzw. im PDM-System abzubilden, da natürlich auch verschiedene Varianten eines Teils oder einer Baugruppe versioniert werden. Variantenbildung kann durch Regeln, welche an einer Kante zwischen zwei Elementen der Produktstruktur definiert werden, erfolgen. Bei Strukturvarianten ändern sich ganze Äste der Produktstruktur, bei Teilevarianten hingegen nur ein einzelnes Teil, oft im Sinne einer Alternative, d. h. ein Teil innerhalb der Struktur wird durch ein anderes oder eine Alternative ersetzt. Als Alternative können solche Komponenten bezeichnet werden, die in einer Produktstruktur vollständig kompatibel verwendet werden können. Insbesondere bei elektrotechnischen Komponenten werden oft gleiche Bauteile wie Schütze von unterschiedlichen Herstellern produziert und angeboten.

Je nach Beschaffungssituation auf einem lokalen Markt werden entsprechend Alternativen für ein Fertigungslos verwendet. Eine Regel für eine Strukturvariante bei einem Fahrzeug könnte beispielsweise lauten: „Wenn Zielmarkt = UK, dann Rechtslenker, sonst Linkslenker"; für eine Teilevariante: „Wenn Zielmarkt = UK, dann Netzkabel UK". Zudem gibt es noch Mengenvarianten, d. h. eine Variation der Anzahl eines Teils oder einer Baugruppe in der Stückliste bzw. Produktstruktur. Auch diese Information kann auf der entsprechenden Kante zwischen über- und untergeordneten Element der Produktstruktur hinterlegt werden. Beispiel: Anzahl der Rollen in einer Rollenbahn in Abhängigkeit von der Länge der Rollenbahn. Varianten werden durch Konfiguration eines Produktes generiert, wobei nach Zagel [Zage-2006] geschlossene von offenen Konfigurationen zu unterscheiden sind.

- Bei der geschlossenen Konfiguration gibt es eine feste Auswahl vorgegebener Optionen (beispielsweise Ausführung rechts/links, Netzsteckertyp), die für die Bildung der Produktvarianten herangezogen werden kann. Damit sind alle möglichen Produktvarianten im Vorfeld bestimmbar und beispielsweise durch einen eindeutigen Code identifizierbar.

- Bei der offenen Konfiguration kann ein Produkt im Rahmen bestimmter Regeln, die zuvor definiert werden müssen (beispielsweise minimaler oder maximaler Wert einer Abmessung) frei konfiguriert werden. Für bestimmte Merkmale stehen hierbei vorgegebene Merkmalsausprägungen (beispielsweise Farbe, Material) zur Verfügung, daneben können Merkmale aber frei definiert werden (beispielsweise bestimmte Abmessungen).

Damit gibt es prinzipiell eine beliebige Menge möglicher Konfigurationen, d. h. es können beliebig viele Produktvarianten oder individuelle Ausprägungen des Produkts entstehen. Zur logischen Auflösung der Regeln und Randbedingungen werden entsprechende „constraint solver" bei Produktkonfiguratoren benötigt.

Für verschiedene Aufgaben im Produktentstehungsprozess ist es wichtig, eine bestimmte Konfiguration eines Produkts mit entsprechenden Versionsständen bzw. einer Gültigkeit (engl. Effectivity) inklusive der zugehörigen Dokumente, jederzeit nachträglich rekonstruieren oder abrufen zu können. Als Beispiele seien die so genannte „End Item Configuration" genannt, d. h. ein Stand, der für einen Produktionsauftrag herangezogen wird, oder eine „Configuration Baseline", d. h. ein definierter Stand der technischen Produktdokumentation als „eingefrorene" Bezugskonfiguration für den Informationsaustausch mit Kunden, Lieferanten oder Entwicklungspartnern. Daher besitzen PDM-Systeme Funktionen zum sogenannten Konfigurationsmanagement – KM (engl. Configuration Management – CM). Die DIN EN ISO-10007 [ISO-10007] definiert KM wie folgt: „Konfigurationsmanagement ist eine Managementtätigkeit, die die technische und administrative Leitung des gesamten Produktlebenszyklus, der Konfigurationseinheiten des Produktes und der produktkonfigurationsbezogenen Angaben übernimmt". Mit Konfigurationseinheit (engl. Configuration Item) ist eine „beliebige Kombination aus Hardware, Software und Dienstleistung" gemeint. KM wurde seit den 1950er Jahren primär im militärischen Bereich sowie in der Luft- und Raumfahrtindustrie aufgrund der hohen Produktkomplexität entwickelt und hat zum Ziel, zu jedem Zeitpunkt des Produktlebenszyklus über aktuellen Bauzustand (Konfiguration) eines Produkts Auskunft geben zu können. Die Nutzung eines PDM-Systems in der zuvor beschriebenen Weise mit dem Aufbau einer Produktstruktur, an den richtigen Stellen verknüpfte Dokumente und einem entsprechenden Versions- und Variantenmanagement ist eine wichtige Voraussetzung für effizientes KM.

12.3.5   Steuerung von Prozessen und Projekten

Für eine effektive Entwicklung und Anpassung von Produkten ist es erforderlich, alle dazu notwendigen Aktivitäten zu kennen, zu verfolgen und zu regeln. Da jedoch Innovationen und Kreativität nicht einem strikt vorgegebenen Weg folgen und an Entwicklungsprozessen viele Mitarbeiter mit wachsenden Aufgabenspektren und unterschiedlicher Qualifikation beteiligt sind, zeigen die Prozesse und Projekte in der Produktentwicklung ein sehr dynamisches und komplexes Verhalten. Damit unterscheiden sich Prozesse und Projekte in der Produktentwicklung grundlegend von denjenigen aus Fertigung, Vertrieb, Verwaltung und Controlling. Diese Unterschiede liefern die wesentlichen Gründe dafür, dass Softwarelösungen, die von festgelegten Abläufen und deterministischen Lösungen ausgehen, nur eingeschränkt zur Unterstützung der Produktentwicklung eingesetzt werden können. Das gleiche gilt für Softwarelösungen des „klassischen" Projektmanagements. Im folgenden sind wesentliche Charakteristika von Prozessen und Projekten tabellarisch gegenübergestellt.

Projektbearbeiter müssen auf Änderungen (z. B. Ausfall einer Ressource) dynamisch und flexibel reagieren und bei Bedarf Alternativen verfolgen können, ohne die festgelegten Ziele für Qualität, Termin und Kosten zu gefährden. Dieses lässt sich nur mit einer Navigation erreichen, die zu jeder Zeit im Projekt eine Änderung der ursprünglich geplanten Vorgehensweise zulässt und die dabei möglichen Alternativen bewerten kann. Aus diesen Möglichkeiten wählt der Bearbeiter die ihm momentan am besten geeignete aus, die es erlaubt, Aktivitäten innerhalb der vorgegebenen Bedingungen zu modellieren, sie auszuführen und auf Störgrößen im Ablauf sofort dynamisch zu reagieren [VaFr-2002].

Tab. 12.1 Gegenüberstellung der Charakteristika von Prozessen und Projekten [Vajn-2002]

(Geschäfts-) Prozesse und Projekte in Fertigung, Controlling, Verwaltung	Prozesse und Projekte in der Produktentwicklung
• Prozesse und Projekte sind fixiert, starr, vollständig reproduzierbar und überprüfbar	• Prozesse und Projekte sind dynamisch, chaotisch, kreativ; viele Schleifen und Sprünge
• Resultate müssen vorhersehbar sein	• Resultate sind nicht immer vorhersehbar
• Material, Technologien und Werkzeuge sind in der Fertigung physisch vorhanden und vollständig beschrieben	• Definierte Objekte, Konzepte, Ideen, Entwurfe, Ansätze, Versuche (und Irrtümer) sind virtuell und oft nicht präzise
• Wahrscheinlichkeit für Störungen ist gering, da Objekte und Umgebungen präzise beschrieben sind	• Wahrscheinlichkeit für Störungen ist hoch aufgrund fehlerhafter Definitionen und Änderungswünsche
• Dynamische Reaktionsfähigkeit ist nicht erforderlich	• Dynamische Reaktionsfähigkeit wird benötigt
≫ *Prozess- und Projektsteuerung*	≫ *Prozess- und Projektnavigation*

Die Prozess- und Projektnavigation umfasst

- das interaktive Modellieren durch Konfigurieren und Kombinieren von sogenannten Prozesselementen und Funktionen mithilfe von Abhängigkeiten und Regeln [Frei-2001],
- das Ermitteln möglicher Engpässe im Projektablauf, Aufzeigen von Alternativen, Optimierung des Projektablauf [VaGS-2005],
- das Bereitstellen der aktuellen Aufgabenliste für den Bearbeiter mit den benötigten Werkzeugen und Daten sowie
- die Verwaltung der Projektressourcen und Dokumentation aller tatsächlich ausgeführten Arbeitsschritte (im Vergleich zu den ursprünglich geplanten Schritten – ein wichtiges Element bei der Produkthaftung) [Prin-2004].

Der Projektleiter hat zudem eine permanente Übersicht über alle laufenden Projekte, sieht Störungen sofort und kann zu jeder Zeit in den Ablauf eines Projektes eingreifen.

PDM-Systeme umfassen auch Funktionen zum Workflow-Management, d. h. für die aktive Vorgangsunterstützung von technisch-organisatorischen Unternehmensprozessen. Der Begriff Vorgang bezieht sowohl den Prozess selbst als auch die benötigten Informationen bzw. Dokumente mit ein und adressiert in erster Linie das Routing der Informationen über verschiedene Bearbeitungsinstanzen hinweg. Baugruppen, Teile und Dokumente durchlaufen im Rahmen der Produktentwicklung verschiedene Zustände und Reifegrade. Workflow-Management setzt deterministische Abläufe voraus, die im Vorhinein definiert und damit immer wieder durchlaufen werden können. Auch wenn Prozesse im technisch-ingenieurwissenschaftlichen Bereich nicht als deterministisch, sondern als kreativ betrachtet werden müssen, gibt es zwei wesentliche Anwendungsaspekte von Workflow-Management in PDM-Systemen, nämlich das Freigabe- und das Änderungswesen. Beide sind üblicherweise als langfristig stabile Prozesse mit festgelegten Prozeduren und Vorgehensweisen in den meisten Unternehmen definiert. Daneben gibt noch so genannte Ad-hoc-Workflows, beispielsweise um ein CAD-Dokument einer Gruppe von Mitarbeitern im Projekt zum Review weiterzuleiten. Die Vorteile der Nutzung von Ad-hoc-Workflows liegen darin, dass keine Kopien von Dokumenten beispielsweise per Email, sondern nur Verweise darauf verschickt werden, dass das Rechtesystem des PDM-Systems greift, dass vordefinierte Zuständigkeiten und Vertretungsregelungen berücksichtigt werden und dass der gesamte Prozess auch im Sinne getroffener Entscheidungen und der am Prozess beteiligten Personen transparent im System nachvollziehbar ist und bleibt.

12.4 Schnittstellen und Datenaustausch

Die Zusammenarbeit verschiedener Bereiche innerhalb eines Unternehmens bzw. zwischen Unternehmen erfordert zwangsläufig auch einen reibungslosen (d. h. fehler- und verlustfreien) Austausch von Informationen in jeder Richtung. Dabei kann die Zusammenarbeit sowohl bedeuten, dass entlang des Produktlebenszyklus von der Konzeptphase bis zur Produktion und darüber hinaus Daten übertragen werden müssen, als auch zwischen beteiligten Partnern, beispielsweise in der Konstruktionsphase, ein Datenaustausch gewünscht wird. Es handelt sich dabei um vielerlei unterschiedliche Arten von Daten; strukturierte oder nicht strukturierte, graphische oder textuelle. Insbesondere geometriebeschreibende Daten, die über Schnittstellen übertragen werden, stellen aufgrund ihrer Komplexität und der unterschiedlichen mathematischen Beschreibungsmöglichkeiten der Geometrie eine besondere Herausforderung dar.

Eine Schnittstelle ist ein System von Bedingungen, Regeln und Vereinbarungen, das den Informationsaustausch zweier (oder mehrerer) miteinander kommunizierender Systeme oder Systemkomponenten festlegt. Dabei spielt es keine Rolle, wie die zu übertragenden Informationen erzeugt wurden und wie sie nach der Übertragung verwendet werden sollen. Bei der Übertragung über die Schnittstelle wird im Zielsystem in der Regel eine Kopie der Originaldaten erzeugt, was zu Datenredundanz führt, die wiederum kontrolliert werden muss. Zu beachten ist auch, dass nur solche Informationen, die in allen beteiligten Systemen über das gleiche oder ein vergleichbares Format verfügen, übertragen werden können. Die Übertragung über eine Schnittstelle geht damit oft mit einem Verlust an Informationen einher.

Einerseits zur Erweiterung der Leistungsfähigkeit zum Austausch vollständiger Produktmodelle nach einheitlichen Kriterien, andererseits zur Vereinheitlichung der zahlreichen Schnittstellenformate wird seit Mitte der 1980er Jahre der Standard STEP (Standard for the Exchange of Product Model Data) entwickelt, welcher in der ISO 10303 [ISO-10303] genormt ist. STEP ist im Gegensatz zu seinen Vorgängern kein reiner Geometriedatenstandard, sondern geht weit über deren Leistungsumfang hinaus. In STEP können die einzelnen Phasen des Produktlebenszyklus unter verschiedenen Sichten betrachtet werden. Für einzelne Anwendungsgebiete und Branchen entstanden spezielle Anwendungsprotokolle (Application Protocols, AP). Jedes AP beschreibt den Anwendungsbereich; ein Aktivitätsdiagramm stellt die Funktionen dar, die dem Produktentwickler innerhalb dieses Anwendungsbereiches zur Verfügung stehen und ein Modell formuliert die Informationsanforderungen der jeweiligen Tätigkeiten.

Die am häufigsten implementierten und verwendeten Anwendungsprotokolle von STEP sind AP 203 [ISO-10303-203] „Configuration controlled 3D design"und AP 214 [ISO-10303-210] „Core data for automotive mechanical design processes". AP 203 wurde im Wesentlichen von der Luft- und Raumfahrt- und Rüstungsindustrie und AP 214 von der (deutschen) Automobilindustrie vorangetrieben. Diese beiden APs wurden seit 2009 zu einem AP 242 „Managed Model Based 3D Engineering" zusammengeführt und erweitert. AP 242 ist als internationaler Standard. [ISO-10303-214] seit August 2014 als Edition 1 verfügbar, wird seitdem aber auch im Sinne „Maintenance" (Edition 2) weiterentwickelt (vgl. Abb. 12.4). Neben den Themen aus AP203 und AP 214 wurden aber auch solche für beispielsweise Faserverbundwerkstoffe, Parametrik oder Kinematik umgesetzt. Damit steht mit AP 242 ein leistungsfähiger Standard für viele Belange der virtuellen Produktentwicklung zur Verfügung. Er umfasst neben den zuvor genannten Aspekten auch Datenmodelle für PDM-Aufgaben (Identifizierung, Gültigkeit, Strukturierung und Konfiguration von Teilen) und deckt damit den Informationsbedarf von Anforderungsmanagement über Konzept, Engineering, Test bis hin zur Produktionsprozessplanung, Werkzeugsimulation und NC-Programmierung ab.

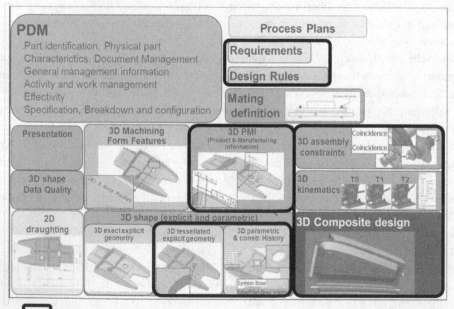

☐ Neu oder maßgeblich geändert/erweitert in Bezug auf AP 214/203

Abb. 12.4 Leistungsumfang des STEP AP 242 (nach: www.ap242.org)

Integraler Bestandteil des Standards ist auch die XML-Repräsentation von PDM-relevanten Informationen.

Als zweites besonders wichtiges Dateiformat für Datenaustausch von Geometriedaten ist das im Vergleich zu STEP leichtgewichtige JT Format zu nennen. JT wurde von den Firmen Engineering Animation Inc (EAI) und Hewlett Packard (HP) Ende der 1990er Jahre entwickelt. Es umfasst sowohl eine tesselierte Flächenbeschreibung (Ersatz einer mehrfach gekrümmten Fläche durch Dreiecksflächen mit möglichst guter Annäherung an den Verlauf der Originalfläche mit der Möglichkeit, unterschiedliche Detaillierungsgrade (engl.: Level Of Detail – LOD) zu definieren), als auch eine exakte Geometriebeschreibung auf Basis eines B-Rep-Volumenmodells (Boundary Representation) mit NURBS-Repräsentation (Non-Uniform Rational B-Spline). Darüber hinaus kann JT Teileattribute und Produktstrukturinformationen sowie Product Manufacturing Information (PMI) mit Maßangaben und Toleranzen abbilden. Eine JT-Datei besteht aus verschiedene Segmenten, die im Sinne der 3D-Visualisierung spezifisch bzw. entsprechend den Bedürfnissen der Benutzer verarbeitet werden und damit optimiert für bestimmte Anwendungsfälle sind. Damit ist JT sehr universell einsetzbar, insbesondere als Visualisierungsformat bzw. für DMU-Applikationen.

JT wurde durch Kauf von EAI durch Unigraphics Solutions Inc 1999 (später UGS) und dann weiter nach Kauf von UGS durch das Unternehmen Siemens PLM ständig weiterentwickelt. Siemens PLM hat JT zur Standardisierung im Rahmen der ISO vorgeschlagen und 2012 wurde die ISO 14036 [ISO-14306] als Edition 1 verabschiedet, welche folgende Auflagen bzw. Einschränkungen beinhaltet:

- Das XT BRep-Segment des Formats wird als „nicht normativ" bzw. „informativ" in den Anhang der Norm ISO 14306 übernommen, um mit sogenannten Legacy-Anwendungen, die JT verwenden bzw. implementiert haben, kompatibel zu sein.
- Mit der ISO 14306 Edition 2 ist ein Ersatz der XT BRep und JT BRep Segmente des Dateiformats durch das standardisierte STEP ISO 10303 3D BRep Segment vorzulegen.

Damit – so steht es auch auf Seite 1 der Norm – sind jedoch die Aspekte Langzeitarchivierung und Austausch von nicht facettierten geometrischen Daten außerhalb des Geltungsbereichs der ISO 14306 anzusehen, d. h. JT in der Edition 1 ist ein normativer Standard für die 3D-Visualisierung, jedoch aufgrund der Einschränkungen (exakte Geometrie ist ausgeschlossen) nicht für die Langzeitarchivierung von 3D-CAD-Modellen (vgl. Abschn. 12.5).

Entsprechend der oben dargestellten grundsätzlichen Architektur von PDM-Systemen umfasst Interoperabilität von PDM-Systemen mit anderen IT-Systemen sowohl die Daten- als auch die Funktionsebene. Die funktionale Integration auf der Anwendungsebene dient in erster Linie der Integration verschiedener PDM-Systeme im Kunden-Zulieferer-Kontext oder beispielsweise der Kopplung von ERP und PDM innerhalb eines Unternehmens. Dabei kommen vorwiegend Techniken wie Remote Method Invocation (RMI) oder Remote Procedure Call (RPC) sowie Web-Services zum Einsatz.

12.4.1 Schnittstellen zu CAx-Systemen (Erzeugersystemen)

Wie oben beschrieben, sind auf der Datenebene Direktkonverter oder neutrale Schnitt-stellenformate erforderlich, um die benötigten Informationen auszutauschen. Auf der Ebene des Datenmodells bildet STEP (ISO 10303) die wesentliche Orientierungsgrund-lage, obwohl PDM-Hersteller ihr eigenes Datenmodell verwenden. Üblicherweise wird die Produktstruktur im Kern durch den Aufbau eines Modells im CAD definiert. Diese liefert die Basis für die Produktstruktur im PDM-System, d. h. sie kann erweitert werden, beispielsweise, wenn CAD-Daten aus einer E-CAD-Anwendung oder andere Struktur-elemente wie Software hinzugefügt werden. Damit dies funktioniert, müssen beim Spei-chern der CAD-Struktur im PDM-System die entsprechenden Teilestammsätze generiert und mit den relevanten Metadaten wie Bezeichnung, Werkstoff oder Klassifizierung befüllt werden. Auf der funktionalen Ebene werden in der Regel die Integration von PDM-Funktionen in das CAD-System und umgekehrt umgesetzt. Über diese Integration kann aus dem einen System heraus direkt eine Funktion des anderen Systems aufgeru-fen werden, beispielsweise Funktionen zur Neuanlage, zum Ändern und Speichern von CAD-Modellen, zum Ausleiten einer Stückliste, zur Anzeige der Produktstruktur, zur Freigabe und Versionierung, zum Austauschen von Referenzen und zur Verwaltung von Sachmerkmalen.

12.4.2 Schnittstellen zu ERP-Systemen

Zwischen PDM und ERP auszutauschende bzw. automatisiert abzugleichende Informa-tionen sind in erster Linie Artikel- bzw. Teilestammsätze sowie Stücklisteninformatio-nen (E-BOM <> M-BOM), teilweise aber auch Dokumente bzw. Viewing-Formate bei-spielsweise für CAD-Dokumente. Da PDM und ERP die Kernsysteme für ihr jeweiliges Anwendungsfeld darstellen, die aber – wie in Kap. 2 erläutert – orthogonal zueinander stehen, geht es nicht um „entweder – oder", sondern um ein „sowohl – als – auch". Es ist notwendig, eine kontrollierte Datenredundanz beispielsweise von Artikeldaten auf-zubauen und Datenverantwortlichkeiten zu definieren, d. h. welches der eingesetzten Systeme für einen Anwendungsbereich das führende ist. In Bezug auf Stammdaten bzw. attributive Informationen zu Teilen liegt bei technischen Stammdaten die Führung übli-cherweise im PDM-System, im ERP bei betriebswirtschaftlich-dispositiven Stammdaten. Der Abgleich redundanter Attribute über die oben genannten Mechanismen erfolgt in der Regel statusabhängig, beispielsweise innerhalb der Freigabeabläufe. Sie kann auch über entsprechende Workflows abgebildet werden. Die Redundanzkontrolle kann durch Defi-nition zusätzlicher Status umgesetzt werden, beispielsweise „Teil in PDM erzeugt aber nicht im ERP abgeglichen", „Teil nach Freigabe zum Abgleich im ERP vorgemerkt", „Teil zwischen PDM und ERP abgeglichen".

12.5   Dokumentation und Archivierung

Die Dokumentation der Arbeitsprozesse und -ergebnisse spielen im Umfeld des effizienten Einsatzes von CAx-Systemen eine wesentlich Rolle, unter anderen bedingt durch
die zunehmend an Bedeutung gewinnenden gesetzlichen Regelungen und Vorschriften,
wie beispielsweise der Produkthaftung [Geis-1995] sowie die Anforderungen einer laufenden Qualitätssicherung [ISO-9000]. Eine wichtige Frage bei der Dokumentation von
Produkten und Modellen ist deren physische Repräsentationsform. Problematisch dabei
ist die Darstellung der vielfältigen, im Produktentwicklungsprozess an ein 3D-Modell
„angehängten" Zusatzinformationen. So können beispielsweise Anweisungen über geforderte Fertigungsverfahren oder Wärmebehandlungen sowie Angaben zu speziellen Kundenanforderungen und sonstige Eigenschaften als Attribute beziehungsweise als Features
(Abschn. 5.8) mit den Modellen abgespeichert werden; nur stellt sich die Frage, in welcher
Form diese Informationen angezeigt werden sollen. Üblicherweise erfolgt dies bisher in
symbolischer oder textueller Form auf den Zeichnungen und den weiteren ausgedruckten
Dokumenten.

Gleichwertig zu der Dokumentation der Ergebnisse einer Modellierung ist die Dokumentation der Prozesse, die zu den Ergebnissen geführt haben. Dabei sind zwei Arten der
Prozessdokumentation zu unterscheiden.

* Zum einen gibt es den reinen Modellierungsprozess im CAx-System, also die Entwick-
  lungsgeschichte (Chronologie, Abschn. 5.10) und damit den systematischen Aufbau
  der Modelle. Hier bieten die Systeme heute oftmals schon weitreichende Hilfestellungen in Form von mitprotokollierten Systembefehlen (üblicherweise als Trail-File oder
  Monitor-File bezeichnet) oder der Möglichkeit, die Entstehung des Modells in einer
  Art Film vom CAx-System schrittweise anzeigen zu lassen. Diese Techniken helfen,
  den systematischen Aufbau des Modells nachvollziehen zu können, falls Änderungen
  am Modell durchgeführt werden müssen.
* Bei der zweiten Form der Prozessdokumentation geht es darum, die Überlegungen und
  Gründe für eine Entscheidung sowie die dabei betrachteten Alternativen zu dokumentieren. Sie ist zum einen Voraussetzung zum Aufbau von wissensbasierten Systemen
  zur Konstruktions- und Fertigungsunterstützung und zum anderen eine der wenigen
  Möglichkeiten, das Wissen und die Erfahrung eines Mitarbeiters dem ganzen Unternehmen zugänglich zu machen und auch nach dessen Firmenaustritt im Betrieb zu
  halten. Ein wichtiges Problem dabei ist die Bereitschaft des Mitarbeiters zum Offenle-
  gen seines Wissens und die damit verbundene hohe zeitliche Zusatzbelastung. Er muss
  trotz aller Tagesprobleme genug Freiraum für diese Tätigkeit bekommen.

Eine erste Stufe dieser Art der Prozessdokumentation besteht darin, auch Modellierungs-
prozesse mithilfe von leistungsfähigen Projektmanagementsystemen zu planen und
durchzuführen, am ehesten im Sinne einer Projektnavigation, da solche Systeme in der
Lage sind, die entsprechenden Aktivitäten samt Auslösern zu dokumentieren (vergleiche
Abschn. 12.3.5).

Ein Archiv muss eine einheitliche, für jeden Befugten zugängliche Datensammlung sein, aus der jeder Unternehmensbereich die für ihn relevanten Informationen entnehmen kann, um sie nach der Bearbeitung in neu erzeugter oder modifizierter Form wieder abzulegen. Die Befugten und ihre Befugnisse (Rechte wie Lesen, Schreiben, Ändern usw.) müssen geregelt sein. Die Notwendigkeit für das Archiv ergibt sich im wesentlichen aus der Dokumentationspflicht des Unternehmens bei Produkthaftung nach Richtlinie EG 85/374, Artikel 11 und der DIN 6789: „Um den Entlastungsbeweis bei möglichen Produkthaftungsfällen führen zu können, müssen der Konstruktionsstand und die dazugehörenden Änderungsvorgänge mindestens 10 Jahre nach Inverkehrbringen des Erzeugnisses noch zurückverfolgt werden können" [DIN-6789]. Die übliche Archivierungsdauer beispielsweise in der Automobilindustrie beträgt aber 20 Jahre, bei Investitionsgütern sogar 25–40 Jahre, um über diesen Zeitraum Reparatur und Ersatz von Teilen eindeutig zu ermöglichen.

Beim Thema (digitale) Langzeitarchivierung (engl. Long Term Archiving – LTA) geht es im Kern um die Gewährleistung der dauerhaften Verfügbarkeit von dokumentierten Informationen aus dem Produktentstehungsprozess, unabhängig von ihrem Datenformat oder ihrer logischen Struktur, nachdem sie aus dem Bereich der aktiven Nutzung mit den aktuellen IT-Systemen in ein Archiv übergeben wurden. Mit zunehmender Digitalisierung der Prozesse müssen Unternehmen in der Lage sein, auch teilweise über mehrere Jahrzehnte hinweg auf Informationen über ein Produkt und dessen Entstehungsprozess zugreifen zu können. Damit ist LTA von Produktdaten ein wichtiger Bestandteil einer Informationsmanagementstrategie eines Unternehmens. CAD-Softwareversionen ändern sich ungefähr alle 6–12 Monate, Hardware oder CAD-Generationen mit entsprechenden Sprüngen in der Weiterentwicklung etwa alle 10–15 Jahre. Damit ist der Lebenszyklus von Daten in einer bestimmten Form kurz im Vergleich zum Lebenszyklus von Investitionsgütern wie beispielsweise Flugzeugen, Schiffen oder Produktionsanlagen. Die wesentlichen Herausforderungen resultieren daraus, dass sich die Art der CAD-Daten ständig weiterentwickelt, von 2D-Zeichnungsdaten (klassische technische Zeichnungen) über gegenwärtig überwiegend kombinierte Informationen, bestehend aus 3D-CAD-Modell und daraus abgeleiteten 2D-Zeichnungen mit ergänzten Detailinformationen (beispielsweise Oberflächen- und Toleranzangeben) hin zu 3D-Modellen mit integrierten Product Manufacturing Information (PMI), die zukünftig eine immer größere Verbreitung erhalten werden.

Digitale oder elektronische Langzeitarchivierung betrifft aber nicht nur die Produktentwicklung, sondern auch andere Unternehmensbereiche. Im Detail ist es die unveränderbare, langfristige Speicherung von digital vorliegenden Informationen bzw. geschäftsrelevanten IT-Geschäftsobjekten auf einem Medium (beispielsweise Festplattenspeicher, Magnetband, optischer Speicher) oder in einem IT-System im Sinne von Gesetzen bzw. zur Erfüllung geltender Verordnungen. Digitale Archive müssen revisionssicher ausgeführt werden, d. h. es muss gewährleistet sein, dass elektronische Informationen vollständig, langfristig, veränderungs- oder verfälschungssicher unter Wahrung von Zugriffsrechten aufbewahrt und vor Verlust geschützt werden.

Revisionssicherheit umfasst, dass die Archivsystemlösung die Anforderungen

- des Handelsgesetzbuches HGB (§§ 239, 257)
- der Abgabenordnung AO (§§ 146, 147, 200)
- der Grundsätze ordnungsmäßiger DV-gestützter Buchführungssysteme (GoBS)
- der Grundsätze zum Datenzugriff und zur Prüfbarkeit digitaler Unterlagen (GDPdU) und
- des Vertragsrechts (BGB)

an sichere und ordnungsgemäße Aufbewahrung von kaufmännischen Dokumenten mit den jeweils geltenden Aufbewahrungsfristen von 6–10 Jahren ab Zeitpunkt des letzmaligen Inverkehrbringens (gem. Richtlinie 768/2008/EG) erfüllt.

Welche Dokumente und Unterlagen zu archivieren sind, ergibt sich aus den jeweils für eine Unternehmen bzw. dessen Produktspektrum relevanten EU-Richtlinien. In der Maschinenrichtlinie (MRL in Richtlinie 2006/42/EG) steht beispielsweise: „Die [...] Unterlagen sind für die zuständigen nationalen Behörden [...] bereitzuhalten". Im Anhang VII Punkt 1 sind dann genauer die bereitzuhaltenden Informationen definiert, im Wesentlichen bei Maschinen der Gesamtplan, detaillierte Pläne wichtiger Komponenten, eventuelle Berechnungen, Gefahrenanalysen und Risikobewertungen und die Betriebsanleitung der Maschine.

Wichtig ist die langfristige Sicherstellung der Wiederauffindbarkeit und Wiedergabefähigkeit der gespeicherten Informationen. Diese wird üblicherweise durch die Verwendung gängiger oder standardisierter Datenformate sichergestellt. In diesem Zusammenhang sind folgende Formate besonders relevant für den Bereich der Produktentwicklung:

- ASCII-Format (American Standard Code for Information Interchange) nach [ISO-8859]
- JPEG (Joint Photographic Experts Group) Raster Graphikformat [ISO-10918]
- TIFF G4 (Tag Image File Format G4) Raster Graphikformat nach ITU-Standard
- PDF/A (Portable Document Format) [ISO-19005]
- STEP File Exchange Format [ISO-10303]

Besonders wichtig für den Bereich der Produktentwicklung ist das Portable Document Format (PDF). PDF ist ein Dateiformat, das von Adobe Systems mit dem Ziel entwickelt und bereits 1993 veröffentlicht wurde, ein- oder mehrseitige Dokumente mit Text- und Bildinhalten unabhängig vom ursprünglichen Anwendungsprogramm, vom Betriebssystem oder von der Hardware-Plattform originalgetreu und layoutstabil austauschen zu können, d. h. der Papierausdruck gleicht genau der Darstellung am Bildschirm[5]. Das PDF/A-Format stellt eine Weiterentwicklung speziell für die Archivierung dar. Es wurde 2005 das erste Mal als PDF/A-1 basierend auf dem PDF-Format 1.4 und 2011 als PDF/A-2 basierend auf PDF 1.7 standardisiert. Eine PDF/A Datei entfernt alle Elemente, die

---

[5] Auch als WYSIWIG bezeichnet: „What you see is what you get"

- sich nicht ausdrucken lassen (beispielsweise Multimedia-Inhalte) oder alternative Darstellungen (beispielsweise niedrige Auflösung für Monitore, hohe Auflösung für Druck) ermöglichen,
- verschlüsselt sind,
- Funktionen wie Ausdruck oder Kopien verhindern könnten und
- die Darstellung beeinflussen könnten (beispielsweise bestimmte JavaScript Optionen).

Aufgrund der oben genannten Einschränkungen können 3D-CAD-Inhalte wie beispielsweise Geometriemodelle nicht in PDF/A-Dokumente eingebettet werden. Geometriemodelle stellen aber einen wesentlichen Wissensträger in der Produktentstehung dar. Hier kommt als Datenformat aufgrund der Standardisierung eigentlich nur STEP in Frage, wenn wirklich CAD-Modelle, Produktstrukuren und PMI modellbasiert archiviert werden sollen, ansonsten neben PDF/A auch JPEG oder TIFF G4 für 2D-Zeichnungen.

Zur operativen Implementierung von LTA gibt es verschiedene Richtlinien und Standards, die schwerpunktmäßig aus den Bereichen Luftfahrt-, Militär- und Automobilindustrie stammen, aber letztlich für alle Branchen eine gute Basis darstellen, das Thema zu adressieren.

- ISO 14721: Space data and information transfer systems – Open Archival Information System (OAIS) Referenzmodell [ISO-14721]
- VDA Empfehlung 4958 Teile 1–4 des Verbandes der Automobilindustrie (VDA) für die Langzeitarchivierung digitaler, nicht-zeichnungsbasierter Produktdaten [VDA-4958]
- prEN 9300 Standard Serie „Langzeitarchivierung und Bereitstellung digitaler technischer Produktdokumentationen, beispielsweise 3D CAD und PDM Daten" der ASD-STAN (The AeroSpace and Defence Industries Association of Europe – Standardization), insbesondere [PREN-9300]:
  - prEN 9300–100 (2012) „Allgemeine Konzepte für die Langzeitarchivierung und Wiederverwendung von 3D CAD Mechanik-Informationen"
  - prEN 9300–110 (2012) „Explizite Geometrie"
  - prEN 9300–115 (2012) „Explizite CAD-Baugruppenstrukturen"
  - prEN 9300–200 (2016) „Allgemeine Konzepte für die Langzeitarchivierung und Wiederverwendung von Produktstruktur-Informationen"

Das OAIS-Referenzmodell zur Organisation und Abwicklung der Archivierung digitaler Dokumente schlägt generelle Konzepte und Elemente für das Thema LTA vor und definiert die Terminologie und Anwendungsmodelle für jegliche Art von Archiven und Organisationen alle Arten von Informationsobjekten. Es bietet eine sinnvolle Hilfestellung, die wesentlichen Punkte im Konzept zu adressieren bzw. zu berücksichtigen enthält jedoch weder einen Implementierungsplan noch ein Datenmodell oder eine konkrete Software-Spezifikation.

Das OAIS-Funktionsmodell aus Abb. 12.5 beschreibt insgesamt sechs Aufgabenbereiche

- Datenübernahme (engl. Ingest)
- Datenaufbewahrung (engl. Archival Storage)
- Datenmanagement (engl. Data Management)
- Datenzugang (engl. Access)

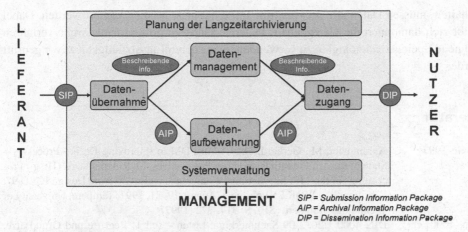

Abb. 12.5 OAIS Funktionsmodell zur Langzeitarchivierung nach ISO 14721

- Systemverwaltung (engl. Administration)
- Planung der Langzeitarchivierung (engl. Preservation Planning).

Danegen gibt es drei Rollen: Als „Lieferant" (engl. Producer) wird die Rolle bezeichnet, welche die zu archivierenden Informationen liefern. „Nutzer" beschreibt die Rolle der Personen oder Client-Systeme, welche die archivierten Daten in Zukunft wieder nutzen bzw. auf diese zugreifen wollen. Die Rolle „Management" dient der Definition des Regelwerks bzw. der erforderlichen Maßnahmen für die Langzeitarchivierung in einem übergeordneten Gesamtkontext.

In Bezug auf die zu archivierenden Informationen wird zwischen drei generellen Informationsobjekten bzw. miteinander in Verbindung stehenden Informationspaketen unterschieden. Als „Submission Information Package" (SIP) wird die Informationsmenge bezeichnet, die an das Archivierungssystem übergeben werden. Diese Daten werden mit Metadaten für die Langzeitarchivierung ergänzt und zu „Archival Information Packages" (AIP) gebündelt. Über die so genannten „Dissemination Information Packages" (DIP) werden zielgruppenorientiert unter Wahrung von Benutzerrechten die archivierten Informationen wieder aufbereitet und zur Verfügung gestellt.

Die VDA Richtlinie 4958 [VDA-4958] bildet das OAIS-Referenzmodell auf die speziellen Belange der Automobilindustrie ab und fokussiert neben der Einhaltung gesetzlicher Bestimmungen und Auflagen insbesondere auf die Sicherstellung der Reproduzierbarkeit von 3D-CAD-Daten, beispielsweise für das Ersatzteilgeschäft. Die ASD-STAN Norm prEN 9300 fokussiert auf Basis des OAIS-Referenzmodells auf die Belange der Verteidigungs-, Luft- und Raumfahrtindustrie in Europa.

Die Technologie der Speichermedien (Festplatte, Bandlaufwerk, CD/DVD/Blueray Disk etc.) entwickelt sich nach wie vor rasant weiter. Da die notwendigen Archivierungszeiten größer sind als die generationenmäßige Weiterentwicklung der Speichermedien, ist es notwendig, dass Archivierung nicht als einmaliger sondern ein anhaltend laufender Prozess angesehen wird. Um die Möglichkeit eines Datenverlustes so gering wie möglich zu halten, müssen Daten alle drei bis fünf Jahre auf neue Medien kopiert werden. Dabei ergibt sich dann auch die Gelegenheit, Datenbestände zu prüfen, neue Archivverfahren und neue Speichertechnologien zu verwenden, wenn deren Einsatzfähigkeit zuvor geprüft wurde.

Literatur

[AbGe-1997]   Abramovici, M., Gerhard, D.: Use of PDM in Improving Design Processes – State of the Art, Potentials and User Perspectives. In: Riitahuhta, A. (Hrsg.) Proceedings of the 11th International Conference on Engineering Design ICED 97, Schriftenreihe WDK 25 Volume 3, August 19–21, 1997, Tampere, University of Technology, Tampere (SF), S. 317–322 (1997)

[DIN-4000]   DIN 4000-1:2012-09 Sachmerkmal-Listen - Teil 1: Begriffe und Grundsätze, Beuth Verlag, Berlin

[DIN-6763]   DIN 6763:1985: Nummerung; Grundbegriffe, Deutsches Institut für Normung. Beuth Verlag, Berlin

[DIN-6789]   DIN 6789:2013: Dokumentationssystematik – Verfälschungssicherheit und Qualitätskriterien für die Freigabe digitaler Produktdaten. Beuth Verlag, Berlin

[Frei-2001]   Freisleben, D.: Gestaltung und Optimierung von Produktentwicklungsprozessen mit einem wissensbasierten Vorgehensmodell. In: Vajna, (Hrsg.) Buchreihe Integrierte Produktentwicklung. Magdeburg (2001)

[Geis-1995]   Geis, I. (Hrsg.): Das digitale Dokument: rechtliche, organisatorische und technische Aspekte der Archivierung und Nutzung. AWV, Eschborn (1995)

[Gerh-1997]   Gerhard, D.: "Using a Product Data Management System as Basis for Multi-disciplinary Education in Engineering Design" Proceedings of ConnectED 2007 International Conference on Design Education, Sydney (AUS).

[Harr-1973]   Harrington, J.: Computer Integrated Manufacturing. Robert E. Krieger Publishing Co., Malabar/FL (1973)

[HiLT-1996]   Higgins, P., Le Roy, P., Tierney, L.: Manufacturing Planning and Control – Beyond MRP II. Springer, Berlin Heidelberg (1996)

[ISO-9000]   DIN EN ISO 9000:2015: Qualitätsmanagementsysteme – Grundlagen und Begriffe (ISO 9000:2015); Deutsche und Englische Fassung EN ISO 9000:2015. Beuth Verlag, Berlin

[ISO-10007]   DIN EN ISO 10007:2004: Qualitätsmanagement – Leitfaden für Konfigurationsmanagement (ISO 10007:2003). Beuth Verlag, Berlin

[ISO-10209]   ISO 10209:2012: Technische Produktdokumentation – Vokabular – Begriffe für technische Zeichnungen, Produktdefinition und verwandte Dokumentation (ISO 10209:2012); Dreisprachige Fassung EN ISO 10209:2012, Beuth Verlag.

[ISO-10303-203] ISO 10303-203:2011: Industrial automation systems and integration – Product data representation and exchange – Part 203: Application protocol: Configuration controlled 3D design of mechanical parts and assemblies. International Organization for Standardization, Geneva, Switzerland

[ISO-10303-214] ISO 10303-214:2010: Industrial automation systems and integration – Product data representation and exchange – Part 214: Application protocol: Core data for automotive mechanical design process. International Organization for Standardization, Geneva, Switzerland

[ISO-10303-242]   ISO 10303-242:2014: Industrial automation systems and integration – Product data representation and exchange – Part 242: Application protocol: Managed model-based 3D engineering. International Organization for Standardization, Geneva, Switzerland. Edition 2, siehe http://www.asd-ssg.org/c/document_library/get_file?uuid=e664ac17-221b-4065-8a0f-2743dd023517&groupId=11317. Zugegriffen: 31. Juli 2017

[ISO-14306]   ISO 14306:2012: Industrial automation systems and integration – JT file format specification for 3D visualization. International Organization for Standardization, Geneva, Switzerland

[ISO-14721]   ISO 14721:2012: Space data and information transfer systems – Open archival information system (OAIS) – Reference model. International Organization for Standardization, Geneva, Switzerland

[ISO-19005]   ISO 19005-1:2005: Document management – Electronic document file format for long-term preservation – Part 1: Use of PDF 1.4 (PDF/A-1). International Organization for Standardization, Geneva, Switzerland

[ISO-10918]   ISO/IEC 10918-1:1994: Information technology – Digital compression and coding of continuous-tone still images: Requirements and guidelines. International Organization for Standardization, Geneva, Switzerland

[ISO-8859]   ISO/IEC 8859-1:1998: Information technology – 8-bit single-byte coded graphic character sets. International Organization for Standardization, Geneva, Switzerland

[PREN-9300]   prEN 9300: „Langzeitarchivierung und Bereitstellung digitaler technischer Produktdokumentationen, beispielsweise 3D CAD und PDM Daten", ASD-STAN (The AeroSpace and Defence Industries Association of Europe – Standardization), Brussels.

[PRIN-2004]   Prinzler, H.: Prozessmodellierung und Projektverfolgung im Musterbau. CAD-CAM Report 23 11, S. 62–65 (2004)

[SaMc-1983]   Salton, G., McGill, M. J.: Introduction to Modern Information Retrieval. McGraw-Hill, Computer Science Series, New York (1983)

[Vajn-2002]   Vajna, S.: Dynamisches Managen und Bewerten von Prozessen in der Produktentwicklung. In: Lossack, R., Ch, K. (Hrsg.) 25 Jahre Rechneranwendung in Planung und Konstruktion. S. 191–20. Logos Berlin (2002)

[VaGS-2005]   Vajna, S., Guo, H., Schabacker, M.: Optimize Engineering Processes with Simultaneous Engineering (SE) and Concurrent Engineering (CE). In: Proceedings of ASME 2005, Vortrag DETC2005–84389.

[VaFr-2002]   Vajna, S., Freisleben, D.: Project Navigation – Modelling, Improving, and Review of Engineering Processes. In: Proceedings of 2002 ASME, Design Engineering Technical Conferences, DETC2002/DAC34132.

[Vazs-1962]   Vázsonyi, A.: Die Planungsrechnung in Wirtschaft und Industrie (deutsche Übersetzung). Oldenbourg, Wien-München (1962)

[VDA-4958]   VDA 4958: Langzeitarchivierung (LZA) nicht-zeichnungsbasierter, digitaler Produktdaten, Verband der Automobilindustrie (Hrsg.), Frankfurt, 2005.

[VDA-4967]   VDA 4967: Simulation Data Management – Integration of Simulation and Computation in a PDM Environment (SimPDM), Version 2.0, Verband der Automobilindustrie (Hrsg.), Frankfurt (2008)

[Zage-2006]   Zagel, M.: Übergreifendes Konzept zur Strukturierung variantenreicher Produkte und Vorgehensweise zur iterativen Produktstruktur-Optimierung. VPE Schriftenreihe, Band1, TU Kaiserslautern (2006)

[Zimm-1988]   Zimmermann, G.: Produktionsplanung variantenreicher Erzeugnisse mit EDV. Springer Verlag, Berlin (1988)

Migration von CAx-Anwendungen 13

Der breite Einsatz von CAx-Anwendungen in Produktentwicklung und Produktion (vergleiche Abb. 2.1) gehört bei Unternehmen unterschiedlichster Branchen sowie deren Kunden und Zulieferer und bei dienstleistenden Ingenieurbüros seit vielen Jahren zur Normalität, denn ohne solche (vernetzte) Anwendungen wäre eine effiziente Produktentwicklung nicht mehr möglich.

Für jede rechnerunterstützte Anwendung zur Steigerung der Produktivität im Unternehmen gilt, dass die Brauchbarkeit der jeweiligen Anwendung alle 5 bis 7 Jahre überprüft werden sollte, um im wesentlichen festzustellen, ob das vorhandene Leistungsspektrum noch zu den Aufgaben passt und die Wirtschaftlichkeit der jeweiligen Anwendung noch gegeben ist. Wenn das nicht der Fall sein sollte und diese Situation nicht mit einzelnen Maßnahmen behoben werden kann, dann muss ein Wechsel der CAx-Anwendungen in Erwägung gezogen werden. So können CAx-Anwendungen (trotz regelmäßiger Aktualisierung von Hardware und Software) aufgrund der Weiterentwicklung des Unternehmens oder ihrer eigenen Weiterentwicklung nicht mehr zum Anforderungsprofil des Unternehmens passen. In einem solchen Fall muss die vorhandene CAx-Anwendung durch eine andere abgelöst und der bisher erzeugte Datenbestand (weitestgehend) auf das Nachfolgesystem übertragen werden. Eine Ablösung mit Übertragung des Datenbestands wird auch als *Migration*[1] bezeichnet [VaWe-1997], wobei diese beiden Begriffe in diesem Kapitel gleichbedeutend verwendet werden. Notwendig ist eine Ablösung auch (und immer) bei einer grundlegenden Änderung der Einsatzgebiete oder/und bei einem Nichterreichen der Vorgaben für die vorhandene CAx-Anwendung bzgl. Leistungsprofil sowie Lern- und Anwendungsaufwand.

---

[1] Der Wechsel von einer Version eines CAx-Systems auf eine andere (in der Regel neuere) Version ist keine Migration, sondern eine Aktualisierung (Update), auch wenn bei manchen CAx-Anbietern ein Versionswechsel fast einer Migration gleichkommt.

© Springer-Verlag GmbH Deutschland, ein Teil von Springer Nature 2018
S. Vajna et al., *CAx für Ingenieure*,
https://doi.org/10.1007/978-3-662-54624-6_13

Die Ablösung einer vorhandenen CAx-Anwendung zu einer neuen CAx-Anwendung folgt dem in Abb. 13.1 dargestellten grundsätzlichen Ablauf, der die einzelnen Maßnahmen als Elemente eines Projekts beschreibt. Dieser Ablauf kann zudem nicht nur für die Ablösung von einer vorhandenen beliebigen Technologie zu einer anderen Technologie verwendet werden, sondern auch zum Managen der (Erst-) Einführung einer beliebigen Technologie.

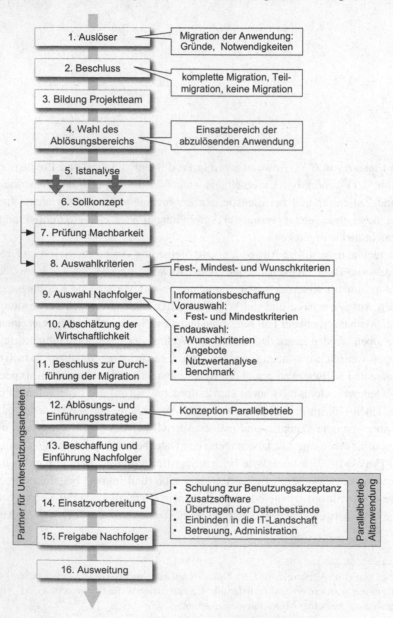

Abb. 13.1 Grundsätzlicher Ablauf der Migration einer CAx-Anwendung

Im folgenden wird der grundsätzliche Ablauf als ein lineares und sequentielles Projekt dargestellt. Das bedeutet aber nicht, dass im konkreten Fall verschiedene Maßnahmen mit unterschiedlichen Ansätzen auch parallel bearbeitet werden können, beispielsweise:

- Die Maßnahmen 6 bis 8 in Form des Simultaneous Engineering mit zeitverzögertem Beginn der Maßnahmen 7 und 8.
- Die Maßnahmen 8, 9 und 14 ließen sich jeweils aufteilen und in Form des Concurrent Engineering parallel bearbeiten, um Zeit zu sparen.

13.1   Auslöser und Gründe für eine Migration

Wie bereits erwähnt, wird die Notwendigkeit von CAx-Anwendungen heute nicht mehr in Frage gestellt. Diese Anwendungen ermöglichen ein signifikantes Steigern der Entwurfsqualität durch die 3D-Produktmodellierung als Keimzelle für den „digitalen Zwilling", welches das Produkt während seines ganzen Produktlebens begleitet und das zu jedem Zeitpunkt den aktuellen Zustand des Produkts digital abbildet, so dass daraus beliebige Dokumente (teil-) automatisch abgeleitet werden können (beispielsweise Technische Zeichnungen, Stücklisten, Arbeitspläne, Montage- und Bedienungsanleitungen, Ersatzteilkataloge), die in sich konsistent und vollständig sind. Hinzu kommt, dass leistungsfähige Simulation und Animation (Kap. 6) sowie ein schnelles Erstellen von Prototypen oder fertigen Produkten (generative Fertigung, Abschn. 11.4) ein frühes Erkennen und Vermeiden von Problemen in Herstellung und Nutzung des Produkts erlauben. Dadurch lassen sich nicht nur die Qualität des Ergebnisses steigern, sondern auch Bearbeitungszeit einsparen, weil beispielsweise weniger Optimierungszyklen im Produktentwicklungsprozess benötigt werden.

Als Auslöser für die Ablösung einer vorhandenen CAx-Anwendung („Altanwendung", Maßnahme 1 in Abb. 13.1) können folgende Gründe in Frage kommen:

- Wichtige Kunden verlangen vom Unternehmen, dass es die Aufträge des Kunden mit der kundenspezifischen CAx-Anwendung bearbeitet und nicht mit der standardmäßig im Unternehmen vorhandenen CAx-Anwendung. Durch die Übernahme binärkompatibler Daten kann der Kunde Probleme beim Datentausch vermeiden und damit den eigenen Arbeitsaufwand senken. Hierzu gehört auch, dass der Kunde das Unternehmen enger (und terminkritischer) in seine eigene Produktentwicklung und weitere Bereiche einbindet (beispielsweise im Rahmen des Qualitätsmanagements) und dabei das Unternehmen Gepflogenheiten des Kunden bezüglich Wahl der Schnittstellen, Dokumentationsvorgaben usw. befolgen muss.
  Sollte das Unternehmen diesen Kundenwünschen nicht Folge leisten, dann muss es eigentlich davon ausgehen, dass es den Kunden verliert. Damit ist bekannt, welche Anwendung die Altanwendung ablösen wird. Von den in Abb. 13.1 genannten Maßnahmen können die Nummern 2, 9 und 11 vollständig entfallen. Die Maßnahme 4 erfolgt nach den Vorgaben des Kunden. In Maßnahme 8 werden lediglich die für das Unternehmen benötigten Anwendungsmodule ausgewählt (falls diese nicht auch vom

Kunden vorgegeben wurden). In Maßnahme 10 wird die Wirtschaftlichkeit lediglich bestätigt, da sich die Frage nach der Wirtschaftlichkeit nur sehr begrenzt stellt.

- Änderungen in Produktspektrum und Tätigkeitsfeldern des Unternehmens und daraus resultierende veränderte Anforderungen an das CAx-Umfeld, so dass die vorhandene CAx-Anwendung von ihrem Leistungsprofil nicht mehr zum neuen Anwendungsprofil passt und daher eine wirtschaftliche CAx-Anwendung nicht mehr gegeben ist.

- Auch wenn die CAx-Anwendung stets auf dem neuesten Stand des Anbieters ist und Softwarefehler kontinuierlich behoben werden, kann der Zuwachs an Produktivität durch die Nutzung der jeweils aktuellsten Anwendung nicht ausreichen, um den Mehraufwand zu kompensieren, der durch die bei jedem „großen" Releasewechsel erforderliche Nachschulung der Anwender, die Verteilung der aktualisierten Softwareversion und das Konvertieren der Datenbestände in die jeweils aktuelle Version entsteht.

- Weitere Wirtschaftlichkeitsbetrachtungen, zum Beispiel Kostenminimierung, Erhöhung des Nutzens, Dezentralisierung, Verringerung der Vielfalt der eingesetzten Systeme und Anwendungen, Verringerung der Abhängigkeit von einem einzigen CAx-Anbieter.

- Höherer Integrationsgrad der aktuellen und neu zu beschaffenden Systeme der Rechnerunterstützung gepaart in der Regel mit einer veränderten Ablauforganisation des Unternehmens, beispielsweise durch Prozessnavigation [Vajn-2007] und die Einführung eines PDM-Systems (Kap. 12).

- Ende der technologischen Lebensdauer der aktuellen CAx-Anwendung, die für Softwaresysteme mit etwa 3 bis 5 Jahren zu veranschlagen ist. Demgegenüber steht allerdings, dass die Dauer der bilanziellen Abschreibung der Investitionen in CAx-Anwendungen bei etwa 5 bis 7 Jahren liegt.

- Mangelnde Zukunftsperspektiven des aktuellen Lieferanten der CAx-Anwendungen, eventuell sogar sein Verschwinden vom Markt.

Unabhängig vom Auftreten der hier genannten Gründe spricht vieles dafür, die aktuellen Anwendungen regelmäßig zu überprüfen (aus der industriellen Erfahrung etwa alle drei Jahre), um die Notwendigkeit für eine Ablösung rechtzeitig zu erkennen. Sollte sich diese Notwendigkeit als wahrscheinlich herausstellen, dann sollten als Vorbereitung für einen Beschluss zur Ablösung unter anderem folgende Fragen geklärt werden:

- Welche Produkte mit welchen Mengengerüsten werden in der aktuellen Anwendung bearbeitet?

- Wurde die bei der Einführung der aktuellen Anwendung vereinbarte Sollkonzeption erreicht? Waren die Anwendungen wirtschaftlich? Waren die Auftragnehmer (externe und interne Kunden sowie Partner und Zulieferanten) damit zufrieden?

- Soll eine Anwendung komplett abgelöst werden oder wird ein Parallelbetrieb zwischen der Nachfolgeanwendung und der Altanwendung innerhalb eines streng begrenzten Rahmens zugelassen? Dieses kann im Falle eines wichtigen Kunden und bei entsprechendem Auftragsvolumen sinnvoll sein.

- Welche Daten bleiben in einem solchen Fall in der Altanwendung, welche werden in die neue Anwendung konvertiert? Zu diesen Daten gehören ja nicht nur die jeweiligen

Produktdaten (m weitesten Sinne), sondern auch alle Erweiterungen und Festlegungen, die für eine effiziente und strukturierte Anwendung benötigt werden, beispielsweise Templates, Eingebehilfen, Modellierungsregeln, Parametrik.

- Welche Schnittstellen sollen für die Konvertierung zum Einsatz kommen, welche Aufwände entstehen für Übertragung und Nachbearbeitung der konvertierten Daten? Welche Organisationsform wird für die neue CAx-Anwendung angestrebt?
- Welcher Qualifikationsbedarf entsteht den Anwendern durch die Ablösung, welche neuen Arbeitstechniken können mit der neuen Anwendung eingesetzt werden? Ändern sich die Organisationsformen bzgl. Aufbau- und Ablauforganisation?

Je nach Ergebnis dieser Überprüfung sind unterschiedliche Entscheidungen über die weitere Zukunft der aktuellen CAx-Anwendung möglich.

13.2 Beschluss über die Migration

Wenn die im vorigen Abschnitt gefundenen Ergebnisse eine Migration notwendig machen, dann gilt es nun unter Berücksichtigung aller Gründe zu entscheiden, ob es zu einer vollständigen Migration der aktuellen CAx-Anwendung kommt, zu einer teilweisen Migration oder ob doch die aktuelle Anwendung (einstweilen) beibehalten werden soll. Im zweiten Fall muss außerdem entschieden werden, ob die jetzt noch aktuelle Anwendung weiterhin in der regelmäßigen Software-Aktualisierung verbleibt oder ob sie mit einer bestimmten Software-Version „eingefroren" wird und es damit zu einem Parallelbetrieb zwischen der aktuellen Anwendung und der Nachfolgeanwendung kommen soll[2].

Soll es zu einer Migration kommen, so muss man sich darüber klar sein, dass man sich mit einer solchen Entscheidung für einen längeren Zeitraum an einen (neuen) Anbieter bindet. Dieser Zeitraum umfasst in der Regel mindestens die technologische Lebensdauer der CAx-Anwendung (derzeit etwa drei Jahre) oder die Mindestdauer und Form der betrieblichen Abschreibung der Investition in die neue CAx-Anwendung im Unternehmen, die zwischen drei und sechs Jahren liegen kann (Abschn. 14.1).

Wird die Migration befürwortet, dann ist jetzt, vor der Einführung der Nachfolgeanwendung, die beste Gelegenheit zur Durchführung von eher konventionellen Rationalisierungsmaßnahmen. Zu diesen Maßnahmen gehören das Systematisieren und Standardisieren von Produkten und Prozessen (Abb. 13.2) sowie das Unterstützen und Automatisieren mit unterschiedlichen Hilfsmitteln (Abb. 13.3).

Mit der Durchführung dieser Rationalisierungsmaßnahmen kann etwa die Hälfte des möglichen Gesamtnutzens der Migration bereits zu einem frühen Zeitpunkt erzielt werden.

---

[2] Ein solches Einfrieren ist zum Beispiel dann sinnvoll, wenn laufende Aufträge mit der gleichen Anwendungsversion zu Ende bearbeitet werden sollen oder wenn diese Version für die gesamte Lebensdauer eines Produkts für eventuelle Nachbesserungen bereitgehalten werden muss.

| • Sinnvolle Beschränkung der Komponentenvielfalt, Entfernen von Dubletten
• Produktklassifizierung
• Baukästen mit Modulen (fast) beliebiger Kombinierbarkeit
• Produktfamilien | Systematisieren, Standardisieren von

Produkten
Verfahren
Prozessen | • Data dictionary: Einheitliche Begriffe für gleiche Sachverhalte
• Parallele Projektarbeit im Team
• Abläufe für Änderungen und Freigaben
• zu verwendende Hilfsmittel
• Dokumente (Inhalte, Layouts) |

Abb. 13.2 Aktivitäten zum Systematisieren und Standardisieren von Produkten, Verfahren und Prozessen

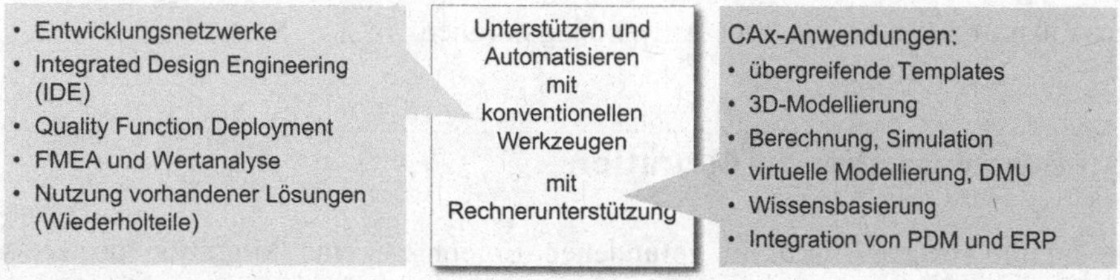

| • Entwicklungsnetzwerke
• Integrated Design Engineering (IDE)
• Quality Function Deployment
• FMEA und Wertanalyse
• Nutzung vorhandener Lösungen (Wiederholteile) | Unterstützen und Automatisieren mit konventionellen Werkzeugen

mit Rechnerunterstützung | CAx-Anwendungen:
• übergreifende Templates
• 3D-Modellierung
• Berechnung, Simulation
• virtuelle Modellierung, DMU
• Wissensbasierung
• Integration von PDM und ERP |

Abb. 13.3 Aktivitäten zum Unterstützen und Automatisieren mit unterschiedlichen Werkzeugen (FMEA: Failure Mode and Effects Analysis [DIN-60812], Wertanalyse [VDI-2800], PDM: Product Data Management, ERP: Enterprise Resource Planning, beide Kap. 12)

13.3 Bildung und Aufgaben des Projektteams

Die Migration erfolg sinnvollerweise in Form eines Projekts, das von einem Team bearbeitet werden sollte. Dessen Aufgaben beginnen mit der Durchführung der Istanalyse (Maßnahme 5 in Abb. 13.1) und, darauf aufbauend, dem Erstellen von Anforderungsprofil und Sollkonzept (Maßnahme 6. Abschn. 13.6)), das in Maßnahme 7 (Prüfung Machbarkeit, Abschn. 13.7) auf Umsetzbarkeit geprüft wird. War diese Prüfung erfolgreich, dann werden Auswahlkriterien aus dem Anforderungsprofil abgeleitet, strukturiert und gewichtet (Maßnahme 8). Anhand der Kriterien erfolgt die Beschaffung von Informationen zur Beurteilung möglicher Alternativen (Maßnahme 9). Diese erfolgt mit der Bewertung der in Maßnahme 8 aufgestellten Kriterien, mit einer Nutzwertanalyse (Abschn. 14.2.4), mit dem Definieren eines Testteils (Benchmark), mit dem Aufstellen von Testszenarien und dem Durchführen der Tests. Für die drei bis vier besten Alternativen wird die mögliche Wirtschaftlichkeit bestimmt (Maßnahme 10). Je nach Ergebnissen der Maßnahmen 11 und 12 wird daraus ein konkreter Beschaffungsvorschlag abgeleitet (Maßnahme 13). Alle diese Maßnahmen sind eingebettet in eine sich sukzessive fortentwickelnde Migrationsstrategie.

Das Projektteam setzt sich, je nach Aufgabenstellung und betrieblicher Situation, aus den in Tab. 13.1 dargestellten Gruppen zusammen, die unterschiedliches Wissen beitragen und damit die Chancen zur erfolgreichen Durchführung erheblich beeinflussen können.

Mitglieder und Aufbau dieses Projektteams zeigt Abb. 13.4.

Tab. 13.1 Eigenschaften der möglichen Beteiligten des Projektteams

Gruppe	Vorteile	Nachteile
Anwender	Kenntnisse des Einsatzgebietes Ganzheitliche Sicht auf die Aufgabenstellung	geringe Erfahrung mit IT
CAx-Bereiche	Zusätzliche Kriterien besonders für solche Gebiete, die durch eine CAx-Anwendung beeinflusst werden	Tendenz zu überfrachteten und zu kleinteiligen Kriterien
IT-Bereiche	Erfahrung mit Auswahl, Einführung, Betrieb sowie Organisation von Hardware und Software im technischen und betriebswirtschaftlichen Umfeld	Geringe Kenntnisse des jeweiligen Einsatzgebietes
Controlling	Kenntnis der Kostensituation	Orientierung nur auf Kosten
Rechtsabteilung Einkauf	Beachten und Einhalten von Unternehmensregeln	Verzögern der Beschaffung
Partner Berater	Objektive Bestandsaufnahme des Istzustandes Können als "Sündenbock" dienen	Lange Anlaufzeit für die Erfassung betrieblicher Informationen Generierung zusätzlicher Kosten

- Die Projektleitung sollte immer aus dem geplanten Anwendungsbereich kommen. Für eine effiziente Arbeit ist es erforderlich, dass die damit betrauten Mitarbeiter einerseits vom Tagesgeschäft freigestellt werden. Andererseits benötigen sie nicht nur fachlichen, sondern auch disziplinarischen Zugriff auf die Mitglieder der diversen Teams, um die Migration innerhalb der vorgegebenen Zeit- und Kostengrenzen erfolgreich durchführen zu können.
- Ein Mitglied der Geschäftsleitung betont als Projekt-Sponsor die unternehmensweite Bedeutung dieses Projektes und er sorgt dafür, dass Entscheidungen ohne Verzögerung und Behinderungen umgesetzt werden können.

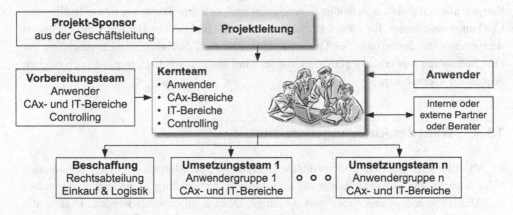

Abb. 13.4 Mitglieder und Aufbau des Projektteams

- Das Kernteam begleitet das Projekt vom Anfang bis zum Ende. Seine Mitglieder kommen aus allen an der Migration beteiligten Anwendungsbereichen, damit sichergestellt wird, dass alle Anforderungen rechtzeitig und angemessen berücksichtigt werden. Das Kernteam trifft die endgültigen Entscheidungen. Es stellt die jeweiligen Strategien auf (begleitend in allen Maßnahmen, fokussiert in Maßnahme 12), prüft die Wirtschaftlichkeit des Einsatzes an mehreren Zeitpunkten (begleitend in den Maßnahmen 7, 15 und 16 sowie fokussiert in Maßnahme 10), fasst den Beschluss zur Durchführung und wählt die Nachfolgeanwendung aus (Maßnahme 11), führt die Beschaffung durch (Maßnahme 13) sowie koordiniert und überwacht die Arbeit der anderen Teams. An diesen Arbeiten können auch interne und externe Partner oder Berater beteiligt werden. Ihr Einsatz kann in Erwägung gezogen werden, wenn im Zuge der Migration auch noch weitere Umstellungen erfolgen sollen, beispielsweise Änderungen von Aufbau- oder Ablauforganisationen in den betrachteten Anwendungsbereichen.
- Das Vorbereitungsteam führt im wesentlichen die Analysen im Anwendungsbereich durch (Maßnahme 5), führt eine Machbarkeitsstudie für die neuen Anwendungen (Maßnahme 7) durch und stellt Anforderungsprofile und Auswahlkriterien zusammen (Maßnahme 8). Es sucht gemeinsam mit dem Kernteam nach geeigneten Alternativen und führt den Auswahlprozess durch, letzteres gemeinsam mit den Umsetzungsteams (Maßnahme 9).
- Die Umsetzungsteams führen die ausgewählten Alternative(n) in ihre jeweiligen Bereiche ein und stellen durch eine geeignete Einsatzvorbereitung (Maßnahme 14) sicher, dass die gesetzten technischen und wirtschaftlichen Ziele der Migration auch erreicht werden.

Im Sinne einer effizienten Unterstützung bei der Migration sollte das Projektteam prüfen, ob es sich bei einzelnen Aktivitäten durch interne oder externe Partner oder Berater unterstützen lassen möchte. Diese Unterstützung kann so weit gehen, dass Berater oder Partner alle anfallenden Arbeiten übernehmen und sich das Kernteam in die Rolle eines Lenkungsausschusses für dieses Projekt zurückzieht. Ein solcher Berater kann beispielsweise aus einer Stabsstelle des Unternehmens stammen. Nachdem die Entscheidung für eine bestimmte Anwendung getroffen wurde, kann auch dessen Lieferant die noch offenen Aufgaben übernehmen.

13.4   Wahl des Ablösungsbereichs

In Abschn. 13.1 wurden übergreifende Gründe für die Migration einer existierenden CAx-Anwendung genannt. Läuft die abzulösende Anwendung in mehreren Bereichen des Unternehmens, dann muss nun derjenige Bereich ausgewählt werden, in dem die Ablösung zuerst stattfinden soll. Dazu eignet sich beispielsweise ein Bereich, der einen hohen Integrationsgrad mit anderen Bereichen aufweist, wie dies beispielsweise bei einer Bearbeitung von Aufgaben anhand der Prinzipien des Simultaneous Engineering oder des Concurrent Engineering der Fall ist.

Auch wenn die folgenden Punkte nötige Bestandteile von Istanalyse und Schwachstellenanalyse sind (Abschn. 13.5), sollten bereits hier die wesentlichen Erfahrungen mit der abzulösenden CAx-Anwendung zusammengefasst betrachtet werden:

- Wurde die bei der Einführung er Altanwendung festgelegte Sollkonzeption erreicht? Falls nicht, welche Gründe gab es dafür?
- War der Einsatz der Altanwendung wirtschaftlich?
- Waren die Zielgruppen für die Altanwendung (interne und externe Kunden, Partner und Zulieferanten) mit den Ergebnissen zufrieden? Falls nein, welche Gründe gab es dafür?

Eine weitere wichtige Rolle für die Auswahl spielt das Mengengerüst im Ablösungsbereich. Werden in dem Bereich zahlreiche Produkte und Dokumente bearbeitet, die einen hohen Änderungsaufwand zur Folge haben und dadurch zu Überstunden und Kapazitätsüberlastung im betrachteten Bereich führen, so ist es auf jeden Fall sinnvoll, im Rahmen der Erstellung des Sollkonzepts generell die Vorgehensweise der Bearbeitung in Frage zu stellen.

Wenn in dem Ablösungsbereich dingliche Produkte entwickelt werden, können folgende Kriterien für die Wahl des Ablösungsbereichs in Frage kommen, beispielsweise

- eine mit den Möglichkeiten der Nachfolgeanwendung einfach modellierbare Gestalt der in dem Ablösungsbereich bearbeiteten Produkte, Teilefamilien und Baukastenprodukte, beispielsweise bei der kundenorientierten Auftragsfertigung.
- eine Kompatibilität bereits vorhandener Anschlussprogramme (beispielsweise zur Berechnung und Simulation der Produkte) mit der Nachfolgeanwendung.
- analytisch beziehungsweise numerisch vollständig modellierbare Oberflächen dieser Produkte, beispielsweise Profile, Platten, rotationsförmige Bauteile sowie Freiformflächen als NURBS-Oberflächen.
- die Herstellung der Produkte durch Fügen, Trennen, spanende Bearbeitung bei der subtraktiven Fertigung. Bei der additiven Fertigung gibt es diesbezüglich keine Einschränkungen (siehe auch Abschn. 11.4). In der Montage sollten Vorgehensweisen bevorzugt werden, bei denen Produkte aus (wenigen) Modulen und Standardteilen zusammengesetzt werden.

Die Erfüllung dieser Kriterien trägt dazu bei, dass die Migration in relativ kurzer Zeit durchgeführt werden kann. Die erfolgreiche Migration im ersten Ablösungsbereich hat Pilotfunktion für die weiteren Bereiche, in der die fragliche Anwendung danach abgelöst werden muss. Es ist sinnvoll, bereits jetzt eine erste Reihenfolge derjenigen Anwendungsbereiche aufzustellen, in denen nach der erfolgreichen Migration im Pilotbereich die weiteren Migrationen erfolgen sollen. Diese Reihenfolge sollte im Sollkonzept (Abschn. 13.6) verifiziert werden.

13.5   Analyse des aktuellen Zustands (Istanalyse und Schwachstellenanalyse)

Vor einer Migration werden eine Istanalyse und eine Schwachstellenanalyse durchgeführt. Darin werden bisherige und zukünftig mögliche Einsatzgebiete der CAx-Anwendung in dem gewählten Ablösungsbereich untersucht und die Erfahrungen mit der bisherigen CAx-Anwendung analysiert. Auf dieser Basis wird das Sollkonzept erstellt, welches als Grundlage für die Entscheidung dient, ob die Migration einer CAx-Anwendung technisch und wirtschaftlich sinnvoll durchgeführt werden kann (sofern nicht unternehmerische Kriterien eine Migration notwendig machen, Abschn. 13.1).

Die Istanalyse des Ablösungsbereiches dient zum Erfassen von bisherigen Strukturen und Vorgehensweisen und von eventuellen Schwachstellen und Engpässen im Ablösungsbereich mit folgenden Teilaspekten:

- Leistungsfähigkeit des Bereichs: Vorhandenes Personal und seine Qualifikationsprofile, Aufbauorganisation, Arbeitsinhalte und Arbeitsfolgen anhand des Ablaufs typischer Projekte (Ablauforganisationen), Kompetenzverteilung zwischen disziplinarischer und fachlicher Kompetenz, Art und Umfang der Zusammenarbeit mit anderen Bereichen nach Inhalt, Umfang und Häufigkeit, Betrachtung des Informationsflusses im Bereich und zu anderen Bereichen (geradlinig oder mit Schleifen, Iterationen und Rückfragen), Zustand der Freigabe- und Änderungsprozesse.
- Technische Anforderungen: Komplexitätsgrad des bearbeiteten Produktportfolios als Grundlage für die Anforderungen an Modellierung und Arbeitstechniken mit der CAx-Anwendung, bisher verwendete Zusatzanwendungen (beispielsweise für Berechnung und Simulationen, Organisationshilfen, Betriebs- und Normvorschriften) als Grundlage für die Einsatzvorbereitung (Abschn. 13.14).
- Mengengerüste und wirtschaftliche Kenngrößen: Statistische Erfassung der Aktivitäten im betrachteten Bereich mit einer entsprechenden wirtschaftlichen Bewertung. Dies betrifft auch die durch die CAx-Anwendung bisher unterstützten Tätigkeiten als Bezugsgrößen für die Bewertung der Wirtschaftlichkeit der CAx-Anwendung (Kap. 14).
- Bisherige Rechnerunterstützung: Welche CAx-Anwendungen und welche weiteren Systeme und Anwendungen sind im Einsatz (beispielsweise Berechnungs- und Simulationssysteme, PDM-Systeme, ERP-Systeme), wie sind diese mit der CAx-Anwendung bzw. untereinander verbunden? Welche Arbeitshilfen werden eingesetzt (beispielsweise Templates, Bibliotheken mit Katalogteilen) Über welche Schnittstellen werden mit welchem Bereich/welcher Anwendung welche Daten und Dokumente getauscht? Zu welcher vorhandener Hardware und Software muss die CAx-Anwendung kompatibel sein?

Die Schwachstellenanalyse bewertet die Ergebnisse der Istanalyse, um Engpässe aufzudecken und Verbesserungspotentiale der CAx-Anwendung zu finden. Hierzu gehören:

- Nicht gut genug mit dem Aufgabenspektrum im Ablösungsbereich abgestimmte Qualifikationsprofile der Mitarbeiter.

- Unklare Zuordnungen und Verantwortlichkeiten im Ablösungsbereich und bei Art und Weise der Einbindung von Externen (Kunden, Partner, Zulieferanten).
- Umwege, Iterationen und Schleifen in der Bearbeitung aufgrund von nicht ausreichender oder fehlerhafter Dokumentation der Vorgehensweisen und von Kommunikation und Informationsaustausch über (zuviel) verschiedene Medien (Medienbrüche).
- Keine einheitliche Benennungsstrategie für Bauteile und Dokumente (kritisch besonders bei internationalen Unternehmen mit unterschiedlichen Standorten, die gemeinsame Projekte bearbeiten).

Typische Schwachstellen einer CAx-Anwendung sind:

- Unterschiedliche Generierung von Modellen identischer Bauteile in verschiedenen CAx-Anwendungen führt zu Fehlinterpretationen in anderen Bereichen und „falscher" Vorgehensweise bei der Modellierung.
- Aus Modellen der einen CAx-Anwendung abgeleitete Daten (beispielsweise Stücklisten und Arbeitspläne) können nicht automatisch an nachfolgende Anwendungen übergeben, sondern müssen manuell eingelesen werden.
- Generelle Datenredundanz, keine einheitlichen Datenstrukturen, kein einheitliches Versionsmanagement sowie mangelnde Transparenz der gespeicherten und archivierten Daten, so dass im Zweifelsfall ein Produkt erneut modelliert wird, auch wenn es das gleiche Objekt bereits im Archiv gibt.
- Dokumente eines Produkts werden bei denjenigen Fachabteilungen, die sie erstellt haben und noch kein PDM-System einsetzen, dezentral gespeichert. Jede Fachabteilung pflegt dabei die unterschiedlichen Versionen „ihrer" Dokumente. so dass ein zentraler Zugriff nicht möglich ist. Damit ist auch der aktuelle Stand der jeweiligen Dokumente zentral nicht dokumentiert, was beispielsweise die Nachweisführung im Falle der Produkthaftung erschweren kann.

Die aus den Schwachstellen ableitbaren Potentiale gehen als Bestandteil in das Sollkonzept ein. Weitere nicht zu unterschätzende Bezugsgrößen für die Schwachstellenanalyse sind die Unzufriedenheit mit der bisherigen CAx-Anwendung sowie der allgemein bekannte Stand von CAx-Anwendungen. Dieser kann aus dem vorliegenden Buch sowie aus Fachzeitschriften, Messe- und Kongressbesuchen sowie Informationen aus Unternehmen mit vergleichbaren Problemstellungen gewonnen werden. Vollständigkeit, Wahrheitsgehalt und Qualität dieser beiden Analysen bestimmen wesentlich den Erfolg der Migration einer CAx-Anwendung.

13.6 Sollkonzept und Anforderungsprofil

Das Sollkonzept baut auf Istanalyse und Schwachstellenanalyse, der Unternehmensstrategie (meistens die IT-Strategie) und den aktuellen Gegebenheiten aus den Einsatzgebieten der Anwendungen auf. Seine Inhalte sollten berücksichtigen, dass sich Produktportfolio und Einsatzgebiete heute schnell verändern, so dass die Module der neuen

CAx-Anwendung flexibel konfigurierbar und kombinierbar sowie vielfältig einsetzbar und mit anderen Anwendungen integrierbar sein müssen, beispielsweise mit einer PDM-Anwendung (Abschn. 12.2). Diese Flexibilisierung unterstützt zudem eine (in gewissen Grenzen erwünschte) Standardisierung der eingesetzten Hardware und die Überprüfung des vorhandenen Lizenzierungskonzepts für die Softwaremodule (Abschn. 13.13).

An dieser Stelle muss auch entschieden werden, ob das Unternehmen zukünftig mit einer einzigen CAx-Anwendung arbeiten möchte („eine für alle") oder ob verschiedene CAx-Anwendungen benötigt werden. Dies gilt natürlich nicht für den Fall, wenn ein Kunde die Nutzung einer bestimmten Anwendung vorschreibt:

- Für die einheitliche CAx-Anwendung sprechen nicht nur die hohe Datendurchgängigkeit, sondern auch, dass überall die gleichen Vorgehensweisen und Arbeitstechniken zum Einsatz kommen. Damit bleibt der Aufwand für Betreuung, Wartung und Schulung gering, es werden wenige Know-how-Träger benötigt[3], und Zusatzsoftware muss nur einmal erstellt und gewartet werden. Allerdings lässt sich mit der einheitlichen Lösung nicht immer der Leistungsbedarf des konkreten Anwenders befriedigen, so dass die Gefahr der Überdimensionierung der Anwendung besteht.

- Verschiedene CAx-Anwendungen können unterschiedliche Anwendungsgebiete, die beispielsweise aus unterschiedlichen Kundenforderungen resultieren, gezielter abdecken. Dafür ist die Koordination der Anwendungen (Betreuung der Anwender, Datensicherungs-, Aktualisierungs-, Wartungs- und Pflegearbeiten) aufwendiger, für die zudem mehrere Know-how-Träger erforderlich sind. Der innerbetriebliche Datenfluss ist aufgrund der hierbei notwendigen internen Schnittstellen schwierig.

Ein brauchbarer Kompromiss in diesem Fall ist ein CAx-Anbieter, der auf der Basis eines gemeinsamen Produktmodells und mit einer gemeinsamen Benutzungsoberfläche (Abschn. 3.2.1) unterschiedliche Anwendungsmodule zur Abdeckung der Anforderungen anbieten kann. So kommt es kaum zu Datenverlusten zwischen den einzelnen Anwendungen, weil ein Datentausch nicht erforderlich ist. Verlangt dagegen ein Kunde eine bestimmte Anwendung, dann müssen bereits im Sollkonzept geeignete Maßnahmen zum Datentausch zwischen den eigenen CAx-Anwendungen und der Kundenanwendung festgelegt werden. Diese können beispielsweise zum Know-how-Schutz des Unternehmens verwendet werden, weil hierbei dem Kunden nur solche Daten übergeben werden können, aus denen er keine sensible Daten des Unternehmen, nämlich Herstellverfahren, Materialwahlen, Vorgehensweisen der Simulation usw., herleiten kann.

In Verbindung mit einer Client-Server-Struktur (Abschn. 3.3) lässt sich erreichen, dass lediglich die Basismodule für jeden Client beschafft werden müssen, während die weiteren Module nur bei Bedarf vom Server auf den jeweiligen Client geladen werden. Es brauchen dabei nur wenige Module beschafft werden, die auf dem Client-Server-Netz zwischen den einzelnen Clients „vagabundieren" können.

---

[3] Faustregel: Pro Anwendung werden mindestens zwei Know-how-Träger benötigt.

Um den Nutzen der neuen CAx-Anwendung möglichst weitgehend auszuschöpfen, sollte die Migration genutzt werden, bei dieser Gelegenheit nicht nur das betroffene Produktportfolio, sondern auch Abläufe und organisatorische Strukturen neu zu gestalten, zumal sich aus dem Leistungsprofil der neuen CAx-Anwendung andere Modellierungsformen, Bearbeitungsformen und Arbeitstechniken sowie, wo sinnvoll, eine verstärkte Vernetzung mit anderen Anwendungen ergeben können (siehe dazu auch Abb. 13.3). Für das Sollkonzept empfiehlt sich daher ein Aufbau, der

- mit der Beschreibung des von der Nachfolgeanwendung erwarteten Leistungsumfangs beginnt, wobei hier angestrebt werden sollte, möglichst viel der für die wirtschaftliche Nutzung der Altanwendung erforderlichen Zusatzsoftware durch Standardfunktionen in der Nachfolgeanwendung zu ersetzen,
- danach die neuen Abläufe und die geänderten Arbeitstechniken konzipiert,
- aus Einsatzgebieten und geplantem Leistungsvermögen der Anwendung den Qualifikationsbedarf der Mitarbeiter festlegt,
- daraus erforderliche Strukturänderungen (die stets erforderlich und erwünscht sowie immer möglich sind) ableitet und
- alle Maßnahmen enthält, um die neue Anwendung in das geplante Einsatzumfeld einbetten zu können (Einsatzvorbereitung, Abschn. 13.14).

Um hier ein tragfähiges und zukunftssicheres Sollkonzept zu entwickeln, sollte unbedingt angenommen werden, dass die Möglichkeiten der Rechnerunterstützung unbegrenzt seien. Damit wird das Sollkonzept nicht durch aktuelle (begrenzte) Fähigkeiten vorhandener CAx-Anwendungen beeinflusst[4]. Wird dieser Punkt wirklich beachtet, ist keine CAx-Anwendung auf dem Markt in der Lage, die Anforderungen des Sollkonzepts vollständig zu erfüllen. Diese im Sollkonzept noch nicht erfüllbaren Anforderungen haben zwei Bedeutungen.

- Sie bilden Vorgaben für erforderliche (und noch zu priorisierende) Maßnahmen der Einsatzvorbereitung (Maßnahme 14, Abschn. 13.14).
- Sie liefern die Fest- bzw. Mindestkriterien dafür, ob die gewählte CAx-Anwendung sich im Laufe der Zeit im Sinne der Anwendung weiterentwickelt und, wenn nicht, ab wann es bei Nichterfüllung abgelöst werden könnte.

Das Sollkonzept sollte den schon mehrfach erwähnten Zeitraum von etwa 5 bis 7 Jahren abdecken. In diesem Zeitraum kann nicht nur die Pilotmigration geplant und durchgeführt werden, sondern auch die Reihenfolge der weiteren Ablösungsbereiche nach der Pilotablösung, deren erste Version nach der Wahl des ersten Ablösungsbereichs erstellt wurde, nun finalisiert werden. Zum Ende dieses Zeitraums sollte zudem berücksichtigt werden, dass diese (heute neue) Anwendung am Ende ihrer voraussichtlichen Lebensdauer selbst wieder

---

[4] Auch aus diesem Grund ist es erforderlich, die eigentliche Informationsbeschaffung über die aktuellen Möglichkeiten einer CAx-Anwendung erst *nach* dem Erstellen des Sollkonzepts durchzuführen.

abgelöst wird. Diese Tatsache hat Auswirkungen auf die Modellierungsvorschriften und -techniken (beispielsweise im Hinblick auf den „digitalen Zwilling"), die Datenweitergabe sowie auf Aufbau und Verwaltung der digitalen Archive, auf die Dokumentationsvorschriften und für die Erstellung eigener Anwendungsprogramme.

Aus dem Sollkonzept lassen sich danach die Kriterien des Anforderungsprofils (Pflichtenheft) ableiten. Dabei wird die Realisierung gewisser Fähigkeiten in einer bestimmten Reihenfolge und in akzeptablen Zeiten verlangt, ohne zunächst Rücksicht auf die damit verbundenen Kosten zu nehmen. Neben den oben beschriebenen Anforderungen an die Leistungsfähigkeit der CAx-Anwendung enthält das Anforderungsprofil allgemeine Kriterien für Hardware und Software, die als Mindestkriterien zur Auswahl verwendet werden, sowie die Beschreibung von Schnittstellen zu anderen CAx-, PDM- und ERP-Anwendungen.

13.7   Prüfung der Machbarkeit

Das Prüfen der Machbarkeit der Migration (Machbarkeitsstudie, Feasibility-Studie) umfasst allgemein die Untersuchung eines Konzepts oder Ansatzes auf personelle, technische, organisatorische, wirtschaftliche und zeitliche Realisierbarkeit, im konkreten Fall die Untersuchung des Sollkonzepts. Dazu gehören unter Beachtung des strategischen und operativen Umfelds des Unternehmens:

- Personelle Machbarkeit: Qualifikationsbedarf für die Mitarbeiter und ihre Verfügbarkeiten für den Einsatz der neuen CAx-Anwendung.
- Technische Machbarkeit: Aussagen über die technische Realisierbarkeit des Konzepts, auch unter der Einbeziehung von Vorgaben von Kunden und Partnern.
- Organisatorische Machbarkeit: Änderungen von Organisationsstrukturen bezüglich Aufbauorganisation (z. B. Wechsel von einer hierarchischen Struktur zu einer Matrixstruktur) und Ablauforganisation (z. B. Umstellung auf Projektbearbeitung, teilweise auch mit externen Projektpartnern).
- Wirtschaftliche Machbarkeit: Benötigte/einzusparende Ressourcen, Zielvorgaben für mögliche Kosten und Nutzen.
- Zeitliche Machbarkeit: Realisierbarkeit im (vor)gegebenen Zeitrahmen.

Das Ergebnis der Machbarkeitsstudie unterstützt die Entscheidung, ob die Migration der CAx-Anwendung durchgeführt wird oder nicht.

13.8   Auswahlkriterien

Aufgrund der immer umfangreicher werdenden Leistungsfähigkeit von CAx-Anwendungen ist die sorgfältige Auswahl der richtigen Anwendung mit erheblichem Aufwand verbunden, denn für eine umfassende Bewertung einer CAx-Anwendung muss das Vorhandensein aller benötigten Eigenschaften geprüft werden.

Die Auswahlkriterien werden nicht nur aus den Ergebnissen von Istanalyse und Schwachstellenanalyse sowie aus den Inhalten des Sollkonzepts abgeleitet (hier insbesondere Inhalte zu künftigen Formen der Auftragsbearbeitung und der Produktmodellierung), sondern auch aus Vorgaben und Empfehlungen von Kunden und Partnern sowie Erfahrungen aus Referenzanwendungen. Eine wichtige Rolle spielen dabei auch Kriterien über die wirtschaftliche Zuverlässigkeit der in Frage kommenden Anbieter, da man sich ja auf einen längeren Zeitraum an einen Anbieter bindet.

Kriterien werden grundsätzlich in Festkriterien, Mindestkriterien und Wunschkriterien eingeteilt.

- Festkriterien sind objektive K.O.-Kriterien. Werden sie nicht erfüllt, dann scheidet die betrachtete Alternative aus. Ihr Umfang sollte bei etwa 15 % der Kriterien liegen.

  Für die Hardware gibt es unter anderem folgende Festkriterien: Zu beschaffende Geräte müssen grundsätzlich zur IT-Strategie des Unternehmens passen. Der Arbeitsplatz des Anwenders muss ergonomisch sein (anpass- und höhenverstellbar, blendfrei, geräuscharm). Die Realisierung häufig benutzter Operationen sollte durch spezielle Rechner in den Bildschirmen vor Ort erfolgen (Firmware).

  Ein wichtiges Festkriterium für die Software ist die Garantie der Aufwärtskompatibilität[5] aller mit der CAx-Anwendung erzeugten Daten und Programme ohne Datenverlust bei einem Update auf eine höhere Version, wobei die Aufwärtskompatibilität auch über (für den Anwender kostenlose) Schnittstellen erzielt werden darf. Weitere Festkriterien sind die Vorgabe eines bestimmten Betriebssystems, das Vorhandensein von definierten Schnittstellen zu anderen Anwendungen, über die beispielsweise Produktdokumente weitergegeben werden können, sowie benutzungsfreundliche Schnittstellen zum Einbinden vorhandener Anwendungen.

  Für den Anbieter einer Alternative können Referenzen aus bestimmten Branchen als K.O.-Kriterien vorgegeben werden.

- Mindestkriterien sind ebenfalls objektive Kriterien. Sie geben eine untere Grenze vor. Wird diese unterschritten, dann erfolgt das Ausscheiden der Alternative. Ihr Umfang sollte bei etwa 25 % liegen.

  Zu den Mindestkriterien für die Hardware zählen Genauigkeit und Arbeitsgeschwindigkeit des Rechners (Wortbreite, GHz) sowie Aufbau und Größe von Arbeitsspeichern und externen Speichern sowie hohe Geschwindigkeit und Datendurchsatz zum Netzwerk. Ausgabegeräte brauchen hohe Mindestwerte für Auflösung, Reaktionsgeschwindigkeit und, bei Bildschirmen, getreue Farbendarstellung mit hoher Farbstabilität.

  Bei Software werden deren Eigenschaften in der Regel in den Wunschkriterien definiert. Es können aber bestimmte Beschreibungsformate und -möglichkeiten für das Produktmodell als Mindestkriterien vorgegeben werden.

---

[5] Kompatibilität nur in einer Richtung, in diesem Fall von einem kleineren zu einem größeren Gerät oder innerhalb einer Software von der aktuellen zu der nächsthöheren Version

Mindestkriterien für den Anbieter sind beispielsweise seine Größe und seine Installationsbasis, die zu erwartenden Lieferzeiten und die Höhe der Wartungs- und Servicekosten, die bei einem Vollservice (Instandhaltung und Updates von Hardware und Software) einen Satz von 25 % des Kaufpreises pro Jahr nicht übersteigen sollten.

Festkriterien und Mindestkriterien werden weder gewichtet noch bewertet, vielmehr bilden sie ein Vorfilter, mit dem eine grobe Auswahl aus der Vielzahl der interessierenden CAx-Anwendungen vorgenommen wird (Abschn. 13.9). Diese Selektion bewirkt, dass nur eine geringere Zahl von CAx-Anwendungen zur wesentlichen zeitaufwendigeren Feinauswahl auf der Basis der Wunschkriterien zugelassen wird.

- Die subjektiven Wunschkriterien (etwa 60 % der Kriterien) werden für die Endauswahl benötigt, da sie konkrete Vorstellungen und Vorgaben an Leistungsfähigkeit und Verhalten der CAx-Anwendung enthalten. Für die problemorientierte Beurteilung werden die Kriterien mit einem Gewichtungsfaktor versehen, dessen Größe sich nach der Bedeutung der im Sollkonzept erwarteten Leistungsfähigkeit der Anwendung und nach der Dringlichkeit der Problemlösung richtet. Die Summe der Gewichtungsfaktoren beträgt immer 100 %. Eine Gewichtung ist immer anwendungsspezifisch.

Wunschkriterien sind im Hinblick auf Informationsbeschaffung und Bewertung so zu gestalten, dass ein einzelnes Kriteriums möglichst unabhängig von den übrigen Kriterien bewertet werden kann. Die Bewertung erfolgt anhand der Leistungsdaten der jeweiligen CAx-Anwendung. Mehrfachbewertungen des gleichen Effekts sind dabei auszuschließen.

Die Kriterien des Anforderungsprofils können nach dem in Abb. 13.5 gezeigten Ansatz strukturiert werden. Dabei sollten die Erfahrungen mit der/den bisherigen Anwendung/Anwendungen sowie Anforderungen aus den neuen Arbeitstechniken, die im Sollkonzept für die neue Anwendung formuliert wurden, berücksichtigt werden.

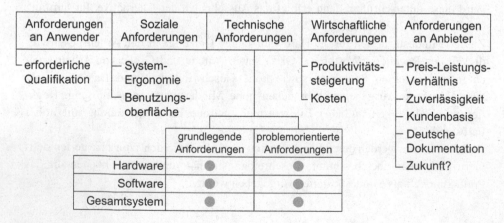

Abb. 13.5 Mögliche Struktur der Kriterien

In den Anfangsjahren des Einsatzes von CAD-Systemen wurden auf der Basis von Soll-konzepten umfangreiche Kataloge mit zum Teil mehreren hundert Kriterien erstellt. Deren Bearbeitung war für alle Beteiligten (Ersteller, Anbieter) ein sehr aufwendiges Verfahren. Heute ist man bestrebt, die Anzahl der Kriterien überschaubar zu halten. Dazu wird im Abschn. 13.9.3 dazu ein Verfahren beschrieben, mit dem eine Reduktion auf weniger als 100 Auswahlkriterien ohne Einschränkung der Genauigkeit der Aussagen möglich ist.

13.9   Auswahl

Die Auswahl einer Anwendung beginnt mit der Vorauswahl, um die Zahl der Alternativen durch Fest- und Mindestkriterien auf drei bis vier zu reduzieren. In der Endauswahl geht es darum, für diese Alternativen (neben inhaltlichen Fragestellungen, die in den folgenden Abschnitten behandelt werden) finanzielle Grundgrößen für ihre wirtschaftliche Bewertung zu ermitteln, Abb. 13.6.

Zum Ermitteln der finanziellen Grundgrößen für die wirtschaftliche Bewertung werden von den übrig gebliebenen Alternativen erste Angebote eingeholt. Zu den Inhalten gehören neben der Zusicherung der Aufwärtskompatibilität die Nennung der Kaufsumme für den gewünschten Leistungsumfang, in der auch Einrichtung und Test der CAx-Anwendung in der IT-Landschaft des Unternehmens sowie notwendigen Schulungen für Anwender enthalten sein sollten. Gleichzeitig sollten Frequenzen, Inhalte und Kosten für Wartungs-verträge, Software-Updates und Konditionen bei Erweiterung der Anwendungen genannt werden. Das Angebot sollte eine Gültigkeit von mindestens 60 Tagen haben.

13.9.1   Informationsbeschaffung

Ein nicht zu unterschätzendes Problem ist die Beschaffung von einigermaßen objektiven Informationen über die jeweilige CAx-Anwendung. Wichtige Grundlage dafür ist die

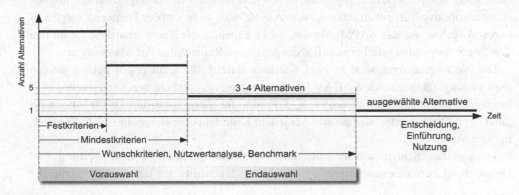

Abb. 13.6 Zweistufiger Auswahlprozess

regelmäßige Lektüre von einschlägigen Fachzeitschriften. Darin finden sich Vergleichstests und interessante Praxiserfahrungen, auch wenn diese manchmal etwas geschönt dargestellt werden und sich die Frage stellt, inwieweit diese Erkenntnisse auf die eigene Problemstellung übertragen werden können. Weitere Möglichkeiten zur Informationsbeschaffung sind:

- Messen und Ausstellungen, die einen guten (ersten) Überblick liefern können.
- Einschlägige Schriften von Interessens- und Branchenverbänden, beispielsweise die VDI-Richtlinie 2219 [VDI-2219] und die Leitfäden des VDMA, unter anderem zu den Themen PLM, Prozess-Indikatoren für eine erfolgreiche Produktentwicklung (PIPE), Einführung eines CAM-Systems, usw. [VDMA-2017].
- Bei Internet-Recherchen ist einerseits die Wahl der Auswahlkriterien für eine gezielte Suche schwierig, andererseits sind die Informationen, auch wenn sie aus qualifizierten Portalen stammen, nur selten nachprüfbar und kaum belastbar.
- Prospekte und Berichte des Herstellers geben (nachvollziehbar) eine einseitige Darstellung, die häufig zu positiv ist.
- Handbücher und Dokumentationen des Herstellers sind sehr gute Informationsquellen, benötigen aber eine zeitaufwendige Bearbeitung.
- Besichtigung von Referenz-Installation bei Firmen aus der gleichen Branche bilden gute und umfassende Informationsmöglichkeiten.

13.9.2 Nutzwertanalyse

Die Bewertung der Wunschkriterien erfolgt üblicherweise mit der Nutzwertanalyse [Zang-1971], einem Verfahren zur Ermittlung des technischen Nutzens einer Alternative (in diesem Falle eine CAx-Anwendung), auch als Scoring-Modell bekannt. Dazu werden zunächst die Kriterien nach Bedeutung gewichtet, indem ihnen Gewichtungsfaktoren (z. B. nach der Methode des paarweisen Vergleichs nach [LoWi-2006]) zugeordnet werden. Das Bewerten der Alternativen erfolgt überwiegend mit solchen Kriterien, die nicht in Geldeinheiten gemessen werden können. Mit der Nutzwertanalyse ist die Berücksichtigung von technischen, psychologischen und sozialen Bewertungskriterien möglich (multiattributive Nutzenbetrachtung; vom Ansatz, aber nicht von der Tragweite vergleichbares Vorgehen wie das BAPM, Abschn. 14.4). Ergebnis der Nutzwertanalyse ist für den konkreten Anwendungsfall eine aufgabenspezifische Reihenfolge der Alternativen.

Die Nutzwertanalyse wird in zwei Schritten durchgeführt. Im ersten Schritt werden die Leistungsfähigkeiten jeder CAx-Alternative gemessen und entsprechend ihrem Erfüllungsgrad mit abgestuften Noten (z. B. 5 Punkte für „sehr gut erfüllt" bis 0 Punkte für „nicht erfüllt") bewertet, so dass sich bei jedem Kriterium eine Rangfolge der CAx-Alternativen ergibt.

Im zweiten Schritt werden die durch die Multiplikation von Bewertung und Gewichtung entstandenen Teilnutzen aufaddiert, bis schließlich der Gesamtnutzen der

Alternative ermittelt ist. Die Nutzwertanalyse liefert damit immer eine subjektive, d. h. auf den geplanten Einsatz abgestimmte technische Reihenfolge der unterschiedlichen CAx-Alternativen.

Abb. 13.7 zeigt eine graphische Darstellung der Ergebnisse der Nutzwertanalyse in Form eines Spinnendiagramms, in der drei alternative CAx-Anwendungen bewertet werden (erkennbar an den unterschiedlichen Linientypen). Jeder Kreis des Netzes repräsentiert einen bestimmten Wert für eine Kriteriengruppe. Im vorliegenden Beispiel schneidet die Alternative mit der punktierten Linie am besten ab.

Die Berücksichtigung der Kostenseite erfolgt im Rahmen einer Abschätzung der Wirtschaftlichkeit, die für die drei besten technischen Alternativen durchgeführt werden sollte.

Beim Vergleich der Leistungsfähigkeit einer CAx-Anwendung mit den Anforderungen ergibt sich in der Regel von Anwendung zu Anwendung ein unterschiedlicher Erfüllungsgrad. Hier ist zu prüfen, ob bei der jeweiligen Anwendung der noch fehlende Leistungsumfang in der Einsatzvorbereitung erstellt werden kann und mit welchem Aufwand an Zeit und Kosten das verbunden ist. Dabei erhält man sowohl den Umfang der Erweiterung als auch ihren Kostenanteil in der Einsatzvorbereitung.

13.9.3 Problemorientierter Benchmark

Bei einem problemorientierten Benchmark wird ein Testbeispiel aus dem späterem Einsatzgebiet oder ein synthetisches Beispiel mit allen Schwierigkeitsgraden der Produktpalette von einem Mitarbeiter des Anbieters vor den Augen des Auswahlteams interaktiv bis zur Serienfreigabe modelliert. Der Benchmark sollte auf einer Konfiguration erfolgen, die später auch im Unternehmen installiert werden soll, damit neben dem Eindruck der Handhabbarkeit der Anwendung auch die typischen Reaktionen von Hardware und Software auf diese Belastung erfasst werden. Auch sollten dabei die Möglichkeiten des Datentausches mit andern Anwendungen, Simulationen, Kopplungen an PDM- und ERP-Anwendungen usw. behandelt werden. Neben der Modellierung müssen mindestens auch die drei für die Fertigungsfreigabe relevanten Dokumente erzeugt werden, nämlich das 3D-Produktmodell bzw. die Technische Zeichnung, die Stücklisten (mindestens die Baugruppenstücklisten) und die Arbeitspläne.

Messgrößen sind dabei beispielsweise die Beschreibungsvielfalt beim Modellieren, die einfache und nachvollziehbare Handhabung der Anwendung insgesamt, anwendungsgerechte Arbeitstechniken, Eindeutigkeit, Schnelligkeit und Qualität bei der Erstellung der Fertigungsdokumente sowie die Möglichkeit zum Anschließen und Einbinden externer Anwendungen innerhalb der gegebenen IT-Landschaft.

Ein solcher Benchmark kann für die CAx-Alternativen nacheinander oder parallel durchgeführt werden. Er sollte dabei nicht länger als 4 Wochen dauern.

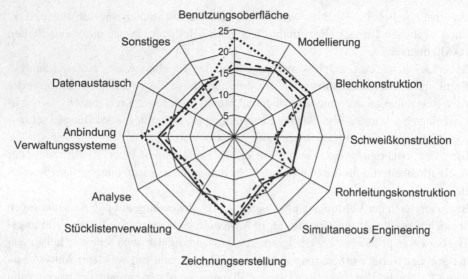

Abb. 13.7 Beispiel für das Ergebnis einer Nutzwertanalyse

13.9.4 Vereinfachtes Auswahlverfahren von CAx-Alternativen

Das im folgenden vorgestellte vereinfachte Bewertungsverfahren nach Schmidt [Schm-2005] reduziert die Zahl der für eine erfolgreiche Auswahl zu beachtenden Kriterien auf maximal 100. Gleichzeitig kann in Verbindung mit dem BAPM-Verfahren (Abschn. 14.4) die Wirtschaftlichkeit der jeweiligen CAx-Alternative leicht berechnet werden.

Bei dem Bewertungsverfahren wird die Tatsache genutzt, dass nicht alle Funktionen einer CAx-Anwendung die gleiche Komplexität besitzen und dass komplexe Funktionen auf einfachen Grundfunktionen aufbauen können („Seeroseneffekt"[6]) [VaBB-1999]. Daraus folgt im Umkehrschluss, dass zur Beurteilung einer CAx-Anwendung nicht viele einzelne Funktionen abgefragt werden müssen. Es genügt vielmehr, diejenigen komplexen Funktionen in der Anwendung zu ermitteln, die auf Kombination und Interaktion von einfachen Grundfunktionen aufbauen. Dazu werden (Grund-) Funktionen und ihr Zusammenspiel (in der Regel hierarchisch) dergestalt zu einer einzigen komplexen Funktion zusammengefasst, dass die Bewertung der Grundfunktionen anhand dieser einzigen komplexen Funktion durchgeführt werden kann. So lassen sich die (zahlreichen) Funktionen einer CAx-Anwendung in wenige Strukturbäume überführen. Für die Bewertung muss immer nur die komplexe Funktion an der Spitze der jeweiligen Struktur betrachtet werden.

---

[6] Die Benennung erfolgt in Anlehnung an die Seerose (Nymphaea), bei der sich unterhalb der Wasseroberfläche ein sehr umfangreiches Wurzelwerk befindet, das daher nicht sofort sichtbar ist.

Ein einfaches Beispiel aus dem 2D-Bereich ist das Erzeugen eines Kreises oder Kreisbogens durch drei Punkte. Denn um dies zu realisieren, muss eine CAx-Anwendung folgendes können: Punkte erzeugen, diese Punkte mit Geraden verbinden, Mittelsenkrechten bilden, deren gemeinsamen Schnittpunkt bestimmen und den Abstand vom Schnittpunkt (= Mittelpunkt des Kreises/Kreisbogens) zu einem der drei gegebenen Punkte berechnen, um so den Radius zu erhalten und den Kreis/Kreisbogen erzeugen zu können.

Ein einfaches 3D-Beispiel ist die Erzeugung eines Volumens durch die Verschiebung eines ebenen Profils entlang einer beliebigen Leitkurve, oft auch als *Sweep* bezeichnet (Abb. 13.8).

Wird als Leitkurve eine Gerade oder ein Kreis(bogen) genutzt, wird aus der allgemeinen Verschiebung eine Extrusion bzw. eine Rotation (Abb. 13.9).

Daraus folgt zunächst, dass bei der Volumenerzeugung durch Sweeping auch das Erzeugen von extrudierten und rotierten Körpern möglich ist. Weiterhin folgt, dass die CAx-Anwendung auch das Erzeugen von Geraden (für Extrusion) und Kreisbögen (für Rotation des Profils) sowie bestimmte Arten von Freihandlinien (für eine allgemeine Verschiebung) als Leitkurve unterstützt. Wird also bei der Bewertung der Funktionen das Vorhandensein einer allgemeinen Verschiebungsfunktion bestätigt, ist die Frage nach Extrusion und Rotation sowie dem Erzeugen von Geraden, Kreisbögen (und damit auch von Kreisen) sowie bestimmten Freihandlinien überflüssig. Anstelle von sechs abzufragenden Funktionen muss in diesem Beispiel lediglich eine einzige geprüft werden.

Abb. 13.8 Volumenerzeugung einer Kontur (grau hinterlegt) durch Verschiebung entlang der Leitkurve (mit Pfeilspitze)

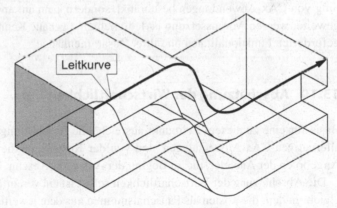

Abb. 13.9 Extrusion einer Ausgangskontur (**a**) entlang einer Leitgeraden und Rotation (**b**) entlang eines Leitbogens (gestrichelte Linie: Rotationsachse)

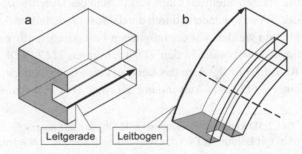

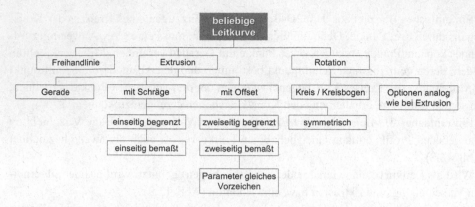

Abb. 13.10 Vollständige Hierarchie der Volumenerzeugung

Komplexe und einfache Funktionen können zu Hierarchien zusammengefasst werden. Für das Beispiel der Volumenerzeugung ist die vollständige Hierarchie der beim Überprüfen der Volumenerzeugung ebenfalls mitgeprüften Funktionen in Abb. 13.10 dargestellt.

Dieses Auswahlverfahren kann leicht um weitere Funktionen erweitert werden. Einerseits ist es möglich, von den Anbietern der Anwendung entwickelte neue Funktionen in die bestehenden Funktionshierarchien einzufügen oder neue Hierarchien aufzustellen. Das Grundprinzip bleibt unverändert. Weiterhin ist die Systematik nicht auf die Bewertung von CAx-Anwendungen beschränkt, sondern kann auf andere Softwaresysteme ausgeweitet werden. Voraussetzung ist lediglich eine genaue Kenntnis der vorhandenen oder geforderten Funktionalitäten und ihrer Zusammenhänge.

13.10 Abschätzung der Wirtschaftlichkeit

Basis für eine zu diesem Zeitpunkt ausreichende Abschätzung der Wirtschaftlichkeit der alternativen CAx-Anwendungen sind von der Kostenseite die Daten aus den jeweiligen Angeboten der Anbieter, die zu Beginn der Auswahl (Abschn. 13.9) eingeholt wurden.

Die Abschätzung der Wirtschaftlichkeit selbst ist ein vereinfachter Kosten-Nutzen-Vergleich, in dem die Kosten als Pauschalsummen aus dem jeweiligen Angebot eingehen und die Nutzen allein aus einer Verkürzung der Durchlaufzeit resultieren, d. h. die Mehrkosten der CAx-Anwendung durch die daraus folgende Reduktion der Bearbeitungszeiten ausgeglichen werden. Für die möglichen Reduktionen gibt es zahlreiche Angaben in der Literatur, beispielsweise in den VDI-Richtlinien 2219 [VDI-2219] und VDI-2209 [VDI-2209]. Abb. 13.11 zeigt dazu das Beispiel eines Getriebeherstellers, bei dem es um die Migration einer 2,5D-CAD-Anwendung[7] zu einer 3D-CAD-Anwendung ging.

---

[7] Bei 2,5D können zweidimensionale Objekte auf unterschiedlichen Ebenen mit fester z-Koordinate (d.h. mit konstanter Dicke) existieren, sich aber nicht über mehrere solcher Ebenen erstrecken.

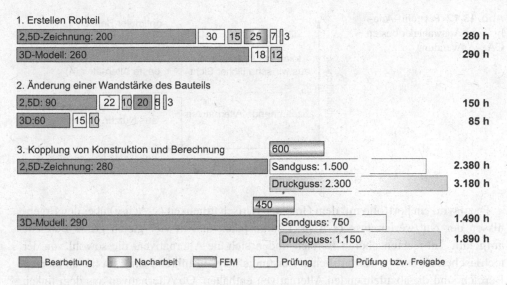

Abb. 13.11 Zeitverkürzungen durch den Wechsel von der 2,5D-CAD-Anwendung zur 3D-CAD-Anwendung

Aufgeführt sind die jeweiligen Bearbeitungszeiten in Stunden für die unterschiedlichen Tätigkeiten. Es zeigt sich, dass bei der 3D-Modellierung der Aufwand zu Beginn höher ist als bei einer 2,5D-Modellierung. Das 3D-Modell erlaubt aber einfachere Änderungen und Prüfungen in der Erstellungsphase und die umfassendere Weiterverwendung von Daten für fast alle nachgeschalteten Aktivitäten, so dass der Bearbeitungsaufwand in Summe geringer ist. Außerdem werden Liegezeiten zwischen den einzelnen Bearbeitungsphasen reduziert. Prozessschritte können parallelisiert werden (in diesem Beispiel die FEM-Aktivitäten, weil diese früher auf das 3D-Modell zugreifen können). Aufgrund der höheren Qualität des 3D-Modells benötigen nachfolgende Prozessschritte weniger Aufwand.

Ergibt sich aus dieser Betrachtung eine (wenn auch knappe) Wirtschaftlichkeit, dann kann davon ausgegangen werden, dass die Anwendung in jedem Fall wirtschaftlich sein wird, da bei einer „richtigen" Berechnung deutlich mehr Einflüsse berücksichtigt werden, die alle zu einem wirtschaftlichen Einsatz beitragen (siehe Kap. 14).

13.11 Beschluss zur Durchführung

Die Entscheidung fällt für diejenige alternative CAx-Anwendung, die einerseits in der Nutzwertanalyse am besten abgeschnitten hat, andererseits die höchste Wirtschaftlichkeit aufweist (dynamische Methoden, Abschn. 14.3.2) und deren Anbieter eine kontinuierliche Weiterentwicklung der Anwendung glaubwürdig belegen kann.

Bei mehreren annähernd gleichwertigen Alternativen kann eine Portfolio-Analyse [GaPA-2017] die Entscheidungsfindung unterstützen, Abb. 13.12.

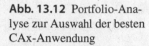

Abb. 13.12 Portfolio-Analyse zur Auswahl der besten CAx-Anwendung

Dazu wird ein Portfolio mit dem Grad der Wirtschaftlichkeit (y-Achse) über den Ergebnissen der Nutzwertanalyse (x-Achse) aufgespannt und in vier gleich große Bereiche aufgeteilt. Im rechten oberen Bereich finden sich die Alternativen, die sowohl von der technischen als auch wirtschaftlichen Leistungsfähigkeit führend sind. Im linken unteren Bereich sind die abzulehnenden Alternativen enthalten. Ob Alternativen aus dem linken oberen Bereich (besonders wirtschaftliche Alternativen) oder aus dem rechten unteren Bereich (technisch leistungsfähige Alternativen) in Frage kommen, hängt von mehreren Faktoren ab:

- Wie wird die zukünftige Entwicklung dieser Alternativen verlaufen?
- Wenn das Unternehmen einen primär wirtschaftlichen Einsatz realisieren will, kommen Alternativen aus dem linken oberen Bereich in Betracht.
- Hat ein Unternehmen technisch sehr anspruchsvolle Produkte und/oder Kunden, dann kommen eher Alternativen aus dem rechten unteren Bereich in Frage.

13.12 Ablösungs- und Einführungsstrategie

Nachdem die Entscheidung für eine bestimmte CAx-Anwendung getroffen wurde, muss nun die Strategie für die Ablösung der Altanwendung, die Einführung der Nachfolgeanwendung und für das Übertragen der Datenbestände erstellt werden. Die Dauer dieser Strategie sollte etwa das Anderthalbfache der betrieblichen Abschreibungsdauer umfassen, also etwa sieben bis zehn Jahre dauern, wobei Anpassungen aufgrund aktueller Gegebenheiten immer notwendig sein können, zumal in dieser Zeitspanne der Anbieter der CAx-Anwendung üblicherweise Strukturen und Leistungsfähigkeiten der Anwendung deutlich verändern wird.

Bei dieser Zeitspanne muss auch die Option zur Migration der Nachfolgeanwendung am Ende ihrer eigenen Lebensdauer einbezogen werden. Damit diese dann mit möglichst wenig Aufwand und ohne wesentliche Verlusten an Daten erfolgen kann, müssen bereits jetzt die innere (Dokumentenaufbau und -inhalte) und die äußere Organisation der

Produktdokumentation (Struktur und Beziehungen der Dokumente untereinander) und der Inhalte des digitalen Archivs entsprechend ausgelegt werden. Wurde die Nachfolgeanwendung mit eigener Software erweitert, so ist zu prüfen, ob diese Erweiterungen über eine neutrale Schnittstelle übertragen werden können.

Aus der Erfahrung sollte das Erstellen dieser Strategie nicht länger als vier Wochen dauern.

Beim Aufstellen der Strategie fließen ausgewählte Erkenntnisse aus Istanalyse, Schwachstellenanalyse und Sollkonzept ein:

- Aus Istanalyse und Schwachstellenanalyse interessiert, welche Produkte mit der Altanwendung bearbeitet wurden und werden, ob damit das bei der Einführung der Altanwendung geplante Sollkonzept erreicht wurde und ob die Altanwendung wirtschaftlich war.
- Aus dem Sollkonzept für die Nachfolgeanwendung werden eventuelle geänderte Kundenforderungen an diese Anwendung (bis hin zur Vorgabe einer konkreten Anwendung) sowie geänderte Produkte, Anwendungsgebiete und Organisationsstrukturen im Unternehmen übernommen.

In Maßnahme 4 wurde der Bereich ausgewählt, in der die Ablösung der Altanwendung zuerst erfolgen soll (Abschn. 13.4). Damit haben die in diesem Bereich durchgeführten Aktivitäten Pilotcharakter für den weiteren Verlauf der Migration, deren Reihenfolge nun festgelegt werden sollte.

Wenn nicht laufend durchgeführt, dann ist spätestens jetzt das Sichten der Datenbestände der Altanwendungen erforderlich, damit die Prioritäten für die Übertragung von Inhalten aus den Archiven in das Datenformat der Nachfolgeanwendung und die dafür zum Einsatz kommenden Schnittstellen festgelegt werden.

Schließlich müssen Umfang und Reihenfolge der Maßnahmen zur Einsatzvorbereitung festgelegt werden. Eine bewährte Reihenfolge ist es, nach Beschaffung und Einführung der Anwendung (Abschn. 13.13) mit der Schulung von Anwendern und Anwendungsbetreuern

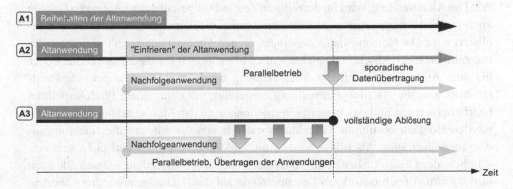

Abb. 13.13 Arten der Migration einer Altanwendung (A1: Beibehalten der Altanwendung, A2: Einfrieren und Parallelbetrieb, A3: Vollständige Ablösung)

zu beginnen, parallel dazu die im Sollkonzept festgelegte Zusatzsoftware entweder von der Altanwendung zu übertragen bzw. neu zu erstellen oder zu beschaffen, die neue Anwendung in die Organisationsstruktur und IT-Landschaft des Unternehmens einzubinden und schließlich die Funktionen zum Betreuen und Administrieren der neuen Anwendung anzupassen oder bei Bedarf neu einzurichten.

13.12.1   Alternative Vorgehensweisen zur Migration

Die Migration der Altanwendung kann auf drei Arten erfolgen. Alternative 1 (A1) betrifft den Fall, dass aus aktuellen und schwerwiegenden Gründen (beispielsweise eine geänderte Unternehmensstrategie, Änderungen bei wichtigen Kunden, gravierende Änderungen beim Anbieter der favorisierten Nachfolgeanwendung) die Altanwendung (einstweilen) beibehalten wird. Alternative 2 (A2) umfasst das „Einfrieren" der Altanwendung für bestimmte Aufgaben. Die Anwendungsgebiete werden hierbei aufgeteilt, es kommt zu einem Parallelbetrieb, in dem der eine Teil mit der Altanwendung und der andere Teil mit der Nachfolgeanwendung bearbeitet werden. Alternative 3 (A3) ist die vollständige Migration der Altanwendung nach einer Übergangszeit, in der ein (zeitlich begrenzter) Parallelbetrieb von Altanwendung und Nachfolgeanwendung erfolgt, Abb. 13.13.

- A1: Fällt die Entscheidung zum Beibehalten der Altanwendung zu diesem späten Zeitpunkt, dann sind die bisher aufgelaufenen Kosten verloren. Diese lassen sich aber zumindest teilweise durch die Nutzen aus der Maßnahme 2 (Abschn. 13.2 und Abb. 13.3) kompensieren, nämlich Nutzen aus Systematisieren und Standardisieren von Produkten und Verfahren, aus Unterstützen und Automatisieren von Abläufen sowie durch Begradigung und Vereinfachung von Strukturen und Prozessen. Aus diesen eher konventionellen Rationalisierungsmaßnahmen entsteht etwa 50 % des möglichen Gesamtnutzens, der in jedem Fall auch bei der Weiterführung der Altanwendung entsteht.

- A2: Die Altanwendung wird im derzeitigen Zustand für geschlossene Aufgaben (analog zu einer Werkzeugmaschine) „eingefroren", wobei die Altanwendung nicht mehr aktualisiert wird. Die Nutzungsdauer der eingefrorenen Altanwendung ergibt sich entweder bis zum Ende der Abschreibungsdauer aller Investitionen für die Altanwendung oder bis zum Auslaufen der auf der Altanwendung bearbeiteten Produktspektren. Parallel dazu wird die Nachfolgeanwendung eingeführt, mit dem andere Produktspektren bearbeitet werden und das keinerlei Verbindungen zu der Altanwendung aufweist. Es werden lediglich bestimmte Grunddatenbestände von der Alt- auf die Nachfolgeanwendung übertragen. Allerdings wird damit die Migrationsproblematik auf später verschoben, denn nach Auslaufen der Aktivitäten auf der Altanwendung müssen alle auch in der Zukunft noch benötigten Datenbestände auf die Nachfolgeanwendung übertragen werden.

- A3: Die bisherige Anwendung wird sofort von der Nachfolgeanwendung abgelöst. Nach Einführung und Installation der Nachfolgeanwendung werden alle relevanten

Datenbestände aus der Altanwendung auf die Nachfolgeanwendung übertragen und die Altanwendung wird abgeschaltet. Solange diese Übertragung noch nicht abgeschlossen ist, arbeiten auch hier Alt- und Nachfolgeanwendung im Parallelbetrieb.

Welche dieser Alternativen bevorzugt wird, hängt von den jeweiligen Gegebenheiten ab. Ein Einfrieren ist dann sinnvoll, wenn die Modellierung bestimmter Produktspektren auf der Altanwendung profitabel ist oder wenn ein Kunde zwingend Daten im Format der Altanwendung fordert. Vom Verwaltungsaufwand und der Eindeutigkeit der Daten her ist allerdings die dritte Alternative sinnvoller.

13.12.2 Konzeption des Parallelbetriebes (A2, A3)

Bei der Migration lässt sich der Parallelbetrieb der Altanwendung zu der Nachfolgeanwendung mindestens für die Dauer der Einarbeitung der Mitarbeiter und der Übertragung der Datenbestände in die Nachfolgeanwendung nicht vermeiden. Der Parallelbetrieb sollte nicht zu lange dauern (erstrebenswert sind nicht länger 3 bis 4 Monate), auch wenn es in Einzelfällen mehrere Jahre dauern kann.

Wichtiger Bestandteil der Migrationsstrategie ist die Entscheidung, wie dieser Parallelbetrieb praktisch zu gestalten ist:

- Welche Bereiche und welche Produktfamilien sind davon betroffen (siehe auch Maßnahmen 4 und 6)?
- Welche Aufträge werden auf der Altanwendung noch bearbeitet? Aus der Erfahrung sollten laufende Aufträge, die mehr als zur Hälfte fertig sind, auch auf der Altanwendung zu Ende bearbeitet werden. Gleiches gilt für alle Änderungen von Altaufträgen mit entsprechendem Vorhalten von qualifiziertem Personal[8] (das sogenannte „Exit-Szenario").

Es versteht sich von selbst, dass nicht mehr in die Altanwendung investiert wird (Qualifikationsmaßnahmen, Soft- und Hardware), sondern lediglich bei gravierenden Ausfällen Ersatz beschafft wird, zumal dann, wenn die Altanwendung für eine bestimmte Zeit noch für abgeschlossene Projekte, die im kleinen Umfang geändert oder gewartet werden müssen, als Reserve (Backup für „Altlasten", das heißt für nachträgliche und geringe Änderungen an bereits abgeschlossenen Aufträgen) vorgehalten werden soll. Neue Aufträge und umfangreiche Änderungen vorhandener Produkte werden nur auf der Nachfolgeanwendung bearbeitet.

Es muss auch geklärt werden, welche Daten und Programme in die Nachfolgeanwendung übertragen werden sollen und auf welche Art und Weise dies erfolgen kann. Es ist

---

[8] Pro Altanwendung bzw. pro Nachfolgeanwendung sind zwei Personen als Know-how-Träger erforderlich.

nicht empfehlenswert, den gesamten Datenbestand auf einmal in die Nachfolgeanwendung zu übertragen, da man vorher nicht weiß, welche der abgeschlossenen Aufträge noch
einmal geändert werden müssen (erfahrungsgemäß sind davon nicht mehr als 10–15 %
aller Daten betroffen [Mikk-79]).

Die Dauer des Parallelbetriebs hängt davon ab, bis wann alle Altaufträge abgeschlossen
werden (A2) und bis wann alle relevanten Daten und Dokumente auf die Nachfolgeanwendung übertragen sind (A3).

13.13 Beschaffung und Einführung der Nachfolgeanwendung

Für die Beschaffung der CAx-Anwendung wird ein Auftrag an den ausgewählten Anbieter gegeben. Dieser Auftrag enthält die exakte Beschreibung des Vertragsgegenstandes,
nämlich die zu liefernden Anwendungsmodule entsprechend der Spezifikationen aus
den Auswahlkriterien (Abschn. 13.8), Schulung und Dokumentation, Voraussetzungen
zur Installation, Leistungsumfang und Preis für einen Wartungsvertrag mit garantierter
Reaktionszeit auf Störungsmeldungen, (vorbeugender) Instandhaltung und Updates der
Anwendung sowie gegebenenfalls weitere Software, Schnittstellen, Hardwarekomponenten, Netzwerke usw. Üblicherweise sind die Updates (in der Regel ein „Major Update"
pro Jahr sowie kleinere Updates nach Bedarf) im Kaufpreis enthalten. Schließlich spielen
noch Fragen der Gewährleistung (deren Zeit läuft ab der Endabnahme) und der Haftung
eine wesentliche Rolle.

Für jedes Modul der Anwendung muss eine Lizenz erworben werden. Daher müssen
im Auftrag die Fragen der Lizenzierung klar geregelt werden. Es gibt dazu folgende
Möglichkeiten:

• Eine unternehmensweite Pauschallizenz mit den gekauften (oder allen) Modulen für
  alle in Frage kommenden Arbeitsplätze an allen Standorten (company licence),
• auf einen Standort bezogene Lizenz für die gekauften (oder allen) Module für alle
  Arbeitsplätze (site licence) oder
• auf die jeweiligen Server und Clients bezogene Einzellizenzen. Dabei werden für
  Basisanwendungen (bei der CAx-Anwendung beispielsweise die 3D-Modellierung)
  Lizenzen für alle Clients erworben. Bei weniger häufig verwendeten Anwendungsmo-
  dulen, die nicht von allen und nur selten gleichzeitig verwendet werden, kann eine
  geringere Lizenzanzahl erworben werden, die nicht an einen bestimmten Arbeitsplatz
  gebunden sind, sondern die auf dem Netz zwischen den Clients „vagabundieren" (floating licence, Abschn. 3.3).

Beliebige Kombinationen dieser Möglichkeiten sind darstellbar. In jedem Fall liefert der
Anwender immer alle Anwendungsmodule aus. Welche davon konkret benutzt werden
können, hängt von der jeweils erworbenen Nutzungslizenz ab. Mit jeder gekauften Lizenz
wird ein Lizenzschlüssel mitgeliefert, mit dem die entsprechenden Anwendungsmodule
freigeschaltet werden können.

Bei der eigentlichen Beschaffung sollte geprüft werden, ob diese als Kauf, als Miete oder als Leasing durchgeführt wird. Miete und Leasing sind üblicherweise steuerrechtlich vorteilhafter, da dabei andere, kürzere und günstigere Formen der Abschreibung genutzt werden können. Falls gekauft wird, empfiehlt es sich, jeweils 25–30 % des Kaufpreises nach Vertragsabschluss, bei Lieferung und nach der Installation zu bezahlen. Der verbleibende Rest (10–25 %) sollte erst dann beglichen werden, wenn alle Komponenten der CAx-Anwendung wie geplant arbeiten und die Endabnahme erfolgreich durchgeführt werden konnte.

13.14 Einsatzvorbereitung

Die Migration einer CAx-Anwendung stellt zunächst einen tiefen Einschnitt dar, da damit in der Regel ein Wechsel der bisherigen Vorgehensweisen und Arbeitstechniken verbunden ist. Um zu einer wirtschaftlich tragbaren und gleichzeitig geschmeidigen, das heißt das laufende Tagesgeschäft möglichst wenig beeinträchtigenden Migration zu kommen, sind vor allem die folgenden Fragen zu behandeln:

- Wie soll der vorhandene Datenbestand auf die Nachfolgeanwendung(en) übertragen werden? Welche Daten werden überhaupt übertragen, welche werden in der Altanwendung belassen? Wie hoch ist der Aufwand an Nachbearbeitung, die man bei übertragenen Daten erbringen muss? Was passiert mit solchen Daten, die aus den ausgelagerten digitalen Archiven in die neue CAx-Anwendung eingelesen werden müssen: Müsste bei der Migration nicht auch das gesamte Archiv, das ja ebenfalls in einem systemspezifischen Format erstellt wurde, auf die neue Anwendung umgestellt werden?
- Es wird häufig übersehen, dass das Anwendungs-Know-how eines Unternehmens nicht in den Daten, sondern im wesentlichen in anwendungsspezifischen Programmen und Werkzeugen enthalten ist, mit denen die Leistungsfähigkeit einer Anwendung an die Anforderungen im Unternehmen angepasst wurde. Die meisten dieser Anpassungen wurden mithilfe systemspezifischer Werkzeuge erstellt, für deren Überführung auf eine Nachfolgeanwendung bisher keine adäquaten Konzepte existieren.
- Bei der Migration einer CAx-Anwendung müssen die Anwender in den Fähigkeiten der Nachfolgeanwendung geschult werden. Der Schulungsaufwand ist zwar geringer als bei der (aller-)ersten Einführung einer CAx-Anwendung, dennoch ist er aber nicht vernachlässigbar (Abb. 13.14). Er wird am größten, im Extremfall annähernd so groß wie bei der ersten Einführung einer CAx-Anwendung, wenn die Nachfolgeanwendung eine völlig andere Arbeitstechnik benötigt und mit anderen Modellstrukturen arbeitet als die Altanwendung.

Die Umstellungsarbeiten werden von einem entsprechenden Projektteam durchgeführt, das auch für Planung und Vorbereitung verantwortlich ist. Es wählt in Absprache mit den jeweiligen Anwendern die zu übertragenden Daten und Programme sowie die dafür jeweils benötigten Schnittstelle(n) aus und entscheidet dabei, ob es diese Aktivitäten selbst oder in Zusammenarbeit mit dem Lieferanten der CAx-Anwendung erledigt oder diese

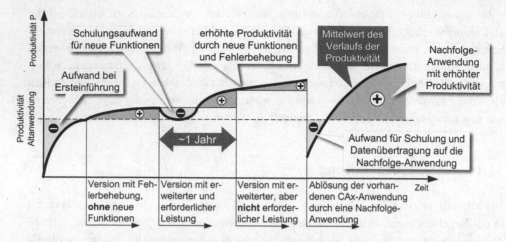

Abb. 13.14 Verlauf der Produktivität bei Versionswechsel und Migration durch eine Nachfolgeanwendung. Gestrichelte Horizontale: Produktivität der Altanwendung bei ihrer Einführung

Arbeiten durch Externe durchführen lässt. Schließlich legt es das Ausbildungskonzept fest und gibt Vorgaben zu Schulungs- und Trainingsunterlagen.

Die Einsatzvorbereitung gliedert sich in folgende Aktivitäten:

- Schulung der Anwender
- Überführen von Zusatzsoftware in die Nachfolgeanwendung oder Erstellen neuer Zusatzsoftware
- Etablieren des Parallelbetriebs
- Übertragen von Datenbeständen aus der Altanwendung
- Einbinden der Nachfolgeanwendung in die vorhandene IT-Landschaft sowie Betreuung und Administration der Anwendung

13.14.1 Schulung zur Benutzungsakzeptanz

Das Ziel der Schulung ist die Nutzung der CAx-Anwendung als alltägliches Hilfsmittel[9]. Die Qualität der Schulung bestimmt maßgeblich die Wirtschaftlichkeit einer CAx-Anwendung. Dabei hat sich folgender Schulungsplan in der Praxis bewährt:

---

[9] Jeder CAx-Anwender hat Anspruch auf regelmäßige Augenuntersuchungen (diese muss der Arbeitgeber anbieten) und sollte dies im eigenen Interesse jährlich durchführen, um Sehprobleme rechtzeitig und nachhaltig korrigieren zu können. Diese Untersuchungen sind gesetzlich in der Bildschirmarbeitsverordnung zur arbeitsmedizinischen Vorsorge (ArbMedVV) geregelt (beispielsweise in [BGDP-2009], Kap. 6).

- Grundschulung zur Vermittlung der wesentlichen Eigenschaften und Werkzeuge der Nachfolgeanwendung. Diese Grundschulung führt üblicherweise der Anbieter durch. Sie dauert zwischen 0,5 und 2 Wochen, je nach Komplexitätsgrad der Nachfolgeanwendung.
- Erste Trainingsphase zum Verfestigen der erlernten Arbeitstechniken, Vorgehensweisen und Werkzeuge. Dauer zwischen 4 und 6 Wochen.
- Aufbauschulungen zum Erlernen spezieller Leistungsfähigkeiten für das Anwendungsgebiet, Dauer jeweils 1 bis 2 Wochen.
- Selbstausbildung anhand aktueller Aufgaben aus dem eigenen Tagesgeschäft (Training-on-the-job) zum Einüben und Verinnerlichen der Fähigkeiten der Anwendung anhand Aufgaben des Tagesgeschäfts. Dauer 16 bis 24 Wochen.

Überwiegende Schulungsform ist heute immer noch der Frontalunterricht (überwiegend für die Grundfähigkeiten der CAx-Anwendung), begleitet in späteren Kursen durch das betreute Lernen (1–2 Anwender werden von einem Lehrenden betreut). Ansätze für das rechnerunterstützte Lernen (E-Learning) nehmen zu, wobei diese individualisierte Form des Lernens nur für Faktenwissen geeignet ist. Vernetzung und Anwendung von auf dieser Weise erworbenem Wissen erfolgen besser in betreuter Gruppenarbeit. Eine geeignete Form zeichnet sich in der Integration von E-Learning mit betreutem Lernen in Kleingruppen ab, das sogenannte blended learning [MaVS-2005], weil hierbei der Anwender überwiegend individuell zusätzliche Kenntnisse und Erfahrungen gewinnen kann.

Bei den Übungsinhalten empfiehlt es sich, mit möglichst wenigen abstrakten Beispiele zu arbeiten, vielmehr überwiegend Beispiele aus dem Anwendungsbereich zu verwenden, deren Schwierigkeit und Komplexität stetig anwachsen sollte.

Zum Erreichen und Konservieren der Akzeptanz der Nachfolgeanwendung bei den Nutzern sollten nach Abschluss der Schulungsmaßnahmen ausreichend Möglichkeiten für einen regelmäßigen Erfahrungsaustausch geschaffen werden, denn ein Nutzer kennt nicht alles Wissen und alle Erfahrungen der anderen Nutzer und kann daher davon nicht für seine eigene Arbeit profitieren. Neben regelmäßigen Nutzerkonferenzen (einmal pro Jahr) sollten systemweit verfügbare Wissensspeicher (beispielsweise als Wiki) und einfach zugängliche Austauschforen eingerichtet werden.

13.14.2 Zusatzsoftware

Zusatz- oder anwendungsspezifische Software dient zum Anpassen der Nachfolgeanwendung („Customizing") an unternehmens- oder anwendungsspezifische Anforderungen, wenn die angebotene Leistungsfähigkeit der Nachfolgeanwendung nicht alle Anforderungen mit der vorhandenen Leistungsfähigkeit erfüllen kann.

Typische Zusatzsoftware für eine CAx-Anwendung besteht unter anderem aus

- Templates mit Standard- und Startwerten (beispielsweise für Parametrik, Blechdicken, unbemaßte Fasen und Radien), mit Möglichkeiten zum Einbinden von Berechnungs- und

Simulationsprogrammen sowie Hilfsmittel für die Zeichnungserstellung wie etwa die Anordnung von Ansichten, Zeichnungsrahmen, Schriftköpfe, Firmenzeichen, Schriftarten, Schriftgrößen, Schaltbilder, Hinweistexte usw.

- Bibliotheken mit Norm-, Werknorm- und Zukaufteilen, entweder als feste Datensätze oder als Parametrik oder Variantenprogramme, beispielsweise standardisierte Produkte und Baugruppen (etwa Getriebemotoren), kundenspezifische Prozessoren, Maschinenelemente und Formfeatures.
- Systeme und Tabellen mit Werkstoffkennwerten (beispielsweise [AsWF-2006]).
- Schnittstellen zu anderen Anwendungen, z. B. PDM, ERP, Anwendungen bei Kunden, Partnern, Zulieferanten, Institutionen (z. B. TÜV).
- Archivierungsvorschriften und Archiv-Grundausstattung mit häufig benötigten Modellen.

Für die Erstellung von Zusatzsoftware gibt es üblicherweise in jeder CAx-Anwendung dafür vorgesehene Schnittstellen (Abschn. 3.2.3). Neben dem (teilweise nicht unerheblichen) Aufwand für Programmierung und Implementierung der Zusatzsoftware muss aber beachtet werden, dass es nicht immer sichergestellt ist, dass (trotz zugesagter Aufwärtskompatibilität, Abschn. 13.8) solche anwendungsspezifische Programme problemlos in einer neuen Version der CAx-Anwendung laufen werden.

Beim Erstellen des Sollkonzepts (Abschn. 13.6) sollte daher darauf geachtet werden, dass möglichst viele Anwendungsfunktionen, für die bei der Altanwendung Zusatzsoftware notwendig war, durch standardmäßig vorhandene Funktionen in der Nachfolgeanwendung ersetzt werden, damit der Umfang der für die Nachfolgeanwendung neu zu erstellenden Zusatzsoftware möglichst gering wird. Dieser Umfang ergibt sich einerseits aus der Differenz zwischen der geforderten Leistungsfähigkeit aus dem Sollkonzept und der vorhandener Leistungsfähigkeit der Nachfolgeanwendung, andererseits aus den Möglichkeiten zum Übertragen von Zusatzsoftware der Altanwendung auf die Nachfolgeanwendung.

Allerdings gelingt das Übertragen von Zusatzsoftware nur dann, wenn

- Altanwendung und Nachfolgeanwendung genügend Kompatibilität aufweisen, die beispielsweise durch vergleichbare Datenformate, Leistungsumfang des 3D-Modellierers, Strukturen des 3D-CAD-Modells und dem Aufbau von Constraints-Netzen in der Parametrik (Abschn. 5.7) gegeben ist,
- die jeweiligen Schnittstellen der Altanwendung und der Nachfolgeanwendung einen vergleichbaren Leistungsumfang aufweisen bzw. der Leistungsumfang der „alten" Schnittstelle vollständig in der „neuen" Schnittstelle enthalten ist und
- das Laufzeitverhalten von parametrischen Modellen auf beiden Anwendungen ähnlich ist.

Gerade parametrisierte Bauteile, in denen häufig das Firmen-Know-how in Form von Konstruktionsabsichten und Erstellungsvorschriften (Design Intent) gespeichert ist, können zu kritischen Situationen führen, wenn nach ihrer Übertragung auf die Nachfolgeanwendung ihr Schutz nicht mehr eindeutig gewährleistet werden kann. Hier hat sich eine Vorgehensweise bewährt, bei der für das jeweilige parametrisierte Bauteil ausgewählte und geprüfte Datensätze aus der Altanwendung über Standard-Schnittstellen (Textformate, Tabellenkalkulation) in die Nachfolgeanwendung übertragen werden und dort eine

Neuparametrisierung erfolgt. Dies ermöglicht einerseits das Nutzen der Möglichkeiten der Nachfolgeanwendung (die üblicherweise umfangreicher sind als die in der Altanwendung), und es ist lediglich Aufwand für geometrische Beschreibung des Bauteils erforderlich.

Da Zusatzsoftware für die laufende Nutzung der Nachfolgeanwendung benötigt wird, gilt folgende Faustregel, dass mindestens ein Drittel der Zusatzsoftware vor Beginn des Parallelbetriebs von Altanwendung und Nachfolgeanwendung zur Verfügung stehen sollte, das nächste Drittel vor Beginn der Aufbauschulung und das letzte Drittel gegen Mitte des Trainings-on-the-job.

Aus der Praxiserfahrung sollte von einer Erstellungsdauer der Zusatzsoftware von einem Zeitraum zwischen 6 und 18 Monaten ausgegangen werden.

13.14.3 Etablieren des Parallelbetriebs

Die in Abschn. 13.12 ausgewählte Form des Parallelbetriebs von Altanwendung und Nachfolgeanwendung muss jetzt geplant und durchgeführt werden[10]. Wie bei jedem Projekt werden zunächst Verantwortliche und Teammitglieder ausgewählt (auch Externe, wenn Teilaufgaben an Dritte vergeben werden sollen) sowie die Planungs- und Vorbereitungsarbeiten durchgeführt. Wesentliche Voraussetzung für diese Arbeiten ist das Vorhandensein einer lauffähigen Version der Nachfolgeanwendung.

Im nächsten werden die Schnittstellen zur Datenübertragung (Abschn. 13.14.4) sowie zu internen Bereichen (Einkauf, Produktdesign, Entwicklung, Konstruktion, Berechnung, Test, Prozessplanung, Fertigungssteuerung, Fertigung, Montage, Qualitätssicherung, Vertrieb, Controlling, usw.), Kunden, Partnern und Zulieferanten sowie zu internen und externen IT-Systemen festgelegt. Danach können die zu übertragenden Daten und Programme ausgewählt werden.

Die Dauer des Parallelbetriebs ergibt sich aus der Dauer für die Übertragung der mindestens erforderlichen Daten bzw. der zu erstellenden Zusatzsoftware (Abschn. 13.14.2) sowie aus der Dauer für das Ausbilden und Einarbeiten der Anwender. Aus der Erfahrung sollte man mit einer Dauer von drei bis vier Monaten rechnen.

13.14.4 Übertragen von Datenbeständen aus der Altanwendung

Die Übertragung der ausgewählten Datenbestände von der Alt- auf die Nachfolgeanwendung kann, unabhängig davon, ob man Direktkonverter oder Standardschnittstellen (Abschn. 3.2.3) benutzt, daran scheitern, dass aufgrund von unterschiedlichen Modellierungsarten, Beschreibungs- und Speicherungsstrukturen nicht alle Elemente aus der Altanwendung in die Nachfolgeanwendung übertragen werden können (Abb. 13.15).

---

[10] Wird die Altanwendung beibehalten, Alternative 1 in Abb. 13.13, dann entfallen natürlich die hier beschriebenen Aktivitäten.

Abb. 13.15 Probleme beim Übertragen von Daten aus System A (Altanwendung) in das System B (Nachfolgeanwendung)

Die Übertragung von nutzerspezifischen Erweiterungen (z. B. Modelle mit einem hohen Parametrik-Anteil, die nicht nur über Relationen, sondern auch über Regeln miteinander verknüpft sein können, siehe Abschn. 5.7) ist deutlich komplexer. Das ist deswegen kritisch, weil das Know-how des Anwendungsbereichs überwiegend in Prozeduren in parametrisierten Bauteilen gespeichert ist. Die wichtigsten Probleme dabei betreffen die Vergleichbarkeit des Leistungsumfangs von Alt- mit Nachfolgeanwendung, die Kompatibilität zwischen ihnen, das Verhalten „alter" parametrischer Modelle auf der Nachfolgeanwendung und die Übertragbarkeit externer Datensätze, falls Relationen und Regeln der Parameter untereinander in externen Tabellen gespeichert wurden (siehe auch Abschn. 13.14.2).

Ein Ausweg besteht darin, parametrisierte Modelle so zu übertragen, dass Geometrie und Technologie über eine Standardschnittstelle und die Parameterzuordnungen, Teilestammdaten, Werkstoffkennwerte und Maschinendaten sowie dispositive Daten (z. B. aus dem Schriftfeld) über einen Direktkonverter übertragen werden und in der Nachfolgeanwendung (sofern es dieses zulässt) eine fallweise Nachparametrisierung erfolgt, die üblicherweise einfacher als bisher ausgeführt werden kann. Diese Kombination ist das sogenannte Bypasskonzept. Zum Abschluss müssen die Ergebnisse der beiden Übertragungen manuell zusammengeführt und kontrolliert werden (Abb. 13.16).

Je größer der Umfang einer Migration, desto größer ist die Wahrscheinlichkeit von Problemen und Fehlern bei ihrer Durchführung Der Umfang ist davon abhängig, wie tiefgreifend die Migration sein soll: Wird nur die CAx-Anwendung abgelöst oder sind damit auch Wechsel des Betriebssystems oder der Hardware-Plattform verbunden? Wie groß ist der zu übertragende Datenumfang und stehen die dazu benötigten Ressourcen (Personal, Zeit, Werkzeuge) zur Verfügung?

Eine Migration muss scheitern, wenn die Mitarbeiter, die sie durchführen, im Vorfeld nicht ausreichend qualifiziert worden sind und organisatorische Maßnahmen nicht berücksichtigt wurden.

Abb. 13.16 Struktur des
Bypasskonzepts [VaWe-1997]

Die auftretenden Probleme lassen sich in folgende Gruppen einteilen:

- Inkonsistentes Modellieren und nicht vollständiger Dokumentation werden erst bei der Migration sichtbar, weil die entsprechenden Datenbestände in einem geänderten Umfeld neu aufgebaut werden müssen. Hierzu gehören das Abweichen von festgelegten Erstellungsregeln, fehlerhafte Geometrien (z. B. nicht geschlossene Oberflächen), falsche oder nicht vollständige Parametrisierung, Beschriftungs- und Bemaßungsfehler, nicht eindeutige Benennungen sowie das Referenzieren von „privaten" Datenbeständen, ohne diese in das jeweilige Modell einzubinden.

- Zu den anwendungsspezifischen Problemen der Altanwendung gehören unterschiedliche Ansätze der Modellierung (prozedural oder deskriptiv, ohne oder mit Parametrik und Features), die auch über das Bypasskonzept nicht vollständig übertragen werden können, verschiedene Speicherungskonzepte, Aufbau und Nutzung von Strukturierungseinheiten (Baugruppen bzw. Assemblies, Layer, Zeichnungen, Stücklisten) sowie spezifische, nicht übertragbare Erweiterungen.

- Probleme durch unterschiedliche Anwendungsphilosophien ergeben sich aus im wesentlichen ungleichen Modellierungsansätzen und -strategien (beispielsweise Zwangsparametrisierung gegenüber der Möglichkeit zur Nachparametrisierung), verschiedenen Namenskonventionen, unterschiedlicher Rechengenauigkeit sowie aus divergierenden Voreinstellungen und Konventionen der beiden Anwendungen.

- Aus der eigentlichen Migration resultieren Probleme mit nicht erkannten systematischen Übertragungsfehlern, mit Fehler in den Schnittstellen bzw. Abweichungen von Standardschnittstellen, aber auch aus der manuellen Nacharbeit der übertragenen Datenbestände.

13.14.5 Einbinden in die vorhandene IT-Landschaft

Die Einbindung in die IT-Landschaft des Unternehmens erfolgt über die Schulung der Anwender (Abschn. 13.14.1), das Ausstatten der Nachfolgeanwendung mit unternehmensspezifischer Zusatzsoftware (Abschn. 13.14.2) sowie mit der im Sollkonzept (Abschn. 13.6) und beim Aufstellen der Migrations- und Einführungsstrategie (Abschn. 13.12) Veränderungen bzw. Ergänzungen der Organisationsstrukturen im Unternehmen.

Die Nachfolgeanwendung wird in vorhandene innerbetriebliche und außerbetriebliche Netzwerke eingebettet und mit anderen bereits vorhandenen Anwendungen (beispielsweise PDM, ERP, Datenarchivierung) verbunden.

Die Dauer der Anpassung der CAx-Anwendung an betriebliche Gegebenheiten kann mit etwa 6 bis 12 Monaten veranschlagt werden.

13.14.6   Betreuung und Administration der Nachfolgeanwendung

Ist die Nachfolgeanwendung eingeführt, muss aus organisatorischer Sicht ihre Betreuung geregelt werden. Trotz der heute relativ unproblematischen Hardware und Software einer CAx-Anwendung hat eine solche Betreuungsfunktion im wesentlichen die folgenden Aufgaben:

- Einrichten einer Gruppe zum Sicherstellen der angemessenen Nutzung der vorhandenen Leistungsfähigkeit der Nachfolgeanwendung.
- Sicherstellen einer hohen Verfügbarkeit der Nachfolgeanwendung von 95–98 % durch stabile Systemparameter. Wartungs- und Sicherungsarbeiten sowie Erweiterungen und Anpassungen der Anwendung sollten außerhalb der regulären Arbeitszeit erfolgen.
- Auf der Hardwareseite kann eine Anpassung der Systemperipherie erfolgen. Dazu sollte eine statistische Erfassung der Belegung und Nutzungshäufigkeit aller Peripheriegeräte erfolgen, um diese aufwandsgerecht bereitzuhalten.
- Überprüfung des gewählten Lizenzierungsmodells (Abschn. 13.13) und der Verteilung von speziellen Anwendungen anhand der Nutzungshäufigkeit der Anwendungsmodule. Dies kann dazu führen, dass die Anzahl solcher Anwendungsmodule, die selten nachgefragt werden, reduziert und die Anzahl der Module, bei denen Engpässe bestehen, erhöht wird.
- Sicherstellen der Qualität von Schulungs- und Dokumentationsunterlagen. Bereitstellen von einheitlichen Schulungsunterlagen mit firmeninternen Beispielen und Anregungen für die Vertiefung (Training-on-the-job). Dokumentationsunterlagen sollten online verfügbar sein und solche Beispiele enthalten, die sich sofort im aktuell bearbeiteten Problem verwenden lassen. Dokumentationen auf anderen Medien werden laufend mit der Online-Dokumentation abgeglichen.

Diese Betreuungs- und Administrationsfunktion kann in der IT-Organisation des Unternehmens oder in einem Anwendungsbereich angesiedelt werden.

13.15   Freigabe der Nachfolgeanwendung

Bedingung für die Freigabe der Nachfolgeanwendung für den täglichen Einsatz ist zunächst die erfolgreiche Umsetzung des Sollkonzepts für die Nachfolgeanwendung im ausgewählten Ablösebereich, der Pilotanwendung (Abschn. 13.4). Dazu müssen genügend Daten aus der Altanwendung in die Nachfolgeanwendung übertragen worden sein, um einen wirtschaftlichen

Einsatz der Nachfolgeanwendung zu ermöglichen, und die Anwender müssen über ein ausreichend hohes Qualifikationsniveau zur Nutzung der Nachfolgeanwendung verfügen.

Zum Abschluss des Ablöseprojekts sind folgende Aktivitäten erforderlich:

- Vergleich der in den Maßnahmen 6 (Abschn. 13.6), 10 (Abschn. 13.10) und 12 (Abschn. 13.12) geplanten Vorgehensweisen und technischen sowie wirtschaftlichen Zielen mit den tatsächlich verwendeten Vorgehensweisen und erreichten Zielen im Ablöseprojekt.
- Absichern und Dokumentieren der Erfahrungen und Erkenntnisse für Folgeprojekte.
- Auflösen des Projektteams.

Danach werden die Ergebnisse der Migration in einem gemeinsamen Protokoll vom auftraggebenden Unternehmen und Anbieter festgehalten, das von den beteiligten Parteien gemeinsam ratifiziert wird. Damit kann die Pilotablösung freigegeben und in den produktiven Einsatz überführt werden.

13.16 Ausweitung

Die Ausweitung des Einsatzes der Nachfolgeanwendung erfolgt entsprechend der in den Maßnahmen 4 (Abschn. 13.4) und 6 (Abschn. 13.6) festgelegten Reihenfolge, sofern sich in der Zwischenzeit keine gravierenden Änderungen im Umfeld ergeben haben. Für die weiteren Ablösungsbereiche muss lediglich die auf den jeweiligen Bereich angepasste Einsatzvorbereitung durchgeführt werden.

Literatur

[AsWF-2006]   Ashby, M.F., Wanner, A., Fleck, C.: Materials Selection in Mechanical Design: Das Original mit Übersetzungshilfen. Spektrum Akademischer Verlag, München (2006)

[BGDP-2009]   Berufsgenossenschaft Druck und Papierverarbeitung (BGDP): Bildschirm- und Büroarbeitsplätze (BGI 650). Herausgegeben von der BGDP, Wiesbaden (2009)

[DIN-60812]   DIN EN 60812: Analysetechniken für die Funktionsfähigkeit von Systemen – Verfahren für die Fehlzustandsart- und -auswirkungsanalyse (FMEA). Beuth-Verlag, Berlin (2006)

[GaPA-2017]   http://wirtschaftslexikon.gabler.de/Archiv/54810/portfolio-analyse-v8.html. Zugegriffen: 11. Juli. 2017

[LoWi-2006]   Lotter, B., Wiendahl, H.-P. (Hrsg.): Montage in der industriellen Produktion: Ein Handbuch für die Praxis. Springer-Verlag, Berlin Heidelberg (2006)

[MaVS-2005]   Marosváry, Z., Vajna, S., Schabacker, M.: Results of Pro-Teach-Net – Development and Evaluation of an E-learning Environment. Paper 536.49. In: Samuel, A., Lewis W. (Hrsg.) International Conference on Engineering Design (ICED) '05 Melbourne (2005)

[Mikk-79]   Mikkonen, J.: Parts Standardization – A Data Base Approach. Control Data Corporation, Minneapolis (1979)

[Schm-2005]   Schmidt, R.: Ein Beitrag für eine vereinfachte technische Bewertung von CAx-Systemen. In: Vajna, S. (Hrsg.) Buchreihe Integrierte Produktentwicklung, Bd. 5. Universität Magdeburg (2005)

[VaBB-1999]   Vajna, S., Bogár, R., Bercsey, T.: Entwicklung einer anwendungsneutralen Metrik
                für CAD/CAM-Systeme. CAD-CAM Rep. **186**, 38–47 (1999)
[Vajn-2007]   Vajna, S.: Dynamische Prozessnavigation – flexibles Managen von Prozessen
                und Projekten in der Produktentwicklung. In: Seiffert, H. (Hrsg.) Gießtechnik im
                Motorenbau, S. 213–226. VDI-Verlag, Düsseldorf (2007)
[VaWe-1997]   Vajna, S., Weber, C.: CAD/CAM-Systemwechsel. Springer-VDI Verlag, Düssel-
                dorf (1997)
[VDI-2209]   VDI-Richtlinie 2209: 3D-Produktmodellierung. Beuth-Verlag, Berlin und VDI-
                Verlag, Düsseldorf (2006)
[VDI-2219]   VDI-Richtlinie 2219: Einführung und Betrieb von PDM-Systemen. Beuth-Verlag,
                Berlin und VDI-Verlag, Düsseldorf (2016)
[VDI-2800]   VDI-Richtlinie 2800: Wertanalyse. Beuth-Verlag, Berlin (2010)
[VDMA-2017]   https://www.vdma-verlag.com/home/index_DE.html. Die im Text angesprochenen
                Leitfäden sind wie folgt erreichbar: Product Lifecycle Management: transparente
                Prozesse und konsistente Informationen im Produktlebenszyklus: www.vdmashop.
                de/16797 Process Indicators for Product Engineering (PIPE): http://www.vdmashop.
                de/06603 Einführung eines zukunftssicheren CAM-Systems im Unternehmen: www.
                vdmashop.de/06689. Zugegriffen: 01. Juli. 2017
[Zang-1971]   Zangenmeister, C.: Nutzwertanalyse in der Systemtechnik. Eine Methode zur
                multidimensionalen Bewertung und Auswahl von Projektalternativen. Wittmann-
                sche Buchhandlung, München (1971)

Wirtschaftliche Bewertung von Anwendungssystemen

14

Bevor ein Produkt eingesetzt werden kann, muss es beschafft und gegebenenfalls eingeführt werden. Die Wirtschaftlichkeit W eines solchen Einsatzes wird allgemein definiert als der Quotient von Output (Ergebnis des Einsatzes des Produkts) zu Input (Aufwand für Beschaffung und Einsatz). Ist das betrachtete Produkt ein dingliches Objekt, eine Dienstleistung oder ein Softwaresystem (oder Kombinationen daraus), dann ist der Output die Summe aus den zu erbringenden bzw. erbrachten Nutzen/Leistungen der Anwendung des Produkts. Der Input umfasst alle für Beschaffung und Einsatz aufzuwendenden bzw. angefallenen Kosten:

$$\text{Wirtschaftlichkeit } W = \frac{\text{Nutzen}}{\text{Kosten}}$$

- Die Nutzen bestimmen sich in einer Zeitperiode aus allen erbrachten Leistungen, welche die Anwendung des Produkts bewirkt. Dazu müssen alle signifikanten Nutzen aus allen möglichen Anwendungen des Produkts erfasst werden. Nutzen müssen, damit sie mit den (üblicherweise monetären) Kosten vergleichbar werden, zudem monetär bewertet („quantifiziert") werden, was in der Regel schwierig ist.
- Die Kosten entsprechen dem Wert aller in einer Zeitperiode (einmalig oder laufend) verbrauchten Finanzmittel, Güter und Dienstleistungen, die für Beschaffung und gegebenenfalls Einführung (Kauf, Investition) sowie Anwendung des Produkts benötigt werden. Diese Kosten können durch bekannte Verfahren der Kostenrechnung (Accounting) hinreichend genau erfasst werden.
- Ist der Quotient W größer Null, aber kleiner 1, dann leistet die Anwendung des Produkts einen Deckungsbeitrag zur Wirtschaftlichkeit, auch wenn dieser Beitrag für sich allein betrachtet nicht absolut wirtschaftlich ist.
- Ist der Quotient W größer als 1, liegt eine sogenannte absolute Wirtschaftlichkeit vor.

© Springer-Verlag GmbH Deutschland, ein Teil von Springer Nature 2018
S. Vajna et al., *CAx für Ingenieure*,
https://doi.org/10.1007/978-3-662-54624-6_14

Wird das Produkt nicht gekauft, sondern beispielsweise aus Gründen der zur Verfügung stehenden Liquidität des Käufers gemietet oder geleast, treten Kosten und die daraus resultierenden Nutzen nicht nur einmalig oder statisch, sondern überwiegend mehrfach und dynamisch auf.

Zeitlich betrachtet, müssen zuerst die Kosten aufgebracht werden (Vorfinanzierung, Investition), bevor mögliche Nutzen der Anwendung des Objekts auftreten können. Dieser Zeitverzug spielt eine wichtige Rolle bei der Bewertung der Wirtschaftlichkeit W.

Ein Unternehmen, das ein Produkt verkaufen will, muss zuerst alle Kosten für Entwicklung und Produktion des Produkts vorfinanzieren. Erst mit dem Verkauf des Produkts entsteht durch die Zahlungen der Käufer der Nutzen für das Unternehmen, Abb. 14.1.

Die einzelnen Kostenarten in Abb. 14.1 haben folgende Bedeutung:

- Die zuerst anfallenden Kosten sind die Vorlaufkosten für Forschung, Produktentwicklung und Produktionsvorbereitung (schwarz gepunktete Kurve in Abb. 14.1). Da ein Produkt im Laufe seines Lebens mehrere Produktmodifikationen (Relaunch, Face-Lifting, Updates) erfährt, fallen die Kosten wellenförmig an, wobei die Wellenhöhepunkte immer geringer ausfallen, da mehr Erfahrung und Wissen über das Produkt vorliegen. Einen ähnlich gelagerten Verlauf verfolgen auch die Entwicklungskosten (schwarze Kurve).
- Begleitende Kosten (schwarz strichpunktierte graue Kurve) steigen bei der Einführung eines Produktes stark an, flachen während der Marktphase ab und steigen wegen des Produktauslaufs und der Produktentsorgungskosten zum Ende wieder leicht an.
- Die Vertriebskosten (schwarz gestrichelte Kurve) fangen nach Planung erster Marketingmaßnahmen in der Produktentwicklung an, die Herstellkosten (lang gestrichelte

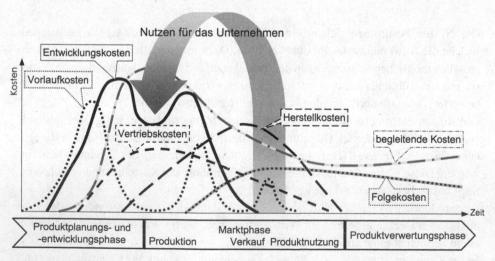

Abb. 14.1 Kosten- und Nutzenverläufe im Produktlebenszyklus (in Anlehnung an [Vajn-2014])

Kurve) folgen zeitlich später erst gegen Ende der Produktentwicklungsphase. Beide steigen stark an und gehen am Ende der Marktphase wieder zurück.

- Die Folgekosten für Wartung, Instandhaltung etc. (grau gepunktete Kurve) fallen erst in der Marktphase an, steigen dort an und fallen in der Produktverwertungsphase ab.

Kauft nun ein Kunde das vom Unternehmen angebotene Produkt, so erfolgt die Entscheidung für dieses Produkt aufgrund der Erwartung des Kunden, dass ihm der Einsatz dieses Produkts einen Nutzen bringen wird. Das Unternehmen muss daher ein leistungsfähiges Produkt konzipieren, entwickeln und produzieren, das den Erwartungen des Kunden genügt, damit der Preis, den der Kunde für das Produkt bezahlt, dazu beiträgt, die Kosten für Konzeption, Entwicklung und Produktion des Produkts zu kompensieren. Damit diese Kompensation sichergestellt wird, muss das Unternehmen qualifizierte Mitarbeiter in geeigneten Strukturen einsetzen, die mit effizienten Abläufen, Methoden, Vorgehensweisen, Technologien, Werkzeugen und Hilfsmitteln arbeiten. Ein sehr wesentliches Werkzeug zum Erreichen dieser Ziele sind CAx- und PDM-Systeme (siehe Kap. 5–12), die zur Unterstützung aller Aktivitäten in Produktentwicklung und Produktion eingesetzt werden. Die Nutzen aus der Anwendung dieser Systeme führen mit dazu, dass das Unternehmen Produkte mit hohem Gebrauchswert anbieten kann, die vom Kunden wegen ihres bei ihm zu erwartenden Nutzens gekauft werden.

Während im Kap. 13 die Gründe und Vorgehensweisen für die Migration von CAx-Systemen besprochen wurden, wird im vorliegenden Kapitel am Beispiel der Anwendung von CAx-Systemen dargestellt, wie die bei Auswahl und Einsatz dieser Systeme die an unterschiedlichen Zeitpunkten auftretenden Kosten und die daraus resultierenden Nutzen erfasst, strukturiert und zu einer Aussage über die Wirtschaftlichkeit der Anwendung dieser Systeme zusammengeführt werden können.

Zum umfassenden wirtschaftlichen Beurteilen dieser Anwendungen werden geeignete Vorgehensweisen und Werkzeuge zur Bewertung der unterschiedlichen Kosten und der daraus entstehenden Nutzen benötigt. Diese Vorgehensweisen und Werkzeuge sollen einfach, schnell und wirtschaftlich anwendbar sein sowie nachvollziehbare und reproduzierbare Ergebnisse liefern. Ziel der Berechnung der Wirtschaftlichkeit ist es dabei, jeden durch den Einsatz einer Systemanwendung entstandenen Nutzen zu erfassen und mit betriebswirtschaftlichen Verfahren in Relation zu den dafür aufgewendeten Kosten zu bringen.

Die hier auf CAx-Anwendungen bezogenen Aussagen gelten sinngemäß auch für die Anwendung der anderen Systeme, wie beispielsweise PDM-Systeme. Sie können ohne Schwierigkeiten auf weitere Anwendungssysteme übertragen werden (näheres hierzu beispielsweise in [Scha-2010]).

14.1 Bestimmung der Kosten

Soll ein CAx-System beschafft werden, so können die Kosten dieser Beschaffung vergleichsweise einfach im Vorfeld erfasst werden, da die Anbieter von CAx-Systemen sowohl die Investitions- als auch die Wartungskosten exakt benennen können und das

Unternehmen die dazu erforderlichen Aufwände für Personal und Betriebsmittel zur Verfügung stellen kann. Dabei wird zwischen einmaligen und laufenden Kosten unterschieden.

Einmalige Kosten fallen bei der Einführung (Jahr 0) und bei späteren Ausbaustufen (zusätzliche Softwarelizenzen, Hardware-Erweiterungen, weitere vollständige Arbeitsplätze), nicht aber permanent an. Bei Kauf sind dies die Investition in das CAx-System, bei Miete die erste Rate sowie die Kosten für Provisionen und Vertragsabschluss usw., bei Leasing die Sonderzahlung zu Anfang des Leasingvertrages. Hinzu kommen die Kosten für Einsatzvorbereitung und Dienstleistungen, etwa für Beratung oder externes Training.

Einmalige Kosten gehen in die Abschreibung ein. Dabei kann zwischen einer linearen oder einer degressiven Form der Abschreibung gewählt werden. Darunter ist die in Geld bewertete Wertminderung eines Objekts (und dadurch des durch das Objekt gebundenen Kapitals) durch (Ab-) Nutzung zu verstehen, die steuerlich geltend gemacht werden kann. Bei der linearen Abschreibung wird jedes Jahr der gleiche Prozentsatz der Investition über die Dauer der Abschreibung abgeschrieben. Übliche Abschreibungsdauern betragen fünf oder sechs Jahre. IT-Geräte können linear auch zwischen drei und vier Jahren abgeschrieben werden. Wegen des raschen technologischen Fortschritts sollte aber für CAx-Systeme eine degressive Abschreibung mit Laufzeiten von nicht mehr als drei Jahren bevorzugt werden (beispielsweise 1. Jahr 50 %, 2. Jahr 30 %, 3. Jahr 20 % Abschreibung).

Die Summe der Einmalkosten zum Beschaffungszeitpunkt („Jahr 0"), dividiert durch die Anzahl der CAx-Arbeitsplätze (unabhängig davon, ob ein CAx-System auf einem Rechner die einzige Anwendung ist oder sich die Hardware mit anderen Softwaresystemen teilt), ergibt die normierten Einmalkosten pro Arbeitsplatz. Hierdurch lässt sich unter anderem berücksichtigen,

- ob zusätzliche Hardware beschafft bzw. vorhandene aufgerüstet werden muss, um ein CAx-System einzusetzen, und
- welche Art und wie viele Softwarelizenzen beschafft werden sollen. Hier muss zwischen Einzellizenzen pro Arbeitsplatz, Lizenzbündeln (eine Basislizenz pro Arbeitsplatz sowie eine kleinere Anzahl von Lizenzen für Zusatzsoftware aufgrund deren geringerer Nutzungshäufigkeit) oder Generallizenzen (pro Server, pro Unternehmensstandort oder für das gesamte Unternehmen) abgewogen werden.

Laufende Kosten (z. B. Wartungskosten, Betriebskosten, Weiterbildungskosten, laufende Mietraten und Leasinggebühren) treten erst nach Beginn des Einsatzes im 1. Jahr auf. Laufende Kosten sind als Kapitalabflüsse (Auszahlungen) dem jeweiligen Abrechnungszeitraum zuzurechnen, in dem sie anfallen.

Tab. 14.1 und 14.2 zeigen typische Vertreter für einmalige und laufende Kosten.

Die Berücksichtigung folgender Faustregeln kann den weiteren Verlauf der Kostenentwicklung positiv beeinflussen:

- Für die Kostenschätzung bei der prospektiven Bestimmung der Wirtschaftlichkeit einer technischen Investition (wie die CAx-Anwendung) kann angesetzt werden, dass die jährlichen Folgekosten etwa 30–40 % der Anfangsinvestition betragen werden.

Tab. 14.1 Einmalige Kosten bei Einführung, Migration und Ausbau einer CAx-Anwendung mit einzelnen Maßnahmen aus Kap. 13

- Personalkosten: Projektmitarbeiter, Fachabteilungen, Unternehmensleitung, (interne und externe) Berater bei
  - Ist- und Schwachstellen-Analyse (Maßnahme 5)
  - Erstellen des Soll-Konzepts (Maßnahme 6)
  - Anforderungsprofil und Pflichtenhefte mit Kriterienstrukturen (Maßnahme 8)
  - Informationsbeschaffung (Maßnahme 9): Literatur, Hersteller, Messen, Referenzkunden, Benchmark
  - Kosten-Nutzen-Analysen (Maßnahmen 7 und 10)
- Beschaffung CAx-System (Maßnahme 13):
  - Hardware: Rechner mit Betriebssystem, Bildschirme, Speichermedien, Eingabe- und Ausgabegeräte, Kommunikationseinheiten, Netzwerke, usw.
  - Bei Bedarf: Erweiterungen von Servern, Hardware zur redundanten Datensicherung, usw.
  - Software: Module der CAx-Software, Archivierungssysteme, Datenbanksysteme, wissensbasierte Systeme, Schnittstellen, Netzwerke, usw. Bei Bedarf: PDM-System, Berechnungs- und Optimierungssysteme, Schnittstellen- und Konvertierungssoftware, Projektmanagement, Präsentationshilfen, usw.
- Einsatzvorbereitung (Maßnahme 14):
  - Schulung der Anwender, Lehrgangsgebühren, Kosten von Ausfallzeiten während der Schulung
  - Basisausstattung: Templates, Textbausteine, Bibliotheken für Norm- und Zukaufteile, 3D-Basismodelle, Basisstrukturen für Stücklisten und Arbeitspläne, Schnittstellen, usw.
  - Bei Migration und Umstellung: Konvertierung von Produktdokumenten und Programmen
- Installation des CAx-Systems sowie ggf. Klimatisierung, ergonomisches Mobiliar, erhöhter Feuer- und Katastrophenschutz, usw.
- Planbare Folge- und Erweiterungsinvestitionen in CAx-Hardware und -Software, Kommunikationssysteme, ergänzende Software

Tab. 14.2 Laufende Kosten einer CAx-Anwendung

- Kosten für den CAx-Betrieb und die dazu erforderlichen Betreuer
- Nutzungsgebühren für externe Netze, Entwicklung geeigneter Schnittstellen, Datenübertragung aus anderen Systemen und Konvertierung in das CAx-System, usw.
- Wartung des CAx-Systems und für ergänzende Software
- (laufende) Entwicklung, Einführung und Schulung neuer Arbeitstechniken
- Laufende Weiterbildung und Beratung der Anwender, Teilnahme an entsprechenden Konferenzen, Anwendergruppen und Foren
- Laufende Anpassung des CAx-Systems sowie laufende Integration mit anderen Anwendungen

- Bei Investitionen in Hardware gilt die „Zehner-Regel": Wird 1 Euro in Hardware investiert, so können dadurch 10 Euro Folgekosten für dafür erforderliche Software entstehen. Diese können zu etwa 100 Euro Folgekosten für die Ausbildung der Mitarbeiter an dieser Software führen. Daraus resultierende Kosten in Organisation und Management des Unternehmens können bis zu 1000 Euro betragen.
- Pro Anwendungsgebiet sollte möglichst nur eine Lösung verwendet werden, um eine möglichst geringe Systemvielfalt zu bekommen (Maßnahme 12, Kap. 13). Damit lassen sich Kosten für redundante Aktivitäten und Strukturen vermeiden, etwa bei Ausbildung, Arbeitstechniken, Datensicherung und Softwareaktualisierungen, da diese aufgrund der Redundanz keinen zusätzlichen Nutzen erzeugen.
- In der Regel sind (bereichs- oder unternehmensweite) Pauschallizenzen für eine Anwendung mit einer Obergrenze der Anzahl möglicher Nutzer die bessere Lösung als der Einsatz von Einzelplatzlizenzen. Bei Pauschallizenzen sollten dabei auf einem

Rechnersystem möglichst viele Anwendungen vorgehalten werden, auch wenn manche nur zeitweise benutzt werden. Dadurch sinken die Hardwarekosten pro Software und durch Freigabe von Anwendungen lässt sich für jeden Mitarbeiter sein persönliches System kostengünstig konfigurieren.

14.2   Bestimmung des Nutzens

Der Nutzen einer CAx-Anwendung kann sich in unterschiedlichen Ausprägungen zeigen, beispielsweise in Form einer Reduktion der Durchlaufzeiten[1], erhöhter Arbeitsproduktivität der Mitarbeiter und besserer Ressourcenverwendung, z. B. bewertete Zeitvorteile, Materialeinsparungen, Verbesserung von Qualität und Innovationshöhe von Produkten und Verfahren, Kostenreduktion bei gleicher Leistung, Leistungserhöhung bei gleichem Ressourceneinsatz, höhere Flexibilität, verbesserte Einbindung von Kunden, besseres Image im Markt etc.. Allerdings ist die Abgrenzung zwischen diesen einzelnen Nutzenarten fließend[2].

Wenn der Ausgangszustand (Zustand von Abläufen und Ergebnissen vor der Einführung der aktuellen CAx-Anwendung) rechtzeitig und vollständig dokumentiert wurde, kann er mit dem Zielzustand (aktuelle CAx-Anwendung ist im Einsatz) verglichen werden. Dann können im Controlling die durch den Einsatz der CAx-Anwendung hervorgerufenen Nutzen über einen Verfahrensvergleich erfasst werden. Wenn dieser Vergleich möglich ist, spricht man von quantifizierbaren Nutzen. Mit dem Verfahrensvergleich können zwei Möglichkeiten der Nutzenentstehung durch eine CAx-Anwendung erfasst werden, nämlich durch Kostenreduktion bei gleicher Leistungserbringung des betrachteten Unternehmensbereichs (in der Regel die Produktentwicklung, Abschn. 14.2.1) und durch zusätzlichen Nutzen durch erhöhte Leistungserbringung bei unverändertem Kosteneinsatz im betrachteten Bereich (Abschn. 14.2.2). Allerdings lassen sich damit nur quantifizierbare Nutzen einfach erfassen. Bei CAx-Anwendungen treten aber auch (und überwiegend) solche Nutzen auf, die sich oft nur schwer oder gar nicht monetär quantifizieren lassen, die sogenannten „qualitativen Nutzen" (Abschn. 14.2.3).

Nutzen haben ein zeitliches Anlaufverhalten, das von der Eignung der CAx-Anwendung sowie von Güte und Koordination der Einführungsmaßnahmen abhängig ist (u. a.

---

[1] Die Durchlaufzeit setzt sich nach [DIN-1996] aus Bearbeitungszeit, Transportzeit, Liegezeit und Wartezeit zusammen, wobei nur die Bearbeitungszeit zur Wertschöpfung beiträgt. Dabei ist es interessant zu wissen, dass der Anteil der Bearbeitungszeit an der Durchlaufzeit in der deutschen Industrie bei unter 10 % liegt [StVa-1997].

[2] Eine umfangreiche Zusammenstellung von Nutzen der 3D-Modellierung ist beispielsweise im Kap. 8 der VDI-Richtlinie 3D-Produktmodellierung [VDI-2209] zu finden.

ausreichende Qualifikation der Mitarbeiter, Anwenden einer angemessenen Arbeitstechnik, Optimieren der Abläufe im Bereich sowie klare Datenstrukturierung).

Der Gesamtnutzen einer CAx-Anwendung entsteht durch Aufsummieren der detaillierten Nutzenanteile, die durch die einzelnen CAx-Anwendungen erzeugt werden, sowie durch ihre gegenseitige Verstärkung (Synergieeffekt).

14.2.1 Kostenreduktion bei gleicher Leistungserbringung

Eine Reduktion der Kosten bei gleicher Leistung des Bereichs aufgrund der CAx-Anwendung kann durch (a) zeitliche Beschleunigung von Aktivitäten, (b) Ersatz von rigideren durch flexiblere Vorgehensweisen und (c) Ersatz von geringwertigen durch höherwertige und effizientere Vorgehensweisen erfolgen. Die hierbei entstehenden Nutzen lassen sich aus der Kostenreduktion direkt und relativ einfach quantifizieren.

Die Kostenreduktion ergibt sich aus der Differenz der Bearbeitungskosten ohne die/mit der CAx-Anwendung bei gleicher Leistungserbringung des betrachteten Bereichs durch das im Rahmen einer CAx-Anwendung effizientere Management der Aktivitäten:

- Reduktion der Bearbeitungszeit bei gleicher Leistungserbringung
- Reduktion der Prüf- und der Qualitätskosten (besonders für Nacharbeiten)
- Reduktion von Folgekosten in Fertigung, Vertrieb, Kundendienst sowie für Einführung neuer bzw. Anpassung vorhandener Produkte etc., die aufgrund einer nicht ausreichenden Qualität der erzeugten Fertigungsdokumentation sowie aus fehlender Integration und Transparenz der Daten in der Produktentwicklung entstehen (aber die Zuordnung ist nicht immer einfach!)
- Reduktion der Kosten zur Informationsspeicherung und -bereitstellung
- Ersatzloser Wegfall von Aktivitäten, beispielsweise die Kontrolle auf Normgerechtigkeit der Ergebnisse, da die Vorgaben für die Normgerechtigkeit in eine CAx-Anwendung integriert und damit von vornherein eingehalten werden.
- Reduktion der Dokumentationskosten allgemein durch (teil-) automatisierte Ableitung von Dokumenten aus den CAx-Modellen

Daneben lassen sich (besonders bei der Ablösung eines vorhandenen CAx-Systems durch einen leistungsfähigeren Nachfolger) auch noch Kosten im Energieverbrauch, bei Materialaufwand in Entwicklung und Fertigung, bei Lagerbestand und Lagerhaltung, bei Garantie und Kundendienst usw. einsparen.

14.2.2 Höhere Leistungserbringung bei gleichem Ressourceneinsatz

Der zusätzliche Nutzen durch erhöhte Leistungserbringung bei unverändertem Kosteneinsatz entsteht durch (a) Ersatz von isolierten durch integrierte Vorgehensweisen, (b) Ersatz serieller durch parallele Vorgehensweisen (beispielsweise Simultaneous Engineering und

Concurrent Engineering) und (c) Standardisieren von Produkten und Prozessen. In der folgenden Aufzählung sind diejenigen Nutzen mit einem „(Q)" gekennzeichnet, die direkt und einfach quantifizierbar sind:

- Durch die Übernahme von Routinetätigkeiten durch das CAx-System können freigewordene Kapazitäten für zusätzliche wertschöpfende Tätigkeiten verwendet werden, die entweder intern für das Bearbeiten zusätzlicher Aufträge, für das Erhöhen der Produktleistungsfähigkeit, zum Anbieten eines Produkts mit dazu passenden Dienstleistungen (Produkt-Service-System, PSS), allgemein für Qualitätssteigerungen etc. genutzt oder extern als Dienstleistung an Dritte verkauft werden können (Q).
- Unterstützung und Steuerung von fest verketteten Arbeitsfolgen (Workflows[3]) (Q).
- Aus der Standardisierung von Produkten und Prozessen folgt häufig eine Vereinheitlichung von (Entwicklungs-) Ergebnissen und eine Reduktion der Vielfalt von Produktpaletten und Abläufen[4].
- Höhere Produktqualität und niedrigere Produktkosten können einen Kunden veranlassen, auf eine Parallelbeschaffung des gleichen Produkts bei einem anderen Lieferanten zu verzichten (Single Sourcing) und damit die Stückzahl/Liefermenge des Produktes zu erhöhen (Q).
- Verstärkte Wiederverwendung von Produktkomponenten und den damit verbundenen 3D-Modellen.
- Wenn Produkte mit gleicher oder verbesserter Qualität schneller im Markt eingeführt werden, dann verkürzen sich sowohl die Zahlungsziele für Kunden als auch die Zeit bis zur Platzierung von (zusätzlichen) Nachfolgeaufträgen.

14.2.3 Qualitative Nutzen

Bei CAx-Anwendungen können auch solche Nutzen auftreten, die sich oft nur schwer oder gar nicht monetär quantifizieren lassen[5], die schon erwähnten „qualitativen Nutzen". Wesentliche Ursachen für diese sind:

---

[3] Workflows sind fest verkettete und komplett reproduzierbare Prozesse, beispielsweise Freigabeprozesse und normierte Änderungsprozesse. Die Aktivitäten in der Produktentwicklung können hingegen nicht als Workflows behandelt werden, weil die Prozesse in der Produktentwicklung überwiegend kreativen und chaotischen Charakter haben und damit nicht reproduzierbar sind [Frei-2001].

[4] Dieser Effekt kann durch geeignete Unterstützungsmaßnahmen weiter verstärkt werden, beispielsweise durch das Bereitstellen von Norm- und Zukaufteilbibliotheken.

[5] Als Erfahrungswert wurde für CAD/CAM-Systeme bereits in [Vajn-1990] festgestellt, dass direkt quantifizierbare Nutzen nur etwa 10–15 % der insgesamt auftretenden Nutzen ausmachen.

- In der Produktentwicklung laufen Prozesse überwiegend heuristisch, chaotisch und mit einer hohen Änderungsfrequenz ab. Deswegen werden sie nicht oder nur kaum dokumentiert, so dass geeignete Bezugsgrößen für die Nutzenerfassung fehlen. Dagegen arbeitet die Produktion aus Gründen der Reproduzierbarkeit der Ergebnisse und des Sicherns des Qualitätsniveaus mit festgeschriebenen Prozessen. Zudem werden (auch aus Gründen der Produkthaftung) alle Prozesse sowie Kosten- und Nutzenströme erfasst und dokumentiert, so dass hier ein fast vollständiger Verfahrensvergleich zum Ermitteln der Nutzen möglich ist.
- Bei einer CAx-Anwendung kommt es zu einer verstärkten Vorverlagerung von Aktivitäten und Entscheidungen aus den nachfolgenden Bereichen in die Produktentwicklung. Zu diesen Bereichen gehören im wesentlichen Fertigungssteuerung, Herstellung, Montage, Qualitätssicherung und Service, vergleiche Abb. 2.3. Die erweiterten Modelliermöglichkeiten von CAx-Systemen führen zudem zu einer Reihe neuer Tätigkeiten bei Gestaltung und Auslegung des Produkts sowie bei Planung und Simulation der Produktion und des späteren Produktlebens. Für diese zusätzlichen Aktivitäten gibt es keine vergleichbaren Aktivitäten aus der Zeit vor der Anwendung des CAx-Systems. Damit ist eine direkte Nutzenermittlung aus einem Verfahrensvergleich Vorher-Nachher nicht möglich. Diese durch den CAx-Einsatz erst möglichen Aktivitäten erzeugen aber den größten Teil des Nutzens der CAx-Anwendung.
- Es gelingt nicht, den Durchlaufes eines Auftrages durch einzelne Abteilungen so zu synchronisieren, dass alle an unterschiedlichen Stellen erzielten Nutzen bis zum Abschluss des Auftrags erhalten bleiben, so dass Produktivität vernichtet wird.
- CAx-Anwendungen in der Produktentwicklung führen oft erst in den nachfolgenden Bereichen zu signifikanten Nutzen. Dieser ist deutlich höher als der Nutzen, der in der Produktentwicklung selbst entsteht. Beispielsweise vereinfacht eine 3D-Modellierung in der Produktentwicklung deutlich die Qualitätssicherung in der Fertigung und senkt die Kosten für Serviceprozesse. Ist ein Unternehmen funktional organisiert, dann ist aufgrund unterschiedlicher Kostenstellen eine direkte Verrechnung der Kosten für die CAx-Anwendung auf der Kostenstelle der Produktentwicklung mit dem daraus resultierenden Nutzen, der auf einer Kostenstelle in Produktion oder Vertrieb entsteht, nicht möglich und nicht üblich.

14.2.4 Nutzwertanalyse

Die Nutzwertanalyse nach Zangenmeister [Zang-1976] (sowie ihre Derivate Scoring-Modell und Rangfolge-Modell [Gabl-1995]) ist ein Verfahren zur Ermittlung der Nutzen verschiedener Alternativen, wobei diese Alternativen nur mit solchen Kriterien bewertet werden, die nicht in Geldeinheiten ausdrückbar sind. Bei der Nutzwertanalyse werden z. B. technische, psychologische und soziale Bewertungskriterien berücksichtigt, die sich an quantitativen und qualitativen Merkmalen orientieren (multiattributive

Nutzenbetrachtung). Die Nutzwertanalyse versetzt die bewertenden Personen in die Lage, die Alternativenbewertung sowohl unter Berücksichtigung eines multidimensionalen Zielsystems als auch spezifischer Zielpräferenzen vorzunehmen.

Vorteile sind die direkte Vergleichbarkeit der einzelnen Kriterien und die Möglichkeit zur flexiblen Anpassung an spezielle Erfordernisse. Nachteilig sind die auf subjektiven Urteilen fußende Zielkriteriengewichtung und Teilnutzenbestimmung. Der ermittelte Nutzwert beinhaltet durch die Gewichtungen und Punktzuordnungen ein hohes Maß an Subjektivität. Da damit das Ergebnis entscheidend beeinflusst werden kann, kommt es hier bei Mehrpersonenentscheidungen häufig zu Konflikten.

Die Nutzwertanalyse ist als eine heuristische Methode zur systematischen Entscheidungsfindung wegen ihres nachvollziehbaren und überprüfbaren Ablaufs als vorteilhafte Ergänzung anderer Methoden zu betrachten, die dem Aufbau der Entscheidungsproblematik bei der Bewertung und Auswahl komplexer Alternativen dienen.

14.3 Bestimmung der Wirtschaftlichkeit

Die Verfahren zur Berechnung der Wirtschaftlichkeit einer CAx-Anwendung lassen sich einerseits in prospektive und retrospektive, andererseits in statische und dynamische Verfahren gliedern.

- Bei der *prospektiven* oder *ex-ante*-Betrachtung werden die von Einführung und Anwendung des CAx-Systems aufzuwendenden Kosten und die erwarteten Nutzen geschätzt oder aus Erfahrungswerten übernommen.
- Bei der *retrospektiven* oder *ex-post*-Betrachtung gehen tatsächlich angefallene Werte für Kosten und Nutzen in die Berechnung der Wirtschaftlichkeit ein.

14.3.1 Statische Methoden

Zu den statischen oder einperiodischen Methoden der Investitionsrechnung, die prospektiv oder retrospektiv angewendet werden können, gehören die

- *Kostenvergleichsrechnung*, die zum Vergleich mehrerer Investitionsalternativen dient. Hierbei werden die jeweiligen Gesamtkosten jeder Alternative ermittelt. Anschließend wird die kostengünstigste Alternative ausgewählt. Die Gesamtkosten ergeben sich dabei jeweils aus den einmaligen und den laufenden Kosten.
- *Gewinnvergleichsrechnung*, welche die Kostenvergleichsrechnung um den Vergleich der möglichen Gewinne erweitert. Der jeweilige Gewinn jeder Alternative wird ermittelt und die gewinnmaximale Alternative ausgewählt.
- *Rentabilitätsrechnung* (Return on Investment, ROI): Die Wirtschaftlichkeit wird aufgrund der durch die Investition erzielbaren Verzinsung des eingesetzten Kapitals beurteilt. Diese Verzinsung resultiert aus der Kostenersparnis, die durch den

Einsatz des CAx-Systems im Vergleich zur bisherigen Vorgehensweise erzielt wird (Abschn. 14.2.1). Damit die Investition wirtschaftlich ist, muss die Rentabilität der Anwendung einen vom Unternehmen vorgegebenen Wert übersteigen (dieser liegt derzeit in der Regel bei 15 %).

$$\text{Rentabilität} = \frac{\text{Kostenersparnis / Jahr}}{\phi \text{Kapitaleinsatz / Jahr}} \times 100\%$$

Dabei ist der durchschnittliche Kapitaleinsatz der Mittelwert aus dem gesamten Kapitaleinsatz eines Jahres (insofern werden Zusatzinvestitionen berücksichtigt). Die Rentabilität wird jährlich berechnet.

- *Amortisationsrechnung*: Hier steht die Kapitalrückflusszeit (Amortisationsdauer) im Vordergrund. Diese beschreibt die Länge des Zeitraums, bis das eingesetzte Kapitel (die eigentliche Investition sowie die Kosten zur Vorbereitung und Durchführung dieser Investition) in Form von Kostenersparnissen, Abschreibungen und Zinsen usw. wieder zurückgeflossen ist. Dieser Zeitraum muss unter einem vom Unternehmen vorgegebenen Grenzwert liegen.

$$\text{Amortisationsdauer} = \frac{\text{Kapitaleinsatz}(\text{Investition} + \text{Investitionsvorbereitung})}{\text{Kostenersparnis / Jahr} + \text{Abschreibung / Jahr} + \text{Zinsen / Jahr}} [\text{Jahre}]$$

Diese statischen Verfahren enthalten vereinfachende Annahmen (durchschnittliche jährliche Kosteneinsparungen, durchschnittlicher Kapitaleinsatz), die das Anlaufverhalten einer CAx-Anwendung nicht berücksichtigen und damit den Aussagewert für die Beurteilung von Investitionsalternativen erheblich einschränken. Trotzdem haben sie ihre Berechtigung bei der prospektiven Bestimmung der Wirtschaftlichkeit, vor allem dann, wenn nur Schätzwerte für Kosten und Nutzen zur Verfügung stehen oder wenn eine Bewertung von Alternativen erfolgen soll. Für eine Wirtschaftlichkeitsrechnung im laufenden Betrieb eignen sich statische Verfahren nicht.

14.3.2 Dynamische Methoden

Für die Ermittlung der Wirtschaftlichkeit generell, besonders aber für (retrospektive) Erfolgskontrollen, sind *dynamische* Methoden besser geeignet. Dabei muss beachtet werden, dass hier Kosten und Nutzen über einen längeren Zeitraum in unterschiedlichen Größen anfallen (sogenannte Auszahlungs- und Einzahlungsreihen). Daher ist es notwendig, den *Zeitwert* einer Investition mithilfe der *Abzinsung* entsprechend zu berücksichtigen.

- Der Zeitwert beschreibt die Tatsache, dass die Höhe einer Investition, die man zu Beginn einer Nutzung („Jahr 0") tätigt, nicht den gleichen Wert haben wird wie eine Investition nominell gleicher Höhe, die in zukünftigen Jahren getätigt wird. Zur Erläuterung folgendes Beispiel: Werden 100,00 Euro für fünf Jahre mit einem festen Zinssatz von 10 % investiert, dann wird durch die Verzinsung daraus nach einem Jahr 110,00 Euro, nach fünf Jahren 161,05 Euro. D. h. der Ausgangswert ist in den fünf Jahren um 61,05 Euro angestiegen. Ausgaben zu Beginn des Nutzungszeitraums sind damit „teurer" als solche zwischendrin oder am Ende des Nutzungszeitraums. Einnahmen zu Beginn des Nutzungszeitraums sind damit umso „wertvoller". Dieser veränderte Zeitwert muss daher in der Wirtschaftlichkeitsrechnung berücksichtigt werden.
- Abzinsung (Diskontierung) bedeutet, dass alle zukünftigen Werte (Investitionen, laufende Kosten oder Nutzen) auf ihren aktuellen Wert in der Gegenwart zurückgeführt werden (in der Regel in das Jahr 0 eines Projekts). Durch die Abzinsung erhält man den Betrag, den man im Jahr 0 hätte anlegen müssen, um T Jahre später ein bestimmtes Endkapital zu erzielen. Entsprechend werden abgezinste Werte durch Multiplikation des Endkapitals mit dem Abzinsungsfaktor $1/(1 + p)^T$ ermittelt. Darin ist p der unternehmensspezifisch vorgegebene Zinsfuß für die Mindestrendite des eingesetzten Kapitals, T die Laufzeit in Jahren. Sollen also im obigen Beispiel 100,00 Euro erst in fünf Jahren investiert werden, dann reicht es heute aus (bei Annahme einer konstanten Verzinsung von 10 %), nur 62,09 Euro zu investieren, da diese in fünf Jahren auf 100,00 Euro anwachsen werden.

Die oben dargestellte Vorgehensweise lässt sich analog auch für andere Perioden verwenden, z. B. für Monate. Der dazu passende Zinssatz muss dabei aus dem jeweiligen Jahreszinssatz ermittelt werden.

Zu den am meisten verwendeten Methoden zählen die *Kapitalwertmethode* und deren Varianten *interne Zinsfußmethode* und *dynamische Amortisationsrechnung*. Ihnen liegt die Kapitalwertformel zugrunde:

$$KW = -1 + \sum_{T=1}^{T=T^*} \left[\left(E_T - A_T \right) \frac{1}{\left(1+p\right)^T} \right]$$

Darin sind

KW	=	Kapitalwert (am Ende einer bestimmten Periode)
I	=	Bei Kauf die Investition, bei Leasing die Sonderzahlung, beide im Jahr 0
T	=	Laufzeit einer Periode in Monaten oder Jahren (Obergrenze T* für alle Perioden: Ende der Abschreibungsdauer oder der technischen Nutzungsdauer)
p	=	interner/unternehmensspezifischer Zinsfuß für die Periode T
E_T	=	geldmäßig bewerteter zeitbezogener Nutzen aus Einzahlungen/ Einsparungen, bezogen auf eine Periode T, jeweils am Ende der Periode

A_T	=	laufende Kosten aus Auszahlungen, bezogen auf eine Periode T, jeweils am Ende der Periode
$E_T - A_T$	=	zeitbezogene Differenz aus Einzahlungen und Auszahlungen, die aus der Investition I resultieren
$1/(1 + p)^T$	=	Abzinsungsfaktor zum Ende der jeweiligen Periode

Abb. 14.2 zeigt, auf Jahre bezogen, den zeitbezogenen Zusammenhang zwischen Einzahlungen und Auszahlungen und die Wirkung der Abzinsung.

- Im Jahr 0 gibt es natürlich keine Einzahlungen. Ab Jahr 1 verlaufen die Einzahlungen in der Regel nicht sprunghaft, sondern kontinuierlich, bei der Einführung einer CAx-Anwendung im Wesentlichen analog zum Verlauf der Lernkurve der Anwender (auch andere Verläufe sind möglich, siehe [Scha-2001]). Damit gehen auch Personaleinflüsse in die Einzahlungen ein.

- Auszahlungen sind bei Kauf die Investition, bei Miete die erste Rate sowie die damit verbundenen Erstkosten und bei Leasing die Sonderzahlung. Hinzu kommen in allen Fällen die Kosten für die Investitions- bzw. Einsatzvorbereitung. Im Jahr 0 fallen noch

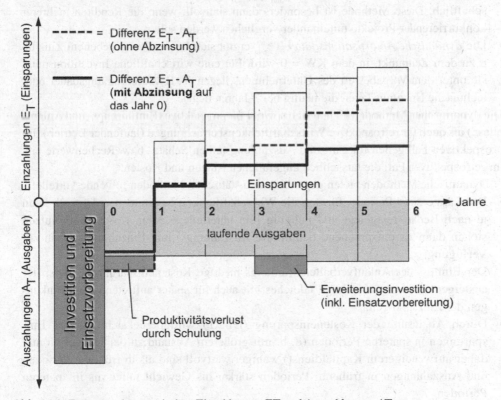

Abb. 14.2 Zusammenhang zwischen Einzahlungen ET und Auszahlungen AT

keine Zinsen an. Die Auszahlungen enthalten ab dem 1. Jahr die laufenden Kosten. Diese können ansteigen, falls Erweiterungsinvestitionen erfolgen (in Abb. 14.2 im vierten Jahr), die zum Zeitpunkt ihres Auftretens zu berücksichtigen sind. Auszahlungen enthalten keine Abschreibungen und Zinskosten, da ab dem Jahr 0 die Investition (bei Kauf) bzw. die regelmäßigen Raten (bei Miete und Leasing) voll in die Berechnung eingehen. Trotzdem werden sie ebenfalls abgezinst.

Durch die Abzinsung auf das Jahr 0 wird der Zeitwert der Kosteneinsparungen berücksichtigt. Dies zeigt sich deutlich in dem Unterschied zwischen den Verläufen der Kurven der Kosteneinsparung in Abb. 14.2.

- Bei der *Kapitalwertmethode* wird der Kapitalwert KW für fest vorgegebene unternehmensspezifische Werte für Zinsfuß p und Abschreibungsdauer T* berechnet. Wirtschaftlich ist eine Investition, wenn der Kapitalwert größer Null ist, wobei der Grad der Wirtschaftlichkeit direkt proportional zu der Höhe des Kapitalwertes ist.
- Bei der *internen Zinsfußmethode* wird derjenige Zinsfuß p* gesucht, bei dem bei fest vorgegebener Abschreibungsdauer T* der Kapitalwert KW = 0 wird. p* ist die tatsächliche Rendite des eingesetzten Kapitals. Liegt die Rendite über dem (vorgegebenen) unternehmensspezifischen Zinsfuß p_{min} (Mindestrendite), so ist die Investition wirtschaftlich. Diese Methode ist besonders dann sinnvoll, wenn die Renditen mehrerer konkurrierender Projekte miteinander verglichen werden sollen.
- Die *dynamische Amortisationsdauer* T^*_{min} ergibt sich bei fest vorgegebenem Zinsfuß p zu dem Zeitpunkt, in dem KW = 0 wird. Für eine wirtschaftliche Investition muss sie unter dem Vorgabewert des Unternehmens liegen (z. B. Abschreibungsdauer oder technische Nutzungsdauer, die häufig bei 3 Jahren liegt).

Die dynamischen Methoden eignen sich sowohl für prospektive (Einführungs- und Anlaufphase) als auch für retrospektive Wirtschaftlichkeitsbetrachtungen (laufender Betrieb). Im prospektiven Fall gehen für Ein- und Auszahlungsreihen Schätz- bzw. Rechenwerte ein, im retrospektiven Fall die tatsächlich angefallenen Nutzen und Kosten.

Dynamische Methoden bieten gegenüber den statischen Methoden folgende Vorteile:

- Die Länge einer Periode, für den die Wirtschaftlichkeit bestimmt werden soll, kann je nach Bedarf festgelegt und beliebig fein unterteilt werden. Kosten und Nutzen stehen dann als entsprechend detaillierte Auszahlungs- und Einzahlungsreihen zur Verfügung.
- Der Einfluss des Anlaufverhaltens (anfangs niedrige Kosteneinsparungen, die später ansteigen) wird berücksichtigt. Gleiches gilt auch für später auftretende Schwankungen der Einzahlungen.
- Durch Abzinsung der Kosteneinsparung (ET-AT) wird berücksichtigt, dass Einsparungen in späteren Perioden (d. h. mit größerem Abstand zu der Investition und daher aufwendigerem Kapitaldienst) weniger wertvoll sind als in früheren Perioden und Auszahlungen in früheren Perioden stärker ins Gewicht fallen als in späteren Perioden.

14.3.3 Möglichkeiten zur Verbesserung der Wirtschaftlichkeit

Zur Verbesserung der Wirtschaftlichkeit eignen sich folgende strategische Möglichkeiten:
- Um Bezugsgrößen für den Nutzenvergleich zu erhalten und das Nutzenpotential voll auszuschöpfen, sollten vor der Einführung einer CAx-Anwendung alle Aktivitäten und Prozesse in den betroffenen Bereichen erfasst und verbessert werden („Engineering Process Reengineering" [Star-2016]).
- Es empfiehlt sich für die Erfassen von schwer quantifizierbarem Nutzen, (realistische) Zielvorgaben der Form „Senken der Nacharbeit von Fertigungsunterlagen um 15 %" zu entwickeln, deren Einhaltung während des laufenden Betriebs geprüft werden kann.
- Um die Vergleichbarkeit weiter zu erleichtern und um das Risiko zu minimieren, sollte die Einführung so erfolgen, dass zunächst *eine* Produktfamilie bzw. *ein* Bereich vollständig von der CAx-Anwendung unterstützt wird. Dadurch wird auch die Synchronisation der einzelnen Aktivitäten im Bereich ermöglicht, so dass Produktivitätssteigerungen an jeder Stelle des Auftragsdurchlaufs erhalten bleiben. Erst danach wird die Anwendung auf weitere Produktfamilien bzw. Bereiche ausgedehnt.
- Verbunden mit dem vorigen Punkt ist es sinnvoll, die Zeitpunkte für Investitionen und zu erwartende Nutzen so zu wählen, dass mit möglichst geringen Investitionen begonnen wird, die aber gleichzeitig möglichst hohe Nutzen erzeugen. Damit kann ein hoher Anfangserfolg erzielt werden, der die Akzeptanz einer CAx-Anwendung im Unternehmen deutlich verbessert.
- Da aufgrund der Abzinsung Investitionen in späteren Perioden das Budget des Unternehmens deutlich weniger belasten als in frühen Perioden, ist es ratsam, möglichst mehrere konstante Investitionen verteilt über den Zeitraum eines CAx-Projekts vorzusehen, da die Summe der abgezinsten Investitionen geringer ist, als wenn alle Investitionen zu Beginn des Projekts getätigt werden würden.

14.4   Benefit Asset Pricing Model (BAPM®)

Bei der Erfassung des detaillierten Nutzens und seiner Umsetzung in Geldwerte (Quantifizierung und Bewertung) für die Wirtschaftlichkeitsrechnung können Schwierigkeiten auftreten, da Produktivitätssteigerungen in der Produktentwicklung oft erst in nachfolgenden Bereichen sichtbar und bewertbar werden. Dabei ist aber im Controlling bisher nicht eindeutig geklärt, wie denn Kosten, die an einer Kostenstelle auftreten, den aus den Kosten resultierenden Nutzen zugeordnet werden können, wenn diese Nutzen an einer anderen Kostenstelle als die Kosten auftreten. Außerdem entstehen bei einer CAx-Anwendung neue Tätigkeiten und Vorgehensweisen, für die es im herkömmlichen Ablauf kein Vorbild gibt. Daher ist eine Vergleichbarkeit nicht gegeben und eine direkte Nutzenermittlung nur schwer möglich.

In diesem Abschnitt wird mit dem Benefit Asset Pricing Model (BAPM®) nach Schabacker [Scha-2001] ein leistungsfähiges Verfahren zur Bewertung von sehr unterschiedlichen und aus unterschiedlichen Bereichen stammenden Nutzen beschrieben. Dieses Verfahren wurde bisher erfolgreich bei der Bewertung unterschiedlicher Anwendungen eingesetzt[6] (siehe z. B. [Scha-2002, ScVa-2002, ScWo-2002, Scha-2004]).

Im BAPM® müssen zuerst die unterschiedlichen Nutzen kategorisiert werden. Dies geschieht mit dem von Kaplan und Norton konzipierten Ansatz der Balanced Scorecard [KaNo-1997]. Die Grundidee der Balanced Scorecard beruht auf vier Perspektiven:

- Die finanzielle Perspektive eines Unternehmens wird traditionell in Jahres- oder Quartalsabschlüssen dargestellt. Sie beinhaltet Informationen über die Vermögens-, Finanz- und Ertragslage eines Unternehmens.
- Die Kundenperspektive liefert Informationen über die Positionierung des Unternehmens in bestimmten Marktsegmenten, über die Kundenzufriedenheit oder die Kundenbindung.
- In der internen Prozessperspektive erfolgt die Beschreibung des Unternehmens anhand der einzelnen im Unternehmen implementierten Prozesse und Aktivitäten.
- Die Lern- und Entwicklungsperspektive beinhaltet sogenannte weiche Erfolgsfaktoren. Dies sind die Motivation und der Ausbildungsstand der Mitarbeiter, der Zugang zu relevanten externen Informationsquellen und die Organisation des Unternehmens.

Daraus ergeben sich folgende sechs Nutzenkategorien für die wirtschaftliche Bewertung einer CAx-Anwendung:

- *Servicequalität* sowie *Produktqualität* entstehen aus der Kundenperspektive
- *Prozessperformance* sowie *Projektperformance*[7] entstehen aus der internen Prozessperspektive.
- *Mitarbeiterumfeld* sowie *Werkzeugeinsatz* entstehen aus der Lern- und Entwicklungsperspektive.

In Abb. 14.3 sind Beispiele von Nutzen aus den verschiedenen Perspektiven dargestellt.

Da in den einzelnen Nutzenkategorien die ganze Bandbreite von monetär quantifizierbaren bis zu monetär nur schwer quantifizierbaren Nutzen auftreten kann, werden für eine einheitliche Nutzenbewertung sogenannte *Nutzenklassen* nach [VDI-2216] definiert, die von Schabacker zusätzlich um unternehmensinterne und -externe Synergieeffekte[8]

---

[6] Weitere Informationen zu BAPM® finden sich unter www.bapm.de.

[7] Ein *Prozess* beschreibt eine Arbeitsvorschrift, wie etwas getan werden könnte/sollte. Wird ein Auftrag begonnen, dann wird aus dem Prozess ein konkretes *Projekt* mit definierten Zielvorgaben für das Ergebnis, Anfangs- und Endterminen sowie Ressourceneinsatz.

[8] Synergieeffekte sind solche Nutzen, die aus dem Zusammenspiel mehrerer Vorgehensweisen oder Systeme entstehen, ohne dass man dabei die Nutzen einer konkreten Vorgehensweise oder einem bestimmten System direkt zuordnen kann.

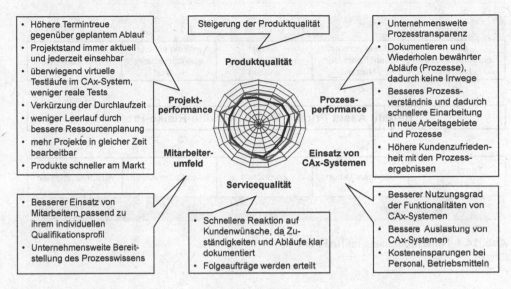

Abb. 14.3 Komponenten der sechs Nutzenkategorien in einer Balanced Scorecard

erweitert wurden. Aus diesen (technischen) Nutzenklassen entsteht das BAPM®-Portfolio [Scha-2001].

Zur Bestimmung des resultierenden Nutzens wurden in [Scha-2001] Analogien in anderen Domänen für diese Nutzenklassen aufgezeigt. Dabei baut die Analogie auf Ähnlichkeiten bei der Vorgehensweise zur Beherrschung der Schwierigkeiten bei der Bewertung zukünftiger Zahlungsleistungen auf. Dieses ist beispielsweise bei einem Portfolio in einem Investmentfonds der Fall, das aus Kapitalmarktanlagen (Aktien, Anleihen usw.) besteht. Zu dieser Analogie konnten folgende Grundsätze des BAPM® festgestellt werden (Abb. 14.4):

- Es gibt Objekte im Kapitalmarkt, deren Verhalten aufgrund ihres Rendite-Risiko-Profils mathematisch gleich dem Verhalten von Nutzenklassen in der Technik ist, die nach einem Nutzen-Risiko-Profil bewertet werden.

- Ein bestimmtes Objekt aus dem Kapitalmarkt kann eineindeutig aufgrund des gleichen Verhaltens auf eine Nutzenklasse in der Technik abgebildet werden (diese stehen in Abb. 14.4 jeweils gegenüber). Beispielsweise sind beim direkt quantifizierbaren Nutzen die Zeit, bis der Nutzen auftritt, sowie seine Größe bekannt. Der Nutzen wird in jedem Fall erreicht, also ist kein Risiko vorhanden. Genauso verhält sich im Kapitalmarkt eine Anlage in Termin- oder Festgeld. Im Gegensatz dazu kann bei einem Synergieeffekt bezüglich der Größe seines Nutzens und der Zeitdauer, bis wann dieser eintritt, keine konkrete Aussage getroffen werden, es liegt daher ein mehrfaches Risiko vor. Genauso verhält sich eine Auslandsanleihe, die mit dem Risiko der Anleihe an sich und dem Währungsrisiko behaftet ist.

Abb. 14.4 Nutzenzuordnung im BAPM®

- Zur Vorhersage von Rendite und Risiko von Objekten im Kapitalmarkt existieren leistungsfähige Verfahren (z. B. Portfoliotheorie von Markowitz [Mark-1952], Optionspreistheorie (u. a. in [Irle-1998])), welche den spekulativen[9] Charakter der Objekte berücksichtigen, der zu abrupten Kursverläufen im Kapitalmarkt führen kann.
- Die entsprechenden Objekte in der Technik verhalten sich wesentlich zuverlässiger, da es nach der bisherigen Erfahrung hier keine abrupten Richtungsänderungen gibt, sondern eine kontinuierliche Entwicklung von Organisationen und Technologien (beispielsweise müssen technische Investitionen über einen festen Zeitraum abgeschrieben werden. In diesem Zeitraum erfolgt üblicherweise kein Richtungswechsel, weil sonst die Investition unwirtschaftlich werden würde).
- Daher können bestimmte Vorhersageverfahren aus dem Kapitalmarkt mit hinreichender Genauigkeit und Zuverlässigkeit auf die Technik zur Vorhersage des technischen Nutzens übertragen werden.

BAPM® bewertet die Leistungsfähigkeit einer Technologie oder einer Vorgehensweise anhand ihres Einsatzes in einem konkreten Arbeitsprozess für einen vom Anwender vorzugebenden Zeitraum. Einerseits bekommt man dadurch einen Einblick darüber, welche Funktionen und Komponenten der Technologie bzw. der Vorgehensweise wo und in welcher Häufigkeit auftreten. Andererseits wird damit das dynamische Verhalten von Kosten und Nutzen erfasst. Die Bewertung kann sowohl prospektiv als auch retrospektiv erfolgen.

---

[9] Unter „Spekulation" wird diejenige geistige Tätigkeit verstanden, welche aus der Erfahrung der Vergangenheit und der Beobachtung der Gegenwart einen Schluss auf die Zukunft zieht. (Definition der Börsen-Enquête-Kommission in ihrem 75. Bericht 1880, zitiert nach [NeBr-1928] und [Hahn-1954])

In [Scha-2001] wurde festgestellt, dass das Verhalten von Nutzen mit einer begrenzten Zahl sogenannter Renditeverläufe modelliert werden kann. Jeder Einzelfunktionalität einer Technologie bzw. jeder Komponente einer Vorgehensweise kann eindeutig ein bestimmter Renditeverlauf zugeordnet werden. Dabei können Beginn und Ende der Rendite, ihr Verlauf sowie ihr Minimal- und ihr Maximalwert aus in BAPM® hinterlegten Regelwerken und Erfahrungswerten problemgerecht eingestellt werden (eine Aufstellung der einzelnen monetären Werte für die Renditen ist beispielsweise in [ScEn-2005] verfügbar). Abb. 14.5 zeigt dies für die bekannte Lernkurve.

Im BAPM® besteht die Möglichkeit, entweder alle Funktionen einer Technologie (bzw. Komponenten einer Vorgehensweise) oder Untermengen daraus zu bewerten. Die entsprechende Auswahl ist zu treffen und die zu den jeweiligen Funktionen bzw. Komponenten gehörenden Renditeverläufe können konfiguriert werden.

Nun erfolgt die Zuordnung zum betrachteten Arbeitsprozess. Dazu wird der Arbeitsprozess in einzelne Prozesselemente aufgeteilt und jedem Element die jeweilige Funktion bzw. die Komponente zugeordnet. Dafür können Systeme zur Prozessmodellierung verwendet werden (beispielsweise nach [Frei-2001]), mit denen der Arbeitsprozess in einem Rechnersystem modelliert werden kann. Damit können nicht nur derjenige Nutzen erfasst werden, der sich aus der isolierten Anwendung der Technologie oder der Vorgehensweise ergeben, sondern auch der Nutzen aus dem Zusammenspiel der einzelnen Funktionen bzw. Komponenten im gesamten Arbeitsprozess, beispielsweise über prozessspezifische Kennzahlen (z. B. führt eine Verbesserung der Prozessqualität zu einer Senkung von Bearbeitungszeiten und Kosten). Dann erfolgt der Simulationslauf des interessierenden Prozesses in dem vom Anwender bestimmten Zeitraum, in dem auch die Anwendung einer bestimmten Funktion bzw. Komponente sowohl nach ihrer Häufigkeit als auch nach dem Ort ihres Auftretens erfasst wird.

Das Ergebnis dieser (mehrdimensionalen) Bewertung ist ein Portfolio des zu erwartenden Nutzens sowie das jeweilige Risiko, jede einzelne Nutzenkomponente zu erreichen. Diese Nutzenkomponenten bilden die erwarteten Einzahlungen für die in der Betriebswirtschaftslehre verwendeten dynamischen Investitionsverfahren (üblicherweise die Kapitalwertmethode und ihre Varianten, siehe Abschn. 14.3.2). Die erwarteten Auszahlungen (Kosten) ergeben sich aus den dazu benötigten Investitionen in Technologien

Abb. 14.5 Einstellbare Parameter eines Renditeverlaufs (R = Rendite)

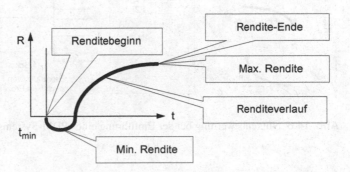

und Vorgehensweisen und deren laufenden Kosten (wie z. B. für Ausbildung, Anwendung, Pflege und Wartung). Mit dem jeweiligen dynamischen Investitionsverfahren kann schließlich die Wirtschaftlichkeit des Einsatzes ermittelt werden.

Zur Illustration der allgemeinen Vorgehensweise zeigt Abb. 14.6 die Nutzenbewertung bei der Einführung eines PDM-Systems [ScWo-2002].

- Im ersten Schritt werden die interessierenden Funktionen des PDM-Systems ausgewählt und mit konfigurierten Renditeverläufen verbunden.
- Im zweiten Schritt wird der von dem PDM-System zu unterstützende Arbeitsprozess aus geeigneten Prozesselementen konfiguriert.
- Im dritten Schritt erfolgt die Zuordnung der Funktionen zu den einzelnen Prozesselementen.
- Im letzten Schritt wird der Prozess simuliert. Das Ergebnis ist zunächst der Gesamtnutzen („Rendite") des Einsatzes des PDM-Systems in Relation zu der Investitionssumme und für den vorgegebenen Betrachtungszeitraum. Gleichzeitig wird das Risiko zum Erreichen dieses Nutzens ermittelt. Die Nutzenklassen, aus denen sich der Gesamtnutzen ermittelt, werden dargestellt. Schließlich lässt sich der Gesamtnutzen auf die einzelnen Prozesselemente aufteilen, so dass diejenigen Elemente, bei denen der höchste Teilnutzen auftritt, leicht identifiziert werden können.

Allgemein können mit dem BAPM®-Verfahren die folgenden Aufgabenstellungen bearbeitet werden:

- Ermittlung des Return on Investment einer Technologie (z. B. CAx, PDM, ERP).
- Optimierung des Arbeitsprozesses bei Einführung oder Migration einer Technologie

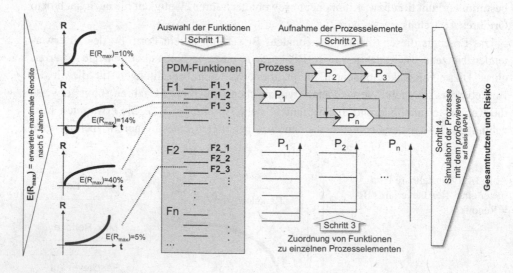

Abb. 14.6 Nutzenbewertung bei der Einführung eines PDM-Systems

- Vergleich verschiedener Technologie-Alternativen
- Risikobewertung von Technologieprojekten
- Management von Produktportfolios

Insgesamt liefert BAPM® gerade bei schwer quantifizierbaren Nutzen verblüffend präzise Ergebnisse, wie die retrospektiven Untersuchungen zahlreicher Anwendungsfälle gezeigt haben. Aus den Projekterfahrungen mit BAPM ließen sich häufig Genauigkeiten in der Vorhersage von über 90 % erzielen.

14.5 Berechnungsbeispiel

Das folgende Beispiel zeigt die unterschiedlichen Ergebnisse der hier vorgestellten Verfahren, die alle mit den gleichen Ausgangsdaten berechnet wurden. Diese Ausgangsdaten sind (siehe dazu auch Tab. 14.3):

- Der Betrachtungszeitraum (d. h. die Laufzeit) des Projekts zu Einführung eines CAx-Systems und zum Betrieb der CAx-Anwendung beträgt 5 Jahre. Er beginnt mit der Einführung des CAx-Systems. Zur präziseren Darstellung der Anlaufphase des Projekts wird das erste Jahr in vier Quartale zerlegt (Zeile 1 in Tab. 14.3).
- Die Investition in das CAx-System beträgt 100.000,00 Euro, die bereits zu Anfang des Projekts im Jahr 0 vollständig anfallen. Außerdem erfolgt im Jahr 3 eine Zusatzinvestition von 20.000,00 Euro (Zeile 2). Investitionen werden über den Betrachtungszeitraum linear abgeschrieben. Aus diesen Einmalkosten resultieren jährliche Betriebs-, Versicherungs- und Wartungskosten in Höhe von 12 % der jeweiligen Investition (Zeile 3). Für Kapitaldienste fallen 6 % Kreditzinsen pro Jahr an (Zeile 4).

Tab. 14.3 Bestimmung des Kapitalwerts für das Berechnungsbeispiel

			Monate				Jahre				
1	Zeit T	0	3	6	9	12	1	2	3	4	5
2	Einmalkosten	100							20		
3	laufende Kosten (12% der Investition)		3	3	3	3	12	12	14,4	14,4	14,4
4	Kreditzinsen (6%)		1,5	1,5	1,5	1,5	6	6	7,2	7,2	7,2
5	Summe Kosten (Zeilen 2 bis 4)	100	4,5	4,5	4,5	4,5	18	18	21,6	21,6	21,6
6	Einnahmen aufgrund CAx-Einsatz	0	-15	-10	0	10	-15	25	35	50	50
7	Kostenreduktion durch CAx-Einsatz	0	0	0	15	20	35	22	22	25	25
8	Summe Nutzen (Zeilen 5 und 6)	0	-15	-10	15	30	20	47	57	75	75
9	jährliche Rentabilität ROI						20%	47%	48%	63%	63%
10	$1/(1+p)^T$, mit p= 10% Abzinsung	1	1,02	1,05	1,07	1,10	1,10	1,21	1,33	1,46	1,61
11	Abgezinste Summe Kosten (Zeile 4)	100	4,39	4,29	4,19	4,09	16,36	14,88	16,23	14,75	13,41
12	Abgezinste Summe Nutzen (Zeile 7)	0	-14,65	-9,53	13,97	27,27	18,18	38,84	42,82	51,23	46,57
13	Jährlicher Kapitalfluss (abgezinst)	-100,00					1,82	23,97	26,60	36,47	33,16
14	**Kapitalwert KW**	-100,00					-98,18	-74,21	-47,62	-11,15	22,01

- Die Gesamtkosten stehen in Zeile 5. Kosten und Nutzen werden beide mit 10 % abgezinst.
- Die Einnahmen aufgrund der CAx-Anwendung entwickeln sich entsprechend der Lernkurve der Mitarbeiter. Da die Mitarbeiter die CAx-Anwendung neu erlernen müssen, wird ein externer Trainer für die Schulung eingesetzt. Infolgedessen tritt nach den ersten drei Monaten ein Verlust von 15.000 Euro und nach weiteren drei Monaten ein Verlust von 10.000 Euro auf. Die Schulung dauert in diesem Beispiel 9 Monate. Während dieser Zeit sind die Mitarbeiter nicht produktiv tätig. Erst im letzten Quartal beginnt die Anwendung produktiv zu werden. Der Verlauf kann der Zeile 6 entnommen werden.
- Die Kostenreduktionen werden erst zum Ende der Schulung wirksam, in diesem Beispiel ab dem 7. Monat. Ihr Verlauf kann der Zeile 7 entnommen werden. Die Summe beider Nutzenarten findet sich in Zeile 8.

Zur Durchführung einer *Rentabilitätsrechnung* werden aus Zeile 8 die Nutzen (= Kostenersparnisse) pro Jahr übernommen, aus denen sich ein durchschnittlicher Nutzen von 54.800 Euro pro Jahr ergibt. Der durchschnittliche Kapitaleinsatz beträgt in den ersten beiden Jahren 100.000 Euro, danach 120.000 Euro. Die Entwicklung der Rentabilität zeigt Zeile 9. Entsprechend den Ausführungen in Abschn. 14.3.1 wäre die Investition bereits im zweiten Jahr wirtschaftlich.

- Für die *Amortisationsrechnung* wird (aus Gründen der Vereinfachung) nur die Erstinvestition betrachtet. Dieser Kapitaleinsatz (100.000 Euro) wird in Relation gesetzt zu der Summe aus durchschnittlichem Nutzen pro Jahr (54.800 Euro), Abschreibung pro Jahr (20.000 Euro ohne die Zusatzinvestition) und Zinsen pro Jahr (6 % für Kapitaldienste) in Höhe von 6000 Euro (ohne die Zinsen für die Zusatzinvestition). Daraus ergibt sich eine Amortisationsdauer von etwa 1,24 Jahren.
- Zur Bestimmung der Wirtschaftlichkeit mit der *Kapitalwertmethode* muss zunächst der (unternehmensspezifische) Abzinsungsfaktor festgelegt werden. Die Abzinsung wird hier mit 10 % angenommen. Der resultierende Abzinsungsfaktor steht in Tab. 14.3 in Zeile 10. Mit diesem Faktor werden die Kosten aus Zeile 5 und die Nutzen aus Zeile 8 abgezinst; die Ergebnisse stehen in Zeile 11 bzw. Zeile 12. Daraus kann der jährliche Kapitalfluss (als Differenz aus den jeweiligen Einnahmen und den korrespondierenden Ausgaben) bestimmt werden (Zeile 13). Zum Kapitalwert KW kommt man durch Aufsummieren entsprechend der o.a. Formel (Zeile 14).

Der *Kapitalwert* am Ende der Abschreibungsdauer ist positiv (KW = 22,01), damit ist die Investition wirtschaftlich. Der *interne Zinsfuß* ergibt sich daraus, dass am Ende der Abschreibungsdauer KW zu Null gesetzt wird. Der interne Zinsfuß liegt in diesem Beispiel bei 19,5 %. Die *dynamische Amortisationsdauer* ist erreicht, wenn der Wechsel von einem negativen zu einem positiven KW erfolgt. Dies ist kurz nach Ende des vierten Jahres der Fall, d. h. ab dann ist die Investition wirtschaftlich.

Review Gesamtnutzen

Funktionskosten		100.000,00 Euro
Portfoliorendite	16,0417 %	16.041,68 Euro
Portfoliorisiko	4,8016 %	
Investitionssumme zzgl. Gewinn		116.041,68 Euro

Nutzenklasse	Gewichtung	Investitionssumme [Euro]	Gewinn [Eu]	Investitionssumme mit Gewinn [Eu]
Schwer quantifizierbare Nutzen (Stufe 1)	65,2646 %	65.264,60	10.469,53	7.5734,13
Schwer quantifizierbare Nutzen (Stufe 2)	16,7081 %	16.708,10	2.680,25	19.388,31
Synergieeffekte	18,0273 %	18.027,30	2.891,89	20.919,23

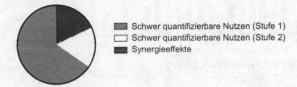

Schwer quantifizierbare Nutzen (Stufe 1)
Schwer quantifizierbare Nutzen (Stufe 2)
Synergieeffekte

Abb. 14.7 Ermittelter Gesamtnutzen

- Beim *BAPM-Verfahren* ergibt sich für die in Tab. 14.3 genannten Werte ein Nutzen von rund 16 %. Gleichzeitig wird das Risiko, diesen Nutzen nicht erreichen zu können, zu 4,8 % ermittelt (Abb. 14.7). Dabei zeigt es sich, dass in diesem Beispiel die Nutzen des CAx-Einsatzes überwiegend aus schwer quantifizierbaren Komponenten bestehen.

Gleichzeitig liegen auch die Teilnutzen zu den einzelnen Prozesselementen vor (Abb. 14.8). Aus dieser Darstellung lässt sich beispielsweise ableiten, dass die Einführung der CAx-Anwendung, wenn schnelle Erfolge erzielt werden sollen, bei denjenigen Prozesselementen beginnen sollte, an denen die höchsten Teilnutzen auftreten.

Das Beispiel zeigt sehr deutlich die Unterschiede zwischen statischen und dynamischen Verfahren sowie dem BAPM-Verfahren: Während Rentabilitätsrechnung und Amortisationsrechnung eine „schnelle" und hohe Wirtschaftlichkeit suggerieren, zeigt die Kapitalwertmethode ein realistischeres Bild auf, das auch von der betrieblichen Praxis bestätigt wird. Aber erst das BAPM-Verfahren liefert die hochwertigen Ergebnisse, die sofort als Grundlage für unternehmerische Entscheidungen verwendet werden können.

14.6   Abgestufter Einsatz der Wirtschaftlichkeitsverfahren

Tab. 14.4 zeigt eine in der Praxis bewährte Auswahl, wann welche Verfahren zur Bestimmung der Wirtschaftlichkeit einer CAx-Anwendung sinnvoll eingesetzt werden können. Die in Zeilen 3 und 4 genannte mögliche Einbeziehung einer Prozessbetrachtung weist

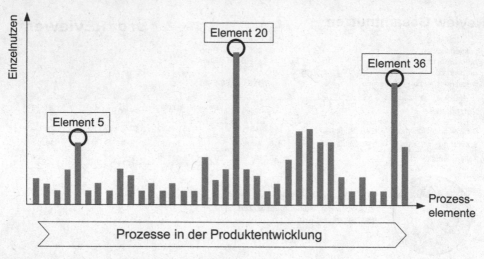

Abb. 14.8 Auf Prozesselemente bezogener Einzelnutzen

darauf hin, dass die Nutzwertanalyse lediglich die Ergebnisse einer bestimmten CAx-Anwendung pauschal bewertet, während das BAPM-Verfahren die Unterstützung durch das CAx-System in jedem Prozesselement einzeln bewertet und somit auch die Teilnutzen an jedem Prozesselement mit den jeweiligen Risiken ermittelt.

Tab. 14.4 Zeitpunkte zum Einsatz der Wirtschaftlichkeitsverfahren [Scha-2002]

Bewertungsszenarium	Mögliche Verfahren zum Wirtschaftlichkeitsnachweis
Vereinfachte Ermittlung des Return on Investment (ROI) von CAx-Anwendungen mit monetär quantifizierbaren Nutzen (prospektive Betrachtung)	Statische Investitionsverfahren Dynamische Investitionsverfahren
Retrospektive Ermittlung des ROI von CAx-Anwendungen mit monetär quantifizierbaren und schwer quantifizierbaren Nutzen	BAPM-Verfahren mit dynamischen Investitionsverfahren
Vergleich von alternativen CAx-Anwendungen (ohne Prozessbetrachtung)	Nutzwertanalyse
Vergleich von alternativen CAx-Anwendungen (mit Prozessbetrachtung)	BAPM-Verfahren
Optimierung des Prozesses bei der Einführung von CAx-Anwendungen	Prozesskostenrechnung mit BAPM-Verfahren
Risikobewertung von CAx-Anwendungen / Risikobewertung von CAx-Projekten / Auswirkungen der CAx-Anwendung auf Vorhersage von Produktkosten / "time-to-market" / Produktqualität	Risikoanalyse BAPM-Verfahren

Literatur

[DIN-1996]   DIN-Fachbericht 50: DIN Deutsches Institut für Normung e.V. (Hrsg.): Geschäftsprozeßmodellierung und Workflow-Management, Forschungs- und Entwicklungsbedarf im Rahmen der Entwicklungsbegleitenden Normung (EBN), 1. Aufl. Beuth Verlag GmbH, Berlin (1996)

[Frei-2001]   Freisleben, D.: Gestaltung und Optimierung von Produktentwicklungsprozessen mit einem wissensbasierten Vorgehensmodell. Buchreihe Integrierte Produktentwicklung, Bd. 2. Otto-von-Guericke-Universität, Magdeburg (2001)

[Gabl-1995]   Gabler-Wirtschafts-Lexikon, Bd. 1–8. Gabler Verlag, Wiesbaden (1995)

[Hahn-1954]   Hahn, A.: Wirtschaftswissenschaft des gesunden Menschenverstandes. Knapp Verlag, Frankfurt/Main (1954)

[Irle-1998]   Irle, A.: Finanzmathematik: Die Bewertung von Derivaten. B. G. Teubner, Stuttgart (1998)

[KaNo-1997]   Kaplan, R. S., Norton, D. P.: Balanced Scorecard – Strategien erfolgreich umsetzen. Schäffer-Poeschel Verlag, Stuttgart (1997)

[Mark-1952]   Markowitz, H. M.: Portfolio selection, J. Financ. 7(1) Vol.7 Nr. 1 pp 77–91 (March 1952)

[NeBr-1928]   Von Nell-Breuning, O.: Grundzüge der Börsenmoral. Dissertation Universität Freiburg. Reprint als Bd. 4. Keller, F. (Hrsg) Studien zur Katholischen Sozial- und Wirtschaftsethik. Topos Verlag, Ruggell (1928) (Liechtenstein)

[Scha-2001]   Schabacker, M.: Bewertung der Nutzen neuer Technologien in der Produktentwicklung. Buchreihe Integrierte Produktentwicklung, Bd. 1. Otto-von-Guericke-Universität, Magdeburg (2001)

[Scha-2002]   Schabacker, M.: Benefit evaluation of new technologies. In: Proceedings of 2002 ASME: Design Engineering Technical Conferences, Montreal, Canada, DAC-34133 (2002)

[Scha-2004]   Schabacker, M.: PDM im Produktentwicklungsprozeß – Sprungbrett für den Mittelstand. AUTOCAD Mag. 10(6), 16–18 (2004)

[Scha-2010]   Schabacker, M.: PDM-Systeme: Wirtschaftlichkeitsberechnung von PDM/PLM-Investitionen, in: PLM-Jahrbuch 2011, Hoppenstedt Publishing GmbH, S. 62–65 (2010)

[ScVa-2002]   Schabacker, M., Vajna, S.: Nutzen- und Kostenbewertung von Prozessen und Technologien. CAD-CAM Rep. 21(12), 46–49 (2002)

[ScEn-2005]   Schabacker, M., Engel, T.: Immer voll akzeptiert. AUTOCAD Mag. 11(2), 52–54 (2005)

[ScWo-2002]   Schabacker, M., Wohlbold, L.: Benefit evaluation of EDM/PDM systems. In: Proceedings of the 8th International Conference on Concurrent Enterprising Rom 2002, S. 413–420

[Star-2016]   Stark, J.: Product Lifecycle Management, 3. Aufl. Springer-Verlag, Heidelberg (2016)

[Stva-1997]   Stark, J., Vajna, S.: Wirtschaftlichkeit von EDM-Systemen. Buchreihe „Von der analogen zur digitalen Reprografie", Océ GmbH, Mülheim 1997

[Vajn-1990]   Vajna, S.: Bestimmen der Wirtschaftlichkeit von CAD/CAM-Systemen. CAD-CAM Rep. 9(1), 52–55 (1990), 9(3), 148–152 (1990), 9(6), 130–135 (1990), 9(8), 96–100 (1990), 9(10), 130–132 (1990), 10(1), 98–101 (1990)

[Vajn-2014]   Vajna, S.: Integrated Design Engineering (Herausgeber und Einzelautor). Springer-Verlag Heidelberg (2014)

[VDI-2209]   VDI-Richtlinie 2209: 3D-Produktmodellierung. Beuth-Verlag, Berlin (2006)
[VDI-2216]   VDI-Richtlinie 2216: Einführungsstrategien und Wirtschaftlichkeit von CAD-
                 Systemen. Beuth-Verlag, Berlin (1990)
[Zang-1976]   Zangenmeister, C.: Nutzwertanalyse in der Systemtechnik. Wittemann-Verlag,
                 München, (1976)

Glossar

3D-Modell Siehe „Geometriemodell"

ACIS ACIS ist ein 3D-Modellierkern, der von dem Unternehmen Spatial Corp. entwickelt wurde. Dateien im nativen ACIS-Format tragen üblicherweise die Erweiterung „sat". Siehe auch „Parasolid".

Additive Fertigung Aus dem Rapid Prototyping entstandene Fertigungsverfahren, bei dem das Werkstück schichtweise aufgebaut wird. Mit unterschiedlichen Verfahren der additiven Fertigung können verschiedenste Werkstoffe zum Einsatz kommen, u. a. Kunststoffe, Metalle oder Keramiken. Additive Fertigung ermöglicht komplexe Geometrien (auch innerhalb von Bauteilen), die mit subtraktiven, ur- oder umformenden Fertigungsverfahren oft nicht herstellbar sind.

Aktor Als Elemente mechatronischer Systeme setzen Aktoren (auch Aktuatoren genannt) die in der Informationsverarbeitung ermittelten Stelleingriffe (Einwirkungen auf das Grundsystem) um und greifen dazu direkt in das Grundsystem beziehungsweise in den dort ablaufenden technischen Prozess ein. Es ist fast immer sinnvoll, die Aktoren als Teile des Grundsystems zu betrachten (siehe „Mechatronisches System", [Ehrl-2007, VDI-2206])

Animation Erzeugung von Bildfolgen zur Darstellung von Abläufen oder Vorgängen. Dazu wird für jedes betroffene Element des Produktmodells (beispielsweise in Form eines DMU) seine Lage im Raum fortlaufend neu berechnet und in so kurzen Zeitabständen dargestellt, dass der Eindruck einer fließenden Bewegung entsteht. Hauptanwendungsgebiete sind die Darstellung von Berechnungsergebnissen (beispielsweise Crashverhalten einer Karosserie) und kinematische Untersuchungen (beispielsweise Montagesimulation).

ANSI American National Standardization Institute, die amerikanische Normierungsbehörde (vergleichbar mit dem DIN).

API Application Programming Interface, Programmierschnittstelle bei CAx- und PDM-Systemen zur Erweiterung des Funktionsumfangs oder Kopplung von Systemen auf der Anwendungsebene (im Unterschied zu der Erweiterung durch Makros und

© Springer-Verlag GmbH Deutschland, ein Teil von Springer Nature 2018
S. Vajna et al., *CAx für Ingenieure*,
https://doi.org/10.1007/978-3-662-54624-6

Kommandofolgen, die überwiegend auf der Ebene der Benutzungsschnittstelle durchgeführt wird).

Artikelstamm Beschreibende und klassifizierende Attribute zu einem Artikel beziehungsweise Produkt. Synonym: Materialstamm.

Assoziativität Assoziativität bedeutet bei CAx-Systemen, dass Änderungen in einem Modell (beispielsweise CAD-Modell) automatisch in andere Modelle (beispielsweise NC-Programm) übertragen werden. Eine bidirektionale Assoziativität (d. h. die gegenseitige Verknüpfung einer Dimension mit der dazugehörenden Maßzahl – ändert sich das eine, ändert sich das andere automatisch mit) ist bei den meisten 3D-CAD-Systemen heute realisiert.

Im Regelfall ist die 2D-Zeichnung (Zeichnungsableitung) nur eine bestimmte Sicht auf das Produktmodell, die sich automatisch beim Ändern des 3D-Modells mitändert, wobei diese Assoziativität bei Bedarf auch aufgehoben werden kann. In Ausnahmefällen kann zwischen Modell und Zeichnung ein Zusammenhang in beiden Richtungen bestehen, d. h. Änderungen der Zeichnung wirken sich („rückwärts") auf das 3D-Produktmodell aus. Eine derartige bidirektionale Assoziativität erfordert jedoch besondere Maßnahmen bei der Datenverwaltung, um unerwünschte Änderungen des Modells durch nachgelagerte Arbeitsschritte (hier die Zeichnungsableitung) zu verhindern.

Baugruppe Eine Baugruppe ist ein in sich geschlossenes Gebilde aus zwei oder mehreren Bauteilen (Einzelteilen) und/oder Baugruppen niedrigerer Ordnung (einfacheren Baugruppen, sogenannten Unterbaugruppen). Auf Baugruppenebene wird die endgültige Struktur des zu konstruierenden Produktes entsprechend der Konstruktionsabsicht festgelegt.

Je nach Komplexität des Produktes wird auch die sich ergebende Gesamtbaugruppe (Gesamtlayout) ebenfalls mehr oder weniger komplex sein. Baugruppen dienen unter anderem dazu, komplexe Produktmodelle zu strukturieren und damit die Komplexität besser zu beherrschen. Baugruppen können aber auch nach anderen Kriterien, wie beispielsweise Montage (Montagebaugruppe), Fertigung (Fertigungsbaugruppe), Funktion (Funktionsbaugruppe), Ersatzteilen (Ersatzteilbaugruppe) gebildet werden.

Bauraum Ein Bauraum ist der begrenzende Raum, in dem das aktuell modellierte Bauteil einzupassen ist. Mit dem Konzept der Bauräume ist es möglich, (zeit-)parallel (im Sinne des Concurrent Engineering) komplexe Produkte (wie beispielsweise ein Fahrzeug) zu modellieren. Jeder Bauraum besitzt daher Schnittstellen zu seinen benachbarten Bauräumen.

Innerhalb des Bauraumes findet die Modellierung der Komponenten des jeweiligen Bauteils statt. Dabei können die Komponenten auf unterschiedlichen Ebenen der Erzeugnisstruktur angeordnet sein. Der Bauraum enthält außerdem Referenzelemente, die mit entsprechenden Elementen in anderen Bauräumen verknüpft sind. Jeder Bauraum besitzt ein eigenes lokales (Referenz-) Koordinatensystem, auf das sich die in diesem Bauraum angeordneten Komponenten beziehen. Dieses lokale System kann sich wiederum auf ein Gesamtkoordinatensystem beziehen (beispielsweise Fahrzeugnullpunkt im Automobilbau).

Das Konzept des Bauraums kann auch bei virtuellen Objekten verwendet werden, wobei dann natürlich andere Randbedingungen und Schnittstellen einzusetzen sind.

BDE Abkürzung für **B**etriebs**d**atenerfassung. Dabei werden Bearbeitungszeiten, Stückzahlen, Produktions-, Maschinen-, Entnahme-, Takt-, Wiege- oder anderen Daten im laufenden Betrieb erfasst. Dazu dienen manuelle und automatische Erfassungsplätze (Bildschirme, Ausweis-, Schriften- und Barcodeleser, speziellen Zähler) und Messstellen, beispielsweise Sensoren, an Maschinen und Geräten (in diesem Fall spricht man von einer Maschinendatenerfassung). Die erfassten Daten werden ausgewertet, an den Arbeitsplatz zurückgemeldet und zur Weiterverarbeitung beispielsweise in Abrechnungsverfahren, ERP-Systemen oder eigener Anwendersoftware übertragen.

Benutzermanagement Abbildung der Organisationsstruktur beziehungsweise die Verwaltung der Benutzer oder Benutzergruppen, d. h. deren Rollen, Zugriffsrechte und Funktionen.

B-Rep-Methode Die B-Rep-Methode (B-Rep: **B**oundary **Rep**resentation) baut auf dem Flächenmodell auf und verbindet räumliche Einzelflächen zu einem Volumenobjekt, das durch seine einhüllenden Flächen beschrieben wird. Jede dieser Flächen wird durch Schnittkurven mit den Nachbarflächen begrenzt. Bei jeder Verknüpfung erfolgt eine Konsistenzprüfung. Hauptkriterium ist dabei, dass die Summe der Normalenvektoren aller Flächen gleich Null ist, denn nur dann ist die Oberfläche geschlossen und die einzelnen Flächen treffen an ihren jeweiligen Begrenzungen aufeinander (bei Lücken in der Oberfläche ist das der Beschreibung zugrundeliegende Gauß-Integral nicht definiert). Gleichzeitig definiert die Richtung des Normalenvektors die Lage des Materials (entsprechend zeigt bei einer zylindrischen Fläche der Normalenvektor nach innen, wenn es sich um eine Welle handelt, und nach außen, wenn es sich um eine Bohrung handelt).

Ein B-Rep-Objekt wird nach jedem Generierungsschritt (Einfügen, Ändern, Löschen von Flächen, die Flächen definierenden Kanten oder Punkten) vollständig aktualisiert. Daher liegt ein zu jeder Zeit vollständiges Abbild der Geometrie in expliziter Form vor (deskriptives Modell). Es wird also der Endzustand der Bearbeitung gespeichert, nicht der Weg dorthin.

CAx-Systeme Zusammenfassende Bezeichnung für IT-Systeme beziehungsweise Softwareanwendungen, die für verschiedene ingenieurwissenschaftliche Aufgaben wie Modellierung, Berechnung und Simulation im Produktentstehungsprozess eingesetzt werden, etc. Synonym: (Daten-)Erzeugersysteme.

CFD Abkürzung für **C**omputational **F**luid **D**ynamics – Systeme zur Berechnung und Simulation des strömungstechnischen Verhaltens eines Mediums auf der Basis der Finite Elemente Methode. CFD-Systeme entnehmen ihre geometrischen Bezugsdaten aus dem CAD-Modell.

Change Management (Rechner-) Unterstützung des Änderungswesens.

Chronologie Vom CAD-System aufgezeichnete zeitliche Reihenfolge bei der Modellierung eines Bauteils. Diese spielt insbesondere eine Rolle bei vollparametrisierenden CAD-Systemen bei der Modellierung von Features und bei der CSG-Modellierung (oft

auch „History" genannt). Die Chronologie ist nicht zu verwechseln mit der Erzeugnisstruktur, denn diese zeigt den funktionalen und strukturellen Zusammenhang zwischen
Bauteilen und Baugruppen, nicht die zeitliche Reihenfolge ihres Entstehens.

Concurrent Engineering Aufteilen einer einzelnen Tätigkeit in kleinere Einheiten und
ihr paralleles sowie gleichlaufendes Bearbeiten. Beispielsweise wird eine Automobilkarosserie an vielen Stellen gleichzeitig konstruiert. Die Konsistenz dieser parallelen
Bearbeitung wird durch die Definition von Bauräumen, Gestaltungszonen und den
damit verbundenen Schnittstellen und Referenzen sichergestellt.

Constraint Zwangsbedingung oder –beziehung. Beim 3D-Modellieren werden Elemente eines Objekts zueinander in Beziehung gesetzt, wobei diese Beziehung unter
allen Umständen (d. h. bei jeder Änderung des Objekts) eingehalten werden muss. Man
unterscheidet Constraints zwischen Linienelementen (beispielsweise parallel, senkrecht zu, horizontal), die vor allem bei der Skizziertechnik auftreten, und Beziehungen
zwischen Flächenelementen (von Modellierungselementen, von Bauteilen beziehungsweise Baugruppen). Solange Constraints einander nicht widersprechen, tragen sie zur
Konsistenz des modellierten Objektes bei.

CSG-Methode Die CSG-Methode (CSG: **C**onstructive **S**olid **G**eometry) baut auf geometrischen Grundkörpern auf, die über mengentheoretische Operationen (Boole'sche
Operationen) zu beliebigen Volumina verknüpft werden können. Solche Grundkörper sind beispielsweise analytisch beschreibbare Volumina mit Materialorientierung
(Quader, Keil, Zylinder, Kegel, Kugel, Torus usw.), Objekte als Resultat eines Sweeps
in Form einer Translation (= Profil) oder Rotation oder sinnvollen Verknüpfungen aus
diesen Objekten. Aus den einzelnen Verknüpfungen entsteht eine hierarchische Struktur, auch „Baumstruktur" genannt.

In einem CSG-Objekt ist neben den einzelnen Volumina mit ihren jeweiligen Trans-
formationen (wobei jedes Volumen für sich seine autonome Existenz beibehält) vor
allem die Reihenfolge der Verknüpfungen, d. h. die Verknüpfungshistorie (Chronologie)
gespeichert. Damit handelt es sich bei einem CSG-Objekt um ein prozedurales Modell.
Die aus den Verknüpfungen resultierende Geometrie ist nur implizit vorhanden, sie
kann daher nicht evaluiert werden, weil in CSG nur die Verknüpfungen relevant sind.
Jede Verknüpfung und ihre Reihenfolge, d. h. die Chronologie, kann einzeln manipuliert
werden, letzteres beispielsweise durch „Umhängen" ganzer Verknüpfungsstrukturen.

Customizing Anpassen einer Software, einer Anwendung oder eines Referenzmodells an
unternehmensspezifische Anforderungen.

Data Dictionary Vollständiges Verzeichnis aller in einem Datenmodell beziehungsweise in einer Datenbank vorkommenden Objekte (Datenfelder, Dateien etc.). Es
dient zur Verwaltung von Daten, der Benutzer und der Protokollierung von Verknüpfungen zwischen Daten und Programmen. Neben der Überprüfung der Vollständigkeit
und der Datenkonsistenz werden auch die logischen Abhängigkeiten im Data Dictionary verwaltet. Das Data Dictionary ist Teil des Repository und bildet dafür das
Inhaltsverzeichnis.

Data Mining Data Mining im Kontext der Produktentwicklung beschreibt den Prozessschritt der Datenanalyse, in welchem Muster in strukturierten Daten erkannt und erhoben werden.

Datei Einheit elektronisch gespeicherter Daten beziehungsweise Bezeichnung für eine nach bestimmten Gesichtspunkten zusammengestellten Menge von Daten mit einer eindeutigen Bezeichnung.

Datenmodell, relationales Datenmodelle werden auf der konzeptionellen und auf der externen Ebene zur formalen Beschreibung aller in einer Datenbank enthaltenen Daten und ihrer Beziehungen untereinander verwendet. Hierbei wird jedes einzelne Objekt (engl. Entity), seine Eigenschaften (Attribute) und seine Beziehungen zu anderen Objekten (engl. Relationship) aufgeführt. Dies führt zum so genannten Entity-Relationship-Modell, das unabhängig von einer konkreten Anwendung ist.

Datum Elektronisch gespeicherter, verarbeitbarer Wert, Mehrzahl: Daten.

Designparameter Darunter werden Parameter (siehe „Parameter") verstanden, die im Rahmen des Produktentwicklungsprozesses innerhalb gewisser Grenzen frei gewählt werden können (Entwurfsparameter) und durch geeignete Auswahl festzulegen sind (beispielsweise durch Festlegung von Abmessungen, Anzahl von Bohrungen, thermische Randbedingungen, durch Werkstoffauswahl, Auswahl von Subsystemen (Komponenten), (System-)Elementen, Verknüpfungen zwischen Elementen). Durch ihre Auswahl beziehungsweise Festlegung werden Eigenschaften des Produktes quantifiziert. Designparameter bestimmen in Verbindung mit dem gewählten Lösungskonzept, in welchem Maße die Anforderungen an das Produkt quantitativ erfüllt werden.

Digitaler Zwilling 3D-Produktmodell, welches das Produkt während seines ganzen Produktlebens begleitet und das zu jedem Zeitpunkt den aktuellen Zustand des physikalischen Produkts digital abbildet. Einerseits können daraus jederzeit beliebige Informationen oder Dokumente (teil-) automatisch abgeleitet werden, andererseits lassen sich mögliche Veränderungen des Produkts vorab am digitalen Abbild berechnen und simulieren.

Digitalisierung Das Scannen einer analogen Vorlage zum Erzeugen einer digitalen Darstellung der Vorlage im Rechner zum sukzessiven Transfer von manuellen zu digitalen Prozessen und ihrer Unterstützungsmedien.

Im Themengebiet Industrie 4.0 das Vorgehen zur vollständigen digitalen Repräsentation von Objekten, Werkzeugen und Hilfsmitteln entlang des Produktlebenszyklus sowie weiterer analoger Größen, mit ihren Beziehungen untereinander und den für die Repräsentation erforderlichen strukturellen und organisatorischen Informationen.

Diskretisierung Zerlegen von kontinuierlichen Daten (Signalen, beispielsweise unabhängigen Variablen wie Zeit oder Raumkoordinaten, Werten von physikalischen Größen wie Nenndurchmesser, Graustufen, Windstärke).

DMU Digital Mock-Up, Aufbau eines virtuellen Prototypen eines Bauteils im CAD-System zum Durchführen von verschiedenen Simulationen, Animationen und Tests, beispielsweise kinetische und kinematische Simulationen, Einbauprüfungen, virtuelle Crashtests, Prüfen der Anmutung des Bauteils usw.

Diskretisierung wird in der numerischen Mathematik zur näherungsweisen Lösung von Gleichungen (vor allem Differenzialgleichungen) verwendet. Bei der Raumdiskretisierung (Ortsdiskretisierung) kann der betrachtete Raum (Geometrie) mit „räumlichen" Stützstellen (Knoten) versehen werden. Diese Diskretisierungsstellen werden als Netz oder Gitter bezeichnet.

Bei Zeitschrittverfahren erfolgt die Berechnung von zeitabhängigen Größen an den „zeitlichen" Stützstellen (nur zu bestimmten diskreten Zeitpunkten), zwischen diesen Zeitpunkten wird der zeitliche Verlauf der Variablen sowie deren Zeitableitungen geeignet approximiert.

Eine weitere Möglichkeit der Diskretisierung von Raum beziehungsweise Zeit besteht in der Verwendung geeigneter Ansatzfunktionen für die räumlich beziehungsweise zeitlich veränderlichen unbekannten Größen (beispielsweise bei elastischen Mehrkörpersystemen, abgekürzt EMKS).

Dokument Eine als Einheit behandelte und eindeutig identifizierbare Zusammenstellung von Informationen, die nichtflüchtig auf einem Informationsträger in Form einer Datei gespeichert sind.

Dokumentation Summe der für einen bestimmten Zweck vollständig zusammmengestellten Dokumente.

Dokumentenmanagement Allgemeines Management (Verwaltung) von Produktdaten und den dazugehörenden Dokumenten wie CAD-Modelle, Zeichnungen etc., inklusive der verschiedenen Dateitypen und der Kopplung zu den jeweiligen Erzeugersystemen. Dazu gehört eine Versions- beziehungsweise Statusverwaltung, die Verwaltung von Mappen beziehungsweise Ordnern und die Verwaltung der Metadaten für Objekte, beispielsweise Klassifizierungsdaten.

Domäne Siehe „Mechatronik".

DTP Desktop Publishing, Erstellen von Dokumenten unter Nutzung von Text-, Grafik- und Layoutsystemen an einem Arbeitsplatz, beispielsweise Zusammenführen von Zeichnungen aus einem CAx-System mit dem passenden Text zu einer Montageanleitung.

DXF Drawing Exchange Format, ein von der Firma Autodesk spezifiziertes Datenformat zum Austausch von 3D-Modelldaten in das und aus dem CAD-System AutoCAD. DXF beschreibt ein CAD-Model als Text nach Standard ASCII. Auch wenn DXF nicht genormt ist, hat es sich als Industriestandard eingebürgert.

Effektivität Beim Konfigurationsmanagement in einem PDM-System die zeitlichen Veränderungen von Produktstrukturen.

Eigenschaft Siehe „Systemeigenschaft".

Eingang Siehe „System".

Einzelteil Im Zusammenhang mit der Produktmodellierung bedeutet ein Einzelteil (Bauteil) einen zusammenhängenden, nicht zerlegbaren Körper, dessen Geometrie und gegebenenfalls weitere Eigenschaften im Produktmodell beschrieben sind.

ENX Abkürzung für European Network Exchange, das europäische Pendant zu ANX. Wie dort ist ENX ein Virtual Private Network (VPN) der europäischen

Automobilindustrie und ihrer Zulieferanten. ENX und ANX integrieren sich in Form eines Global Network Exchange als ein kooperierendes TCP/IP-Netzwerk in das Internet. ENX ermöglicht daher zahlreiche Kommunikationsdienste über alle Plattformen hinweg. Es unterscheidet sich vom öffentlichen Internet durch besondere Merkmale in Bezug auf Leistungsfähigkeit, Verfügbarkeit, Management und Betrieb sowie Sicherheit.

ERP Abkürzung für **E**nterprise **R**esource **P**lanning, Planung aller Betriebsmittel eines Unternehmens, (darunter werden derzeit Mitarbeiter, Maschinenpark, Material, Finanzmittel und Information verstanden).

Erzeugersystem Systeme, die primär Daten erzeugen (wie beispielsweise CAx-Systeme), wobei die Daten von anderen Systemen verwaltet werden (müssen).

Erzeugnisgliederung siehe „Erzeugnisstruktur"

Erzeugnisstruktur Die Erzeugnisstruktur (auch als „Erzeugnisgliederung" oder „Produktstruktur" bezeichnet) beschreibt die Teilelemente eines Erzeugnisses (Bauteile/Baugruppen) und setzt sie untereinander in Beziehung. Die Zuordnung der Elemente untereinander erfolgt beispielsweise durch Schnittstellen oder durch übergeordnete Produktmerkmale.

Experimentelle Modellbildung Bei der experimentellen Modellbildung (induktiven Modellbildung) erhält man das mathematische Modell für das Verhalten eines Systems (Prozesses) aus Messungen. Dieses Verfahren wird auch Identifikation genannt und setzt die Existenz des zu untersuchenden Systems (Originals) oder eines physikalischen Modells davon voraus. Es werden die Eingangs- und Ausgangsgrößen gemessen und aus deren Zusammenhang ein so genanntes experimentelles (parametrisches oder nichtparametrisches) mathematisches Modell für das Systemverhalten erstellt [Iser-1999, Lunz-2004].

Extrudieren Erzeugen eines Volumens durch Verschieben eines 2D-Profils entlang einer beliebigen ebenen oder räumlichen Kurve. Beispiel: gewalztes Werkstück

Feasibility-Studie „Durchführbarkeitsstudie; im Anlagengeschäft und Systemgeschäft übliche Vorstudie zur Prüfung, ob ein bestimmtes Großprojekt überhaupt durchführbar und ob es technisch und ökonomisch sinnvoll ist. Der Leistungsumfang des durchzuführenden Projekts soll eingegrenzt werden. Eine Feasibility-Studie wird häufiger von Beratern durchgeführt; kann auch von Anlagen- und Systemanbietern als Marketing-Instrument des Pre-Sales-Service eingesetzt oder von Nachfragern zur Anfragenstrukturierung herangezogen werden."

http://wirtschaftslexikon.gabler.de/Archiv/6936/feasibility-studie-v8.html (Zugriff am 10.07.2017)

Feature Ein Feature ist ein informationstechnisches Element, das Bereiche von besonderem (technischem) Interesse (nicht ausschließlich Geometrie) von einzelnen Produkten darstellt. Es wird durch die Summe von Eigenschaften eines Produktes beschrieben. Die Beschreibung beinhaltet relevante Eigenschaften selbst, deren Werte sowie deren Beziehungen (Relationen und Constraints). Ein Feature repräsentiert eine spezifische Sichtweise (View) auf die Produktbeschreibung, die mit bestimmten

Eigenschaftsklassen und bestimmten Phasen des Produktlebenszyklus im Zusammenhang steht. Dabei kann das Feature Eigenschaften aus verschiedenen Eigenschaftsklassen enthalten.

Die Eigenschaftsklasse „Geometrie" ist in nahezu allen Phasen des Produktlebenszyklus von Bedeutung. Deswegen und weil die Repräsentation geometrischer Eigenschaften in heutigen CAx-Systemen dominiert, ist für den Begriff „Feature" auch eine etwas speziellere Definition gebräuchlich. Darin wird ein Feature als die Aggregation von Geometrieelementen und/oder Semantik gesehen. In diesem speziellen Fall versteht man unter „Syntax" die (geometrische) Struktur des Features, unter „Semantik" seine Bedeutung.

In vielen CAx-Systemen wird der Begriff „Feature" auf eine Aggregation rein geometrischer Elemente eingeengt, die unter einem gemeinsamen Namen erzeugt, gespeichert, geändert und gelöscht werden können. Manche CAx-Systeme bezeichnen auch ihre Grundelemente beim Modellieren als Features.

FEM Finite-Elemente-Methode: Diese dient zur Berechnung von physikalischer Struktur und Verhalten eines Objekts (Kontinuum, Bauteilgeometrie, feste Körper oder Fluide). Dabei wird das Objekt in endlich große, mechanisch und mathematisch bestimmbare Elemente (Finite Elemente) zerlegt, womit auch Körper mit komplexer Geometrie praktisch beliebig genau approximiert werden können. Die Elemente sind untereinander an ihren Eckpunkten (Knotenpunkten) miteinander gekoppelt. Den Elementen werden Eigenschaften in Form von Parametern für die Analyse zugeordnet. Das Verhalten des Objekts unter Belastung wird durch schrittweises Übertragen der Zustandsgrößen über die Knoten durch Näherungsverfahren berechnet. FEM-Systeme enthalten neben dem eigentlichen Berechnungsprogrammen auch Module, mit dem die Finiten Elemente für das zu berechnende Bauteil rechnerunterstützt erzeugt (mesh generator) und die Ergebnisse (die verformte Struktur) zusammen mit der Ausgangssituation graphisch dargestellt werden können.

Diese Methode dient u. a. zur Analyse mechanischer Eigenschaften (Durchbiegung, Belastung, Spannungen u. ä.), zur Simulation von Strömungsverhalten (CFD) und bestimmter Fertigungsverfahren, beispielsweise des Spritzgießens von Kunststoffen und Elastomeren. Bei den Problemstellungen kann es sich sowohl um Fragestellungen für stationäre (zeitlich unveränderliche, insbesondere auch statische), als auch transiente (zeitlich veränderliche, instationäre, dynamische) Vorgänge beziehungsweise Systeme handeln.

Generative Fertigung Siehe „Additive Fertigung"

Geometriemodell Geometriemodelle dienen zur Beschreibung und Analyse von Geometrie und Kinematik. Bei der Volumenmodellierung unterscheidet man im Wesentlichen zwischen generativen (prozeduralen), akkumulativen (deskriptiven) und hybriden Geometriemodellen. Bei den generativen Geometriemodellen ist die Modellinformation in einer Erzeugungsvorschrift enthalten, es wird daher der Lösungsweg gespeichert. Wichtigste Vertreter sind die CSG-Modelle. Im Gegensatz dazu ist bei den akkumulativen Geometriemodellen die Erzeugungsvorschrift getrennt von der Modellinformation abgelegt, es wird das Lösungsergebnis gespeichert. Wichtigste Vertreter unter den akkumulativen Geometriemodellen sind die B-Rep-Modelle. Hybride Geometriemodelle verwenden eine Kombination aus generativen (meist CSG) und akkumulativen (meist B-Rep) Geometriemodellen.

Geschäftsprozess Folge von Funktionen beziehungsweise Aktivitäten im betrieblichen Geschehen, die zur Realisierung und Aufrechterhaltung der unternehmerischen Aufgaben und des laufenden Geschäfts beitragen, wobei eine Funktion/Aktivität durch ein Ereignis oder mehrere Ereignisse gestartet wird und in einem Ereignis oder mehreren Ereignissen endet. Die Einzelaktivitäten stehen in einem logischen Zusammenhang zueinander, sie sind inhaltlich abgeschlossen. Synonyme: Vorgangskette, Prozesskette, Unternehmensprozess, englisch: Business Process.

Geschäftsprozessmodell Modell zur Abbildung einer Folge von Funktionen beziehungsweise Aktivitäten des betrieblichen Geschehens. Zur graphischen Darstellung können unterschiedliche Beschreibungsarten (beispielsweise IDEF0 oder BPMN) verwendet werden. Damit lassen sich Verzweigungen, Rück- und Zusammenführungen von einzelnen Teilprozessen oder Funktionen abbilden. Englisch: Business Process Model.

Geschäftsprozess-Modellierung: Aufbau eines Geschäftsprozessmodells, d. h. eine (abstrakte) Abbildung von Ablauf- und Aufbauorganisation eines Unternehmens unter Nutzung von Beschreibungsarten, mit anschließender Gestaltung der Prozesse.

Geschäftsprozess-Optimierung Methode zur Optimierung von Geschäftsprozessen. Dabei werden ingenieurmäßige Verfahren (Istanalyse, Schwachstellenanalyse, Sollkonzeption, Priorisierung, projektorientierte Umsetzung) mit heterogener Zielsetzung (beispielsweise Steigerung der Produktivität, Marktführerschaft, technologische Führung usw.) eingesetzt. Englisch: Business Process Reengineering.

Gestaltungszone Eine Untermenge eines Bauraums, in dem bestimmte Funktionskomplexe in Form von Baugruppen und/oder Einzelteilen zu realisieren sind. Sie kann auch dazu dienen, ein Einzelteil in parallel zu modellierende Bereiche zu unterteilen. Auch Skizzen bei der Skizziertechnik können in einzelne Gestaltungszonen unterteilt werden.

Handlungssystem Handlungssysteme enthalten strukturierte Aktivitäten, die beispielsweise zur Zielerfüllung eines zu erstellenden Sachsystems nötig sind. Dazu gehören Menschen, Methoden, Vorgehensweisen, Sachmittel usw. (siehe auch „System", [Ehrl-2007]).

History Siehe „Chronologie".

HMI Human-Machine-Interface, Mensch-Maschine-Schnittstelle, eine Benutzungsoberfläche sowohl des Bedienterminals einer Maschine wie auch einer Anwendung oder (Rechner-)systems, die in ihrer Gestaltung besondere Anforderungen der Ergonomie erfüllt.

Horizontale Integration Einführung der Rechnerunterstützung für eine einzige Funktion, aber parallel für mehrere Produktbereiche.

Hybrides System Ein 3D-CAD-System, das ein Modellieren sowohl nach der B-Rep-Methode als auch nach der CSG-Methode ermöglicht. Somit ist sichergestellt, dass jeder Modellzustand auf Konsistenz evaluiert wird, gleichzeitig aber auch die Reihenfolge der Modellierungsschritte (Chronologie) und die Struktur der Features erhalten bleiben und jederzeit geändert werden können. Alle führenden 3D-CAD-Systeme verfügen heute über hybrid arbeitende Modellierer.

Industrie 4.0 Zunehmende Verschmelzung von Produktionstechnologien und IT-Technologien. Dadurch soll erreicht werden, dass zu jedem Zeitpunkt des Produktlebenszyklus auf der IT-Seite ein digitales Abbild entsteht, erweitert und mitgeführt wird, das den jeweils aktuellen Zustand dieses Produkts in einem sich entsprechend ändernden Produktmodell widerspiegelt. Damit lassen sich beispielsweise alle Änderungen eines Produkts im Vorhinein am digitalen Abbild („Digitaler Zwilling", siehe dort) simulieren, bevor sie für die Produktion oder für den Service freigegeben werden. Damit entsteht auch eine deutlich höhere Sicherheit bei der Entscheidung über solche Änderungen.

IGES Initial Graphics Exchange Specification, von ANSI genormtes Format (Y14.26 M) zum Austausch von Geometriedaten zwischen unterschiedlichen CAx-Systemen.

Information Datum, das einen Zweck hat und das zielgerichtet ist.

IT-Infrastrukur Die Gesamtheit der in einem Unternehmen vorhandenen Hardware, Netze, Betriebssoftware, und weiterer betriebsnaher Software (der sogenannten Middleware), die für den Betrieb der unterschiedlichen Anwendungssysteme erforderlich ist.

IT-Management Die Gesamtheit der Aufgaben, Methoden und Werkzeuge zu Aufbau, Verwaltung und Nutzung der Informationsinfrastruktur, die sowohl auf den Rechnersystemen selbst, auf anderen Medien (beispielsweise Papier, Zeichenfolie) als auch latent vorhanden ist.

IT-System Ein strukturiertes (Rechner-) System aus Geräten (Hardware), Programmen (Software) und Methoden zur Erfassung, Speicherung, Übertragung, Transformation und Bereitstellung von Informationen.

Integration Eine auf Dauer ausgelegte enge Verbindung von Systemen, die von einem Benutzer als Einheit empfunden werden. Die Integration erfolgt überwiegend über eine einheitliche Benutzungsoberfläche und/oder über gemeinsame Datenbestände.

Integrated Design Engineering Weiterentwicklung der Integrierten Produktentwicklung. Wesentliche Merkmale sind eine umfassende Humanzentrierung, die Anwendbarkeit auf beliebige dingliche und nicht-dingliche Artefakte/Produkte, elf Formen der Integration (unter anderem die Integration und Berücksichtigung des gesamten Produktlebenszyklus), die Verwendung von elf Attributen zur Beschreibung eines Produkts (darunter die Nachhaltigkeit) sowie elf Basis-Aktivitäten im IDE-Vorgehensmodell

Integrierte Produktentwicklung Die integrierte Anwendung von ganzheitlichen und multidisziplinären Methoden, Verfahren, Organisationsformen sowie manueller und rechnerunterstützter Werkzeuge in der Produktentwicklung unter minimierter und nachhaltiger Nutzung von Produktionsfaktoren und Ressourcen. Die IPE umfasst alle Schritte von der Idee bis zur Serienfreigabe/Markteinführung eines Produktes oder einer Dienstleistung. Sie ist humanzentriert und dient zur Entwicklung von ihren Preis werten (= preiswerten) Produkten oder Dienstleistungen hoher Qualität in angemessener Zeit.

Integriertes Produkt- und Prozessmodell Ein durchgängig modelliertes, prozess- und produktspezifisches Modell. Es entsteht aus einem Produktmodell und einem Prozessmodell, die auf Schema- und Instanzenebene eng miteinander verknüpft sind.

Intranet Ein Netzwerk, das auf den offenen Standards und Werkzeugen des Internet aufbaut, aber nur innerhalb eines Unternehmens verwendet werden kann. Das Intranet wird aus Gründen der Datensicherheit gegen das Internet durch Schutzmechanismen („Firewalls") abgeschlossen. Für spezielle Anwendungen, beispielsweise für den Außendienst oder für den Kunden zur Auftragsverfolgung, können dedizierte Übergänge zum Internet eingerichtet werden.

IRDATA **I**ndustrial **R**obot **D**ata, ein Format entsprechend der im NC-Bereich standardisierten Sprache CLDATA zur Definition der Bahngeometrie des Industrieroboters, siehe DIN66314.

IRL Industrial Robot Language, eine herstellerspezifische Sprache zur Steuerung eines Industrieroboters des Unternehmens IBM.

KBE Der Begriff der wissensbasierten Produktentwicklung (engl. **K**nowledge-**B**ased **E**ngineering), der sich im deutschsprachigen Raum etabliert und Eingang in die VDI-Richtlinie 5610 Blatt 2 gefunden hat, beschreibt die Anwendung von rechnerunterstützten Automatisierungs- und Unterstützungssystemen in der Produktentwicklung. Die Unterstützung durch diese Systeme erfährt der Produktentwickler vor allem bei Standard- und Routinetätigkeiten. Die Routinetätigkeiten werden durch wissensbasiertes Konstruieren unterstützt, teilweise automatisiert und beschleunigt.

KDD Abkürzung für **K**nowledge **D**iscovery in **D**atabases, Wissensentdeckung in Datenbanken. Darunter werden allgemein Methoden und Prozesse verstanden, welche computerunterstützt Wissen aus Daten extrahieren. KDD umfasst das Themenfeld des maschinellen Lernens, der Statistik und der Datenbanken. Siehe auch „Data Mining".

Konfigurationsmanagement Management der zeitlichen Veränderung in Form von Versionen und Gültigkeiten („Effektivität") von Produktdaten, inklusive der Konfigurationen und Varianten eines Produktes oder dessen Komponenten

(Produkt)-Konfigurator Ein Software-Werkzeug, das auf der Basis von Vorschriften (Entscheidungstabellen), Regeln und/oder Wissen vorhandene Elemente eines Baukastens zu einem sinnvollen Objekt zusammensetzt. Elemente können Produkte oder Prozesse (beziehungsweise ihre jeweiligen Komponenten) sein.

Langzeitarchivierung Verfahren zur möglichst verlustfreien Aufbewahrung von Daten auf dafür geeigneten Medien in einem Rechnersystem unter Nutzung von Standardformaten, da Archivinhalte in der Regel wesentlich länger existieren als die Systeme, mit denen sie erstellt wurden.

Manipulationsfunktionen Alle Funktionen in einem CAx-System, die das Ausgangsmodell beispielsweise in seinem Aufbau, seinen Zusammenhängen oder in seinen Strukturen ändern können, beispielsweise in einem CAD-System das Trimmen und Skalieren von Geometrien oder das „Umhängen" von Featurebäumen in der Produktstruktur.

Maschinendynamik Klassisches Teilgebiet des Maschinenbaus, das die Gebiete Biomechanik, Baudynamik, Fahrzeugdynamik, Roboterdynamik, Rotordynamik, Satellitendynamik, Schwingungslehre und einige mehr umfasst [DrHo-2004].

Master Model Ein vollparametrisches 3D-Modell, von dem durch die Änderung weniger (Führungs-)Parameter weitere geometrisch ähnliche Modelle abgeleitet werden können und das als Bezugsmodell für diese Modelle fungiert.

Mathematisches Modell Mathematische Modelle werden formal durch Gleichungen (beispielsweise algebraische Gleichungen, Differenzialgleichungen, Integralgleichungen) beschrieben, zu deren Lösung heute neben traditionellen analytischen Verfahren leistungsfähige, numerische und symbolische Softwareprogramme zur Verfügung stehen. Mathematische Modelle dienen zur quantitativen Beschreibung von Systemeigenschaften, insbesondere des Systemverhaltens.

Mathematische Modelle werden wegen der in den Modellgleichungen vorkommenden Parameter (Gleichungskoeffizienten) auch parametrische Modelle genannt. Werden die Zusammenhänge zwischen den Eingangs- und Ausgangsgrößen eines Systems nicht durch Gleichungen, sondern durch Tabellen, (gemessene) Kurvenverläufe, Kennfelder, andere (als durch mathematische Gleichungen formalisierte) Regeln wie beispielsweise Expertensysteme formuliert, dann spricht man von nichtparametrischen Modellen. In diesem Sinne stellen Familientabellen bei der 3D-CAD-Modellierung oder durch Messungen ermittelte Zusammenhänge zwischen Ein- und Ausgängen (beispielsweise Frequenzgang) nichtparametrische Modelle dar.

Mathematische Modelle können durch theoretische oder experimentelle Modellbildung oder aus einer Kombination daraus gewonnen werden [Iser-1999] [LaGö2-1999]

MDE Maschinendatenerfassung, mit der interessierende Daten einer Produktionsmaschine und deren technischer beziehungsweise logistischer Peripherie automatisch erfasst und von ERP-, Controlling- oder anderen Systemen weiterverarbeitet werden.

Mechatronik Mechatronik bezeichnet die synergetische Integration der Fachgebiete (Domänen) Maschinenbau, Elektrotechnik/Elektronik, Regelungstechnik und Informationstechnik zu Entwicklung, Herstellung und Betrieb von multidisziplinären Produkten und Prozessen. Es handelt sich somit um ein interdisziplinäres Gebiet der Ingenieurwissenschaften.

Es wird zwischen zwei verschiedenen Formen der Integration unterschieden. Die erste betrifft die materiellen Komponenten (Hardware) aus den verschiedenen Disziplinen (Domänen) der Mechatronik und bedeutet eine physische, materielle und somit auch *räumliche Integration*. Die zweite Art bezieht sich auf die Funktionen, die (vor allem durch Software) zunehmend informationsgetrieben sind. Sie wird daher als *funktionelle Integration* bezeichnet und hat immateriellen Charakter [Ehrl-2007, HeGP-2007, Iser-2005, Rodd-2006, VDI-2206].

Mechatronisches Design Syntheseprozess aus Entwurf, Entwicklung und Realisierung von mechatronischen Systemen. Dafür sind ein integrativer Zugang, interdisziplinäres (Domänen-übergreifendes) Denken sowie das Denken in Systemen erforderlich.

Mechatronisches System Mechatronische Systeme als technische Systeme bestehen in der Regel aus einem Grundsystem sowie aus Sensoren, Informationsverarbeitung und Aktoren. Durch das Zusammenwirken dieser verschiedenen Komponenten entstehen typischerweise Regelkreise mit dem Ziel, das Verhalten des Grundsystems so zu verbessern, dass es im jeweiligen Kontext als optimal angesehen werden kann. Ein ganz wesentliches Merkmal mechatronischer Systeme besteht darin, dass die Funktion des Systems (beziehungsweise des technischen Prozesses, der durch das System realisiert wird), also die Umsetzung der Eingänge des Systems in dessen Ausgänge, gezielt beeinflusst wird, um das gewünschte Verhalten zu erreichen.

Typisch für mechatronische Systeme ist, dass eine Änderung der Systemzustände aktiv gewollt ist. Dazu wird über die Eingangsgrößen Einfluss auf das System (Grundsystem) genommen. Dies ist untrennbar mit der zeitlichen Änderung von Systemgrößen (beispielsweise Zustandsgrößen) verbunden, weshalb mechatronische Systeme stets dynamische Systeme darstellen.

Mechatronische Systeme zeichnen sich gegenüber konventionellen Systemen durch erweiterte, verbesserte und neue Funktionen aus, die nur durch das Zusammenwirken von Methoden, Technologien, Funktionen, Lösungen und Komponenten aus den verschiedenen Disziplinen (Domänen) der Mechatronik erreicht werden können, woraus sich ein enormes Innovationspotenzial ergibt. In mechatronischen Systemen (Produkten) werden somit heterogene Komponenten und Wissen aus den verschiedenen Disziplinen der Mechatronik zu einer optimierten Lösung für das Gesamtsystem integriert (integriertes Gesamtsystem, „mixed system"). Von konventionellen Systemen unterscheiden sich diese Systeme daher oft durch eine höhere Anzahl heterogener, gekoppelter Elemente und eine damit einhergehende höhere Komplexität [Desi-2005, Ehrl-2007, HeGP-2007, Iser-2005, Rodd-2006, VDI-2206].

Metadaten Beschreibende, klassifizierende beziehungsweise attributive Informationen zur Verwaltung und Organisation von Dateien. Metadaten, die in Datenbanken verwaltet werden, repräsentieren Informationen über Ersteller, Erstellungsdatum, Freigabestatus, Aufbewahrungsort etc. und verweisen auf die Dateien, welche die jeweiligen produktdefinierenden Dokumente beziehungsweise Modelldaten, beispielsweise technische Zeichnungen, 3D-CAD-Modelle, Stücklisten, Textdateien etc. enthalten.

Meta-Modell Beschreibung der grundsätzlichen Struktur eines Systems, losgelöst vom Anwendungsbezug. Meta-Modelle definieren die Regeln zur Beschreibung der Elemente eines Modells und deren möglichen Beziehungen. Sie bilden die theoretische Grundlage der Modellierung, d. h. die Modelle müssen den Vorgaben der Meta-Modelle entsprechen.

Migration Entweder das Umsetzen von Programmen von einem Rechnersystem in ein anderes (unter Beibehaltung von wesentlichen Teilen des Programmcodes) oder die Ablösung einer existierenden Lösung durch die Einführung eines Nachfolgesystems/einer Nachfolge-Anwendung bei gleichzeitiger vollständiger Überführung aller Applikationen und Datenbestände in das Nachfolgesystem/die Nachfolge-Anwendung.

MKS Abkürzung für **Mehrk**örpersystem oder **Mehrk**örpersimulation. Mehrkörpersysteme beschreiben Systeme aus verschiedenen, massebehafteten starren oder elastischen Körpern, die untereinander an Kontaktstellen gekoppelt sind. Die Verbindungen können dabei über Kraftgesetze (masselose Federn und Dämpfer, Stellglieder) erfolgen oder rein kinematisch durch Gelenke (allgemein: durch kinematische Bindungen) realisiert sein. Eine weitere Gattung von Kopplungen stellen einseitige Bindungen dar, durch die sich öffnende und schließende Kontakte sowie Kollisionen zwischen einzelnen Körpern abbilden lassen.

Mehrkörpersimulationen finden heute in verschiedensten Branchen breite Anwendung, wie beispielsweise in der Luft- und Raumfahrttechnik, bei Straßen- und Schienenfahrzeugen, aber auch bei der detaillierten Schwingungsberechnung von Antriebssträngen in PKWs. Eine Mehrkörpersimulation liefert unter Vorgabe von Anfangs- und Randbedingungen die Bewegungsabläufe und die dabei an den Körpern wirkenden Kräfte und Momente. Sie bildet neben der Finite-Elemente-Methode die zweite grundsätzliche Berechnungsmethode für den Ingenieur.

Modell Abbild oder Nachbildung eines Originals, wobei das Modell nicht alle Eigenschaften des Originals aufweist (würde es alle Eigenschaften aufweisen, wäre es ein Klon). Modelle sind abstrakte, materielle oder immaterielle Gebilde, die geschaffen werden, um für einen bestimmten Zweck (Modellzweck) ein Original zu repräsentieren. Das Original kann dabei selbst ein Modell sein.

Damit ist ein Modell eine vereinfachte Darstellung eines Teils der vergangenen, gegenwärtigen oder zukünftigen Wirklichkeit, wobei sich das Modell entweder auf einen tatsächlichen Zustand oder auf einen Idealzustand beziehen kann. Das Modell abstrahiert die Realität, d. h. Eigenschaften und Ausprägungen, die für die Betrachtung oder die Aufgabenstellung nicht wesentlich sind, werden weggelassen.

Man unterscheidet u. a. mentale, gestalthafte, bildhafte und formale Modelle. Mentale Modelle (Gedankenmodelle) sind gedankliche Vorstellungen über ein Original (beispielsweise die Modellvorstellung von Phasen in der Thermodynamik oder von Zustandsgrößen beziehungsweise Parametern). Gestalthafte Modelle sind verkleinerte oder vergrößerte Abbildungen (beispielsweise physikalische Modelle), wobei nur bestimmte Eigenschaften des Vorbilds ausgeprägt sind (beispielsweise das Tonmodell für ein neues Fahrzeug, das im Windkanal optimiert wird). Bildhafte Modelle sind graphische Darstellungen des Originals (beispielsweise technische Zeichnungen, Fotografien). Formale Modelle sind Datenmengen zum digitalen Erfassen von bestimmten Eigenschaften des Originals (beispielsweise das rechnerinterne Produktmodell) [VDI-2211, VDI-2209].

Modellbildung Modellbildung ist die Schaffung eines Modells, das dem Untersuchungszweck entspricht und demgemäß verändert und ausgewertet werden kann, um damit Rückschlüsse auf das Original ziehen zu können. Modellbildungen erfolgen mit der Absicht, das Original durch das Modell zu ersetzen, es als Stellvertreter des Originals zu benutzen. Auch ein Modell kann als Original für eine weitere Modellbildung dienen [VDI-2211, VDI-2209].

Modellieren Festlegen der Gestalt eines Bauteils mithilfe der im CAD-System vorhandenen Modellierungselemente und der möglichen Beschreibungsverfahren.

Modellieren, Bottom-up Bei der Bottom-up-Methode („von unten nach oben") werden zunächst Detaillösungen (beispielsweise Einzelteile) modelliert, die dann zu einem Ganzen (Baugrupe, Produkt) kombiniert werden, ohne dass eine endgültige Erzeugnisstruktur („Assembly") in diesem Stadium gegeben ist. Diese Vorgehensweise lässt sich an einem CAD-System am einfachsten realisieren.

Modellieren, direktes Mit dieser Methode werden geometrische Grundelemente (Punkte, Linien, Flächen, Volumina) einzeln erzeugt und bei Bedarf interaktiv verändert. Dabei werden keine Zusammenhänge zwischen den einzelnen Elementen aufgebaut. Über die Geometrie hinausgehenden Informationen werden hierbei nicht erzeugt.

Modellieren, einzelteilorientiert Siehe „Modellieren, Bottom-up"

Modellieren, erzeugnisorientiert Siehe „Modellieren, Top-down"

Modellieren, Top-down Bei der Top-down-Vorgehensweise („von oben nach unten") wird von einer vorhandenen Erzeugnisstruktur (in Form einer Stückliste oder PDM-Struktur) ausgegangen. Zunächst wird das gesamte Bauteil in seinen Hauptmaßen und Außenkonturen angelegt, welches dann zunehmend detailliert wird. Das bedeutet nicht, dass eine Erzeugnisstruktur schon vorhanden sein muss. Die Modellierung wird jedoch nicht aus struktureller, sondern vielmehr aus funktionaler, designorientierter etc. Sicht betrachtet. Diese Vorgehensweise entspricht am ehesten dem „klassischen" Vorgehen am Reißbrett.

Modellieren, von außen nach innen bzw. von innen nach außen Diese Methoden beinhalten einerseits einen geometrischen und anderseits einen funktionalen Aspekt. Geometrieorientiert bedeutet „außen" die Angabe für die maximale Bauteil Ausdehnung (beispielsweise Karosserie eines Autos) beziehungsweise die Begrenzung durch den Bauraum. Bei der Methode von außen nach innen ist die Hülle gegeben und die „innen" liegenden Objekte dürfen diese nicht durchbrechen. Bei der Methode von innen nach außen ergibt sich die Hülle, wenn alle innen liegenden Objekte fertig modelliert und gruppiert sind.

Die funktionale Sichtweise bezieht sich auf nichtgeometrische Randbedingungen. Modellierte Bauteile haben in der Regel in ihrer Gesamtheit eine Funktion zu erfüllen. Die Gesamtfunktion ist ein Resultat der Funktionen der Einzelteile (beispielsweise sich bewegendes Fahrzeug als Ergebnis der Gemisch-Verbrennung im Motor.) Auch hier sind die Modellierungsrichtungen innen nach außen und außen nach innen denkbar.

Modellierungselement Modellierungselemente sind dreidimensionale Geometrieelemente, die zum Aufbau eines Produktmodells dienen. Dazu gehören beispielsweise: Grundelement (geometrisches Primitiv, sowohl als analytische Geometrie als auch als B-Rep-Objekt), extrudierte/rotierte 2D-Grundkontur, detaillierende Formelement wie Nut oder Bohrung, Abrundung, Fase etc.

Modellierungsschritt Der Modellierungsschritt fügt das Modellierungselement im jeweiligen Kontext des entstehenden Bauteils in ein Produktmodell ein. Das Modellierungselement wird über Parameter dimensioniert und konfiguriert sowie über Boole'sche

Operationen (Addition, Subtraktion, Schnittmenge) oder über andere Methoden mit dem Bauteil verbunden. Beispiele: Extrudierte 2D-Grundkontur, die vom Bauteil abgezogen wird, oder ein Formelement, das zum Bauteil hinzugefügt wird.

Navigation Siehe Projektnavigation.

NoSQL-Datenbank Nicht-relationale Datenbank, wird verstärkt seit Anfang des 21. Jahrhundert erforscht und entwickelt. NoSQL-Datenbanken zeichnen sich vor allem durch die einfache Skalierbarkeit aus, welche neben der Parallelisierbarkeit und Geschwindigkeit eine große Schwäche der relationalen Datenbanken darstellt. Im Vergleichen zu relationalen Datenbanken basieren NoSQL-Datenbanken nicht primär auf verknüpften Tabellen und kommen – wie der Name NoSQL beschreibt – komplett ohne die Datenbanksprache SQL aus.

Objekt Ein real oder begrifflich existierender Gegenstand mit fester, bekannter Menge von Eigenschaften (Attributen). Ein Objekt wird auch als Entität bezeichnet. Gleichartige Objekte sind Ausprägungen (Instanzen) eines Objekttyps. Sie werden durch Werte der Attribute des zugehörigen Objekttyps beschrieben.

OCR **O**ptical **C**haracter **R**ecognition. Software zur Umsetzung von Rastergraphiken (NCI) in von einem System verarbeitbaren Text (CI).

offenes System Siehe „System".

Organisation Ein Regelsystem, mit dem Zuständigkeiten, Verantwortlichkeiten, Berechtigungen und Rollen (Aufgaben, Funktionen) miteinander verbundener Personen festgelegt wird.

Original Siehe „Modell"

Ownership Klar definierte Zuordnung von Daten an ihren Erzeuger (Anwender oder System) und Aufrechterhalten dieses Zustands während der gesamten Lebensdauer eines jeden Datums.

Parameter Parameter sind symbolische Größen, mit denen Merkmale und Eigenschaften eines Systems quantifiziert werden können (siehe auch „Systemeigenschaft").

Als Zustandsgrößen beziehungsweise Zustandsvariablen können solche Parameter verstanden werden, die in einem adäquaten Modell des zu untersuchenden Systems als variabel betrachtet werden sollen, um auf diese Weise die mögliche Veränderung (Veränderbarkeit) der über diese Größen quantifizierten Eigenschaften des Systems zu beschreiben. Das Modell soll damit die Untersuchung der als variabel betrachteten Eigenschaften des Systems (und damit des Systemverhaltens) ermöglichen. Welche Eigenschaften dies sind, hängt vom Modellzweck ab und muss im Zuge der Modellbildung festgelegt werden.

Die variablen Zustandsgrößen (Zustandsvariablen) stellen sich in ihrem zeitlichen beziehungsweise örtlichen Verlauf, bestimmten Gesetzmäßigkeiten (beispielsweise Naturgesetzen, Regeln, Algorithmen usw.) folgend, „frei"[1] ein, sie sind also dem freien

---

[1] zwar in Abhängigkeit vom Anfangszustand und den Eingangsgrößen, aber sonst „frei"

Spiel dieser Kräfte ausgesetzt. Genau in diesem Sinn sollen die Begriffe „variabel" und „Zustandsvariable" verstanden werden[2].

Die übrigen Parameter quantifizieren alle anderen Eigenschaften des Systems, nämlich jene, die im Modell in ihrem zeitlichen Verlauf und in ihrer örtlichen Verteilung als vorgegeben (beispielsweise als konstant oder periodisch veränderlich) betrachtet werden. Sie quantifizieren (spezifizieren) also bestimmte vorgegebene und damit im Modell tatsächlich vorzugebende Eigenschaften des Systems, weshalb sie hier als „vorgegebene Parameter" oder der Einfachheit halber schlicht als Parameter bezeichnet werden.

Die Gesamtheit aller im Modell betrachteten Eigenschaften eines Systems wird damit durch Zustandsvariablen und vorgegebene Parameter erfasst, wobei Zustandsvariablen die als variabel[3] betrachteten Eigenschaften, Parameter hingegen die als vorgegeben (nicht notwendigerweise als konstant) angenommenen Eigenschaften quantifizieren.

Parametrik Diese Funktionalität ermöglicht die Verwendung variabler Größen (Parameter) für Eigenschaften und Abhängigkeiten (Beziehungen) in und zwischen Produktmodellen. Durch die Verwendung der parametrischen Funktionalität (Hinzufügen, Ändern, Löschen der Parameter) wird das Produktmodell direkt verändert. Das CAD-System muss dabei das Produktmodell aktualisieren und die Konsistenz des Modells hinsichtlich systeminterner Regeln (Constraints) prüfen und sicherstellen.

Bei bestimmten CAD-Systemen wird eine Vollparametrisierung aller Varianten während des Aufbaus des Produktmodells erzwungen. Andere CAD-Systeme erlauben das Nachparametrisieren aller oder eines Teils von bereits modellierten Elementen des Produktmodells. Diese Vorgehensweise ist anwendungsfreundlicher als die von Anfang an erzwungene Vollparametrisierung.

Parametrik ermöglicht – ebenso wie die (rechnerunterstützte) Variantenkonstruktion – die Variation von Abmessungen und Gestalt eines Bauteils. Unterschiede zur Variantenkonstruktion bestehen darin, dass bei der Parametrik eine Variation zu beliebigen Zeiten beliebig oft, auch nachträglich, erfolgen kann (Variantenkonstruktion: Nur einmal bei ihrer Durchführung) und dass die Grenzen einer Variation eines Parameters von den Abhängigkeiten und Constraints (die sich auch ändern können) bestimmt sind (Variantenkonstruktion: Nur innerhalb von am Anfang festgelegten, nicht mehr veränderbaren Grenzen).

Parametrisches Element Ein parametrisches Element ist ein dem CAD-Modellierungssystem zum Zweck der weiteren Verarbeitung bekanntes Element, dessen freie Parameter Variablen sind. Parametrische Elemente können sowohl in 2D als auch in 3D auftreten. Für die Benutzung eines parametrischen Elements muss der Benutzer folgende Parametern spezifizieren: Angabe des Elementtyps, Dimension des Elements, Position

---

[2] Man könnte die Zustandsvariablen ebenso sinnvoll als „freigegebene Parameter" des Systems bezeichnen.

[3] veränderlich, sich nach bestimmten Gesetzmäßigkeiten (beispielsweise Naturgesetzen, Regeln, Algorithmen usw.) „frei" einstellend

des Elements im Objektkoordinatensystem sowie Orientierung des Elementkoordinatensystems gegenüber dem Objektkoordinatensystem.

Parasolid Ein 3D-Modellierkern, der von dem Unternehmen Unigraphics (heute: Siemens PLM) entwickelt wird und der beispielsweise in den CAx-Systemen NX, Moldflow und SolidEdge und SolidWorks zum Einsatz kommt. Dateien im nativen Parasolids-Format tragen üblicherweise die Erweiterung „.xt".

PDES **P**roduct **D**ata **E**xchange **S**pecification, im IGES-Kommittee konzipierte Schnittstelle, deshalb gleiche Eigenschaften wie IGES, zusätzlich die Übertragung von produktdefinierenden Daten (Volumenmodell und nichtgeometrische Daten). Die im PDES-Projekt erarbeiteten Grundlagen sind in STEP eingeflossen.

PDM-System Ein **P**roduct-**D**ata-**M**anagement-System ist ein technisches Informationssystem zur Speicherung, Verwaltung und Bereitstellung aller produktbeschreibenden Daten, Informationen und Dokumente sowie ihrer jeweiligen Versionen und Beziehungen untereinander im gesamten Unternehmen.

In der Produktentwicklung unterstützt das PDM-System alle Aktivitäten zum Erstellen, Ändern beziehungsweise Versionieren und Archivieren einer Erzeugnisstruktur. Es verwaltet die dazu benötigten beziehungsweise hierbei entstandenen Dokumente und Daten. Die Elemente der Erzeugnisstruktur (Baugruppen, Einzelteile usw.) werden dabei von CAx-Systemen bereitgestellt. Wenn eine der Versionen gefertigt werden soll, übergibt das PDM-System die relevanten technischen und dispositiven Daten an das ERP-System. Siehe auch VDI-Richtlinie 2219 [VDI-2219].

PPS **P**roduktions**p**lanung und –**s**teuerung. PPS bezeichnet den Einsatz rechnerunterstützter Systeme zur organisatorischen Planung, Steuerung und Überwachung der Produktionsabläufe von der Angebotsbearbeitung bis zum Versand unter Mengen-, Termin- und Kapazitätsaspekten.

Zum Aufgabengebiet von PPS gehören die Teilaufgaben Produktionsprogrammplanung, Material- und Zeitwirtschaft, Mengenplanung, Terminplanung, Kapazitätsplanung, Auftragsplanung, Betriebsdatenerfassung und Verwaltung der bei diesen Aktivitäten anfallenden (vor allem dispositiven) Daten. Gesteuert und überwacht werden beispielsweise Fertigungsabläufe, der Material- und der Betriebsmitteleinsatz sowie die Lager-, Auftrags- und Bestellbestände.

Heute wird in diesem Zusammenhang eher von ERP gesprochen, die den PPS Funktionsumfang in einen größeren Funktionsumfang der Auftragsabwicklung und Betriebsbuchhaltung integrieren.

Produktentwicklungsprozess Folge von Aktivitäten, die zur Entwicklung eines Produktes von der ersten Idee bis zur Freigabe für die Produktion notwendig sind.

Produktmodell Dieses Modell umfasst alle Daten sowie Nutzungsregeln und Verknüpfungen, die für eine komplette Herstellung eines Produktes notwendig sind. Es ist eine formale Beschreibung aller Informationen zu einem Produkt über alle Phasen des Produktlebenszyklus hinweg in einem Modell.

Informationsmengen in einem Produktmodell sind Funktion und Gestalt des Bauteils, Ergebnisse aus Berechnung, Simulation und Test, Erzeugnisstrukturen (beispielsweise

Stückliste), Darstellungen (beispielsweise Technische Zeichnung, Explosionszeich-
nungen), Vorgaben für die Fertigung (z. B. Arbeitspläne), Formen der Objektrepräsen-
tationen (beispielsweise 2D oder 3D, geometrisches Modell oder Voxelmodell usw.),
Vorschriften für die Archivierung. Ein Produktmodell, das alle Zustände „seines" Produkts während dessen gesamten Lebenszyklus kontinuierlich abbilden kann, wird auch
als „digitaler Zwilling" bezeichnet (siehe dort).

Produktstruktur Synonym für „Erzeugnisstruktur".

Projekt Einmaliges Vorhaben mit einer definierten Aufgabenstellung sowie festen Vorgaben für Ressource-, Zeit- und Kostenrahmen. Die Wiederholung dieser Aufgabe ist
zum Zeitpunkt der Aufgabenstellung nicht absehbar.

Projektmanagement Direkte, fachübergreifende Planung, Koordination, Regelung und
Verwaltung von Aktivitäten, Abhängigkeiten und Zeitplänen (Planungs–, Steuerungs–
und Entscheidungsprozesse) und den dazu benötigten Informationen wie beispielsweise projektspezifische Rollen, Zugriffsrechte und Meilensteine.

Prozessnavigation Modellieren und Integrieren eines Prozesses durch regelgestützte
Kombinationen und Konfigurationen der Prozesselemente zu einem dynamischen
Netzwerk. Während des Projektes findet ein dauerndes Evaluieren der laufenden Aktivitäten mit allen aktiven Zusammenhängen, Regeln, Ressourcenlage und Randbedingungen statt. Bei Störungen wird wie folgt dynamisch reagiert:

1. Sofortige Reaktionsfähigkeit des Projekts durch Anhalten, Modellierung einer angemessenen Reaktion und Weiterlaufenlassen an der gleichen Stelle, an der angehalten wurde
2. automatische Strategien zum Parallelisieren, Zusammenfassen und Aufteilen von
Prozessen sowie Verlagern beziehungsweise Erweitern von Ressourcen
3. manuelle Änderung der Prozesskonfiguration durch Projektleiter

Prozess Ein Prozess aus organisatorischer Sicht beschreibt eine gewünschte Vorgehens-
weise. Dazu wird eine Struktur aus Aufgaben mit logischen Folgen und mit definierten
Inputs und Outputs gebildet. So entsteht ein Konzept/eine Vorgabe/eine Vorschrift zur
Bearbeitung einer Aufgabe. Werden diesem Prozess eine konkrete Aufgabestellung, ein
Budget und Terminvorgaben zugewiesen, dann entsteht ein Projekt (siehe dort).
Ein Prozess aus technisch/technologischer Sicht beschreibt ein bestimmtes Verfah-
ren der Bearbeitung von Werkstücken.

Prozessmanagement Prozessmanagement ist nicht die „Steuerung" von Prozessen, sondern die Gestaltung von Prozessen mit dem Ziel ihrer Vereinfachung und
Verbesserung.

RAM Random Access Memory. Speicher, in den Informationen wahlfrei eingegeben und
ausgegeben werden kann, ein Speicher im sogenannten Direktzugriff.

Rapid Prototyping Überführung des im CAx-System gespeicherten digitalen 3D-Mo-
dells (mindestens ein räumliches Volumenmodell) in ein physisches Objekt. Dazu wird
das Volumenmodell in ein trianguliertes Oberflächenmodell (STL-Format) umgewandelt. Dieses Oberflächenmodell wird in Scheiben definierter Dicke zerlegt, die mit
verschiedenen Verfahren des Additive Manufacturing in physische Objekte umgesetzt

werden. Wichtigste Verfahren: Stereolithographie, Laminated Object Manufacturing (LOM), 3D-Printing, Fused Filament Fabrication (FFF), Selective Laser Sintering (SLS). RPT ist die Vorläufer-Technologie für die additive Fertigung (siehe dort).

Rapid Tooling Erstellen von Werkzeugen für Urform- und Umformverfahren mittels additiver Fertigung, wobei die so entstandenen Werkzeuge natürlich nur eine begrenzte Zahl von Produkten hervorbringen können.

Redlining Das Markieren von Bereichen von besonderem Interesse in einem Bild des Produktmodells (üblicherweise mit roter Farbe, deswegen „Redlining"). Gerade bei parallelem Entwickeln (Simultaneous Engineering beziehungsweise Concurrent Engineering) werden aus Gründen der Geschwindigkeit und Datensicherheit nicht komplette Modelle zu den einzelnen Beteiligten geschickt, sondern lediglich bildhafte Darstellungen (beispielsweise im VRML-Format), die mit einem Viewer betrachtet werden können. In diese Darstellungen können die Beteiligten diejenigen Bereiche markieren (beispielsweise umkringeln), über die mit dem Ersteller des Modells diskutiert werden soll.

Referenz Bei der Arbeit mit 3D-Modellen in CAx-Systemen ein Bezug auf ausgewählte Elemente des 3D-Modells, beispielsweise bei Geometriemodellen die Koordinaten, Flächen oder Bauteile. Ein typisches Bezugssystem ist das Koordinatensystem, in dem die Position oder die Bewegung eines Objekts beschrieben wird.

Referenzmodell Ein Basismodell, das aufgrund eines gewissen Grades an Allgemeingültigkeit potenziell für die Erstellung mehrerer spezifischer Modelle herangezogen werden kann. Enthält das Referenzmodell festgelegte Standard- und Startwerte für Modellierung und Zeichnungserstellung und ermöglicht es das Einbinden von Berechnungs- und Simulationsprogrammen sowie von Zugriffen auf bestimmte Datenbestände, dann spricht man von einem Template.

Release Managament (Rechnerunterstütztes) Freigabewesen.

Rendern Aufbringen einer Struktur (Textur) auf die Oberflächen eines Volumenmodells, um sie damit möglichst wirklichkeitsgetreu darstellen zu können (beispielsweise Perllack-Effekt). Die Textur ist aber nicht Bestandteil des Volumenmodells.

Repository Vollständiges Verzeichnis aller in einem Informationsmodell vorkommenden Objekte. Es besteht aus einem Data Dictionary sowie Verzeichnissen über sonstige Informationen, wie Datenmodell, Funktions- und Prozessmodell, eventuell auch mit den dazugehörigen Masken.

Reverse Engineering Erzeugen einer Arbeitsfolge (Workflow) zur Erstellung eines gegebenen Produkts durch Ableitung (Rückwärtsverfolgung) der einzelnen Tätigkeitsschritte, die zur Herstellung dieses Produktes notwendig waren.

Sensor Als Elemente mechatronischer Systeme haben Sensoren die Aufgabe, Informationen über die aktuellen Eigenschaften des Grundsystems (beispielsweise dessen Zustand), aber auch über die Umgebung, zur Verfügung zu stellen, wozu ausgewählte Größen des Grundsystems beziehungsweise der Umgebung aufgenommen werden. Dies kann direkt durch messtechnische Erfassung (über Messwertaufnehmer) erfolgen oder aber auch indirekt über sogenannte Beobachter (Zustandsbeobachter, Schätzer), mit denen die fehlenden Größen aus den vorhandenen Messwerten rekonstruiert (geschätzt, nachgebildet) werden. Die von den Sensoren gebildeten Signale stellen Eingangsgrößen für die Informationsverarbeitung dar (siehe „Mechatronisches System", [Ehrl-2007, VDI-2206]).

Simulation Modellhaftes Nachbilden der Eigenschaften und des Verhaltens eines Objekts (Original) durch ein Modell (Simulationsmodell) in einem Rechner. Dabei sollen die mit der Simulation gewonnenen Ergebnisse mit denen des Originals möglichst gut übereinstimmen. Bei der Produktmodellierung steht das modellhafte Nachahmen des Verhaltens eines Objekts, das mathematisch nicht exakt vorauszuberechnen ist und meist nach den Regeln der Wahrscheinlichkeitsrechnung abläuft, im Vordergrund. Simuliert werden bevorzugt kinematische, wärmetechnische, dynamische, mechanische Vorgänge beziehungsweise digitale oder analoge elektrische Schaltungen in ihren Ablauffunktionen.

Simultaneous Engineering Überlapptes (paralleles) Bearbeiten von unterschiedlichen Aufgaben mit laufender Abstimmung des Fortschritts. Beispielsweise kann die Planung der Produktionsprozesse in der Prozessplanung fast parallel zur Konstruktion erfolgen, wobei dabei ein gewisser Vorlauf der Konstruktion sein muss, damit Daten vorhanden sind, auf welche die Prozessplanung zugreifen kann.

Die entscheidende Frage für die Parallelisierung von Aufgaben lautet: Wann sind die Ergebnisse der vorlaufenden Aufgabe soweit stabil, dass die statistische Wahrscheinlichkeit einer Änderung und die damit verbundenen Änderungskosten geringer sind als die Kosten, die durch zu spätes Weiterarbeiten verursacht werden?

Skizzentechnik Vorgehensweise, bei der die definierende Kontur für ein Profil oder ein Rotationsteil in einer Konstruktionsebene (Arbeitsebene) aus Kantenelementen (Linie, Kreis/Kreisbogen, Freihandlinie) aufgebaut wird. Dabei können die Abmessungen dieser Kantenelemente über Parameter beschrieben und mit Zwangsbedingungen (Constraints; beispielsweise senkrecht auf, parallel zu, usw.) untereinander versehen werden. Erst nach Eingabe der aktuellen Werte wird durch Sweepen das Volumen hergestellt.

SML Sachmerkmalleiste (genormt in DIN 4000/DIN 4001).

SPS Speicherprogrammierbare Steuerung (SPS, engl. Programmable Logic Controller, PLC) ist eine elektronische Baugruppe, die in der Fertigungs- und der Automatisierungstechnik für Steuerungs- und Regelungsaufgaben eingesetzt wird.

SQL Structured Query Language, systemneutrale Abfragesprache für Datenbanken, besonders für relationale Datenbanken.

STEP Standard for the Exchange of Product Model Data, Austauschformat für Produktdaten (genormt in ISO 10303). Produktdaten enthalten neben den Geometriedaten eines Bauteils u. a. topologische und technologische Informationen, die zur vollständigen Produktbeschreibung benötigt werden. STEP besteht aus drei Ebenen, der Anwendungsebene (application layer), der logischen Ebene (logical layer) und der physikalischen Ebene (physical layer), das die Datei zur Übertragung der Daten enthält.

Sweepen Erzeugen eines Volumens durch Verschieben eines 2D-Profils entlang einer beliebigen Kurve im Raum. Beispiel: Rohrleitung. Beim Sweepen entlang eines Vektors (Extrusion, Translation) entsteht ein profilförmiges Bauteil, beim Sweepen entlang eines Kreises/Kreisbogens ein rotationsförmiges Bauteil.

Symmetrieoperationen Die Gruppe der Funktionen Verschieben (Translieren), Spiegeln und Drehen (Rotieren), ohne und mit Duplizieren (Kopie) der Ausgangsgeometrie.

Die Ausgangsgeometrie selbst wird dadurch nicht verändert. Bei der Verschiebung wird der Verschiebevektor zu jeder Koordinate der Ausgangsgeometrie addiert. Beim Spiegeln erfolgt eine Koordinatentransformation durch Vorzeichenwechsel bestimmter Koordinaten entsprechend der Spiegelungsebene. Beim Rotieren erfolgt eine Koordinatentransformation je nach Drehachse mit der Sinus- und der Cosinus-Komponente des Drehwinkels.

System Ein System besteht aus einer Menge von Systemelementen und deren Beziehungen untereinander (gegenseitige Beeinflussung). Das System wird durch eine Systemgrenze (Hüllfläche) von der Umgebung (vom Umgebungssystem) abgegrenzt oder abgegrenzt betrachtet. Ein offenes System besitzt zusätzlich Beziehungen mit seiner Umgebung durch Eingänge und Ausgänge, welche die Systemgrenze durchdringen. Durch gezielte Auswahl (Betrachtung bestimmter Aspekte, aspektorientierte Betrachtung) der Menge und Eigenschaften der Systemelemente und Beziehungen sowie durch entsprechende Festlegung der Systemgrenze entsteht ein abgegrenztes, geordnetes Ganzes, das einem bestimmten Zweck dient. Diese Definition erlaubt auch die Interpretation, dass ein (mathematisches) Modell eines Originals wiederum als System aufgefasst werden kann [Baeh-1996, DaHu-2002, Ehrl-2007, Gips-1999, Hubk-1984, DIN-19226].

Element und System sind relative Begriffe: Die Systemelemente können selbst wiederum als Systeme betrachtet werden, die aus Elementen und Beziehungen bestehen. Ein System kann andererseits Element eines übergeordneten Systems sein.

Systemelemente (Objekte, Teilsysteme, Subsysteme, Module, Komponenten usw.) können materielle Gegenstände wie beispielsweise Bauteile, Baugruppen, Maschinen, Geräte, Apparate oder Mikroprozessoren sein, aber auch immaterielle Gebilde wie beispielsweise Ideen, Denkmethoden, Vorgehensweisen, Algorithmen, Analysen, Konzepte, Software oder Terminpläne.

Beziehungen (Relationen, Wechselwirkungen, Wirkbeziehungen, Interaktionen, Flussbeziehungen, Verbindungen, Verschaltungen, Kopplungen, hierarchische Ordnungsbeziehungen usw.) ergeben sich, wenn bestimmte Ausgänge eines (Teil-) Systems zugleich als Eingänge desselben oder eines anderen (Teil-) Systems dienen. Über die (internen und externen) Beziehungen können Energie, Materie (Stoffe) und Information (beispielsweise durch Signale) übertragen werden. Die Beziehungen (Wechselwirkungen) mit der Umgebung können unterschieden werden in Einflüsse von außen (Eingänge) und Einflüsse nach außen (Ausgänge).

Eingänge (Einwirkungen, „Ursachen", Inputs, Eingangsgrößen, Eingangsobjekte und deren Eigenschaften) stellen die äußeren Relationen von der Umwelt zum System dar, sie werden vom System selbst nicht beeinflusst. Zumindest im Zusammenhang mit mechatronischen Systemen werden Eingangsgrößen, mit denen ein (Sub-)System beziehungsweise ein darin ablaufender Prozess gezielt (kontrolliert, regelungstechnisch) durch Wirkungen von Aktoren beeinflusst werden soll, als Stellgrößen bezeichnet, während Störgrößen unkontrolliert auftretende Eingangsgrößen darstellen.

Ausgänge (Auswirkungen, Ergebnisse, Outputs, Ausgangsgrößen, Ausgangsobjekte und deren Eigenschaften) stellen die Relationen vom System zur Umwelt dar, dies können beispielsweise Messgrößen, Beobachtungen über das System oder Arbeitsergebnisse (beispielsweise von Handlungssystemen) sein.

Systemanalyse Systemanalyse ist die systematische Untersuchung eines Systems hinsichtlich aller Systemelemente und deren Wirkungen aufeinander. Mit ihrer Hilfe wird die Komplexität des Systems entsprechend den Untersuchungszielen durch sinnfällige Zergliederung in Systemelemente aufgelöst. Ziel der Systemanalyse ist, das Eingangs-/Ausgangsverhalten des Systems zu ermitteln, um es in seiner Wirkungsweise zu verstehen und im Hinblick auf das Zielsystem (Anforderungen) zu bewerten.

Systemeigenschaft Jedes System (Objekt, Systemelement) – einschließlich seiner Elemente und Beziehungen – besitzt eine Reihe von bestimmten Eigenschaften, die dem System eigen sind und es charakterisieren beziehungsweise genauer definieren (spezifizieren). Eigenschaften von Systemen, Systemelementen beziehungsweise (Sub-)Systemen sind beispielsweise Länge, Gewicht, Taktrate, Speichergröße usw., aber auch ihre Eignung für bestimmte Zwecke (beispielsweise für Fertigung, Montage, Bedienung, Betrieb, Wartung, Entsorgung usw.). Eigenschaften von Beziehungen sind beispielsweise: „liegt parallel zu", „ist Teil von", „wirkt auf", „hat gleichen Wert wie", „wird abgegeben an", „ist Eingang von". Besonders wichtige Eigenschaften sind die Struktur und das Verhalten eines Systems (siehe „Systemstruktur", „Systemverhalten", [Hubk-1984]).

Systeme werden durch ihre Eigenschaften charakterisiert, die die Grundlage für jede Bewertung von Systemen bilden und daher Kriterien zur Bewertung von Systemen darstellen. Daraus resultiert der Bedarf, Eigenschaften zu quantifizieren (im Sinne von „zu messen"), wozu es geeigneter Maße (im Sinne von Metriken) bedarf. Parameter sind jene Größen, mit denen die Eigenschaften eines Systems quantifiziert werden (siehe auch „Parameter").

Systemelement siehe „System".

Systemfunktion Als Systemfunktion kann die gewünschte (dem Zweck entsprechende) Umsetzung der Eingänge in die Ausgänge verstanden werden, sie entspricht somit dem gewünschten Verhalten des Systems. Das System kann sich auch anders als gewünscht (falsch) verhalten, weshalb der Begriff Systemverhalten allgemeineren Charakter hat als die Funktion, die sich stets auf die gewünschte Wirkungsweise bezieht (siehe „Systemverhalten", [Ehrl-2007, Gips-1999, Hubk-1984]).

Systemgrenze siehe „System".

Systemstruktur Die innere Gliederung (Ordnung), der Bau beziehungsweise Aufbau eines Systems. Die Systemstruktur umfasst die Menge der Systemelemente einschließlich deren Eigenschaften sowie die Menge der Beziehungen zwischen ihnen und mit dem Umgebungssystem einschließlich deren Eigenschaften („Systemtopologie"). In Abhängigkeit von der Betrachtungsweise (Systemaspekt) können auf ein und demselben Objekt unterschiedliche Systeme und damit auch Strukturen definiert werden (beispielsweise Antriebssystem, Heizungs-, Lüftungssystem, Hydrauliksystem, Automatisierungssystem) [Hubk-1984].

Die Systemstruktur ist eine der wichtigsten Eigenschaften eines Systems, da sie das Systemverhalten bestimmt (siehe „Systemeigenschaft", „Systemverhalten"). Besonders bei komplexen Systemen ist es sinnvoll, verschiedene Sichtweisen auf ein System (Systemaspekte wie etwa Geometrie, Lage, Kräfte, Stofffluss, Energiefluss usw.) zu entwickeln und weitgehend getrennt voneinander zu behandeln, wodurch sich dann – möglicherweise ganz natürlich – verschiedene, sich überlagernde Strukturen für ein und dasselbe Objekt ergeben können. Diese „aspektorientierte" Betrachtung erleichtert den Umgang mit Komplexität [DaHu-2002, Hubk-1984].

Systemverhalten Besondere Eigenschaften eines Systems, die unter dem Begriff „Systemverhalten" zusammengefasst werden, bestehen in seiner Fähigkeit, etwas Bestimmtes zu tun beziehungsweise zu bewirken. Das Verhalten eines Systems kann als Übertragungsprozess zwischen den Eingängen und Ausgängen des Systems und somit als die Menge der zeitlich aufeinander folgenden Zustände eines Systems verstanden werden. Durch Beschreibungen der relevanten Eingangs– und Ausgangsgrößen lässt sich das Verhalten eines Systems (Eingangs-/Ausgangsverhalten) angeben. Das Systemverhalten wird durch die Struktur determiniert. Ein System kann als Träger ganz bestimmter Eigenschaften aufgefasst werden [Baeh-1996, Hubk-1984].

Systemzweck Jedes künstliche System dient entsprechend den gestellten Anforderungen einem ganz bestimmten Zweck (Systemzweck) und hat daher eine bestimmte Funktion zu erfüllen. Der Zweck kann durch ein bestimmtes Zielsystem (siehe „Zielsystem") beschrieben werden. Er ist dann erreicht, wenn die Umsetzung der Eingänge in die Ausgänge die gestellten Anforderungen erfüllt [Ehrl-2007, Hubk-1984].

Technische Dokumentation Eine Dokumentation in der für einen bestimmten technischen Zwecke erforderlichen Art und Vollständigkeit.

Technische Produktdokumentation Gesamtheit der während des Lebenszyklus eines Produkts erstellten Technischen Dokumente.

Technisches System Im Bereich der Ingenieurwissenschaften steht das Arbeiten mit „technischen Systemen" im Vordergrund.

Die VDI-Richtlinie 2221 (Methodik zum Entwickeln und Konstruieren technischer Systeme und Produkte) [VDI-2221] definiert ein technisches System als Gesamtheit von der Umgebung (durch Systemgrenzen) abgrenzbarer, geordneter und verknüpfter Elemente, die mit dieser durch technische Eingangs- und Ausgangsgrößen in Verbindung stehen.

Nach [HuEd-1996] enthält ein technisches System technische Objekte und wird als künstliches, materielles Objekt oder Prozessobjekt definiert. Technische Systeme sind jene Studienobjekte, auf die sich technologische Wissenschaften und Ingenieurwissenschaften beziehen. Nach [Hubk-1984] müssen für die Betrachtung technischer Systeme Schlüsselfragen über ihren Zweck, ihre Wirkweise und ihren Aufbau beantwortet werden. Darüber hinaus wird untersucht, welche Zustände ein technisches System erreichen kann.

Technischer Prozess In [LaGö1-1999] wird zwischen dem technischen Prozesse und dem technischen System, in dem der Prozess abläuft, unterschieden. Ein technischer Prozess wird als Vorgang verstanden, durch den Materie, Energie oder Informationen in ihrem Zustand verändert werden. Diese Zustandsänderung kann beinhalten, dass ein Anfangszustand in einen Endzustand überführt wird. Technische Prozesse sind somit Prozesse, die in technischen Systemen ablaufen.

Theoretische Modellbildung Bei der theoretischen Modellbildung (deduktive, auch analytische Modellbildung) bilden die mathematisch formulierten Naturgesetze (Bilanzgleichungen, konstitutive Gleichungen, phänomenologische Gleichungen, Entropiebilanzgleichungen, Schaltungsgleichungen) den Ausgangspunkt für die Aufstellung des Modells. Ergebnis der theoretischen Modellbildung ist ein mathematisches Modell [Iser-1999, Lunz-2004].

TIFF Tagged Image File Format, ein Rasterbildformat, das häufig für die Archivierung von Technischen Zeichnungen verwendet wird.

Validierung Durch Validierung wird die hinreichende Übereinstimmung zwischen Modell und dem zu untersuchenden Original überprüft. Es ist sicherzustellen, dass das Modell das Verhalten des Originals im Hinblick auf die Untersuchungsziele genau genug und fehlerfrei widerspiegelt (wurde das Richtige gemacht?). Besondere Bedeutung haben die ersten Simulationsläufe, die der Validierung des Simulationsmodells dienen. Die Validierung kann beispielsweise durch Sensitivitätsanalysen, Plausibilitätsprüfungen oder den Vergleich mit Messungen am realen Objekt oder an einem Prototyp durchgeführt werden [VDI-2206].

Variable Unter einer Variablen wird ein Symbol (Name, Variablenname, Platzhalter) für eine bestimmte veränderliche Größe (beispielsweise p für Druck, v für Geschwindigkeit, A für den Speicherbereich in einem Computerprogramm) verstanden, für das Elemente[4] einer Grundmenge[5] eingesetzt werden können. Die dem Symbol zugeordnete veränderliche Größe kann verschiedene Werte (Elemente der zugehörigen Grundmenge) annehmen.

Variantenprogramm Ein Programm, mit dem Bauteile nach dem Variantenprinzip erzeugt werden. Dabei werden Gestalt und Abmessungen eines Bauteils durch mindestens einen unabhängigen und beliebig viele davon abhängige Parameter beschrieben. Die Festlegung der unabhängigen Parameter führt über die abhängigen Parameter zu der aktuellen Variante (Instanz) des Bauteils.

Variantenkonstruktion Unter Variantenkonstruktion versteht man das sequentielle Festlegen der variablen Größen. Dabei können Abmessungen und Gestalt des Bauteils innerhalb zu Anfang festgelegter Grenzen variieren. Ein nachträgliches Ändern

---

[4] Der Begriff „Element" ist hier im Sinne der Mengenlehre zu verstehen und nicht als „Systemelement".

[5] Unter Grundmenge ist der mögliche Wertebereich für die betreffende veränderliche Größe zu verstehen.

der Grenzen ist nicht möglich. Als Ergebnis (Variante, Instanz) entsteht ein (statisches) Modell mit festen Werten.

Abgrenzung zur Parametrik: Bei einer parametrischen Konstruktion entsteht eine Instanz mit Größen, die weiterhin variabel bleiben können und die auch solche Werte annehmen können, die nicht bereits im Vorfeld (wie bei einer Variantenkonstruktion) festgelegt worden sind.

Vault Ein auf der Festplatte gesicherter Datenbereich („Datentresor"), in dem das PDM-System seine Dateien ablegt (engl. Vault = Speicher).

VDAFS **V**erband **D**eutscher **A**utomobilhersteller **F**lächen-**S**chnittstelle, für den Datenaustausch zwischen Zulieferern und Werkzeugherstellern geschaffen, für Freiformflächen beliebigen Grades (nicht für Zeichnungen und Modelle), ähnlich aufgebaut wie IGES (sequentielle ASCII-Datei), genormt nach DIN 66301.

VDAPS **V**erband **D**eutscher **A**utomobilhersteller **P**rogramm-**S**chnittstelle, für die prozedurale Beschreibung und den Datenaustausch von Topologien und Teilefamilien (beispielsweise: Normteile, 2D-Grafiken) auf der Basis von FORTRAN, genormt nach DIN 66304.Die DIN V 66304 legt die Syntax und Semantik von FORTRAN77-Sprachelementen (Subroutinen) fest. Die Sprachelemente dienen zur rechner- und systemneutralen Beschreibung von dimensions- und gestaltvariablen Geometrien.

Verhalten Siehe „Systemverhalten"

Verifikation Durch den Prozess der Verifikation wird überprüft, ob das Modell die spezifizierten Anforderungen erfüllt und für die Simulation im Rechner korrekt implementiert wurde. (Wurde dies alles richtig gemacht?). Verifikation wird meist anhand von „Schreibtischtests" auf Basis eigener oder fremder Erfahrungen durchgeführt [VDI-2206].

Verknüpfung (geometrisch) Eine Verknüpfung im geometrischen Sinne stellt eine gestaltändernde Operation dar. Dabei wird in der Regel ein Modellierungselement mit dem Bauteil verknüpft. Zu den Verknüpfungen gehören die Boole'schen Operationen Addition, Subtraktion und Schnittmenge. Eine Verknüpfung erfolgt aber auch (implizit) bei Funktionen wie Radius, Fase, Wandung, Ausformschräge oder dem Erstellen eines Volumens aus Flächen.

Vertikale Integration Einführung und Integration der Rechnerunterstützung für alle Schritte innerhalb einer Prozesskette einer einzigen Baureihe oder Teilefamilie

Viewer Ein Programm, mit dem sich Dateien in einem Rechner anschauen, aber nicht verändern lassen („Dateibetrachter"). Ein Viewer ist die Voraussetzung für das Redlining.

vorgegebener Parameter siehe „Parameter"

Virtual Reality, VR Ein Verfahren zur Darstellung der Wirklichkeit und ihrer physikalischen Eigenschaften in einer in Echtzeit generierten (heute üblicherweise dreidimensionalen) Umgebung, in die der Anwender „eintauchen" kann. Hauptanwendungsbereiche sind die Flugzeug- und die Automobilindustrie, verstärkt aber auch weitere Bereiche, wie etwa Computerspiele. Mit Virtual Reality lassen sich auch unrealistische Welten darstellen.

Wertschöpfungskette Eine Folge von Prozessen, die durch den Einsatz von Personal-
und Betriebsmittelkapazitäten zur Wertschöpfung beitragen (der „produktive" Prozess).
Eine Wertschöpfungskette kann sich auch über mehrere Unternehmen erstrecken.

Wissen Kenntnisse und Erfahrungen eines Menschen, bestehend aus selbst gemachten
Entdeckungen und Erfahrungen sowie aus angeeigneten (Er)kenntnissen und Erfahrung von Dritten. Wissen existiert nur im Kopf eines Menschen. Auf externen Medien
wird es in Form von miteinander verknüpften Daten, Informationen und Regeln dargestellt. Es entsteht sowohl aus der Induktion von Erfahrungen und der kontinuierlichen Beschäftigung mit einem Thema, als auch aus Intuition, spontanen Erkenntnissen
(Heuristik), zufälligen Beobachtungen und indirekten Schlussfolgerungen.

Wissen (implizit, explizit) Implizites Wissen ist nicht ohne weiteres verfügbar. Es „lagert"
innerhalb einzelner Menschen in Form von vielfältiger Erfahrung und Kompetenz. Die
Speicherung auf externen Medien ist schwierig, weil die Wissensträger nur sehr selten
in der Lage sind, die zugrunde liegenden (im wesentlichen unscharfen) Regeln und die
vielfältigen Vernetzungen der Informationen reproduzierbar zu beschreiben. Explizites
Wissen ist Wissen, das jeder formulieren, aussprechen, anderen nachvollziehbar erklären, über das er reden kann: „Er weiß, dass er es weiß." Ein solches Wissen lässt sich
problemlos in Form von miteinander verknüpften Daten, Informationen und Regeln in
externen Medien speichern.

Workflow Eine fest verkettete Folge von Arbeitsschritten/Prozessen, die gar nicht oder
nur sehr selten geändert werden und die rechnerunterstützt verwaltet, organisiert und
geregelt werden können. Beispiele in der Produktentwicklung: Freigabeprozesse,
Änderungsprozesse.

WORM Write Once Read Multiple, ein Speichermedium das nur einmal beschrieben,
aber beliebig oft gelesen werden kann, beispielsweise eine CD, die als mechanisch/
optisches Speichermedium bevorzugt bei der Langzeitarchivierung verwendet wird.

Zielsystem Im Zielsystem („System von Zielen") werden die Anforderungen an ein
künstliches System (beispielsweise neues Produkt) hierarchisch und nach ihrer Wich-
tigkeit strukturiert. Ergebnisse daraus sind (strukturierte) Anforderungslisten und
Pflichten- oder Lastenhefte, die Grundlage für jede Beurteilung des entstehenden
Systems (beispielsweise neuen Produkts als Sachsystem) sowie des damit verbundenen
Handlungsprozesses (beispielsweise des Entwicklungsprozesses oder des gesamten
Produktentstehungsprozesses) sind.

Für die Schaffung technischer Systeme bilden eine geforderte Leistungsfähigkeit in
Kombination mit einem bestimmten Systemverhalten bei seiner Nutzung das Oberziel,
dem sich andere Ziele (Unterziele) unterordnen müssen [Ehrl-2007, Hubk-1984].

Zustand Die Gesamtheit der Werte aller Eigenschaften des Systems zu einem bestimmten Zeitpunkt.

Die Gesamtheit aller Eigenschaften eines Systems wird durch die vorgegebenen
Parameter (für die vorgegebenen Eigenschaften) und die Zustandsvariablen (für die
variablen Eigenschaften) quantifiziert (siehe auch „Parameter"). Nehmen zu einem
bestimmten Zeitpunkt sowohl die Zustandsvariablen als auch die vorgegebenen

Parameter feste Werte an, dann ist der Zustand des Systems festgelegt [Baeh-1996, ElDi-1993, Hubk-1984].

Zustandsänderung Eine Veränderung des Systemzustands bedeutet eine Veränderung der Zustandsvariablen und damit eine Veränderung der als variable angenommenen Eigenschaften des Systems. Ändern sich die Zustandsvariablen eines Systems, dann ändern sich damit auch seine Eigenschaften, womit das System eine Zustandsänderung durchläuft.

Das Systemverhalten ist eng mit der Änderung von Zustandsvariablen verbunden. Ein System steht über seine Ein- und Ausgangsgrößen in Wechselwirkung mit seiner Umgebung, wobei das System von außen nur über die Eingangsgrößen beeinflusst wird. Wird dem System über seine Grenzen Energie oder Materie zugeführt (beispielsweise Verdichtung eines Gasvolumen in einem Kolben oder Füllen eines Behälters), so ändert sich sein Zustand. Ebenso kann eine Zustandsänderung durch Informationen, die über die Systemgrenzen übertragen werden, bewirkt werden (beispielsweise durch Schaltvorgänge, Signalfluss). Durch die Einwirkung von außen durchläuft das System einen Prozess (Vorgang), der somit etwas Dynamisches darstellt und mit dem sich der Zustand des Systems ändert.

Der Übergang von einem Zustand in einen anderen Zustand kann entweder differenziell (kontinuierlicher Übergang) oder diskret (unstetiger Übergang, beispielsweise Schaltvorgang) erfolgen [Baeh-1996, Hubk-1984].

Zustandsgröße siehe „Parameter" und „Zustandsänderung".

Zustandsvariable siehe „Parameter", „Zustand" und „Zustandsänderung".

Stichwortverzeichnis

A

Abbildung 141
Abhängigkeiten (Dependencies) zwischen
  Produktmerkmalen 46
Ablösung der Nachfolgeanwendung 572
Ablösungsbereich 556, 558
Abschreibung 590
  bilanzielle 552
Absicherung 36, 39, 46
Abstraktion 140, 142
Abtragen 475
Abzinsung 598
Ad-hoc-Workflow 537
Adaptive meshing 332
Ähnlichkeitsmodell 184
Ähnlichkeitssuche, geometrische 529
AKT (Autogenetische
  Konstruktionstheorie) 41
Aktor 148
Akustik 302
Algorithmus
  evolutionärer 399
  genetischer 403
Amortisationsrechnung 597, 608
  dynamische 598
Analogrechner 14
Analyse 45–48, 55, 59
Analyseart 334
Anbieter 69
Anfangszustand 163, 168
Anforderung 144
Anforderungsliste 49, 55, 145
Anforderungsprofil 562
Animation 293
Anlagenbau 21

Anpassungskonstruktion 37, 278–279
Ansatzfunktion 315, 326
Antriebsstrang 391
Antriebssystem 351
Anwendungsfreundlichkeit 20
Anwendungssoftware 14
Approximationsverfahren 210
APT (Automatically Programmed Tools) 506
Arbeitsanweisung 504
Arbeitsfolge 463
Arbeitsorganisation 524
Arbeitsplan 468, 486
Arbeitsplatzrechner 14
Arbeitsprozess 541
Arbeitsraum 505
Arbeitsspeicher 94
Aspekt 156
Assemble-to-Order (ATO) 517
Assistenzsystem 491
Assoziativität 206, 280, 289–290
  bidirektionale 280
Atommodell 224
ATO Siehe Assemble-to-Order
Attribut 71
Auflösungsstufe 155
Auftragsabwicklung 468, 521
Auftragsfreigabe 466
Auftragsüberwachung 466
Aufwärtskompatibilität 563
Ausbildung 17, 19
Ausgabeschicht 410
Ausgang 143
Ausgangsgröße 144, 148, 154, 163
Ausgleichsprozess 168
Auswahlkriterien 563

© Springer-Verlag GmbH Deutschland, ein Teil von Springer Nature 2018
S. Vajna et al., *CAx für Ingenieure*,
https://doi.org/10.1007/978-3-662-54624-6

Printed in the United States
By Bookmasters